3000年

建筑世界

[英] 比尔·阿迪斯 著 程玉玲 译
王其钧 审定

Building:
3000 Years of
Design
Engineering
and
Construction

设计
工程及
建造

中国画报出版社·北京

图书在版编目（CIP）数据

世界建筑3000年：设计、工程及建造 /（英）比尔·阿迪斯著；程玉玲译．-- 北京：中国画报出版社，2019.9（2020.7重印）
ISBN 978-7-5146-1762-7

Ⅰ．①建… Ⅱ．①比… ②程… Ⅲ．①建筑史－世界－图集 Ⅳ．①TU-091

中国版本图书馆CIP数据核字(2019)第136823号

世界建筑3000年：设计、工程及建造

[英] 比尔·阿迪斯 著　程玉玲 译

出 品 人：于九涛
策划编辑：赵清清
责任编辑：李　媛
责任印制：焦　洋

出版发行：中国画报出版社
地　　址：中国北京市海淀区车公庄西路33号　邮编：100048
发行部：010-68469781　010-68414683（传真）
总编室兼传真：010-88417359　版权部：010-88417359

开　　本：16开（710mm×1000mm）
印　　张：40
字　　数：800千字
版　　次：2019年10月第1版　2020年7月第2次印刷
印　　刷：北京汇瑞嘉合文化发展有限公司
书　　号：ISBN 978-7-5146-1762-7
定　　价：498.00元

3000年 建筑世界

比尔·阿迪斯

鸣谢

30年前，我已经对建筑工程学的历史燃起浓厚的兴趣，当时我加入了伦敦结构工程师协会历史研究组。感谢研究组的所有成员，在他们的帮助下，我增强了对工程学历史的理解。在此，特别提及弗兰克·纽比（Frank Newby）、詹姆斯·萨瑟兰（James Sutherland）、劳伦斯·赫斯特（Lawrance Hurst）、迈克·布塞尔（Mike Bussell）、迈克·柯瑞思（Mike Chrimes）、马尔科姆·塔克（Malcolm Tucker）、罗伯特·索尔尼（Robert Thorne）、亚历克·斯肯普顿（Alec Skempton）、罗兰·梅因斯通（Rowland Mainstone）、洛伦·巴特（Loren Butt）、茱莉亚·埃尔顿（Julia Elton）和德里克·萨格登（Derek Sugden）。

还要提及威尔默·洛伦兹（Werner Lorenz）、圣地亚哥·韦尔塔（Santiago Huerta）、艾德·戴尔斯泰尔开普（Ed Diestelkamp）、马克·威尔逊·琼斯（Mark Wilson Jones）、詹姆斯·坎贝尔（James Campbell）、亨泰·洛（Hentie Louw），对于工程学历史，他们与我兴趣相投，并为本书提供了重要的信息与图片。

特别要感谢迈克·布塞尔，他经常与我分享他对于近二百年建筑史的知识积累。他还认真阅读、修改我的手稿，并在文献方面给我提出了很多宝贵的建议。

同样，要特别感谢伦敦土木工程师协会的图书管理员迈克·柯瑞思。他协助我搜集大量本书所用的插图原件，还安排雇员定期协助我查找参考资料，给予了我大力支持。此外，迈克还阅读了我的大部分手稿，给出了不少修改建议，并帮我查询了大量不甚出名的资料。

感谢诺曼·史密斯（Norman Smith）——帮助修改“罗马与中世纪时期”这一部分；感谢珍妮特·德莱纳（Janet Delaine）——她纠正了我描述罗马工程及历史时的很多错误。

如果没有出版社编辑、研究人员的热心与奉献，本书可能就无法问世。朱莉娅·吕德霍尔姆（Julia Rydholm）和霍利·拉杜（Holly LaDue）孜孜不倦地查找图片，尤其是梅根·麦克法兰（Megan McFarland），在整个项目的推进过程中，她就像这本书的另一位作者一样，耐性十足、尽心尽力、周到至极。诚挚感谢三位的付出。

最后，感谢我的家人奥斯卡（Oscar）、奥兰多（Orlando）、泰丝（Tess）。对于我近几年来把全部精力投入到本书中，他们相当包容。在此还要特别感谢泰丝，帮我查询了大量书籍与插图。

比尔·阿迪斯

简 介

本书追溯了现今工程师在建筑设计时所运用的知识及设计技巧的根源所在。建筑工程学与“建筑学”并非同一种单一学科，但是为了方便起见，我将这些内容均归入“建筑工程学”名下。说英语的工程师不会称自己为建筑工程师，而是根据自己所在专业，称自己为结构工程师、建筑设备工程师、声学工程师等。

建筑工程设计的本质在于施工前规划建筑施工的能力。同时还需要了解建筑竣工后如何运行，比如如何处理重力、风、地基的地震荷载；如何处理保温、通风、采光，以便打造舒适的室内环境；声音如何反射，如何吸音，以便实现良好的室内声学效果等。

建筑工程在设计时需要预测建成后的效果，所以工程师必须对建筑设计方案能切实根据计划实施拥有足够的信心，这也是工程师需掌握的一项最重要的技能。如果拟建建筑有现成建筑作为参考，则不成问题。但是建筑设计与汽车生产线不同，许多建筑，尤其是大型建筑在诸多方面都有其独特性。建筑工程学历史上，曾将工程师在施工前是否具备这样的信心作为重点进行研究。现在，工程师通常通过电脑生成的能体现各个方面建筑性能的数学模型，来构建这份信心。这些模型有效地存储了工程师数百年来积累的建筑及材料方面的技术和经验。过去，工程师进行设计时只能凭借个人经验、书本上的工程学和科学知识、按实际大小或一定比例制作模型来试验结果。

规划建筑施工时，工程师还需掌握的另一项重要技能是沟通能力，这不仅仅是为了获取开发者或业主的首要许可，也是为了向施工人员提供指南。依据设计进行施工，有效地实现设计、施工相融合，也是工程师的用意所在。为此目的而采用图纸及比例模型，可追溯到古埃及时代，但直到文艺复兴时期，人们才掌握了在纸面上表现出复杂的三维立体造型的能力；而我们当今使用的正射投影在 18 世纪后期才崭露头角。

纵观历史，建筑设计师的设计通常已经不单考虑功能性需求，他们对结构设计也有高度要求。无论业主是掌控着罗马市民的罗马大帝，还是信奉神灵的宗教领袖，或者是为了彰显其庞大财富的贵族或商人，他们所期待的建成效果都是一致的——比之前的建筑更大、更好。因此，人们常常向建筑工程师提出创新的要求。然而，创新存在风险。第一位建造 20 米跨度的砌体拱券或穹顶的人是在未知领域探险，第二位则不是了。所以，工程师的另一项技能要求便是管理风险，这些风险时常伴随在首次开展作业的过程中。这也给工程师提出了一个问题：如何在不舍弃创新的前提下，创建必要的信心呢？

意大利文艺复兴时期的工程师、建筑设计师菲利波·伯鲁乃列斯基（Filippo Brunelleschi）深深领悟了这一难题。1420年，为寻求设计师给佛罗伦萨大教堂设计砖砌穹顶，曾举办过一次竞标，该穹顶必须比公元1世纪罗马万神殿（Pantheon）及之后建造的任何建筑的穹顶都要大。伯鲁乃列斯基的想法是：建造穹顶时，无须在大教堂内部设立大体量构件支撑结构。文艺复兴历史学家瓦萨里（Vasari）描述了伯鲁乃列斯基当时是如何提出该方案的。伯鲁乃列斯基的想法史无前例，遭到了当时人们的怀疑，甚至招来了敌意。评审组多次要求伯鲁乃列斯基告知如何实现这一想法，但均遭到拒绝。他表示如果公开后，其他人便会窃用他的想法。最终，为了证实这一点，他要求携带一枚鸡蛋进入房间，并向其他参赛者提出了一项挑战：谁能让鸡蛋在一块平整的大理石上站立起来，谁才有资格建造穹顶。所有人屡试屡败。最后，伯鲁乃列斯基将鸡蛋在大理石上轻轻磕了一下，碾平了一端，便轻松地让鸡蛋站立了起来。其他人纷纷抱怨，如果早知道可以打破蛋壳，他们也会这样做的。伯鲁乃列斯基回答道：“如果我公开了我的计划，你们也会用我的方法建造穹顶。”最终，他赢得了这场竞标，得到了这份工作。

本书聚焦于已建成的建筑工程的多种设计方法，主要探讨的是大型建筑，因为通常是规模越大的建筑越能带来更大的挑战。目前，对于建筑营造历史这一领域的研究未能像对建筑学的历史那样透彻，而且也被土木工程历史方面的许多名著所忽视。而本书则尽可能地探讨了建筑设计师所用的设计方法及流程。这些对于设计工程师而言，正如理论与假设对科学家的意义一样。科学、历史和哲学是业已确立的学术科目，而设计规则和流程的发展却并未受到广大作者的关注——尽管它们是工程师的工作核心。

尽管我并未全面涉及建筑材料、施工方法或工程科学的发展，但是论及建筑工程设计发展时，我也会谈及这些主题。这些主题在很多书籍中已有详细介绍，本书已将其中最优秀的部分列入参考文献当中。同样，我还冒险涉足了工程学其他分支的历史，这些学科亦对建筑工程学的发展有着显著意义。

建筑工程学的发展，同其他技术分支的发展一样，也常见于三千年来各个时期最为繁荣昌盛的国度。我着手的是现代建筑工程设计的起源，所以并不是基于古文明国度，而是主要基于欧洲的科学及技术。本书对于其他文化的科学与技术探讨很少，例如中国、印度、中东阿拉伯文化等。

本书首先重点讨论古埃及和古希腊的地中海东部区域，随后讨论罗马帝国。从中世纪后期至19世纪中期，发展的重心聚集在法国、德国、意大利、英国。17世纪早期，基于科学认识的现代工程学方法在这些国家开始萌芽，1850年左右趋向成熟。

19世纪中期起，大量欧洲人横跨大西洋，他们掌握着建筑工程方面的专业知识，从美国蓬勃发展的商业繁荣中获益，并促进了高层建筑的发展。美国很多地区处于极端的天气环境下，这也提高了美国工程师在室内建筑方面的设计造诣。20世纪初期开始，随着交通及通信条件不断改善，设计师克服了自然壁垒，欧美地区的建筑工程呈齐头并进的发展态势。如果对这两种文化加以区分的话，欧洲建筑师趋向于探索过程的创新，这基本上是出于他们自身的原因；而美洲工程师的创新目的在于获取商业利益。近几十年来，日本及远东地区的其他国家在大幅开发起源于西方国家的诸多理念方面取得了巨大成功。这些文化特征意味着，虽然20世纪的建筑工程方面大量的创新起源于欧洲，但是这些创新主要在欧洲以外的地区实现了巨大的商业效益。

自人类文明的早期，政治经济气候——战争

与和平，已经成为工程发展的风向标。直至18世纪，“工程师”一词指的是军事工程师，其工作不仅包括制造武器，还包括设计与建造土方工程、防御工程、军事建筑，以及给水工程，甚至包括改变河道。这个时期的工程师大多数时间都在建造军事项目。在和平时代，工程师的工作重心则通常放在市政或宗教工程上。对于古罗马时期许多市政建筑能够问世，我们要感谢罗马的和平，罗马帝国相对稳定的时期持续了两三个世纪。由伯鲁乃列斯基设计穹顶的佛罗伦萨大教堂是文艺复兴时期意大利诸多建筑中的一个，这段时期的建筑营造停滞了很多年，因为当时人们忙于重建城墙等防御设施，以保护都城免受邻邦愈演愈烈的侵扰威胁。很多古庙、中世纪大教堂、文艺复兴时期宫殿的设计师，都是通过设计建造防御设施或战争武器，而习得技术、获取收入。罗马工程师维特鲁威（Vitruvius）、文艺复兴工程师小桑迦洛（San Gallo）、列奥纳多·达·芬奇（Leonardo da Vinci）便是很好的例子。

几千年来在很多不同区域，对于工程师的术语定义有很大难度。约1450年前，用“工程师”“建筑师”表述设计师是不符合当时的实际情况的。在希腊语和拉丁语中，“工程师”的现代概念有多种表述方式。古希腊词汇“architekton”并不是我们现在所指的“建筑师”，更确切的译法应该是“建造者”，甚至是“施工经理”。我所用的“建筑设计师”是为了尽量减少词义混淆，当然也不完全符合当下的情形，且不能说明就有这样的职业，但是它表达了我所指的意思。

对时间的表述一直让作者们困扰不已。我查阅了各类标准出版书籍，比如巴尼斯特·弗莱彻尔（Sir Banister Fletcher）的《建筑史》（*A History of Architecture*），以及各个时期专业作家的著作，发现专家们各持己见，对同一建筑的时间表述往往不一致——一项设计可能比竣工早1年到100年。我想尽力避免一些简单错误，但是大部分建筑的起源复杂，且学者们总是在重写历史。建筑及其理念的来源问题同样也具有高度主观性。科学方面的伟大理念，例如力学、温度，通常需要大量人士经过数十年甚至更久的时间开发。同样，所有大型建筑通常需要大班人马参与设计，这些人很多都自始至终地投入其中。事实上，要具体找出一个建筑的创作源泉是不可能的，即使今天也是这样。所以，我把精力放在所取得的成果上，而非取得成果的具体某个人上。

漫步在工程学历史的发展道路上，我常常惊讶地发现：前辈们具有相当高超的技术和独创性，某些早期的建筑在我以及很多人看来都可与近期建筑或者新建筑相媲美。因此，我的目标便是歌颂著名人士的成就（很遗憾，20世纪以前妇女在工程学历史上很少露面），与大家共同分享我在学习建筑工程学历史的过程中感受到的疑惑、震撼与谦逊。

比尔·阿迪斯

第1章
上古时期的建筑与工程
公元前1000—500年

人物与事件

材料与技术

约公元前1500年，庙宇和皇宫开始使用大型柱、梁

约公元前1500年，中国开始使用大型中空的青铜铸件

公元前1400年，据目前了解，出现第一个砖拱（0.8米跨度），位于美索不达米亚乌尔城

约公元前1200年，开始进入铁器时代

知识与学习

设计方法

约公元前1000年，几何学设计方法开始用于建筑中

设计工具：图纸、计算

约公元前1000年或更早，埃及、希腊、罗马开始应用平面图、立面图、缩比模型

约公元前1000年或更早，中国、印度、中东以及地中海周边国家开始使用算盘

约公元前1000年或更早，出现应用尺子、圆规的几何学计算

建筑

约公元前1780年，古巴比伦《汉谟拉比法典》（*Code of King Hammurabi of Babylon*）中出现建筑法

约公元前1600年，迈诺斯（Minos）、克诺索斯（Knossos）、克里特（Crete）国王王宫

约公元前1300年，埃及卡尔纳克阿蒙神庙（Temple of Amun）

1700 1600 1500 1400 1300 1200 1100 1000 900

约公元前720—前320年，古希腊时代

约公元前725—前700年，《荷马的伊利亚特》（*Homer's Iliad*）

约公元前640—前546年，泰利斯（Thales，几何学家）

约公元前582—前507年，毕达哥拉斯（Pythagoras，几何学家、科学家）

约公元前429—前347年，柏拉图（Plato，哲学家）

约公元前428—前347年，阿尔库塔斯（Archytas，首部力学教材的作者）

约公元前320—前100年，希腊化时代

公元前300年，欧几里得（Euclid，几何学家）

约公元前287—前212年，阿基米德（Archimedes，工程师、物理学家）

约公元前280—前220年，拜占庭菲隆（Philon，工程师）

约公元前285—前222年，亚历山大西比乌斯（Ctesibius，工程师）

约公元前80—前25年，维特鲁威（工程师）

公元前27年，奥古斯都（Augustus）称罗马皇帝

约10—75年，亚历山大海伦（Heron，工程师）

79年，维苏威火山喷发，埋葬了赫库兰尼姆和庞贝

55—130年，阿波罗乌罗斯（Apollodorus of Damascus，工程师）

395年，罗马帝国分裂为东西两部分

410年，罗马帝国被侵占

约公元前720年，据目前了解，出现第一个砖砌筒形拱顶，位于亚述

约公元前500年，开始采用反应弯曲力矩的石梁

约公元前150—50年，砌石拱导沟渠开始用于罗马给水系统

约公元前100年，开始采用木屋顶桁架

约公元前100年，建筑开始使用砖石砌拱

约公元前100年，开始使用砖石砌穹顶

约公元前100年，开始使用玻璃窗

约公元前80年，开始通过管道系统进行中央供暖（热炕系统）

约公元前50年，建筑开始广泛使用水硬水泥和锻铁

约公元70年，赫库兰尼姆浴室采用双层玻璃

约公元80年，据目前了解，出现最早通过温室效应进行建筑取暖的实例

约公元前600年，开始出现数学及科学方面的书籍

约公元前400年，开始出现机械学及工程学方面的书籍

约公元前500年，毕达哥拉斯发展了声学科学

公元前290年，托勒密·索特尔（Ptolemy Soter）创立了埃及亚历山大“博物馆”（大学）

约公元前230—646年，西比乌斯（Ctesiblus）创立了埃及亚历山大工程学校

约公元前25年，维特鲁威的《建筑十书》（关于建筑、军事工程的书籍）问世

约公元前450年，武器及建筑设计开始使用数字设计法

公元前500年或更早，出现分数计算

约公元前700年，赫拉、奥林匹亚、希腊神庙（首座大型多立克式神庙）

约公元前600—前270年，世界七大奇迹（不包括金字塔）

约公元前447—前438年，希腊雅典帕特农神庙

约公元前200年，楼岛（Insulae，罗马公寓式建筑）

约72—80年，意大利罗马的弗拉维剧场（Flavian Amphitheater）或称罗马圆形大剧场

约104—109年，罗马图拉真浴场（Baths of Trajan）

约112—113年，罗马图拉真柱（Trajan's Column）

约118—126年，罗马万神殿

约126—127年，北非艾德里安浴场（Baths of Hadrian）

211—216年，罗马卡拉卡拉浴场（Baths of Caracalla）

约298—306年，罗马戴克里先浴场（Baths of Diocletian）

308—325年，罗马马克森提斯/君士坦丁大教堂

700 600 500 400 300 200 100 BC 0 100 AD 200 300 400 500

上古时期的建筑与工程
公元前1000—500年

希腊时期前的建筑与工程

以往，施工通常使用一两个人就可以搬运的木材、泥砖、小石子。后来人们开始应用大型石材，此时用“工程”描述建筑设计、施工更为适宜。搬运大型石材，将其放置在适当位置要求相当高的技术。古埃及时期，约公元前2500年，人们采集搬运了230万块石头（每块重约2.5吨[1]）在吉萨建造基奥普斯（Cheops）大金字塔（又称胡夫金字塔），如何完成这一巨大工程成为人们不断思索的问题。当时建造时，并未使用举升机吊起石块，人们通过坡道及各类楔子、杠杆滚动石块，大大减少了所需力度，一个人即可操作移动一个大石块。约在同期的英国，人们将20
1 吨左右的石块吊至6米高建造巨石阵。约公元
前1500年，埃及工程师甚至可以采集、搬运并将有三块石材的方尖碑提升到位，每块石材重达450吨。后来其中一块（人们称为梵蒂冈的方尖碑）从埃及被移走，在罗马重新竖立，移动重建也是工程领域的一大壮举（见第3章）。

众所周知，建造大型石材结构的建筑需要高深的机械知识，而测量、估算的技巧同样重要。施工时，人们需要通过这些技巧加工形状相宜的石材，并在现场进行平面定位，其间很有可能涉及太阳与天文星座。比如金字塔，设计者需要规划内部各个房间和通道的形状及布局，施工时，也需要相当高深的几何学知识及熟练的三维立体测量技术。此外，切实的规划、管理能力也必不可少，用以组织、指挥、激励十几万名工人在20年间完成如此巨大的工程。有了这些技术知识，古代工程师便可在开工前对大型项目进行规划——用现代的话讲，就是进行设计。所以，建筑工程学的历史可以说是工程师规划或设计建筑的历史，是工程师逐步准确地预测未来的历史。

据人们所知，约公元前450年，受希腊文明的影响，地中海东部地区出现了结合数学、工程科学的按照先后程序设计的实例。数学及大型建筑与城市设计的艺术也由印度、中东地区引入欧洲。事实上，最早的建筑艺术书面实例出现于约
公元前1780年的古巴比伦的《汉谟拉比法典》。 3
该法典由古巴比伦首位统治者汉谟拉比（公元前1792—前1750年在位）制定，覆盖了社会的各个方面，例如，具体的建筑法律阐述了专业分工理念及此类工作需要具备的特殊技能等。

这一时代保存最完好的遗迹位于地中海的克里特岛。当时处于米诺斯人昌盛的时期，在公元前1800年至公元前1600年发展到了顶峰。建于
克诺索斯的米诺斯王宫，规模虽然并不庞大，但 2
其为皇家成员提供的舒适度在当时却是首屈一指

1

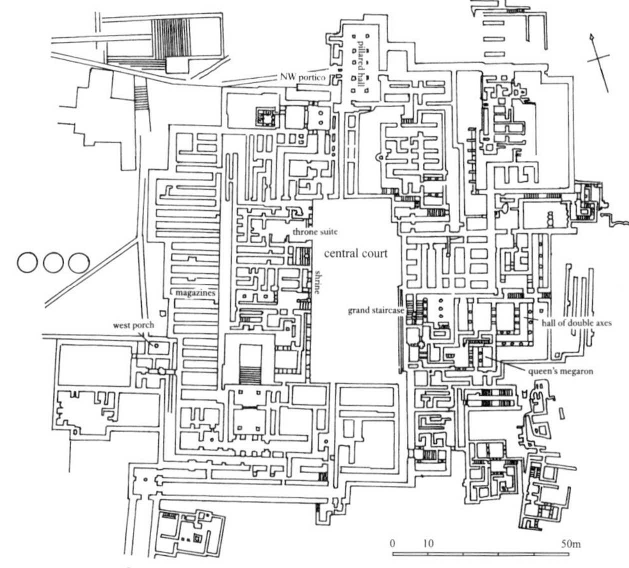
NW portico
pillared hall
throne suite
central court
shrine
magazines
west porch
grand staircase
hall of double axes
queen's megaron
0 10 50m
2

Col. XXXV.
COLUMN XXXVI.
3

4

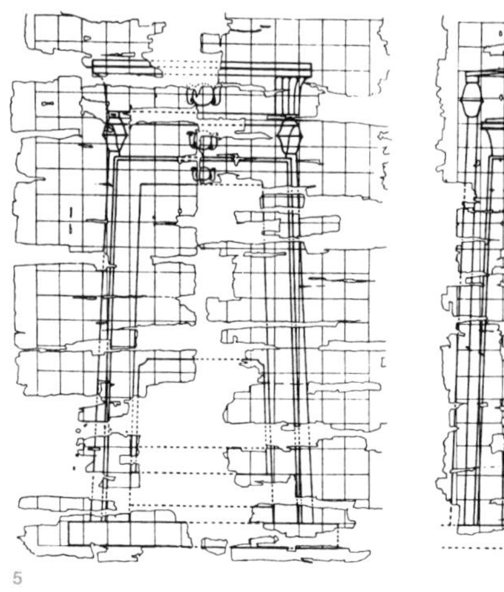
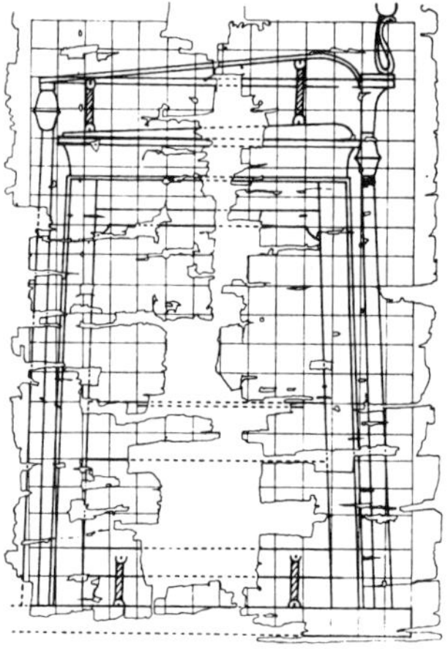
5

的：通过采光井保证了室内良好的采光，通过管道系统引入给水，卫生设施完善，甚至配备相关构件，实现了冲水马桶的使用。

公元前 1500 年左右，服务于埃及数代王朝统治者的庙宇和宫殿所采用的技术发展到了最大限度，当时大多采用的是常用于大规模单层柱廊和殿堂建造的石材柱梁。在早期建筑当中，最为
4 壮观的是位于卡尔纳克的卢克索神庙，该神庙自约公元前 1550 年开始由多朝皇帝分期建成，呈多柱殿堂的形式，占地约长 100 米、宽 50 米，近乎一个足球场或中世纪大教堂的大小。大块石板枕于石梁上，形成神庙的屋顶，由 134 根柱子支撑。中心柱廊的 12 根柱子，每根高约 22 米，直径约 3.5 米，中心柱距约 7.2 米；其余 122 根柱子，每根高约 13 米，直径近 3 米。柱廊通过约 5 米高的高侧窗采光，殿堂其余部分通过石板顶上的倾斜缝实现自然采光。

我们发现了大约在这个时期画在莎草纸上
5 的埃及图纸早期实例——尽管该图纸究竟是拟建建筑的设计资料还是落成建筑的记录资料，尚不明确。

纪念设施例如卢克索神庙的设计施工方法与小型民用建筑有很大的区别。当时大部分的住宅建筑用的是泥胚或泥砖、木材、茅草，比例参照人的身高，高度很少超过 4 米，所用的材料和构件由几个木匠和普通的劳工便可轻松操作。材料价格非常低廉，即使占主要成本的劳工费用也只比食物花销稍高点。

相比之下，庙宇的规模要大很多，因为要有足够的空间安放神像，且跨度也比民用建筑的大不少。在外形方面，为了实现特殊功能，也需区别于民用建筑，比如与远在其他城市的庙宇遥相呼应。人们期待建筑能长期存在，因此采用石材建造屋顶，烧结黏土砖也于公元前 1800 年至公元前 1700 年左右引入。此类建筑不仅需要投入更多成本，还要求采用非传统的建筑技术和施工方法。例如建造一座 8 米或 10 米高的庙宇需要用到大量石材，这些石材可能需要从很远的地方采购，或者事先预定，需要大量人力。负责执行本项目的人需要获取客户对建议书的认可，并向客户展示至少一幅草图或小模型。还可能需要预估工期、材料费用，并组织协调劳工，向其明确指示所需石材的数量和尺寸。各个劳工团队之间也需了解如何相互配合，协作共进，以便各部分能对应整体。任何讨论需基于相互理解和理性思考。事实上，当时每个大型建筑项目的流程与今日相差无几。

总之，在公元前 1500 年至公元前 500 年间，埃及人和古希腊人在建筑过程中发展了现代人称为“设计”的这门技术，这样的成果也是由设计建造规模更大、水平更高的建筑的需求所推动的。此外，同期快速发展的繁荣经济、丰富文化及先进技术也促进了“设计”技术的诞生。我们现在只谈有文字记述的实例：大约公元前 500 年，随着后来影响了地中海周边大量民众的希腊文化崭露头角，出现了有文字记载的实例。

1. 位于英国威尔特郡的巨石阵（Stonehenge），约公元前 2000 年。此图由威廉·斯蒂克利（William Stukeley）于 18 世纪 20 年代绘制。

2. 克里特克诺索斯的米诺斯王宫，约公元前 1600 年规划。

3.《汉谟拉比法典》，约公元前 1780 年。关于营造者的法律，石碑上刻有楔形文字，右侧配有英文译文。

4. 卡尔纳克卢克索神庙，约公元前 1300 年。图为多柱宫的入口，照片由古斯塔夫·勒格雷（Gustave Le Gray）于 1867 年拍摄。

5. 埃及神殿侧立面及正立面图，画于莎草纸上，约公元前 1400 年。

古希腊时期的建筑与工程

公元前 8 世纪左右，地中海东部地区的城邦开始走向繁荣。贸易往来和战争，使希腊建立了跨越地理甚至语言界限的文化传承体系。这就是希腊时期。荷马（约公元前 750—前 700）著述：先前各自独立的群体统一起来，成为当时的普遍目标。随着希腊人的自我认同感与自豪感不断增强，他们更加渴望建立一个深刻、持久、彰显自我文化的象征性建筑，因而开始营造无论是规模上还是数量上都超越以往的建筑。由于希腊人口众多，他们希望这样的建筑能反映其文化认同感，并将这些建筑与先前的以及当时邻邦的建筑区分开来，尽管他们从后者也学到了不少东西。同时，他们下定决心要确保这些建筑的施工过程具有高度可靠性。

这时，位于现在希腊半岛、土耳其、意大利南部，以及地中海东部岛屿地区的城邦蓬勃发展，人们开始通过公共建筑如市场、庙宇、剧院等集会场所来宣扬、展示这样的繁荣景象。与埃及宫室营造的为数不多的大型建筑不同，这些公共建筑反映了更为民主的空间环境，在古希腊各个地区得到人们的大量追捧与模仿。此外，在向埃及人学习设计大型建筑的过程中，希腊人形成了更为正规化的设计步骤，出现了大量独创性的思维方式，在改进工程流程的同时，提高了建筑质量。例如，公元前 5 世纪左右，构成柱子石鼓的常见做法是：柱子通过中间的硬木桩固定，仅用石鼓一圈的圆环部分上下支撑，当然石鼓一圈的圆环
6 需要打磨均匀以平摊压力，来保证柱子的稳定性。与使用每个石鼓整面支撑相比，尽管这样的做法更为经济实惠，但是每个石鼓都需要劳工花费大量时间精准加工。

屋顶上的石砌雕带和柱顶过梁通过工字型铁件连接固定在一起。埃及人采用过这样的方法，
8 也曾用各类铜质、铁质等工字型构件进行过尝试。据罗马自然主义者老普林尼（Pliny the Elder，约 23—79）所述，人们可以通过土斜坡将跨柱 8 米以上、重达 20 吨的石梁移至适当位置进行安装。

早期的砌体建筑依靠跨柱石材长梁支撑。“梁”字在拉丁语中为“trabs”，让人联想到“横梁式建筑”。在那时，负责营造设计的人常常被问到这些关键性问题：石梁跨度有多大？对于既定跨度，梁需要多高多厚？矩形是最有效的横截面吗？整个梁的剖面在不同位置需要保持一致的尺度吗？直到 1638 年伽利略（Galileo）出版了《关于两种新科学的讨论》（*Discourses on the Two New Sciences*），这些问题才有了科学、数学术语上的解释，后来的科学家也就这些问题进行了大量探索。但是这并不意味着古希腊工程师之前无法得知这些问题的答案。因为就连小孩子都知道筷子折一下就能断，知道细木条比粗木条容易掰弯。由此及相关知识我们了解到，人们并没有经过多少时日就意识到了加粗梁的中心部位便可有效加固建筑。另一方面，将长梁两端做细可减轻重量，同时又不影响其倚载能力。虽然建筑中采用此类想法的事例并不多见（原因见下文），但是古代工匠和工程师已经有所应用，古希腊兵器如投石器（弩炮）的精湛设计便是其深入的工程认识及过硬的工艺技术的有力例证。

尽管此类复杂结构技术在希腊建筑中体现不多，但是也有很多事例显示建筑工程师对于弯曲技术有相当见解。例如，考虑到石材的抗剪力比抗压力低得多，所以在梁横截面需要承担高度压力的地方使用更多建材。而跨两个柱子或过窗洞
门洞地方的梁，会将梁的断面高度向下扩一些。 9
我们在公元前 6 世纪至前 4 世纪时的大量石梁遗迹中也发现了这一点。

爱琴海北部萨莫色雷斯岛有一著名的梁，建于公元前 4 世纪，长 6 米，体现了对“最有效横截面及中跨做厚的优势”的认知。其立面意义与
现在所用的弯矩图（bending moment diagram） 10
基本一致，指出梁必须具备抗压能力，以承受自

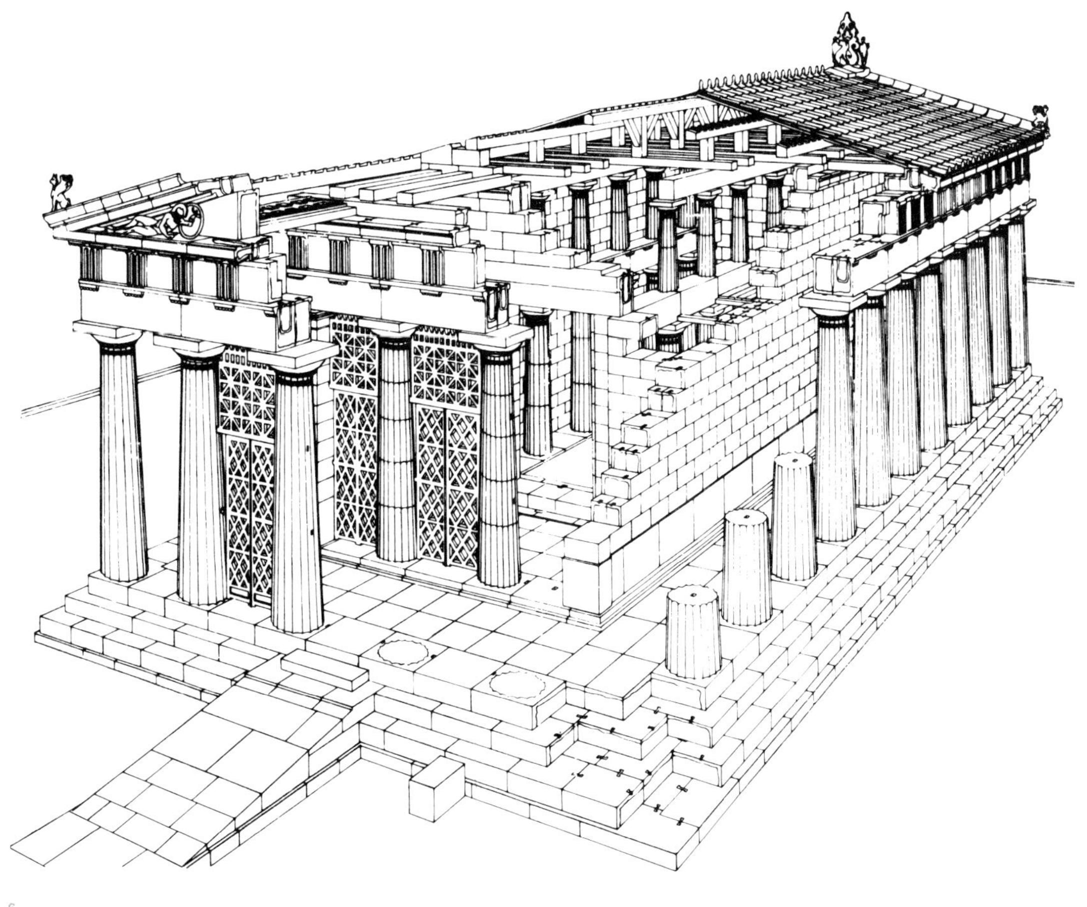

6

身重量及附加荷载。

为什么当时人们已经有了这样的见解，却不广泛应用这样的梁呢？答案可能是成本原因。当时主要的结构材料是木材与石材，这两种材料都需要将大树或大块石材加工成适当尺寸，以达到建筑部件的要求。尽管将这些材料加工成最有效、最轻便的结构形式也是可能的，但是结构性能的优势并不会抵消加工而产生的额外成本，这就是关键问题了，因为很多情况下，没有截面大小区别的矩形梁也能满足建筑要求。一般情况下，人们会裁切石材尺寸以减轻重量，以便更方便地将石材运至施工现场并安置在适当位置。保险起见，上述的解决方案又似乎不甚明智，因为可能会造成尺寸误差，而结构设计会考虑将工程风险控制在一定范围内。当然，通过降低结构重量实现最大跨度则是例外情况，比如萨莫色雷斯岛梁的设

6. 古希腊埃伊纳岛阿法伊亚神庙（Temple of Aphaia），约公元前 500 年。显示结构的剖透视图。

计便是如此。该基础理论事实也同样适用于今天建筑中所用的石材及木材。18 世纪晚期引入铸铁时，材料重量的经济性才成为标准结构部件的主要影响因素。与木梁石梁不同的是，铸铁梁成本的增加与铁重量的数值直接相关。

由于木材容易腐烂，所以关于希腊古代庙宇屋顶结构的架构方法几乎无迹可寻。总体来讲，屋顶采用架于人字坡顶两侧的椽条。这一做法利用了木材优越的抗弯性能，受压的木椽条可微弯曲，充分发挥了优势；但另一方面也由于坚度不够，木椽条在负载情况下易出现较大变形，因而木结构跨度较小——最长 7 米。如需加大跨度，则需在椽条中跨的位置设置支撑以防屋顶陶瓦的重量致使其变形。希腊早期此类屋顶桁架无迹可寻，但中世纪这种屋顶被广泛应用。

砌体结构取得的这些成就，在希腊时期及希腊化时代的建筑中得以充分体现。公元前 3 世纪和公元前 2 世纪时，大量书籍将人们认可的最大成就一一罗列。公元前 100 年左右，人们就远古世纪七大奇迹达成了一致意见。值得说明的是其中六个是最佳建筑实例或土木工程实例。七大奇迹中最古老的是基奥普斯金字塔，高约 150 米，是 14 世纪尖塔大教堂出现前世界上最高的建筑，也是七大奇迹中唯一幸存到今日的建筑。下一个最古老的奇迹是巴比伦空中花园（Hanging Gardens of Babylon），沿幼发拉底河而建，可追溯到公元前 600 年左右。尽管该传奇花园的规模、位置、存在时间有待商榷，但是通过各种相关描述可见该花园的确是一大奇观 [“空中”（Hanging）一词用以描述诸多高大结构，例如建于 532—537 年的君士坦丁堡圣索菲亚大教堂（Hagia Sophia）的巨大砌体圆顶]。持续灌溉花园的水来自河水，由人力机械送至 50 米的高度，地下管道通过使用铅片或沥青以达防水要求。希腊作家斯特拉博（Strabo，约前 63—21）在公元前 1 世纪对该花园进行了描述，这已经比人们认为的竣工时间晚了 500 年左右。因而很可能该花园当时已经不再全面运行，甚至已经出现毁坏的情况：

> 花园由拱顶的房间构成，依次搭接于空心棋盘式立方体基座之上。该立方体基座由烧结砖和沥青制成，建筑覆盖了相当的深度，甚至可令大树在其中生长……有台阶通往退台式的屋顶平台最顶部，楼梯两侧是可旋转的螺纹槽，人们可以通过这些螺旋桨状的槽把幼发拉底河的河水源源不断地导入花园。[②]

另一大奇迹是位于以弗所（Ephesus）的阿 7
耳特弥斯神殿（Temple of Artemis），于公元前 300 年左右竣工。该神殿是公元前 550 年左右，为阿耳特弥斯神在以弗所建造的首个神殿，传说神殿中有一块来自木星的圣石（陨石）——古希腊语称“自天而降”。神殿曾被火烧毁，于公元前 350 年在原址进行重建，占用面积与原先相同。原始神殿的柱子高约 18 米，新建后高 19 米，共 120 根，总体建筑占地约长 129 米、宽 68 米。雅典帕特农神庙（前 447—前 438 年）占地约长 66 米、宽 32 米，柱高约 10 米，可见阿耳特弥斯神殿比帕特农神庙大七倍之多。神殿存在了 700 年之久，后来被拆除，石材用于建造基督教堂。公元前 230 年左右的一本书描述了世界七大

7. 二次修建的阿耳特弥斯神殿，于公元前 350 年左右竣工，场址仍位于公元前 550 年的原始神殿。这是数码复原的建筑效果图。

8. 上图：古希腊、罗马庙宇建设中采用工字型和 Z 字型铁件固定相邻石材；下图：配有铁或硬木中心桩的柱子石鼓。

9. 古希腊建筑中异型石材梁的截面。

10. 用于支撑大理石方格天花板的石材梁截面，见于萨莫色雷斯岛，公元前 4 世纪晚期。

7

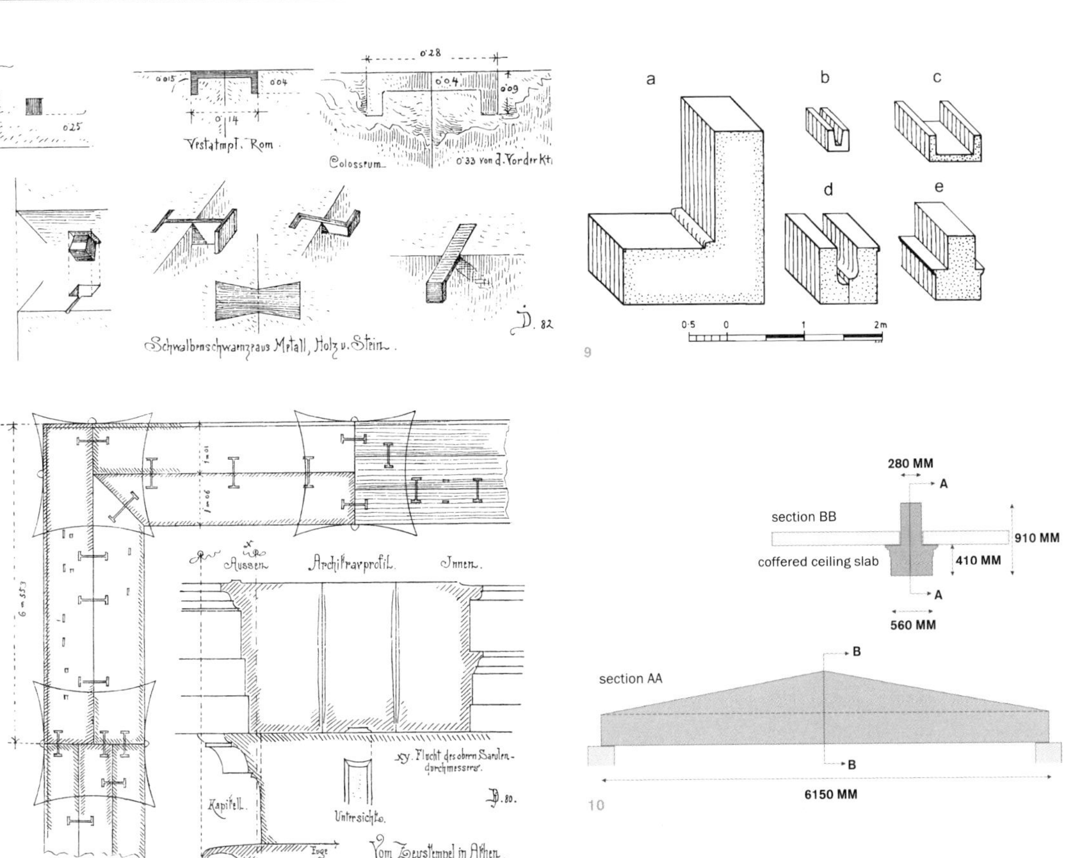
Vestatmpl. Rom.
Colosseum
Schwalbenschwanz aus Metall, Holz u. Stein.
Aussen
Architravprofil.
Innen.
Kapitell.
Untersicht.
Vom Zeustempel in Athen.
a
b
c
d
e
0·5
0
1
2m
280 MM
section BB
910 MM
coffered ceiling slab
410 MM
560 MM
section AA
6150 MM

8

9

10

奇迹，书中表现了作者对阿耳特弥斯神殿的钦佩至极之情：

> 我曾目睹过古巴比伦空中花园、奥林匹亚宙斯巨像（the statue of Zeus at Olympia）、罗德岛巨像（the Colossus of Rhodes）、大金字塔、摩索拉斯基陵墓（the tomb of Mausolus），但看到直入云霄的阿耳特弥斯神殿后，这些奇迹就黯然失色了。③

罗德岛巨像落成于公元前 280 年左右，人们为了庆祝成功围困德米特里 [Demetrios, 亚历山大大帝（Alexander the Great）的一员大将] 军队而建。罗德岛支持亚历山大另一位大将托勒密·索特尔（Ptolemy Soter），托勒密将军后来成为埃及亚历山大的统治者，称托勒密一世（约前 367—前 283）。巨像坐落于罗德岛同名首都的天然港入口处（距离现土耳其西南岸约 30 千米），高约 35 米，站立于约 16 米高的基座之上。雕塑造型呈现了传统的希腊特征：裸露，头戴尖顶皇冠，以右手遮挡眼睛免受日光照射，左臂搭着一条斗篷。拜占庭的菲隆这样描写罗德岛巨像：内部装有两三个石柱，高度与头齐平，彼此以过梁或石梁连接，连接层应不止一处。石柱处设有向外沿至塑像表面的锻铁条支架。此外，铁条与铆接的青铜胸甲相连，胸甲在安装前已经过浇铸捶打成型，并进行了抛光处理，使塑像拥有光亮的外表。据说塑像所用金属大多是从德米特里战败逃亡后遗留下来的兵器中回收的。很遗憾，罗德岛巨像被公元前 224 年的地震摧毁，其后很多碎片仍保留在坍塌的地方，直至 656 年阿拉伯人占领了罗德岛，才得以被采集。

远古世界七大奇迹中历史最悠久的是建于法
11 罗斯岛的灯塔（Lighthouse at Pharos），它是埃及北部亚历山大新城港口入口的标志性建筑。亚历山大大帝于公元前 332 年建立了该城市，但他于公元前 323 年就离世了，当时还有大量工作尚未完成，随后由其继承者托勒密·索特尔统领埃及继续亚历山大大帝的使命。托勒密在尼罗河三角洲西端建了两处深水港口，一个用于尼罗河运输，另一个用于地中海贸易。托勒密于公元前 290 年组织建造法罗斯岛灯塔，为领航员提供指引，同时也以此作为该新兴城市的标志。灯塔于公元前 270 年其子托勒密·索特尔二世执政时期建成完工。整个建筑由料石建成，并采用铅片加强各层之间的支撑力。据估计，灯塔高约 300 库比特（cubits），即约 120 米。灯塔由三大部分组成：底部剖面为空心方形建筑，底面积约 32 平方米，高 65 米，内部约有 50 间房子和一个坡道，马车可行走其中运送建筑材料。此基础之上是高约 32 米、直径约 12 米的八边形塔楼。再上方是一座几乎为圆筒状的带有收分的塔，直径约为下 6 米、上 4 米，共高 20 米左右。从柱形塔可沿楼梯间攀至圆顶塔楼，这里是点燃烽火的地方，同时也是灯塔看护人的居住场所和烽火燃料存储场所。据说夜间或者白天有烟雾的天气状况下，都能在 60 千米开外的地方望见灯塔。

灯塔设计者尼多斯·索斯查图斯（Sostrates of Knidos）巧妙地实现了令自己“不朽”的愿望。当时托勒密二世拒绝索斯查图斯将自己的名字刻于灯塔基座上，设计者抗旨将这一段铭文刻进了基座里面的砌石上：“索斯查图斯，尼多斯之子，代表在海上航行的人们将此灯塔献给圣神救世主。”这些铭文藏于一个石膏涂层的下方，它的上方是托勒密的名字。然而随着时间的推移，石膏涂层渐渐褪去，露出了这段铭文。

灯塔吸引了大量游客前来参观，在一层顶部观景平台有食物售卖。参观者也可以攀到八边形塔的顶部领略更佳的景色。尽管灯塔曾在地震中受到一些损坏，但是据说在 1115 年时仍然比较完整，发挥着灯塔的作用。后来灯塔所在地于 1303 年爆发了一次严重地震，接着于 1326 年又爆发了一次，与地中海东部许多古代建筑一样，该灯塔也没逃过地震的摧毁，终结了生命。

和现在一样，建筑施工对环境也存在一定影响。古希腊时建造者们通过节省的方案和独特的设计竭力缓解这一影响。随着希腊城邦的不断扩大，建设不断增加，自然资源的需求量也越来越大。用于造船、建筑的木材需求激增，特别是用于冶炼矿石的木炭会消耗大量木材。金属需求激增，如锡、铅、铜、青铜，尤其是铁；金属的生产也需要大量木炭。

公元前 5 世纪，古希腊很多地方几乎砍掉了所有的树。哲学家柏拉图发现他的故乡阿提卡山“像尸骨一样，没有了往日鲜活的肉体。”[④]随着燃料越来越短缺，当地政府不得不立法进行管控：雅典曾禁止用橄榄木制作木炭，禁止向邻邦出口任何木材；科斯岛上，政府对家庭取暖和做饭所用木材进行征税，加以控制；提洛岛上，由于当地没有木材来源，木炭销售由国家控制，以防出现个人敲诈现象。另一方面，木材的严重短缺也推动了砌体结构在建筑中的使用。

木材不仅用于建筑、造船、冶炼，还是当时家庭做饭、寒冬取暖的唯一燃料，是日常生活的必需品。面对燃料紧张的情形，减少取暖需求的更为复杂的建筑出现了。设计者开始钻研如何在白天利用太阳能使建筑的外部吸热，而在夜晚温度降低时释放太阳的能量。遮蔽门廊等设施可让冬日斜阳照进建筑，同时也能遮挡夏日的暴晒。小型北向的窗户可尽量减少太阳直射产生的热量，保持室内房间凉爽，同时也能满足通风要求。当时还没有用于通风隔热的玻璃，窗户通过遮板来抵挡冬季严寒。

12、13

希腊北部奥林索斯镇就出现过这种太阳能设计的实例。公元前 5 世纪，该城处于发展阶段，计划在已有城区的北侧进行大规模发展，建造可容纳 2500 人的住房，建造之用心，完全不亚于今日。为了确保住所能坐北朝南，街道的布局呈东西走向。住宅分别位于街道的南北两侧，因此住所设计按路南、路北分为两类，每类的房间都设计为南向临院，确保冬季能在最大程度上得到太阳光照。

希腊其他多个城市也见证了这一规划的妙处，现土耳其的普南城（Priene）就是其中的一个典型。这里常发生洪水灾难，让古城困扰不已，因此公元前 350 年左右，社区约 4000 名居民决定搬迁至山坡上更宜居的地带。面对这样的大型整体搬迁，规划者需要对新城各个细节进行筹划，包括设计合理的给排水系统。建筑及街道的朝向不仅考虑了日照方向以便最大化利用太阳能，还考虑了主导风向：冷风来自北侧，因而对房屋的北侧墙体加厚处理，以便挡风隔热。

苏格拉底（Socrates）、柏拉图、埃斯库罗斯（Aeschylus）等数位哲学家、科学家在各自的著作中都着重描述了此类关于城市、建筑的设计方法，用以说明他们为了阐释世界运作而研发的科学原理。亚里士多德（前 384—前 322）在他的一本书中写道：城市规划建筑设计的“理性研究”方法是当时的一大“现代化时尚”[⑤]。这里的关键词是“理性”，这使我们发现了希腊哲学家对工程学的主要贡献：规范逻辑，并通过逻辑论证说服持不同意见的人。

古典时期的数学、科学、工程学

说希腊哲学家创立了西方文化环境下人们思索世界的方法，绝对不是夸张之辞。他们建立音乐、天文学、植物学、动物学等学科中的系统方法来描绘世界，试图让自己的想法结构化、秩序化，并以此建立模式、关系、阶层。分类学可喻为国王，或者王后，因为总的来说，这些观点的目的在于通过无形的逻辑方式连通各种思想。

希腊人开发的最有潜力的工具之一就是几何学。他们将几何学分为两类：一类是基于现实世界的客观物体，另一类是基于抽象世界的理性思

11

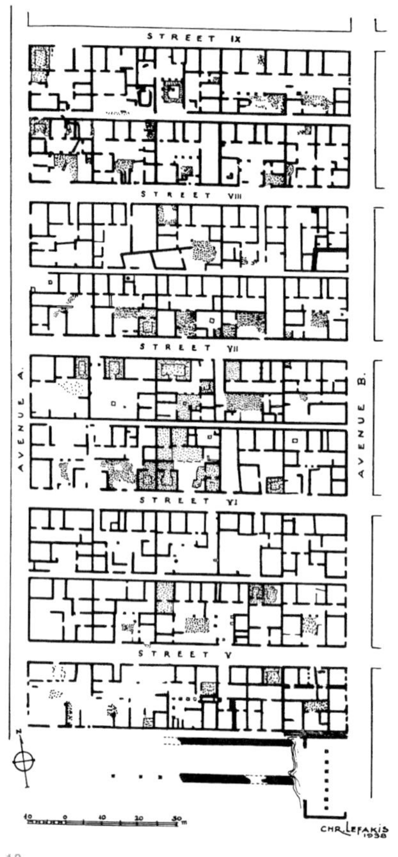

12

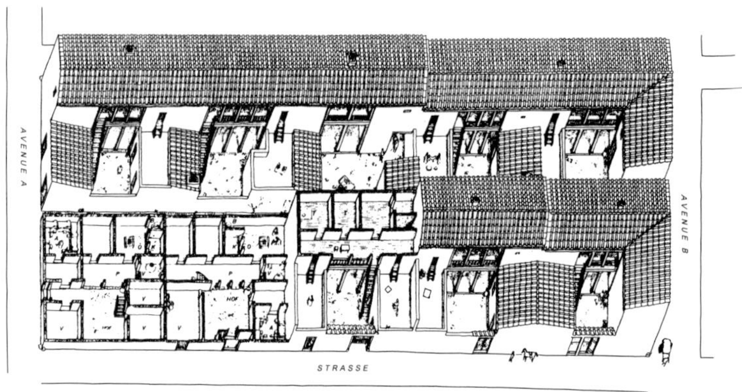

13

11. 亚历山大法罗斯岛灯塔，公元前 270 年。设计师：索斯查图斯。此图为复原图。

12. 希腊北部奥林索斯城市平面图，公元前 5 世纪。

13. 奥林索斯房屋，此图为复原图。

维。他们尝试将“通过测量法得知的石头形状是方是圆”与“抽象形状——尺寸及各类几何特征无须验证”区分开来。从泰利斯（约前 640—前 546）和毕达哥拉斯（约前 582—前 507），到欧几里得（前 450—前 374）等数学家，认为几何学是通往希腊文化最高境界——逻辑与修辞的有效工具。运用意识中的抽象线条，例如画草图的方式，描述那些难以想象的事物时，可能就能判断出其确定性，比如某条线段是另一条的两倍。

身处这个渺茫而又令人难以预测的世界中，哲学家在证明某事某物是客观无疑的过程中，渐渐打开了宇宙的神秘之门。几何学是世界构建法则的表现形式，是毕达哥拉斯及其追随者的伟大著作的基础。毕达哥拉斯试图用几何学和简单比值解释世界，其原型实例就是音乐与和声学。各类辅音音程——八度、五度、四度等，与振动弦长度的简单细分（2:1、3:2、4:3）一致。同样，人们认为宇宙是一系列同心球，这些同心球的半径成简单比例，与音程类似。事实上，希腊时期的和声学，几乎与当今物理学、化学一样，在解释宇宙现状的原因及形成方式时起到了很大的作用。和声学是了解世界的一把钥匙——直到 17 世纪，它都作为学术中心的核心课题为人们所学，可见其作用非同一般。约翰尼斯·开普勒（Johannes Kepler）、伽利略、勒内·笛卡尔（René Descartes），甚至艾萨克·牛顿（Isaac Newton），他们在研究行星运动的过程中，常常轻松自然地从数学探讨到天文学、和声学、静力学、光学。

希腊哲学家、数学家、物理学家开发了力学，并采用几何学的逻辑严密性解释、证明关键器件，如杠杆、楔子、螺丝、滑轮等存在的潜在机械效益，这些机械效益能把人们有限的力量放大几倍。该方法对物理世界进行了解释，在公元前 400 年左右，被塔伦特姆（意大利南部城市）的阿尔库塔斯（Archytas，约前 428—前 347）——人称数学力学之父——首次引入其著作当中。阿尔库塔斯属毕达哥拉斯的物理、数学学派，其著作《关于管道》（*On Pipes*）和《关于力学》（*On Mechanics*）是现今本主题下流传下来的最早作品。其力学作品提出的模式几乎受到古典时代每位数学及物理学领域的作家所推崇和阐发，直至 6 世纪安提莫斯（Anthemius）和埃图库斯（Eutocius）时期。阿尔库塔斯诸多关于数学主题的著作中，一部名为《关于和声》（*On Harmony*）的作品描述道：基于音乐理论及几何学的科学，就本人而言，在解释世界运转方式方面与力学具有同等重要性。阿尔库塔斯曾经做过一个逗弄小孩子的力学玩具，亚里士多德看了后称赞不已。他还做过小鸟模型，小鸟由压缩气体驱动，可飞行 200 米左右，由此他还编写了一部著名的假想旅行记，即乘坐密封球环游世界。

由于古希腊许多早期哲学家、数学家、科学家的钻研都是为了获得知识回报，所以他们的课题大都紧紧围绕着世界性问题，尤其是战争的艺术，包括船只、防御工事、兵器如弹弩等的调查、测量、设计与建造。哲学家和科学家们还进行了各类研究，探索如何改善兵器的投掷力、如何提高船只速度与效率等问题。除了建筑与制造工艺技术外，人们似乎可以通过两类正规方式学习用于军事方面的工程学知识。军事学校主要传授军事技术，普通科学教育例如力学、几何学、天文学等学术科目设于其他学校，授课老师均是当时著名的学者。也有可能很多学校同时设置了这两类课程，遗憾的是，这些学校的信息竟然无迹可寻。柏拉图（前 427—前 347）于公元前 387 年出于教育与政治目的，在雅典创办了自己的学校，很多哲学家、律师、天文学家、数学家都在这里接受过教育。当时是否有正规课程或讲演不得而知，但是我们了解到亚里士多德 20 年后在这里上学时，学过修辞学和政治学。亚里士多德后来也加入了教师行列，教授修辞学和辩证法。学校

几何学：论证和公理

几何学的形式基础是一些公理。几何学中的所有事实和理论均来自这些公理，这些公理通过推论各种规则及先前已经验证的理论而来。

假设：

四边形 ABCD。

结果：

构建一个三角形，以四等分四边形 ABCD。

过程：

连接 AC 两点，从 D 点出发，做一条平行于直线 AC 的直线 DE，于直线 BC 延长线交与 E 点，形成△ ABE。

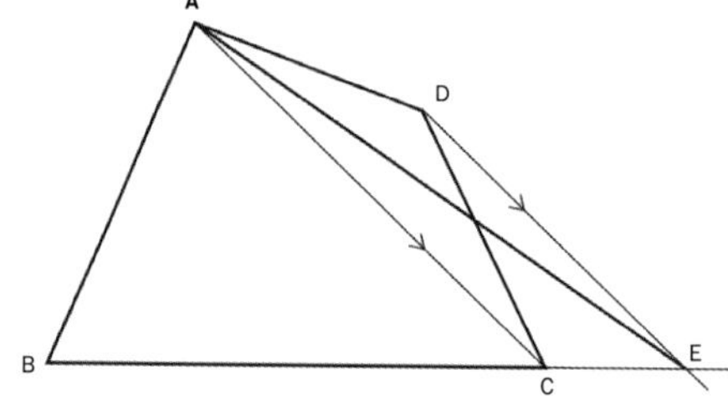

证明：

ABCD= △ ABC+ △ ACD（面积）

△ ACD= △ ACE（面积）（因为直线 AC 与直线 DE 平行）

所以：ABCD= △ ABC+ △ ACE（面积）

△ ABE= △ ABC+ △ ACE（面积）

所以：ABCD= △ ABE（面积）

以各种形式维持到了 529 年。

亚里士多德在 20 年后离开了柏拉图学校，受亚历山大大帝的资助，于公元前 335 年在雅典创办了擂台学校（rival institution）——吕克昂学院（the Lyceum）。学院设有多种科目下的正规课程，其中多科由亚里士多德亲自教授，例如逻辑学、物理学、天文学、地震学、动物学、形而上学、神学、心理学、政治学、经济学、伦理学、修辞学、诗学。亚里士多德的诸多成就中，意义最为深远的一项是在逻辑学基础上研究理论科学，例如几何学基于系列公理一样。这一成就比欧几里得几何方面的公理学结构要领先至少 30 年。

公元前 290 年，托勒密·索特尔（托勒密一世）创建了亚历山大博物馆，宣称其目的在于收集各类权威著作，以便促进文学、艺术研究，激励并协助实验科学与数学科学方面的调研。

“博物馆”一词原意为缪斯（Muses）女神的圣殿，但此处按今天的说法称为“大学”则更为适宜。该大学从吕克昂学院广设的课程中汲取灵感，不断发展，成为古代学校中最为成功的一个，也是现代化学术机构的基础模范。随后 900 年间，它吸引了来自东西罗马帝国的大量学者。著名的亚历山大图书馆也坐落于此，是该博物馆的一大重要组成部分，据说在其鼎盛时期，藏书近 75 万册。

亚历山大大学师生中有很多响当当的人物，比如几何学家欧几里得和工程师阿基米德、西比乌斯、菲隆、亚历山大海伦。看到他们杰出的事业、成就与作品，我们便能体会到希腊工程和罗马工程所达到的高度。

古希腊时期的工程师

西西里岛西拉库斯（Syracuse）的阿基米德（约前287—前212），曾就读于亚历山大大学，因发明人类史上流传最久的两大机械——至今仍用于提升水的阿基米德螺旋泵和复式滑轮，很快便扬名万里。对于复式滑轮，罗马历史学家普鲁塔克（Plutarch）在其创作于公元100年的著作中描写了神奇的复式滑轮实验，该实验由西拉库斯国王希罗（Hieron）提出，国王想让阿基米德展示一下小小的滑轮是否真如其所说的那样神奇——阿基米德曾在致国王的一封信中声称：在足够力度的驱使下，他的滑轮系统能移动任何既定重量的物体。

> 对此，希罗国王感到不可思议，便让阿基米德做一次实验，看看小小的工具如何移动重物。实验选定了国王军械库的一艘货船，空船从码头拖出来都需要大量人力，更不用说实验前船上还满载了乘客和货物。实验就要开始了，国王坐定观看，只见阿基米德几乎不费吹灰之力就用复合滑轮上的绳索拉起船只沿直线前进，行驶平稳顺畅，如同在海上一般。⑥

阿基米德在工程技术方面的成就练就了他作为军事工程师的本领，得以向国王效忠。他不但名扬于自己的国度，就连敌军闻其大名都如雷贯耳。其诸多成就中，名气最大、最为成功的是为保护家乡西拉库斯而设计的器械，用以抵御公元前212年罗马人对西拉库斯的围攻。普鲁塔克（Plutarch）写道：

> 作战时，阿基米德用他设计的器械把敌军投射物和大块石头扫射得火花飞溅。飞行物重量无人能挡，敌军被成堆击倒，队伍乱作一团。与此同时，大梁突然从船壁伸出船体外，巨大自重又把很多人拖入水中。另一些人被船头的铁爪勾住，像被吊车喙挂住一样抛到空中，再被狠狠地甩到船尾，或者一直被吊着绕圈，撞向伸出船体的钢壁上，这狠狠地打击了船上的敌军士兵，让他们葬身于此。另外，还经常看到船只被吊离水面，像挂起来一样四处旋转，船上敌军被抛出到处乱飞，直到所有人员都被清空，场景着实可怕。⑦

然而，阿基米德并不想当工程师，他的作战器械只是应朋友西拉库斯国王的邀请而设计的，而且他对其作战经验不著一字。普鲁塔克这样贴切地表述阿基米德矛盾的态度：

> 阿基米德拥有无比崇高的精神、深刻的灵魂、诸多科学理论，尽管他的发明为其赢得了神人的头衔与睿智的盛名，但是他不愿就此话题撰写任何文章。他认为满足生活需求方面的工程著作及各类艺术都是粗俗不堪的。他只专注于那些自身意义不受“必要性旗号”禁锢的研究。这些研究主题完全不同于展示性主题——前者给人以壮丽与美感，后者是精密度与无穷力量。⑧

当然，正是阿基米德这些杰出的才能使其成为古代物理学家及数学家中最负盛名的一位。他的著名理论现在人所共知：浸入液体中的物体受到向上的浮力，大小等于它排开的液体受到的重力。他还被誉为微积分的早期始祖，所发明的穷竭法（method of exhaustion）可通过积分法计算不规则形状的面积。然而，阿基米德在数学及物理学方面的成就在其生前甚至后来很长一段时间内都不为人知。直到700年后希腊科学家阿斯卡隆的埃图库斯（Eutocius，约480—540）编纂出版了关于这些成就的作品后，人们才开始广泛了解。

亚历山大的西比乌斯（约前 285—前 222）是一名埃及军事工程师，其盛名仅次于阿基米德，曾著有两本战争力学与器械方面的书籍——《力学纪要》(*Memorandum*)与《毕龙剖提卡》(*Belopoietica*)，但遗憾的是现在均已失传。西比乌斯发明了多种弹弩，其中一种采用了铜制弹簧，与其他有机材料（绳索、动物筋）制成的弹簧相比，铜制弹簧的优点在于不受潮湿影响。另外，他在空气压缩与弹性方面的成就也非常重要，为其赢得了“气动力学之父”的称号。他发明了现在还为人们所用的真空泵，以及水力驱动或气动机械，这些机械有的还安有机械齿轮。举升重物的液压升降机及著名的水钟都出自西比乌斯之手。

然而，人们认为在工程学发展方面，西比乌斯取得的最大成就是创立了亚历山大工程学校（School of Engineering），并担任首位校长。该校建于公元前 230 年左右，目的与亚历山大大学颇为相似——为力学、军事方面的工程师提供教育和培训。如果人们称托勒密·索特尔的“博物馆”为大学，西比乌斯的学校则应称为“巴黎综合理工学院”（école polytechnique）——18 世纪建于法国的新型工程学校，体现理论结合实际的宗旨。

拜占庭的菲隆（约前 280—前 220）可能是一名军事工程师，遗憾的是他的功绩未曾被记录下来。人们主要是通过菲隆的作战术与围攻艺术对其有了了解。他遍询信息，请教拥有亲身经历的人，以增强对军事工程的了解。此外，他还亲访罗兹岛和亚历山大大型军械库，与工程师座谈，探讨最新的军事策略及最新兵器的设计与建造问题。例如访问亚历山大期间，喜遇西比乌斯——当时西比乌斯刚刚发明了铜制弹簧弩。关于作战术菲隆共著有 9 部作品：⑨

1.《简介》(*Introduction*)
2.《关于杠杆》(*On the Lever*)
3.《关于海港建筑》(*On the Building of Seaports*)
4.《关于弹弩》(*On Catapults*)
5.《关于气动力学》(*On Pneumatics*)
6.《关于自动化剧院》(*On Automatic Theaters*)
7.《关于堡垒建筑》(*On the Building of Fortresses*)
8.《关于城市围困与防御》(*On Besieging and Defending Towns*)
9.《关于战略》(*On Stratagems*)

不幸的是，仅有 4 部作品完整保留了下来（第 4、5、7、8 部）。第 8 部书中描写了如何用城墙防御陆路水路攻击方面的建议。在通过围攻法攻打城市方面，菲隆首先建议适当利用器械，如弹弩等兵器；随后尝试围困城内居民，使其挨饿致死；买通敌军相关人员，获取帮助；向城中人投毒；用密码破解保密信息等。此外，他强调了医生的重要性，还表示战争中受重伤致使今后无法再行工作的伤员应领取抚恤金，战场中牺牲的烈士的遗孀也应领取抚恤金。

第 4 部著作《关于弹弩》对工程设计的发展帮助最大。作为首部数学领域的实用性作品之一，该著作的学术气息并没有那么强烈。它总结了制造各类兵器、器械的科学依据，最重要的是，记录了希腊军事工程师用来确定弹弩、弩炮等兵器关键尺寸的设计流程。菲隆记录的是当时军事工程设计方法，这些方法只是历史长河中的一部分。结合这些方法自身的发展，我们有理由认为它们是类似方法中最接近现代时期的一类，至少在过去一百年内如此。

菲隆表示希腊人通过公式设计了投石弩炮和射箭弹弩，该公式将器械各个尺寸与基本单位——“模数”联系了起来。在希腊人称为

“palintone”的弩炮设计中，模数是拟投石头的直径。这一设计公式根据实践经验与各项试验总结出：为了实现特定的范围要求，扭力弹簧的直径（D）根据拟投石头体积（M）的立方根呈比例变化，即 $D=1.1\sqrt[3]{(100m)}$。此外，菲隆所述的设计方法还描述了弩炮其他十来个关键部件的尺寸，均基于各类基础公式中的弹簧直径算得。公元前 250 年，该计算方式对石弩设计师提出了一项挑战——如何计算数字的立方根？在此问题上，菲隆在数学知识方面又做了一大贡献：发明了几何方法来解决该计算问题。事实上，很多情况下，该答案无疑已经很明了——很多常规弹弩尺寸已经有预先计算好的数据。该立方关系的使用在当时已经相当成熟了，即使 3000 年以后，都未曾被超越。根据维特鲁威后来的记载，此类设计流程与同时期建筑设计师采用的其他流程非常相似（见下文）。

罗马时期的建筑与工程

希腊工程学过渡到罗马工程学没有明显的界限。罗马曾经是一个镇，或者更确切地说是一个国家，自公元前 509 年罗马共和国成立后，其重要性日益增加。其工程技术和成就同地中海其他城邦国家一起发展起来。公元前 5 世纪，雅典古典建筑已经对罗马产生了影响。当时，建造了萨图尔诺农神庙(Temples of Saturn，公元前 498 年)和卡斯特与帕勒克神庙（Castor and Pollux，公元前 484 年），这些神庙建筑虽然后来经历了大范围的重建，但仍然在公元 200 年的罗马广场（Roman Forum）中占据着重要地位，遗迹一直保存至今。与所有古代城市一样，罗马后来的发展逐渐覆盖了先前的发展，并受到各类贸易行为与活动的影响。公元前 1 世纪，罗马帝国与罗马城均蓬勃发展，大兴道路、水利、防御工事的建设。但是当公元前 45 年朱利叶斯·凯撒（Julius Caesar，前 100—前 44）当选为首位（也是末位）终身独裁官后，局面发生了戏剧性的改变，一年后朱利叶斯便被暗杀了。此后国家经过 15 年的分分合合，公元前 27 年，罗马元老院授予凯撒的甥孙、养子屋大维（Octavian，前 63—14）“奥古斯都”（Augustus，崇高的）和“首席公民”的称号，当时屋大维已经担任城市领事一职。元老院宣誓效忠最高统治者奥古斯都。此时，奥古斯都拥有罗马军队独立统治权，成为整个罗马帝国的得力领袖。与其他领袖一样，奥古斯都也通过建造史无前例的巨大建筑来建立、彰显自己的权威。但是在审视这些大作之前，本文此处将重点放在更贴近日常生活的建筑、工程的话题上。

罗马人之所以能将希腊人取得的工程技术保持在高水平，主要得益于各机构——尤其是亚历山大大学和工程学校——发展起来的教育基础设施，这是罗马共和国与罗马帝国整个时期最重要的学习基地。这里的工程学教学主要基于伟大的希腊作者的书籍，当然还有很多罗马作者的书籍，只是有些书籍的作者名字已经失传了。这一时期唯一流传下来的工程学书籍由亚历山大的海伦所著。海伦可能是当时著作最多的技术与科学类书籍作者[10]。虽然对他早期的生活没有相关记录，但据推测他可能接受过工程师培训，随后因在亚历山大大学和工程学校任教而为众人所知。很明显，他在实践方面，以及力学数学和科学方面拥有相当高的水平。他所用课本和讲义有的是自己编写的，有的是他对如欧几里得、阿基米德等人经典主题的评论及修改。海伦的诸多著作中，受到广泛认可的如下：

《力学》（*Mechanica*），共三册

《测量》（*Metrica*），专注于测绘方法

《关于平衡》（*Zygia* 或 *On Balancing*），已失传，希腊数学家亚历山大的帕普斯（Pappus of Alexandria，约 290—350）曾提及此书

《测量仪》（*On the Dioptra*），是一本教

授使用经纬仪测量的书

《欧几米德元素的注解》(*Commentary on Euclid's Elements*)

《武器制造法》(*Belopoeica*),描述了建造兵器和覆盖地面的方法,有些地方与菲隆和维特鲁威的著作相似

《关于拱顶》(*Camarica* 或 *On Vaultings*),已失传,阿斯卡隆的埃图库斯曾提及此书

《气动力学》(*The Pneumatica*),共两册,研究由空气、蒸汽或水压驱动的机械装置

《自动化剧院》(*The Automatic Theater*),描述了由绳索、滑轮、鼓、重力驱动的木偶剧院

《水钟》(*Water Clocks*),共四册

《反射光学》(*Catoprica*),关于灯光、幻影、镜像

另一部关于星盘使用方法的无名作,10 世纪时曾有所提及。

海伦的《力学》是就工程力学的论述,主要遵循阿基米德的理念,讲述了各类器械的理论概念和原则,并就其应用给出了实例。第一册研究了如何按照一个给出的尺度做出一个相对应的三维模型。同时,还论述了运动理论以及静力学中出现的某些问题,包括平衡理论。第二册讨论了通过杠杆、滑轮、楔子或螺旋状物举升重物,还谈到平面图形的重心问题。第三册研究了通过起重机、雪橇等方式移动、搬运物体的各类方法,还探讨了酒用榨汁机中用来增强力学效益的螺纹的应用。6 世纪数学家及技术作家阿斯卡隆的埃图库斯,对海伦所著的这部唯一的、吸引人的但已失传的建筑工程史中关于拱顶结构的部分非常感兴趣。数学家亚历山大的帕普斯这样描述海伦的观点:

海伦学派的工程师认为工程学可分为理论部分和实践部分,前者包括几何学、算术学、天文学和物理学,后者包括金属产品制作、建造、木工、涂装等需要手工技巧的项目[11]。

马卡斯·维特鲁威·波利奥

希腊和罗马时期的建筑设计与施工方面的书籍唯一流传下来的是维特鲁威(活跃于公元前 46—前 30 年)的《建筑十书》(*De Architectura*),该书于公元前 25 年左右在罗马出版。尽管著于罗马时期,但其内容从文化角度看既属于希腊时期也属于罗马时期。从文中鸣谢部分,我们很明显地看出在其之前几个世纪里已经有很多关于此话题的著作,维特鲁威本人也承认自己借鉴了这些作品内容。因而在维特鲁威著写某个庙宇设计时,很难具体说出所发生的时间。而在当下,参考书目很多,这就不是问题了:大多数建筑作品能追溯到三四个世纪之前。在维特鲁威描述多立克和爱奥尼式庙宇(Doric and Ionic temples)的设计方法时更加印证了这一点。在谈及某些主题例如声学时,维特鲁威大量借用了许多个世纪前的希腊观念和文章;谈及其他主题例如兵器材料、设计、建筑时,他是根据自己的经历讲述的,因此这些指导内容可以说成是当时——大约公元前 50 年的成果。

维特鲁威是公元前 1 世纪的工程师,也是首位服务于两代国王——朱利叶斯·凯撒与奥古斯都——的工程师。他学习的是军事工程,并以此开始了职业生涯,建造修葺弩炮、弹弩等。后来,随着在工程与项目管理方面的技能不断发展,他开始负责各类土木工程项目(例如给水),甚至可能(这一点不得而知)在罗马(奥古斯都后来声称自己"用砖砌而非石砌的方式建立了罗马"[12])重建过程中也担任了重要的角色。目前我们已知的与他相关的项目只有一个:位于亚得里亚海边意大利中部地区的法诺大教堂(basilica at Fano)。

《建筑十书》是维特鲁威在后半生所著,如

维特鲁威所著的《建筑十书》（约公元前 25 年）

这部巨著共包含十册，最后一册内容最多，讨论了军事工程，该领域是维特鲁威最初从事的专业。各册内容如下：

1. 工程师及建筑设计师的教育；工程学范围；城市规划
2. 建筑施工材料
3. 庙宇设计与施工
4. 庙宇建筑风格
5. 公共建筑设计与施工
6. 个人住宅建筑设计与施工
7. 建筑装修材料
8. 城市水的探索与供给
9. 天文学、日晷、水钟
10. 力学工程学——关于用于提升重物与水的器械；水车与工场；弹弩、弩炮、攻城器械等兵器

维特鲁威穿插讨论了设计与建造，比如如何确定尺度、相关配置、建筑定位，如何选择并使用适当材料。尤其强调了经济成本的重要性，通过各个方面节约成本，比如对材料及工地进行有效管理，尽量采用常见材料，避免使用那些难以在本地获取、难以操作或使用的材料。他也认真地对客户提出了建议，竭力让建筑成本符合客户的经济实力与要求，使最终建筑达到客户的预期。

维特鲁威将工程学（建筑学）分为三大方面：建筑工程、计时器械制作、机械制造，既包括建筑场地也包括大型作战兵器。他认为这三大方面依据下列三大技能联合发展：使用材料制作产品的技能、测绘技能、通过几何及算术计算的技能。

建筑工程

防御城镇及公共工程

防御目的：城墙、塔楼、大门、用于抵御外敌入侵的永久装置

宗教目的：庙宇等纪念不朽神灵的设施

实用目的：港口及公共聚会场所，如市场、剧院、浴场、柱廊、漫步道等

个人目的：住房等

计时器械制作

日晷、水钟

机械制造

施工场地与设备

吊车、起重机、行程计

兵器

弩炮、楔子、龟甲

果当时的建筑工程师和项目管理者的生活像今天这样忙碌的话，这本书可能只能是在其退休后创作。他主要服务于奥古斯都。值得注意的是，两千多年以来，这部作品一直持续受到人们的关注。大部分原稿保留到了 15 世纪，直到 1486 年才首次印刷出版。然而，书中没有维特鲁威所述建筑的插图，这对于北欧读者而言，就像谜一样。

本部作品于 1673 年首次被翻译成法语，1692 年翻译成英语。这些译本常常反映了译者的背景与态度。值得注意的是，人们用“建筑师”及“建筑学”分别表示维特鲁威及其著作。从字面意义讲，希腊建筑师是项目管理员及组织者，用今天的话说可能就是项目经理。希腊词“architektura”可能包含了我们今日所称的建筑与工程。由于没有适合的拉丁词汇，维特鲁威采用了希腊语直译过来的“architecti”。将希腊思想转换为拉丁语时存在一定难度，而再将其拉丁文章翻译成现代欧洲语言时，更是混淆了概念，由于这些译者对这一专业不甚了解，令建筑技术出现很多令人误解的地方。下文是维特鲁威第一册第一章开场白的译文，可能反映了他作为工程师的态度，比大多现代版本要更胜一筹：

> Architektura（工程与建筑）是一座涵盖大量原理与科学技术的知识宝库，也适用于其他艺术领域。这些成果的取得离不开建造与设计方面的技能：建造技能是在工艺及材料加工方面孜孜不倦的学习中形成的，而设计是表达拟建目标的方案，并通过工程知识及科学原理对该方案进行合理解释的能力。[13]
>
> 罗马原文如下：
>
> Architecti est scientia pluribus disciplinis et variis eruditionibus ornata quae ab ceteris artibus perficiuntur. Opera ea nascitur ex fabrica et ratiocinatione. Fabrica est continuata ac trita usus meditatio, quae manibus perficitur e materia cuiuscumque generis opus est ad propositum deformationis. Ratiocinatio autem est, quae res fabricatas sollertiae ac rationis proportione demonstrare atque explicare potest.[14]

维特鲁威谈希腊设计流程

通过维特鲁威对多立克和爱奥尼式庙宇设计流程的详细描述，我们了解到古希腊时期建筑规划与施工的三大方面：第一，希腊已经发展了建筑设计序列流程；第二，这些规划与施工基于图纸与几何学；第三，这些方法在一定程度上增强了设计师的自信，使其坚信预期的建筑在各个方面都能按照设计顺利运行。

多立克和爱奥尼式庙宇设计均于公元前 600 年左右创立。多立克位于希腊大陆与意大利南部和西西里岛，爱奥尼亚位于小亚细亚和地中海诸岛。两者不仅在外形上有所区别，在建造方法上也有所不同。

多立克设计——维特鲁威多次称之来源于希 14
腊——的概念非常简单：选择等同于柱子直径二分之一的单一基本模数，“一旦该模数确定下来，其他部件均根据该模数进行计算调整”[15]。于是，根据具体运算设定及序列，便可确立整个建筑各部分尺寸的设计流程。随后，建筑师便可选择相应特定的倍数及比值，来满足结构要求。这一
方法与石弩、弩炮设计师开发的方法如出一辙， 15
考虑到军事技术往往比非军事技术领先一步，我们认为该模数使用法最初是面对兵器建造而开发的。这里同《建筑十书》中其他讨论古希腊做法的章节一样，由于没有现成的拉丁词汇，维特鲁威用希腊词汇“embates”来表述模数的概念。

与多立克设计相比，爱奥尼设计更为复杂、成熟。该设计并不是通过单一模数计算建筑部件，而是创立了一个派生序列，用以依次计算（紧随

前面部件）各个部件的尺寸。连续部件的比值也比多立克设计的更为复杂，且相距较远的部件的比值非常难于计算。本设计法给予了更广的实验与变化空间。

维特鲁威关于多立克和爱奥尼式庙宇的设计流程，既包括简单的算术计算，也包括需要通过尺子、圆规完成的几何构造。有了这些方法，在施工前便可计算出整座建筑及其各个部件的尺寸，从而更便于与施工人员沟通交流。通过用建筑图纸和数据来交流设计方案，要比对施工人员下达系列指示好得多。用现在的话说这就是建筑的数学模型，是建筑的抽象反映，人们得以在实施之前就能对方案的设想进行试验。同时，还可以按步骤来预测设计方案的结果，找出设计流程中可能出现的问题，并尽早规避。这些宝贵技术于公元前 6 世纪发明，是希腊工程师留下的一大笔遗产。此外，编纂设计程序记录了往期项目的知识经验，便于他人了解这些信息，并将其广泛推广。这个设计过程可能只在一个人的脑海中形成，但却可能会出现在很多人的建筑设计中，从而形成统一的风格。另一方面，一个相邻地区或区域的结构形式似乎也反映了当地人们的审美偏好以及设计施工的水平。

建筑领域，需要完善的设计流程来增强使用者的自信，除此之外，在工作中还有另一个更为基础的要素。在古希腊时期，几何学远不止今日我们所理解的数学中的一门学科。希腊几何学家通过我们今日所说的物理、化学等科学发明了论证与逻辑的概念。他们仅仅通过几何学及简单的算术法则，就阐明了解释世界运行方式的基本定律。希腊和声学研究已经识别出弦长之间大量复杂的比值，正是这些弦长创造了和谐音或不和谐音的音符，这种比值关系在建筑设计中也有可参照的部分。同时，在解释杠杆、滑轮等器械的过程中，力学也得到了很好的发展，为设计过程中采用的几何学与算术法提供了更多依据。但是，由于没有确切的证据，如书面记载或保存完好的建筑，很难具体地说明这些尝试是如何通过服务于建筑设计者的和声学、几何学、力学来解释世界的。需要强调的一点是几何学与力学不仅仅是抽象科学，也是实用性艺术。通过几何与力学，我们可获取可靠的、重要的结果，即事先知道设计方案的最终结果。

但是 21 世纪的人们可能会问：这些与工程学有什么关系？肯定地说，希腊设计是纯粹的几何学或建筑学。还有人会问：如何分析结构工程师现在对付的荷载、弯度和应力？在某种意义上，这一问题是过时的，因为现代数学中荷载与应力的概念已经不存在了。而另一方面，该问题是在探究希腊人如何解释所用材料的强度联系尺度变化的建筑构件的。答案是如维特鲁威讲述过的早期设计原则和方法，包含了对建筑元素的所有影响因素，如视觉外观、结构重量、材料性质、施工方法等。设计过程似乎只是基于实践知识的几何，例如，用不同方法可以举升的石材的最大体积、使用不同种类石梁的最大跨度、木椽可以支撑的最大屋顶面积等，这一点所有有经验的工程师都了然于心。如果说因为不懂现代工程科学，希腊工程师就不知道建筑结构的运行方法，就大错特错了。只是当时没有发明好的方法，来以书面形式或图形模式存储这些知识，当时的知识是一对一教授的。在发明传播方法之前，这些知识已经流传了 1500 年。

维特鲁威谈环境设计

维特鲁威讨论了房屋朝向的问题，通过合理设置房屋的朝向，来获取太阳能取暖的最大效益。同时还介绍了房间布局、房屋风格、细部设计，给出相关建议，并结合温度、降雨量、湿度、主导风向、纬度等来更好地满足罗马帝国各地的要求。不仅如此，他还根据大海、河流、沼泽（可能散发有害健康的毒气）的位置，给出城镇选址

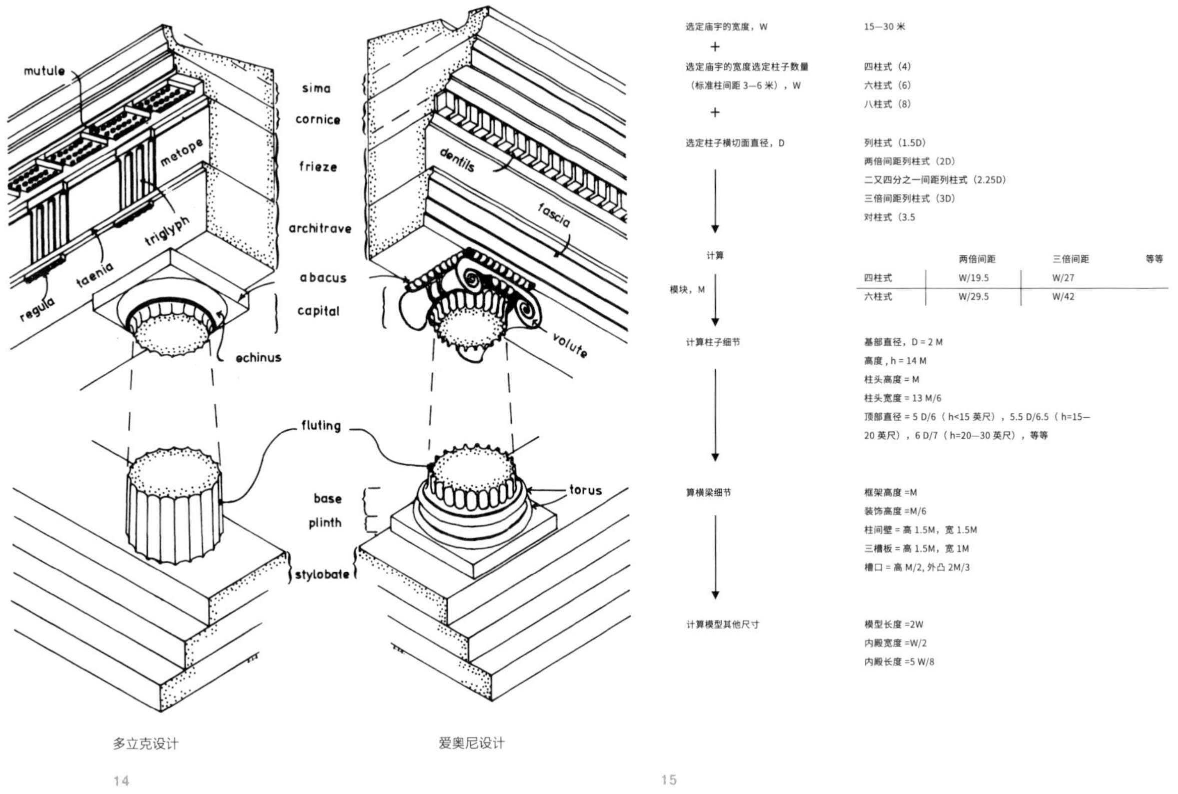

的建议。维特鲁威能以合理客观的方式讲出其设计理念。例如，为了便于携带贡品的信徒走向圣坛时能面对太阳升起的方向，神殿最好面西而坐；如果无法实现这一点，应尽量确保神像朝向城市，反过来也一样——全城民众也有开阔的视野来瞻仰神像。如果神殿临河或临路而建，则应面向河或路，以便过往的圣徒能观瞻神像，并面对面献礼。

维特鲁威用整整一个章节描述了街道走向与风向的关系（有人说四个方向，但根据“更认真的调查者”所述是八个方向[16]），详细说明了通过日晷精确探测风向的方法。例如，莱斯博斯岛的一个镇上，一刮南风，人们就会生病；刮西北风，人们就咳嗽，即使开始刮北风后痊愈了，由于太冷，人也无法在街上滞留。为此，他的建议是：考虑到强风会致病，房屋应该尽可能封闭严实以挡住来风。

对公共健康而言，饮用水的供应至关重要，为此维特鲁威在《建筑十书》中用整整一册描述了这一问题。维特鲁威认为雨水比地下水更好，因为雨水是受热而成——受热产生的水蒸气形成云。很多家庭在屋顶收集存储雨水供日常使用。

14. 根据多立克和爱奥尼规则设计的组件。
15. 约公元前 600—前 400 年，多立克风格的庙宇设计流程——根据维特鲁威公元前 25 年左右的描述。

他谈到了地下水、河水、泉水的纯度，认为一般情况下越清澈、味道越淡的水越健康，并认为煮沸的水更健康。此外他还谈到泉水中可能含有各类盐分，这些盐分中很多都具有治疗功能，而有些泉水则需谨慎取用，比如某地有一古泉，非常适于沐浴，但是如果用于饮用，饮用者的牙齿会在当日脱落。在卫生间及污水方面，维特鲁威并未谈及，这似乎有些不同寻常——尤其是他很可能曾经在罗马担任过水力工程师一职。

维特鲁威谈声学与剧院设计

希腊在公共健康方面的技术方法仍比较落后，但不能如此评价其在声学尤其是剧院方面的技术。同其他建筑一样，维特鲁威也就剧院的选址及朝向给出了建议——避开风向、远离“沼泽区域及其他有害身体的地区”[17]，这对于露天剧院而言是非常明智的建议。此外，他还谈及重要的几何问题，如平面、剖面、视线、出入口数量与位置及总体建筑结构。还表示，剧院需具备良好的空气循环条件，避免观众出现不适感。

最后，维特鲁威还用大量篇幅探讨了声学方面高度理论化的细节知识。这些理论不完全出自维特鲁威之手，因为他大量引用了声学方面希腊专著中的理论，可能追溯到毕达哥拉斯——公元前 530 年左右首位研究这一课题的人。维特鲁威从多个视角探讨了和声学。对于和声学他是这样形容的：一门晦涩、难懂的音乐科学分支，对于不了解希腊的人而言更为费解[18]，同时也承认了公元前 4 世纪的哲学家、音乐理论家亚里士多塞诺斯（Aristoxenus）的作品。和声学以希腊音阶的方式解释了音符高度及其间的音程，同时阐述了为什么有些音符组合是和谐的，而有些是不和谐的。

关于剧院选址，维特鲁威表示应考虑场址的声学问题。比如该场所不能存在回声问题，不能引起强音反射，因为这些问题会干扰声音直接传入听众耳朵，从而降低清晰度。此外，维特鲁威还着重探讨了大礼堂的声音问题，他表示频率不同的声音从舞台以直线方式传入观众席每位听众的耳朵时，应该如同掷入水中的卵石荡起的涟漪一样动听。要实现这一点，逻辑上就需要考虑采用倾斜的座位和半圆形平面的剧院布置。他反对设计垂直反射表面，因为这种方式特别影响尾音的清晰度，而在希腊语和拉丁语中尾音对于词义的理解非常重要，最终上排座位的声音效果会明显受到影响。此外他还表示这种反射波也会影响直达波的效果，使传入听众耳中的声音失真。维特鲁威的这些解释与我们今日的基本声学原则大体上一致。

维特鲁威还探讨了声箱（sounding vessels）的使用（现称为亥姆霍兹共振器，Helmholtz resonators，19 世纪德国物理学家介绍该共振器功能后如此命名），它增强了人声的某些频率，从而提高了清晰度。该声箱的两端未进行封闭，由铜制成，调为半音阶的六套音符。六套声箱中的两套呈对称方式设于剧院中心线任一侧的座位底下。对于超大型剧院，其上排位置还将额外设两套声箱，每个音高要稍低几个半音程——共有 36 个音符。维特鲁威承认自己对罗马剧院的声箱不了解，原因是“罗马每年建造的很多剧院都采用大量木材，这就不存在石材带来的反射问题”[19]。他还表示木材面板本身就能引起共振，方式类似于声箱内的空气共振，从而提高了清晰度。对于声箱的效果，人们未证明其改善了清晰度，这可能也是声箱未在罗马应用的原因。罗马剧院是否可与希腊剧院的效果相媲美我们不得而知，但是
为了达到更好的效果，无疑这两类剧院的设计都 16
考虑到了声学因素及相关专业技术。

维特鲁威就声学的最后一点建议，是关于一个参议院议厅建筑的高度应为宽度的一半，且应沿整个房间在内墙面上固定木质或灰泥檐板。他表示如果不这样做，演说的声音会向上传播，消

失在高顶中，而檐板能留住声音，从而确保了清晰度。[20]

罗马工程遗产

对于希腊与早期罗马时代所采用的建筑工程与施工方法而言，最为引人注目的地方是一些两千年后也仍在采用的类似方法。这里并不是诋毁后来的方法，而是对这些在公元前 100 年左右使用的著名方法加以肯定。这一时期建筑技术领域出现了很多杰作，其中最为震撼的是：

· 精确的测绘技术
· 人造建材（如砖、混凝土、铁）的大量生产
· 水硬水泥的发现
· 拱门和桶形拱顶的使用
· 桥梁及拱门、拱顶、圆顶中心木框架的使用
· 平面图、立面图、透视图的绘制作为建筑设计人员例行工作的设计流程
· 操纵大块重型石材，并将其举升到高处的能力
· 管理大量材料供应的后勤能力
· 大量员工的培训、组织

罗马工程师主要学到了在军用及民用路桥的施工、防御工事的建造、给水设计（用于满足城市发展需求）方面的技术并进行了发展。在这个过程中，拱门及混凝土的使用越来越普遍，从而降低了成本。虽然这些技术——可追溯到人类文明初期，并非由罗马人发明，但是罗马人开发使用这些技术的能力超越了前人。

拱门及挤压成券、桶形拱顶的出现，使体积小、易操纵的石材或砖材得以用于大跨度结构中，比如桥梁、渡槽及后来的建筑屋顶和通用的基座。这与希腊神庙使用大块石材有明显的区别，节约了大量时间和成本。横梁构造对石材质量有非常高的要求，而拱门是通过石块挤压而成，各种石材质量均可满足要求。制造拱门的石材到处可见，无须从特定采石场采集，且用小型车辆就能轻松运输；没有石材时，也可用陶砖代替。建筑内，人们通常需要高质量的表面饰面，因此在质量低劣或不均一的石材或砖材上刷灰泥、石膏并加以喷涂，就能遮掩缺点。同时，罗马人还发现了在砌筑建筑中采用砂浆的经济优势：只将石材或砖材结构的裸露处或人们视线内的表面仔细处理，其他看不见的地方用砂浆填平并进行粗略处理即可。基于该构思，罗马人开发了另一项技能：在木材模架的表面摆放砖材或石材，并用混凝土填充空心部分，移除模架后，就形成了砖材或石材饰面的混凝土墙。呈不同排列、不同图案的表面名称也不相同。例如“心脏叶瓶尔小草”式（Opus reticulatum）是由呈方锥体形式的砖材或石材砌成，墙体外露面呈现菱形图案。采用质量较低的砖材或石材砌筑时，在其表面涂一层灰泥或石膏，进行粉刷处理。

与传统的砌体结构相比，砖材拱券拱顶大大减少了建筑时间与成本。混凝土的广泛应用则进一步节约了时间与成本（混凝土及其制作详情参见附录 3）。当时，原材料在帝国各地都能采集得到，可零散运输也可采用各种尺寸的集装箱运输；用水在施工现场或附近即可获得。制作石灰砂浆的生石灰需从当地石灰窑采集，但细沙材料四处可见，粗砂材料可从当地采石场采集，或通过粉碎各类大块石材制作。如上文所述，通过石材模板可将混凝土制作成各种形状，其制作及浇铸通过大量无技术含量的工人或军队就可完成。木材模架可能比较紧缺，但是如果能多加爱护，便能多次使用。

人们认为罗马人发现并开发了水硬水泥，一定量的水会使水泥的成分产生变化，换句话说，水能使水泥变硬。尽管人们曾在维苏威火山

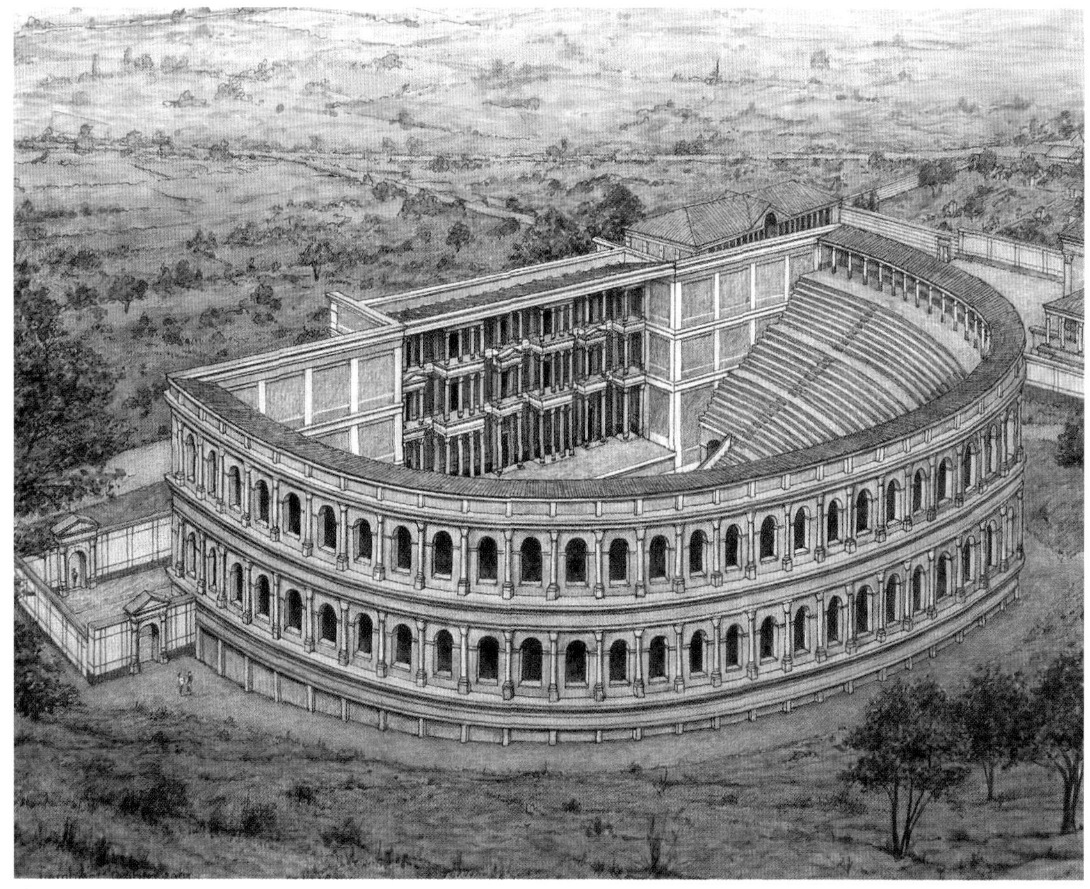

16

16. 罗马剧院，位于德国特里尔（Triers），约公元 200 年。此图为复原图。

17. 罗马渡槽，契诺·迪默（Zeno diemer）1914 年绘制。阿卡玛西娅（Aqua Marcia，右侧维修部分）于公元前 145 年建成。阿卡特普拉（Aquae Tepula）及茱莉亚（Julia）分别于公元前 127 年和公元前 33 年增建。建于阿卡克劳迪娅（左侧）之上的阿卡阿尼奥诺伟思（Aqua Anio Novus）于公元 52 年建成。

（Mount Vesuvius）山麓多处发现该应用，但是其主要成分（现在所说的火山灰）发现于现在的波佐利城（Pozzuoli）。事实上，通过在石灰砂浆中添加一定矿物材料实现该工艺效果，罗马并不是首次。维特鲁威所称的丑石（carbuncular stone）也能达到同样的效果，该材料是将某些石材在火中加热而成。无论起源于何处，水硬水泥自公元前 150 年左右起被彻底改良，混凝土在建造防水渡槽、海港、湿地混凝土基中被广泛应用。

罗马首座砌筑拱桥（Pons Aemilius）于公元前 179—前 142 年间建造；另外两座分别于公元前 62 年及公元前 46 年左右建造。然而最为著名
17 的建筑当属用于向罗马城引水的渡槽。其中之一［属于阿卡克劳迪娅（Aqua Claudia）渡槽］在克劳迪亚斯（Claudius，41—54 年执政）时期建成，通过长约 13 千米的拱形结构向罗马城引水，大部分结构仍保留至今。公元 109 年左右建成的西班牙塞哥维亚的罗马渡槽一直沿用到 20 世纪。

罗马木结构工程的应用明显比古希腊时期的木结构进步很多。虽然木材何时以榫接形式应用于结构框架中难以确定，但是这些结构必定曾用于攻城塔及临时结构当中，比如在建造大型船只时提供支撑与进出通道的临时结构。公元前 2 世纪开始建造的砌筑拱门便是对木材框架结构最直接的证明。罗马人建造每个拱门及拱顶时，都需要用结实的木材结构支撑石材、砖材或混凝土的巨大重量，直到跨体完工为止。由于这些结构均是临时性的，因而对于其细节，我们只能加以推测。有的结构跨度甚至长达 20 米以上。我们都知道工程师阿波罗多罗斯（Apollodorus）为图拉真皇帝（98—117 年执政）建造的多瑙河（River
18 Danube）木桥共 21 个桥跨，每个跨度 35 到 40 米。仅从这一个事例我们就有理由认为 2 世纪时，罗马工程师的木工技巧至少可与中世纪大教堂的建
19 造者相媲美。因而 20 米跨长的屋顶桁架对他们而言也不在话下，尽管具体的证据未能保留下来。

这一时期铁和青铜的应用也非常普遍，尽管它们在建筑中的作用有局限性。砌体结构中有时用铁连接件固定石材，有时将铁嵌入水泥当中，但这与我们今日的钢筋作用不大一样。青铜的应用不仅出于装饰目的，比如位于罗马拉特朗圣若望的巴西利卡教堂（Basilica di San Giovanni）采 20
用了三个高约 7 米的青铜柱，连同另外一个重要的柱子都从罗马时代保留了下来。该教堂可追溯至 4 世纪早期，但在中世纪及文艺复兴时期进行了大规模的改进。传说这些青铜柱所用的青铜是从在埃及俘获的马克·安东尼（Mark Antony，约前 82—前 30）的船只中得到的。

维特鲁威从事工程师行业是在奥古斯都通过支持罗马建筑业大幅改革之前的几十年。谈及这一非凡的时代，我们要说说法诺大教堂。这个巴西利卡教堂由维特鲁威设计建造，位于意大利东 21、23
部，就在里米尼（Rimini）的南面。尽管该教堂已经不复存在，但是它代表了意大利、希腊，甚至更远地区建造与工程技术领域五六百年的技术顶峰，也是前意大利帝国民用建筑的典范。教堂呈四面围合的庭院形式，其中三面由两层建筑构成，包括一个透层空间的大型议会厅，第四面由柱廊围成。庭院上空架设 18.5 米宽、37 米长的坡屋顶。瓦屋面由约 60 平方厘米大小的木格檩条支撑，架在直径 1.5 米、高 15 米的石柱之上。

尽管在建筑史上并未引起多大注意，但是维特鲁威的巴西利卡却声名显赫。这里说一下位于亚得里亚海岸小镇的一个普通建筑，虽说普通，然而它要求非常高的建造技术：大块木材约 20 米长，四五吨重，每个构成柱子的石鼓近 20 吨重，这对今天的工程师来说都是一项挑战，因为要抬起这些重物并将其放于适当位置，如不采用蒸汽动力或电力是不可能的。但提升技术在早期罗马 22
帝国已经比较发达。这座建筑以及大量其他类似的建筑证明了罗马人的能力，他们整理各类技术，用以建造各类建筑，并对资源的使用也持谨慎态

18

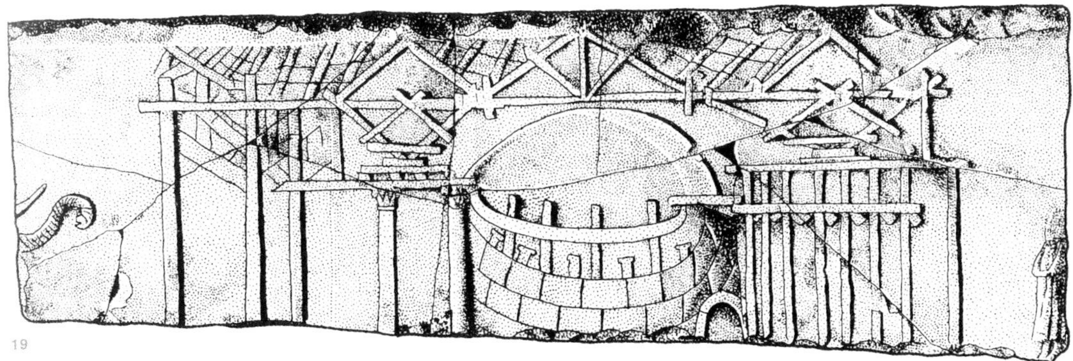

19

18. 多瑙河上的图拉真大桥，约建于公元 100 年，位于现在的罗马尼亚。设计师：大马士革阿波罗多罗斯。图中所示为图拉真柱浮雕，公元 113 年，罗马。
19. 浮雕，呈现的是罗马时期木屋顶结构和临时结构。

度，以“价值工程”（value engineering）为理念——与我们今日的理念类似。维特鲁威表示在法诺大教堂的建造过程中，删减了多项不合时宜的建筑作业，比如取消装饰性楣构、第二排柱和一排幕墙，从而降低了建筑的总成本。

虽然维特鲁威的巴西利卡大教堂未能保存下来，但是同期大量其他遗迹证明了当时罗马城市的非凡盛景，尤其是罗马附近的奥斯蒂亚（Ostia）
25 港口，以及赫库兰尼姆和庞贝古城（这两座古城在公元 79 年因维苏威火山爆发而被埋藏了）。通过罗马一个省会城市我们就能看到当时的景象：铺设了多条道路，具备市政给水条件，有些地区还设有市政排水，建造了大量私人住房以及十几个或者更多杰出的公共建筑，如庙宇、巴西利卡教堂、广场、公共市场、浴场及剧院、竞技场等。这些设施都由城墙包围在内。

罗马公寓式建筑：楼岛

罗马人在意大利大型城市创建了称为楼岛式
24、26 （insulae）的公寓建筑。这些建筑通常覆盖整个街道，沿平行的街道分布，通常一楼用作零售商店，正面设有阳台，能俯瞰街区，这与我们今日的设计非常相似。一般长 50 米、宽 30 米，高度通常为四五层，尽管也有个别的建筑要高一些，但是奥古斯都对建筑有限高要求——70 罗马英寸，约七八层高。建筑每层的平面基本相似，共享一个屋顶。这些建筑可至少追溯到公元前 3 世纪，关于这一点我们有实例可证明，一本书中写道：一头牛爬上了罗马楼岛的四层。此外，不止意大利建造了楼岛，公元前 146 年罗马洗劫迦太基时，在那里发现了六层建筑。公寓楼由通往街道的公用楼梯上下。楼岛通常配备给水条件，供饮用、洗涤、冲厕之用，用后的废水进入污水系统。但是只有一楼有用水条件，因为将水引至楼上高层时需要高水压，而从渡槽引水的铅管满足不了这一要求。此外，公元前 1 世纪的楼岛基本上已经配备了厨房，尽管当时很多餐馆已经能提供熟食了。1 世纪时，很多新型楼岛在二层设置了直通污水系统的卫生间，比如庞贝、赫库兰尼姆、奥斯蒂亚（服务罗马的地中海港口）。

可以说，楼岛将秘密的住房内外对调了。传统的维特鲁威住房是自外向内看向中庭，而楼岛是开放式的，居住者可向外观看城市百态。有的楼岛设有庭院，以便开窗照亮离街较远的房间。楼岛最受欢迎的楼层是一层和二层，因为这两层不但街景好，而且发生火灾时最便于逃生。

然而，这种新的临街立面存在很大的噪声问题，尽管 2 世纪时玻璃窗已经大量取代了窗帘或百叶，但是噪声问题仍然没有解决。讽刺作家马夏尔（Martial，约 40—104）在其讽刺短诗第 12 册向读者诉说道：城市太吵，他宁愿待在乡下脏乱的小屋里。他曾住在罗马奎里纳勒山某楼岛四层，那里的噪声不断：天亮前，就被烤面包声吵醒，早晨又听见学校老师的声音，随后一整天都是铜匠、铁匠和金匠敲敲打打的声音，还有货币兑换处硬币丁零当啷的声音、乞讨声、叫卖声、宗教徒做礼拜时的唱歌跳舞声，晚上又有做饭时锅碗瓢盆的碰撞声、醉酒水手耍酒疯的闹腾声……无法忍受的还有车轮隆隆响声、车夫叫喊声、轴承

20. 带有巴西利卡的位于罗马拉特朗圣若望的教堂，最早于 324 年在罗马皇宫建造。由弗朗西斯科·博罗米尼（Francesco Borromini）于 1646—1650 年重新设计。其中三个铜柱可追溯到公元 100 年左右。

21. 意大利法诺大教堂巴西利卡的平面图，约公元前 30 年。

22. 罗马一家族坟墓石棺浮雕，约建于公元 100 年。展示了罗马吊车，由五个人带动踏车。

23. 法诺大教堂的巴西利卡。建筑师、工程师：维特鲁威。

CLEMENS·VIII·P·M·ANNO·VII

20

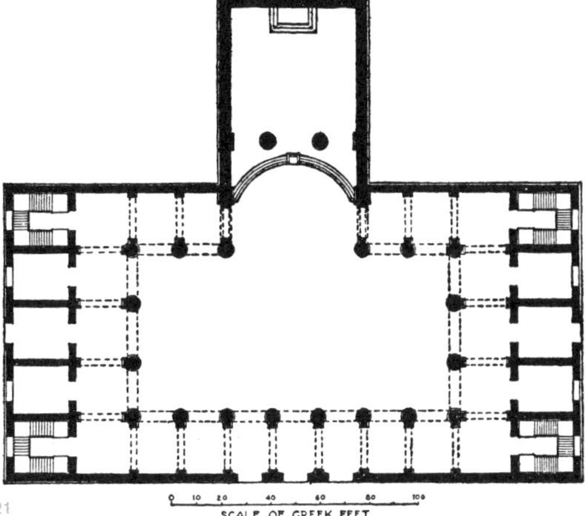
0 10 20 40 60 80 100
SCALE OF GREEK FEET

21

22

23

24

25

26

24. 典型的罗马公寓楼，或称楼岛，位于意大利奥斯蒂亚，公元前 1 世纪。此图为复原模型。
25. 罗马木框架建筑，意大利庞贝，1 世纪。
26. 显示建筑工人劳动过程的壁画，出自罗马泰布尤斯·贾斯特斯（Trebius Justus）的坟墓，4 世纪早期。

刺耳声，不仅白天吵嚷，晚上也如此。1 世纪前，罗马窄巷更是拥挤不堪，朱利叶斯·凯撒不得不规定大部分轮式车辆仅限夜间使用。

尽管建筑墙体采用了阻燃材料，如用于低层建筑的泥砖、高层建筑的烧结砖和混凝土，但是火灾一直是建筑的一大威胁。很多小型建筑采用的是木框架结构，内部是砌体及木板梁、地板，还有很多建筑用木屋顶结构支撑屋面瓦。此外，抹灰篱笆墙体及隔墙（维特鲁威认为世界上就不应该有隔墙这种东西），更加剧了火灾威胁，当然，罗马的窄街也是一大重要因素。维特鲁威建议使用落叶松木材（larch），尤其是楼岛的檐板更应采用这种木材，因为它不会被火焰或者燃煤很快点着。公元 64 年曾发生一次灾难性火灾，吞没了罗马很多地方，随后尼禄皇帝（Nero，37—68）便要求加宽道路，规定楼岛不得高于 60 英尺或六层楼高以便逃生，命令与火相关的商业场所，如面包房、铁铺等，通过双层墙体及其间空隙与周边住宅分离开来。他还要求采用防火结构，且建造阳台时应确保居民能轻松地从火灾中逃脱。此外，尼禄皇帝还在城市供水方面进行了投资，希望改善供水条件，以便发生火灾时能及时用水灭火。

楼岛通常是私人所有。开发商首先获取建筑许可，随后就即刻开工销售，赚取收入偿还工程贷款。出于商业压力，施工赶工经常造成质量低下、偷工减料的问题。尽管也有很多楼岛建造时采用了优质混凝土和烧结砖，但并非所有建筑都如此。虽然建筑商明白两层以上的建筑需要采用烧结砖或混凝土，混凝土上做砖饰面，但是在筑墙时通常掺入大量碎石，以降低混凝土用量。这样的墙体虽然不会坍塌但很容易裂缝。此外，建造这些私人楼岛时，混凝土的商业效益得到了有效体现，因为在混凝土墙上做薄层砖饰面要比使用料石或高质量烧结砖砌墙快得多。

起初罗马尚没有有组织的消防员，有些地产开发商看准了很多建筑存在火险这一商机，借此赚取财富。例如，将军、政治家马卡斯·李锡尼乌斯·克拉苏斯（Marcus Licinius Crassus，约前 115—前 53）用他的奴隶们组建了一个消防团队，发现哪里着火了，他会立刻赶赴现场，尝试从绝望的主人那里将着火建筑买下来，这时往往能以低价获取。一旦成交，他的消防人员便开始救火，通常房子都能保存下来，经过一些维修翻新，克拉苏斯再将房子租赁或卖出赚取利润。由此他成为当时最富有、势力最强大的地主，可见这一方法非常奏效。尽管存在这么多危险因素，但是公元 300 年时，大部分罗马人都居住在楼岛里——约 45000 户住在楼岛里，而单栋住房只有不到 2000 户。

罗马供暖设计与环境设计

对于我们现在所称的“建筑舒适度”—— 室内环境工程，罗马建筑工程师和承包商完全有能力处理好。无论普通建筑还是大型建筑都有效利用了日光与遮挡条件，并进行了适当通风。雨水通常在屋顶得到收集，屋顶坡向中心露天中庭，而烹调用火一般在中庭位置，墙体及屋顶经常被熏黑，因此中庭最初被称为“ater”——拉丁词，“黑”的意思。

维特鲁威时期，意大利及其他地区（罗马在欧洲殖民过程中北迁经过的地区）冬季寒冷的地方，大型房屋采用中央供暖已经很常见了。罗马热炕供暖方式是：向一层石材地板下方空间灌入热气，再通过嵌入一层墙体的黏土管道将热气向上方传递，从而为整个建筑供暖。在两层建筑中，热气通过管道继续向上传递，进入二楼房间，随后通过屋顶层排至大气当中，以便生成压差带动管道内的气体。据说，热炕早在公元前 80 年左右就由企业家塞尔吉乌斯·奥乐塔（Sergius Orata）发明并投入市场。起初奥乐塔并不是用热炕为建筑物供暖，而是加热养鱼池的水温，后来因在公共浴池及私人宅邸安装热炕供暖系统而成名并赚取了大量财富。尽管热炕系统在公共浴池的应用传播很快，但是直至 3 世纪时才大量用于住房，特别是罗马帝国北部寒冷地区的住房。

但是，热炕供暖需要燃料，而意大利只有木材燃料。一个大热炕可能每小时需要 120 千克木材，每天约需 1 吨。罗马史学家李维（Livy，前 59—17）曾表述：公元前 350 年罗马附近的山脉植被覆盖程度和德国差不多，但到维特鲁威时期，意大利大部分地区的木材基本已经消失殆尽，尽管还有些小灌木林还能用作燃料，但是用作其他用途的木材都需从数百英里外运来。同期，据地理学家斯特拉博称，由于缺乏燃料，厄尔巴岛不得不关闭铁矿；自然主义者老普林尼认为意大利南部的坎帕尼亚（Campania）金属工业衰退也是由于燃料紧缺造成的。

与我们今天的情形一样，燃料紧缺及成本问题促使罗马人寻找更为有效的太阳能利用方法。维特鲁威提倡采用希腊人的做法，即封闭房屋的北向，只开南向朝阳面。他建议人们在气候更温和的地方建造房屋，并将餐厅放置在面朝日落的方向以便人们享用晚餐时能欣赏到余晖。自 1 世纪起，罗马建筑师便开始在高档住房内装玻璃或薄云母板、透明石膏板窗户。政治家、哲学家塞内卡（Seneca，前 3—65）在描写其晚年生活的一封信中，提到他的生活里已经有了透明窗户。透明窗格玻璃不仅能透过光线，还能捕获太阳热量，因为窗格玻璃可以让高频光辐射进入房间，同时阻挡了低频热辐射从窗户散出，这与今日的原理如出一辙。小普林尼（Pliny the Younger，约 61—113）称他最喜欢的一个房间为阳光房（heliocaminus）。哈德良皇帝在蒂沃利（Tivoli）的别墅（建于 120—125 年）浴室就有这样一个房间。另外还有建于公元 150 年左右的奥斯蒂亚公共浴场，浴场里设有地下供暖设施。这些房间内都装有玻璃或云母窗。这一时期的罗马园丁也采用了这一理念，他们在冬天用玻璃框架罩住外来植物。而一些富人则在小温室里种植外来植物，讽刺作家马夏尔抱怨他的房间太冷，如果能得到像他的客户家的植物的待遇就好了。

罗马帝国的“宏伟工程”

公元 27 年罗马帝国的建立标志着罗马工程与建筑领域最为非凡的时期到来。这一时期的成功要归功于其政治体系本身：绝对权威下，需要伪装并证明自己是民心所向的。罗马多代独裁者及政治领导者，尤其是自奥古斯都以后的帝王均认为必须在公共工程领域投入大量资金，例如建造政府建筑、庙宇、城市基础设施、休闲娱乐场所、庆祝帝王功绩的纪念碑等，因为建筑工程对政治梦想的实现起着关键性作用，历来如此。建筑工程的繁荣在很大程度上要感谢罗马和平（Pax Romana）时期，也就是始于奥古斯都执政的欧洲相对和平的两个世纪。这一时期无须建造防御工事及攻城兵器，因而建造民用建筑及城市基础设施是维持军事工程师技术的最好方法。

罗马皇帝的抱负之所以能实现完全归功于工程技术方面的发展，这些技术在之前的几个世纪已经出现。仅在二三百年的时间里，希腊人就学会了大型建筑的设计与营造方法，例如帕特农神庙。公元前 50 年，罗马帝国在其成长阶段建造大型建筑也是理所当然的。随后的 250 年可以说是历史上建筑工程最非凡的一段时期，甚至比 20 世纪更为著名，因为这一时期没有科学的帮助，因而不能轻松模拟计划修建的建筑来预测各种情形；也没有电动发动机、柴油或汽油器械，因而不能轻松地搬运或举升材料。1 世纪时，建筑繁荣已经蔓延到各个方面，包括公用建筑、私人建筑，以及很多我们今日都知晓的土木工程基础设施。这些建筑以及其他工程的规模都非常庞大。此后除了那些知名但极少数的事例外，通过木材、

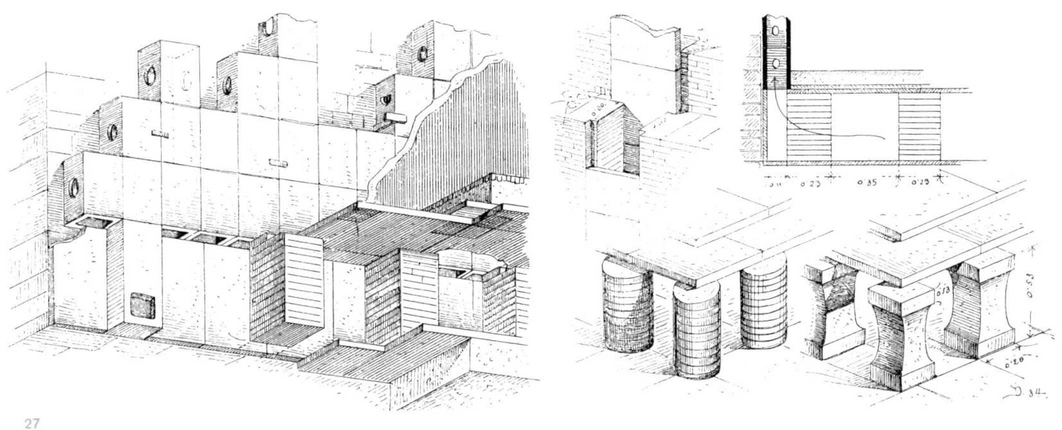

27

砌石或混凝土建造如此庞大规模的建筑是根本无法实现的。直到19世纪中期，采用钢铁材料才超越了诸多之前的罗马成就。

工程学的发展，如同数学与科学一样，是累积性的。然而，这些发展是根据不同学科的本质以不同方式逐渐形成的。数学与科学的特点是，可以记录，从而得以教授、学习、代代相传并进一步发展。但是，通过描写古希腊时最早的工程实例，人们已经意识到工程学不同于科学。工程学由两类知识构成：可以记录的理论或科学知识，以及仅能通过实践学习的实干知识。只有这两方面结合起来，工程学知识才能成长进步。在罗马帝国鼎盛时期，工程学教育在各大学校繁荣起来，包括亚历山大综合技术学校或工程学校，以及培养成千上万的罗马军队军事工程师的许多当地学校。通过伟大的希腊数学家、科学家、工程师的讲授，几何学及力学得到了大力发展。几何学帮助工程师交流并使二维及三维的形状能够形象化，如从小型部件到大型建筑等的效果，从而有效指导工匠或建筑者开展工作。力学方面，通过教授杠杆、楔子、滑轮、螺丝这四大基础方式以了解利用力学原理的方法，同样（或者说又一次），这也发生在19世纪。事实上，基于对力学的理论理解及对材料与力学的实践理解，设计建造兵器及建筑的能力，在罗马时期与18世纪早期几乎没有什么区别。

奥古斯都开始执政时，需要即刻向罗马甚至更远地区的人民表明他的伟大意图，便着手重建首都。在其执政的45年间，他大力改造了罗马，从而使人们有充分理由相信后来奥古斯都的夸耀

27. 典型的罗马热炕的剖面图，显示了地下结构和火炉、埋入墙体的空心管道、屋顶层的排气管道。

是合理的：用砖砌而非石砌的方式建立了罗马。奥古斯都于公元 14 年离世后，仍有大量工作需要完成。即使在今日，我们也能从罗马地图上看出继任的历代帝王为这座城市留下的印记。这与 20 世纪法国总统进行的“宏伟工程”（如蓬皮杜中心，Centre Pompidou）类似。

由于篇幅限制，这里只能选择一部分工程说明各代帝王的伟大传奇。聚焦于罗马，就不得不忽略位于法国、西班牙、英国等地的其他优秀罗马建筑作品。本书其后列举的实例代表了罗马建筑设计工程领域的最佳作品。

弗拉维剧场或称罗马圆形大剧场（约 72—80 年）

意大利最早的永久性剧场于公元前 80 年左右在庞贝建成，这一建筑占地长 133 米、宽 102 米，可容纳 2 万人。罗马的首座剧场可追溯到朱利叶斯·凯撒时期，当时建造的是中等规模的临时木质结构建筑，大概只是围绕舞台设置了几排座位。罗马首个永久性剧场建于奥古斯都时期，但可能在公元 64 年的一次火灾中被烧毁。

公元 72 年，政治环境又为公共工程的建造提供了良好的条件，开创弗拉维王朝的皇帝维斯帕先（Vespasian，69—79 年执政）抓住了这一良机，建造了一座竞技场，定期免费向广大民众开放并表演，包括著名的格斗赛（尽管有违罗马在好莱坞的形象，但是赛事致死的情况非常少）。该竞技场还用于展览狮子、老虎、大象以及其他外来动物，并常常让这些动物互相争斗致死，或让格斗者大量屠杀这些动物。据说竞技场开业不久，有一次还注入大量水，进行了海战模拟赛。

建于尼禄宫殿花园内观赏水池的弗拉维剧场——现代名称为罗马圆形大剧场（Colosseum），11 世纪被首次记录——因其临近尼禄巨像而得名，该巨像由尼禄为自己设立，他把自己喻做太阳神树立于宫殿门口。这一巨像高约 35 米（含底座），大小与 300 年前建于罗德岛港口更为著名的巨像不相上下。尼禄巨像由一个金属（可能是青铜）结构框架组成，其上包覆一层青铜板。维斯帕先上台后，重做了巨像的头部，外形与尼禄不一样。50 年后，哈德良皇帝将巨像朝大剧场方向移动了几十米（据说用 24 头大象完成了这一工程），为建造维纳斯和罗马神庙（temple to Venus and Roma）留出了空间。

弗拉维剧场是史上最大的剧场，施工用了 28
十年之久，在维斯帕先之子提图斯皇帝（Titus，79—81 年执政）执政时期竣工，于公元 80 年开始投入使用。217 年，剧场受到严重雷击，所有的木材结构包括地板都被损毁。后来，亚历山大·塞维鲁皇帝（Alexander Severus，222—235 年执政）对该剧场进行整修，恢复了剧场原来的盛貌。

然而，在某种程度上，弗拉维剧场工程并非多么非凡——尽管其复杂的三维几何结构很难解读。剧场由 80 个桶形拱顶组成，坐席的倾斜及递减方式在当时已经很常见了，且并未采用大跨
度结构。剧场做法如下：填平尼禄宫殿花园中的 30
观景水池，铺设巨大的混凝土和石料基础，其上建有阶梯形座位，以砖材及轻型石材建成的座位外表用石灰饰面，剧场外围的两个环形巨大结构由拱券和墙体组成，石灰的表面雪白闪耀；该椭圆形剧场的中心地面约长 86 米、宽 54 米，由木梁支撑结构，上覆砂石，下面是混凝土墙体和拱

28. 弗拉维剧场，约 72—80 年。图为古罗马时期建筑的复原模型。

29. 庞贝壁画，显示了遮阳篷遮挡了剧场的部分座位，1 世纪。

30. 弗拉维剧场，局部剖透视与剖面图。

28

29

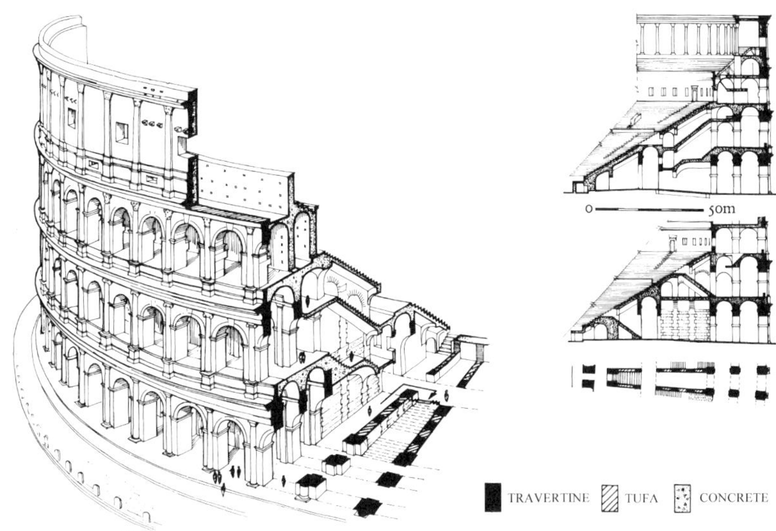

30

顶。剧场运行期内，对地下器械装置进行了多次改进，曾在地下设置三层，设有动物笼子、人住用房、走廊及提升设备。

该建筑的不凡之处在于其惊人的规模。从平面图上看，呈椭圆形布置，沿西北—西南向主轴排列，长 188 米、宽 156 米，总占地面积约为 6 英亩（2.4 公顷）。剧场高达 48 米，相当于现在 16 层办公大楼的高度。虽然座位估计数量有不同的版本，但是保守地说肯定有五万个。建成如此庞大的规模，需要大队牛车拉来十万立方米石灰华大理石。

台阶型座位的支撑结构采用的是架于墙体或墩基上的石拱，大多为空心结构。该空心蜂巢空间做法不仅节约了大量的建筑成本，还提供了交通、流动的条件，以便五万或更多的观众轻松往返座位。结构基础采用的是混凝土，而底下两层的墩基和拱廊采用的是块状石灰华。起初，这些石灰华块通过锻铁体相连，后来锻铁体被移走回收，留下了我们今日所看到的许多洞。仅这一项，就需要 300 吨以上的铁。底下两层的隔墙由凝灰岩制成，各层石拱及上面两层的所有结构都由大块混凝土制成，仅墙体采用砖材饰面。

结构工程还存在一项巨大挑战——雨蓬，或称遮阳篷（velarium），用以在特定场合遮挡部分座位。我们知道奥斯蒂亚港口附近的船员在罗马剧场中使用了遮阳篷，但是所用的具体力学原理尚未得到成功解读。后人所做的很多尝试只停留在想象中。遮阳篷不可能遮住所有座位，也不可能由放射状绳索从木桅杆顶部吊挂起来，因为所有船员都知道这样会损坏桅杆。当时很有可能只有几百个座位被遮挡，做法是：通过平行的绳
29 索吊住布幕状的航海帆布材料加以遮挡，这与庞贝遗迹中发现的壁画做法一样，壁画上可见剧场上方的雨棚。大剧场使用了四百多年，尽管建筑采用了非常先进成熟的力学技术，但是动物表演等可能会经常损伤剧场。经历了多代皇帝的数次修复，这个剧场的表演于 523 年落下了帷幕。遭受多次地震的严重损伤，这座建筑也彻底被当时的人们遗弃了。后来在中世纪时期人们将该建筑用作堡垒，文艺复兴时期又重新整修用于舞台斗牛表演。然而，大多时期这个剧场还是被人们当成便捷的建筑材料取用场。考虑到文艺复兴时期及梵蒂冈时期的建筑需求对拆除剧场的威胁，我们要感谢对罗马混凝土及回收业的抵制，该剧场建筑及其他大量古罗马遗迹才得以保留下来。

阿波罗多罗斯及图拉真皇帝与哈德良皇帝的“宏伟工程”

公元 98 年，图拉真开始执政，罗马帝国几乎发展到了极致，“宏伟工程”的传统也坚定不移地确立了下来。在其建筑师团队中，图拉真皇帝拥有天才结构工程师阿波罗多罗斯（Apollodorus，约 55—130），这是他的一笔财富。据说阿波罗多罗斯来自靠近罗马帝国东端的大马士革（位于现在的叙利亚）。起初他在军事工程领域谋职，后来被任命为公共工程总工程师，为罗马最伟大的两位皇帝服务——图拉真皇帝（98—117 年执政）和哈德良皇帝（117—138 年执政）。同维特鲁威一样，阿波罗多罗斯也曾著写过军事机具及攻城器械相关的作品，但不幸的是他的著作都未能留存至今，因此除了他著名的工程作品外，人们对他的生活了解甚少。此外，同鲁宾斯（Rubens）和莎士比亚（Shakespeare）一样，有人认为阿波罗多罗斯不可能做了所有归于他名下的工作，或许还有两个或更多和他同名的人做了这些工作，或许他负责了很多工作，但是并未都亲自现场执行过。同今日的结构工程公司一样，作为主管，阿波罗多罗斯无疑只是参与了很多设计，而大部分工作由其员工完成，他也可能与其他设计师合作，这些设计师关注的是工程形象而不是其施工方法。以下是人们一致认为当属阿波罗多罗斯的主要项目，都非常著名。同

很多皇室项目（主要是图拉真时代）一样，很多成就人们只知道发号施令的帝王的名称。

· 图拉真广场（Trajan's Forum，约 98—112 年），包含各类建筑

· 广场内的图拉真大教堂（Trajan's Basilica，约 98 年）

· 图拉真浴场（约 104—109 年）

· 图拉真市场建筑（约 98—112 年），包含位于图拉真广场北侧的飞拱

· 音乐厅（年代不明）

· 位于现代罗马尼亚的多瑙河上的图拉真大桥（约 105—106 年）。该桥有 21 个木质桁拱（立于 40 米高的石墩之上，每个跨度在 35 到 40 米之间），大桥总长约 1 千米，图拉真柱上有图可见

· 图拉真柱（约 112—113 年），位于图拉真广场西端

· 万神殿（约 118—126 年）

· 维纳斯和罗马神庙（约 121—135 年），由两个巨大的混凝土桶拱组成，跨度为 20 米。

图拉真广场与市场（约 98—112 年）

上任同年，图拉真皇帝便开始建造他的第一个“宏伟工程”，他计划在罗马中心建立一个宏大的广场，涵盖图书馆、大教堂、广场，以及围绕广场的其他各类建筑，同时在东北侧建造公
31 共市场。该市场因阿波罗多罗斯的飞拱设计而出
33 名：用飞拱承载六个大型混凝土拱对剪力墙的外
推力，剪力墙又将该力量导入基础之上。

图拉真柱（约 112—113 年）

图拉真柱于图拉真在世时建造，用于纪念他的多项成就。该工程之所以如此著名，一方面是因为柱上所刻浮雕讲述了图拉真的各项功绩，另
一方面是因为本工程的施工，尤其是将 19 个石 32
鼓——每个直径约 3.7 米、重约 20 吨——举升起来的壮举。其中最上面的一个石鼓重 55 吨，必须抬到 37 米高才能挪向一侧放置于其他石鼓之上。此外，所有这些工作都是在距离相邻建筑 6 米的条件下完成的，我们可以假设一下，用
七八个起重能力为 8 吨的吊车如何完成这样的 34
工程？

图拉真浴场（约 104—109 年）

图拉真“宏伟工程”中，最为壮观的当属公共浴场，堪与现代大型浴场相媲美，其规模与豪华程度令全世界都不禁艳羡。当时，很少家庭有个人洗浴设施及空间，因此公共浴场就成为城市生活的一部分。估计当时的罗马已经建有数百个公共浴场，到 4 世纪时已增长到 800 个，但是这些都是小型功能型浴场。建造大型浴场的概念始自公元前 20 年的阿古利巴（Agrippa）皇帝，他的浴场建于首座万神殿（也受阿古利巴委托而建）附近，起初仅供其本人使用，后来他将浴场捐赠给城市大众，成功赢得了广大民众的好评，后世的皇帝也纷纷效仿此法来增强自己的拥护度。此外，尼禄浴场于公元 62 年投入使用；同罗马圆形大剧场一样，提图斯皇帝于公元 79 至 81 年在尼禄宫殿场址也建造了浴场。然而，是图拉真将浴场转型为公共设施，其规模甚至与今日最大的休闲中心不相上下。

浴场的设计与实施由图拉真的首席工程师阿波罗多罗斯执行。他结合了很多已经用于小型建筑的概念，并利用皇室的各项优势打造了皇家级杰作。建设场址呈矩形分布，占地约 10 公顷，
主建筑占地约长 175 米、宽 135 米。图拉真浴场 35
的规模相当宏大——可容纳 1500 名洗浴者，加上大量值班员工，浴场总承纳容量甚至可能是 1500
人的两倍。浴场中心主要分四个区域：高温浴室、 36
中温浴室、冷水浴室及室外泳池。主要区域两侧

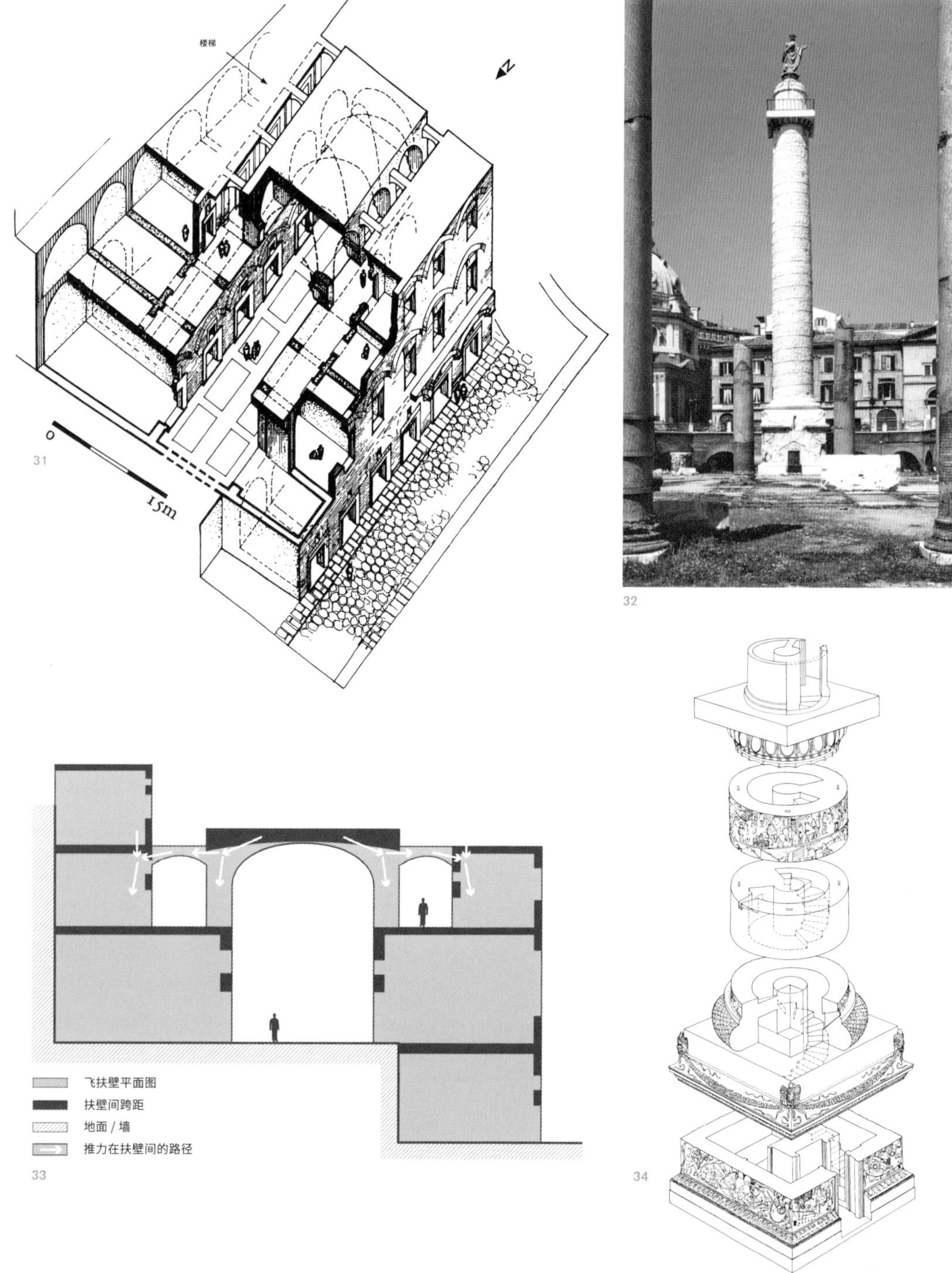

楼梯
N
0
15m
31
32
飞扶壁平面图
扶壁间跨距
地面 / 墙
推力在扶壁间的路径
33
34

是各类按摩、锻炼、休闲的小房间。冷水浴室净跨 23 米，比后来的教堂中殿都宽（大多数哥特式教堂中殿跨度 12 米左右），高约 32 米，仅博韦大教堂（Cathedral at Beauvais）高度在其之上。从规模来看，仅佛罗伦萨大教堂（Cathedral at Florence）堪与该浴场相比——中殿跨度约 20 米，高 40 米以上。人们对图拉真浴场的细节了解没有对哈德良浴场充分，哈德良浴场也出自阿波罗多罗斯之手，是其晚年时在北非大莱普提斯（Leptis Magna）设计的。虽然哈德良浴场稍小一点，但是两个浴场冷水浴室的整体布局及外观颇为相似。

巨大的矩形冷水浴室由三个现称为矩形结构开间的部分组成。每个开间都是混凝土穹形拱顶，长 18.5 米、宽 23 米、高 32 米，由呈直角分布的两个桶拱交叉形成。这一方法先前已经在很多小型建筑内多次使用，事实上这是方形房间屋顶的标准做法。图拉真浴场不仅拱顶跨度大，比之前的穹形拱顶高，而且需要特别关注其承载基础的侧向推力——这一点是通过大型侧拱实现的：结合剪力墙的作用，在拱顶曲面上承载推力，类似于今日我们用剪力墙承载风力对建筑基础的荷载。剪力墙或称支撑墙、拱顶，是工程领域的伟大成就，其独创性不亚于一千年后发明的飞拱，它们显示了设计师在将力能以二维形式甚至三维形式形象化的过程中开发出来的伟大技能。这些拱顶还有一项特征非常有趣：在平面上呈矩形，这与罗马人仅采用半圆形拱形建筑的习惯不同，如果两个互呈直角设置的拱门的拱顶中心位置高度相同而跨度不同，可能的两个剖面形式为：其中一个拱顶要么呈椭圆形剖面，要么就是哥特式拱顶风格。

在该罗马休闲宫殿内的大型柱网结构布局中，我们找到了基督教建筑的原型——基督教在图拉真统治时期以后的一千八百年间是欧洲的主要宗教信仰。该建筑建造时设定了高度宽度的实用结构上限，因而无须使用大量钢或铁材料。同时，屋顶重量主要集中于呈方形网格式柱网分布的四个柱子上，从而人员从四个方向都可以进出。此外，柱网结构为建筑师的建筑形式提供了非常大的灵活性，因为拱券可以根据需要多次使用，也可以在两个方向延伸。

万神殿（约 118—126 年）

罗马圆形大剧场建成 40 年后万神殿就问世了，标志着结构工程向前迈进了一大步，阿波罗多罗斯在此建筑设计中扮演了主要角色。万神殿 38 是受哈德良皇帝委托所建，场址前身是被烧毁的另一所建筑，现万神殿取代了马卡斯·阿古利巴皇帝于公元前 25 年所建的首座万神殿（公元 80 年被烧毁）。早期建筑木质屋顶被烧毁可能是命中注定，同时也激励人们寻求防火方案，促成了 19 世纪前最大单跨建筑的建成。万神殿的穹顶跨度约 44 米，高度也约 44 米。即使是伯鲁乃列斯基（Brunelleschi）的佛罗伦萨大教堂（1434）和圣彼得大教堂穹顶（1590）的跨度都比其小 1 米。万神殿采用了剪力拱顶及异常大胆的规模，反映了阿波罗多罗斯的特殊角色。

万神殿穹顶主要由混凝土建成——这样的结构语言掩藏了很多工程细节。混凝土穹顶的使用在建筑历史上已经不是第一次了，目前所知的最

31. 图拉真市场，罗马，约 98—112 年。结构设计：大马士革的阿波罗多罗斯，轴测剖透视图。
32. 图拉真柱，罗马，约 112—113 年。设计师、工程师：大马士革的阿波罗多罗斯。
33. 图拉真市场。图片显示了将拱顶推力导入剪力墙并随后传至基础的飞拱。
34. 图拉真柱。建筑剖透视图。每个石鼓包含一个楼梯半圆，裁切后举升并安放至适当位置。

早的穹顶是位于庞贝的两个 6 米的半球顶，在此 200 年前建造。尼禄的金宫（Domus Aurea）也有一个八角形圆顶，跨度为 14 米。这些穹顶都由常见的罗马混凝土混合物建成，内部是水泥浆和碎砖混合而成，不是我们今日所用的半均质的混凝土材料。万神殿穹顶的直径是金宫的三倍。

无论穹顶工程师是根据此前所建的穹顶，还是从大型混凝土拱门和拱顶了解到的知识，他们明白这样的结构会在其起拱的位置向外推出。且同拱门一样，结构墩需要加厚基础来抵抗倾斜推力。穹顶部位连续的向外推力也会造成在起拱位置的结构体被挤而周长变长。从而，砌筑穹顶中的单个砖块或拱石会因压力而爆开；而由均质材料建造的穹顶，加上类似于木桶金属箍的环向应力的作用，这种压力可能会继续往外发展。环向应力的量级基于上述材料的重量，如果穹顶做的越轻，其量级也越小。

万神殿穹顶的重量通过多种方式做轻。首先，
41 所用混凝土逐渐采用密度较低的，即我们今日所称的集料：首层集料采用石灰华碎料——打磨大块石灰华石块用于建筑其他部位时产生的废料；二层集料采用石灰华和凝灰岩的交互层；三层集料采用凝灰岩和砖块的交互层；三层以上及首层以下的集料主要采用碎砖材料。其次，穹顶的薄带集料采用碎砖和凝灰岩交互层，其余部分集料采用轻型凝灰岩和浮石交互层。

除降低混凝土密度外，穹顶的整体剖面尺寸也从起拱位置到拱顶逐步减小，而且穹顶最上部的中心也不做密封顶，而是形成一个天窗一样的巨大圆孔。最后，穹顶内侧下部通过在结构上做一个个深度的内凹方格，也减轻了穹顶总重量的 10% 左右。

混凝土以水平分层浇筑的形式敷于模架上，移除木架后，混凝土将成为真正的穹顶（移除的时间根据模架的劲度以及混凝土硬化的速度而定），并发出径向压应力和相应的圆周应力，这些力在起拱位置附近会呈现张力。尽管优质混凝土的张力可能更强，能抵挡住环向应力，但是万神殿穹顶的混凝土在起拱位置已经沿辐射线开裂。然而这些开裂在结构史上只出现过一次，不会危及穹顶的整体稳定性，因为每对对立部分本身是稳定的。对于开裂处，考虑到内部美观及外部防水，已经完全修好。另外，可能会因过重荷载而造成薄穹顶弯曲的严重问题，但是穹顶起拱位置附近做了特别加厚处理，已经事先避免了这一麻烦。

此外，万神殿墙体也有其独到之处，不仅是结实。除了首层的大型壁龛和上层小型壁龛外，墙体上还有视线触及不到的空间和通道。因此所需材料要比实体墙少得多——顶层墙体 35% 为实 39
体结构，首层约为 50%。很明显，这种方法节省了大量建筑材料。殿内壁龛被赋予了重要使命，尤其是首层壁龛：供奉七个行星神灵的雕像，而本栋建筑也正是对神灵的献礼。尽管如此，本建筑的结构强度令人们惊诧无比：通过保持厚墙体的全深特性，在横向力的作用下，墙体足以抵抗压覆力从而维持稳定性，同时也节约了材料成本。顶端墙体密度更大、质量更重，使荷载加快转向垂直面，这与哥特式建筑以扶壁支撑尖塔所采用的方法一样。

然而，万神殿内最经典的结构设计几乎被隐藏了起来：入口上方及首层七个壁龛的每个壁龛都有两个拱顶，更确切地说是两个短桶拱，呈上下布置，向内延伸至全深 6 米的墙体中。拱顶作 37、40

35. 罗马图拉真浴场，约 104—109 年。设计师、工程师：大马士革的阿波罗多罗斯。此图为复原图。

36. 图拉真浴场平面图。

37. 罗马万神殿，约 118—126 年。本图展示了在墙体内的拱门拱顶作为剪力拱承载压力。

38. 万神殿。

35

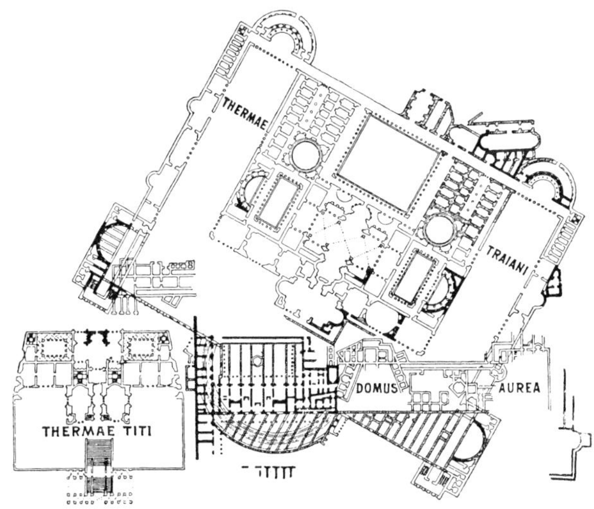

36

37

38

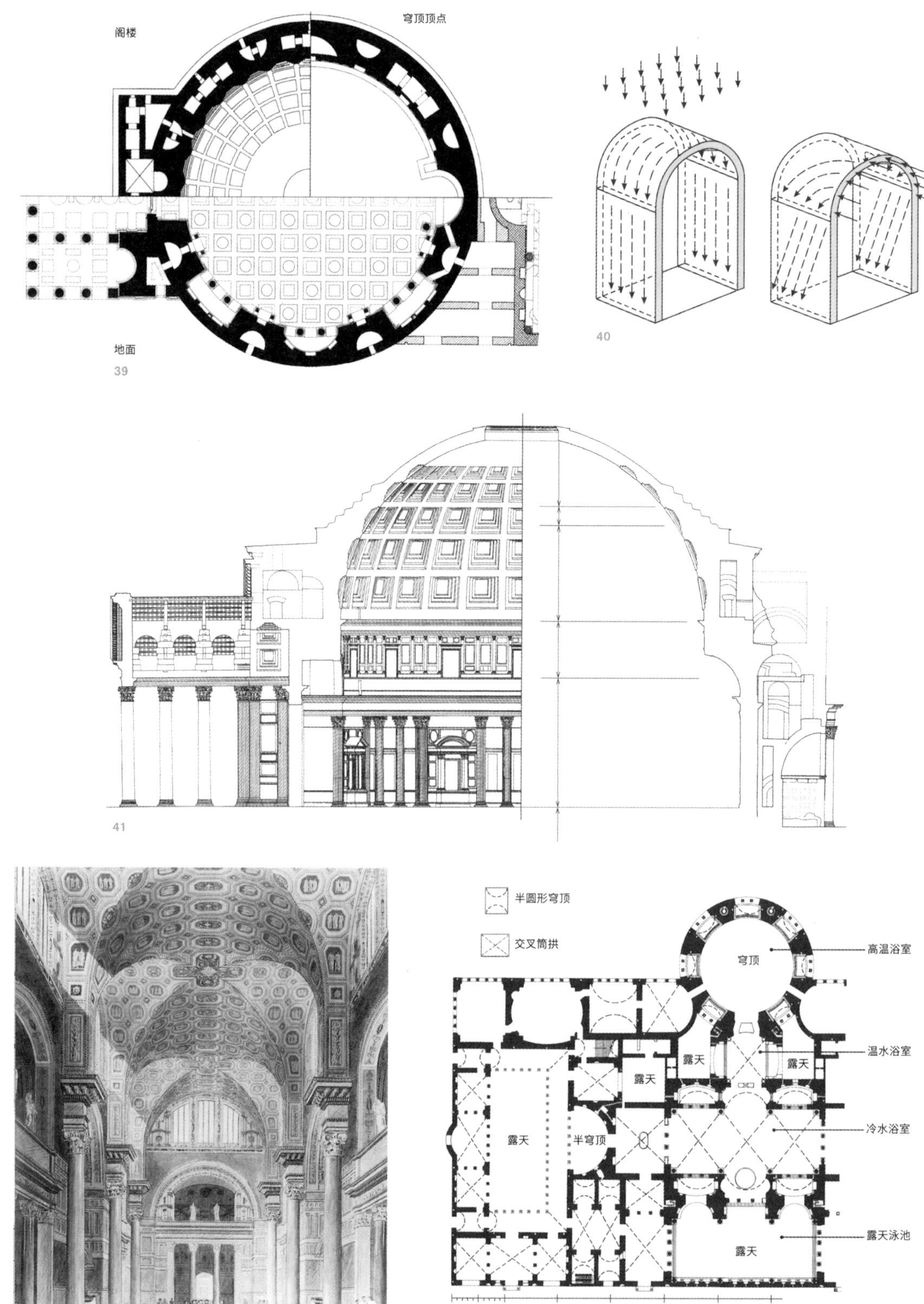
阁楼
穹顶顶点
地面
半圆形穹顶
交叉筒拱
高温浴室
穹顶
温水浴室
露天
半穹顶
冷水浴室
露天泳池
0
20
40
60
120
米

39

40

41

42

43

44

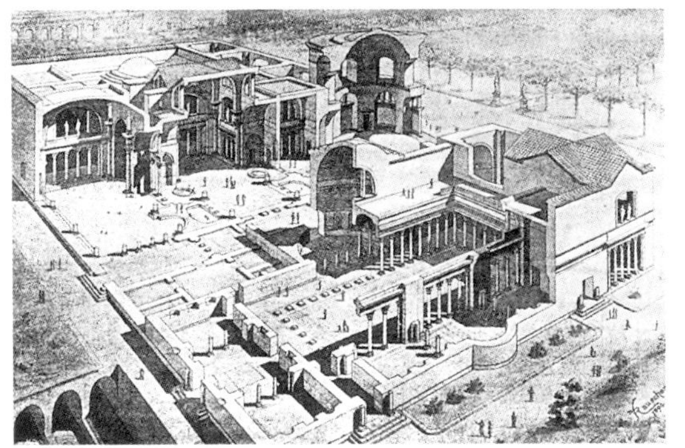
45

为减压拱，承接其上的重力荷载，并将其转至承重墙——首层的柱子。此类设计虽然很少用于如此庞大规模的建筑中，但常见于罗马砖砌结构。但这一原理起着非常重要的作用：作为剪力结构或拱壁结构承载穹顶的水平推力，这与其在图拉真浴场中承载穹形拱顶的外向推力的方法一样。拱顶在万神殿的墙体中应用被证明出自阿波罗多罗斯之手，同时也反映了这一技术在建筑墙体的应用中取得的进步。400 年后的拜占庭圣索菲亚大教堂呈现了更为令人惊叹的类似的剪力拱。

卡拉卡拉浴场（211—216 年）

卡拉卡拉皇帝（211—217 年执政）的浴场距离图拉真浴场仅几百米之远，但是规模更大、设施更全。该浴场是在阿波罗多罗斯设计的浴场面世几百年后建立，基本上模仿了阿波罗多罗斯的设计。同时，由于该建筑的大部分都保存至今，因而是今日开展研究的一大财富，让我们可以更好地了解这座浴场的建造真相。除了三个主要的温水浴室外，整个建筑还设有近 50 个小型房间，包括更衣室、球类运动等运动室、健身房、按摩

42、43
44、45

39. 罗马万神殿平面图，约 118—126 年。本图展示了在穹顶不同高度的布置。
40. 罗马图拉真浴场，约 104—109 年。设计师、工程师：大马士革的阿波罗多罗斯。此图展示了剪力拱上的竖向和横向荷载力。
41. 万神殿横剖面。展示了建筑特色及混凝土的使用：如何减小密度和重量。
42. 罗马卡拉卡拉浴场，211—216 年。冷水浴室复原图。
43. 卡拉卡拉浴场平面图。
44. 卡拉卡拉浴场复原模型。
45. 卡拉卡拉浴场剖透视复原图。

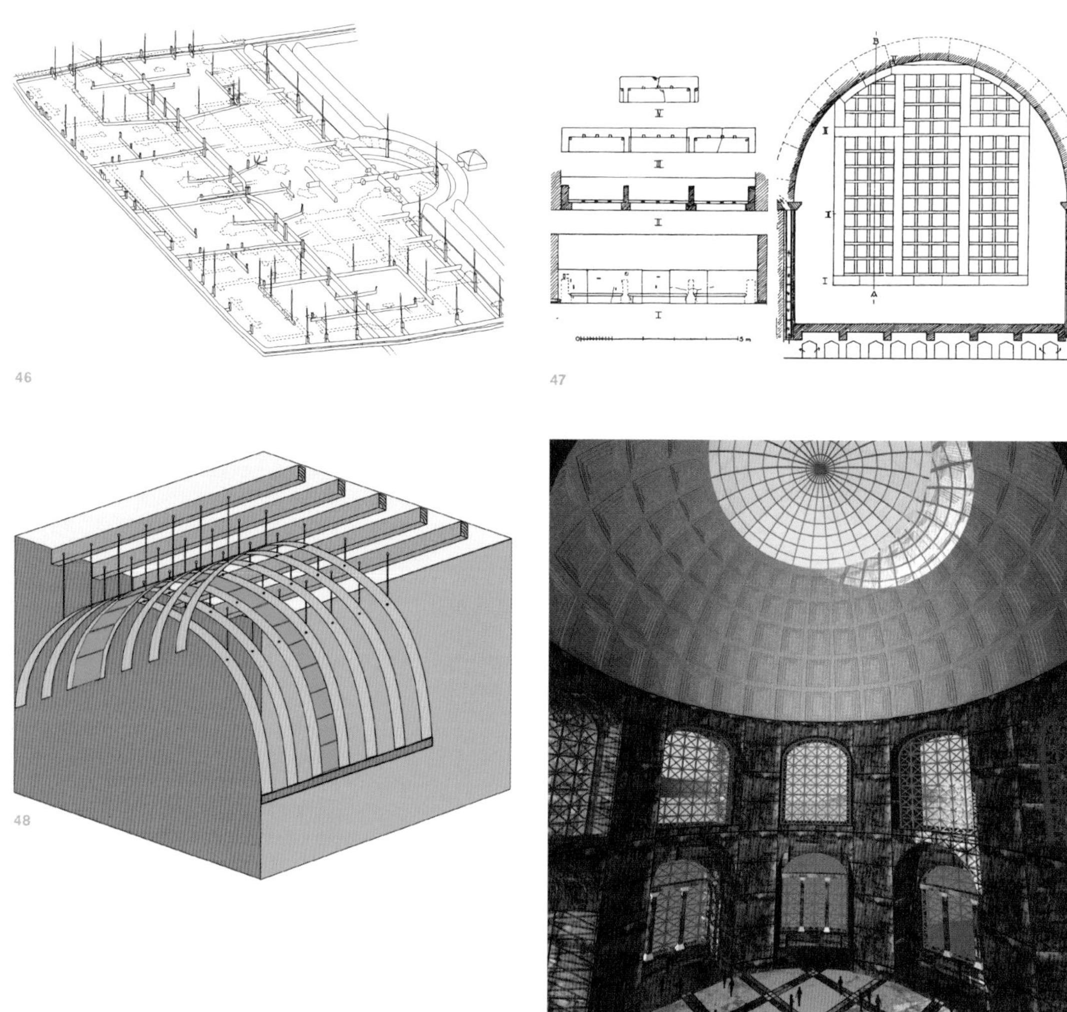

46. 罗马卡拉卡拉浴场，211—216 年。雨水水落管及排水图。

47. 米勒斯（现在的土耳其）福斯蒂纳浴场（Baths of Faustina），2 世纪。玻璃窗复原图。

48. 热水浴室内的罗马铁框架拱顶天花板图，如维特鲁威公元前 25 年左右所述。

49. 卡拉卡拉浴场透层空间想象复原图，所示为假想的穹顶中心玻璃区域。

房、美发厅、讲演室、会议室、图书室、商店等。浴场的另一个特色是其规模宏大的高温浴室——呈圆形平面布置，采用混凝土穹顶，外形基本模仿万神殿，跨度稍小（35米），高度一样（43米）。同万神殿一样，该浴室墙体采用剪力拱和剪力墙承载穹顶的横向推力，并将其转至基础之上。

浴场能取得如此非凡的成就，结构工程做出了很大的贡献；同时，先进成熟的加热系统也功不可没，这些系统可通过烧炭锅炉和热炕供应大量热水热气，蒸汽室——桑拿室的罗马时期始祖——气温可达100摄氏度以上。热炕的核心是火炉，燃烧木炭，几乎一直处于运行状态。大型系统通常需要加热两三天才能达到所需温度。热气将三个青铜釜的水加热至不同温度，热锅炉可加入旁边冷锅炉的预热水，随后，锅炉水流入相应的浴池。此外，热量也用于加热房间——一种方式是通过加热建筑结构，另一种方式是通过管 46 道将热气导入房间。与热水供应系统相对应的是同样先进的浴室污水以及雨水的排水系统。

在图拉真浴场问世的一个世纪之前，维特鲁威就给出了建造浴场的指导：浴场建筑的高温浴室应位于西南面，以便有效利用下午的阳光热量。事实上三个罗马皇家浴场都采用了这种布局。在其《建筑十书》第五册第十章中，维特鲁威还描述了火炉及热炕架空地板的建造方法：

> 高温浴室架空地板应这样建造：首先铺1.5英尺厚的地面砖，坡面朝向火炉，以便蹦出火炉外的火球能自动滚回炉嘴；火炉热气也能在地板下有效扩散开来。在这个地面砖上支8英寸高的砖块，每两个之间的距离需确保支起2英尺长的瓷砖。砖块支架的高度为2英尺，其上覆混有头发的黏土混合物，随后铺设2英尺瓷砖以支撑地板。[21]

如同天然温泉一样，浴室的大部分热量均来自地板下的地下火炉。此外，热气还通过嵌入墙体的黏土管道送入房间，提供额外的热量（该方法在1世纪早期被引入热炕系统）。

维特鲁威表示如采用砌筑方式建浴室拱形屋顶，则能实现更好的效果。然而他又介绍了使用 48
砖块建造框架结构的方法：

> 制作铁杆或铁弧，或采用铁钩的方式，将其悬挂在木质框架上，应确保这些铁构件密集布置——铁杆之间的距离需能支撑非折边砖。这样，整个拱体结构都用铁支撑。拱顶上部应设置结合点，其上覆混有头发的黏土混合物；面向地板的拱券的下部应首先敷碎石灰混合物，随后抹抛光灰泥刻以浮雕或做平。高温浴室如果采用的是双层拱顶，拱顶就会更为耐用，以免热量湿气腐蚀框架木材，热气还能在两个拱顶间循环流动。[22]

最后，维特鲁威讨论了蒸汽浴室，或称桑拿浴室的建造。他表示蒸汽浴室应靠近温水浴室以便利用附近的热量。且浴室应设置为圆形，确保均匀受热。地板与穹顶根部开始起券处的距离为穹顶的直径长度。穹顶中心留孔洞，该孔洞由链条吊起的青铜盘盖住，从而通过抬起或落下青铜盘控制桑拿温度。

罗马浴场的热量不仅来自热炕，还来自大型玻璃窗，玻璃窗可将热空气保留在室内，同时获取太阳能及自然光照。公元前100年左右，玻璃已经成为建筑领域非常重要的构件。2世纪，玻 47
璃板可制成长1.5米，宽0.5至0.75米大小，由石材竖框支撑铁条固定，做法类似于中世纪大教堂。卡拉卡拉浴场最大的窗户达8米宽、18米高。此外，赫库兰尼姆（Herculaneum）某公共浴场还被发现使用过双层玻璃，来改善隔热效果，同时减少冷凝作用对木窗框架的腐蚀。

关于卡拉卡拉浴场的高温浴室，有一个引人深思的谜。这一浴室在当代被单独拿出来进行专门评论。据说该浴室的穹顶采用的是青铜网格，

51

用以支撑整个拱顶，拱顶跨度之大，连经验丰富的工程师也表示难以实现。[23]关于该浴室屋顶的建造方法，考古学家的看法尚未达成一致。穹顶之下的建筑平面呈圆形，内部高度为 43 米，直径 35 米，约为万神殿跨度的四分之三。高温浴室通过热坑加热，温度可达 45 摄氏度左右。位于建筑南侧，设有五个玻璃天窗，每个天窗约 12 米高、8 米宽，较低的窗户高 10 米。为了确保高温效果，屋顶采用密封穹顶，这一点不同于万神殿中心开设孔洞的做法。尽管如同上文所述的阳光房一样，大面积窗户可利用太阳能为房间带来更多热量，同时也能利用自然采光。但是由于密封穹顶的因素，室内还是相对较暗。这样的情形也对“该浴室穹顶采用的是青铜或铜的网格”之谜给出了合理的解释。本建筑很可能建造的是玻璃框架结构的穹顶，类似于 19 世纪早期欧洲的玻璃房——在混凝土穹顶中心设巨大的空洞。穹顶框架可能采用的是铜或铁架，外覆铜板，可想见其相当壮观， 49
并吸引大批参观者到来。

50. 罗马戴克里先浴场，约 298—306 年。埃德蒙·珍·巴普蒂斯特·保林（Edmond-Jean-Baptiste Paulin）1880 年绘制。
51. 马克森提斯大教堂（或君士坦丁大教堂），308—325 年。

晚期罗马拱顶结构

阿波罗多罗斯的巨型拱顶设计，事实上包括整个浴场的布局，之前均已被人们多次采用。卡拉卡拉浴场建成 70 年后，戴克里先皇帝（284—
50 305 年执政）组织建造了最大的浴场，可提供 3000 人洗浴的条件，总共可满足 5000 人的需要。

引人注目的是，浴场冷水浴室一直保留至 21 世纪，1563 年经米开朗琪罗（Michelangelo）独具禀赋地改造为圣玛利亚（Santa Maria）大教堂，投入日常使用。在改造过程中，米开朗琪罗将罗马建筑的三个横向空间改为其教堂风格的纵向中殿，开发了双向拱顶形式。二百年后，教堂结构又新增中殿，传统的三段式空间发展成为十字翼结构，教堂空间轴向再一次转动了。

阿波罗多罗斯三段式空间结构形式的最后一个实例是 310 年的马克森提斯（Maxentius，
51 306—312 年执政）皇帝教堂的巴西利卡，该教堂在君士坦丁皇帝执政期间（312—337 年）竣工并进行了修整。这是拱顶结构中最大的一个建筑，三段式空间每个 23 米长，36 米高，跨度约为 25 米。主室两旁均设有走道，整个建筑占地约长 80 米、宽 60 米，地面层大空间仅有四个柱子。

希腊和罗马建筑工程师在没有现代工程科学知识的情况下实现了很多成就。他们借助的是我们今日所称的定向科学，包括基于经验的理性论证，思索问题的范围超越了当时业已取得的成就，以探索新的方案。他们通过实验论证尝试新理念，随后将成果应用到主流建筑的营造当中。此外，希腊和罗马工程师和科学家还发明了各种方法，将其经验与理解纳入书中及教学课程当中，这在 18 世纪尤其盛行。当时这些整理工作大多在亚历山大大学和综合技术学校完成，这是君士坦丁堡（小范围整理）的一个典范，可能在其他城市也进行了类似的整理工作。

结构工程在砖石（包括混凝土）建造方面取得了非常大的进步，部分原因可能是砖石构造的稳定性不受规模大小的影响。比如，如果一米宽的砖石拱顶模型能稳定站立，那么类似几何形状的拱顶，规模比其大 20 倍也不存在问题。这一发现给中世纪时期的工程师及后来的大教堂建筑都提供了很好的帮助。换句话说，这一发现令模型在设计流程中发挥了很大的作用。但是这并不适用于涉及弯曲结构因素的建筑。此外，公元前 5 世纪某些投石兵器所用的设计方法表明古代工程师知晓并非所有现象都呈线性关系变化。这一理解直到 17 世纪早期才在伽利略的著作中得到（书面）认可。

第2章
中世纪时期
500—1400年

人物与事件

约474—534年，特拉勒斯的安提莫斯（Anthemius of Tralles）

约500—550年，米利都的伊西多斯（Isidorus of Miletus）

800年，查理大帝加冕为首位罗马皇帝

材料与技术

约500年，锻铁开始用于砌筑穹顶中

约600年，风车在波斯发展开来

约800年，曲柄开始在欧洲使用

约800年，锻铁用于砌筑穹顶

知识与学习

646年，亚历山大大学、工程学学校、图书馆损毁

约700年，希腊数学与科学翻译为阿拉伯语

设计方法

设计工具：图纸、计算

876年，印度首次确认十进位的使用

建筑

约490—549年，意大利拉文那圣阿波利纳雷教堂（Sant' Apollinare Nuovo）

532—537年，圣索菲亚大教堂（Church of Saint Sophia），君士坦丁堡（现土耳其伊斯坦布尔）

约526—547年，意大利拉文那圣维塔莱教堂（San Vitale）

约670年，突尼斯凯鲁万大清真寺（Great Mosque）

约786—805年，德国亚琛巴拉丁大教堂（Palatine Chapel）

约819—826年，瑞士圣加伦修道院（Saint Gall），未建成

500 600 700 800 90

1147—1254，后六次十字军东征

1086年，征服者威廉（William the Conqueror）的《末日审判书》（*Domesday Book*）

约1175—1240年，维拉德·奥内库尔（Villard de Honnecourt）

约1175—1253年，罗伯特·格罗斯泰特（Robert Grosseteste）

约1214—1294年，罗吉尔·培根（Roger Bacon）

约1230—1309年，圣佐治·詹姆斯（James of St. George）

约1300—1360年，海因里希·帕勒（Heinrich Parler）

约1330—1360年，皮特·帕勒（Peter Parler）

1335—1405年，威廉·温福特（William Wynford）

约1325—1400年，亨利·耶维尔（Henry Yevele）

1347—1352年，黑死病（Black Death）席卷欧洲

1347—1352年，乔凡尼·丰塔纳（Giovanni da Fontana）

约1000年，磁罗盘首次使用

约1100年，摩尔人发明造纸术

12世纪80年代，欧洲开始使用风车

1250—1300年，中国发明的火药和大炮开始传入欧洲

约1250年，石造建筑开始广泛应用于民用及居住型住房

约1300年，实验更为量化，更为可靠

约14世纪20年代至15世纪50年代，大炮开始从青铜和锻造铁发展成为铸铁

约1050年，阿拉伯数学、科学及防御技术开始传入北欧

约1120年，欧几里得几何学从阿拉伯语翻译成拉丁语

约1125年，关于实用几何与理论几何的书籍问世

约1200年，巴黎大学和牛津大学开设自然物理学（科学）

约1220年，乔丹思·内莫拉里乌斯（Jordanus Nemorarius）（*De Ponderibus*）早期关于统计学的著作

约1400年，首部欧洲军事工程学手册

1391—1402年，关于米兰大教堂（Milan Cathedral）的设计著作，意大利米兰

约1200年，通过“平面旋转”设计的大教堂平面与立面

14世纪90年代，意大利博洛尼亚圣白托略大殿（San Petronio）设计时采用砖和石膏制成的成比例模型

976年，欧洲（西班牙）首次使用印度-阿拉伯数字

约1200年，开始采用中世纪砖石广场

约1200年，代数被引入欧洲

约1250年，印度-阿拉伯数字被传到欧洲南部部分国家

约1300年，首次用图标方式表示数据

1325年，文字记载了许多大教堂的地板

11世纪50年代—13世纪50年代，主要的意大利式、法式、英式砌筑城堡

约1050年—14世纪50年代，主要的欧式大教堂

1093—1133年，达勒姆大教堂（Durham Cathedral），位于英国达勒姆

约1088—1130年，法国克吕尼修道院（Monastery at Cluny）

约1120—1215年，法国维泽莱的圣玛丽马德琳教堂（Sainte Marie-Madeleine）

1163—1250年，巴黎圣母院（Cathedral of Notre Dame），位于法国巴黎

1194—1221年，沙特尔大教堂（Chartres Cathedral），位于法国沙特尔

1153—1265年，意大利比萨的洗礼堂

约1150—1250年，叙利亚骑士堡教堂（Krak des Chevalier）

1283—1289年，威尔士哈力克城堡（Harlech Castle）

1386年至今，米兰大教堂，位于意大利米兰

1390—1437年，意大利博洛尼亚圣白托略大殿

1000 1100 1200 1300 1400

中世纪时期 500—1400年

东西交汇

300 年，欧洲西部的罗马帝国半数以上的地区都开始进入了漫长的衰退时期，最终证明保卫大幅国土抵御周边国家——尤其是罗马北岸莱茵河至里海的邻国的侵略过于艰巨。3 世纪时，埃及亚历山大及小亚细亚的安提俄克已经发展成为商业化城市，与罗马展开了竞争。为此，君士坦丁皇帝（306—337 年执政）迁至拜占庭，将其发展成为东罗马帝国的新首都，并于 330 年更其名为君士坦丁堡（Constantinople）。罗马的贸易势头逐渐减弱，欧洲其他许多城市也呈现缓慢衰落的景象。罗马的食物供给开始减少，东部城市开始从埃及市场购买低价粮食，这也促进了意大利大部分地区的发展。罗马帝国 395 年正式分裂为东西帝国，罗马的商业已经垮台，出现了大面积贫困。西罗马帝国城市曾经名极一时的道路与水利设施损毁失修。甚至连罗马的渡槽也不能满足城市所有的水利需求，依靠这些水力资源的企业与各类建筑设施也无法继续运转。

在商业与经济逐渐衰退的过程中，基督教逐渐发展起来，东罗马帝国尤为显著。君士坦丁皇帝第一个接受了洗礼。360 年时，君士坦丁堡建造了首座圣索菲亚大教堂（Saint Sophia）。404 年教堂遭到暴乱与火灾的损毁，经重建后 415 年重新投入使用。查士丁尼（Justinian）皇帝 527 年上台，532 年，君士坦丁堡再次发生暴乱，第二座教堂也被火烧毁，查士丁尼新建了一座规模空前的教堂，借此宣扬自己的权威。该教堂结合了大量建筑传统做法及历来结构工程学取得的成就，代表了本领域的至高点，也是一千年来西罗马帝国与中东部地区建筑创新的凝结，这些建筑创新对拜占庭地区的文化影响可能比罗马更强。

通过历史学家普罗科匹厄斯（Procopius）560 年左右撰写的著作，我们了解到查士丁尼皇帝执政时期的建筑工程。《关于建筑》（*De Aedificiis*）是一本普罗科匹厄斯名下成千上万建筑工程的目录，这些工程大多都是保卫帝国大幅国土的防御工事的新建或重建项目。与始自奥古斯都皇帝的早期罗马帝国的皇帝一样，查士丁尼皇帝也希冀通过建筑来树立自己的权威与名望。由于是基督教国家的领导者，当时大多工程都是关于教堂的项目，普罗科匹厄斯的著作一开头便是对查士丁尼皇帝支持的项目中最伟大的成就——圣索菲亚大教堂（532—537 年）——进行长篇颂扬。

君士坦丁堡圣索菲亚大教堂（532—537年）

尽管没有我们希望看到的技术细节，但是普罗科匹厄斯用自己的语言表达了他对工程师取得的巨大成就的惊讶：

> 教堂奇美无比，她上入云霄，下俯城市，身临其境时所见所闻犹如梦境一般……各个部位比例协调，多一分则多，少一分则少……与其他巨型教堂相比，她更高贵、更优雅。大理石反射着太阳的光辉，整体建筑明亮无比。或许有人会说整体空间没有得到外部阳光的照明，但是内部的太阳辐射光线令整座教堂沐浴在充足的阳光当中。
>
> 教堂内部空间风格如下：从首层往上，采用石砌结构，平面布局不在一条直线上而是呈半圆形（专业称法为半圆柱形），顶部高耸云霄。结构端部在球体四分之一处结束，其上是另一个新月形结构，由建筑相邻部件托起，其美妙让人赞叹，而表面的不稳定性也让人心惊。因为新月似乎在空气中飘浮，没有明显的支撑物。事实上，该结构建造得非常稳固安全。本建筑两侧地面上设有以半圆形布置的柱子，似乎搭建了一个天然舞台，其上也是新月形结构，表面上看似乎也是悬浮着的……
>
> 查士丁尼皇帝及其工程师安提莫斯（Anthemius，约474—534）和伊西多尔（Isidore）采用了多种策略，来增强“悬浮在空中”的教堂部件的稳定性。很多策略我都无法理解，也无法用言语来表述。在此，我只能对其中一个策略加以描述，来体现它的强大。墩基，如我所说并不是普通的砌体基，而是采用了如下方法：以四方形敷设石材，所选石材虽然本身棱角分明，但都相当光滑，且拟用于墩基侧边的石材都已削去棱角，拟用于中间位置的石材也切成方块形状。这些石材不是由石灰（人们称为石棉）粘接在一起，因为石灰易于熟化，也不是由沥青（巴比伦塞米勒米斯的骄傲）等类似材料粘接在一起，而是通过向缝隙中灌铅粘接——铅渗入每个缝隙后，加强联结部位，将石材紧紧粘接在一起。[①]

圣索菲亚大教堂，在先前的教堂于532年被大火烧毁后，又于532—533年设计，535年开
始施工，最终建成于537年，规模稍大于图拉真 52
浴场和万神殿。与浴场类似，教堂的主体结构由三部分组成，用现在的话说由三块组成。与浴场
不同之处在于其基础结构采用的是穹顶或者半穹 53、54
顶，而非桶拱。从平面上看，中心区域呈方形，上覆跨度为30米的砖砌穹顶，穹顶由四个大拱支撑，此处的大拱也作剪力墙或拱壁支撑之用。穹顶的推力以纵向方式由两个半穹顶支撑，半穹顶作拱壁支撑之用，并将外向推力分布到下侧各类小型穹顶、十字拱顶、拱桥、柱子上，随后落至基础上。中心圆顶距地55米高，远高于万神殿（44米）和马克森提斯教堂（约36米）顶部。主体结构总长约76米，无柱区域空间稍大于马克森提斯教堂（约70米）。

圣索菲亚大教堂的设计师和工程师为特拉勒斯（Tralles）的安提莫斯和年纪较小的米利都（Miletus）的伊西多斯（Isidorus，约500—550），两位都是工程师、阿基米德和海伦学派数学家。安提莫斯的《关于矛盾原理》（*Peri Paradoxon Mechanematon*）包括关于取火镜的章节，讨论了圆锥曲线及其性质。据称，安提莫斯还修复了许多被损毁的大型洪水防御设施。伊西多斯的工程学知识在亚历山大综合技术学校习得，该校建成后七百年内一直都在世界上名列前茅。对于这两位著名人物，普罗科匹厄斯这样描述道：

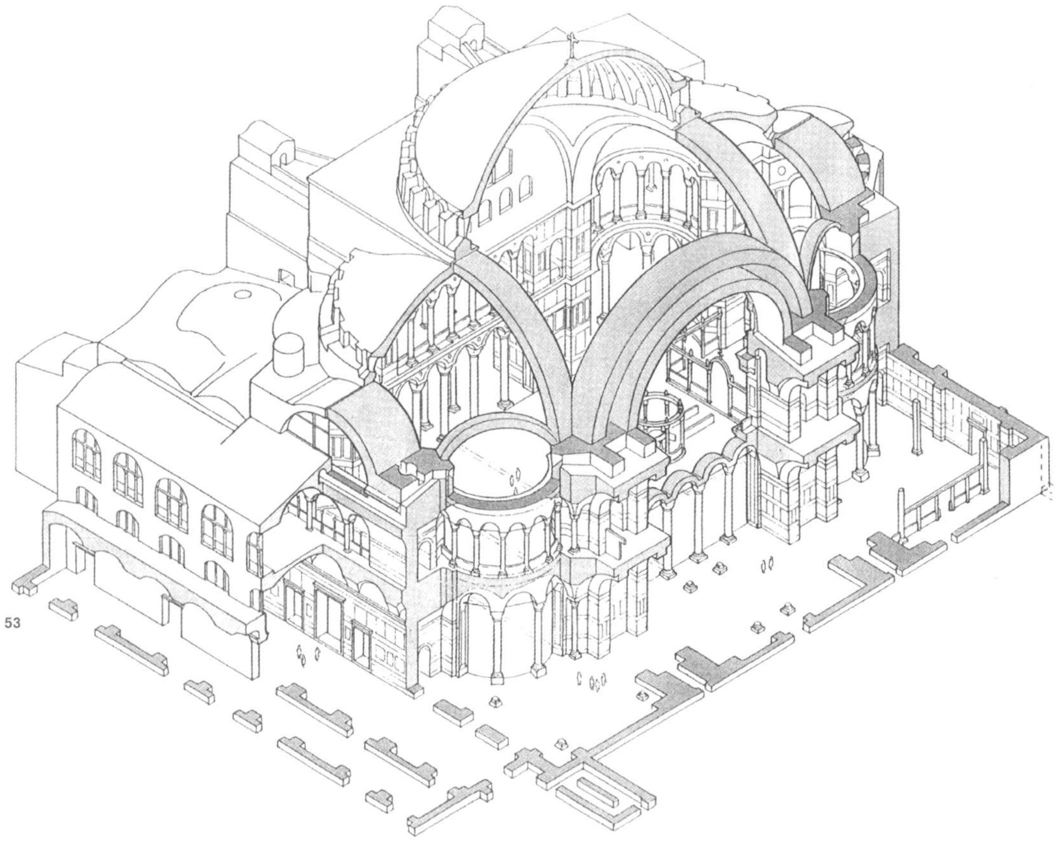
53

54

55

> 皇帝不计一切成本，急忙从世界各地召集工匠开工。正是工程学学科最博学的人物——不仅是其同期，而且是其先前时代人物中最博学的一位——特拉勒斯的安提莫斯系统地管理了施工工作，对拟建建筑进行了预先设计，从而使皇帝的一腔热情得以实现。安提莫斯的搭档是工程师伊西多斯，伊西多斯是米利都当地人，精通多个领域，完全有能力为查士丁尼皇帝效劳。②

圣索菲亚大教堂与罗马先前教堂的基本区别在于前者完全由石工砌筑而成，而非混凝土建成。石材用于主要的承重墩基、各类小型柱子和拱墙，砖材主要用于拱墙、拱顶、穹顶及多处承重隔墙，石灰砂浆用于砖砌建筑。关键是，目前现存的事例没有古典罗马混凝土结构，包括大块混凝土，或饰以砖材的混凝土填充物，或采用火山灰的水硬水泥。教堂采用了大量铁材，包括用来固定大块石材的铁扣钉，及横截面达40×50毫米、长3.7 55 米的轨枕（在小拱顶架出的位置连接柱子顶部）。这些轨枕的作用尚不是很明确，因为拱顶通常由邻近的坚实的实体墙支撑，非常稳固。比如18世纪晚期作坊和仓库的平拱中所用的类似轨枕，可能仅在施工过程中发挥作用，在石灰砂浆硬化的过程中增强稳定性。

现在我们看到的中心穹顶不全是原始的建筑，部分区域可能经过维修或重建，体现了砌体穹顶固有的稳定性。557年12月地震过后5个月，原始穹顶的部分区域——东侧半穹顶及东侧拱顶主要部分坍塌，因此对整个穹顶进行了重建，也借此机会将中心穹顶的高度从8米加至15米，从而减轻了外向推力，不用再担心因穹顶过薄造成结构位移——这可能也是地震后穹顶坍塌的原因。989年该建筑西半部分在一次地震后坍塌，之后进行了重建。1346年，东端再次坍塌，之后再次进行了重建。

罗马帝国的衰落

继4世纪西罗马帝国经济衰落后，6世纪晚期7世纪早期东罗马帝国也不可逆转地走到了生命的终点。尽管查士丁尼皇帝按照奥古斯都皇帝成功采用的方式——掀起大范围军事及民用建筑热潮——复兴东罗马帝国，但帝国还是灭亡了。那段时期，查士丁尼拨款重建、加固帝国边疆的防御工事，出资翻新旧民用建筑及教堂，并新建了许多类似建筑。此外，他还在帝国边疆重点部署了刚刚经过训练、全副武装的军队。

然而，5个世纪前奥古斯都成功采用的方法在此时并不奏效。时代不同了，新帝国的边界更长，距离国家中心更远，且人们也不打算向中央管理部门缴纳税收。而且五百年间，邻国并不是停滞不前，他们的军队训练有素、武器精良，相反罗马军队并没有发展军事技术和战略来应对这些威胁。最后就是税收问题。军队及其防御工事需要资金支持。帝国中心征收的沉重税负受到边疆人民的强烈排斥，尤其是军队数量不足、驻扎地不够灵活、越来越难以抵抗外来侵略时，人们更为反感这些税负。

越来越多的拥有土地的农民发现了更为有效且能直接获益的方式：将其土地所有权及部分收

52. 君士坦丁堡（现伊斯坦布尔）圣索菲亚大教堂，532—537年，设计师、工程师：特拉勒斯的安提莫斯及米利都的伊西多斯。1849年修复后的室内景观。

53. 圣索菲亚大教堂，剖透视图。

54. 圣索菲亚大教堂，剖透视图。

55. 圣索菲亚大教堂，内部柱子上的铁质轨枕细节。铁质轨枕用于支撑拱顶的横向推力，在施工过程中得到广泛使用。

56

57

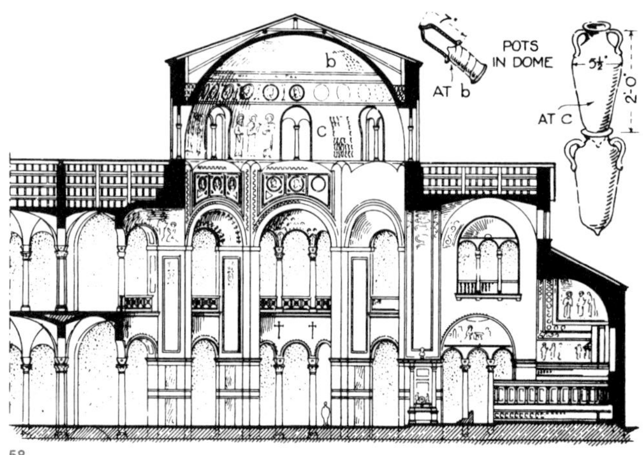

58

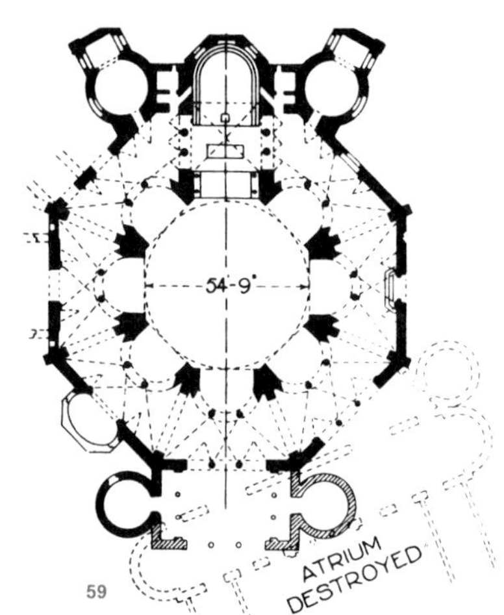

59

56. 拉文那圣阿波利纳雷教堂，约 490—549 年。

57. 拉文那圣维塔莱教堂，约 526—547 年。

58. 圣维塔莱教堂。用于减轻穹顶重量的中空黏土罐形穹顶结构的剖面图和细部处理。

59. 圣维塔莱教堂，穹顶平面。

成交给当地地主，这些地主能确保农民受到当地有组织的军队及城镇防御设施的保护，并帮其免缴国家税收。人们自发地受当地巨头奴役，这就是我们所说的封建制度。

罗马帝国衰亡后的欧洲历史向人们展示了建筑业在过去乃至现在，与经济、政府运行体制，尤其是税收来源的密切关系。希腊与罗马帝国创造并发展了城市及城市建筑业的理念。除了建筑业以外，城市得以流传下来还依靠其他一系列基础因素，包括贸易、交通、大规模住房、水与食物的供给及一定的卫生条件。而这些基础因素需要有能力的工程部门配备船只、车辆、桥梁、建筑、沟渠、排水设施等。同时，城市发展中，还需技术高超的军事工程师来保护城市领导者、基础设施和他们的臣民。

随着国际贸易的衰落，中央政府以国家保护及维护基础设施为由征收大量税赋，大型城市及其生活方式也彻底走向了终点。那段非常时期内，整个帝国的城市都沦为邻国军队的牺牲品。侵略军，例如15世纪侵略西罗马帝国的匈奴人和哥特人、侵略亚历山大的波斯人（616年）及侵略西班牙南部的阿拉伯人（711年），洗劫并摧毁了许多大型建筑，烙上自己的文化印记。其他建筑有的被侵略军按照自己的文化进行改造，有的被弃用而荒废，成为建筑材料回收地。

随着西罗马帝国的衰落，东罗马帝国侵略者引进了拜占庭帝国及更远地区的建筑理念。中世纪早期发展起来的西方基督教教堂的基础设施吸收并融合了罗马建筑的形式，例如来自中东的巴西利卡教堂理念，尤其是教堂中心平面的理念。6世纪早期，意大利北部城市拉文那（Ravenna）被来自邻近黑海的巴尔干半岛东部的东哥特人占领。拉文那同一时期建造的两个建筑体现了东西
56 交汇：490年开工、549年建成的罗马风格的圣阿波利纳雷教堂，及基于典型的拜占庭中心平面而
57 建的圣维塔莱教堂（约526—547年）。圣维塔莱教堂穹顶跨度为16.7米，其建造方法采用了罗马技术——采用空心黏土器皿形式而不是砖或混
凝土材料做成轻型穹顶。穹顶下半部分采用了高 58…59
约600毫米、直径约150毫米的双耳细颈椭圆陶土罐（酒瓶）；其上靠近顶部位置，采用了长约170毫米、直径约60毫米的杯状陶土罐。

罗马帝国被邻邦侵略时，新的建筑理念尤其是伊斯兰世界理念，开始渗入罗马的思考方式当中。7世纪开始，穆斯林建造者将北非典型的拱顶形式引入西班牙南部，该拱顶由细长的柱子支撑，这样的结构形式比罗马发展起来的结构更为精美。它们所达到的平衡感也常常令人震惊，从
而也不难理解它们为什么能激发中世纪时期基督 60…61
教教堂设计师的灵感。

除前罗马帝国以外，首个在抵抗侵略中取得成功的城市是法国图尔（Tours）——732年法兰克领导者查尔斯·马尔特尔（Charles Martel）击败某阿拉伯军队，为后来的卡洛林王朝定下名称。马尔特尔之孙查理曼（Charlemagne，约742—814）于800年圣诞节在罗马圣彼得大教堂加冕为首位神圣罗马帝国大帝。尽管佩有宗教头衔，但是查理曼主要扮演的是军事领导人的角色，以残酷的方式在西欧成功重建了基督教。然而，他也提倡修道院理念，借以稳定新神圣罗马帝国，从而也掀起了大批建筑浪潮，值得庆幸的是，部分伟大功绩仍保留至今。786至805年德
国亚琛（Aachen）建造的巴拉丁大教堂（Palatine 62
Chapel）反映了杰出设计师建造的伟大作品。

建成于806年的法国Germingny-des-Prés大教堂，采用了简单、朴实的砌体结构，整体上给人以非常拘谨的感觉，体现了与发展中的修道院
活动密切相关的新兴罗马风格。 63

通过现存的实例证明，我们发现同期出现了中世纪建筑最早的图纸——瑞士圣加伦（Saint Gall）修道院（约819—826年）平面图，图纸显
示的是一个小镇，呈栅格状分布，类似于罗马的 64

60

61

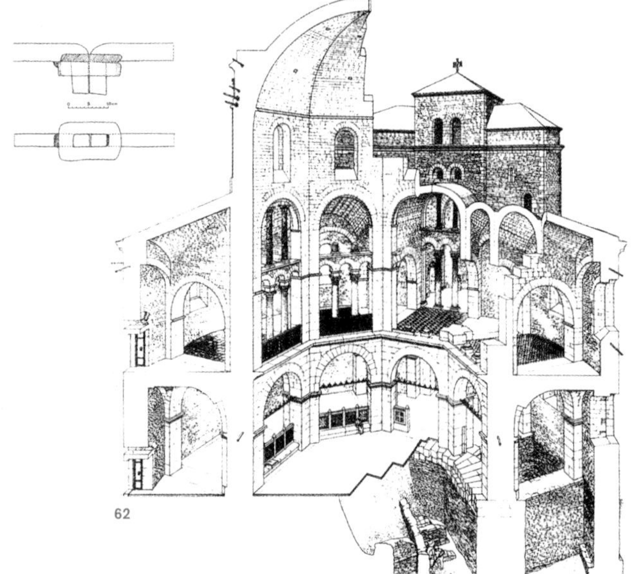
62

63

楼岛，其中心是一座大教堂。从工程学历史角度看，这张图纸并未付诸实施，其目的在于表达设计师的想法。

中世纪时期的科技革命

中世纪早期至1100年，欧洲兴建了大量建筑。尽管建筑风格取得了进步，然而工程方面似乎没有多少创新，这可能归于两个因素：首先，罗马建筑工程师留下了诸多传奇作品，这些作品也见证了人力所能实现的程度；其次，原帝国分裂成小国家，资金短缺，而且在营造反映帝国统治特色的建筑方面积极性不高。这一时期，最早大规模发展起来的是11世纪法国的砌筑防御工事及防御用房，以及越来越多的教堂建筑。这些方面的发展根源在于前一个世纪各类农业及技术改革，促进了中世纪早期农村社会的繁荣与发展。

我们所说的“中世纪”时期实际上是指重新发现并发展城市建设相关技术的一段时期。从罗马帝国灭亡到以新面貌问世花去七百年的时间，这样缓慢的变革与前进步伐主要由两个因素造成。首先，封建巨头与整个城市都高度独立，极度好胜且不愿与邻邦分享任何事物。国家由脆弱且反复无常的联盟组建而成，经常发生分裂事件，随后又以新模式改革。这样的政治环境类似于早期希腊城邦，但在共同目的上却又完全不同，后者处于罗马时期，当时最新的军事及民用技术在整个帝国得到了快速发展。国家的概念从一定层面讲，指共享一系列理念与技术。没有大型城市和国际贸易条件，大型民用建筑工程项目便无从谈起。

其次，700年时，得以创立、实践、学习、教授、保存工程学知识的整个系统坍塌了。与其他所有帝国社会一样，罗马也在捍卫自己的战略知识，方法是将这些战略知识限定在军队及其相关基础设施中。例如，他们不教授所占领区域的居民工程学知识及兵器制造技术。军队撤走后，这些知识的意义及使用方法便消失了。最终，当了解这些知识的人去世后，人们便没有机会习得这些知识了。当然，曾经也有大量希腊和罗马工程学书籍，但是大多都因为那些知识无法使用，被不懂它们价值的人们丢弃或损毁了。保留下来的文字也仅仅记录了工程学知识的某些方面（插图很少，也没有保留下来）。中世纪早期，古代技术的维护、传播及发展的动机、机制也是极度欠缺的。

然而，这并不是说基础建筑及相关技术也一并消失了，其中大部分在罗马帝国幸存了下来，比如铁和玻璃的生产，水硬水泥的使用③，或拱顶甚至是热炕的建造等。依据当时经济水平及建筑技术，社区建筑需求也减少了。同时，罗马帝国大型城市也留下了大型建筑，这些建筑经过适当维修与维护，在中世纪还能继续使用，尤其是气候条件较好的地区，使用时间更久。

罗马帝国衰落后，由于没有国家强有力的推动，欧洲建筑领域工程发展缓慢并不足为奇。然而，也正是这一原因促进了另一方面的进步：自给自足与当地繁荣。中世纪早期的法国、德国、英国出现的这一情形类似于20世纪90年代苏联解体后前加盟共和国家的情形。

自给自足与繁荣的首要要求便是食物充足，8世纪和9世纪的农业有了重大的发展。部分原

60. 突尼斯凯鲁万大清真寺，约670年。内景图，柱子由铁质轨枕固定。
61. 西班牙科尔多瓦（Cordoba）大清真寺，约786年。比利亚维西奥萨教堂（Villaviciosa）穹顶，图中显示穹顶下暴露明显的肋架结构。
62. 德国亚琛巴拉丁大教堂，约786—805年。用于支撑穹顶横向推力的铁质轨枕，以及细部节点处理（图左上）。
63. 法国Germingny-des-Prés大教堂，约806年。

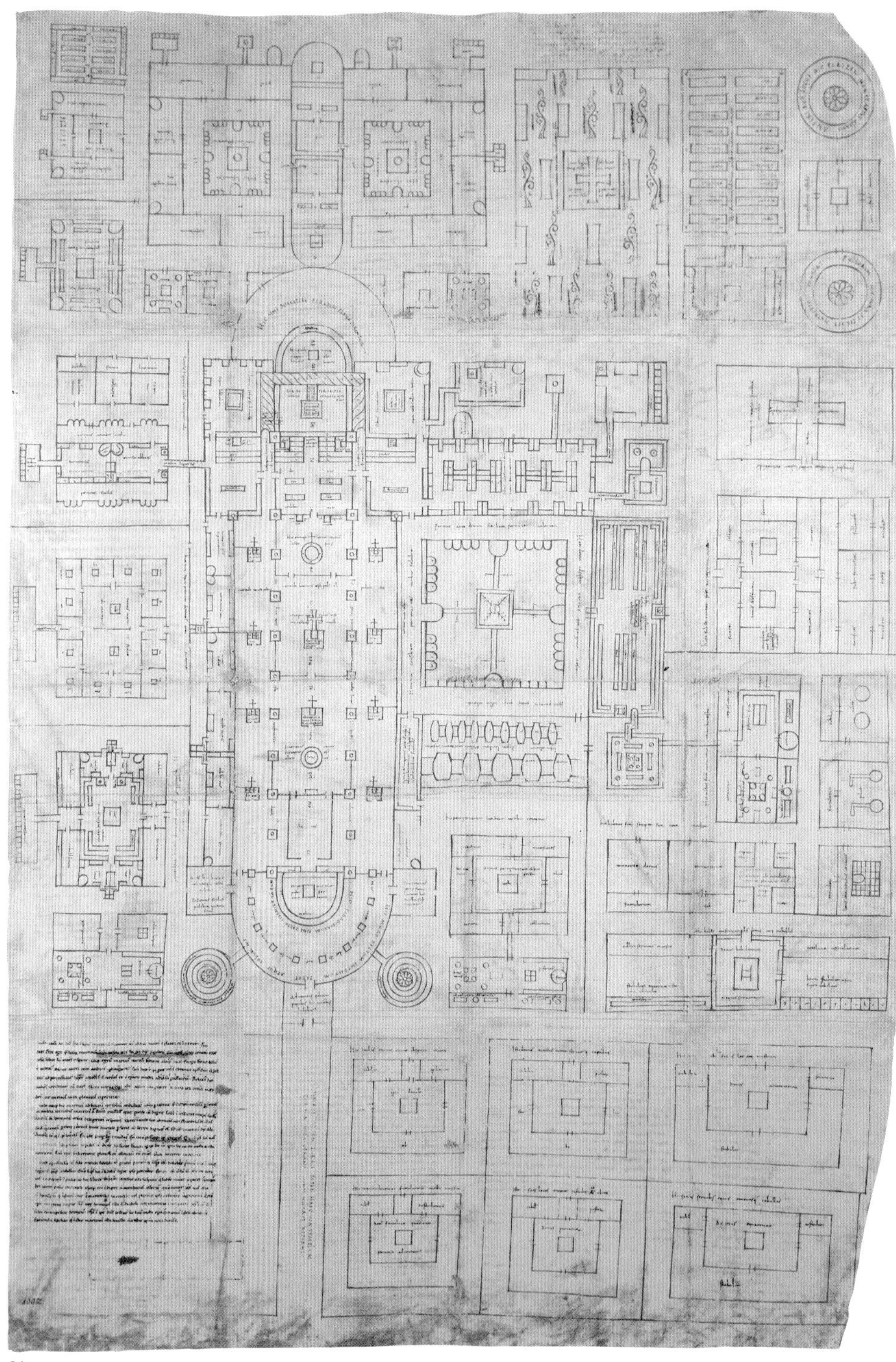

64

64. 瑞士圣加伦修道院。未付诸实施的平面图，约 819—826 年。

因是农业技术的发展，比如人们提高了耕地效率，发明了不勒牲口脖子的甲胄，激励牲畜更卖力地劳作，这些发展进步节省了一半的耕地时间。另外还有一大创新就是首次记录于 763 年的北欧发明的轮作三圃农作制（three-field system）[I]，与罗马侵略军强制地中海地区使用的二圃制（two-field system）相比，这一制度更适合北方的气候条件，取得了立竿见影的效果——粮食产量增加了 30%，后来人们不断尝试各类耕作、种植、收割方法，开发了更多高效体制，截至 12 世纪，粮食产量增加了 50%。

同时，随着今日所称的“机械工程学”的发展——尤其是水车动力技术的发展，农业发展取得了重大进步。现在看来，罗马人发明或者未发现的机械技术都让人感到惊讶。例如，他们用齿轮将动力从一个轴传输到与之平行的另一个轴上，也从一个轴传输到与之垂直的另一个轴上。但是，人们还不知道将水轮旋转运动转换为驱动锯子来回运动的往复运动。再比如，我们认为很容易想到的曲柄直到 800 年才在欧洲传播开来。更令人惊讶的是，最简单的曲柄使用，例如木工的手摇曲柄钻直到 1420 年左右才在荷兰发明。

除了水车外，罗马再没有发明其他动力驱动的器械，只是由人或动物操作。当时风车还没有问世，即使是水车也仅仅用于一个目的：转动磨盘碾磨粮食。与以往一样，罗马新建的都是已经广泛流传开来的模式，例如，310 年左右，他们在法国南部阿尔勒（Arles）附近的巴贝加尔（Barbegal）建造的大型水磨面粉坊，水磨由当地渡槽导来的溪水动力驱动。该设施由两个平行水车组排列组成，各排设 8 个水车来驱动 32 个碾磨，一天 24 小时运转下来，能磨 28 吨粮食。然而这样的例子很少，水车及碾磨知识技术基本上只有罗马占领军知晓。这些技术仅在当时满足了驻守军队及当地管理层的需求，而在占领军撤走后水车便消失了。

中世纪早期水车的使用逐渐减少，但是在其后三百年内还是在欧洲各个城市传播了开来。这段时间内，人们对水车技术的力学理解仅局限于当地社区最底层，且停留在确保其立足与发展的基础设施水平，比如当地铁器生产、确保持续水流的技术、水车维护修理、提供培训的学徒制度。10 世纪中期，出现了碾磨面粉以外的首例水车动力应用：漂洗机；一个世纪后，水车又有了新的 65 用途：通过向炉子鼓风进行熔铁操作。这两大应用的不凡之处均在于采用了曲柄机制将水车轮的旋转运动转换为往复运动。征服者威廉（William）1086 年的《末日审判书》中记录英国 3000 个社区共有 5624 个磨子，这一数据至少与欧洲大陆国家持有量一样高。11 世纪，出现了潮磨应用——通过退潮水流驱动水车。1066 年后不久英国也在多佛（Dover）港口入口处建造了一个潮磨装置。

随后一百年间，水力、风力驱动的机械发展开来，越来越多地替代之前需要人力完成的工作，例如漂洗、鞣革、锯切、粉碎等。同时，还发明了多种操作机器，包括火炉的鼓风、锻造的锤子、魔锐抛光的磨石、碾磨衣物染色颜料的磨子、木材制浆的设备、抽取造纸用的纸浆和酿啤酒用的麦芽浆等。12、13 世纪的水力风力应用是一场工业革命，堪与 18 世纪著名的工业革命相媲美。使用新机器时，人们渐渐注意到在水力、风力使用过程中某些机器效率更高，这就为 18 世纪人们认知的“能源”“效率”的概念埋下了种子。13 世纪中期能源存储的概念似乎也在孕育当中。抬起重物后，在其上系上绳索，当重物下落时便释放所存储的势能，用以驱动机器。抛石机（投掷重物的机器）采用的就是这一原理。大约在同一时期，人们首次使用弹簧，将其与踏板连接驱动

I 大致分为春耕、秋耕、休闲三部分，轮流使用。每一块土地在连续耕种两年后，可以休闲一年。——编者注

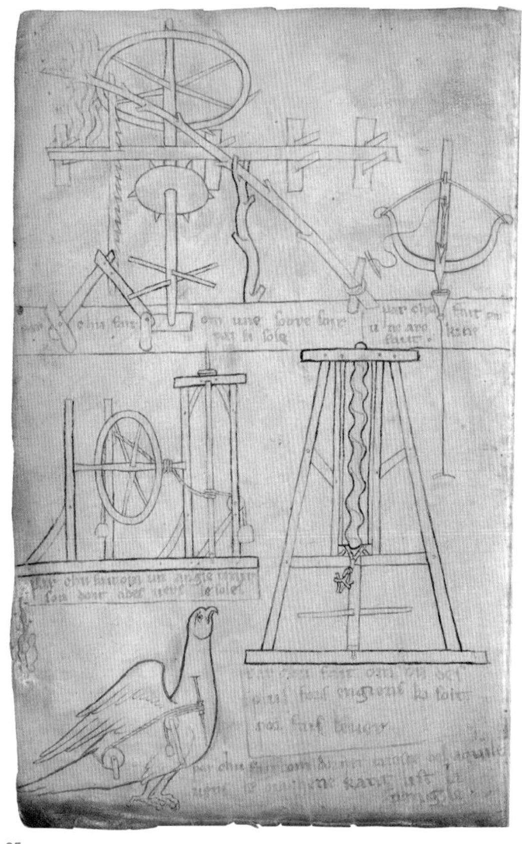

65

车床。13 世纪中期时，金属式弹簧用于锁具当中，1430 年左右用于钟表当中。

中世纪时期，运输也经历了多次变革。9 世纪及 10 世纪时，随着马镫的广泛应用、铁蹄越来越多地被使用，马匹的速度更快了。从远古时代起，货车就安着两个轮子，这样经过角落和崎岖道路时就更为方便。9 世纪时开始采用转动前轴，为四轮马车打下了实践基础。此外，耕地用的甲胄使人们得以套上多对马匹协同耕地，加上简单制动装置，单单一个人就可以操纵拉着重物的大马车。尽管出现了这些技术进步，但是各类客观条件，例如成本，与二轮马车相比，四轮马车优势不是很突出，路况差等客观因素又限制了大型四轮马车的广泛应用。事实上直到 12、13 世纪时，这些四轮马车才广泛应用开来。

马拉犁效率的提高、水力应用的推广、新能源（风能）的采用、存储能源提供潜在用途——所有这些都反映了人们对世界的新态度。中世纪

65. 水力锯木厂简图，维拉德 · 德 · 霍尼古特绘，1230 年。

的欧洲正探索或者说再次探索那些借助我们今日所谓的科学或实验方法进行革新技术的思索行为，也就是说，想象那些并不存在的事物并通过实验的方法加以实现。13 世纪，英国哲学家罗伯特·格罗斯泰特（Robert Grosseteste）、罗吉尔·培根（Roger Bacon）等志同道合的思想家首次表述了这些流程，并将其记录下来，这种记录方式是现代科学与工程学的基础特征，其他人能借以学习这些流程。

这些技术发展逐渐地对北欧聚集形态产生了影响。如同水滴从饱和空气中凝结出来一样，人们开始越来越多地聚集生活在一起。因为条件已经成熟——首先，马匹运输技术的改善让人们可以在远离自己看管的牧场处居住；其次，聚集在一起，更有经济优势，比如铁匠或工场主为更多人服务时效率更高、成本更低；农业生产效率更高，粮食出现了盈余，盈余部分可在市场上交易售卖，同时随着运输技术的发展，还可以通过海运或河运输出到邻邦。

随着人们逐渐聚集形成村落、城镇，今后的繁荣依靠这些城镇的发展及其所带来的效益。教堂对这些城市社区的形成与发展起着重要的作用，而教堂建造几乎是最基本的一部分。此外，当地地主及巨头也发挥着同等重要的作用，他们是盈余农产品交易的催化剂，其财富聚集也依靠城镇的发展。而繁荣景象也促进了货物生产，他们都需要进一步促进经济发展，加速财富的积累。

因而，12 世纪时，城镇已经成为欧洲经济的基础，其中某些更为繁荣的城镇逐渐发展为城市形态。这就意味着需要建造更大的教堂、民用建筑、学习中心（后来发展为大学）、基础设施如给排水和路桥等，当然还有防御设施来保卫这些新兴财富成果。这些商业竞赛中处于领先地位的是意大利北部的城邦，其后是德语国家和法国的繁荣城镇。

重新发现希腊学术

推进 12 世纪建筑工程学革命的最后一个因素是学术理念的重新发现。9 世纪时建立的正统派的学说（orthodoxy）是基督学术，这在中世纪时期的修道院颇为流行，但进步缓慢。而事实上，寻求进步也不是修道院学习的目标。10 世纪的学者很大程度上仰仗的是许多世纪前少数伟大哲学家的作品，尤其是奥古斯汀（Augustine，354—430）、波伊提乌（Boethius，480—524）、塞维利亚的主教伊西多尔（Bishop Isidore，约 560—636）、圣毕德尊者（Venerable Bede，673—735）的作品。这些学者的主要目的是发展基督思想，这往往不可避免地将人们带回到《圣经》。他们的工作包括两方面：解释，通过《圣经》内容解释各类事件和现象；注解，或者说寻找更微妙、更神奇的《圣经》文本解释。然而，《圣经》很少谈及我们今日所谓的自然哲学或科学，甚至并没有描述设计或建造相关的知识。

然而奥古斯汀和波伊提乌确实涉及了建筑设计，尽管只是作了简略的描述。同之前的希腊哲学家一样，他们力图通过几何学、数字、和声学解释宇宙，讨论我们今日所谓的自然科学的各个方面：光学、和声学、天文学、音乐、力学、植物学等。他们基本上是通过希腊典籍学习这些知识的。然而，9、10 世纪时，希腊典籍以及对这些理念的详尽解释都已经失传了，所以，在没有希腊典籍的情况下，阅读奥古斯汀和波伊提乌作品就如同阅读艺术家的作品没有任何插图一样费解。

奥古斯汀和波伊提乌运用原理来解释世界，他们认为这些原理与《圣经》的概念是一致的。例如，奥古斯汀引用《圣经》“汝以尺寸、数量、重量裁定万物”，以及毕达哥拉斯和柏拉图的哲学观阐释其对基督世界及其创立、秩序的看法。在建筑设计方面，他注意到《圣经》中若干重要建筑——诺亚方舟（Ark of Noah）、摩西神龛

（Moses' Tabernacle）、所罗门圣殿（Solomon's Temple）、以西结神仙殿（Celestial Temple）的尺寸等细节因素。很久以后14世纪某著名的共济会诗歌声称所罗门“教授”建筑学的方法“实际上与我们今日的方法相差无几”[④]，这一学科也直接传入法国。奥古斯汀和波伊提乌的作品在中世纪早期占主导地位，且整个中世纪时期，和声学的宇宙适应性在音乐与建筑作品中起着重要作用。

尽管奥古斯汀和波伊提乌的这些指导可能对建造者的实践作用不是很大，但是他们在作品中反复论及这些观点的目的在于给予人们信心，不仅包括笼统事宜上的信心，也包括做具体抉择时的信心。如同我们在整个建筑设计发展过程中所看到的一样，这反映了建筑设计师的境况——建造时需要依据成功先例和经验知识，尤其是在尝试建造一些新事物时，更是如此。

11世纪时，北欧稳固的基督学术体系受到西班牙（被摩尔人占领）图书馆全新的理念学问的动摇。先知穆罕默德（Muhammad）在632年统一了中东阿拉伯国家，从而使伊斯兰教的主要目标成为传播穆罕默德的影响力。两年后，陆上军队便不断向西扩展甚至蔓延到中东、埃及（包括东罗马帝国的亚历山大）以及非洲整个地中海边境国家。700年左右抵达西班牙时，他们发现了基督西哥特王国，该王国是250年前罗马人迁走后建立起来的。当阿拉伯人压制基督教及其学术时，他们形成了自己的知识并学习从希腊和罗马文化引进的知识。最重要的是，他们引入了阿拉伯语译著，以及大量伟大的希腊及罗马哲学家、数学家、科学家的作品原稿。

11世纪，随着西班牙北部的基督武装开始抵御侵略并向南推进，西班牙的大图书馆目录逐渐被人们发现了，尤其在1085年的托莱多（Toledo）。这一消息在11世纪传到北欧时，诸多学者前来访问，并学习阿拉伯语来研究这些成果。其中有师从沙特尔的蒂埃里（Thierry of Chartres，约1100—1155）的巴思的阿德拉德（Adelard of Bath，约1080—1160）。阿德拉德拜访了多米尼克斯·甘地塞利纳斯（Dominicus Gundissalinus）——塞哥维亚（Segovia）神父、希腊哲学作品的阿拉伯译著学者。正是在这里，他无意间发现了欧几里得的阿拉伯语版《几何原本》，并首次将其翻译为拉丁语。当他在12世纪20年代中期（有人认为是往后几年）将这本著作及其他作品带给沙特尔同僚时，他们受到极大影响，从此也完全不受宗教的束缚了。蒂埃里的著作（*Heptateuchon*）描述了几何学、算术学等七个人文学科课程，并给出了进一步阅读的建议，包括勘测、测量、实用天文学、医学等。甚至还有人表示在蒂埃里的影响下，沙特尔学派开始尝试将神学改革成几何学。

当然，几何学作为一门实用艺术在整个中世纪时期已经发展开来，但是欧几里得重新发现这门艺术后，进一步大力推进了几何学知识的发展，从而使几何学得以协助设计师进行更为精确的建筑设计，且在施工过程中发挥更大的实践作用，比如协助施工准备、检查建成物及其相关设置以确保更高精确度。单这一个方面，就能帮助建造者展望规模更大、更高的建筑了。此外，几何学还有另一个更为深刻的影响：为设计及设计决策提供一定程度的解释和判断依据。欧几里得向中世纪的人们介绍了一个新的关键要素：采用几何学逻辑进行验证的概念。中世纪的学者从文字意义上创建了新型几何学——理论几何学（geometria theorica）。这为沙特尔学者提供了一个很好的指导方法，协助其以更合乎逻辑、更为确定的方式论证他们的观点并判断后作出决定。同千年前的希腊学者一样，他们也试图以各种可能的方式，在各类环境下应用新方法。六百年后微积分学的发现也是同样的道理，科学家、数学家探索将这一数学工具应用到每个可能的领域（参见第4章）。

理论几何与实用几何

约 1125 年至 1141 年间，学者圣维克托的休（Hugh of Saint Victor，1096—1141）首次将理论几何与实用几何区分开来。继柏拉图与亚里士多德之后，休认为几何学应该像哲学的分支一样划分为理论几何和实用几何。他辩证了欧几里得几何学阐述的几何学实用技巧与理论（思想）技巧的区别，并认为应该将几何学作为理论工具，更好地运用到实用方法当中，例如，帮助解释说明圣经知识。经计算，休断定诺亚方舟的体积（长 4 万英寸）应能容纳世界上所有动物及其食物。此外，休的学生苏格拉僧人圣维克托的理查德（Richard of Saint Victor）也曾应用几何学解释《圣经》中的数个建筑范例，并声称《以西结书》（*Ezekiel*）中所述的天庭与后期的罗马大教堂有相似之处。

此后不久，很多几何书问世了，1125 年至 1280 年间的 11 本为人所知，其中两本的 70 多个版本甚至留存到了今天。这些书有些是纯实践性的，配有各类计算方式的指导，以及几何学知识，包括商业算术，用于硬币铸造时计算各类合金的成分比例。有些是以更偏向哲学的方式研究几何学，探讨几何学不同分支的目的所在。比如 12 世纪中期一本无名著作将几何学的两个分支区分如下：

> 几何学分两个部分：理论几何与实用几何。理论几何关注比例、数量以及仅通过头脑推测的方法。实用几何是当我们不了解某些事物的数量时，通过理论经验加以测定的方式。[5]

此外，多米尼克斯·甘地塞利纳斯约于 1140 年的著作中更为详细地描述了两者间的区别，不但明确给出了理论几何与实用几何的定义，而且阐明了它们各自的“目的”及“职责”。

	理论几何	**实用几何**
目的	教授	执行
职责	答疑解惑	指出方法或无法逾越的限定范围[6]

在此我们看到，12 世纪时，几何学被描述为一个知识体系，为大教堂设计者提供帮助，这与当今工程中使用的结构学与统计学颇为相似。此处的几何学用于教授知识，不仅仅是提供特定的量化结果，而且具备一定的能力，来解释事物，就某项决定、选择提供理论基础。12 世纪几何学也已经用来设定“无法逾越的限定范围”（参见第 8 章）。

除了作为实用工具外，几何学也是一把智慧钥匙，帮助人们寻求新的思索方法、描述先前人们难以想象的抽象概念、提高讨论过程中的逻辑精确性。随着理论几何与实用几何的区分，两者的相互依赖性也成为很多几何论文的主题，这也为 19、20 世纪类似工程学的讨论创造了环境。

13 世纪的科技革命

直到 12 世纪，科学研究的内容仍然主要是对先前学者作品的研究、书写对前辈看法的评论、寻求协调自然世界理念与《圣经》理念的方法等，论证时鲜有新信息或新看法。因而结论往往是模糊的，总是在一次又一次地重复同一个主题，让人想起传说中的中世纪辩论：大头针帽里到底能钻进多少个天使？

然而，在重新发现伟大的希腊哲学家、数学家、科学家的作品时培养出来的学识完全不同于此，这堪称一场科技革命。其主要成果是为辩论赛场引入了一个不朽的逻辑与修辞体系。几何学方面也出现了前所未有的机遇，让人们得以将抽象的感性世界与具体尺寸和角度都可测量的客观世界联系起来。科学家的主要关注点在视觉效果上——光线行为、反射与折射现象、透镜与棱镜作用方法、彩虹的形状与颜色、幻日与日月色圈的形成方式等。

13、14 世纪时，研究科学主题的欧洲学者众多，数量多达数百个。其中最为重要的学者之一是罗伯特·格罗斯泰特（Robert Grosseteste，1175—1253），他发明了一种科学方法，该方法与传统的仅基于观察与思考的方法完全不同。格罗斯泰特是当时数学与自然科学领域尤其是光学领域最伟大的智者，据说也是中世纪时期科技革命之父，这场科技革命大大推进了亚里士多德之后科学思维的伟大进步。格罗斯泰特出生于英国斯特拉布罗克（Stradbroke）的普通家庭，在巴黎（可能也是巴黎求学的英国第一人）随后在牛津学习理论与自然科学。后来，他成为出色的讲师，并担任方济会（Franciscans）1224 年左右在牛津创办的学校的第一任校长。1214 年至 1231 年，格罗斯泰特接连担任切斯特、北安普敦、莱斯特的副主教职位；1235 年，在牛津教区担任林肯主教职位。他认为几何学是了解世界的核心："没有几何学，就不可能了解世界本质，因为世界的各个形式都呈现几何原理，可归结为线、角和规则图形。"⑦

格罗斯泰特也是首位开发我们现在所称的科学领域假设演绎法的学者，在这一方法中，假设法的制定与审核是通过对其逻辑结果的检测实现的。简而言之，它形成了一种全新的知识创建方法，进一步促进了知识的探索与发现。

这些新探索方法之一便是我们今日所称的统计学。最早发现这一成就的是来自德国的乔丹思·内莫拉里乌斯（Jordanus Nemorarius，约 1180—1237），对于他的生活我们几乎一无所知，仅知晓他在巴黎大学教授数学。然而，他的影响却是不可估量的：他是希腊时期以来首位思索统计学、首位以标有长度方向的线条图形方式描述力、以自己的方式思索曲杆均衡性的学者。他对斜面物体上的力的研究进一步推动了亚里士多德的滑轮力学。这对我们而言似乎作用不大，然而其巨大进步在于将力学理论转换成两个因素，而先前仅考虑的是重力因素。另一方面的进步是认为力学经受得起成熟、强大的几何学工具的检验。与许多学者一样，乔丹思也将自己的聪明才智发挥在军事工程学上。他分析了抛石机的力学结构，认为平衡物在下降时发出了有用的势能，推断出垂直下落发挥了主要作用，而不是倾斜或曲线型路线。在这一方面以及讨论到杠杆原理时，他采用的是我们今日所称的虚功原理（principle of virtual work），这比亚里士多德的虚速度原理又进了一大步。乔丹思的著作在世界上广大学者中间流传开来，并得到了广泛尊重。其后两世纪间，他的著作《关于重量》（*De Ponderibus*，约 1220 年）被很多科学家与数学家引用。

中世纪哲学家中最著名、最具影响力的当属罗吉尔·培根（约 1214—1294）。他年轻时先在牛津学习几何、算术、音乐、天文，随后又从 1234 年开始在巴黎大学进修，并于 1241 年在此获得神学学位。与此同时，他对炼金术燃起了浓浓的兴趣，并就此出版了一部著作。然而他看不起巴黎教授科学的学者们——因为他们的理念明显不是基于对真实世界的观察。但是他唯独赞扬了其中一人——马里考特·皮特（Peter of Maricourt，约 1210—1270）。皮特以实验的方式开发了用于盔甲的各类金属合金，可能也是以实验方式研究磁力的第一人。培根作为讲师的盛名在巴黎广泛传播开来；1247 年，受罗伯特·格罗斯泰特科学理论的影响，他赴牛津狂热地着手研究这些理论，盛名也在牛津传播开来。或许因为身体原因，也可能是因为他的理念逐渐被视为业已建立起来的正统理念的威胁，培根最终于 1257 年离开牛津，加入了方济会，不顾上级的反对，继续研究他感兴趣的科学。

1266 年，培根致函教皇克莱蒙特四世（Pope

Clement IV），内容类似于现今数学家或科学家进行的研究基金申请。他建议在教堂机构的协调下，由团队编纂包含所有科学学科的百科全书。其主要目的在于向教皇说明科学在大学课程中起着重要的作用。然而教皇误以为培根的这封来信在于表明百科全书已经著成，并提出阅览的要求。随后培根便着手写作，最终著成三册。后来还编纂了更为宏伟的作品——《自然哲学的一般原理》（*General Principles of Natural Philosophy*）、《数学的一般原理》（*General Principles of Mathematics*），尽管这些著作最终都没有完成。1278 年培根因教学中引入"可疑理念"被其方济会同僚控告而被关进监狱。但是，他并没有因此放弃表述自己的理念，并在 1293 年最后一部著作中向人们展示了这些理念，其激情不亚于生命中的任何一刻。

培根拥有不凡的想象力，并提出了多种人们可以通过对世界的科学理解而实现的理念。他对炼金术的实验兴趣包括发现含硝石的爆炸性混合物（类似于现在的火药）。其最重要的科学成就是利用几何学研究、解释透镜和镜子反映的光学现象。关于光学的记录中，他写道："数学是通往科学之门，是通往科学的钥匙。"他所提出的著名的望远镜的概念，也是牛津科学家伦纳德·迪格斯（Leonard Digges）及其子托马斯（Thomas）近三百年后面临的挑战。培根在其《大著作》（*Great Work*）中这样描述道：

> 由于我们可以塑造透明体（透镜），并根据我们的视力及视觉对象加以布置，光线便能以我们期望的方式折射、弯曲、变换角度，我们可以将视觉对象在视觉上拉进或推远……因而也能让太阳、月亮、星星在视觉上落下……[8]

培根对科学发展有着巨大的影响。其作品对中世纪思想的发展提供了依据，使其得以创建伟大的教堂。很大程度上，这些教堂是培根所述的试验方法的成果。

11—13 世纪，中世纪思想问世了，它反映了学者们提出的知识见解可直接用来指导那些有价值的应用，这远远领先于希腊科学。下文引自培根的著作（约 1260 年），展示了人类与其所在世界的整体关系的改变程度以及人类想象力觉醒与受鼓舞的程度。毫不夸张地说，这些想法在一两个世纪前是无法想象的。

> 到时候可能建造那样的机器——装上这些机器，大船由一个人就可以驾驭，并且比一大队桨手开得还要快；到时候建造的马车不用马拉，还能跑得飞快；到时候建造的飞行机能像鸟儿一样飞翔；……到时候建造的机器能潜入海底河底。[9]

中世纪是科学技术稳步、深入发展的时期，时代精神浸入人们生活的方方面面。这一时期末，尤其是 1100 至 1300 年，人们生活的各个角落都发生了巨大的变化：人们开发了音乐符号，这不仅促进了音乐的发展，还为全新音乐模式的创建提供了机遇；创建了现代欧洲语言的独特标识，该语言以事实和虚构的方式表达了复杂的理念，首次取代了拉丁语；画家与雕刻家开始描绘俗世主题；首批教堂学校创建起来，其中部分学校发展成为现今的一流大学，如帕多瓦（Padua）大学、巴黎大学、牛津大学、剑桥大学、杜伦（Durham）大学等。最后，需要说明的是所有这些文化、学术、力学、宗教的变化都是在活跃的政治与军事环境下发生的。1066 年诺曼（Norman）对英国的侵略只是 11 世纪西欧发起的侵略之一，侵占成功后，侵略者开始巩固新占领的疆土并创建自己的标识。

66. 法国卡尔卡索纳城。中世纪时期的防御城，由尤金·伊曼纽尔·维欧勒·勒·杜克于 19 世纪中期修复。

欧洲中世纪晚期的建设热潮

11世纪时，欧洲中部地主与城市数量不断增加，引起了当时的建设热潮。地主的殷实家产需要受到保护，而土方工程和简单的木材结构建成的乡土建筑和防御设施已经无法满足要求，砌筑结构配合精心的设计（足以抵挡先进的围攻设备和军事策略）才是人们需要的。防御良好的住房及城堡的优势很快就显现出来，这也很快在法国，以及现在的德国中部和南部、瑞士、意大利北部地区流传开来。当然，防御设施的改进也促进了军备竞赛，而这些竞赛也是建筑与机械工程领域强有力的促进因素和资金来源，这在历史上不是第一次，也不是最后一次。

除了建造城堡和防御设施来捍卫战略地位外，很多城市都采用设有炮塔的大型城墙进行围
66 护。其中最为壮观的当属法国西南部的卡尔卡索纳城（town of Carcassonne）——尽管该城于19世纪时由尤金伊曼纽尔维欧勒勒杜克（Eugène Emmanuel Viollet-le-Duc，1814—1879）进行了修复，但仍呈现着往日非凡的景象。诺曼人占领英国后，英吉利海峡沿岸掀起了城堡建造风潮。征服者威廉在入侵两年后便开始建造自己的城堡，其他富商大贾和权势家庭也纷纷效仿。此类
67、68 城堡的建造，尤其是在法国、英国的建造代表着大范围建设热潮的出现。1050年至1250年，法国就新建或重建了1000多个城堡；英国、威尔士约1500个，记录显示仅在1200年一年内就建造了350个。

以往开展这些工作一般无须新技术支持，然而这段时期庞大的建造规模则需考虑引入新技术了。11世纪时，受过培训的建筑工程师和工匠人数急剧增加，其中有些人发展成为军事建造方面的技术专家，比如设计防御墙体，这些墙体必须能抵挡投掷物及敌方攻击，同时防守者又能向敌方开炮。然而其他工人，如石匠、木匠、油漆匠、铁匠等可以在军事与民用建筑间自由转换；更确切地说，只要紧急军事需求中帝王或君主对其技术没有要求，他们便可以从事这些工作。在此方面，帝王君主拥有相当大的权力，例如，13世纪早期英国西北部建造切斯特城堡（Chester Castle）时，国王就从远至多赛特、肯特、诺福克的20多个地区征集劳力。这样的情形在整个欧洲都是非常类似的。

首次十字军东征（1095—1099年）后，返回的士兵从中东带回专门知识技术，加快了欧洲的发展。此次东征是教皇为了响应君士坦丁堡的东罗马帝国皇帝呼吁驱逐耶路撒冷的穆斯林占有者而发起的，随后1147至1254年间又进行了六次东征。十字军战士很快就了解到用于保卫中心城堡的砌筑护墙的优势。为教皇扩大领地的同时，这些战士还雇用了当地的工程师和建筑师建造或重建防御设施，积累了实践经验。返回欧洲时，他们不仅向意大利和法国带回了中东防御设施的建造方法与设计，还带回了当地的建筑师和军事工程师（可能以俘虏的形式带回）。砌筑防御设施的建筑艺术很快便传遍欧洲。其中首座新设计的城堡是为国王理查德一世（King Richard I，狮心王）而建，位于诺曼底盖拉德（Gaillard）。理查德与德国皇帝弗雷德里克一世（Frederick I）和法国皇帝菲利浦·奥古斯都（Philip Augustus）并肩领导了第三次十字军东征（1189—1192年）。

在英国，13世纪建筑大师圣佐治的詹姆斯（James of St.George，约1230—1309）为英国国王爱德华一世（Edward I）推出的巨作标志着城堡设计发展到了顶峰时期。詹姆斯出生于萨沃伊（Savoy）独立国——由现在的法国、意大利、瑞士的部分地区组成，在这里，他同父亲一起借助砌筑防御设施的概念设计并建造了大量新型堡垒，十字军战士正是在中东战役中发现了这些砌筑结构。其独特性在于在主墙内部设横墙，从而既能从内部支撑墙体，又能提供连续的墙内行走条件，这样保卫者便能轻松地走到城堡边界的各

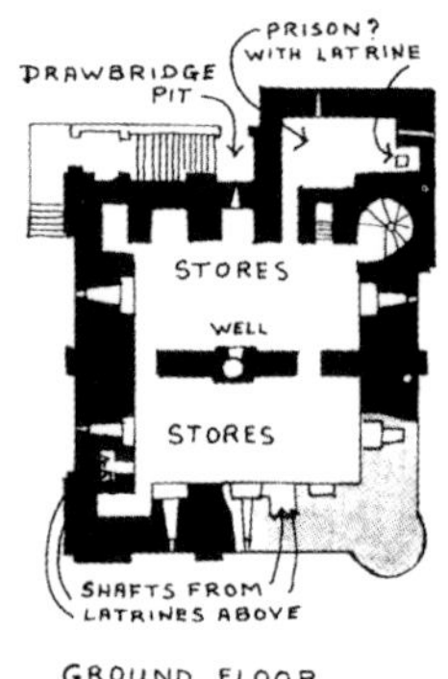
PRISON?
WITH LATRINE
DRAWBRIDGE
PIT
STORES
WELL
STORES
SHAFTS FROM
LATRINES ABOVE
GROUND FLOOR

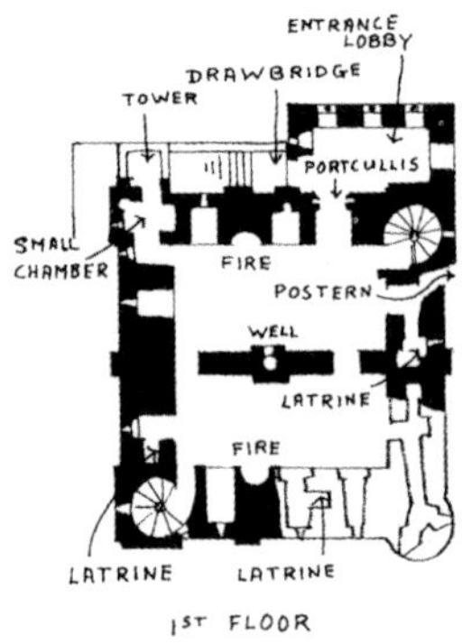
ENTRANCE
LOBBY
DRAWBRIDGE
TOWER
PORTCULLIS
SMALL
CHAMBER
FIRE
POSTERN
WELL
LATRINE
FIRE
LATRINE
LATRINE
1ST FLOOR

SMALL
CHAMBER
CHAPEL
FIRE
HALL
WELL
LATRINE
CHAMBER
FIRE
LATRINE
LATRINE
2ND FLOOR
(GALLERY ABOVE)

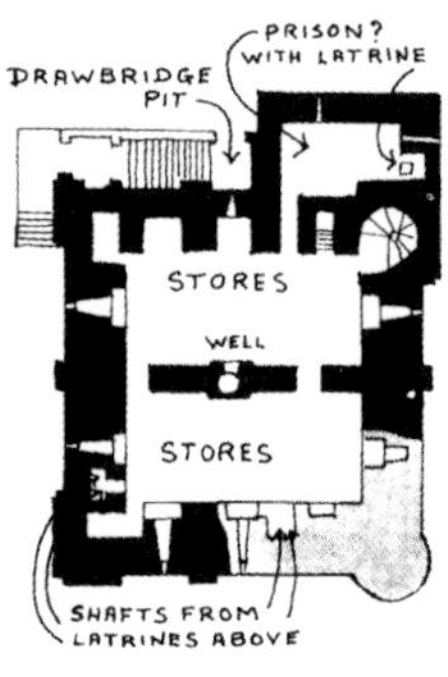
PRISON?
WITH LATRINE
DRAWBRIDGE
PIT
STORES
WELL
STORES
SHAFTS FROM
LATRINES ABOVE
GROUND FLOOR

67

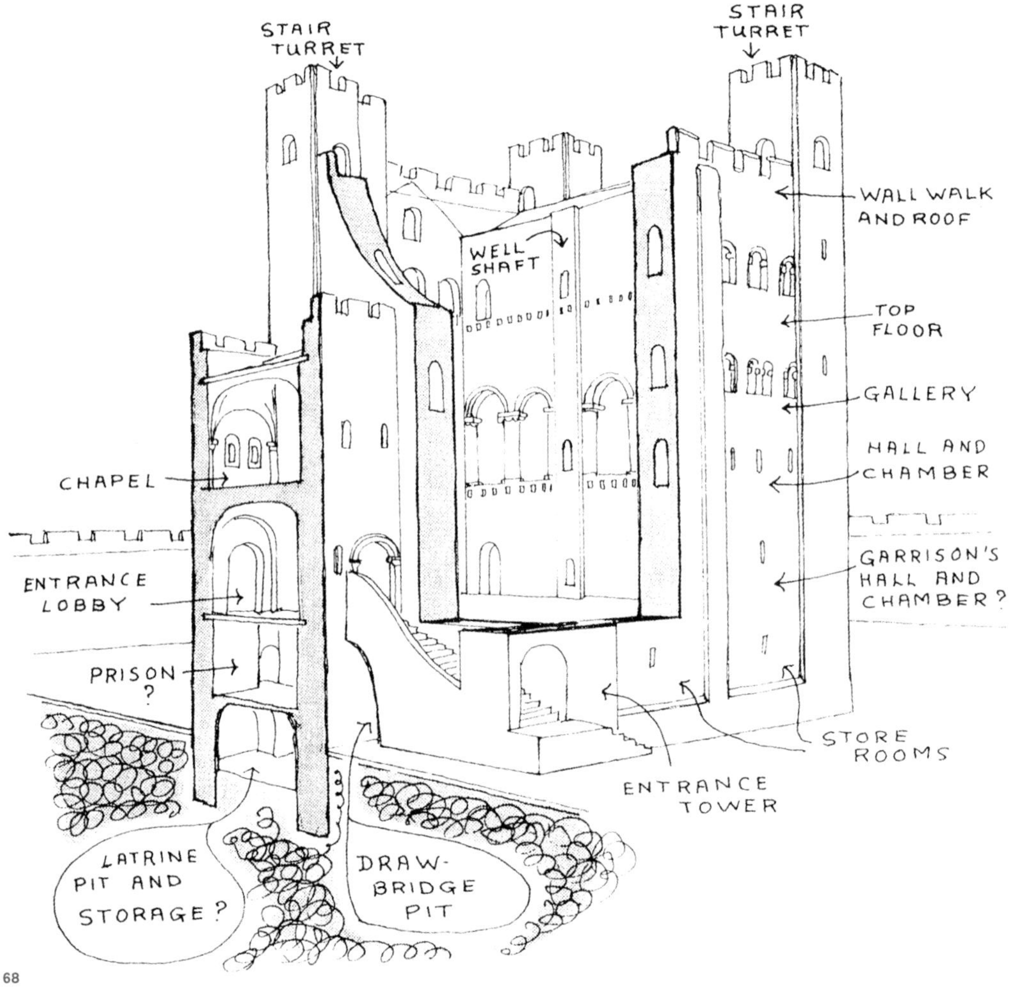

STAIR
TURRET
STAIR
TURRET
WALL WALK
AND ROOF
WELL
SHAFT
TOP
FLOOR
GALLERY
HALL AND
CHAMBER
CHAPEL
ENTRANCE
LOBBY
GARRISON'S
HALL AND
CHAMBER?
PRISON
?
STORE
ROOMS
ENTRANCE
TOWER
LATRINE
PIT AND
STORAGE?
DRAW-
BRIDGE
PIT

68

69

70

个位置。这些城堡当中，詹姆斯为爱德华一世的堂兄在萨沃伊建造的城堡令其名声大噪。詹姆斯作为石工大师、工程师、项目经理，直接负责至少12个城堡项目。这些城堡是奉爱德华之命建造、重建、加固的项目，共17个，位于威尔士。詹姆斯的首个项目是庐德兰城堡（Rhuddlan Castle）的重建工程，始于1277年；最后一个是博马里斯城堡（Castle at Beaumaris），始建于1295年，是其生命中的一大杰作。

这些堡垒与城堡经过用心设计，以复合机械的形式实现其目的，正是逻辑工程学思维的很好的实例。其所设计的堡垒，侵略军可能进入到内部，然而整个结构中还设有另一层屏障——侵略军进入露天区域后被堵截，正好成为高墙上的弓箭手和投石手的靶子。为了完成爱德华的项目，詹姆斯邀请了数位曾在萨沃伊共事的同僚一起开展工作，包括经验丰富的军事工程师伯特兰·赛图（Bertrand de Saltu）大师、三名石工大师：来自法国香槟区的玛拿西（Manasser）大师、来自萨沃伊的约翰·弗朗西斯（John Francis）——可能是瑞士瓦莱州布赖顿城堡（Castle of Brignon）的建造者、艾伯特·门兹（Albert de Menz，可能也来自萨沃伊）。此外，詹姆斯还邀请了油漆匠史蒂芬（Stephen），史蒂芬在爱德华国王1272 69
年加冕前已经为其提供服务——重新装修威斯敏斯特大厅。

詹姆斯业已完成的作品中最为壮观的一个当属威尔士的哈莱克城堡（Castle at Harlech， 70
1283—1289年），在此作品中，詹姆斯开发了墙中墙的概念。从上部俯瞰，外墙与主墙之间是一

67. 肯特罗切斯特城堡（Rochester Castle），1127—约1200年。手绘建筑平面图。
68. 罗切斯特城堡。中世纪城堡中最坚固的部分。手绘草图。
69. 正在听取国王指导的建筑大师，据说是圣佐治的詹姆斯和国王爱德华一世，约1280年。
70. 威尔士哈莱克城堡，1283—1289年。设计师、工程师：圣佐治的詹姆斯。此图为重建后的情景。

个平坦、露天的“外间”。如果侵略者穿过主墙进入庭院或“内间”，防守者可退回到加固门房上部的安全房间。

对詹姆斯而言，管理营造队伍、索要甲方报酬，其难度不亚于今日。建造博马里斯城堡时，詹姆斯向国王财政部去函如下：

> 如果你想知道一个星期内这些巨额资金的流向，我需要向你解释一下：我们需要400个石匠（包括切割匠、摆放匠）、2000个低技术女工、100辆马车、60辆货车、30艘船（车船用于搬运石材和海运煤）、200个采石匠、30个铁匠、大量木匠（负责托梁、地板等工作）。这还不包括守卫人员，也不包括材料采购人员，这些加起来又是很多人力……而目前我们已经欠发大量工资了，这样下去很难继续让他们工作，因为他们再没有其他生活保障了。
>
> 所以先生们，请尽快拨款，相信这也是我们伟大的国王期望看见的；否则，所有的事情会前功尽弃。[10]

然而在建筑工程学的历史中，城堡的非军事角色可能比其军事功能更为显著。中世纪欧洲各国的城堡越来越多地发展成为巨头、公爵、君主及其家人、幕僚的住所，这种现象很重要的一个目的是通过建造砌筑住房彰显自己的财富。这一时代接近尾声时，14、15世纪一些城堡的军事功能随着防御需求的减少而减弱。先前围绕多个建筑而建的墙体形式被取代了，随之出现的墙体厚度明显加大，由连接起来的房间构成，围绕其中的是庭院。

城堡或加固型住房的发展代表着中世纪早期“建筑目的是为其住户提供舒适条件”的理念的巨大进步。直到这一时期，大多窗户还不是玻璃窗。“window”（窗户）一词的语源是“wind eye”（风眼），说明其原始功能与照明无关。木翻板或门的开合可以用来调节通风和热能损耗。我们看到14世纪时更贴近民用目的的建筑所采用的营造技术先前早已经用于防御工事和教堂中，比如砌筑墙体、大型空间和屋顶跨度。为了向更大的房间和阴暗的内部空间提供照明条件，玻璃窗得到越来越多的使用——尽管这些玻璃通常是半透明的而不是全透明的，有的还是彩色的。此外，这一时期建筑的服务条件也得到了改善——供暖和自来水供应。砌筑形式为中欧寒冷地区提供了烟囱和壁炉的建造条件，而且不仅仅是独立于起居室的厨房，就连起居室都能享有壁炉。中世纪末，砌筑结构已经广泛用于德国、法国及其他中欧的繁荣城市的市政、住宅等多类建筑当中。然而在英国，其后两百年内建造的还是木框架结构，砌筑结构仅用于防御工事、教堂、权贵阶层的住房。

大教堂的设计与建造

城堡与防御工事大量激增的结果之一，就是带来了训练有素的劳动力、大型建筑设计及其施工组织的技能。宗教领导者寻求在整个欧洲建立更为稳固的基督教时，也从这些发展当中受益匪浅。当时几乎每个村镇都建有小礼拜堂，这些礼拜堂经过扩建或重建后，成为了我们现在所称的大教堂。法国约从1050年开始的3个世纪内，建造了约80座大教堂、500座大型礼拜堂和成千上万座教会教堂。同期，英国和威尔士建造了30多座大教堂及数千座礼拜堂。

11世纪时，大型宗教建筑已经显得相当累赘了，例如英国北部的达勒姆大教堂（Durham 71 Cathedral，1093—1133年）尽管规模很壮观，但是与其他建筑相比便显得笨重了，且面积小数量少的窗户使得内部空间看起来极其昏暗。从这一时期开始，我们便看到了变革的种子。中世纪基督教于这一时期在欧洲大部分地区也稳固了自己的地位，新东正教开始发现旧建筑无法满足其

变革的需求与抱负。与现在一样，新事物也引出了新的建筑方式。达勒姆大教堂中，我们发现拱
72 顶的横向推力通过后来所称的飞扶壁支撑上部覆盖的通道，这些都隐藏于建筑内部。12 世纪早
73 期建造的法国维泽莱小修道院（priory church at Vézelay）的柱子比达勒姆大教堂小，且因设置了更多的窗户，同时采用了浅色石材，从而使室内照明效果得到明显改善。11 世纪晚期，随着建筑相关理念的发展与快速传播，中世纪大教堂诞生了，代表着与之同时发展的学术、哲学、科学、建筑学、建筑工程学的顶点。其结果令人震惊。几乎所有中世纪大教堂的拱形屋顶、飞扶壁、超
74、75 76、77 大型窗户都令人惊叹。而且这些建筑非同一般的美妙与技术是那样的简明直接，无须用多么高深的技术去琢磨分析。

大教堂一直以来受工程历史学家的特别关注，原因有很多：第一，几乎在西欧每个国家都有大量教堂幸存至今，且几乎未作修改，还保持着最初的用途。这些教堂如此长的寿命也为人们提供了查阅这里曾开展过的建筑活动记录的可能性。第二，大教堂的目的更具建筑象征，而不仅仅是行使功能作用，一般情况下规模甚至比最大的城堡都大出很多。无论中世纪城堡工程有多么伟大，与之相比，大教堂都明显代表着结构工程发展以及利用日光为建筑室内提供照明的更高级的阶段。第三，大教堂与城堡最大的区别是大教堂造就的不同环境本质。大教堂源自宗教学术，11、12 世纪时逐渐发展为世俗的学问。

大教堂建造者在工艺水平方面与城堡及军事防御工事建造者，以及今日所称的建筑设计者与项目经理分享了建筑技术技巧。有些情况下，可能同一人从事两个项目。与现代建筑一样，这样浩大的项目通常没有单独的设计与施工团队。同时，很少有大教堂建在未开发的场址，通常是在已有的诺曼或早期建筑（有的已经被拆除，有的被大幅修整）场址建设。因此，大教堂通常是基于有组织的流程建造，而不单单基于平面图，营造涉及方方面面，工作需求包含许多设计师、技工、施工经理等。

我们了解的关于中世纪大教堂的设计与施工知识要远远多于罗马时代的建筑，原因主要是我们拥有直接的实例：建筑实体。很多文档都直接描述了流传至今的大教堂的设计情况，包括设计详图与平面集。同时还有大量施工图也流传了下来，这些图纸当时是建筑合同的组成部分。此外，我们还知晓很多参与到设计施工当中的人名。不幸的是，没有大教堂设计前期详细的设计流程，只有后期的一部分。考虑到技术的商业保密性——例如石匠不得向其他石匠或任何人泄露任何信息，这也不足为奇。流传下来的最有价值的文档之一是维拉德·奥内库尔（Villard de Honnecourt，约 1175—1240）的作品集，他在法国研究了大量大教堂工程。

奥内库尔的羊皮纸文稿中有 66 页幸存至今（可能一开始共 96 页），以图形形式记录了他所从事的部分工程，并在旁边配有法语注释。256 幅流传下来的草图包括：94 幅人类及雕刻图形、43 幅动物图像、44 幅建筑平面与立面图、13 幅机器和小配件（包括水轮驱动的往复锯）图，以及大量几何构造图纸。维拉德曾参观过法国北部
的拉昂大教堂（Laon Cathedral，他曾写道：“我 78
所见到的塔顶没有比拉昂的更好的了。”[11]）及兰斯（Reims）与沙特尔（Chartres）的大教堂。此外，他还访问过匈牙利，回程时又访问了瑞士洛桑，总路程长达 3500 千米，用时至少四个月。
其中有些草图显示的细节不准确，有人分析可能 79
是其从其同事类似作品集拷贝而来。

通过维拉德绘制的石匠工具的各类细节，以及同期许多其他插图的描述，我们发现其中一项
工具需要特别注意：中世纪石匠 L 形曲尺。该曲 80
尺由金属制成，外侧直角与内侧直角不是呈平行状态，而是旋转了约 9 度。这样设计的目的我们

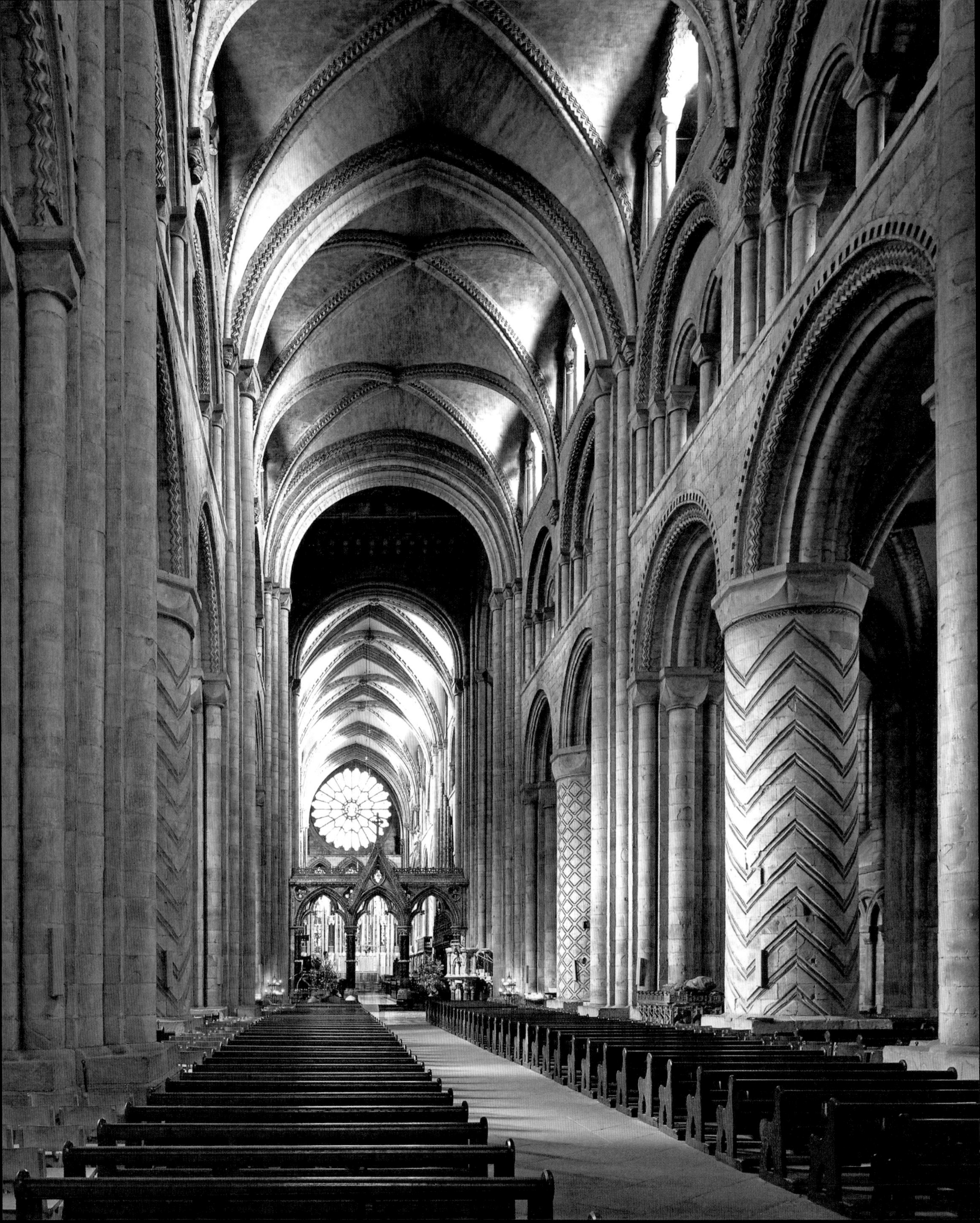

72 73 74

75 76 77

71. 英国达勒姆大教堂，1093—1133 年，中殿。
72. 达勒姆大教堂，内部飞扶壁。
73. 法国维泽莱（Vézelay）的圣玛丽马德琳教堂（Sainte Marie-Madeleine），约 1120—1215 年，中殿。
74. 法国沙特尔大教堂，1194—1221 年。
75. 法国布尔日圣埃蒂安大教堂（Saint Etienne de Bourges），1195—1270 年。
76. 巴黎圣礼拜堂，1246—1248 年。
77. 德国亚琛大教堂（Aachen Cathedral），约 1355—1414 年，窗户（12 世纪中期修复）。

78

79

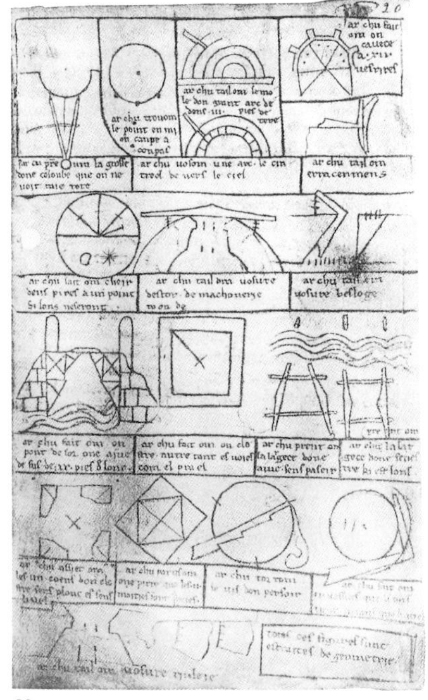

80

78. 维拉德·奥内库尔绘制的法国兰斯巴黎圣母院的飞扶壁图，约 1230 年。

79. 维拉德·奥内库尔绘制的教堂平面图（上）及法国圣埃蒂安大教堂平面图（下），约 1230 年。

80. 维拉德·奥内库尔绘制的各类几何技巧草图，包括中世纪石匠对曲尺的应用，约 1230 年。

现在尚不完全了解，可能是为了形成一定的圆弧，用于拱形拱石制作，所以制成直角的十分之一，也就是9度，从而可以沿长边标记出多条线，并计算形成多个角度。作为石匠艺术的一个标记，当时的曲尺也是一种类似于现代工程师所用的计算尺或计算器之类的工具。

大教堂设计

大教堂设计不像听起来那么难。最重要的是，12世纪的石匠已经懂得营造这种规模的建筑是可行的，因为中世纪晚期前，尤其是在法国和意大利已经建造了大量的大型建筑。到访过意大利的石匠也了解到罗马早已经建成过这样的大型建筑，仅仅是流传下来的图拉真工程就可以说明顶端的实践经验。幸存下来的戴克里先浴场中，可见基本的拱券模范，它们可沿两个方向反复延长。事实上，12、13世纪的大教堂远远小于罗马浴场。此外，中世纪施工采用的是料石而不是混凝土，砌筑建筑的要求并不是非常高，仅要求各处的砌体承载压缩力即可，无须承载弯曲力矩，因为这样会使石材之间的接缝裂开。由于与材料力度相比，即使150米高的尖塔底下的压缩力都非常小，不足其10%，所以事实上砌体力度与整体结构关系不大。而且只要各个拱石相互平稳支撑，拱顶对其曲线的几何要求并不高。

当然，很多教堂还是采用两千多年以来一样的流程进行设计，也就是说需要制定平面及立面图、确定单个部件的相关尺寸等。石匠及木匠懂得他们所用材料的限度，其很多经验可以被编纂成设计规则或设计流程并传授给其他人。此外，砌筑结构对各类变量有很高的包容度，假如拱顶形式因修道院院长或石匠的突发奇想而产生了改变也没有关系。至少早在1200年，模型和图纸
81 就开始用以向客户展示拟建修道院或大教堂的设计，当然也向负责细部设计与施工的队伍展示，以协助设计者开展工作。尽管大多数的模型和图纸已经失传，但是某些典型实例还是保留了下来。
斯特拉斯堡大教堂（Strasbourg Cathedral）档案 82
中保留下来的模型和图纸展示了已实施项目的图形，同时也存有各类未实施项目的立面图。文稿通常显示的是建议的变更方案，这也体现出主顾偏好的改变。

我们有记录证明，在中世纪后期设计师已经开始认为设计可以不遵从经验法则了，在新理念的实践过程中，几何学知识起了很重要的作用。

然而，如果说是几何学创造了中世纪大教堂的设计却是不对的。更确切地说，几何学是诸多方法之一，是这些方法让人们意识到理念与建筑施工或教堂营造一样，与宗教、文化、学术研究息息相关。因而有必要提及当时正在进行中的科学革命，以及几何学在其他学科中的应用。例如，罗伯特·格罗斯泰特不仅仅是一名哲学家和学者，成为林肯主教后不久，他还在实践层面参与了大教堂的工作，在设计建造教堂的中厅和牧师会礼堂时还担任了建筑业主的角色。

与之前的希腊人一样，中世纪的人们相信数字、几何学的绝对真理，并用其解释世界。数字可以形成各类比率、平方、倍数、级数等；几何学涉及圆、三角形、正方形、球形、立方形，以及与这些图形相关的各类特征。我们都知道大教堂设计带来了多种综合流程，创建了大量的平面、立面图，这些主要基于两个基础几何手法或程序，用现代计算机语言说就是联合圆弧和“旋转方”（rotating the square）。旋转方的意思是通过连接正方形四条边的中心点来创建面积是其一半的另一个正方形。这一理念并不是新理念，事实上，维特鲁威介绍《建筑十书》第九册几何学和天文学时就表述过这一理念。早期伊斯兰艺术中，我们也看到此类几何建筑实例，例如18世纪时西班牙南部科尔多瓦大教堂（Córdoba Cathedral）的肋架拱顶。维特鲁威通过假设将仅为10平方英尺的地块翻倍，阐明了这一方法（他认为是柏

拉图发明的）。维拉德绘制的拉昂大教堂图纸中，
83、85 教堂塔顶平面图就是基于大量的旋转方设计的。
84 瑞士伯尔尼大教堂（cathedral in Bern）重建时，
结合其原来的设计方法，最终与建筑平面基本一致，相差不超过 60 毫米。

中世纪末期 1486 年时，我们发现了中世纪设计流程的首个书面记录。这一年德国雷根斯堡（Regensburg）退休石匠马西斯·劳立沙（Mathes Roriczer，约 1440—1495）出版了一本书，解释了尖塔和尖顶的设计方法。劳立沙家族连续三代出了四位石匠大师，他们在雷根斯堡担任大教堂建造师，因而马西斯有着家族的建筑血统。本书
87 共十二页，逐步介绍了尖顶完整设计的操作顺序。
马西斯还出版了一部德语短篇几何导读，其中介绍了尖塔的设计流程。

其后一年左右，纽伦堡金匠汉斯·斯克马特马耶（Hanns Schmuttermayer，约 1450—1520）撰写了一本类似的书（这一时期的装饰物通常包含大教堂设计的元素）。斯克马特马耶撰写这本书的目的是“为使用这些高端、自由的几何艺术的同胞、大师、学徒提供指导[12]。”劳立沙与斯克马特马耶的尖塔设计流程的不同之处在于它们源自不同的常见资源，这些资源都来自布拉格，两位作者表示这些资源都使用了百年以上的时间。尽管对这一时期的设计流程记录不多，几乎
86 只是大教堂构建的琐碎记录，但是这些记录展示
了旋转方使用的实例；斯克马特马耶从各类尺寸中系统地设置了优选尺寸，比如说每个数比其后的数或大或小 $\sqrt{2}$（约 1.4）倍。

12、13 世纪开发新的大教堂设计方法明显不只是因传统意义上的技术发展驱动的，因为没有发明新的材料或结构装置；更确切地说，是将旧设计方法以新的形式或新的组合方式进行了重新使用。随着石工、木工施工技术的不断发展，大教堂设计师不得不在开工前开拓出新的建筑平面布置形式，及其多个组件的处理方法，这一流程类似于古代建筑设计。同时随着中世纪设计师事业的不断发展，设计者需要制定新的方法进行设计试验、开发，并与客户交流设计，从而一方面增强客户对项目方案的信心，另一方面获取建设的许可，随后再向承包方及材料供应方告知明确的规范要求。这一新的方法论是设计师与建筑师思想智慧的一大进步体现。

大教堂建造

这些正在营建的大教堂的插图使我们了解到中世纪的建筑作品的丰富，也向我们展示了当时
建筑者所用的设备。 88、89 93

尽管中世纪大教堂与罗马建筑所用的某些材料是类似的，但是它们也有不同之处，通常体现在使用方法上。最突出的不同可能是中世纪建造者通常把大块石材切成大小适中、易于操作的石块，而不是像罗马人那样直接使用一整块石头。中世纪建筑中，看不到最常见的罗马材料的影子——烧结砖和大块混凝土。大教堂屋顶覆盖的是铅板而不是罗马时期采用的陶土瓦。对于将大块木材连接在一起的中世纪方法，罗马工程师非常熟悉，罗马工程师通常将木材结构作为大型砌筑拱顶和混凝土拱顶的中心。中世纪屋顶桁架也由木材制成，采用榫接形式，由木钉固定，此类桁架比采用支撑椽和梁制成的桁架（如维特鲁威在法诺教堂所用的桁架）技艺要先进。

同许多大型罗马建筑一样，大教堂也常常采用锻造铁，尤其是将大块石材连接在一起时对锻造铁构件的使用更多。然而，在需要承载张力的位置，铁件的使用需要更高的精度——例如在承载拱顶跨度的墙顶或柱顶上的构件就需要更高的精度。6 世纪中期的索菲亚大教堂及后来很多伊斯兰建筑中已经采用了相关技术。中世纪大教堂中最早的系拱应用是在 1170 年左右的法国苏瓦松（Soissons）。在最初仅服务于国王路易九世

81

82

90、91 的巴黎圣礼拜堂（Sainte-Chapelle，1246—1248年）中，一系列精心设置的铁轨枕不仅连接着主要拱券还连接着拱券的肋骨。

铁件最引人注目的应用可能是作为大教堂众
92 多大型窗户的框架。这些窗户采用扁铁片支撑风力对窗户产生的负荷。罗马时期晚期开始出现的玻璃窗，中世纪亦有使用，但没有成规模应用，也没有体现出多少建筑技巧。

毋庸置疑，中世纪大教堂最显著的特征是其结构特征——基础承载了重力荷载及风力。这一全新建筑形式由四个主要的结构创新推动：柱网布局、肋架拱券、扶壁、飞扶壁，以及巧妙利用石工自身重量增强高大建筑的稳定性。中世纪 94、95
大教堂的特征及外观正是这四大创新结合应用的 96、97

81. 法国鲁昂圣马可卢教堂（Saint Maclou），1434—1521年。木材与纸浆制成的模型，高1米多。
82. 来自斯特拉斯堡大教堂档案馆的图纸，用于某教堂未实施的立面方案，13世纪50年代。

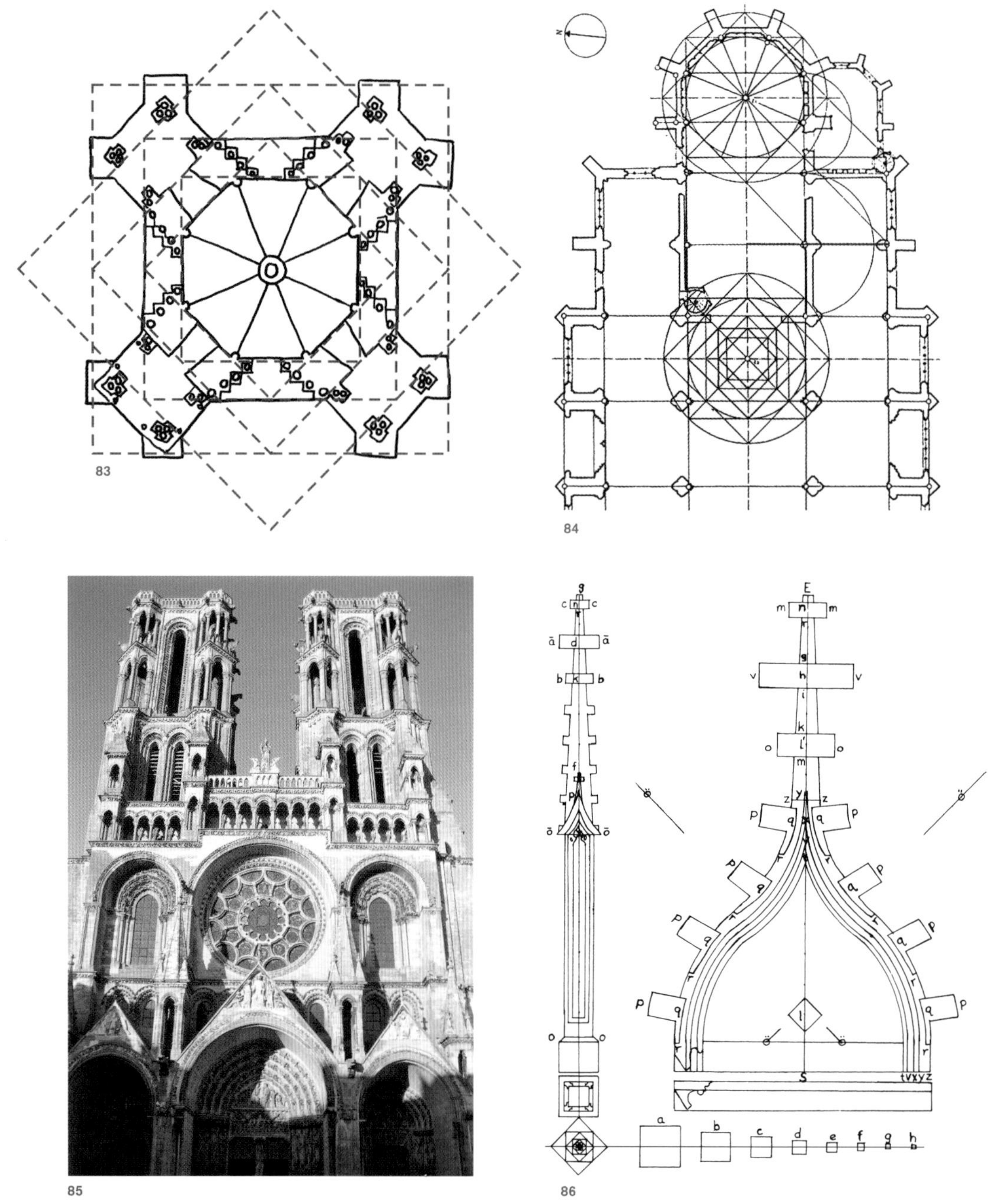

83. 维拉德·奥内库尔绘制的拉昂大教堂塔顶平面，采用了重叠的旋转方网格，约 1230 年。

84. 瑞士伯尔尼大教堂，约 1418 年。重叠的旋转方网格平面。

85. 法国拉昂大教堂，约 1160—1215 年。

86. 汉斯·斯克马特马耶，小山墙设计流程，约 1488 年。

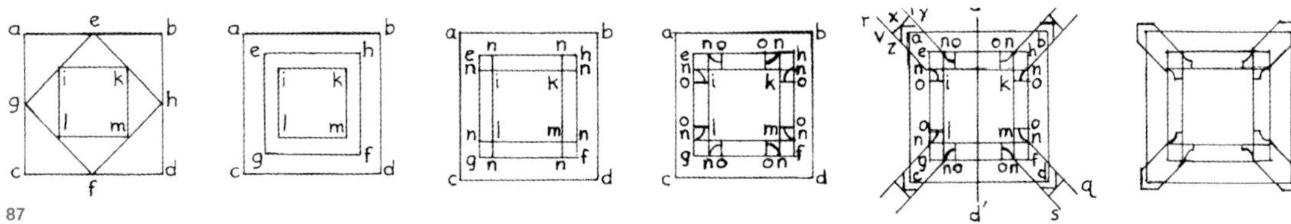

87

结果。与罗马人通过大型墙体和墩基承载重力荷载及抵御风力的做法不同，大教堂采用石材拱顶和肋架将这些荷载力集中在体积瘦小的结构组件上，随后传至横断面更小的细柱上，这样只需精致的石材肋架就可以实现荷载功能。在三个维度实现这些荷载力流的平衡需要很高的技术。

罗马时期的大型教堂通过大型柱基和墙体支撑横向和风力的推力。厚墙或柱子（譬如达勒姆大教堂）可完全支撑风力或拱顶横向推力产生的倾斜荷载。防止倾斜的稳定性主要取决于基础的宽度，正如一个人两腿分开要比合在一起更能抵抗侧推力一样。此类大型墙体和柱子占用了大量的建筑面积，并且耗费大量石工材料。

中世纪设计师更倾向于采用尖拱而不是罗马的半圆拱。尖拱有多项优点，对于既定的跨度，其外向推力比圆拱更小，且拱矢度可通过拱形两臂的弯曲半径调节到不同的高度范围，灵活度大大高于罗马拱顶——罗马拱顶高度由跨度决定，是固定不变的。同时，罗马桶拱也被一系列离散的结构开间所取代了，这些结构开间呈矩形平面，由四分穹顶（交叉尖拱）组成。四分穹顶采用肋架结构，以拱顶砌筑壳体填充，显示了主要结构功能与辅助结构功能的明确分隔。

砌筑桶拱利用了沿整个支撑墙体的向下和向外的推力而保持平衡。在肋架拱顶中，大多数力都集中于肋架本身上，因而可直接传至柱顶。这时，荷载的上部结构可以直接通过垂直方式转至柱子上。由于高位水平荷载集中在大量独立的部件上，所以这些荷载可通过系列墩基传至基础。这意味着墩基间的墙体不做结构承重之用，因而这些部位可以设置窗户。还有一种方法就是水平荷载可以在高位水平时向外传递，从而充分利用其下部空间；这样，中间的墙体或柱子仅需支撑很小的垂直荷载，因而可以设计得非常薄。由于荷载已经传至下面的一两个柱网空间，因而承重可以通过墩基传至基础。

人们通常认为重型砌筑建筑的荷载是恒定的，这意味着风力的变量以结构重量衡量时并不大。然而在使用飞扶壁时，情况并不是这样。大教堂上层飞扶壁的唯一目的就是承载风力荷载，其尺寸、重量只需满足这一功能需求。中世纪工程师的一大非凡成就是找出了飞扶壁的最小截面需求。

中世纪大教堂的最后一项结构创新就是通过重量的巧妙控制来改善稳定性。这一技巧在顶层能明显看到，大尺度石材砌筑的尖塔坐落于整个

87. 尖塔设计流程步骤，马西斯·劳立沙，1486 年。

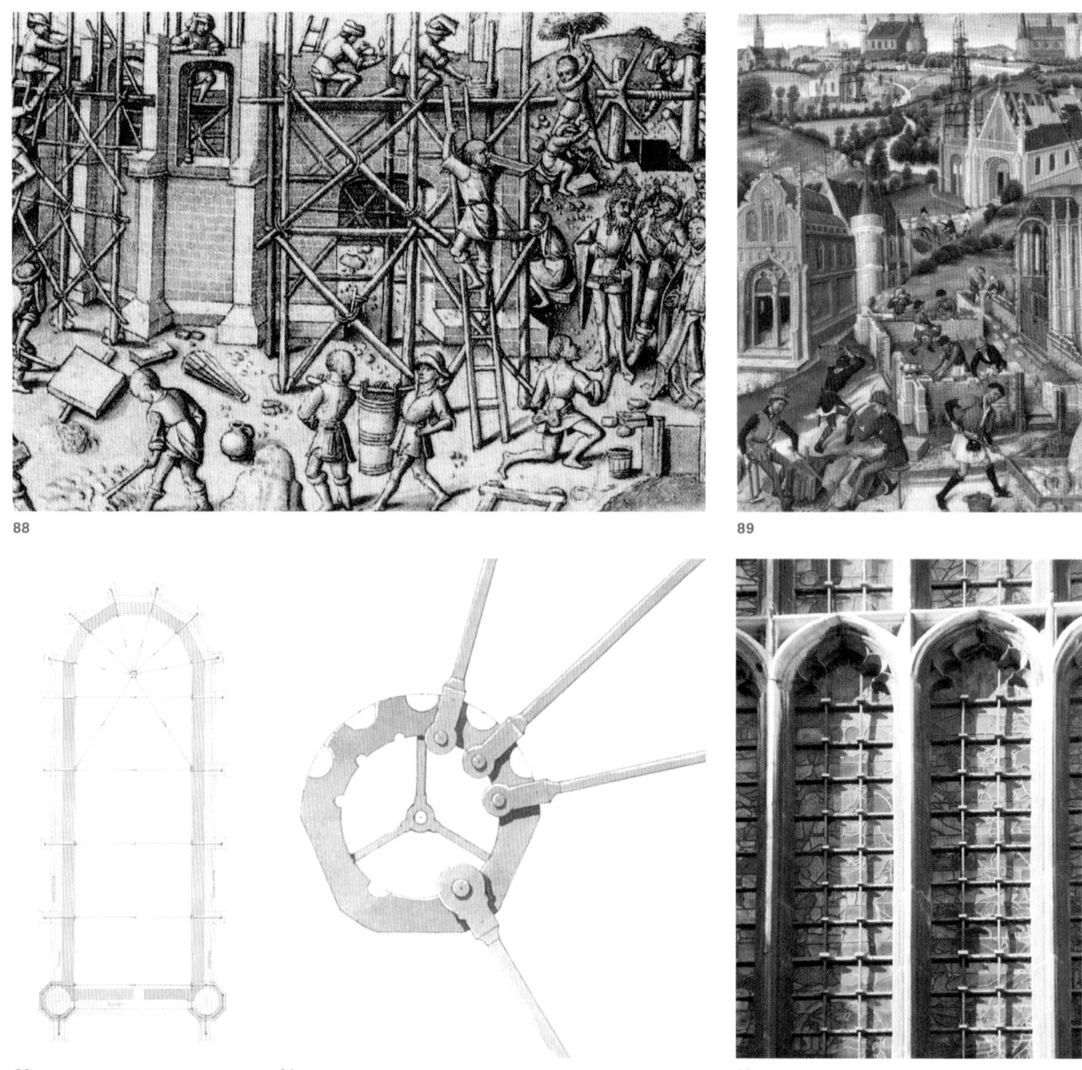

88 89 90 91 92

88. 15 世纪的插图，展示了大教堂建造过程中的脚手架。

89. 15 世纪的插图，显示了教堂的建造。

90. 巴黎圣礼拜堂，1246—1248 年。用以拉住拱顶推力的铁轨枕，19 世纪重建时人们认为没有必要设置该轨枕而被拆除。

91. 巴黎圣礼拜堂，连接拱点的铁件连接器详图。

92. 剑桥大学国王学院教堂（Chapel at King's College），1446—1547 年。铁质直棂窗细部图。

93. 现代手法展示大教堂的营造。

Philippe FIX

由于重力引起的主拱顶及扶壁推力负载路径

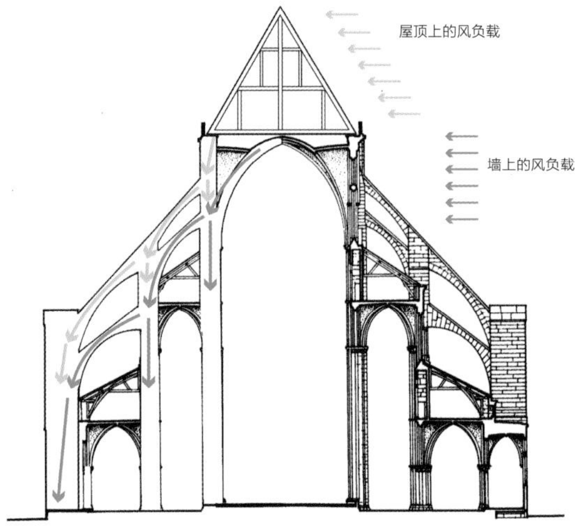

由于风引起的力负载路径

94

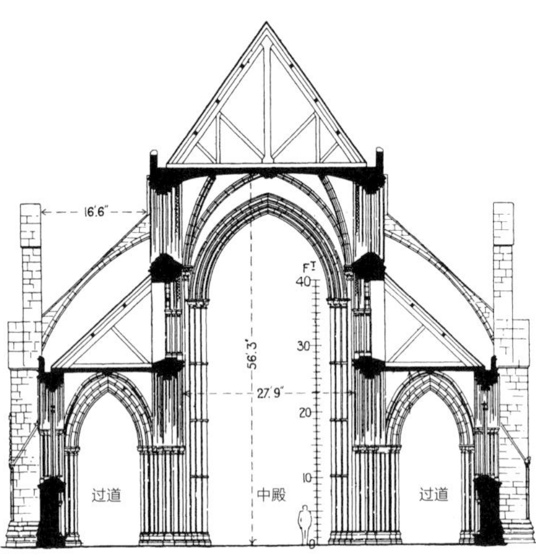

95

(a) 位于主扶壁顶部的飞扶壁舷弧内的力

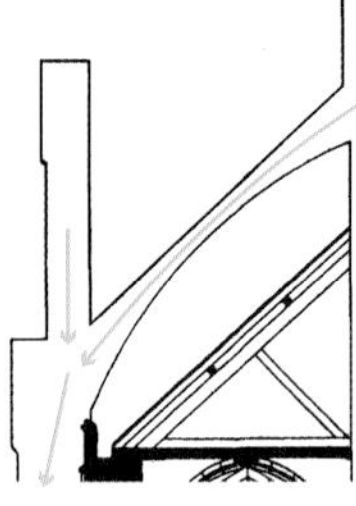

(b) 顶点重量施加压缩预应力并且防止扶壁剪切破坏

96

屋顶及墙上的风负载

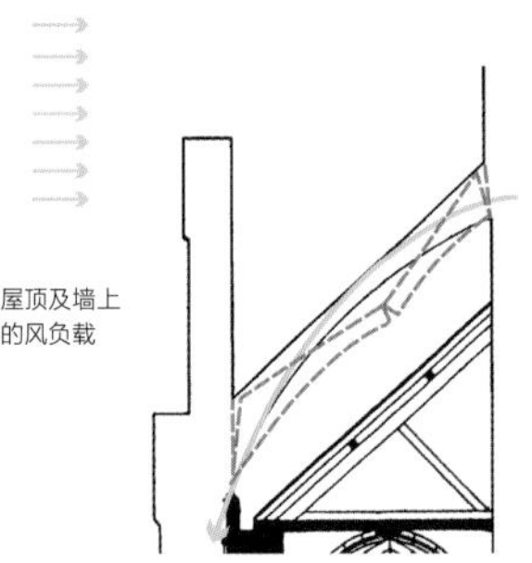

（a）来自左侧的风
负载路径接触扶壁的上面，可能向下倒塌

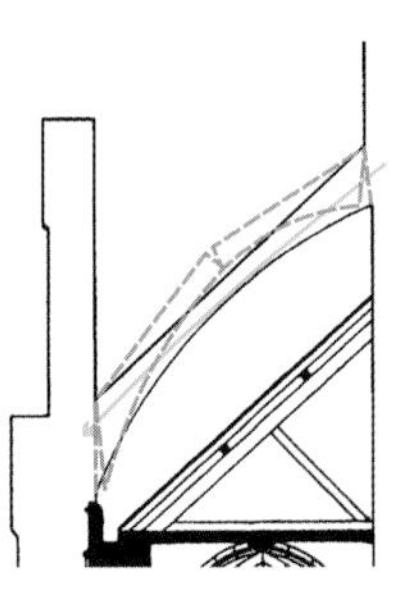

屋顶及墙上的风负载

（b）来自右侧的风
负载路径接触扶壁的下面，可能向下倒塌

97

建筑结构的柱子或墩基之上，这样处理有两个原因：首先，防止倾斜，正如凳子上坐人则更稳固的道理一样；其次，防止落在飞扶壁上的荷载向侧面推动墩基上部的石块。

静负载也被中世纪教堂的大窗户用来增强稳定性，例如教堂尽端墙体上的窗户就是采用了这
98、99 样的方法。这些窗户上的风力荷载非常大，可能达 80 或 90 吨，可以通过仅仅几十厘米厚的石材窗间窄墙传至建筑基础。例如，英国格洛斯特大教堂（Gloucester Cathedral）直棂窗户跨度达 22 米，是由每个单个不超过 2 米宽的石质窗间竖向直棂构成。这一神奇的结构之所以行得通是
100 因为窗间石棂扮演着垂直的上有薄拱的角色，设置于窗户顶部与底部之间。这一设计采用的原理就是窗户上部砌体的重量，可以确保石窗棂受压承重而稳定。如同一个人就可以从任意一端将紧紧压在一起排成一条线的木块给堆起来一样，薄薄的石质棂柱即可承载水平风力荷载。大型窗户竖棂框轴向荷载可能为 10 吨左右，大型圆花窗径向辐条轴向荷载可能为 7 吨左右。

上面所述的四个结构创新打造出“石材肋架”，使得大型封闭结构不仅可以通过轻型柱支撑，还可以通过大型窗户支撑。这些窗户大大改善了室内采光效果——以往窗户面积仅为墙体面积的百分之三四十，现增至百分之八十左右。这些大型彩色窗户的主要作用不仅仅局限于采光和室内保温，而且可以当作半球形电影院的屏幕，帮助牧师向礼拜教徒传达强有力的信息。

石质肋架的结构创新成功之处在于几乎没有发生过重大失败的案例。而关于大教堂的大多数结构事故都是因基础移动或不均匀沉降造成的，因而这些结构创新是了不起的。基础移动可能危及整个墙体或塔顶的稳定性，或至少造成其倾斜、产生建筑构件之间的裂缝。造成这些问题的原因过去一直不甚明朗，直至 20 世纪 20 年代出现了土壤力学的现代科学，人们才理解了上述事故的原因。

人们已经具备了大量结构知识，少数建筑结构坍塌的部分原因是营造者对已证明的可实施的惯例进行了小幅修改。当时已经发明了创新型拱顶和飞扶壁的结构模型用法，而有些人不经实验，在没有确保可行的前提下就贸然在大规模项目中尝试新方法，这简直是愚不可及。人们已经发现砌体结构作为一种独立结构体系几乎不受尺度规模的限制（参见第 1 章 ）。无论制作建筑模型时是否是为了测试结构设计的可行性，建筑模型都具备检验建筑造型的功能。博洛尼亚（Bologna）圣白托略（San Petronio）教堂（1390—1437 年）设计师安东尼奥·迪·维琴佐（Antonio di Vicenzo）在佛罗伦萨大教堂和米兰大教堂施工时进行了参观。返回博洛尼亚后，他就使用方案设计用砖和灰泥制作了一个比例为 1:8 的模型，约 19 米长、6 米高，大小足以让一个成人进入。该模型的目的是为了展示拟建教堂的稳定性，正如模型本身一样，内外都体现了可靠的理念，预示建成后的教堂也必将稳固。事实上，建成后的教堂的确非常坚固，这也印证了模型的想法。

如果说新石质肋架结构只有一种建筑方式必然是不对的，因为我们看到大教堂结构细节种类远远多于早期建筑。例如同期法国沙特尔大教堂、

94. 通过拱顶和飞扶壁转移的重力荷载的路径（左），通过拱顶和飞扶壁转移的风的推力的路径（右）。

95. 英国利奇菲尔德大教堂（Lichfield Cathedral），1195—约 1330 年。飞扶壁横剖面展示，跨度 5.3 米，是所有飞扶壁中跨度最小的一个。

96. 利奇菲尔德大教堂，飞扶壁横剖面，展示了石质尖塔在阻挡剪切破坏力时的预应力功能。

97. 利奇菲尔德大教堂，飞扶壁横剖面，展示了不同风力的破坏推力线。

勒芒大教堂、巴黎圣母院采用的飞扶壁尽管作用
101 相同，但是结构样式迥异。

另一个结构创新的实例是意大利比萨大
102、103 教堂（1153—1265年）毗连的洗礼堂（The Baptistery）的砌筑半球圆锥形穹顶。该结构减少了完整半球穹顶的外向推力，克里斯托弗·雷恩（Christopher Wren）得知这一创新后，于17世纪晚期在伦敦圣保罗大教堂（Saint Paul's Cathedral）采用了类似的做法（参见第4章）。

随着在砌筑拱顶荷载处理方面的经验技术不断增长，人们发现无须架设大型肋架，拱顶仍可运作，并能将其荷载传至柱顶。英国人开发的独特的扇形拱顶完全无须斜形肋架，只是砌筑扇形
106 结构。剑桥大学国王学院教堂（1446—1547年）就采用了扇形拱顶，该拱顶于1515年建成，外壳跨度为12米以上，拱顶厚度为50—150毫米。伦敦威斯敏斯特教堂（Westminster Abbey，1503—1512年）的亨利七世圣母堂（Lady Chapel of
104、105 Henry VII）拱顶设计中，建筑师运用高超的技能使部分砌筑拱顶具有支撑荷载的能力。

尽管完整的大教堂建设可能涉及多位设计师，但是那些脱颖而出尤其是与皇室相关的设计师更为人们所知。比如其中两位：主要负责坎特伯雷大教堂（Canterbury Cathedral）中殿的亨利·耶维尔（Henry Yevele，1325—1400），及改造温彻斯特大教堂（Winchester Cathedral）的威廉·温福特（William Wynford，1335—1405），这两位设计师是同时代人，彼此也是朋友。

亨利·耶维尔出生于德比郡阿什本（Ashbourne in Derbyshire）附近的叶维莱，最初在英国中部地区学习石工方面的知识，并以国王石工大师拉姆齐的威廉（William of Ramsey）的学徒的身份参与了尤托克西特大教堂（Uttoxeter Church）项目，其后参与了利奇菲尔德大教堂（Lichfield Cathedral）宅邸项目、阿什伯恩教堂（Ashbourne Church）尖塔项目、特伯利修道院教堂（Tutbury Abbey Church）项目。耶维尔30岁时便被任命为威尔士王子爱德华的石匠，自1360年直至生命结束时一直担任国王理查德二世的“石工设计师”。耶维尔负责许多皇家项目的设计、施工（作为建筑承包商）及维修，涉及的项目包括威斯敏斯特大厅、达勒姆大教堂、罗切斯特城堡，及最为著名的坎特伯雷大教堂中殿等。 107

威廉·温福特也是一名石匠，早期从事大门（Great Gate）与温莎城堡（Windsor castle）内的皇家宅邸项目工作。在温莎时期，温福特认识了威克姆的威廉（William of Wykeham）——上述项目的职员且后来成为温彻斯特主教。通过这一层关系，温福特被任命为威克姆的威廉的石匠总工，为其设计了很多建筑项目并对施工过程进行了监管。在温彻斯特时，温福特进行了一项独特的发明，将11世纪大教堂的诺曼式柱改成了高耸的垂直柱，做法实际上是在现场先将诺曼柱砍倒，随后用新石材在原位置重新立柱。建造时从西向东沿着建筑一间间逐步施
工，敲掉了诺曼式主要拱廊并重新改造了上部 109、110
的拱顶，由原来的三层改成两层外观。最终，对整个中殿的穹顶进行了改头换面的处理。除温彻斯特大教堂项目外，温福特还参与了韦尔斯大教堂（Wells Cathedral）、温彻斯特学院（Winchester College）、牛津大学新学院（New College, Oxford）项目。此外，他还参与了唐宁顿（Donnington）和博丁安（Bodiam）的城堡项

98. 英国格洛斯特大教堂，约1100年。东侧唱诗班墙上的窗户尺寸为21.8m×11.5m。
99. 巴黎圣母院，1163—1250年。配以薄石质棂架的圆花窗。
100. 手绘图展示了大型窗户竖棂框作为支撑垂直扁拱发挥作用的方法。

98

99

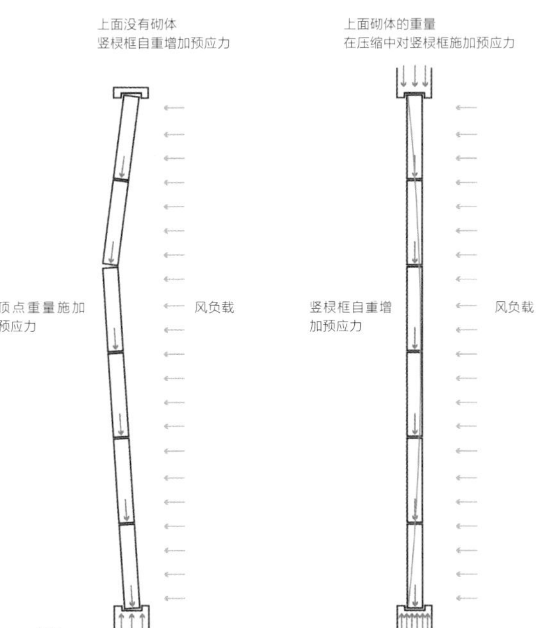
上面没有砌体
竖棂框自重增加预应力
上面砌体的重量
在压缩中对竖棂框施加预应力
顶点重量施加
预应力
风负载
竖棂框自重增
加预应力
风负载
100

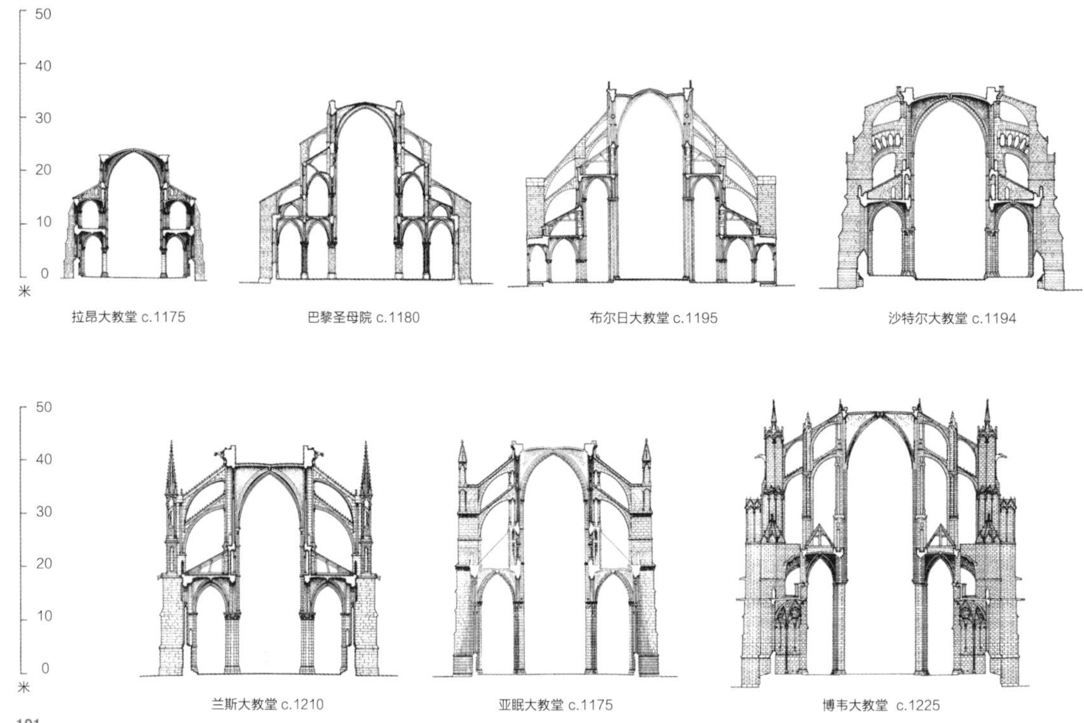

101

目，以及在海克利尔（Highclere）为他的客户建造城堡府邸，这些项目都位于英国南部地区。

中世纪晚期，随着设计与建造技术的不断
发展，人们各自探索着以更为轻松的方式开发砌
108 筑拱券和穹顶的营造方式。维拉德·奥内库尔的
草图体现出了幽默元素，图中显示一薄拱跨于中
间立柱之上，该立柱显得很多余，拆除掉也不会
造成薄拱坍塌。在英国，随着扇形拱顶的发展，
111 减少了对肋架的依赖性；而在欧洲其他国家，很
多设计师反而更为重视这些肋架的作用，有时其
重视程度让人吃惊。在德国南部，石匠大师帕
勒（Parler）家族，尤其是海因里希（Heinrich，
约 1300—1360）与其子皮特（Peter，1330—
1399）因设计装饰华丽的肋架拱顶而出名。皮
特慕名前来布拉格工作，在这里他设计建造了自
己最为著名的工程圣维图斯大教堂（Cathedral 112
of St. Vitus，1344—1929），其才华在大方的拱
形中殿以及精美的独立拱肋苍穹中体现得淋漓尽
致。其后 16 世纪 20 年代，由某位不知名的石匠
大师于德国德累斯顿附近的皮尔纳所建的圣马里
安教堂（Saint Marien Church）比帕勒家族的作
品又进了一步。其拱顶两个肋架（绰号“狂野的 114
男人与狂野的女人”）向上延展，打破了墙体的
束缚，自由地通向天花板。尽管人们通常认为这
样的设计仅作装饰之用，并没有对此予以重视，
然而这种设计却体现了设计者对静力平衡的深入

102

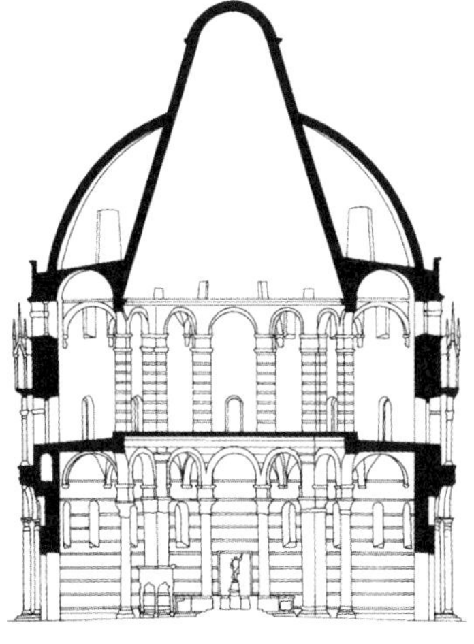
103

104

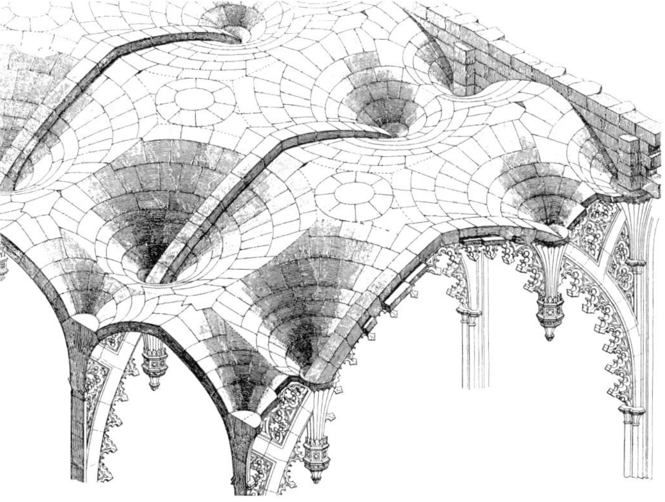
105

101. 法国中世纪大教堂剖面图比较，约 1170—1230 年。

102. 比萨洗礼堂，1153—1265 年。

103. 洗礼堂剖面图，展示了穹顶圆锥部分，该设计可能启发了克里斯托弗·雷恩在伦敦圣保罗大教堂（1675—1710 年）应用同一设计。

104. 伦敦威斯敏斯特教堂的亨利七世圣母堂（1503—1512 年）扇形拱顶屋顶。

105. 亨利七世圣母堂拱顶施工图。

107

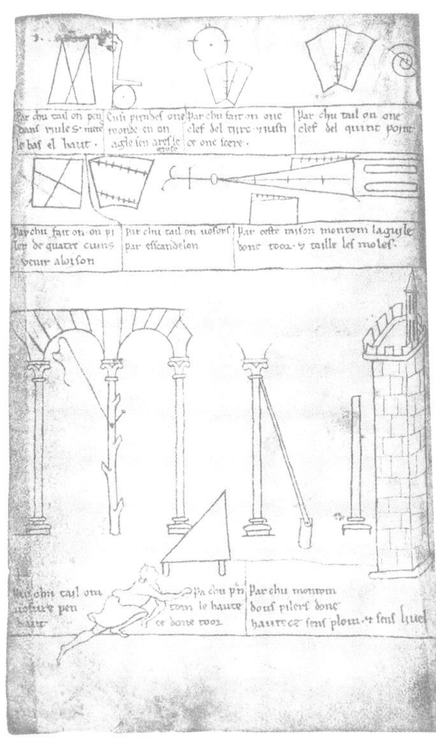

108

了解和对砌筑建筑潜能的认识。

1391 至 1402 年间意大利出现的“米兰知识”（Milan Expertises）为 14 世纪工程师的大教堂设计，尤其是米兰大教堂（Duomo）设计提供了独特、富有创意的视角。[13]这些专门知识也就是我们现在所称的官方调查标准，是用来评判新教堂施工的最佳方法。教堂建设时邀请了来自欧洲各地的大量专家，集思广益，同时也对整个工程过程进行了记录。这些记录就大教堂结构施工的方法给出了有趣的思考线索，但遗憾的是，大多数都不是对实际事件的记录。从这些记录中我们得出的主要结论是：有多少人就有多少种看法，而且都很难从客观的角度描述教堂结构或他们的思索过程。

米兰大教堂始建于 1386 年，这是伦巴第公爵（duke of Lombardy）掀起的一场巨大的建筑之战，目的在于宣扬自己的权威及对新占领领土的政治影响力。该教堂虽然规模巨大，但是从结

106. 剑桥大学国王学院教堂，1446—1547 年。扇形拱顶（于 1515 年建成）。

107. 英国坎特伯雷大教堂（1070—1498 年），中殿（1377—1405 年）。

108. 维拉德·奥内库尔的平拱（flat arch）草图，约 1230 年。

109

110

109. 英国温彻斯特大教堂，始建于 1079 年。手绘图中所示为威廉·温福特 14 世纪 80 年代对其大幅改造前（图右半）后（图左半）的景象。
110. 温彻斯特大教堂中殿。
111. 葡萄牙贝伦哲罗姆派修道院（Hieronymites Monastery，1502—1552 年）。
112. 布拉格圣维图斯大教堂，1344—1929 年。石匠大师：皮特·帕勒。金门上的肋型拱顶门廊。
113. 米兰大教堂，1389 年至今。飞扶壁。
114. 德国皮尔纳圣马里安教堂，16 世纪 20 年代。被称为“狂野的男人与狂野的女人”的自由肋架。

111

112

113

114

构工程学的概念上讲并没有多少创新。尽管教堂由当地建筑师、工程师建造，然而由于缺乏本土技术，该教堂只能大量借用法国、德国的教堂设计方法。教堂基础用了三年时间才动工，人们最初的信心已经逐渐减弱了，不得不同意直接借用北方的设计，因而任命法国人波纳文图拉·尼古拉斯（Nicolas de Bonaventure）为总设计师。他很快发现了基础下沉的问题，即位于中殿交叉位置及十字形翼部的超重柱子之下的基础竟然比轻型柱子所需的基础还要小。随后几年进行了适当的调整。尼古拉斯还就尚未施工的上部的结构设计部分提出了其他建议，但是这些改造建议对米兰人来说过于异化，因而尼古拉斯被解雇了。随后又任命了德国设计师佛利姆伯格·亚那（Annas de Firimburg）为总设计师，他也提出了不同的设计建议，同样也被解雇了。米兰又派使者去科隆寻求资源，但是也没有找到合适人选；随后又以丰厚待遇向乌尔姆大教堂（Ulm Cathedral）总设计师乌尔里希·冯·恩斯根（Ulrich von Ensingen）发出了邀请，但也遭到了拒绝。最后，1391 年底任命来自德国施瓦格明德的海因里希·帕勒（可能是皮特的堂兄）为总设计师。此时教堂的基础已经竣工，首层墩基的建造已经开始。海因里希受邀检查方案设计及已完成的建筑，并就项目下一步如何实施给出建议。1392 年 5 月，米兰召集外国及意大利专家组成评审团来评估海因里希发现的 11 个问题（疑惑）以及他对这些问题的回答。

海因里希的报告并不受欢迎。他对已完工的基础稳定性提出了质疑，并认为地上结构设计方案的若干特征不符合要求。最主要的问题是中殿及四个侧廊应该有多高，以及其高度与底层平面的关系，特别是中殿及侧廊的布置模式是基于方形网格还是三角形网格。大教堂第一个设计可能由法国工程师波纳文图拉·尼古拉斯基于 10 布
115 拉恰（braccia，1 米兰布拉恰约等于 0.6 米）任意垂直的网格设计，该网格从现有基础做起，间隔 14 布拉恰。1391 年，这一设计被基于 14 布拉恰（13.86 取整）的垂直网格等边三角形的设计取代。尽管先前进行了上述设计，但是由于意大利缺乏类似规模建筑的经验，意大利人坚持认为上述设计在确定侧廊高度时未进行精确计算，也没有考虑与平面几何和基础尺寸之间的逻辑关系。海因里希与专家组中的德国代表都表示根据他们长期以来的经验，建筑剖面应该考虑已经建成的基础因素，且高度应通过基于方形或者是三角形网格的单一的、简单的设计确定。海因里希建议基于方形网格，按此方法教堂将比先前的两个设计高。有趣的是，海因里希推断该高度的主要限制不是结构因素，而是确保建筑室内充分的日光照明因素：中殿应该比相邻侧廊高，以便安装足够尺寸的天窗。

不幸的是评审团对海因里希建议的评估基于一人一票制度，尽管这种方式似乎是民主的，然而并没有考虑到评审团中许多成员的经验有限。总的来说，来自德国、法国的经验丰富的工程师提出的看法被占大多数的意大利的评审团成员给推翻了。海因里希的建议没有一项被采纳，他本人也被解雇了。最终教堂剖面呈现出古怪的造型构成：部分基于 14 布拉恰垂直网格的等边三角形模式，部分基于 12 布拉恰网格。海因里希还被问及侧廊小礼拜堂内部是否需要设横切墙，他认为不需要，因为无须这些墙提供额外支撑力，内部的剪力墙或扶壁支撑了中殿拱顶的向外推
力。阿尔卑斯山以北地区的人们建大教堂都成功 113
使用了飞扶壁，但是意大利人并不喜欢采用，他们认为只要大教堂比原先的设计方案建造得矮，这些向外推力就可减少。菲利波·伯鲁乃列斯基（Filippo Brunelleschi）就是后期工程师中的一个，他们运用内部横切墙取代了飞扶壁的作用。

在没有外国专家进一步指导的情况下，教堂施工持续了两年，但是对于如何更好地继续营造尚没有好的决策。1394 年，来自乌尔姆的乌尔里希·冯·恩斯根（Ulrich von Ensingen）终于被说

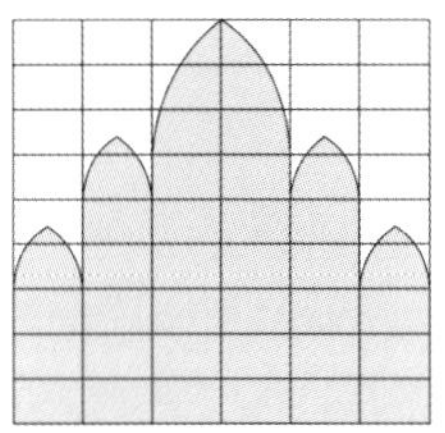

(A)1390：维琴佐
6 个凸窗宽度，每个有 16 个布拉恰；垂直单元为 10 个布拉恰

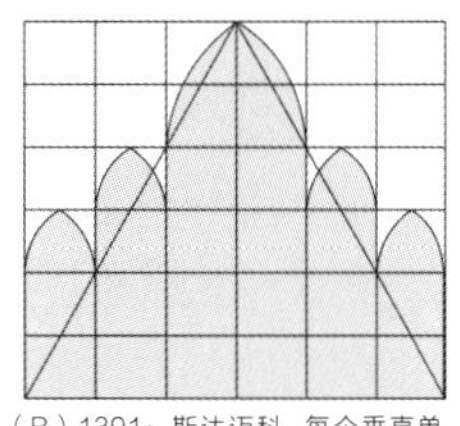

（B）1391：斯达迈科，每个垂直单元 14 个布拉恰，几乎相当于三角形

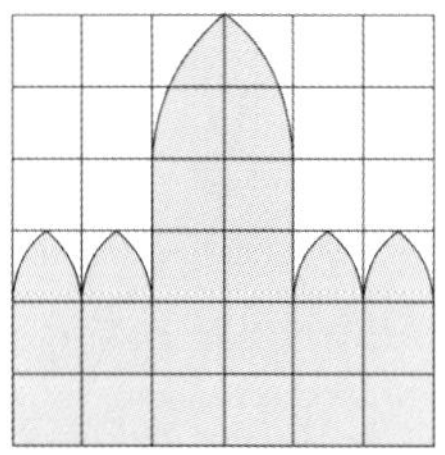

（C）1392：海因里希·帕勒每个垂直单元 16 个布拉恰；方形网格

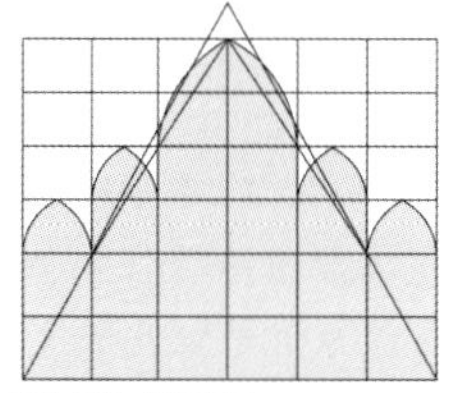

（D）132：组合方案
2 个垂直单元为每个有 14 个布拉恰，剩下单元每个有 12 个布拉恰（毕达哥拉斯 3:4:5 三角形）

115

服前来为建筑委员会提供建议，但是与海因里希一样，他也未能说服评审团成员接受自己的想法，最终仅在工作六个月后便离开了。然而，柱子和墙体仍然继续施工，1399 年 4 月关于拱顶建造的关键性决定也出炉。米兰再次邀请来自北方的三位法国工程师提供建议，尽管最终只有一个工程师琼·米格诺特（Jean Mignot）工作到底。

与先前的几位设计师一样，米格诺特提出了 54 条批评意见，认为设计未能遵循营造规则，因而错误百出、难以接受。他强有力地提出这些批评并反复强调自己的主张。这惹恼了米兰的评审团成员，他们拒绝了几乎一半的米格诺特的意见，并争辩说如果这些意见都采纳的话大教堂永远都无法建成。被保留下来的非常重要的意见中有一条与窗间壁和扶壁相关。某些窗间壁中的砌块布置得过于松散，米格诺特建议通过嵌入铅中的铁扣件连接起来，并建议在支撑大量尖拱的柱子端部之间采用铁轨枕。对于这些建议，建筑委员会愤然回应道，他们决定根据其他高水平专家工程师建议的类型制作尖拱，这些专家工程师认为尖拱不会对扶壁施加推力，并认为所有扶壁都坚固无比，足以承受更重的重量，因此教堂任何地方都无须再建额外的扶壁。⑭

米格诺特对此深表怀疑，他认为这些所谓的专家是“无知的人”。为了证实自己的观点，米格诺特根据几何学提出了系列论据，而米兰人回应“几何学理论没有任何作用，因为理论是一回事，实践又是另一回事”。而米格诺特回应“离开理论的实践什么都不是”，对此意大利人回答说他们采用了亚里士多德的统计学理论及动力学理论，因而大教堂建设的各个方面都井然有序。事实上，意大利人打的亚里士多德牌完全是吹嘘之谈，因为亚里士多德从未谈及拱券力学。这完全是挽救颜面的一个绝望之举，他们希望通过这种方式反击米格诺特的“离开理论的实践什么都不是”的言论，以维护自己的地位。会议记录证实了他们的争议过程。

115. 米兰大教堂的建议高度图，约 1390 年，基于不同尺寸的模数。

在这些以及其他专业知识发展进程中，很明显没有一个客观的理论来支撑某个看法更有权重。即使是法国、德国的大教堂设计方法也来自两百多年的实践经验，这似乎无法说服米兰人接受这些方法。事实上，米格诺特的大多数重要批评意见在一年内被人们所接受，尽管当时首个拱券已经根据原来的设计并依照重建需求营建了一部分。最终，1401 年 10 月，米格诺特也被辞退，未完成的建设似乎再也没有得到阿尔卑斯山以北的人们的协助。1400 年左右，人们认为米兰大教堂没有理由再保存下去了，这一结论虽然有些武断，但是也是符合事实的。

米兰大教堂这个故事的另一个有趣点在于建筑深入国家文化领域的程度，部分原因是建筑无法移动，其设计里面潜藏的理念，以及建设材料及工艺技巧无法轻易从国外引入，也无法轻易输出。这些理念在过去乃至现在都深入社会的思考方式及其文化结构当中。12、13 世纪，法国、英国、德国的大教堂设计师及建造师分享他们以类似方式进行营造的共识时，14 世纪 90 年代的米兰人尚未准备好接受外来文化的工程学理论。奇怪的是，意大利另一个城市帕多瓦（Padua）通过引入外来文化进行了建筑设计，这是相当罕见的例子。1300 年左右，意大利旅行者奥古斯汀修士乔瓦尼（Giovanni）前往东方旅行，带回了所有他所见到的建筑的平面图和各类图纸，其中就有他在印度所见的大皇宫屋顶的图纸。帕多瓦人受到了深深的震撼，他们也模仿这些建筑建造了市政大厅，该大厅屋顶呈木质桶拱形式，共 75 米长，跨度近 26 米，铁轨枕支撑着拱顶的外向推力，一直保留到了现在。

此外，修道院、大教堂还有很多其他方面比其结构本身有着更高的要求。因为这些建筑规模庞大，给排水、污水处理等都需要进行有组织的设计。飞扶壁将屋顶的雨水跨过侧廊，随后经多处设置的滴水嘴从建筑侧立面导下。这在一方面能保护下方石材免受冲刷，另一方面能使雨水与窗户保持一定距离。这些窗户很容易受雨水破坏。在英国坎特伯雷基督教堂修道院，我们看到了早 116
期罕见的给排水平面图。

大型修道院和大教堂的热力性能是众所周知的：天气炎热的时候，这些建筑立面凉爽无比，而在寒冷的季节，这里又温暖宜人。然而，这让人们误以为这应该归功于好的环境工程设计。这一优越性能是所有砌体建筑的一大特征，是热质量及砌体惯性的结果。我们也发现许多炎热环境下的大教堂的室内环境经过了精心的设计，窗户的尺寸非常小，并采用了彩色玻璃以减少太阳直射时产生的热效应。北欧一年的大部分时间，大教堂里面都非常冷，装有单层玻璃的大窗户吸收了采光，同时也散发了热量。只有僧侣住宅区还能保留少许热量。这其实是大教堂取暖的一个比例性任务，但 19 世纪前都没有切实落实过，甚至在今天，这都是一个艰巨的高代价任务。

同样的，对于大型修道院和大教堂传奇的声学效果，人们主要受惠于作曲家与音乐家的演出技艺，而不是建筑本身或其设计师。这些大型石材结构的建筑有很长的混响时间——因为音波多次反射到石材表面，强度并没有损失。这意味着音乐节奏必须保持缓慢、清晰，万不能使用敲击乐器，以避免回声所产生的机关枪似的嘟嘟嘟的声音效果。这样的音响空间更适合那些逐渐缓慢敲击出每个音符并使音符能持久流动的乐器，比如风琴、长笛、小提琴，当然还有人声。随着演讲人与观众距离越来越远，直接传入观众耳朵的声音逐渐受反射问题的影响而下沉，导致传递

116. 英国坎特伯雷基督教堂修道院原始给排水平面图，12 世纪 50 年代。

117. 英国里彭方廷斯修道院，约 1150—1250 年。

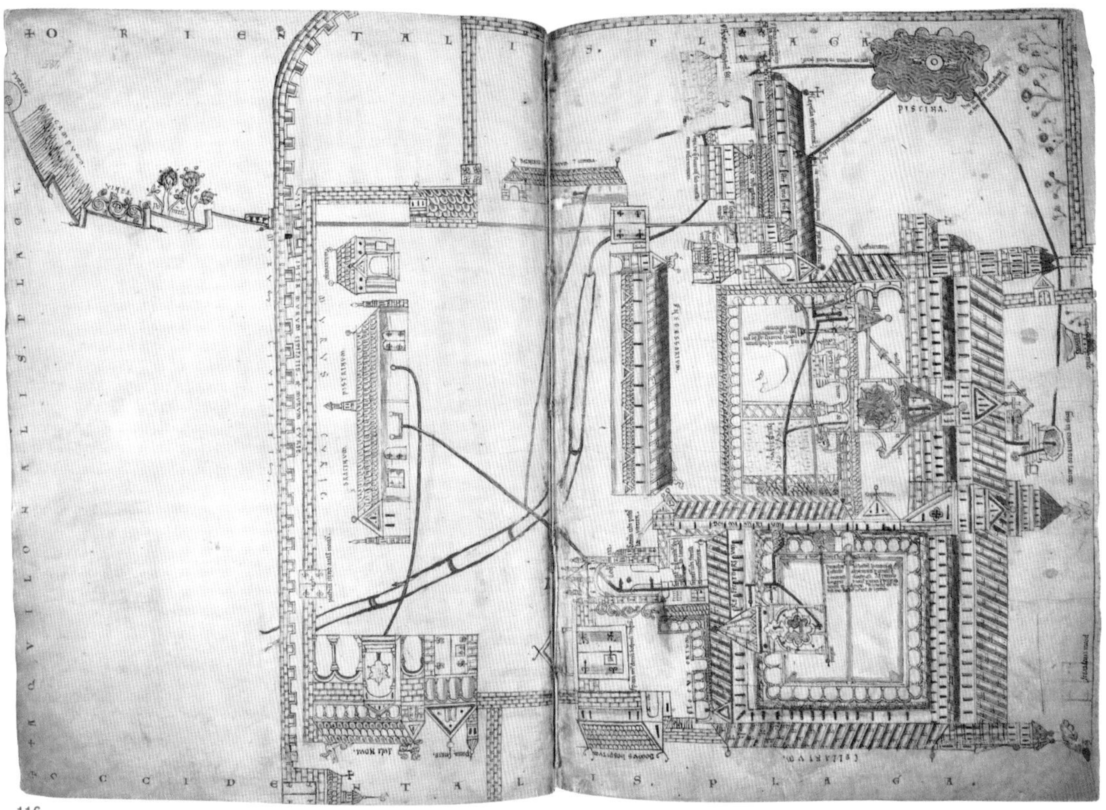

116

117

时间更长，而且传递途径呈迂回状。这使得几米外的观众通常听不清楚。然而这也是一个有趣的建筑效果现象：因为低音符波长更大，更容易被反射，而耳语减少了人声的低频率，所以人们在教堂中谈话时通常下意识地压低声音进行耳语（与是否尊重建筑的宗教理念无关）。建筑对其使用者行为的这一影响非常重要，也实为罕见，不能归功于设计师，这是由建筑规模及所用材料引起的。

时代尾声

13 世纪末，石砌建筑艺术已经大大超越了 2、3 世纪罗马帝国的水平。然而在富裕程度方面，即使是中世纪欧洲的大型城市，尤其是阿尔卑斯山以北地区，都无法与罗马帝国相比。主要原因是中世纪欧洲的财富主要集中在基督教方面，各个分支相互竞争，来赢取人们的精神支持，尤其是争取财富集中的富裕家族的支持。

14 世纪时，法国和英国（尤其是英国）的修道院通过两个来源积累了大量财富。例如，12、13 世纪时，英国约克郡方廷斯修道院（Fountains
117 Abbey）西多会的修士通过向富裕的主顾出售来世的灵魂救赎（以持续祈祷的方式，可以说是中世纪时期的人身保险观），建造了新修道院。建成后，修道院获取了大面积农场，从而通过收租或出售农产品获取了大量资金收入。此外这些土地还拥有矿产资源。修道士还拥有当时较大的联合企业，生产布料及许多由木头、铁料制成的产品，并在整个区域销售。这样的自治、财富、权利是君主制不能长期接受的，因而，国王亨利八世在 16 世纪 30 年代下令废除并摧毁了英国修道院。类似的命运也降临在欧洲其他修道院的身上，当时已经建立起来的罗马教堂因修道院危及到自己的权威，因而将修道院摧毁。

北欧中世纪的建筑繁荣——主要包括城堡及宗教建筑——很快衰退了。为建筑繁荣提供资金支持的大量财富随后在意大利北部区域产生了。13 世纪时，热那亚及威尼斯港口已经开始鼓励进行海上国际贸易，尤其是面对中东及周边国家的贸易。这些贸易为那些想通过投资制造业来赚取大量投资回报的银行业者带来了大量资金。这些财富诞生于控制着意大利北部城市的家族王朝手中，而这些家族与城市其他势力的激烈竞争为建筑业带来了福利，因为竞争者都想通过建筑来彰显自己的实力，证明自己的财富超越了对手。

第3章

文艺复兴时期

1400—1630年

	1400	1410	1420	1430	1440	1450	1460	1470	1480	1490
人物与事件	**1366—约1405年，**康拉德·凯泽（Konrad Kyeser） **1377—1446年，**菲利波·伯鲁乃列斯基 **1404—1472年，**莱昂·巴蒂斯塔·阿尔伯蒂（Leon Battista Alberti）			**约1440—1495年，**马西斯·劳立沙 **1439—1502年，**弗朗西斯科·迪乔治·迪马提尼（Francesco di Giorgio di Martini）		**约1450—1520年，**汉斯·斯克马特马耶（Hanns Schmuttermay **1452—1519年，**列奥纳多·达·芬奇	**约1460—1520年，**洛伦茨·莱驰尔（Lorenz Lech			
材料与技术	**1400—1500年，**水力机械化广泛传播					**15世纪50年代，**开始使用金属活字印刷				
知识与学习	**1405年，**康拉德·凯泽，《骁勇善战》（*Bellifortis*，早期军事工程手册）								**约1480年，**弗朗西斯科·迪乔治，军事与民用建筑专著 **约1480—1510年，**列奥纳多的结构性能图纸 **1485年，**阿尔伯蒂，关于建筑设计与施工的书籍（*De re Aedificatoria*）	
设计方法									**1486年，**大教堂开始使用印刷版设计手册（劳立沙、汉斯）	
设计工具：图纸、计算								**15世纪70年代，**图纸开始作为设计指导方法使用（迪乔治、列奥纳多）		
建筑			**1420—1436年，**意大利佛罗伦萨大教堂穹顶	**1434年，**意大利佛罗伦萨圣神教堂（Santo Spirito）					**约1480—1550年，**圣加洛家族（Sangallo family）的文艺复兴防御工事	

1500—1577年，罗德里戈·吉尔·德·亨塔南（Rodrigo Gil de Hontanon）

1519年，查尔斯五世成为神圣罗马帝国皇帝

1543—1607年，多梅尼科·丰塔纳（Domenico Fontana）

1548—1620年，西蒙·斯特芬（Simon Stevin）

1553—1617年，贝纳丁诺·巴耳蒂（Bernardino Baldi）

1602年，创建荷兰东印度公司

16世纪50年代，德国开始在深矿中进行机械通风

约1600年，意大利开始生产配备通用件的机器

16世纪50年代，机械与制造方面开始出现配有插图的书籍

16世纪60年代—17世纪50年代，意大利建立首批科学社团

1530—1580年，建筑方面开始出现配有插图的书籍，帕拉第奥（Palladio）等人著作

16世纪80年代—90年代，巴耳蒂（Baldi）关于结构力学的笔记

500年左右，列奥纳多利用水槽模型进行运河/河流的设计

500年，保存下来的大教堂木质模型

1516年左右，洛伦茨·莱驰尔（Lorenz Lechler）关于拱顶设计流程的手册

1565年，罗德里戈·吉尔（Rodrigo Gil）关于拱桥、桥墩设计流程的手稿

1586年，丰塔纳（Fontana）利用模型设计搬移梵蒂冈的方尖碑

500年左右，开始应用透视图

1550年左右，整个欧洲开始使用印度-阿拉伯数字

16世纪50年代，平方表、平方根、三角函数问世

1610年左右，约翰·纳皮耶（John Napier）发明了对数

16世纪80年代，发明了十进制小数和数学符号

16世纪80年代，通过线条表示力进行计算（力的平行四边形）

1600年左右，发明了切石法（石头切割图纸）

17世纪20年代—30年代，发明直计算尺和圆计算尺

16世纪30年代左右，信奉新教的国家开始建造大型民用建筑

16世纪30年代，英国修道院遭到毁灭

1540—1580年，帕拉第奥建造多个别墅

16世纪40年代—90年代，意大利罗马圣彼得大教堂穹顶

1559—1584年，西班牙马德里埃斯科里亚宫修道院

1580—1584年，意大利维琴察奥林匹克剧院（Teatro Olimpico）

1591—1597年，英国德比郡哈德威克庄园（Hardwick Hall）

1618—1619年，意大利帕尔马法尔内塞剧院（Teatro Farnese）

1510 1520 1530 1540 1550 1560 1570 1580 1590 1600 1610 1620 1630

文艺复兴时期
1400—1630年

118、119

文艺复兴时期的工程学

文艺复兴时期的理念，是古典希腊时期和罗马时期学术、文学、艺术价值及渴望的重现，也是一幅浪漫的画作，为客观存在的现实世界罩上了一层美丽的面纱。随着意大利赞助风的涌起，国际贸易、技术进步、工业制造、商业创新及引入中国火药术后最为知名的新一轮欧洲军备竞赛大力发展起来。

14、15 世纪，各类工程学及制造业的技术发展速度惊人。1300 年出现的风力、水力甚至曲柄驱动的机器就是很大的创新。1500 年时，各类加工机械广泛应用于欧洲大陆，尤其是在德语国家和意大利北部地区。破布制浆造纸领域最早实现了机械化，随后 15 世纪中期各类印刷机器也发展开来。尽管德语国家研发促进了各类创造性发明，社会也不断繁荣发展起来，然而将经济繁荣与文化改革结合起来形成众所周知的文艺复兴的景象却发生在意大利北部的各个城邦。

意大利北部纺纱与织造业的机械化带来了极大的繁荣，此类情形也发生于 3 世纪后的英国。意大利北部是远东丝绸通往欧洲的主要入口海港。起初，丝绸是以布料形式进口，然而 14 世纪时意大利人开发了自己的织造机器，便开始进口丝线。随后又发明了纺纱机器，这意味着丝绸可以原材料形式从东方国家进口而来。后来意大利也开始养殖桑蚕，因而，就在当地生产生丝，并将其织成细布，这很快便促使意大利由布料及服装进口国发展成为出口国。与此同时，由于纺织机器的运行需要大量线轴及木材配件，而这些部件都属于易磨损件，从而带动了当地制造业的发展。这些部件以标准尺寸在数百家车间生产，生产完成后发至纺织作坊。这可能是历史上机器制造领域所用的首批标准件，也是首批可互换的部件。以往一整台机器需要一套独有的部件，而现在这种批量生产的形式大大提高了灵活度。此时，备件也问世了。18 世纪 80 年代，这种以标准的可互换的部件加工手工制品的概念得到法国军械工人的进一步改造，其后又于 1805 年得到英国人的借鉴，在朴茨茅斯（Portsmouth）成功应用于滑轮和盖帽当中。

如果没有大量资金投入，此时的许多技术进步就不可能实现。同理，意大利取得的杰出成就与发展起来的金融基础设施也是分不开的。15 世纪，随着商业贸易的不断发展，意大利北部出现了大量资金盈余，企业家开始直接投资于制造业，不断地对其改善，同时也开始设立银行，以便投资更大的项目，例如建造运河等，从而获取股份

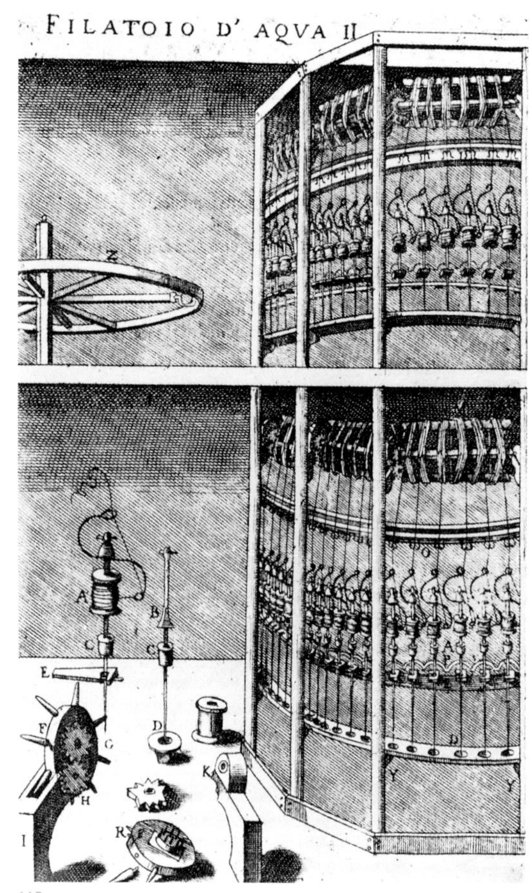

118

119

回报。15、16 世纪，威尼斯、米兰、博洛尼亚、热那亚、佛罗伦萨，以及其他多个小城市相互之间展开了建筑工程竞争，以此炫耀自己在商业及工业技术领域取得的成就，展示自己的公民自豪感。

意大利北部除出现经济与产业繁荣外，14 世纪晚期还发展了工场的工作室体系，这对工程与建筑设计有着巨大的影响。该体系包括系列理论学习及实践技巧的实习，例如绘画、石材雕刻，以及铜、金、铁的加工等。此类工作室在很大意义上指的是工程工场而不是现代意义的艺术家工作室。油漆制造、石材加工必须与建筑领域采取

118. 维托利奥·宗卡（Vittorio Zonca）绘制的意大利织造机器插图，取自《机械与建筑的新舞台》（*Novo Teatro di Machine et Edificii*），1607 年。可互换部件织造的早期实例。

119. 维托利奥·宗卡绘制的水力作坊插图，取自《机械与建筑的新舞台》，1607 年。随着越来越多的工艺发展为机械化，由水力驱动，建筑需要根据此类要求进行设计。纺织工业在这一方面起了带头作用。

的方式相同，加工大量铜材雕塑的铸造业与大炮制作没有多大区别。这些“艺术”工作室从广义上讲，为大量技术的和谐发展提供了一片沃土。其后两个世纪，这些工作室培养了各领域的数百位能手：绘画、雕刻、音乐、军事与民用基础设施建筑、文学、力学、军事学、水力学及民用工程学。现在看来，研究文艺复兴时期的现代历史学家几乎未能完整地描绘那些杰出人物的所有活动领域，例如米开朗琪罗、多纳托·伯拉孟特（Donato Bramante）、米歇尔·圣米凯莱（Michele Sanmichele），他们的工作范围不仅包括艺术，还包括许多军事及民用工程项目。意大利文艺复兴时期，许多重要人物经常在四个活动领域进行角色切换：军事工程（武器）、军事建筑（防御工事）、民用工程（土方、河流工程）、民用建筑（教堂、皇宫）。许多文艺复兴艺术家至少参与了两个领域，很多人参与了四个领域，还有许多人同时是画家和雕刻家。政治事件在很大程度上决定了人们何时从事民用项目、何时从事军事项目，爆发战争时，或者城市遭受威胁时，民用工程就停止了。

菲利波·伯鲁乃列斯基

工作室工场系统最早培养出来的人才之一就是菲利波·伯鲁乃列斯基（1377—1446）。从工程学角度看，由伯鲁乃列斯基设计、领导施工的圣母百花大教堂（Santa Maria del Fiore，佛罗伦萨大教堂）穹顶是意大利文艺复兴时期的一大建筑成就，可以说超越了其他所有的建筑。该建筑享有如此殊荣的主要原因是这座教堂建于文艺复兴开始时期，是对文艺复兴早期建筑施工的巨大贡献。

菲利波·伯鲁乃列斯基生长于佛罗伦萨市，几乎是在大教堂（当时仍在建设）的影响下长大。与当时很多成为工程师与建筑师的人一样，他从工程学徒做起，在金匠领域学习。工作包括制作复杂的钟表机器，铸造青铜、金器以及锻铁等，还包括各类金属部件的塑形与连接。15 岁时他便开始当学徒，共学习了 7 年，随后参与了各类装饰性雕塑工作，例如教堂的圣坛项目。1401 年，他参与了佛罗伦萨洗礼堂装饰门的设计与制作竞标，结果未能胜出，但是借此获得了跟随中标者——画家、雕刻家、金匠洛伦佐·吉贝尔蒂（Lorenzo Ghiberti，约 1378—1455）工作的机会。但是满怀抱负的伯鲁乃列斯基已经不满足于此了，他决心在其他艺术领域摘得桂冠，而不屈于当吉贝尔蒂的副手，因而与他的朋友——雕刻家多纳泰洛（Donatello，约 1386—1466）一起动身去了罗马。在这里的 6 年间，他对罗马古都的建筑及遗迹产生了强烈的兴趣，并进行了潜心研究。也是在这里，他学习了建筑艺术，据说，他下定决心要实现两个目标：推动伟大建筑的复兴；与罗马建筑一比高下、为其家乡正在营造的大教堂建造穹顶。

1420 年实施佛罗伦萨大教堂穹顶项目之前，伯鲁乃列斯基（40 岁出头）以工程师的身份参与了许多军事及小型民用工程。大教堂穹顶于 1436 年彻底竣工，遗憾的是伯鲁乃列斯基在竣工前去世了。他以工程师身份从事穹顶工程的同时，还负责佛罗伦萨区域防御工事的建造，因而穹顶项目便位居其次了。1423 年，他被指定协助皮斯托亚（Pistoia）城防御工事的建设事宜，次年，他又参与了紧急项目玛欧曼台（Malmantile，位于佛罗伦萨与比萨之间的一个城市）堡垒的建筑工作。1430 年，伯鲁乃列斯基的军事技术又一次派上了用场——为抵抗相邻城市卢卡（Lucca）的战争提供协助。现在，人们主要记得伯鲁乃列斯基作为建筑师从事的三个著名的佛罗伦萨教堂项目：圣十字教堂（Santa Croce，1442 年竣工）、圣洛伦佐教堂（San Lorenzo，始建于 1419 年）、圣神教堂（始建于 1434 年，伯鲁乃列斯基晚年时设计，现被人们认定为意大利文艺复兴时期的标志性建筑）。其中两个教堂在伯鲁乃列斯基去世后竣工，但是采用的是他留给工程师的图纸和模

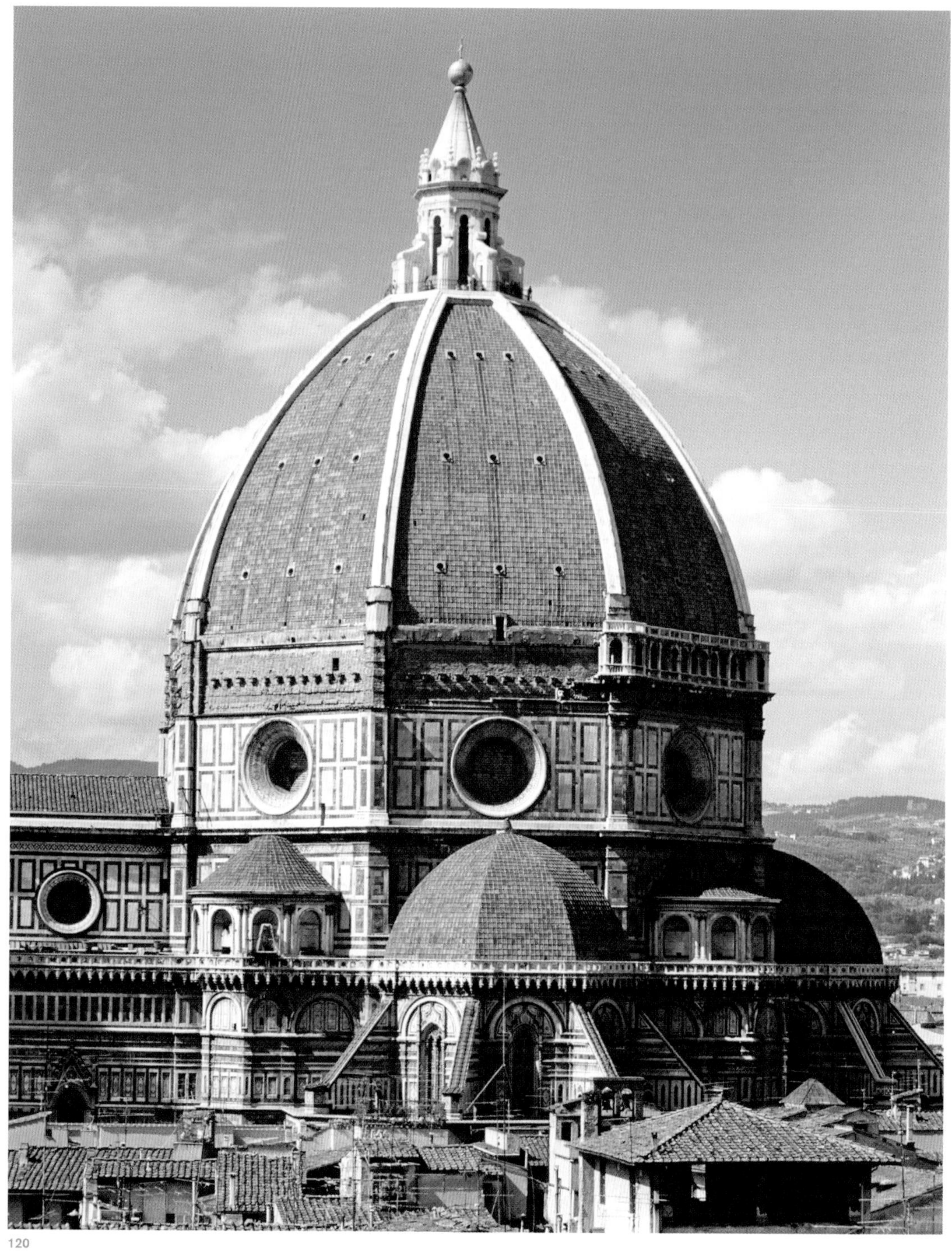

120

120. 圣母百花大教堂，1296—1436年。穹顶工程师：菲利波·伯鲁乃列斯基，1420—1436年。由于教堂规模巨大，站在穹顶上部的人们相比宏伟的建筑都成了小侏儒了。

型，遗憾的是这些图纸和模型都遗失了。

佛罗伦萨大教堂被视作佛罗伦萨的至高荣耀。佛罗伦萨是欧洲最为繁荣的城市之一，通过纺织业积累了大量财富。采用当地制作的染料，以及从英国格洛斯特郡（Gloucestershire）群山科茨沃尔德（Cotswolds）进口的质量最好的羊毛，佛罗伦萨出产了欧洲最好的纺织品。

佛罗伦萨大教堂所采用的设计，预示着这座教堂将成为世界上最大尺度的教堂之一。教堂基础于1296年开始营造，教堂建造的事宜落在了“工头”的肩上——其职责还包括监督佛罗伦萨区防御工事建筑。随后一个世纪内教堂施工进展非常缓慢，因为劳力都被调派到更为紧迫的军事建筑项目中，比如沿佛罗伦萨而建的巨型城墙，该城墙高约7米，周长约8千米，工期约40年，最终于14世纪30年代建成。

大教堂1295年的设计是一项大胆之举，因为柱子及墙体的位置需要设置一个跨中殿的大拱顶，以及架在十字交叉平面位置之上的更大的跨。当时，预计将建一个哥特式风格的飞扶壁结构，这一想法于1366年得到确定，工头乔瓦尼·拉普·吉尼（Govanni di Lapo Ghini）受命负责制作整个建筑的模型，用以说明这一支撑结构如何进行建造。然而，此时的时尚风头已经转变，人们渐渐不喜欢飞扶壁结构，因为他们认为这些结构总让人想起佛罗伦萨长期以来的北部敌人：法国、德国、米兰。

与此同时，费拉文特·内里（Neri di Fioravante）提出了另一个方案。费拉文特是佛罗伦萨当时的工程师领袖，曾建造过大型穹顶，当时刚完成了被洪水冲毁的韦基奥桥（Ponte Vecchio）的重建工作。他认为穹顶可跨于十字交叉的平面位置之上，其外向推力可通过内部石材或木材“链条”支撑，而不是通过外部的飞扶壁支撑。人们对这一方案是否可行存有很大疑虑，因此并没有对此做出任何决定。最终，两个设计交由佛罗伦萨市民进行投票决定，他们选择了内里的方案，当然很大一部分原因是由于其外观而不是建筑性质。

随后便开始施工，墙体拔地而起直至预定高度，拱顶也建于中殿及侧廊之上。只剩下一个八角平面的空间，这上面需要罩上穹顶，其跨度将比万神殿以后的所有的穹顶跨度都大：八角形两侧平行边之间的距离为42米左右。尽管1367年后从事这一项目的建筑师知道这个跨度并不是前所未有的，但是我们也想象不出他们是如何构思营造这一穹顶的。人们建造了一个9米长、5.5米高的模型，将其置于南侧廊，用以展示教堂和穹顶建成后的样子。关键问题是如何最终完成这一建筑，由谁来建筑？合适人选需对自己所持有的技巧及理解力有着足够的自信，认为自己有能力挑起该项目的担子，同时也能说服许多在技术及非技术方面持有怀疑态度的人，使其充分相信自己是正确人选。此外，还需要将建造成本控制在业主的计划范围内。

伯鲁乃列斯基的方案不是一夜之间突发奇想出来的，他深知所面临挑战的难度——因为他只是个小角色，当然佛罗伦萨的每个人都是小角色。他在罗马的时候就熟悉了阿波罗多罗斯设计的伟大的帝国建筑。1407年，大教堂施工的负责人组织召开了一场会议，这次会议类似于1世纪前召集米兰专家讨论米兰大教堂建设的会议（参见第2章）。伯鲁乃列斯基便是与会的诸多石匠、建筑大师中的一员。尽管会上就穹顶如何建造未达成一致意见，但是伯鲁乃列斯基建议在跨中殿及十字形翼部的高于中殿拱顶的位置建造一个10米高的带大圆洞的平面为八角形的鼓座。如他所说，通过这一方式，穹顶的重量将由八个大墙体支撑。然而，这一建议也提高了穹顶本身的施工难度，因为鼓座不易于承载穹顶的外向推力。据此，他制作了一个模型。八角形的鼓座也于1412年至1414年按时建成。尽管会议未取得任何成果，却让伯鲁乃列斯基更好地了解了当时穹顶的建筑知识，也使其更加坚定地迎接挑战。随后几年间，他成为军事建筑方面知名的工程师、建筑师，然而大教堂穹顶一直占据着他的思想。1418 年，大教堂负责人再次回到如何解决教堂穹顶的建造方法问题上，又一次召集了石匠、工程师的大师会议，此次召集的专家来自法国、西班牙、德国、英国以及意大利。

很多人认真制定了方案，伯鲁乃列斯基便是其中一员。此外还有一名成员吉贝尔蒂，是著名的备受尊重的艺术家，尽管在建筑方面没有什么经验，但他提交了一个仅用 4 天时间就用砖材和木材制成的小模型。伯鲁乃列斯基制作的模型是以另一比例制成的，跨度为 2 米，高度近 4 米，采用了 5000 多块砖、50 车砂浆用石灰，耗时 90 天。他的方案最神奇的地方在于在建筑穹顶时，不需要在教堂地面上搭建起一个巨大的结构支撑穹顶中心；然而他拒绝向负责人讲明如何实现这一构思。这一前所未有的想法遭到了怀疑，甚至招来敌意。评审团多次要求伯鲁乃列斯基告知如何实现这一想法，但均遭到拒绝。据传记作者乔治·瓦萨里（Giorgio Vasari）记录，伯鲁乃列斯基认为公开自己原创的想法是极其不明智的，于是，那个著名的立鸡蛋的故事发生了（参见第 1 章），最终，他中标了。

伯鲁乃列斯基在知识产权保护方面非常谨慎。评审团成员对伯鲁乃列斯基及其方案没有充分的信心，不放心将整个项目交由他一个人负责，因此让吉贝尔蒂也加入了这一项目。对此，伯鲁乃列斯基强烈不满，一方面他认为吉贝尔蒂无法胜任该工作，另一方面是由于先前洗礼堂门的竞争结果。因此，早期施工阶段，在需要作出重要决定时，伯鲁乃列斯基屡次缺席，他表示吉贝尔蒂也具有同等责任，只有在吉贝尔蒂解决不了紧急问题时，他才现身。1425 年，伯鲁乃列斯基最终获取穹顶建设的唯一授权。

伯鲁乃列斯基为该穹顶及其他多个项目绘制了大量图纸，遗憾的是这些图纸都没有保存下来。考虑到他的高度保护意识，也有可能是其本人不愿意这些图纸落入他人之手。事实上，在穹顶建设过程中，伯鲁乃列斯基成为第一个享有概念或设计知识产权保护专利的人。面对将大理石陆运至佛罗伦萨的巨额成本，他发明了一种通过河流运输的船只，成本仅为陆运的十二分之一。该船只吃水浅，克服了阿诺河（Arno River）众所周知的缺水问题。此项设计，他获取了三年的知识产权保护权，随后又延长了同等期限。如果发现其他方采用类似方法制作的船只，伯鲁乃列斯基有权烧毁。关于该船只装置的唯一一份图纸是由其锡耶纳的军事工程师朋友塔科拉（Taccola）绘制，他在一部书籍当中呈现了该设计的草图。伯鲁乃列斯基的船只可能是一个覆于带轮车上，在浅水区可通过小船拉动的驳船。该船——人们称为怪兽 2 号，负载 45 吨大理石于 1428 年从比萨出发，不幸的是，在快抵达佛罗伦萨时沉没了，于是伯鲁乃列斯基又重新启用了传统的驳船。

121. 圣母百花大教堂，1296—1436 年。穹顶工程师：菲利波·伯鲁乃列斯基，1420—1436 年。切开的轴测图，显示了穹顶内外两面施工的情况。

122. 圣母百花大教堂。切开的轴测图，显示了支撑穹顶压力的石材、铁件、木材链条的位置。

123. 圣母百花大教堂。箭尾形砖拱图，砖拱跨于主要肋架上，从而在穹顶建造时不需要采用满堂搭架支撑。

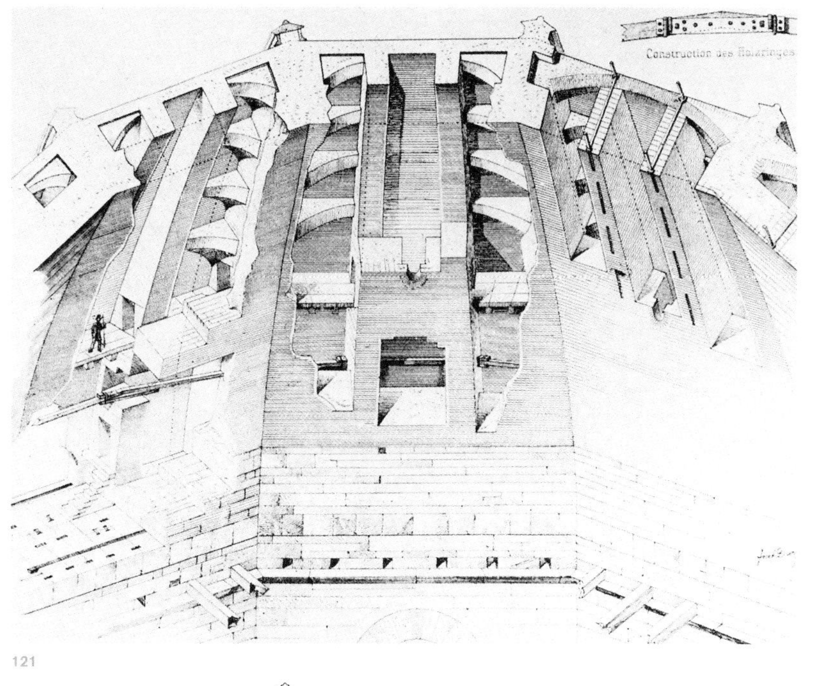

121

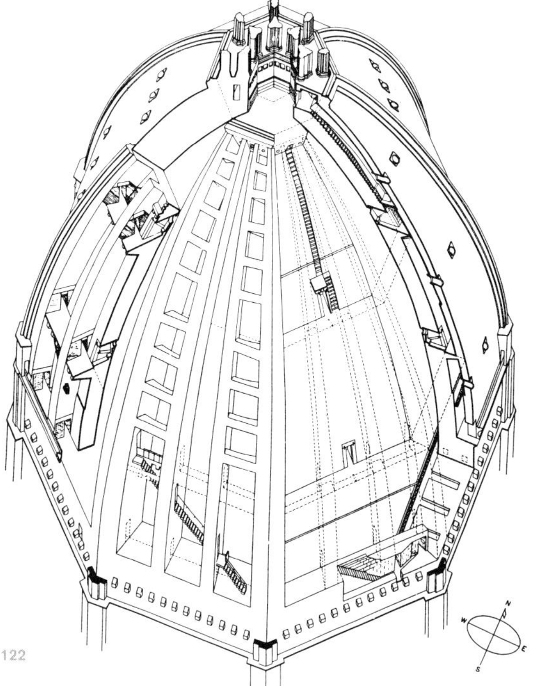
122

123

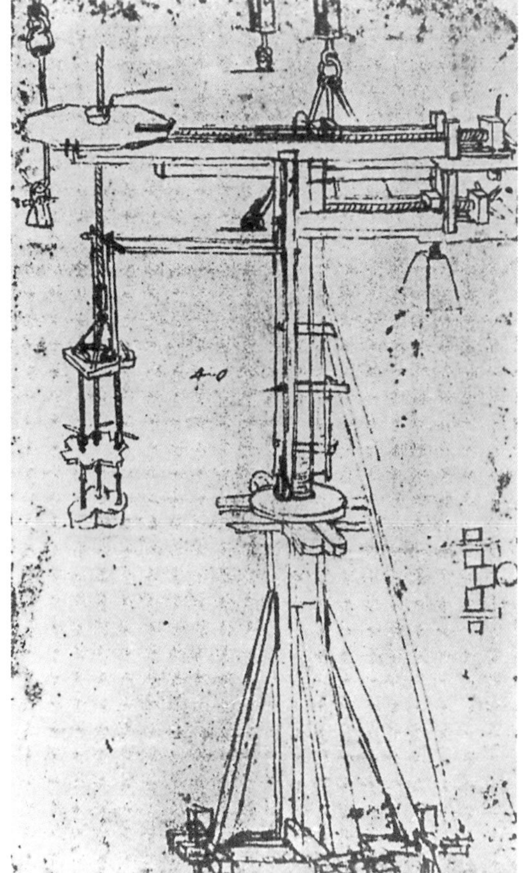

124

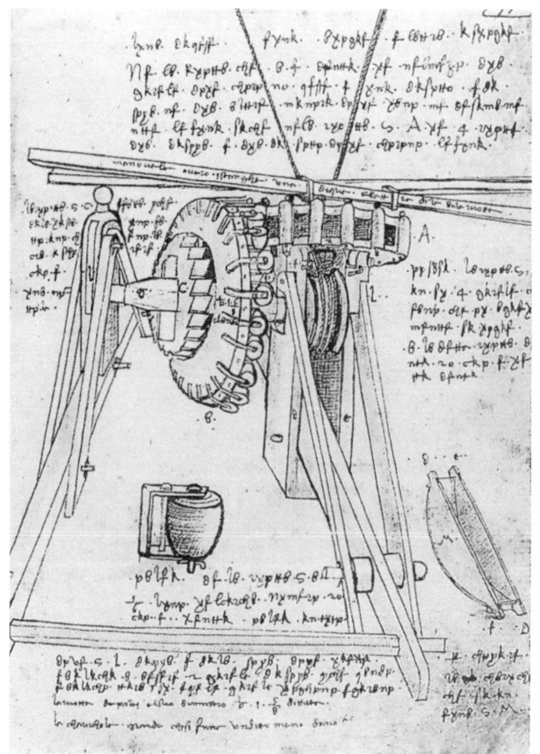

125

126

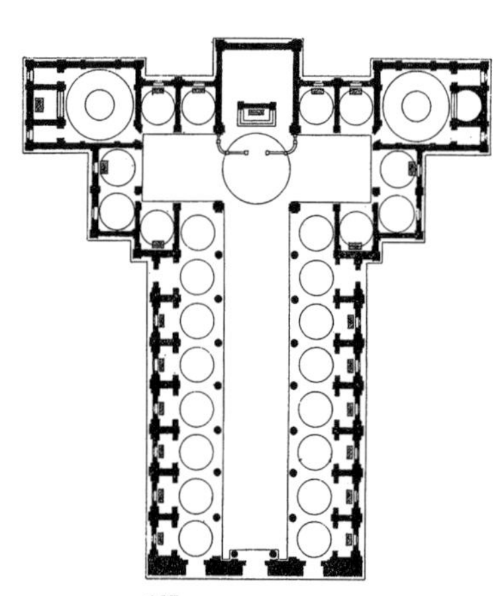

127

伯鲁乃列斯基的穹顶是一项内容丰富的研究主题，其本身就蕴藏着诸多创新。其设计别具一格：砌体肋架（底部 2 米厚）形成自下而上的拱形，并连接内外一对薄薄的壳体，重量只是同等实体结构的一半。穹顶厚度消化了推力作用，从而保证了壳体的稳定性及抗弯曲阻力。伯鲁乃列斯基通过采用两个系统支撑环拉力的方式，解决了人
121、122 们熟知的穹顶最低处向外伸张的问题。锻铁夹连接起来的砂石块形成穹顶内的三个“链条”。另外，还有一个橡木链条穿过穹顶底部附近内外两层壳体间的空间，攀登穹壳两层之间石质阶梯的人可看见这一链条。每对肋架之间是多个水平面小拱，形成连续的圆环，从而使风力荷载力导向主肋架，随后传往相邻板面，并下传至建筑的主构架。

伯鲁乃列斯基设计的结构方案中，最具独创性的要素之一是无须构建实体穹顶的核心设计。穹顶下部的摩擦力即可使罗马扁砖保持在适当的位置，再往上，砖块建好后所形成穹顶平切面的大环也是稳定的。此时，问题是如何支撑其他砖块不掉到穹顶里面，直到最后一块砖放置妥当形成穹顶，这类似于支撑拱门的石块会向下掉，直到最后一个石块放置好拱券才妥当一样。他通过将穹顶板面的直边面建成很多个架于主肋架间的扁平拱，来解决这一问题。每个直边板面分为十二个拱块，这个拱块体由从其下两层边缘伸出的砖块形成。每个拱块对向角度（360°/(8x12)=约 4°）正好可以使最小的扁平拱承担拱块的功能，
123 扁平拱仅由三组扇形扁砖组成，总跨度约为 1.4 米。两个工匠就能砌好这样的扁平拱，也根本无须框架支撑穹顶的建造。登到穹顶的人们可看到这些砖块的边缘，这些砖块边缘构造形成了人们通常所说的箭尾形图案——通过这一术语，我们看到了它更接近装饰性的功能，而不是单单作为世界上著名建筑施工的基础而发挥功能作用。

除了这些结构工程方面的创新，伯鲁乃列斯基的机械装置也给许多同时代的人留下了深刻的印象。列奥纳多·达·芬奇是负责穹顶最后部分的工 124
程师，需要将金色球体举升到穹顶最顶端，他采用了伯鲁乃列斯基设计的名为卡斯泰洛（Castello）的吊车，并在其手册中绘制了该吊车的草图。同时，根据布那库尔索·吉贝尔蒂（Buonaccorso Ghiberti）的草图记录（其子孙将此草图保存了下 125
来），其在建造穹顶石质灯笼状小观景室时采用了伯鲁乃列斯基设计的另一个吊车。瓦萨里在一个半世纪后谈到该建筑师“利用平衡力和轮子抬起重物，借助他的设计，现在一头牛就可以举起以前六对牛都难以搬动的重物①”。伯鲁乃列斯基在穹顶层设置的提供食品酒水的工人餐厅也给瓦萨里留下了深刻的印象，顶层有了这一餐厅，工人们便不用在午餐时间走八九十米下楼，饭后再一步步爬上去。

伯鲁乃列斯基在其他建筑方面遇到的挑战都没有佛罗伦萨大教堂穹顶那样艰巨，不过他仍然在发挥自己的独创性。针对中世纪教堂外向性的结构，伯鲁乃列斯基与其他后来的设计师一样，无意于采用扶壁，尤其是飞扶壁。然而需要在建筑及其顶部采用某些结构装置来支撑拱形结构的水平推力以及风力荷载。

1419 年，伯鲁乃列斯基开始参与佛罗伦萨圣洛伦佐（San Lorenzo）教堂项目，同年他的穹顶 126
设计被采纳了，其中，他采用了另一个独创性结

124. 列奥纳多·达·芬奇绘制的伯鲁乃列斯基 22 米高吊车图，用于举升、操纵大石块，约 1475 年。
125. 布那库尔索·吉贝尔蒂绘制的伯鲁乃列斯基的吊车图，用于举升圣母百花大教堂穹顶上面灯笼状的小美术馆。
126. 佛罗伦萨圣洛伦佐教堂，始建于 1419 年。建筑师：菲利波·伯鲁乃列斯基。
127. 圣洛伦佐教堂平面图。

128

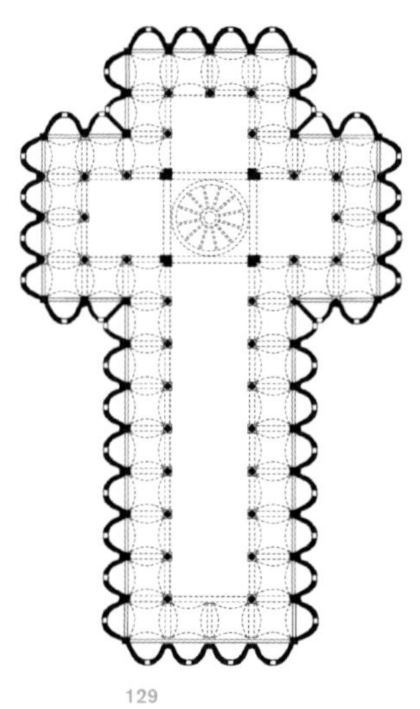
129

构装置，让建筑从外部看起来似乎完全没有支墩支撑。事实上，他采用了内部扶壁，这可能类似于我们现称的剪力墙结构，这些扶壁侧面与一系
127 列小型壁龛或小教堂相连接。

始建于 1434 年的圣神（Santo Spirito）教堂项目中，伯鲁乃列斯基设计的外墙采用的波纹板
128、129 或折叠板的形式起到功能作用。他通过少量材料实现了高效的结构强度，这一理念在 20 世纪还得到建筑结构大师的应用，例如皮尔·路易吉·奈尔维（Pier Luigi Nerri）和埃拉迪欧·迪斯特（Eladio Dieste）（参见第 9 章）。很长时间以后，波纹位置被填平，形成平整的立面。

伯鲁乃列斯基是文艺复兴时期的经典人士，擅长各类艺术。在当金匠学徒阶段，他学习了材料的运作方式，例如材料如何制作、塑形、操作、接合、装饰等。他还学习了材料最适宜的用途及其局限性，以及复杂手工艺品制作的组织方式。此外，通过直接观察，他还学习了如何分析制成的物品，如何对其进行组装和操作。通过这双“工程师的眼睛”，他研究了罗马的古建筑。据瓦萨里的记录，他还就此绘制了数百张草图。伯鲁乃列斯基将图纸作为分析的工具，协助理解特殊的工程学问题。此外，他在制图术方面的天赋也进一步挖掘了他高于他人的天资。在纸上绘制自己的想法时，他结合了对工程学的理解以及所掌握的技巧，发明了我们现在所称的“工程学设计”流程，与仅仅将现实世界或想象中的物体绘于纸上相比，这一流程更具技术性。尽管伯鲁乃列斯基不是第一位采用这一方法的人，但是他是我们所知道的以如此高效的方式应用这一方法的第一人。他在一定深度上研究了许多在纸上反映三维

128. 佛罗伦萨圣神教堂，始建于 1434 年。建筑师：菲利波·伯鲁乃列斯基。在立面改为平整模式之前的透视外观图。
129. 圣神教堂平面图。

世界的技术。1415 年左右，他重新发现了已经消失了的精确透视图的绘制方法以及通过图纸精确反映距离的方法。遗憾的是，他的草图集没有保留下来，我们仅看到列奥纳多的手册，只能在其中探索伯鲁乃列斯基作品的内容。

莱昂 · 巴蒂斯塔 · 阿尔伯蒂

莱昂·巴蒂斯塔·阿尔伯蒂（Leon Battista Alberti，1404—1472）是文艺复兴早期最成功的建筑师之一，但是与伯鲁乃列斯基不同的是，他没有工场学徒的背景，也不是工程师。除了设计了许多皇宫及教堂外，他还得名于所著的《建筑论》（*De re Aedificatoria*），该著作与 1500 年前维特鲁威的《建筑十书》一样，成为当时建筑领域权威的参考用书。阿尔伯蒂出生于热那亚的一个富裕家庭，在帕多瓦大学（University of Padua）学习古典文学，随后在博洛尼亚大学（University of Bologna）学习法律。然而他放弃了这些能提升自己社会地位的研究，放弃了所接受的良好教育，书写了大量主题广泛的书籍，包括农学、雕刻学、驯马、几何学及罗马地形学。40 多岁时，他的兴趣又转向建筑这一时尚主题。他大约在 1452 年完成《建筑论》的手稿，但是该书于 1485 年，也就是他去世后 13 年才由其兄弟伯纳多（Bernardo）充分利用建筑业蒸蒸日上的市场条件出版了该书籍。阿尔伯蒂在这些学科方面的知识见解主要是通过各类书籍获取的，尤其是维特鲁威的书，有些知识也是在多次访问罗马的过程中学到的。此外，他还经常与在建筑艺术与科学方面有着丰富实践经验和直接知识的同僚交谈，从而获得宝贵的知识。15 世纪中期，随着《建筑十书》多部手稿版的发行，维特鲁威也开始盛名远播。这些手稿中，至少 55 部保留至今，其中仅 12 世纪就有 12 部，其余的在随后两个世纪里陆续问世，1486 年维特鲁威第一部印刷版作品问世。阿尔伯蒂创作的目的在于阐明维特鲁威的观点，并为那些想建造新型时尚、经典风格建筑的人进行同时代的解释。他的书最显著的特征是大量引用经典的先例以及经典作家之作——通常一页就会引用三四十位作家，通过这种方式为其作品提供论据、提高可信度。这同时也反映了阿尔伯蒂的学术方法及广泛的阅读量，这吸引了大量资深读者来阅读《建筑论》。此外，该书还吸引了法国、英国的知识分子，他们在此后对此书倍加崇敬。

阿尔伯蒂的手稿以拉丁语写成，文章未分结构，包罗万象，涉及建造、建筑及一些民用工程。1512 年巴黎某出版社对该系列丛书进行了整理，列出了清晰的大纲，并模仿维特鲁威作品的组织架构，将其分为十部 136 章。1550 年出版的第二版意大利语译版中首次配上了插图。1726 年，首次由贾科莫·莱昂尼（Giacomo Leoni）从意大利语译为英语，1755 年出版的第三版被人们广泛传播（现在仍然以一模一样的形式在出版）。

尽管该书的编写参考了维特鲁威的著作，但是两者在主题范围上大不相同。本书是《建筑十书》篇幅的两倍之多，但是未涉及军用机器、天文学、剧场及希腊声学等主题。除了部分章节谈到如何为防御工事选址，如何建造这些防御工事外，阿尔伯蒂仅著写了民用项目，也就是各种类型的建筑，部分章节介绍了我们现在所说的民用工程：桥梁、排水、运河、码头。如同维特鲁威一样，他论述了主要建筑材料（未谈及混凝土）及各类结构部件如基础、墙体、地板、拱顶、楼梯间、屋顶等。他还特别强调了建筑设计师的任务就是让设计满足客户的要求。与文艺复兴后期的作者不同，阿尔伯蒂几乎未谈及经典风格、装饰及建筑设计。书中仅有不过五页篇幅的两章内容讨论了四个古典柱形——多立克柱式、爱奥尼柱式、科林斯柱式、混合柱式的柱头和楣构。

数位同期人士曾表示阿尔伯蒂缺乏实践经验及直接的建筑知识。建筑师、雕刻家菲拉雷特（Filarete，约 1400—1469）在其《建筑论》（*Trattato di Architettura*）中写道：通过阿尔伯蒂著写的拉丁文作品，可以看出他是一个博学的人。但是，菲拉雷特认为阿尔伯蒂未讨论切实的建筑技术细节，因而向其读者进行了讽刺性的道歉。弗朗西斯科·迪乔治·迪马提尼（1439—1502）发现阿尔伯蒂的文章没有任何插图，因此在其作品《民用建筑与军事建筑论》（*Trattato di Architettura Civile e Militare*）中评论道：这样的文章必须配以插图，否则读者会根据自己的个人喜好诠释文字内容。

瓦萨里1568年对阿尔伯蒂设计中的各类错误发表了意见，他认为出现这些错误的原因是阿尔伯蒂专注于写作，而不是设计工作本身，且其贫瘠的实践经验远逊于理论知识。瓦萨里甚至认为阿尔伯蒂作品能取得如此声望事实上应归功于那些贯彻实践这些作品的人，他表示“阿尔伯蒂拥有那些理解他、愿意并有能力服务于他的朋友，是非常幸运的事情，因为建筑师通常无法监管到具体的实施工作，如果能找到一些人来认真执行这些工作对建筑师帮助非常大”[②]。

总的来说，阿尔伯蒂比维特鲁威提出了更多的技术细节，也偶尔尝试给出一些工程学解释。以下是他关于拱门的一段有趣阐述：

> 世界上有各类拱，“全拱”指的是完整的半圆或弦线穿过圆圈中心位置的拱。还有一种拱，它的性质更靠近梁而不是拱，我们称为不完全拱或平圆拱，因为它不是一个完整的半圆，而是缺失了一部分的拱，其弦线位于圆圈中心上部，与圆心还有一段距离。此外，还有混合拱，有人称为“棱角拱”，有人表示混合拱就是由两个欠半圆拱组成的拱，其弦线是由两个相交曲线的两个中心点连接而成（尖拱）。
>
> 全拱是各类拱中最牢固的一种，这不仅从过往的事例中可以看到，也能从道理上分析得出，我都没见过它本身是如何分开的，除非用楔子破开，它们总是相互协作相互支持。事实上，如果非要用强硬方法破开，也是不大可能实现的，这是由整个结构的重量决定的——拱会受到上层结构下压，或由楔子本身的因素决定。瓦罗（Varro）表示拱门中通过左手完成的右侧作业并不比通过右手完成的左侧作业少。如果我们只看事物本身，那么顶部中间的楔子（是整体结构的一大关键部分）如何插入旁边的两个当中？或者说旁边的两个楔子如何能推开？拱门中的起着平衡作用的楔子充分发挥着自己的作用。最后的问题是，拱门下方两英尺处的两个楔子如何能在上部楔子保持不动的情况下移动？
>
> 因而全拱无须弦或杠，它可以通过自身力量支撑。然而平圆拱需要通过铁链或杠，或突出两侧的墙体（与杠的作用一样）来提供力量支撑，使其达到与全拱一样的效果。[③]

总的来说，阿尔伯蒂提出的半圆拱不施加侧向推力的观点是不对的。但我们必须明白，阿尔伯蒂不是桥梁建造师，他在拱形建造方面的经验主要来自小规模结构，例如窗拱。考虑到侧向约束（例如摩擦力）较小，拱石相对较厚，事实上建造一个独立的半圆拱也是可行的。另外还需注意的是阿尔伯蒂尝试表达的理念是没有任何现成的词汇可借鉴的，且18世纪莱昂尼的翻译版也混淆了阿尔伯蒂所表述的内容。毫无疑问的是阿尔伯蒂很明确拱形的建造方法，他所设计的教堂中殿上部的大型桶拱就说明了这一点。

莱昂尼1755年的翻译版中补充的某张插图出现了类似的问题。阿尔伯蒂在其作品第三册中，正确地描述了利用砖桩底部之间的仰拱在软土地面上建造牢固的基础，17世纪70年代罗伯特·胡克（Robert Hooke）也采用了这一方法（第4章），然而莱昂尼及其图解者显然不懂这些拱的作用，其插图错误地声称是地板层面上的拱，而不是基础最低点。

阿尔伯蒂结合古典建筑方面的知识优势，通过某些具有影响力的朋友或熟人承揽一些建筑项目。他接到的第一个任务是在 15 世纪 40 年代，为佛罗伦萨富裕的鲁切拉伊（Rucellai）家族设计一所大规模连栋式宅邸。然而他只负责立面设计，其余部分由具备丰富的实践经验的人承担。此外，在许多其他经典风格翻新的项目中，他还设计了大量立面。尽管他设计的曼托瓦圣安德烈教堂(San Andrea church）在他去世以后才得以建成，但是他的声望传播了开来，一直流传至今。然而人们记住的是他的著作，而非他的建筑师才能。他没有回应一般大教堂设计师所面临的关键问题，例如支撑拱顶的墙体或扶壁的厚度。他在书中谈到的都是普通规模的建筑，与他共事的人一般都有能力处理这些建筑事宜。同时，他声称自己是建筑师而非工程师，或许也觉得这些问题不在他的考虑范围之内。

大约在同期，阿尔卑斯山北部的德国南部地区首次出现了描述整个大教堂设计的小书册。该书是德国石匠洛伦兹·莱希勒（Lorenz Lechler，约 1460—1520）为儿子写下的一系列“指南”，可追溯到 1516 年。莱希勒更为深入地论述了维拉德·奥内库尔、马西斯·劳立沙、汉斯·斯克马特马耶探讨的多个主题。他建议各类平立面尺寸应为唱诗班席位宽度的简单倍数——20 或 30 英尺。有些部分他主张使用常见的旋转方法。他建议仅承载竖向荷载的唱诗班席位墙体厚度应该为拱顶跨度的十分之一（如 20 英尺的跨度采用 2 英尺墙体，30 英尺跨度采用 3 英尺墙体），并表示根据石材质量的优劣，墙体厚度可适当增建 3 英寸。对于同样的跨度，支撑拱顶侧向推力的扶壁应该在墙体厚度基础上再增加跨度的十分之二，因而总厚度应该是跨度的十分之三。在肋拱方面，他表示肋架深度应为墙体厚度的三分之一，宽度应为深度的二分之一。尺寸更小的间肋也大致反映了结构承载分布。他的做法非常类似于维特鲁威在多立克式庙宇中描述的模数尺寸的连续应用法。莱希勒懂得大教堂的建造方法和建造内容，也知道实际情况可能有所不同，他的“规则”仅作为指导之用，并指出了在应用这些设计原则时根据工程学进行判断的重要性：

> 你应该认真对待我为你写的这本手册，但是并不是说你必须完全依照这个手册办事，你可以根据自己的思考判断，追求更好的方法。④

尽管莱希勒的方法最终回答了中世纪大教堂设计的某些问题，然而当时已经出现了很多成功的榜样，使得这些指南仅作为辅助备忘录之用。当然这并不意味着允许设计师尝试或跨越事物的极限，只是描述了当时意大利的一种景象。

军事技术与工程学

随着城市不断繁荣，中世纪末战争的苗头越燃越高。人们寻求新方法来攻击那些 11 至 13 世纪发展开来的坚不可摧的城堡和城墙。此时发明的抛石机可以朝高大的城墙发射重型投掷物（包括抛出牛的腐烂尸体，这也是最早的生物战术）来歼灭敌军，其射程甚至比敌方弓箭的射程还远。然而这些抛石机的体积庞大，难以移动。14 世纪 20 年代欧洲开始应用装有火药的大炮来发射炮弹。当时采用的第一例大炮的体积非常小，重量仅为 10 或 20 千克，从而非常容易搬运。事实上，在当时，大炮发挥的主要作用是对敌军造成心理冲击作用。然而到 15 世纪时，炮弹重量达 100 千克，射程可达数百米，战争艺术自此瞬间产生了剧变。

14 世纪，金属工件制作方面取得的大幅进步成就了大炮的诞生，改革了战争的形式。这一点在德国尤为显著。其中包括多个领域的发展，比如矿业、熔炉技术、合金制作采用的点金术的冶

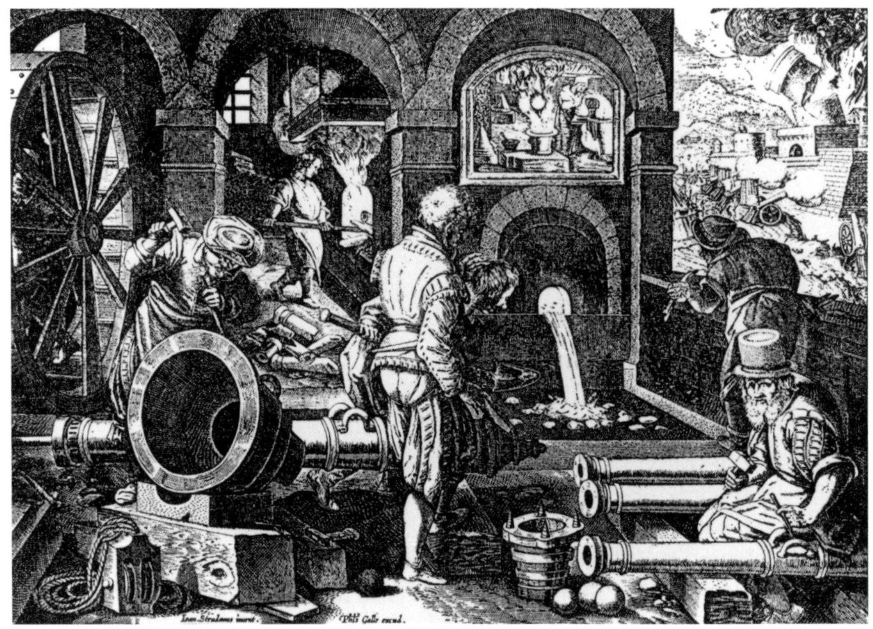
130

131

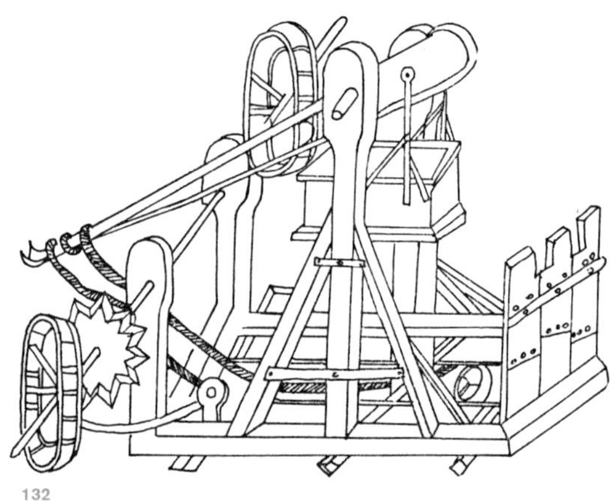
132

130. 16 世纪铜炮的铸造。

131. 列奥纳多·达·芬奇的炮弹铸造图，约 1485 年。

132. 康拉德·凯泽的抛石机插图，来自《骁勇善战》，约 1405 年。

金术，以及最为重要的矿物分析术，通过此方法可以确定合金的化学成分，这对合金的制作非常重要。从此，人们可以更准确地预测金属合金的属性，大大减少了残次品。早期的炮弹大多由锻造铜（青铜）合金或锻铁制成。14 世纪中期开始制造大型铸铜大炮，到 15 世纪中期，出现了需要
131 更高熔炉温度的铸铁大炮，从而取代了铸铜大炮。尽管铸铁大炮成本较低，但它并不是上乘之选，因为铸铁件的抗张力强度低，需要采用更多材料来抵抗爆炸时的爆破力，因而铸铁大炮沉重而又难于操作。此外铸铁质地非常脆，易于发生严重的断裂事故，受到重压时，铸件上小小的瑕疵都会快速地发展成为裂缝。这样的事故造成了很多死亡事件。后来，这些铸件得到了改善，且能在
130 熔炉里熔解的材料数量也增多了。16 世纪时，欧洲各国大量制造了高 2 米、重半吨左右的大炮。此时，人们能铸造牢固的青铜桶或铁桶，在青铜装备上也设置了钢质刀具，可以加工钻孔。17 世纪中期人们又发明了用黏土芯制作空心铸件的技术。18 世纪 80 年代这一技术应用到非军事领域当中，制作建筑中的铸铁柱。

文艺复兴早期，约 1400 年时，出现了首批工程学手稿手册，被人们广泛传播开来。手册包含技术说明，以及军事工具、兵器、轮式车辆及各类载重举升和搬运机器的草图。尽管是技术手册，但是它们不可能写明许多技巧秘诀以防为敌军所用，工程师的基本技术与经验不能体现在纸上。这些手册更像是抗击敌人的宣传册，或者加强国家或统治者声望的宣传册。其中包含德国康拉德·凯泽（Konrad Kyeser，1366—约 1405）在 1402 年至 1405 年所著的《骁勇善战》。他的手稿保存下来的部分达 180 页，包括关于武器、攻
132 城器械、活动桥、浮桥、折叠桥的草图和说明。除了军事设备外，凯泽还探讨了其他领域，包括固定桥梁、水磨、手动磨、风力起重机等起重设备、潜水衣服和头罩、制造型机器。他还用一整章的
133 篇幅讨论了用厨房及火炉中的火加热洗澡用水的方法。然而，凯泽似乎对防御工事并不感兴趣，他对许多城堡的描述是为了展示各类围攻设备的运行方法。他的手稿在德语国家得到了广泛传播，手稿问世一个世纪后，人们还在不断地进行复制。

意大利很快也踏上了德国的步伐：伯鲁乃列斯基为其设计、使用的某些机器绘制了草图，学者、科学家乔凡尼·丰塔纳（Giovanni da Fontana，约 1393—1455）首次编辑了整套机器图纸手册《军事器械书》（*Bellicorum Instrumentorum Liber*，约 1420 年），该书以密码形式进行了文本注释。意大利军事工程师马里亚诺·迪·拉库普（Mariano di Lacopo，1382—约 1458），人称“塔科拉Ⅱ号”，首次以凯泽开创的方式记录了最新机械和军事技术。其作品《关于工具》（*De Ingeneis*，15 世纪 30 年代）和《关于机器》（*De Machinis*，1449 年）与凯泽作品的范围一样广泛，似乎有抄袭凯泽及其他作家作品内容之嫌。尽管塔科拉明显不是一位伟大的创新者——其在各类机器、兵器、防御工事方面的设计并不是原创的，这些内容在当时已经为人们所熟知了——但是他的著作让他扬名万里，被人们称为锡耶纳的阿基米德。事实上，这一称谓更适合弗朗西斯科·迪乔治·迪马提尼（Francesco di Giorgio Martini），迪马提尼是塔科拉的学生，在 1480 年左右编写了一部关于军事与民用建筑的著作，可以说是列奥纳多在技术领域的一大劲敌。列奥纳多的手稿大量引用了弗朗西斯科等人的作品内容，可追溯到 15 世纪 80 年代晚期到 1510 年左右。

首部关于军事工程的印刷本手册是罗伯特·瓦尔塔瑞（Roberto Valturio，1413—1483）所著的《关于军事艺术》（*De re Militari*），于 1472 年出版。其他人也纷纷效仿，比如阿尔伯蒂所著的首部专门针对建筑设计与施工的书籍《建筑论》，以及劳立沙与斯克马特马耶合著的小手册（参见第 2 章）。16 世纪晚期，出现了许多优秀的插图书籍作品，描述了当时的机械设备及制造技术

Philosophus ingenium balneum docet sic parari
Impleas dolium limpha clara quae tangat altum
Atque circa fundum sit foramen in quo canale
Locetur cupreum et pila rotunda fornello
Applicetur subtus ignis lenis concremetur
Donec pila ferveat extunc aqua fervet utrumque
Dolium subintrat per consequens calescit aqua

等，例如阿格里科拉（格奥尔格·鲍尔，Agricola Georg Bauer）所著的《关于金属的性质》（*De re Metallica*，1556年著于巴塞尔）、阿戈斯蒂诺·拉梅利（Agostino Ramelli）所著的《机器的多样性与创新性》（*Le Diverse et Artificiose Machine*，1588年著于巴黎）、福斯图斯·维兰蒂尤斯(Faustus Verantius）所著的《新机器》（*Machine Novae*，1595年著于威尼斯）、维托利奥·宗卡（Vittorio Zonca）所著的《机器与建筑的新舞台》（1607年著于帕多瓦）。

总的来说，这些手稿与书籍体现了当时人们
134、135 136、137 对机械与水力工程的全面透彻的掌握。尽管许多技术，尤其是炼铁工业相关的技术起初主要是针对军事用途而开发，但是很快也应用到了民用制造与建筑领域当中。

军事工程师与建筑师专业

我们现在所理解的建筑师专业无疑是文艺复兴时期在意大利开始萌芽的。当时的建筑师主要分为两大不同的类别。第一类规模较小，他们接受的是建筑史等古典教育，主要从事民用工程，仅通过直接获取的有限的建筑经验来实施各类建筑工程，阿尔伯蒂、塞巴斯蒂亚诺·塞利奥(Sebastiano Serlio，1475—1554）就是很好的例子。第二类规模要大得多，他们在工艺贸易环境下接受培训，比如从金匠起步的伯鲁乃列斯基和吉贝尔蒂、雕刻家和绘画家起步的米开朗琪罗、石匠起步的安德烈·帕拉第奥（Andrea Palladio），以及参与学徒实践的弗朗西斯科·迪乔治（Francesco di Giorgio）、圣加洛（Sangallo）家族成员、米歇尔·圣米凯莱（Michele Sanmichele）、多纳托·伯拉孟特（Donato Bramante）等。这些人后来都成为军事工程师和军事建筑师，他们的建筑知识主要源自防御工事的设计与建造。米开朗琪罗中年时期也从事过几年军事建筑项目，负责罗马防御工事。同时很多军事工程师和建筑师在适当的机会也转向了非军事建筑项目，比如他们的军事生涯结束了，或者整个时代走向和平，教堂等富有的主顾委托他们建造一些非军事项目等。

弗朗西斯科·迪乔治·迪马提尼（Francesco di Giorgio Martini）是一位著名的军事工程师，他对军事建筑颇为擅长，后来又精通民用建筑。此外，迪马提尼还是一名才华出众的绘画家和雕刻家，在一个或多个大师工作室进行实习实践后，他作为雕刻师参与了多个建筑项目。他的工程天赋在二十几岁的时候被发掘，在30岁的时候，他就被委任进行锡耶纳的给水、喷泉、渡槽的维护工作。1477年，锡耶纳市授权迪马提尼搬至乌尔比诺负责蒙泰费尔特罗·费德里科（Federico da Montefeltro）总督府项目的设计及施工监管。该
项目是当时最宏伟的一座建筑，在现在看来都颇 138
为壮观。随后20年间，弗朗西斯科在乌尔比诺又设计了大量宫殿和教堂，然而与其在蒙泰费尔特罗区域设计的130处之多的堡垒相比，这就又算不上什么了。这些堡垒通常设有独特的圆塔顶，
以此来降低炮弹的冲击作用。 139

弗朗西斯科·迪乔治1480年在乌尔比诺编纂了著作《民用建筑与军事建筑论》，将其工程学的财富保留了下来。尽管该著作直到19世纪才出版了印刷版，但是许多手稿在他生前已经流传了开来，比如同弗朗西斯科认识的列奥纳多·达·芬奇就有一部副本。该著作分为三大部分：机械、建筑、防御工事的艺术。机械部分包括许多弗朗西斯科原创的，以及引自塔科拉等作家作品中的概念，
比如举升与搬运重型物体的机器、扬水设备、碾 140、141
磨机，以及设有复杂传送系统的各类运输装置（比如带有独立前后导向轮的手摇式四轮驱动车辆）。列奥纳多在绘制工程学插图时参考了该著作。但是由于列奥纳多名声更大，所以现在人们对列奥

133. 康拉德·凯泽的浴室加热插图，来自《骁勇善战》，约1405年。

134

135

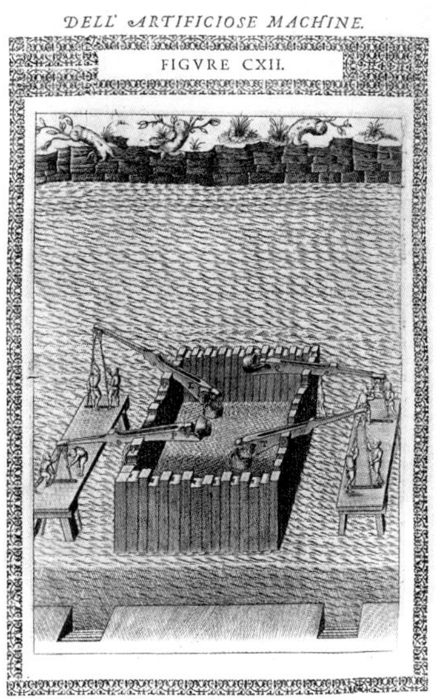

136

137

纳多图画的了解远远多于对弗朗西斯科·迪乔治的，弗朗西斯科着实也缺乏大艺术家的技能；然而在技术细节与准确性方面，弗朗西斯科的图画通常是优于列奥纳多的。

建筑部分内容与几年前阿尔伯蒂所著的《建筑论》相似，因为这两部作品灵感都源于维特鲁威。例如为城市选址，观察地形、水、风的因素时，弗朗西斯科根据维特鲁威推荐的方法选用羊群能茁壮成长的地方。他所涉及的私人住宅主要是贵族及富有的商人能负担得起的豪华府邸。简单交流建筑材料后，弗朗西斯科便开始考虑楼梯间、烟囱、储藏室、地下室的最佳位置。他的房间布置通常追随维特鲁威的风格，花园设计依据 17、18 世纪法国景观建筑师采用的方法呈几何对称式分布。

书中有关防御工事艺术的章节是最著名的部分，是欧洲首部关于军事建筑的重要作品，得到当时人们的潜心研究。各类军用设备尤其是大炮作用的不断增强，使军备竞赛愈演愈烈，对防御工事也提出了新的要求。随着对单独建筑的分别防御越来越艰难，且其意义不大，人们开始通过由城墙、壁垒、壕沟组成的防御工事对整个城邦加以保护。这对数量不断增长的城镇尤为重要，这些城镇在那些没有山丘（为单个堡垒及城堡提供了自然场地）的地带蓬勃发展起来。此时，人们进行攻击与防御的重点已经转向大炮的应用，而不是建筑本身。因而，防御设施的目的就在于确保城墙内的士兵能清楚地看到城墙外的每一寸土地，同时必须能击退攻城的敌军。

134. 阿格里科拉所绘展示矿山通风风扇的插图，来自《关于金属的性质》，巴塞尔，1556 年。

135—137. 阿戈斯蒂诺·拉梅利所著《机器的多样性与创新性》的插图，巴黎，1588 年。从右向左：水力锯木机、在建中的围坝、水力泵。

弗朗西斯科·迪乔治的防御工事作品源自丰富的想象力，其设计应用了高度分析与技巧方法。他认真透彻地研究了炮火围攻的逻辑，并在抵御交叉射击、炮塔（壁垒内的拱形房间，用以攻击侵略者）方面，以及隧道的军事应用方面有多项技术创新。其中最为先进的当属综合防御系统的概念，借此系统，战略据点间可进行快速通信，
142 从而也发明了他的标志性带有圆塔的星型布置。他的独创性也为防御工事方面的发展提供了良好的环境，在随后一个世纪内，欧洲各国在此方面取得了巨大的成就。弗朗西斯科的著作当中包括描述六十多座各类型城堡的平面图及透视图——不过他仍声称建筑整体的效果主要来自施工的质量而不是建筑的外形。从圆塔开始，弗朗西斯科及其后的工程师们便开始追随堡垒的概念，也正是这一概念形成中世纪后期各类防御工事的基础，最终发展成为圣加洛兄弟的五边形设计（见下文）。除了堡垒外，弗朗西斯科·迪乔治的城堡也独具风格，城堡陡崖和胸墙从墙体和塔顶端向外伸出去。

与弗朗西斯科·迪乔治有着同样经历的还有圣加洛家族，该家族培育了许多著名的工程师与建筑师。家族创始人是佛罗伦萨木雕师弗朗西斯科·加姆贝蒂（Francesco Giamberti，1405—1480）。其子朱利亚诺（Giuliano，1445—1516）——后来被称为圣加洛·朱利亚诺（Giuliano da Sangallo），在某雕刻家及石匠工场当学徒。他在军事防御及民用建筑方面从事石匠工作，1483 年受邀翻新奥斯蒂亚海港的防御设施，该海港为罗马人服务。随后几年内，朱利亚诺参与了美第奇家族（Medici family）的多个项目，该家族成员伟大的洛伦佐（Lorenzo the Magnificent，1449—1492）向朱利亚诺授予了圣加洛的姓氏，朱利亚诺也将这一姓氏一直沿用到后代。朱利亚诺及弟弟安东尼奥（Antonio，1455—1534）以合作或单独参与的形式从事了多个实施的防御项目。哥哥去世后，安东尼奥接手了哥哥的多项任务，展示了作为军事建筑师、工程师的伟大才能。他还在多纳托·伯拉孟特的指导下参与了蒙特普齐亚诺麦当娜·圣比亚焦教堂（Church of the Madonna di San Biagio，1518—1537 年）的工作，并建造了大量宫殿项目。后来，受佛罗伦萨政府防御工事项目总工程师的委托，安东尼奥与米开朗琪罗一起在城市防御工程建造方面发挥了重要的作用。

朱利亚诺和安东尼奥的侄子也叫安东尼奥（1485—1546），现被人们称为小安东尼奥·圣加洛（Antonio da Sangallo the Younger）。他也是建造师、工程师、建筑师，先在罗马伯拉孟特工作室（Bramante's Studio）工作，随后在圣彼得大教堂项目中取得了成功。三位连任教皇——利奥十世乔凡尼·德·美第奇（Leo X, Giovanni de Medici）、克莱门特七世朱利奥·德·美第奇（Clement VII, Giulio de Medici）、保罗三世亚历桑德拉·法尔内塞（Allesandro Farnese）都非常喜欢他，小安东尼奥还设计、建造了多个教堂和宫殿，其中最为著名的是罗马法尔内塞宫殿（Palazzo Farnese）。作为军事建筑师和工程师，他参与了奇维塔韦基亚、安科纳、佛罗伦萨、帕尔马、佩鲁贾等防御工事项目。这个家族使用圣加洛称号的成员中至少还有三位是军事工程师、建造师或建筑师。

另一位意大利军事工程师、建筑师是米开朗琪罗·博纳罗蒂（Michelangelo Buonarotti，1475—1564），他因绘画与雕刻方面的成就更负盛名。米开朗琪罗从事罗马的防御工事项目，53

138. 乌尔比诺总督府，约 1444—1482 年。弗朗西斯科·迪乔治于 1477 年接管设计工作。

139. 意大利圣莱奥堡垒（San Leo fortress），15 世纪 80 年代。由弗朗西斯科·迪乔治设计施工。

140. 弗朗西斯科·迪乔治的举升柱子的机器的插图。

141. 弗朗西斯科·迪乔治的打桩机插图。

138

139

140

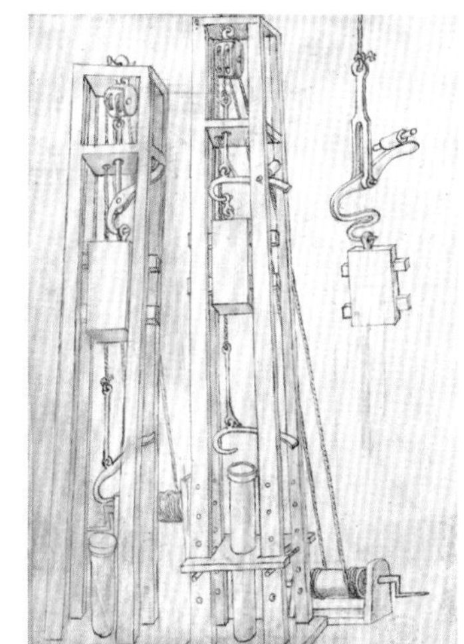

141

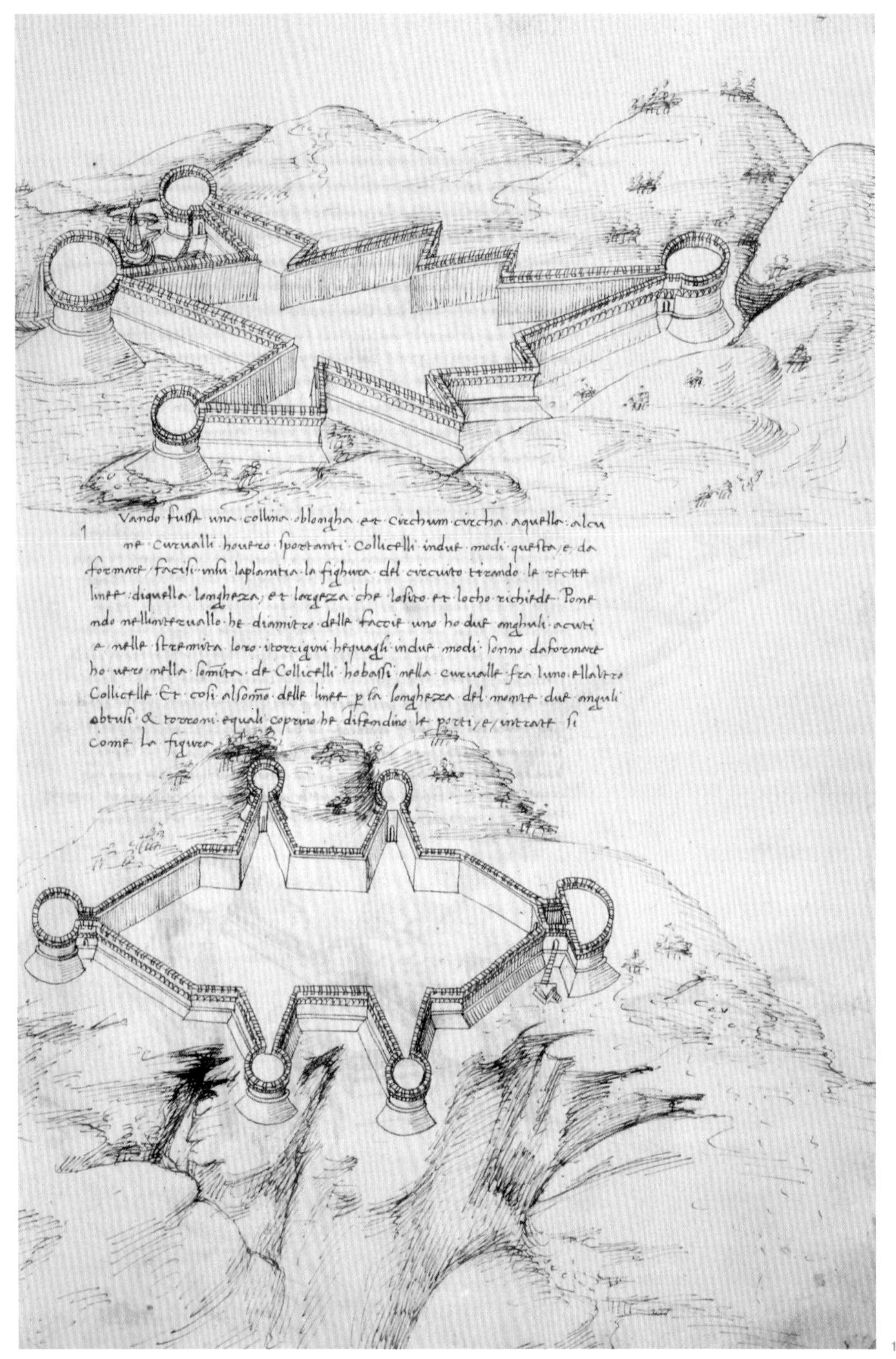

142

142. 弗朗西斯科·迪乔治所绘带棱堡的城墙平面，来自《民用建筑与军事建筑论》，约 1482 年。

143. 罗马天使的圣母玛丽亚教堂，1561 年左右，由米开朗琪罗从戴克里先皇帝的浴场改建而成，1750 年左右由路易吉·万维特里（Luigi Vanvitelli）进行了扩建。

144. 天使的圣母玛丽亚教堂。米开朗琪罗和万维特里基于罗马浴场平面改建的教堂平面图。

143

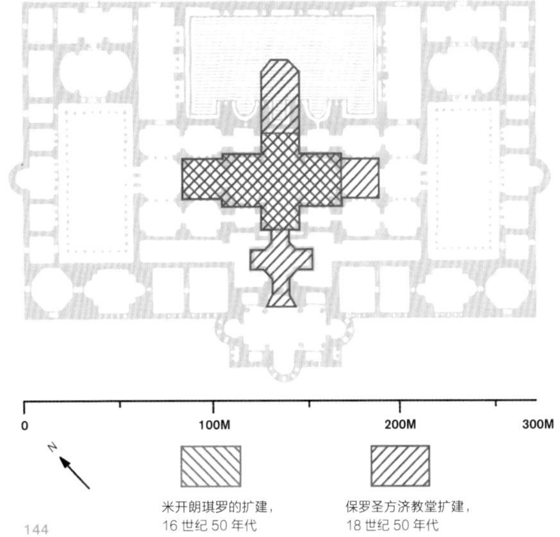

144

岁时，前来佛罗伦萨工作，被任命为防御工事总负责人和代理人。他又以军事工程师的身份，受命检查比萨、里窝那（Livorno）、菲拉拉（Ferrara），这些城市拥有意大利当时最先进的防御设施。他对佛罗伦萨的防御工事进行了大力设计、协调、指导，这可能是该城市建造中世纪城墙后进行的最大的建筑工程。1547 年，72 岁的米开朗琪罗开始了他为期 17 年的罗马圣彼得大教堂的设计工作。他对先前的若干设计进行了修改，并做出一项重大决定——将该教堂的巨型穹顶建成类似于伯鲁乃列斯基佛罗伦萨穹顶的双层形式。鼓座部分是在米开朗琪罗去世之后建造的，穹顶是工程师多梅尼科·丰塔纳及建筑师贾科莫·德拉·波尔塔（Giacomo della Porta，约 1533—1602）根据米开朗琪罗留下来的模型、图纸及指导说明建成的。这是罗马建筑中，首个在规模上能与 2、3 世纪大型建筑媲美甚至在其之上的建筑。这标志着受法国军队长期侵略后的一个巨大回转——15 世纪法国军队在意大利肆虐无比，进行了长期的攻击、侵略、占领，1527 年对罗马进行令人发指的洗劫并俘获了教皇，其残忍行径令人发指。米开朗
琪罗去世前十年还实施了罗马天使的圣母玛丽亚 143
教堂（Santa Maria degli Angeli）的扩建工作（约 1561 年）。教堂中殿的三个空间以前是戴克里先皇帝的浴场冷水浴室，可追溯到公元 300 年左右。米开朗琪罗通过旋转建筑轴线的方式对教堂进行
了大幅扩建——将原有的空间改为拉丁十字形平 144
面，并新增了七个开间形成中殿。

军事、民用工程师列奥纳多·达·芬奇

意大利文艺复兴时期的全能人才中，最为著名的当属列奥纳多·达·芬奇（1452—1519）。他的兴趣几乎涉及工程学与科学的各个领域，且在艺术方面也独具禀赋，足以在历史长河中占有重要一席。然而，除了早期生活外，列奥纳多在艺术领域并没有投放多少精力，而是将全部精力几乎都投入军事、水力及民用工程当中。

学生时期，列奥纳多就非常擅长数学，并在佛罗伦萨金匠、雕刻师、艺术家安德烈亚·韦罗基奥（Andrea del Verrocchio，1435—1488）的工作室当过学徒。在这里，他不仅发展了绘画方面的才能，还学习了大型雕塑的青铜铸造艺术。25岁时，他在佛罗伦萨成立了自己的工作室，通过阅读古典及中世纪时期理论机械方面的书籍，以及塔科拉、弗朗西斯科·迪乔治、瓦图里奥（Valturio）等工程师的作品，丰富并深化了这些方面的知识。发现自己能改良许多机器时，列奥纳多看到了一个新的职业机遇。年仅28岁时，列奥纳多就受当时米兰统治者（后来的君主）罗多维科·斯福尔扎（Lodovico Sforza，1451—1508）之邀制作一个实物大小的青铜马像，列奥纳多借此机会展示了他的技巧，他相信正是这些技巧使他成为一名出色的军事工程师。在给斯福尔扎的回信中他描述了人们后来在15世纪时总结的工程学范围及本质：

> 鉴于我的圣主已经看到也了解那些认为自己是军事设备方面的大师和设计师的作品，发现所谓的设备设计与操作和常见的设备并无两样，因此我将竭力利用我的技术等优势，根据您的喜好在适当时间将我的那些成就应用到这一项目当中，下文我将简单介绍一下我的成就。
>
> 我建造的桥梁轻便坚固，且便于运输……围攻敌军时，我知道如何抽走护城河的水、搭桥、在其上做栅格结构、搭梯子等设施来攻打敌军……只要城堡或其他防御设施不是石砌的，我就有办法击毁……我还能制作便于操作的炮弹，发出的石块像弹雨扫射一般，且能冒出滚滚浓烟吓唬敌人……如果在海上作战，我能建造许多抵抗和防御设施及战舰，从而抵抗大型炮弹、火药、烟气的进攻……我还有办法悄无声息地修建隧道和弯曲的秘密通道以通往特定位置；这些通道甚至还能通过沟渠或河流的下方……我还能造带篷子的防攻击车辆……能打倒体格庞大并全副武装的人们……不能用大炮的地方，我还能利用投石机、飞镖器发射火苗……。⑤

列奥纳多还谈到和平时期他也能扮演好建筑师、水利工程师、雕刻家、绘画家的角色，表示“我能和其他人做得一样好”，于是他获得了该工作机会。作为军事工程师，列奥纳多在米兰为斯福尔扎君王效力了近20年，直到君王1499年退位。随后，列奥纳多又作为总工程师为恺撒·博尔吉亚（Cesare Borgia，约1475—1507）效力，博尔吉亚宣称“在我们的领域内，所有工程师都应该与列奥纳多交流意见，遵守他的规则”。⑥这一段时期内，列奥纳多发明了许多具有超强杀伤力的兵器。博尔吉亚退位后，列奥纳多于1506年返回佛罗伦萨，主要担任水利工程方面的工程顾问。生前最后的几年，他来到法国为弗朗西斯一世效力，开展了运河水流实验等多项事务，67岁时在这里逝世。

基于对实践工程学的理解，列奥纳多的职业非常类似于现在的顾问工程师角色。他对力学的研究加强了对抽象工程学问题的思考能力，在绘画方面的天赋也推动了自身在工程学方面的创意。事实上，正是由于其智慧与天赋，他不仅精通古典力学及中世纪力学，甚至精通整个科学领域的知识。他在15世纪晚期所做的成千上万的注解有效地总结了科学认识。在物理学领域，他提出了

亚里士多德提出的同一主题，在中世纪时期被人们反复研究，在以后的几个世纪，伽利略、牛顿等人也多次谈过该话题。尽管列奥纳多著写的大多数作品都是从他人那里搜集而来的，但是他的确提出了一些反映科学进步的观点，例如他提出了声光传播的新想法，包括反射定律。力学方面，他提到：力生成了运动及加速。列奥纳多通常对其主题还抱有实践的观点；他不是一名学者，也藐视那些“自我膨胀、言语浮夸、借用他人劳动成果包装自己的人”。⑦

实践、实验方法贯穿着列奥纳多整个事业生涯，正是这些方法助其开发了新知识。他所追崇的方法论是罗伯特·格罗斯泰特（Robert Grosseteste）和罗吉尔·培根（Roger Bacon）大约两百年前提出来的。他清晰明确地表达了针对工程学的最现代的态度，识别出量化、科学认识的重要性。他曾说过：“不是数学家的人就不用翻阅我写的书籍了”“实践必定基于合理的理论。”他还指出实践过程中获取充分信心的重要性：“通过特定事例推断一般规则前，应进行两或三次实验，并观察这些实验结果是否总是一致。”⑧

列奥纳多将这一方法应用到多个工程学学科当中。例如，通过对小鸟飞行的仔细观察，他总结道：为了达到飞行平稳，升力中心需与重力中心相一致，他借此知识发明了大量飞行机器。其主要工程学研究领域是水力学，尤其是河流及运河方面。他制作了大量模型来测试明渠和堰坝上的水流速度，还通过在水面上抛撒锯屑颗粒的方式，让流线清晰可见。此外，他借助模型来研究桥墩基础周边的河岸、河床的冲刷作用，研究河堤波浪效应，从而探索减轻这些作用的方法。他甚至探寻变量之间的一般关系，例如水深及流速之间的关系。然而，在这些案例中，以及设想变量之间的线性关系而非二次方程或更为复杂的关系时，他缺乏适当的解决方案。尽管如此，列奥纳多还是在取得了这些巨大的知识进步后，超越了那些已经被人广泛接受的中世纪理念，即世界仅能通过几何学术语进行解释。

不同于同期的人们，列奥纳多没有选择依靠建筑师来谋生。他的手册中记录了大量壁垒及塔楼式方形堡垒的草图，但没有任何证据显示这些草图的专门意图，很有可能是为建筑师或主顾提供建筑建议时偶然萌发出来的跃于纸上的想法。同样，他还绘制了大量外形类似罗马圣彼得教堂的可选的教堂布局草图。他甚至还绘制了一幅草 145
图，反映解决米兰交通问题的一些想法。他向主顾建议道：城市应进行重新规划建设，用宽阔道路取代狭窄的中世纪小道，并将人行道与重型车 146
辆道路分离开来。此外，他还为乌尔比诺镇规划了合理的污水系统：连接各户的污水，将其汇入 147
主要排水道。

列奥纳多并没有忽视建筑工程学。通过其绘制的数十部草图集，以及对许多图纸以其实验性方法进行的注释，我们可以看到他对我们现称的材料力学科学及基础结构行为的探索行为。他是第一个从工程师角度，为我们留下关于材料及结构想法记录的人，不仅实现了质的要求，还达到了量的高度。13 世纪科学家乔丹思（Jordanus）约 1220 年首次在其《重物的论述》（*De Ponderibus*）中以书面形式通过线条反映力学构思，而列奥纳多则首次通过这一想法来阐明简单结构切实运作的方法。以下注释描述了他所做的一次实验，实验目的在于测量拉力下线条长 150
度与强度之间的关系，即抗拉强度：

> 本实验目的在于测量铁丝可承受的荷载。将 1.2 米左右的铁丝牢牢系在某物上，随后在铁丝上绑一个篮子或者类似的容器，再从漏斗端部下方的小孔向篮子填入细沙。篮子下方放置一条弹簧，以便铁丝拉断后能迅速堵住小孔。篮子落下时不会翻倒，因为下落的距离非常短。沙子重量及断裂处都记录了下来。为了验证结果，进行了数次实验。先通过一半长度

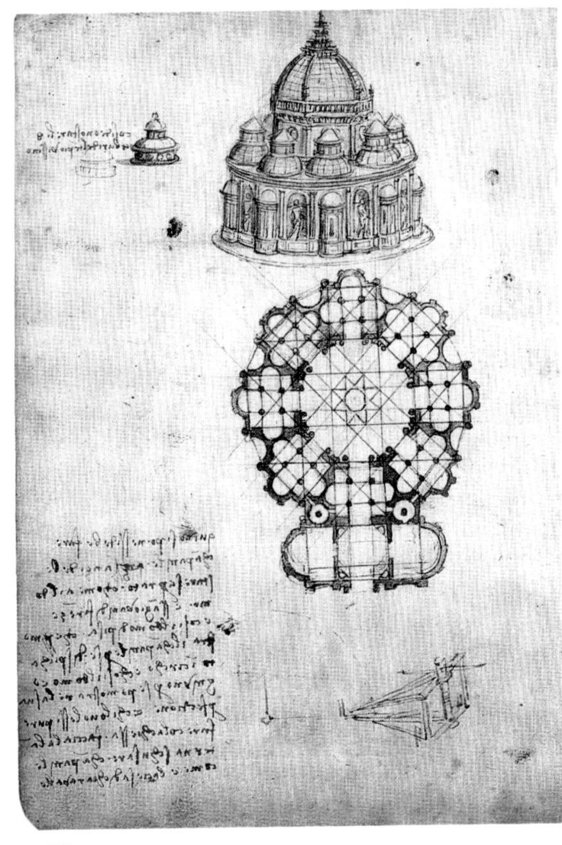

145

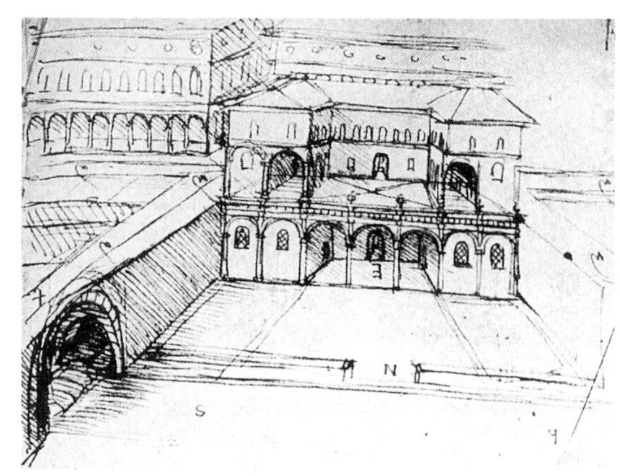

146

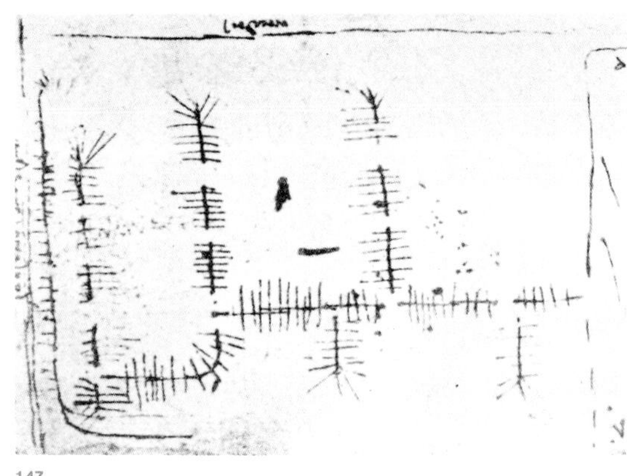

147

> 的铁丝和附加荷载进行测试，随后又通过四分之一长度进行测试……记录每次最大力度和断裂位置。⑨

列奥纳多的手稿中遍布小插图，可见他知晓建筑相关的各类基础结构行为。每幅插图，用现在物理学家的话说都是一次“思维实验”，或以数字形式，更多以重量形式（以不同尺寸表示）显示了变形因素与荷载的相对值。尽管许多其他工程师可能在古代时期已经知晓了这一现象，但是我们有幸通过列奥纳多保留下来的草图直接一窥他当时的想法。

亚里士多德及其他希腊科学家先前已经知晓
杠杆或平行物中的静力平衡概念，但是列奥纳多 151
是第一位以图形方式表达自己理念的人，他用线
条表示力的大小和方向。不同于先前的人，他考
虑了重力的非垂直力及垂直力。他通过这些概念
实验，展示了简单屋顶结构和各个高度的砌体拱 148、152
券的外向推力。另一幅插图中，他展示了拱券拱
石的不同推力——尽管插图没有清晰表述他所指 149
的推力。他明白拱券拱石的厚度对其稳定性的作
用，并利用其对平衡力的理解指导并均衡米兰大 153
教堂穹顶及拱形屋顶的推力。此外，列奥纳多还 154
绘制了大量草图，用以展示梁的弯曲度，以及随 155、156
着梁尺寸变化弯曲挠度和力度的变化方式。正如 158
其拉力测试一样，这些实验的目的在于回答亚里
士多德所提出的另一个问题：为什么长木材比短

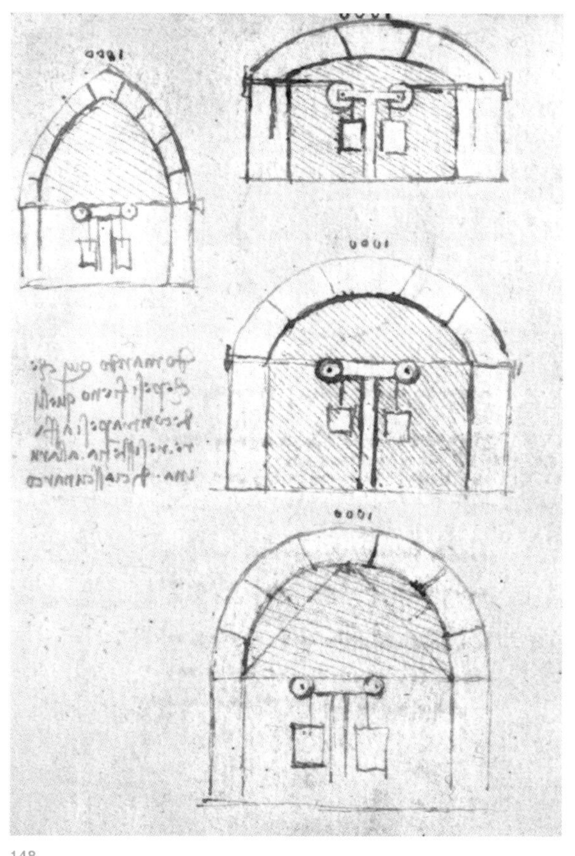

148

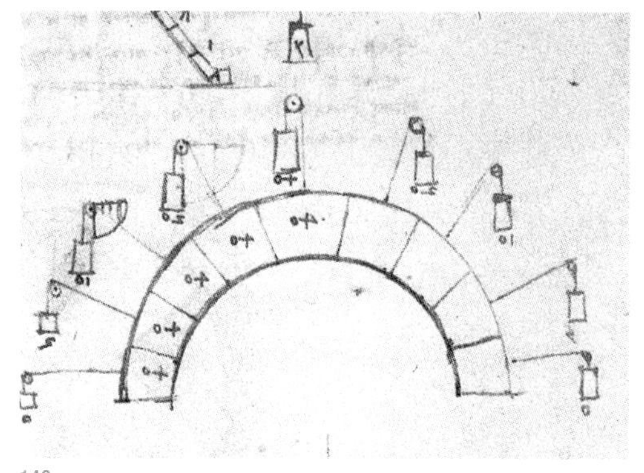

149

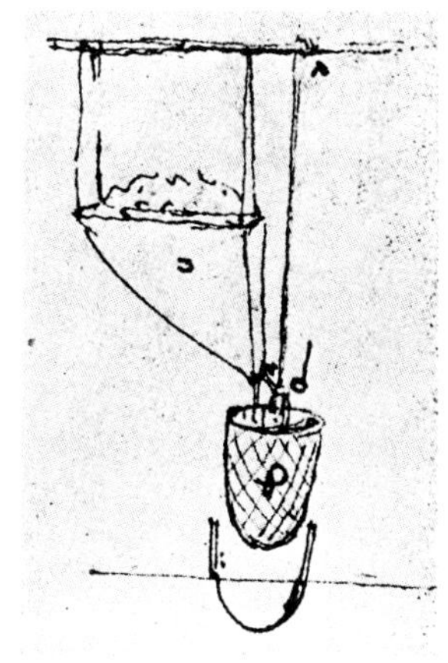

150

木材更容易弯曲，即使长木材厚度更大时也是如
此？列奥纳多可以证明梁的柔性基于其厚度与长
159 度的比例。他还研究了梁弯曲时所产生的内力。
他描述了各类长度的柱子的不同抗弯强度以及偏
157、160 心荷载造成的柱子弯曲度。最后，他还展示了刚
161 性连接的简单木材结构的变形。

列奥纳多对工程科学的理解及实践远远超出了他所处的时代。对他而言，这些理解及实践似乎是那些明确要着手做的事情的成果。然而，他并没有在欧洲某些大学发展起来的正式的数学和科学的课堂上习得这些知识。他在解决实际问题，而不是试图创立一门知识体系或工程科学认识论。列奥纳多没有编写他所筹划的建筑方面的专著，因此我们无缘看到列奥纳多关于中世纪工程学的

145. 列奥纳多·达·芬奇，大教堂设计。

146. 列奥纳多·达·芬奇，城市街道两层规划方案，将货物及运载车辆道路与人行道及轻型交通道路区分开来。

147. 列奥纳多·达·芬奇，乌尔比诺镇排水系统草图。

148. 列奥纳多·达·芬奇，本图描绘了拱券的向外推力。

149. 列奥纳多·达·芬奇，本图描绘了砌筑拱券拱石承载的不同力度。

150. 列奥纳多·达·芬奇，本装置草图描绘了抗拉强度随铁丝长度变化的测试。

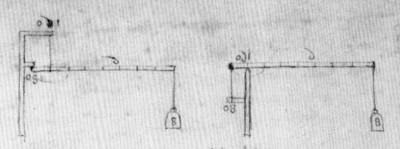

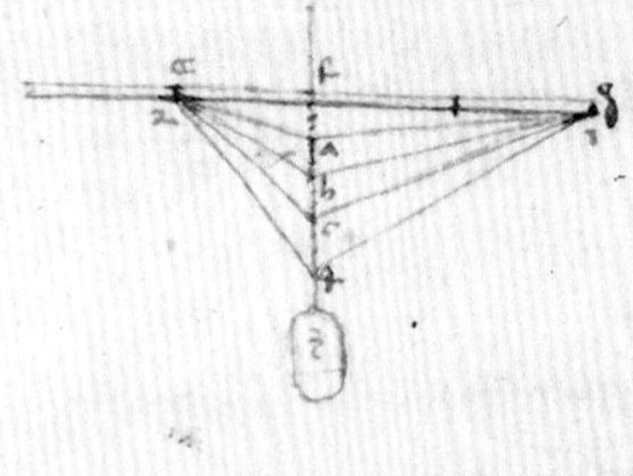

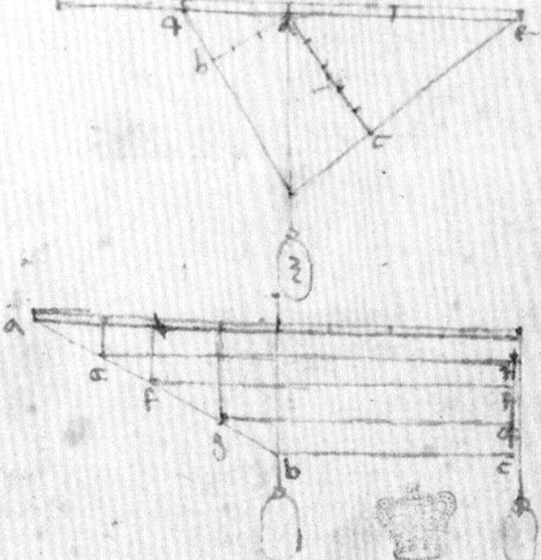

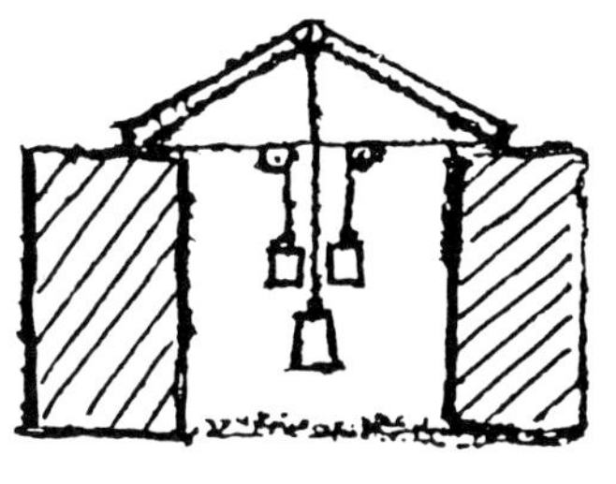

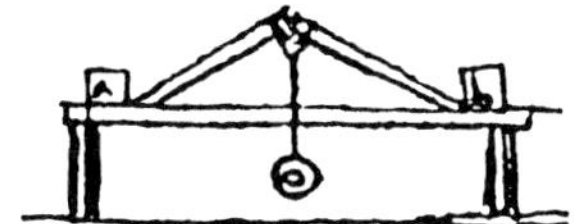

152

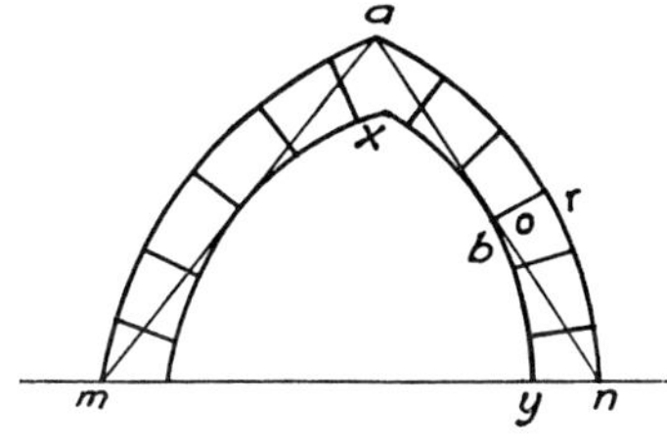

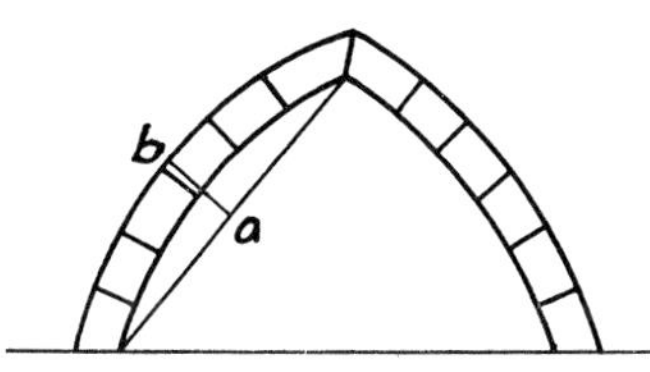

153

专著。就砌体结构通常出现的裂缝而言，他给出修补方法之前，指出了查明裂缝原因的重要性，就如同医生在治疗前诊断出病因的重要性。他观察到造成水平裂缝与垂直裂缝的原因不同，造成了平行裂缝且顶部比底部的裂缝大。

与之前的伯鲁乃列斯基一样，年轻的列奥纳多拥有敏锐的观察力，以及在纸上捕捉三维世界的能力。这一能力是其在学习大型青铜铸件制作的最新技术时发展起来的，为他成为设计工程师奠定了坚实的基础。然而，与伯鲁乃列斯基不同的是，列奥纳多给我们留下了 5300 幅配有注释的图纸与设计（还有大量其他遗失部分），以现在专业说法讲，他给我们创造了以独特视角探索首位知名设计师技艺的机会。列奥纳多的笔记既记录了他观察到的事物，也记录了他的想象，他在两者之间轻松切换，在纸上测试、发展工程学概念时，他用草图表达并延伸了他的思维。这与当今工程师、建筑师或产品设计师的随笔集极其类似。众所周知，列奥纳多的想象通常都超出 15 世纪的技术：比如他的直升机概念就超出了他所在时代物质所能达到的实际高度。而在 2002 年，BBC 电视台系列片借用了他的滑翔机设计概念，采用的是他可能已经在 15 世纪使用过的材料。2003 年，该滑翔机在伦敦成功起飞。[10]

建筑学术与专著

意大利文艺复兴是一场视觉世界的探索开发

151. 列奥纳多·达·芬奇，用图形的方法展示了如何计算附有重物的倾斜绳索的力。

152. 列奥纳多·达·芬奇，手绘图展示了单个屋顶结构的横向推力。

153. 列奥纳多·达·芬奇，关于砌筑拱顶平衡性的示意图。

154. 列奥纳多·达·芬奇，砌筑穹顶结构草图，图左半部分的重要点通过针刺方式在原稿中进行了标记，此处用橘色线条描绘出来以便观看。

155. 列奥纳多·达·芬奇，草图展示了梁挠度随荷载应用点、荷载本身及其长度厚度的变化情况。

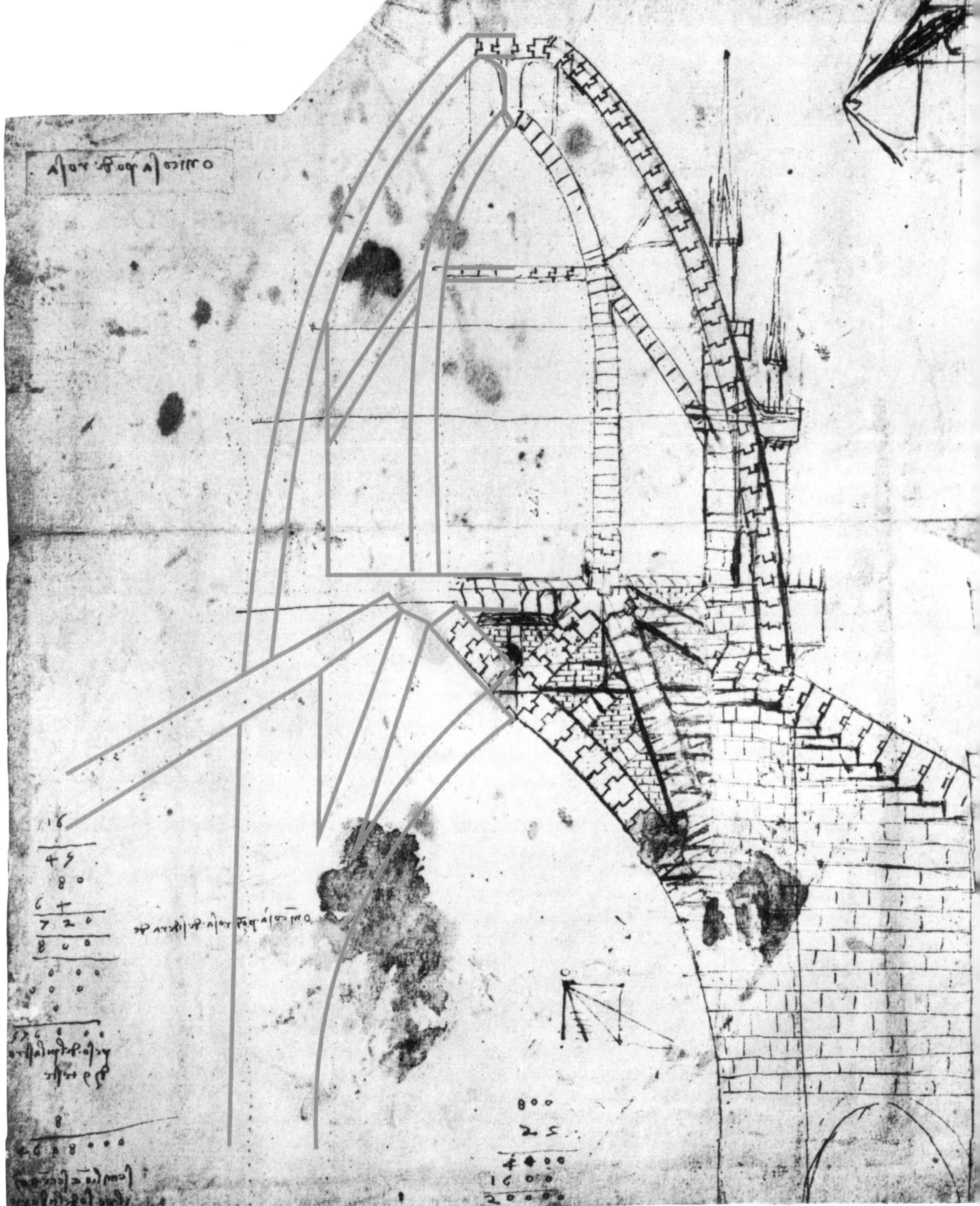

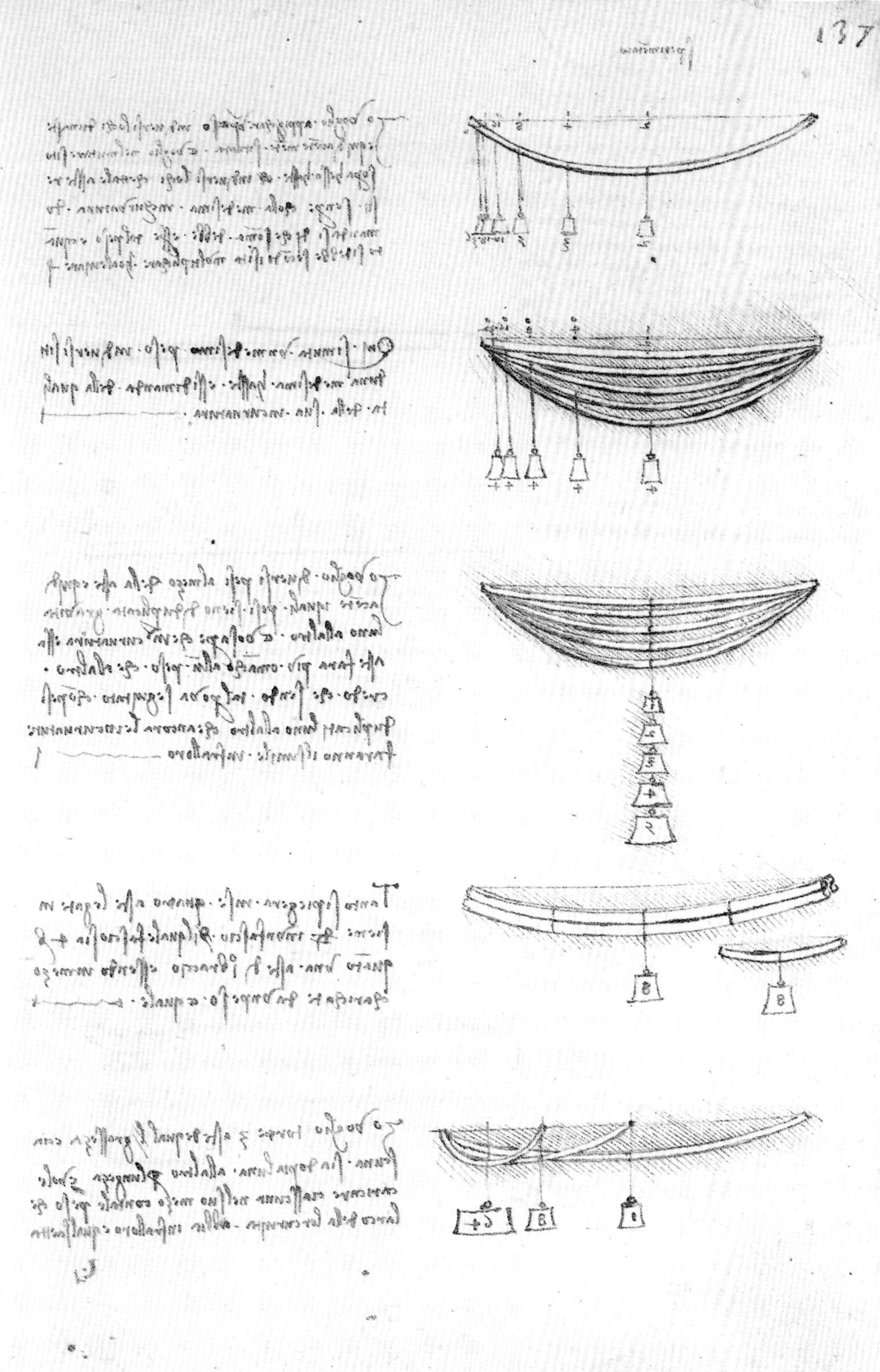

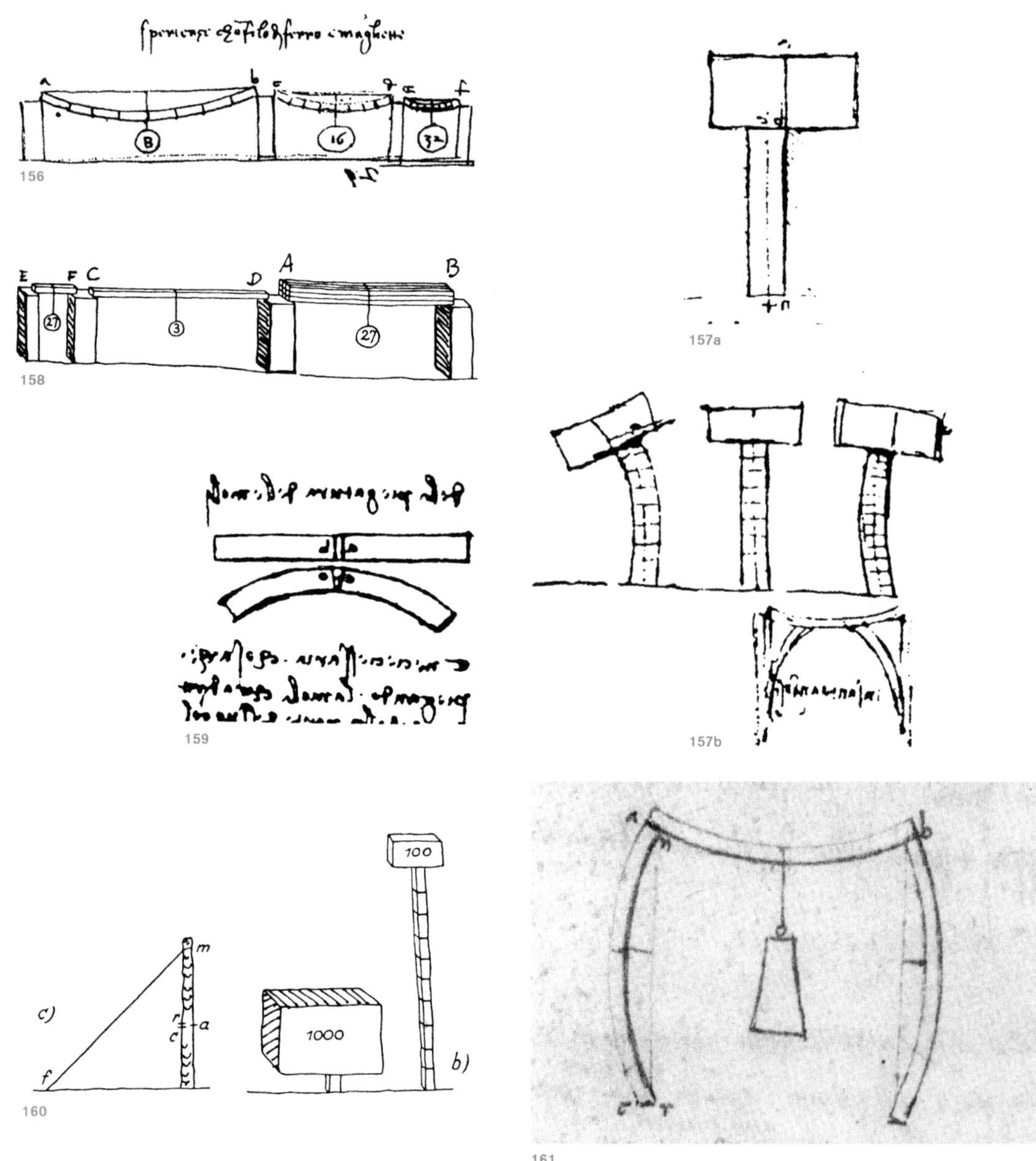

156. 列奥纳多·达·芬奇，草图展示（作者：此表达错误）了荷载及梁长之间的逆线性关系；其关系实际上应为长度立方反比。

157. 列奥纳多·达·芬奇，草图展示了偏心荷载柱的弯度。

158. 列奥纳多·达·芬奇，草图展示了梁强度与其长度（长度的平方）及类似梁数量之间的线性变化关系（作者：此表达正确）。

159. 列奥纳多·达·芬奇，草图展示了拟弯曲梁上侧面的延展情况，以及下侧面的压缩情况。

160. 列奥纳多·达·芬奇，展示了柱子抗弯强度与长度成反比变化（作者：此表达有误），事实上是与长度的平方成反比变化。

161. 列奥纳多·达·芬奇，草图展示了门框柱式结构的弯度。

活动。13 世纪起，手稿中的代表性插图逐渐增多。有些插图反映的是真实世界的实际景象（例如竣工建筑及在建建筑），有些反映了艺术家，尤其是建筑设计师的构思。同样，当时人们也开始采用具有表现力的绘画装饰教堂内部空间，艺术家们如乔托（Giotto，1267—1337）向人们展示了绘画如何捕捉、表达情感、空间及想象。

工程师们，尤其是伯鲁乃列斯基及列奥纳多，将绘画流程与工程设计流程的核心融合在了一起。尽管艺术绘画及雕刻作品与教堂建筑实体融合到了一起，但它们的影响力仅局限于来访者及那些听说过这些作品的人。然而，作于帆布上的绘画可以流传更远，正是通过这一方式，文艺复兴时期开始了贸易与出口。军事工程学领域的插图手稿也得到应用传播开来。然而直到 16 世纪，随着通过印刷方式复制图片的机械装置的出现，印刷版本才开始纳入建筑及工程学内容。具有讽刺意义的是，人们最初认为这两种事物是相互分开的学科。阿戈斯蒂诺·拉梅利（Agostino Ramelli）和阿格里科拉（Agricola）等人的各类著作专注于机械，对建筑的描写仅作背景参考。建筑学发展成为一门独立的学科时，配有插图的印刷书籍发挥了基础性的作用。关于此点，可能专注于建筑的书籍低估了工程师及工匠在建筑创作中的作用。

阿尔伯蒂后的诸多书籍都致力于建筑及其古典的根源，探讨实践建筑施工及工程学的章节越来越少，重要性也逐渐降低。此类第一部出版物是塞巴斯蒂亚诺·塞利奥（Sebastiano Serlio）的书籍，众所周知的是他的《建筑七书》（*Sette Libri dell'Architettura*）。其中六部在其生前出版，1537 年第一部《古代史》（*Architettura Antica*）出版，1540 年出版了《规章》（*Ordini*）。这些书籍首次捕捉并表达了建筑的基础视觉特征，并配有数百幅插图，成功地传播了建筑学知识，更确切地说，传播了仅能通过图画明确表达的建筑学知识。建筑施工所需的技术知识尚不能通过书本交流，仍需在施工现场习得。因而对于博学的建筑师而言，文艺复兴古典风格在很大程度上只是一种表象：外表及装饰性的细部元素。

关于这一主题，法国出现的首部重要书籍由菲尔波特·迪·奥姆（Philibert de l'Orme，约 1510—1570）著写。迪·奥姆出身石工家庭，后来成为一名成功的建筑师，为王室效劳，他的设计作品几乎都没有被保留下来。他的第一部著作《高质量低成本建筑的新方法》（*Nouvelles inventions pour bien bastir et a petits fraiz*，1561 年），着重讲述了实践中的建筑问题，包括他开发的通过由许多短木板钉在一起的木材建造大型拱顶的构思——这一做法类似于现在的层压板（不用胶粘）。这一独创性的系统随着这本书的出版而广为人知，并得到了广泛的应用，尤其是在法国，一直应用到 19 世纪。迪·奥姆后来的出版物《菲尔波特·迪·奥姆首部建筑书》（*Le Premier tome de l'architecture de Philibert de l'Oreme*，1567 年）是首次尝试以法语描述、定义建筑的书籍。其中某章节以大量传统插图的形式及建筑方案细节，就如何建造各类建筑部件（包括拱顶）给出了实践性指导。

162、163
164、165

文艺复兴时期出版的所有建筑书籍中，最具影响力的当属安德烈·帕拉第奥所著的《建筑四书》（*I Quattro Libri dell'Architettura*，1570 年），部分原因可能是这本书与塞利奥的书一样配有大量的插图——全书 200 多页中有半数都是本人作品及古罗马著名建筑作品的平面图、剖面图、立面图，读者可以轻松理解并模仿。帕拉第奥去世后 1581 年出版了第二版，随后 1601 年又出版了第三版。该书很快在法国、荷兰、德国传播开来，随后又被翻译成其他语言传播开来。英国建筑师伊尼戈·琼斯（Inigo Jones）在 1614 年访问意大利时得到了一部，随后几乎靠一己之力将帕拉第奥的设计引入英国。第一部英译本由贾科莫·莱昂尼翻译，1715 年问世；第二部由艾萨克·韦尔（Isaac

Ware)翻译，1738 年问世，其插图复制的质量更高。

帕拉第奥在维琴察（Vicenza）学习过石工及雕刻知识，在为特里西诺爵士（Count Giangiorgio Trissino，城市著名学者之一，设计了罗马风格的凉廊）效劳时，首次接触到古典建筑。特里西诺看到了这位 30 岁的石匠未被发掘的才能，决定收留他并让他与城市年轻贵族们一起接受教育，并建议他将原来的名字（Andrea di Pietro della Gondola）改为传统意义上更受尊敬的帕拉第奥。帕拉第奥得以有机会翻阅塞利奥第一本关于罗马建筑的书籍。1541 年，帕拉第奥 33 岁时第一次参观罗马，被深深地迷住了。后来他又多次赴罗马参观，绘制了数十幅草图，并应用到自己的建筑设计当中，后来其四部作品也用到了这些插图。

帕拉第奥的《建筑四书》全书只有一卷，以四个章节（或四册书的形式）出版，描绘了如何在工程的一定阶段区分建筑师与建造师或工程师角色的问题。书中仅有一小部分介绍了材料及施工方法，他认为这些内容都属于建造师的工作范围。书中帮助性的建议通常出现在他作为石匠所熟悉的建筑部分。第一册开始仅用几段描述了主要建筑材料和技术：木材、石材、沙子、石灰砂浆、金属、桩基、墙体。11 页后，他讲到五大经典风格：搭司干式（Tuscan）、多立克式、爱奥尼式、科林斯式（Corinthian）、混合式（Composite），以 9 页文本、21 页全页插图进行了描述。随后又回到建筑方法，谈及拱顶（仅用了十行进行描述）、门窗洞、烟囱、石材楼梯、屋顶。第二册大部分在介绍个人住房及别墅，包括大量他自己设计的作品。第三册主要介绍了城市布局，讨论了街道露天市场，引用了古罗马的数个例子及大量他自己设计的砌筑桥梁。第四册内容最多，几乎相当于前三册的合集，基本上专门讨论了罗马寺庙。

罗马伟大的工程学成就——大型的寺庙、万神殿、浴场给帕拉第奥留下了深刻的印象，他为卡拉卡拉皇帝浴场的重建绘制了准确的图纸。然而，不同于伯鲁乃列斯基和阿尔伯蒂，帕拉第奥的作品在高度、跨度、尺寸或长度上没有打破建筑工程学的限度。作为建筑师，帕拉第奥的天赋在于懂得古典罗马建筑中实体、中空空间的配置，配以适当的古典细节处理以后将这些空间的应用安排得更为适合。

帕拉第奥的一大兴趣是自己建造石材楼梯， 166
书中对这种楼梯的描述要多于其他任何建筑部分。这些悬臂式楼梯台阶看起来似乎只有一端得到支撑，还是嵌入墙体中的，深度只有几厘米，似乎明显不能作为真正的悬臂使用。事实上，每个台阶部分都是由其下的台阶支撑，部分是由墙体支撑，从而防止台阶绕长轴旋转。这一独创性设计
在随后几个世纪得到了广泛的应用，即使在 20 世 167
纪钢筋混凝土结构中也有广泛使用。

意大利文艺复兴时期的作者都异常关注古典主义。他们完全忽视了整个法国、英国、德国的大教堂建筑，甚至忽视了意大利巨作如比萨、米兰、佛罗伦萨大教堂等。6 世纪，随着德国人摧毁了伟大的罗马帝国，加之在欧洲传播的中世纪晚期的巨作受到抑制，这些作品因为被印有“哥特式”标签，其不再被应用也就不足为奇了。这些书中也没有介绍建筑部件的设计规则。人们推测建筑细节可以通过书中插图进行复制，形成特定风格，或者实施工程的建造师知晓所用的适当材料及尺寸。

从意大利文艺复兴的直接影响中，我们仍能看出技术的古老融合。1565 年左右，西班牙大教堂设计师约罗德里戈·吉尔·德·亨塔南（Rodrigo Gil de Hontanon，约 1500—1577）仍然关注对设计规则的整理。其手稿《建筑纲要与教堂对称性》（*Compendio de Arquitectura y Symetria de los Templos*）虽然未能出版，但是帮助性很大，足以纳入 1680 年左右其另一部手稿当中。该书作直到 1868 年才最终出版，但此时是作为历史文件而非

162

163

164

165

162. 法国南部某工厂屋顶，采用菲尔波特·迪·奥姆的系统原理制成：将多块短木板钉在一起，制成长木条，约1840年。

163. 菲尔波特·迪·奥姆，制作长木条的系统插图，取自《高质量低成本建筑的新方法》，1561年。

164. 菲尔波特·迪·奥姆，通过其设计的系统制作的穹顶插图。

165. 法国南部某工厂屋顶，木条细节。

166

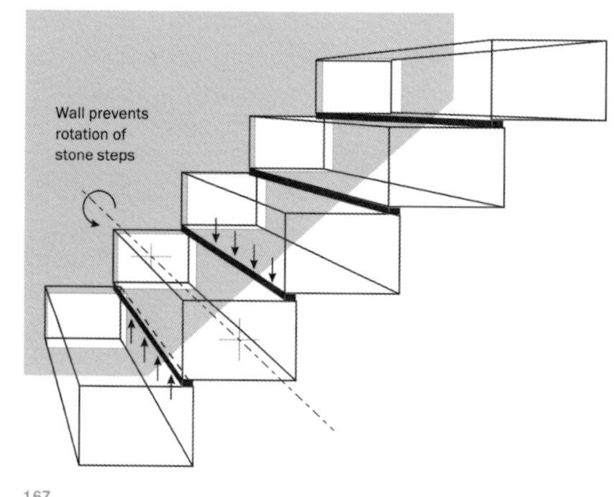

167

重要的设计指南出版。吉尔的指南包括大教堂平立面图，但更侧重于拱顶和拱券。在吉尔的书中，特别强调他对他见到的所有关于扶壁断面尺寸的计算方法都不满意。他极力强调基于理性的设计工艺，其话语暗示吉尔认为其他人所发现的规则说服力不够充分，在进行设计时无法由此获得足够的信心：

> 我总是尝试为既定尺寸的拱跨计算出扶壁的尺寸，但是一直没找到适合的规律。我曾询问过本国及外国的其他建筑师，也似乎没有人能给出答案，他们只是说出自己的想法。问及如何判定某个扶壁是否符合要求时，他们的回答是需要进行判断，但不清楚原因。有些人说扶壁的尺度应为跨度的四分之一，有些人进行某些几何施工并提出建议，其他人认为是正确的。⑪

吉尔探讨了七个设计程序，来确定与墙体或拱门相关的扶壁的尺寸：包括四个算术公式和三个几何方法。其中有的很有可能引自其他设计师，这些程序的目的都在于寻求获得合理结果的方法，与已经成功用于小礼堂、教堂等建筑中的扶壁尺寸高度一致。我们可以想象一下有些人手握一列测评维度，尝试制定出能用来计算这些维度的算法。现代结构工程师用柱子厚度反映其所支撑的重量，同理，其上重量也反映了开间大小——房屋面积或每个柱子支撑的屋顶面积。此外，现代工程师也寻求尺寸一致性，以便公式生成长度单位的直径。而在吉尔的算术公式中，我们不一定能找出这些条件，它是一个简单的公式，表示扶壁应为跨度的四分之一（与洛伦兹·莱希勒的十分之三比例相差不大），但是另一公式计算的扶壁或柱子直径为：

$$直径 =0.5\times \sqrt{(W+L+H)}$$

（其中，W、L、H 分别指拱顶的宽度或跨度、相邻扶壁间开间长度、支撑拱顶的扶壁的高度）。

166. 威尼斯圣母玛丽亚黛拉卡里塔教堂（Santa Maria della Carita），1560—1561 年，石材楼梯。建筑师：安德烈·帕拉第奥。

167. 悬臂石材楼梯结构。墙体起到防止单个台阶旋转的功能，每个台阶由其下的台阶支撑。

尽管该公式趋于正确（开间越大，柱子直径越大），但是并没有以长度单位给出直径大小，也没有明确的逻辑性来说明高度、长度、宽度相加的原因。另外，该公式及吉尔探讨的其他公式是最早列入平方或平方根的公式。他也知晓不同的方法会得出不同的结论：例如，在探讨另一个算术设计程序时，他观察到“这是所有规则中最准确、最合理的一个”，尽管他也承认结果与维特鲁威推荐的数值不同。[12]吉尔介绍了两个类似
168、169 的几何方法，用以计算半圆拱所需的扶壁的厚度及该半圆拱所能支撑的砌体高度。半圆拱跨度为 s 时，一个方法得出扶壁厚度为 0.29s，高度为 1.04s；另一个方法得出 0.32s 和 1.45s。另一个几何设计程序——吉尔最准确的程序，显示了半圆拱及点拱中，拱体跨度、拱肋厚度、扶壁厚度与高度相互关联的方式。

新型建筑

随着国际贸易的不断发展，欧洲累积了大量财富，富商大贾和权势阶层通过宏伟浩大、技术精尖的建筑来庆贺、彰显自己的财富。例如从 16 世纪早期起法国建造了大量大型城堡。其
170 中，位于卢瓦尔河谷的香波尔城堡（Chateau de Chambord，1519—1547 年）是最大的城堡之一，主要由来自意大利的工匠建成，城堡内的大型开
171 敞式楼梯及生机勃勃的烟囱似乎在向人们炫耀居住其中的人们享受着何等舒适的条件。然而，通过火力进行取暖通风的系统在当时的使用效果似乎并不是很好。据说，第一个发挥效用的壁炉是建筑师路易·萨沃尔特于 1624 年在巴黎卢浮宫安装的。空气由该壁炉炉床下方及炉篦后方通道引来，通过壁炉架格子向房间散发热气。

1559 年至 1584 年，西班牙国王菲利浦二世
172 的一个大宫殿与埃斯科里亚宫（El Escorial）修道
173 院合并。一幅壮观的插图呈现了这一建筑施工的浩瀚之气，它是西班牙文艺复兴建筑工程中规模最大、水平最高的实例之一。除了建筑设计的优点，例如具有最为宏大的楼梯外，埃斯科里亚宫还因为是首个采用了场外加工成型石材作为建筑材料的建筑而得名。以前采用传统方法施工时，不规则石块只能在相邻的石材摆设后进行加工成型，进度极慢。因此人们尝试利用新开发的凿切石材的技术加快施工进度。这就需要精确地计算复杂的、不同尺寸石材的几何结构，并绘制出图纸，以便石匠能同时了解多种石材尺寸，且保证需要某种尺寸的石材时即可找到并就位摆放好。这是一个技术含量相当高的建设流程，需要超高的数学技巧及预先计划的水平，这种技术含量的施工在当时是不常见的。然而这一新技术投入的成本获得了回报，施工速度得到了大幅提高。

这个建筑的一个独有特征具有很高的工程学意义。通往修道院小教堂的入口处有一个平面为
正方形的砌筑拱顶，尺寸为 8 米 ×8 米，这个拱 174、175
券的上方也是教堂上一层地板的一部分。拱顶既设有水平的拱背（上表面）又设有内弧面（下表面），是两个方向平拱横跨中少有的例子，类似于维拉德·奥内库尔所述的拱顶（参见第 2 章）。拱顶本身在所有跨度上基本只有 280 毫米，而且砌体的压力非常大，以至于这个石材结构部分的弹性形变显而易见。人们走在拱顶上方时能感受到它的弹性形变，似乎是踩在架于木梁上的地板一样。

16 世纪的英国，传统的木框架结构庄园住宅逐渐被大型石材建成的乡间别墅所取代，人们有意识地建造最为先进的住宅，来彰显高贵与显赫。16 世纪最为知名的住宅当属德比郡（Debyshire）
哈德威克庄园（Hardwick Hall）（1591—1597 年）。 176
这个庄园由罗伯特·斯迈森（Robert Smythson，1536—1614）设计，根据其墓碑显示，斯迈森是由石匠转型为测量员和建筑师的。他受什鲁斯伯里伯爵夫人伊丽莎白·托尔伯特（Elizabeth Talbot）委托建造了这一庄园，目的是为了给伊丽莎白一世女王来此参观时留下深刻印象（事实上

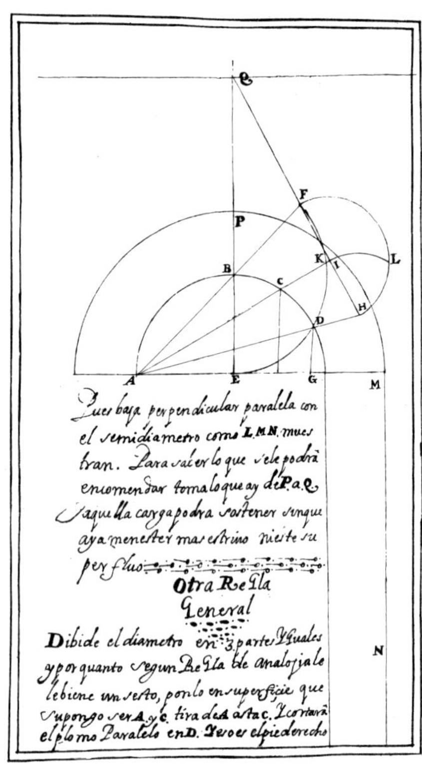

168

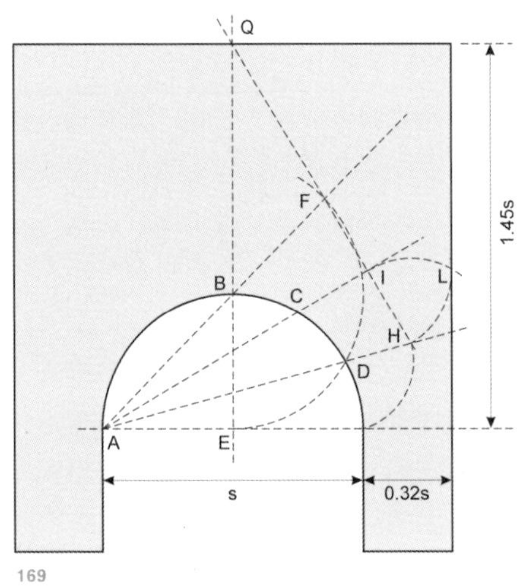

169

她从未至此)。庄园的壁炉和烟囱采用了当时最新技术，可向每个房间提供通风取暖，同时采用了最为先进的厨房设施。最为壮观的是庄园的巨型窗户，让主人宾客都能领略到庄园的身份与景观。其效果令人震惊，同期某押韵诗(开头已经遗失了)这样写道："哈德威克，墙少玻璃多。"(Hardwick Hall，more glass than wall.)

在宫殿般住宅上投入大量财富的同时，富有阶层开始通过赞助表演艺术来提升自己的形象。这种情况在意大利尤其显著，意大利建造了首座
177 定制剧院。最早建立起来的剧院是安德烈·帕拉第奥的奥林匹克剧院，于 1580 年至 1584 年建于维琴察。该剧院的建造完全无先例可循，且建设场址非常狭小，这就需要进行异常独创的设计。尽管设计时模仿了罗马剧院，但是这座剧院规模要小得多，仅能容纳 600 个左右的座位。帕拉第奥设计时几乎无法规划任何景观或平地空间，尽管舞台区域后来通过添加三个景观，让人们在视觉上产生更深的舞台错觉，加大了舞台效果。

首次采用音响、灯光、舞台机械等综合设施的剧院是意大利帕尔马(Parma)法尔内塞剧院 178、179
(Teatro Farnese，1618—1619 年)。这座剧院建于法尔内塞别墅(Villa Farnese)一层大型军备大会堂内。会堂宽 32 米，长 80 米，高 23 米，屋顶由当时最大的木结构桁架支撑。舞台几乎占据了一半空间，高坡度座位可容纳 3500 名观众。

170

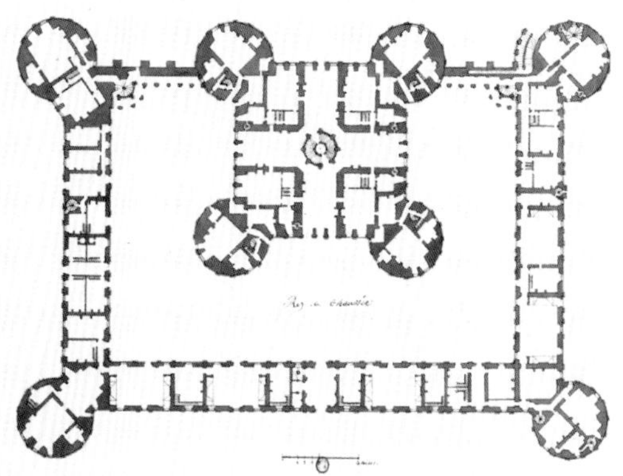
171

172

168. 罗德里戈·吉尔·德·亨塔南，设计程序，用以计算半圆拱所需的扶壁的厚度及该半圆拱所能支撑的砌体高度，取自《建筑纲要与教堂对称性》，约 1565 年。

169. 罗德里戈·吉尔介绍的另一个设计程序。

170. 法国香波尔城堡，1519—1547 年。建筑师：多梅尼科·科尔托纳（Domenico da Cortona）。

171. 香波尔城堡平面图。

172. 马德里埃斯科里亚宫圣洛伦佐教堂皇家修道院(Royal Monastery of San Lorenzo de El Escorial),1559—1584 年。建筑师：胡安·包蒂斯塔·德·托莱多（Juan Bautista de Toledo）和胡安·德·埃雷拉（Juan de Herrera）。

173

同其他大型房间一样，剧院仅通过在部分石墙上覆木板进行音响处理。然而在屋顶的做法不同于以往的剧院，以往的剧院通常采用的是拉伸式帆布屋顶，而法尔内塞剧院采用了木屋顶，从而将舞台的声音导入观众席方向。剧院由乔凡尼·巴蒂斯塔·阿利欧帝（Giovanni Battista Aleotti，1546—1636）设计。阿利欧帝是著名的军事、水力学工程师，是文艺复兴时期首位剧院设计专家。1589年，他出版了亚历山大海伦希腊语著作《压缩空气的理论和应用》（*The Pneumatica*，参见第 1 章）的首部译本，该书描述了各类空气驱动、蒸汽驱动、水压驱动的机械设施。

阿利欧帝在创造引人入胜的剧院效果过程中，对各类机械产生了强烈的兴趣，积累了大量工程学经验。他采用了半透明屏幕（配有幕布翼，或仅仅是幕布），该屏幕可沿舞台轨道落至适当位置，并在后台进行灯光控制。首演之夜，特意让有铅防水处理的乐队演奏区域的水溢出，形成数个漂浮岛。勇士与巨兽在岛上搏斗，最终以诸神飞回（绳索吊挂）天堂结束盛会。

移动多个幕布制造景观变幻的效果，需要大量舞台工作人员及相互之间的精密配合。为了克

174

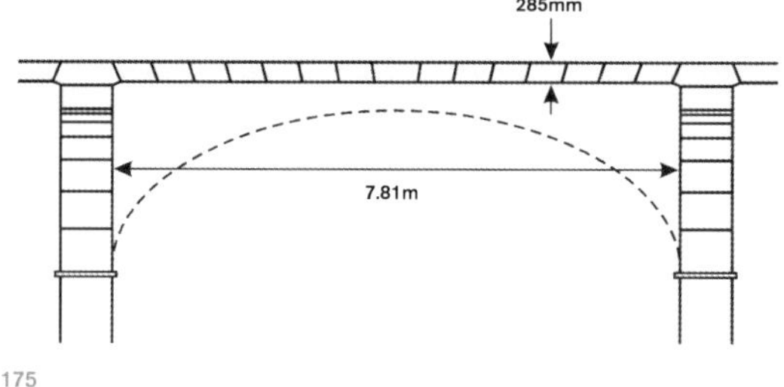

175

176

服这一难题，法尔内塞剧院在 17 世纪 40 年代安装了自动化幕布切换设备，这是首家安装这一设备的剧院。这个系统由布景设计师贾科莫·托雷利（Giacomo Torelli，1608—1678）设计，其中幕布装在一个穿过轨槽的杆上，杆置于舞台四轮车上，或下方的二轮车上。四轮车由一系列绳索和滑轮连接至单个绞盘，以便由一个人同时操作十来个幕布，其效果非常壮观，因此在表演中反复使用。

实现壮观的景象效果需要相当高超的工程学技术。与此同时，剧院还有一个相当重要但不明显的特征——大量公众在一个建筑内聚集，这带来了两个前所未有的工程学挑战：大型公共用房的通风需求及保护公众的消防需求。这是 18 世纪中期首次向剧院提出的问题，例如雅克－杰曼·苏夫洛（Jacques-Germain Soufflot，1713—1780）就提出该问题（参见第 5 章），但直至 20 世纪才完全解决。一小部分人开始研究如何设计安全且能提供足够优质空气的建筑，但是他们的研究焦点仅局限于公共建筑，例如市政厅，以及各种规模的会议室、法庭等，这些会议室、法庭通常设有举行公民仪式及大型公开会议的大规模礼堂。

173. 菲布利克·卡斯泰洛（Fabrico Castello），埃斯科里亚宫施工作业插图，1576 年。

174. 马德里埃斯科里亚宫圣洛伦佐教堂皇家修道院，1559—1584 年。建筑师：胡安·包蒂斯塔·德·托莱多和胡安·德·埃雷拉。如图所示为 8 米跨度平拱顶。

175. 埃斯科里亚宫。平拱顶剖面图。

176. 德比郡哈德威克庄园，1591—1597 年。建筑师：罗伯特·斯迈森。

以往，这些活动通常在教堂进行，但是随着城市的发展，以及国家与宗教之间的联系逐渐疏远，便需要专门的建筑来实现这些功能。这一点在北欧信奉新教的国家中尤为明显，这些国家的各个城市趋于将其财富投入大型民用建筑而不是大型教堂，这类似于信奉罗马天主教的国家。位于现
180 比利时的布鲁日（Bruges）旧民事登记处（Old
Civil Registry，1534—1537 年）及壮观的安特卫
181 普（Antwerp）市政厅（1561—1565 年）便是很
好的例子。这些建筑是首批装有开放式通风管道的建筑，用以排出大型建筑空间中的污浊空气。17、18 世纪时，这些管道成为所有公共建筑的特色，19 世纪晚期，开发了机械通风后，人们还继续使用着这些管道。

文艺复兴末期，在建筑工程学当时拥有的技术范围内，人们便可建造大型建筑。这一时期，科学对建筑的影响还非常低。工程学的其他领域，尤其是快速发展的艺术领域，以及民用、军事、造船领域，技术与设计方法的范围逐渐拓宽了。

民用工程与造船业

随着国际贸易的发展，货船及为其服务的港口、海港、河道的需求逐渐增加。沿欧洲大陆北岸进行海上货物运输似乎提供了无限的商业机遇，这是由德国人和荷兰人开拓出来的。地中海区域的威尼斯港口和热那亚港口之间相互竞争，以获取从东方到欧洲的高利润贸易机会。15 世纪开始，数个欧洲国家的这些海上商业行为以及新建海军带来了越来越多的民用工程及施工项目。在欧洲，船只尺寸的逐渐加大以及越来越多的贸易量，要求在每个主要港口都大规模地建造码头、海港、船坞。阿姆斯特丹市就是很好的例子。1204 年，这里只是阿姆斯特尔河上水坝形成的一个沉降区，而在 1500 年时，这里发展成为世界上最繁荣的城市之一，拥有四万左右的居民，是一个繁荣的大港口，建有大量防御设施，以及在沼泽区域开拓出来的土地上建造的大量砌体建筑。这些开拓经验为荷兰培养了世界领先的民用工程师，使他们得以采用类似方式建造了鹿特丹、米德尔堡、安特卫普的港口及城市，并将其在水利工程学方面的技术传播至欧洲其他国家。

在海港建设及沼泽区域排水方面获得的信心驱动了更为大胆的水利工程项目。15 世纪晚期起，人们将大量河流改为运河，来改善其适航性，首条完全人工开挖的运河也建成，用以将主要城市与大海连通，并实现河流系统之间的航行。意大
利北部的许多河流及平坦地区为水上内陆货物运 182
输提供了优越的条件，此外，15 世纪晚期还建造了数十英里的运河。阿尔伯蒂在其《建筑论》中谈及了两扇门式的水闸，列奥纳多绘制了一幅我们今日仍使用的一种双扇门式水闸的草图，这个水闸门用于他在米兰市建造的干渠（1497 年竣工）上，配有六个水闸。

很快，欧洲其他地方也领略到了运河带来的好处。1516 年。法国国王弗朗西斯一世（Francis I）前来咨询列奥纳多·达·芬奇，与其商讨建造运河可行性事宜。这个运河项目是一项大胆的尝试，旨在连接大西洋与地中海区域，该项目在一个半世纪后才修建完成。16 世纪中期，欧洲其他地区也建造了运河，比如荷兰、比利时布鲁塞尔、德国勃兰登堡、英国埃克塞特。这些早期的运河都是将较高位置的河流连接至较低位置的河流或大海，这种做法限制了河流运行的条件。随着人们利用高位河流（本身不具备航行条件，成为高点给水运河）向低位运河引水，运输用运河也越来越多样化。通过这一方式，运河其他部分可高于始发点，从而使船只能爬上更高区域。此类型运河的首个实例是由乌格斯·柯希尼尔（Hugues Cosnier）于 1604 年至 1642 年在法国设计建成的。它连接了布里亚尔的卢瓦尔河（river Loire）与蒙达尔纪卢万河（river Loing），为塞纳河（river Seine）提供了重要的连接条件，将法国中部和大西洋与巴黎

连通了起来。在 50 千米距离内，该运河通过 12 个水闸举升了 40 米高至最高点，随后又通过 28 个水闸下降了 85 米至蒙达尔纪。

15、16 世纪实施的地块排水及运河修建工程标志着现代土木工程的开始，同时也将荷兰、意大利、法国打造成为这一领域的世界领跑者。水力工程学系统的科学研究也在 18 世纪早期发展了起来，这有别于列奥纳多的研究，因为列奥纳多的研究是不为其他工程师所知的。事实上，对于文艺复兴时期发展起来的应用量化规则的理性设计方法，土木工程不是该领域唯一的行业，还包括造船业。有趣的是几乎没有资料显示工程学的各分支之间彼此产生过直接影响。

14 世纪，商船通常还采用单桅杆，且船的体积非常小。随着制造业与贸易的不断发展，欧洲两大经济活动中心——意大利北部港口及欧洲大陆北海岸的船只设计行业快速独立发展起来了。地中海区域，尤其是米兰及中欧的港口关卡热那亚和威尼斯，所用的船只是罗马轻帆船结构（船板与边缘齐平），安装了第二个桅杆及中心水下尾舵。沿欧洲大陆北海岸，从东部的吕贝克至安特卫普、阿姆斯特丹、布鲁日，以及沿河流至科隆、巴黎、伦敦，所用的船只是重叠板结构的（重叠板上覆有木板），但是仍使用舵桨，直到地中海地区广泛使用开尾舵。然而，15 世纪 60 年代，北部大量使用的重叠板船只被轻帆船大量取代，并添加了第三个甚至是第四个桅杆和尾舵，使船只尺寸大幅增加，同时又保持了高海位的控制属性。新的航海时代到来了。1500 年时，600 吨位的船只已经很常见了，有的甚至更大。在英国，亨利七世、亨利八世在 15 世纪 80 年代至 16 世纪 20 年代成立了著名的海军，他们从西班牙、法国尤其是意大利热那亚聘请最佳船只设计师和制造师，向其支付的薪酬通常比英国同行至少高三分之一。亨利七世最大的战舰——1000 吨的摄政号，造于 1489 年，模拟的是法国设计，共用了 151 吨铸铁、29 吨青铜枪支。

传统的建造方法已经满足不了新型船只及其越来越大的尺寸要求。由于船只尺寸巨大，其设计与建造更接近于建筑物，而非小船或机器。人们逐渐开发了新的设计方法，而且我们发现 15 世纪时，应用了最早的工程科学——尽管只是定性的科学，例如开始建造前，会探讨重力中心及压力中心的相对位置，这对船只的稳定性至关重要。首部关于船只设计的英国著作由马修·贝克（Matthew Baker，1530—1613）编写。贝克是造船巨匠，自 16 世纪 80 年代起便开始为伊丽莎白一世及皇家海军效劳。他搜集了约 30 艘船只的设计资料或“线索”，试图从中找到实现最佳效果的设计通则。这一方法非常类似于同期罗德里戈·吉尔·德·亨塔南在进行大教堂扶壁设计时采用的方法。贝克还将其设计纳入弗朗西斯·德雷克（Francis Drake）指导的《复仇》（*Revenge*）中。尽管建成的船只尺度不是最大的，但是其重量远小于其他船只，且更易于操纵。遗憾的是，对于如何提出这一革命性的方案，贝克未留下任何相关信息。

183

计算、科学、工程学

16 世纪末，同船只设计一样，人们对在土木工程及建筑工程中使用数学越来越感兴趣。最突出的例子是 1586 年重建圣彼得大教堂时，意大利工程师多梅尼科·丰塔纳（1543—1607）进行的伟大的举升操作——将梵蒂冈的方尖碑从原来的位置移到附近另一处。

这个方尖碑来自埃及，巴黎、伦敦可见到类似的方尖碑。应卡利古拉皇帝（Emperor Caligula）的要求，方尖碑被运往梵蒂冈，约于公元 41 年安装到位。断面最大处为 2.8 平方米，高度为 25 米多，据丰塔纳计算，重 $963537\frac{35}{48}$ 罗马磅（约 309 吨）。通过这千万分之一的精确性可

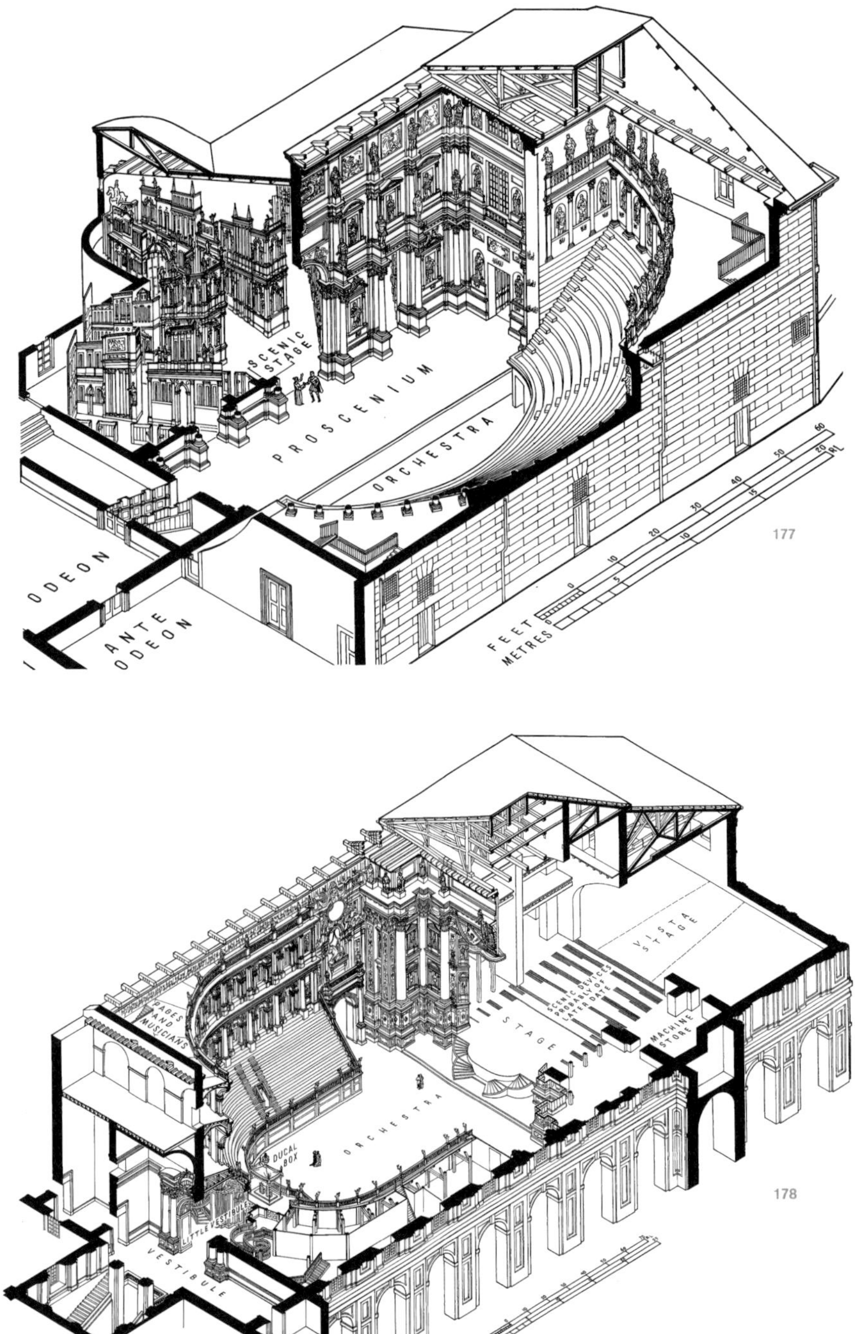

177. 意大利维琴察奥林匹克剧院，1580—1584 年。建筑师：安德烈·帕拉第奥。轴测剖透视图。

178. 意大利帕尔马法尔内塞剧院，1618—1619 年。建筑师：乔凡尼·巴蒂斯塔·阿利欧帝。轴测剖透视图。

179. 法尔内塞剧院，内部展示。

179

以看出他的谨慎程度，他不只是凭借自己在工程学方面的常识做大体的推断，同许多工程学计算一样，其目的在于提升人们的信心。当然，那些最早为了将方尖碑从埃及运往罗马，并将其安装起来进行设计的古罗马人的工程学成就在许多方面比丰塔纳的成就更为突出。丰塔纳名声更大的原因是16世纪公共关系及印刷业发展得相当成熟，丰塔纳于1590年出版了书籍来庆祝这一盛事，从而使自己声名远播。

多梅尼科·丰塔纳是当时最具天赋的建筑与土木工程师之一。他非常擅长数学研究，20岁时赴罗马与哥哥乔凡尼（Giovanni）一同工作，哥哥当时已经开始从事建筑项目。在罗马，多梅尼科的才能受到红衣主教蒙塔多（Cardinal Montalto）的赏识，主教委任他设计建造一个小教堂和一个虽然小但是奢华的宫殿。1585年，蒙塔多成为西克斯图斯教皇五世（Pope Sixtus Ⅴ）时，安排丰塔纳从事方尖碑搬运的工作，还安排他作为工程师负责圣彼得教堂穹顶项目，该穹顶在1564年米开朗琪罗去世时尚未完成。这两个项目竣工后，除了其他项目外，丰塔纳还设计了梵蒂冈图书馆（Vatican Library，1587—1589年）和拉特兰宫（Lateran Palace，1586年）。此外，他还为罗马策划了一个新的给水系统——阿卡·菲利斯（Aqua Felice），该系统包括一个渡槽及多个分流泉。西克斯图斯五世1590年去世后，丰塔纳的事业很快发生了巨大的变化。1592年，克莱蒙特八世（Clement Ⅷ）成为新教皇，受丰塔纳竞争对手的劝说，新教皇解雇了丰塔纳，而在同年，丰塔纳受那不勒斯国王之邀成为高级工程师和建

180

181

筑师。在这里，除其他项目外，他设计并建造了一条防止低洼地带被淹没的运河、一条沿海道路、一座王宫，还对那不勒斯港口的改善提出了方案，尽管该项目直至他 1607 年去世时尚未实施。

丰塔纳的作品反映了“大作”的概念，显示出工程师的多方面才能。他在建造广阔的城市和农村景观时，也认真计算荷载、数量、人力、成本，其态度不亚于建造大型土木工程。他高度自信地处理复杂的技术问题，同时也负责人工组织、场地、施工材料、机房事宜。然而，我们也没有理由确信他就是这一领域独一无二的人物。我们仅仅通过他的主要赞助了解到他的功绩。而在同一时期，整个意大利、法国大部分地区及德语地区，也有诸多工程师的才能与丰塔纳不相上下，只是他们的业绩没有被完整保留下来。

16 世纪早期，方尖碑在梵蒂冈落成，但是一千五百年来积累起来的大量垃圾、碎石将周边的地面抬高了数米。几十年来，人们常常说起把该方尖碑移到另一处适宜的地方。最终，教皇在 1585 年命令将这个方尖碑移到距离原址 250 米处，落于圣彼得大教堂前新建露天广场的正中位置。关于如何实施这一工程，教皇向罗马工程师广泛征求建议方案，但是搜集到的方案都不理想。因而又通过公开竞争的方式，实行进一步的方案搜集，此次收到五百多例方案，大多来自意大利北部城市，有的甚至来自希腊和罗兹岛。丰塔纳在其著作《关于梵蒂冈方尖碑的运输》（*Della trasportatione dell'Obelisco Vaticano*，1590 年 ）
中阐述了大量通过模型测试的方法，他的自建模 184
型约 2 米高，由铅制成。

为了保护易碎的方尖碑不受损坏，丰塔纳通过由铁皮带和绳索绑扎的大块木板对其加固。仅

180. 比利时布鲁日旧民事登记处，1534—1537 年。
181. 比利时安特卫普市政厅，1561—1565 年。建筑师：科内利斯·弗洛里斯·迪·弗里恩特。

仅铁质材料就重达13吨，木材和绳索重量也在13吨左右。方尖塔加上所有材料，总举升重量为335吨。除了精心计算需举升的重量外，丰塔纳还确定了所需的绞车数量，每个绞车由四匹马拉动，配以各类滑轮组及直径为75毫米的绳索。他通过实验证明这样的拉动方式不会挣断绳索，且有足够的自信确保该方法是合理可行的。

丰塔纳在对这一项目的实施组织过程中没有出现任何漏洞。他要求每个绞车团队绝对服从命
185 令，并坚决主张一千名左右的工人及诸多观众保持安静，只允许有喇叭声和铃声，听到喇叭声便开始拉动绞车，铃声响起便停止拉动。举升过程中，有的进程持续将近24小时，他为绞车团队安排了餐饮，同时准备了充分的备用马匹、人力、绳索等材料，以备更换。用现代的话说，他进行了全面的风险评估，并预测了所有可能发生的事件或风险。他还让那些可能被下落物体砸中的工人戴上钢盔安全帽，确保安全。经过六个月的设计、场地准备、升降塔建造，1586年4月28日，方尖碑举升项目开始了。5月7日，准备好将方尖
186 碑落到运输车辆上，运到新场址。夏天，方尖碑沿8米高、20多米宽的填土铺道被拖到车辆上。丰塔纳借助新场址地势较低的优势，将方尖碑以适当的高度旋转至4米高的基座上，几乎无须举升。初始位置的举升装置被拆除，重新装于最终的位置。9月10日，已经准备好将方尖碑再次抬起，放至新基座位置。基座及方尖碑的新基础已经在数月前准备到位——14平方米、7米深的坑已经挖好，并在软土地面上打下了6米长的橡木桩，加盖栗木板材，丰塔纳表示栗木板材在潮湿土地里不会腐烂。为了确保适当的砌体基座，丰塔纳铺设了厚厚的一道混凝土，其中包括碎砖、碎石、水泥及许多勋章——向教皇致敬。方尖碑底装入四个青铜弯角，并插入金属夹铁，确保完全垂直，升降塔被快速拆除。9月28日，方尖碑在宗教仪式中开始被供奉起来。这一项目用时整一年完成。

除丰塔纳成就的本身具有非凡的意义外，这一实践还对工程学领域起到了大幅推动作用。通过计算的方式预测大型“实验”结果的理念被广泛接受，例如移动方尖碑、建造大型船只、建筑施工等。人们开始学习利用古代及中世纪时期发展起来的数学及科学概念的方法。通常，是工程师们将这些流程推动向前，大教堂设计师之类的工程师学习丰塔纳采用简单统计学计算所需的绞车数量，借助几何学优化自己的设计。

出生于佛兰德斯的军事及土木工程师西蒙·斯特芬（Simon Stevin，1548—1620），是首批后罗马时代跨本专业实践与理论领域的工程师之一。今日有人称他为统计学之父。当然，他并不仅仅是自古典希腊时期起在我们现在所称的统计学探索方面取得了某些成就的工程师之一。斯特芬是一名杰出的工程师，曾建造过风车、水闸、港口，并在荷兰战争中抵御西班牙入侵建造防御工事时，为拿索莫里斯王子（Prince Maurice）提供过建议。为荷兰军队效劳时，斯特芬设计了妙招——打开戴克斯的水闸，淹没入侵敌军通行道路的低洼地带。

35岁时，斯特芬开始在莱顿大学（University of Leiden）正式学习数学，熟悉了希腊科学作家以及中世纪时期的作家。随后，在继续从事军事职业过程中，他被任命为海牙大学（University of The Hague）的数学教授。1604年，他被任命为荷兰军队军需处长、防汛及水利工程检察长。

斯特芬不断努力地在其工程师领域以更有效、更实用的方式应用数学，包括算术、力学、测地学、天文学、会计学。1586年，他出版了关于静水力学和统计学的书籍《统计学原理》（*De Beghinselen der Weeghconst*）。本书中，斯特芬
用几何学描述了力学的表现，并展示了我们现在 187
所称的力的平行四边形。尽管这本书对统计学历史有一定意义，但是，它在结构设计方法中并未取得突破——这一方法在19世纪时才取得了突破。

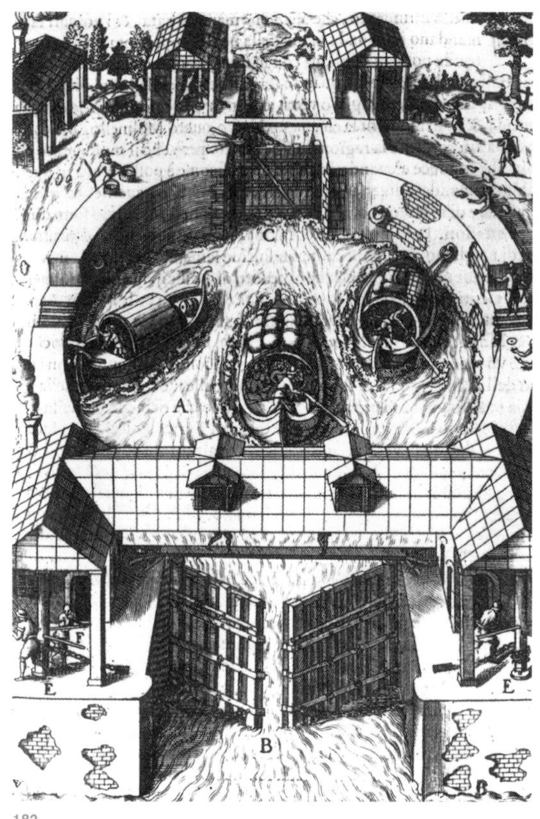

182

然而，斯特芬的其他著作具有重要的现实意义。例如，他——并不是伽利略——最早证明了由于地心引力的原因，不同重量的石头下落时加速度相同。他还预测普遍采用十进币制、尺寸、重量只是时间的问题（尽管英国直到 1971 年才开始采用十进制）。斯特芬关于用十进制小数表达数量值的作品，为后来的工程师提供了更为实际的用途。尽管十进制并不是他发明的（阿拉伯人和中国人早就开始使用十进制），但是他将十进制的使用引入了数学领域当中。

不同于斯特芬，意大利数学家贝纳丁诺·巴耳蒂（Bernardino Baldi，1553—1617）是当时学者中的领跑者。他在乌尔比诺公爵的资助下工作，担任了二十多年的修道院院长。他懂得 16 种语言知识，翻译过多部关于力学的希腊作品，同时是著名的诗人，著有大约一百部书作（现在大多已经遗失）。他关于力学的主要作品《亚里士多德力学问题探讨》（*In Mechanica Aristotelis Problemata Exercitationes*）大约著于 16 世纪 80、90 年代，但直至离世后才得以出版（1621 年）。面对亚里士多德提出的关于结构行为的问题，在伽利略给出应对办法之前数十年，巴耳蒂就写过一则评论，该评论远远超出这些问题的初始范畴。事实上，巴耳蒂同列奥纳多一样，考虑到随后两个世纪内工程科学家所关注的许多结构性问题：柱子如何支撑荷载，屋顶桁架和过梁的强度；还有更为普遍的问题：重量在表面的分布情况、横

183

182. 维托利奥·宗卡，设有双扇门的运河水闸，取自《机械与建筑的新舞台》，1607 年。

183. 马修·贝克，船只设计师，图为与助手共同工作的情形，取自《古代英国造船匠片段》，约 1596 年。

184

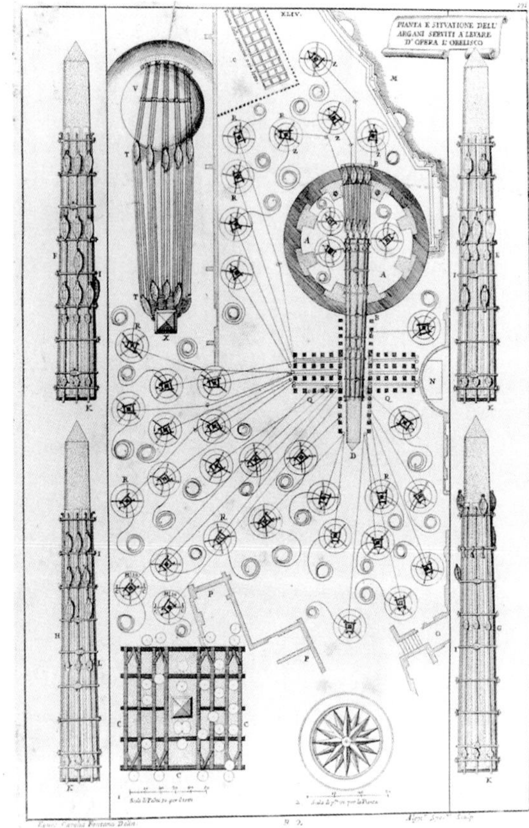

185

梁可能倒塌的原理等。他还考虑到拱门截面在枢纽位置旋转导致拱门倒塌的情况，这一情况奥古斯汀·丹茜（Augustin Danyzy，约 1700—1777）在一个多世纪之后进行过实验性研究。巴耳蒂所做的研究（主要是定性研究）中最为有趣的是他对为什么厚拱门比薄拱门稳定性更高所做的解释：因为将薄拱门支撑物稍稍分开一点，它就会倒塌。

尽管巴耳蒂可能是第一位考虑统计学及弹力方面的结构行为的学者，但是了解其作品的人似乎不多，至少许多在 18 世纪研究该课题的法国工程科学家对其了解不多。不过，伽利略可能知晓巴耳蒂的所有作品，且我们知道克里斯托弗·雷恩拥有巴耳蒂书作的副本，并一丝不苟地进行了评注。

184. 多梅尼科·丰塔纳，为移动梵蒂冈方尖碑制作的各类方案模型，取自《关于梵蒂冈方尖碑的运输》，1590 年。
185. 多梅尼科·丰塔纳，露天广场平面图，显示马力拉动的绞车的位置，取自《关于梵蒂冈方尖碑的运输》，1590 年。

算术与运算艺术

在电子计算器和电脑时代，人们很容易忽略在没有这些工具的情况下快速、可靠地解决相对简单的数学问题的重要性。想象一下，很多世纪以前人们用罗马数字进行计算是多么枯燥无味！而将整数分数合并则更为复杂。人们在实践中采取的解决方案就是避免进行数值计算。单这一原因就解释了应用几何学方法进行建筑设计、开展相关运算的极高的受欢迎程度，这一方法在古典希腊时期就开始使用，一直沿用到今天；现在也一样，在许多工程学学科当中，人们仍然使用着图形及图解法。

大约8世纪时，印度人发明了十位数值系统，包括零的概念，随后很快被阿拉伯数学家发展起来。欧洲对印度–阿拉伯数字系统最早的使用可追溯到976年用西班牙语著写的一部书籍。尽管这一新方案具有明显的优势，但是它遭到人们两个多世纪的摒弃，甚至遭到学者们的冷落，他们认为这一方案是服务于商人和异教徒的，而不是数学家与学者。13世纪时，印度–阿拉伯系统数字传至欧洲南部部分地区，但是直到16世纪才得到普遍应用。在经过多次试验后，这一时期也发展起基础算术计算的常见模式。17世纪早期，算术计算被形式化地在书籍介绍出来，采用了我们今日所熟悉的许多符号。但是这些现代符号被人们广泛接受前，数学家们使用的都是自己的各不相同的符号，也都互相竞争，希望自己的符号被公众接受。这类似于20世纪70、80年代各电脑软件公司之间的竞争模式，希望自己的操作系统和应用软件被公众接受，尽管那时的符号竞争不存在商业意义。例如“+、–”符号是德国数学家约翰尼斯·维德曼（Johannes Widman）1489年首次使用的。“=”首次出现于1557年。人们认为现在所用的分数的十进制计数法是由西蒙·斯
189 特芬发明的，但是16世纪晚期很多其他数学家也采用了类似的方法。小数点是克里斯托弗·克拉维于斯（Christopher Clavius，1538—1612）第一个提出的，被约翰·纳皮耶（John Napier）的数学对数表普及开来，最终人们认为它系统是最为便捷的系统，一直保留到今日，呈两种形式——
英语国家采用句号(.)，欧洲国家采用逗号(,)。 190：192
1630年，英国数学家威廉·奥特瑞德（William Oughtred，1574—1660）——克里斯托弗·雷恩的牛津大学老师，著写了一部描述印度–阿拉伯数学符号的书，并认为这一符号优于罗马数字。他也提倡使用十进制计数法以及表示乘法的“×”符号。表示除法的“_”符号及表示平方根的“√”都于1669年首次出现。直到1706年，希腊数字“π”才用于表示圆的周长与直径的比值关系。

建筑施工领域，计数的潜在优势在数学家著写的小手册中发扬开来。其中包括英国数学家、科学家、天文学家（发明了经纬仪和望远镜）伦纳德·迪格斯（Leonard Digges）1556年撰写的指南，该书简要地介绍了精密测量，以及对各类土地、广场、木材、石材、尖塔、柱子、地球等的快速估算，此外还有效地采用了木匠的规则……这一小册子仅有50页，但是非常受欢迎，是此类书籍中首部以英语而非拉丁语著写的书册，得到研究几何学的博学作者的采用。之后进行了多次重印，成为几何实践的基础。迪格斯离世后，其儿子托马斯.（Thomas）编辑了另一本书并于1571年以列奥纳多的名义出版。两本书都包含了测量测定及建筑木工石工作业标记所需的几何学基础要素。除了在建筑实践中的应用外，这些书及早期其他关于几何学计算的书籍对工匠计算价格也有很大帮助作用，这些书的内容通常被用来指导计算切割石材或木材的体积。例如木地板以“板材量尺”的方式计算：

[木材长度（英尺）×宽度（英寸）]的十二分之一

假定地板是一块一英寸厚的标准板材，通过

XLII
L' OBELISCO PIEGATO
MENTRE CALAVA
Eques Carolus Fontana Delin:

186

这一公式就能计算出所需的木材量。事实上，有经验的木匠不大会去采用这样的计算方法，也不太会购买这样的书籍。不过，迪格斯还是展示了该相对新的数值计算艺术的潜在使用。更为直接的应用是他所描述的测量数学及三角法，这对军事工程师及射击学帮助尤其大。迪格斯被称为军事建筑师和工程师，曾专门针对射击学著写了一本名为《算术军事专著》（*Stratioticos*）的书，该书在他离世后 1579 年由其子托马斯出版，成为经典的参考巨作。托马斯·迪格斯后来也成为国家领先的天文学家和航行专家。

16 世纪晚期，随着十进制计数法的广泛采用，数值法也快速发展起来。苏格兰数学家约翰·纳皮耶（John Napier，1550—1617）设计了他所称的
191 “纳皮耶核心内容”（Napier's bones）来辅助算术运算。尽管工程师未直接采用该方法，但是数学家在编辑表格，例如工程师、船只设计师、科学家使用数字平方根和立方根表格时采用了这一方法。

纳皮耶继续钻研他的对数表，促进了将乘除模式转换为简单的两位数加减模式。1614 年他首次以拉丁语发布了这一概念，两年后又发布了英文译本。他的介绍表达了他确信通过所开发的概念带来的简化意义：

> 鉴于没有比数学实践更为麻烦的事物（除了数学学科的学生外），也没有比大数字乘除、平方根立方根提取更难的计算，更不用说在易犯错误上所花费的冗长的时间，我开始思考如何通过某些特定的现成法则来驱散这些烦恼。进行大量尝试后，我终于找到一些优秀的便捷法则，以备今后（可能）使用。其中，没有比加减及两三位数字除法更为有益的方法了，复杂乏味的乘除、根提取工作本身简直就是一种浪费，甚至要进行乘除、分解为根的数字本身及要归类的数字也不具有任何意义。[13]

通过纳皮耶的对数，海军建筑师很快意识到实现快速、准确的数字计算的潜在可能性。1617 年，马修·贝克关于船只设计的手册出版了新版本，成为第一部描述对数协助设计计算的书籍之一。这大大简化了平方根、立方根及三角函数（正弦、余弦、切线）的数值及十进制计数法的计算流程。许多数学家仔细地计算这些数值并以表册的方式出版，以备航海员、测量员、船只设计师及科学家使用。数十年后这些数学知识才得到土木工程设计的应用，且直到 19 世纪早期，建筑工程学行业才广泛使用这些知识。这些数学方法一旦在土木工程及建筑工程领域开始应用，便很快发展起来了。

19 世纪早期到 20 世纪 70 年代，工程师不可或缺的计算工具计算尺在对数出现后快速发展起来。1624 年，英国数学家埃德蒙·冈特（Edmund
Gunter，1581—1626）制作了一把标有对数刻度 193
的尺子。他还发明了标准测链（或称“冈特链”），该测链 66 英尺长，由 100 个连接组成，20 世纪下半期仍在使用。该尺子称为“计算线”或“冈特”（因为冈特已经为广大海员们所周知），很快被航海员广泛使用，用来进行乘除运算（用分隔器加减尺子上的长度）。1630 年，威廉·奥
特瑞德提出一个想法：将两个计算尺紧挨放置， 194
通过将一个尺子滑越另一个尺子来进行计算。在其第一个版本中，尺子是圆形的，两年后，又制作了另一种人们更为熟悉的直尺。计算尺（slide rule）的名字是 1662 年开始使用的，17 世纪末，圆尺和直尺都得到了航海员、船只设计师、科学家的广泛使用。20 世纪时，人们通常口头上把计算尺称为“测杆”（guessing）或“滑杆”（slip

186. 多梅尼科·丰塔纳，图示为梵蒂冈方尖碑被举升至运输车辆的情形，取自《关于梵蒂冈方尖碑的运输》，1590 年。

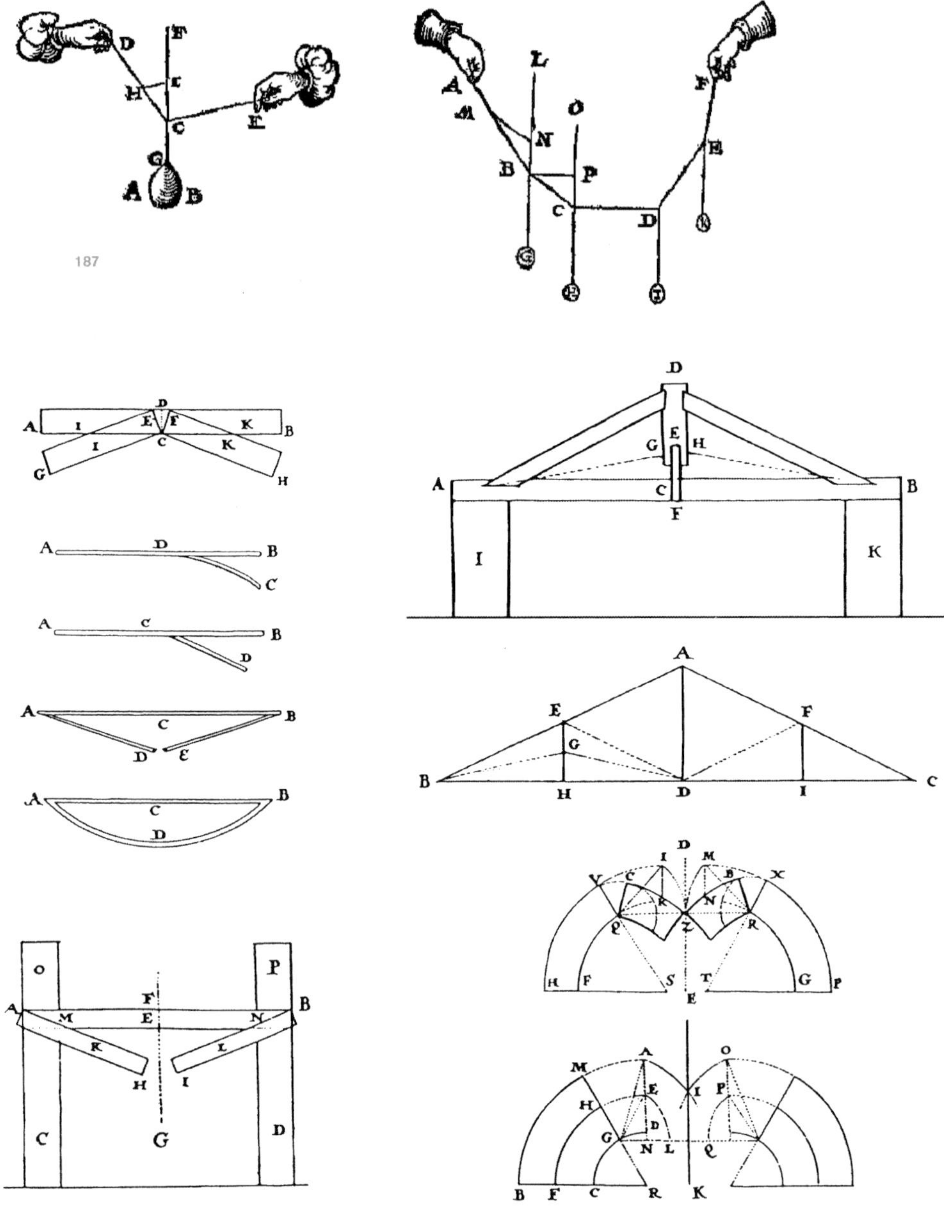

187. 西蒙·斯特芬，如图显示了各类平衡力组合，以及通过对应长度和方向的线条对力的展示，取自《统计学原理》，1586 年。

188. 贝纳丁诺·巴耳蒂，如图展示了梁的弯度及断裂、屋顶桁架的力、砌筑拱门的倒塌原理，取自《亚里士多德力学问题探讨》，1621 年。

189. 西蒙·斯特芬，显示了采用十进制计数法的计算，1585 年。

190. 16 世纪早期（上）至今（下）的十进制计数法例子。

191. “纳皮耶核心内容”，约翰·纳皮耶 1617 年设计用以算术运算的方法。

192. 采用斯特芬十进制计数法的数学方程式（右），及其今日对应方法（左）。

16 S. STEVINS

III. VOORSTEL VANDE MENICHVVLDIGHINGHE.

Wesende ghegheven Thiendetal te Menichvuldighen, ende Thiendetal Menichvulder: haer Vytbreng te vinden.

T GHEGHEVEN. Het sy Thiendetal te Menichvuldighen 32⓪5①7②, ende het Thiendetal Menichvulder 89⓪4①6②. TBEGHEERDE. Wy moeten haer Vytbreng vinden. WERCKING. Men sal de gegevē getalē in oirden stellen als hier nevē, Menichvuldigende naer de gemeene maniere van Menichvuldighen met heele ghetalen aldus: Gheeft Vytbreng (door het 3^e. Prob. onser Fran. Arith.) 29137122: Nu om te weten wat dit sijn, men sal vergaderen beyde de laetste gegeven teecken, welcker een is ②, ende het ander oock ②, maecken tsamen ④, waer uyt men besluyten sal, dat de laetste cijffer des Vytbrengs is ④, welcke bekent wesende soo sijn oock (om haer volghende oirden) openbaer alle dander, Inder voughen dat 2913⓪7①1②2③2④, sijn het begheerde Vytbreng. BEWYS, Het ghegheven Thiendetal te menichvuldighen 32⓪5①7②, doet (als blijct

```
        ⓪①②
        3 2 5 7
        8 9 4 6
      ---------
      1 9 5 4 2
    1 3 0 2 8
  2 9 3 1 3
2 6 0 5 6
-----------------
2 9 1 3 7 1 2 2
    ⓪①②③④
```

189

$2913\frac{7122}{10000}$	PRE STEVIN
2913|7122	RUDOLFF 1530 (number & remainder)
2913⓪7①1②2③2④	STEVIN 1585
2 9 1 3 7 1 2 2 (⓪①②③④ below 3 7 1 2 2)	STEVIN 1585
2 9 1 3 7 1 2 2 (⓪①②③④ above 3 7 1 2 2)	STEVIN 1585
29137122 ((iv) above last 2)	BEYER 1603
2913.7.1.2.2 (0 i ii iii iv above)	BEYER 1603
29137⁽¹⁾1⁽²⁾2⁽³⁾2⁽⁴⁾	NORTON 1608
2913,7 1 2 2 (/ // /// //// above)	NAPIER 1617
2913̊7122	BÜRGI 1620
2913|7 1 2 2 (1. 2. 3. 4. above)	JOHNSON 1623
2913 $\underline{7122}$	BRIGGS 1624
29137122④	KALCHEIM 1629
2913,7122	GIRARD 1629
2913|$\underline{7122}$	OUGHTRED 1631
2913.7122	WINGATE 1650
2913:7122	BALAM 1653
2913.$\underline{7122}$	FOSTER 1659
29137122 ((1) (2) (3) (4) above)	OZANAM 1691
2913.7.1.2.2 (/ // /// //// above)	JEAKE 1696
2913.7122	ENGLISH-SPEAKING COUNTRIES TODAY
2913,7122	CONTINENTAL EUROPE TODAY

190

191

今天	斯特芬 1585 年
$y = -\frac{111}{160}x + 45$	1 秒 ⊙ 等于 − $\frac{111}{160}$ ⊙ + 45
$12y^4 + 23xy^2 + 10x^2$	12 秒④ + 23①毫秒② + 10②

192

stick）。测量尺的速度和可靠性现仍得到那些 55 岁以上在电脑时代来临之前学习工程学的工程师的称赞。1969 年“阿波罗 11 号”航天员首次登陆月球时仍带着一把测量尺——尽管已经配有电脑。

文艺复兴末期，我们看到了后来发展成为今日所称的建筑工程学（building engineering）的关键组成部分的迹象：结构领域的正式设计方法（洛伦茨·莱驰尔与罗德里戈·吉尔·德·亨塔南创立）、图纸作为建筑流程的基础部分使用（菲利波·伯鲁乃列斯基、弗朗西斯科·迪乔治、列奥纳多）、应用算术进行数量计算（列奥纳多、多梅尼科·丰塔纳）、数字计量工具的发展（计算尺）、运用科学方法理解工程学系统尤其是水力学及结构学的工作原理、运用这些科学方法进行工程学方案设计（弗朗西斯科·迪乔治、列奥纳多、丰塔纳）。

尽管意大利是这一时期工程学领域的领跑者，而且有少量关键人物被人们所记住，但是要说法国及德语国家没有任何进展，或者说仅仅这些为人们所记住的人物在新理念方面做出了贡献，则是不对的。我们所持有的很多资料只是部分历史数据，只是部分幸存下来的资料，并不代表全部，某些人成为著名的科学家或工程师只是历史长河中的一部分。更需要注意的是，我们所看到的材料只是由学者及那些愿意记录的人书写出来的材料。即使今时今日，工程学的书面记载也只是片面的，很少有工程师及项目经理将其工作内容记录下来。16 世纪，欧洲有成千上万名专业工程师、建筑师、科学家，遍布各个城市、地区的这些群体之间常常进行充分交流。意大利北部，这些专家几乎都彼此认识，许多还是好朋友，常常有机会分享、探讨、传递工程学理念。例如彼此都很熟悉的弗朗西斯科·迪乔治和列奥纳多给我们留下了大量关于文艺复兴时期工程学的记载，这只是冰山一角。在很多方面，他们都投身于整个时代。不同于小说家或作曲家的独立创作，他们经常进行协作。许多人都加入整个工程学项目当中，甚至列奥纳多的实验。很多人知道并了解弗朗西斯科和列奥纳多所掌握的知识，因为这两位专家需要向人们告知这些知识。尽管伯鲁乃列斯基非常注意保护自己的想法，但这仅局限于他在争取穹顶项目的过程。他的想法能得以实现，也正是因为与他人分享了这些想法，而分享了他的想法的人也无疑会与别人交流这些想法。那些留下了书面记载的人做出了巨大的贡献，这些记载非常重要，因为他们记录了他们的想法与知识，从而使他人无须经口头传播或亲身实践即可学习这些知识。在一定程度上，建筑工程学的历史就是经验收集、传递的历程，近三千年来，人们一直就哪类工程学知识能以此方式获取进行着争辩——也就是人们通常所说的“理论”与“实践”之间的关系。

对数

采用对数进行计算基于指数的代数性质：
$a^x \times a^y = a^{(x+y)}$

一个数字的对数定义为：基数（例如 10）幂必须增大到算出该数字，因此 $\log_{10}(100) = \log_{10}(10^2) = 2$

要计算两个数字相乘结果，需在表格中找出对数，将其加起来。结果可在真数表中查取，得到运算答案。相除时，对数相减。对数的日常使用一直持续到 20 世纪 70 年代引入电子计算器时。

问题

计算 4 个重要数据：重量为 2854 千克的石块样品密度，其体积通过浸水量计算得出值为 1.275 立方米。

石头的密度

d= 重量 / 体积

d=(2854/1.275) 千克 / 立方米

log（d）=log(2854)- log(1.275)

=log(2.854)/ log(10^3)- log(1.275)

数字	对数
2.854	0.4554
10^3	3.0000
和	3.4554
1.275	0.1055
差值	3.3499

log(d)=0.3499

d=antilog(3)× antilog(0.3499)

=1000×2.239

=2239 千克 / 立方米

计算尺

一个计算尺的两个尺度组成对数尺。因而，在该尺子上进行长度加减相当于分别乘除。包含数字 1.3 和 5 的计算显示将这两个数字相乘得出 6.5，15 乘以 5 得出 65。使用计算尺的人必须牢记小数点的位置。

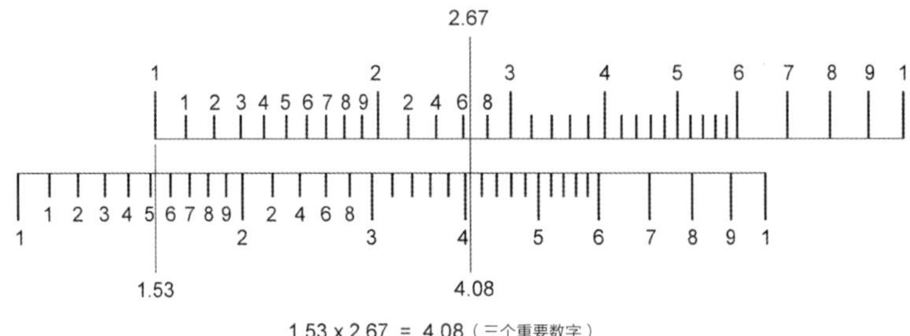

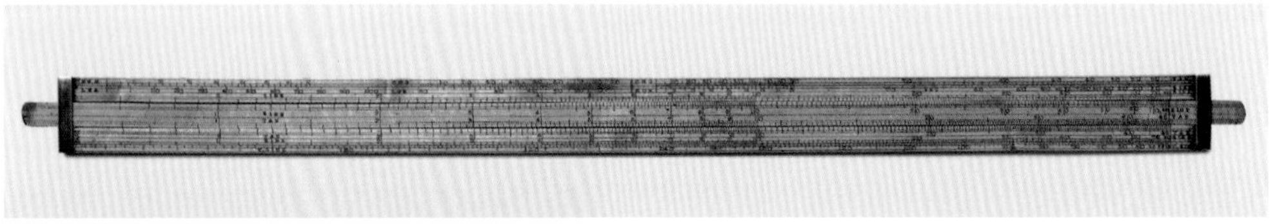

193

194

193. 对数刻度刻于木头上的早期计算尺，17 世纪 30 年代。与 1850 年前做的许多计算尺一样，该计算尺没有指针。

194. 威廉·奥特瑞德发明的计算工具，约 1630 年，随后改为圆形计算尺。奥特瑞德关于计算尺的著作《比例圆》于 1632 年出版。

第4章

全球贸易和理性与启蒙时期

1630—1750年

人物与事件

1564—1642年，伽利略

1618—1686年，弗兰索瓦 · 布隆德尔（François Blondel）

1620—1684年，埃德姆 · 马略特（Edme Mariotte）

1632—1723年，克里斯托弗 · 雷恩

1633—1707年，塞巴斯蒂安 · 勒 · 普雷斯特雷 · 德 · 沃邦 （Sébastien Le Prestre de Vauban）

1635—1703年，罗伯特 · 胡克

1642—1648年，英国内战

1642—1727年，艾萨克 · 牛顿

1646—1716年，戈特弗里德 · 威廉 · 莱布尼茨（Gottfried Wilhelm Leibniz）

约1650—1780年，理性与启蒙时期

1666年，伦敦大火（Great Fire of London）

材料与技术

1600—1700年，欧洲大量的排水和土地复垦

1666—1681年，法国朗格多克运河（Languedoc Canal），连接大西洋和地中海

17世纪70年代，法国出现铸造平板玻璃

知识与学习

1638年，伽利略《两项新科学的对话》（*Dialogues Concerning Two New Sciences*），关于科学与材料的重要启蒙论著

17世纪50年代，给建造者的早期数值设计指南书籍

1660年，英国伦敦皇家学会（Royal Society）正式成立

1666年，法国巴黎科学院（Académie des sciences）正式成立

1671年，法国巴黎法国皇家建筑学院（Academie Royale d'Architecture）成立

设计方法

17世纪60年代，模型试验预测梁强度（马略特和胡克）

17世纪70年代，英国伦敦圣保罗大教堂穹顶的悬链模型（雷恩和胡克）

设计工具：图纸、计算

1603年左右，设计用于测量仪器的游标尺

1630年左右，有了用于复制图纸的缩放仪

1650年，计算木材数量的图示法

建筑

1650—1675年，卢浮宫（路易十四时期），位于法国巴黎

约1660—1710年，凡尔赛宫（Palace of Versailles），位于法国凡尔赛

17世纪60年代，建造了第一座冰屋

1675—1711年，圣保罗大教堂，位于英国伦敦

1630　1640　1650　1660　1670

1692—1761年，彼得勒 · 范 · 穆森布罗克（Pietur van Musschenbroek）

1693—1761年，贝利多尔（ Bernard Forest de Bélidor）

约1700—1777年，奥古斯汀 · 丹尼兹（Augustin Danyzy）

1707—1783年，莱昂哈德 · 欧拉（Leonhard Euler）

1707—1788年，乔治 · 路易 · 勒克莱尔，布冯伯爵（Georges-Louis Leclerc, Comte de Buffon）

1713—1780年，雅克-杰曼 · 苏夫洛

1708年，纽科门（Newcomen）发明的蒸汽动力泵发动机

1715年，华伦海特（Fahrenheit）发明第一根可靠的温度计

1722年，雷奥姆（Réaumur）关于铸造铁的论述

1707年，工程学院（School of Engineering）于布拉格创立

18世纪20—50年代，第一本科学工程教科书

1729年，贝利多尔，《工程师科学指南》（*La Science des ingenieurs* ），颇具影响力的早期工程教科书

1737—1753年，贝利多尔，《水力结构》（*L'Architecture hydraulique*），使用微积分

1741年，（英国）皇家陆军军官学校（Royal Military Academy）于英国伍尔维奇建立

1747年，法国国立桥路大学（École Nationale des Ponts et Chaussees）于法国巴黎建立

1748年，梅济耶尔皇家工程学校（École royale du génie de Mézières）于法国建立

18世纪30年代，砖石拱桥倒塌的模型研究（奥古斯丁 · 丹尼兹）

18世纪40年代左右，圣彼得大教堂穹顶的悬链和分段模型，位于意大利罗马

18世纪30年代，弗雷泽的几何学的石料切块研究

1721年，英格兰德贝丝绸织造厂

1690 1700 1710 1720 1730 1740 1750

全球贸易和理性与启蒙时期 1630—1750年

全球贸易

意大利文艺复兴几乎在每个人文领域都取得了举世瞩目的辉煌成就，包括文学、绘画、雕塑、音乐、建筑、土木工程与军事工程、制造、商业及银行业。然而，与此同时，文艺复兴变得过于专注于本身。对于意大利人而言，外部世界意味着各种必要的资源与外来材料，如铜、铁、锡、铅、银、羊毛、棉花、丝绸与香料。由于受到地理位置的局限，意大利人几乎无法克服对于进口货品的依赖。国产丝绸工业是进口替代措施的一个范例，它使得米兰垄断了丝绸服装制造行业，并一直持续到 18 世纪初。

意大利军事工程师的主要角色在于保护源于地中海东西部海域以及阿尔卑斯山北部的贸易路线，这些贸易路线对于意大利国内的持续繁荣至关重要。意大利的要塞连通亚得里亚海，用于保护一些具有重要战略性的岛屿，如马耳他、克里特岛与塞浦路斯。随着意大利的影响与实力的不断壮大，它的欧洲邻邦变得越来越嫉妒与忧虑，并最终诉诸武力侵略作为争取国家最高统治权的最佳途径。到了 1500 年，意大利北部许多地区沦陷在德意志帝国的魔爪下。到了 1600 年，法国接管了西北部多个省份，而大部分意大利中部与南部地区受到西班牙的影响。仅威尼斯很好地保留了主权并延续到 18 世纪。

当意大利逐渐专注于自我保护时，北部地区正经历翻天覆地的变化，突破了地中海的限制以及意大利人的影响。自 13 世纪初开始，与欧洲大陆北部海岸接壤的国家逐渐建立了自己的贸易路线。到了 1500 年，通过法国、荷兰与德国各口岸开展的贸易活动与通过意大利口岸的一样多。意大利进一步扩展贸易的能力受到穆斯林领地的局限。这些领地围绕着整个地中海东端，防止直接进入印度次大陆以及更遥远的地域。而更重要的是意大利人的心理局限：地中海海岸。一些人曾梦想着探索这些海岸，以寻找到达东方的直接路径；但是，当克里斯多弗·哥伦布还是一个热那亚的水手时，他便从西班牙法庭筹集了资金用于航行活动，试图发现通往东印度群岛的贸易路线。威尼斯人乔瓦尼·卡博托（Giovanni Caboto，又名约翰·卡博托，John Caboto）在英国国王亨利七世的资助下穿越大西洋，探索北部路线。绕过非洲南端到达非洲东部以及拉丁美洲，这一遍地黄金的贸易路线由荷兰、西班牙、葡萄牙与英国开发于 16 世纪，这其中不包括意大利。

16 世纪中叶，所有威尼斯船队不再驶向荷兰；到了 16 世纪末，越来越多的荷兰与英国的船舶进入了地中海。到了 1600 年，英吉利海峡的海

195

196

195. 阿姆斯特丹港口的扩展，作者：欧弗特·达帕（Olfert Dapper），《阿姆斯特丹的历史描述》（*Historische beschrijving der stadt Amsterdam*），1663 年。

196. 18 世纪中期荷兰造船业版画，作者：P. 申克（P.Schenk），约 1725 年。

运贸易超过意大利港口数倍，这为建筑工业带来
了直接的影响。13 世纪期间，北欧海运贸易开始
起步；17 世纪通商航行的激增产生了对更好的港
口设施的需求，既包括对于船舶本身的需求，也
195 包括对船舶装卸及仓储能力的需求。海运贸易不
断变化模式不仅是商业压力的结果。北欧的造船
业也获得了发展和繁荣。1600 年，荷兰船舶的
196 建造成本仅为意大利的三分之二，而它们的运转
成本也以相同比例低于意大利。尽管威尼斯船队
在 17 世纪维持着原有的尺寸，但到了 17 世纪末，
逾半数大型威尼斯船舶都是由荷兰人建造的。

贸易的发展同样间接影响了北欧，带来了城市化步伐的加快以及村镇规模的不断扩大。1500 年，巴黎是北欧唯一一个在城市规模上媲美米兰、威尼斯和那不勒斯的城市；荷兰与意大利北部是城市化程度最高的地区，有大约十分之一的人口（欧洲平均人口的四倍）居住在城市中。到了 1600 年，欧洲城市化水平达到 5%，而荷兰的城市化水平达到了这一比例的三倍。阿姆斯特丹在城市规模上接近巴黎，是欧洲发展最快的城市。凭借着不断发展的海运贸易，伦敦的人口不断上涨，成为了继那不勒斯和君士坦丁堡之后欧洲第三大城市。到了 1700 年，伦敦成为欧洲第一大城市，人口达到了 50 万。

北欧不断发展的贸易与城市化伴随着许多重要的变化。越来越成功的印刷业加快了人们对于更多食物的需求，改善了人们的文化水平。越来越多居住在城市的人提高了对于采暖燃料的需求，煤炭开始取代木材成为燃料的新选择。16 世纪欧洲的煤炭生产主要集中在英国和比利时，产生这一现象的原因有三个；而仅英国的煤炭年消耗量（主要用于村镇与城市中家庭采暖）就从 1600 年的 70 万吨猛增到 1715 年的 300 万吨，占欧洲总消耗量的五分之四以上（根据同一时期内威尼斯布料出口下降至以往的十分之一，可以看出威尼斯正在逐渐走向没落）对于城市采暖
的需求激发了对于更廉价煤炭资源的需求，其主
要通过生产力的提高与运费成本的降低满足。蒸
汽机的开发可以将水从井中抽出，使得蒸汽机能
够在更深的地下工作；托马斯·纽科门（Thomas
Newcomen）制造的蒸汽机首次于 1708 年在英国
北部泰恩塞德（Tyneside）的一处煤矿使用。布 197
里奇沃尔特（Bridgewater）公爵出资 25 万英镑
推动了新一波运河建造浪潮的首个项目，这一点
并不十分令人感到意外。其拥有的煤矿为曼彻斯
特和利物浦供应煤炭资源。布里奇沃尔特运河的
第一航段于 1761 年通航，使得曼彻斯特的煤炭运
输成本仅为原来的一半。不久后，运河项目为它
的所有者带来了大约 8 万英镑的年收入。

在欧洲，铁的使用从 1500 年每年大约 12.5 万吨稳步增加至 1715 年 20 万吨以上。1715 年至 1760 年，英国国内煤炭年度消耗从 3 万吨快速增长至 6 万吨。这一快速增长主要由两方面的原因造成，一是农业革命，二是制造必要的农业器具以生产粮食，以满足村镇中不断增长的非农业人口的需要。不久后，由于制造锻铁需要的木炭资源变得越来越稀少，英国开始从瑞典进口高质量铁，从俄罗斯进口价格最低的铁。英国铁工业凭借煤炭解决了燃眉之急。对于英国来说，煤炭资源供应几乎没有限制。亚伯拉罕·达比（Abraham Darby，1678—1717）在 1710 年前后开始寻找使用煤炭作为燃料制造铁的方式；不久后，他开发了一种方法，通过燃烧去除焦炭中的挥发性成分，降低氧化铁矿石含量，从而获得铁。（更多关于铁制造技术发展的细节，参见附录 2。）作为挥发性成分之一，煤气在 18 世纪末用于建筑中提供人造光源，后来用于公共路灯照明。

与此同时，随着新兴城邦的繁荣，统治者们开始努力强化他们的地位与影响力。军事力量变得越来越强大，各城镇蓬勃发展，它们需要重新审视、更新或扩展自己的要塞。战舰的规格与潜

197

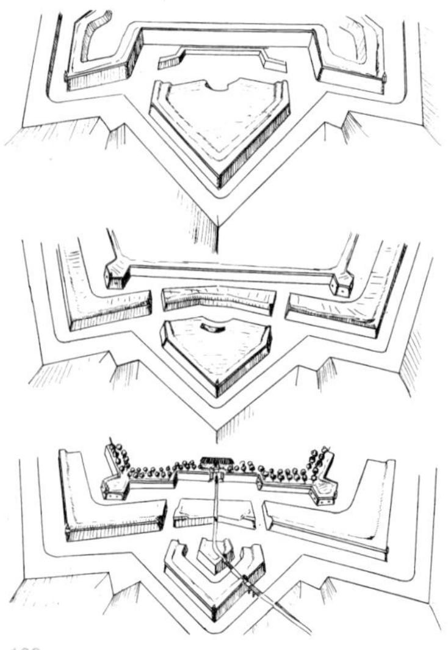

198

LA FRANCE DE VAUBAN

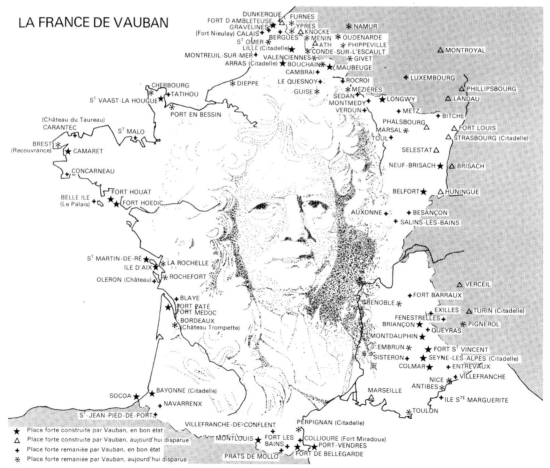

DUNKERQUE
FURNES
FORT D AMBLETEUSE
GRAVELINES
YPRES
(Fort Nieulay) CALAIS
KNOCKE
BERGUES
MENIN
OUDENARDE
NAMUR
S^T OMER
ATH
PHIPPEVILLE
LILLE (Citadelle)
CONDE-SUR-L'ESCAULT
MONTROYAL
MONTREUIL-SUR-MER
VALENCIENNES
GIVET
ARRAS (Citadelle)
BOUCHAIN
MAUBEUGE
CAMBRAI
LUXEMBOURG
CHERBOURG
DIEPPE
LE QUESNOY
ROCROI
TATIHOU
GUISE
MEZIÈRES
PHILLIPSBOURG
S^T VAAST-LA HOUGUE
SEDAN
LONGWY
LANDAU
MONTMEDY
PORT EN BESSIN
VERDUN
METZ
BITCHE
(Château du Taureau)
CARANTEC
PHALSBOURG
S^T MALO
MARSAL
FORT LOUIS
TOUL
STRASBOURG (Citadelle)
BREST
(Recouvrance)
CAMARET
SELESTAT
NEUF-BRISACH
BRISACH
CONCARNEAU
FORT HOUAT
BELFORT
HUNINGUE
BELLE ILE
(Le Palais)
FORT HOEDIC
AUXONNE
BESANÇON
SALINS-LES-BAINS
S^T MARTIN-DE-RÉ
LA ROCHELLE
ILE D'AIX
ROCHEFORT
OLERON (Château)
VERCEIL
BLAYE
FORT BARRAUX
GRENOBLE
FORT PATÉ
FORT MEDOC
EXILLES
TURIN (Citadelle)
BORDEAUX
(Château Trompette)
FENESTRELLES
BRIANÇON
PIGNEROL
QUEYRAS
MONTDAUPHIN
EMBRUN
FORT S^T VINCENT
SISTERON
SEYNE-LES-ALPES (Citadelle)
COLMAR
ENTREVAUX
NICE
VILLEFRANCHE
ANTIBES
SOCOA
BAYONNE (Citadelle)
MARSEILLE
ILE S^TE MARGUERITE
NAVARRENX
TOULON
S^T-JEAN-PIED-DE-PORT
VILLEFRANCHE-DE-CONFLENT
PERPIGNAN (Citadelle)
MONTLOUIS
FORT LES BAINS
COLLIOURE (Fort Miradoux)
PORT-VENDRES
PRATS DE MOLLO
FORT DE BELLEGARDE

★ Place forte construite par Vauban, en bon état
△ Place forte construite par Vauban, aujourd'hui disparue
✚ Place forte remaniée par Vauban, en bon état
✳ Place forte remaniée par Vauban, aujourd'hui disparue

199

200

能不断扩大，需要新的甲板、船坞和港口为这些新的更大的海军舰队提供服务。通过一些伟大的意大利工程师和军事建筑师的个人活动，他们的技巧迅速席卷法国、西班牙和英国，其中包括列奥纳多·达·芬奇和弗朗西斯科·迪·乔治。他们都是接受国外资助的众多意大利军事工程师；他们有越来越多的书籍开始被人们广为传诵。

在传承意大利前辈工作的数不胜数的欧洲工程师中，有一位工程师在 17 世纪脱颖而出，他就是法国人塞巴斯蒂安·勒·普雷斯特雷·德·沃邦（Sebastien Le Prestre de Vauban，1633—1707），人们常简单地称他为沃邦。通过数个时期的努力，沃邦将要塞艺术发展到了极致，开发的军事策略与武器也能够凭借智谋战胜新的防御

197. 托马斯·纽科门为伦敦约克建筑公司自来水设施设计的大气发动机，约 1730 年。
198. 塞巴斯蒂安·勒·普雷斯特雷·德·沃邦在 17 世纪构思的三个要塞系统。
199. 法国地图示意图，展示了沃邦设计的要塞的位置。
200. 法国设防城镇蒙多凡。沃邦设计的要塞，1693 年。

方式。他的设计不是公式化的；每个方案都经过精确构思，以满足独一无二的情景，包括地势、
198 业已存在的要塞、针对防御提出的军备种类及预测的敌方掌握的军备种类。在整个职业生涯中，他的名声影响了各个领域；就像当今广为流传的说法：“沃邦包围的城镇必定失败，而沃邦设防的城镇则坚不可摧。”沃邦的名字与整个法国境
199、200 内完好保留至今的一百多个城镇密切相关，包括东部的贝尔福（Belfort）与布里昂松（Briancon）、西南部的蒙路易（Mont-Louis）与贝永（Bayonne）。大多数要塞的建造并非沃邦直接参与监督，这是对他作为设计工程师的设计技巧的证明。实际上，许多要塞都是在沃邦去世后建造的。或许，他将防御结构构思成纯功能性的，这使得城镇具有独到而引人注目的建筑质量，使它们保存至今。

沃邦是一名军事工程师，他的一生都在军队服役；他参与了超过五十次军事包围行动以及上百次战役。尽管如此，他的工作时常为各个城镇带来非军事的效益。在和平年代，他为商业企业开凿运河，开辟水路。在法国北部港口城市敦刻尔克（Dunkerque），他设计的要塞融合了一个全新的港口、码头、仓库和工厂。他提议开凿一些运河，将各个港口连接至法国北部的多个内陆城镇，并提出了开凿贯穿阿尔萨斯（Alsace）的莱茵－罗纳运河（Rhine-Rhone canal）的想法。他还花一年左右的时间监督自己构思的引水渠的施工，将朗格多克（Languedoc）运河[米迪（Midi）运河，1666—1681 年]引入一处河流中。

16、17 世纪，土木工程师开始涉足非军事项目。这些项工作主要针对水利工程，目的在于地面排水、防汛工程、开凿运河以及建造跨河桥梁。荷兰人精通艺术；荷兰工程师开垦了海岸上的大片低洼土地。英国东安格利亚（East
201 Anglia）的科尼利厄斯·费尔默伊登（Cornelius Vermuyden，1590—1677）等许多荷兰籍工程师开展了类似的项目。连通地中海与大西洋的朗格多克运河是法国开凿的第一条大型运河。北欧与 202
英国随后由于廉价航运带来的经济效益开凿的其他运河推动了整个 18 世纪工商贸易的发展。整个欧洲不断发展的道路网络为运河提供了补充。这些道路的施工质量高于农村小道，能够承载四轮马车运送乘客、货物，以及在必要时运送军队。有了运河与公路，当然就需要建造桥梁，人们也第一次开始为实现整个北欧交通基础设施现代化 203
而共同努力。18 世纪对于此类工程日益高涨的需求催生了将土木工程作为一项职业的想法。这意味着，它不仅定义了土木工程师应当予以强调与解决的具体项目，也建立了承担此类工程而需接受的教育和培训的途径。工程开始效仿建立已久的法律与医学领域的职业。

理性时代与启蒙运动

该阶段欧洲历史可以用两个词汇进行描述，即理性时代与启蒙运动，分别展现了我们今天所谓的人类左脑与右脑技能。一方是数学、哲学、科学和修辞学等构成的理性世界，而另一方则是我们所谓的艺术家构成的世界，包含文学、绘画、音乐与建筑；尽管此类艺术家与伯鲁乃列斯基、弗朗西斯科·迪·乔治、列奥纳多以及米开朗琪罗等具有很大差别，后者通过在肮脏和喧闹的工厂与铸造车间里的学徒经历学习了行业知识。这些在此阶段为西方文化留下深深烙印的人让我们看到了创造才能的丰富多彩。[①]

17、18 世纪，基本建筑样式、立面及格局
出现越来越多的变化，建筑样式和建筑人才百花 204、205 206、207
齐放。毫不奇怪的是，该时期很少的建筑对工程师提出新的需求；因此，这些年从根本上来说是建筑工程基本技能融合的时期。中世纪末及文艺复兴时期的建筑工程师的成就媲美甚至超越了一千年甚至更久之前阿波洛道鲁斯（Apollodorus）等罗马工程师的成就。相比较而言，17、18 世

201

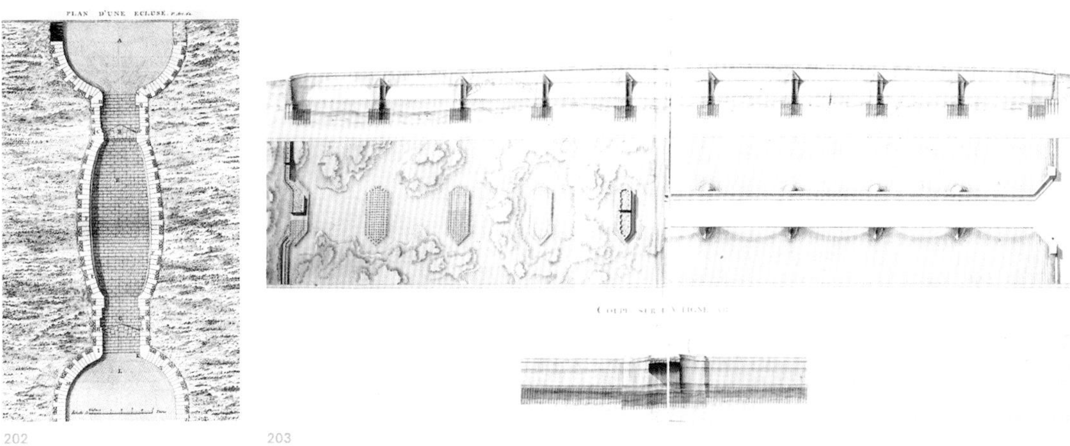

202 203

201. 描述 17 世纪荷兰排水 / 开垦土地的版画。

202. 法国朗格多克运河的船闸，1666—1681 年。摘自《导航通道及朗格多克运河》（*Canaux de navigation, et specialement du canal de Languedoc*），巴黎，1778 年。

203. 法国奥尔良的乔治五世桥，1751—1760 年。工程师：让·于波（Jean Hupeau）。平面与立面图。

204

205

204. 德国拜罗伊特的侯爵歌剧院，1742 — 1748 年。建筑师：杰赛普·加利－比比恩纳（Giuseppe Galli-Bibiena）与约瑟夫·圣－皮埃尔（Joseph Saint-Pierre）。

205. 都灵的圣辛度教堂，1667—1690 年。建筑师：古阿里诺·古阿里尼（Guarino Guarini）。穹顶内部。

206. 法国里昂一处建筑（Hôtel-Dieu），1741—1761 年。建筑师：雅克－杰曼·苏夫洛。

207. 英国约克郡霍华德城堡，1699—1712 年。建筑师：约翰·范布勒（John Vanbrugh）爵士与尼古拉斯·霍克斯莫尔（Nicholas Hawksmoor）。

206

207

纪建筑工程的进步则显得较为平淡。与其说实现了令人瞩目的成就，倒不如说是（主要在）意大利文艺复兴时期起步的工程与工艺技能更均匀地向外扩展到整个欧洲。例如，17、18 世纪英国的许多“新”发展（如引入了三角化木制桁架）在法国、德国和西班牙推广了一个多世纪，在意大利更久。从整体而言，教堂变得更加华丽，而不是规模更大；宫殿变得更加宏伟，城镇房屋高度增加至五层或六层。16 世纪中叶北欧改革后诞生了新教（Protestantism），剩余的财富投向城市建筑，如村镇大厅和市集建筑，而非宗教建筑。所有这些的实现主要通过使用木地板横梁与桁架进行墙面、立柱和穹顶砌体方面的施工标准技艺。许多重要建筑的大部分木制框架被方石或砖墙取代。正如以往一样，锻铁钢筋广泛应用于连接大型砌块石，铁拉杆用于抵消拱顶的外向推力，尽管越来越多的人认为在视觉上难以接受。每种施工样式的典范开始通过书籍被人们熟知，成为人们复刻或效仿的模型。

理性时代的想法由一个相当乐观天真的信念逐步演变而来。这一观点渗透到了社会的诸多领域，包括政治、科学、艺术，甚至宗教。思想与理性使得人类不受现实世界以及人类居住地的限制，开始无忧无虑地在宇宙中遨游。正如勒内·笛卡尔及其他哲学家教导的，思想与理性是我们认识自己并形成自信心的基础。毫不夸张地说，希腊哲学家发明了思考：它是理性与修辞的艺术。

随着中世纪与文艺复兴期间机械时代的演变，人们逐渐构思了新的方式来通过机械解释周遭的世界，而不是求助于诸神以及神秘学。这一想法逐渐发展成认为宇宙可能是某种机械，而宇宙的行为可能进行类似的预测。到了 17 世纪初期，人们意识到，对于世界的知性认知可以使其转变和改善同一世界中的事物。

在文艺复兴之前，工程师开展任务的方式主要是观察与归纳，即依靠经验。他们收集可行与不可行数据，创建了能够归纳惯例的公式。这些设计规则可以轻松掌握，它们提供了一种便捷的方式，使得工程知识能够得以储存并传承给其他

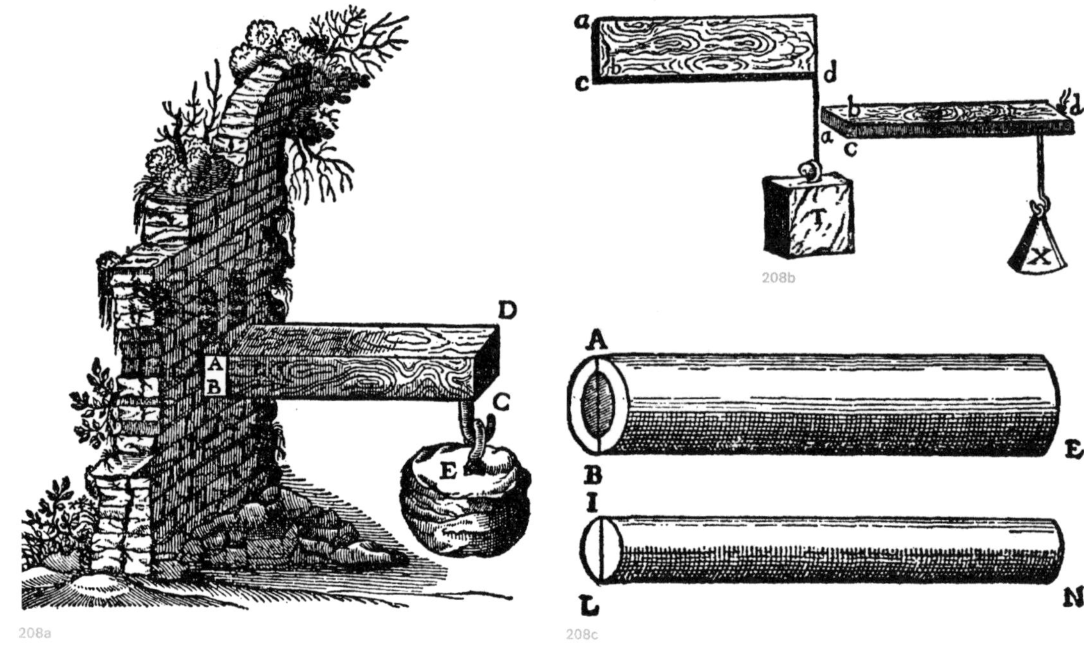

人，包括年轻一代。然而，此类规则的应用使得灵活性降低，并排斥了彻底背离以往惯例的做法，正如 1400 年前后米兰专家所展示的那样（参见第 2 章）。

文艺复兴晚期，状况开始发生改变。在罗德里戈·吉尔德·德·亨塔南 1565 年的书籍中，我们体会到了他由于未能寻找到适用于拱顶和拱座设计通用准则（参见第 3 章）的挫折感。造成这一挫折感的原因在于，他相信该通用准则可能（或一定）存在，而自己却无法找到。16 世纪 80 年代英国顶尖船舶设计师马修·贝克同样意识到，早期完成的船舶设计不能作为当时制造不同改良船体的指导方针。各相关领域的工程师逐渐清楚地认识到，理性且细致的实验能够带来收益，这些收益不仅体现在现场实验中，还体现在当今物理学家所谓的“思想实验”中。弗朗西斯科·迪·乔治阐述了他的逻辑思维。这一逻辑思维促使他构思了新型要塞，并通过图纸描绘了从未制造或建造的武器、机械与建筑。通过数千份图纸，列奥纳多·达·芬奇不仅记录了他的观察所得，还记录了他的脑海中数百个“这样如何？”问题的结果。他通过在稿纸上草拟出自己的猜想，捕捉到了许

208. 伽利略·伽利莱，图纸描绘了简单结构的强度变化，摘自《两项新科学的对话》，1638 年。（a）载荷 E 与横梁 BD 的自身重量造成了 AB 的断裂。（b）横梁的强度取决于其在承重条件下的方向，它随着深度的不同而出现变化。（c）采用相同数量材料制作的实心与空心拉杆的强度随着整体直径的增大而增加（作者：这是一个错误的结论）。

多答案，而这又催生了更多新问题、新答案和草稿，它们有效地展现了他如何思考一个问题并获得最终解决方案的过程。列奥纳多超越了水利工程思维实验，并构思了现场实验来确定各个通道中的水流情况。贝纳丁诺·巴耳蒂就砌块拱顶可能坍塌的机制开展了自己的思维实验。弗朗西斯科·迪·乔治、列奥纳多和巴耳蒂等人及其同辈的思想，证明了我们今天在现实世界中所谓的数学模型的应用，它涉及几何学、流体动力学与静力学。然而，就后两个学科而言，仍需要通过数学概念来反映现实世界。

科技向前的道路通过天文科学获得了证实。希腊与阿拉伯天文学家收集了有关星体与行星位置的大量数据，构思了宇宙的数学模型，使得人们可以进行非常准确的预测；尽管行星运行的轨道复杂且无规律可循，而人们认为地球是宇宙的中心。16 世纪初，尼古拉·哥白尼（Nicolaus Copernicus，1473—1543）与约翰尼斯·开普勒（Johannes Kepler，1571—1630）证明，如果假设所有行星（包括地球）沿椭圆轨道绕太阳公转，那么可以构建一个更简单的宇宙数学模型。尽管如此，他们仍未理解为何公转轨道是椭圆的，而不是 2 世纪天文学家克罗狄斯·托勒密（Claudius Ptolemaeus）通过他的宇宙模型能够解释的不规则行星轨道。关于行星可能受到远距离跨越空间的作用力影响而被迫沿轨道运行的想法直到 17 世纪才得以证实。罗伯特·胡克在 17 世纪 60 年代中期首次提出这一理论，但他无法凭借自身的数学技能或在作为好朋友与同事的科学家克里斯托弗·雷恩的帮助下证明这一理论的确能够导致椭圆形轨道的形成。开普勒提出，正是艾萨克·牛顿在 17 世纪 80 年代中叶最终提供了数学证明。

材料强度

这些科学成就提升了人们的信心，使他们相信，所有学科都会因这样的方法研究而受益；这既包括知识领域，也包括实践领域。对于材料强度的研究也不例外。物理学家伽利略·伽利莱（Galileo Galilei，1564—1642）提出了一些新的更有效的答案来回答亚里士多德与阿基米德早在近两千年前提出的“为什么事物具有强度？”“为什么木棒弯曲时会在中点折断？”等问题。中世纪哲学家与文艺复兴时期的数学家同样考虑了这些问题，但由于缺乏受力的数学表达式，他们未取得较大进展。伽利略第一次清晰地区分了某种材料强度与该材料所制成对象的强度，即材料的属性与结构属性的区别。这为从应力而非受力或强度的角度思考（单位面积上的受力）问题铺平了道路。他采用这一方法反驳了“许多拥有非凡智慧的人”（伽利略这样称呼他们）关于“绳子的强度随着长度的增加而减弱”的观点。他区分了较小横断面造成的强度较低以及纤维质量较差造成的强度较低。因此，他表明，较长绳子的强度确实低于较短绳子的强度，但这仅仅是因为较长的绳子更容易存在制造缺陷或含有劣质材料。绳子的强度本身可能各有差别，但与其长度无关。

伽利略在 1638 年的书籍《两项新科学的对话》中继续强调了“固体对于外部应力导致断裂的抵抗力”。他想知道为什么“将铁杆或玻璃杆按照正确的角度固定在竖直墙面时，能够支撑垂直方向几千磅的拉力；而当自身重量达到五十磅则足以产生断裂”。[②]

换句话来说，如何将悬臂的材料强度与相同材料的拉力强度联系起来？考虑断裂时，他假设，当达到“断裂绝对抗性”（拉伸强度）且悬臂的两个部分产生弯曲时，易碎的材料发生断裂，出现横梁下表面围绕虚拟支点旋转的现象。然而，在伽利略的论点中，他仅考虑了不同横梁的相对 208(a)
强度，并未尝试将横梁的强度与横梁材料的绝对强度联系起来。尽管如此，根据伽利略的推断，我们依然接受弯曲的承重横梁出现断裂： 208(b)

· 重型横梁的强度与其长度的平方成正

比，与深度的立方和宽度成反比。

· 在中心弯矩最高的部位更容易折断横梁。

· 悬臂的弯矩图（非伽利略原话）是一条直线。

· 有必要仔细区分施加载荷与横梁自身重量造成弯曲的程度。

· 较之实心管材，采用相同数量材料制作的空心管材作横梁使用时强度更大。（他关于空心管材强度增大程度的论点是错误的。）

他的论点与现在观点之间的主要差别：

· 他假设具有相同面积的一个圆形的悬臂和一个方形的悬臂具有相同的强度；同样，
208(c) 他关于实心与空心拉杆的结论也是错误的。

· 以上两种情况下，强度随形状或“面积的二次矩”的变化而变化，而不是深度或直径（莱昂哈德·欧拉在 1750 年前后首次提出了面积二次矩的概念）。

· 他将横梁的旋转点定在该剖面下部的断裂处。

尽管人们通常认为伽利略在最后的结论中出现了错误，但实际上这是有失公允的。他讨论了断裂，而不是弯曲。当易碎材料出现断裂时，它会产生拉力；随着剧烈的爆裂声，裂缝逐渐扩散至整个剖面，速度逐渐降低。对于现在所谓的“矩形剖面中心的中性轴”位置的假设，仅在悬臂未折断的前提下有效。如果悬臂折断，它的中性轴会随着断裂的扩散而有效地下移，并最终下移至剖面的底部。

伽利略被整个欧洲的科学家与数学家所熟知，但在早期，他的观点可能仅仅引发了关于其有效性和假设后果的争论。在早期的理性时代，人们对他的观点产生了不同的质疑。例如，伽利略的论点是否可以使一些人通过数学计算预测现实中横梁的强度？这一疑问可以通过两位卓越的科学家——法国人埃德姆·马略特和英国人罗伯特·胡克的实验予以解答。他们的研究工作具有特别的吸引力，这不仅是因为其科学价值，还在于其采取的方式，因为两位均参与创建了很好体现理性时代精神的两个组织，即英国伦敦皇家学会与法国巴黎科学院。这两处机构最早认为科学是一项尊贵的活动；通过研究工作，他们认为，物理学、化学、生物学，尤其是医学的发展将在接下来的世纪中验证该项研究工作为人类带来的效益。

早期致力于科学（或称为“新哲学”）的学术团体成立于意大利，旨在避开教堂施加的种种限制；这一团队有效地控制了高等学院的研究内容。“自然秘密研究会”在 1560 年成立于那不勒斯，“意大利山猫学会”（该学会以因视觉灵敏度闻名的动物“山猫”命名，伽利略是该学会的一名杰出成员）在 1603 年组建于罗马，并一直维持到 1630 年。“研究人员学会”在 1650 年成立于那不勒斯，而“实验学会”[数学家兼物理学家埃万杰利斯塔·托里拆利（Evangelista Torricelli，1608—1647）是该学会的成员]在 1657 年成立于佛罗伦萨。尽管此类学术团体推动了许多有价值的研究工作，针对研究活动发表了许多出版物，但所有早期的学会在几十年内纷纷停止了他们的相关活动，取而代之的是由其他城市中具有不同兴趣的科学家创建的其他团体。英国伦敦皇家学会和法国巴黎科学院是最早的在创建者去世后依然存在的学术机构，它们成为了国家机构，并延续至今。

英国皇家学会起源于一群科学家，他们自 1645 年开始每两周在伦敦和牛津进行一次会面，商讨各种科学与哲学事宜。1657 年，克里斯托弗·雷恩被任命为天文学（相当于现代物理学）教授之后，伦敦的格雷山姆学院（Gresham College）成为他们的基地。查理二世 1660 年 5 月恢复王位后，该组织的 12 名成员决定他们刚成立的学会应当拥有正式的地位。同年 11 月

28 日，他们协商成立了“推动物理数学实验研究的学院”。在该组织的第一批拥护者中，有几位雷恩早在牛津大学期间便已相识的科学家，其中包括化学家兼物理学家罗伯特·波义耳（Robert Boyle）、数学家约翰·沃利斯（John Wallis）和约翰·威尔金斯（John Wilkins），及罗伯特·胡克。这一团体很快吸引了国王的注意，随后在 1662 年被官方文件正式授名“推广自然知识的伦敦英国皇家学会”。在波义耳的举荐下，胡克在同年被任命为实验负责人。胡克与在他之后的其他科学家进行的实验与验证构成了英国皇家学会理念的核心。这些实验与验证包括对于气体温度和压力的实验测量和对各种光学与机械装置的验证，甚至包括尝试对一条活着的狗输血。学会很快开始出版书籍，包括胡克的《显微图谱》（*Micrographia*，1665 年），及《哲学会刊》（*Philosophical Transactions*）中的一些会议纪要，后者是仍在版的最古老且运作时间最长的科学期刊。

如今，尽管英国皇家学会早已将实验工作转移至各高等院校，它依然是英国科学研究领域的核心。

法国科学院在 17 世纪 40 年代也开始举办一些非正式的会议，与会者包括勒内·笛卡尔和布莱士·帕斯卡（Blaise Pascal）；1666 年，在大臣让-巴普蒂斯特·柯尔贝尔的建议下，该团体被授予更高的地位。团体的成员每周在巴黎新建的国王图书馆中举行会谈（数学家周三进行会谈，而科学家周六进行会谈）。会谈中，他们重复着经典的物理学实验，马略特对材料强度和横梁弯曲开展研究。1699 年，该团体被授予王室特许，70 名团队成员随后开始在卢浮宫内举行定期会谈。正如英国皇家学会，法国科学院开始出版一些科学的文章和备忘录，以及一些常规的会议报告。时至今日，法国科学院依然是推动法国国内科学研究的国家之声。18 世纪上半叶，德意志联邦、俄罗斯、西班牙和斯堪的纳维亚纷纷成立了以早期意大利、英国和法国模型为基础的科学学会。

如今，我们常常将这些学术团体的工作与最著名、最成功的科学家联系在一起，但事实并非始终如此。普通科学家的人数远超过优秀的科学家。仍然有许多科学家涌入科研的浪潮中，提出了各种不太现实的研究路线。乔纳森·斯威夫特（Jonathan Swift，1667—1745）在他如剃刀般锋利的讽刺作品《一只桶的故事》（1704 年）与《格列佛游记》（1726 年）中提醒我们，并非所有以科学名义展开的调查都是富有成效的，一些科学调查近乎疯狂。在前往勒普泰岛（Laputa）的航行中，格列佛在拉格多学院（即英国皇家学会）遇到了一个人，“八年来他一直在从事一项设计，想从黄瓜里提取阳光，装到密封的小玻璃瓶里，遇到阴雨湿冷的夏天，就可以放出来让空气温暖。他告诉格列佛，他相信再有八年，他就可以以合理的价格向总督的花园提供阳光了……请求格列佛能否给他点什么，也算是对他尖端设计的鼓励吧，特别是现在这个季节，黄瓜价格那么贵。”③

罗伯特·胡克是英国的列奥纳多。他是世界上设计和制造科学仪器与钟表的顶尖人才之一，精通机械工程、材料科学、结构力学及天文学、显微学、化学、生物学、物理学、勘测与建筑。出生在贫苦家庭的胡克在牛津大学基督教会学院找到了一份伴读生的工作，通过服侍另外一名家境较好的学生获得收入来完成学业；他后来成为了一名唱诗班歌手。在牛津期间，他遇到了克里斯托弗·雷恩、罗伯特·波义耳和约翰·威尔金斯。胡克首先在同波义耳共事期间发挥了他出色的发明创造能力，他还为波义耳设计并制作了实验用气体真空泵。到了 1662 年，胡克开发了现代显微镜、锚形擒纵机构和摆轮擒纵机构，探索并发明了足够精准的时钟机制，使得水手能够确定自己所在的经度。这项对于弹性的研究工作帮助他建立了著名的弹性定律；这次，他不愿意将自己的成就公诸于众，因为他害怕他人可能通过学习制作出具有相同精准度的时钟机制。27 岁时，胡克当选为英国皇家学会的成员；1665 年，他被任命为格雷山姆学院几何学（相当于现代物理学）教授，克里斯托弗·雷恩也曾担任这一职位。

1662 年至 1664 年，胡克在英国皇家学会首次实施了材料强度与横梁弯曲实验。后来，胡克与其他研究人员进行了大量实验，确定了金属丝在拉力下以及横梁在弯曲下的断裂强度。以现代的眼光来看，这些实验似乎涉及显著的随机性；实验改变了材料、尺寸，甚至温度和空气压力，以期发现通用或普遍的规律。胡克后来的工作首先侧重于木材与金属，随后侧重于“石料、炕土、毛发、犄角、丝绸、骨骼、肌肉、玻璃等”。这使得他提出了著名的箴言“ut tensio, sic vis”（力如伸长那样变化），它适用于“每个弹性物体”。这就是众所周知的“胡克定律”（Hooke's Law）。马略特同样开展了类似的实验，提出了相同的准则并以自己的名字命名。胡克声称在 17 世纪 50 年代完善时钟游丝摆轮期间首次建立了胡克定律，但直到 1678 年才在《论弹簧》（*De Potentia Restitutiva*）上发表。他采用字谜的形式——ceiiinosssttuv（ut tensis sic vis），以避免其他人剽窃他的想法并从中获利。

胡克与马略特均未在抛开现实问题的基础上开展研究工作。胡克是一个非常注重实际的人，他将自己的认知应用在许多仪器和机械的制作以及建筑设计上，还在关于液体流动的一篇文章中发表了对于横梁弯曲的经典研究。当被委托设计凡尔赛宫大型新建喷泉的供水管道时，他开始对固体强度产生兴趣，这也解释了他涉足这一稀奇领域的原因。胡克与马略特的工作向其他人展示了如何应对弯曲问题，并在不久后确定了横梁的理论强度和刚性，这吸引了欧洲大部分著名数学家和科学家的注意，包括安托万·帕朗（Antoine Parent，1666—1716）、查尔斯·库仑（Charles Coulomb，1736—1806），以及后来的彼得·巴洛（Peter Barlow，1776—1862）、托马斯·特雷德戈尔德（Thomas Tredgold，1788—1829）和让－玛丽－康斯坦特杜哈梅（Jean-Marie-Constant Duhamel，1797—1872），他们侧重于横梁的强度研究；其他人，尤其是雅各布·伯努利（Jakob Bernoulii，1654—1705）、莱昂哈德·欧、克劳德·路易·玛丽·亨利·纳维（Claude Louis Marie Henri Navier，1785—1836）和巴雷·德·圣维南（Barre de Saint-Venant，1797—1886），则主要关注横梁断裂前的弯曲行为，包括刚性或偏移程度、横梁偏移的形状以及拉杆和平板的振动。有意思的是，其间，他们的注意力集中在两个关键的结构问题上。横梁的强度是约 1638 年至 1730 年前后以及 1775 年至 1820 年主要的研究重点；其间，断裂的问题最终得以有效解决。一方面，刚性是 1730 年至 1775 年以及 19 世纪 20 年代至 60 年代工程科学家主要兴趣所在。

在此期间，人们对拱顶结构行为表现出了同样的兴趣。科学家并非简单地通过已建成的建筑物寻找证据， 而是开始研究拱顶实际运作方式以及坍塌时拱顶的行为。法国学者菲利普·德·拉·海尔（Philipe de la Hire，1640—1718）于 1695 年在其著作《力学论述》（*Traite de mecanique*）中首次发表了静力学在拱顶研究方面的成功应用。他最初考虑的问题是：拱顶的楔形拱石必须 209
达到怎样的重量才能确保其结构稳定性？为了

209. 菲利普·德·拉海尔，图表表明了砌体拱顶的稳定性及其坍塌方式与楔形拱石重量和拱环厚度的关系，摘自 1695 年和 1712 年发表的文章。

210. 奥古斯汀·丹尼兹，石膏模型拱顶测试结果，1732 年。

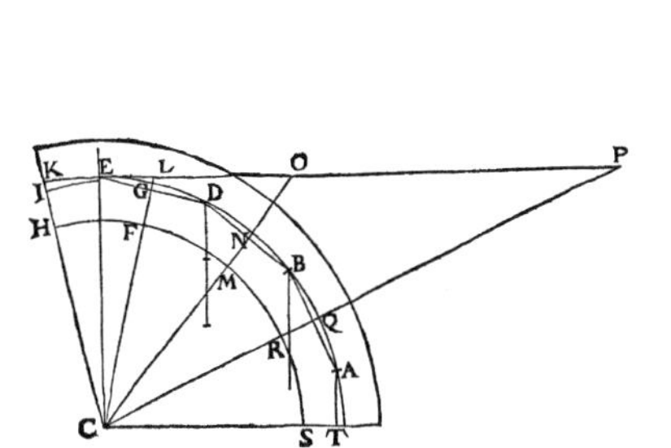
K E L O P
I G D
H F N
M B
R Q
A
C S T

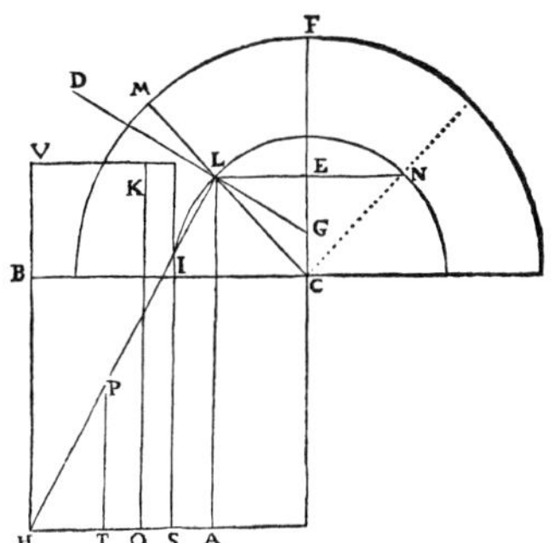
F
D M
V L E N
K G
B I C
P
H T O S A

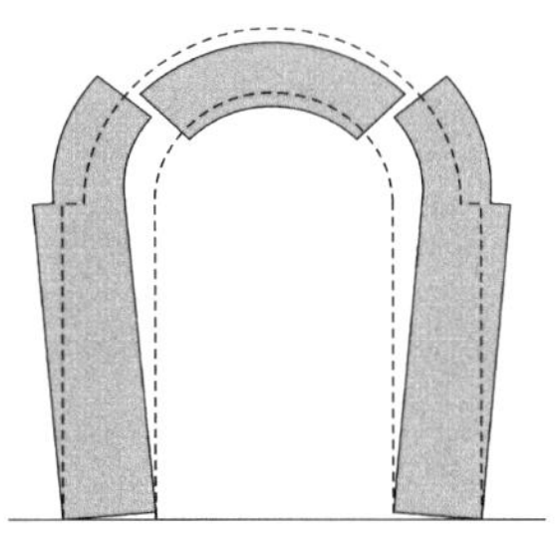

209

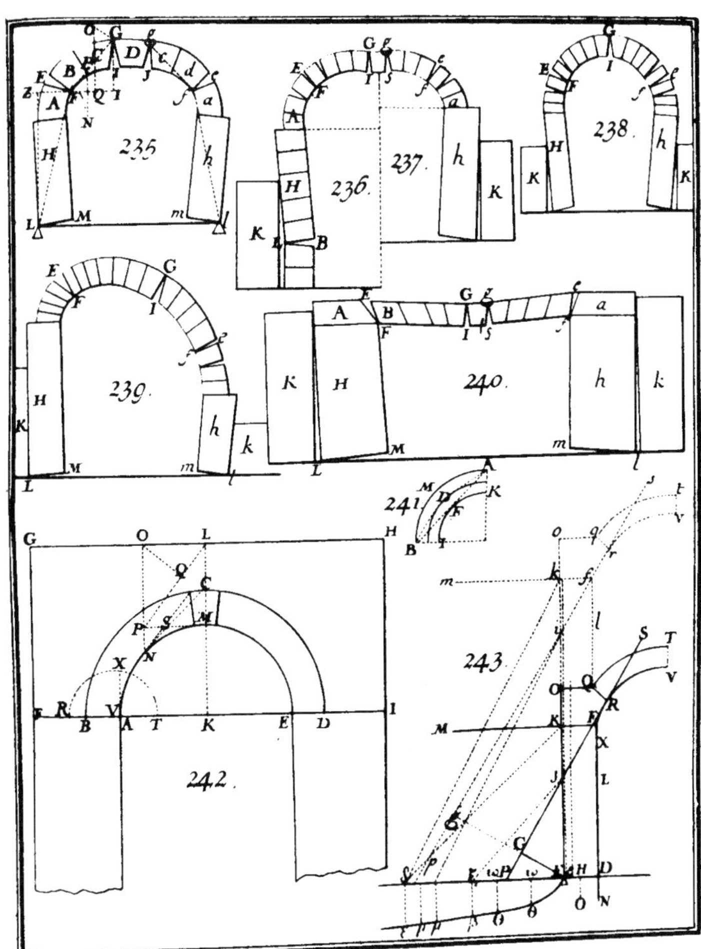
235
236.
237.
238.
239.
240.
241.
242.
243

210

211a

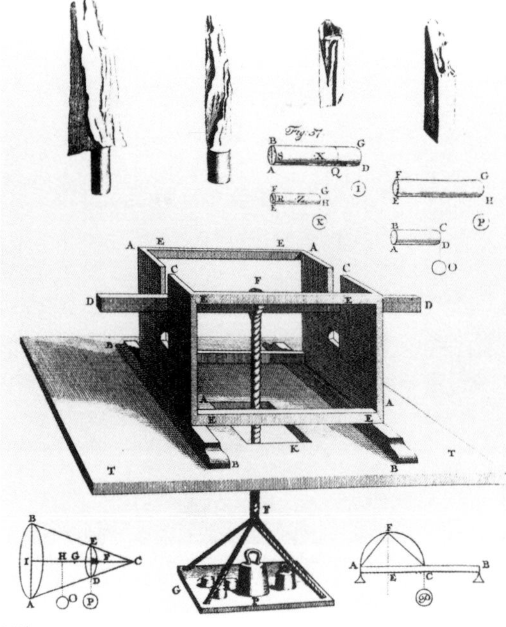

211b

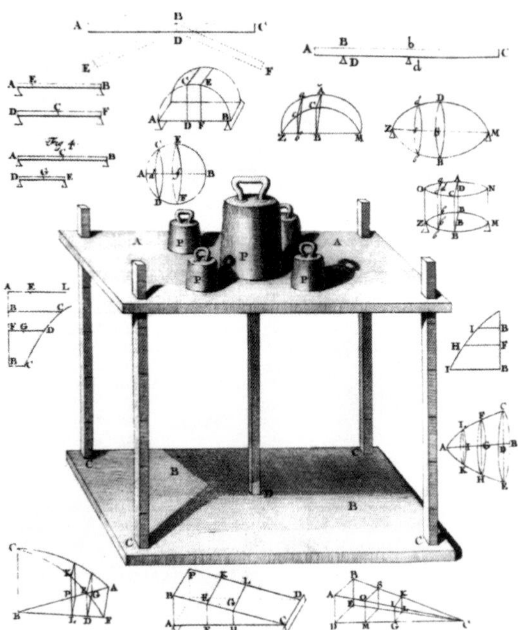

211c

212

计算拱顶的平衡条件，他采用线条的形式在拱顶自身相应的几何示意图中展示了应力。他因此通过几何方法，使用对角线上相等的第三个单向应力替换了平行四边形相邻边上共同作用的两个应力；该方法后来演变成了“图解静力学”技术。在后来的工作中（1712 年），拉海尔考虑了长期研究的问题，确定了为避免拱顶倾覆而所需的拱座或墙面的大小。而罗德里戈·吉尔德·德·亨塔南则试图寻找基于实际建筑的设计规则。拉海尔利用数学模型通过抽象的方式解决了问题。在伯纳德·福利斯特·德·贝利多尔 1729 年将该方法写入他的书籍《工程师科学指南》中后，他的方法很快得到广泛推广，他的想法也被坚决采纳。

根据巴尔迪关于坍塌机制必须始终包含楔形拱石围绕铰链旋转的深刻见解，科学家开展了一系列的实验。不久之后，人们就开始提出行为的数学模型来试图解释该种行为，甚至通过比例模型对测试结果进行预测。法国科学家奥古斯汀·丹
210 尼兹（约 1700—1777）使用石膏制作的楔形拱石对模型拱顶进行了大量的测试，并在 1732 年将其发现向法国蒙彼利埃皇家科学院（Societe Royale des Sciences of Montpellier）进行了汇报。这些发现由他的同事阿米迪·弗雷泽（Amedee Frezier）发表在他 1737 年的专著《切石法》的附录中；同时发表的还有计算拱顶向外推力的分析方法。

工程师很快意识到，以科学研究的名义收集的关于材料和结构行为的数据对他们有用。不久，许多实验的开展确定了材料强度，如施工用的各种类型木材和不同制造商所制造铁的强度。针对小型（模型）结构构件与全尺寸结构构件均进行了测试。作为其中一员，贝利多尔在《工程师科学指南》中发表了他关于小型木材横梁强度所进行实验的结果。然而，18 世纪对材料进行了最全面最彻底试验的人毫无疑问是彼得勒斯·范·穆森布罗克（1692—1761）。他先后在乌得勒支（Utrecht）大学和莱顿（Leiden）大学担任物理学教授一职。尽管法国物理学家雷内·安东尼·费尔绍·德·雷奥姆（Rene-Antoine Ferchault de Reaumur，1683—1757）在 18 世纪 20 年代研究将锻铁转变为铁的方法期间，对铁和钢进行了机械测试，但穆森布罗克实际上是材料测
试艺术的奠基人。在他 1729 年出版的著作《物 211
理实验与几何学》（*Physicae Experimentales et Geometricae*）中，他展示了超过 20 种不同类型的木材以及铁与其他材料。他还确定了引发纤细支柱变形的载荷，并通过实验建立了计算此类行为的公式，这比欧拉采用数学方式进行此项研究早了大约30年。穆森布罗克的研究工作广为人知，并被广泛推广，尤其是欧洲大陆意欲调整简单支柱和拉力构件（如锻铁系扣）大小的工程师。他们同样使用了他的材料强度数据，在最新的弯曲数学模型的辅助下，计算了横梁强度。较之节省材料或在其他任何方面“表现更佳”的科学方法，正常尺寸横梁、立柱和系扣的设计当然有所区别。通过几个世纪以来建造者们开发的简单规则（如将横梁要求的深度定义为其跨度的一部分），人们已经获得了最经济的尺寸。

布冯伯爵乔治·路易·勒克莱尔（1707—1788）指责了穆森布罗克等人对于大型结构试验的结果，因为此类科学结论是在横断面仅若干平方厘米、长度仅数十厘米的非常小的试验样品

211. 彼得勒斯·范·穆森布罗克，三台仪器，用于测量（a）材料的拉伸强度、（b）弯曲横梁的偏斜度，以及（c）支柱的压曲强度，所有均摘自《物理实验与几何学》，1729 年。
212. 皮埃尔·西蒙·杰拉德，木制支柱压力试验器械，《固体阻力分析》（*Traité analytique de la résistance des solides*），1798 年。

的基础上确定的。之后布冯伯爵以及巴黎桥梁与道路学院的埃米尔（Emil）与玛丽·高蒂（Marie Gauthey）、雅克－伊利·朗布拉迪（Jacques-Elie Lamblardie）和皮埃尔－西蒙·杰拉德（Pierre-Simon Girard）进行了全尺寸结构构件的试验。其中，木制横梁长度达到9米，支柱高度达到3米；有时还使用了10吨甚至更大的载荷。④

18世纪中期至晚期获得的以数学模型为基础的大量试验结果使得工程师能够将此类假设结果与实际结构行为进行比较。到现在为止，许多工程师对以计算为基础而非单独依靠经验数据的设计方法充满信心，尽管他们能够适用该方法的结构范围仍然限于横梁、立柱、支柱和系扣。

雷恩、胡克与建筑设计

人们可能认为，在理性时代，科学认知的发展遍布整个欧洲，它将在不久的将来引起建筑设计与建造方式的革新；这或许是通过政府、赞助人设立的委员会或科学研究机构来实现。但到了17世纪，并未兴建专业的基础设施，没有负责审核实践设计规范的委员会；由于没有科技出版物，科学发展无法传递到执业工程师。事实上，17世纪末，欧洲的确出现了新的建筑设计与建造方法，但这仅是两个人工作的成果，即著名的英国科学家克里斯托弗·雷恩（1632—1723）和罗伯特·胡克，以及漫不经心的面包师托马斯·法林奈（Thomas Farriner），正是发生在其住所的火灾引发了1666年的伦敦大火。

雷恩与胡克成为建筑设计师都是机缘巧合。当时，他们接受挑战，负责大火后伦敦市中心的恢复与重建工作；然而，他们成为了不一般的建筑设计师。雷恩和胡克都不是泥瓦匠或军事工程师出身，也不是深谙阿尔伯蒂及塞里奥和帕拉迪奥建筑风格的绅士建筑师。他们是第一批掌握良好数学知识和科学受力知识的建筑设计师，这得益于他们早先在英国皇家学会开展的吸引力和行星轨道研究，以及针对弯曲和材料强度开展的实验。通过对于三维空间受力作用下行星运动的研究，雷恩和胡克熟练掌握了数学模型来辅助理解超过人类体型数百万倍的特定现象。实际上，相比较而言，甚至圣保罗大教堂也是渺小而非常真实的。当遇到问题时，雷恩和胡克会顺理成章地按照科学的方式寻找解决方案，正如现在任何一位工程师所做的那样。

在整整半个世纪之后，欧洲的其他科学家才开始受到建筑设计与施工领域的吸引，开始研究诸如罗马圣彼得大教堂穹顶的稳定性等问题；又过了一个多世纪，设计诸如多层工厂等普通建筑的工程师才开始使用工程科学来帮助改善他们的设计（参见第5章）。在将自己的科学认知引入工程与建筑设计实践中，雷恩和胡克预想到了现代工程教育的基础，即通过学习数学和建筑科学，人们可以获得对结构的认知，而无须成为一名建造者。

雷恩和胡克进行了可能是最早的咨询设计实践，包括我们现在所谓的建筑和建筑工程，尽管这两个学科在现代的区别对他们而言并不熟悉。作为两位主要人物，雷恩当然是一名更熟练的建筑师，而胡克更擅长解决实际工程问题。正如所有良好的合作伙伴一样，一方鼓舞并促成了另一方的工作。

在这段时期内，雷恩影响着整个英国的建筑行业，这部分由于他表现出了理性时代与启蒙运动的精神，采取了大规模且平等的措施。他在牛津大学瓦德汉（Wadham）学院进修，并在25岁时被任命为伦敦格雷山姆学院天文学教授。他在1661年回到牛津大学，担任萨维尔（Savilian）天文学教授一职，尽管他依旧全职担任建筑师，并定期参加英国皇家学会的会议；1680年至1682年，他担任了英国皇家学会的主席。雷恩作为建筑师的工作开始于1663年剑桥大学彭布罗克

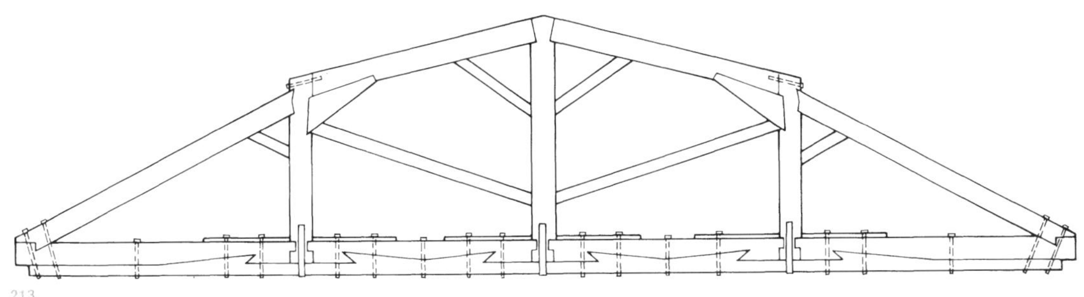

213

214

213. 英国牛津谢尔登尼亚剧院，1664—1669 年。建筑师与工程师：克里斯托弗·雷恩。桁架跨度 22 米。

214. 英国剑桥大学圣三一学院图书馆，1676—1684 年。建筑师与工程师：克里斯托弗·雷恩。桁架。到 17 世纪中叶，钢系杆与扎带越来越多地应用在大型桁架上，用以承载拉力。

215. 圣三一学院图书馆，内部。

（Pembroke）学院小教堂的建造项目，并在伦敦大火后的若干年内名声鹊起。

国王任命他为测量员，与伦敦市选出的另外两名测量员及其他三人一同合作，其中包括罗伯特·胡克。雷恩在伦敦设计并监督建造了 53 座教堂；其中规模最大最著名的要数圣保罗大教堂，它最终于 1710 年完工。1669 年，雷恩被任命为测量局长，直接受命于国王；任职期间，他接受了许多建筑与测量委任项目，包括扩建汉普顿宫和位于格林威治的皇家医院，以及对索尔兹伯里大教堂（Salisbury Cathedral）的结构稳定性进行评估。这使他成为了英国最具才华、最著名的建筑师之一，他的声望一直延续到 20 世纪；他的才能依然体现在当今的结构工程和项目管理中。

雷恩了解静力学方面相对较早的研究，包括巴尔迪、斯泰芬和伽利略等人的研究，他始终坚持将自己对物理学和数学的认知带入对建筑的思考中。他是第一个通过应力和平衡描述建筑的工程师或建筑师，他采取的方式与现今我们采取的方式几乎相同。他源源不断的创造性大部分源于他对于设计的挑战想法以及着手设计解决方案的方式。在人生快要走到尽头的时候，他编写了多份（未完成）关于建筑和砌体施工的文章；这些文章随后编入了他的书籍《根源：或雷恩家族备忘录》（1750）中，直到他去世后才得以出版。在其中一篇文章中，他提议改变维特鲁威与阿尔伯蒂等人仅在部分建筑中应用的惯例。在考虑人们应如何按比例调整拱座以便为拱顶提供支撑时，雷恩首先想到了罗德里戈·吉尔德·德·亨塔南的话：

> 如果接合点足够大，就会产生材料闲置费用；如果接合点过小，则会导致失败；其他拱形结构可以以此类推；然而，没有哪位作者为此提供真实且通用的规则，也没有哪位作者考虑了拱顶的不同形式。⑤

他接着继续清晰地指明前进的方向：

> 设计……必须通过静力学的艺术或重心进行调整，并适当平衡所有零件使重量相等；缺少上述步骤，好的设计会失败，难以达到要求。因此可以推断，所有设计必须从一开始就进行此项试验，否则应予以驳回。⑥

他对于结构的认知最好的例子是他设计的首批建筑。牛津大学谢尔登尼亚（Sheldonian）剧 213 院（1664—1669 年，现改建为别的建筑）的木制桁架以其独特的样式在英国独树一帜（雷恩有可能从他在意大利的建筑师朋友伊尼戈·琼斯处获得了灵感）。他建造的桁架对于所处的时代而言尤为巨大（22 米）；这些桁架的矢高不足类似屋面高度的一半，却依然要支撑克拉伦登出版社（Clarendon Press）所堆放书籍的相当大的重量。他在剑桥大学圣三一学院图书馆使用的桁架（1676—1684 年）跨度达 12 米，更符合传统设 214 计理念，但同时展现出精致的细节和对铁扎带的使用。

在这个时代，建筑几乎完全成为砖块、石材和木材的世界。雷恩并不反对使用新材料进行实验。1710 年，圣保罗大教堂附近竖立起高高的栏杆；据说，这是第一次在建筑中使用铸铁。他不仅在穹顶上使用了锻铁铁链，还适当使用了整齐的锻铁系扣来支撑圣三一学院图书馆的书架。这 215、217 些系扣被锚固在砌体墙面上，并向内倾斜，隐藏在连排书架后面，以便减少对于图书馆一层地面的载荷。他在牛津博德利（Bodleian）图书馆采用了相同的修理方法。雷恩在 1685 年被委托对汉普顿宫进行重建。在对大火中损坏的建筑进行修缮时，他开发了更大胆的锻铁结构用法。在隔墙中，他加入了一个挂钩，从而在木制桁架上直接 216 为地楞横梁提供支撑。

雷恩可能也是第一个在建筑中使用铁柱的设计师。1692 年，对下议院进行扩建时，他引入

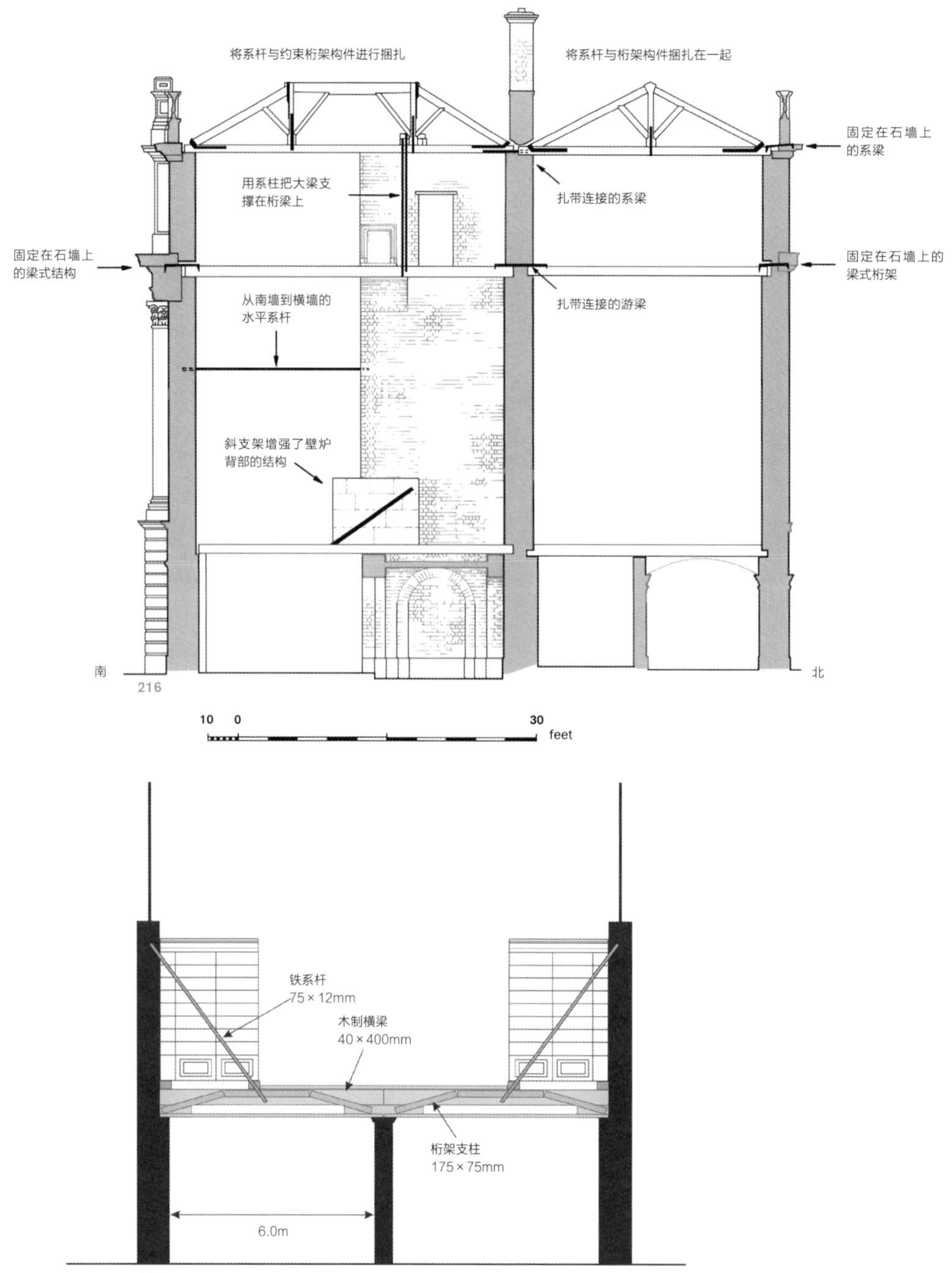

216. 伦敦汉普顿宫，1689—1702 年。南面前端延伸部分的剖面图表明克里斯托弗·雷恩使用了铁系杆。

217. 英国剑桥大学圣三一学院图书馆。剖面图表明雷恩使用了铁系杆。

218. 让·狄琼，伦敦下议院锻铁立柱图纸，1693 年。

219. 伦敦圣史蒂芬教堂（下议院辩论厅），1692 年（1707 年扩建）。

220. 1834 年大火后的圣史蒂芬教堂，摘自弗雷德里克·麦肯齐（Frederick Mackenzie）所著《威斯敏斯特大学圣史蒂芬教堂的古代建筑》（1844 年）。版画表现了 1834 年大火后狄琼设计的锻铁立柱扭曲的残片。

218

IEW of the HOUSE of COM
Arthur Onslow Esq. Speaker of the House of

219

220

221

222

221. 伦敦圣保罗大教堂，1675—1710 年。建筑师与工程师：克里斯托弗·雷恩。一圈独立的墙面遮挡了飞扶壁。
222. 圣保罗大教堂。雷恩早期的两幅素描表现了沿穿过扶壁的倒置悬链的穹顶（未竣工）推力线。
223. 圣保罗大教堂。R.B. 布鲁克 - 格里夫斯（R.B.Brook-Greaves）与 W. 戈弗雷·艾伦（W.Godfrey Allen）绘制的轴测剖透视图，1923—1928 年。

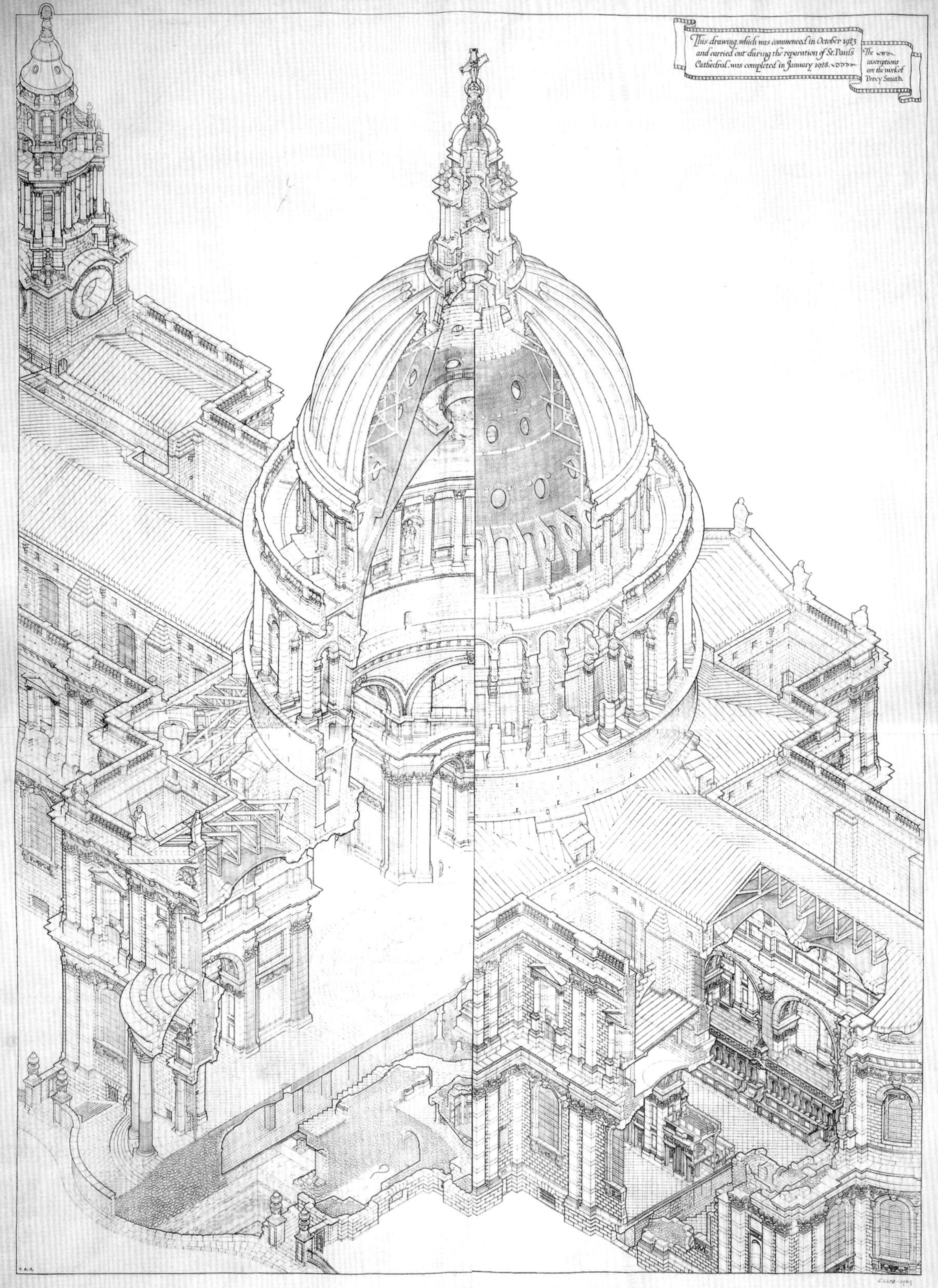

This drawing, which was commenced in October 1923 and carried out during the reparation of St. Pauls Cathedral, was completed in January 1928.
The inscriptions are the work of Percy Smith.

To WILLIAM DUNN, F.R.I.B.A.

who first suggested the idea of shewing the construction of St. Paul's Cathedral by Isometric Projection

~ this drawing is inscribed by MERVYN EDMUND MACARTNEY. F.S.A. Surveyor to the Fabric ~

Measured and drawn by R.B. BROOK-GREAVES in collaboration with W. GODFREY ALLEN

Valuable assistance has been rendered by Matthew Dawson F.R.I.B.A. & E.J. Bolwell

Published by the Architectural Press   Photo & Collo-typ. Donald Macbeth

了走廊。由于走廊主要由支架支撑，他被迫在议事厅入口任意一侧使用（正如他在备忘录中描述的）“两个铁柱；铁制柱头由狄琼锻造”。[7]法
218 国人让·狄琼(Jean Tijou)是雷恩的锻铁工艺大师。他在 1693 年出版的书籍《制图新编》（*A Newe Booke of Drawings*）中对实心铁立柱及其柱头和柱基进行了图解说明。尽管未给出尺寸，根据走廊柱头华丽锻铁装饰的比例以及在许多插图中的表现方式，可推测出立柱直径大约 80 毫米，高 3.6 米。这很可能出自狄琼之手，采用锻铁锻造。
219 1707 年对走廊进行扩建并加入额外的铁立柱予以支撑时，复制了雷恩在 1692 年使用的两个雏形。这两个雏形同样很可能采用锻铁锻造，新装饰的木制柱头复刻了狄琼的原始设计，并由格林
220 林·吉本斯（Grinling Gibbons）负责雕刻。1834 年下议院大火后绘制的一份图纸表明，一些已经“枯萎”的立柱，进一步印证了它们是采用锻铁锻造的。

展现雷恩在结构工程方面的能力最显著的例
221 子当然是圣保罗大教堂。圣保罗大教堂是三维结构工程的杰作，它展示了重量达 1000 吨的穹顶上面灯笼状的石质小室是如何向下穿过穹顶、窗间壁、拱顶和墙面，在达到地基时依然稳如泰山。这座建筑甚至融合了飞扶壁，尽管这在中世纪大教堂中不太可能出现；这些飞扶壁被隐藏起来，因为它们与巴洛克建筑风格不协调。

雷恩设计的大教堂的“穹顶”实际上包含三个构件。主要的结构构件是一个砖块砌成的圆椎体，它承载着穹顶上面灯笼状的石质小室的重量。
223 椎体内部有一个带有圆窗的轻质半球形砖砌壳体，从教堂内部透过圆窗可以看到椎体的内部结构；壳体上绘制了装饰性壁画。外部可见的半球形“穹顶”是一个表面由铅层覆盖的轻质木结构，它由砖砌椎体提供支撑。对于椎体的设计，雷恩
采用了他的朋友罗伯特·胡克提出的新静力学定 222
理；这是第一次将基于静力学的设计方法应用于新建大型结构中。该定理规定，拱顶跨越两个给定距离、给定矢高支架的最佳形式是采用倒置的悬挂铁链，即悬链。按照胡克的说法，“由于悬挂柔性线，采用倒置的方式能够承载刚性拱”（Ut continuum flexie, sic stabit contiguum rigidum inversum）。就像他更著名的弹性定律一样，胡克将这一观点以字谜的形式发表在《对于太阳观测望远镜及其他仪器的说明》（*A description of helioscopes and some other instruments*，1676 年）中。胡克在 1675 年 6 月 5 日的日记中写道，雷恩采用了“我发现的拱顶定律”，最终更改了他制作的圣保罗大教堂穹顶模型。通过计算，砖砌椎体最有效、最经济的形状是延长的缓和过渡的抛
物面。令人感到有趣、好奇而又失望的是，胡克 224
似乎在自己设计的建筑中从未采用这一简洁的设计流程。

正如他之前的伯鲁乃列斯基和米开朗琪罗，雷恩不得不寻找一种方式承载所有穹顶上存在的圆周应力，这些应力使得穹顶可能在底部附近向外爆裂。雷恩通过安装在椎体底部的三个锻铁拉力环承载此应力。[8]这些拉力环由铁艺大师让·狄琼制作。当时，让·狄琼正负责制作汉普顿宫和雷恩设计的另一处在建项目的装饰锻铁大门。通过此种方式，雷恩能够使用较类似穹顶更少的材料支撑起重量巨大的穹顶上面灯笼状的石质小室。另外，穹顶看起来像安放在一个高耸的直筒上，显然是为了抵消穹顶产生的外向推力。对于穹顶的结构概念和重量而言，雷恩在圣保罗大教堂的成就是无法超越的。圣保罗大教堂穹顶 33 米的跨度并非同类中最大的，但无疑是采用该种材料制作的所有经典砌体穹顶中最精巧、最经济的。罗马万神殿（跨度 43 米）的跨度与厚度比例大

224. 伦敦圣保罗大教堂，1675—1711。建筑师与工程师：克里斯托弗·雷恩。穹顶的剖面图，表明了倒置悬链的现代叠加方式、雷恩的原始铁链以及 20 世纪 20 年代加入的新铁链。

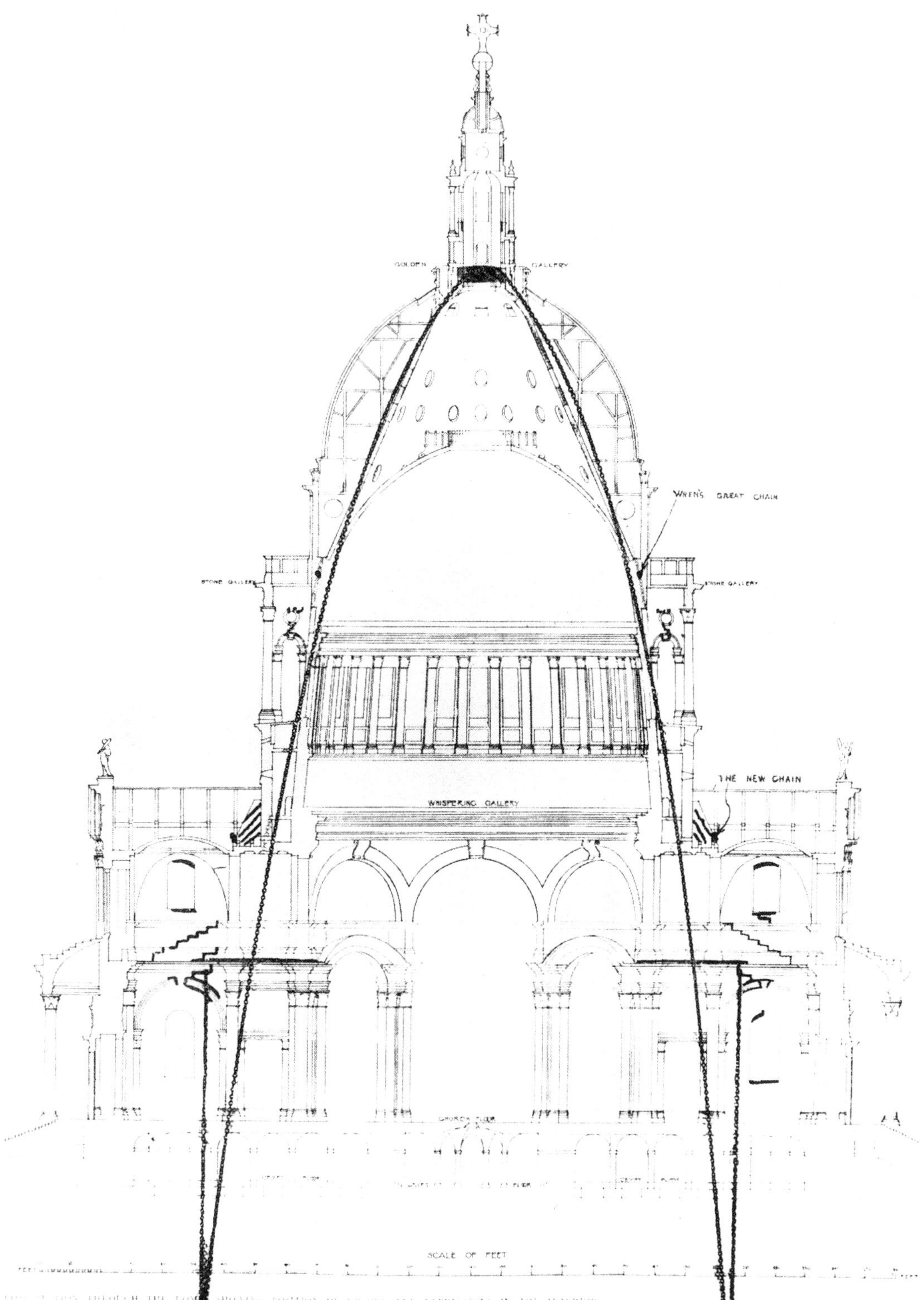
GOLDEN GALLERY
WREN'S GREAT CHAIN
STONE GALLERY
STONE GALLERY
THE NEW CHAIN
WHISPERING GALLERY
CHURCH FLOOR
SCALE OF FEET

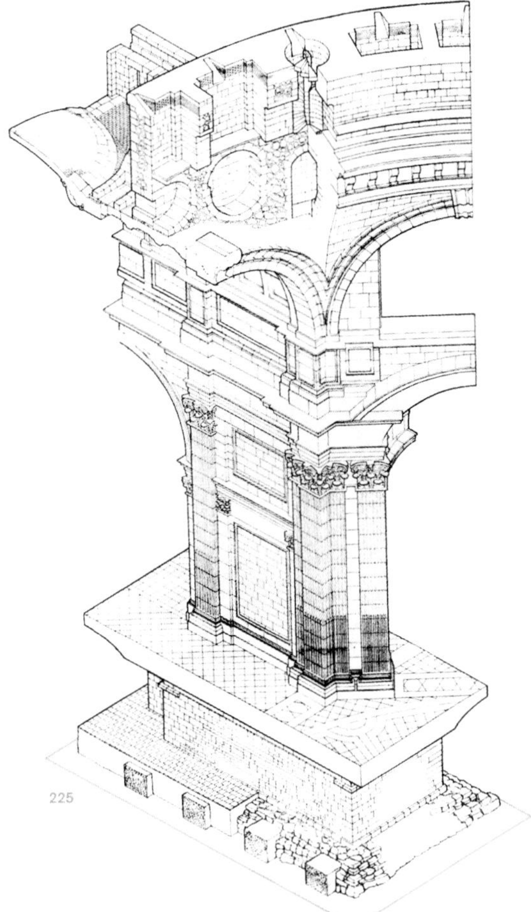

225

示例 1
由 A 开始（=12 英寸）
标注板材宽度 14 英寸（B1）
将 A 连接至 B1
标注板材长度 9 英尺（C1）
连接 C1、D1 画平行于 AB1 的直线
板尺数量（D1）$10\frac{1}{2}$

示例 2
同理
板尺数量（D2）=$11\frac{1}{3}$

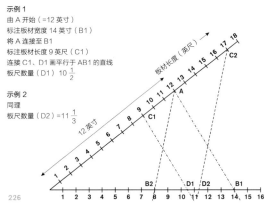

板材长度（英尺）
12 英寸
1 2 3 4 5 6 7 8 9 10 11 12 13 14 15 16 17 18
A C1 C2 B1 B2 D1 D2
1 2 3 4 5 6 7 8 9 10 11 12 13 14 15 16

226

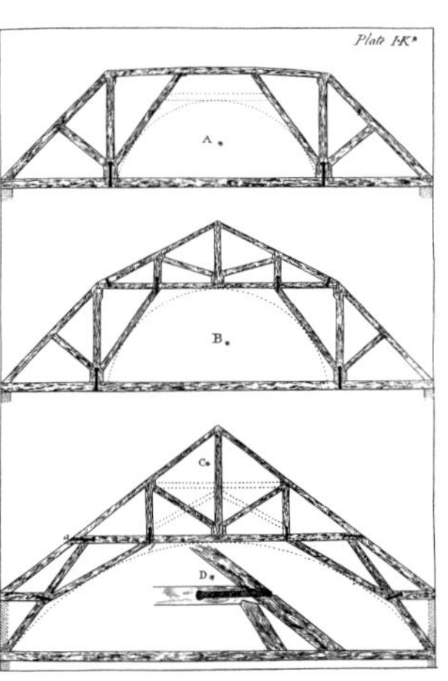

227

谈到大梁，首先是大梁的尺寸，按比例

	英尺		英寸		英寸	
如果轴承	10	大梁必须	8	厚	10	深度较大时，将沿边
	12		8 ½		10	
	14		9		10 ½	
	16		9 ½		10 ½	
	18		10		11	
	20		11		12	
	22		11 ½		13	
	24		12		14	

228

大梁的尺寸应为

	英尺		英尺		英寸		
长度	12	to	15	to be	10	by	8
	15		18		11		9
	18		21		12		10
	21		24		13		11
	24		27		14		12
	27		30		15		13

备注：至少应有 9 英寸大梁伸入墙面中，并固定在过梁上，竖立在土壤中，使得穹顶端部翻转；这些穹顶可以随时翻新，不对窗间壁造成损坏。

约是 11；对于伯鲁乃列斯基设计的佛罗伦萨穹顶（跨度 42 米），这一数值大约是 21；罗马圣彼得大教堂（跨度 41.5 米）大概为 30；圣保罗大教堂大约是 37。

尽管罗伯特·胡克最广为人知的是他的科学研究，正如雷恩，他也成为了一名成功的建筑与工程结构设计师。如果说雷恩从科学学术生涯向建筑与建筑设计生涯的过渡是迅速的，胡克的职业生涯过渡则几乎是即刻完成的。31 岁时，就在 1666 年 9 月 6 日大火被扑灭后不到两周，毫无既往经验的他向政府提交了关于城市重建项目的规划。市议员批准了他的规划；实际上，他们更倾向于由市测量员彼得·米尔斯（Peter Mills）负责。基于这份规划的优势，胡克被任命为测量员，与伦敦市选出的另外两名测量员及国王选定的其他三人一同合作，其中就包括雷恩。当时并不流行使用“建筑师”这一词汇，而“测量员”则不仅描述了负责对受损街道和财产的测量，还包括担任客户代表的各种其他任务。这些任务包括与土地所有者和承包商就重建项目进行合同谈判，代表市政当局帮助监督此项工作的实施，指导建造者和承包商负责房屋、排水及其他施工劳务。该范围包含我们现在所谓的建筑设计，胡克作为建筑师的职业生涯就此开始。短短几年内，他就开始独立为私人客户设计多处大型建筑，最著名的是伦敦沃里克大道的皇家内科医师协会（Royal College of Physicians，1672—1678 年）、伦敦伯利恒皇家医院（Bethlehem Hospital，1675—1676 年）、伦敦布鲁姆伯利的蒙塔古大楼（Montagu House，1675—1679 年，后来成为大不列颠博物馆的最初馆址）及沃里克郡的拉格利厅（Ragley Hall，1679—1683 年）。他还设计了伦敦大火纪念碑。

胡克在大火之后的早期工作包括一些大型土木工程项目，其中最大的项目被称为“规划”（设计），他同时监督内河船队 12 米宽渠化河段的施工。该河段向南流经伦敦，最终注入泰晤士河。胡克根据自己和雷恩对于每处堤岸上码头的设计方案制作了模型，监督了四处 100 英尺长的码头的建造，建造这些码头是为了比较各自设计的优点；最终，他和雷恩的方案获选。有间接证据表明，胡克同样在“船队运河”上设计并监督了两处以上砌体拱形桥梁的施工。所有这些项目为胡克带来了巨大的财富。17 世纪 70 年代，他每年能够赚到大约 500 英镑，这一工资水平相当于今天的数十万英镑。在职业生涯的这一阶段，胡克经常与雷恩讨论彼此的工作，尤其是伦敦教堂的工程，以及（最重要的）新建的圣保罗大教堂。随着市区内工程项目逐渐减少，胡克继续作为一名建筑师从事建筑工程项目，包括许多私人住宅、白金汉郡的一处教堂以及（很可能是）普利茅斯的一处造船厂。他被任命为“威斯敏斯特大教堂的主教和全体教士”的测量员，1691 年至 1697 年一直担任该职位，并在伦敦大火之后同时担任着格雷山姆学院的教授一职。

胡克在建筑施工领域最著名的贡献或许要数他引入了平衡式上下推拉窗，这将会在本章节稍后的部分进行讨论。他使用的倒置拱顶（圆弧朝下）同样精巧。正如拱顶能够传导出口附近（如门口）的载荷，倒置时，它能够通过两个立柱传递载荷，并在较大的底部空间分散这些载荷。这一想法由来已久，阿尔伯蒂早在其著作《建筑论》

225. 伦敦圣保罗大教堂，建筑师与工程师：克里斯托弗·雷恩。支撑穹顶的窗间壁的轴测图，表明了使用倒置拱顶来分散跨越教堂正厅的拱顶上方窗间壁集中的载荷。

226. 托马斯·斯德乐普的图表法示意图，用于计算地板所需木材的数量。

227. 弗兰西斯·普莱斯，常见桁架的图解，摘自《木工志》，1733 年。

228. 地板施工尺寸表（木材尺寸），摘自《伦敦重建法案》（*Act for the Rebuilding of London*），1668 年。

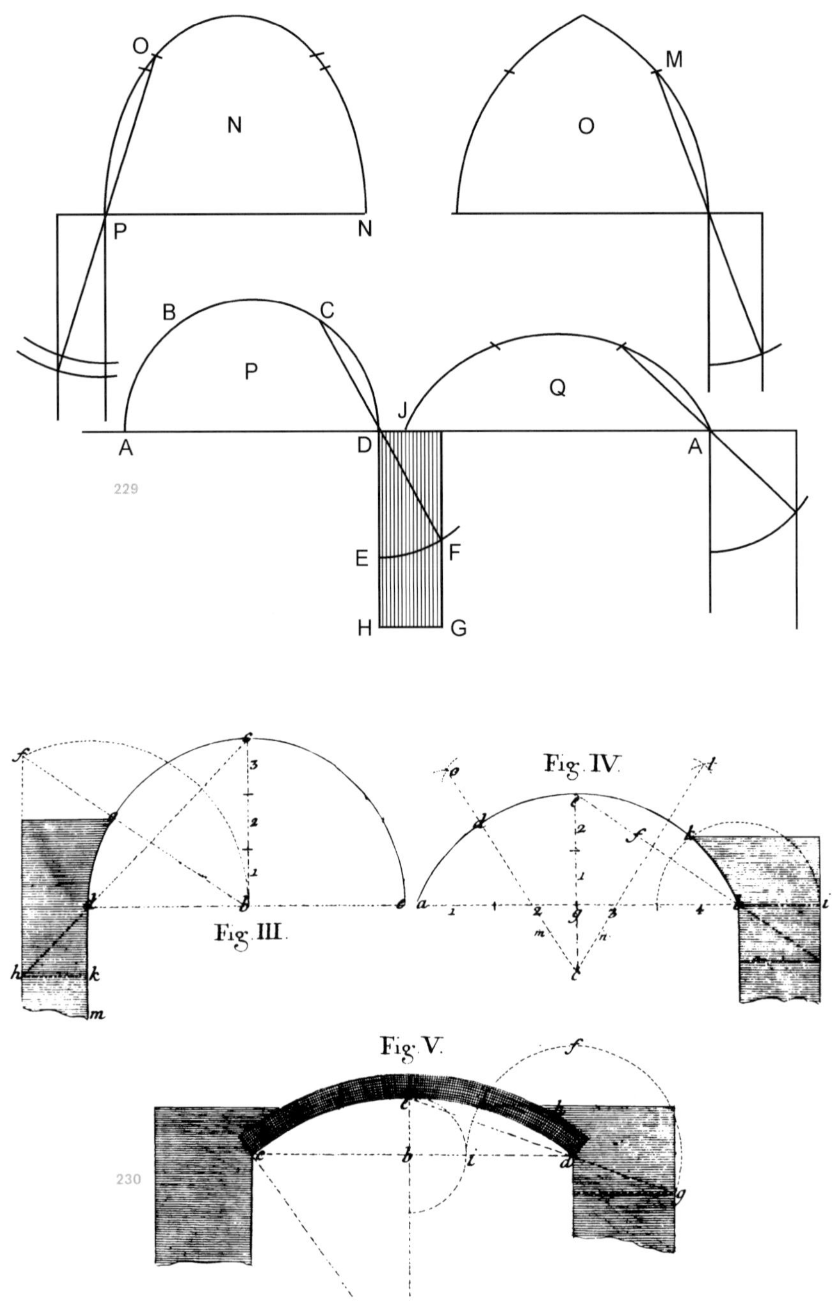

229. 弗朗索瓦·德兰德，拱顶基座尺寸的设计规则，摘自《拱顶建筑》，巴黎，1643年。对于任何类型的拱顶，N型、O型、P型或Q型，来自第三个点的直线（如拱顶P的点CD）具有相同的长度（拱顶P的点DF），以确定拱座的宽度（拱顶P的点HG）。

230. 卡斯帕·沃尔特（Caspar Walter），几何学设计流程，用以确定拱座宽度和高度。

中描述了软地层建筑地基中拱顶的应用。胡克在蒙塔古大楼的地基处使用了倒置拱顶。由于不止一次出现，可能是胡克首先采用的想法被雷恩用在了自己的项目中；一年后，他将此类拱顶用在了都柏林圣三一学院图书馆的地基施工中。在雷
225 恩设计的圣保罗大教堂的穹顶中，他以一种特别大胆的方式继续采用了倒置拱顶，这在建筑结构领域可能是首次。在鼓形石块的基础上，楼梯两侧一系列的砖砌立柱有效地承载了载荷，并在砌体中加入了空隙来降低结构的重量。在鼓形石块下，教堂正厅与耳堂上方的大型砌体拱顶支撑着整个穹顶；然而，此类拱顶不适合承载立柱的点状载荷。雷恩将倒置拱顶作为一个传输结构，扩散了立柱上集中的载荷，并将其转变为更适合拱顶承载的、分布更均匀的载荷。

建筑与启蒙运动

关于将科学认知应用在建筑设计和施工方面，雷恩和胡克远远地超越了他们所处的时代。由于缺乏使用者，他们探索的道路变得杂草丛生，在经历了近半个世纪后才被另一种类型的探索者——土木工程师重新发现。土木工程师被认为是建筑的避风港，他们开凿河道来辅助地面排水与航运，控制水力推动工厂生产。科学仅在18世纪最后十年为建筑领域带来了益处，我们会在下一章节对这个时期的故事进行进一步的谈论。即便脱离了科学认知的系统化应用，建筑设计领域的一些重要发展也会在启蒙运动时期发生。

正是时代的繁荣造就了科学与设计人才在城市建筑和基础设施领域的活跃。当然，这种繁荣景象的设计初衷远不止此类功能需求。城市与宫殿成为了样板；它们的外形变得时尚，达到了前所未有的程度；最重要的，它们的应用离不开全新的休闲概念。尽管当时直接参与商业和制造业的商人与现在的商人一样几乎没有空闲时间，那些投资他们的事业并从中获利，以及继承前者财富的家庭成员却有着充足的自由时间。他们想要生活在更好的环境中：更宽敞、更时髦和更舒适的住宅；当然，这些住宅位于乡村，远离越来越肮脏、污秽和不健康的城市。

这一时期大多数的建筑工程以经验、常识为基础，还包括建筑以及其他行业越来越多的技术创新。尽管如此，作为在全世界范围内传播科学观念的途径，科学研究的精神及出版物的使用的确开始影响建筑设计。人们开始收集设计师和建造者的技术信息和操作指南，然后将这些内容装订成书籍或小册子进行出版。

建筑设计领域出版专著

在整个16世纪和17世纪大部分时间发表的建筑施工与建筑方面的主要指导仍来自阿尔伯蒂、塞里奥和帕拉第奥，以及他们在上述经典著作基础上编写的衍生书籍。随着建筑工人逐渐具备读写与计算能力，人们开始印刷建筑手册或袖珍书。最早的建筑手册于1556年出版，它对天文学家伦纳德·迪格斯编写的有用的计算方法进行了整理，名为《构造学》（*Tectonicon*）（参见第3章）。这次出版大受欢迎，以至于在接下来的一个半世纪中多次再版。然而，大部分工匠依然无法进行简单的数学计算。

到了19世纪，袖珍书依然仅展示常规必要数据计算结果的表格，而不是获得这些数据的数学方法。随着17世纪10年代发明了对数，一些木工在计算尺上刻上了对数刻度，以便进行乘法运算，同时使用圆规来添加长度刻度。1651年，数学家托马斯·斯德乐普（Thomas Stirrup）编写了《技师简单的比例尺：或木工的新规则》（*The Artificer's Plain Scale: or the Carpenter's New Rule*）。通过该书介绍的简单几何方法，可以仅 226
通过直尺和圆规来计算平方英尺；它利用类似三角形的特性，是列线图的原型。列线图是一种计算复杂等式结果的图像法，该方法开发于19世

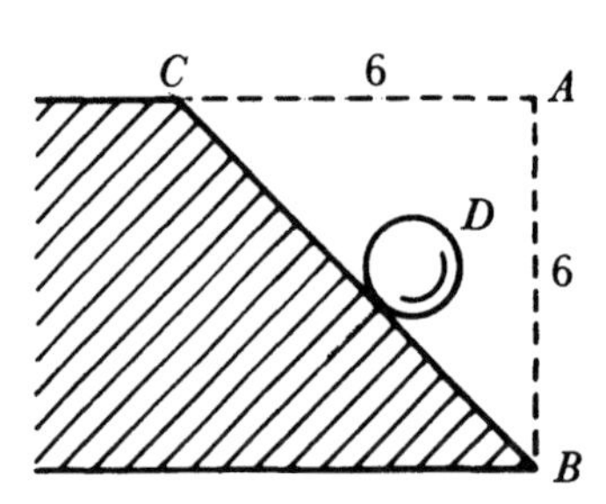

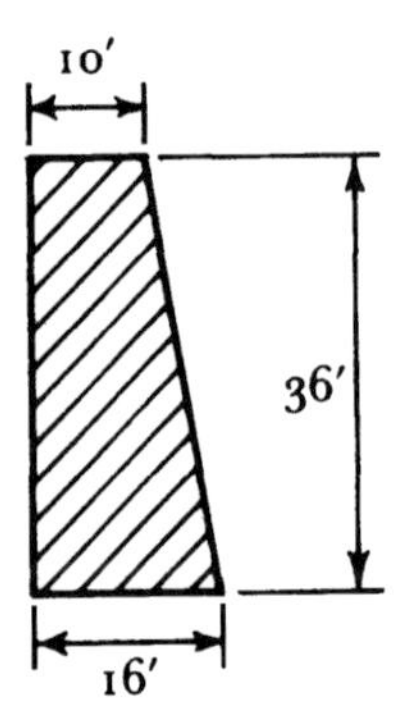

231

纪末（参见第 7 章）。

这些早期的设计手册通常不包括对于制作地板或桁架所需木料尺寸的指导；然而，一名富有经验的木工却掌握了相关知识。第一个关于地楞
228 横梁和托梁适当尺寸的表格发表于 1668 年；这一表格并非为建造者提供设计指南，而是作为建筑规范的一部分，旨在针对 1666 年伦敦大火后新建工程的木制构件设定最小尺寸。这不仅保证了火灾情况下特定的安全等级，还使得政府当局谴责许多名誉不好的建造者的工程项目，这些建造者无疑会寻找各种途径利用新建筑项目中削减施工成本的迫切需要来为自己牟利。

18 世纪期间，建造手册超越了自身的范围局限，囊括了广泛的实践信息，诸如不同跨度地楞横梁和桁架适当尺寸的表格，并首次包含了图纸。在英国，此类手册中最著名的包括弗兰西斯·普莱斯（Francis Price）的《木工志》
227 （*A Treatise Carpentry*，1733 年）、詹姆斯·史密斯（James Smith）的《木工的伙伴》（*The Carpenter's Companion*，1733 年）、巴蒂·兰利（Batty Langley）的《建造者的宝石》（*The Builder's Jewel*，1741 年），以及威廉姆斯·潘恩（William Pain）的《建造者的伙伴》（*the Builder's Companion*，1758 年）。它们包含了用于“小型”或“大型”建筑的椽木、冷杉等地板木料尺寸的表格；这是整体建筑规模以及地板可能需要承载载荷的唯一参考。它们还展示了木制接头的细节图解，以及对于不同跨度桁架和桁架梁的若干标准设计。

这一时期的许多书籍包含了几何方法，用以确定不同类型拱顶基座的厚度。其中最著名的方案在拱顶的曲面内创造了三条相同长度的弦，不
论是半圆形、点状还是椭圆形的。这一设计方法 229
已经至少沿用了三百年，其首次发表是在 1643 年法国学者、耶稣会牧师及建筑师弗朗索瓦·德兰德（François Derand,1588—1644）的著作《拱顶建筑》（*L'Architecturte des voutes*）中。这一方法也被路易十四的军事工程师兼建筑师弗朗索瓦·勃朗德尔（François Blondel，1618—1686）编入其著作《建筑课程》（*Cours d'architecture*，

231. 皮埃尔·布雷特，示意图说明了松散土壤形成滑坡的角度，以及用以支撑堤岸的挡土墙的尺寸，摘自《实用建筑》。

1675—1683 年）中，之后被称为“勃朗德尔”规则。该方法凭借简单性和多用途特征一直沿用到 19 世纪末。

到了 18 世纪初，拉海尔、贝利多尔与皮埃尔·库布雷特（Pierre Couplet，1680—1743）等工程科学家成功地运用静力学解释了拱顶的推力和稳定性。贝利多尔对勃朗德尔规则的合理性提出了质疑，因为这一规则既没有考虑拱顶的厚度（重量），也没有考虑拱座的高度（避免倾覆的稳定性）。尽管如此，他在 1729 年出版的著作《工程师科学指南》（*Science des ingenieurs*）中将这一规则描述为一个有用的设计方法。实际
230 上，尽管越来越多的人开始运用静力学，勃朗德尔规则以及许多其他几何设计流程依然在整个 18 世纪继续被人们所推崇 。

到了 17 世纪末，当时业已建立的设计规则发生变革的第一个迹象开始显现；这一新方法并非基于实践经验，而是材料——土壤的数学模型。建筑师皮埃尔·布雷特（Pierre Bullet，1639—
231 1716)编写的建筑手册《实用建筑》(*L'Architecure pratique*，1691 年）囊括了所有的常用规则以及建筑中砌体与木制构件的数量，还包含桩基础的设计规则。他提倡通过探井查明桩插入土壤的类型，探测表面不可见的任何不同的土壤层。对于沼泽地，他采用了 12∶1 的“长度—直径”比例，该比例取自“好作家”编写的设计指南，尽管他认为这一规则对于长桩而言有些保守。他进而转向建筑防御土墙和梯状挡土墙的课题，认为有必要了解：

> 如何给出与必须抵挡的土壤高度成比例的适当厚度……建筑领域尚无人给出这一规则，不论是土木工程还是军事工程领域。⑨

接着，布雷特“基于力学原理”，展示了他对于一个有用设计规则的推导过程。为了建立系统的数学模型，他把挡土墙后的土壤比作一系列的球体，如果这些球体以理想的方式堆叠，则会形成一个稳定的 60° 金字塔。接着，他表示，为了防止被阻挡土壤出现坍塌，挡土墙仅需要阻挡金字塔与地面间 30° 的楔状材料。关于安全，他谨慎地假设楔状材料的角度为 45° 。布雷特接着断言，为了防止楔状土壤下滑，挡土墙需要具有与楔状土壤相同的重量。假设挡土墙设计一个 1/5 的斜面，或倾斜角度，它的尺寸可以通过计算获得。这是建筑工程师以科学为基础的设计规则的早期事例之一。

作为土壤坍塌角度，45° 这一数值在后来关于土地压力的书籍中一次次被重复提及，但均未做进一步的解释，其中包括贝利多尔的《工程师科学指南》。有意思的是，这在设计规则与规范的历史上并非罕见；后来一位叫“库布雷特”（Couplet）的作者“更正了”这些不切实际的假设和错误的静力学概念，并提出了一个更复杂（“更好”）的设计规则。尽管如此，他为了说明“改良后”的设计方法而援引的事例造成了挡土墙尺寸与通过布雷特规则构思的挡土墙尺寸之间出现些许偏差。

英国的消防

在英国，火灾相关法规的历史代表着许多国家的特点。甚至到 17 世纪初期，英国村镇与城市中的大部分建筑物依然主要由木材建造，时常采用茅草屋面，所以一直面临着火灾的威胁。带有篱笆墙的木制框架建筑极少配备石头烟囱，而是依赖于屋面上的通风口或木制烟道。在中世纪，大部分人认为火灾的爆发是不可避免的，而公共安全措施侧重于灭火及预防火势蔓延。许多村镇法规，禁止使用茅草，因为茅草会使火势轻易地从一栋建筑蔓延到另一栋建筑；要求分割两处相邻地产的界墙应满足最小厚度和高度要求；街道最小宽度大约 4 米；同一街道两侧房屋阳台彼此

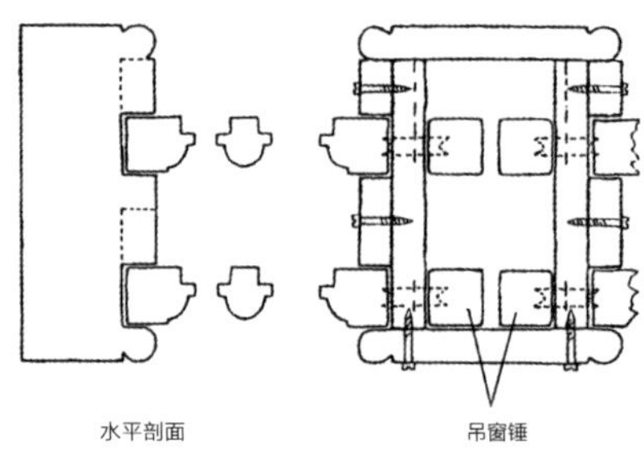

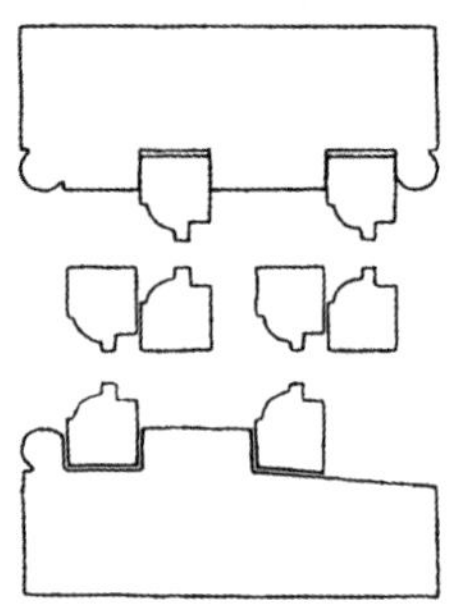

232

233

234

232. 早期吊窗剖面图，类似于蒙塔古大楼与汉普顿宫的吊窗，伦敦，17 世纪末。

233. 伦敦蒙塔古大楼。建筑师与工程师：罗伯特·胡克。

234. 伦敦汉普顿宫，南面前端。设计师与工程师：克里斯托弗·雷恩。

间距不得低于 3 米。大型房屋经常被要求配备梯子以方便消防，同时要求夏季在门口放置水桶。每个村镇都配备了相应的火灾警戒员；在干燥季节，经常实行宵禁。

使用不燃材料的好处人所共知；实际上，自 1189 年开始，伦敦市长就要求新建建筑采用不燃材料。然而，砖块和石料价格昂贵；法规因执行不彻底而逐渐失去效力，仅在 1212 年大火之后才紧急恢复效力，那场大火夺去了超过三千人的生命。酒馆被认为是火灾隐患尤为严重的地点，因而被勒令采用石料建造。面包房与酿酒厂被禁止使用稻草或芦苇作为燃料，所有剩余的木材需要去除木质纤维，墙面需要涂抹灰泥并进行粉刷；屋面仅允许使用瓦片、木瓦板或铅板进行覆盖。

17 世纪初期的几次悲剧性的火灾再次将火灾问题摆在公众面前。每个大型村镇需根据英国政府的指示采取措施，避免进一步灾害的发生。典型的规定诸如严禁使用木材制造烟囱或烟道。其他此类规则要求砖砌烟囱与房屋木制结构之间留有间隙；地楞横梁的尺寸应使其能够在发生火灾时支撑的时间更长；砌体墙面应能够完全独立支撑，不需要插入窗户或门框。1605 年至 1661 年，仅伦敦，规定采用砌体施工而非木材的公告多达十几份。1656 年，温切斯特镇命令其居民在一年内使用瓦片或石板替换掉所有的茅草屋面；不遵守规定者将被处以 10 英镑的罚款。1666 年伦敦大火致使超过 1.3 万栋房屋受损；大火之后，法规的执行更为严格。这并不局限于大火中损毁建筑的重建，而是针对整个国家。

就当时的消防设备而言，即便在一些大城市，也只不过是用水桶从河流或溪流中取水。可移动的手动水泵由德国人在 17 世纪末发明，随后出口至许多国家，其中包括英国。18 世纪初期，越来越多的水泵配备了柔软的皮革软管，这一想法来自荷兰。伦敦大火还刺激了火灾保险的发展。在火灾发生后的第二年，尼古拉斯·巴本（Nicholas Barbon，1640—1698）首次推出火灾保险。他早先是一名医生，后来转行成为了房地产开发商；他利用保险费收入雇了一组消防员来灭火。到 1686 年，他的公司承保了 5650 栋房屋，木制框架房屋的保费是砖块框架房屋保费的两倍。保险公司以及其消防队的数量在 18 世纪初期迅速增长。每个保险公司都会在投保房屋的墙面上贴上自己的铸铅标志。就像传说中古罗马的做法，经常可以看到消防员眼睁睁地看着未投保建筑物燃烧，直至户主缴纳保费，他们才会开始灭火。

通风、光照、温室与冰

当前时代对于新鲜空气的态度以及其对创造舒适室内环境重要性的认知在 17 世纪并不普遍。在封闭的排水管发明之前，到处都存在污浊的空气。许多人感觉，通风会使外部污浊的空气流入房间。人们紧闭所有门窗，同时点燃炉火和蜡烛；因为他们相信，这样产生的烟雾更健康。时至今日，一些人仍保持着这样的想法。尽管如此，随着科学家开始调查空气的本质，并向公众表明空气中的一种成分（氧气）对于人的生命和材料燃烧都是必要的，通风的益处开始被人们接受。

采矿业中火的使用已有几百年的历史，主要用于地下矿井通道的通风。火焰产生的不断上升的热空气聚集在矿井顶部，可以将不新鲜的空气和偶尔有毒的空气赶出矿井，同时，通过从地面延伸至工作层的管道，为矿工提供新鲜空气。在建筑领域，木材或焦炭燃烧形成的火焰可以用于房间采暖和厨房烹饪；同时，火焰还能够提供动力来驱动人工通风。沿烟囱上升的热空气将新鲜空气通过门底缝隙、密闭不严的窗户以及地板间的间隙吸入房间内，用以补充火焰燃烧需要的氧气并提供通风。首部关于家庭中火灾形成原理（包括烟囱在促进通风方面的作用）的专著是尼古拉斯·高杰（Nicolas Gauger，1680—1730）在 1713 年出版的《火灾力学》（*La Mechanique du Feu*）。科学家约翰·西奥菲勒斯·德萨吉利埃（John Theophilus Desaguliers，1683—1744）在1744年出版的著作《实验哲学课程》中最早对专门安装的通风系统进行了描述，它旨在去除"许多人呼吸以及使用蜡烛时燃烧的蒸汽所产生的污浊空气"。1705年前后，克里斯托弗·雷恩在下议院议事厅上方安装了四个"通风金字塔"，目的是使污浊的空气通过天花板的通风口被排出，显然不是十分有效。1715年，英国皇家学会成员德萨吉利埃受邀"提出一个方法使下议院不健康的空气消失"；在此期间，他发现了高杰的书，并在1715年将该书翻译成英文，题目是《改进的火焰：建造烟囱的一种新方法，防止烟囱冒烟》。接下来的故事最好用德萨吉利埃自己的话进行描述：

> 在屋子角落处的天花板上，有一个孔洞，它是克里斯托弗·雷恩设置的平头金字塔的塔底。在房间内，金字塔被抬高六到八英尺，以排出空气（因许多人呼吸以及使用蜡烛时燃烧的蒸汽而变得污浊）；但巧合的是，当金字塔的塔顶敞开时，上方的空气变得寒冷，密度增大，进而被强行推进屋内，这对坐在孔洞下方的人来说是有害的。在两个上述金字塔之间下议院上方空间的端部，我建造了两个议事室；将两个金字塔的塔身安置在围绕安装在议事室中炉排的方形铁质腔室内；一旦正午时分那些炉排中燃起火焰，来自下议院的空气就会穿过那些加热的腔室到达议事室，随后通过议事室的烟囱被排出。
>
> 下议院的房间由管家史密斯女士负责；当她在这些房间时，她不喜欢被打扰。她竭尽全力停止这些机器的运作；最终未能点燃炉火，直至在屋里坐了片刻，屋里才开始变得非常暖和。然后，议事室内未加热的空气从底部进入房间。变得稀薄且更畅通；同样，屋内变得更暖和，而不是更凉爽。但如果在开会前生火，空气则会从上部流出房间进入议事室，然后通过烟囱被排出屋外；在一天中接下来的时间，这一过程不断重复，直至房内变得凉爽。[10]

在这一时期，更为人们熟知的建筑领域的发展是对玻璃与窗户的改进。即便对于最贫困的家庭而言，玻璃和窗户的引入同样帮助避免了乡镇街道上密集排布的邻近建筑物之间火势的蔓延。除了提供更好的光照以外，启蒙运动时期大型建筑的窗户使人们可以从家中眺望窗外（如果你安装了窗户的话），欣赏远处的景致。它们不仅反映了房屋所有者的富有，更开发了人类精神上的魄力：这是发现东印度群岛、美洲大陆，周游世界，出现第一个现代全球帝国甚至天堂的时代。正是窗户在富人阶层的流行，使得英国政府在1696年开始对玻璃和弧形窗户征税；大部分税款被用于资助战争（主要针对法国）。这一税种在整个18世纪稳步发展；仅1776年至1808年，配备十扇窗户的房屋的赋税就增长了七倍；直到伦敦"水晶宫"完工的1851年，这一税种才最终被废除。

窗户的一项改进是开发了扁平玻璃，这种玻璃更透明，能够提供更好的视野。另一项改进是通过采用更大的玻璃片、更少更薄的玻璃窗棂格竖框，来增加窗户的采光度。第三项改进是开发了吊窗，使得窗户可以作为控制通风的有效途径；且打开窗时，这种窗户比平开窗更吸引人。

232 吊窗的开发与早期使用是对胡克作为建筑师工作的另一项有趣的补充。无法肯定，是否由他发明了使用吊锤和窗扉中设置的滚轮来平衡垂直推拉窗的重量的做法。然而，他的确在吊窗的改进与大面积推广方面扮演了举足轻重的角色。就像他设计的许多建筑物一样，他在此项工作中同雷恩开展了密切的合作。1669年，雷恩查看了固定在怀特霍尔（Whitehall）大街皇后公寓现有推拉窗上的配重，并在若干年后详述了同一建筑上

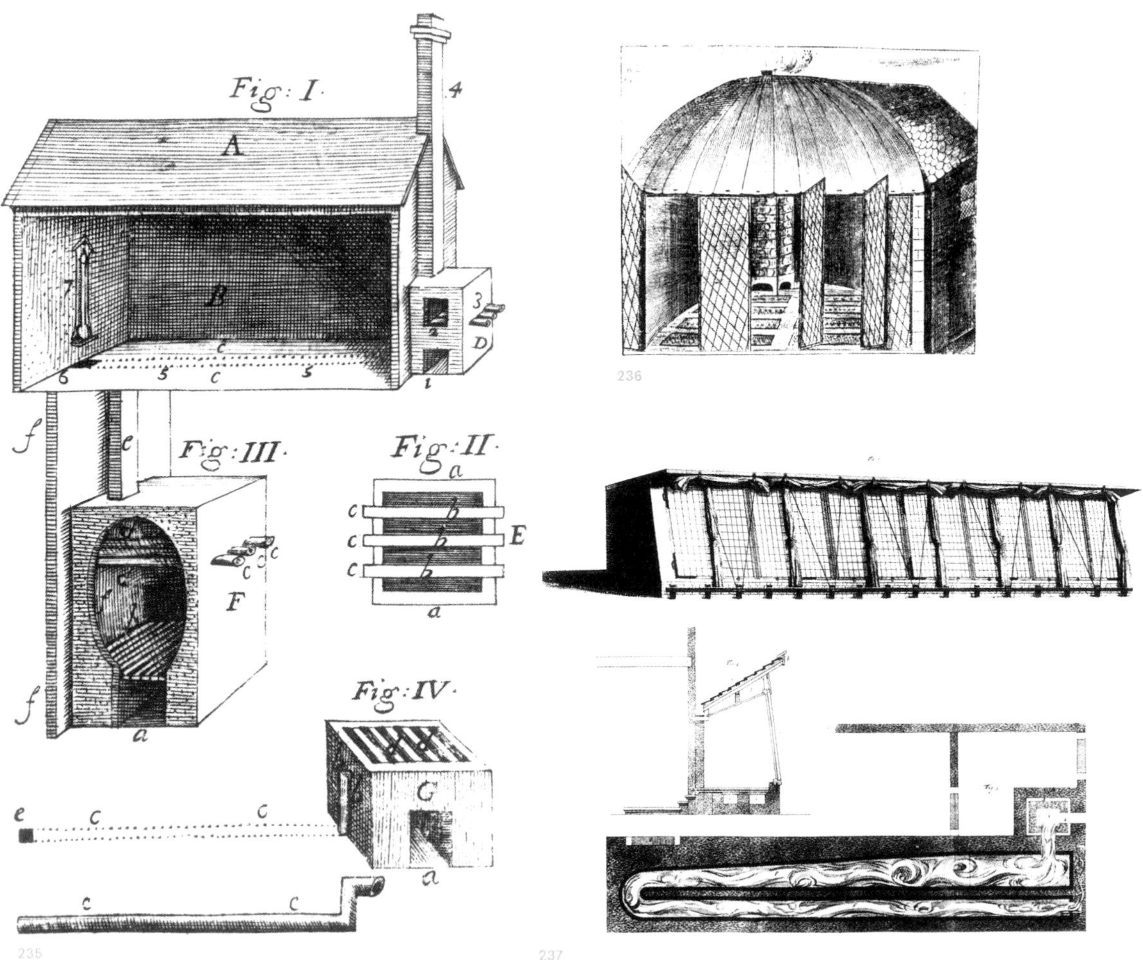

235. 采用热空气加热的温室方案，约翰·伊夫林（John Evelyn），《园丁年鉴》（*Kalendarium Hortense*），伦敦，1691 年。

236. 德国一处温室，通过燃烧木材的由瓦片覆盖的火炉加热，火炉配备全高度窗户。海因里希·海塞（Heinrich Hesse），《新花园》（*Neue Garten-Lust*），1696 年。

237. 18 世纪初期一名荷兰人通过地下烟道的热气加热框架（小型温室）。

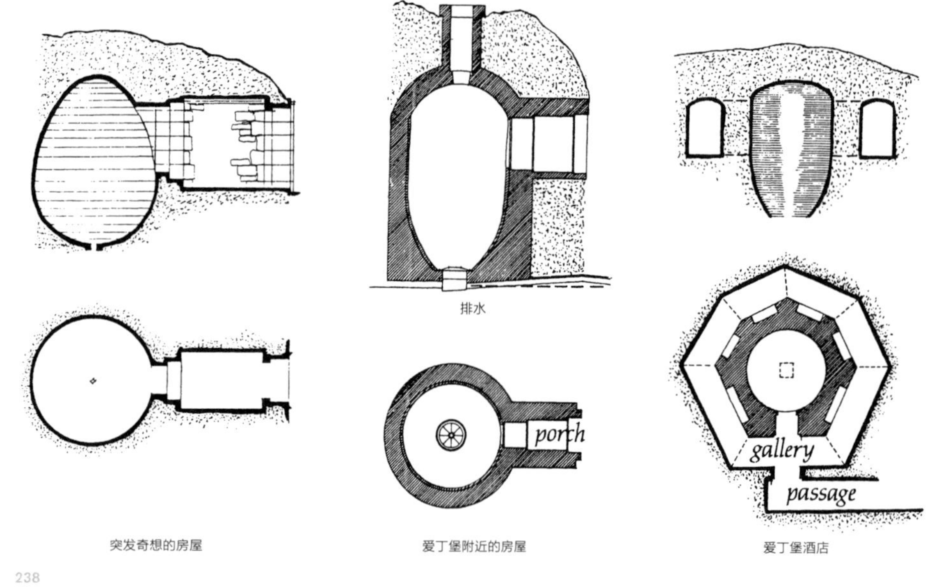

238

239

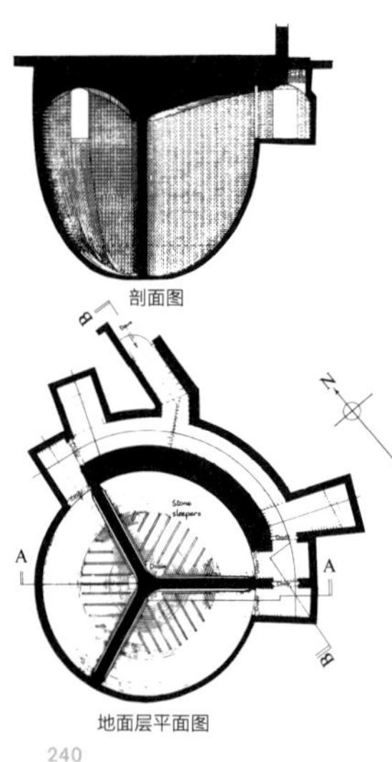

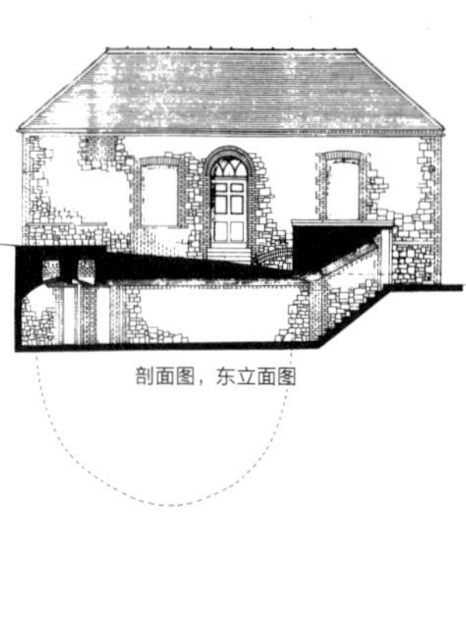

240

238. 18 世纪至 19 世纪苏格兰建造的三处冰室。

239. 英国佩特沃思一处住宅内建造的冰室，1784 年。延伸至冰屋顶部的走廊。

240. 佩特沃思的冰室。剖面图、平面图与东立面图。

新安装窗户窗扉中设置的平衡锤。当胡克设计的
233 蒙塔古大楼施工时，他在1675年的日记中记录了对于工匠安装吊窗时如何防止吊窗粘连做出的指示。早期的吊窗（1672）由一个中心竖框分割。在胡克1673年为伦敦皇家内科医师学会设计的建筑物中，首次使用了全幅吊窗。这些比例数据随
234 后被雷恩用于多处皇家宫殿中；他创立的模式在英国建筑史上沿用了两个世纪。

然而，建筑中立面渗透性的提升有悖于建筑围护结构的其他关键功能，即隔绝令人讨厌的噪声，将热量维持在建筑物中。17世纪，配备大型窗户的富人住宅中热量损失是通过用人和煤炭解决补偿的，而非工程学方法。

有意识地使用玻璃窗户以调整建筑内部环境的做法兴起于16世纪中期起步的园艺领域。对于大型郊区住宅的户主而言，给访客留下深刻印象的途径之一是种植异域水果，如橙子、柠檬、菠萝，以及从新晋开发和征服的地域带来的其他植物和烹饪及药用草药。这也催生了19世纪末整个欧洲富人阶层流行的在宫殿和大型住宅中建造橘子温室。此类玻璃房的商业价值很快得到了荷兰人的认可与开发（尤其在莱顿大学），他们在17世纪初期经济作物的栽培方面占据了领先地位。17世纪50年代，锅炉用于产生蒸汽，这些蒸汽被直接输入温室中，一方面是为了提高温室内的湿度，另一方面是为了提供温暖的环境。直到1700年，人们才开始从现代的角度了解并控制温室内气候。例如，时至今日，温室采用定向布局，温室的玻璃设计旨在保证最大程度的采
235、236 237 光，而在冬季会提供烟道气加热。19世纪初期以前，光照、遮阳、加热、通风以及湿度的控制都是人工来完成的。

在大型的郊区住宅连续一整年保持对新鲜产品的供应更加困难，原因是缺乏厨房冷藏设备。解决方案是开发冰室。冰室是一种专门建造的、隔热性能良好的房间。冬天，房间内放满冰块，供厨房使用；它甚至可以存放冰激凌至下一个冬天。英国最早的已知事例是1660年为查理二世在伦敦上圣詹姆士公园（Upper Saint James's Park）建造的冰室，这一想法有可能来源于法国。
随着大型郊区住宅的发展，冰室在18世纪与19 238
世纪被广泛推广；有记录表明，到了20世纪30年代，仍有一些冰室在使用中。据估计，仅英国国内就建造了大约2500个冰室，主要在1740年至1875年。一个著名事例是1784年在英国
南部佩特沃思（Petworth）一处住宅建造的冰室： 239、240
直径8米，有三个房间，总容量达到大约210立方米。

尽管1797年，《不列颠百科全书》（*Encyclopedia Britannica*）对冰室的设计提出了权威的指导，冰室的施工依然存在很大差异，似乎并未出现任何标准；很容易能够想象到，最新的冰室设计成为了晚餐时人们激烈争论的话题。有些冰室建造在地面上，有些是半地下的，而有些则是完全建在地下的。有些冰室是方形的，有些是圆形的，有些则是矩形的。冰室的大小从几立方米到二百多立方米不等。有些冰室采用单一砌体外壳，有些则采用空心墙建造，空隙处采用木炭、稻草或石料予以填充，以提高其隔热性能。其中邻近康沃尔（Cornwall）的圣奥斯特尔（Saint Austell）的一处冰室的洞穴大约460毫米宽，并设计有堵塞孔道用以排出空隙内的冷凝水。冰室的通道设置一层或多层空气或隔热屏障，防止温暖的空气进入，其中一处冰室设置了五扇门。通道有时采用弯曲设计以防止直射阳光（及热量）渗透入冰室内部。尽管一般建议入口设置在结构的北侧，许多冰室的入口仍建在了南侧。通常栽植树木与灌木为入口和冰室自身遮挡阳光。

对于所有冰室的一个要求是最低点融化冰水的排放；当周围土地的地下水位较高时，这会限制冰室的深度。排水管安装了U型弯头来避免害

虫进入。融化的冰水用水泵抽出冰室，以提供饮用冷却水。冰屋的通风通过伸向室外的一个小型管道实现。冰块通常放置在底部的木格上，表面采用稻草捆绑。许多冰室在拱形屋面上设置了孔洞，以方便装载冰块。通常会把从附近冰冻的湖泊中采集的冰块堆放在冰室内，但在暖冬时，这些冰块可能会很薄，因此会很快融化。对于此种情况，可能需要从更寒冷的地区采集冰块，如东安格利亚（East Anglia）地区或湖泊地区（Lake District），19 世纪中叶开始甚至从斯堪的纳维亚半岛或北美洲进口冰块。到了 19 世纪末，大部分自然形成的冰块被人造冰块取代 ，但许多冰室在 20 世纪依然使用。此时，家用制冷装置出现了。

科学与土木工程

作为拥有如此特殊才能的个体，雷恩和胡克远远超越了他们所处的时代。教授别人如何实施自己的方法需要建立一套完整的工程教育基础设施。这一过程将耗费一个世纪的时间，但它并非仅限于对建筑业本身的改变，而是满足了人们对于大型军事和土木工程项目日益增长的需求，如要塞、港口与海港、运河及桥梁。结果创造了一份新的职业——土木工程师。它意味着一个分享特定技能、共同知识体系以及工作价值和行为准则的团体的形成。追随医学、法律等更古老行业的脚步，土木工程被定义为能够通过书本学习获得的知识体系并通过接受培训从而进入相关行业。

这一时期的第一所工程院校成立于布拉格。在布拉格，技术教育的悠久传统可以上溯至 1344 年成立的“布拉格公共工程与冶金学院”（Prague Public Engineering and Metallurgical School）。约瑟夫·克里斯蒂安·维伦贝格（Josef Christian Willenberg）在 1707 年发起并成立了新的“伊斯塔特工程学院”（Estates School of Engineering），它被誉为欧洲中部第一所公共工程学院。在学院创建者的领导下，伊斯塔特工程学院侧重于军事与要塞工程，但在学院第二任教授 J.F. 索霍尔（J.F. Sochor）的管理下，学院的教学重心逐渐转向了民用工程。索霍尔同样是杰出的艺术家、画家和建筑师。索霍尔去世后，F.A. 赫格特（F.A.Herget）延续了这一全新的教学方向，后者是著名的测地学与水利工程学专家。

法国第一所致力于军事、土木工程和建筑施工的技术院校——皇家建筑学院（L'Academie royale d'Architecutre）成立于 1671 年，由路易十四的军事工程师与建筑师弗朗索瓦·勃朗德尔担任校长。学院的课程包括应用力学、水力学、切体学及其他土木工程与军事工程课程。1675 年，组建了“军事工程学校”（the Corps des Ingenieurs du genie militaire），随后成立了许多其他的军事工程学院，如 1748 年成立的“梅济耶尔皇家工程师学院”（the École royale du genie de Mezieres），该学院学生一半的时间用于学术研究，一半时间用于实际工程；1751 年在巴黎创建了“皇家军事学院”（the École royale militarie）。第一所国立航海学校创建于 1682 年；1689 年，根据王室法令，造船工程师开始被授予“海军工程师”（Ingenierus-constructeurs de la marine）的头衔。法国国立路桥大学组建于 1716 年，旨在监督桥梁与道路施工，兼具军事和民用重要性。著名的“桥梁与道路学院”创建于 1747 年。

这些学校的成立旨在培养出受过良好教育与培训的军人和公务员，同时创造了更有价值和持久的资产——书面知识体系，即土木工程。按照以往的做法，许多讲师发表了自己的授课笔记，产生了最早的工程学教科书。这与以往军事硬件设施的说明手册完全不同，后者的大部分篇幅都是对军事优势的论证。同样，讲师们发表授课笔记也并非为了实现巨大的销售收益；他们的主要目的在于定义军事工程教育课程，并将其传递给国内每一所军事院校。但他们同样致力于提高工程师的地位，证明工程师技巧的范围与深度，而这通常对于该行业以外的人来说并不明显。此外，此类教科书是对于担任军事院校教师的著名科学家与数学家学术活动的公开演示。它们反映了启蒙运动和理性时代的文化；以 1728 年伦敦出版发行的《钱伯斯百科全书》（*Ephraim Chamber's Cyclopaedia*）为起点并在 18 世纪中期繁荣一时的百科全书，是对该文化最好的例证。在《钱伯斯百科全书》的启迪下，从 1751 年开始，德尼斯·狄德罗（Denis Diderot's）在 30 年的时间内出版了 35 卷的《百科全书或科学、艺术和工艺详解辞典》。

早期工程学教科书影响力最大的作者是伯纳
241 德·福利斯特·德·贝利多尔，他的首部著作是《工
242 程师科学指南》（1729 年），第二部著作《水力
建筑学》（*Hydraulic Architecture*）在 1737 年至 1753 年出版了四卷。[11]这些书籍为那些追随相关领域研究工作近一个世纪的研究者订立了标准。贝利多尔将他在法国恩河炮兵学院 (the École d'artillerie de la Fère-en-Tardenois) 担任物理学和数学教师期间的研究工作同他作为现役士兵的生活结合在一起，在发布了前两部著作后，他继续参与了多次战役。

贝利多尔的第一部著作由六个部分组成。第一部分介绍了如何“使用力学原理确定要塞中挡土墙的尺寸，以确保它们与阻挡土壤产生的应力之间保持平衡”。第二部分内容强调了“拱顶的力学原理，表明了拱顶延伸的方式并确定了拱座承载拱顶需要的尺寸”。第三部分考虑了砌体施工使用材料的属性，包括它们的密度，以及它们如何制作、运输并在施工现场应用的。该部分还叙述了石料、砖块、石膏和石灰，讨论了砂浆及其原料，包括石灰、砂子和火山灰。第四部分介绍了军事与民用建筑；在该部分，作者首先解释了如何计算建筑物中不同位置使用的不同木制结构构件的强度，接着单独强调了木材作为一种材料的强度，以及如何利用其属性来确定木材部件实现特定用途需要的尺寸。他还考虑了“质量较好与较差的铁”。第四部分继续描述了如何建造一些示范建筑。第五部分介绍了建筑物装饰，尤其是五个典型的规则以及这些规则如何结合使用。第六部分解释了如何设计和规划要塞以及民用建筑的施工，同时结合若干案例研究予以说明。

总而言之，贝利多尔的第一部书与早期此类书的模式是一样的。书中对于处理这些问题的主要方法，阿尔伯蒂、罗德里戈·吉尔德·德·亨塔南、巴尔迪和沃邦等人在过去已经强调过。该方法包含力学和静力学的一些内容，但绝不属于理论研究工作，原因是该方法包含了一些有关材料、建
筑施工和要塞施工的非常实用的建议。提供的设 243
计指导采用关键尺寸列表的形式，例如，高度达到 100 英尺（30 米）的挡土墙。

贝利多尔的方法与早期著作者的方法之间主要的区别在于他处理木制结构部件的方式。不同于典型的 18 世纪木工手册，他的著作并未简单地给出适应不同用途的木材构件的尺寸；他创作时，并不是站在建造者或木工的角度，而是工程师的角度。他考虑了材料的具体属性，如材料的单位面积强度和单位体积重量。他单独考虑了一个特定结构构件需要承载的受力大小。这些受力与使用的材料无关，不考虑木材或铁的不同类型。在细致描述如何开始实际设计与规划一个项目方面，贝利多尔同样实现了新的突破。在其他的书籍中，这一课题几乎从未被提及。

在《工程师科学指南》出版后十年内，贝利多尔编写了第二部著作《水力建筑学》的前三百多页；接下来的部分在大约十年后才完成。该书的范围主要包括水利工程且针对性更强。对于该书处理课题的方式而言，《水力建筑学》从根本上有别于先前有关工程学领域的所有著作；它还创立了展示工程知识的模式，使我们沿用至今。

微积分

微积分是数学的一个分支学科。通过微积分，可以计算不同数学模型的属性。简单举例，包括等式已知的二维或三维空间中任何曲线图斜率以及极大值和极小值的位置的计算，和等式已知的曲线围绕面积或表面覆盖体积的计算。当数学模型或等式代表一个物理现象时（如热量由辐射体传递到室内空气的比例或混凝土壳体的应力），将产生微分方程（使用微积分的等式）的解。例如，特定时刻的室内温度，或混凝土壳体在特定点的偏斜度。

18世纪，微积分对于数学、科学和工程学的影响至少可以与20世纪电脑的影响相媲美。微积分起源于古希腊，但它的现代形式和复杂度归功于艾萨克·牛顿以及哲学家和数学家戈特弗里德·莱布尼茨。我们今天使用的符号是莱布尼茨在17世纪70年代设计的，首次发表是在1686年。

工程学历史上特别值得关注的是首次使用微积分针对物理现象建立数学模型的应用数学，如引力场中物体的运动、横梁的弯曲、物体的振动、液体的流动、穿过固体的热流等。在早期贡献最为卓越的四个人均来自瑞士巴塞尔。雅各布·伯努利和他的弟弟约翰同为巴塞尔大学的数学教授，主要侧重于力学。雅各布首次考虑了弹性横梁的偏斜度；直到那时，数学家仍在继续研究横梁强度，而不是横梁的刚性。雅各布的儿子丹尼尔·伯努利一生中大部分的时间担任圣彼得堡科学院的数学教授，最为人们所熟知的是他对于运动和液体流动的研究。莱昂哈德·欧拉是约翰的学生，他应邀在20岁时同圣彼得堡科学院的丹尼尔一同共事。他在圣彼得堡科学院工作了20年之后，搬到了柏林的普鲁士科学院。1766年，欧拉在59岁时返回圣彼得堡；在那里，他一直工作到生命的尽头。

欧拉是一位极为多产的数学家。他编写了45部书籍及700多篇文章。他的名字被结构工程师所熟知，因为他设计了计算载荷的公式；由于载荷的存在，立柱或支柱会受压变形。在雅各布·伯努利关于横梁弹性弯曲的创举的基础上，欧拉对横梁弯曲以及变形形状进行了综合分析研究。他还引入了“面积二次矩”的概念，来表现横梁截面是由于其横截面形状（the I-value, in modern notation）而不是其构成材料而产生的刚性。正是定量分析解决了伽利略对不同的横截面提出的问题。

就在丹尼尔·伯努利的原创作品发表几年后，贝利多尔在1737年至1753年出版的四卷《水力建筑学》成为第一批针对使用微积分（尤其是关于力学和流体动力学）的执业工程师的著作。

241a

LA SCIENCE DES INGENIEURS

DANS LA CONDUITE DES TRAVAUX

DE FORTIFICATION

ET D'ARCHITECTURE CIVILE.

DÉDIÉ AU ROY.

Par M. Belidor, *Commiſſaire ordinaire de l'Artillerie, Profeſſeur Royal des Mathématiques aux Ecoles du même Corps, Membre des Académies Royales des Sciences d'Angleterre & de Pruſſe, Correſpondant de celle de Paris.*

A PARIS,

Chez Charles-Antoine Jombert, Libraire, rue Dauphine, à l'Image Notre-Dame.

M. DCC. XXXIX.

AVEC APPROBATION ET PRIVILEGE DU ROI.

241b

228 Architecture Hydraulique, Livre I.

on aura après la réduction $\frac{b}{15h} \times \overline{6ann + 4ccq - 10anc}$, qui comprend la même choſe que la formule. (548)

Autre formule pour meſurer la même choſe lorſque le ſommet du triangle eſt en bas.

549. Quant au ſecond triangle CEA (fig. 72) nous ſervans des mêmes lettres, on aura AE (h), EC (b) :: AH ($h - x$), HG $= \frac{bh - bx}{h}$, qui étant multiplié par ydx, donne $\frac{bhydx - bxydx}{h}$; & tirant de l'équation à la parabole $x = \frac{yy}{p} - c$, & $dx = \frac{2ydy}{p}$ pour

Fig. 72. ſubſtituer les valeurs de x & de dx, on aura $\frac{2by^2dy}{p} - \frac{2by^4dy}{p^2h} + \frac{2bcy^2dy}{ph}$, dont l'intégral eſt $\frac{2by^3}{3p} + \frac{2bcy^3}{3ph} - \frac{2by^5}{5p^2h}$ pour l'expreſſion du ſolide : or ſi l'on ſubſtitue les valeurs d'y^3 & dy^5, on aura $\frac{2b}{3p} \times \overline{cp + px} \times \sqrt{cp + px} + \frac{2bc}{3ph} \times \overline{cp + px} \times \sqrt{cp + px} - \frac{2b}{5p^2h}$; & ſuppoſant $x = 0$, il reſte $\frac{2bc}{3} \times \sqrt{cp} + \frac{2bcc}{3h} \times \sqrt{cp} - \frac{2bcc}{5h} \times \sqrt{pc} = \frac{2bcq}{3} + \frac{2bccq}{3h} - \frac{2bccq}{5h}$, qui étant ajouté à la grandeur précedente avec des ſignes contraires, donne $\frac{2abhn}{3h} + \frac{2abcn}{3h} - \frac{2abnn}{5h} + \frac{2bccq}{5h} - \frac{2bchq}{3h} - \frac{2bchq}{3h}$ pour l'intégral complet, lorſque $x = h$, ou que $n = c + h$, ou $n = c + x$, parce qu'on a alors $cp + px = aq = pn$.

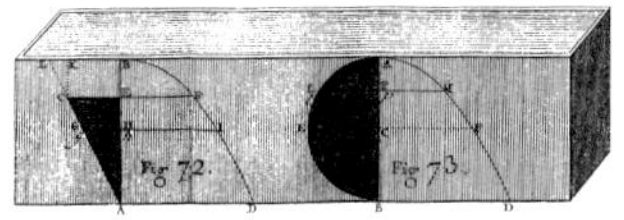

242

241. 伯纳德·福利斯特·德·贝利多尔，《工程师科学指南》，巴黎，1729 年。卷首页（a）和扉页（b）。

242. 伯纳德·福利斯特·德·贝利多尔，《水力建筑学》，1737—1753 年。该页展示了微积分首次出现在工程学教科书中。该项研究侧重于流经大坝的水流。

Profil coupé sur le milieu de la Courtine.
Echelle du Plan
Echelle du Profil
toises

243

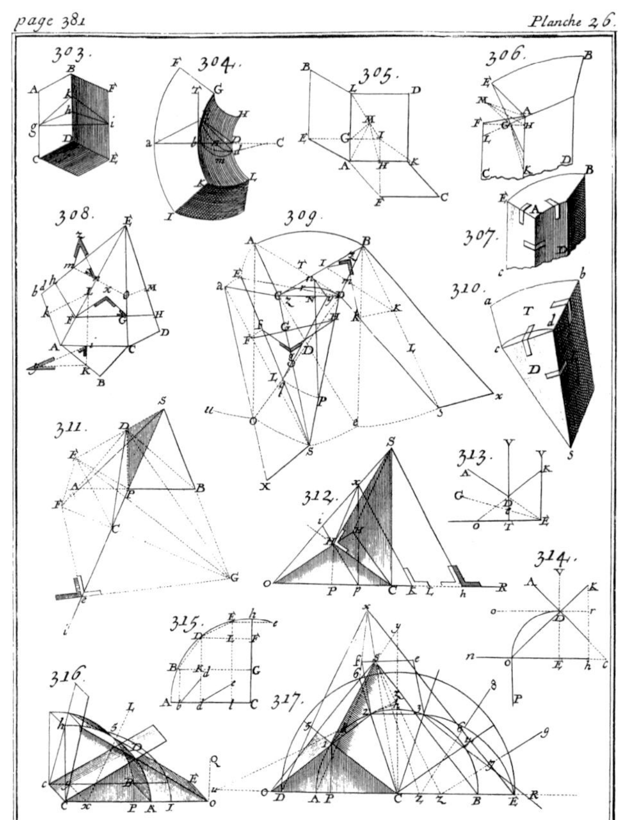
page 381
Planche 26.

244

《水力建筑学》还是使用积分解释物理现象并最终开展更复杂运算的第一部工程学著作。

本书第 1 章介绍了定义和原理，随后是关于力学的完整论述，包括如何通过力的平行四边形来计算平衡条件和多个受力的联合效应；五个亚里士多德的机械原理，即杠杆、滑轮、楔子、斜面以及螺丝；自由落体和沿斜面向下的恒速与加速运动；轮子沿弯曲斜面向下的滚动（包括积分的应用）；以及钟摆的摆动。这部分对过去半个世纪顶尖数学家和科学家的研究工作进行了整理。下一章节介绍了摩擦力以及如何计算摩擦力对于机械及打桩的影响。通过这种方式，工程师可以计算驱动各种类型机械需要的动力（不论由马匹还是水流驱动）。第 3 章强调了水利科学、液体对于容器的作用以及它们作用的表面（诸如水车叶片）。这里，贝利多尔讨论了不同形状孔洞的排水，并再次使用积分学知识进行了分析。

贝利多尔在大约十年后编写了该书第二部分的两卷内容。这两卷仅有一百多页，完全侧重于水力驱动的工厂和机械，包括如何设计和建造这些工厂和机械，以及如何计算和改进它们的性能和效率。

《水力建筑学》有两个显著的特征。第一个特征是它所采用的完全理性的方法和缜密的方法论，就像欧几里得以及其他希腊数学家和科学家的著作中使用的。它对每个部分进行了编号（第一部分编号为 1492，第二部分编号为 1200），以方便参考，并强调在建知识体系的结构感。第二个使该书有别于以往书籍的特征是贝利多尔采用定量的方式处理所有问题。《水力建筑学》还是第一部包含微积分使用的工程学著作。

同工程学一样，通过图纸传递工程信息的过程也被融入了法国军事和土木工程正式教育体系。很少有工程师具备伯鲁乃列斯基与列奥纳多在白纸上开发设计想法时所展现出来的绘图技巧。区分绘图的两个功能同样重要：一个功能是帮助工程师思考三维领域和构思想法，另一个功能是将设计过程的结果传递给能够将其付诸实施的人。后者需要比手绘草稿更正式、更缜密的方法。军事大学和“桥梁与道路学院”对于构思这些想法起到了积极的推动作用。工程师应当能够绘制出此类正式图纸，而图纸在工程师培训中占了相当大的部分。许多图纸不仅表达了最终的外观，还表达了使用的施工方法。这些图纸如今被视为艺术品。

在更详细的层面上，有必要建造最终形状的砌体拱顶和拱顶，并绘制这一结构需要的个体石料图纸。切石法在复杂的三维拱形结构中并不是一件小事，因为在采石场中将石料切割成特定形状能够减少运输成本。但此种做法最大的益处在于加快了施工进度。如果没有图纸，只有在事先布置的砌石到位之后，才可以将每块新的石料精确切割成特定的形状。如果掌握了每块石料的图纸，大部分石料可以立即切割成特定形状，随后快速将这些石料放置到位。这一问题引发了许多人的关注，其中最著名的是阿米迪·弗雷泽（Amedee Frezier，1682—1773）。作为一名法国军事工程师，他的兴趣主要在砌体施工上。他开发了一种方法，在三维空间中将图纸作为一种计算工具使用。在他之前的工程师将建筑物的立面图（orthographie）和平面图（ichnographie）构思成对于平面（垂直或水平）结构理想看法的投影。然而，弗雷泽第一次预见了它们结合在一起的方式，即一张视图的尺寸可以通过几何方式链接到其他的视图。他关于切石法的三卷经典著 244
作《切石法论述》（斯特拉斯堡与巴黎，1737—1739 年），成为了整个法国军事工程学院的标准

243. 伯纳德·福利斯特·德·贝利多尔，插图描述了包围城墙的幕墙设计，摘自《工程师科学指南》，巴黎，1729 年。
244. 阿米迪·弗雷泽，说明了如何在切割前绘制三维石料图，摘自《切石法论述》，斯特拉斯堡与巴黎，1737—1739 年。

教科书。他首先强调了摘要中的二维与三维几何245 学，并介绍了产生倾斜、双曲面与螺旋状拱顶形式以及交叉拱顶形式需要的几何施工。最后，弗雷泽考虑了建造此类拱顶所需个体石料的形状。弗雷泽将上一世纪解决了许多个别问题的几何学家（尤其是面对船体和日晷设计师的几何学家）的成果进行了汇总。

在科学的早期发展阶段，我们无法找到与今天同等的专业化程度。除了熟练掌握几何学知识外，弗雷泽还拥有其他两项值得一提的成就。当弗雷泽在智利追求对于植物学的兴趣时，他被派往探查西班牙要塞的情况，偶然发现了智利海滨的大草莓。后来，他把草莓带回法国进行栽培；这种草莓迅速成为欧洲质量最好、最受欢迎的草莓品种。他还编写了第一部关于烟花的主要专著（1706 年），这本著作在接下来的半个多世纪里一直是规划公共展示的经典参考书目。

科学与建筑工程

到了 18 世纪 50 年代，建筑工程师能够获得有关建筑和结构构件不同材料的大量有用数据。建筑结构相关的工程科学体系同样获得了不断发展。然而，不夸张地说，工程科学与数学尚未对设计和建筑施工产生任何影响。

启蒙运动与理性时代期间，科学发现与创建的数学模型不胜枚举。很清楚的一点是，在前五六个世纪开发的科学方法论最终使人类远远超越了对于希腊科学以及在中世纪期间大范围取代希腊科学的神学的认知。然而，人们依然略感失望。很明显， 仅依靠理解万有引力、行星轨道、光的本质以及血液循环，或了解氧气的存在以及高温物质冷却的速度，很少会带来有用或实际的益处。尽管如此，人们依然认为此类益处将会出现，而科学家与数学家会保持热情，继续开展调查研究。

除了发表科学文章以外，科学家与数学家同样在 18 世纪初开始宣扬他们的观点，目的是让他人接受，尤其是涉及“实用艺术”的观点。结构力学领域最重要的书籍如拉海尔的《力学论述》（1695 年）；皮埃尔·伐里农（Pierre Varignon）的《新力学》（*Nouvelle mecanique*，1725 年）；弗雷泽的《切石法论述》；以及威廉姆·艾默生（William Emerson）的《力学原理》（*The Principles of Mechanics*，1758 年）。流体力学领域最重要的书籍如伊丹·马略特的《水流移动论述》（*Traite du mouvement des eaux*，1686 年），贝利多尔（Belidor）的著作《工程师科学指南》与《水力建筑学》，以及提倡应用许多实用艺术分支学科的各种各样的几何学著作，包括建筑与船舶设计。

所有这些科学研究的共同问题，就是它们讨论的实用艺术已经持续发展至少五百年（有时甚至是一千年）；总的来说，这些科学研究已经达到了相关领域可能的研究极限。现场实验几乎确定了所有可能的拱顶形状与拱顶跨度的现实局限，对于木制地楞横梁与桁架、水车与谷物模仿齿轮的大小、船舶及其各种部件的形状和大小，也是如此。

第二个障碍是科学家与数学家尝试传达信息的方式。没有哪位建造者或造船者愿意听从几乎从未到过建筑工地或造船厂的人的话而改变自己的工作惯例。实际上，没有哪位顶尖的设计师或建造者熟悉科学家的数学语言。上述力学著作中给出的所有实用案例都被认为过于简单和理想化，以至于无法真实反映砌体拱顶、桁架或船桅杆的实际材料和状况。

科学家利用最新技术的趋势，进一步阻碍了这些科学著作的用处；即便现在也是如此。他们相信，最新的技术会为他们的工作带来更大的可靠性。正如 20 世纪 80 年代流行的模糊逻辑学，和 20 世纪 90 年代流行的混沌理论，

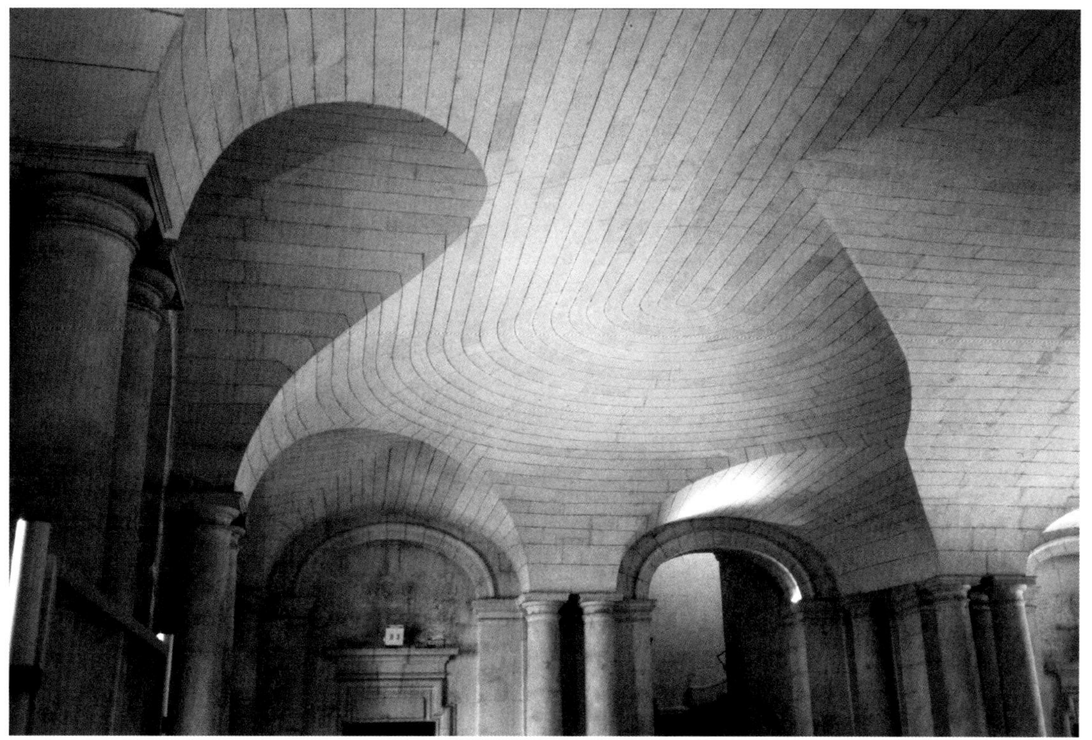

245

库仑在 1773 年经典著作的完整名称（*Essai sur une application des regies de maximis et minimis a quelques problemes de statique, relatifs a l'Architecutre*）同样暗示了该趋势。

因此，尽管科学家相信他们的方法具有良好的效果（我们可以称其为后见之明），但总的来说，很少有人知道这些方法的真正作用。从 17 世纪中叶到 19 世纪初，大多数实用方法与科学方法共同发展，并行不悖。一直到 19 世纪 50 年代，两股潮流紧紧相连，产生的效益有目共睹。

尽管如此，人们终于明白，与工程问题相关的科学的确有潜力提供或改善我们对于建筑或船舶的认识，尤其是面临不同于普通做法的设计挑战时。这就是雷恩在设计圣保罗大教堂时的情景。他采用胡克的悬链类比设计了砖砌椎体的恰当形状，提高了他对所提出方案的信心。然而，雷恩是当时最伟大的科学家之一，几乎没有人像他一样接受胡克的见解；没有人理解为什么它可以用

245. 法国阿尔勒的市政厅（Hotel de Ville，1673 年）。跨度大约为 10 米 ×10 米的石制拱顶。

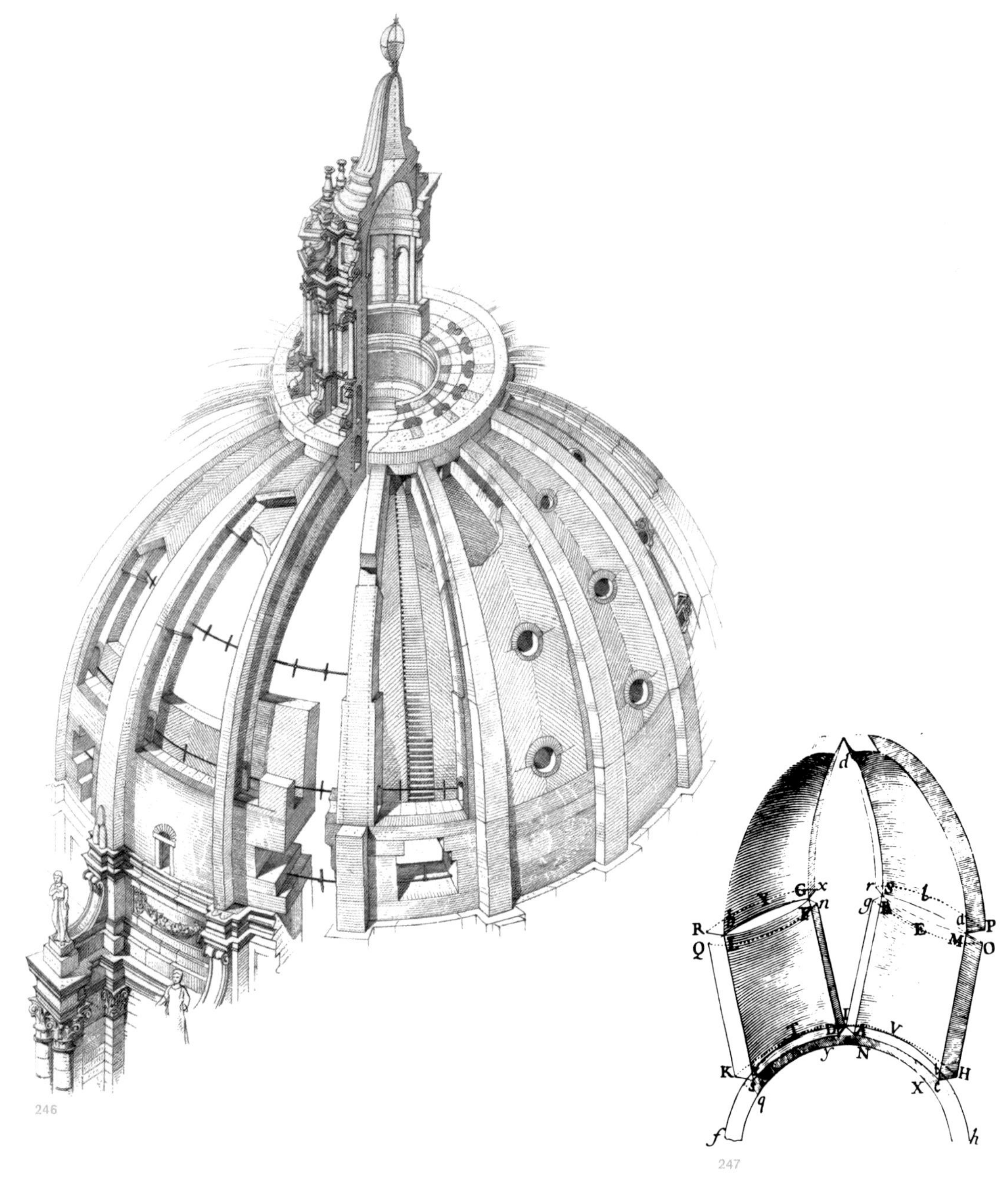

246. 罗马圣彼得大教堂，1506—1590 年。米开朗琪罗设计的穹顶，依照贾科莫·德拉·波尔塔修改的设计。等大的圆角表明了铁系杆的位置。

247. 圣彼得大教堂。插图提出了穹顶可能的坍塌方式，乔瓦尼·伯莱尼。

248. 圣彼得大教堂。 穹顶示意图表明了当时认为导致裂缝和坍塌的原理。

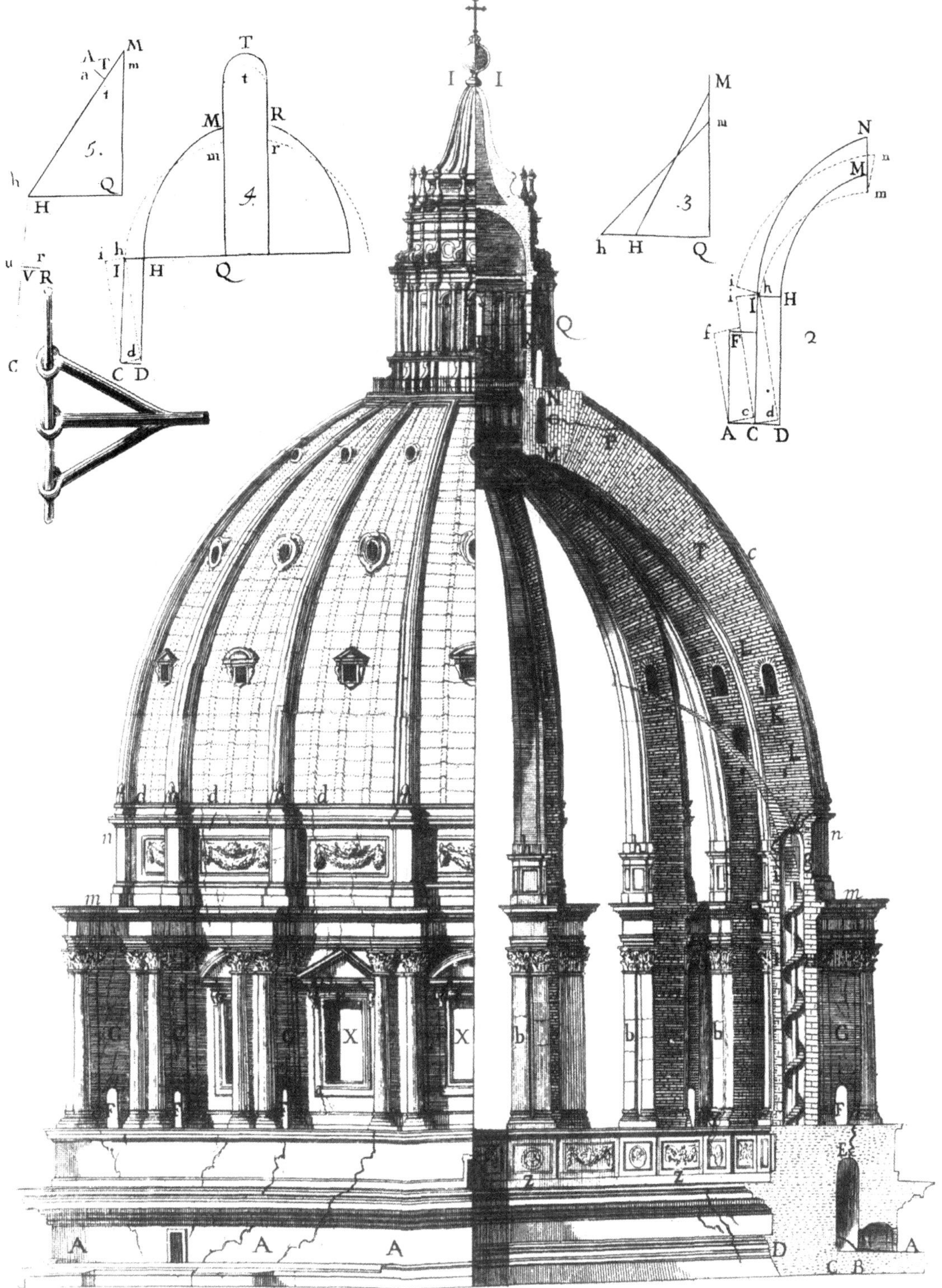

248

于定义椎体的形状。鉴于当时其他的工程师和设计师对于类似的椎体毫无既往经验可循，这一智慧的飞跃简直太伟大了。

另一项砌体穹顶工程提供了第一次通过源自数学模型的科学认知来显著影响建筑工程的机会，这或许并不是巧合。这是罗马圣彼得大教
246 堂的穹顶，由当时已年近七旬的米开朗琪罗·博纳罗蒂设计，是对多纳托·伯拉孟特（Donato Bramante）和小安东尼奥·达·桑加罗（Antonio da Sangallo the Younger）设计建筑物的进一步完善。就像菲利波·伯鲁乃列斯基设计的穹顶，罗马圣彼得大教堂的穹顶采用双壳体，并于1590年前后完工。为了防止穹顶向外爆裂，在不同的高度处嵌入了三块锻铁环向瓦片（每块横断面大约60毫米 ×40 毫米）。然而，到了1680年，穹顶被指出出现了多条裂缝，有传言称此处穹顶存在危险。在1730年的一场地震后，又出现了进一步的问题；最后，在1743年，人们对穹顶进行了一次细致的调查，并提出了多项措施对出现的问题进行补救。除了放射状或子午线裂缝（产生的原因是所有砌体穹顶都是倾斜的），各个支撑拱顶、窗间壁和墙面上还出现了许多水平、倾斜
248 和垂直的裂缝。主要的建议是增加三到四个额外的环向锻铁环，以限制半球形穹顶逐渐向外爆裂的趋势。

对于工程学历史来说幸运的是，当时执政的教皇本笃十四世是一名学者，非常热衷于科学与数学的发展。他任命了三名当时顶尖的数学家——托马斯·勒·塞合（Thomas le Seur）、弗朗索瓦·杰奎（François Jacquier）和鲁杰罗·博斯科维克（Ruggiero Boscovich）研究问题并提出建议。这些建议于1743年发表，这是结构科学历史上的重要里程碑。

三位数学家构思了他们认为极为简化和理想化（因此不准确）的穹顶数学模型，但这些数学模型对于其用途而言足够可靠。通过计算穹顶材料的重量，他们制作了作用在结构上的载荷的数学模型。他们假设对原始的铁箍施加载荷，直至达到屈服强度，而砌体穹顶的横断面保持完整。因此，他们制作了穹顶关键材料和穹顶结构的数学模型。模型中将穹顶视为十个保持完整的系列径向段，但这些径向段可以彼此相对移动。最终，他们考虑了支撑柱墩和立柱可能的两种不同的表现方式：一种是假设它们保持统一，另一种假设它们可以独立移动。

数学家们接着“应用了”模型材料和结构的模型载荷，通过使用如今称为“虚功”（virtual work，起源于亚里士多德）的方法计算了其结果。

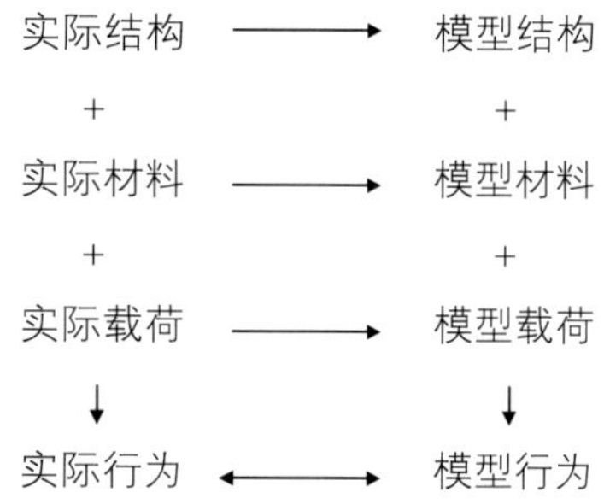

他们使用该模型行为的结果来预测实际结构的行为，并将结果同已经观察到的裂缝进行比较。他们认为，如果他们关于柱墩和立柱的第一条假设有效，那么穹顶则不存在危险，即便缺少铁箍。然而，如果他们的第二条假设有效（立柱可以在柱墩上单独移动），原始铁箍的强度则达不到要求，穹顶会出现坍塌。他们忽略了穹顶并未坍塌这一重要事实，继续计算为避免想象情形的发生所需要的额外铁箍的大小与数量。尽管他们的这一结论不切实际，但却是一项保守和安全的提议。

249. 圣彼得大教堂。剖面图表明了米开朗琪罗的原始方案（左）和乔瓦尼·伯莱尼提出的新铁系杆的位置（右）。
250. 乔瓦尼·伯莱尼，模型的图纸，用于确定圣彼得大教堂穹顶的推力线。

Das Modell Michelangelo's.

Die ausgeführte Kuppel und die Ringe des Poleni.

Keilverbindung nach den Angaben Vanvitelli's.

Durchbohrung des Attikapfeilers für den Ring B.

Ringquerschnitt. (3/5 d. nat. Grösse).

119 palmi nach Fontana (S. 323) 26,587 met.

22 palmi 4,95 met.

0,535 met.

0,858 met.

Hauptmaße des Holzmodelles.

nach Rondelet.
abcde = zulässige Belastung.

VI/3 ti vano diametrale del Tamburo e cupola = 190 2/3 palmi nach Fontana (S. 350) = 190 2/3 pl = 42,593 met.

5. Ring von 1744 E

4. Ring von 1744. D

6. Ring von 1748. F

3. Ring von 1744 C

2. Ring von 1743. B

1. Ring von 1743. A

1 Palmo romano = 0,2234 met.

Die eingeschriebenen Stichmaße in Abb. I beziehen sich auf das Holzmodell.

Abb. I.

Abb. II.

Geyer gest.

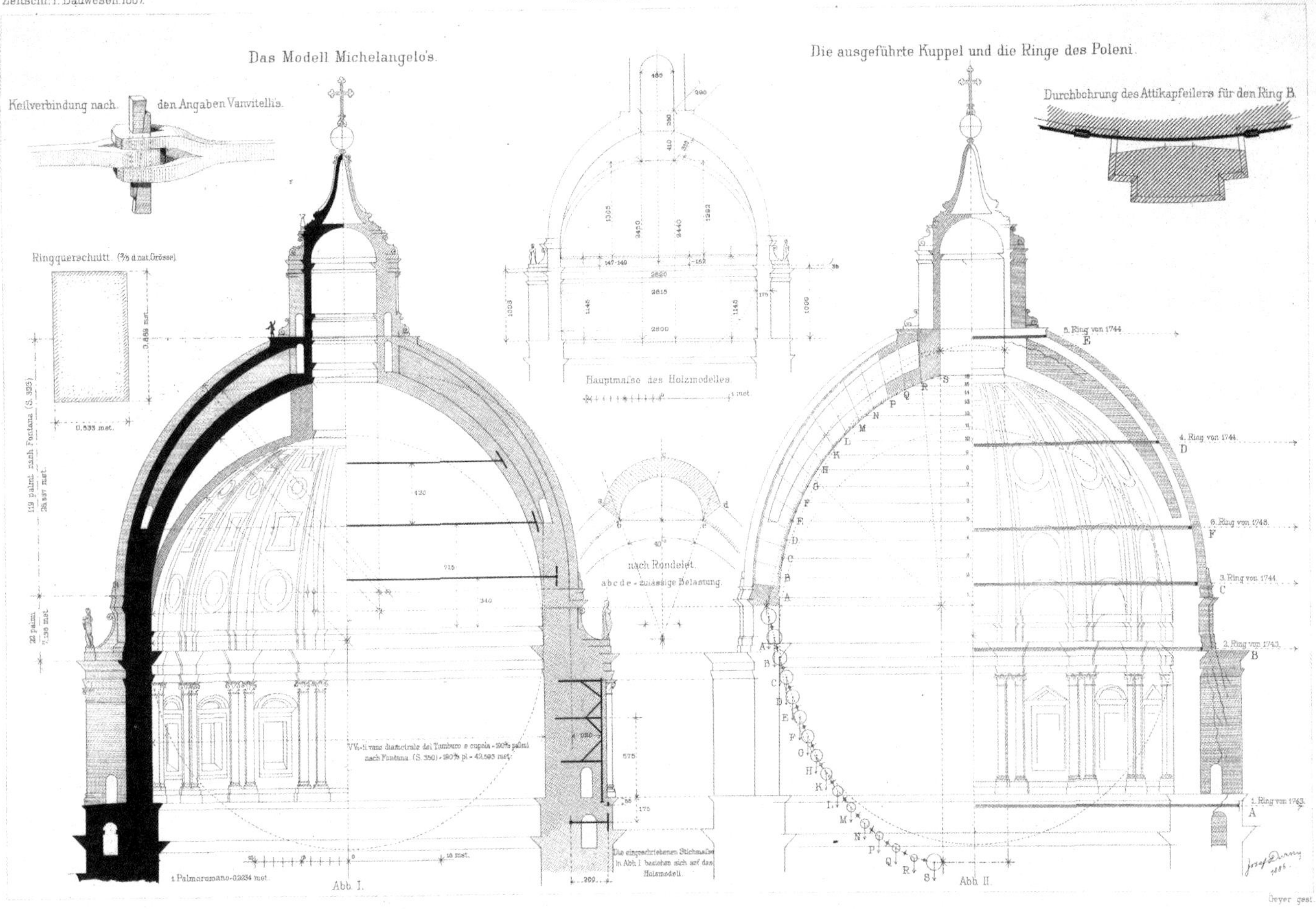

249

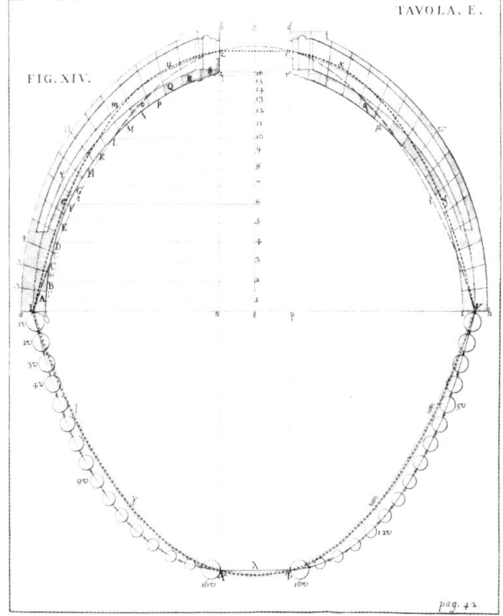

250

这一分析流程尚属首次，其新颖之处正是它失败的原因。负责教堂建筑结构的委员会忽略了计算过程。该委员会的最终建议仅仅是继续观察裂缝的大小。

教皇并不满意，这在此类情形下是常有的事。他任命了第二个评定组，拜访了乔瓦尼·伯莱尼（Giovanni Poleni，1685—1761）。他是帕多瓦大学（University of Padua）的一名学者，先后担任了天文学、物理学、数学和实验哲学的教授。他还曾担任其擅长领域——水力学与水力工程的顾问。因此，他有能力重新审视勒·塞合、杰奎与博斯科维克的工作与提出的建议。

伯莱尼批判了数学家们使用的结构模型和他们考虑的坍塌方式，理由是它们不能对应根据裂
247 缝判断出的穹顶的行为。他构思了材料和结构的不同数学模型。他忽略了铁箍，并假设砌体整体具有较大的耐压强度，拉伸强度为零；他接着将穹顶分成了 50 个半弧（半个橙子形状），并考虑了相对半弧的平衡。他还观察到，如果推力线全部落在砌体厚度范围内，这一拱顶则是稳定的。他了解胡克的第二定律，将稳定拱顶的形状定义为倒置的相对悬链；他利用与一对半弧中重量分
250 布成比例的配重以及穹顶上面灯笼状的石质小室的重量制作了模型，并通过实验确定了推力线的形状。通过证实这一形状的确存在于砌体中，他提出，所有半弧都是稳定的，因此，由 50 个该部分构成的整个穹顶也是稳定的，即便出现了子午线裂缝。该项对于结构的认知比 20 世纪 50 年代得出的极限状态定理早了大约两百年。

虽然有了结论，伯莱尼仍然建议增加四个额
249 外的锻铁铁链。该项任务在 1744 年得以实施。每条锻铁铁链由 16~38 个锻铁铁环构成，长约 600 毫米，横断面 90 毫米 ×55 毫米。1747 年实施的进一步补救工作表明，原始铁链的中部事实上已经断裂。在穹顶被分割成两个壳体的位置以下，增加了第五个新铁环。

到了 1750 年，许多顶尖的土木工程师（尤其在法国）通过基于工程科学的数学计算来设计挡土墙、拱顶、桥梁、地基和涉及水流控制的项目。在所有这些领域中，经证实，此类计算的应用能够避免失败和减少项目所需材料的数量。因此，它提高了施工速度。建筑工程领域尚未达到这一水平，但对圣彼得大教堂穹顶的成功分析证明了此举将会带来的益处。当人们看到工程科学是如何避免代价高昂的失败或减少施工所需材料的数量时，工程科学在建筑设计领域的应用将会成为现实。

第5章
工程学成为一门专业的时期
1750—1800年

人物与事件

1708—1794年，让-鲁道夫·佩罗内
1713—1780年，雅克-杰曼·苏夫洛
1724—1792年，约翰·斯米顿
1726—1797年，杰迪代亚·斯特拉特
1728—1809年，马修·博尔顿
1731—1800年，维克多·路易斯
1732—1792年，理查德·阿克赖特
1743—1829年，让-巴普蒂斯特·隆德莱特
1736—1806年，查尔斯·奥古斯汀·库仑
1736—1819年，詹姆斯·瓦特
1746—1818年，加斯帕德·蒙日
1751—1822年，查尔斯·贝奇
1753—1814年，本杰明·汤普森（冯·拉姆福德伯爵）
1754—1839年，威廉·默多克
1756—1827年，恩斯特·克拉德尼
1756—1830年，威廉·斯特拉特
1757—1834年，托马斯·泰尔福
约1762—1839 年，乔治·桑德斯

材料与技术

18世纪50年代起，公共建筑通风系统革命
18世纪50年代起，剧院防火施工发展
18世纪50年代起，工厂内采暖与通风
1752年，葡萄牙阿尔科巴萨修道院（靠近里斯本）使用铸铁立柱与锻铁横梁

知识与学习

1743年，史蒂芬·黑尔斯，《通风设备说明》（*A Description of Ventilators*）（第一部关于通风的书籍）
1765—1813年，英国伯明翰月亮协会

设计方法

18世纪50年代，防火工程引入剧院设计，法国里昂剧院
18世纪50年代，斯米顿使用模型测试了水力磨坊与风力磨坊

设计工具：图纸、计算

18世纪60年代起，“工程大师”——法国，组合设计/施工图

建筑

1754年，法国里昂剧院
1756—1759年，英国涡石灯塔（靠近普利茅斯）
1757—1790年，法国巴黎万神庙（圣吉纳维芙教堂）
1758—1762年，英国普利茅斯斯通豪斯海军医院

1750 1755 1760 1765 1770

1776年，《美国独立宣言》

1788—1829年，托马斯·特雷德戈尔德

1789，法国大革命

1786年，英国诺丁汉郡派威克工厂，由旋转式蒸汽机驱动

1773年，哈特利防火板申请专利

1779年，英国柯尔布鲁克代尔铁桥完工

18世纪80年代起，工厂防火施工的发展

1792年，建筑中煤气照明的发展

18世纪90年代起，工厂与仓库中的铸铁横梁与立柱

1795—1805年，泰尔福铸铁水管

1771年，英国成立的“土木工程师学会”

1771年，约翰·艾金，《关于医院的思考》（*Thoughts on Hospitals*），医院设计指南

1773年，查尔斯·奥古斯汀·库仑

18世纪80年代，法国多地建立了“艺术与工艺学校”

1790年，乔治·桑德斯，《剧院论》（最早的剧院设计指南）

1794年，法国巴黎综合理工学院成立

1795年，公制计量系统

1797年，第一份技术性建筑期刊，德国

1799年，德国柏林建筑学院（Bauakademie）成立

18世纪80年代起，静力学用于拱形桥梁设计

18世纪90年代，剧院设计采用科学方式考虑音响效果

18世纪90年代，已知最早的关于铁横梁的设计计算，查尔斯·贝奇

1775年，第一个“计算尺”，由詹姆斯·瓦特制作

18世纪70年代，加斯帕德·蒙日开发的正射投影（第三角度）技术

18世纪70年代起，四个函数的力学计算

1780年，詹姆斯·瓦特复印机申请专利

18世纪70年代，在英国利物浦圣安妮教堂用于支撑走廊的铸铁立柱

1771年，理查德·阿克赖特位于英国克罗姆福德的第一处工厂

1779—1781年，法国巴黎卢浮宫铸铁屋面

1786—1790年，法国巴黎法兰西喜剧院

1792—1793年，英国德比的意大利工厂（丝绸工厂）

1794年，英国伦敦特鲁里街皇家剧院

1794年，英国伦敦“缪斯寺庙”的书店

1796—1797年，英国什鲁斯伯里的城堡工厂

1775 1780 1785 1790 1795 1800

工程学成为一门专业的时期
1750—1800年

英国土木工程

土木工程专业在英国与法国的发展历程有着明显的不同。英国有正规的军事工程师教育、培训系统，但是国家未提供类似的土木工程师教育培训系统，直到 19 世纪晚期情况才发生了变化。此外，也很少有国家赞助的土木工程项目，国家赞助的项目仅有苏格兰公路建设项目及英吉利海峡多佛港口的重建扩建项目。与之相比，法国国王及其政府为加强国家建设的土木工程项目进行了大量投入。包括国家基础设施建设，确保了境内防御设施安全，保证了通信交流及军队与货品的安全运输。这一模式类似于文艺复兴时期罗马帝国及意大利北部地区采用的模式。18 世纪的法国工程师，例如查尔斯·奥古斯汀·库仑（Charles Augustin Coulomb），是从事港口、海港、通航河流网、运河、道路、防御设施建设的军事工程师。反过来，法国许多工业及制造业为这些国家基础设施建设提供服务。

此时，英国海军进行的海上管控确保了国家免遭侵略威胁，因而其军事建设主要限于海军港口、海港及防御设施。国内基础设施发展的压力主要来自商业和工业方面，因而采取了措施进行地块排水，开拓更多农田；道路、桥梁、水路的建设通过客货运输收取的通行费筹资；商业生产及新工业区用水需求推动了水力及蒸汽动力的治理。18 世纪英国工程师的典型代表是约翰·斯米顿（John Smeaton，1724—1792）。同当时许多工程师一样，他从事地块排水、内陆水路、桥梁、海港，以及水车、工场、水泵、蒸汽机方面的作业。其中最为著名的是他负责的第三座埃迪斯通（Eddy stone）灯塔（1756—1759 年）的建设，该灯塔建于英吉利海峡的一个孤立礁之上，位于普利茅斯以南 20 千米处。

不同于当时传统的工程师，斯米顿起初并没有当石匠或船匠学徒。小时候，他学过用铁件做车床。然而，当律师的父亲认为体力劳动不赚钱，也没有社会地位，因此在斯米顿 18 岁的时候把他送往伦敦学习法律。斯米顿坚持学习了两年，但是最终放弃了，继续学习他的机械技术，追随自己对科学燃起的越来越浓厚的兴趣。他接受了科学仪表制作培训，在 23 岁时开始了经营。随着业务越来越好，他开始进行相关试验，研究如何更好地运用水力和风车产生的功率。他对科学的热忱及机械技能形成强有力的组合，非常类似于罗伯特·胡克，几年内人们就向其咨询与科学仪器领域相距甚远的工程学问题。随着与伦敦科学界越来越多的接触，以及他因科学研究受到越来越多的尊重，他在29岁时就当选为皇家学会会员。

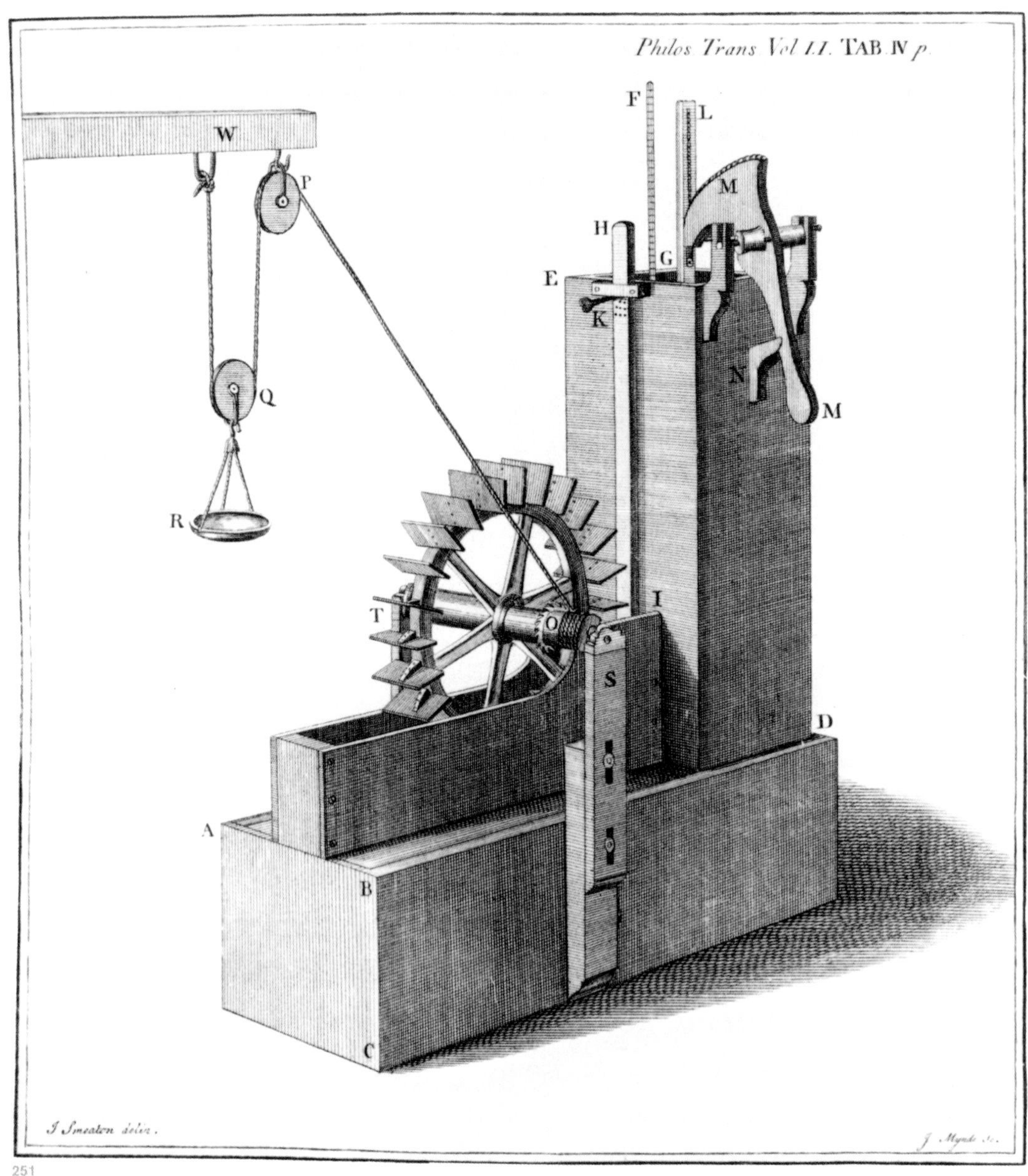

251

251. 约翰·斯米顿，插图为水车模型，摘自《皇家学会哲学学报》，英国，约1758年。这是斯米顿为研究出最有效的水车类型所用的诸多模型之一。

此时，斯米顿决定从事工程学职业，很快被委任进行水磨设计。对于工程师而言，这次委任没有什么特别意义，但是考虑到斯米顿不是一名水车工匠，就不免让人感到惊讶了。水车案例当中，他用模型测试证明上射式水车产生的有效功率是下射式的两倍，且当水流速度是车轮速度的2到2.5倍时下射式轮的效率最高，而不是某些著名科学
251 家声称的3倍。他还做了类似的实验，来判定风
252 车功率如何随着四个关键因素——帆的大小、帆的形状、帆与风向的角度、风速而变化。两个实验当中，斯米顿通过一套独创性方法消除了模型的摩擦力作用，以便以实际尺寸进行操作时能获取更为可靠的结果。然而，这些不是物理学家为探索流体力学所做的实验，而是设计工程师为了探索更有效的机械制作方法而进行的实验。

水磨设计过程中，斯米顿依据科学知识及采用全尺寸模型进行的实验，将普遍原理运用到了他完全不了解的工程学领域当中。作为外行，并从我们今日所称的“第一性原理”出发，斯米顿接任了这一项目，并挑战了那些根深蒂固的习惯做法。他很快就发现用铸铁替代机械中易于磨损的木材部件（齿轮、传动轴、轴承）的潜在优势。尽管铸铁成本高、难于操作，但是与减少维修、延长寿命的优点相比，这些缺点就算不了什么了。

斯米顿通过所有可能的方法加深自己对机械工程与土木工程知识的了解。他善于观察工程学领域的成功与失败案例，自己亲手做实验，研究最新科学报道，阅读最新的书籍，例如关于工场的荷兰语书籍以及贝利多尔所著的法语书籍《水力建筑学》。他还对荷兰进行了为期五周的访问，学习这里的土木工程经验，包括那些他在书本上看到的作品，他还拜访了莱顿大学的彼得勃斯·范·穆森布罗克教授。正是在此次访问期间，他见到了德国人在水下结构中使用的水硬水泥。斯米顿受邀设计新埃迪斯通灯塔时，用各类水力配置剂进行了一系列实验（包括德国火山土和火山灰），以寻求最佳的混凝土混合物。这些基础性工作在很大程度上在英国将混凝土纳入我们今日所知晓的工程材料当中，取代了之前所用的各类易变的混合物（参见附录3）。斯米顿还探索了雷电的本质及破坏作用，关于这一主题，他著写了18篇论文，其中的一篇论文由皇家学会出版。探索的直接结论就是埃迪斯通灯塔是首批配备避雷针的建筑之一。斯米顿提供了一个连续的导电通路，借助该通路，电子可以从海面向上传至建筑顶部，随后进入上空的带电空气，从而实现云放电，避免雷击。根据现代标准，该导电通路是弯曲通路。灯塔所在的礁石上固定着一个铁链，铁链底端一直埋入海中。该铁链通过铅条连至厨房水槽排水管，排水管也由铅制成。水槽又连至铜制烟筒，烟囱经天窗出厨房上空连接至建筑最高点的铜球。

斯米顿热衷于出版自己的作品，以便他人学习、应用自己的经验。他在59岁时停止了咨询工作，“我想在余生里专注于出版我的作品，希望这些经验能帮到本行业的其他人士”。[①]他用了数年描述灯塔（1791年）设计、施工的事宜，是工程学的一大经典。他阐述了自己在开发每个建筑细节的想法背后的推理过程。斯米顿对石工模式
投入了相当的关注度，几乎是做了一个三维拼图，253、254
以确保任何情况下石块都不会掉落。255

至少是在英国，斯米顿被公认为土木工程之父，这不仅仅是因为他出版了诸多作品——尽管这些作品非常重要，更是因为他将土木工程学的概念创立成一门专业。埃迪斯通灯塔让斯米顿享有盛誉，很快他便收到各类关于工程学问题的咨询。这一令人羡慕的景象使他在余生担任起了独立的顾问工程师角色。他认为自己的角色类似于律师或者医生——提供专业意见的人，而不是从事实际作业的项目承包人。1764年他在一次报告中说：

> 我认为有必要自由发布我的观点，让我给出问题的合理建议，我的观点是根据我的专业提出的。[②]

随后不久他定义了顾问工程师概念：

> 我想自己只是一名草民艺术家，受雇于那些愿意雇用我的人……我想那些就某些方案寻求我的建议的人是我的大老板；从他们那里我收到命题，也就是他们想要达到的目的。[③]

著写关于埃迪斯通灯塔的作品时，他在给朋友的信中表示：

> 我希望在为后代培养土木工程师方面多做点工作，而不是仅限于向专业相关的事宜提供服务；事实上，现在我能给公众提供更为真切的意义（假定我本人有一定意义），而非新鲜的事物；我遵循的是基础原理。[④]

对于斯米顿创造的大部分功绩，现代本专业从业者都能轻松辨认出来。如贝利多尔在其巨作中所倡导的一样：将真正工程学问题翻译为简单的理论模型，对于受过科学与数学教育的工程师而言成为理所当然的事情。因而，采用比例模型为全尺寸机器提供量化数据也是如此。用现在的标准来看，这些结果不是非常准确或者说精确，只有少量工程学问题对这样的处理方式有敏感性——通过水泵或水车产生的水流量、水车风车产生的机械功量或用于驱动机器的机械功量。但是，通过斯米顿对水车（用于抽取水）尺寸及数量的计算，我们可以看到他已经创立了现代的工程学设计方法。

通过所著日记、技术论文及大量建筑作品，斯米顿成为工程学领域的标志性人物，但是需要注意的是，有许多其他工程师也获取了类似的成就。然而由于没有法国工程师喜欢的团队精神（在军事大学进行公共培训时形成的），英国工程师缺乏社团及身份的意识。终于，英国在1771 年成立了土木工程师学会（Society of Civil Engineers），形成了分享兴趣与价值的工程学社团。如同 18 世纪的风格一样，该学会以俱乐部的形式组建起来，起初有大约 20 名成员，学会以这种形式一直保留到了今天。他们每两周进行一次集会，讨论专业问题，从而也发展起了共同的使命感，帮助创立我们今日所知的专业。斯米顿离世几年后，俱乐部重新命名为斯米顿学会（Smeatonian Society），人们通常简称为“斯米顿”。

法国土木工程

法国的重点放在学习上，如同现在一样，国家一直在提倡学习。著名的路桥学校于 1747 年开办。许多主要港口成立了海军院校，例如 1773年开办的勒阿弗尔学校（Le Havre）、1783 年开办的矿业学校（École es Mines）等。许多首批工艺美术学校（Écoles d'arts et métiers）也于 1780年开办起来，其学术水平不及路桥学校，但也颇具名望。其他用于满足工匠技术需求的学校也创办开来，例如 1766 年开办的皇家自由绘画学校（École royale gratuite de dessin）。

在公路与桥梁工程师让·鲁道夫·佩罗内（Jean-Rodolphe Perronet，1708—1794）的领导下，路桥学校的宗旨在于为年轻工程师们提供理性、分析性、技术性教育。佩罗内引进了大量数学及物理学课程，并通过在各个工程艺术分科——绘画、道路设计、桥梁、河流及海事工程、基础设施、绘图法等课程中举办系列比赛来测试学生们在解析及构建方面的技能。然而，佩罗内激进的方法未得到人们的接受，人们认为这些方法是对传统法国工程学中稳固性概念的威胁，这些传统概念一直以来都是工程师开展工作所需的主要技能。稳固性是力与稳定性的定性测定，同时也表达了正确尺寸、优质结构、美学感染力之间的适度平衡，是不变的性质。另一方面，佩罗内通过对桥梁及建筑的数学研究和理性研究，表明可以通过更少的材料实现这些桥梁建筑的建造，这就意味着对原来构建方式的改变。稳固性与科学方法之间的

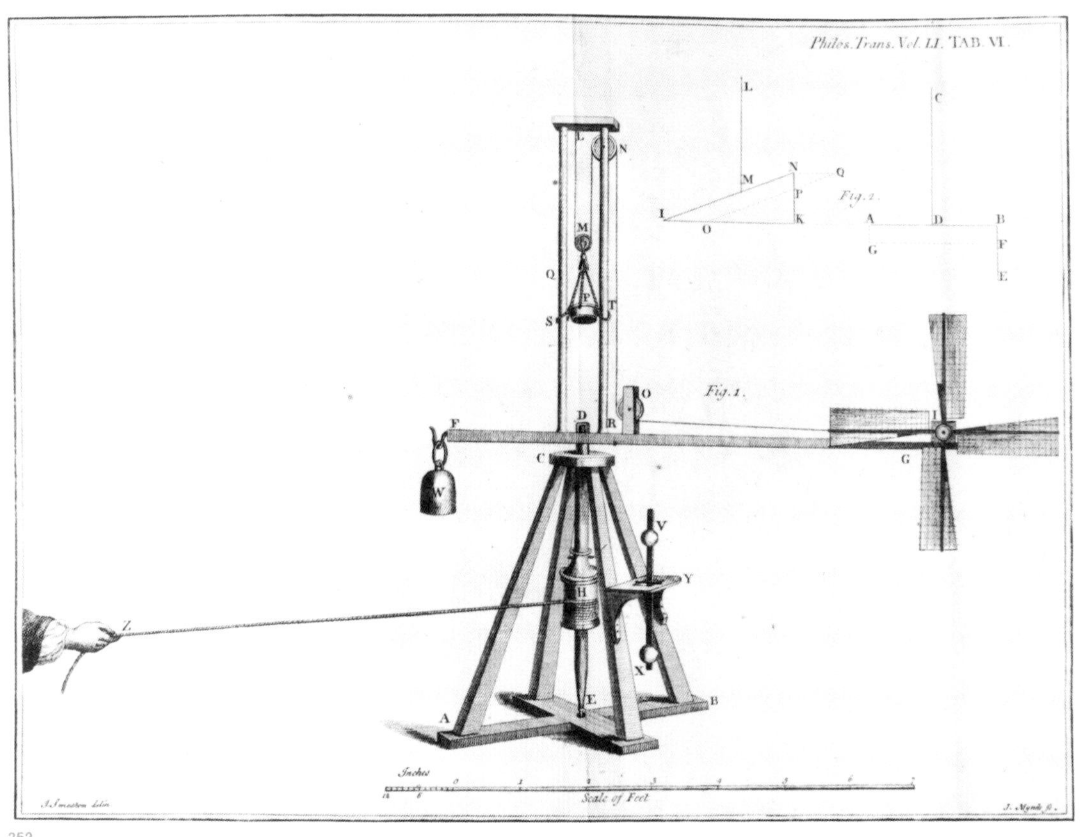

252

253

254

252. 约翰·斯米顿，插图为风车的帆叶，取自《哲学学报》，约 1758 年。

253. 埃迪斯通灯塔，1756—1759 年，起初位于英国普利茅斯南 20 千米处。工程师：约翰·斯米顿。

254. 埃迪斯通灯塔。第七层的单个连锁石块的木制模型。现场工程师：约西亚·杰索普（Josias Jessop）。

255. 约翰·斯米顿，埃迪斯通灯塔版画作品，取自《建筑故事与石砌埃迪斯通灯塔施工描述》，伦敦，1791 年。

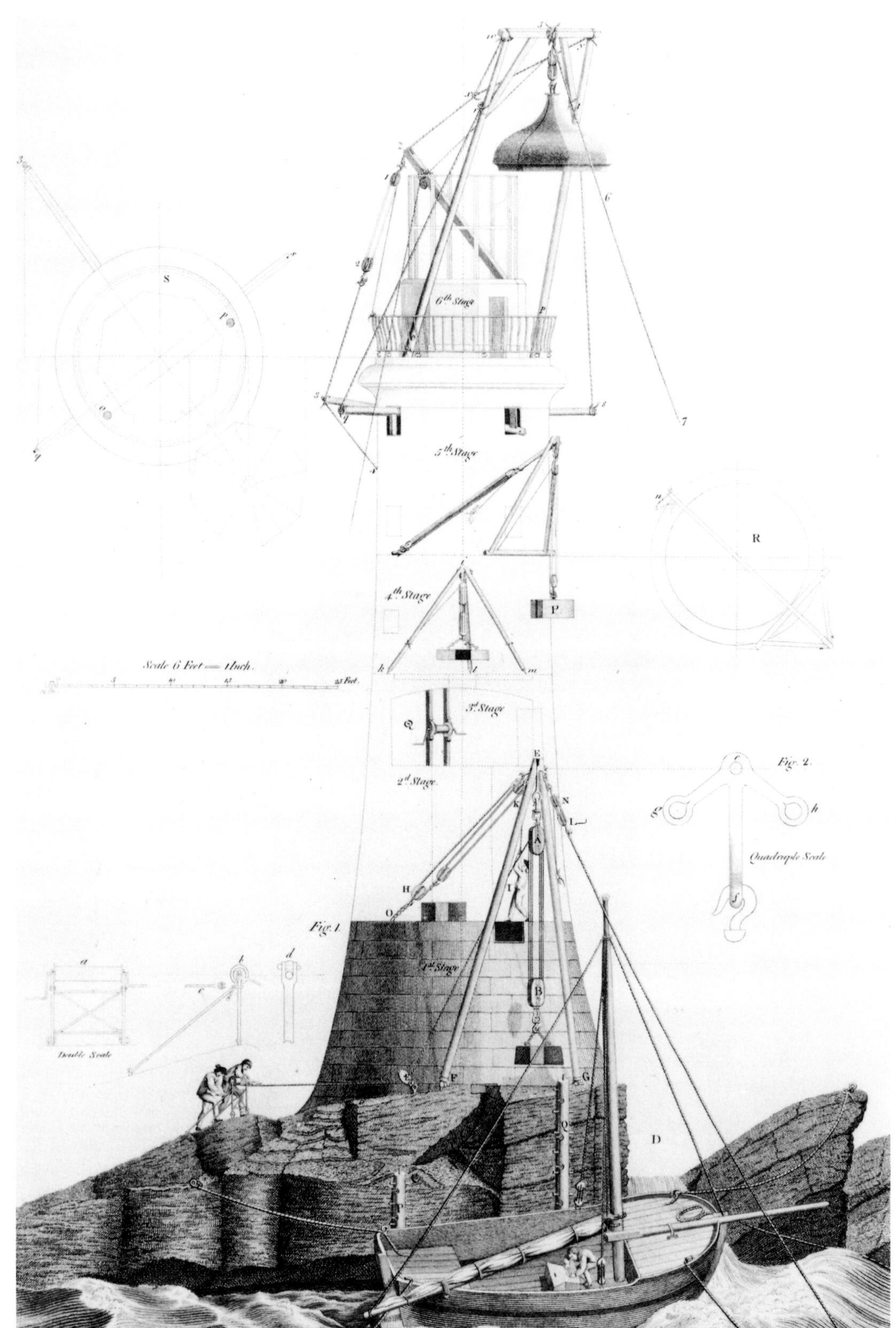
6th Stage
5th Stage
4th Stage
3d Stage
2d Stage
1st Stage
Scale 6 Feet = 1 Inch.
Fig. 1.
Fig. 2.
Double Scale
Quadruple Scale
S
R
P
D

255

优缺点辩论被 1789 年法国大革命湮没了。然而随着新政府的成立，国家最终接受了新型工程师教育的方式。随后成立了提供综合技术教育的新学校——设有应用科学与技术艺术的多学科学校。新路桥学校比其前身的使命更为广泛。课程均基于最新的数学和物理学知识，由最好的学者执教。然而，起初人们并不是很明确教学如何才能真正受益于今后的工程师；同大革命后的法国生活一样，理论研究的理想主义似乎与客观世界仅有间接的关联性。

此时许多伟大的工程科学家基本上都对力学、水力学、材料科学、物理学、化学感兴趣。18 世纪此类多面手的最佳例子当属查尔斯·奥古斯汀·库仑，尽管现在人们认为他的物理学家及电气工程师的头衔更为知名——人们都知道电荷单位是以他的名字命名的，且知晓他在电力及磁力方面的功绩，这些功绩都是在他晚年实现的，之前他是一名成功的全职军事工程师。

库仑在法国南部蒙彼利埃（Montpelier）的学校上学，青少年时期被介绍到当地皇家科学学会（Société royale des sciences），这里会召开会议讨论科学问题，进行科学研究，提供数学、解剖学、化学、植物学、物理学指导。凭借所写的一篇关于几何学的论文，他在 21 岁时当选为该学会的会员。随后 15 个月内，他受雇于该学会，定期参加会议，并著写了其他关于数学和天文学的论文。随后他请假前往巴黎学习，为位于法国东北部梅济耶尔（Mezieres）的军事工程学校的入学考试做准备，该学校是法国当时最好的学校。在这里，库仑学习了贝利多尔和阿米迪·弗雷泽著写的标准工程学文本，并在实习期间设计建造了大量拱门、桥梁和挡土墙。他在本校学习了一年时间，1761 年 25 岁时毕业。不到两年后，库仑受到委派，负责马提尼克西印度群岛防御设施的建造项目，在这里他带领了 120 多人工作了八年。在此期间，他通过对所监管的大型挖掘和施工作业的日常观察，开始总结自己的工程科学概念。

1772 年从马提尼克回来后，库仑设法将其军事事业与广泛的工程学主题研究及论文发表相结合。除了下文描述的库仑关于统计学的实录外，这些作品探讨了从力学应用到载人航空可能性的话题。凭借这些论文，以及关于磁罗盘设计制作的获奖文章，库仑于 1781 年当选为巴黎科学院成员。他对磁力及电力的兴趣越来越高，1781 年至 1795 年向科学院提交了七部论文，为我们对电力与磁力的现代理解奠定了基础。此外，他甚至还在植物学领域做出了重要的贡献。为了躲避法国大革命动乱被迫离开巴黎时，库仑在杨树上做实验，得出树液仅通过中心椎管在树干内流动的结论。这段时间他也关注了其他的学科，随后又继续研究军事领域的工程学，并访问了英国普利茅斯的皇家海军医院（Royal Naval Hospital），学习其先进的通风设计。18 世纪 80、90 年代，他著写了三百篇关于机械、运河、航行、结构工程、公共安全、卫生、教育的论文和报告。

库仑为工程科学带来了潜在的结合——结合了实践工程学经验、理论与学术精确性，并通过实验研究测试物理现象。他在结构与土木工程学方面的工作主要是为了设计建造更好的防御工事，找出应对军事工程师所面临挑战的更好解决方案。1779 年，库仑收到鲁昂（Rouen）军事学院的挑战性邀请——设计一个可行方案，搬走塞纳河水下妨碍航行的巨石，帮助该学院获取年度工程学奖项。在他的方案中，介绍了浮箱，该浮箱可降至石块障碍物上，一旦降落到适当位置，工人可进入一个密封箱，该密封箱可以持续泵入新鲜空气。挖出物可通过一系列气闸搬走。库仑计算了工人们所需的空气量、工人数量及保证每小时换气次数的泵的数量。他的方案备受好评，并以书的形式出版，名为《各类水下无排水作业开展方法的研究》（*Recherches sur les moyens d'exécuter sous l'eau toutes sortes de travaux hydrauliques sans employer aucun épuisement*，1779 年），这本书成为工程学畅销书，在随后 50 年内多次重印。

库仑对建筑工程学的最初贡献是其一篇论文（*Essai sur une application des regles de maximis et minimis a queiques problemes de statique, relatifs al'architecture*，1773 年）。他不是为了完成课堂作业，而是为了向巴黎科学院提供科学论文。这篇论文是整个工程学领域最简明、最难以企及的作品之一，在短短 40 页内容（及两页插图）中，涉及 18 世纪建筑工程师所面临的所有关键问题：柱子强度、拱顶推力及稳定性、梁强度、土壤强度、挡土墙上的土壤推力。库仑对于柱子、拱门、梁的做法包含对当时这些结构部件的工程科学的评论与注释。然而关于土壤行为、挡土墙上的土壤推力的部分几乎完全是原创的，他因此被誉为“土壤力学之父”。在解释土壤强度及剪力故障时他设立了滑动面，提出了一个新模式。不同于其他前辈，库仑的材料模式包括两个独立的土壤力学特征：凝聚力，或者说土壤颗粒黏合的程度；内部摩擦力，或者说滑动阻力，该阻力基于垂直于滑动面的力度或称压力。有了这一关系方法，人们便得以计算土壤剪力，这一方法现仍被称为“库仑反应式”（Coulomb's equation）。此外，其对地表水存在的解释（这一点库仑忽略了）也一直沿用到今日。

遗憾的是库仑未实现他向科学院提出的方案，后来贝利多尔在其《水力建筑学》中改写了这一方案，并扩展了方案范围，包含整个土木工程科学及军事工程科学。

尽管法国已经将具象图纸艺术发展到了很高的水平，但是这些图纸没有提供三维层面的长度或距离，缺乏平面或剖面。尤其是这些说明对陈述不规则的、三维层面的、丘陵区域的复杂防御形式帮助不大，而这些任务是军事工程师的一大重点。崎岖地带不仅需要制定项目平剖面图，整体定位也是非常必要的，以便从地块某处挖出的土方与填往其他位置的土方总体持平，从而缩短施工时间、节约成本。除此之外，还有同样复杂的防御设施污损问题。在最近的有利位置（敌军可能开炮的位置），建造堡垒顶点及其各个部分。通过三维坐标几何计算整个流程的难度相当大，易出错且耗时数周。而年轻人加斯帕德·蒙日（Gaspard Monge, 1746—1818）仅在几天内就完成了如此浩大的工程，试想一下他的指挥官该多么惊讶。指挥官的第一反应是不相信，但是经核实后，转而惊叹不已。

蒙日设计了一个以二维图形处理复杂的三维几何问题的全新方法，这一技巧被称为画法几何学，在英国或称为正射投影。现在，在英语国家，我们称为第三角投影法（third-angle projection）。其独特优势在于，通过物体任意两个视角或截面，都可借由几何方法构建高度准确的第三视角。尤其是确定线条实长时——该长度在很多情况下可能会因透视法缩短，这一方法尤其有用。借助画法几何学，可通过垂直于线的视角点绘制图形，图形反映的长度则为实长。此外，256
该方法还能用来确定三维图形中两线相交的点的位置，或者两个平面或弯曲表面相交线的位置。257

在测定三维物体的准确数据方面，正射投影的重要性及其应用在法国得到了 1795 年创立的通用公制的进一步优化。先前，欧洲各个地区，甚至是各个城市都采用自己的长度标准。比如，来自德国某城市的标有英尺和英寸单位的图纸可能不能直接用于英国、意大利或法国。当米作为通用长度标准被采纳后，很多欧洲大陆地区便不存在这样的障碍了。

人们很快认识到画法几何是一项非常强大的工具；然而，因其首先作为军事机密，这一工具直至 30 年后才得以公开。蒙日最早是在军事学校教授这一方法的，但是法国大革命过后他在担任政府大臣的一小段时期内，开始研究新型工程学课程，其中一大部分就是他的画法几何学。在担任巴黎综合理工学院（École Polytechnique）院长时，蒙日自1794年至1809年开设了一门演讲课程，首次将他的方法向新一代工程学老师传授，这些老师随后将该方法引入法国的各个学校。19世纪，画法几何学在全世界传播开来。

铁件与防火结构：铁件的早期应用

18世纪中期，人们已经明白建筑业可获益于各类数学及科学思想的发展，也正是这些数学及科学思想的发展巩固了理性时代。然而，由于多个世纪以来建筑材料及方法未曾变化，新的思考方法对建筑师或建筑设计师的帮助并不大。改变这一局面的唯一方法是向建筑业引入新的材料，这便是铁。

当然，铁并不是一种全新的材料。经过反复加热和锻造成型的锻铁（熟铁）是铁器时代的材料；其强度及延展性适用于制作各类工具及兵器。铸铁（生铁）通过将熔铁浇筑模具制成，需要更高的熔炉温度，是近期发展起来的技术（锻铁与铸铁的主要区别详见附录2）。1600年左右，英国几乎在铸铁大炮制作与出口方面形成了垄断的态势，与铜制大炮相比，铸铁大炮成本更低。1620年，瑞典加入了这一国际军备竞赛的行列。1697年，据说某法国铸铁厂铸造了一枚重达一吨的大炮，铸铁厂将现场四个类似的鼓风炉结合在一起，还有条件制作更大的铸件。因而1750年左右，欧洲各个海军造船厂及军用兵工厂都可能有能力铸造建筑所用的柱子大小或重量的铁制品——尽管其成本远高于石材或木材。1752年，
258 葡萄牙里斯本附近的阿尔科巴萨西多会修道院（Cistercian monastery at Alcobaca）采用铸铁柱和锻铁梁支撑厨房灶台上的大型顶盖（西多会资本雄厚，且其修道院距离强大的葡萄牙海军兵工厂不远），这很可能是铸铁柱和锻铁梁最早的使用原型。砖制顶盖约12米高，由8个2.75米长、140毫米厚的锻铁梁支撑，该锻铁梁由8个1.8米高、直径为180毫米的铸铁柱支撑。这就是已知的最早的铸铁柱和锻铁梁。俄罗斯圣彼得堡的军用兵工厂可能是最早采用锻铁建造的整栋建筑，乔瓦尼·卡萨诺瓦（Giovanni Casanova）在其18世纪60年代对圣彼得堡的访问记录中提到过这一点。

随后人们所知的铸铁柱是1770—1772年用于英国利物浦圣安妮教堂（Saint Anne's Church）走廊的铸铁柱。之后不久，人们在英国大铁桥附近也应用了这些铸铁柱，大铁桥是英国炼铁工业的核心。利奇菲尔德及考文垂主教于1790年7月在什罗普郡什鲁斯伯里（Shrewsbury）以东约12千米的惠灵顿建造新万圣教堂（All Saints Church）时，评价支撑走廊和屋顶的铸铁柱比他所见过的所有材料的重量都轻。[5] 1792
年建成的什鲁斯伯里圣查德教堂（Saint Chad's 259
Church）中，两排铸铁柱高耸11米至屋顶。万圣教堂和圣查德教堂距离英国最大的钢铁厂科尔布鲁代尔仅几英里，1779年建成的首座铁
桥就位于此。在伦敦，芬斯伯里广场（Finsbury 260
Square）缪斯庙书店首次采用了铸铁做法，该书店于1794年成立，店主是詹姆斯·莱肯顿（James Lackington）。同样，该结构也得到了好评，尤其是借助薄型柱实现的宽敞、开放的内部空间得到了高度评价。这些铸铁在英国的早期应用主要受铸铁柱比同等砌筑或木材柱更薄的原因推动的，没有迹象表明是因为其防火性能。锻造铁在建筑中的早期应用也是如此。

法国新古典主义建筑拥护者雅克－杰曼·苏夫洛于18世纪70年代在圣吉纳维芙教堂（church of Sainte Geneviève）中增设了柱廊，并重新命名
了法国大革命后的万神庙，从而复兴了克劳德·佩 261
罗（Claude Perrault）在砌体建筑中采用的锻造铁钳的技术。在这里，他在很大程度上拓展了铁的应用范围，这不仅体现在数量上，还体现在技术

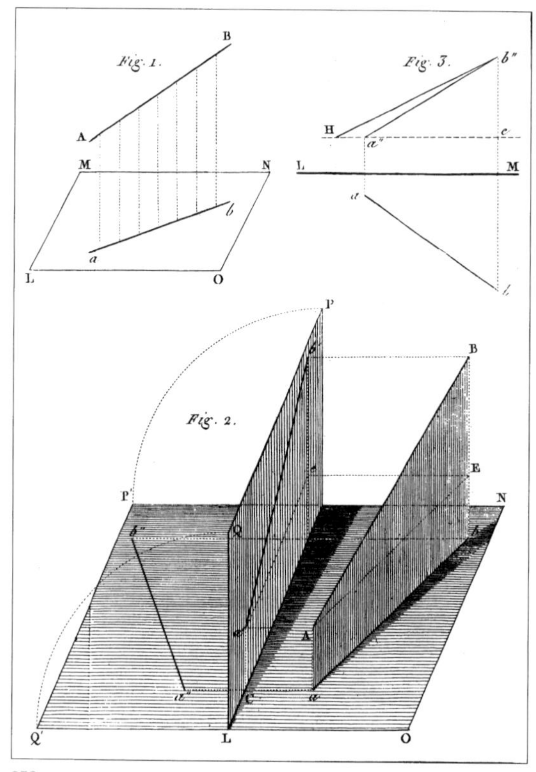

256

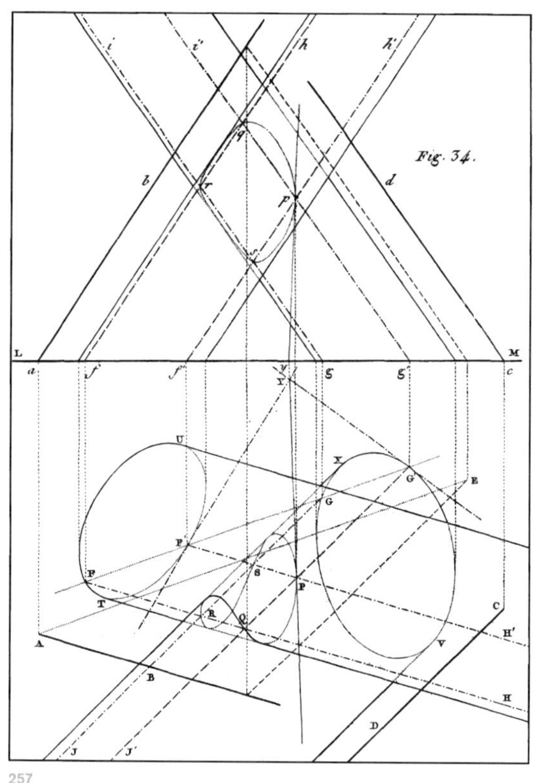

257

258

259

256. 加斯帕德·蒙日，图纸展示将空间内物体的视角投射到平面上，从而得出实际尺寸。《画法几何学》，1799 年。

257. 加斯帕德·蒙日，图纸展示其画法几何学或投影几何学方法的应用。

258. 葡萄牙里斯本附近的阿尔科巴萨西多会修道院。厨房灶台上的石砌顶盖。

259. 英国什鲁斯伯里圣查德教堂，1790—1792 年。建筑师：乔治·斯提尔德（George Steuart）。内部以铸铁柱支撑楼厅和屋顶。

上。例如，为了支撑柱廊平拱，他采用了锻铁，这一做法为现今钢材在钢筋混凝土中的使用奠定了基础，尤其是在承载张力方面起到了很大的引
262、264 导作用。本领域项目工程师让－巴普蒂斯特·隆德莱特（Jean-Baptiste Rondelet，1743—1829），在其著作（*Traite theorique et pratique de l'art de batir*，1802—1817 年）中描述了这一点以及其他著名的早期锻铁应用。

1776 年，苏弗洛受邀为国王的绘画藏品在卢浮宫长廊内设计藏室，以及通往藏室的新入口和楼梯。楼梯顶棚方面，1779 年，他建议采用双重
263 斜坡外屋顶及内凹型全锻铁结构。结构部件、连接件、装配技术均源自他先前用于万神庙中的，且所有铁件均呈正方形或矩形剖面。屋顶跨度 16 米，铁框架支撑着中央玻璃天窗，该天窗跨度 5 米，为其下的楼梯提供照明条件。

该屋顶于苏弗洛离世一年后筑成，是人们所知的建筑主要结构中最早采用锻铁的实例。同苏弗洛等人早期使用锻铁的情形一样，此次锻铁设计可能没有考虑到多少静力学因素。然而，苏弗洛和隆德莱特通过对木屋顶结构的了解及铁材、木材方面的资料，计算出某些铁件的适当横截面面积是没有问题的。用现在的观点来看，人们看待该结构提供所需的力度及稳定性的方法，是没有明显的统计学原理的。尤其是，我们现在看到的三角形不是桁架结构，且结构成分并没有明显地以压缩力、张力或弯曲力的方式发挥作用。屋顶整体形式很大程度上受建筑要求的限制，而内部（可见）结构部件的尺寸及布置主要受锻铁最大化应用可能性及装配实用性的影响。作为砌体拱顶的临时替代品及拱桥中心，大型木屋顶及木结构可用作可靠的结构方案通用先例。然而有趣的是，屋顶结构中锻铁的使用并没有促进静力学以更为合理的形式发展，也并没有促进材料以更经济的方式使用。有皇家赞助时，成本可能不是主要的驱动因素。

剧院及防火工程学的起步阶段

戏剧、歌剧、音乐成为启蒙时期休闲生活的重要部分，是这一时期的一大特征，因其新兴的财富及共同繁荣而发展起来。这一现象可见于皇家赞助，如匈牙利埃斯特海王子（Prince Esterhazy）对奥地利作曲家弗朗茨·约瑟夫·海顿（Franz Joseph Haydn）的赞助，也见于在城市乡村新建房屋的会客厅或音乐室进行演奏的成千上万的业余音乐家。随着音乐及戏剧社会价值的增长，人们也意识到这些艺术的商业潜能，17 世纪中期开始，大多城市甚至许多小型市镇都纷纷建造起了公共剧院及歌剧院。

此时，音乐及戏剧在各大型建筑内上演了，然而，这远远满足不了表演者及观众的需求。16 世纪 40 年代，某巴黎剧团寻求新型表演场地时，有意将皇家网球场改为室内场地（这一运动潮时涨时落，仅 18 世纪时巴黎就有 1800 个网球场地，达到了巅峰。因而，拥有多个场地的业主寻求新的场地用途也并不少见）。新场地大型表演空间约 33 米长，10 米宽，高度也约为 10 米，沿墙一端设有三层座位，另一端设有布景及演员的舞台及房间。此时，剧院公司已经不满足于这样的空间，他们需要更新、更大的建筑，剧院表演风格开始呼吁新剧院、新布局的出现——促使了巴黎首批定制剧院的建设。约一个世纪后，伦敦的某网球场地也由威廉·戴夫南特爵士（Sir William Davenant）改为剧院场地（1660 年君主政体复辟后，威廉·戴夫南特爵士垄断了戏剧表演业）。此时，戏剧仍在不断发展，而一些老剧院如莎士比亚环球剧场（Shakespeare's Globe，建于 1598 年）已经无法提供欧洲大陆盛行的精密的视觉及机械效果。威廉·戴夫南特爵士将其在林肯菲尔兹酒店
区域伦敦住所附近的利斯尔网球场（Lisle's Tennis 265、266
Court）改为新剧院，增设了服务于舞台的大型布景房，使此类表演得以进行。

18 世纪，越来越多的剧院作品呼吁绚丽的舞

260

台效果，包括快速变换的布景、穿行舞台的车辆或雷鸣般的掌声。这不仅仅需要更大的跨度，还需要更结实的屋顶结构，以承载舞台器械。同时，观众席也在不断扩大，屋顶需要承载大型玻璃吊灯的重量。除了这些新的结构需求外，防止特大火灾的需求也在不断增长，这些火灾并不少见。因为不仅用于剧院装饰的布景及油漆易于燃烧，座椅及地板的燃烧度也很高，且剧院的大部分结构都是由木材制成的。此外，舞台及观众席的灯具都装有蜡烛。

267 1754 年，苏弗洛描述了法国东部里昂新剧院的火灾风险，他是全面规避剧院火灾风险的首位建筑设计师。许多剧院火灾都是从舞台开始的，苏弗洛提出了系列保护性措施将这一危险区域包围起来。上层逃跑通道由石廊建成，设有消防设备，包括两个水池及多个龙头和系列皮革消防水龙带。为了防止火势从舞台蔓延到观众席，这两个区域通过全高砌体墙在舞台通路两侧分隔开来，同时屋顶空间也通过墙体分隔。此外，舞台及观众席本身通过砌体墙完全封闭起来，将通路数量减至最小，以降低火势从内部蔓延出去的风险。该内部区域经两个开放的房间与两侧相接，出现火情时可发挥防火带的作用，保护外部装饰及其他房间。此外，该剧院建于内核位置，通过街道与周

261

260. 詹姆斯·莱肯顿的缪斯庙书店，英国伦敦芬斯伯里广场，1794 年。铸铁柱支撑着上层楼面。

261. 巴黎万神庙（圣吉纳维芙教堂），1757—1790 年。建筑师及工程师：雅克 - 杰曼·苏夫洛。

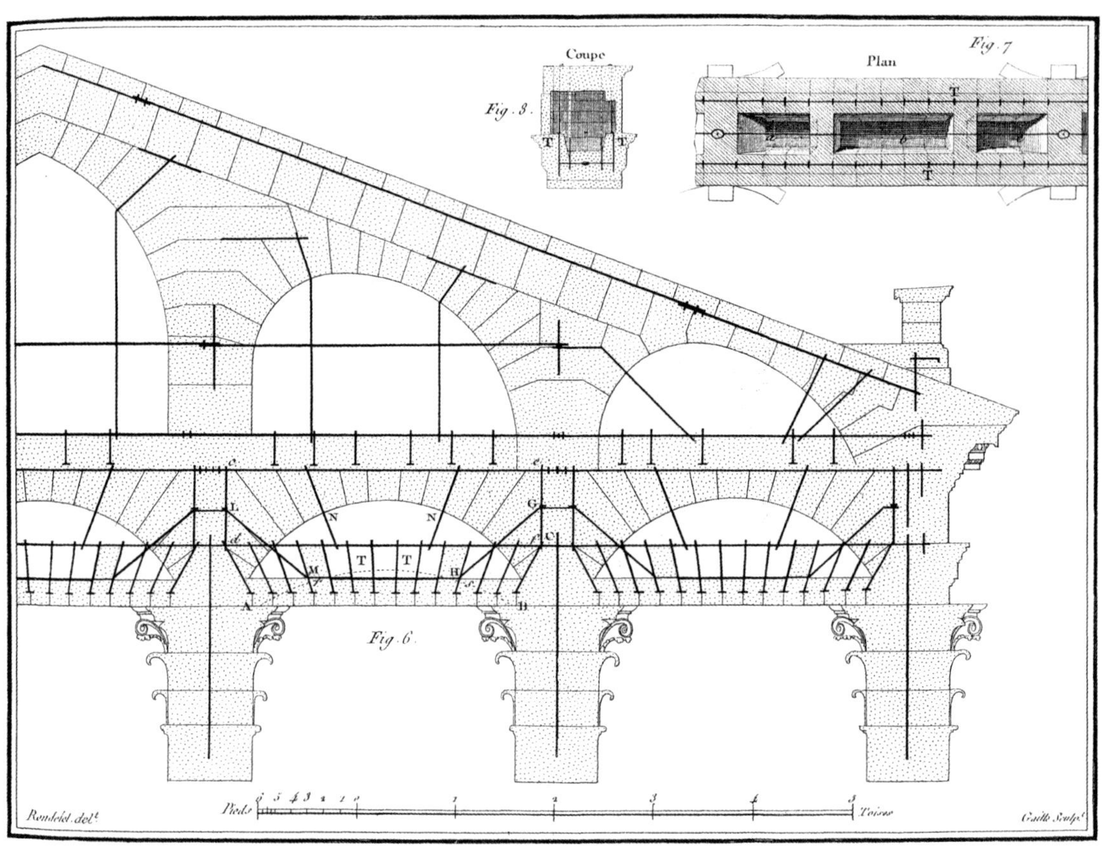

262

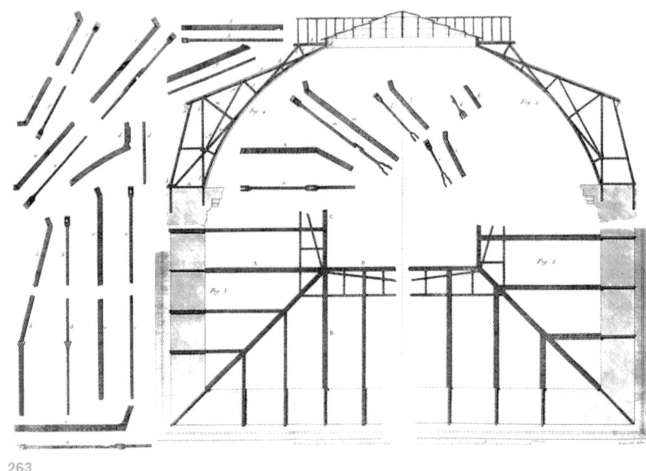
263

262. 万神庙（圣吉纳维芙教堂）。柱廊剖面，呈现了锻铁加固情形。

263. 巴黎卢浮宫顶，1779—1781 年。设计师：雅克 - 杰曼·苏夫洛。现场工程师：让 - 巴普蒂斯特·隆德莱特。锻铁结构部件及框架。

264. 万神庙（圣吉纳维芙教堂）。组合平面，分别显示了圆顶 16 层的建筑细节。

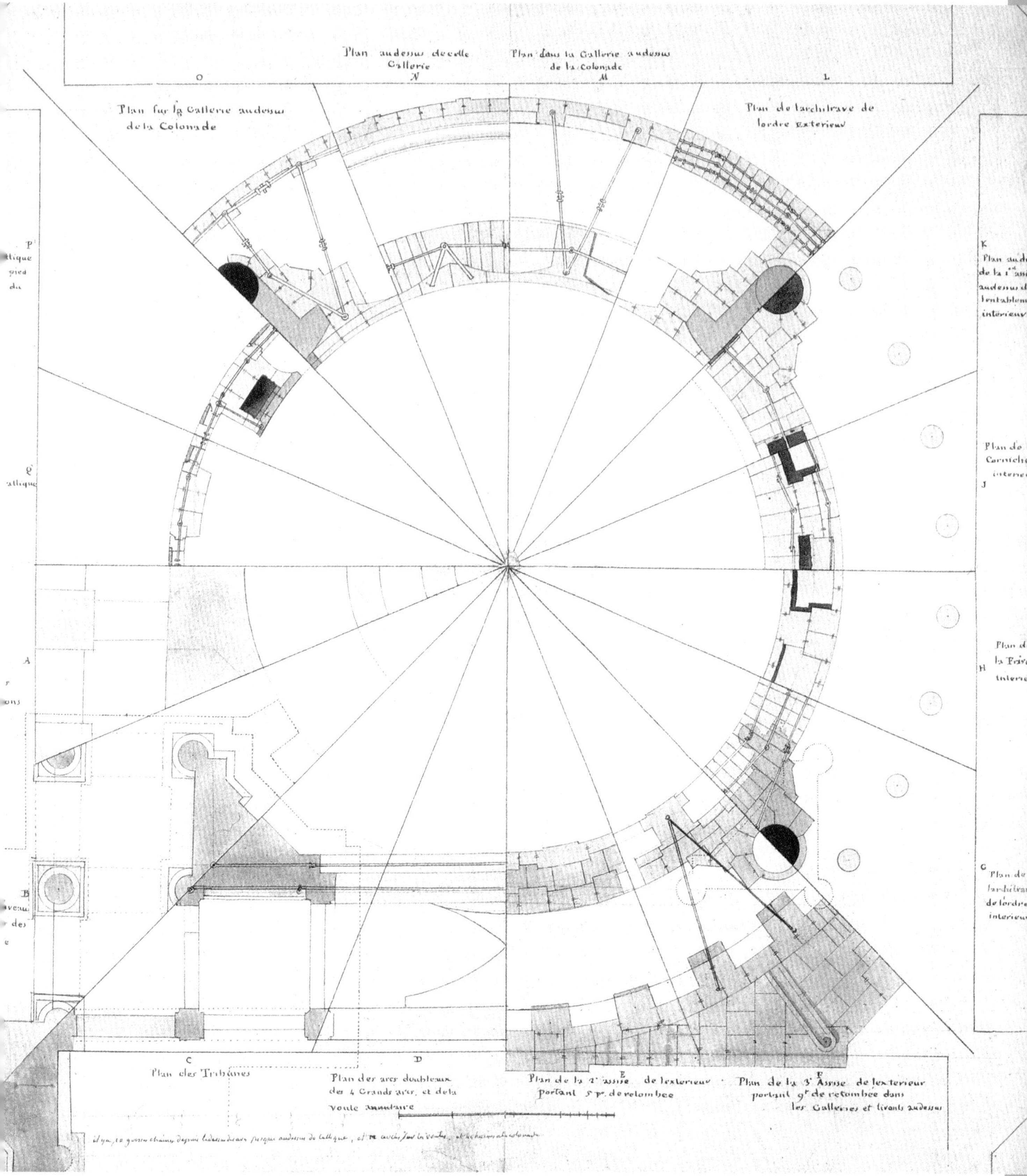

Plan audessus de celle Gallerie
Plan dans la Gallerie audessus de la Colonade
O
N
M
L
Plan sur la Gallerie audessus de la Colonade
Plan de larchitrave de lordre exterieur
P
Q
K
J
A
H
B
G
C
D
E
F
Plan des Tribunes
Plan des arcs doubleaux des 4 Grands arcs, et de la voute annulaire
Plan de la 2e assise de lexterieur portant 5p. de retombee
Plan de la 3e Assise de lexterieur portant 9p de retombee dans les Galleries et tirants audessus

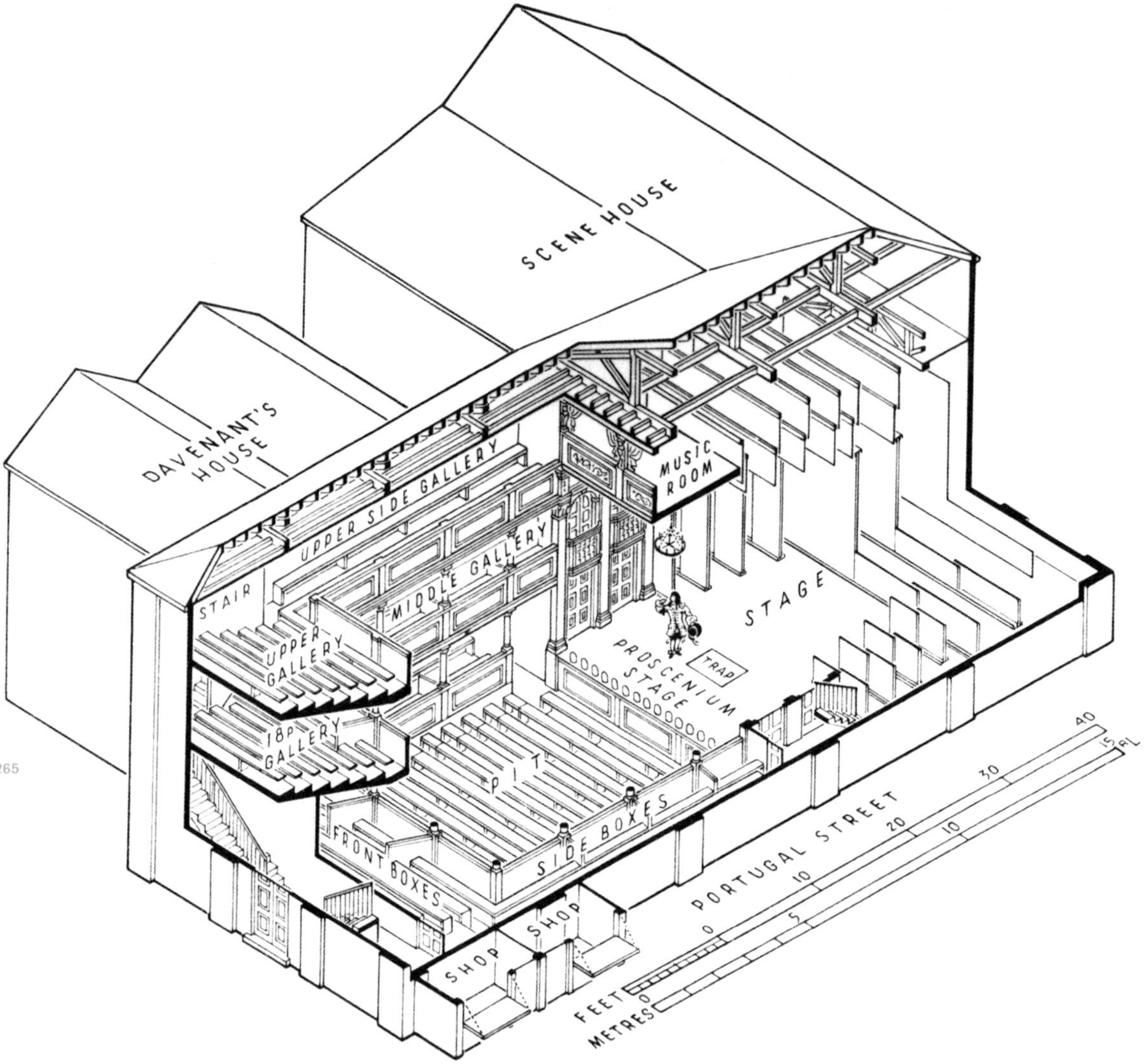

SCENE HOUSE
DAVENANT'S HOUSE
UPPER SIDE GALLERY
MUSIC ROOM
STAIR
MIDDLE GALLERY
UPPER GALLERY
STAGE
PROSCENIUM STAGE
TRAP
18P GALLERY
PIT
SIDE BOXES
FRONT BOXES
SHOP
SHOP
SHOP
PORTUGAL STREET
FEET 0 10 20 30 40
METRES 0 5 10 15
FEET
METRES

265

266

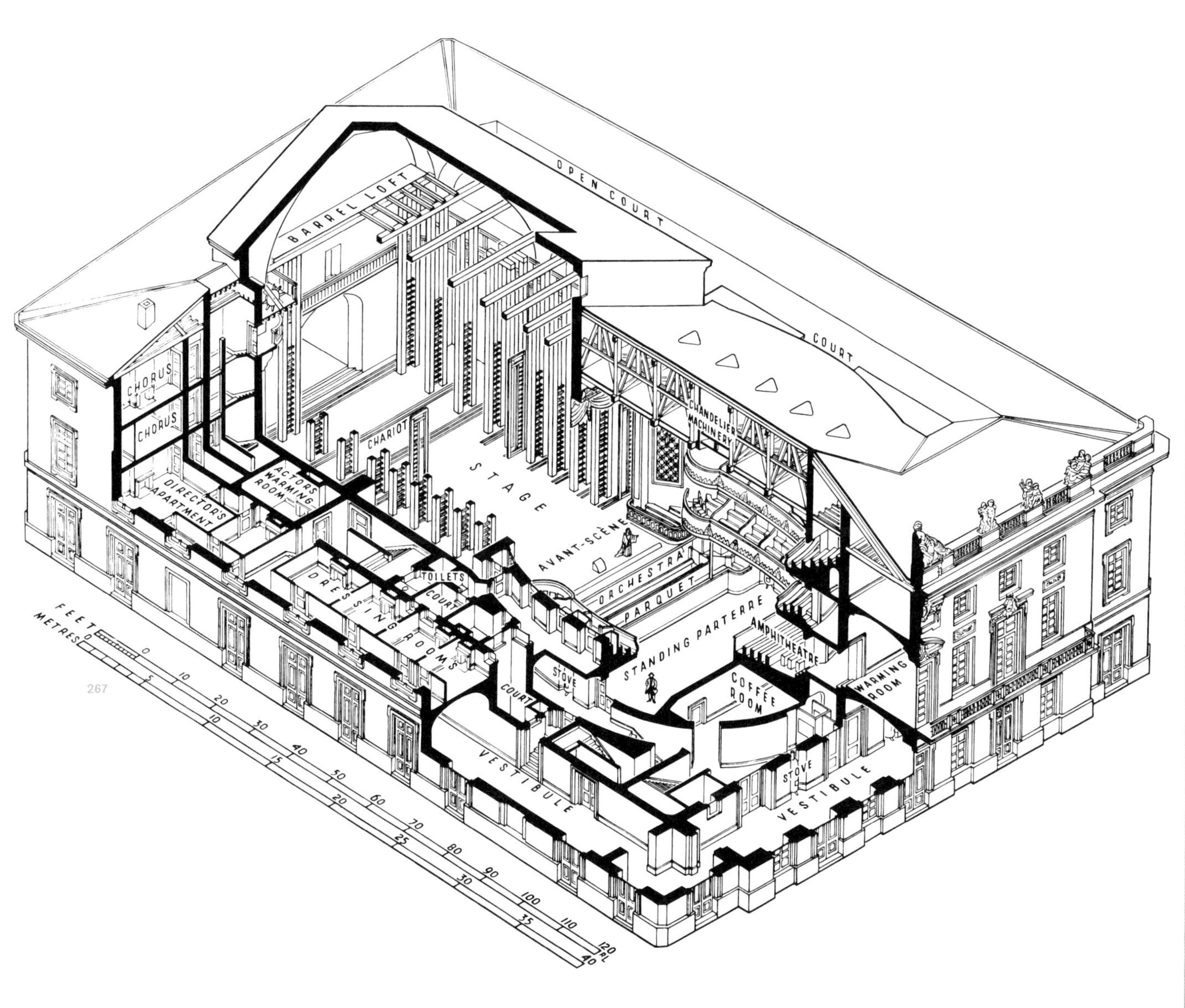

267

265. 伦敦林肯菲尔兹酒店剧院(Lincoln's Inn Fields Theater), 1661 年(前身为网球场)。设计师: 威廉·戴夫南特先生。剖面图。

266. 英国萨里汉普敦皇宫 (Hampton Court Palace) 皇家网球场, 1626 年。曾被改为剧院表演场地。

267. 法国里昂剧院 (Lyon Theater), 1754 年。建筑师: 雅克 - 杰曼·苏夫洛。剖面图。

围建筑分隔，这些街道也可发挥防火带的作用。楼厅结构尽可能以砌体形式建成，楼梯井也几乎用石材包覆，并作石材拱顶，为剧院疏散提供了安全措施。苏弗洛的方法与今日所称的“消防工程”（参见第 9 章）很接近。

然而，用作地板及屋顶的结构木材仍然易于引发火灾。18 世纪下半期，各类建造者、建筑师、工程师以铁材替代结构木材，试图克服这一不足，形成了各类所谓的“防火”建筑方法。最早在地板结构中采用铁材是 1782 年，当时法国建筑师安戈（Ango）受命在查尔斯·约瑟夫·潘寇克（Charles-Joseph Panckoucke）建筑中建造一处夹楼，潘寇克当时刚刚被任命为《百科全书》（由法国哲学家、评论家德尼斯·狄德罗）编纂修订本的主管编辑。安戈的夹楼包括三个锻铁大梁，每个 5.7 米长，总体深度约 250 毫米，彼此相隔 1.3 米。连接这些大梁的是铁条，铁条间距 900 毫米。整
268 个铁框架重量在半吨以上，嵌入约为 6.1 米 ×5.2
米的灰泥板当中。

该地板建造时是为了减少厚度（与木地板相比），从而形成夹楼效果；还是为了实现防火结构效果（防火目的当然必不可少），我们就不得而知了。安戈选择了一个好客户——潘寇克在《百科全书方法论》（*Methodical Encyclopedia*，1782—1832 年）中宣扬了革新的建造方法。这引起了建筑学院的注意，学院派人来研究这一夹楼。研究员 1785 年说道：“我发现它非常牢固，所有建造者都应该尝试一下安戈先生的系统，以便推出最好的方法。”尽管得到这样的认可和赞扬性宣传，但是安戈的系统似乎并没有得到大范围的采用[6]。

1785 年，另一位巴黎建筑师、医院设计专家厄斯塔什·圣·法尔（Eustache Saint-Fart，1746—1822）进行了一次实验，他用空心六边形陶罐制作扁拱跨于锻铁梁上，形式与安戈系统类似。罗马人以前就用空心陶罐制作轻型拱顶，但是很明显在这一实验当中，圣·法尔创新的主要目的在于
制作防火建筑系统。这一点也得到了建筑学院的 269
称赞，被许多建造者采用，他也因这一陶罐和铁的署名（poteries et Fer）而广为人知。

苏弗洛、安戈、圣·法尔个人对防火建筑的成功设计尚无法对建筑业产生巨大的变革作用，但是他们起到了巨大的推动作用。1781 年 6 月 8 日，法兰西喜剧团的驻团剧场——巴黎法兰西喜剧院（Théâtre Français）被严重烧毁，造成了多人死伤。就在那个时期因波尔多剧院（Bordeaux Theater）受表彰的建筑师维克多·路易（Victor Louis，1731—1800）在一次偶然的机会中刚刚受命改善该建筑。事故后剧院更新作业被推迟了，1785 年重新开展该项目时，在新址采用了新设计。路易意识到将建筑中易燃材料剔除出去的重要性，以及苏弗洛和安戈的铁材使用、圣·法尔的陶罐使用的意义。因而他将木地板改为石材，木楼梯改为石板，分层布置的箱子由锻铁柱支撑，坐落于锻铁支架上；观众席屋顶及建筑其他部分以对应的陶器技术建成。该剧院也是首座屋顶桁架完全
由锻铁制成的建筑。此类材料的扁条被固定起来， 270、271
形成桁架，净跨 28 米。

新剧院于 1790 年，也就是巴黎巴士底狱（Bastille in Paris）风潮的几个月后开放的。因此，尽管法兰西喜剧院在防火结构上取得了大成功，且名传欧洲，但是此时的政治环境阻碍了这一理念在法国的进一步发展，停滞了 20 年之久。19 世纪 20 年代巴黎及圣彼得堡建造多处新剧院时，锻铁屋顶桁架等防火结构才重新得以采用。

楼层及屋顶结构中使用铁材的消息迅速传至英吉利海峡对岸，当时该地区也在研究如何防止火灾在建筑内及相邻建筑之间蔓延。1774 年都市防火法令 [The Fires Prevention（Metropolis）Act] 要求砌筑界墙厚度不得小于最小要求厚度（根据建筑用途而定），且应比屋顶覆盖层表面高出半米。如需在界墙上开口，则需安装厚度不小于 6 毫米

的锻铁门。在颁布这一法令要求前，英国国会议员大卫·哈特利（David Hartley，1732—1813）已经采用铁材防火，他于 1773 年就“防火地板”获取了专利。该地板是厚度不超过半毫米的锻铁板，272 被钉入地板下木托梁顶部。这一方法也能防止火势从一层蔓延至另一层，同时将空气与火势隔开，自动扑灭明火。用灰泥（隔音层）填充托梁之间的空隙至地板底，也能达到类似的效果，同时也能改善隔音效果。

哈特利在建于伦敦帕特尼希斯（Putney Heath）周边的建筑中，向伦敦市长展示了其神奇的系统效果。国会将哈特利 1777 年的专利期限延长了 31 年，该技术在伦敦住宅建筑中得到了广泛的应用。尽管取得了如此大的成功，但是还有人持怀疑态度。18 世纪 90 年代发生了大量严重火灾后，建筑学会决定开发经济实用的防火方法，防止火情从建筑内部房间蔓延出去。当时尝试了各类系统，包括 18 世纪 70 年代中期查尔斯·斯坦霍普（Charles Stanhope）及后来的洛德·马洪（Lord Mahon，1753—1816）开发的与哈特利方法相对立的方法，是采用固定于楼板梁之间楼板下侧的 50 毫米至 60 毫米厚的板条抹灰板，下方的屋顶也采用板条抹灰板结构。建筑学会委员会组织了一场全尺寸公共火灾测试：建造了两个房间，一个采用的是哈特利的防火板，另一个采用斯坦霍普系统，测试人员在首层点燃火开始试验。两个系统表现都不错，均在暴露的木材表面上涂了称为“木材液”的物质。尽管该液体的构成成分已经不得而知，但是可能含有硼砂、明矾或硫酸亚铁，这些材料早在 18 世纪已经用来保护舞台布景免受火灾威胁。

新巴黎剧院的消息也传至 1794 年开放的德鲁里巷皇家剧院（Theatre Royal in Drury Lane）的设计师那里。这是英国剧院中首个在支撑箱体的273 柱子中采用锻铁防火的建筑。同时，该柱子比木材柱厚度小很多，给观众带来了更好的舞台视觉效果。1797 年剧院改造更新时，也首次采用了铁窗帘，一旦发生火灾，可落下该窗帘将公共观众区与舞台及后台区域隔离开来。屋顶空间模仿了苏弗洛的里昂剧院系统，配备了四个水箱，以便发生火灾时提供灭火用水。需要说明的是，防火结构并不能防止剧院中的所有火灾，且在一个多世纪的时间内防火结构并未得到普遍采用。直到 20 世纪时，剧院的火灾悲剧还在不断上演。剧院也不是唯一易于发生火灾的建筑。18 世纪 80 年代，英国纺织厂发生了多次火灾，这也是 18 世纪 90 年代迫切需求建造防火结构的直接原因。1730 年至 1820 年，工业生产的发展是英国的一大主流，因而建筑形式及施工方法也在不断发展以满足新的需求。

丝绸、棉花及最早的工厂

考虑到富有客户对更高舒适性及最新居住环境潮流的追求，人们需要打造更完美的窗户设计、更有效的室内环境控制方法及冰库。18 世纪中期的服饰时尚也成为开发新建筑类型的主要驱动因素，这一因素推动了英国的工厂革新，随后在两个世纪内也革新了世界其他各地的工厂。

17 世纪晚期，几乎所有意大利北部的编织丝绸都输往英国。意大利的丝绸材料质量最优，价格不菲且供不应求。1704 年，德比律师托马斯·科切特（Thomas Cotchett）发现了这一商机，委托机械工程师乔治·索拉库德（George Sorocold，1688—约 1720）在英国中部地区德比德文特（Derwent）岛上建造一座水力工厂。该工厂配备的是荷兰机器，但是不好用。1716 年，科切特的雇员约翰·隆贝（John Lombe）发现采用性能更好的机器就能解决问题，便开展了大胆的工业间谍行动。他前往意大利，在皮埃蒙特（Piedmontese）工厂里找到了一份工作，这里生产输往德比地区的丝绸。隆贝对最新的丝绸生产机器（捻搓生丝，制作用于编制流程的纤维）绘制了详细的图纸，冒着生命危险将其藏入发往英国商人朋友的丝绸捆中偷运出去。隆贝 1717 年离开了意大利，当时皮埃蒙特政府悬赏捉拿隆贝，但他还是逃走了，并携带了大量机器图纸，随同他的还有两个意大利丝绸工人，他们将帮助隆贝在英国建造新工厂。次年，其兄弟托马斯（Thomas）申请到了 14 年丝绸生产机器的专利，1721 年兄弟二人在科切特的工厂委托建造了一座新工厂。他们配备根据
274 意大利设计规范生产的全新机器，制造出意大利水平的产品，生意很快兴盛了起来。但是好景不长，意大利驻英国大使将该新丝绸工厂事宜通报到皮德蒙特政府，1722 年，政府下令禁止向英国输出生丝。同年，约翰·隆贝离世。尽管面对这些挫折，但是德比工厂仍然发展成为成功的企业。托马斯·隆贝的专利在 1732 年到期时，其中一名意大利工人离开了隆贝的工厂，在曼彻斯特附近的斯托克波特（Stockport）建立了对手工厂。后来麦克尔斯菲尔德（Macclesfield）和康格尔顿（Congleton）也建立了丝绸工厂。

为安装隆贝新丝绸生产机器而建的多层厂房
275 建筑是首创。隆贝工厂虽然外形刻板，但是与英国各个工业城镇在后来一个半世纪内建造起来的成千上万个建筑一样具有非凡特征。18 世纪晚期纺织业各个工艺阶段的机械化有两大特征。首先，新型机器要么对于传统的编织和纺纱房而言过大，要么需要更大的驱动力，是一个人无法管控的。其次，越来越多的机器采用单电源。从成本和空间角度考虑，建造一个大型水车来驱动 50 台机器，要比每台机器配备一个小型水车更为经济。此外，人们也意识到将多台机器安装在多层建筑中，可以减少中心动力源与目标驱动设备的距离。隆贝工厂的内部柱、梁及楼层均由木材制成，类似于 18 世纪晚期的库房结构，这些结构有的保存至今。

传统的建筑已经无法满足大型工厂的要求。砌体建筑成本过高，木框架建筑不足以支撑机器本身的重量，不能承受驱动轴（将水车动力传输到每层机器上）施加的持续动力荷载。根据当地材料及建筑习惯做法，要满足这些新需求，建筑系统需采用石材或砖材围墙，及木材楼层梁、桩或柱。砌体墙之间的梁由一个或两个中间立柱支撑，具体根据机器尺寸和建筑宽度而定；墙与柱或柱与柱之间的跨度都是一般跨度，不超过 3 米或 4 米。尽管这些方法在某些方面类似于中世纪城堡和都铎王朝宅邸建筑，但是有本质的区别。每个工厂都是由一系列位于多层的相同单元组成，就是我们现称的开间，每个开间都有宽窗户。工业化初期，甚至建筑本身也被视作完全相同的生产单元。

纺织丝绸时需要确保温度不要过低，因为如果温度过低，丝绸纤维易于损坏，机器也不得不停止。一般情况下，推荐的最低温度是 16℃，这也是英国车间的法定最低温度。托马斯·隆贝在其专利申请中描述了这一要求：

> 工作时采用火炉达到更高温度可确保细丝强度，防止损坏……借助洞孔和管道，通过空气加热，我们可以一年四季在英国制造上好的精致经丝，至少能实现博洛尼亚、皮埃蒙特或其他热带国家生产的水平。[7]

该意大利工程通过位于建筑西南角的大型熔炉产生热空气而提高了温度。新闻工作者和小说家丹尼尔·笛福（Daniel Fefoe）在其英国之旅中所写日记（1748 年出版）中描述道："那个火力机车向机器的各个部分传输热空气，整个作业由一个控制器操纵。存放该火力机车的房间非常大，有五六层楼高。"在该工厂实习的人这样描述火炉："甚至还没有普通炉子好，它把大楼一个角的温度提升起来了，但是其他位置还是冷冰冰的，不过这一缺点现在被壁炉弥补了。"[8]该壁炉可能是驱动热空气从炉子中循环开来的一个更为有效的方式。

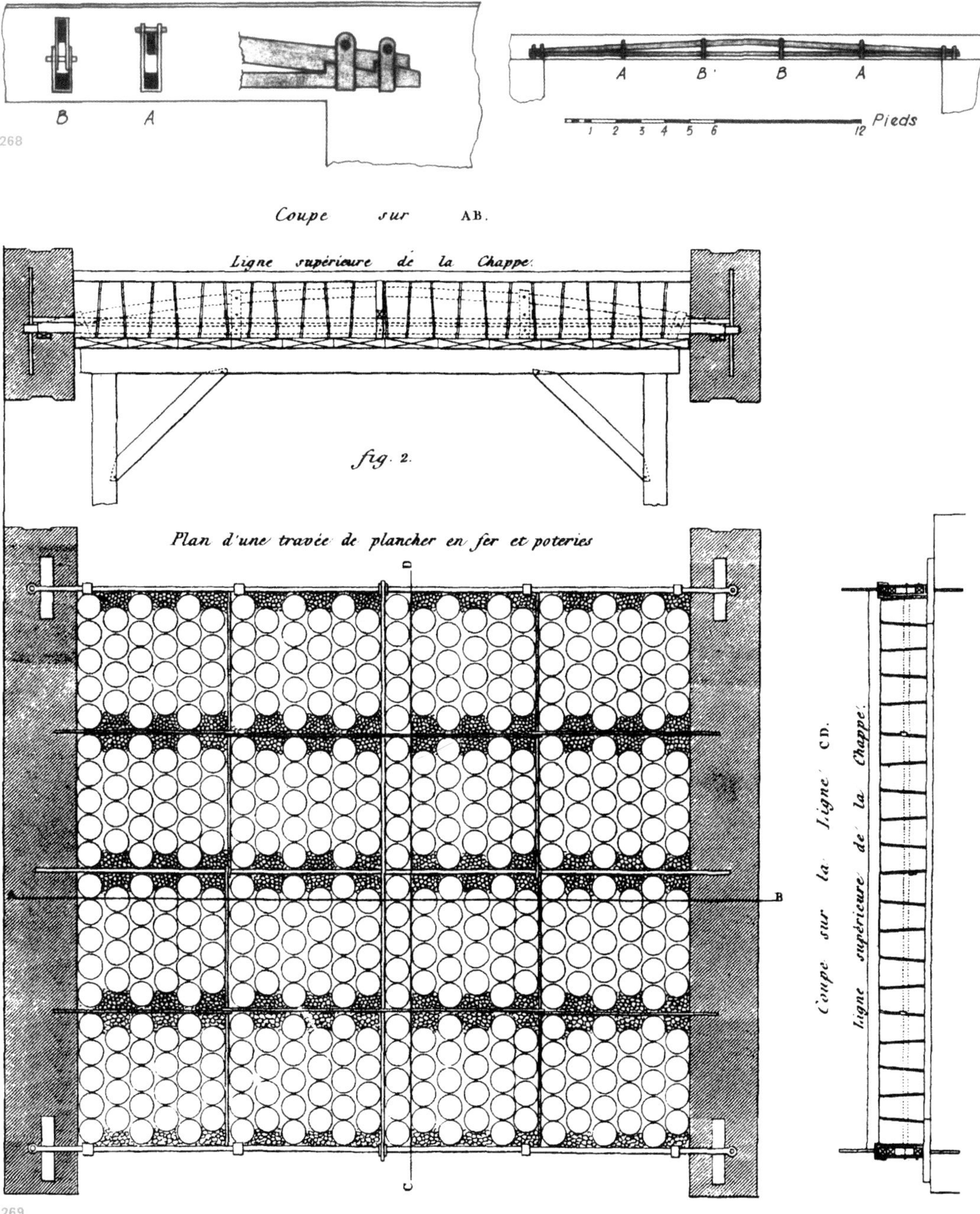

268. 巴黎建筑师安戈设计的防火楼板系统，包括嵌入灰泥的锻铁梁，巴黎，1782 年。

269. 称为陶罐的防火楼板系统，由厄斯塔什·圣·法尔设计，约 1785 年。空心陶罐跨铸铁梁。

INTERIEUR DE LA NOUVELLE SALLE DE COMEDIE FRANÇAISE DE L'ANCIEN PROJET.

270

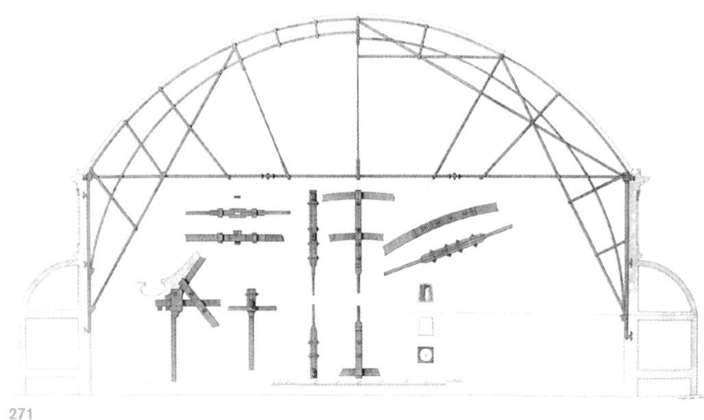

271

272

270. 巴黎法兰西喜剧院，1779—1782 年。建筑师：玛丽·约瑟夫·佩尔（Marie-Joseph Peyre）和查尔斯·迪·威里（Charles de Wailly）。

271. 巴黎皇家剧院（改名为法兰西喜剧院），巴黎，1786—1790 年。建筑师：维克多·路易。锻铁屋顶设有一层陶罐防火结构，以确保屋顶结构的防火性能。插图展示了两类桁架，取自让 - 巴普蒂斯特·隆德莱特的著作（约 1802—1817 年）。

272. 哈特利防火板，1773 年大卫·哈特利在英国获取该防火板的专利。板材由 0.4 毫米厚的锻铁板制成。

隆贝丝绸工厂中，水车驱动若干柱状缫丝机器，这些机器直径一般 4 米长，2 层楼高（6 米），沿垂直轴旋转。其上是三层小型绕线机器。首层是后来建造的非传统工厂，这里的机器更小，一层即可完全安装。事实上，柱子是如何安置的尚不明确。6 米高的木柱需要在中高位置附加侧向约束力，然而一层不是实体结构，缫丝机器穿入其中，仅向机器上部提供运行通路。可行的方案是通过插入楼层的轴从首层缫丝机器中为上部紧邻层提供直接驱动力。

工厂建筑结构及以类似方式建造的许多库房结构从另一方面看是非常具有独创性的。没有扶
276 壁的话，30 米长、5 层高的砌体墙会被风吹倒；即使有柱、梁，其间如果没有牢固连接的话就没有框架结构来确保稳定性。在这些建筑中，撞击侧墙的风荷载通过楼板结构向墙体两端水平推移，随后向下推到基础位置。尽管该方案有其独特性，但是没有书面记录表示已经有人意识到如何在该工厂支撑风荷载，或随后一个半世纪建造的成千上万个类似建筑如何支撑风荷载。

继隆贝工厂建成后 40 年内涌现了若干丝绸工厂，然而丝绸贸易一直没有兴旺起来。随着许多人穿绒类或棉类服装，随着跨大西洋贸易的增长，该市场曾一度是高端市场。18 世纪晚期纺织品市场的繁荣始于向大众市场提供价格低廉的服装，先是向国内市场提供，随后也出口国外市场。许多机械工程师，包括理查德·阿克赖特（Richard Arkwright，1732—1792）发现市场繁荣已经改变了丝绸生产——包括机器、能量来源及建筑本身，他们着手开发机械及建筑领域，这些机械及建筑同样使绒类或棉类制品生产步入机械化领域。科学家、诗人伊拉斯谟斯·达尔文（Erasmus Darwin，1731—1802）——查尔斯·达尔文（Charles Darwin）的祖父曾在其长诗《植物园》（*The Botanic Garden*，1789 年出版）中这样描述阿克赖特棉花厂的机器：

德文特河暗黑的潮水
流经拱山，森林
女神踩着那绒带
沐浴着水神的玫瑰笑颜，温暖
笨拙的浆驶向纤细的纺锤
巨轮流出泡沫缸
在那嬉戏中，情人胜
挥舞着武器，君王纺纱
女神采花时，那美丽的眼神
皮豆荚，植物毛
线状旋转卡
纷乱的结，光滑的绒
移动那铁手铁指
梳理宽宽的卡，看到永恒的线
缓慢，柔软的唇，晕眩
一束束的温柔，包裹出上升的螺旋
步伐在加速，滚筒滚向成功
停滞，流浪
飞翔，轴转闪亮
轮在盘绕，徐徐……⑨

1769 年，26 岁的阿克赖特为其新棉花纺织机器申请了专利，他寻求资金帮助来发展该机器，被引荐给杰迪代亚·斯特拉特（Jedediah Strutt，1726—1797）时，他的努力得到了回报。斯特拉特曾在德比参与车匠实习，快 30 岁时进入纺织业。从叔父那里继承了一个农场，加上他的天资，斯特拉特开发了一部针织品编制机器，并于 1759 年

273. 伦敦德鲁里巷皇家剧院，1794 年。建筑师：亨利·荷兰（Henry Holland）。插图由奥古斯塔斯·查尔斯·帕金（Augustus Charles Pugin）和托马斯·罗兰森（Thomas Rowlandson）提供，取自鲁道夫·阿克曼（Rudolph Ackermann）的《伦敦缩影》，1808—1810 年。

273

274

获取了专利。18世纪60年代晚期，他的丝袜生意取得了极大的成功，并在德比开办了一家丝绸工厂。阿克赖特的机器给斯特拉特留下了深刻的印象，因而斯特拉特投资500英镑，和阿克赖特达成了合作关系。阿克赖特更换了诺丁汉的工作场所，以便使用马力驱动的机器。然而，在完工前，斯特拉特就意识到这一项目需要更大的空间，需要水力驱动。

为了建成世界上最具影响力的水力棉纺工厂，斯特拉特和阿克赖特在克罗姆福德（Cromford）租赁了场地，这里邻近德文特河（Derwent River）上的磨粉机厂，德文特河途经克罗姆福德、贝尔珀、米尔福德、达利阿贝，向南流向德比。尽管该河流规模大，流速缓慢、平稳，是水车驱动的理想河流，但是这条河没有服务于克罗姆福德工厂。该工厂的水源取自邦萨尔布鲁克（Bonsall Brook）的小支流。其中一个原因可能是斯特拉特与阿克赖特未能取得德文特河水源的使用权，该河流已经服务于诸多玉米厂和造纸工厂。布鲁克的水来自克罗姆福德上方的铅矿，因而温度及流速基本上是稳定的，确保了可靠的能量源，即使在冻结温度和低降雨量时期也能保证水源的稳定性。

该工厂建筑本身模仿的是隆贝的德比丝绸工

275

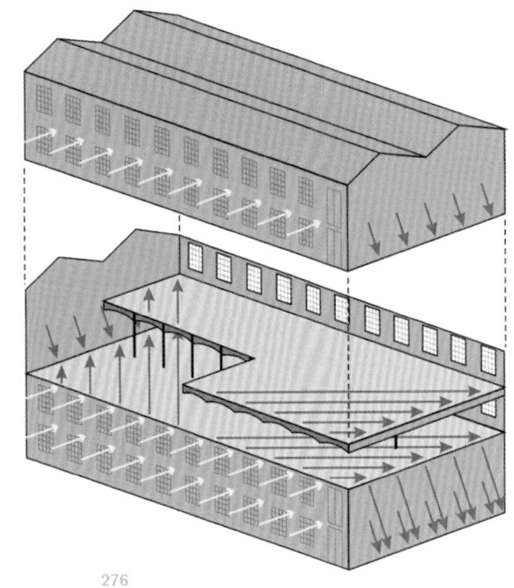
276

277

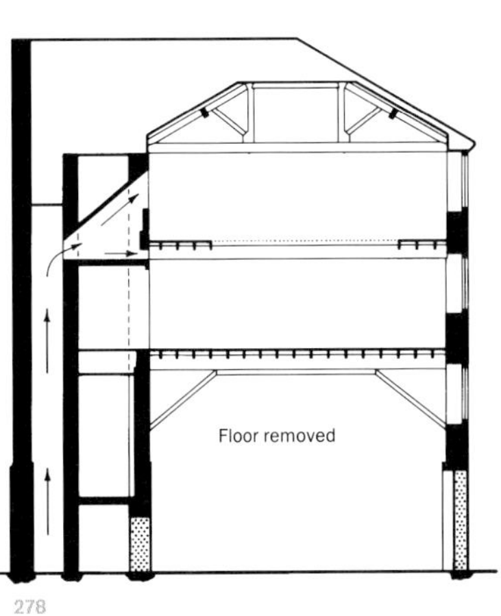

278

274. 英国德比托马斯·隆贝丝绸工厂，1721 年。J. 尼克松（J. Nixon）刻制。

275. 托马斯·隆贝丝绸工厂，水力纺纱机重建图。

276. 图片显示的是风荷载在传统工厂传导的路径。楼层由外部砌筑墙体和内部柱子支撑。

277. 理查德·阿克赖特的第二个（次级）工厂，位于英国克罗姆福德，1777 年。图中水彩画由撒迦利亚·博尔曼（Zachariah Boreman）所绘，1787 年。

278. 理查德·阿克赖特的第二个（次级）工厂。如图所示为剖面图，显示了加热炉的通风管，该管道将热空气传至其上两层。

厂，两者距离近 15 英里，工厂共五层高，设有内部木柱、木材楼层和屋顶结构。建成后，共 28 米长，包括 11 个相同的开间。宽度不到 8 米，比隆贝工
277 厂稍窄一点，因为这里的机器小。第一个克罗姆福德工厂的加热措施尚不明确，斯特拉特与阿克赖特在克罗姆福德建造的第二个工厂是通过在相邻建筑中设置炉子生成热空气，热空气通过楼梯间和厕所旁的管道传输。每层的空气通过厕所吊
278 顶上方的管道输送至工作间吊顶下方的通风口。

斯特拉特与阿克赖特很快就扩展了他们第一个工厂的规模，并建造了更多处工厂，其中包括克罗姆福德场址的多处工厂，还有附近的威克斯沃斯的哈勒姆工厂（Haarlem Mill）。然而邦萨尔布鲁克和供应哈勒姆工厂的溪流很快就都因为过度使用而耗尽了，阿克赖特便想出一个主意：采用往返式水流动力机将水流从尾水沟回抽至工厂水池实现循环使用。1777 年，阿克赖特在其克罗姆福德工厂安装了一个泵式动力机，该机器由博尔顿和瓦特（Boulton and Watt）——蒸汽机的伯明翰制造者所造。大约同期，哈勒姆工厂方面，他雇用了当地的泵式动力机生产公司来抽干铅矿的水。1781 年，在曼彻斯特工厂内，阿克赖特首次尝试用往返式水流动力机取代水车，生成往返动力来直接驱动纺纱机。然而，该机械驱动装置表现不好，此次尝试失败了；他又重新采用动力机回抽水来驱动水车，这同他在哈勒姆和克罗姆福德工厂采用的方法一样。往返式水流动力机驱动纺纱机首次取得成功是在 1785 年，克罗姆福德以东 15 英里的派威克（Papplewick）某棉花工厂。

1781 年，斯特拉特与阿克赖特解除了合作关系，阿克赖特落脚在了克罗姆福德，1783 年，他在德文特河建造了他的大型马森工厂（Masson Mill）。斯特拉特以家族企业的形式发展他的棉纺业务，三个儿子越来越多地加入公司运营方面。1778 年他在贝尔珀（Belper）建造了他的第一个工厂，贝尔珀是德文特的一个市镇，曾在 400 年时间内作为该地区制钉业的中心。1785 年，他在米尔福德（Milford）附近建造了第二个工厂，同时在南部沿德文特溪谷（Derwent Valley）至德比一线建造了数十个工厂。如我们后来所见，1793 年后这些工厂中的若干个都是世界上首批采用铸铁结构的工厂。

机器、水车、建筑等工厂的组成部分成本非常高昂，但是 18 世纪晚期此类制造设施数量的大幅增加反映了巨大的商业成功。与此同时，行业间谍行为也越来越多。1769 年，阿克赖特已经获取了他的首个专利权，后来又获取了多项。1774 年，国会某法令规定限制棉花和亚麻产业出口“工具或器具”。然而，1784 年，约翰·戈特弗里德·布鲁杰曼（Johann Gottfried Brugelmann）开始在德国杜塞尔多夫附近的拉廷根采用阿克赖特克罗姆福德工厂的系统生产棉织品。通过德文特河谷流浪技工塞缪尔·斯莱特（Samuel Slater）的协助，阿克赖特的机器于 1785 年在法国使用开来，可能波希米亚早在 1780 年就有人开始使用。很快，世界范围内迎来了新时代——工业时代，其繁荣景象取代了启蒙运动潮流。

工厂内的防火结构

英国防火结构的发展主要不是作用于戏剧界或住宅建筑，而是作用于高度商业化的纺织业。防火的经济因素使得建筑中广泛采用了铸铁，同时人们也在探索如何尽可能少地使用铁材，以降低成本。这一经济需求很快就迫使工程师们设法根据已开发的数学及科学观点发挥材料的最大结构性能。在理性时代，这是一个抽象概念。

18 世纪 80 年代，这些多层建筑的标准结构形式包括木楼层、跨砌体墙的梁（由一两个木柱
支撑，间距 3 米至 4 米）。这一时期，工厂和库 279、280
房的新建筑结构极易着火。工厂着火现象非常普

遍，这不仅威胁着工人的安全，还对昂贵的材料、机器以及建筑本身带来了严重的影响。棉纤维等易燃材料或粉尘，加之润滑机器用的油料蒸汽、照明用的明火、金属机器迸射的零星火花形成了易于爆炸的致命环境。另外，采用室内木柱支撑所有楼层也带来了新问题，这是那些采用室内承重砌体墙的建筑所不用担心的。如果一两个柱子及其所支撑的楼层区域着火、坍塌，不仅火势会肆意蔓延，坍塌位置还会带倒邻近的楼层以及上下部和周边的柱子。最终可能导致整个建筑渐渐坍塌，用现在的说法，这一现象是不成比例的坍塌，因为初始原因所导致的破坏程度与结果不匹
282、283 配。1791 年 3 月伦敦大型阿尔比恩磨粉厂（Albion Flour Mill）就遭此劫难。该磨粉厂于 1783—1784 年由塞缪尔·怀亚特（Samuel Wyatt）设计，是工厂建筑中最先进的建筑，由博尔顿和瓦特蒸汽机车（Boulton and Watt steam engine）驱动。这里的船只都在建筑内部的码头卸货，马车也是在室内装车。五层高建筑在 6.7 米宽的码头上竖起，由木材转换结构支撑，配有采光井，可以为室内
281 提供自然采光。整个建筑坐落于泰晤士河软冲击层上，需要采用独创性方法减少整个建筑以及结构各个部分的沉降。通过挖走大量土——建筑重量的一半，下层冲击层所承受的最大荷载被降低了。建筑本身坐落于大的筏式基础之上，占地 49 米 ×37 米，包括七个倒向桶拱。该基础形式模仿的是罗伯特·胡克和克里斯托弗·雷恩所用的倒拱（阿尔伯蒂 1485 年书作中就此有所提及，可追溯至罗马时代）。建筑内部发生小型火灾后（曾怀疑是人为纵火，但是没有事实证明），某些柱子很快就被烧着了；柱子支撑的楼层坍塌了，同时也带倒了其他楼层，火势在建筑中蔓延开来，几乎把所有粮食和面粉都烧光了。此时，无论是街上的消防队还是泰晤士河上的消防艇都救不了该建筑内部物件。只有西侧和北侧的墙体保留了下来，还有蒸汽机车，因该机车所在房间由厚厚的隔墙隔开了。

该建筑位于伦敦中心地带，火灾险情引起了媒体与公众的关注。其中一个重要因素就是大幅经济损失：由于此类火灾频率增加、成本增加，业主所需缴纳的保险费也在增加，这是技术创新的一大促进因素。阿尔比恩工厂火灾后，防火结构中铸铁和砖的使用迅速发展开来；中世纪晚期后，这些铸铁和砖的应用对建筑设计及施工的影响比任何时期都大。

铸铁是继罗马人大范围引进混凝土后，新出现的建筑材料，没有先例可循、没有标准设计、没有设计规则。最主要的是铸铁部件制作的方法。制作石材或木材柱或梁时，从山上或树上砍下材料做成相应尺寸即可，而另一方面，铸铁尺寸需有效控制，且从一开始，其材料成本就相当高，因而设计师会竭力用完最后一克材料。锻铁也是如此，但是制作及锻造过程将锻铁部件限制在截面不超过 50 毫米的锻铁条。当然，对于大跨桥架和顶部而言，结构重量也是一大考虑因素，但是此时的主要问题是如何布置大量小组件并将其连接起来作为整体发挥作用。采用铸铁时，每次都需考虑使结构重量最小化，无论构件或大或小，这一点都是必须考虑的。自 18 世纪开始，这一点成为结构工程师工作的主要原则，甚至在今日，这都是很多工程设计的基础因素，需要寻求最理想、最省力的解决方案。

18 世纪 80 年代，英国仅有很少地区重视铸铁业，且大多集中在中部地区，这些地区是首次在桥架和建筑中使用铸铁的地区。将铸铁引入建筑使用过程中，德比的威廉·斯特拉特（William Strutt，1756—1830）发挥了很大的作用。他是杰迪代亚·斯特拉特的长子，14 岁时开始在父亲的工厂工作。斯特拉特兄弟于 18 世纪 70 年代接管家族企业。三兄弟中，威廉是工程师，负责机器和建筑事宜。与伊拉斯谟斯·达尔文交往过程中，威廉了解到许多著名的实业家和科学家，包括伯明翰月光社（The Lunar Society in Birmingham）

的成员，如伯明翰企业家、实业家马修·博尔顿（Matthew Boulton，1728—1809）；苏格兰工程师詹姆斯·瓦特（James Watt，1736—1819）——在蒸汽机车开发过程中扮演着重要角色，1773年成立了世界著名的公司博尔顿 & 瓦特；约瑟夫·普里斯特利（Joseph Priestley，1733—1804）——化学家，氧气发现者；约西亚·伟吉伍德（Josiah Wedgwood，1730—1795）——陶器工业生产商。与达尔文一起，斯特拉特1783年创办了德比哲学学会（Derby Philosophical Society）；1825年与弟弟约瑟夫创建了德比技工协会（Derby Mechanics' Institute）。1817年当选皇家学会（Royal Society）成员时，其中一个提名者是法国工程师马克·布鲁内尔（Marc Brunel）——著名的伊桑巴德的父亲。后来威廉还认识了查尔斯·福克斯（Charles Fox），并与之结了姻亲关系，查尔斯在1850—1851年建造伦敦水晶宫（Crystal Palace in London）的过程中发挥了重要作用（参见第6章）。

威廉·斯特拉特是一名进步分子，将朋友和同时代年轻人罗伯特·欧文（Robert Owen，1771—1858）的许多激进思想投入实践当中。罗伯特是威尔士教育与社会改革者，因19世纪前20年在继父的苏格兰新拉纳克棉花工厂创建文明社区为众人所知。同期（19世纪前20年），斯特拉特在贝尔珀和米尔福德为工厂设计、出资、建造房舍，并帮助多个学校、教堂融资。此外，他还友好地促进了多个社团——互助保险团，以及储蓄银行。当时还是童工的时代，斯特拉特坚持设计出的机器尽可能让十二三岁的孩子操作起来更便捷、更安全。斯特拉特的贝尔珀北部工厂顶层的狭长房间被用作企业雇员孩子的教室。在家乡德比，斯特拉特积极促进改善街道路面，促进气体路灯的开发。他1805—1810年设计的医务室成为一大展览场所，国内外医学机构的人士纷纷前来参观。除了在将铸铁引入建筑施工中做出的贡献外，斯特拉特还开发了新的建筑取暖、通风方法，也为张力水车的开发做出了贡献，他用铁条替代了木轮辐，是现代自行车车轮的原型。

1781年，斯特拉特家族的纺织企业诺丁汉工厂在一次灾难性火灾中毁灭，1788年达利阿贝（Darley Abbey）的工厂又因火灾毁灭。1791年3月伦敦阿尔比恩工厂全盘毁灭的消息传遍了整个国家，随后12个月内，德比80平方千米范围内又有另外5家工厂被火灾毁灭。这恰恰发生在威廉·斯特拉特计划在德比建新工厂的时候。为了采取火灾预防措施，他设计出世界上第一个成功的防火楼层结构。设计包括系列砖拱结构，该结构由木梁支承，木梁由实心铸铁柱支撑。这些千斤顶拱顶——“千斤顶”表明了与砖拱相比它的小尺寸、小跨度、小厚度（仅一砖厚），跨度八九英尺（具体根据其在建筑中的位置而定）。拱顶和木梁上部覆有沙子，地板铺有砖瓦。千斤顶拱顶始于木拱座，该拱座做成特别形状以支撑拱顶，由铁板包覆，类似大卫·哈特利1773年获取专利的防火板，该专利1792年公开。木梁暴露的下表面本身覆有35毫米厚的灰泥涂层，免受火灾侵扰。木梁在墙与墙之间是连续的，距离27英尺，由铸铁十字形柱在第三点位置支撑。木梁荷载通过铸铁破碎箱传导至柱头，以防木梁受损。锻铁系杆固定于破碎箱上，与梁垂直，发挥三个功能：施工过程中稳定结构；竣工后承接拱顶的外向推力；最重要的是，确保相邻开间移开后每个开间都能实现自支承，从而防止发生阿尔比恩工厂那样的灾难性渐进坍塌。

威廉·斯特拉特在其德比的六层工厂及米尔福德的四层仓库中都采用了这一系统，两个建筑均于1793年完工；1795年，又在米尔福德稍往北的贝尔珀西部新六层工厂中采用了这一系统。其中只有米尔福德的建筑——后来改为工厂之用，留存了下来。德比工厂首层和二层层高分别为3.12米和3.23米，上层层高3米。然而，柱子都是2.49米高；不同楼层层高通过不同的千斤顶拱顶高度

284、285

279

280

实现。随着建筑高度增加，且需要支承的总荷载减小，柱子的尺寸逐渐减小。砖墙厚度也在减小，从 610 毫米减至顶层的 330 毫米，结果是顶层的室内宽度比底层宽 480 毫米。

在这些工厂建筑中的顶层顶部，斯特拉特也引入了新概念，采用高约 7 英寸、直径 3 英寸（175 毫米 ×75 毫米）的空心陶罐，为顶部空间的小房间打造轻型千斤顶拱顶层，从而保护木屋顶桁架免受下层火灾烧毁。这一信息从巴黎传播开来，在这里，圣·法尔 18 世纪 80 年代中期已经对其陶罐技术系统申请了专利，维克多·路易已经在 1790 年竣工的法兰西喜剧院顶棚中采用了该系统。斯特拉特看到了该轻型结构做法的结构优势以及防火特征。事实上，斯特拉特的朋友马修·博尔顿（Matthew Boulton）也在巴黎见过空心陶罐建筑，1793 年 5 月，他向斯特拉特写信道：

> 我知道你有意通过空心罐制作拱顶，从而节省地板木材的使用，并实现防火目的。请允许我告知：我在巴黎已经看到这样建造的楼层，同样也在伦敦牛津街的乔治·桑德斯（George Saunders）先生那里看到过，桑德斯是杰出的建筑师……因此无疑这一系统将成功用于棉花工厂，确保安全问题。[10]

这一新防火构造并不便宜，大约比同等木材结构的成本高 25%。然而，棉纺业的利润也不能

279. 伦敦西印度码头（West India Docks）1 号仓库，1800—1802 年。建筑师：乔治·纪维尔特（George Gwilt）；工程师：威廉·杰索普（William Jessop）和约翰·兰尼（John Rennie）。砌体墙结构与 1721 年托马斯·隆贝的德比丝绸工厂相差无几。

280. 1 号仓库。内部图。

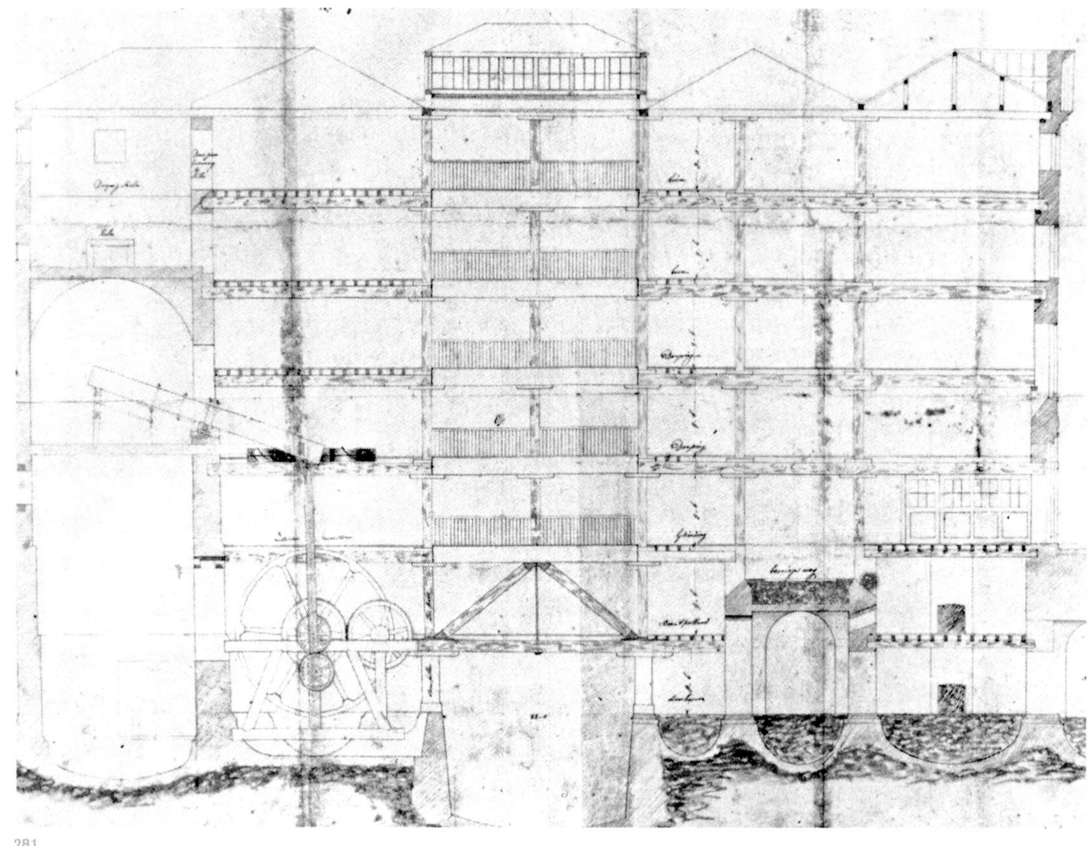

281

282

283

281. 伦敦阿尔比恩磨粉厂，1783—1786 年。设计师：塞缪尔·怀亚特。本剖面图展示了内部木柱。蒸汽机车（左）和倒拱形成筏式基础，适用于位于软冲击地的建筑。

282. 阿尔比恩磨粉厂。

283. 阿尔比恩磨粉厂，1791 年火灾场面。插图由奥古斯塔斯·查尔斯·帕金和托马斯·罗兰森提供，取自鲁道夫·阿克曼的《伦敦缩影》，1808—1810 年。

小觑。1789 年，斯特拉特企业估算其在贝尔珀和米尔福德工厂的投资分别为 2.6 万英镑和 1.1 万英镑；同时也声称其年收益为 3.6 万英镑。

斯特拉特的建筑在其他方面也颇具创新意义。德比工厂的机器由博尔顿和瓦特蒸汽动力日星机车（sun and planet beam engine）驱动，是蒸汽首次用于驱动工厂机器的案例，以往都是驱动水泵或作为矿区提升机使用。另外，贝尔珀西部工厂的动力来自两个大型水车，其中一个长 12 米，直径近 6 米；另一个是几年后添加的，长 15 米，直径近 4 米。米尔福德仓库设有通风措施，贝尔珀西部工厂设有内部加热措施，尤其是用于棉花烘干，以防损坏纺织机器。贝尔珀工厂也设有室内举升机，轴与楼梯井平行。

斯特拉特使用铸铁柱及防火千斤顶顶拱时仍然依赖木梁。下一个重要步骤——用铸铁替换木材由查尔斯·贝奇（Charles Bage，1751—1822）实施了。对于贝奇，他之前的业务伙伴这样评价道："他有天赋，理解力强，但是不适合当商人。"[11] 尽管他从事建筑工程的时间很短，但是发挥了非常重要的作用。他不仅仅是第一位在建筑中使用铸铁梁的人，也是第一位通过对工程科学的适度了解帮助计算、判定铸铁柱（1796—1797 年，英国西部什鲁斯伯里的福盖特城堡工厂，Castle Foregate Mill）和铸铁梁（1803 年，利兹）尺寸的人。

贝奇出生于德文特河谷的达利阿贝，18 世纪晚期这里已经发展成为棉纺业的核心地带。数代以来，贝奇的家庭一直在经营造纸厂，与斯特拉特家族交往甚密。1766 年查尔斯的父亲卖掉了造纸厂，筹资在德比西南方向 15 英里处的维奇诺尔（wychnor）开办钢铁厂，其中一个合作伙伴就是伊拉斯谟斯·达尔文，但是最终未能取得成功。查尔斯也因此在青少年时期就接触到了钢铁行业，但是他并没有选择追随父亲的事业。29 岁时，他开办了自己的红酒生意，在什鲁斯伯里定居了下来，也是在这里，他成为一名显赫的公众人物，1807 年担任了市长。什鲁斯伯里靠近英国钢铁中心科尔布鲁代尔，正是在这里，大铁桥（Iron Bridge）于 1779 年建成。贝奇认识许多在这些新结构材料使用方面负有盛名的人物，其中包括工程师托马斯·泰尔福（Thomas Telford，1757—1834）——曾建造许多铸铁拱桥，并担任土木工程师协会（Institution of Civil Engineers）的首届主席。贝奇还认识著名的铸铁匠威廉·哈泽尔丁（William Hazeldine，1763—1840），其什鲁斯伯里的工厂曾向大多数泰尔福钢铁厂供货，并为贝奇工厂提供铸造梁和柱材料。

贝奇涉足建筑工程领域并为此做出贡献是自结交托马斯和本杰明·贝尼昂（Benjamin Benyon）开始的，这两位都是什鲁斯伯里著名的棉纺商人，与约翰·马歇尔（John Marshall，利兹亚麻纺纱企业主）都存在生意伙伴关系。1796 年早期，在利兹的蒸汽动力工厂被火灾毁灭了，《利兹情报员》这样报道："这是我们印象中本国发生的一场最严重的火灾。"贝尼昂决定在其家乡扩建企业时，贝奇建议他采用铸铁建造防火结构。同年后期，贝奇放弃了自己的红酒生意，开始与贝尼昂和马歇尔合作。他负责工厂设计，借用父亲在制铁行业的经验，以及从威廉·斯特拉特那里获取的德比防火工厂信息，加上从 39 岁的托马斯·泰尔福（自 1787 年居住于什鲁斯伯里）处获取的帮助，进行整个工厂设计。1795 年 3 月，泰尔福建议什鲁斯伯里运河公司（Shrewsbury Canal Company）在什鲁斯伯里以东几英里处建造铸铁渡槽。除福盖特城堡工厂外，贝奇在 1802 年至 1804 年仅与伙伴合作设计了两个项目，他参与的纺织工厂商业效益也非常低。

福盖特城堡工厂经修葺后保存完好，是一个五层建筑，起初用于存放亚麻纺织机器。关于内部结构，贝奇采用铸铁柱支撑铸铁梁，铸铁梁又支撑千斤顶拱顶层，这一结构与威廉·斯特拉特的结构类似。柱子中部明显比端部厚。采用这一形

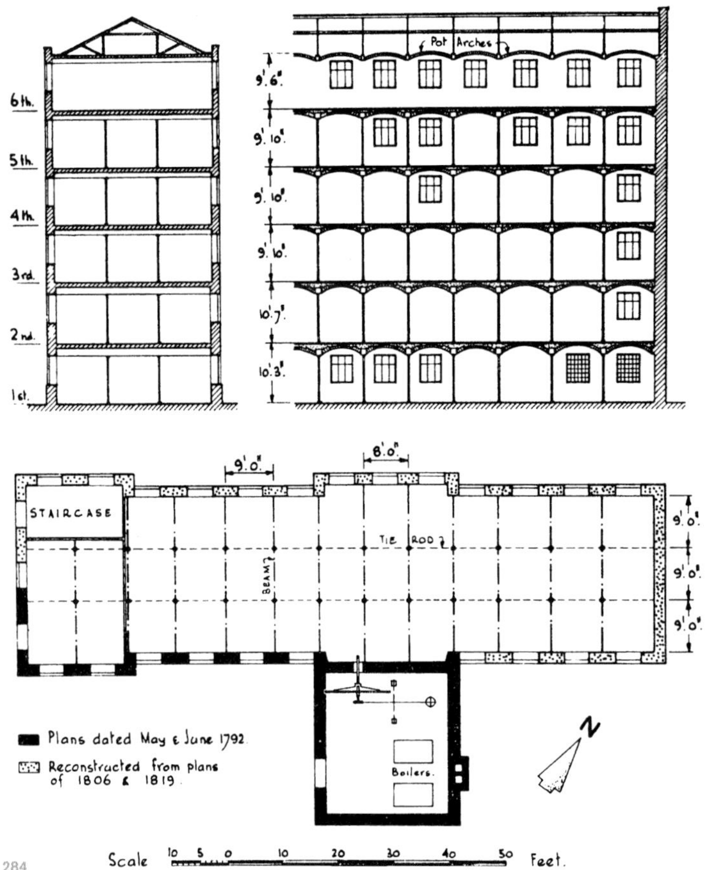
Pot Arches
9'6"
9'10"
9'10"
9'10"
10'7"
10'3"
6th.
5th.
4th.
3rd.
2nd.
1st.
9'0"
8'0"
STAIRCASE
TIE ROD
BEAM
9'0"
9'0"
9'0"
Boilers.
Plans dated May & June 1792
Reconstructed from plans of 1806 & 1819
N
Scale 10 5 0 10 20 30 40 50 Feet.

284

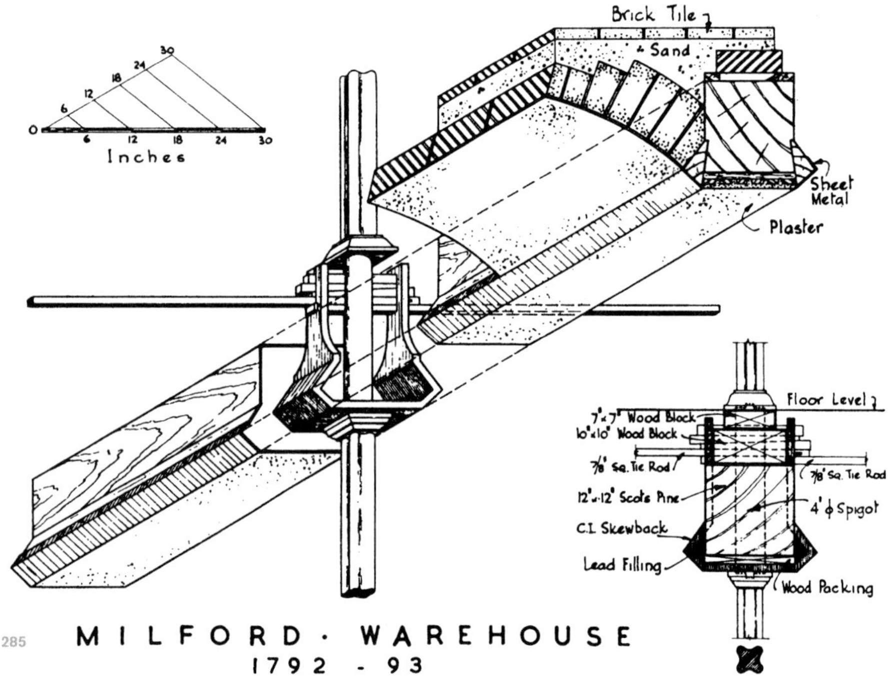
Brick Tile
Sand
Sheet Metal
Plaster
0 6 12 18 24 30
Inches
Floor Level
7"x7" Wood Block
10"x10" Wood Block
7/8" Sq. Tie Rod
7/8" Sq. Tie Rod
12"x12" Scots Pine
4" ϕ Spigot
C.I. Skewback
Lead Filling
Wood Packing
MILFORD · WAREHOUSE
1792 - 93

285

289 式的原因是考虑到需要最大化抵抗弯曲力引起的破损。柱子中间位置最易于因弯曲力折弯，两端的风险逐渐减弱。[12]贝奇用简单的弯曲理论计算柱子的力度约为78吨，大约是其建筑承重荷载的2.5倍。这一数据与我们今日所获取的结论相差不大。我们发现18世纪最后十年内，铸铁柱在历史上首次得到合理、科学的使用，将结构重量降到了最低。

贝奇工厂所采用的铸铁梁是此类梁中首次采用的类型。与后来几乎所有工厂盛行的习惯做法不同，贝奇的铸铁梁不是在墙与柱或柱与柱上跨设的。首层至四层的每个梁都做成两个部分并由栓钉连接，沿整个建筑宽度呈持续梁形式。由每处墙体端部支撑，同时在墙体之间由三个间距相等的柱子支撑，最终形成四跨。这些梁在柱子之间的部分可能会形成下沉弯曲力矩，在柱子支撑位置可能形成拱起弯曲力矩。在顶层位置，不采用中间部位的支撑点，因为这里没有楼层荷载。5.8米梁支撑千斤顶拱顶，该千斤顶构成了防火顶，支撑直接坐落于其上的瓦屋顶。

从贝奇1796年写给斯特拉特的一封信中，我们得知贝奇计算每个梁需支承的荷载约为8吨——梁本身、地板和千斤顶拱顶的固定荷载以及5kN/m^2(100lb/ft^2)左右的附加荷载。很可能该荷载测试是为了确保铸铁梁能在一定安全范围内承受该荷载。就人们所知，此次测试中贝奇没有尝试计算梁的力度，因此其准确高度不得而知。在最近对此建筑的暴露楼层区域进行研究当中，人们发现墙端位置梁深175毫米，中跨位置梁深275毫米，中间支撑点位置梁深250毫米。从而我们能明显看出贝奇对弯曲力矩大小有着很好的了解。1638年，伽利略已经就“为什么梁应该在中跨位置加深，什么时候越过支撑点”提出理论论据；17世纪中期，莱昂哈德·欧拉等人提供了完整的数学推理。在学术性较弱的铁路工程领域，英国工程师威廉·杰索普（William Jessop，1745—1814）于1789年注册了“鱼腹式”铸铁轨道，呈“工字型”对称截面。杰索普选择这一铁轨几何形状是
根据其实践经验，而非通过科学测试和理论判断 290
得出的。事实上，他选择的“工字型”对称截面并不是最适用于铸铁材料的。下层铸铁凸缘的张力比压缩力弱，其面积应该是上层铸铁凸缘的六倍。这一错误理解在19世纪30年代得到了纠正(参见第6章)。贝奇在其利兹的下一个工厂又开始了梁的设计。

第二个铁框架防火建筑是1799年至1801年
博尔顿和瓦特在索尔福德（近曼彻斯特）所建的 291
一座七层工厂。他们在安装蒸汽机车时，看到了贝奇的建筑，因而拷贝了贝奇的很多思路，不过也进行了一些重要的改进。首先是每个开间跨度的增加，结果是将4个2.9米跨改成了3个3.9米跨。同福盖特城堡工厂一样，索尔福德工厂的梁也是跨于柱子上的连续梁，深度也反映了弯曲力矩的程度。同贝奇工厂一样，这里的层与层之间也没有严格的框架行为，因为柱子只是简单建于其他柱子之上。梁截面也设有拱座，从而拱顶可以从拱座做起。后来梁做成“倒T字型”时，这一做法就免除了。还有一处改进就是连接平行对梁的拉杆被抬高了，且完全插入砖材千斤顶拱顶当中，让屋顶的轮廓更为简洁干净，且能保护拉杆免受火灾破坏。

索尔福德工厂最重要的改进是开发了圆柱型空心柱，这在技术上比斯特拉特和贝奇所用的十字形实心柱复杂得多，需要沿整个柱长注入黏土芯，并在浇筑结束后将该黏土芯掏出。这一设计有两个优点。第一，这种管状设计实现同等弯曲抵抗（断面二次矩）效果时所需材料比实心十字

284. 英国德比棉花场，1792—1793年。工程师：威廉·斯特拉特。平面图与剖面图。

285. 英国米尔福德仓库，1792—1793年。工程师：威廉·斯特拉特。防火层结构详图。

形设计少30%。另外，空心柱也能作为管道使用，蒸汽可经此管道传播来加热工作区域。这是蒸汽为建筑供暖的首次重要应用，得到了很多工厂的推广。托马斯·特雷德戈尔德在其著作《暖通原理》（*The Principles of Warming and Ventilating*，1824 年）中总结蒸汽的优点，或者说蒸汽在工厂中的供暖特色如下：

> 机器达到一定温度后，纺织工人发现几乎无法保证工作有序进行；这一点在周一早晨尤为明显，因为经过较长时间的休息后，所有东西都变得冰冷、有黏性。这是一场灾难，因为除了做不好工作外，雇用的童工还常常遭到非人折磨；除此之外，再也没有什么能降低年轻人的正义感与诚实的了。⑬

除生产蒸汽机车外，博尔顿和瓦特公司也是生产建筑气体灯的先驱。公司在康沃尔（Cornwall）的首席机车安装工威廉·默多克（William Murdock，1754—1839）于 1792 年建造了一个实验性煤气房，为其雷德拉斯（Redruth）的家提供照明。1798 年当他以经理身份返回伯明翰的公司和铸造厂时，建造了一个足以为整个工厂提供照明条件的煤气制造间。此前，比利时、法国的各类科学家已经通过燃烧煤加热过程中释放的气体生成持续的火焰。默多克把这一设计带到了商业领域。1802 年 3 月，在公开庆祝《亚眠条约》（*Treaty of Amiens*）的现场，他对这一新技术做了非凡的展示，引起了极大的轰动和赞赏。当时某当地报纸这样报道：

> 五彩缤纷的华丽星星装饰了建筑的顶部，欢迎和平回归的年轻女孩儿由灯光勾勒出轮廓，仿佛被照亮的中央窗户一样。整个建筑被 2600 个彩灯照亮了，彩灯呈现的是圣·乔治（St George）巨大十字架形状，上面写着“和平”二字，其上是闪烁无比的星星装饰起来的皇冠。⑭

1805 年，博尔顿和瓦特在他们位于索尔福德的防火磨坊里安装了气体照明系统。该系统包括 6 个蒸馏器，每个蒸馏器可产生足够 150 个灯泡使用的气体。他们随后也在其他工厂里安装了气体照明系统。在 1806 年 6 月，最初安装的一批工厂中，有一个是位于德比的威廉·斯特拉特的工厂。

当马歇尔和贝尼昂的合作接近尾声时，贝尼昂决定建立两个新工厂，一个在利兹的麦德巷，一个在舒兹伯利，由贝奇负责设计。那时，贝奇的设计理念又有了发展。那时的设计师普遍认为，是他首次使用了铸铁屋架。在写给威廉·斯特拉特的一封信中，贝奇描述了他对跨度 38 英尺（麦德巷工厂的跨度）的两个此类构架的测试内容。他在第二家舒兹伯利工厂草图中展示了这样的构架，这个工厂在完成气体照明安装后的 7 年之后才建设完毕。虽然在他的第一家舒兹伯利工厂中成功使用了铸铁管，但贝奇还是有一些相关的设计问题尚未解决。在麦德巷的设计中，贝奇只是在支柱之间使用了支撑梁，并未像在舒兹伯利那样使用连续梁。

事后想来，我们可以说，贝奇的不安可能来自他未能将对支柱理性化、定量化的研究，用在横梁上。从贝奇在 1803 年 8 月寄给威廉·斯特拉特的信中可以看出，他对此进行了仔细考虑。很可能他从彼得·尼科尔森（Peter Nicholson）写的《木匠全新指南》（*Carpenters' New Guide*）中了解了脆性梁的强度（彼得·尼科尔森是多部建筑技术书籍的作者，泰尔福与之熟识）。与他们一样，贝奇认为，矩形梁的强度与其宽度成正比，与其深度的平方成反比。但他还提出了倒 T 型截面强度的问题——之前从未被纳入理论考量。他用这种方法计算出了梁的相对强度，并与他通过测试发现的简支梁的强度进行了对比。这种方法无须测量铸铁的抗张强度、抗压强度和抗剪强度的绝对值。正如他在 1803 年 8 月写给威廉·斯特拉特

图纸复制

工程师和建筑师的草图制图当时只能提供手绘版。常用方法，是将原图置于复印页上方，用针在复印页上进行针刺，即可出现可用标尺或制图圆规进行构图的多个基点。

1780 年，詹姆斯·瓦特获得正确机械制图方面的首个专利。那是一个被他称为印刷复印机的小型印刷机，通过他自己的公司詹姆斯·瓦特公司（James Watt & Co.）制造和销售。印刷过程需要使用混合了阿拉伯树胶的墨水，阿拉伯树胶常用于文档书写或草图印刷制作。用一张微湿的拷贝纸贴着手稿进行印刷，部分墨水被吸收，随后，拷贝纸上会出现原稿的镜像。可使用薄纸读取复印纸上的内容。瓦特的机器非常成功，很快推出了便携式设备。瓦特的发明，打破了 1806 年佩雷格里诺·特里（Pellegrino Turri）推出复写纸后一度出现的文字复制和商务文档市场垄断。作为一名意大利工程师，佩雷格里诺还发明了第一台工作用打字机。

随后，直到 19 世纪中叶，人们一直使用针刺方法制作工程师和建筑师所用的大型草图绘图。

286

286. 便携复印设备，小詹姆斯·瓦特设计，约 1800 年。使用了詹姆斯·瓦特在 1780 年获得专利的复印流程。

287

288

的一封信中所说（这封信明显出自工程师，而不是数学家或科学家）：

> 从这些相对强度，以及3英尺长的1平方英寸铸铁棒中心可支撑8英担重量的知识来看，这一重量可折断任何计算出的其他尺寸或长度的梁。注意：我已经折断了一个可承受8英担重量的以上尺寸的铸铁棒。我的计算结果总是认为该铸铁棒仅能承受6英担重量。⑮

简单使用比例对比相对强度的方法并不新颖，罗马人早就在石弩上用过这种方法，洪坦农（Rodrigo Gil de Hontanon）已经根据“三法则”（the rule of three）计算了桥台的尺寸，到18世纪90年代，人们已经知道木梁强度与其宽度成正比，与其深度的平方成反比。但是贝奇将涉及的力学知识、所用材料的特性和从一个结构形态（矩形梁）到另一结构形态（倒T型）的特点相结合，通过这种方式解决了全新的设计问题。

从第一个等式以及贝奇的测试结果来看，根据他使用的铸铁，可以通过计算得出k的值为29。从泰尔福的一个笔记本中，我们发现了贝奇在麦德巷设计中所用的梁的尺寸，这本笔记记录了贝奇的一项测试结果，该结果可验证他的计算结果：跨度9英尺，深11.5英寸，并使用了一个3英寸宽、1.5英寸厚的凸缘。使用这一尺寸，梁的跨度中心可承受13吨的重量。贝奇测试用的梁在14吨负荷下断裂。如果负荷均匀分布，他的设计方法预计会在26吨时导致梁断裂，在其测试中，加至该负荷便会引发坍塌。正如贝奇所说，他对铸铁的长度进行了仔细观察。从1795年他获得的测试结果来看，他熟知每一批产品的强度不同，因此他使用6英担进行计算，而非测试中给出的8英担。相当于将预计的梁的强度从26吨减少至大约20吨（如果负荷均匀分布）。每个梁实际承受的负荷与贝奇在福盖特城堡工厂的设计中计算的值相似，约8吨。看来贝奇当时正在使用约2.5的

287. 英国福盖特城堡工厂，1796—1797年。拆掉在20世纪安装的电梯后，露出的原先使用的铸铁梁。
288. 福盖特城堡工厂。标准层视图，显示铸铁柱十字形剖面和砖拱。

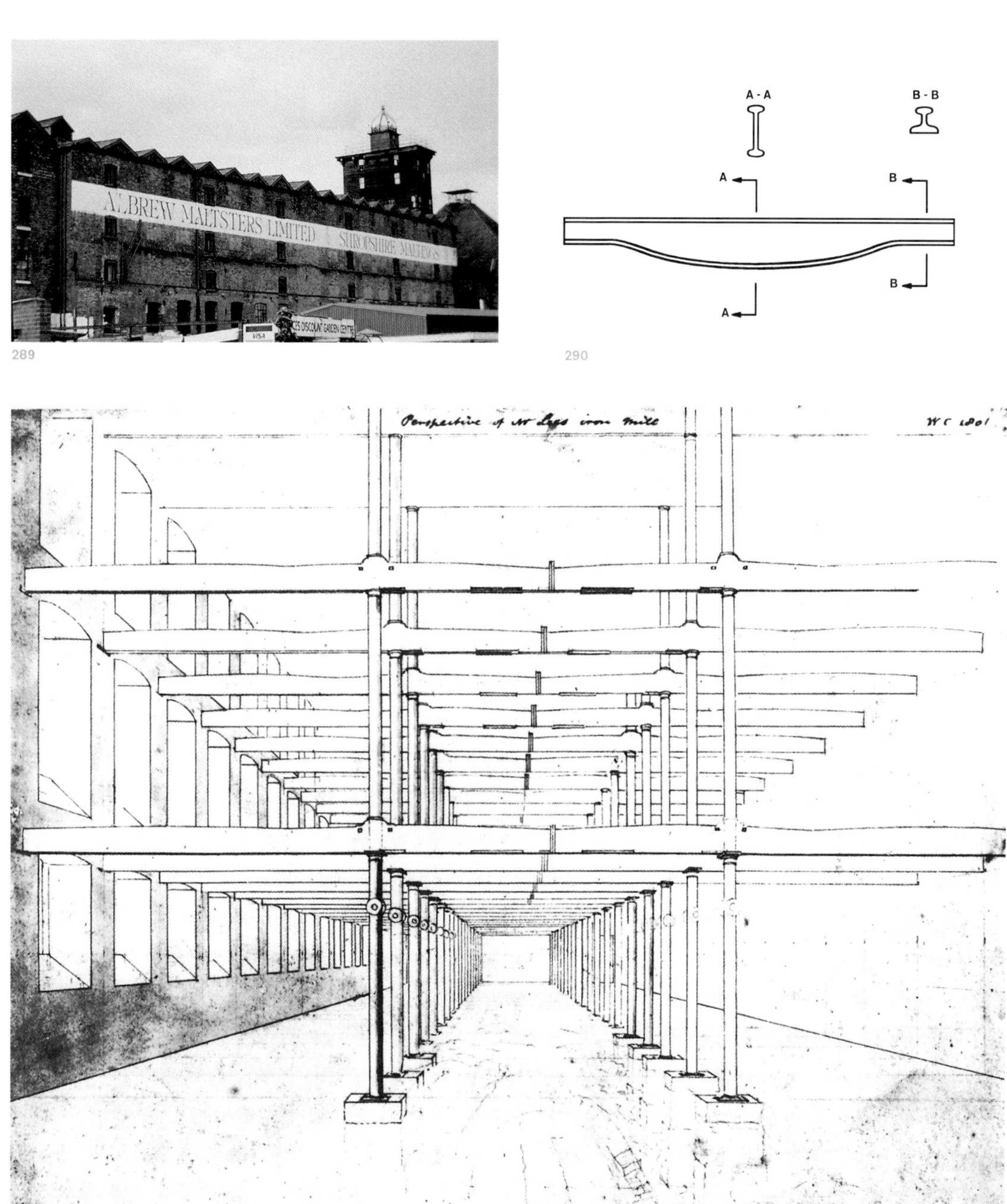

289. 福盖特城堡工厂。已知最早的防火建筑，使用铸铁柱、铸铁梁和砖拱地板。

290. 铸铁鱼腹式梁，由威廉·杰索普于 1789 年设计。高度形状显示出由铁轨造成的弯矩。

291. 英国索尔福德某工厂手稿，1801 年。采用由博尔顿和瓦特设计的铸铁柱和铸铁梁。手稿显示了在建设中的工厂，当时还没有搭建平拱地板。

“安全系数”设计地板结构。

虽然这种计算在今天看来毫无新意，但贝奇工程设计方法论有着重大的历史意义。他不仅在考虑材料性质的同时，计算出可承受预期负荷的结构元素的尺寸，还简化了结构的数学模型，以保守的方法消除了梁的结构对其强度的影响。此外，贝奇通过将由三个柱子支撑的连续梁（连续梁的科学与数学理论几十年后才出现）改为仅由两个柱子支撑的单个梁，制定出他所能设计的结构形式。换句话说，他设计了能反映所构思的数学模型的结构，因此能控制结构可能出现的形式。

贝奇的麦德巷设计于1802年完成，1803年1月，斯特拉特的原贝尔珀北部工厂（1786年）被火灾烧毁了，同时也烧毁了水车和纺纱机。更惨的是，由于保险费用过高，未能参保，因此财产得不到保险赔付。斯特拉特邀请贝奇1803年前来德比，随后贝奇在给斯特拉特的信中写道：“如果要权衡优缺点，你应该选择铁梁，我愿意分享我对铁梁强度和形状的分析，供你检阅。”斯特拉特的回信未能保留下来，但是贝奇在8月29日的信中写道：“我的良心一直受到谴责，因为我没有及时发给你计算铸铁梁强度的原理，而是把注意力放在建造两个工厂上……我已经发现了，但是总是没有时间。”[16]斯特拉特被贝奇的原理说服了，所有部位都采用了铁材，包括屋顶桁架。

新北部工厂于1804年末开始运行，很快便人尽皆知了。亚伯拉罕·里斯（Abraham Rees）1819年的《百科全书》（*Cyclopaedia*）中关于棉花制作的文章将该工厂作为建筑案例进行了描述。它代表着十年来建筑工程学快速发展的顶峰，蕴含着丰富的工程学技巧，例如横梁坐落于柱头的独特方式。带半杯的梁端契合柱栓，位于柱帽凹进位置；相邻梁之间由锻铁环相连。此类系统安装起来非常快捷，还形成了整个结构的完整性，能防止一个梁倒下时出现连续倒塌情况。这也是贝奇和斯特拉特在1803年3月会面时已经发现的重要信息。斯特拉特独创性的另一个实例就是他将大型水车纳入建筑本身。在直径5.5米、长7米的水车轮上面，他设置了两个跨度7米的石材系杆拱，其上布置了六层平拱板[17]。为了减少拱顶荷载重量，其上用空心块代替砖块建造了含54个开间的平拱。斯特拉特还非常关注细节，例如，连接铸铁梁的锻铁系杆全部嵌入平拱砖块中，横梁翼缘下表面经过切角处理，以便与砖块平拱的曲线相吻合，从而打造出优雅、整洁、起伏的顶部。

292、293
295、296

除此之外，该建筑其他方面也颇具创新性：楼梯间进行了全部封闭处理，从而形成了独立的防火逃生出口，同时还设有起重机。斯特拉特通过热空气系统对该工厂进行了加热处理，随后几年内还引入了气体照明。研究结构史的现代权威人士A.W.斯肯普顿（A.W.Skempton）这样描述该建筑：“早期铁框架建筑的最佳典范。”[18]

1805年左右，防火构造出现十年后，建筑结构发生了许多重大改变：柱子、横梁、地板、屋顶结构以铸铁取代了木材，人们还尝试了许多不同种类的横梁截面，目的均在于减少铁的使用量；制作跨于柱与柱之间的铸铁梁，而不是形成跨于多个柱上的连续梁。铸铁的使用为19世纪大多数的工业建筑施工制定了模式。从19世纪40年代开始，锻铁逐渐取代了铸铁首次应用于横梁建造，随后发展到柱子。19世纪50年代，柱子取代了承重砌块墙，首次出现了全框架铁材建筑。 297

科学、舒适、幸福

尽管结构工程学是第一个从实践过程获取的科学认知中获益的学科，然而物理学家、化学家、医学研究者也在理性时代探索影响建筑使用者舒适性的过程中从事相关研究。现代暖通空调科学研究包括一系列分支学科：大气的物理特性、空气成分、热量从一个位置/结构导向另一个位置/结构的方法、热能量与机械作业的相互转换。

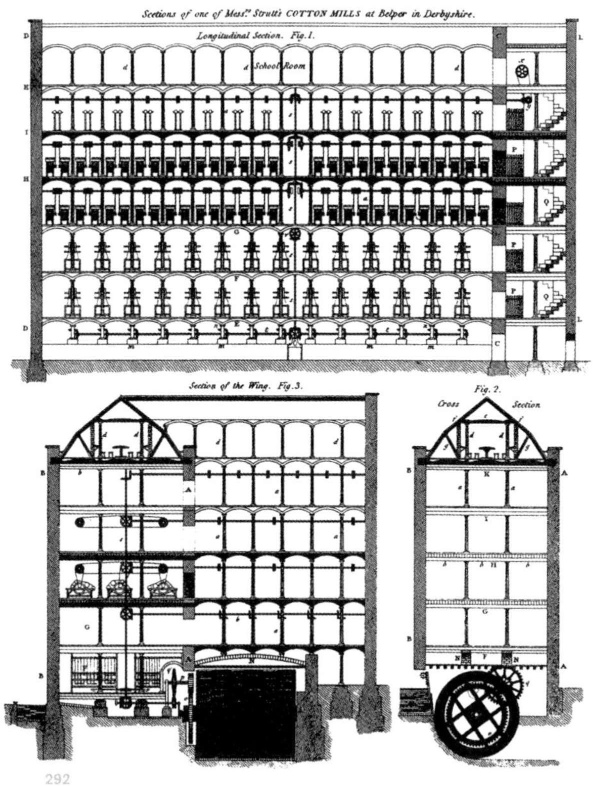

292

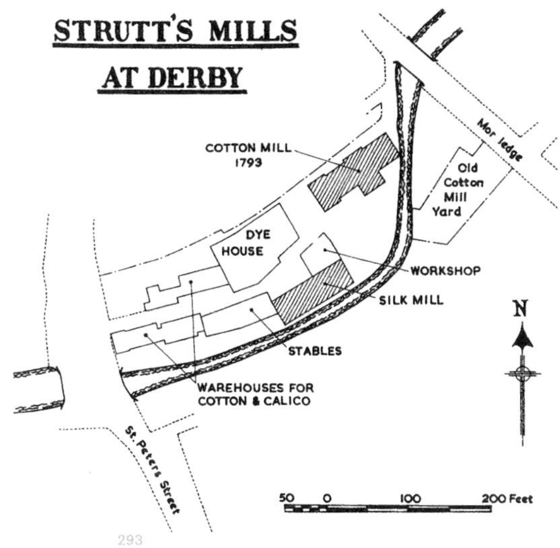

293

约 1592 年，伽利略首次根据液体扩张制作出指示热量强度（也就是后来所称的温度）的仪器。该仪器——人们称为验温器，可对比不同时间不同地点的条件，不过由于暴露于大气环境当中，仪器所读出的数据会因大气压力和天气而产生变化。1650 年左右，人们开始使用密封温度计。首个内充水银或酒精的稳定密封温度计是由德国物理学家丹尼尔·加布里埃尔·华兰海特（Daniel Gabriel Fahrenheit，1686—1736）约 1715 年发明的。直到 18 世纪 60 年代，才由约瑟夫·布拉克（Joseph Black，1728—1799）准确地界定出温度（计量热程度或强度，以度计量）与热量（现在以焦耳计量）的区别。布拉克还构思出气体凝结为液体形式时释放出的“潜伏热”（温度不变）的概念。

292. 英国德比附近的贝尔珀北部工厂，1803—1804 年。工程师：威廉·斯特拉特。图中截面展示了水车及工厂机器的位置。

293. 贝尔珀北部工厂。示意图显示了德文特河及水车驱动所用水的引水槽的位置。

此时，人们认为热量是无形、无重量的物体，称其为“caloric”（热量），以大量或少量的形式存在，受热或受冷时数量在增加或减小。这一想法有一定合理性，但也存在局限性，即摩擦物体会生热。这一现象对于工具使用者而言并不陌生：人们用工具切割木材或金属或在其上钻孔时，切割边缘很快会变热，如果这一动作持续时间较长，则需用水对该工具进行冷却处理。效力于巴伐利亚军队的美国移居者本杰明·汤普森（Benjamin Thompson，1753—1814）在慕尼黑监理黄铜大炮钻孔时发现了这一点。看到源源不断的热量他觉得简直不可思议。汤普森在想热量是不是在大炮钻孔过程中产生的。汤普森，即冯·拉姆福德伯爵（Count Von Rumford）——1793 年因所做出的军事贡献荣获“神圣罗马帝国伯爵”的称号后改为此名——进行了一项试验，测量将大炮温度提升到一定度数所需的工作量。他在水下反复进行试验，直到水罐的水开始沸腾，这让旁观者目瞪口呆。他总结道：热量并非一个物体，而是一种动能，可通过摩擦等机械运动加强。50 年后，英国物理学家詹姆斯·普雷斯科特·焦耳（James Prescott Joule，1818—1889）进行了更为深入的实验，确立了热量的机械当量。

汤普森进行了大量关于热量的研究。他提出身体热量流失主要是由于对流引起的，衣物纤维会隔离空气从而提高衣物隔热性能，他据此改善了巴伐利亚军队的服装。此外，他还进行了多次试验对家用壁炉进行了改善，原来壁炉的缺点是在寒冷天气条件下通常将烟尘释放到房间里面，而不是传至烟囱。通过对壁炉与烟囱之间的走道进行流线型处理，热气能更为便捷、快速地流动，烟囱内的空气也能快速加热，从而形成一股吸力，提高壁炉的工作效力。18 世纪晚期，人们尝试用蒸汽管道为房间和温室取暖，汤普森就是其中之一。

空气的另一重要特征是大气产生的压力。伽利略的学生埃万杰利斯塔·托里拆利（Evangelista Torricelli，1608—1647）发明了水银气压计，该仪器可根据玻璃管（平衡大气产生的压力，通常是 760 毫米）中水银的高度测量大气压力。1659 年，雷恩与胡克的同事罗伯特·波义耳进行了“空气活力与效果”的研究，确立了气体压力与体积的反比关系，人们后来称这一关系为波义耳定律。波义耳还表明声音因气压而传播，因此不能在真空中传播。一个世纪以后，1787 年，法国化学家、物理学家雅克·查理（Jacques Charles，1746—1823）进一步确认在恒压条件下，气体体积与温度呈线性关系，我们现称这一关系为查理定律。

众所周知，热传播现象是定性的：固体以传导形式传播，气体或液体以对流形式传播，空气直接以辐射形式传播。然而传导、对流过程的量化非常复杂，因此直到 19 世纪早期工程师们才开始研究这一主题，尤其是在该主题相关的经典著作——巴伦·让·巴普蒂斯特·约瑟夫·傅立叶（Baron Jean Baptiste Joseph Fourier，1768—1830）所著的《热量的解析理论》（*Theorie analytique de la chaleur*，巴黎，1822 年）出版之后。此前，热传导量都是根据对建筑取暖所需燃料量的实际观察判断的。热辐射传导量计算直到 19 世纪晚期可能才出现。

我们的身体对温度是很敏感的，可通过两个方式感知温度：皮肤与空气或液体、固体的物理接触感知，以及辐射感知。此外，我们对温度与舒适度的感觉受空气湿度的影响，空气湿度决定了水分（汗液）从皮肤中蒸发的程度，大气越潮湿，汗液蒸发量越小，我们越感觉到温暖。物理学家、科学作家威廉·查尔斯·威尔斯（William Charles Wells，1757—1817）在其 1814 年于伦敦出版的著作《谈水柱及各类相关形式》（*An Essay on Dew, and Several Appearances Connected with it*）中首次深入探讨了大气中水蒸气的存在以及水蒸气凝结为水所需的条件。

工程学计算

20 世纪 70 年代早期电子手工计算器问世之前，计算尺是工程师进行计算的标准工具。1614 年发明对数后，计算尺很快发展开来。17 世纪末需要进行相关计算的科学家、数学家、炮兵工程师、航海员、船只设计师等已经开始广泛应用计算尺。然而此时工程学已经不是一项具体的量化行为；先前，工程师需要咨询数学专家。18 世纪这一情形发生了改变，本世纪末期，计算已经成为日常生活很重要的一部分，数学也是工程师教育的一大重点。至于计算尺如何步入工程师的生活不得而知，但可以肯定的是詹姆斯·瓦特发挥了重要的作用，至少在英国发挥了重要的作用。他表示计算尺对其蒸汽机设计与制作起到了非常关键的作用，1775 年便开始制作和销售计算尺。几年后，英国人通常称该计算尺为 Soho 尺——根据瓦特开展工程学研究的伯明翰区的位置命名（参见下图）。该尺子由黄杨木制作。尺子有时也采用非对数形式，进行常用的专用计算，例如根据直径计算圆的面积，或根据已知尺寸计算木材重量。通常尺子背面有有用的数字数据。此时的计算尺很少有游标，直到 19 世纪 60 年代游标才得到广泛应用（参见第 7 章）。

Soho 计算尺说明：该尺子由硬黄杨木制作，10.5 英寸长，0.8 英寸宽，约 0.2 英寸厚。一侧中间刻有凹槽；滑竿采用相同木材材料，0.3 英寸宽，0.1 英寸厚，装入凹槽后可以在两侧之间向前向后自由滑动。

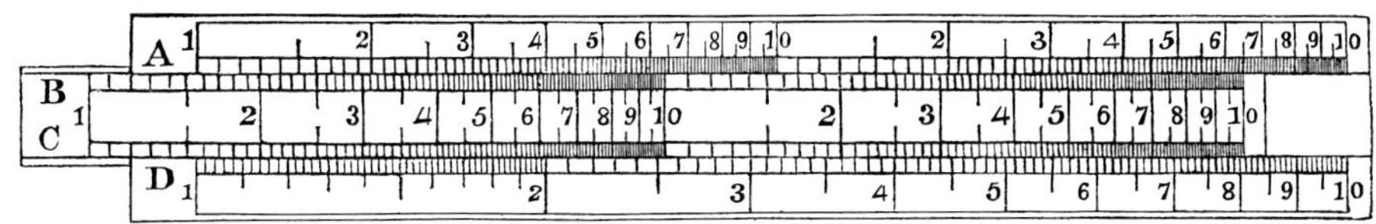

294. Soho 计算尺说明及插图，詹姆斯·瓦特 18 世纪末开始制作、出售的早期计算尺。取自约翰·法里（John Farey）的《蒸汽机论》（*A Treatise on the Steam Engine*），1827 年。

新鲜气体、污浊气体、有害气体

确定了大气物理性的同时，人们逐渐开始了解到空气成分对生活及健康的重要性：罗伯特·胡克在17世纪70年代发现呼吸所需的空气成分与燃烧所需的成分一样。约瑟夫·布拉克于18世纪50年代将二氧化碳从空气中分解出来，并确认二氧化碳是动物呼出的气体，也是燃烧的产物。20年后，约瑟夫·普里斯特利发现老鼠吸入二氧化碳后死亡，并发现气室中生长的植物排出的气体会促进燃烧。18世纪70年代，普里斯特利及著名的法国化学家安托万–劳伦特·拉瓦锡（Antoine-Laurent Lavoisier，1743—1794）均成功地分解出了氧气。18世纪中叶，英国快速发展的工业与商业城市带来了严重的人口问题，其中一大灾难就是大范围疾病问题。人口增长速度远远超过了相应的清水供应或人类和动物垃圾的处理能力。现在我们简直难以想象18世纪晚期恶劣的城市环境。更糟糕的是，当时很多人都不清楚疾病的源头，不了解这些疾病通过伤寒、痢疾、霍乱等常见的流行病在人们之间相互传播。

18世纪50年代开始，整个欧洲的医生、科学家、哲学家、社会改革者开始高度关注卫生问题及疾病的本质与缘由。当时常见的说法是有害气体理论——疾病是由腐烂物（例如腐肉或患病动物和人体）产生的有毒气体导致的，或因其加剧的。人们都清楚疾病在船只上的窄小宿舍、军队营房、监狱、医院极易传播，认为有些疾病通过空气传播，可通过排出建筑（尤其是医院、监狱）中已经查明的被感染的或有毒的气体，来减少交叉感染。然而尽管人们已经意识到隔离的好处，但是由于建筑的功能限制，或对多个小房间进行供暖、通风的技术限制，隔离往往难以实现。

1752年，伦敦西南部特丁顿科学家、皇家学会会员史蒂芬·黑尔斯（Stephen Hales，1677—1761）实现了一大重要突破：他说服了伦敦纽盖特监狱（Newgate Prison）在房间墙壁上开通风孔，并安装大型风扇为房间内送入新风，同时排抽出污浊空气。通过这一方法患病率和死亡率迅速下降了。纽盖特监狱的例子很快在军事医生与社会改革者（例如参观过欧洲数百家监狱的约翰·霍华德）中间传播了开来。18世纪70年代，人们对于常识性观察——新鲜空气对人体更为有益，富含二氧化碳、水蒸气的污浊空气及蜡烛或油灯燃烧散发的味道对身体不好甚至有害于身体，提出了科学依据。十年内，数类人口聚集型建筑出现了激增，如剧院、工厂、医院、监狱、银行等商业建筑。这些建筑均需要采暖、照明、通风，而通过生活设施是无法满足这些需求的。因而呼吁更为有效的通风系统，而不仅仅通过开窗实现这些要求。医院设计师在英国中部地区新开发的工厂系统中汲取了灵感，开始考虑将医院建筑打造为“烘焙机”。他们开始以更为合理、科学的方法设计出更为有利的暖通条件，要做到这一点，他们既高度关注了内部空间布局，也认真考虑了输送热量与新鲜空气的方法。例如法国里昂医院（Lyon Hospital）医生曾表示腐肉发出的污浊气体都排到了病房层，他建议将该污浊气体从底层排出。当时有两个通风方法可供选择：自然通风和机械通风。

295. 贝尔珀北部工厂外观。
296. 贝尔珀北部工厂室内五楼景象。
297. 图中展示了英国工厂和仓库防火构造的发展，1792—1804年。

295

296

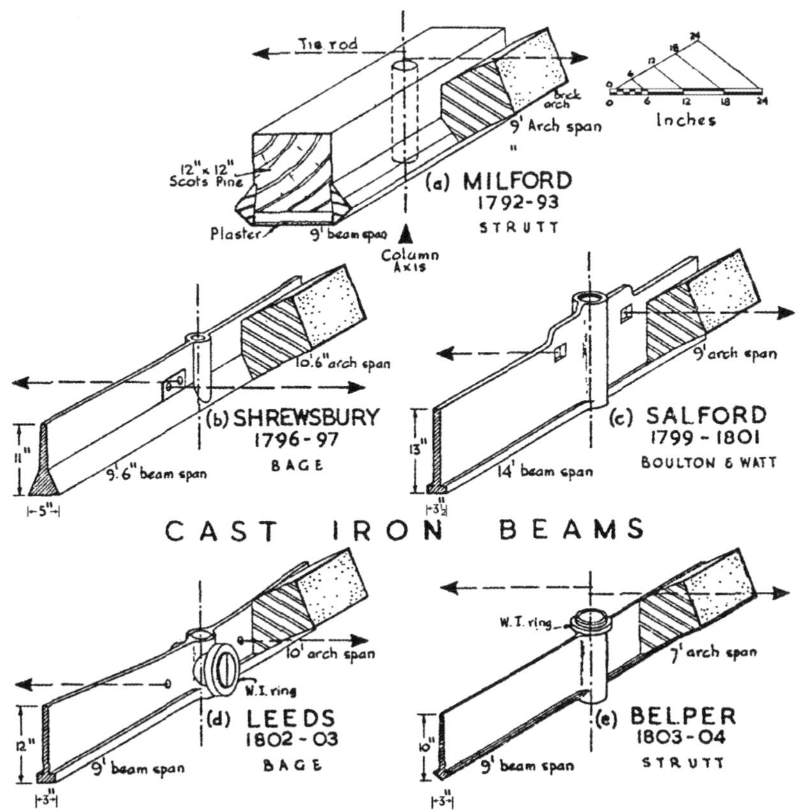
Tie rod
brick arch
9' Arch span
Inches
12" x 12" Scots Pine
(a) MILFORD
1792-93
STRUTT
Plaster
9' beam span
Column Axis
10'.6" arch span
(b) SHREWSBURY
1796-97
BAGE
11"
9'.6" beam span
5"
9' arch span
(c) SALFORD
1799-1801
BOULTON & WATT
13"
14' beam span
CAST IRON BEAMS
10' arch span
W.I. ring
(d) LEEDS
1802-03
BAGE
12"
9' beam span
3"
W.I. ring
7' arch span
(e) BELPER
1803-04
STRUTT
10"
9' beam span
3"

297

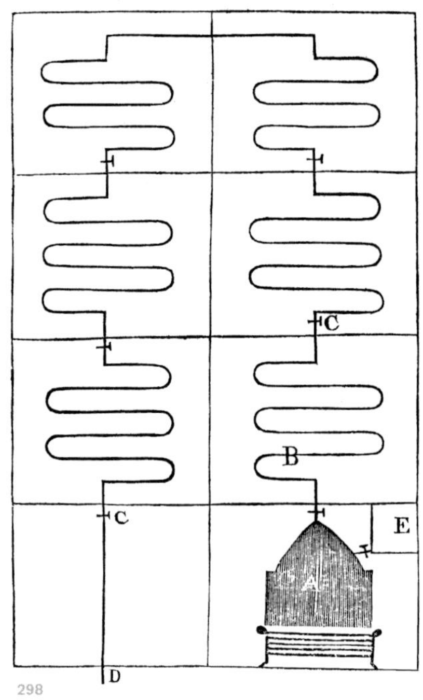

298

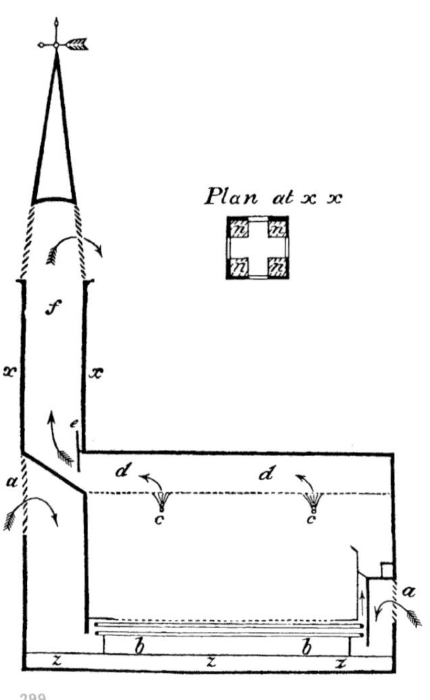

299

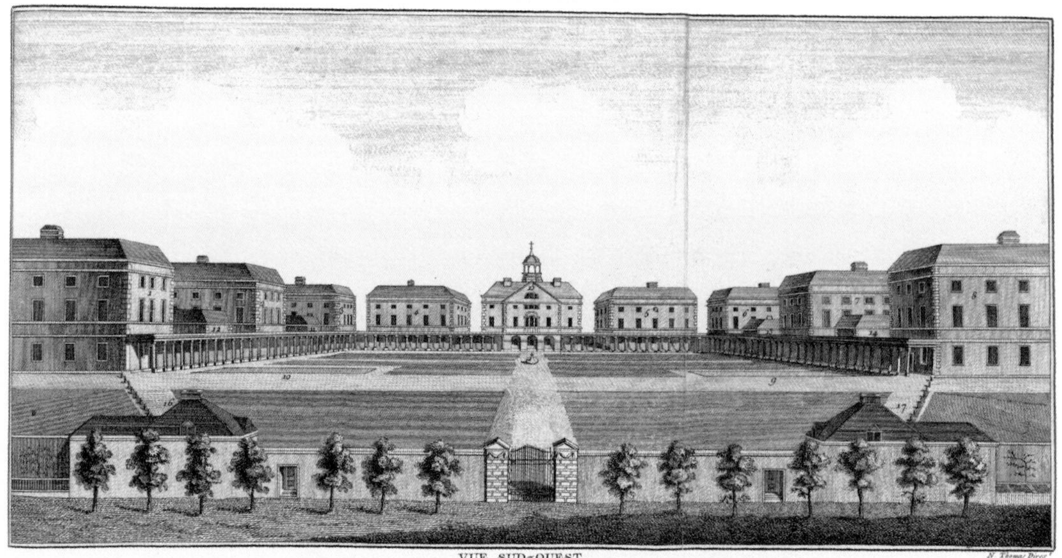

PLYMOUTH
VUE SUD-OUEST.
N. Thomas Direx.t
1. 2. 3. 4. 5. 6. 7. 8. 9. 10. Quartiers séparés. 11. Quartier de la petite Verole. 12 Chambres des Gardes Malades. 13. Cuisine et Refectoire
14 Chambre des provisions. 15. Chapelle. 16. Loges des Domestiques et des Portiers. 17. Concierges et Offices
On a suprimé l'Élevation des quartiers 9. et 10.

300

298. 威廉·库克（William Cook）提出的蒸汽供暖系统，英国，1745 年。蒸汽在进入空气中之前，先被导入建筑内的各个房间。

299. 图中展示了教堂的自然通风系统，取自《建筑暖通实践论》（*Practical Treatise of the Warming and Ventilation of Buildings*），查尔斯·理查森（Charles Richardson），伦敦，1837 年。

300. 英国普利茅斯斯通豪斯海军医院，1758—1762 年。自然通风隔离病房减少了交叉感染。

自然通风

通过自然风，以及建筑内外自然压差或建筑
299 内部人体热量加热的空气产生的对流，形成自然
通风。

首家对疾病、传染持有新观点，意识到通风益处的医院是建于1758—1762年的英国普利茅斯
300 斯通豪斯海军医院。该医院包含大量建筑，每栋
建筑都设有多个小病房，病房之间由内墙隔开，以隔离不同病种。病房两侧均设有窗户，以确保通过对流的形式持续驱除污浊空气。此类创新理念由约翰·艾金（John Aikin，1747—1822）在其1771年出版的著作《关于医院的思考》中得以公布，斯通豪斯医院名扬国外。1787 年时，法国科学院组织的访问团参观了 52 家英国医院，斯通豪斯医院就是其中之一。此次访问是皇家专门调查委员会（Royal Commission）为巴黎设计一所新市立医院而来。由雅克·雷内·特农（Jacques René Tenon）领导、查尔斯·奥古斯汀·库仑参与的访问团在其访问报告中特别提名斯通豪斯医院道："英、法没有一家医院，甚至整个欧洲没有一家医院在接待病人以及通风、隔离措施上能达到普利茅斯医院的水平。"[19]特农在次年著写的《巴黎的医院实录集》（*Mémoires sur les hôpitaux de Paris*）主张巴黎医院设计采用类似的做法。尽管该书对医院设计提供了指南，然而直到 19 世纪，其建议才在巴黎得到了实施。

斯通豪斯海军医院取得的成功将这些新设计带入英国多家新海军和军队医院，尤其是 18 世纪 90 年代拿破仑战争时期尤为明显。汉普郡朴茨茅斯和肯特州迪尔所建的新海军医院设有狭窄病房，在对向墙体上装有窗户以利于对流通风。

机械通风

18 世纪初，人们开始了解采用火力作为动力驱动机械通风。除了火力外，装于枝状大烛台的大量蜡烛——为剧院礼堂或会议室等大型房间提供照明，也加热了空气，促进了空气流动。枝状大烛台上部的管道形成一个出口，该出口可能也配有通风帽，为外部风力创造了吸力条件。约翰·西奥菲勒斯·德萨吉利埃根据其对机械通风的理解尝试改善下议院的通风环境，并取得了一定成功（参见第 4 章）。汉弗莱·戴维（Humphrey Davy）1811 年曾尝试改善上议院的通风环境，也取得了一定成功。尽管机械对流有着合理的原理，议会大厦的尝试也取得了一定的成功，但是驱动力却非常低，且不易于有效工作。即使在今天，也需要非常认真的设计和施工才能有效发挥作用。

设计公众建筑的设计师很快意识到采用蒸汽机带动的机械风扇能轻松形成所需的空气流。16 世纪，机械通风风扇作为必需品首次在德国应用到铅、铁及锡矿开采中（参见第 3 章，图 134）；这些早期案例是采用手动或水车驱动的模式。德萨吉利埃 1723 年尝试改善下议院的自然通风条件取得了有效但有限的结果。1734 年至 1736 年，他重回到这一问题——安装了一个手动曲柄传动的离心式风扇，该风扇直径 7 英尺，木材制成，设计与他十年前用来为铅矿通风的风扇一样。在
描述安装实验时，德萨吉利埃创造了"换气者" 302
（ventilator）一词，该词不是指设备，而是指下
议院投入使用后操作风扇的人员。1791 年，人们 303
将换气扇移至吊顶中央，并在地板下安装了火炉，通过地板上的格栅来加热进入房间内的空气，暖通系统条件从而得到了改善。

船只上疾病非常常见且生活环境非常拥挤，因而良好的通风条件非常重要。夹板下关着牲畜（为船员提供鲜肉），空气质量也难以改善。18 世纪 40 年代早期，英国海军军舰尺寸逐渐增加，且运程更长，导致其生活环境比以前更为恶劣。人们采用了系列实验试图将火力驱动通风引入这些军舰当中。然而，军舰下方夹板上的明火所固有的危险无法克服，人们的兴趣也开始转向机械

通风。长期专注改善公共卫生的史蒂芬·黑尔斯有
301 了一个主意：用大型木风箱通过通风管道导入空气。1741 年他在家乡附近的特丁顿粮仓进行了首次换气扇实验，此次实验目的是为了循环空气防止谷物变潮腐烂。黑尔斯在船只及建筑中都进行了成功的换气扇实验，目的在于防止疾病的传播。在其著作《通风设备说明》中，他把船只比作巨型鲸，把换气扇比作鲸鱼的肺，这一比喻在其离世后许久仍然得到人们的沿用。黑尔斯遇上了最好的时机：18 世纪 40 年代，暴发了大量可怕的疾病，卫生问题成为议会的首要关注点，《君子杂志》（*Gentleman's Magazine*）激情报道了黑尔斯换气扇在伦敦纽盖特监狱的成功使用情况。这种换气扇抓住了公众的想象力，主要原因是其为改善船只（海军军舰及贩奴船等）、监狱和医院的恶劣条件提供了一个解决方案。黑尔斯的换气扇取得了巨大的成功，18 世纪 40 年代，安装范围遍及整个英国海军军舰及英国十多家监狱和医院。1758 年，黑尔斯在其第二版著作《通风设备综述》中（*A Treatise on Ventilators*）写道："这些换气扇的足迹也拓展至更远的地方，比如那不勒斯、萨克森、西里西亚、圣彼德堡和拉普兰。"黑尔斯的著作家喻户晓，大大加速了人工通风设备在整个欧洲的安装进程。

黑尔斯的换气扇仅有一个小小的不便之处：由人工操纵，操作者需来自设备安装公司。相比之下，机械通风就有明显的优势，船员、囚犯、病人很少抱怨其日常运行情况。然而，能充分实现建筑通风条件的人力操纵设备也是非常重要的，尤其在许多相对豪华的建筑当中——比如一个世纪后的 19 世纪 40 年代，歌剧院中维多利亚女王的包厢需要由两个人提供新鲜空气通风。水力驱动设备也是现成的，例如早期的纺织厂已经采用了通风措施，其目的不在于卫生方面，而是为了抽取有尘空气，降低火灾风险。然而在其他建筑中，合适的动力源则是一大问题，人们尝试了落锤装置和弹簧时钟装置，但收效甚微。总的来说，人们只是零零星星地使用机械通风；直至 19 世纪中期，小型蒸汽机提供了驱动换气设备的实用方法后，情况才发生了改变。

建筑声学

17、18 世纪，建筑设计师关注的主要声学问题是言语的清晰度，尤其是在政治家开展辩论的内庭和人数越来越多的剧院中。这一点与古时维特鲁威所述一致。文艺复兴也见证了室内音乐越来越高的受欢迎度（至少在精英阶层如此），这一点在很大程度上受到了羽管键琴和古钢琴等乐器的发明和技术革新的鼓舞。这些革新的乐器采用了独创性的机制和大幅回响板来打造拨弦和敲击音符，与先前的琵琶、竖琴、翼琴等乐器相比，这些新乐器的速度更快，且声音更大。在室内进行原声或混响声演奏时，乐器的单个音符与其他音符相融合，让人难以察觉出来。这给乐器制作者和想卖弄精湛技巧的音乐人重磅一击。

人们已经很清楚房间大小及墙壁、地板、吊顶的反射对言语和音乐的清晰度存在影响，这两个因素的确起着作用。一个作用是减少了声音的响度或强度，这与发送者及接收者之间的距离及被房间表面吸收的音量相关。第二个作用是增加了声音的混淆度，这与房间表面的反射相关。

基于这一理解，建筑设计师着力遵循系列实用原则，来获取可接受的房屋音响效果。共有三类表面材料可选：石材或抹灰，可增加反射；织物如挂毯和幕帘，可吸收声音；木板，效果处于上述两者之间。设计师会根据现有房间的音响性能有效结合这三类表面材料的应用。另一个设计
因素是听众与发言人或乐器之间的距离，以及声 56
程的直传性。剧院设计人竭力确保所有观众都能看到演员，这不仅仅是为了实现戏剧观赏效果，也是为了让声音（至少部分声音）直接传入听众耳中，以免受墙壁或吊顶的反射影响。

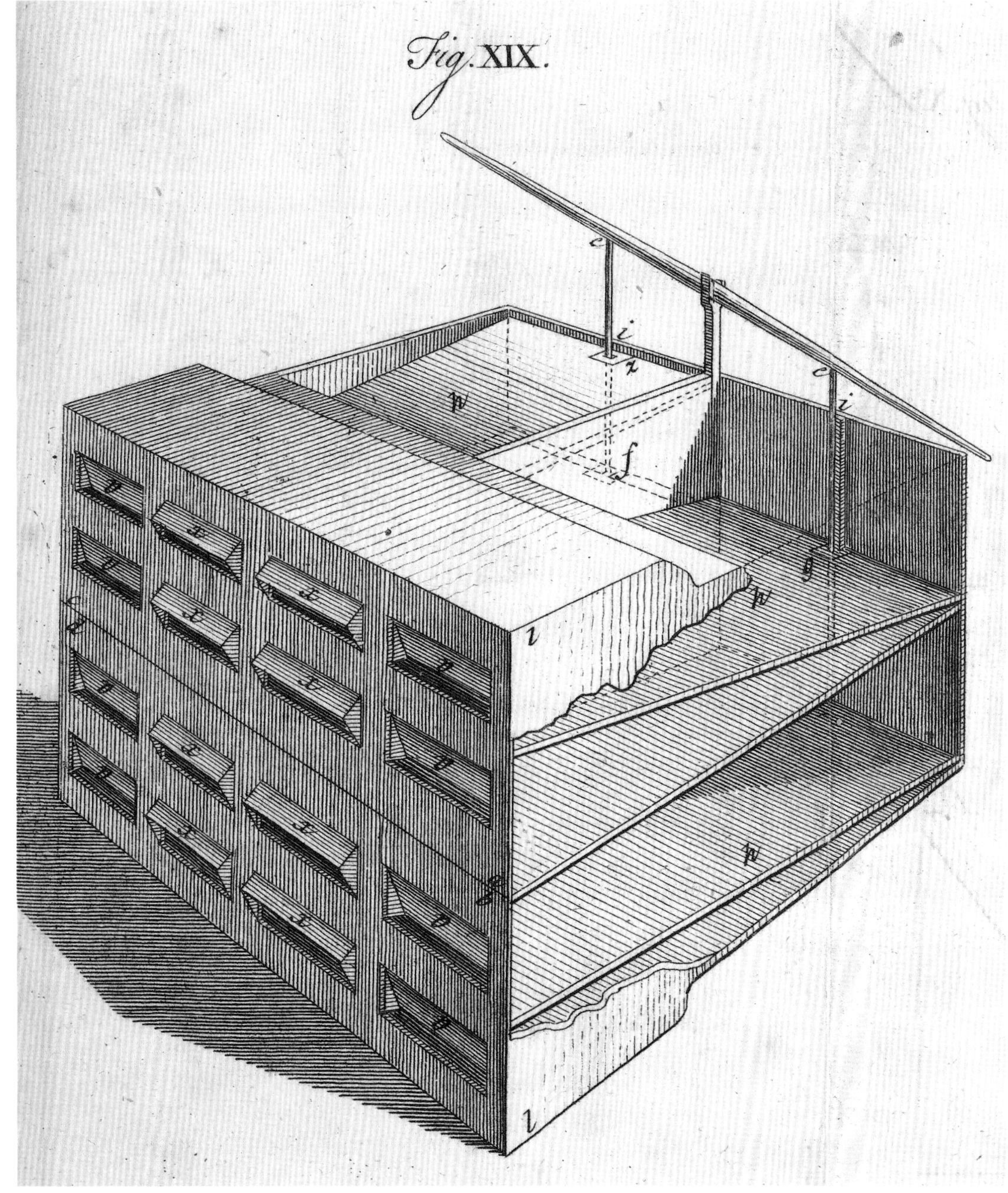

301

301. 史蒂芬·黑尔斯，通风风箱插图，摘自《通风设备综述》，1758 年。

这一点对高频声调也格外重要，因为这些声调经反射后强度比低频声调减弱幅度大。人们都知道演员以正常音调说话时可清晰传播至 18 米远，但 25 米处就困难了。根据这些基本原则，剧院越来越多地采用倾斜座位及分层包厢，专业音乐厅也逐渐发展起来。

对良好音响效果的追求对剧院设计产生了影响。一方面，需要确保能清楚地听到演员的话语，另一方面，主办人需要提升观众数量及票房收入，这就存在一定的压力。18 世纪晚期许多剧院的演员与听众之间的距离设计都超过 30 米，演员也不得不改变他们的发声方式。他们练习技巧提高音量说话，然而似乎又是正常声调，优秀的演员甚至能做到让好似密谈的声音传遍整个表演厅。

剧院设计者给音乐及演员的表演带来了更为艰巨、难以逾越的挑战，因为为了保证清晰度，声音听起来会干涩而又缺乏愉悦感。在适用于音乐演出的大厅，舞台上发出的人声仅能让距离舞台最近的坐席听清，无法顾及所有坐席。面对这一窘境，最为实用的方法就是针对各类娱乐建造专用的建筑。戏剧通常依靠音乐来提升表演效果，在很多大型场所，前排及舞台都设有乐池。此类剧院的音响效果通常可以提升人声的清晰度。

18世纪的剧院音响设计规则并不是非常可靠，发生了许多音响事故。演员、剧作家柯莱·西柏（Colley Cibber）在其 1740 年的自传中谈及伦敦的女王剧院（Queen's Theatre）——由著名建筑师、剧作家约翰·凡布鲁（John Vanbrugh，1664—1726）设计，建于 1704—1705 年，他表示该剧院毫无建筑雅致性可言：

> 在这里只能听清十分之一的话……超大却不必要的空间使得每个演员的声音波动不定，听起来像大教堂通道中众人在窃窃私语一样……人声被叠加的空洞混响声淹没了。[20]

18 世纪后半期欧洲的主要城市出现了剧院建筑热，设计师们普遍从 18 世纪早期的音响问题中吸取了教训。18 世纪晚期，剧院的习惯做法是在舞台前部上方，采用吊顶或拱腹作为回响板（事实上是一个反射器），并在乐池上方采用吊顶，从而将声音从舞台推向前排座位以后直至走廊位置。

英国建筑师乔治·桑德斯（约 1762—1839）是最早著写剧院设计指南的作者——《剧院论》（*A Treatise on Theatres*）于1790年在伦敦出版。在开篇章节，他就着重探讨了声学，提出了批判性意见，例如批判了那些设有大进深包厢和走廊的剧院，因为高度不足“阻碍了声音的传播，而传播进来的些许声音还被前排观众的身体、衣物等吸收了”。桑德斯就剧院礼堂形状对清晰度的影响做了大量实验，并将实验结果与露天剧院加以对比，推断卵形或马蹄形剧院最为理想，但是此类形状却实现不了最佳舞台视觉效果。他总结称半圆形效果最佳，“演讲者前方中心长 17 英尺（5 米）”，且圆直径不得大于 60 英尺（18 米）。他还意识到水平夹角大于 45 度时声音效果不良，因此礼堂高度不得大于圆直径的四分之三。材料方面，他写道：

> 木材有助于加强声音响度、具有传导性，且能带来令人愉悦的音调，因此是修建剧院的上选材料；其吸声度、传导性不像其他材料那样高，尤其适用于音乐用房；其轻微共振带来的愉悦度要远高于其负面感受。[21]

基于对音响因素的理解，桑德斯设计了他所称的“理想剧院”和类似的歌剧院，其间也融入了最新的防火理念，包括全石材构造和封闭墙的楼梯间。

建筑师 W.S. 英曼（W.S. Inman）重做了桑德斯的实验，其首部作品《通风、取暖、声传播的原理》（*Principles of Ventilation, Warming and the Transmission of Sound*，1836 年，伦敦）向建

筑设计师介绍了声学的通用指南。例如他认为：听众与发言者的距离不得超过 22 米；应采用吊顶以便将声音传播至礼堂的上层座位；圆形平面效果最佳，且全部观众均可看见舞台。英曼也反复强调了德国物理学家恩斯特·克拉德尼（Ernst Chladni，1756—1827）的建议，克拉德尼曾研究过乐器发出特有声音的方式。实验过程中，克拉德尼探索了木板、金属板的振动情况及此振动如何通过空气传至听众耳中。在其作品《声学理论发现》（*Entdeckungen über die Theorie des Klanges*，1787 年，莱比锡城）中，他首次发布了就此话题的研究结果，1802 年，他出版了首部关于声学的综合教科书《声学》（*Die Akustik*），该书于 1809 年译为法语。克拉德尼的书包含了有用的礼堂设计指南，这些指南有的来自其本人的科学研究，有的来自桑德斯和约翰·戈特利布·罗德（Johann Gottlieb Rhode，1762—1827）的实践经验。罗德著有作品《致建筑设计师的声传播理论》（*Theorie der Verbreitung des Schalies für Baukünstler*），该书是一本小指南手册，于 1800 年出版于柏林。1836 年，英曼总结了克拉德尼的建议如下：

> 做到以下项，房间将取得良好的声音传播效果：
>
> 1. 布局有利于自然条件；
>
> 2. 强度因共振或同步反射增强，从而回声无法与原声区别开来；
>
> 3. 房间高度不要太高或拱形太大；
>
> 4. 反射声音的表面面积不要太大；
>
> 5. 坐席向后逐步升高。
>
> 克拉德尼观察道：
>
> 封闭空间不超过 65 英尺时，房间可采用任何形式；
>
> 椭圆形、圆形、半圆形布局混响时间更长；
>
> 抛物线形布局及吊顶是远距离收听的最佳选择。[22]

对于演奏室，克拉德尼建议正方形和多边形平面应采用锥形顶，圆形平面采用穹顶，且乐队演奏处应位于中心上部，以便获取最佳效果，避免回声。

《声学》中，克拉德尼描述了一个有趣的剧院设计：墙体由面板制成，可沿竖轴旋转改变角度，从而改变反射声的方向，也容许部分声音传入后部凹陷处，从而减少了反射强度。书中未说明这个剧院是否建成。桑德斯和克拉德尼的设计规则得到广泛的援引和采用，历时达半个多世纪，20 世纪初期以前一直占据着不可替代的地位。20 世纪初，美国物理学家华莱士·萨宾（Wallace Sabine）首次测量并量化了各类材料及应用表面的反射性和吸收能力，并结合这些结果预测了演讲厅或音乐厅的回响时间（参见第 7 章）。

18 世纪下半期出现了大量新建筑形式：库房、工厂、剧院、歌剧院、医院、监狱。这些建筑早期的设计与施工沿用着传统的建筑先例，与大型住宅结构并无二致。然而，随着设计师开始分析各个建筑的特殊需求，其相关布局、详图设计、结构系统、施工做法也逐渐发展起来，以适应各个建筑更为精准的功能需求。

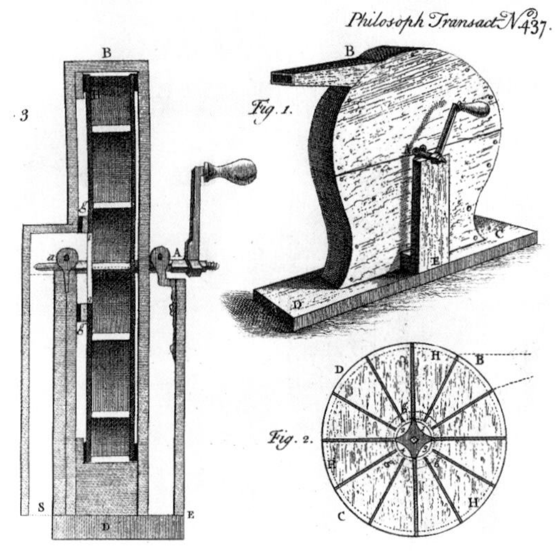

302

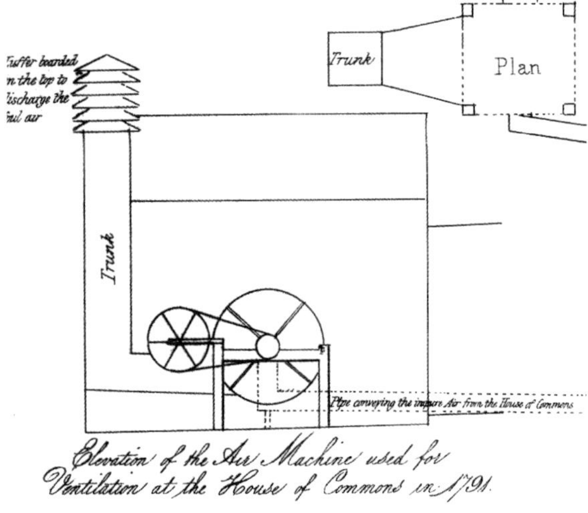

303

302. 约翰·西奥菲勒斯·德萨吉利埃，人工操纵的机械通风系统，摘自《实验哲学系列》（*A Course of Experimental Philosophy*），伦敦，1734 年。

303. 伦敦下议院，插图展示了 1791 年安装的经改进的通风系统，摘自《建筑暖通通俗论》（*A Popular Treatise of the Warming and Ventilation of Buildings*），查尔斯·理查森，伦敦，1837 年。

第6章

理论与实践融合期

1800—1860年

人物与事件

1762—1836年，让-弗雷德里克·马奎斯·德·夏邦涅

1764—1849年，约翰·艾特尔万

1766—1843年，查尔斯·贝尔德

1774—1828年，查尔斯·西尔维斯特

1776—1846年，马修·克拉克

1785—1836年，克劳德·路易·玛丽·亨利·纳维叶

1788—1825年，托马斯·特雷德戈尔德

1789—1861年，伊顿·霍奇金森

1789—1874年，威廉·费尔贝恩

1796—1832年，尼古拉斯·伦纳德·萨迪·卡尔诺特

1803—1859年，罗伯特·史蒂芬森

1804—1854年，奥古斯特·柏西格

1800—1874年，詹姆斯·博加德斯

1806—1884年，丹尼尔·巴杰

1807—1886年，戈弗雷·格林

1810—1874年，查尔斯·福克斯

1813—1859年，让·巴泰勒米·卡米尔·波隆索

1814—1879年，尤金·伊曼纽尔·维欧勒·勒·杜克

1814—1887年，约瑟夫·路易·朗波

1818—1889年，詹姆斯·普雷斯科特·焦

1819—1902年，威廉·B.威尔金森

1820—1872年，威廉·兰

1821—1881年，卡尔·库

1822—1888年，鲁道夫·
修斯

1823—1894年，约翰·威
姆·施韦德勒

1824—1907年，威廉·汤
（开尔文勋爵）

材料与技术

1805年，工厂煤气照明

自约1820年，大型建筑强制通风

19世纪20年代，萨迪·卡诺建立热力学观点

1824年，约瑟夫·阿斯普丁获硅酸盐水泥专利

知识与学习

约1800年起，执业工程师和建筑维修工程相关书籍出版

1800—1855年，欧洲德语国家开始建立理工学院

1801年，约翰·艾特尔万，《固体与液体的力学手册》（教科书）

1802年，纽约西点军事学院成立

1802年，恩斯特·克拉德尼，《声学》（第一部综合性声音学教科书）

1818年，土木工程机构在英国建立

1818年，托马斯·特雷德戈尔德，供暖和通风原理

19世纪20年代，最早的机械学院在英国建立

设计方法

19世纪20年代起，纳维和其他人建立了弹性结构应力和应变的数学模型

19世纪20年代起，特雷德戈尔德首次计算一幢建筑的年度能源（煤）消耗量

设计工具：图纸、计算

约1800年起，建筑图纸现代规则

约1803年，查尔斯·贝奇通过比例性计算相对强度

建筑

1803—1804年，英国贝尔珀北部工厂

1806—1810年，英国德比郡综合医院

1808—1813年，法国巴黎小麦市场

1817年，俄罗斯莫斯科马术练习场

1827—1830年，英国西伦敦的西翁房子

1800 1805 1810 1815 1820 18

1827—1909年，罗伯特·亨利·鲍

1831—1907年，曼海姆

19世纪30年代，第一辆客车

19世纪30年代，I型梁的发展

19世纪30年代，里德设计新英国国会下议院的声学系统

19世纪40年代，第一个人工降温的建筑

19世纪40年代，“热质说”最终被“能量理论”取代

19世纪40年代，制冰业发展

19世纪40年代，第一个轧制锻铁型材

19世纪40年代，美国防火铸铁施工

1844年，亨利·霍斯·福克斯为防火地面申请专利

1836年，R. 维格曼与波隆索设计铰接铁桁架

1837年，费尔贝恩开发蒸汽驱动铆接

19世纪50年代，威尔金森与朗波首次使用钢筋混凝土

19世纪50年代，骨骼框架结构的关键部件准备就绪

1856年，开发贝西默钢铁冶炼工艺

1857年起，轧制钢轨

1829年，法国巴黎法国中央理工学校开创艺术及制造专业

1835年，纽约州特洛伊市伦斯勒学校开始授予土木工程学位

19世纪40年代起，热能理论

1856年，威廉·兰金，《理论与实践的和谐》（*Harmony of Theory and Practice*）

19世纪50年代，约翰·施韦德勒开发“截面法”

19世纪50年代，汤姆森与克劳修斯热力学第一定律和第二定律

19世纪30年代，费尔贝恩及霍奇金森研究模型以开发有效的铸铁I型梁

19世纪40年代，史蒂芬森、费尔贝恩和霍奇金森对威尔士梅奈海峡大不列颠桥进行模型研究

19世纪40年代起，使用静力确定的结构

19世纪40年代起，通过静力学计算铁屋面受力

19世纪50年代末，威廉·兰金通过“安全因素”考虑数学模型的缺点

1827年，在工程书中第一次提到计算尺（约翰·法里的蒸汽发动机专著）

19世纪30年代，里昂·拉兰尼及查尔斯·约瑟夫·麦纳得对数据进行图形化表示

19世纪40年代起，使用图表进行乘除

1855年，为测量图纸面积开发定极求积仪

19世纪50、60年代，卡尔·库尔曼关于图解静力学的早期研究

19世纪50年代，原始纸质图纸的蓝图复刻

19世纪50年代，原始纸质图纸的明胶复刻

1851年，阿梅德·曼海姆发明带有指针的计算尺

从1825年开始，使用玻璃及铁温室

1828—1830年，德国塞恩铸造厂

1828—1832年，俄罗斯圣彼得堡亚历山大剧院

1834年，英国斯托克波特创办欧瑞尔工厂

1835—1839年，俄罗斯圣彼得堡圣艾萨克大教堂拱顶

1838年，英国伦敦拉斯顿车站

1840—1852年，英国伦敦新下议院

19世纪40年代，预防船舶事故的大跨度铁屋面

1841—1854年，英国利物浦圣乔治大厅

1846—1850年，威尔士梅奈海峡大不列颠桥

19世纪50年代起，火车站大跨度铁屋面时代

1850—1851年，英国伦敦水晶宫

1854—1857年，法国巴黎小麦市场

1856—1863年，华盛顿特区，国会大厦

1858—1860年，英国希尔内斯船厂

1830 1835 1840 1845 1850 1855 1860

理论与实践融合期
1800—1860年

18 世纪晚期、19 世纪初期，英国从欧洲大陆的政治与军事事件中获益匪浅。18 世纪中期法国从文艺复兴时期陷入沉溺时期，18 世纪 80 年代后期，战争及法国统治阶层的奢靡让整个国家濒临破产。紧随其后的政治剧变时期——从 1789 年的法国大革命至拿破仑上台再到其 1815 年最终被击败——持续了 25 年左右。不同于罗马帝国、中世纪时期、意大利文艺复兴时期的前辈，拿破仑几乎未留下任何土木工程或军事工程遗产。

大约 1790 年至 1820 年，正是先前各类技术与经济发展碰撞的时期，产生了戏剧性的效果。与之前的意大利人一样，英国人掌握了资本主义制度的运行方式。纺织业是成功的关键；服装业市场不断上升的态势意味着需要创办更多的工厂，需要更多的工人，这些工人的财富不断增加，也有能力购买更多的衣物。随着工厂的增加，机器、基础设施建设也在不断增加。这一经济活动造成的生产过剩促进了出口行为，从而也加速了奴隶贩卖。货船将产品从英国运至西班牙及非洲西海岸，随后横跨大西洋将奴隶运至种植园，返回时便装满棉花，运至兰开夏郡（Lancashire）的工厂。

18 世纪末，大量产品生产，用于国内消费和出口。财富的不断增加也让城乡人们的个人财富积累了起来，建造了更多华丽的房屋，城市的公共财富与机遇也在增加，人们开始通过建筑形式的华丽程度来展示自己的财富。

自 19 世纪 20 年代末期起，随着铁路的发展，欧洲发生了最为戏剧性的变化。19 世纪 70 年代 304
几乎每个英国城市，19 世纪 90 年代欧洲所有地区，都因火车站及各大站线发生了巨大改变——有人说这是一场毁灭。很快，铁路不仅实现了主要城市间的货运与客运，还缩短了运行时间。19 世纪 50 年代起，欧洲开始兴起了现代化城市——开始兴建定制的办公大楼、开启了通勤时代，交通条件还开启了大众娱乐场所的商业潜力，从大型展馆、博物馆、植物园到剧院、音乐厅等。

交通运输基础设施在经过改进之后，其经济优势在制造业各个方面都展现了出来，既体现在 305
原材料的供应行业，也体现在成品的分配行业。运输行业本身就是一大产品，载入这一时期工程学史册的工程师大多都参与过运输行业：道路、运河、桥梁、铁路、船坞、海港，当然还包括运用这些交通网络的铁路机车和船只。这一时期，建筑工程学从机械工程学及土木工程学的兴旺态势中受益匪浅。除此之外，还存在间接获益之处。例如，土木及机械工程承包商穿梭于国内各地，

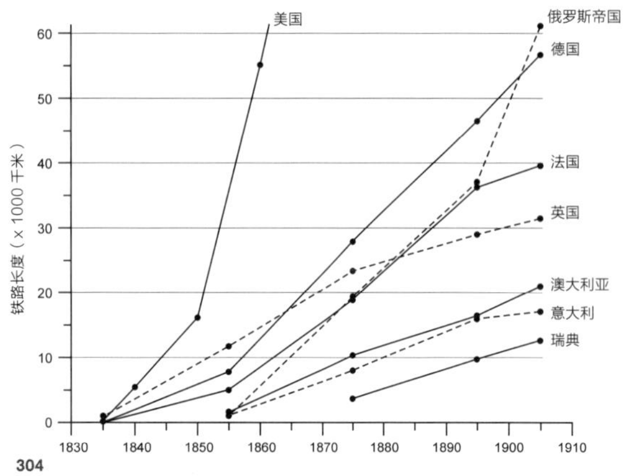

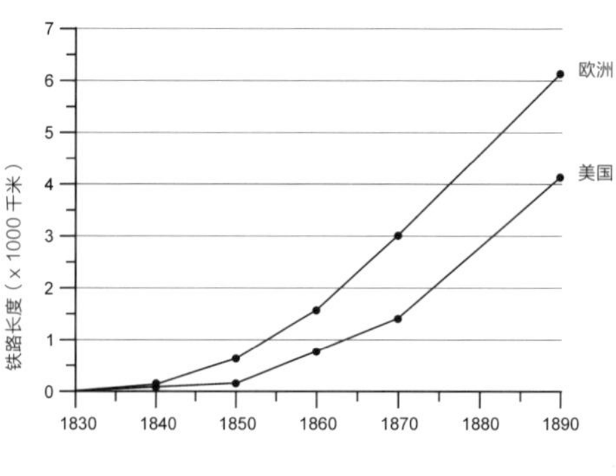

304

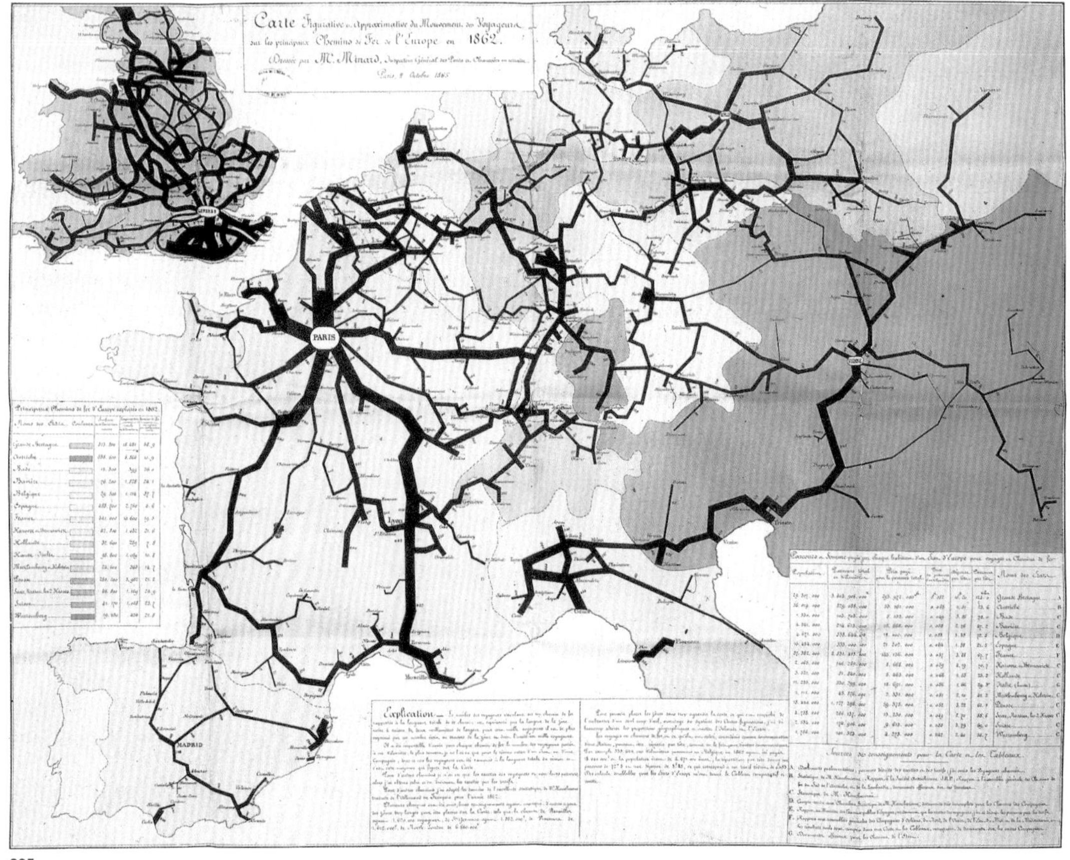

305

304. 左图比较了 19 世纪欧洲各国的铁路增长情况，右图比较了 19 世纪欧洲与美国的铁路增长情况。铁路增长情况与锻造铁在建筑中的渐增应用及 19 世纪 80 年代起钢材在建筑中的渐增应用保持平行。

305. 1862 年欧洲铁路网的法国段地图，该铁路网的不断拓展将铁的应用带至距离钢铁厂很远的地方。

积累了丰富的现场经验，从而带来了更大的合同项目，例如运河、海港、海军船坞、公路、铁路、隧道的建议。此外，还包括新车间施工与做法的技术革新，以及同等重要的合同安排和金融管理等项目管理技巧。

同时，工程学基础设施方面也得到了大幅度的改进，例如技术工人、工程学教育及此类书籍的出现以及工程师之间的交流互动。伯明翰月光社、德比哲学学会、伦敦土木工程师学会、爱丁堡哲学学会（Philosophical Society of Edinburgh）仅仅是此类团体的少数代表，它们的成员都是工程学及科学界的杰出代表，个个学识渊博。这种组织不胜枚举，即时通信出现前，它们就是思想及经验交流的宝贵平台。

尽管建筑施工受土木及机械工程影响很大，但主要还是受建筑材料锻铁、铁材发展的控制。18 世纪后 20 年间，法国主要采用锻铁，英国主要采用铸铁。19 世纪 40 年代，铸铁与锻铁都遍布了欧洲各地，根据其与工程的适应性及工程特征得到了自由应用（参见附录 2）。尽管工程师选用铁材的主要原因是考虑到其强度和用途广泛性，然而铁材在 18 世纪晚期和 19 世纪早期得到迅速应用的首要原因是其出色的防火性能。此外，铁材还有一大优势就是抗干腐性，干腐是很多木
306 材建筑的一大弊端，巴黎小麦市场就是典型例子。其初始结构（1763—1767 年）在 1783 年罩上了 39 米跨长的木材顶，采用的是迪·奥姆的做法（参见第 4 章）。该顶部于 1803 年被烧毁，1808—1813 年替换成弗朗索瓦·约瑟夫·贝朗格（François-Joseph Bélanger，1745—1818）设
307 计的宽跨铁顶，这也是此类屋顶的首次应用。火灾后初期，人们认为应采用石材顶，最后在贝朗格的坚持下，才放弃了这一想法。最终主肋架采用了铸铁，箍架采用了锻铁。顶部重 220 吨，由 29 吨重的铜板覆盖。19 世纪 80 年代，该小麦市场改造为商业交易所（Bourse de Commerce）时，玻璃取代了昔日的铜片。

铁材的防火性能对工业厂房结构（例如铸 308、309 310
造厂和车间）也有着重要价值，这些厂房都需要设置火炉、熔炉。教堂也面临着火灾威胁，其高耸的顶部由木材制成，易于被雷击毁。三个世纪前，法国沙特尔教堂（cathedral at Chartres）顶 311
部北侧尖塔被雷击烧毁；1836 年，该教堂顶部又被火灾烧毁，修复时经筛选，选用了铸铁尖拱，配以铸铁拉杆。此外，法国圣但尼修道院（abbey 312
of Saint-Denis）也因火灾烧毁了房顶，1843 年至 1845 年全部替换为锻铁。

起初，铁材直接取代了木材，但是成本较高。只有当铁材优势超出高额成本时，其使用才能具有合理性；而随着炼铁工业的发展来满足不断增长的土木及机械工程行业的需求，铁材的成本也快速降了下来。炼铁制造商进行的技术研究与发展改进了铁材的质量，开发了新型塑形、加工、装配的做法及批量生产的新流程。铁材因防火性能应用到建筑中时，人们很快发现并开发了它的高效强度和应用广泛性，尤其是用作屋顶结构时的轻巧性和建筑复杂性。

俄罗斯圣彼得堡圣艾萨克新教堂（new 313
Cathedral of Saint Isaac）穹顶 1818 年最初设计时计划采用石工结构，仿照的是克里斯托弗·雷恩的圣保罗大教堂穹顶的设计（参见第 4 章）。18 世纪 80、90 年代，圣彼得堡成立了许多英国制造企业，很大程度上受这些企业及法国建筑师与工程师（1789 年法国大革命后前往圣彼得堡）的影响，相关理念发生了变化，导致该建筑施工推迟了近 15 年。该城市的炼铁制造业主要由两位苏格兰工程师发展开来：查尔斯·贝尔德（Charles Baird，1766—1843）——自 19 世纪初就成立并运营圣彼得堡最大的私营铸造厂；马修·克拉克（Matthew Clark，1776—1846）——从 1801 年开始就在圣彼得堡国家炼铁厂工作。1835 年时，人们感觉到石工结构已经不适用于新建筑了，建

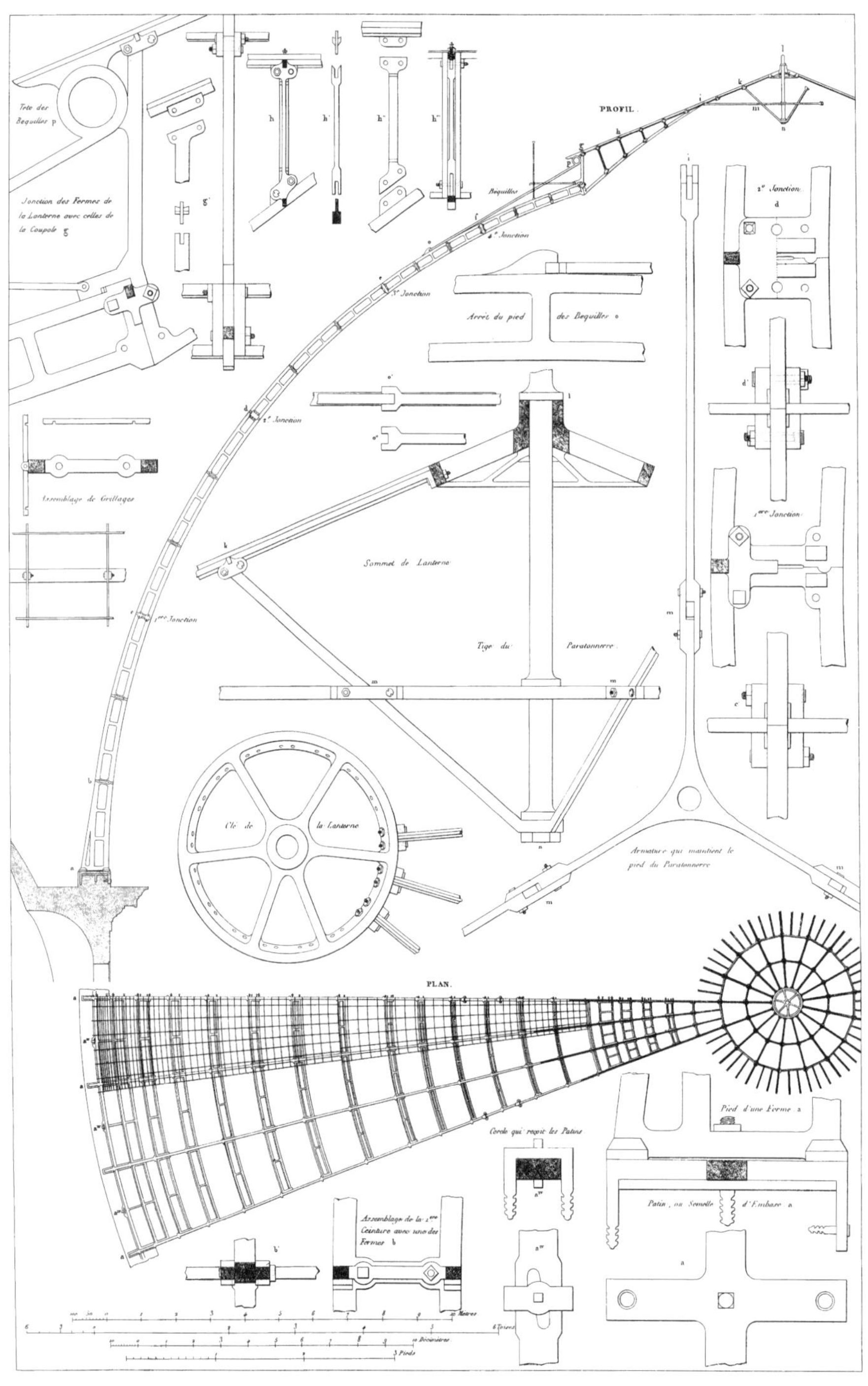

306

306. 巴黎小麦市场，1808—1813年。工程师：弗朗索瓦·布鲁内（François Brunet）；建筑师：弗朗索瓦·约瑟夫·贝朗格。图片所示为建筑顶部所用的铁件。

307. 小麦市场，1887 年，外部翻修场景。先前的小麦市场被改造为商业交易所（1889 年竣工）。

307

315 议建筑穹顶采用铁结构，同时也发现铁结构比石工结构成本低。还有一些屋顶采用铁结构是考虑到其防火性能。建筑师奥古斯特·里卡德·蒙费兰（Auguste Ricard Montferrand，1786—1858）是一名法国移居者，其设计的铁结构是在查尔斯·贝尔德的铸铁厂制成，其侄子威廉汗迪赛德（William Handyside，1793—1850）时任总工程师。在汗迪赛德的指导下，蒙费兰展开了铁结构的设计与施工，设计计算由俄罗斯工程师 P.K. 罗蒙诺夫斯基（P.K. Lomonovsky）执行。该穹顶结构被誉为建筑铁结构最为成功的案例之一，也因此被选为美国国会大厦（United States Capitol）穹顶的原型，该穹顶于 1856 年至 1863 年建于华盛顿。

铁件，尤其是铸铁的生产过程也带来了更多的好处。制作大量相同组件时，铸造是最为理想的选择，这也要求设计者尽可能做到标准化，并尽量减少不同组件的数量。此外，各个组件也是可以互换的，柱、梁也能轻松组装，从而大大提升了施工速度。铁件在建筑中的应用还有一大优势——是人们偶然发现的，铁构件可以轻松地从铸造厂运至施工现场。19 世纪 30 年代起，施工过程，甚至整个建筑所用的铁构件的出口贸易逐渐发展健全起来，包括柱、梁、屋顶桁架。苏 314
格兰工程师威廉·费尔贝恩（William Fairbairn，1789—1874）是该领域的开拓者之一，当时他已经开始了机器工具、水车、工业机械的出口贸易。

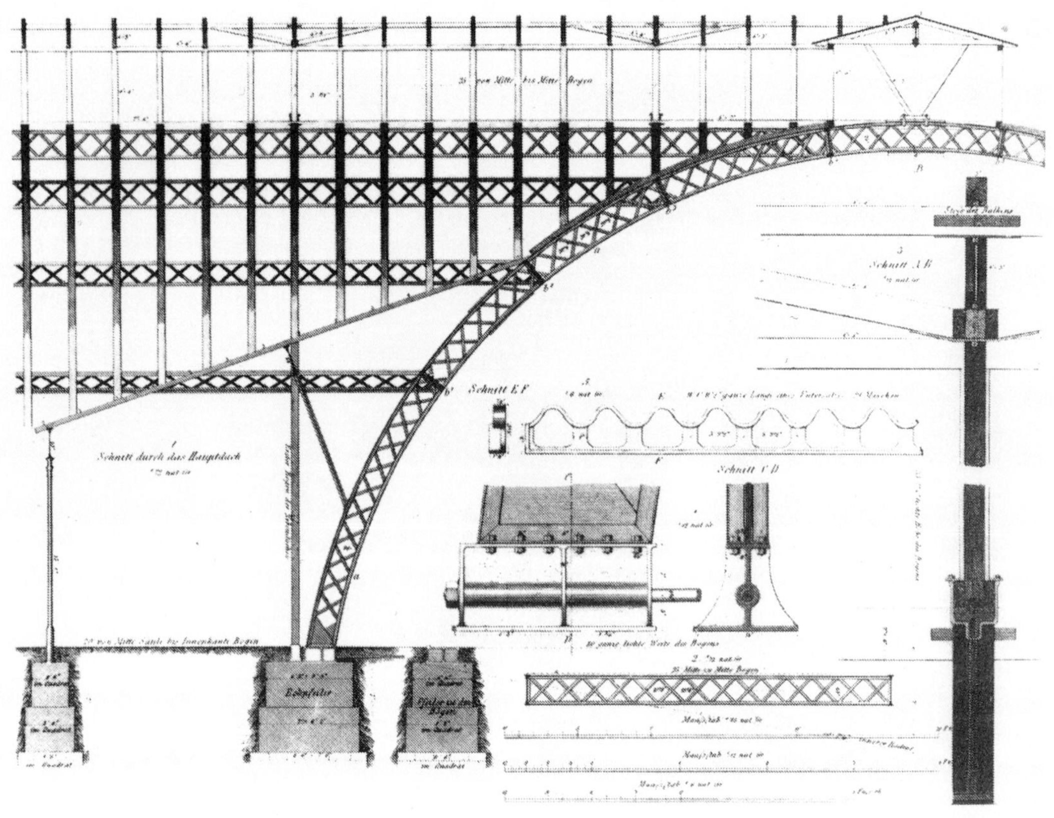

308

309

310

308. 德国钢铁厂格栅拱剖面图，约 1860 年。

309. 德国赛恩铸铁厂，1828—1830 年。建筑师：卡尔·路德维希·阿尔萨斯（Karl Ludwig Althans）。室内图。

310. 赛恩铸铁厂。

311. 法国沙特尔教堂，1194—1260 年。1837 年建造了铸铁屋顶，替代了原来的木材顶。

312. 巴黎附近的圣但尼修道院，约始建于 1137 年。1843—1845 年建造了锻铁屋顶，替代了原来的木材顶。

311

312

313

314

19 世纪 30 年代晚期，他与一个土耳其地毯工厂的合同中不仅包括纺织机器，还包括土建。此外，费尔贝恩还建造了其他新工厂所需的建筑，这些建筑得以在工业界持久生存下去，其中包括一座磨粉厂。基于业已建立起来的与其殖民地（殖民地缺乏本土炼铁工业）之间的贸易链，英法在建筑输出方面尤为活跃。

教育与工程学专业

18 世纪末 19 世纪初，法国、英国、德国输出的最具影响力的工程学财富可能是人力、知识、和专门技术。工程学专业化为科学知识奠定了基础设施架构，在较短时间内可以传输、教授。18 世纪末，人们现在所称的建筑工程设计的各个领域——结构系统、材料、土壤、基础、暖通、防火、声学，采用了理性的、基于实验的方法。材料强度与结构工程学已经发展成为量化学科。随着铸铁的引入，结构工程师的现代角色变得清晰明朗：能计算出项目所需材料的最小需求量，并能以充分的自信完成这一工作，确保令人满意的安全性。

1747 年路桥学校建成后，法国土建工程师的专业水平与理论工程学知识紧密联系了起来，人们认为该理论工程学知识是实践操作的基础。许多学者根据所教授的课程著写了书作，名声遍及欧洲大陆。1794—1795 年，随着巴黎公共工程中央学校（École centrale des travaux publics）的开办，工程学学校步入新时代。该新学校是法国启蒙运动和 1789 年法国大革命的产物。工程师加斯帕德·蒙日——原埃尔军事学校教师，在法国新政府谋职后说服同事建立一所新学校。当时主要有三个驱动因素。第一，人们意识到法国制造业大幅落后于英国，认为这一落后情形仅能通过更好的技术教育进行逆转，从而根据法国的成功经验，建造了路桥学校。第二，对新型技术教育的需求不仅仅是为了获取新科学文化[例如法兰西学院（Académie Française）主张的文化]的学术与哲学知识，还为了追随“激励教

313. 俄罗斯圣彼得堡圣艾萨克教堂，1818—1858 年。铁顶于 1835—1839 年设计施工。工程师：查尔斯·贝尔德；建筑师：奥古斯特·里卡德·蒙费兰。图片所示为铁顶内部情形。

314. 威廉·费尔贝恩设计的铸铁工厂建筑的预制结构，1839—1840 年。

315. 圣艾萨克教堂。穹顶剖面。

PLANS DU LANTERNON
DÉTAILS DE LA PARTIE SUPÉRIEURE DU LANTERNON
DÉTAILS
DES CÔTES MAITRESSES DU DÔME
DÉTAILS
DE LA COUVERTURE DU DÔME

育”形式，用蒙日的话说，这一教育形式需要老师来“点燃学生的野心与学习动机，使其永不停歇地追求完美化作业”。[①]第三，新学校的目标是架设理论与实践的桥梁，一方面打破知识分子精英阶层与工业阶层之间的社会壁垒，另一方面确保工业技术从先前时代的科技进步中获益。其中一例就是取消了一些原被纳入路桥学校所有专业的数学课程，改为学习化学及材料性质，例如铁材、木材、玻璃、混凝土。为新学校筹备课程时，很明显需要新词汇来描述这些新知识及新教育方法，因而发明了“综合技术（polytechnic）”一词，在投入使用第一年该词改为“巴黎高科（École polytechnique）”。

综合技术教育的理念旨在实现理论与实践的和谐发展，很快便传播至欧洲大陆各个地区。在随后30年间，德国创办了多所综合技术学校：1799年柏林的建筑学院，1821年柏林的工业学校，1825年在卡尔斯鲁厄、1827年在慕尼黑、1828年在德累斯顿、1829年在斯图加特、1831年在汉诺威、1836年在达姆施塔特；随后几十年还创办了更多类似的学校。奥地利也成立了此类学校：1806年在布拉格、1815年在维也纳、1833年在克拉科夫、1849年在布尔诺、1844年在伦贝格。1855年，瑞士分别在苏黎世和洛桑创办了综合技术学校。意大利和欧洲大陆其他国家也快速追赶了上来。与此同时，巴黎原综合理工学院申请人数暴涨，1829年成立了中央艺术与制造学院（École centrale des arts et manufactures），侧重于更为实用的工程学方法。法国其他各大城市也纷纷开办了学校。

该综合技术运动对土木工程及建筑工程的重要性与影响力是不可估量的。这些学校不仅培养工程师，相关老师也根据教授内容及理论学习与实践研究出版书籍。

德国领军人物是约翰·艾特尔万（Johann Eytelwein，1764—1849）。艾特尔万经过军事训练后，在柏林国家建筑部任职。1797年，他与人合著了最早的建筑工程学技术专刊，名为《为建筑者及建筑友人提供实践的相关建筑文章与信息集》（*Sammlung nützlicher Aufsatze und Nachrichten, die Baukunst betreffend, für angehende Baumeister und Freunde der Architektur*），本书由其雇主出版。1799年，艾特尔万与相关人士共同创办了德国首所建筑学院，并著写了两本教科书：《固体与液体的力学手册》（*Handbuch der Mechanik fester Körper und Hydraulik*）、《固体静力学手册》（*Handbuch der Statik fester Körper*），这两本书分别于1801年和1808年出版，是首批问世的书面工程学作品，均得到了广泛应用，现今的人们都有机会了解学习。书中重点描述了数学及工程学科学，而不是针对工程师和建筑师的实践指南。人们认为这两本书应作为工程师的新型教育的必修课本，这些工程师将不再学习原军事培训包含的专业课程。

与艾特尔万具有同等重要意义的法国人士是克劳德·路易·玛丽·亨利·纳维叶（Claude Louis Marie Henri Navier，1785—1836），他是巴黎路桥学校的老师，1820年首次筹办了教学讲义，数年后又出版了扩展版。随着综合技术教育在欧洲的发展壮大，教师数量也在增加。19世纪时，诸多工程师出版了工程学书籍，主要是法语、德语及后来的意大利版本。此类书籍首部英文版是W.J.M.兰金（W.J.M. Rankine）在19世纪50年代和60年代著写的书作，包括《应用力学手册》（*Manual of Applied Mechanics*）。

外语教科书引入美国前不久，从欧洲移居美国的工程师有时会将这些作品译为英文。另一方面，部分美国工程师和建筑师跨大西洋前往欧洲综合技术学校求学，将其学到的经验带回本国，欧洲综合技术学校从而成为若干美国学校模仿的对象。美国第一所应用科学学校——纽约西点

绘图

18 世纪末专用绘图纸发明前，建筑设计师使用质量较好的书写纸作业，用墨线、中度墨和水彩画图。18 世纪 50 年代，詹姆斯沃尔特曼（James Whatman，1702—1759）在他的火鸡场 [英国梅德斯通（Maidstone）附近] 发明了最早的专用于高质量绘图的纸张。其横纹纸采用的是碎布材料，手工制成，光滑度远高于普通纸张。此外，该纸张采用了胶质材料，呈奶油色，结实耐用。1800 年左右，他的儿子对造纸流程进行了部分机械化改造，沃尔特曼纸张销往世界各地，19 世纪 70 年代至 20 世纪 40 年代都得到了广泛应用，使用者主要是建筑师，作陈述或投标之用。

人们通常称机械制作的绘图纸为弹药纸（cartridge paper，起初用于制作弹药）或德国绘图纸，这些纸张在 19 世纪初以卷轴的形式出现。其质量低劣，呈奶油色或浅黄色，通常用于草图及现场施工图的绘制。19 世纪 30 年代瓶装绘图墨水出现前，绘图员需要自行配制墨水：由墨棒和胶粘剂制成，墨棒的成分是非常细腻的碳颜料煤灰。19 世纪早期钢笔尖问世，使用时必须确保尖部尖锐，才能画出清晰的线条。有时又因为太尖而划破纸张，就像用笔刀擦除墨线时划破纸张一样。

此时的图画复制需要手工操作，共有四种方式可供选择。最常用的是将原图放在上面，用针刺孔形成一系列的点，随后用尺子或绘图圆规将这些点连接起来。也可以通过描绘的形式复制。数世纪前，人们已经知道将普通纸张浸入油或树脂呈半透明状制成描图纸的方法。19世纪初，文具店和艺术品供应商已经能提供现成的描图纸了。此外，还可以通过复写纸描图，或用铅笔摹拓图画线条的下方，随后用玛瑙尖笔在下方的拷贝纸上刻画来描出图画。最后，可采用克里斯托夫·施恩内（Christoph Scheiner，约 1573—1650）约在 1630 年发明的缩放仪，该仪器不但能复制图片，还能对图片加以缩放。

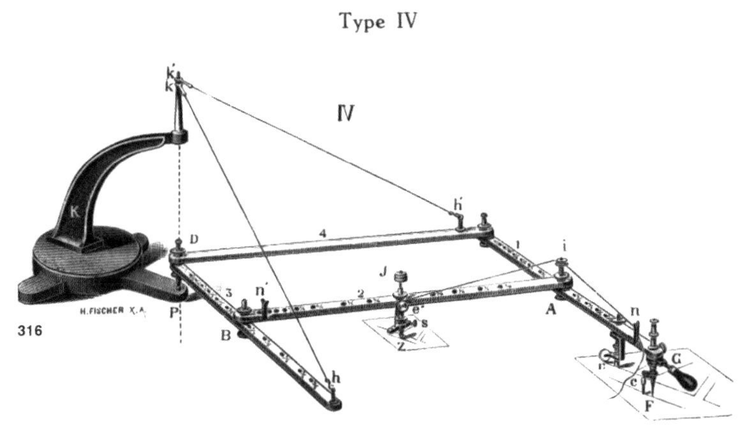

316. 20 世纪早期戈特利布·卡拉迪（Gottlieb Coradi）苏黎世公司生产的缩放仪。该缩放仪约于 1630 年发明，19 世纪广泛应用于图画复制领域，可以采用全尺寸复制，也可以按比例放大或缩小。

军事学院（Military Academy at West Point ）于1802年建成。1818年该校创立为工程学校后，校长西尔瓦尼·赛耶（Sylvanus Thayer）又根据巴黎综合理工学院（École polytechnique）对其进行了改造。19世纪20年代末，该校毕业生D.H.马汉（D.H. Mahan，1802—1871）赴巴黎用四年时间学习工程学和公共体系。1827年，他将法国一部关于土木工程和施工的主要教材《土木工程基本课程》[*Programme ou résumé des leçons d'un cours de constructions, avec des applications tirées principalement de l'Art de l'Ingénieur des Ponts et Chaussées*，作者斯甘辛（J.M. Sganzin，1750—1837）] 译为英文。该书是斯甘辛在路桥学校授课的笔记。马汉回到美国后，以该书为模板开始在西点学校授课。纽约特洛伊伦斯勒学校（Rensselaer School）于1824年成立，起初主要从事农业研究。自1827年，该校开始引入测量课程及若干科学和工程学课程，1835年授予了第一个土木工程学位。1835年，该校根据欧洲综合技术教育的理念再次改组；1861年，更名为伦斯勒理工学院（Rensselaer Polytechnic Institute）。

此时，英国的情况并不相同。英国对海域的统治长达一个世纪之久，其海军舰队维持着军事优势，保护着国家所依附的贸易路线。18世纪50年代，英国的工业力量已经不具备挑战性，而人们并未觉察到有必要改变教育及培训的方式，似乎现有的这些方式表面上运作尚佳。直至19世纪50年代某些英国大学设立了专门的工程学课程时，英国采用的还是四个系统的教育途径。知识精英们开始在世界的顶尖大学学习数学或自然哲学（之前人称科学）。传统大学的角色是将年轻人培养为外交官、律师、专业学者，而非工程师，尽管某些学生进入建筑、铁路、制造行业。18世纪90年代，各大学校逐渐将应用数学与科学纳入教学课程，尤其是苏格兰学校。爱丁堡大学（Edinburgh University）约翰·罗比森（John Robison，1739—1805）的应用数学课非常受欢迎，人们通过他的书作及其在《不列颠百科全书》（*Encyclopaedia Britannica*，1788—1797年）第三版中关于工程学主题的大量条目了解到这一学科。半世纪后，格拉斯哥是第一所设立土木工程课程的大学，其第一位教授便是威廉兰金（William Rankine）。下文将加以介绍。

除此之外，还有若干军事学院，其中最为著名的当属1741年在伦敦东部伍尔维奇（Woolwich）创建的皇家陆军军官学校（Royal Military Academy）。其教师都是当时重要学科的头号人物，比如数学家查尔斯·赫顿（Charles Hutton，1737—1823）和彼得·巴洛（Peter Barlow，1776—1862），两位的著作被广泛应用于建筑行业；迈克尔·法拉第（Michael Faraday，1791—1867）于1830年至1851年担任化学教授。伍尔维奇的教育与工程学研究具有相当高的水平，但是并没有直接服务于工业或土木和建筑工程学。

在车间，可以说具有非常高效的学徒制度，该制度在实际的生产中对年轻人加以培训，这与其几百年来进行的石工与木工培训类似。其中不仅仅包括工厂相关的技能，还包括运河、铁路建筑的技能，涵盖了所有现场生产与建造行为。

第四个面向工程师的独特的英国教育路线为“机械学院”。1796年，格拉斯哥大学（University of Glasgow）自然哲学教授约翰·安德森（John Anderson，1726—1796）创办了专门为“工人”“工匠”等无法上大学的人提供科学课程教学的学院。继首位讲师托马斯·加尼特（Thomas Garnett，1766—1802）之后，1799年上任的是乔治·伯克贝克（George Birkbeck，1776—1841）。伯克贝克是一名著名的讲师，他引入了应用科学与机械艺术学科。1821年，首所机械学院——爱丁堡艺术学院（Edinburgh Shool of Arts）落成，该校设置了广泛融合的课程及实验室装置和图书

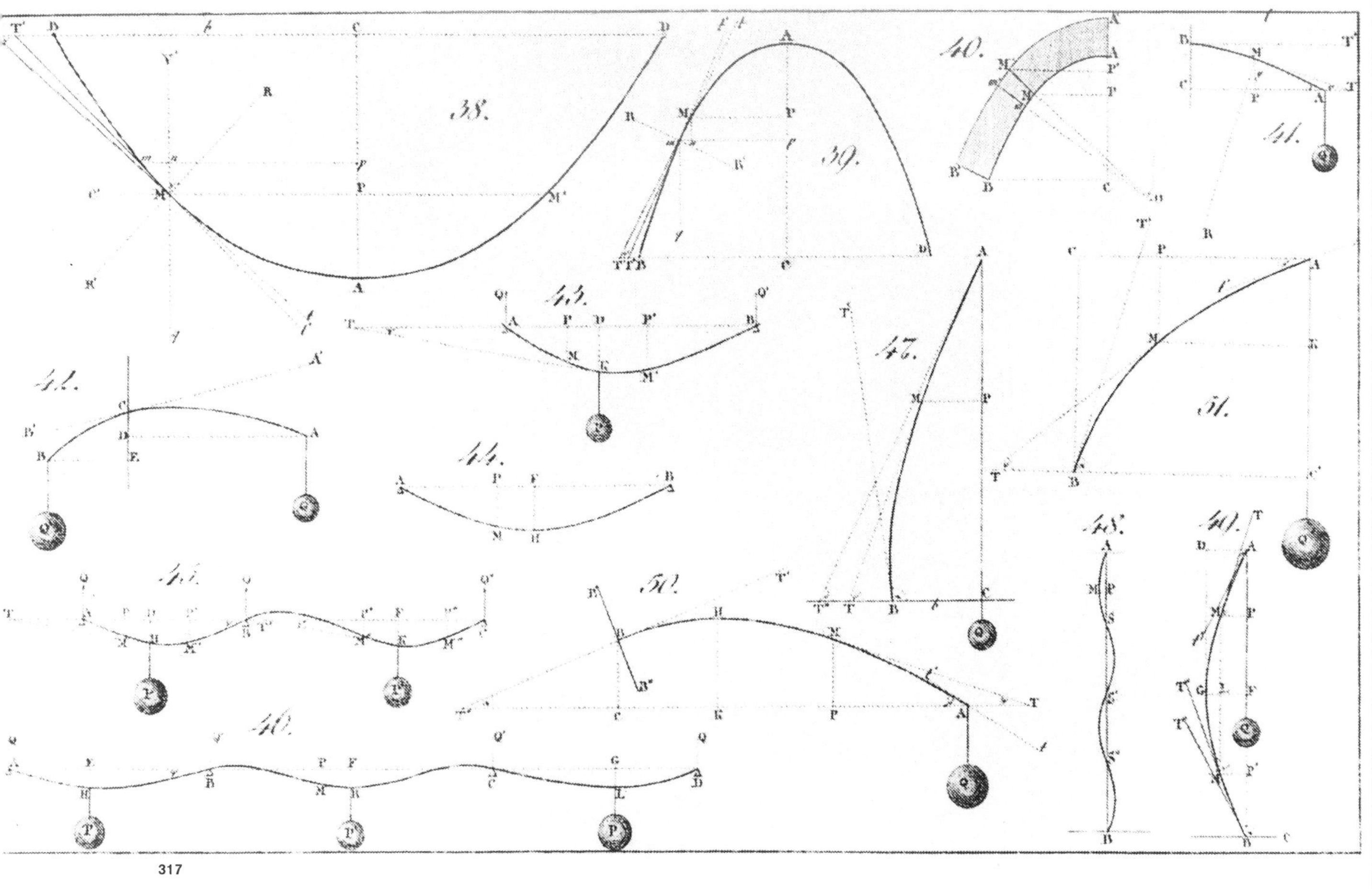

317

馆。该学院的消息传到南方后，有人想创办类似的机构，以社会和政治解放的名义设立各类课程，但是时机并不合适。1823 年 11 月 11 日，公共会议决定成立伦敦机械学院。约两千名观众前来听取乔治·伯克贝克关于设置工程学学科的提议，伯克贝克成为最受欢迎的学者之一。可以说这是在正确的时间提出了正确的建议，截至 1826 年，英国已经创办了 100 所机械学院；1841 年，300 所；1850 年，500 多所，几乎每个城镇甚至许多村庄都成立了机械学院。有些学院仅维持了几年，但是大量学院都活跃步入 20 世纪，有的学院在 20 世纪 60 年代才关闭。许多学院取得了切实的成功，甚至延续到现代大学体系当中。例如，伦敦机械学院逐渐拓展了学科范围，1907 年时更名为伯克贝克学院（Birkbeck College），专门针对那些工作一段时间后回校学习的成人学生开设课程。威廉·费尔贝恩等人 1824 年创办的曼彻斯特机械学院（Manchester Mechanics' Institute）

317. 摘自约翰·艾伯特·艾特尔万所著的《固体静力学手册》，柏林，1808 年。

后来更名为曼彻斯特理工大学（University of Manchester Institute of Science and Technology, UMIST）。19 世纪 30 年代，费尔贝恩与学院讲师伊顿·霍奇金森（Eaton Hodgkinson，1789—1861）合作，为建筑设计带来了深远的影响：随着对工型截面铁梁的开发，19 世纪 40 年代他们通过实验的方式开发设计了管腹梁形桥梁。19 世纪末，越来越多的机械学院追随英国的综合技术形式，提供职业课程，兼职学习的夜校课程越来越正规化，这一形势一直持续到“二战”后。

这一流行的部分时间制学习方式促成了英国专业工程学和建筑机构的独特地位。此时成立了欧洲大陆的各个机构和协会，为专业人员关注的问题提供了解决的平台。英国土木工程师机构（1818 年创立）、建筑师机构（1834 年创立）、机械工程师机构（1847 年创立）、电气工程师机构（1871 年创立）、建筑设备工程师机构（1897 年创立）、结构工程师机构（1922 年创立）在制定最低教育标准过程中历来扮演着重要的角色，相关人员必须达到这些最低标准才能具备所在行业的专业从业资格。

在欧洲大陆，工程学专业的教育机构的创立，使得更多研究转向专注于工程学需求方面，甚至超出了以往对物理、化学、数学的广泛研究。综合技术学校、军事学院及后来的机械学院为那些通过自由时间追寻科研兴趣的人打造了一个平台。19 世纪上半叶可能是工程学历史中最重要的时期，因为在这一时期内，建筑工程师首次认识到数学家及其他科学家提出的世界抽象模型的使用方式。其中两个事例可以说明这一进程——“合理的”横梁及静定桁架的发明。

“更为合理”的横梁

正如我们所看到的威廉·斯特拉特和查尔斯·贝奇早期的实例，他们所设计的柱梁都精确反映了结构任务及尽可能减少材料使用的目的（参见第 5 章）。其方法在其后两个世纪甚至更长的时间内都得到人们的采用。19 世纪 20 年代末，工厂内的机器体积越来越庞大，人们呼吁加大柱间的跨度。与此同时，铁制机器设计相关的工程科学也在不断发展。新建工厂的数量在不断增长，工程师威廉·费尔贝恩明确意识到切实研究铸铁梁的形式及尺寸将对经济发展起巨大作用，因为通过这一方式能最大化确保铁材的使用效率。费尔贝恩受命执行这一研究，也从中获取了利益，因为他运营的曼彻斯特炼铁厂的规模在世界范围都名列前茅。费尔贝恩未接受过科学训练，因此求助于同僚伊顿·霍奇金森，邀请其开展系列实验来设计最为精准、合理的铸铁梁剖立面。

可霍奇金森是从另一方面着手这一问题的。作为数学家，他着力于为被横向负载弯折的横梁研发出更好的数学模型。此处“更好”的意思是能解释、能预测负载横梁的挠曲度。同时还需预测造成横梁断裂的荷载大小，此预测应涵盖各类横梁截面的情况。最后，该模型应体现横梁的实际尺寸、荷载级别，以及材料的综合性能如硬度、极限拉伸力；最主要的是，该模型不得有经验常数要求。这一“更好”模型的要求对现在的人们来说似乎容易实现，但是对当时两个世纪的大人物而言则是一项考验，包括伽利略、罗伯特·胡克、埃德姆·马略特、安东尼·帕伦特（Antoine Parent）、莱昂哈德·欧拉、查尔斯·奥古斯汀·库仑、托马斯·杨（Thomas Young，1773—1829）、艾特尔万、纳维叶等。这些大人物在某些问题上都取得了成功，但是他们都有一定的局限性，例如他们着眼于断裂，但是忽略了造成断裂的挠度（反之亦然）；仅采用矩形梁；认为等横截面的梁可以互换使用；未认识到小型材料存在很多内部缺陷。最难把握的是我们现称的中性轴位置——横梁弯曲时既不伸展也不收缩的位置。霍奇金森提出该位置位于截面矩心，是首位给出结论性意见

318

实践工程学指南

英国对工程学知识的热切渴望不仅体现在机械学院的受欢迎程度，还体现在面向实践工程师的书目形式上——这些工程师难以读懂欧洲大陆综合技术学校教师著写的学术性课本。这些书的标题中最常见的字眼就是“实践性”，因为其目的在于缩小机械学的学术性和高度数学化的解释与工程师的需求和能力之间的差距。这一工程学指南在英国、美国一直沿用到 20 世纪。尽管这些书籍中的部分作品已经译为法语、德语、意大利语、西班牙语，但是欧洲大陆本土作家从未采用过此类指南。其中最为著名的三部作品由托马斯·特雷德戈尔德编著，仅从标题全称就能看出要表达的内容：

·木工的基本原理；论横梁与木框架的压力与均衡性；木材抵抗性能；地板、屋顶、中心架构、桥梁等的施工。书中列有实践规则与实例。同时还涵盖关于木材性能的文章，包括调整的方法、造成腐烂的原因及预防措施，还描述了建筑所用木材的种类。用于不同目的、材料比重的各类木材尺寸表等。（本书于 1820 年首次面世，其后出版了近三十多版；直到 1946 年才由其他作家出版了增扩、修正、编辑等版本。）

·关于铸铁强度的应用文，目的在于为从事机器生产、建筑施工等的工程师、铁匠、建筑师、技工、浇铸工、锻工等提供帮助。包括使用规则、表格、实例，也描述了一些新实验，纳入更广泛的材料特性表。（本书于1822年首次面世，其后出版了四版，最后一版于1861年出版，其后铸铁再没有新的进展。）

·公共建筑、住宅、制造厂、医院、暖房、温室等取暖通风的原理；壁炉、锅炉、蒸汽装置、格栅壁炉、烘干室的原理；配有实验、科学及实践说明。其中还包括热性能观察，以及热量应用的各类表格。（首版于 1824 年出版，出版后很快就译为德语、法语。第三版及最后一版英文版于 1836 年出版。）

另一部著作是奥林萨斯·吉尔伯特·格雷戈里（Olinthus Gilbert Gregory，1774—1841）著写的《实干家数学》（*Mathematics for Practical Men*）。格雷戈里在英国伍尔维奇皇家陆军军官学校（Royal Military Academy at Woolwich）担任了三十年的数学教授，本书包含了大量为土木工程师及机械工程师提供的公式及计算方法。

几十年来其他国家也出现了类似的实用性指南。例如德国朱利叶斯·路德维希·韦斯巴赫（Julius Ludwig Weisbach，1806—1871）于 19 世纪 40 年代出版了面向工程师的算术、几何及机械方面的表格、公式、准则的多本合集。

的人。从而，他判断材料最为经济性的排列应呈现带两个边缘的倒 T 字型：下部承载正常荷载的拉力，上部承载压缩力，防止网格翼缘受压弯曲。两个翼缘的面积需与铸铁抗拉抗压力，成反比——比例约为 1:6。然而，即使是借用早期数学与科学成就的霍奇金森也未能完成这一任务，因为他无法摆脱经验常数的使用要求。横梁剪切应力，以及压缩荷载下的网格与受压翼缘的弯曲问题一直是科学家们研究的对象，现今仍然在探索当中。

然而霍奇金森帮助费尔贝恩将横梁中铁的用量减少了 20% 至 30%——铁的用量是建筑工程师最为关心的问题。这一合作研究成果于 1834 年首次应用到英国斯托克波特（Stockport）的欧瑞尔
319、320 （Orrell）工厂当中。其横梁采用的是非对称性工型梁，考虑到铸铁的低拉力强度，采用了较大的底部；中跨深度与厚度最大；根据横梁的弯曲力矩情况，沿支撑方向平立面逐渐减小。这一做法首次反映了减少横梁顶部翼缘弯曲的需求（此类做法现称为“横向扭转屈曲”。翼缘的效果类似于平行于边缘的薄纸折叠的劲度效应）。

事实上，尽管此类横梁的经济性以及与先前
321 工厂横梁截面的对比越来越突出，这一科学研究效果却并不明显，它只是对工程师已经熟悉的内容进行了确认。工型梁先前已经应用于许多行业，例如机床、蒸汽机、造船业、新兴的铁路行业及桥梁建造等。霍奇金森与费尔贝恩所获取的最大成就在于提供的工程学基本原理既巩固了原有的粗略的设计方法，也确立了新的更为精确的方法。人们现在能更为自如地使用这些设计方法，从而也能尽可能减少承载特定荷载的特定长度横梁的重量。

铰接静定桁架

于结构工程师而言，铰接桁架的优势是桁架部件的所有力都是纯拉力或压缩力，仅通过静力学即可计算得出。因此，人们称此类桁架为“静定”（statically determinate）桁架，由系列三角形构成，因而各个部件都没有冗余，取出任一部分都会造成结构坍塌。尽管其优势体现在构造方面，但是由于部件相互之间在结合处可以旋转，因而无法承受任何压力。人们在施工时尽量使桁架靠近来分析结构行为的数学模型。通过此方式，确保实际桁架的支柱与拉结力与计算预测力相吻合。可以说结构工程师在控制着整个情形。这与对数学模型毫无概念的人建造屋顶结构的情形形成了鲜明的对比。现在，在计算机的协助下，结构工程师可以尽可能实现预测控制，这在 1800 年是无法想象的。以静定屋顶桁架为例，我们首先看一下没有此类结构设计方法时的情形。

许多传统的木制屋顶结构特征事实上不能做 322
出精确的模型，即使在今天也是如此。每个结构部件通常既承担弯曲力也承担压力或拉力，因此事实上无法确定单个弯曲力的值。各个结合处都是僵硬的，或者一部分（数量多少无从得知）是僵硬的。为了克服木接头（承载拉力）制作的困难，人们通常用铁皮条对其加固，从而不同构件所承受的荷载比例就更不确定了。

需要采用特殊尺寸的桁架时，则需请数学家帮忙计算那些能通过计算得出的量，例如结构所承受的总荷载、重量，以及主要构件需承受的力。对于大型木材结构，例如莫斯科驯马场的屋顶（1817 年），数个狭长型木条需要通过铁栓 323
和铁皮条连为一个整体，这一做法对应力和压力的准确分析也带来了困难。设计的讲究程度表明其屋顶出于理性的、训练有素的工程师之手，而不是当地木工之手；同时该神奇的桁架在很大程度上要归功于人们累积的经验及基于经验的设计原则。

这类似于起初由锻铁制作的屋顶桁架。巴黎法兰西喜剧院的屋顶不是静定类型，展现的是现

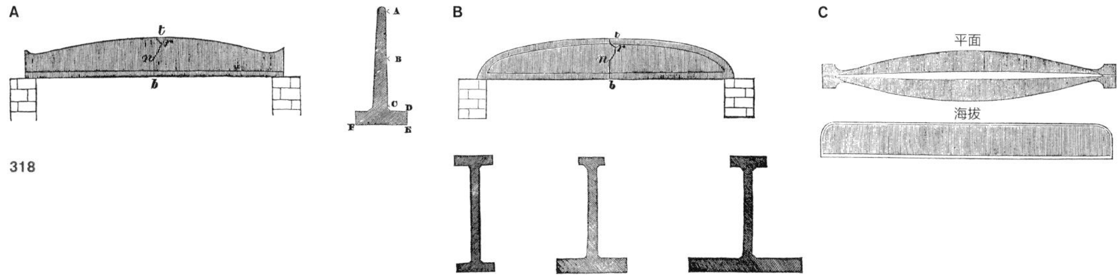

今所称的特殊组件排列（参见第 5 章）。尽管该
桁架也行得通，但经济性肯定不及 19 世纪 30 年
代工程师业已设计出的桁架。皇室主顾们可能并
没有鼓励经济化使用施工材料。圣彼得堡的亚历
324 山大（Aleksandrinskij）剧院也是由皇室赞助，铁
材的使用明显更为合理。该剧院于 19 世纪 20 年
代末苏格兰裔工程师马修·克拉克与建筑师卡洛·罗
西（Carlo Rossi，1775—1849）协同设计。整个
325 剧院上空的斜屋顶由跨度为 29.2 米的铸铁、锻
铁格栅拱支撑。该拱下方，由跨度为 21 米的类
似三重波纹锻铁拱支撑着下方礼堂的顶部和上方
舞台布景间的地板。舞台布景间顶部由跨度为 22
米的三角锻铁桁架支撑。后台区域布景长廊上空，
跨度为 10.5 米的较小三角铁桁架由系列厚重的铸
铜悬臂支撑。

建造第一个全三角屋顶桁架很可能是出于施
工便捷性考虑，而不是因为所涉及的应力可以进
行计算。在各个构件端部使用楔子、细针或栓钉
将屋顶桁架制成装配部件有利于施工。最早采用
327 这一做法的可能是英国曼彻斯特的博尔顿和瓦特
的 SOHO 铸造厂屋顶——由威廉·默多克设计，
1810 年竣工。随后很快出现了其他案例，例如曼
彻斯特的蜂窝工厂（Beehive Mill）。 326

19 世纪 20 年代至 30 年代，德国、法国、俄罗斯、英国的诸多工程师都追随着同一目标：用尽可能少的铁进行建筑施工。他们希望描绘出可以计算应力和压力的结构，要实现这一点，最好是确保所设计的结构类似于可进行计算的数学模型。

三角屋顶最讲究的形式可能当属同期（1836
年）德国人 R. 维格曼（R. Wiegmann）和法国人
让·巴泰勒米·卡米尔·波隆索（Jean Barthélemy 328
Camille Polonceau，1813—1859）所设计的作品。
究竟谁是第一位进行设计的人存在很多争论，证
据更倾向于维格曼，但是维格曼没有建筑作品或
者很少。而波隆索建造了数百个屋顶，其中大量
屋顶流传至今。其形式最早由马修·克拉克应用于
俄罗斯圣彼得堡的冬宫（Winter Palace）。

伦敦尤斯顿车站（Euston Station，1838 年）
的三角桁架可能是第一个全部采用锻铁的桁架。 329

318. 伊顿·霍奇金森的横梁理论插图，19 世纪早期。(A) 倒 T 字型自 18 世纪 90 年代开始使用；(B) 工型梁经证实最为有效；(C) 翼缘中部加宽，为了增强对横向弯曲力的阻力。

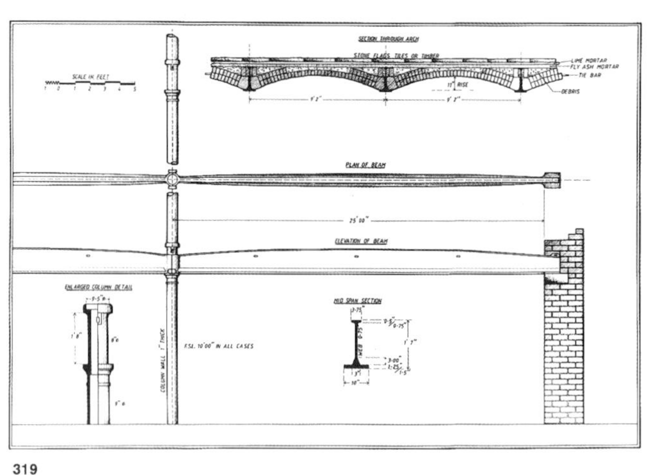

319

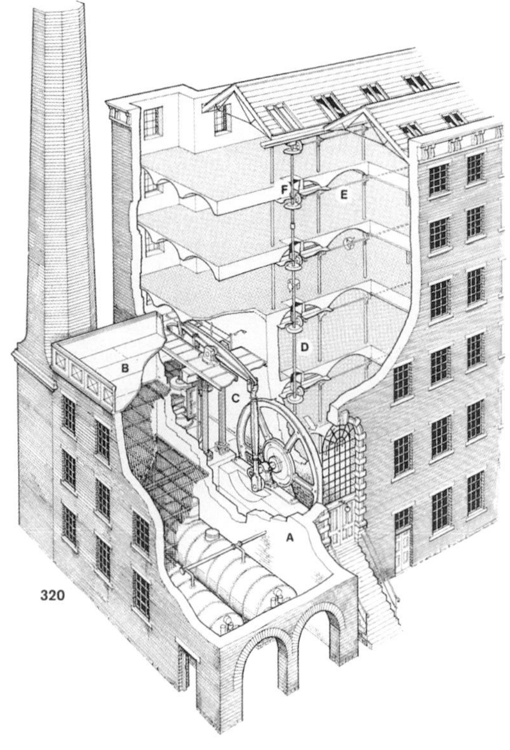

320

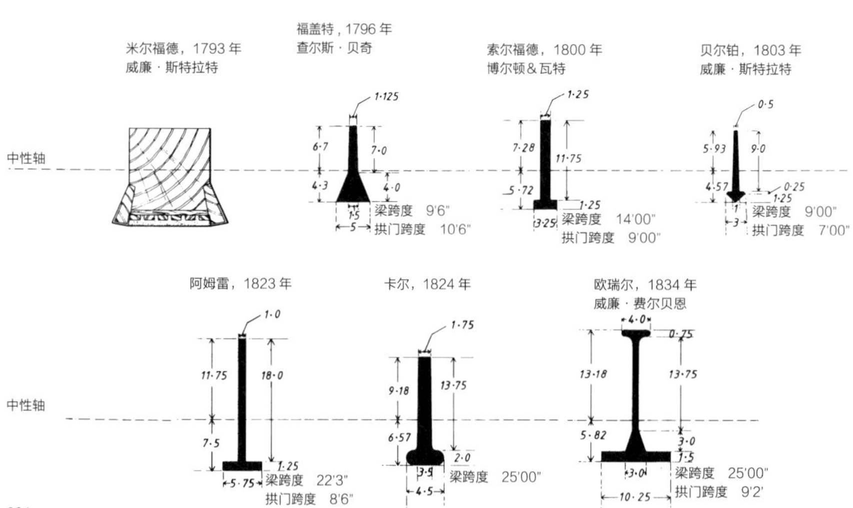

321

319. 英国曼彻斯特附近的斯托克波特欧瑞尔工厂所用的铸铁梁，1834 年。工程师：威廉·费尔贝恩。

320. 等距剖面图展示了多层建筑工厂车间和机器的传统布置，类似于欧瑞尔工厂构造，约 1850 年。

321. 图中展示了多层建筑工厂所用的横梁截面的发展情形，1793—1834 年。

322. 法国南部传统结构的木屋顶，约 1850 年。这一案例类似于罗马时代维特鲁威屋顶。

323. 莫斯科驯马场，1817 年。工程师：奥古斯汀·贝当古（Augustin Bétancourt）。竞技场上空架设的木屋顶桁架，由锻铁加固，跨度 50 米。

322

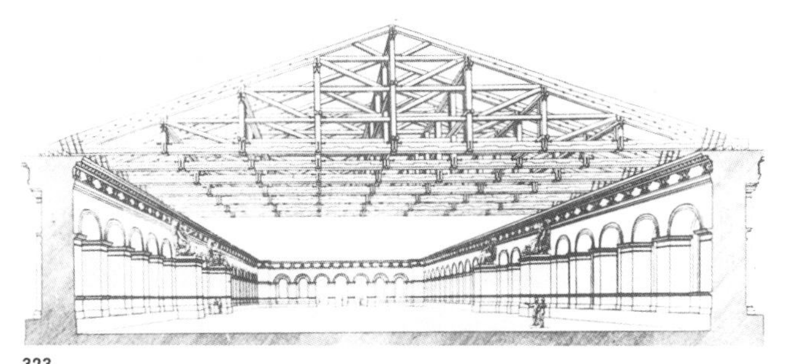
323

该桁架由查尔斯·福克斯（Charles Fox，1810—1874）设计——福克斯后来效力于福克斯·亨德森（Fox Henderson）从事船舶遮挡滑道作业及水
330 晶宫（Crystal Palace）项目。压缩构件经卷压设计为 L 型横截面。

随着跨度的增加，人们开始采用其他三角布
331 置，当然不同的设计者和承包者都更喜欢自己的形式。静定原则也是如此——尽管其一直主宰着各类结构的施工。令人惊讶的是，人们用了十多年的时间才开发了静定桁架的简明设计法。1800 年开始，人们已经普遍考虑作用于顶部结合处及屋顶桁架支撑处的应力。19 世纪 40 年代铁路桁架桥早期，桥梁工程师将桥梁结构设计为带有很多大洞的横梁形式。直到 19 世纪 40 年代，俄罗斯工程师 D.J. 尤拉沃斯基（D.J.Jourawski，1821—1891）和越南出生的澳大利亚工程师卡尔·盖加（Karl Ghega，1802—1860）才发明了直接计算桁架梁条应力的方法。该方法针对铁路桥梁设计，也能轻松应用于屋顶桁架。不久，德国工程师卡尔·库尔曼（Karl Culmann，1821—1881）发明了“图形静力学”（graphical statics），借助这一发明，掌握简单计算方法的工程师便可进行更为复杂的桁架设计（参见第 7 章）。

人们掌握了静定桁架概念后，注意力开始集中到贯穿结构工程学的两个问题：两个类型的结构分类及通过数学模型计算出的应力（或称压力、挠度）与实际结构中存在的应力（或称压力、挠度）之间的关系。

罗伯特·亨利·鲍（Robert Henry Bow，1827—1909）是首位根据结构分析方法对结构进行分类的工程师。在其《支撑论》（*Treatise on Bracing*，1851 年）中，他以更广泛的意义考虑
了我们所称的桁架，将结构分为四大类： 332

1. 两个平行梁，其间有支撑，整个结构起大梁作用；
2. 同 1，两个梁不平行，在支撑处相交；
3. 单拱，带三角支撑；
4. 两个平行或近乎平行的灵活拱，其间有支撑，整个结构起深拱、刚拱作用。

鲍得出这些理论的时候年仅 23 岁，并在技术出版物上出版了大量关于铁顶的文章。有趣的

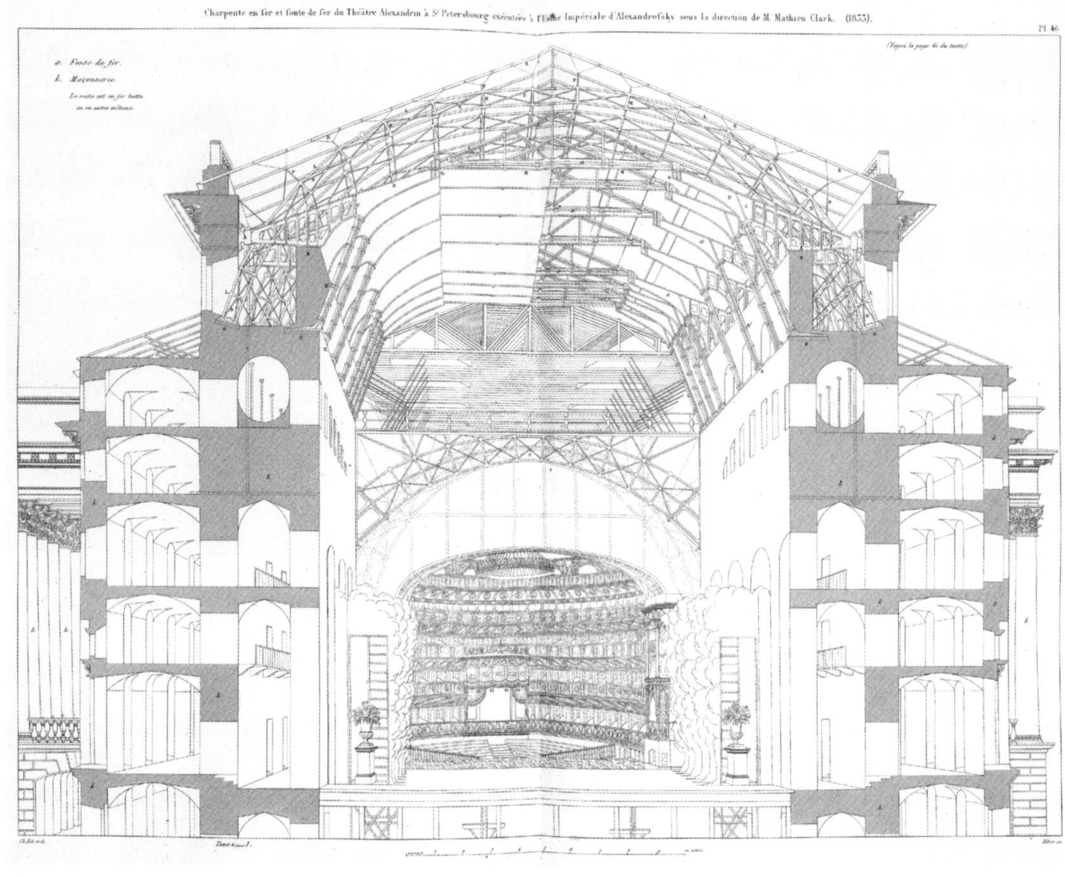

324

325

326

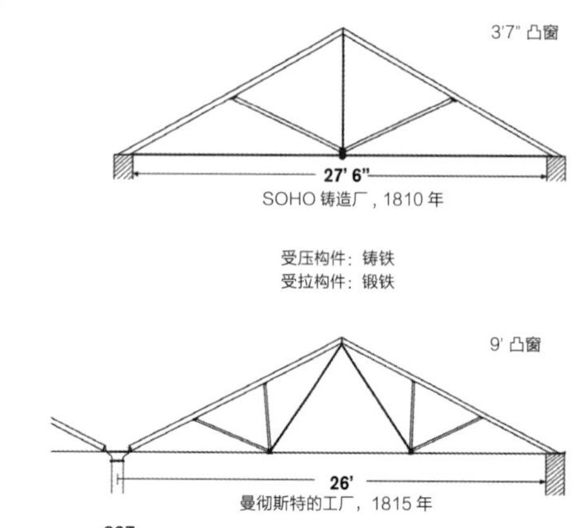

327

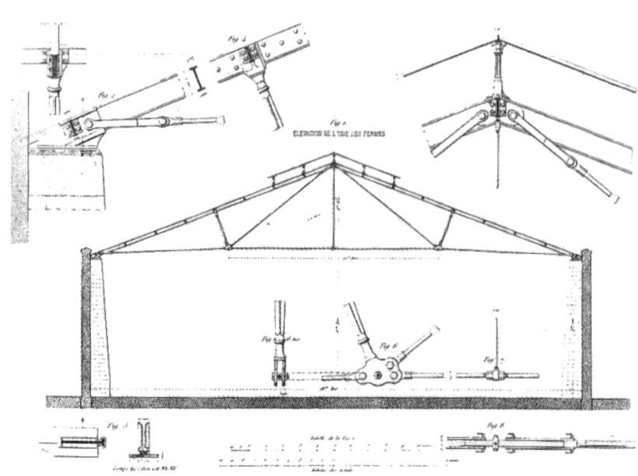

328

329

324. 俄罗斯圣彼得堡亚历山大剧院，1828—1832 年。工程师：马修·克拉克。等距剖面图展示了铸铁和锻铁屋顶结构。

325. 亚历山大剧院。拱顶细节。

326. 英国曼彻斯特蜂窝工厂，1824 年。铸铁和锻铁屋顶桁架。

327. 英国早期锻铁和铸铁屋顶桁架，1810 年和 1815 年。

328. 法国工程师让·巴泰勒米·卡米尔·波隆索设计的铸铁和锻铁屋顶桁架，约 1836 年。

329. 19 世纪伦敦尤斯顿车站的印刷图，1838 年。

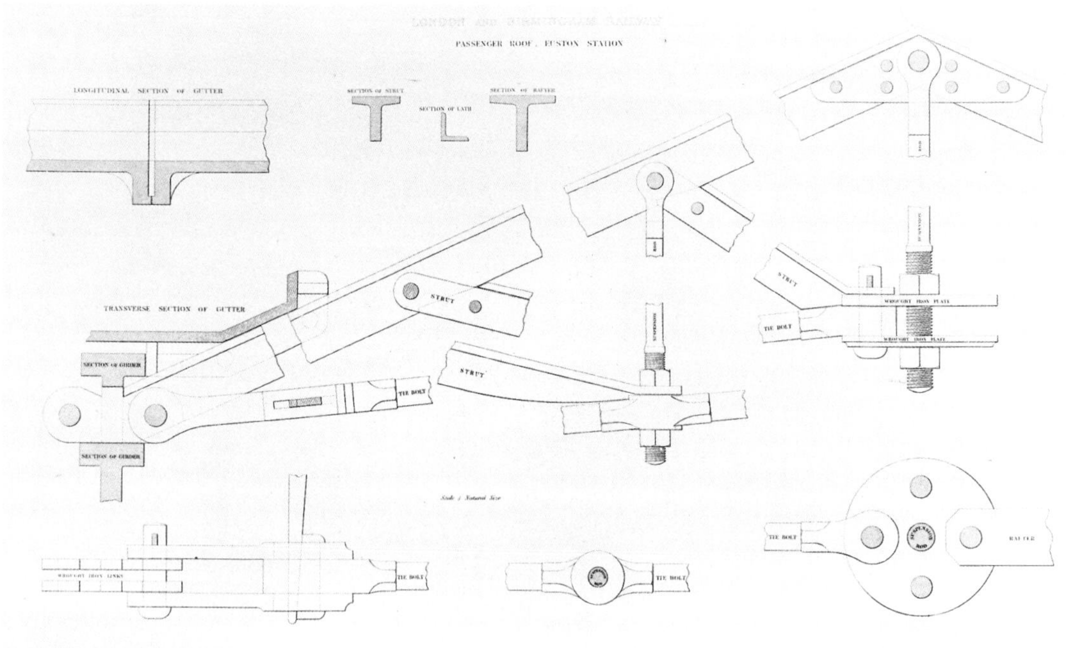

330

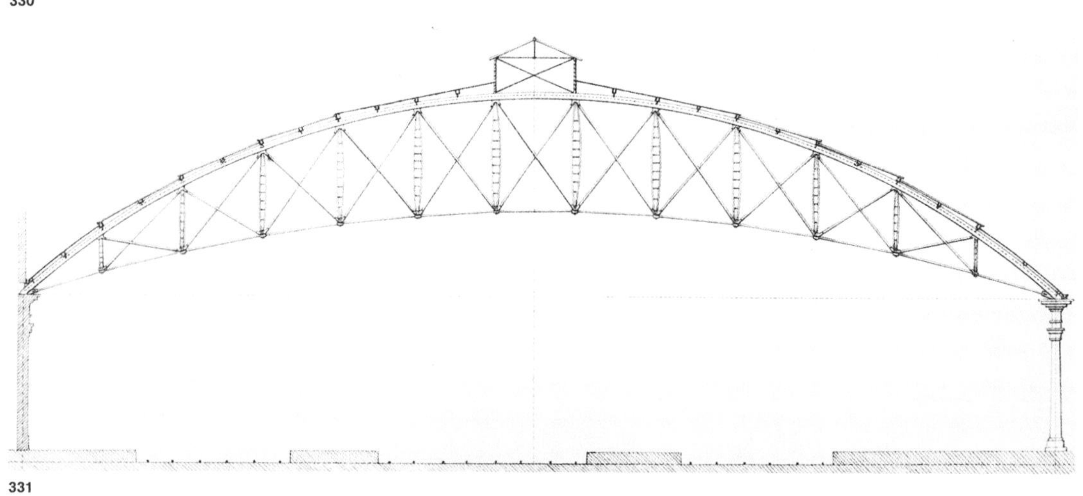

331

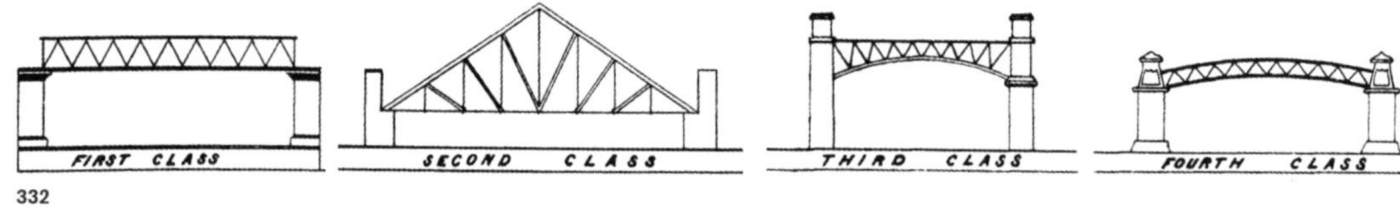

332

330. 伦敦尤斯顿车站三角屋顶桁架原始图纸，1833 年。工程师：查尔斯·福克斯。

331. 英国伯明翰新街车站（Birmingham New Street Station），1854 年。大跨屋顶桁架详图。

332. 罗伯特·鲍的支护结构分类，1851 年。

是，他在这一时期的思想未发展成为波隆索屋顶桁架形式。他的职业将其领入桥梁设计领域，十多年后，又回到了屋顶结构设计领域（参见第7章）。

鲍还明确地阐述了结构工程师所关注的第二个问题。他表示："这就是理论上的扣除问题，为了实现这一点，我们必须设计完美的结构构架，而不仅仅是可行的构架。"[②]此外，他还考虑了"可能遇到的实践不足之处"。然而，鲍、约翰·威荷姆·施韦德勒（Johann Willhelm Schwedler，1823—1894）、库尔曼（也曾著写文章分析了桁架应力）均未考虑如何处理"理论上的扣减"（deductions in theory）与"实践不足之处"（shortcomings of practice）之间的关系。关于这一点，W.J.M. 兰金（1820—1872）几年后进行了明确探讨。

兰金与"理论与实践融合期"

19世纪40年代，建筑设计与施工的各个领域几乎都经历了从工艺到工程学的转换。这反映了土木工程学与机械工程学的类似变化，可通过以下四个特征进行总结，这些特征将工艺与工程学区分开来：

> 1. 通过计算确定构件的适当尺寸；
> 2. 特定设计方案投入施工之前，通过科学知识和理解判定该方案的结论，提升对该方案的把握；
> 3. 处理电能、应力、温度的能力，这些因素的量级是人类无法直接体验的；
> 4. 从书本和课堂学习工程学知识的能力，而不是通过直接的个人经验习得。

本节标题取自威廉·兰金1856年接任格拉斯哥大学土木工程学教授一职时的就职演讲。在其"关于机械理论与实践融合的开场演讲"中，兰金明确表达了哲学基础，借助该基础工程师可以充分利用西蒙·斯特芬和罗伯特·胡克时期已经总结的理想的数学知识，但是这一领域在启蒙时期还有很大一部分未经发掘。这是工程学历史上的一大重要文献，它首次阐述了我们现今所了解的并公认为工程学设计的流程。尽管他就此话题著写了多篇论文和课本，但是从未使用过"设计"一词。对于兰金而言，还有"第三类"或"中间类知识"：

> 机械知识可清晰地分为三类：纯粹的科学知识，纯粹的时间知识，以及中间类知识（这些中间类知识与科学原理应用、实践目的相关，源自对理论与实践和谐性的理解）。[③]

完成爱丁堡大学课业（主修自然哲学）后，兰金开始了铁路建造的职业生涯。在父亲工作的铁路项目中，他收获了早期的铁路管理经验。1838年他18岁时，赴爱尔兰效力于都柏林—德罗赫达铁路项目，此间主要负责测量和桥梁施工。在其早期出版的作品中，1843年的作品最早探讨了铁路轴疲劳断裂问题。通过对断裂轴的观察，他注意到了导致裂缝的可能原因，建议避免过小的转弯轴半径。1848年，兰金的兴趣进一步扩展到热力学和分子物理学。33岁时，他当选为皇家学会会员。两年后，他荣任格拉斯哥大学教授，在此度过了余生。

作为一名学者，兰金对工程学诸多领域做出了重大的贡献，包括支柱屈曲、弹性理论、流体力学。他在土壤力学方面的成就可能是19世纪最伟大的成就。例如，他对松土的主动与被动破坏的研究协助其发明了挡土墙设计的全新方法，革新了路堤和土坝的设计。兰金是工程热力学之父，是首位提出后来人们称为热力学第一定律、第二定律的科学家之一。他也是第一位使用"能量"术语（取代了功、力量、能量以及其他语种的类似词）的人，如同我们现在所用的术语一样，此词意思包括各类含义，例如涵盖弹性能和压力能的势能、动能、热量等。

兰金最为宝贵的遗产是其关于应用力学与土木工程学的著作。它们是英语著成的最早的综合性作品，起初著写的目的是服务于他的大学授课课程。兰金几乎通过一己之力创办了主宰英国工程学教育一个多世纪的模型。他对压力、张力、稳定性等基础概念进行了一丝不苟的定义，也对这些定义进行了认真的论证，其严谨程度与欧几里得发明几何学的态度一样。随后他从这些广泛的理论转向了具体案例。

兰金关于“中间类知识”（intermediate kind of knowledge）的理念很快体现在他的很多书目当中，其后便不再加以说明了。鉴于就职演讲的全文已经出现在1858年出版的《应用力学手册》首版当中，后来的版本及《土木工程学手册》（*Manual of Civil Engineering*，1861年）便不再加以描述了。《土木工程学手册》几十年来都是英国范围内该主题下的经典作品。兰金没有设法去说服英国学术界其他人员超越旧的理论与实践二分法。他必定属于欧洲大陆的“综合技术”思想学派。

1855年，开创英国科学促进协会（British Association for the Advancement of Science）新设立的机械学学科时，兰金很好地描述了我们现称为工程学设计的活动：

> 着眼于实践应用的科学原理研究是一门独特的艺术，需要探索自有的方法……此类知识（纯科学与纯实践之间的知识）……促使知识所有者对既有目标设计一个结构或机器，不得拷贝已有的案例——计算出结构优势与稳定性的理论极限，或特定类型的机器的效率——从而确定实际结构或机器到达该极限的程度，探索这些不足之处的成因及补救方法——确定实际应用规则制定的范围，考虑到简洁性，偏离纯科学要求的精确性具有一定优势；确定现有实践规则基于理论、习惯及误差的范围。[④]

或许他所采用的最重要的理念是工程师们追逐的那些具有局限性的理念。这一理念几乎遍布所有现代工程学设计领域；事实上，13世纪的书本中似乎已经出现了这一理念，这些书本将实用几何学的“职责”描述为“加以测量或制定不得超越的界限”（参见第2章）。兰金所做的贡献不是他所发明的关于工程学设计的新方法，而是他提出的关于看待工程师已经有的行为的新方法，这一新方法能帮助工程师突破无形的障碍——理论与实践之间的差距，正是这一差距导致实践工程师认为理论不重要而不去理会数学家与科学家的理论世界。为了实现这一方法，他反复思考了“安全因素”的概念，这一概念在结构设计尤其是桥梁设计的早期就已经存在了，人们当时认为安全因素是桥梁“实际”强度超过可承受的最大荷载时所考虑的问题。荷载超出日常规定的荷载时，人们通常会对桥梁进行测试。因此安全因素代表了客观的安全程度，尽管它并没有体现、解释为什么需要此类安全性。兰金重新定义了安全因素，体现了数学结构模型固有的近似值级别。他提供了一项哲学基础，设计工程师们可借助该基础使用科学知识和经验知识。

18世纪后半叶开始使用的首批横梁设计规则通常包含乘数或“经验常数”（empirical constant），这些常数取决于所用材料，需由实验判定。19世纪早期，这些设计规则纳入材料强度或硬度测量值，因而应用范围更为广泛。人们现在依稀认为仍需通过实验方法确定的经验常数，适用于对结构行为的数学预测与实际结构测试的结果之间存在差异的情形。其暗含的意思是，发现差异时，实际结构并没有按照理论要求的方式运作。

兰金是从设计工程师的角度研究结构力学

的，他有效结合了经验常数理念和安全因素的理念。用现代语言来说，他意识到了工程学理论是实际工程学系统的数学模型，通过该理论可以考虑适当的科学原理，但是也不能认定该模型能准确反映由实际材料制成、受实际荷载影响的实际结构的每个方面。兰金使用“安全因素”来表达“通过数学模型计算的结构强度或稳定性”与“所能感触到或能安全获取的价值的接近度”之间的不同，因而，安全因素是判定各类数学模型近似度、不精确性、不确定性的一项方法。此时，工程师们仍然以玩笑的口吻说起“无知因素”。兰金也意识到测定横梁或支柱时近似度或不确定性之间存在重大差别，例如理想的实验室环境与实际结构运行环境的差别。

兰金描述了工程师设计方法的一大重要改变，这一改变发生于19世纪上半期，大约在兰金发表就职演说时结束。大多数工程师都没有发现这些变化，然而将科学家的理论与大范围实验与测试结果结合起来的益处在很短时间内便彰显了出来。北威尔士康威河（River Conwy）与麦奈海峡（Menai Straits）架设的大型锻铁管状铁路桥便是最好的例子。工程科学家伊顿·霍奇金森和钢铁制造商威廉·费尔贝恩协力进行了桥梁的横截面设计与总体设计。1845年该桥梁项目开工时，最大的铁梁铁路桥梁跨度约为27米。麦奈海峡桥梁的主梁跨度是其5倍多。该桥梁的设计与施工堪称历史上最伟大的结构工程成就之一，对后来的结构设计与施工都产生了影响，用兰金的话说，它展示了“科学知识与经验知识结合起来”的一切可能性。

室内环境设计

18世纪70年代，人们根据实验性结论确立了疾病与空气质量之间的关系，开始意识到建筑通风的益处，通风问题很快成为继材料强度之后的一大量化学科。早在19世纪前10年，已经确立了每人所需的小时新风量，很快设计计算就估算出人口密集型建筑（例如监狱、医院）所需的总新风量，以确保达到符合要求的空气质量。这一要求也对供风方式提出了要求，包括通风风扇的容量，以及送新风管道及排污气管道的尺寸。尽管当时还无法对建筑环境性能的其他方面进行量化测量——例如湿度、音响效果、照明强度，但是建筑设计师已经制定并使用了定性导则。

暖通

19世纪前10年，通过管道和辐射板传输
蒸汽的建筑取暖方式已经开始广泛应用了。两
个最早的案例可追溯至1799年：苏格兰北部丝
绸织造厂的取暖设计[尼尔·斯诺德格拉斯（Neil 334
Snodgrass）]、博尔顿和瓦特索尔福德工厂的取
暖设计。在索尔福德工厂以及几年后的利兹阿姆
雷工厂（Armley Mill），蒸汽通过空心铸铁柱送 333
至上层空间。

通过热空气对工厂供暖的历史可追溯至1720
年的隆贝工厂——由锅炉加热的气体通过管道传
输至工厂内部。18世纪70年代，理查德·阿克赖
特也采用了热风供暖的方式。然而是威廉·斯特
拉特（参见第5章）和他的工程师查尔斯·西尔维
斯特（Charles Sylvester，1774—1828）将热风供
暖应用提升到我们现在所称的建筑系统的高度。
1792—1793年，斯特拉特在年轻人西尔维斯特
的帮助下，在其德比工厂安装了首部热风系统；
18世纪90年代他们在斯特拉特许多其他工厂也
安装了这一系统。这些年间，斯特拉特还为建筑
供暖和通风开发了暖风炉，设计了管道的总体布
置。他的早期暖风炉是一个烧煤的铁制火箱，人
称“贝壳箱”。箱体周围是砖砌的拱形气室，用
来将煤燃烧产生的热量送至空气当中，可避免燃
烧物混入空气。这一所谓的贝尔珀暖风炉（Belper 335
stove）后来在砌砖内嵌入铁管改善了热传导的效
力。斯特拉特和西尔维斯特最著名的建筑是建于

1806年至1810年的新德比郡综合医院(Derbyshire
336 General Infirmary）。

物理学家伊拉斯谟斯·达尔文1781年搬往德比，在此创办了诊疗所，希望其成为“未来医院的基石”。达尔文是伯明翰月光社的成员；此外，他还与斯特拉特一起于1783年创办了德比哲学学会。卫生、疾病、医院一直以来都是人们讨论的话题。1800年左右，德比是当地大型城市中唯一没有医院的城市，斯特拉特等诸多人士成立了新医院设计委员会，最终建成了世界上最先进的医院，不仅包括最知名的理念，还包括多项技
338 术创新。医院共有三层，各个房间围绕中庭分布，同时院内设有主楼梯间及直径为7米的铁梁和玻璃顶。部分建筑构件使用了斯特拉特的防火结构形式，采用了铸铁柱和梁以及空心平拱层，甚至窗框都采用了铁材。原始设计委员会中的两个成员是德比郡最大的钢铁厂赖丁钢铁厂（Ridings Ironworks）的合伙人，这可能并非巧合。

德比医院内，斯特拉特－西尔维斯特的暖通系统经过改进，实现了夏季热风循环，冬季冷风
337 循环。气流由“旋转帽”驱动——面向热交换器入口风，背向出口风的通风帽。空气通过70米长、1.2米宽的地下管道导入，以便土地的恒温能稍稍冷却夏季的空气、加热冬季的空气。炉子的热风被送往整个三层的房间内，同时也送往洗衣房附近的烘干房。病房内的污浊空气由屋顶旋转帽排出。建筑地下室的浴室用水通过蒸汽加热，洗衣房配有斯特拉特设计的蒸汽机驱动的洗衣机。洗衣房洗完的物品通过滑轨式晾衣架运至烘干房。斯特拉特还设计了自动冲水马桶，同时，使用者开门时厕所会输入新风。病房配有可调节的病床，便于护士轻松搬动病人。该病床是斯特拉特在约瑟夫·布拉默（Joseph Bramah，1748—1814）设计的病床的基础上改进的。布拉默是英国著名的机械工程师，曾设计并制作首个液压机、刨木机、打印支票的同时对其计数的机器、门和保险柜所用的防盗锁。就连厨房也没有逃过斯特拉特的法眼：配有他自行设计的烤肉机和蒸笼。整个建筑简直就是一个技术奇迹。某参观者曾写道：“蒸汽、气体、热风、哲学、力学方面融入整个建筑当中，涉及家庭经济的方方面面。”[5]

总而言之，该建筑非常完善。医院成立以后，还陆续配置了新设施设备如脚炉、蒸汽浴室等，目的在于吸引大众前来就医。然而，该建筑也存在一些问题。1831年，查尔斯·西尔维斯特之子约翰（John）被召集前来处理病人投诉的“干燥空气让人感觉不舒服”的问题，他通过在屋顶加设开敞式天窗改善气流的方式解决了这一问题。医院很快就变得家喻户晓了，成为许多类似机构，比如韦克菲尔德的乞丐疯人院（Pauper Lunatic Asylum，1816—1818年）和莱斯特皇家医院(Leicester Infirmary)新设的发热诊室(1818—1820年）效仿的典范。也成为英国乃至欧洲大陆诸多知名人士的兴趣目标，包括俄罗斯未来的沙皇尼古拉斯（Nicholas）、比利时未来的国王利奥波德（Leopold）、建筑史上最为知名的卡尔·弗里德里希·申克尔（Karl Friedrich Schinkel，1781—1841)——1826年专门赴英国学习铁材防火结构。然而几十年后，医院构件开始出现故障，需要高昂的成本进行维护修理，其技术先进性逐渐消失，最终于1894年被拆除。

斯特拉特从未宣传过他对医院设计所做的贡献，只是广泛鼓动人们采用其理念。斯特拉特于1817年成为皇家学会的会员，这在一定程度上

333. 英国利兹阿姆雷工厂用于配送蒸汽热量的管状铸铁柱详图，1803年。

334. 苏格兰多尔诺克附近的丝绸织造厂，1799年。工程师：尼尔·斯诺德格拉斯。供暖系统图。

335. 威廉·斯特拉特和查尔斯·西尔维斯特1803年左右发明的“贝尔珀暖风炉”或称贝壳炉。摘自查尔斯·西尔维斯特的《家庭经济哲学》，诺丁汉，1819年。

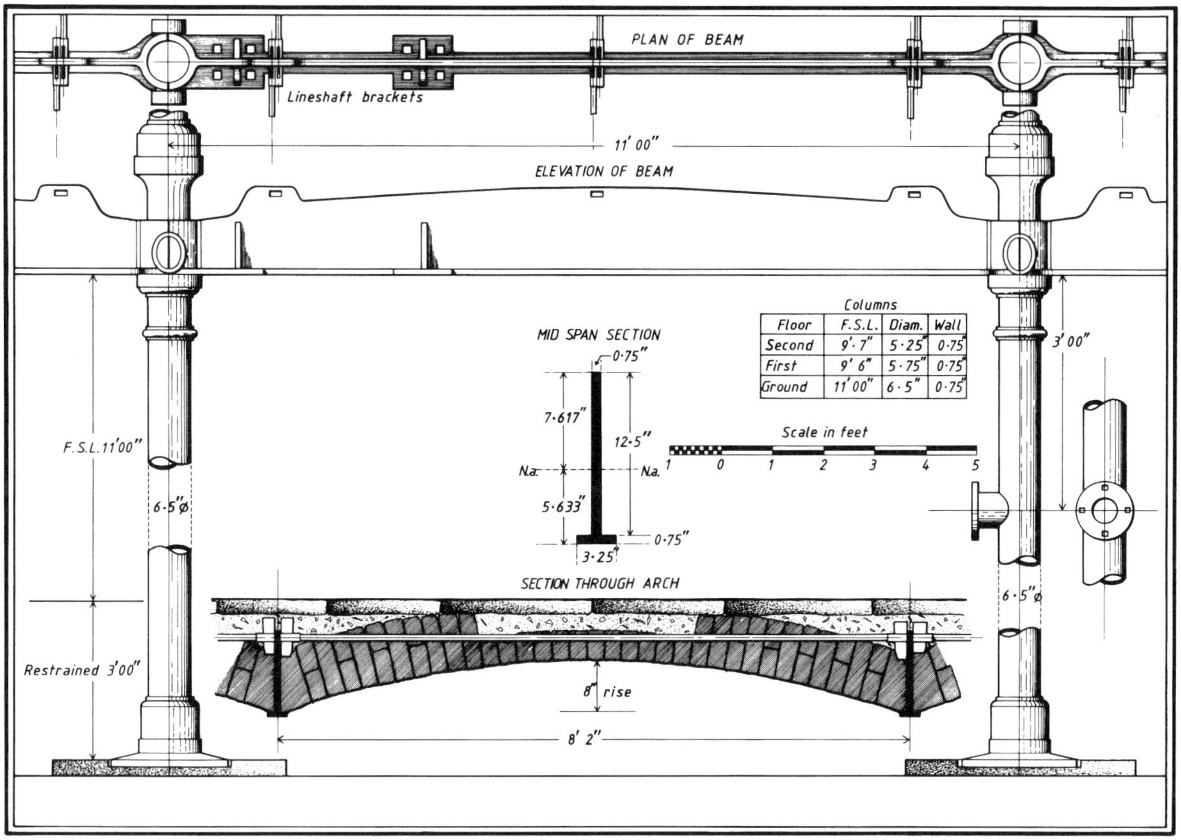

PLAN OF BEAM

Lineshaft brackets

11′ 00″

ELEVATION OF BEAM

MID SPAN SECTION

Columns			
Floor	F.S.L.	Diam.	Wall
Second	9′· 7″	5·25″	0·75″
First	9′ 6″	5·75″	0·75″
Ground	11′ 00″	6·5″	0·75″

0·75″

7·617″

12·5″

N.a.

5·633″

0·75″

3·25″

Scale in feet

1 0 1 2 3 4 5

3′ 00″

F.S.L. 11′00″

6·5″ø

SECTION THROUGH ARCH

6·5″ø

Restrained 3′00″

8″ rise

8′ 2″

333

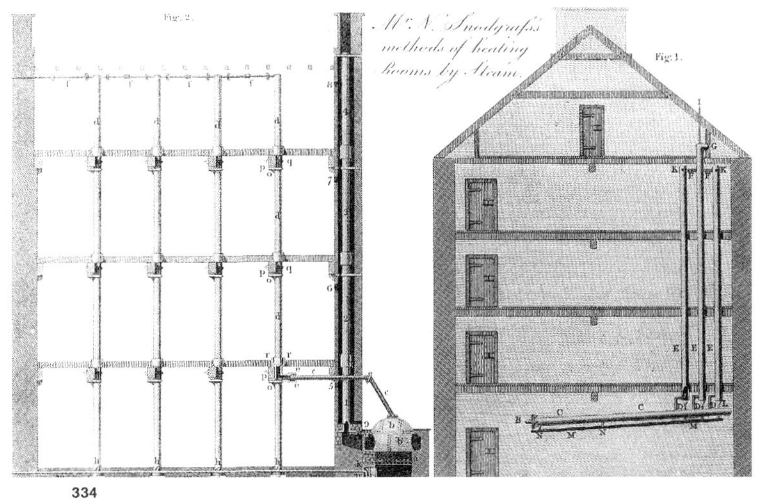

Mr. N. Snodgrass's
methods of heating
Rooms by Steam.

334

335

承认了他在暖炉制作以及热量生产与配送过程中的伟大革新，后来这些革新都被广泛引入医院与公共建筑的供暖通风应用当中，起到了很大的帮助作用。[6]西尔维斯特最后离开了斯特拉特的公司，开办了斯特拉特－西尔维斯特热风供暖系统安装公司，为全国多类建筑提供安装业务。他在《家庭经济哲学——供暖、通风、清洗、烘干、烹饪模式实例及各类布置》（*The Philosophy of Domestic Economy, as exemplified in the mode of warming, ventilating, washing, drying and cooking, and in various arrangements*，1819 年）一书中公布了德比郡医院的设计情形，该书得到了人们的广泛查阅，并被译为多种语言。波士顿马萨诸塞州综合医院（Massachusetts General Hospital in Boston）建筑师查尔斯·布尔芬奇（Charles Bulfinch，1763—1844）拥有该书的复印本，并对其进行了注释。

西尔维斯特作为顾问为很多设施设计了暖通系统，包括多家医院，如伦敦盖伊医院（Guy's Hospital）；约瑟夫·帕克斯顿爵士的维多利亚雷吉亚房（Sir Joseph Paxton's Victoria Regia House），该建筑 1850 年建于查茨沃斯庄园，当时是为了展示在英国培植的原产于南美的百合花；以及首创的北极探险船。西尔维斯特之子约翰继续他的工作，完成了伦敦盖伊医院的作业。供暖领域的另一位先驱是法国工程师夏邦涅侯爵让·弗雷德里克（Jean Frédéric, Marquis de Chabannes，1762—1836）。夏邦涅于 1815 年左右首次在伦敦考文特花园剧院（Covent
339 Garden Theater）实现了大型热驱动通风，并取得了成功。他通过类似于斯特拉特－西尔维斯特设计的大型旋转帽将三个管道的污气排入大气当中，每个管道都由不同的热源驱动。舞台及后台区域的空气由灯具以及将蒸汽送入铁散热器的锅炉加热。礼堂上方的空气由排气管下侧的煤气灯枝状大烛台加热，这一做法得到了人们的广泛应用。阶梯座位及包厢区域的空气由专门安装的壁炉（通风系统的一部分）加热。1816 年至 1818 年，夏邦涅为伦敦下议院设计安装了类似的系统，在这里，他仅采用通过蒸汽加热的铁缸实现空气循环。

尽管此时已经过了起初的开创阶段，热空气和蒸汽加热已经得到了广泛的应用，但是人们并未就暖通的科学原理著写相关文章。以科学方式涉及这一主题的首位作家是托马斯·特雷德戈尔德。此前，特雷德戈尔德因木材及铸铁施工的相关作品已经获取了各项殊荣。在其著作《暖通原理》（1824 年）中，特雷德戈尔德纠正了当时人们的看法——所需热量与拟加热空间大小成正比。他根据“房间热量损失是最为关键的因素”的事实提出了更为合理的设计方法，认为所需热量取决于玻璃的面积、房间表面积与其大小的比例、室外空气与室内所需空气的温差。特雷德戈尔德根据冷却热水缸的简单实验以及物理学知识验证了这些原理。关于建筑通风，他强调了查明污浊空气缘由并加以改善的重要性。此外，他认为所需通风量应基于人们的身体需求，估计每分钟需提供四分之一立方英尺的通风量才能提供充分的氧气，同时需三立方英尺通风量才能排出呼出的水汽。在此基础上，他还计算了照明蜡烛燃烧所需的空气量，因而每人每分钟大约需要四立方英尺通风量（每分钟 114 升）。根据此新风量需求，特雷德戈尔德还讲述了房间内每小时的换气次数，以满足使用者需求。关于这些空气是如何提供的，特雷德戈尔德观察到空气必定是通过门窗缝隙渗透进来的。在这些空气量的计算方法

336. 英国德比郡综合医院，1806—1819 年。工程师：威廉·斯特拉特（结构）和查尔斯·西尔维斯特（暖通）。
337. 德比医院，顶部旋转帽详图。
338. 德比医院，玻璃中庭的楼梯间平面图。污气通过旋转帽从中庭顶部排出。

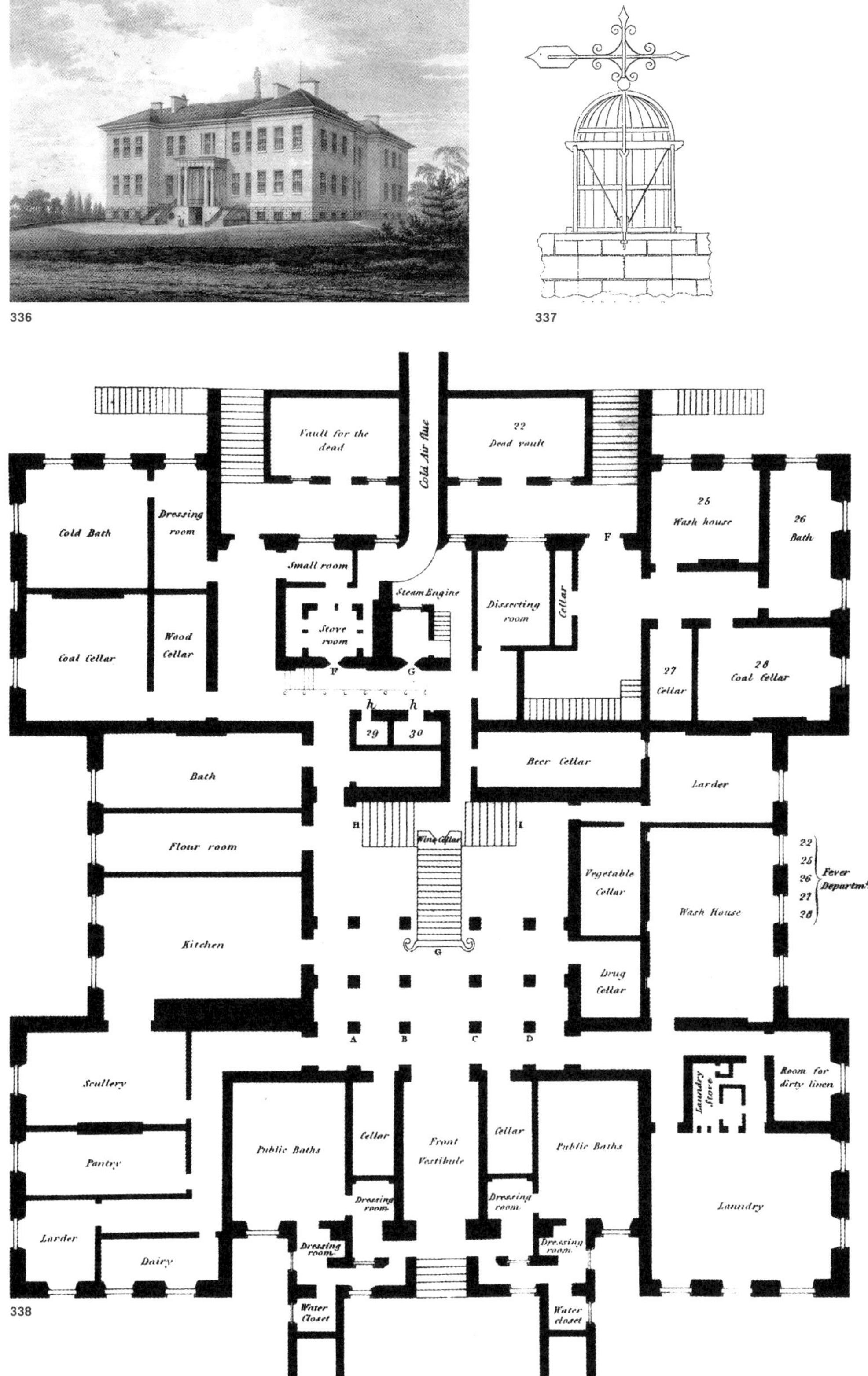
Vault for the dead
22 Dead vault
Cold Air flue
Dressing room
Cold Bath
25 Wash house
26 Bath
F
Small room
Steam Engine
Dissecting room
Cellar
Stove room
Wood Cellar
Coal Cellar
27 Cellar
28 Coal Cellar
F
G
h
h
29
30
Beer Cellar
Bath
Larder
H
I
Wine Cellar
Flour room
Vegetable Cellar
22
25
26
27
28
Fever Departmt.
Wash House
Kitchen
G
Drug Cellar
A
B
C
D
Scullery
Laundry Stove
Room for dirty linen
Cellar
Front Vestibule
Cellar
Public Baths
Public Baths
Pantry
Dressing room
Dressing room
Laundry
Larder
Dressing room
Dressing room
Dairy
Water Closet
Water closet

336

337

338

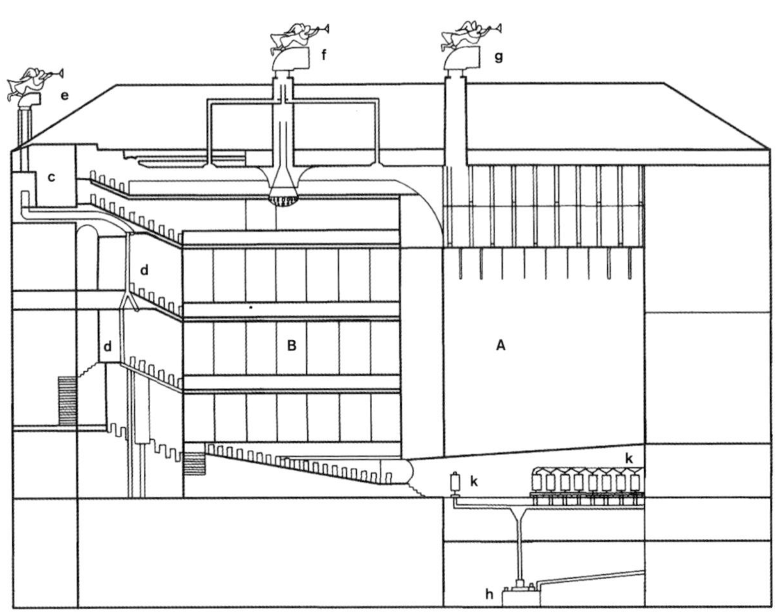

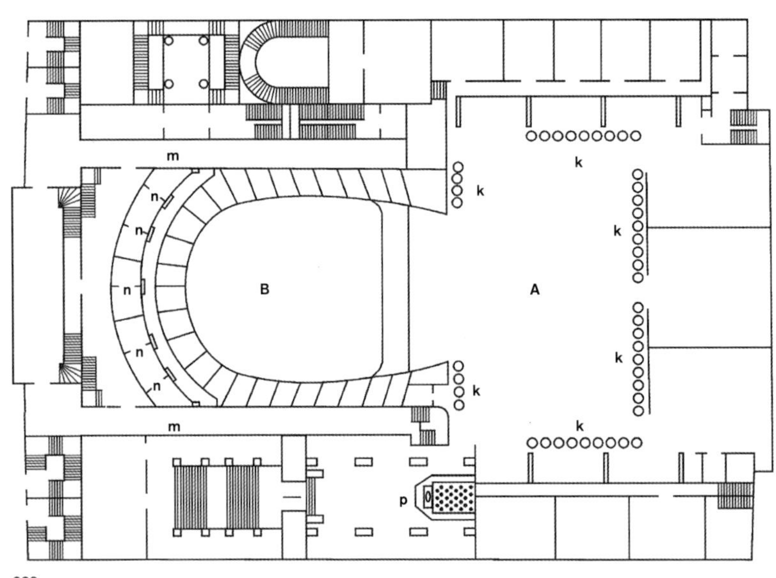

339

339. 伦敦考文特花园剧院，1817年左右。暖通工程师：夏邦涅侯爵让·弗雷德里克。剖面图（顶层）展示了倾斜座位（d）后方通向“通风壁炉”（c）的通风管道；通向顶层的旋转帽（e）；枝形吊灯所用气体将空气导向顶层旋转帽（f）；舞台两侧的蒸汽加热缸体将空气导向顶层出口和旋转帽（g）。平面图（底层）展示了将新风送往礼堂（B）的管道（n），以及将新风送往上层倾斜座位的木管道。寒冷天气下，大型加热除烟专利壁炉（p）可将弓街（Bow Street）门廊的温度维持在13℃～16℃。

上，他建议用房间缝隙总长乘以气流与单位缝隙长度的比率。事实上，特雷德戈尔德本人采用的是较为简单的方法：他假定所有门窗的空气渗透率是每分钟 310 升。其后半个世纪内，他所设计的确保房间充分通风的两个方法都得到了广泛的采用。

此外，特雷德戈尔德还发明了计算每小时燃煤需求量的科学方法——这些燃煤通过蒸汽的形式为建筑供暖。首先，他测算了玻璃容器和铸铁容器内热水冷却的速率，该速率取决于容器表面积以及水与室内空气的温差。根据该测算结果，他计算了每分钟、每华氏度、每平方英尺窗户玻璃所冷却的空气量为每分钟 1.5 立方英尺（43 升，后来他将该数值改为 1.278 立方英尺）。该值乘以玻璃总面积就是需要加热的空气等效体积。在此基础上，加上渗入室内的空气量（每个门窗每分钟渗入 310 升），得出需要通过蒸汽加热（将室外空气温度加热到所需的室内温度）的空气总量。随后，特雷德戈尔德用同样的方法计算了用来加热该空气量的铸铁蒸汽管的表面积，以及将冷水变为蒸汽所需的小时燃料量。最终，根据此结果，他计算了将室内温度维持在 13℃（远低于现今要求的温度）所需的年燃料量——假设伦敦平均室外温度为 5℃，则每年当中有 220 天需要供暖。考虑到室内间歇性供暖，以及正式使用前对建筑的预热时间——他乐观地认为有 2800 立方米需求量的教堂仅需 24 分钟即可预热到位。此外，特雷德戈尔德还用类似的方法确保玻璃暖房实现充分通风，防止夏天过热现象。

随着蒸汽取暖方式在 19 世纪 30、40 年代的推广，简单的基于科学的设计方法得到更为广泛的应用。为了减少工程师的计算量，同时确保仅接受过少量科学教育的工程师能理解相关信息，加热表面积通常呈现为简单的设计表格形式。工程师查尔斯·胡德 1837 年出版的《建筑热水法取暖实践论》（*A Practical Treatise on Warming Buildings by Hot Water*）中，根据特雷德戈尔德设计方法计算的表格可能是为工程师提供的第一个关于蒸汽加热管表面积的表格。工程师根据这一表格，可以得出各类设计温度。

尽管物理学家在 18 世纪晚期已经知道热量可通过辐射和传导两种方式传播，然而此时的设计工程师仍认为通过墙体、地板、屋顶损失的热损耗可忽略不计。法国物理学家尤金·沛克莱（Eugène Péclet，1793—1857）是将这一理念运用到建筑热损耗计算、供暖系统设计的第一人。在其开创性作品《论热量及其在艺术与生产中的应用》（*Traite de la Chaleur et de ses applications aux Arts et aux Manufactures*，1828 年）当中，他详细描述了所发明的革命性方法，该书进行了多次出版、翻译、改写，对随后半个世纪法国、德国的设计实践产生了很大的影响。尽管一些英国人尤其是工程师查尔斯·胡德和托马斯·博克斯（Thomas Box，约 1825—约 1880）付出了努力，但是 20 世纪前英国或美国都没有广泛采纳沛克莱的方法。

为了计算烟囱或输送蒸汽或气体的管道两端压差，确保气体按照所要求的速率传输，特雷德戈尔德采用了 18 世纪中期瑞士物理学家丹尼尔·伯努利（Daniel Bernoulli，1700—1782）与人合作发明的基本流体动力学法则。该设计法则表明所需的压差与排气量的平方成正比。该法则彻底背离了早期完全基于经验的管道流量设计法则，未考虑到管道内的流动阻力，因而认为流速与管道长度无关。特雷德戈尔德当时并不知晓与他同一时期的其他研究——18 世纪 70 年代土木工程师安东尼·德·谢兹（Antoine de Chézy，1718—1798）在法国所做的研究，以及 18 世纪 80 年代土木工程师普罗尼男爵加斯帕德·里奇（Gaspard Riche, Baron de Prony，1755—1839）所做的研究，他们提出管道内的流动阻力由流体黏性造成，因此管道越长阻力越大。查尔

建筑类别	室内温度（F，60F=15.5C）	加热面积（英尺，4 英尺管道的长度，以建筑每 1000 立方英尺计）
教堂	55	5
大型公共房间	55	5
居住房间	65	10
居住房间	70	12–14
大厅、商店、候车间	55–60	7–8
工厂和厂房	50–55	5–6
温室	55	35
葡萄园	65–70	45
暖房	80	55

340

斯·胡德发现了特雷德戈尔德的疏忽，在其著作中采用了普罗尼的结论。然而，谢兹和普罗尼均没有考虑到管道内表面的粗糙度，因此在流速预测时出现了重大失误，尤其是小管径管道的计算。因而，许多设计工程师都喜欢采用更简单的基于经验的设计规则，直到 19 世纪晚期确立了科学的管道摩擦力效应，情况才发生了变化。

特雷德戈尔德的著作取得了极大的成功，为实践工程师提供了大力帮助。其著作被译为法语、德语，英语版出版了三版，19 世纪 80 年代仍被推荐为基本读物。后来很多暖通学者的方法都是基于特雷德戈尔德的作品。他被称为首次将工程学、人类生理机能需求、人体舒适度理念结合起来的学者。我们现在所知道的与其相关的建筑仅有一处。他为建筑师查尔斯·福勒（Charles Fowler，1792—1867）设计的伦敦西部艾尔沃斯
341
赛昂宫（Syon House）温室设计了供暖系统。尽管特雷德戈尔德缺乏大型项目的相关经验，但是他受到了工程界的广泛尊重。1821 年，他当选为土木工程师协会会员，1824 年当选为荣誉会员。作为一名学者，特雷德戈尔德未对作品有过任何营利行为，可悲的是，在其去世时，妻子和家人都陷于穷困当中。土木工程师协会深受感动，以 40 英镑的高价购买了特雷德戈尔德的一部作品来帮助这个可怜的家庭。许多著名工程师都呼吁大众捐款来改善特雷德戈尔德家眷的状况，托马斯·泰尔福（Thomas Telford）便是其中一个。

事后看来，让人疑惑的是夏邦涅和特雷德戈尔德均没有描述热水集中供热系统，尽管特雷德戈尔德 1836 年的著作第三版附件中描述和说明了温莎宫（Windsor Palace）温室和威斯敏斯特医院（Westminster Hospital）所用的这一系统。普通低压热水系统的劣势在于该管道尺寸必须足够大。在伦敦工作的美国工程师雅各布·珀金斯

340. 图表展示了实现各类建筑室内温度所需的蒸汽加热管道的表面积，摘自查尔斯·胡德的《建筑热水法取暖实践论》。

（Jacob Perkins）19 世纪 30 年代早期克服了这一不便之处：他开发了易于操作、隐藏的小管道
342、343 高压系统。1832 年爱丁堡户籍登记处首次安装了该系统。1837 年，建筑师查尔斯·理查森——约翰·索恩爵士（Sir John Soane，1753—1837）的学生兼助理，在其著作《建筑暖通通俗论》中描述了该爱丁堡建筑，他写道：高压热水供暖系统得到了广泛的应用，可能人们事先已经知晓这一声明了。

约翰·西奥菲勒斯·德萨吉利埃 1734 年在下议院所用的火力驱动通风未能取得成功，但是其原理具有合理性。下议院 1834 年被烧毁后，又出现了在英国国会运作通风系统的机会。新下议院设计施工过程中，国会议员临时迁往原上议院，这里重新配备了由苏格兰化学家、工程师大卫·博斯韦尔·里德（David Boswell Reid，1805—
344、345 1863）设计的先进的暖通系统。该系统可能是当时最为先进的系统，是对进入议院的空气进行全面控制的一次尝试。“除了热水供暖设备外，该房间还配备了加湿、抽湿、制冷等空气设备。”[7] 天气炎热时，通过置于空气管道的大冰块降温。里德系统纳入了对导入建筑内的空气（用于通风）进行处理的多种方法。煤烟等空气颗粒通过过滤
346 清除；空气通过清水和石灰水（氢氧化钙溶液）冲洗清洁；空气中的酸类通过氨溶液中和；空气通过氯消毒。尽管他没有用全空气调节这一术语，但是事实上已经做到了这一点。

房间内的废气通过玻璃天花板上的嵌板排出。天花板除了提供排气出口外，还用作回声板来改善房间内的声音清晰度。它还将光线从高层天窗引入室内，并为煤气灯提供了一个空间，防
347 止燃烧物落入下方房间内。最后，建筑物附近的大型烟囱产生的压力通风将废气和燃烧物从该空间内排出。

里德还负责 1841 年和 1854 年设计施工的
348、349 利物浦圣乔治大厅（St. George's Hall）机械通风的首次大型应用。该通风系统由四个风扇驱动，每个风扇的直径均为 3 米，由单蒸汽引擎驱动（该引擎也驱动大风琴的风箱）。该系统每分钟可提供人均 7 至 10 立方英尺的空气量，该空气量可根据建筑使用人数调整，可辐射 100 至 5000 人，每分钟最多可提供 5 万立方英尺空气量。经过必要的过滤、加热 / 制冷，以及必要情况下的蒸汽加湿后，空气被抽入主厅下方的大空间内，随后经靠近地板层的墙体上的成千上万个小孔进入房间内。整个系统需要由数位操作员操纵，这些操作员需要调整多个帆布片来控制管道内的气流。如里德所解释：“管道内的气流速度除了通过各类温度计和其他指示器监控外，还通过既定长度和厚度的螺纹监控，这些螺纹有各种形式，从两三英尺长的丝纤维到主通风井所用的厚螺纹不等。天花板两侧的大会堂污浊空气主出口处，由短螺纹悬吊着亮色缸体，肉眼或通过小型望远镜即可看出其倾斜或游动。”[8] 尽管建筑的热惯性决定了各个房间的条件达不到精密控制所显示的精确条件，但是这一复杂系统仍然成功运作了近 130 年，而且多年来都被誉为当时最先进的系统。

尽管大部分建筑都达不到临时下议院或圣乔治大厅系统的先进程度，但是里德提出的原理仍然快速传遍了世界各地。19 世纪 50 年代，监狱
尤其是医院普遍采用了精心设计的通风系统，通 351
常还包括热风供暖系统。19 世纪各个城市的新通 350
风技术纷纷出现。

早期空气加热式供暖的独创性方法跨越大西
洋在美国西弗吉尼亚州惠灵海关（Custom House 352
at Wheeling）的一定范围内应用开来。其建筑 1856 年设计，1859 年竣工，是美国建筑结构中早期采用锻铁梁的实例，其中有的采用了轧制工型
梁，有的采用了空心箱型梁。隐蔽式供暖是通过 353
将热风从空心铸铁柱和锻铁梁输入各个房间实现的。除此之外，每个房间还设有传统的炉火。

341

341. 伦敦西部艾尔沃斯赛昂宫温室，1827—1830 年。工程师：查尔斯·福勒（结构）和托马斯·特雷德戈尔德（暖通）；建筑师：查尔斯·福勒。

342. 苏格兰爱丁堡户籍登记处，1832 年。供暖工程师：雅各布·珀金斯。本剖面图展示的是高压热水系统，摘自查尔斯·理查森的《建筑暖通通俗论》，伦敦，1837 年。

343. 爱丁堡户籍登记处。本图展示了高压热水的分布情况，摘自查尔斯·理查森的《建筑暖通通俗论》。

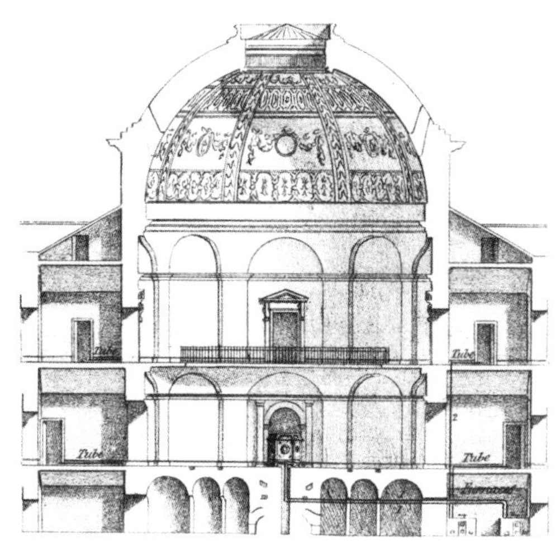

342

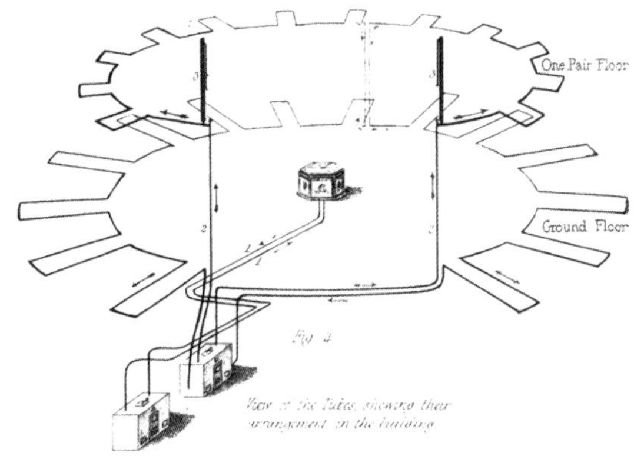

343

舒适制冷

传统的地方性建筑制冷方法可追溯到上古时期的蒸汽法。水蒸发为气体的过程中吸收热能，从而冷却了水面上的热空气。如果是喷泉上的喷射状水，该流程效率则更高，因为其蒸发表面积更大；或者是流经通过毛细作用浸透水分保持恒湿的砖块或织物的空气，效率也更高。事实上，炎热环境下如果没有其他办法，通过在开启的窗户前悬挂湿床单的方式也能有效冷却室内空气。尽管这一原理是冷却流程的一项基础，然而现代空气调节方法的技术和工程科学仍用了几十年的时间才开发出来。

19 世纪中期，建筑暖通已经颇具规模，但是高效制冷系统直到 19 世纪末才普及开来。此前，空气在建筑内流通前，没有切实的制冷方法，也未能通过火力和烟囱驱动该机械通风。尽管 19 世纪 40 年代起小型蒸汽机驱动的风扇可将空气泵入建筑内，然而直到 19 世纪 60 年代才发明了高效的制冷设备。

制冷主要用于储存食物、冰镇饮料、制作冰激凌。18、19 世纪欧洲一些富裕家庭已经配备了冰库，但是大多数家庭还达不到这一条件。18 世纪冰块采集满足了各个城市对冰日益增长的需求。在欧洲，挪威贸易商开发了大型冰块出口产业，可无限量供应冰块。满载冰块的船只靠向欧洲大陆和英国的主要港口，随后冰块在内陆通过公路或铁路运输。19 世纪前 10 年的美国波士顿也创办了类似的贸易。波士顿船商和企业家弗雷德里克·都铎（Frederic Tudor，1783—1864）的出口业务不仅覆盖了美国南部的港口，还包括古巴等加勒比群岛国家的港口、南美洲和中美洲各大主要港口，19 世纪 40 年代更是覆盖了中国、菲律宾、印度、澳大利亚的港口。1850 年左右波士顿年冰块出口量达 7 万吨，人们称都铎为“世界冰力大王”。此时，欧洲渔业及快速增长的酿造业供不应求，19 世纪 40 年代开始，大西洋彼岸的冰块贸易开始发展起来，很快开设了几乎每天都发往利物浦和布里斯托尔的船只。19 世纪 60 年代，冰产业达鼎盛时期，20 万吨以上的“自然

早期关于建筑设施工程学的书籍

18世纪60、70年代，船只、监狱、医院暴发了多次可怕的疾病后，建筑通风成为一项迫切的问题，很多类似建筑开始安装暖通设备。然而，直到1810年仅出版了一部关于该主题的书籍——史蒂芬·黑尔斯的《通风设备综述》（1758年）。夏邦涅和西尔维斯特的书出版后，特雷德戈尔德出版了他的首部作品，其中解决了包括各类计算在内的工程学问题，例如为医院或监狱提供令人满意的通风条件所需的空气总量的计算。随后涌现了大量关于建筑设计专业的书籍，援引了各类已经成功安装的暖通系统的例证。然而，19世纪60年代前，只有特雷德戈尔德、沛克莱、胡德、博克斯的书讲述了基于科学方法的有效设计方法。其他书籍只是进行描述和例证说明。为此，建筑设施学要比结构工程学落后几十年。

以下是19世纪上半期骤然涌现出来的书籍：

1807年：罗伯森·布坎南（Robertson Buchanan），《谈工场与其他建筑的蒸汽供暖》（*An Essay on the Warming of Mills and Other Buildings by Steam*），格拉斯哥

1818年：夏邦涅侯爵让·弗雷德里克，《通过机械通风的空气传导》（*On Conducting Air by Forced Ventilation*），伦敦

1819年：查尔斯·西尔维斯特，《家庭经济哲学——供暖、通风、清洗、烘干、烹饪模式实例及各类布置》，诺丁汉

1824年：托马斯·特雷德戈尔德，《暖通原理》，伦敦

1828年：尤金·沛克莱，《论热量及其在艺术与生产中的应用》，巴黎

1836年：W.S. 英曼，《通风、取暖、声传播的原理》，伦敦

1837年：查尔斯·胡德，《建筑热水法取暖实践论》及《热辐射与热传导法则探究》（及关于通风问题的评论），伦敦

1837年：查尔斯·理查森，《建筑暖通通俗论》，伦敦

1844年：大卫·博斯韦尔·里德，《通风理论与实践说明》（及关于供暖、照明、声传播问题的评论）（*Theory and Practice of Ventilation; with remarks on warming, lighting and the communication of sound*），伦敦

1845年：瓦尔特·贝尔南 [Walter Bernan，罗伯特·梅克莱汉姆（Robert Meikleham）的笔名]，《房间与建筑暖通的历史与艺术》，伦敦

1846年：莫里尔·怀曼（Morrill Wyman），《通风实践论》，波士顿

1850年：查尔斯·汤姆林森（Charles Tomlinson），《暖通初论》，伦敦

截至1860年，涌现了大量关于大型非居住型建筑暖通问题的书籍，基本上都是英文版本或英文译本。实例包括医院、监狱、剧院、绅士俱乐部（尤其是改革俱乐部），以及大量公共建筑，如伦敦的英国国会大厦（Houses of Parliament）和大英博物馆（British Museum）、利物浦的圣乔治大厅。19世纪30年代出现了大量法语、德语书籍。不过由于语言限制，德语书籍对其他国家的影响很小，其主要影响在于美国，这里居住着大量说德语的移民。

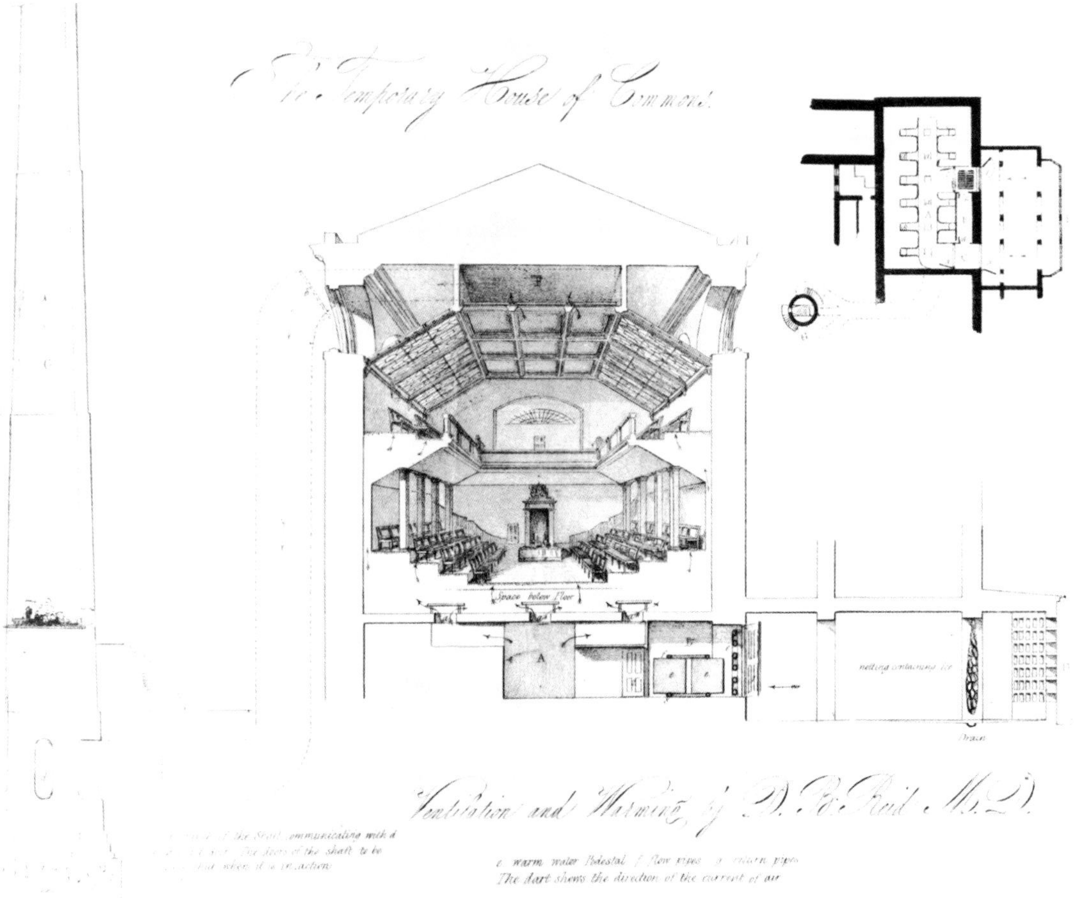

344

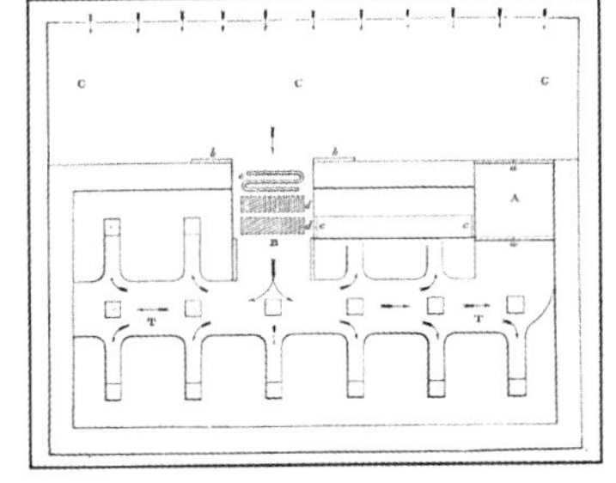
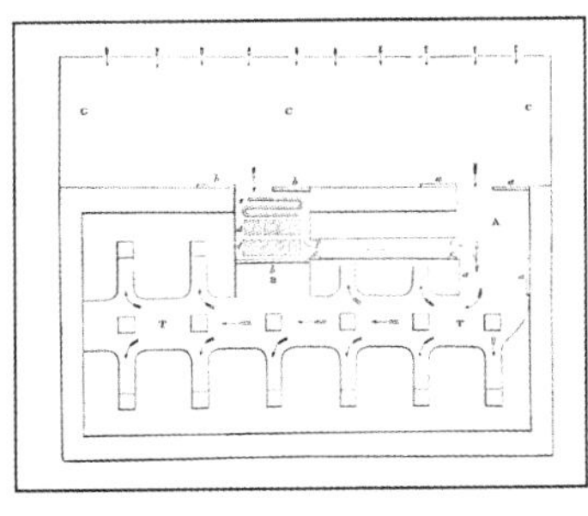
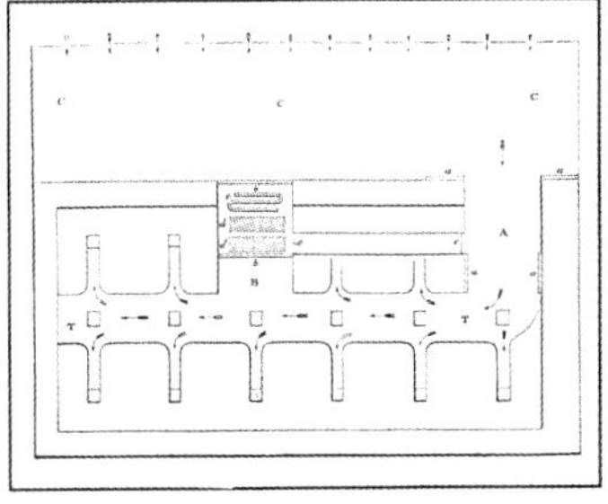

345

344. 伦敦临时下议院（原上议院），1836 年。暖通工程师：大卫·博斯韦尔·里德。改造建筑的剖面图。

345. 临时下议院。图片展示了三种运行模式：仅供暖、空气供暖与通风相混合、仅通风。

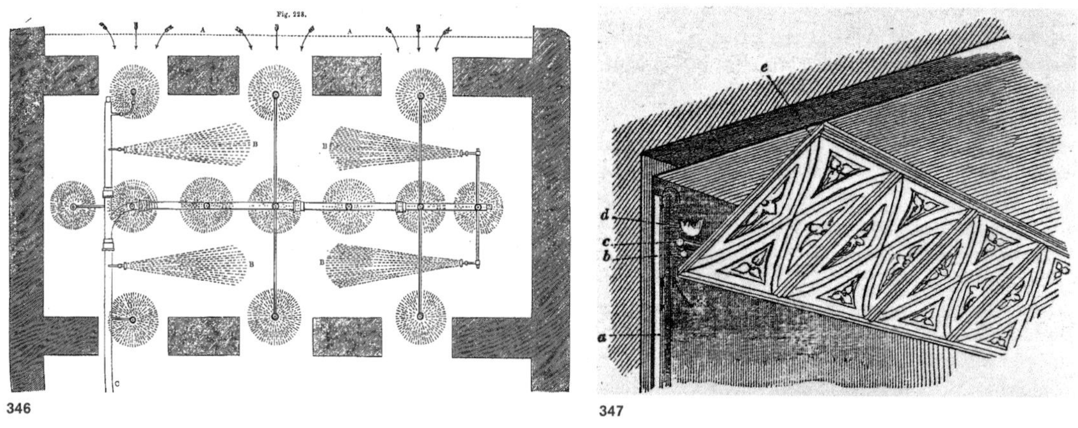

346

347

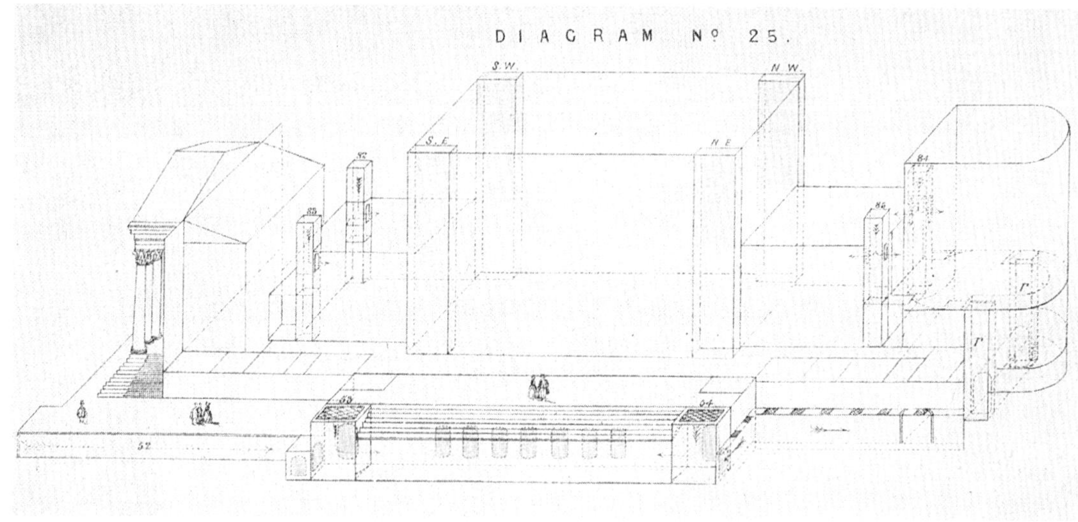

348

346. 伦敦临时下议院（原上议院），1836 年。暖通工程师：大卫·博斯韦尔·里德。图中所示为用于空气过滤的水雾。

347. 临时下议院。图中所示为玻璃板后侧的气体照明，玻璃板构成了建筑废气排放的管道。

348. 英国利物浦圣乔治大厅，1854 年。工程师：大卫·博斯韦尔·里德。图中所示为主要通风管道。

349. 圣乔治大厅。通风系统剖面图。

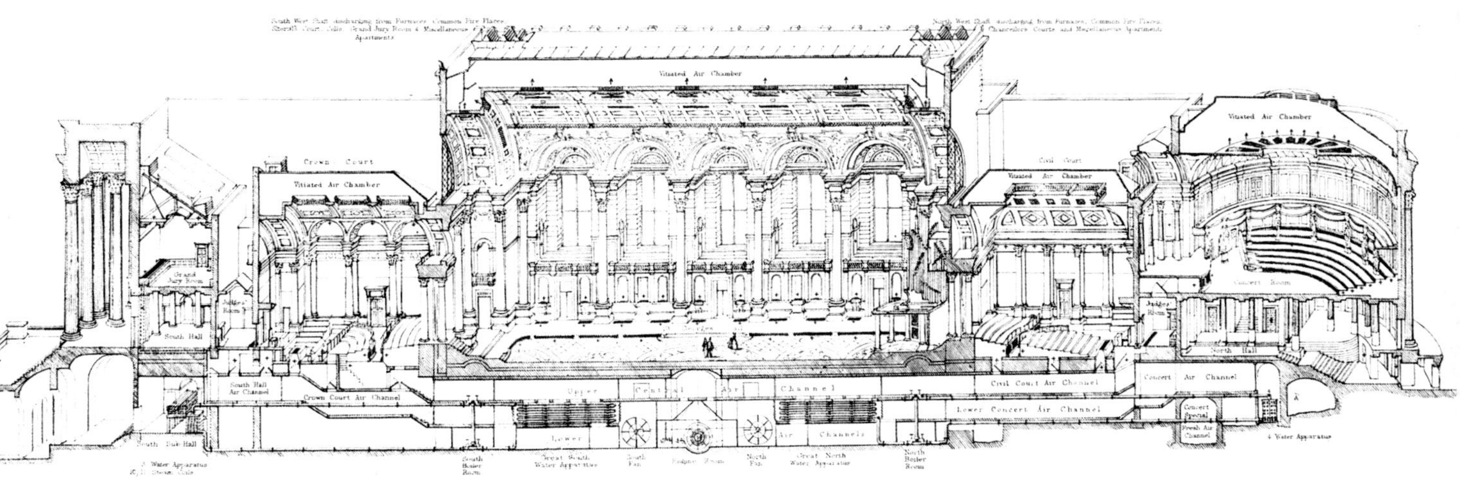

349

冰”从美国运往世界各地，美国及其他国家共有一万多人从事冰块采集、陆运、存储、海运工作。19 世纪 70 年代，随着本地可以生产“人造冰”的制冷工厂的发展，冰块出口逐渐衰退。然而，由于自然冰的质量优于人造冰，冰块贸易一直持续到 20 世纪。

“人工制冷”与冷却

18 世纪晚期，科学家们研究了通过气体膨胀以及液体蒸发形式实现的制冷。苏格兰物理学家威廉·卡伦（William Cullen，1710—1790）1756 年发表了名为“液体蒸发产生的制冷效果”的论文。美国蒸汽机机械师奥立佛·埃文斯（Oliver Evans，1755—1819）在其 1805 年关于蒸汽机的书籍中首次提出通过反复或持续膨胀实现制冷的理论。他表示：通过蒸汽机反方向循环运作时产生的机械能压缩气体（有时压缩为液体形式传输至其他地方），形成膨胀效果，在蒸发过程中吸收周围环境的热量，从而形成制冷效果。埃文斯建议制冷剂采用乙醚。康沃尔蒸汽机制造商理查德·特里维西克（Richard Trevithick，1771—1833）1828 年也就此话题著写了名为“人工制冷的形成”的文章。

然而进一步推进该理论的人并不是埃文斯或特里维西克，而是埃文斯的同僚雅各布·珀金斯（Jacob Perkins，1766—1849）。当时英国政府悬赏印刷防伪造的钞票，珀金斯因此前往英国参与该活动。遗憾的是他未能成功，不过后来 1840 年他在英国印刷出世界上首例邮票——黑便士邮票。珀金斯在英国主要从事蒸汽机和锅炉改良的工作，可能正是这一工作帮他在 1834 年获取了闭路蒸汽压缩制冷系统的专利。他采用橡胶行业所用的生橡胶液——类似于乙醚的有机溶

350

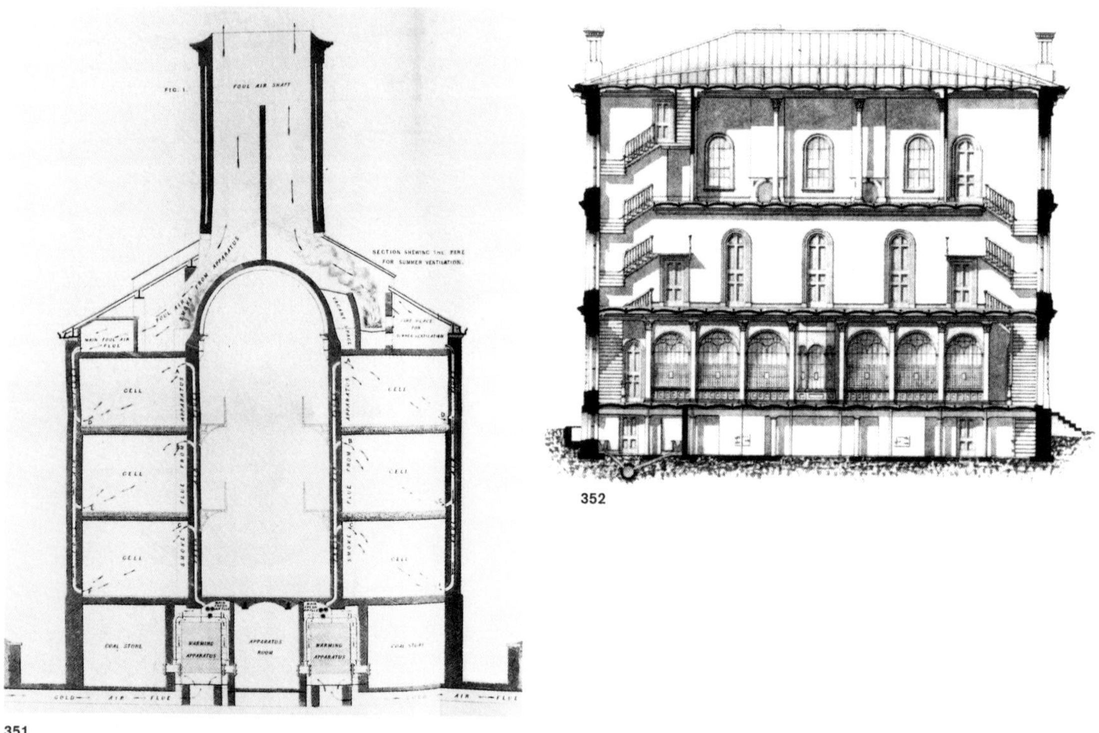

351

352

350. 伦敦空中轮廓（London's skyline）的通风塔、柱和梁。威廉·莱昂内尔·怀利（William Lionel Wyllie），约 1900 年。

351. 伦敦本顿维尔监狱（Pentonville Prison），1841—1842 年。剖面图显示了热风供暖及火力驱动的通风与抽气。

352. 美国西弗吉尼亚州惠灵海关，1856—1859 年。配空心铸铁柱和锻铁梁的防火结构，通过传输热风为每个房间供暖。

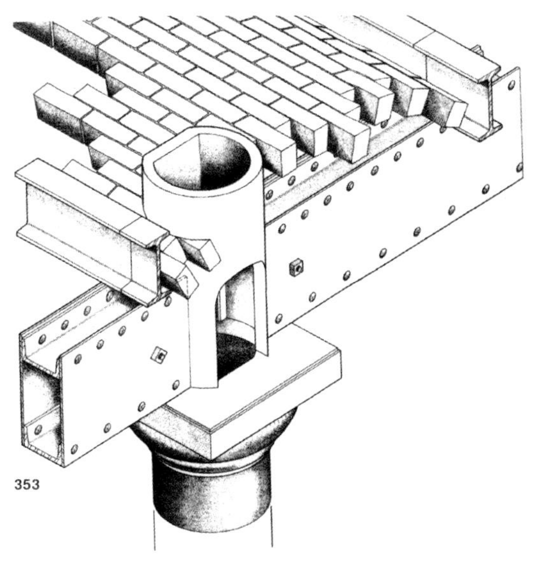
353

THE DAILY GRAPHIC: NEW YORK, MONDAY, JANUARY 22, 1877.

354

剂，作为制冷剂。他的雏形制品并没有投入实际使用。随后30年间，英国、法国、德国、澳大利亚、美国的许多工程师和科学家纷纷开发制冰、冷藏食物的机器，但都收效不大。

对于采用的蒸汽机制冷做法，在未引入热力学基础概念的情况下，制冷效果与效能的改进很快到达了它的极限状态。

热力学的发展

法国科学家尼古拉斯·莱昂纳尔·萨迪·卡诺（Nicolas Léonard Sadi Carnot，1796—1832）在其论文“热动力及开发热动力适用机器的思考”（*Réflexions sur la puissance motrice du feu et sur les machines propres à développer cette puissance*）中提出了热力循环的基础概念，该论文于1819年写成，但是直到1824年才得到法兰西学院的出版许可。卡诺16岁时获得了巴黎综合理工学院的入学资格，在其短暂的生命历程中，他还经历了军营生活，进行了理论研究。学习蒸汽机设计后，他注意到，尽管托马斯·纽科门在首次尝试后获取了进步：

> ……但是这些理论都很难让人理解，而

353. 惠灵海关。柱梁连接详图。
354. 图片展示了美国宾夕法尼亚州匹兹堡的冰块采集情形。

> 且人们也只是偶尔花工夫对其进行改善。人们常常问：热动力能否释放出来？蒸汽机的潜在更新是否存在可认定的极限——事物的本质决定了任何方法都无法超越的极限？或这些更新是否能无限制实施？⑨

凭借科学家的洞察力，他总结道："如果从热量中生成动能的艺术发展到科学的高度，那么必须从最为普遍的观点研究整个现象，不得有关乎特殊引擎、机器或运营的液体。"⑩卡诺创立了热机的概念：在持续运行周期内，高温环境获取热量、低温环境释放热量，在此过程中生成物理学所称的"功"。他表示生成与释放的热量之间的温差限制了生成的功。最后，他还提出该循环过程是可逆的——生成的功可用于将热量从低温传输至高温环境，这就是制冷与热泵的原理。

卡诺的创造性"功"理论未得到人们的普遍接受，几乎四分之一世纪的时间内都不为人知。他的实录集只有小部分印刷了出来，大部分都丢失了。1872 年出版第二版时，已经很难找出一页原版实录集了。造成这一现象的部分原因是他结交的是那些仍然追求热质说理论的人，而不是认为热量是衡量原子分子动势（现称为动能）的人。卡诺的热学理论之后被认为是"错误的"，而遭摒弃。

物理学家威廉·汤姆森（William Thomson）及后来的洛德·开尔文（Lord Kelvin）重新发现了卡诺的"功"。开尔文在其 1849 年发表的论文里借助卡诺的理念计算了蒸汽机输出量的极限，发现蒸汽机的输出量不及最大功的 60%。这一计算表明蒸汽机有改进的空间，也为人们实现这一改进指明了道路。同卡诺一样，汤姆森的理论也基于热质说，不过了解詹姆斯·普雷斯科特·焦耳的研究后，他已经开始转变了看法。焦耳在 19 世纪 40 年代早期进行了多次试验，提出机械能转换为热能时的"热机械当量"概念。1850 年时，汤姆森开始采用热能理论，并改变了他对蒸汽机性能的理解，但是受到刚刚被任命为柏林皇家炮兵工程学院（Royal Artillery and Engineering School）的物理学教授德国物理学家鲁道夫·克劳修斯（Rudolf Clausius，1822—1888）的抨击。随后十年间，汤姆森和克劳修斯创立了我们现在所说的热力学，该科学理论包括两个基本法则：第一，热和功是等效的；第二，热本身不能从一个主体传至另一个更热的主体。

这一蒸汽机基础理论也为热泵提供了基础，包括制冷机，与热泵的工作原理反向。机械功可用来将热量从低温导向高温载体。汤姆森发现了该机器的实用优势，于 1852 年写了一篇名为"关于建筑气流法制冷 / 制热的经济性"（*On the Economy of the Heating or Cooling of Buildings by Means of Currents of Air*）的论文。文中，汤姆森描述了热泵（加热空气的方法）与制冷机设计的理论依据。尽管他可能并没有试图制作此类机器，但是他提出了此类机器制作的科学依据，更重要的是，对于已经制成并工作的制冷机，他在探索如何通过合理的方法改进其性能，而不是像其他常见的狂热发明家那样仅随意地做几次实验就放手了。19 世纪 40 年代，德国人路易·特列尔（Louis Tellier，1828—1913）及美国人约翰·哥里（John Gorrie，1803—1855）发明了采用蒸汽压缩循环、用于制冰及冷藏食物的首部实验制冷机。哥里是一名工作于美国佛罗里达州的医生，他所在的疟疾医院用海运进口的冰块冷却空气，他试图寻找新的方法实现这一目的。19 世纪 60 年代，特列尔成功制造了制冷机；而此时哥里未能筹集到协助其进行发明研究的资金，可能是人们还比较看好自然冰贸易的繁荣景象。同期另一位法国人费迪南德·卡雷（Ferdinand Carre，1824—1900）成功研发并制造出基于蒸汽吸收循环的另一种制冷器，由于无须使用机械压缩机，因此需要的运行能量减少了。

环境控制：温室

当然，促进早期室内环境控制的目的在于改善建筑使用者的舒适度。人类可以通过穿脱衣服来适应周围环境，但是植物做不到这一点。因而，最早的室内建筑环境控制的方法是服务于各类通常所称的温室建筑——为植物创建人造气候环境，也就不足为奇了。18 世纪及 19 世纪早期，创建人造气候环境有两个原因。第一，17 世纪农产品的日益商业化促使荷兰、德国尤其是欧洲北部地区延长短暂的农产品生长期；第二，越来越多的植物学探索者需要合适的地方培育远程带回的标本。从上层人士到普通大众，人们对外来植物的热情越来越高，19 世纪 30 年代，北欧各地开始在植物园建造温室。

如前文所述，18 世纪时此类建筑呈现的是小规模发展，但是 1820 年至 1850 年发展到了时尚的高度，从其大型规模上就能看出这一点。从 17 世纪开始，人们用锅炉蒸汽实现所需的湿度。后来人们很快意识到充分利用太阳的光照和热量条件可以减少此类供暖的需求。因而设计师开始在室内环境控制系统内考虑建筑立面——室内外接触面。合理的方法是建筑立面取得成效的关键。一方面我们需要摄入光线、热量、水蒸气，另一方面也要防止热量、水蒸气流失。最重要的是，不同环境需实施不同的方法，而且需要根据具体情况随时调整。立面需要发挥结构的作用，包括将提供一定透明度的大幅玻璃固定到位，此外，立面还需承受风雪荷载。

早期建筑通常采用的是大型平面窗户。有时人们将窗户设置为垂直角度，以便太阳光线以近似垂直的角度照射在玻璃上，当时人们认为这是阳光照入室内的最好办法。然而随着太阳在天空移动，其光线照射窗户的角度也一直在变化。为了确保温室窗户玻璃的某些位置一年内白天一直能与太阳光线保持垂直，需要采用单曲表面，最好是双曲表面。实现这一需求的方案在很大程度上要归功于植物学家约翰·劳登（John Loudon，1783—1843），他开发的锻铁玻璃格条可卷成所需的截面形式并能沿长边弯折，实现所需的曲 362
率。劳登赞成使用铁格条的主要原因是铁的阻光性比木头低。（减少视觉障碍是克里斯托弗·雷恩 1693 年在下议院采用铁柱的主要原因，这也是 1794 年特鲁里巷剧院包厢采用铁柱支撑的原因。）玻璃窗格插入铁框架，形成了铁和玻璃两种混合材料的壳结构。采用此系统及许多类似系统的著名建筑在今日看来都令人感到惊诧，如东德文区比克顿花园的温室（Palm House at Bicton Gardens，始建于约 1825 或 1844—1845 年） 360
和赛昂宫。

劳登不是唯一对温室气候控制感兴趣的人，但是通过他所著写的各类书籍，人们对他有了广泛的了解，例如《近期关于温室改进的短论》（*A Short Treatise on Several Improvements Recently Made In Hot-Houses*，1805 年）、《论温室结构》（*Remarks on the Construction of Hot-Houses*，1817 年）、《园艺百科全书》（*Encyclopaedia of Gardening*，1822 年）。这些著作中含有许多非凡的理念，许多已经得到了采用，也有些仅仅是停留在想象阶段。劳登是首位意识到植物需要通风（即温室内换气）和空气运动（尤其是冬天建筑密闭的情况下）的人。在 1805 年的论文中他这样写道：

> 温室内，人们竭力模仿最佳的自然状态，通过炉子和暖气管道带来热量。阳光透过玻璃照射进来，雨水通过灌注或水壶补给；露水通过在暖气管道上喷水或由蒸汽机制成；新鲜空气可随意进入。但是也存在一些缺陷：怎样才能带来真正的自然界所拥有的新鲜、适宜的微风？[11]

为了实现这一要求，他设计了许多机器，包括落锤、发条或风能驱动的风扇。有人建议在温

图形存储与数据和信息检索

工程学设计涉及的反复数据计算非常枯燥乏味，直到19世纪中期人们才开发出图形法，这一方法加强了数据可存取性，帮助人们开展计算，减少了工作量。事实上，图形是存储大量数字资料的一种方式，也简化了检索流程，在电脑时代到来之前等同于现在的硬盘。但其作用远不止于此。包含不同变量值的大表格可能包含的是同一类信息，但是在难以存取的表格中需要通过计算在数值之间插值。图形因其视觉明朗性，可快速读取、易于插值。此外，由于图形是由实线构成的，所以更为有效地模拟了实际行为。例如，描绘承受铸铁梁偏离荷载的图形不仅能记录大量实验测量值（例如，100 牛至 1000 牛），还可帮助人们预测未实施的实验可能造成的结果（例如，因 355 牛荷载产生的偏离）。

然而，该图形法仅适用于由单一材料制成的特定尺寸横梁。想象一下，由不同材料制成的不同尺寸横梁在同一个图形纸上会呈现出什么样子？1860 年至 1980 年，计算机开始登上工程师的桌面时，图形——或人们通常所称的图表，几乎是所有工程学（不仅限于建筑工程学）设计方法的基础。19 世纪中期，这一设计方法渐渐得到了革新。

法国地理学家菲利普·布阿什（Philippe Buache，1700—1773）发明了多变量关系的图解表示法。1737 年，布阿什通过绘制同等深度的线（现称等深线）在英吉利海峡导航图上首次标注了海洋深度。很快，他便用同样的原理以等高线的形式绘制了陆地的高度。1843 年，另一位法国人里昂·拉兰尼（Léon Lalanne，1811—1892），在其开创性论文“应用于工程学领域相关问题的图表与变形几何实录集”（*Mémoire sur les tables graphiques et sur la géométrie anamorphique appliquées à diverses questions qui se rattachent à l'art de l'ingenieur*）中进一步发展了这一理论，以供工程师们使用。他所应用的首个实例是反映德国哈雷市一年内每月每日每小时环境温度的三维图形——这是一个将大量信息浓缩在一小块纸张上的杰作。

拉兰尼还开发了以图形形式展示、储存数据以便检索的许多其他方法。作为建筑设计师，他对风玫瑰图有独特的兴趣，现在工程师们仍广泛使用着这一图形。他首次尝试了采用极坐标图展示特定位置来自不同方向的风的频率。此外，他还是首次在对数图形比例尺上绘制数据的人，这种方式能展示大范围的数值。另一个数据存储与展示的方法——类似于现今的柱状图和条形图，是由查尔斯·约瑟夫·麦纳得（Charles Joseph Minard，1781—1870）于 19 世纪 40 年代发明的。

355. 里昂·拉兰尼 1845 年发明的等高线图，展示了一年内每月每日每小时的环境温度变化。

356、357. 里昂·拉兰尼约 1843 年发明的风玫瑰图，展示了风从各个方向吹来的时间比例。

358. 里昂·拉兰尼约 1845 年发明的图表，该图表含两个对数比例尺，可快速计算两个数的相乘结果。

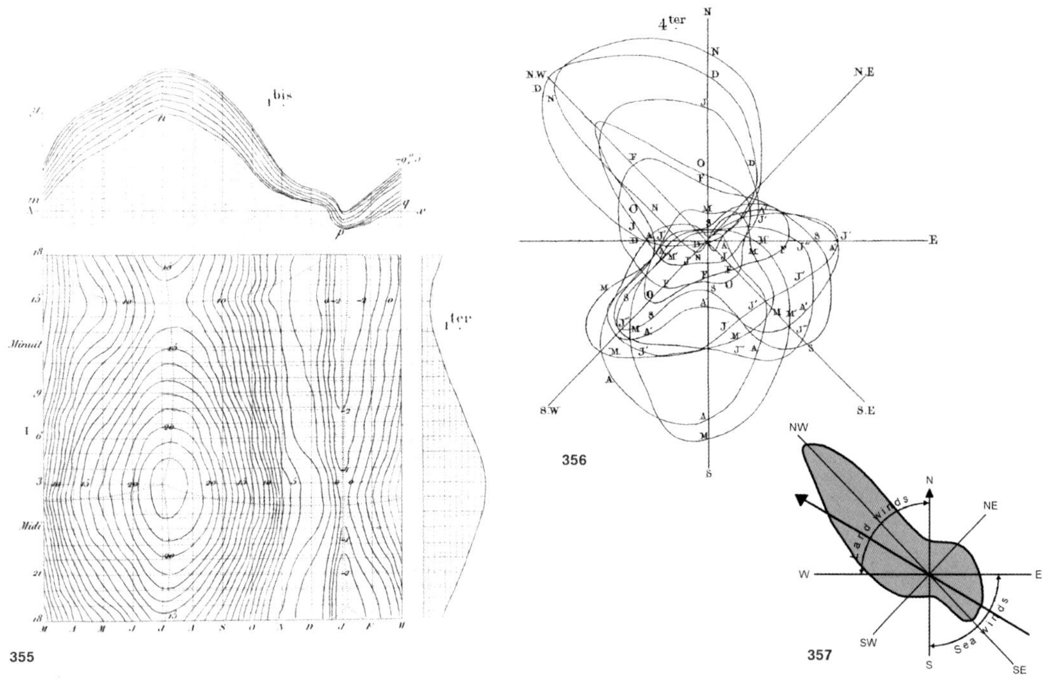
1 bis
1 ter
Minuit
Midi
4 ter
N
NE
E
SE
S
SW
NW
W
Land winds
Sea winds
355
356
357

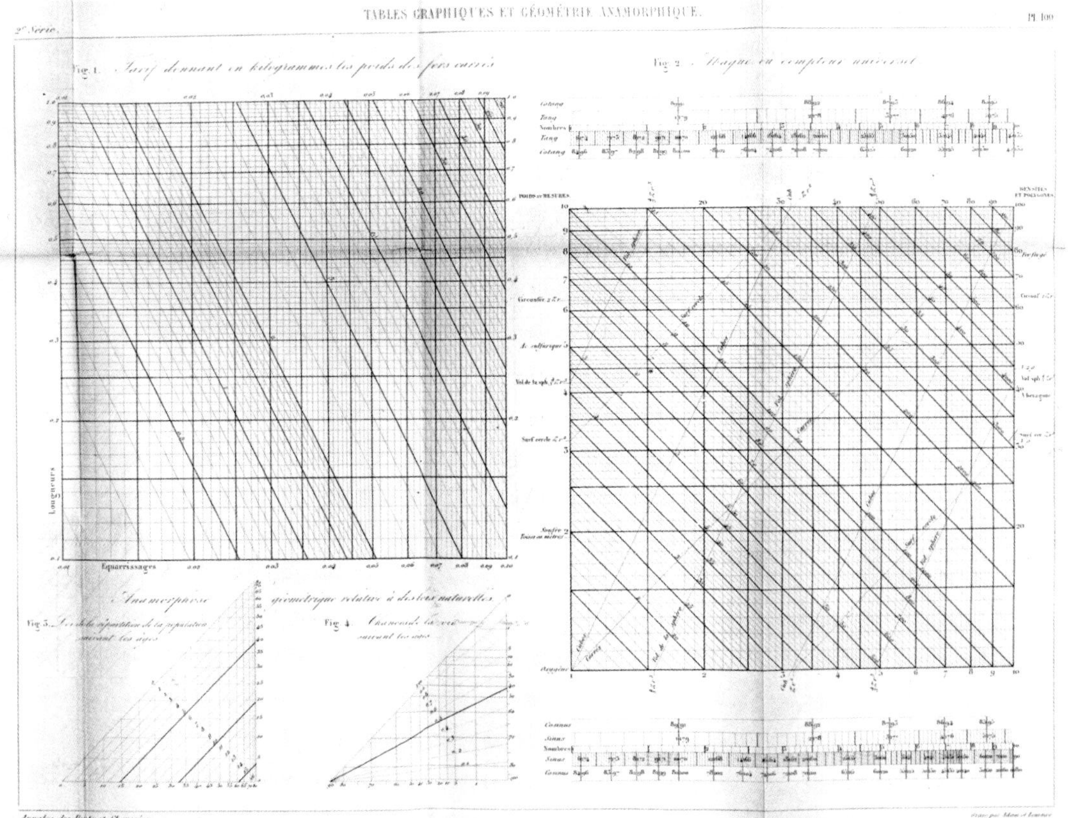
TABLES GRAPHIQUES ET GÉOMÉTRIE ANAMORPHIQUE.
Pl. 100
2e Série.
Equarrissages
Longueurs
Annales des Ponts et Chaussées.
358

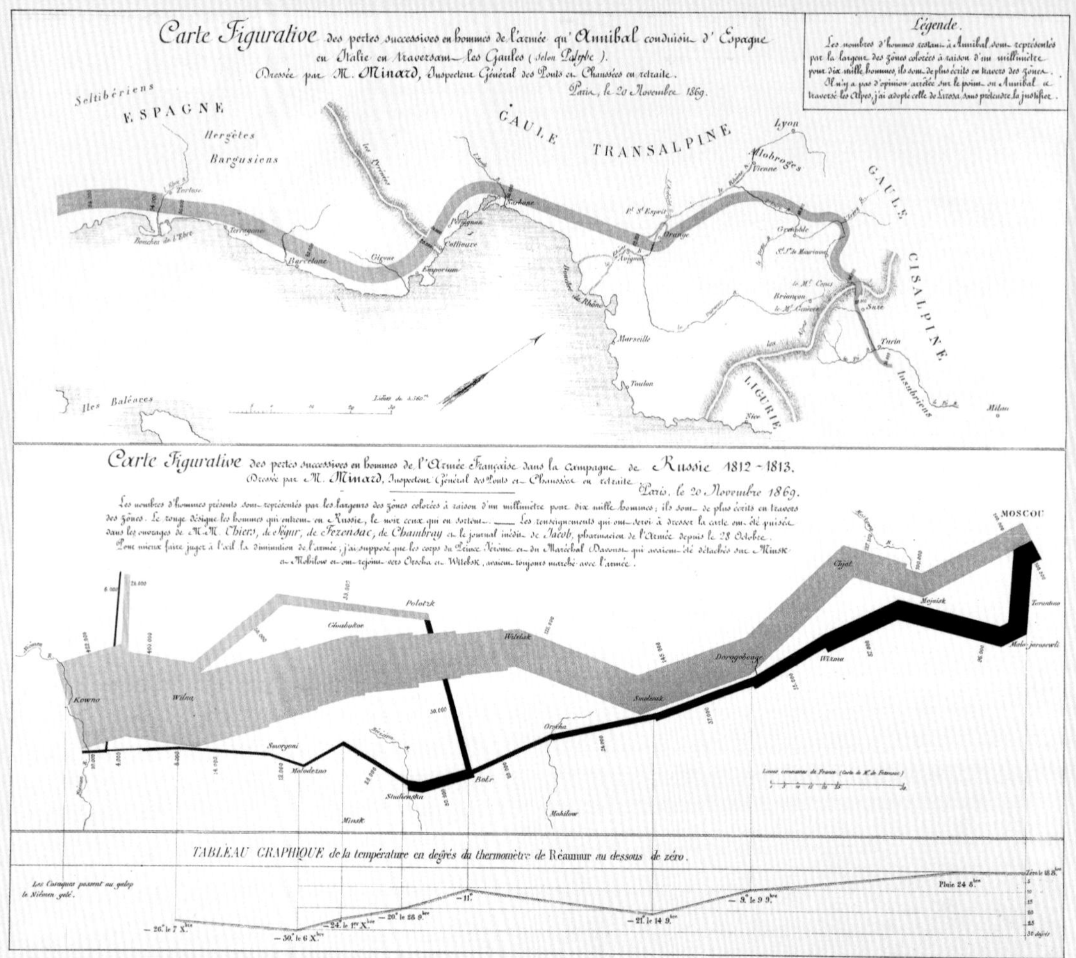

359

359. 查尔斯·麦纳得的信息表，概述了单图形中的大量数据，1861 年。上图：示意地图，展示了第二次布匿战争（Second Punic War）期间汉尼拔军队横穿阿尔卑斯山脉时部队的损失情况。下图：展示了 1812—1813 年拿破仑征俄战役中的变量。

室附近的房间内设置一个储气缸。白天，气缸内的空气可通过太阳加热，夜间可通过风扇将这些热气轻轻吹入温室内。有人建议并尝试采用各类热交换系统，例如将空气导入金属管内，冬天时通过热水或蒸汽对其加热。其中最为先进的系统当属由詹姆斯·丘利（James Kewley）发明并已在多个建筑内安装的系统。劳登对此系统赞赏有
361 加，称其为“自动园丁”。将该温度调节设备与料斗输送蒸汽锅炉、各类通风设备、遮蔽装置相结合，可实现内部气候的“无人”控制。

任何时代的设计师的创造性都不能小觑。博尔顿和瓦特刚刚发明了传输蒸汽的空心铸铁柱并为索尔福德工厂供热的时候，类似的铸造物已经
363 用于多处温室了，其中著名的是沃莱顿和查茨沃斯庄园，设计师用该铸造物将屋顶的雨水引至地下排水系统的水箱当中。

19世纪30年代起，随着暖通系统的不断发展，温室的规模越来越大。尽管玻璃温室通常被视为赢在视觉效果上，但是英国德比附近查茨沃
364 斯庄园的大温室（Great Conservatory，1836—
365 1840年）及伦敦西部英国皇家植物园的温室（Palm House at Kew Gardens，1844—1848年）等最知名的特征是其对内部气候条件的精准控制。

建筑声学

大量人口聚集的建筑不仅需要适当的暖通条件，还需要适当的声学条件。尤其是学院的阶梯教室及政治家、议员聚集的内廷等更是如此。确保良好的声学效果的工作自然落到暖通系统的设计师肩上，因为这些系统依据的都是共同的空气媒介。声学效果常常受通过新风管道从室外传入室内的噪声的影响。

伦敦下议院1834年遭到火灾烧毁，这为建筑内部的声学效果革新提供了理想的契机——良好的室内声学效果是国会议员的主要要求，他们需要大声、清楚地表达自己的声音（看法）。国会议员委任相关人员就此展开了全面研究，人们回顾了同期的经验及已出版的指导性书籍，重点着眼于剧院设计方面，分析了乔治·桑德斯、恩斯特·克拉德尼的作品，甚至是古希腊时期以来维特鲁威所述的声学科学和建筑设计。其中，大卫·博斯韦尔·里德提出的关于声学系统的建议最为知名。

起初，里德询问议员、观察议院，首先明确了下议院内声学问题的原因。他确定了“声音传播问题的六大主要原因”。屋顶过高，这意味着声音的填充空间非常大，发言人讲话的同时，台下人们小声交谈时声音传播的问题更为严重。覆盖墙壁的软布料对入射声反射不足；通过窗户传入室内的噪声——尤其是开启窗户进行通风时，非常大。除了相邻的上议院房间的噪声外，还有“教练、出租车、公共汽车、邮递员铃声以及旧皇宫院落传来的其他各类噪声”。[12]里德发现议员走过房间地板时也发出相当大的噪声，同时开关门时也发出烦人的噪声。最后，他还认为房间中央的高热气流（低密度）对房屋一侧传向另一侧的声音产生了折射，如同玻璃棱镜对光的折射一样。事实上，尽管存在理论可能性，但里德是不可能观察到这一效果的。听众在房间内不同位置所听声音的清晰度是由墙体及吊顶是否存在反射决定的。

里德根据观察和说明，在19世纪30年代建成的新下议院内采取了一系列相应的办法。他降低了吊顶高度，在房间上部采用了木板和玻璃板将声音向下及房间中心位置反射。地板和吊顶都做成气孔板，以便导入新鲜空气、排出污浊空气；同时这些板材表面还减少了之前导致破坏性混响并影响清晰度的声音。新供暖系统可保证整个房间内的气温一致，防止出现声音折射现象。地板铺设了“柔软、厚实、多孔、有弹性的毛织品地毯”[13]，人们走过时不会发出噪声，同时还能吸收房间内无用的反射。最后，安装新型高效暖通

360

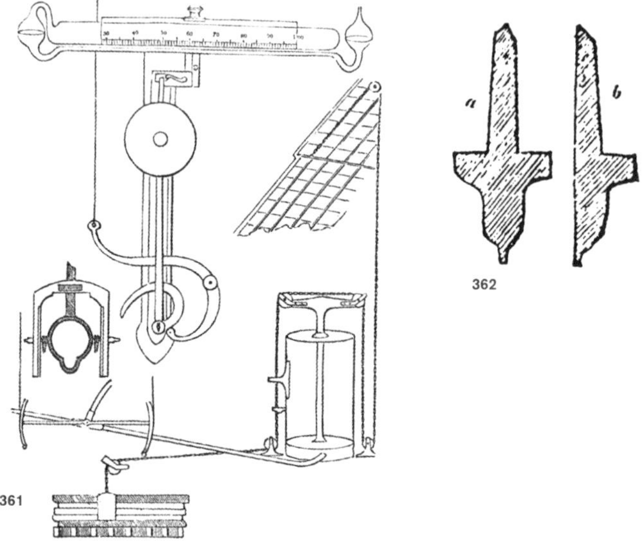

361

362

360. 英国东德文区比克顿花园的温室，始建于约 1825 年或 1844—1845 年（竣工日期不详）。

361. “自动园丁”，早期气候控制设备，詹姆斯·丘利 1816 年获取了此设备的专利权。

362. 约翰·劳登约 1816 年设计的锻铁玻璃格条，为 19 世纪 20 年代及其后的大型玻璃温室奠定了基础。

363

系统后，无须开启窗户，避免了室外的噪声干扰。

继新下议院项目之后，里德继续就室内声学问题搜集信息，开展各类实验。在其 1844 年出版的开创性书籍《通风理论与实践说明》（及关于供暖、照明、声传播问题的评论）当中，他描述了所取得的成果及对广大设计师的建议。他特别说明了混响时间的重要性及其对言语清晰度的影响。里德测量了铁锅炉的混响时间为 8 秒，谈到他曾去过的多个大型房间的混响时间在 8 秒至 10 秒时声音是可听见的。他在圣彼得堡某宫殿内听见的跺脚的声音混响时间为 12 秒。

里德发现言语清晰度的关键是直达声量与反射声量之比。减少反射可通过用衣物吸收声音及降低硬地板反射的声音实现。他还发现，发言人还可能受到房间后墙带来的巨大的混响声音干扰。

关于通过他所描述的原理降低干扰性混响以改善房间声学问题，里德还描述了多个实例。比如某演讲室的灰泥吊顶被拆除，只剩下横梁和板条；比如用帷帐、窗帘、地毯、沙发、软家具吸声。此外，里德还就拱形天花板和球形天花板的聚焦效应开展了多个实验——尤其是面对巴黎的小麦市场和卢浮宫的许多房间。在巴黎的某房间内，他发现吊顶的反射声过高，以至于声音几乎无法传播，为此，人们在吊顶中心悬挂了一个丝质气球来解决这一问题。

里德对声学问题的定性认识与 20 世纪其他声学家并无二致。但仅仅由于缺乏测量声音强度的设备及分析不同频率下声音的设备，他的声学问题研究没有被纳入定性工程学领域。19 世纪晚期将声波转换为可变电流的麦克风问世；

363. 英国诺丁汉沃莱顿庄园的卡梅利娅温室（Camelia House），1823 年。建筑师：杰弗里·威雅维尔爵士（Sir Jeffry Wyatville）。

20 世纪早期，起初的相对声强和后来的绝对声强测量方法问世后，声学问题才被纳入定性工程学领域。

防火建筑

尽管如我们所见，防火建筑是在法国剧院当中发展起来，但是在剧院中的普及速度非常缓慢。拿破仑统治时期，几乎没有建造剧院或其他大型建筑，且小型建筑中所用的能源和铁材的成本都非常高。防火建筑是在英国广泛应用开来，19 世纪上半期，这里建造了成千上万座多层防火工厂和仓库。这些建筑中大多采用的是斯特拉特和贝
367 奇 18 世纪 90 年代设计的系统——铸铁柱梁及砖材平拱层（参见第 5 章）。首个工厂防火屋顶于 19 世纪前 10 年建成，很快成为标准做法。尽管这些屋顶大多采用的是锻铁铸铁桁架，但是有时整个顶层跨于铸铁拱上，打造出无柱空间形式，
366 从而能容纳更多的机器。

在这些几乎一致的建筑中，也有一些有趣的结构想法，比如 1824 年建造的曼彻斯特的蜂窝工厂所采用的系统，这也是 20 世纪框架结构施工
368 做法的直接始源。其楼板结构通过初级铸铁梁以直角角度支撑系列二级梁及三级梁。从而，需要支撑的楼板面积缩减到 600 平方毫米——一个石板即可实现跨度要求。这一方式减少了平拱楼板结构的本身重量，也相应减少了楼面高度和建筑高度。开间尺寸也不再受平拱要求仅限于 2 米至 3 米范围内了。同时，建筑中间梁之间的距离增大后，可存放更大尺寸的机器，也进一步提高了机器放置的灵活性。

1820 年前建造的工厂通常是三四间宽，由 2.5 米至 4 米长的铸铁梁建成。考虑到为整个室内提供充分的自然光照明，多层工厂宽度限于 16 米左右。19 世纪 20 年代初开始，随着大型纺织机器发展，需要建造更大的无柱空间，工厂设计师开始设计两开间布局，其 8 米左右的横梁由单个中心线柱支撑。然而，这还不是铸铁梁的最高上限，如有需要，还能建造出更大的横梁。伦敦大英博物馆中由建筑师罗伯特·斯梅克（Robert Smirke，1780—1867）设计的国王图书馆（King's 369、370
Library），采用了约翰·厄派斯·朗斯特里克（John Urpeth Rastrick）制作的 12.5 米长的铸铁梁打造出广阔的无柱空间。

斯梅克对新建筑技术的兴趣并不局限于铁的使用，他是后罗马时期应用混凝土建筑的首位建筑师之一。1791 年约翰·斯米顿公布了天然水硬水泥的研究结果；1796 年，备受尊敬的詹姆斯·帕克（James Parke）取得了“罗马水泥”（Roman cement）的专利，这是首次面世的人造水硬水泥，由来自意大利火山区的特定火岩而不是火山灰制成。19 世纪前 10 年，数位法国工程师——其中最为著名的是路易·维卡（Louis Vicat，1786—1861），发现了制作人造水硬石灰水泥的方法，这一水泥入水可完全变硬。1817 年开始，斯梅克采用水硬石灰混凝土修复伦敦多处建筑的坍塌基础，其中最著名的是 1825 年对泰晤士河畔海关的维修；此外，他还将其应用于多个新型建筑当中。1824 年，约瑟夫·阿斯普丁（Joseph Aspdin，1788—1855），获取了“波特兰水泥”（Portland cement）的专利，该名称取自从英国西南部波特兰开采出的著名的石块。然而，直至 19 世纪 40 年代熔炉的温度才达到现今所称的波特兰水泥产生的温度（1300℃）。大约在同期，阿斯普丁在英国北部约克郡韦克菲尔德的工厂，及约翰·贝兹利·怀特和桑斯公司（John Bazley White &

364. 英国德比附近查茨沃斯庄园的大温室，1836—1840 年。设计师：约瑟夫·帕克斯顿。
365. 伦敦西部英国皇家植物园的温室，1844—1848 年。工程师和承包商：理查德·特纳（Richard Turner）；建筑师：德奇姆斯·伯顿（Decimus Burton）。

364

365

Sons，英国南部肯特县著名的水泥制造商）也取得了这一成果。

19世纪20年代，混凝土在建筑基础及码头的应用飞速发展开来；19世纪30年代，英国和法国在建筑墙体和楼板当中也开始使用混凝土。英国对混凝土的首次应用可能在约翰·贝兹利·怀特和桑斯公司1835年建造于肯特县斯旺斯库姆（Swanscombe）用于展示公司产品的房间。该房间及同期建造的其他多类用房凝结了大量建筑师的想象力，其中包括21岁的乔治·古德温（George Godwin，1815—1888）——后来成为19世纪英国最具影响力的建筑期刊《建造者》（*The Builder*）的编辑。他著写的获奖论文“混凝土性质与特征，及其在建筑中的现阶段应用”，是新成立的英国建筑师协会（Institute of British Architects）的首部出版物。

1844年，亨利·霍斯·福克斯（Henry Hawes Fox，1788—1851），取得了地板系统的专利，该系统的防火性能基于混凝土而非砖块，包括铺于跨铸铁翼缘的木材板条上的大块混凝土，及间距450毫米的倒T字型横梁。福克斯与詹姆斯·巴莱特（James Barrett）合力开发与推广了这一系统，因而该系统以“福克斯与巴莱特地板”而知名，19世纪90年代得到了广泛的应用（1852年后，铸铁梁被锻铁工型梁取代）。19世纪40年代开始，多位工程师开始尝试在防火地板系统中结合使用混凝土与铁材，其中著名代表是威廉·费尔贝恩——1845年，费尔贝恩为防火工厂开发了平
371 拱地板系统，该系统包括跨于两个铸铁梁（与锻铁杆连接）上的混凝土拱。

混凝土因其防火性能得到越来越广泛的应用，同时也吸引了景观建筑师的关注，例如约翰·劳登——在其1833年的《村舍、农舍、别墅建筑与家具百科全书》（*Encyclopaedia of Cottage, Farmhouse and Villa Architecture and Furniture*）中建议将铁拉杆网格深插入水泥中直至平瓦位置，建造平屋顶。这一理念类似于18世纪80年代法国采用的陶器系统，只是用混凝土替换了灰泥。1844年，法国人约瑟夫·路易·朗波（Joseph Louis Lambot，1814—1887）取得了“将水泥填入直径为2毫米至3.5毫米的薄铁杆框架或编织网中，制作总厚度为30毫米至40毫米的物品”的专利。他认为需要“绝对不渗透性”时，这种建造方法非常适用。[14]

类似于现代钢筋混凝土的最早专利，是英国建筑师威廉·B. 威尔金森（William B. Wilkinson，1819—1902）于1854年取得的。威尔金森是英国
东北部泰恩河畔纽卡斯尔装饰性石膏和“人造石” 372
（混凝土）制品制造者。在其专利“防火住宅、仓库等建筑结构的改进”中，他描述了从煤矿卷扬机中收集的铁缆或“其他张力形式的铁”，例如箍铁带的应用。19世纪末之前，威尔金森公司在公共场所及行业刊物中做了如下广告：“东部威廉·B. 威尔金森，1841年；混凝土作业；各类混凝土楼梯间和防火楼板设计与施工：超低用铁量、完全承受拉力、避免浪费。”[15]现在仅发现一处威尔金森系统案例：纽卡斯尔的一处农舍，直至1952年拆迁该农舍时人们才将其识别出来记录在册。

随后半世纪内，德国、法国、英国在大量防火地板系统（采用跨于平行铸铁梁或后来的锻铁梁上的现浇混凝土或预制混凝土部件）方面取得了数百项专利。此类系统通常采用锻铁杆或跨于铁梁之间的铁带（类似于平拱结构做法）。随着时间的推移，设计师开始考虑将连接大梁的铁条

366. 图为设有全跨铸铁拱形顶的纺织厂及位于顶层的水力或蒸汽驱动的“全自动设备”。摘自埃德蒙·贝恩斯（Edmund Baines）的《英国棉花制造业历史》（*History of the Cotton Manufacture in Great Britain*），1835年。
367. 用于英国曼彻斯特哈夫洛克纺织厂（Havelock Cotton Mill）结构的斯特拉特和贝奇系统，示意图，1845年。

366

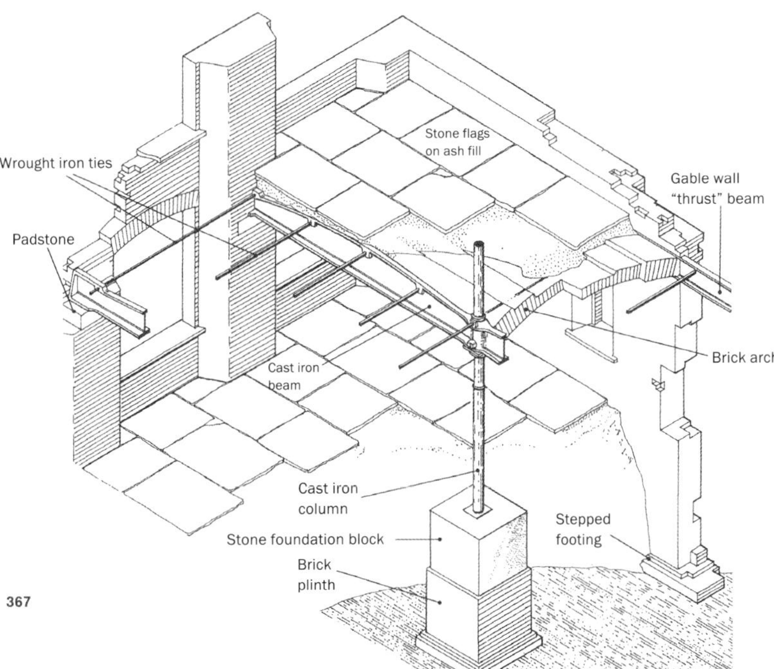
Stone flags
on ash fill
Wrought iron ties
Gable wall
"thrust" beam
Padstone
Brick arch
Cast iron
beam
Cast iron
column
Stone foundation block
Stepped
footing
Brick
plinth

367

368

插入混凝土、中空预制混凝土或陶罐中形成平拱拱石，以承接楼板跨度弯曲形成的张力。防火楼板系统是整个防火系统的一部分，其主要目的还是在于通过混凝土为铁梁提供防火保护。

美国防火建筑

同英国 18 世纪 80 年代一样，铸铁柱在美国首次使用的目的也是为了支撑楼厅，减少视觉阻碍（与木制柱相比）、防止着火时出现坍塌现象。威廉·斯特里克兰（William Strickland，1788—1854）采用了铸铁柱支撑费城栗树街剧院（Chestnut Street Theater，1822 年竣工）的两层楼厅。斯特里克兰曾接受过工程师与建筑师教育，为费城设计了大量运河、铁路、水坝，以及希腊复兴式建筑。尽管他 1833 年再次采用铁柱为费城的美国海军精神病院（United States Naval Asylum）一层楼厅提供支撑，但是这一案例并不能说明铁材作为防火结构材料得到广泛的采用。

18 世纪 90 年代初，工厂和仓库所有者为了防火，同时防止火势烧毁房屋结构导致整个建筑坍塌，大量采用了铸铁结构，因而铸铁应用快速普及开来。在美国，人们对火灾持不同的看法。例如对于 19 世纪 30 年代纽约发生的最为严重的火灾，人们认为其毁灭性影响不在于建筑内部而是周边建筑，这同中世纪时期到 18 世纪欧洲城市的大火情形类似。1835 年纽约市发生的重大火灾在拥挤的街道间快速蔓延开来，1845 年又是如此，烧毁了一千多座建筑，其中很多都是木结构。而铸铁立面可保护建筑及其内部物件，尤其是玻璃窗安装铁卷帘后既能防火也能防盗。这是铸铁匠丹尼尔·巴杰（Daniel Badger，1806—1884）1843 年开始在波士顿，以及 1846 年开始在纽约建筑钢铁厂生产的理想组合产品。巴杰通过大量图解目 373
录为其立面系统及铁制品做了大量宣传，其后 20 年间他的业务取得了大幅发展。

除了防火特性外，铸铁立面还为客户提供了大量建筑做法和风格选择，无须技术精湛的泥瓦匠的参与即可轻松实现。巴杰通常喜欢威尼斯风

369

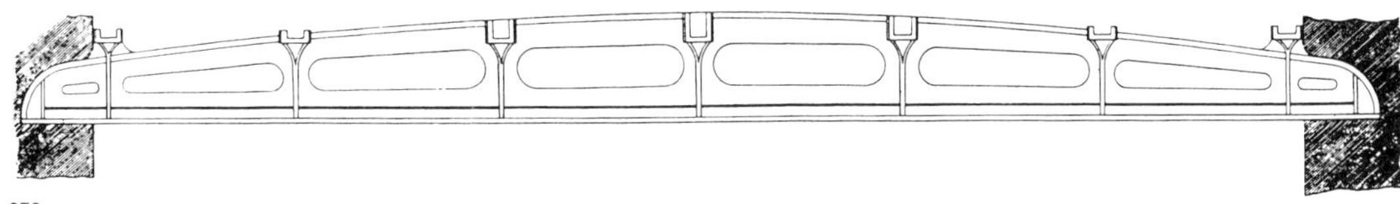

370

368. 英国曼彻斯特的蜂窝工厂，1824 年。地板结构由初级、二级、三级铸铁梁构成，支撑着正方形石板。

369. 伦敦大英博物馆国王图书馆，1823—1827 年。工程师：约翰·厄派斯·朗斯特里克；建筑师：罗伯特·斯梅克。

370. 大英博物馆国王图书馆。铸铁梁详图。每梁跨度为 12.5 米，是当时最长的铸铁梁，大型网格镂空大大减轻了梁本身的重量。

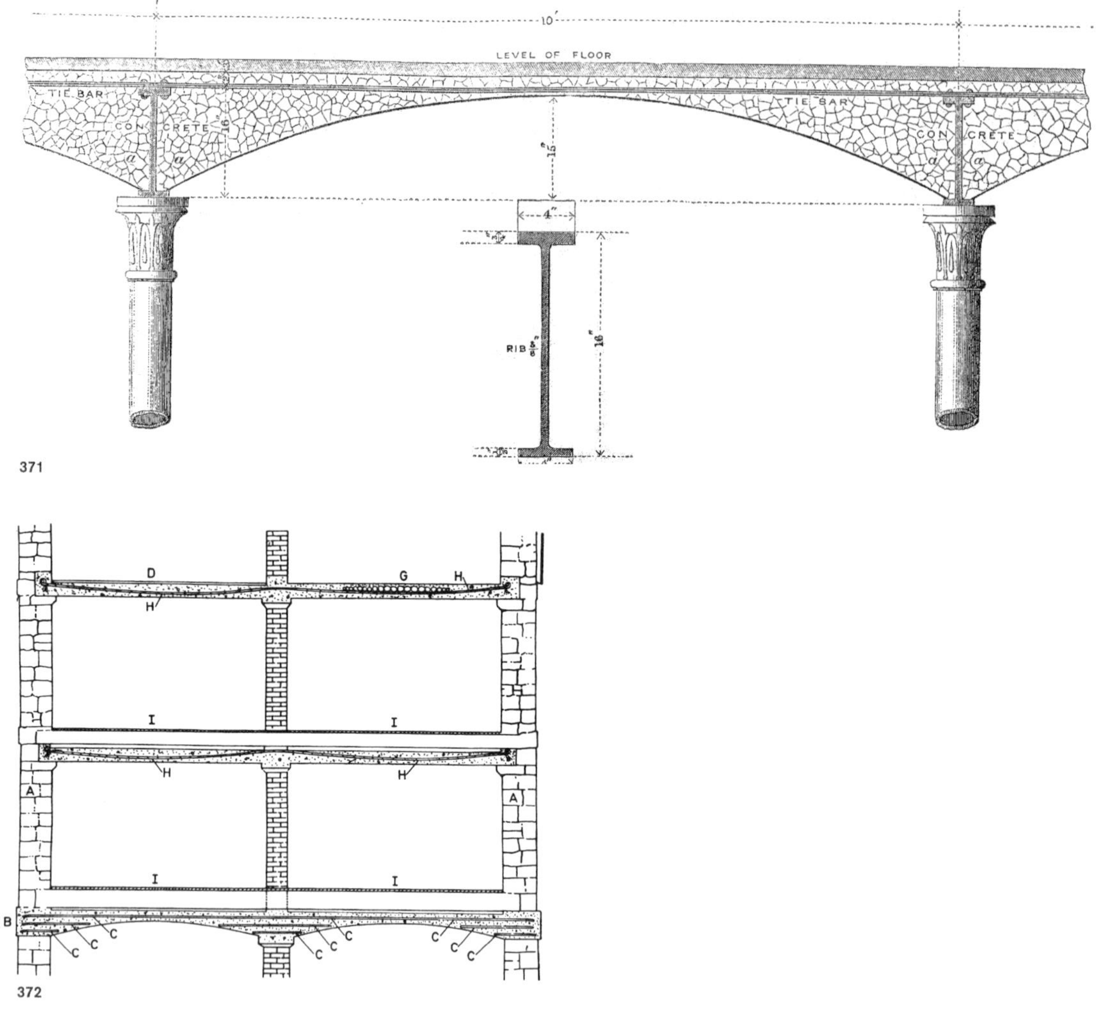

格，只有沿街立面采用铁材，其他墙体采用砖材，这一方法保证了建筑的横向稳定性，这同最早的工厂建筑做法一样。巴杰的早期建筑的内部结构包含铸铁柱及木制横梁和楼板，这与全面防火结构框架还有一定距离。巴杰的建筑结构为六层，这意味着施工时无须进行复杂的工程学计算。铁柱及木制梁（后来采用锻铁梁）采用的都是标准产品，其承重能力已经是众所周知的。除此之外，铸铁应用的优势还在于能轻松制作相同组件并运送至现场及能快速组装。

371. 某八层工厂的混凝土平拱楼板详图，约 1845 年。工程师：威廉·费尔贝恩。其中，铁杆用于稳固横梁的上翼缘。中跨位置，混凝土层仅 75 毫米厚，由铁杆加固。

372. 威廉·B. 威尔金森申请关于“防火住宅、仓库等建筑结构的改进”专利的图纸，1854 年。

374 巴杰最为成功的建筑是 1857 年竣工的霍沃尔特公司百货商场。当时百货商场还是一项新概念，店主为了吸引顾客展开了激烈的竞争。霍沃
375 尔特商场不仅拥有突出的铸铁立面，还是首个安装奥的斯（Otis）电梯的公共建筑。

詹姆斯·博加德斯（James Bogardus，1800—1874）是另一位看到铸铁在建筑中的应用潜力的工程师。14 岁开始，他就在钟表匠那里当学徒，因机械发明赢得了一定声望。1828 年美国纽约城市学院（American Institute of the City of New York）组织了一场发明家展览活动，目的在于促进当地工业，与从英国进口的货物开展竞争并取代之。博加德斯制作的钟表参展后获取了一个奖项。1836 年，博加德斯访问欧洲，参观了许多工业作品，在英国纺织厂，他看到了建筑中铸铁与锻铁的应用，还看到了（或者至少听说）威廉费尔贝恩出口土耳其的铁磨粉机。返回纽约后，博加德斯成立了一家机械工厂，生产他已经取得专利的榨糖机，此时需要更大的厂房，因此他决定
376 在距离巴杰的钢铁厂不到 50 码的位置建造一所防火结构厂房。该工厂于 1849 年竣工，包含内部铸铁柱，以及临街两侧的建筑立面。然而，横梁和楼板采用的是木材，完全不具备防火功能。

由于承揽了为两个店面制作铸铁立面的项目，博加德斯自己的建筑竣工时间推迟了。制作铸件时，博加德斯应用了木模型，并对制作过程进行了监管。虽然这些立面具有良好的防火性能，但其更吸引人的是安装速度［例如，1848 年建造的五层米哈药房（Milhau pharmacy）临街立面仅用三天时间就完成安装］及突出的立面效果（与砌筑墙体建筑相比，此类立面建筑窗户比例要大很多）。

1850 年申请“铁类建筑框架、屋顶、楼板的建造”专利时，博加德斯继续主张建筑结构完全
377、378 采用铁。这也是他在建造哈珀兄弟印刷厂（Harper & Brothers Printing House，1854 年竣工）建筑时所采用的结构系统。除了立面和柱采用铸铁外，甚至楼板也采用舌槽式连接的铸铁板制成。独具创意的主梁配有铸铁网和锻铁拉杆，整个结构类似于铸铁匠约翰·加德纳（John Gardner）1848 年在英国申请的专利结构。该建筑最为知名的是其是美国首个采用锻铁轧梁的建筑。该轧梁结构由 379
特伦顿钢铁公司（Trenton Iron Company）制作，特伦顿公司在当时曾成功制作了倒 T 字型锻铁轧轨剖面。博加德斯采用的大梁形式与此类似，有 175 毫米深。但是由于全铁建筑系统的成本非常高，他后来建造的大多建筑仅立面和柱部分采用了铁材。

骨架构架的发展

19 世纪 30 年代，工厂及仓库采用铸铁柱梁的应用已经颇具规模，屋顶锻铁的桁架应用也是如此。然而，这些建筑外墙都采用的是砌体结构，这种做法有其合理性：砌筑墙体可有效抵御异常天气、具有防火功能，且能确保建筑稳定，防止被推翻。骨架框架没有砌筑墙体，因此该结构需要设法承载风力荷载，并确保建筑稳定，防止被推翻。为此，有三种方法：柱梁之间进行刚性连接，在柱梁边缘空隙处填充剪力板；采用对角线交叉支撑；较新的 K 型支撑。采用铁框架前，木框架结构很长时间以来一直使用的是这些方法。首个通过柱梁之间刚性连接获取稳定性的铁建筑可能是伦敦亨格福德鱼市（1831—1833 年），该建 380、381 382
筑由首位开发铸铁雕刻性能的建筑师之一——查尔斯·福勒设计。该建筑仅仅是为市场摊位设置了顶盖，四周呈开放型，没有能保证建筑稳定性的墙体。随后几十年间，很多小型火车站月台顶棚都采用了这种形式。

19 世纪早期发展开来的新型建筑设计也没有确保建筑稳定性的墙体。这一结构称为坡顶结构——一个屋顶覆盖船台上的滑道，在这里制作 383
船只或将其送往干船坞进行维修。罗伯特·赛宾斯

373

374

（Robert Seppings，1767—1840）1814年左右发明了一种新型长跨木顶，得到了英国海军的采用，19世纪前25年间各码头建造了20多个此类结构。该结构跨度高达30米，造船工人可在顶棚下工作，且能从各侧进入船只。

19世纪40年代，有些木屋顶出现了明显的腐烂损毁，需要更换。在新一波建设期间，英国
384 五大海军造船厂建造了16个新的铁屋顶。起初
的4个屋顶由查尔斯·福克斯设计，采用的是赛宾斯木屋顶的锻铁和铸铁材料，由福克斯·亨德森（Fox Henderson）公司施工。与之前的木结构一样，该建筑的横向稳定性通过牢靠地固定于
地面的柱子实现。之后11个屋顶采用了不同的 385、386
设计方法——由乔治·贝克（George Baker，约1810—1860）设计。与福克斯的设计相比，这些结构设计更为大方：拱顶跨度26米，采用了铸铁和锻铁部件，通过其支撑着铁波纹板屋顶。在结构工程学历史当中，这些结构因两点而知名。

373. 纽约建筑钢铁厂，1865年。工程师：丹尼尔·巴杰。本石印画由沙乐尼、梅杰及克纳普（Sarony, Major & Knapp）制作。
374. 纽约霍沃尔特公司百货商场，1857年。工程师：丹尼尔·巴杰。
375. 霍沃尔特公司百货商场，首层奥的斯电梯门。
376. 纽约詹姆斯·博加德斯的工厂，1849年。临街立面采用铸铁。
377. 纽约哈珀兄弟印刷厂，1854年。工程师：詹姆斯·博加德斯。
378. 哈珀兄弟印刷厂，工作间。
379. 哈珀兄弟印刷厂，地板结构详图。

375

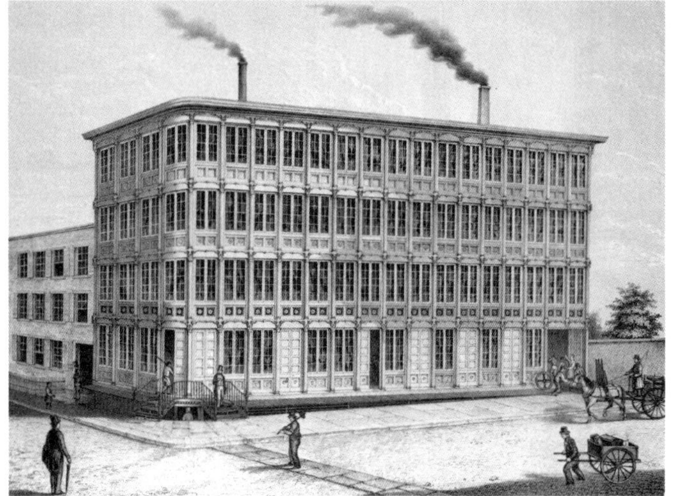
376

377

378

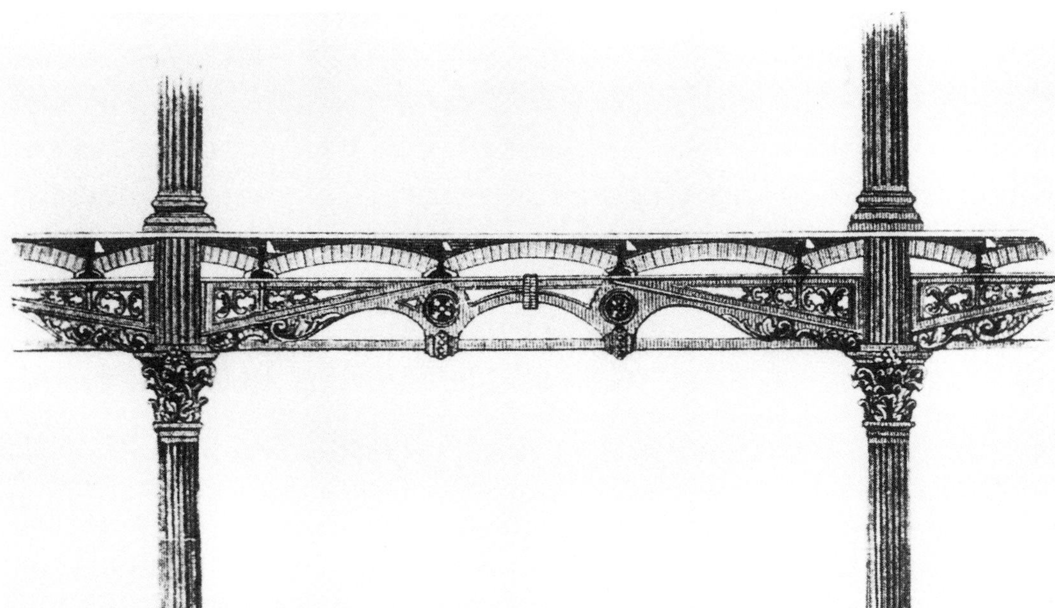
379

380

381

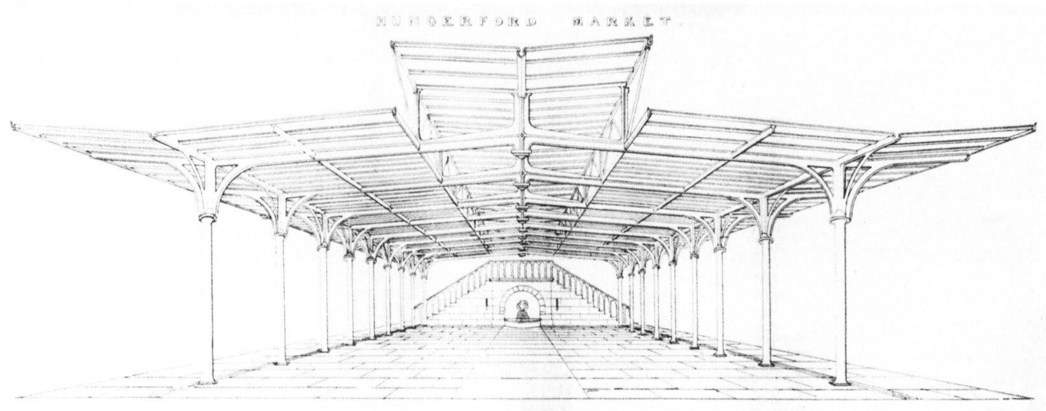
HUNGERFORD MARKET.
METAL ROOF IN THE CENTRE OF THE FISH MARKET, ERECTED A.D.
A.B.C.D Area of Roof.

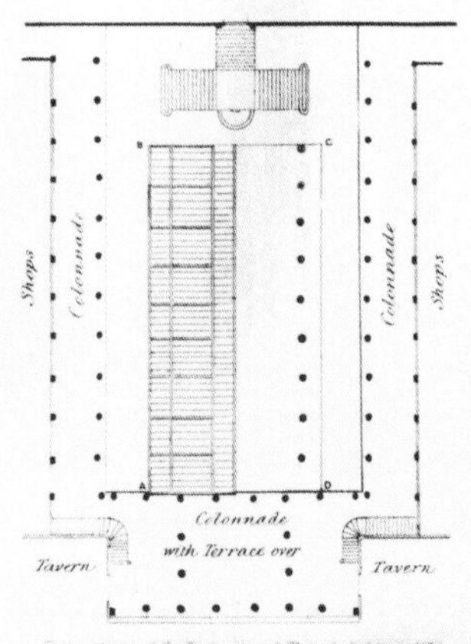
Shops
Colonnade
Colonnade
Shops
A
D
C
Colonnade
with Terrace over
Tavern
Tavern
C. FOWLER, ARCH.T
ERECTED A.D. 1835.

382

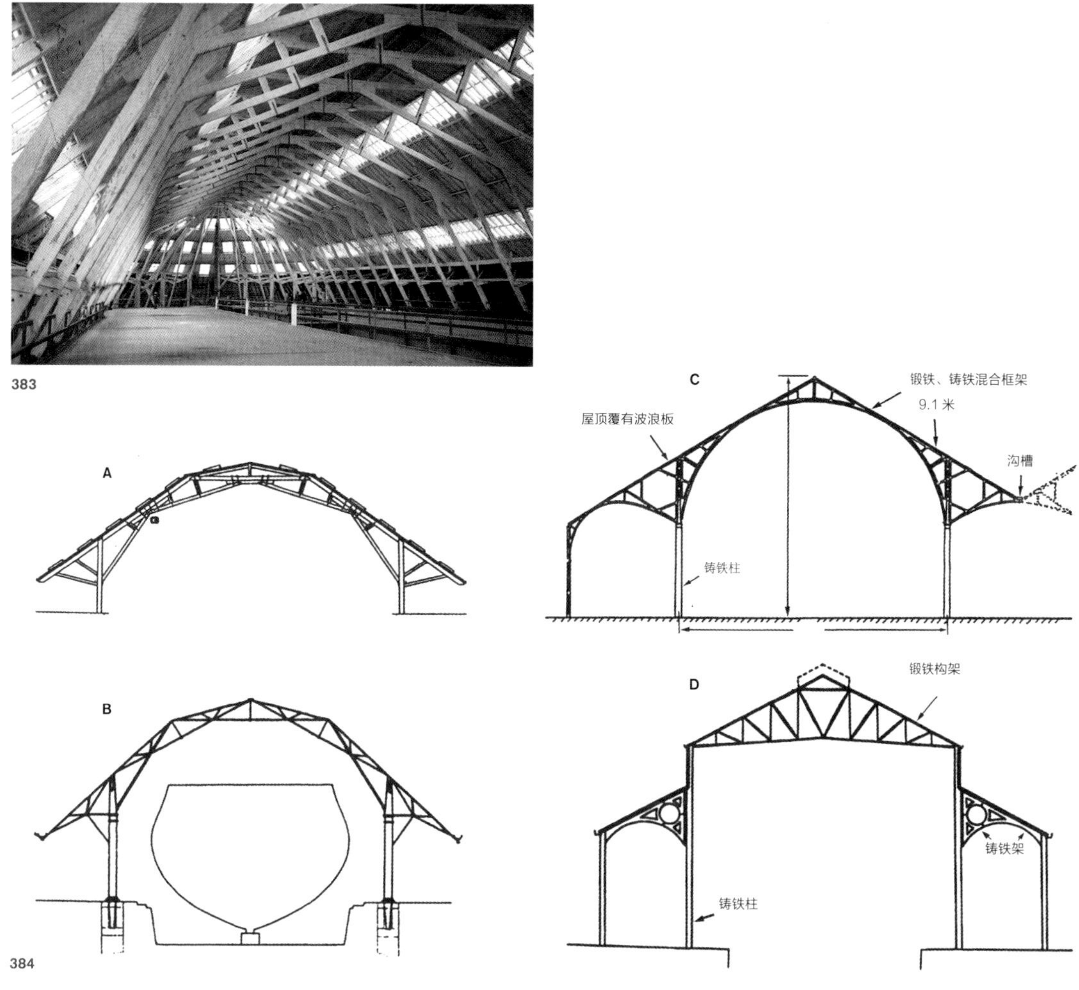

380. 18 世纪晚期，法国科尔马结合砖嵌板的木框架结构。

381. 英国肯特查塔姆旧船厂（Chatham Historic Dockyard）桅室和放样间，1753—1758 年。木框架结构。

382. 伦敦亨格福德鱼市，1831—1833 年。建筑师、工程师：查尔斯·福勒。铸铁屋顶结构图（上图）和平面图（下图）。

383. 英国肯特查塔姆旧船厂 3 号坡顶，1836—1838 年。现代夹楼形式，顶距地 4 米，跨度约 25 米，高约 20 米。

384. 英国海军造船厂坡顶剖面，约 1814—1845 年。（A）木顶，约 1814—1840 年，跨度高达 30 米；（B）铁顶，1845 年，跨度 24.5 米；（C）铁顶，1846—1847 年，跨度 26 米；（D）铁顶，1847 年，跨度 25.6 米。

首先，它们是首批采用H型横截面柱子的建筑，非常类似于今日的结构。之前铁柱采用的都是十字形或圆形截面。H型横截面采用的材料最少，同时也能提供必要的强度和刚度，且其反映的逻辑性与费尔贝恩和霍奇金森19世纪30年代开发的工型梁相同。该柱子由铸铁制成，从下至上逐渐锥化，也反映了必须承载的弯曲力矩。其次，贝克的设计包含一个小边跨，增加了建筑的横向稳定性（通过开间之间的刚性连接形成框架形式）。这一步超越了福勒的亨格福德鱼市的设计。贝克也听说了1844年朴茨茅斯船厂（Portsmouth Dockyard）建造的消防站，该建筑完全通过构建之间的刚性连接实现稳定性。查尔斯·福克斯在伍尔维奇设计了他的最后一个坡顶，其结构稳定性也通过柱子与边跨之间刚性连接的框架作用实现。

19世纪20年代至40年代，锻铁技术的进步也大力促进了铁骨架框架的发展。这段时间内，随着铁路业的发展，对轨道轧铁型材的尺寸、长度、质量的要求也越来越高，同时也需要建造铁路所需的大量建筑。1847年，法国结构工程师费
387 迪南德·佐尼斯（Ferdinand Zorès）说服了某轧钢厂所有者生产建筑所用的工型锻铁梁。他将该125毫米深、50毫米宽的梁用作楼板梁。

19世纪早期开始，多个行业领域尤其是锅炉制造业兴起了用铆钉连接铁板和铁条的做法。19世纪30年代末，铁壳船出现初期，其壳体通过将锻铁轧肋固定在薄铁板加固，两三个型材铆连接形成复合肋骨。通过将各类简单的铁型材连接起来形成一个整体，打造复合结构形式的技术很快应用到各类铁结构当中，尤其是桥梁结构和建筑中的大型梁柱。1838年，在重建圣彼得堡冬宫时，苏格兰工程师马修·克拉克通过铆接铁板和相应角度形式制作跨度达15米的椭圆截面横梁，为防火吊顶提供支撑。19世纪40年代早期，多位英国工程师——包括罗伯特·史蒂芬森（Robert Stephenson）和威廉·费尔贝恩，用铆钉将板块长边与L型截面连接起来，制作更大的组合型锻铁结构截面。费尔贝恩公司主要从事锅炉与铁船制造，开发了厚锻铁板的轧制、切割、钻孔、塑形、铆接的技术，成为制铁业世界领先的承包商。388
1837年左右，受工厂铆接作业技术工人罢工影响，费尔贝恩锅炉厂经理发明了一个蒸汽驱动铆接机器。随后人们分别于1865年和1871年发明了类似的气动和水力机器。其中水力机器不仅能为铆钉钻孔，还能穿孔。

从福克斯·亨德森公司获得伦敦海德公园的 389
水晶宫（Crystal Palace in London's Hyde Park）的建造机会中，我们可以看到其在铁坡屋顶建造过程中所累积的经验价值。采用铸铁和锻铁结构的概念是约瑟夫·帕克斯顿（1801—1865）提出的。帕克斯顿是德沃恩舍尔公爵（Duke of Devonshire）德比郡查茨沃斯庄园的管理人，庄园位于威廉·斯特拉特等人建造的诸多工厂以北，仅有几英里远。19世纪30年代和40年代，植物园涌现了大量的铁和玻璃结构。帕克斯顿设计了当时最大的温室——查茨沃斯庄园大温室，位于德比附近。与年轻工程师威廉·巴洛（William Barlow，参见第7章）及朋友罗伯特·史蒂芬森开发著名的展览馆建筑方案时，帕克斯顿采用了查茨沃斯庄园大温室及其他温室实践当中的许多理念。

同诸多知名建筑一样，水晶宫享有盛名不仅仅因其创新性，还在于它融合了特定的理念，适合当时特定的环境。如亨利·科尔（Henry Cole）在其实录集中写道：

> 是这一建筑让人们首次感知到了世界……它是帕克斯顿提议的建筑。是这一建筑教会了世人如何在大空间内构建屋顶，如何以前所未有的方式用铁和玻璃建设屋顶……坐于混凝土基上的铁柱并没有多么新颖；帕克斯顿设计的排水沟也没有多么新颖，

385

386

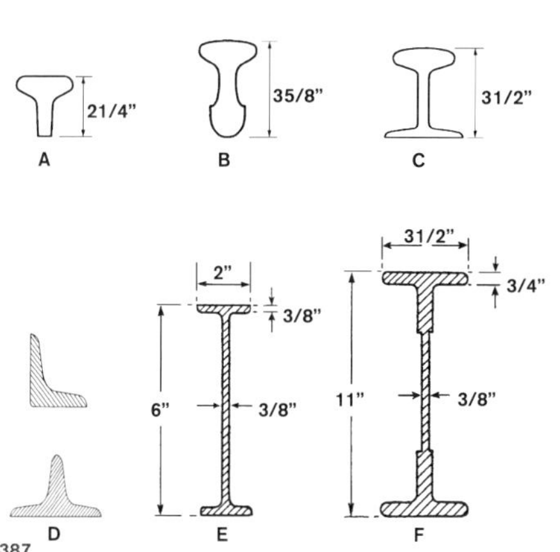

387

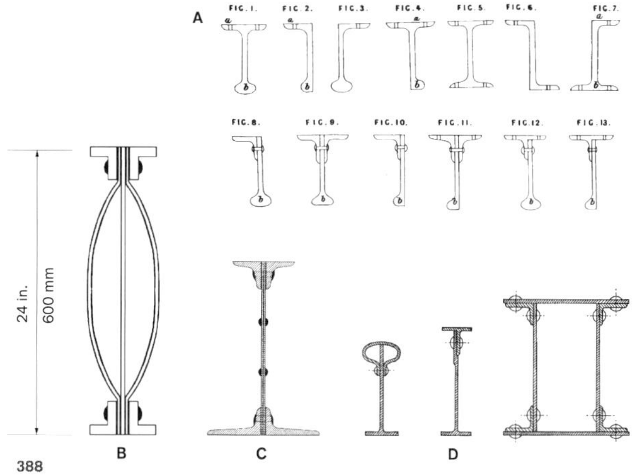

388

385. 英国肯特查塔姆旧船厂 4 号坡顶，1847—1848 年。乔治·贝克设计的铁坡顶，跨度 26 米。H 型横截面铸铁柱支撑的锻铁屋顶结构细节图。

386. 查塔姆旧船厂 4 号坡顶外观。

387. 锻铁轧制断面，1820—1847 年。（A）伯肯肖铁轨（Birkenshaw rail），1820 年；（B）克拉伦斯铁轨（Clarence rail），1830 年；（C）史蒂文斯铁轨（Stevens rail），1830 年；（D）角型和 T 型结构断面；（E）和（F）费迪南德·佐尼斯的工型结构梁，1847 年。

388. 锻铁组合断面，1832—1844 年。（A）用于船只建造的简单组合加强肋，1844 年詹姆斯·肯尼迪（James Kennedy）与托马斯·弗农（Thomas Vernon）获取了专利；（B）俄罗斯圣彼得堡冬宫［现为埃尔米塔日博物馆（Hermitage Museum）］的大梁，1838 年，工程师：马修·克拉克；（C）非对称性工型截面，1832 年，工程师：威廉·费尔贝恩；（D）工型和管状断面，19 世纪 40 年代，工程师：威廉·费尔贝恩。

389. 伦敦海德公园水晶宫，1850—1851 年。工程师：威廉·巴洛（初选）和查尔斯·福克斯（最终设计）；建筑师：约瑟夫·帕克斯顿。

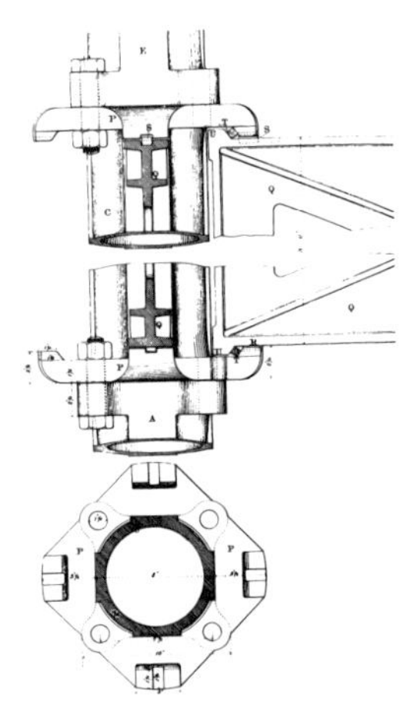
390

391

392

390. 伦敦海德公园水晶宫，1850—1851 年。工程师：威廉·巴洛（初选）和查尔斯·福克斯（最终设计）；建筑师：约瑟夫·帕克斯顿。柱梁连接详图，以铸铁 / 橡木楔固定。

391. 水晶宫内部图，展示了主框架和拱顶上的交叉支撑。

392. 在建中的水晶宫，通过刚性连接确保框架的稳定性（桥门）。

因为有六个人声称自己也发明了这样的排水沟。其新颖之处在于整个20英亩的场地被罩以玻璃顶，从而打造出的神奇展厅。[16]

该建筑的工程学设计遍布着独创性，不仅是结构工程学的一大创新，其施工成本和速度也令人惊讶——从1850年7月30日进场起，占地7万平方米的整个海德公园建筑仅用了27周的时间就建设完成。其主要建筑特点如下：

·严格应用模块化方法（基于8英尺）开发平立面

390 ·通过柱梁间的刚性连接以框架形式为建筑提供稳定性

·用楔子而非螺栓或铆钉安装梁和柱

392 ·施工期间充分利用框架固有的稳定性，无须采用脚手架

·应用可以朝两个方向扩展的框架系统（铁框架通常只能朝一个方向扩展）

·应用十字形翼部为中殿提供横向稳定性

391 ·应用对角支撑（现称交叉支撑）提供附加的稳定性

393 ·走廊楼板子结构的双向跨均衡分布了荷载力

395 ·拱形十字形翼部具有预装性能，且安装快速无须脚手架

·在屋顶平砌部分应用水平支撑，形成清
394 晰的负载路径，承载木制拱顶和风荷载面向地面的推力

·设置水平交叉支撑，承载自玻璃立面至主框架的风荷载，通过垂直支撑承载面向地面的风荷载

·应用铸铁制作的相同构件，速度更快、成本更低

·广泛展开的大规模生产或批量生产具备很多优势，比如工人无须一直学习新的施工详图和方法

·广泛应用的小型、轻型部件（最多1吨）——工人通过小型吊车就可轻松操作

·地面层漏缝地板的应用，便于清理（尽管也可以采用扫地机，但是人们发现“访客中女士的服装通常对房间清理提出更高的要求”）

水晶宫的盛名几乎瞬间传往世界各地，这在很大程度上归功于《伦敦新闻画报》（*Illustrated London News*，是首批以插图为特色的报纸之一）对其设计与施工的报道。随后法国、德国、美国的国际展览都竭力达到帕克斯顿、福克斯、亨德森等人的成就高度。至今，人们仍借类似的展览（或博览）展示创新的建筑风格与建筑工程学。

随后骨架框架的发展浪潮就平静多了。
查塔姆旧船厂需要建造新的坡顶，其设计工作 396. 398
交予戈弗雷·格林（Godfrey Greene，1807—1886）——海军总部新任命的工程与建筑主任，这一头衔对于仅有四个员工（一个主要助手威廉斯坎普，三个制图员）的团队来说显得有些大。格林的新坡顶（跨度25米）设计借鉴的是先前的实例，尤其是福克斯·亨德森的作品，而新添加的许多理念也明显受水晶宫的启发。最突出的是其轻便的外形和建筑的感觉，以及对成本及简洁性的考虑。

简洁性方面，伦敦东部泰晤士河畔的希尔内 397
斯船厂更进一步。该船厂于1858年设计，1860年竣工，是最早应用各类现代化结构框架部件的
建筑之一。规模不大，共四层，首层存放着轻型 399
船如小艇、独桅纵帆船等，其上是三层建筑。船只通过中心开间的移动式起重机举起，其布局类似于当时遍及英国、德国、法国和美国的很多铁具装配车间。人们现在充分意识到了该建筑的历史意义，尽管在其建成后近一个世纪之后工程学历史学家才“发现”了这一建筑。

1. 该建筑横向稳定性完全由柱梁之间的刚性连接实现，无须使用伦敦亨格福德鱼市

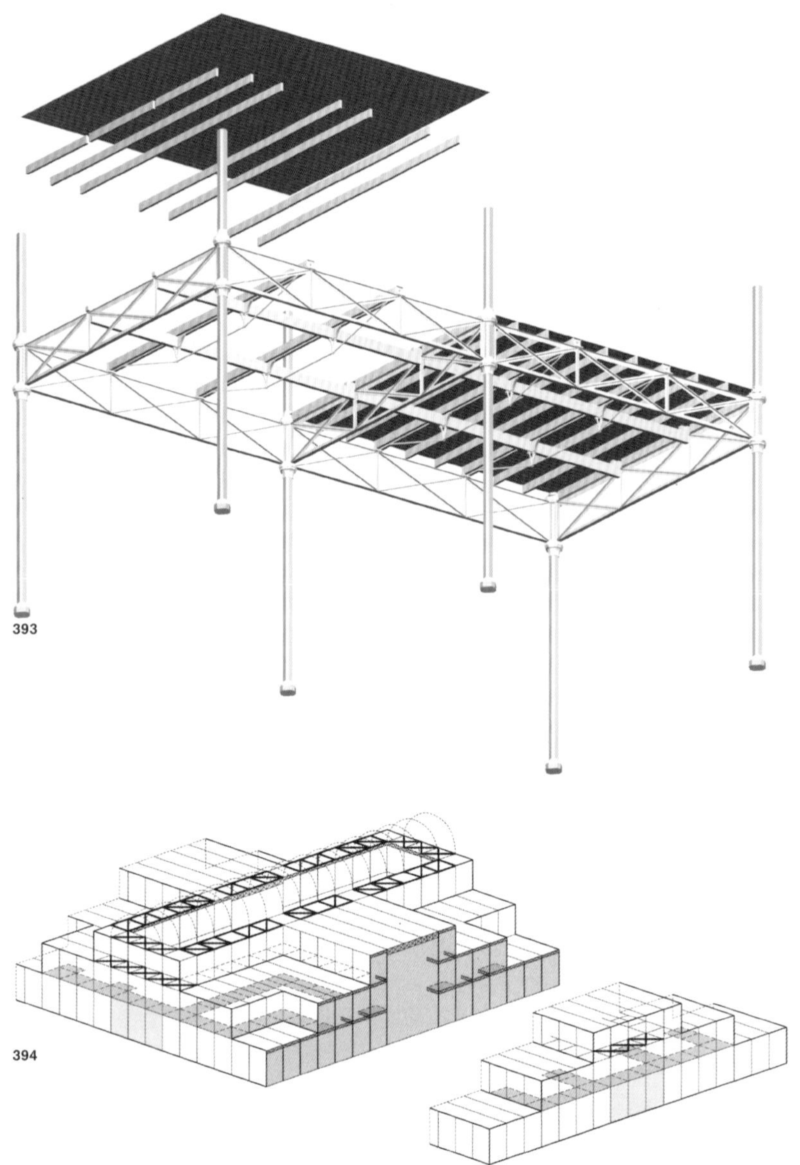

393. 伦敦海德公园水晶宫。如分解图所示为双向跨，桁架梁支撑走廊楼板。

394. 水晶宫。如图所示，水平交叉支撑承载着中殿和十字形翼部（右侧）端部立面的风荷载；十字形翼部各侧平屋顶位置的水平对角支撑承载着拱顶的横向推力和风荷载（左侧）。

395. 水晶宫。施工过程图：将一块木材拱顶放置在适当位置。

396. 查塔姆旧船厂 7 号坡顶。平面图。

397. 英国伦敦东部希尔内斯船厂，1858—1860 年。工程师：戈弗雷·格林。该铁制框架结构由桥门支撑，覆以波形铁。

398. 查塔姆旧船厂 7 号坡顶，1853—1855 年。工程师：戈弗雷·格林。锻铁桥门架细节图。

399. 希尔内斯船厂平立面图。

400. 希尔内斯船厂。铸铁柱、铸铁梁及组合锻铁梁连接的细节。

395

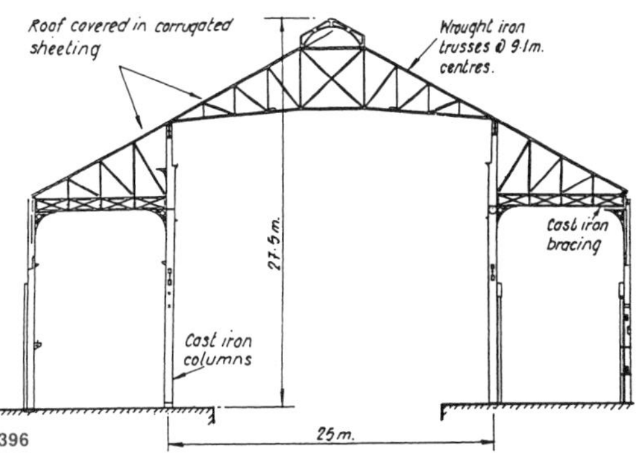

396

397

THE BOAT STORE, SHEERNESS (1858-60)

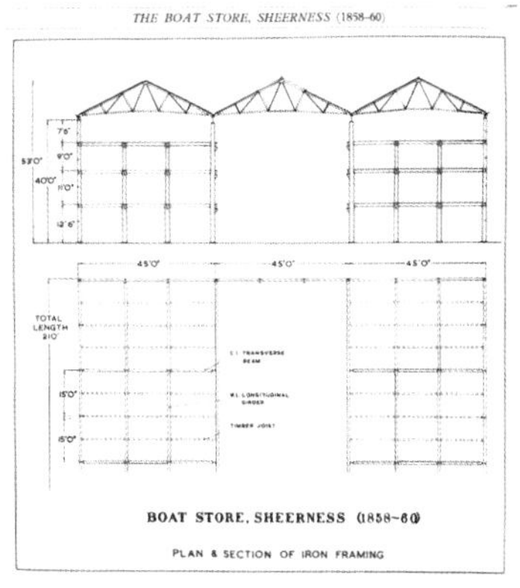

399

398

400

401

402

403

401. 火灾报警用的铸铁钟楼，纽约，1851 年。工程师：詹姆斯·博加德斯。塔高 30 米，通过刚性连接确保稳定性。
402. 铸铁麦卡洛制弹塔（McCullough shot tower），纽约，1855 年。工程师：詹姆斯·博加德斯。塔高 53 米，通过刚性连接确保稳定性。

及早期坡顶所用的支架或曲梁，这是当时首
400 次采用的做法。

2. 该建筑首次采用了对称性工型梁；与其他仅承载重力作用的梁（通常朝一个方向）不同，希尔内斯楼板梁根据需承载的风荷载方向不同还需承受各类弯曲荷载。该建筑是首批采用工型梁结构之一，时间上仅比贝克设计的坡顶晚。

3. 角柱采用正方形结构，以适应正交方向的波状铁皮，同时采用中空构造，以承接屋顶雨水。

然而该建筑最为著名的特征是其高度简洁性、功能性、雅致性，以及各类细节的处理。虽然同时代的人没有发觉，然而20世纪的建筑师慧眼识宝，发现了它的特色。

对格林的坡顶和造船厂的影响进行评价是一项困难的工作，因其是海军建筑，属于军事机密；另一方面，如果评价对铁承包商有益，他们就会很快将其传播开来。这些建筑专门针对各自所需的功能而建，如果将设计应用到其他建筑中，则需要进行相当大的改动。同铁路一样，为适应特定功能而开发了单层铁装配车间。当时，六层或八层的多层建筑已经大量使用铁梁和铁柱，均需要外墙。如果建造砌体墙来支撑窗户和保暖，为什么不同时用该墙体支撑楼板？另外，在外墙中添加柱子也会产生不必要的费用。

19世纪60、70年代，芝加哥和纽约的建筑越盖越高，促进了骨架框架的快速发展。十层以上的建筑，承重砌体墙的厚度就非常大了，以至于占用了下层和地下室的很多空间，这些空间是无法租用的，同时也需要更多换气系统设备以及发电设备。詹姆斯·博加德斯19世纪50年代在美国营造了两个建筑，事后看来，他是埋下了柱梁刚性连接的潜力种子。1851年8月，他建造
了一个六层的火灾报警钟楼，采用了刚性节点连 401
接的铸铁柱梁。几年后，博加德斯又在距其纽约工厂几百米的地方以同样的基础系统建造了一个
制弹塔。报警钟楼立面采用的是砖块嵌入矩形板 402
的做法，这与中世纪时期欧洲采用的木材框架构造做法一样。同时立面上还设有小窗，为旋转铁楼梯提供采光条件。钟楼的重力或风力荷载可能没有进行结构计算或者说没有这个必要。1853—1854年，伊萨姆巴德·金德姆·布鲁内尔（Isambard Kindom Brunel，1806—1859）在伦敦南部西德
纳姆的两座水塔［每座均为12层，高度达284 403，404
英尺（86.6米）］和烟囱项目中也采用了同样的理念。这里也是水晶宫1852年从其原址海德公园迁来重建的地方。

19世纪50年代晚期，房地产开发商看到了适宜的经济条件下纽约和芝加哥高层建筑在19世纪60年代至70年代的商业潜力，因而促进了其飞速发展。

403. 伦敦南部西德纳姆在建的水塔和烟囱，1853—1854年。工程师：伊萨姆巴德·布鲁内尔。
404. 西德纳姆水塔和烟囱。

OTEL.
HOVIS

第7章 现代建筑的诞生期 1860—1920年

人物与事件

1810—1879年，威廉 · 弗鲁德（William Froude）

1823—1894年，约翰 · 施韦德勒（Johann Schwedler）

1832—1907年，威廉 · 勒巴隆 · 詹尼（William LeBaron Jenney）

1832—1923年，古斯塔夫 · 埃菲尔（Gustrave Eiffel）

1842—1865年，拉斐尔 · 古斯塔维诺（Rafael Guastavino）

1842—1921年，弗朗索瓦 · 埃纳比克（François Hennebique）

1844—1900年，但克马尔 · 阿德勒（Dankmar Adler）

1844—1917年，欧内斯特 · 兰塞姆（Ernest Ransome）

1847—1914年，赫尔曼 · 瑞彻尔（Hermann Rietschel）

1849—1924年，马蒂亚斯 · 柯能（Matthias Koenen）

1850—1891年，约翰 · 威尔伯 · 鲁特（John Wellborn Root）

1850—1913年，地震大王约翰 · 米尔恩（John "Earthquake"Milne）

1851—1917年，古斯塔夫 · 瓦伊斯（Gustav Wayss）

1852—1926年，安东尼奥 · 高迪（Antonio Gaudi）

1853—1939年，弗基米尔 · 舒霍夫（Viadimir Shukov）

1854—1924年，奥古斯特 · 福贝耳（August Föppl）

1856—1924年，路易 · 苏利文（Louis Sullivan）

1859—1909年，阿尔弗雷德 · 沃尔夫（Alfred Wolff）

1860—1948年，达奇 · 温特沃斯 · 汤普森（D'Arcy Wentworth Thompson）

1862—1938年，莫里斯 · 奥卡尼列（Maurice d'Ocagne）

1863—1935年，理查德 · 莫里尔（Richard Mollier）

1865—1928年，保罗 · 柯坦奇（Paul Cottancin）

1868—1919年，华莱士 · 萨宾（Wallace Sabine）

1870—1919年，埃德温 · O. 萨克斯（Edwin O. Sachs）

1872—1940年，罗伯特 · 马亚尔（Robert Maillart）

1874—1954年，奥古斯特 · 佩雷（Auguste Perret）

1876—1950年，威利斯 · 哈维兰 · 开利（Willis Haviland Carrier）

1879—1962年，尤金 · 弗莱西奈（Eugène Freyssinet）

1861—1865年，美国内战

1871年，芝加哥火灾

材料与技术

19世纪60至70年代，美国防火建筑革新，包括承重铁柱的应用

19世纪60年代，轧钢轨道

1865年，气动铆接发展开来

1861年，首个全铁军舰，HMS“勇士号”

19世纪70年代，各类应用采用水力

1871年，水力铆接发展开来

19世纪80年代，高层
筑的铁框架和钢框架结

19世纪80年代，古斯塔维诺的防火构造的木材拱顶

19世纪80年代，奥古斯特 · 福贝耳的静定3—D框架

知识与学习

1862年，威廉 · 兰金，《土木工程学手册》（英国经典文本）

1864—1866年，卡尔 · 库尔曼，《图解静力学》（*Die Graphische Static*）

19世纪80年代，约翰
威尔伯 · 鲁特著写的美国新建筑方法作品

设计方法

1871年，威廉 · 弗鲁德关于船体设计的模型及无量纲参数

1871年，弗兰克 · 韦纳姆（Frank Wenham）设计的首个风洞

1877—1880年，地震荷载测量，约翰 · 米尔恩

19世纪80年代晚期，
古斯特 · 福贝耳对刚性壳体桶拱的模型研究

设计工具：图纸、计算

19世纪60年代，卡尔 · 库尔曼采用的弯曲力矩和剪力图

1864年，詹姆斯 · 克拉克 · 麦克斯韦（James Clerk Maxwell）开发的用于图解静力学的交互图

19世纪70年代，发明了用于复制图形的“胶版印刷”

19世纪80年代，莫里
奥卡尼列发明列线图，
于定制计算

1880年左右，富勒（Fuller）柱状计算尺，可实现4或5倍图形精度

建筑

1863年，德国柏林新犹太大教堂穹顶

1868—1870年，美国纽约公正人寿保险协会（Equitable Life Assurance Society）

1869—1871年，法国巴黎乐蓬马歇商场

1872年，法国巴黎附近的梅尼耶巧克力工厂（Menier Chocolate Factory）

1873年左右，美国纽约煤铁交易所（Coal and Iron Exchange）

1873—1876年，美国纽约切斯特港威廉 · 沃德的住房

1878—1879年，美国芝加哥第一莱特大厦（First Leiter Building）

1880—1884年，美
纽约自由女神像

1881—1882年，美国
加哥蒙托克大楼（Montauk Building）

1883—1885年，美国
加哥家庭保险（Home Insurance）大楼

1860　1865　1870　1875　1880

1914—1918年，第一次世界大战

1887—1953年，弗朗茨·狄辛格（Franz Dischinger）

1900年左右，电动机取代了蒸汽力和水力

1900年左右，大型建筑内首次使用空调

1900年左右，首个无梁楼板

1889年，高层建筑首次使用防风支撑

19世纪90年代，首座钢筋混凝土框架建筑

19世纪90年代，埃德温·O.萨克斯在英国进行了防火安全性能改进

1892年，埃纳比克取得了钢筋混凝土系统的专利

1910年左右，首个肋状混凝土薄壳

1887年，瑞彻尔在柏林夏洛滕堡创立了暖通试验站

19世纪90年代—20世纪20年代，创办了大量基于大学的研究所

1908年，英国创办了混凝土研究所（Concrete Institute）

1908年，罗伯特·马亚尔的“无梁”结构

1917年，达奇·温特沃斯·汤普森，《关于增长与形态》（*On Growth and Form*，对生物形态的经典性研究）

19世纪90年代，安东尼奥·高迪采用悬挂模型的砌体结构形态分析

1900—1910年，钢及混凝土的标准设计规范在许多国家应用

1904—1908年，路德维希·普朗特（Ludwig Prandtl）发现了边界层，并开发了首个闭环风洞

1907年，对抵御风荷载的门式框架进行了首次计算

1910年左右，罗伯特·马亚尔对静荷载与活荷载不同安全因素的分析

1912年，华莱士·萨宾用以测试室内声学（摄像声波）的成比例模型

19世纪90年代，在描图纸上通过重氮/熏晒复制图纸

1890年左右，发明了描绘热力学性质的莫利尔图表

1908年，威利斯·开利公布了首个湿度图

1890—1893年，俄罗斯莫斯科古姆百货商场（GUM Department Store）

1894—1904年，法国巴黎圣让蒙马特教堂（Saint Jean de Montmartre）

1886—1889年，美国芝加哥塔科马大厦（Tacoma Building）

1887—1889年，法国巴黎机械馆（Galerie des Machines）

1887—1889年，美国芝加哥会堂大楼（Auditorium Building）

1888—1889年，美国纽约塔楼

1889年，法国巴黎埃菲尔铁塔（Eiffel Tower）

1896年，俄罗斯诺夫哥罗德展览馆

1898—1899年，俄罗斯莫斯科古姆百货商场

1901—1903年，美国纽约证券交易所大楼（Stock Exchange building）

1902—1903年，美国俄亥俄辛辛那提英格尔斯大楼（Ingalls Building）

1907—1909年，纽约大都会人寿保险公司大楼（Metropolitan Life Tower）

1908—1911年，英国利物浦皇家利物大厦（Royal Liver Building）

1911—1912年，德国希尔德斯海姆附近的法古斯工厂（Fagus Factory）

1911—1913年，波兰布雷斯劳百年厅（Jahrhunderthalle）

1911—1913年，法国巴黎香榭丽舍剧院（Théatre des Champs-Élysées）

1890 1895 1900 1905 1910 1915 1920

现代建筑的诞生期

工程学计算

19 世纪 60 年代，工程师几乎在建筑设计的各个领域都采用了工程学计算：基础、柱、梁、楼板结构、屋顶桁架和暖通系统。他们还根据估算的材料用量、人力、工地、工期计算施工成本。工程师们的科学知识和计算技巧水平各异。其中有的优秀人员甚至可应对新的工程学挑战，例如，他们从第一原理出发，计算某大型火车站屋顶的力和挠度，或者计算用来驱动大型公共建筑通风系统的蒸汽机的尺寸。然而，这一先进计算方法超出了大多数工程师的水平，事实上许多建筑设计也无须进行如此先进的计算。工程师遇到自己的科学或数学技能所不能及的问题时，会在越来越多的书本或工程师口袋指南中寻求答案，如有需要，也会求教理工学院、研究院或大学的专家。

针对特定设计问题进行的实际计算将反映工程师个人的教育水平以及当时相关国家的整体工程学水平。19 世纪，法国和德语国家“普通”工程师的科学与数学技术水平最高，欧洲其他国家及美国的水平要落后得多。例如，1860 年对于大型屋顶结构的计算，德国的要求比英国或美国高出很多。

工程学计算的关键在于简洁与近似，以便尽量减少计算的难度与时间，同时仍需充分反映出相关材料与结构的工程学行为。比如，19 世纪 60 年代设计基本的铁框架建筑就相对简单一点。每个柱、梁所承载的荷载都很容易估算，且人们都很明确铁以及柱梁本身的结构特性，因此，实践测试及反映弯曲行为（梁）和屈曲行为（柱）的方程式运算都很容易。梁、柱本身由轧制平板和角型断面制成，通过铆钉连接。与铁路、桥梁相比，这些只是一些简单的小型结构。铁路、桥梁要求的技术也高于其上。因而我们也可以断定复合构件运作起来相当于实体断面的形式。这些领域的工程师所做的计算不及科学家那样先进或者说准确，但是他们也不需要达到那个水平，他们对实际的应用已经满意了。

与工程学计算性质同等重要的是执行计算的方法。工程学设计计算包括三大部分。首先，是算术过程，例如乘法。其次，是确定各类参数关系的公式或运算法则，例如计算梁的弯曲力矩或通过管道泵入的空气量的公式。最后，是经验数据，例如铁强度或空气密度。19 世纪中期，三大领域都取得了巨大进步。

算术计算通常是手动计算，采用平方表、立方表和高次幂；平方、立方、高次根；三角函数等。复杂的乘除法运算采用对数。总的来说，19 世纪的工程师比现今工程师的算术水平要高得多。电子计算机出现前，人们掌握很多算术技巧和捷径，能轻松、快速地进行复杂的计算，找出答案。而现在工程师中很少有人能算出 10 个或 12 个有效数字的平方根或立方根。

19 世纪早期，一些工程师在乘除法计算中采用了计算尺（计算尺于 17 世纪中期问世），但是当时还没有广泛应用开来。人们在对齐计算尺上的刻度、读取结果进行计算时必须高度认真仔细，因为通常会出现数值没有落在刻有标线的尺子上的情形。为了解决这一问题，有的计算尺上配备了可移动的透明光标，光标上画有细线，能临时标出尺子上看不见的点。如果没有光标，可根据需要用铅笔轻轻地在尺子上画出标记线。1851 年，阿梅德·曼海姆（Amedee Mannheim，1831—1906）促进计算尺取得了突破性进展，使其成为工程师们不可或缺的一项工具。当时曼海姆还是法国梅茨应用学院（École d'application）的一名学生，他发现在计算尺上添加游标可提高应用速度和计算准确性。曼海姆的老师注意到了这一特征，告知了上级领导。很快，计算尺的应用就被纳入法国每个工程学课程当中。此外，曼海姆还在尺子上排列出不同的刻度，从而能更好地满足工程师的需求。他还对其进行了标记，这些标记很快成为世界标准：A 和 B 用于平方和平方根；C 和 D 用于乘法和除法。三角函数（正弦、余弦、切线）刻度也很快实现了标准化。进行普通计算时，熟练使用计算尺的人的速度可达到用现代电子计算机进行计算的速度。

计算尺运算的准确度受到尺子长度的限制：标准 250 毫米的尺子精确度为 1%，这对大多工程学计算而言已经足够了。需要更高精确度时，可采用更长的尺子，但是这些尺子并不实用。1878 年，贝尔法斯特皇后学院（Queen's College）工程学教授乔治·富勒（George Fuller）发明了一项解决长度问题的方法——在柱筒上缠绕线条，从
而长刻度便呈现出极其简约的形式。其圆柱形计 405
算尺刻度有 7250 个分格，长度为 12.5 米，是标准计算尺的 50 倍，同时精确度也大大提高了。
由于柱形计算尺的刻度无穷无尽、易于携带，因 406
此也得到了广泛的应用。

曼海姆通用型计算尺只是诸多尺子中的一类。早些时候，工程师意识到计算尺可以刻上任何刻度。因而通过读取一个刻度到另一个刻度的值，即可轻松进行普通的计算，比如用直径计算圆的面积、用尺寸计算梁的重量。事实上，刻度是反映科学知识的一种方法，例如反映特定公式或经验数据（如木材密度）。19 世纪到 20 世纪早期，人们制作了配备刻度的专业计算尺来进行大量工程学设计。1851 年至 1964 年，美国就此器件颁布了 220 项专利。

定极求积仪（polar planimeter），虽然知名度不及计算尺那么高，但也是早期一项宝贵的计算工具。这一神奇的工具是瑞士数学家雅各布·阿姆斯勒（Jacob Amsler，1823—1912）1855 年发明的，用以机械化操作数学一体化运算。看到该工具的实用价值，阿姆斯勒放弃了自己的学术专业，转行生产、销售求积仪，其公司在其生前共出售了 5 万个求积仪。求积仪的操作方法是：沿任何形状的图形边界移动其中一个臂的端部；另
一端轮子在纸上滑动，边滑边滚，转动开来。通 407、408
过这种方式画完完整的闭合区域后，读取刻度盘上的数据就可得出圈内图形的面积。这一工具易于使用，误差率精确度为 1%，可满足大多工程学计算需求。

1800 年，人们都认识到一个物体上的多股力的复合作用可通过力的三角形或力的平行四边形的图形计算。然而，当时很少有工程学设计问题能通过这些技巧得到解决。直到 19 世纪 40 年代，才发生了变化——图解静力学开始用于确定静定桥梁和屋顶桁架部件的应力（参见第 6 章）。19 世纪 60 年代时，图解静力学的应用得到了很

405

406

407

408

多方面的发展。早期的方法存在的局限性是进行结构分析时每次只考虑一个结合点。由于桁架部件各端的应力是均衡的相反方向力，因此可以将每个结合点上的分离均衡图合并为整个桁架的单一图形，线条数量与反映应力的结构部件线条数量一样。苏格兰物理学家詹姆斯·克拉克·麦克斯韦（1831—1879）1864 年发明了“交互图”，实现了这一目标。遗憾的是，对于数学程度不高的工程师而言，该技术的挑战性太大。直到工程师罗伯特·亨利·鲍（（Robert Henry Bow，1827—1909）发明了以其名字命名的记号法，简化了交互图，交互图才得到了广泛的应用。鲍的记号法以及大量说明其在屋顶桁架分析中应用的实践案例都罗列在《框架结构建筑经济学》(*The Economics of Construction in Relation to Framed Structures*）中，该书于 1873 年出版。在《框 410

405. 富勒柱状计算尺，北爱尔兰贝尔法斯特，约 1880 年。打开后，刻度为 12.5 米长。
406. 圆形计算尺，约 1900 年。
407. 定极求积仪，类似于雅各布·阿姆斯勒 1855 年发明的面积测量工具。
408. 定极求积仪。特写镜头展示了刻度和轮子（以不同角度滚动、滑动）。

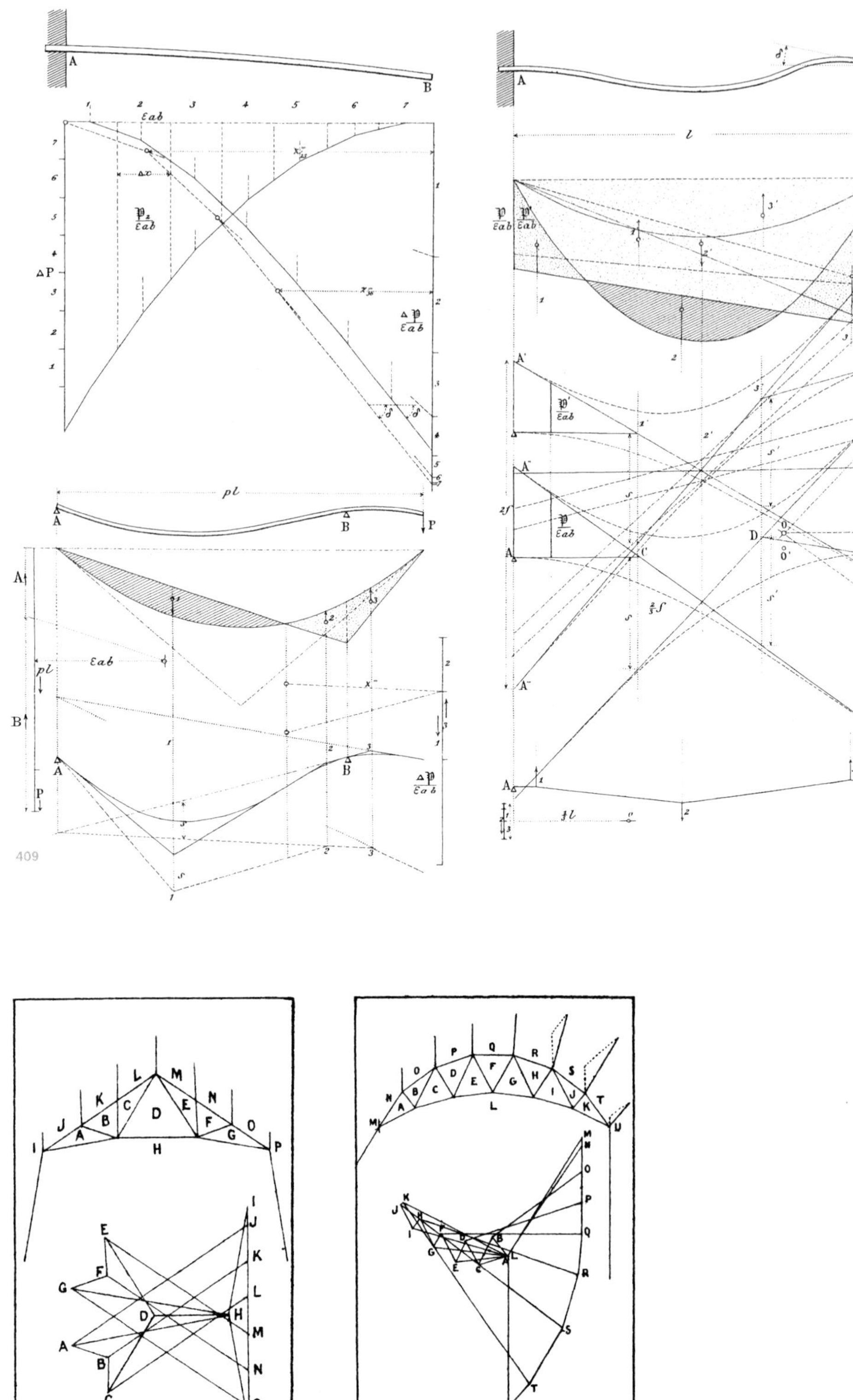

409

410

架结构建筑经济学》、早期书籍《支撑论》（参见第 6 章），以及 18 世纪 50 年代至 60 年代他在《土木工程师与建筑师期刊》（*Civil Engineer and Architect's Journal*）上发表的多篇文章中，鲍都清晰地阐述了他设计的结构的哲学性。他对结构类型进行了严格分类，从结构方面（第一部作品）以及材料的经济性应用方面（第二部作品），提供了这些结构类型的优缺点对比。鲍的整个方法的经济性是继他对麦克斯韦交互图的应用后的另一项成就，远胜于同时代许多人的过于复杂、浮夸的方法。他的方法在随后一个多世纪的时间内备受欢迎——至少是在英国，主要因其清晰明确。除了简明外，该方法还提供了结构静力学的视觉表征，工程师可借以绘制能反映结构工作方式的图形。直到 20 世纪 70 年代，一些工程学课程还在教授鲍的方法。

英国广泛应用简单桥梁和屋顶桁架的基本图解静力法时，欧洲大陆在研究开发更高级的方法。许多工程师都做出了贡献，其中发起者和主要影响人是德国工程师卡尔·库尔曼。他通过两种途径对其理念进行了宣传：19 世纪 50 年代到 60 年代在苏黎世的瑞士联邦理工学院（Swiss Federal Polytechnic）讲演宣传；分别于 1864 年和 1866 年出版书籍《图解静力学》并宣传。当然，他并不是从零做起的，而是基于许多科学家、数学家、工程师的作品。库尔曼的书籍系统地分析了可以用来解决各类静力学问题的图形法，包括吊桥、挡土墙、长跨度简支梁、拱顶、桁架等方面的问题。他是首位正式应用弯曲力矩和剪力图形的人，这些图形生动地反映了梁作为结构的工作机制。
409 他的很多工作都涉及静力结构，这些结构的荷载
分布受材料和结构部件刚度的影响。库尔曼的学生也参与了这一研究主题并留下了个人印记，其中著名的是莫里斯·克什兰（Maurice Koechlin，1856—1946）。克什兰效力于古斯塔夫·埃菲尔，1879 年成为其公司的首席分析师和设计师。

图解静力学对结构工程学领域有着深远的影响，并不亚于 20 世纪晚期电脑的影响力。库尔曼哲学理念的重点在于，计算或分析方法将原本无形的压力及结构内部的力的作用反映出来。1866
年库尔曼对威廉·费尔贝恩制造的锻铁起重机进行 411
分析时，很明确地说明了这一点。他当时走访某大学解剖系时，碰巧看到有人在切开人类股骨的端头部。令他吃惊而又高兴的是，他在该骨头结
构中看到的主应力形式与他在吊车计算中的主应 412
力形式相同。这是自然展现材料（人类骨头）承载需支承的荷载压力的方式。

19 世纪中期，反映工程学知识和数据的图形法应用也发展起来。18 世纪，人们开始整理各类信息资料，例如楼板梁、柱或屋顶桁架构建的尺寸，并以数据图表的形式写入书中。这些图表可能应用起来比较麻烦且复制的时候经常出错。19 世纪 40 年代后，人们开始以图形形式存储信息资料，这些图形资料易于检索，且能轻松插值。法国人利昂·拉兰尼采用了与地图同样的方法展现等高线高度（参见第 6 章），设计了三维图形，在其余生中，他继续研究工程计算的方法。19 世纪 70 年代，德国工程师古斯塔夫·赫尔曼（Gustav Herrmann，1836—1907）在其作品《图解乘法或计算表：计算尺替代法》（*Das graphische*
Einmaleins order die Rechentafel, ein Ersatz für 413
den Rechenschieber）中也展开了同样的研究。现今，人们仍使用着当时最为知名的多变量图之一——莫利尔图（Mollier，或称为湿度图），用于空调计算。

除此之外，还有一个更具创新、更为先进的

409. 梁的弯曲力矩和剪力的图解展示法。

410. 图片摘自罗伯特·鲍的《框架结构建筑经济学》，爱丁堡，1873 年。下图展示的是上图中荷载桁架的“交互图”，展示了结构中的力。左图包括反映风荷载的水平力。

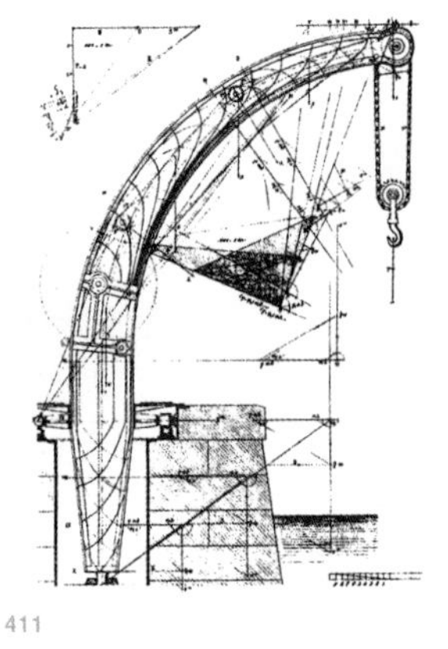

411

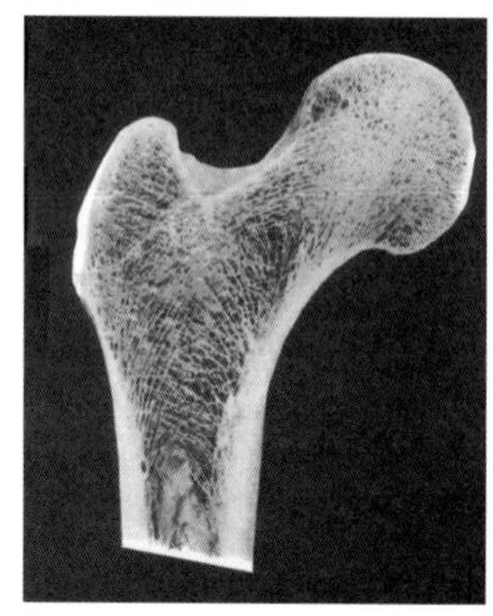

412

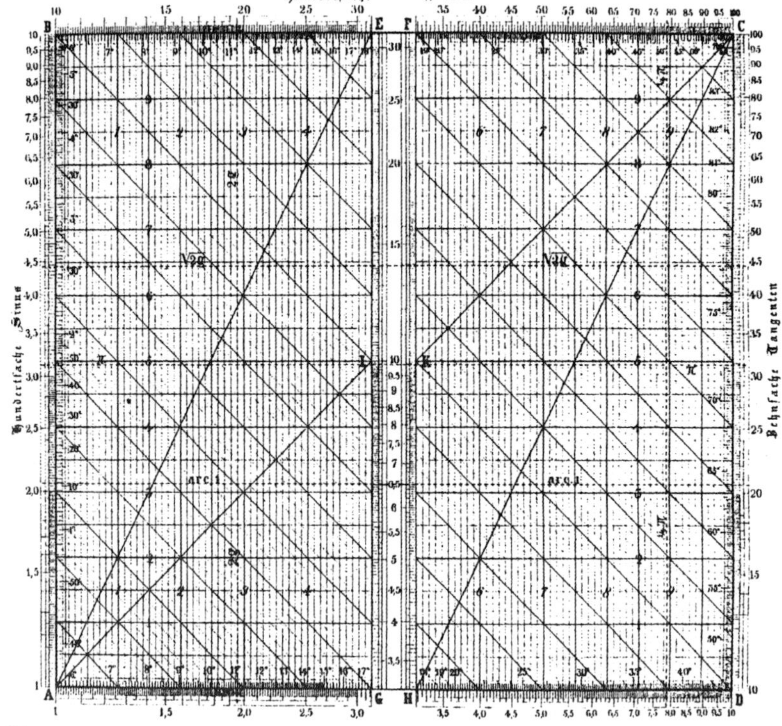

413

图解计算方法，那就是法国数学家莫里斯·奥卡尼列（1862—1938）19世纪80年代发明的“列线图解法（nomography）”。该方法是通过一个图形求出特定形式的各类方程式。原则上，列线图解法可处理各类变量数据，其运算的顺序模式类似于计算机程序。该方法包括大量刻度，其距离是经过书面精心计算的。每次输入都采用不同的刻度。在输入刻度值之间画线，输出刻度便生成一个点，这就是方程式的答案。与用于特定计算的计算尺刻度一样，列线图解法包括许多工程师所需的复杂工程科学知识；此外还包括经验数据，如材料性质等。应用钢筋混凝土早期，列线图解法是工程师应用这一新材料设计简单结构的最理想的方法。20世纪80年代前，列线图解法都是许多建筑工程学学科设计方法的一大重要部分。 414

钢、铁框架结构的快速传播

19世纪中期，欧洲和美国制造业加速发展，以满足国内外不断增长的需求，这一时期见证了又一次的工业大发展。土木建筑工程师在建造这些货物运输的基础设施时看到了越来越多的机会，基础设施包括铁路、桥梁、隧道、海港、码

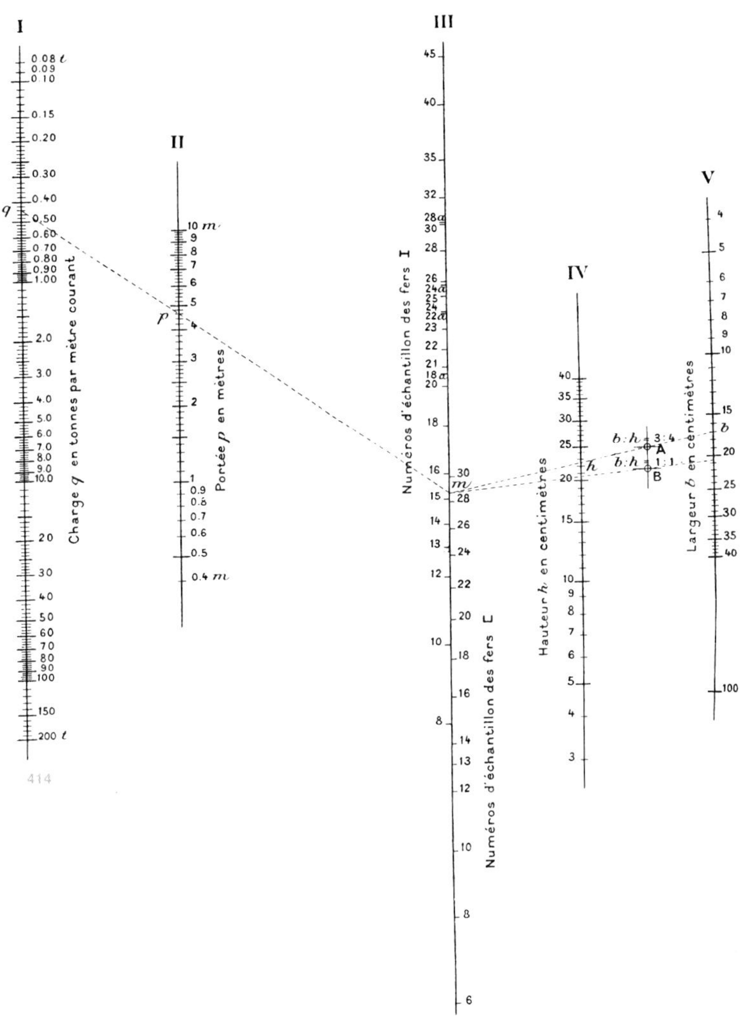

414

415、416 头设施，以及相关附属建筑，如火车站、换乘站的货栈等。随着纺织品贸易遍及全世界，英国纺织业呈持续快速发展态势，同时建造了成百数千座工厂。这些工厂采用的是铸铁柱梁、砌体平拱和外墙的完善结构形式。工厂主竭力展示工厂的综合设施，竭力追求更现代、更引人注目的形式。

除了建造多层工厂外，还出现了生产各类铁制机器的机械制造厂。这些制造厂不仅仅面向纺织厂，还面向造船、蒸汽机、铁路机车、汽车及数百种机床的工厂。这些产业用房采用的是大型单层建筑，总地来说实用、经济，19世纪50年代起，主要采用锻铁和铸铁结构，而不是以往的砌体和木制结构。

411. 卡尔·库尔曼，锻铁吊车中弯曲力矩和主应力线的图形分析法。
412. 人类股骨剖面，骨头结构反映了主应力线。
413. 古斯塔夫·赫尔曼，图表展现的是图解乘除法，计算尺的替代品。
414. 莫里斯·奥卡尼列的列线表，1899年。

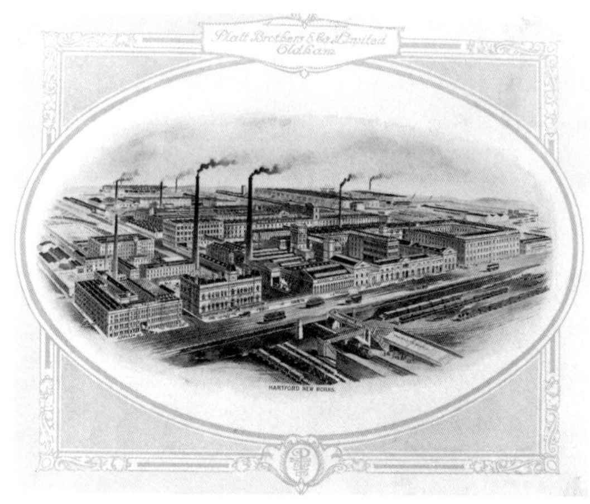

415

416

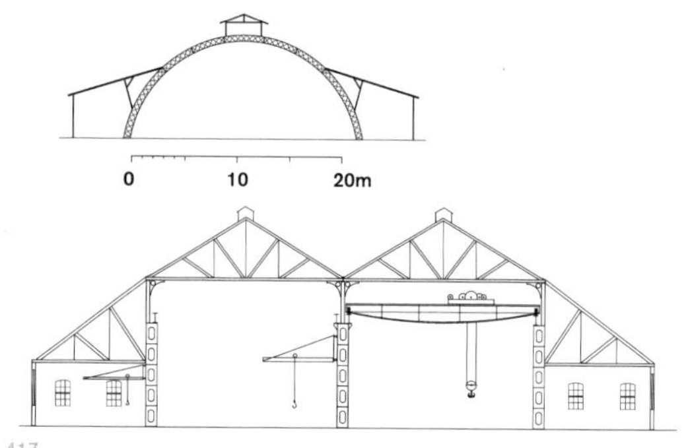

417

常见车间通常设有三个开间，包括两个位于双层高度空间中心两侧的通高区域，这里设有一个或多个大型门式起重机，用来操纵重型原材料和成品货物。主要结构包括铸铁或锻铁柱、锻铁
417 梁或桁架梁，以及用以支撑波状铁覆盖层的锻铁桁架顶，可能还设有顶灯为工作区域照明。19 世纪早期，墙体通常仍由砖块或石材砌成，但是到了 19 世纪下半叶，也改建为支撑波状铁幕墙的铁柱结构。许多年来，这些结构沿用的都是英国希尔内斯船厂（参见第 6 章）所用的坡顶基本结构和极简主义结构。

19 世纪 30 年代至 80 年代，世界上各个行业建造了成千上万座锻铁构建的机械制造厂和工厂。尽管这些工厂对建筑方面未做多大贡献，但是为开发锻铁结构技术创造了机会。人们在小型建筑施工中掌握了这些技术后，便可将其逐渐应用于越来越大的建筑当中。19 世纪 50 年代，可
用的铁型材只有平铁、角铁或 T 型铁。更大的箱 418

415. 英国奥尔德姆普莱特兄弟哈特福特新工厂（Platt Brothers Hartford New Works），鸟瞰图，约 1900 年。
416. 英国奥尔德姆罗伊工厂（Roy Mill），1906 年。
417. 19 世纪晚期常见制造厂的剖面图。
418. 建造机械制造厂的工程图纸，约 1890 年。

418

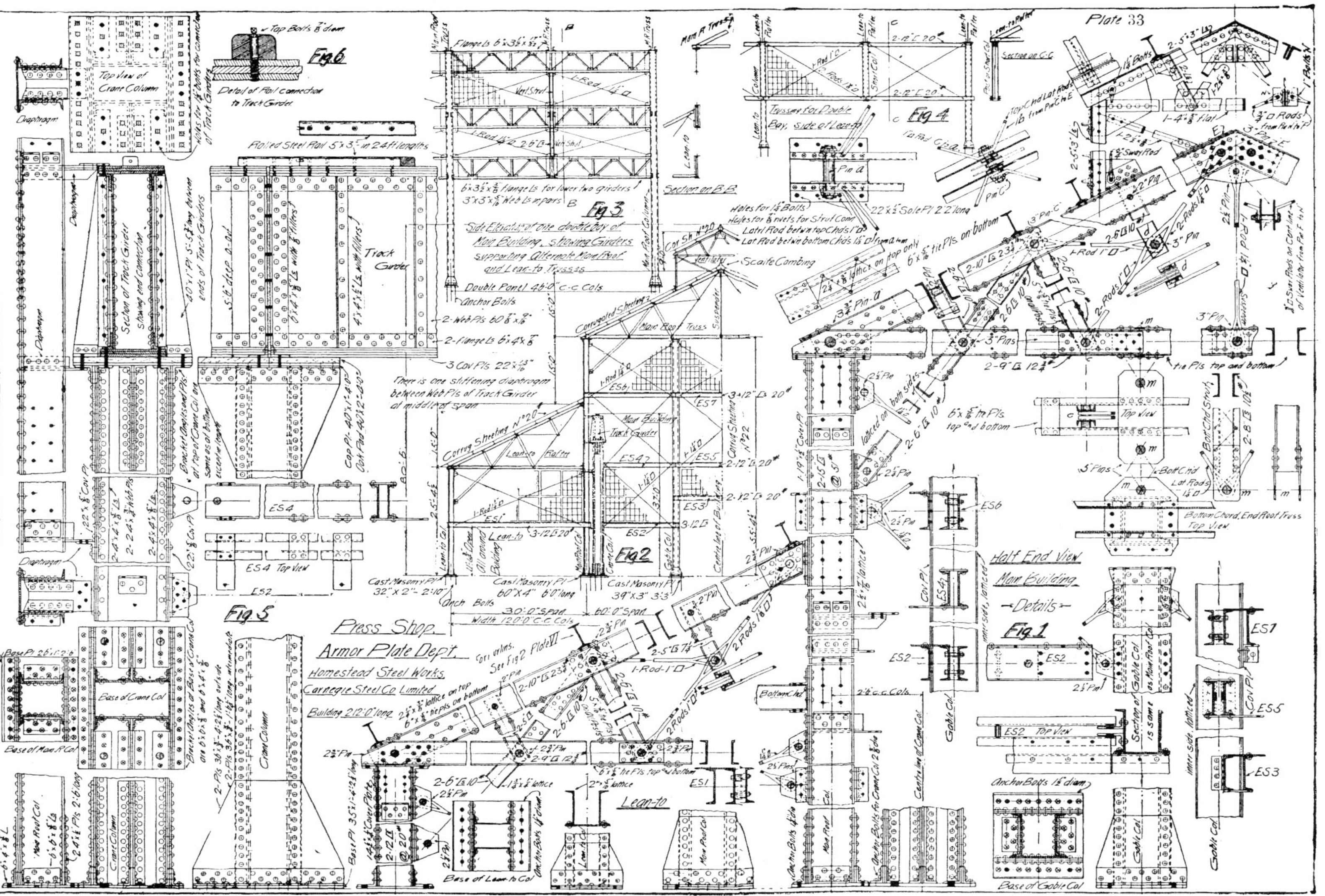
Plate 33
Fig 1
Half End View
Main Building
-Details-
Fig 2
Fig 3
Side Elevation of one double bay of Main Building, showing Girders supporting Alternate Main Roof and Lean-to Trusses
Fig 4
Trussing for Double Bay, side of Lean-to
Fig 5
Fig 6
Detail of Rail connection to Track Girder
Top View of Crane Column
Section of Track Girder Showing end Connection
Track Girder
Rolled Steel Rail 5"x3" in 24 ft lengths
Press Shop
Armor Plate Dept
Homestead Steel Works
Carnegie Steel Co Limited
Lean-to
Crane Column
Base of Crane Col
Base of Main R Col
Base of Lean-to Col
Base of Gable Col
Bottom Chord, End Roof Truss Top View
Section on B.B
Section on C.C

419

型梁或工型梁是由多个这些简单的型材铆接制成。这为首个大型锻铁框架建筑的构建奠定了基础。

19 世纪 60 年代时，随着铁路和轮船的载客量越来越大，各国之间的信息传播更快速、更便捷。几周的时间内，土建工程学领域的新理念、新成就便通过个人经验或 19 世纪 40 年代以来出版的大量技术书籍、期刊，传播至欧洲、美国以及世界其他地区，再也不会出现因为技术理念的缺乏而阻碍发展的情况；而可能的问题是应用这些理念的工程师缺乏实践经验，或者政治家、公务员、新型商业风险投资人存在固有的保守性。

在铁结构的传播方面，火车站做了巨大的贡献。火车站通常规模庞大、引人注目，当地
419、422 民众以及旅行者都会对此留下深刻的印象，这些印象将追随他们回到自己的故乡——很多建筑历史学家都认为此时的火车站带来的影响类似于 19 世纪的大教堂。麦金米德怀特公司（Firm of Mckim Mead and White）设计的宾夕法尼亚铁路（Pennsylvania State Railway）纽约终点站（1910 年竣工），甚至比同期大教堂更早模仿了古罗马卡拉卡拉浴场温水浴室的形式。

继水晶宫之后，出现了大量展览馆，为铁框架展示提供了机遇。其中包括 1867 年巴黎展览会的主场馆，这是古斯塔夫·埃菲尔（1832—1923 年）的埃菲尔公司（Eiffel et Cie）承接的首个大型项目。该公司曾设计、建造了多类铁建筑，包括诸多小型楼层建筑、数百座铁路桥梁，以及著名的纽约自由女神像（1880—1884 年）和埃菲

419. 伦敦圣潘克拉斯火车站（St. Pancras railway station），1865—1868 年。工程师：威廉·巴洛和罗兰·奥尔迪斯（Rowland Ordish）。

422. 德国法兰克福火车站内部情形，约 1860 年。

工程图纸

19 世纪 60 年代，出现了卷装大尺寸机器制作的绘图纸，颜色通常呈浅黄色。该纸张含有麻类植物或其他纤维，强度更高，尤其适用于施工图。当时也可以制作平纹细布上的预制纸，或边上配有布料或条带的纸。完工图可在成本较低的描图纸上绘制，可通过新型蓝晒法复制。

蓝晒法是天文学家约翰·赫歇尔（John Herschel）1842 年发明的，然而直到 19 世纪 50 年代晚期才得到建筑师和工程师的广泛应用。该复写纸浸入柠檬酸铁铵和铁氰化钾，置于原版图纸下方。暴露于强光时，两种化学成分发生反应变为蓝色，墨水或铅笔画线处仍为白色。

早期的蓝图制作非常麻烦：将垫于透明原图之下的感光纸放在晒图架（正面是玻璃）上，曝晒在阳光下；当纸张充分曝晒后，将其从晒图架上移除，彻底水洗然后悬挂晒干。19 世纪 60 年代，除了描图纸外，亚麻布因其耐用性也进入了这一领域，但是因其成本高昂，20 世纪 30 年代时逐渐淡出人们的视野。1900 年左右，借助人工紫外线和输送原图和复印纸的转鼓，实现了印刷流程的机械化。

19 世纪 70 年代早期，人们发明了用于图纸复印的胶版印刷（hectograph，该词源自希腊语单词“hekaton”，意思是一百）。基于詹姆斯·瓦特的复制做法，胶版印刷采用包含水溶性苯胺染料（通常为紫色或浅蓝色）的特殊铅笔或墨水，性能得到极大改善。将图纸压入吸取染料的湿胶垫或“图形”中，拿走原图后，将空白纸压入图形，一次墨水大约可以进行 50 次印刷。尽管起初这一做法主要用于复制通信或说明，但是 1900 年时，市场上已经出售多种颜色的苯胺染料墨水和笔，从而可以复制彩色图纸。

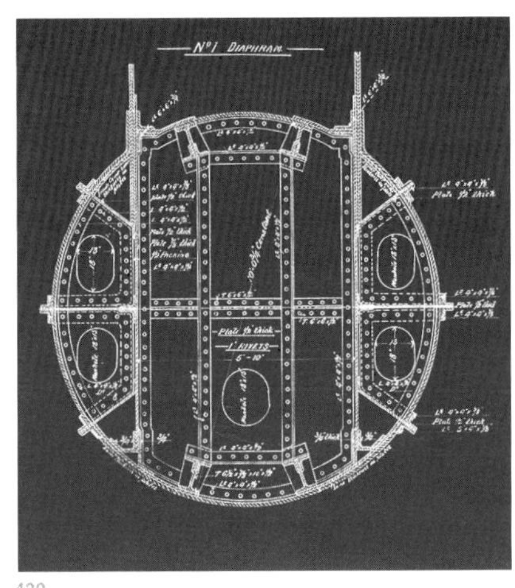

420

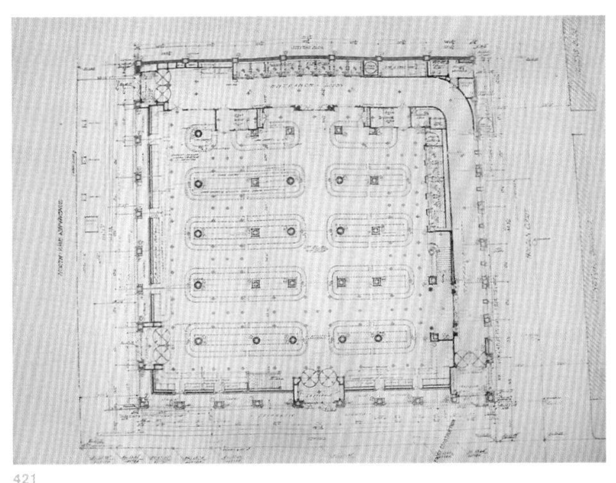

421

420. 某工程图的蓝晒版，约 1880 年。

421. 丹尼尔·H. 伯纳姆（Daniel H. Burnham）公司的彩色胶版印刷，1913 年。

尔铁塔（为1889年巴黎展览所建，庆祝法国大革命百年纪念）。当时是莫里斯·克什兰提出的埃菲尔铁塔的初步设计想法，因其著名的锥形轮廓，该建筑能高效抵挡风力荷载。1889年，他在铁塔开工的同期独立撰写了关于图解静力学的著作。同时他还负责埃菲尔许多大型铁框架铁路桥梁的设计。火车站、展览馆、各个市场用房都
423 适合采用铁结构，因为这些都是单层建筑，无防火要求。

19世纪，法国关于铁建筑的防火要求没有其他国家那样严格，因而建筑师和工程师抓住了这样的机会。1870年，巴黎建造了首座百货商场乐蓬马歇（Le Bon Marche），该商场外部暴露了大面积的铁材。这一工程是建筑师路易·查尔斯·布瓦洛（Louis Charles Boileau，1837—1914）和工程师阿曼德·默而生（Armand Moisant，1838—1906）建成的。默而生当时新
424、425 成立的钢铁制造公司默而生劳伦萨韦（Moisant-
426 Laurent-Savey）后来很快发展成为欧洲最大的公司之一。大约与此同时，默而生在设计乐蓬马歇百货商场。他与建筑师朱尔斯·索尼耶（Jules Saulnier）合作设计了巴黎市外梅尼耶巧克力工厂（1872年）的建筑。他们开发了具有独创性的框架，由锻铁格架构成，该格架沿每个墙体通
427 长、通高展开，填充砖材。建筑的内部柱采用的是铸铁材料。

19世纪70年代早期，锻铁框架结构几乎用于所有建筑，包括银行、图书馆、美术馆，甚至教堂。人们对建筑吊顶和外顶所用的铆接锻铁梁如同对传统的砌体结构一样熟悉。

随着两大新的炼钢方法的出现——1856年在英国发明的贝西墨炼钢法（Bessemer process）和1863—1864年在德国发明的平炉法（Siemens-Martin process），炼钢的成本下降了，钢材质量也得到了改善。借助两个方法都能生产更大规模的钢材，且能更为精准地把控钢材中的碳含量。钢材开始取代铁路业使用的锻铁——轧钢轨道于1857年在英国德比铺设，1865年在美国铺设；随后取代了蒸汽机的高压锅炉锻铁；最终于19世纪70年代开始，取代了整个建筑业的锻铁。（钢、铁生产的更多详情见附录2）

钢材没有快速取代建筑施工中的锻铁，因为钢暴露于水时比铁更容易受腐蚀，暴露于盐水时腐蚀速度更快。因而用于这些环境的钢材需要更好的腐蚀保护，而该保护的成本较高。相比之下，锻铁的耐腐蚀性更高，19世纪80年代晚期之前，船只和大型户外建筑，例如桥梁等都更倾向于采用锻铁。直到19世纪70年代，钢梁才首次应用于此类建筑内部，施工时采用了适当的抗风化措施。同采用锻铁一样，小跨建筑由辊制工型托梁制作，大型梁由多个铆接小型材做成的箱形梁制作。首次采用钢材（临时结构）的大型建筑是1889年巴黎博览会的机械馆，位于锻铁制作的埃菲尔铁塔旁。该机械馆也是首次采用三引脚拱的 428、430
建筑——三引脚拱为面对桥梁开发而成，采用的是静定结构，能更精确地预测应力与弯曲力矩。

防火结构

尽管19世纪40年代至50年代间，各类所

423. 巴黎中央市场，1853—1857年。建筑师：维克多·巴尔塔（Victor Baltard）。
424. 巴黎乐蓬马歇百货商场，1869—1871年。工程师：阿曼德·默而生；建筑师：路易·查尔斯·布瓦洛。锻铁结构。
425. 乐蓬马歇百货商场内部效果图。
426. 巴黎默而生劳伦萨韦工程公司车间，约1880年。
427. 法国诺瑟尔梅尼耶巧克力工厂，1872年。工程师：阿曼德·默而生；建筑师：朱尔斯·索尼耶。锻铁结构。

423

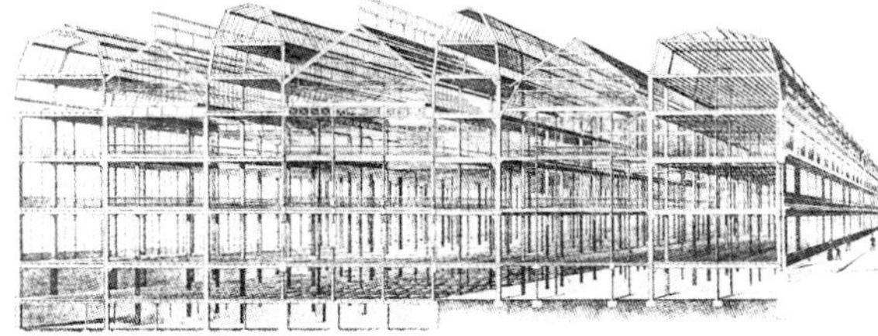

424

425

426

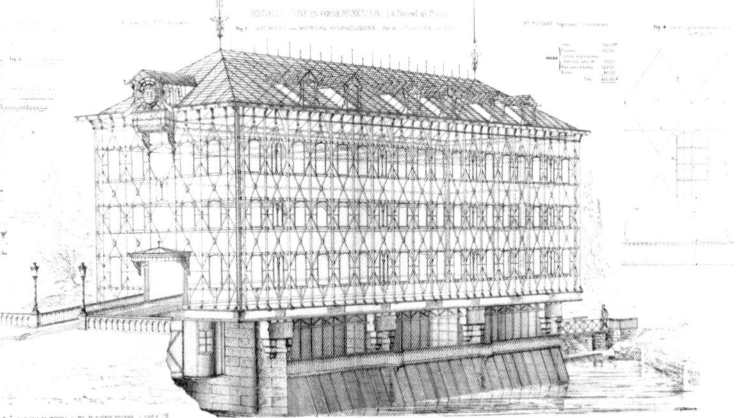

427

428

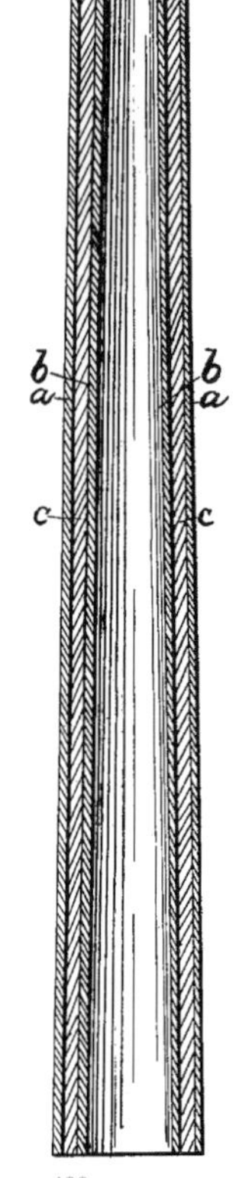

429

430

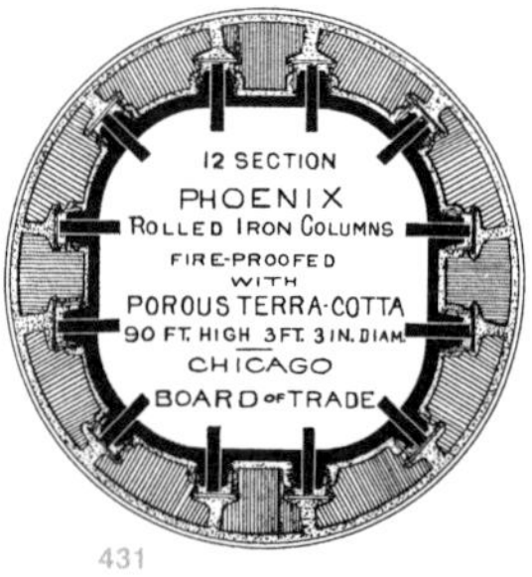

431

428. 巴黎展览会机械馆，1887—1889 年。工程师：维克多·康泰明（Victor Contamin）；建筑师：费迪南德·都特（Ferdinand Dutert）。

429. 约翰·康纳尔申请防火铸铁柱专利的图纸，1860 年。

430. 巴黎展览会机械馆内部图，展示了三引脚拱。

431. 锻铁菲尼克斯柱（Phoenix column），1862 年获取专利。

432. 各类防火建筑做法，约 1890 年。

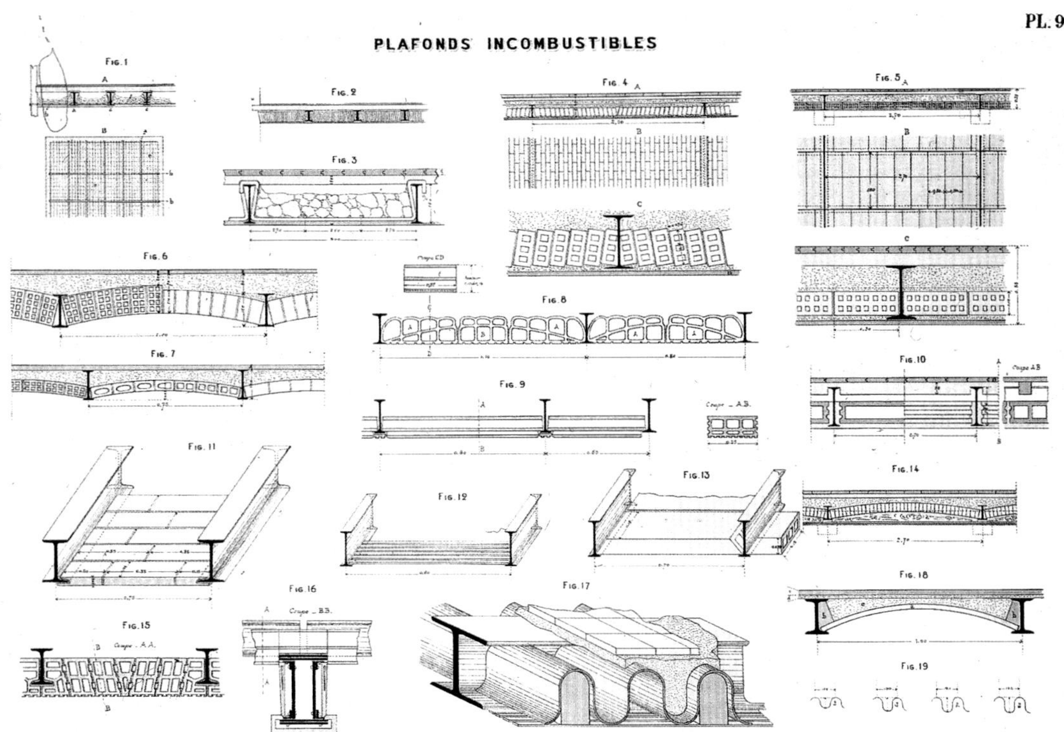

432

谓的“防火结构”取代了木材结构，然而 19 世纪晚期，火灾仍然是人员死亡与建筑损毁的主要原因。随着欧美大型城市建筑的兴旺发展，建筑防火系统相关的专利申请也纷至沓来。人们意识到了火灾时确保建筑支柱不坍塌的重要性，也申请了各类防火柱的专利。例如 1860 年约翰·康纳
429 尔（John Cornell）取得了一项关于铸铁柱制作的专利：采用两个同心铸铁管制作，两管之间的空隙用防火黏土填充。这些防火柱中，可能最著名、最具商业价值的是 1862 年菲尼克斯钢铁公司塞缪尔·里夫斯（Samuel Reeves）取得了专利的菲尼克斯柱（Phoenix column）。该柱起初不是用于防火目的，而是通过将四个、八个或更多部件沿长边铆接起来为铁桥制作大型压缩构件。19 世纪 70 年代，菲尼克斯柱的应用扩展到铁框架建筑当中，采用的是锻铁带固定的陶瓦以防火。 431

防火地板系统的数量在不断增长，其中部分原因是承包商通常会开发自有系统，以免花钱购买别人的系统。随着各国都有数百个专利记录在案，各类系统之间的差别越来越小。最后，这些系统都趋于采用混凝土或瓦片（通常采用气隙的 432
做法实现更好的绝缘效果）以减少各楼层之间火势的蔓延，防止铁梁受热。这些系统是现代钢筋混凝土的起源，其中，钢材与混凝土起着不同的作用——分别承载着张力和压力。

此时采用的防火结构，尤其是在纽约采用的防火结构，由欧洲本土原型改良而来，用途非常广泛，用于大量著名的拱顶、穹顶、楼梯间，其构造似乎由无形的线条支撑一样。西班牙著名的

433

434

铃鼓拱（bovedas tabicadas）及加泰罗尼亚拱（bovedas catalanas）由约300毫米×150毫米的瓦片构成，这些拱顶或穹顶建造过程中未采用定心。19世纪80年代，加泰罗尼亚建筑师拉斐
433、444 尔·古斯塔维诺将这一概念引入了美国。中世纪时期，地中海周边的许多国家开始采用铃鼓拱，很有可能罗马时期人民已经了解了此类拱顶建设，因为这些拱顶与维特鲁威描述的拱顶类似。

首先，采用适用其尺寸和几何结构的方法以空间形式确定拱顶的形式——比如采用木制模板、弯至所需造型的铁杆，甚至是拉紧的线（如砖匠所用）。其次，从单层瓦片侧开始构筑拱顶，将新瓦片沿已经就位的瓦片边缘排列。通过10到20秒变硬的速凝石膏水泥即可实现反重力效果。一旦就位后，该单层厚度的拱顶——跨度为2米至15米，将支撑由常见高强度慢凝水泥砂浆粘结的另外两层瓦片。古斯塔维诺的商业奇才在于对铃鼓拱原型的改良，将其用于高层钢铁框架结构的建筑当中。他不仅利用了这一拱顶的结构优势，还对其建筑防火形式进行了大力宣传，同时也开发了它的建筑性能。

诸多专利权所有人都声明自己发明了防火材料及防火建筑方法，一些国家的主管部门开始进行防火测试来对这些声明进行调查。德国、澳大利亚开始于19世纪80年代中期，美国开始于1890年。除此之外，其他相关机构也开展了测试，例如保险公司、消防设备（例如喷淋器）制造商、电气设备（早期电气设备通常是引起火灾

433. 木材拱顶，纽约市政大楼，约1907—1914年。工程设计：古斯塔维诺防火建筑公司；建筑师：麦金米德怀特。
434. 纽约哥伦比亚大学圣保罗教堂（St. Paul's Chapel）南索塔木制楼梯，1904—1907年。工程设计：古斯塔维诺防火建筑公司；顾问工程师：纳尔逊·古德伊尔（Nelson Goodyear）；建筑师：豪厄尔斯和斯托克斯（Howells and Stokes）。

的原因）制造商。许多国家也建立了贸易协会和专业的机构为各类股东服务，同时帮助他们了解火灾知识，学习如何降低火灾损害。在美国，联合工厂互助保险公司（Associated Factory Mutual Insurance Companies）于1890年开始在波士顿展开了对消防器具的测试。纽约建设部（Building department）于1896年开始展开对防火地板的耐火性测试。同年，成立了美国国家消防协会（National Fire Protection Association）。1903年，商业测试机构美国保险商实验室（Underwriters Laboratories）展开了对施工系统、建筑材料、电气产品、消防器材的测试。美国保险商实验室的工程师在芝加哥理工学院（Chicago's Armour Institute of Technology，现名为伊利诺伊理工大学，Illinois Institute of Technology）设置了首门消防工程学课程。

英国人埃德温·O. 萨克斯（1870—1919）为这一领域做出了巨大的贡献。萨克斯出生于伦敦，在柏林学习建筑学知识，对建筑消防安全的改进产生了兴趣，事实上是燃起了强烈的热情。在柏林，之后在维也纳和巴黎，他都深入消防队获取一手经验，据说曾参与过三千多次火灾救援。返回伦敦时，萨克斯著写了一部不朽的书作《现代歌剧院与剧院》（*Modern Opera Houses and Theatres*，1896—1898年）[①]。作为建筑师，萨克斯参与了特鲁里巷剧院和伦敦科芬园皇家歌剧院（Royal Opera House，1899—1901年）的修缮工作。剧院火灾仍然很普遍的时候，他受委托了解相关情况。1897年，他成立了英国防火委员会（British Fire Prevention Committee, BFPC），进行建筑构件及材料的防火测试；此外，他还在伦敦某宅园内成立了欧洲首个消防测试实验室。

1903年，萨克斯同BFPC一起举办了首届国际消防大会（International Fire Prevention Congress），与会代表听取了多个国家的报告，包括柏林夏洛滕堡的皇家技术研究实验室（Royal Technical Research Laboratory）开发的消防测试陈述。大会采用了BFPC建议的通用耐火标准，该标准对临时保护、部分保护、全面保护进行了区分：对猛烈火势的抵抗时间分别为15分钟、90分钟、150分钟。此外，与会代表也同意弃用“防火”（fireproof）一词，建议改用“耐火”（fire-resisting）。由于BFPC的目的是通过所有可能的方式促进火灾预防工作，因此萨克斯提倡混凝土结构也不足为奇了。1906年，他创办、出版、编辑，甚至曾一度投资了《混凝土与结构工程学》（*Concrete and Constructional Engineering*）期刊，该期刊60年来探讨的内容一直包括混凝土的发展及其新兴结构。此外，萨克斯还是创办混凝土学院（Concrete Institute，1908年成立）的主要人物——1923年，该学院发展为结构工程师学会（Institution of Structural Engineers）。

越来越高的建筑

我们现在所称的“结构框架”是现代多层建筑的基础，经过十年的着重开发，19世纪80年代早期在纽约和芝加哥发展到了最后阶段。建筑师与工程师实现的这一时期的伟大创新根源于这两个城市当时所处的经济环境。1861年至1865年美国内战期间紧缩经济过后，纽约经济步入了快速发展时期，对各类建筑的需求也快速增多，尤其是商业与办公建筑。此时芝加哥的经济复苏相对较慢，但是急切需要建造新建筑，因为1871年发生了一场严重的火灾，席卷了该城市整个中部地区，毁灭了1.8万栋建筑，令10万人无家可归。

19世纪60年代，同欧洲一样，美国各城市也纷纷建造了大量建筑。其中小型建筑采用砌体结构，配有木龙骨和楼板；大型建筑采用承重砌体外墙和内部铸铁柱。横梁采用木材或铸铁，支撑砌体平拱或木楼板。然而，美国内战和芝加哥火灾过后对新建筑的急迫需求也带来了巨大的压力——需要比传统的砌体建筑的成本更低、营造速度更快。与此同时，还面临着创造更高的建筑投资回报的压力，也就是说需要提高净毛比（提高既定占地面积中的可用建筑面积）。要实现这一点有两个方法：首先，减少建筑平面中承重砌体墙的占地面积；其次，在电灯出现前的时期，增加日光照入建筑中的深度。要增加日光照入深度，可采用光井、加大建筑层高、增加建筑外围的玻璃数量。

芝加哥火灾推动了防火建筑的发展。19 世纪 50 年代早期，在巴杰和博加德斯的推动下，承重铸铁立面得到了快速发展。尽管起初发明这一立面的目的是防止建筑之间火势的蔓延，但是它还有其他优势——可以快速搭建，且由于铁的强度比砌体高，因而这一立面可以设置更大的窗户。然而由于铸铁的成本高，非正面的建筑立面仍然采用砌体结构，且即使是采用铸铁立面的建筑，大多仍然采用木楼板梁和木地板。19 世纪 60 年代晚期至 70 年代，建筑设计师受那些急切需要扩大投资回报的人的驱动，开始着手克服传统建筑方法的不足之处。

从重新评估这些方法中受益的首批建筑包括
435、436 1867 年设计、1870 年竣工的纽约公正人寿保险大楼。该建筑的方案选定后，曾接受过土木建筑师培训的年轻项目建筑师乔治·B. 波斯特（George B.Post，1837—1913）着手重新设计该建筑的内部结构，其设计依据是更为传统的多层工厂，而非纽约建筑师设计的建筑。据说，他的新设计将内部结构的成本降低了一半。在所有可能的地方，他将内部砌筑墙体替换为呈规格网格的铁柱。下部三层柱子采用的是圆形截面铸铁空心柱；上部四层采用的是铆接锻铁 H 型截面。屋顶结构也采用的是锻铁材料。楼板由锻铁工型梁和砖砌平拱制成。然而，铁柱和暴露在外的下侧梁缘都没有采取防火措施，该保险大楼于 1912 年被大火烧毁弃用。该建筑还设有客梯，以及富有新意的通风系统——并没有采用当时常见的蒸汽机驱动的风扇通风，其新风穿过系列加热风井，形成对流。尽管该通风系统在建筑中应用后，其设计师获得了很多的关注，但是波斯特对该系统能否排出污浊空气存在疑虑。

在其后来的建筑作品纽约物品交易所（New 437、438
York Produce Exchange，1881—1884 年）中，乔治·波斯特设计了更为彻底的结构方案。十层建筑中的上部四层由大型转换结构支撑，为首层（双层高）交易大厅提供了大面积开敞式无柱空间。跨度为 11 米的锻铁梁跨于外部砌筑墙体与内部大型铸铁柱上。阳光穿过跨度达 16 米的铁和玻璃屋顶，为交易大厅中央区域提供自然照明。然而尽管这些地方都采取了彻底的改进，但是交易所仍十分保守——外墙采用的是承重砌体墙。

承重砌体柱和墙体占用大量建筑面积所产生的低效问题通过三个步骤解决了。第一，与当时典型的建筑所采用的方法一样，由截面更小的铁柱支承内部楼板荷载，例如由理查德·M. 亨特（Richard M. Hunt，1828—1895）设计，1873
年左右竣工的纽约煤铁交易所。只有地下室和下 439
部几层能看见大面积砌筑墙体和柱子。四层及以上楼层中某些内部砌体柱替换为截面更小的铁柱。该建筑另一个显著特征是基础中采用了倒拱以分布对大面积土层的荷载，这一方法反过来又增加了建于其上的建筑的高度。1871 年设计该建筑时，对纽约而言十层建筑都属于高层建筑了。煤铁交易所大楼可能是美国首个采用倒拱的建筑。

替换砌体结构的第二步体现在威廉·勒巴
隆·詹尼的芝加哥第一莱特大厦。詹尼是美国首 441
位仅在立面中设置铁柱来支撑楼板梁的工程师。尽管这一做法仿照的是许多工业厂房——如前文所述的水晶宫的做法，但是詹尼是首位将这一概念应用到主流商业办公大楼当中的人。改进后，

435

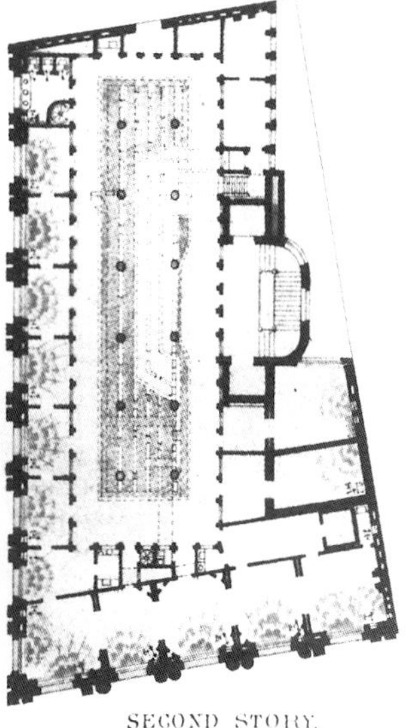

436

437

438

435. 纽约公正人寿保险大楼，1868—1870 年。建筑师和工程师：乔治·B. 波斯特。
436. 纽约公正人寿保险大楼，二层平面。
437. 纽约物品交易所，1881—1884 年。建筑师和工程师：乔治·B. 波斯特。
438. 纽约物品交易所，在建中的建筑。

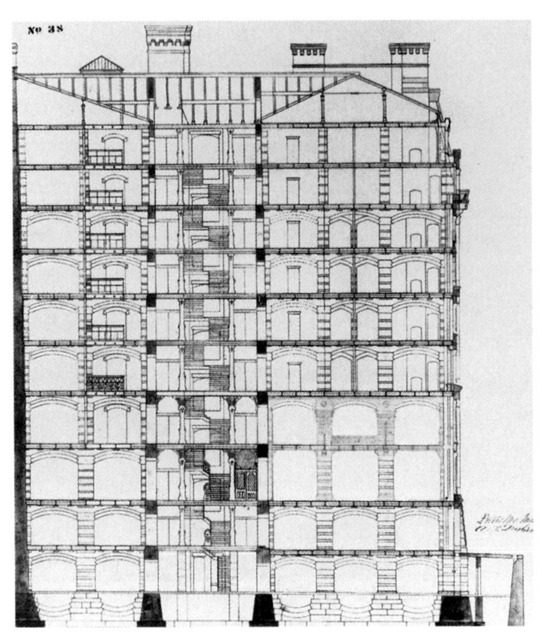

439

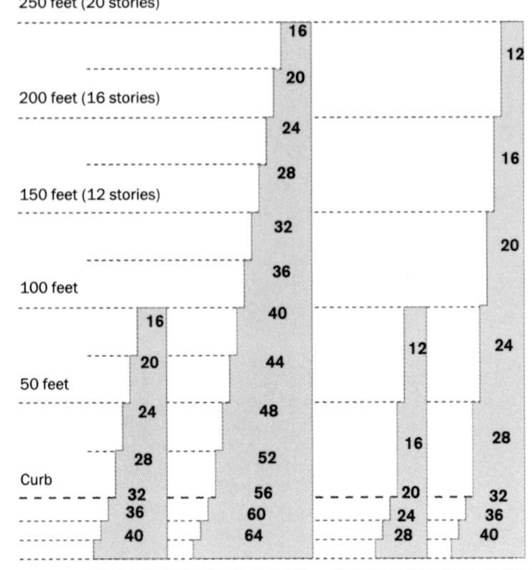

440

441

442

439. 纽约煤铁交易所，约 1873 年。建筑师：理查德·M. 亨特。截面显示了厚重的承重砌筑墙体和支墩，以及基础中的倒拱。

440. 图片显示了 1892 年纽约建筑规范要求的承重墙体（左）和幕墙（右）的厚度。

441. 芝加哥第一莱特大厦，1878—1879 年。工程师和建筑师：威廉·勒巴隆·詹尼。

442. 芝加哥家庭保险大楼，1883—1885 年。工程师和建筑师：威廉·勒巴隆·詹尼。

440 砌体立面仅需承担自身重量，因此厚度可以大大
减小，加大了下部几层的可用建筑面积。后来，人们称这一个结构类型为“笼式结构”（cage construction）或“笼框架”（cage frame）。

詹尼在劳伦斯科学学院（Lawrence Scientific School）学习两年后，1853年进入巴黎中央理工学校（École Centrale des Arts et Manufactures，原称：艺术与制造中央学校）学习工程学，1856年毕业。在联邦军队担任十年的工程师后，1867年陆军上校詹尼前往芝加哥，次年成立了顾问办公室。詹尼的公司成为富有抱负的建筑师的一片乐土，这些工程师有路易·苏利文、威廉·霍拉伯德（William Holabird，1854—1923）、丹尼尔·伯纳姆（1846—1912）。詹尼的首部大型作品是芝加哥七层波特兰大楼（Portland Building，1872年），该建筑采用砌筑墙体和梁，以及内部铸铁柱。他的另一建筑湖滨大楼（Lakeside Building，1873年）也采用的是砌筑墙体和内部铸铁柱。

我们只能推测詹尼决定在外立面中采用柱子，作为这些柱子替换内部墙体的一种延伸做法。之前，丹尼尔·巴杰、詹姆斯·博加德斯等人已经在立面中采用了铸铁柱，不过不是分立式柱。19世纪50年代早期，博加德斯曾在火灾报警结构和制弹塔中应用了铁框架。博加德斯的工程师乔治·H. 约翰逊（George H. Johnson）19世纪70年代曾在芝加哥从事过相关工作。詹尼必然知晓伦敦的水晶宫，而且在巴黎求学时他也见过许多锻铁框架建筑，包括园艺温室、火车站、市场建筑，以及更为著名的巴黎圣奥文码头（St. Ouen docks，1865年）货栈和1872年竣工的巴黎郊区索尼耶巧克力工厂的锻铁框架。詹尼在第一莱特大厦外立面后采用的柱子对芝加哥建筑产生了巨大的影响。之后，很快就出现了几乎整面墙体都采用玻璃窗户的办公大楼。与此同时，首层平面中砌体结构占用的面积大大缩减了。建筑主管部门关心的是外立面中同时采用砌体与铁的情形，因为不同材料的伸缩程度不同。发生火灾时，内部铁结构可能扩张，对外部壳体造成挤压，两种材料相对移动时就带来了问题。尽管只有七层高的第一莱特大厦不存在这样的问题，但是詹尼
在设计芝加哥的十层家庭保险大楼时解决了这一 442
问题。

1885年竣工的家庭保险大楼是建筑结构史上的地标性建筑。在这一建筑作业中，詹尼完成了“减少砌体占用面积”的第三步：每层砌筑立面由本层楼板上的横梁支撑。从而，砌体的最高高度降低至单层高度。这一设计——后来人称为“骨架结构建筑”（skeleton-frame construction），不仅大幅增加了可用的建筑面积，还解决了铁和砌体膨胀率不同的问题。然而，建筑主管部门担心妨碍相邻建筑，不允许詹尼在界墙中采用铁柱。

詹尼在六层以上的建筑中采用卡内基钢铁公司（Carnegie Steel）以贝西墨炼钢法制作的轧钢工型梁代替锻铁是另一大突破。这标志着美国建筑业中首次允许建筑结构采用贝西墨钢。家庭保险大楼的钢、铁框架结构的重量，比类似建筑采用的全砌体结构轻了三分之二。与传统的砌体结构相比，这一做法大大减少了材料成本。此外，基础的尺寸也可相应减小，为建筑服务机房创造了宝贵的地下室空间。最后，詹尼采用的骨架框架意味着建筑可以盖得更高。

铁框架出现的同时，建筑设计与施工形式也得到了大力发展。此时结构工程师的首要任务就是计算建筑中每一层的柱子所支撑的荷载——人们通常称这一计算为“荷载撤除”（load takedown）。柱脚的累积荷载是每个基础需要
承受的荷载——这一计算称为“柱表”（column 443
sheet）计算。

此时建筑外立面既然发展为非承重立面，则需要设计支撑立面窗户和其他部件的新方法了。

由于开发商仍然希望建筑呈现砌体外形，因而立
444、446 面的设计细节就更为复杂了，这与简单的结构框架形成了鲜明的对比。采用铁框架取代承重隔墙来支撑楼板，也简化了建筑的平面，使整个大楼的服务分布更为合理化。此外，提供竖向服务的楼梯、电梯、竖管集中在了一起，简化了建筑结构，使办公室布局更为合理。水平分布的照明用
445、447 电气和气体及通风空气通常位于建筑顶部上方通路中，相比办公室本身，需要的净空较少。

芝加哥高层建筑的基础是一项尤为重要的问题，因为该城市下方有一层 15 米深的高压缩黏土，严重限制了传统砌筑基础承受的荷载。如著名的岩土工程科学家拉尔夫·派克（Ralph Peck）所述：

> 芝加哥建筑基础从火灾发生时至 1915 年的历史概括了整个世界的基础工程学的发展历程。在不到半世纪的时间内，在成圈柱网的小空间内，建筑基础施工的艺术经历了尝试、错误、纠正，走向了成熟。工程学领域内很少有在如此有限的时间、空间内积累如此丰富经验的。[②]

在建筑工程学重要领域跨出第一步的工程师是约翰·威尔伯·鲁特，他可能因为是伯纳姆和鲁特公司的合伙人而为人周知。鲁特出生于乔治亚州兰普金，14 岁时爆发的美国内战波及了他的家乡，因而被送到英国利物浦。在英国，他学习了音乐和建筑。两年后，他返回美国，在纽约大学（New York University）学习土木工程学，1869 年毕业（19 岁）。鲁特在第一份绘图员工作中认识了丹尼尔·伯纳姆，1873 年两人开始合作，形成了很好的互补关系：伯纳姆扮演组织者和业务员的角色——弗兰克·劳埃德·赖特（Frank Lloyd Wright）称其为“经理人”，鲁特扮演技术员和设计人的角色——尽管他懒散，且常常把注意力放在音乐和艺术生活方面，但他还是设法按时完成工作。

鲁特意识到了芝加哥 19 世纪 80 年代规模越来越大的建筑的设计技术与工程学问题的重要性。因而他以工程师的思维做了大量工作，确立并阐述新型建筑所需的具有高度组织性的方法。他认为这些方法让美国建筑方法形成了自己的特色，从而与欧洲传统的方法区分开来。他将技术设计流程总结为九大点：

1. 设计应确保最大化的建筑面积、最宽敞的建筑结构、节约成本；

2. 建筑平面应确保房间享有最大的日光照明，L 型平面通常能实现这一要求；

3. 电梯应位于入口大厅任一侧的中心位置；

4. 建筑服务设施——暖通设备、电气设备与分布、气体或电气照明，应设置在适当位置，确保便捷的使用、维修与更换；

5. 每层层高应合理标准化——10 英尺 6 英寸（3.2 米）；

6. 墙体开口数量应适应其结构功能；

7. 结构钢框架和柱梁装置不仅需反映所支撑的荷载，还应反映其下的土壤状况；

443. 芝加哥费舍尔大厦（Fisher Building）“柱表”，1894—1896 年。建筑师：查尔斯·阿特伍德（Charles Atwood）。
444. 芝加哥迪尔伯恩要塞（Fort Dearborn Building），1893—1895 年。工程师与建筑师：詹尼和蒙迪。
445. 迪尔伯恩要塞，传统办公楼平面。
446. 迪尔伯恩要塞，固定于钢框架的砌体立面详图。
447. 迪尔伯恩要塞。截面图显示了通道上方顶部空间的服务设施。

—	—	4–	9–12–21 10–19–22 11–20–23
Attic		Lbs.	Lbs.
	Roof	10,500	10,230
	Column and casing	1,500	..
	Tanks	..	
	Elevators . . .	183 18,000	186
	Total . . .	30,000	10,230
18	Floor	11,780	17,670
	Column and casing	2,440	..
	Cornice, &c. . .	124 78,750	30,000
	Tanks	..	1,700
	Total . . .	122,970	59,600
17	Floor	15,500	23,250
	Column and casing	2,440	8,230
	Spandrel . . .	21,580	13,050
	Total . . .	162,490	104,130
	Floor	15,500	23,250
2	Spandrel-mullion .	9,950	12,240
	Total . . .	711,090	694,530
1	Floor	14,260	21,390
	Column and casing	2,840	12,000
	Spandrel-mullion .	19,600	136 8,820
	Total . . .	747,790	736,740
Basement	Floor	16,120	24,180
	Column . . .	2,000	10,200
	Sidewalk . . .	..	10,660
	Party wall . . .	124 26,780	
	Total . . .	792,690	781,780
Footing	Live load (deduct)	34,100	51,150
	Footing . . .	758,590	730,630

443

444

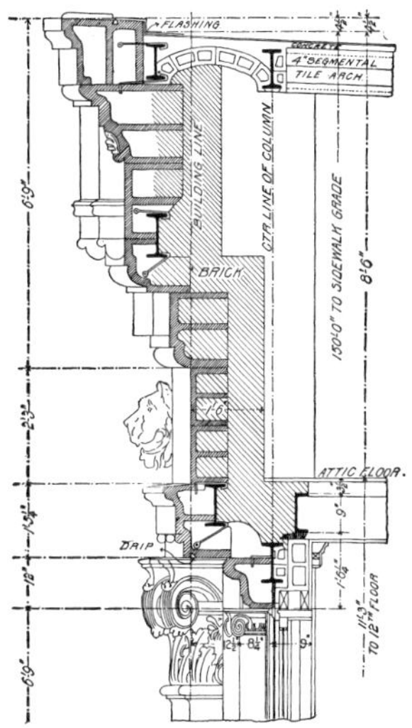

445

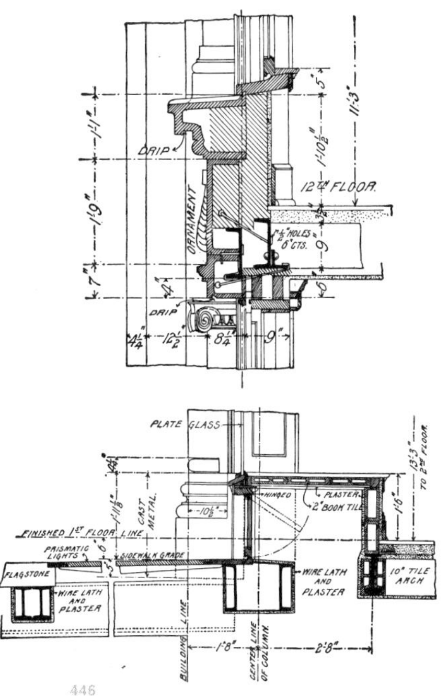

446

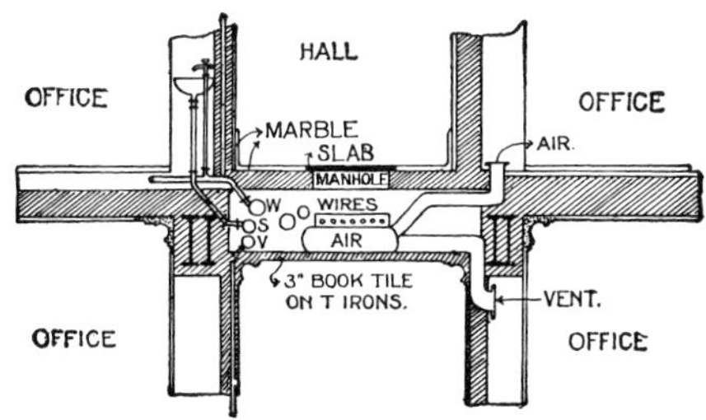

447

8. 鉴于芝加哥出名的潮湿多沙土壤，墙体或柱子的基础应该建于嵌入混凝土中的钢轨格床上；

9. 建筑应在整个基础区域匀速施工，以防出现不等沉降现象。③

“工程学目标应作为设计流程的重点”这一概念现在人们已经非常明了了，这是鲁特首次清楚阐述的原则。鲁特的意思并不是说建筑师没有任何作用，他意识到公众甚至是建筑使用者看不到这些问题。相反，建筑师的角色十分不同，他们需要营造更大、更高、钢框架更结实的建筑，他感觉这些又开创了“新的”建筑学：

请记住我们的建筑是商业建筑，我们必须彻底明确这意味着什么。请记住……灰尘和烟尘是我们所生活的空气中主要的成分，我们必须意识到这意味着什么。这两个因素说明了同一个问题。用于我们所建的建筑结构的每项材料，首先必须持久耐用，其次必须打造为最简单的形式。

这些建筑可能无法通过细微的建筑外形打动那些行色匆匆、日理万机的人……需要突出现代生活的理念——简单、稳定、宽广、高贵。过多精致的装饰达不到应有的效果，可能还会起副作用，这些装饰最好用于沉思冥想的场所和时光当中。建筑应该努力从基本意义方面表达宏大、稳定的概念，体现现代文明。

如我所述，这些方法的结果是将我们的建筑设计融入基本要素当中。这些建筑的基础非常重要，因此我们需要明确外部形式的出发点；商业与建筑需求非常必要，因此相应的建筑细节必须进行有效改善。④

芝加哥蒙托克大楼是伯纳姆和鲁特根据鲁特发明的新方法设计建造的首个商业建筑。这一建筑设计一并考虑了资金、功能、技术要求，确保建筑成功交卷。当然，早期工厂和仓库等商业建筑已应用了建筑师设计的实用方法，发挥了建筑工程师的角色，但是之前没有如此重点地强调工程师的中心角色，以及工程师需要考虑的非技术问题（资金和供暖问题）。

但是鲁特的方法是他针对地产开发商的投机性办公建筑市场开发的。客户就蒙托克大楼给伯纳姆和鲁特的最初说明保留了下来。开发商彼得·布鲁克斯(Peter Brooks)是波士顿海运企业家，他在芝加哥繁荣的经济市场寻求能赚钱的投资机会。这些文字说明了地产开发商从新“摩天大楼”中学习开发商业潜力的速度，同时也反映了自那时以来，商业简报几乎没有发生什么变化：

所述只是平面草图，但是足以表达我对门罗街（Monroe Street）地块建筑首层的想法。建筑师可以在此基础上进行改进，完成更好的作业，同时也可给出成本方面的想法。其初步平面可在小范围内进行，成本也不要过高。

我喜欢带面砖的简单结构，共八层，带地下室。平屋顶需要和建筑师选择的面积一样大，如有需要可以用铁杆支撑。整个建筑建成后将要付诸实际使用，而不是用来装饰的。其漂亮的装饰应配合实际使用的目的。

门窗应全部采用砖砌，尽量少用石材和陶器，打造俭朴的形象。正面不设置凸出物，因为凸出物会招土。主入口上方的砖拱可能由门廊和内台阶支撑，贴以面砖，反映力量的概念。事实上，所有入口可都用红色或灰色砂浆（如果价格和灰泥一样低）贴以面砖，反映整个建筑“防火”的概念，这对于八层建筑而言是非常重要的。一层入口需要贴瓷砖。其他入口没有比面砖更好、更便宜的地板材料选择了。

448

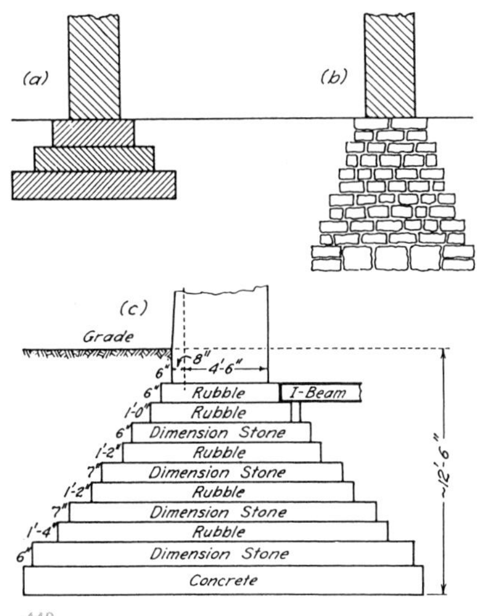

449

东南角设有安全出口和立管。如有可能，直接在内部砖墙上抹灰泥。外墙可能需要在基础与墙体及板条之间设置中间气室。在吊顶附近设置挂镜线以备安装画钩，防止钉子损坏墙体。每层的板条和外墙之间设气室，地板椽支架抹砂浆固定，实现气密效果阻止气流。发生火灾时，这一点非常有帮助。发生严重火灾时，电梯井上方的气流将非常猛烈、危险。在电梯井东侧设置砖墙足够的空间，或者建筑师认为合理的其他位置设置砖墙。如果仅仅作为防火网，可通过电梯井内部实现照明，但如果是砖砌的，则需沿电梯井外墙设置窗户实现照明。这样就不能进出，从而难以清洁维修。窗户可安装于上层西侧，但是不能安装永久窗户，因为相邻建筑后期可能拆除重建。尽量减小升降吊笼的重量，并配备能拆除的座椅。

每个房间均需设置壁炉进行通风、供暖，

448. 芝加哥蒙托克大楼，1881—1882 年。工程师：约翰·威尔伯·鲁特；建筑师：丹尼尔·伯纳姆。

449. 1883 年前芝加哥建筑的基础形式。（a）传统的“块石”基础——硬石灰岩矩形块，抹混凝土砂浆。（b）毛石墩。（c）詹尼设计的家庭保险大楼支墩剖面（1883—1885 年）。

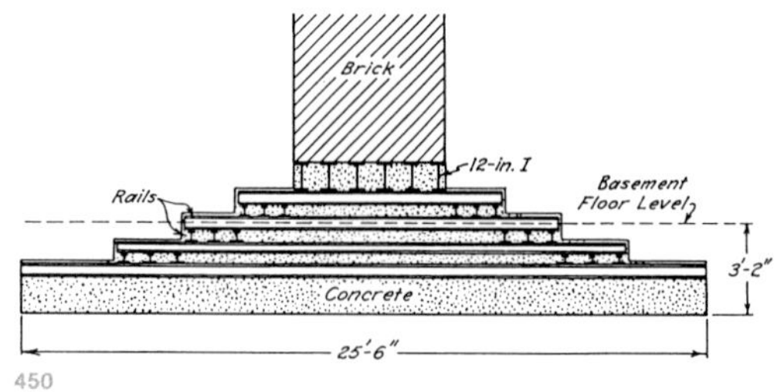

450

> 但是如果采用了霍利系统（Holley System，用于热风控制）进行通风，许多壁炉和烟囱则不必安装了。
>
> 给排水管道越少麻烦就越少。因此这些管道应尽量集中设置，且都（包括气体管道）采用明装方式，以便排查。在管道中存放电线以备日后电灯使用，现在波士顿很多地方已经这样做了。⑤

伯纳姆和鲁特的设计比布鲁克斯信中所表达的更为精致。布鲁克斯坚持弃用那些不必要的浪费做法。用户非常喜欢该设计的两大特征：将所有建筑服务设施集中在一个立管当中，为住户提供了更多的可用建筑面积；使地面层低于街道路面，尽可能减小层高，将原来的八层增加至十层，这样就带来更大的租用面积。然而，这存在风险，因为采用这种方式的话，地下室净空对于电梯设备和锅炉而言过低，这些设备和锅炉应设置在主楼后方的附属建筑物内；此外，电梯从二层开始，用户就不得不爬一段楼梯才能乘电梯。

该建筑采用的是防火结构，包括空心铸铁柱和锻造楼板梁，这两个构件都能通过瓷砖保护层防火。跨于锻铁梁上的楼板采用平拱，由空心瓷砖砌块或拱石制成。人们发现内部砖砌隔墙为建筑带来了很大的不便——不能轻松移动或更改房间和走廊的布局，因为这一不便，该建筑 1902 年就被拆除了。

蒙托克大楼的最大创新点在于其基础。随着建筑高度和重量的不断增加，其荷载需要由更大的土壤面积承载，而芝加哥下方的土壤质量很差，这一点需要通过增加基础的面积解决。芝加哥中部的卢普区（Loop district）土地包括多个地层。上部几米是砂质粉土，其上覆盖的是芝加哥第一次沉降时注入的各类填土材料。1871 年火灾爆发后留下来的大量碎石进一步加厚了这些土层。其下是一层黏土，只要该黏土层所支撑的荷载充分分布开来，防止柱子或墙体穿透覆盖一层软黏土的外壳，该黏土层的硬度是可以满足建筑施工需求的。

芝加哥及其他各地传统的墙体和柱子基础采
用碎石材料，通常深度比宽度大。采用料石基础 449
时，深度会减小。然而对于十层建筑而言，例如家庭保险大楼，基础面积需大于 4 平方米，深度近 3 米——相当于地下室的全高，重量相当于一整层楼的重量，占用了地下室很多有用空间。蒙托克大楼采用的传统基础严重妨碍了地下室的功

450. 芝加哥蒙托克大楼，1881—1882 年。工程师：约翰·威尔伯·鲁特；建筑师：丹尼尔·伯纳姆。基础。首次采用鲁特设计的钢轨格床和混凝土基础。

能，还妨碍了首层的功能。用户坚持另建房间存放为整个建筑发电的发电机。对此，鲁特建议购买二手钢杆，将其按照网格平面形式敷设，以便将荷载分布在大面积区域，无须采用大块石头基础。采用柱网时，为了防止钢材生锈，在栏杆底层下方铺设一层混凝土基座。其上方也由混凝土 450 覆盖。经实践证明，这一方法非常高效且成本低廉，但是鲁特起初认为它只是一次性方法，仅适用于蒙托克大楼。伯纳姆和鲁特的第二个高层建筑采用的是传统的砌体基础，又一次因为占用了地下室空间，加大了设备、机器的安装难度。这时，鲁特才意识到钢轨和混凝土柱网应得到广泛使用。仅这一方案就让高层建筑突破了十层的限制，1892 年，高度翻了一番。阿德勒、苏利文、詹尼，以及威廉·霍拉伯德和马丁·罗什（Martin Roche）的霍拉伯德罗什公司（1853—1927 年）都采用了这一方案。霍拉伯德罗什公司在其塔科马大厦中用新钢工型梁取代了二手横杆，进一步优化了这一方案。钢柱网基础成为芝加哥卢普区所有高层建筑的首选方案，直到 1890 年左右引入深桩基础和沉箱、1905 年左右引入钢筋混凝土基础，情况才发生了变化。

1886 年设计、1889 年竣工的十三层塔科马大厦还因许多其他原因得到人们的关注：其结构框架是首次在现场用铆钉而非螺栓装配的；首次采用内部剪力墙承接风力荷载，将其传至基础；由斜十字支撑加固的两个平行砖墙从顶部伸向基础；首次在大型建筑中将所有厕所设施集中到每层的一个小区域内，减少了所需的管线数量，且通过一个管道井——现在所说的“服务设施核心”，实施所有管线作业。

1894 年，霍拉伯德和罗什发现其开发商曾在十年前将蒙托克大楼委托给伯纳姆和鲁特，也就是说两家公司为同一个开发商服务。布鲁克斯对设计师的概述内容包括下列指导，说明了他的想法，实际上他关于将商业建筑作为一个整体的想法十年前已经发展起来：

1. 一切围绕照明和通风工作努力的办公大楼是最值得投资的；

2. 二类空间与一类空间的建造成本相当，因此，不要建造二类空间；

3. 人们进来都能看到的地方必须留下持久的印象，比如入口、首层大堂、电梯轿厢、电梯服务、公共走廊、卫生间，这些地方必须做好；

4. 总地来讲，办公空间必须有 24 英尺的范围有良好的照明条件；

5. 操作成本必须常记于心，采用适当的材料和细节来简化工作；

6. 仔细考虑走廊门、卫生间隔墙、灯具、管道和电话的位置，并加以改进；

7. 设置传统的集约化应用布局，多数人更喜欢小面积布局，因为：

小面积可增加的平方英尺比率更高；

出现困难情况时，不会空出大量空间；

不会进进出出损坏电梯；

8. 对办公大楼的检修非常重要，门房服务必须确保高质量，电梯操作员必须具备良好的个人素质和管理水平。[6]

除了电梯操作员这一条建议外，其他指导原则现今仍被人们遵守。

19 世纪 70 年代，随着越来越多的大型建筑的建设，人们对建筑设计有了新的态度。个人设计师以及建筑师和工程公司逐渐对迎接更复杂的挑战有了信心。19 世纪 80 年代末，阿德勒苏利文公司设计的会堂大楼（Auditorium Building）便是很好的例子。其建筑结构与服务设施的复杂性以及重荷载基础在几年前看来都是令人不可思议的。大楼工程设计和实施技巧都超出了十年前的水平，实施这一项目的公司是美国建筑史上最具影响力的公司之一。

19 世纪 80 年代，芝加哥大多数建筑公司至少有一个合作伙伴具有工程学背景。1881 年成立的阿德勒苏利文公司的合作伙伴是但克马尔·阿德勒。阿德勒出生于德国，十岁时移民至底特律。他在建筑师事务所的绘图员实习因美国内战而中断。1862 年，阿德勒加入同盟军，受训为工程师。1866 年离开军队后他开始在芝加哥某建筑公司上班。随后十年间，他与建筑师开展过两次合作，1878 年创办了自己的公司。他独立接管的第一个项目是中央音乐厅（Central Music Hall），1879 年竣工。音乐厅结构采用砌筑墙体、内部铸铁柱、锻铁梁和楼板梁。这在当时并不是特别先进的项目，然而其复杂的内部空间布置具有显著的特点。该独特的多功能建筑包含七个办公室和六个机房，均围绕着音乐剧场分布。适合的结构系统设计需要丰富的想象力，以确保通过最少的柱子和砌筑墙体将荷载安全有效地传至基础。

中央音乐厅因出色的声学效果而名声远扬，也使阿德勒成为当时领先的声学工程师。他在这一领域的技术并不是从声学科学的知识中获得的——这些知识当时还没有开始对建筑设计产生影响，而是通过他对其他礼堂的观察，以及一些有用的工程学常识。逐渐远离舞台的座位缓慢呈曲线形式向上延伸，确保了良好的视线和连续的声音传播路线。曲面天花板将间接声传向观众。平面天花板也由礼堂上方的钢屋顶桁架分开，涂以灰泥涂层，形成防火保护，同时这一区域向下反射，形成挡板，打断间接声，延长其混响时间。阿德勒从本项目中获取的多学科经验帮助他在会堂大楼的设计中显现了重要影响。

1879 年阿德勒公司招聘了 23 岁的路易·苏利文。苏利文在詹尼事务所接受过绘图员培训，曾就读于巴黎美术学院（École des Beaux-Arts）——在这里仅上了一年，因为他发现该学院太过学术化，不接地气，缺乏建筑实践。苏利文很快就展示了自己的天赋，1880 年就开始与阿德勒合作，1881 年阿德勒公司的名称就改为阿德勒与苏利文公司。

阿德勒与苏利文一起在芝加哥合作设计了一百多个大型建筑。合作初期，公司受托设计会堂大楼（1887—1889 年）项目，他们借机发 451、452
展了阿德勒在中央音乐厅中已经实现的许多理 453、454
念。这一庞大的建筑结构占据了整栋大楼，由一个 4200 座剧场、十层商业办公楼、十层宾馆、十五层办公楼高的塔楼组成。在这个建筑中规划不同空间、不同荷载因素的结构着实是一项巨大挑战。例如，剧场会堂上方巨大的椭圆形拱顶跨度达 35.7 米，六个横向桁架每个负载 110 吨，这简直就不是建筑构件而是铁路桥梁的做法。对各个结构部件挠度的预测，极大地拓展了当时分析工具和计算方法的范围。大多柱、梁结构可以采用静定结构处理法，因而设计起来更为轻松。然而，建筑不同部位的不同设定需要在结构部件中采用次应力，该次应力可能最初已经是静定形式。拱顶可能涉及一些超静定性，同时可能还需设置许多类似的大型结构，以确保荷载和挠度能通过计算得出。实际结构行为对这些类似结构尺寸的敏感性通常是人们担心的问题，即使在今天，这也是一大挑战。

会堂大楼剧场椭圆拱顶上方，观众视线所不能及的位置是空白空间，作为建筑的服务设施和屋顶结构。其后类似项目希勒大厦（Schiller Building，1891—1892 年）中，阿德勒继续展示了他在复杂结构方面的造诣：大厦大型剧场会堂上方建有十层办公大楼，其柱子由大型转换结构支撑。为了支撑舞台区域上方的承重砖墙，阿德勒在舞台两侧采用两对巨型中空柱子支撑八层结构对墙体施加的重量荷载，将其传至各个基础，每个柱子长达 28 米。

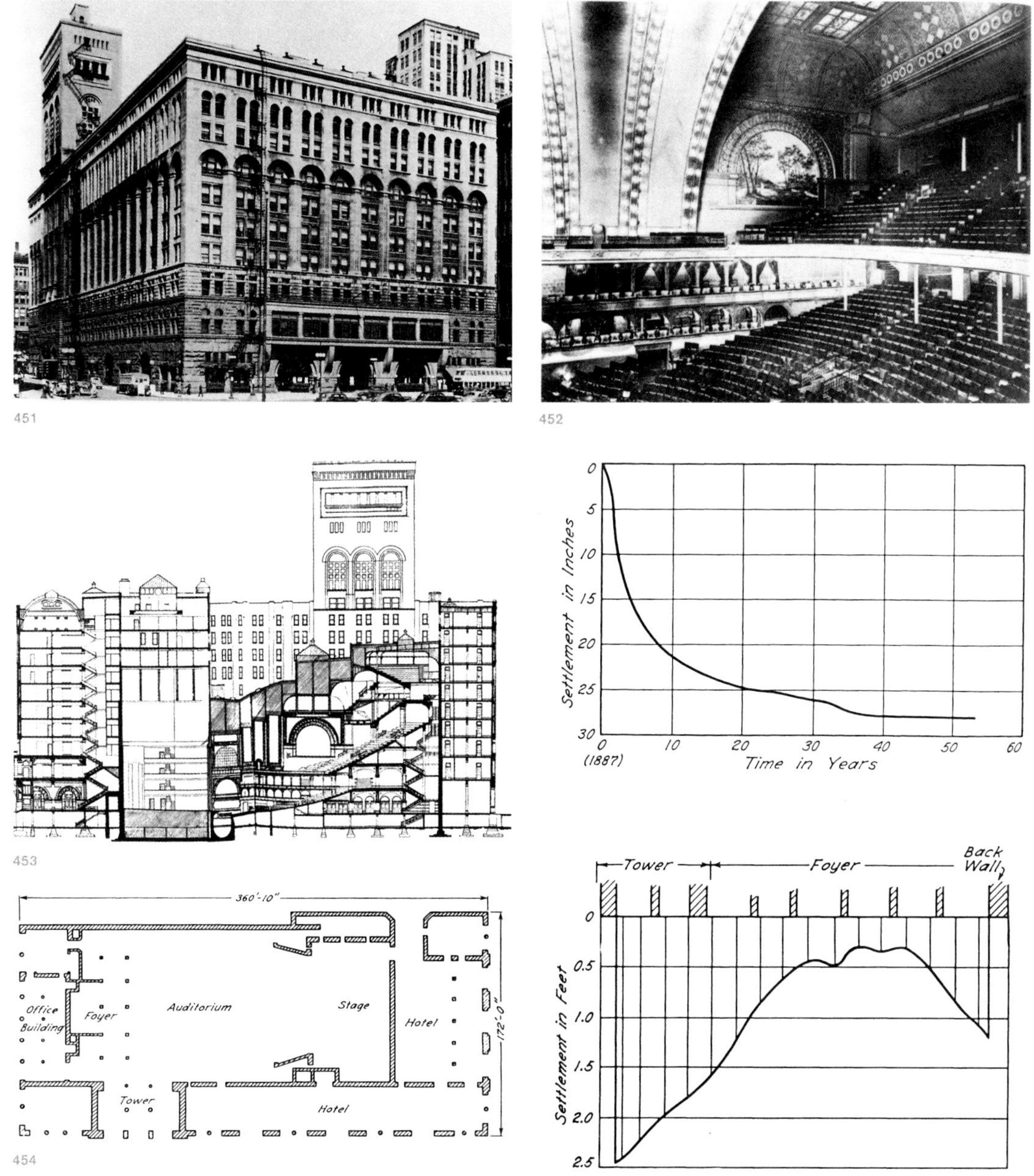

451. 芝加哥会堂大楼，1887—1889 年。工程师：但克马尔·阿德勒；建筑师：路易·苏利文。

452. 会堂大楼内部。

453. 会堂大楼剖面。

454. 会堂大楼平面。

455. 上图展示了会堂大楼塔楼下方基础的沉降，1889—1940 年；下图展示了塔楼和门厅下方基础的沉降。

面积范围大、每个基础所承载的荷载的巨大差异，及剧场会堂周围承重砌体墙下方不连续基础和连续基础的使用，对会堂大楼的基础带来了极其严重的问题。不同基础以差异巨大的速度沉降时会导致非结构部件例如窗户灰泥隔墙及承重砌体墙的开裂，造成巨大的风险。当时，对基础沉降的预测基于土壤性质的概约监测，且人们还不十分了解水对承重土壤行为的作用。剧场及建筑十层结构区域下方，阿德勒设计的结构和基础拟对土壤施加 4000 磅 / 平方英尺（190kN/m^2）的均衡压力。他预计满载时建筑总体总沉降量为 450 毫米。然而，对于十九层的塔楼，他无法将土壤荷载减少至 4500 磅 / 平方英尺（215kN/m^2）以下。为了减少塔楼与建筑其他部分的沉降差，他采用了预应力形式。开工前，他用重量与建筑相等的压载砖和生铁装载了塔楼拟建位置的土壤，以此推测最大的沉降量。施工时，他以建筑重量增长的速度移除压载砖。为了解决可能出现的沉降差问题，给排水管都配备了柔性铅管连接件。

尽管阿德勒格外留神，但是整个现场还是出现了巨大的沉降差，人们开始全力观察建筑的移动情况。尽管没有发生大的问题，但是 20 世纪 40 年代，酒店门厅地板的沉降达到了极限平衡状
455 态，不同区域的沉降从 75 毫米到 750 毫米不等。

深桩的使用促进了芝加哥高层建筑高度的又一次突破。深桩由汽锤打入首层附近的薄黏土外壳以及硬黏土上方的软黏土层（15 至 20 米深），可以承载高层建筑的重量。首次完全依附桩基础的大型建筑是 1890 年竣工的芝加哥大中央车站（Grand Central Station）。

防风支撑

19 世纪 80 年代后期，十二层建筑在纽约和芝加哥已经很常见了，有的建筑甚至更高。其外墙大部分仍然采用承重砌筑墙体，而内部承重结构采用了铸铁或锻铁柱和锻铁梁。有的内部墙体可能也采用了承重砌体，同时也有非承重内部砖砌或混凝土砌块隔墙。基本上，这与 18 世纪英国早期的五六层工厂和仓库所用的结构系统相同。外部砌体墙的风荷载通过楼板结构水平传至端墙，随后导入基础。外墙起着剪力墙的作用。砌体与上层建筑的重量也用于对受压墙体预加应力，增强墙体稳定性，这与中世纪大教堂的做法类似。此外，纽约和芝加哥的建筑还有另外两个特点：建筑位于城市街道中，可免受极端风力的影响；建筑高度与其宽度相比不是很大，高度很少超过宽度的两倍。所有这些因素都让当时的工程师认为无须特别关注风力荷载。

19 世纪 80 年代末，笼框架的引入减少了外部砌筑墙的尺寸和重量。尽管借助笼框架可建造更高的建筑，但是它将外墙与主体建筑结构分离开来，外墙便扮演不了剪力墙的角色了，从而就需要建造专门的结构部件。另外，笼框架的柱子采用的是锻铁材料，意味着可以承担施加在刚性接缝上的弯曲荷载。而铸铁柱无法实现这一点，仅能承载压缩荷载，而且大梁或楼板梁很少通过刚性连接件与铸铁柱相连。借助笼框架及其后的骨架框架，高层建筑可通过柱梁之间的刚性连接进行支撑。此类“框架”（frame）或“门式”（portal）并不是新提出的理念，先前有些建筑已采纳了这些做法，比如多家英国造船厂大楼、伦敦水晶宫、英国希尔内斯船厂、巴黎附近的圣奥文货栈。但是这些都不是传统的城市建筑。锻铁笼框架可以通过轻质对角支撑将风力荷载轻松下传至基础，这与水晶宫及巴黎附近的梅尼耶巧克力工厂采用的做法一样。19 世纪 80 年代末至 1910 年左右，
所有新型铁、钢框架高层建筑都采用了抗风支撑。 457
当时采用的有两种形式支撑：十字支撑，风力荷载由拉杆支撑；门式框架，风力荷载通过柱梁之间的刚性连接下传至基础。两种形式有时会结合使用。

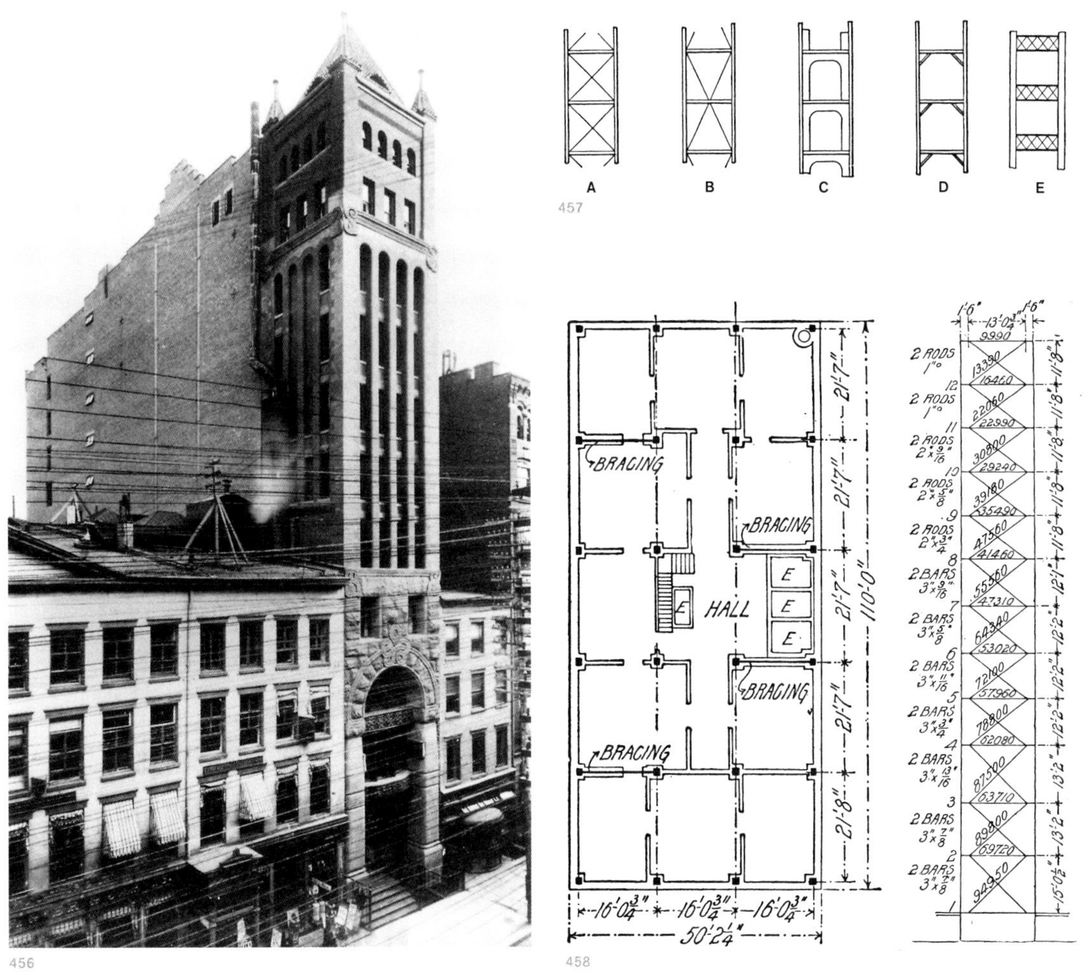

456. 纽约塔楼，1888—1889 年。工程师：威廉·哈维·比克迈尔；建筑师：布拉德福德·李·吉尔伯特（Bradford Lee Gilbert）。

457. 19 世纪 90 年代开始美国钢框架建筑所用的抗风支撑的方法：（A）（B）十字支撑；（C）（D）（E）门式框架或空腹支撑。

458. 芝加哥威尼斯大楼，1890—1892 年。工程师：科里登·T. 珀迪（Corydon T. Purdy）。展示抗风支撑的平面图和剖面图。

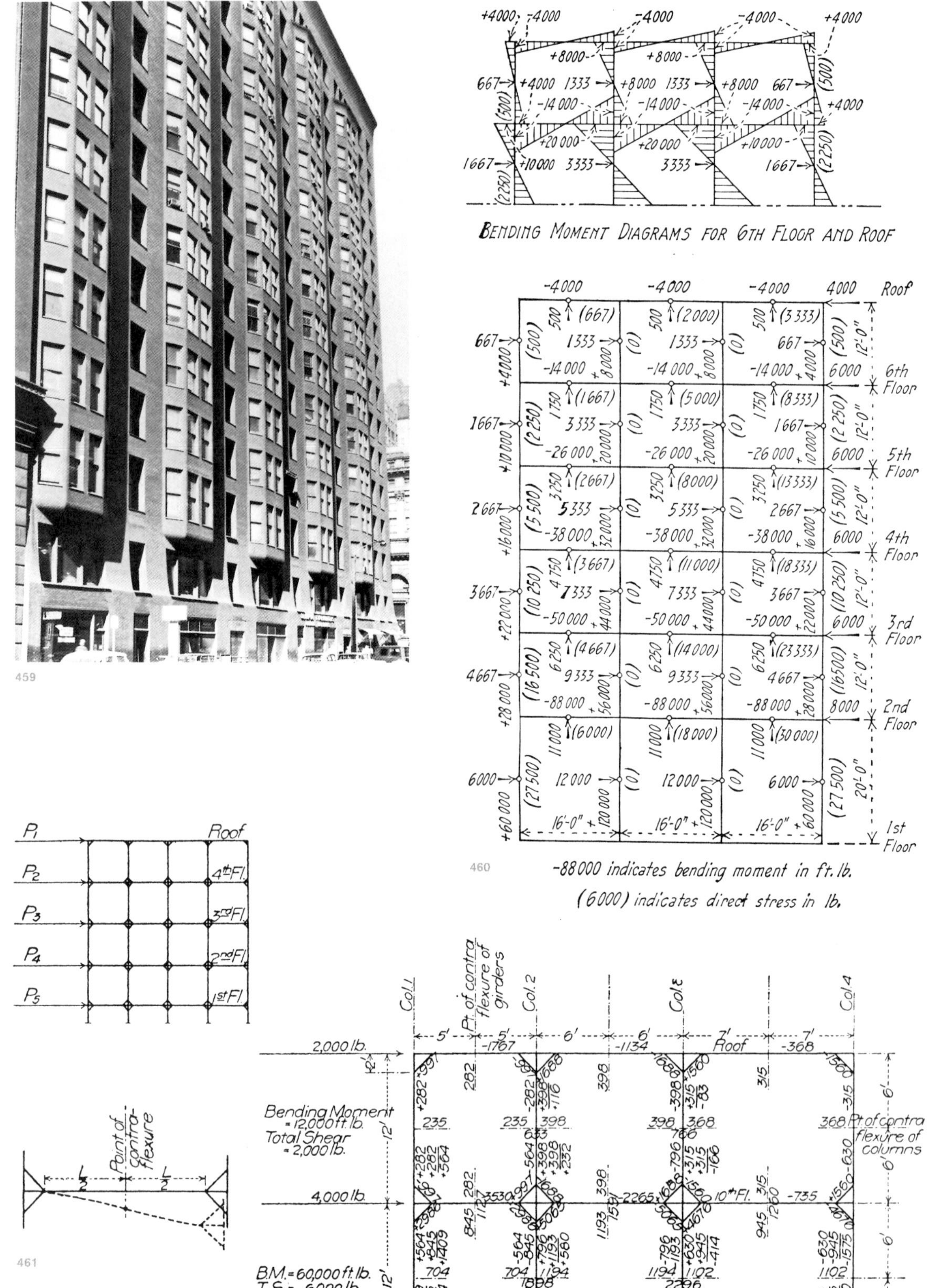
Bending Moment Diagrams for 6th Floor and Roof
Roof
6th Floor
5th Floor
4th Floor
3rd Floor
2nd Floor
1st Floor
-88000 indicates bending moment in ft. lb.
(6000) indicates direct stress in lb.
Roof
4th Fl.
3rd Fl.
2nd Fl.
1st Fl.
Point of contra-flexure
Col.1
Pt. of contra flexure of girders
Col.2
Col.℄
Col.4
Bending Moment = 12,000 ft. lb.
Total Shear = 2,000 lb.
B.M. = 60,000 ft. lb.
T.S. = 6,000 lb.
Pt. of contra flexure of columns
10th Fl.

459

460

461

456 1889 年竣工的纽约塔楼（Tower Building）可能是最早采用承载风力荷载的结构部件的高层建筑。该建筑占地面积狭小，且位于下曼哈顿区百老汇的显赫位置，工程师威廉·哈维·比克迈尔（William Harrey Birkmire，1860—1924）认为有必要采用这样的结构。对角支撑的灵感来自广泛应用于铁路桥梁的华伦式桁架（warren truss）。设计抗风支撑时，比克迈尔认为建筑起着悬臂的作用，受 70 英里 / 小时风力带来的荷载影响。这一风力系数与桥梁设计工程师采用的系数一样。然而，如当时一些工程师所述，该单个交替对角结构不适合采用风力支撑，因为对角支撑过细无法支撑压缩荷载。因而，无论处于什么风向，只有隔层上的一半对角能支撑荷载。风力荷载路径不是自建筑上部到底部连续的路径，这是结构工程师的一大失误。而数年不倒的建筑要归功于其稳定性——外部和内部砌体墙和结构本身的重量确保了这一稳定性。

很快，许多建筑就都采用了交叉张线支撑（cross bracing），此时关键的一点是在建筑哪个部位应用交叉张线支撑。最明显的位置为楼梯或电梯井周边的墙体，但是通常其他位置也需要进行支撑。交叉张线支撑存在的一个问题是妨碍了建筑的出入。在两个开间或两层范围设置支撑
458 可以腾出更多的门口空间，这同芝加哥威尼斯大楼（Venetian Building，1890—1892 年）减少支撑所跨开间比例的做法一样。

1889 年设计的两个十六层建筑首次采用了更为合理的抗风支撑系统——采用门式框架支撑的芝加哥蒙纳德诺克（Monadnock）大厦，以及
459 采用对角线交叉支撑（diagonal cross bracing）的曼哈顿大楼（Manhattan Building）。尽管蒙纳德诺克大厦采用了承重砌筑结构（芝加哥最后一次使用此类结构），约翰·威尔伯·鲁特考虑到它的极端高度和细长比，还是引入了防风支撑结构。门式框架支撑包括固定在锻铁柱上的 325 毫米的梁。由于门式支撑不是静定性，因而其结构计算要比对角支撑复杂，且准确度低。事实上，直到 20 世纪前 10 年时才开发出帮助设计师计算静定框架结构的有效分析法——例如坡度挠度法（slope-deflection method）。

工程师路易·E. 里特（Louis E. Ritter）设计的曼哈顿大楼（1889—1891 年）防风支撑结构既包括门式框架支撑也包括螺丝扣固定的交叉对角线锻铁杆。该轻型预加拉力确保了框架可支撑小风量的拉伸荷载。尽管采用额外的钢材需要花费更多成本，但是许多工程师仍然采用门式支撑为整幢建筑所有楼层打造流体通道（fluid passageway）。工程师科里登·T. 珀迪（Corydon T. Purdy）在芝加哥十七层老殖民地公寓（Old Colony Building，1894 年）中成功运用了这一技术。

1907 年，加利福尼亚结构工程师 A.C. 威尔逊（A.C. Wilson）在《工程记录》（*The Engineering Record*）中发表了一篇文章，描述了准确判断钢框架建筑门式支撑的原理。威尔逊表示：框架因风力作用弯曲时，柱、梁每一端将朝相反方向弯曲，而中间位置保持不变。由于中间部位结合处
没有弯曲，理论上可以用销接头或铰链替代梁 461
（销接头仅传递剪力或轴向力）。这一想法生成了全新的多开间框架结构数学模型。新静定框架没有采用从头到尾刚性连接的柱梁制作的钢框

459. 芝加哥蒙纳德诺克大厦，1889—1891 年。工程师：约翰·威尔伯·鲁特；建筑师：伯纳姆和鲁特。

460. 弯曲力矩图，展示了钢框架通过弯曲支撑风力荷载的方法，该方法自 1913 年左右开始使用。

461. 图片展示了钢框架部件风力荷载下弯曲力矩的计算方法，借助这一方法可判断出弯曲度为零时的回折点，1908 年。

结构框架稳定性的发展历程（18 世纪 90 年代—20 世纪前 10 年）

柱	梁	梁/柱连接件	稳定性/防风支撑	大概时间
单层高度。柱坐于梁上；柱与柱之间无连接件。	连续木梁，跨1~3个柱子。梁坐于柱头/横撑上。	仅机械位置。非刚性。存在柱梁挤压的风险。	楼板荷载传至周边砌体墙，砌体墙提供整体横向稳定性。	直到1810年左右。
单层高度。柱坐于下方柱顶部。机械位置；柱与柱之间无刚性连接件。	铸铁梁，跨一个（较少）以上的开间。梁坐于柱头突出位置。	仅机械位置。非刚性。	同上。	1795—1800年。
同上。	铸铁梁，跨于一个开间上。梁坐于柱头任一侧的突出位置。	仅机械位置。非刚性。	同上。	18世纪90年代—19世纪60年代，大多英国纺织厂。
锻铁或（后来的钢。1或2层高度单元；制成连续柱，带楼板梁平面的铆接拼合接头	锻铁或钢。	铆钉，位于便于与柱子相接的梁上刚度可忽略不计。	同上。某些开间内的隔墙（未计算支撑作用）。	19世纪70年代。
同上，带0.3~0.6米的拼合接头，位于楼板梁平面上方。	同上。	同上。易于安装，因为梁连接件上有柱式接头。刚度可忽略不计。	同上 。	19世纪80年代。
同上。19世纪80年代开始采用钢材。单个柱子长度通常为2层	楼高度。替换柱在隔层拼接。 同上。19世纪80年代开始采用钢材。	同上。刚度可忽略不计。	同上。但是高层建筑（十层以上）着重支撑风荷载。未计算所	起的作用。 19世纪80年代—20世纪前10年。
同上。	同上。	更多铆接连接件。有一定刚度。刚度可能有助于框架行为，作用大小未计算。	同上。	19世纪80年代。
同上。	同上。	建成全刚度连接件的框架。仍按照单跨（销接）梁连续柱计算。	高层建筑交叉支撑（斜支撑）。计算了交叉支撑的程度。	19世纪80年代末开始。
同上。	同上。	同上。	高层建筑框架/门式作用。估算了门式作用的程度。	19世纪90年代中期开始。
同上。拼接处位于中层高度位置，此处的弯曲度接近零。	同上。	同上。按照全刚度柱梁连接件框架计算，销接位于柱的中高位置、梁的中跨位置。	交叉支撑或门式支撑或两者结合。计算了结构作用。	20世纪前10年开始。

架，而是采用了系列中心轴刚性连接、四端销连接的交叉形构件。这一突破让工程师们开始分析
460 风力荷载下多层/多开间门式支撑的钢框架结构的行为。

462、463 纽约大都会人寿保险公司大楼共五十层，是当时世界上最高的建筑，也是首次采用该门式支撑新理念的建筑。首层至十二层防风支撑包括铆接至柱子的深梁；十二层以上弯曲不明显，支撑由轻型角撑板和角拉条构成。

室内环境设计

19 世纪，随着人们对建筑内部舒适度的期望越来越高，工程师设计了控制室内环境的各种新方法。这些方法考虑了建筑及用户的类型以及当地气候条件。在家用建筑方面，欧洲北部地区的主要需求是取暖。尽管 20 世纪末标准壁炉和烟囱仍然在使用着，但是相关人士已经成功试验了许多替代的方法。1869 年伦敦附近建造的某豪宅结合了当时最先进的两个理念：一方面建筑全部采用混凝土，另一方面如《建造者》（*The Builder*）所报道："加热的空气主要通过嵌入混
466 凝土墙体的管道传输，从房间踢脚线内的滑动式活门格栅进入。新风经过嵌入混凝土的各个管道从天花板附近的孔进入各个房间。"[7]

如前文所述，19 世纪 50 年代时，大型公共建筑的暖通条件已经颇具规模，人们也以理性的方式（如果做不到以全面的科学方式）计算所需的机房和设备尺寸。法国和德国通过热损耗计算供暖需求，这与我们现在所采用的方法一样。1861 年尤金·沛克莱通过双层玻璃窗（广泛应用于欧洲大陆寒冷地区）计算热损耗，表明大于 20毫米的气隙对进一步减小热传导的作用不大。19 世纪末以前，英国和美国仍然采用的是托马斯·特雷德戈尔德的方法，该方法基于空气渗透和窗户的冷却效果（参见第 6 章）。此时需要做一些改变，尤其是美国，因为 19 世纪 90 年代时建筑高度在急剧增长。在高层建筑中，建筑顶部和底部的气压变化不容忽略。此外，1900 年，人们已经明白风速会随着建筑高度大力变化。这些因素都会影响空气渗透率。面对这样的复杂性，许多 20 世纪早期的设计师感到无法核实准确的空气渗透率，便简单地假定该渗透率是恒定的，即常见的每个房间每小时换气两次。英国物理学家、现代气象学之父纳皮尔·肖（Napier Shaw，1854—1945）是尝试模拟建筑气流的第一人。他采用了受大量电阻干扰的电路的电流模拟。这一理念在此前早就提出来了，但是自 20 世纪 60 年代电脑用于工程学系统的数学建模时，人们才开始关注它。

19 世纪中期和晚期，建筑制冷仍然采用的是蒸发冷却形式：空气通过水喷雾或冰块（如可能）传播出去。19 世纪 80 年代，随着可以根据需要制作"人造"冰的制冷机的发展，这一领域取得了很大的进步。之所以称为人造冰是为了和自然冰相区分，自然冰主要产于北美和挪威，向全世界各地出口，用于制冷。

首部成功研发的制冷机由慕尼黑理工学院（Polytechnic School in Munich）机械工程学教授卡尔·冯·林德（Carl von Linde，1842—1934）发明。1870 年林德发表了"低温条件下以机械法提取热量"（The extraction of heat at low temperatures by mechanical means）的论文，随后一年又发表了"改良冰和制冷机"（Improved ice and refrigerating machines）。没过几年，德国和澳大利亚的酿酒公司就注意到了他的构思，这些公司想在炎热的夏季继续酿造啤酒。林德获取资金资助后，开始根据他的理论研发新机器，1874 年成功制作了他的首部甲醚制冷剂机器。1877 年，他又制作了一部效率更高的机器，该机器采用氨作制冷剂，装于意大利的里雅斯特德雷尔啤酒厂（Dreher Brewery in Trieste），运行了

462

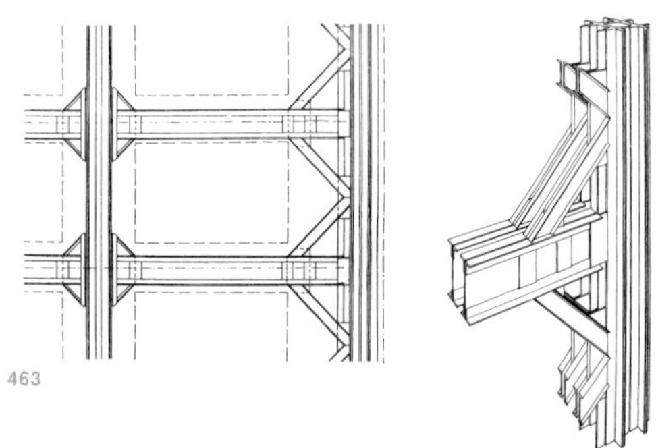

463

462. 纽约大都会人寿保险公司大楼，1907—1909 年。结构工程师：珀迪和亨德森。建筑师：皮埃尔·勒布伦（Pierre LeBrun）。

463. 大都会人寿保险公司大楼，创建刚性连接的角撑，支撑风力荷载。

464. 德国科隆工艺联盟展览馆（Werkbund exhibition pavilion），1914 年。建筑师：沃尔特·格罗皮乌斯（Walter Gropius）和阿道夫·莫尔。

465. 德国希尔德斯海姆附近的法古斯鞋楦工厂（Fagus shoe last factory），1911—1912 年。建筑师：沃尔特·格罗皮乌斯和阿道夫·莫尔。

玻璃立面

建筑外部采用钢铁材料后，外立面有机会采用更大的窗户和玻璃。然而，考虑到安全问题，钢化玻璃问世前城市街道上方的建筑难以采用大面积玻璃。骨架框架发明后不久，建筑师开始构思采用全玻璃立面，完全不用设置竖向承重结构。19 世纪早期很多植物园的玻璃和铁制温室、展览馆、玻璃屋顶结构已经开始尝试这一构思了，但是即使在这些立面当中，也没有完全采用全玻璃结构，仍采用结构部件支撑。发明骨架框架后，外立面便可以由楼板支撑。此外，还存在一个重要问题——建筑风格。那些为商业客户设计酒店和办公大楼的相对保守的建筑师不愿意冒不必要的风险，也不希望设计与传统结构形式差距过大的建筑。德国包豪斯建筑学派的革命性建筑师首次提出了通高玻璃立面的概念，其中著名代表是沃尔特·格罗皮乌斯（Walter Gropius）和阿道夫·莫尔（Adolf Meyer）。

464

465

一个多世纪的时间。1879年林德开始对该机器进行商业生产，经过出口活动和制作权的售出，该机器输往世界各地，进行人造冰的制作。

城市有了持续的冰供应，意味着该城市的建筑设计可利用冰制冷的优势，自此“舒适制冷”的概念开始生根了。1873年法国工程师A. 琼格莱特（A. Jouglet）著写了关于舒适制冷的文章（可能是该领域的首部作品），描述了大量通风系统中的空气制冷方法，例如埋地管道的应用，如查尔斯·西尔维斯特和威廉·斯特拉特1810年在德比郡综合医院应用的埋地管道（参见第6章）；水
467 分蒸发制冷；冰制冷；空气压缩和再膨胀；制冷机制冷。

19世纪80年代，越来越多的人在建筑中采用冰制冷方式。人们将冰块放在木架子上，空气经过这些冰块进入通风管道，被送往建筑内部。经该系统冷却的室内温度可比室外温度低十摄氏度，且冷却能力可通过建筑的日冰块供应量（以吨位单位）进行量化。1880年时，纽约麦迪逊广场剧院（Madison Square Theater）每晚用冰量为4吨。1893年，美国暖通工程师阿尔弗雷
468 德·沃尔夫也采用了同一系统为纽约卡内基音乐厅（Carnegie Hall）两个礼堂进行空气制冷。

安装制冷设备后，室内制冷系统的效力得到了大力改善。此类设备的设计需要应用相应的科学方法。同冯·林德应用热动力学设计制冷系统一样，赫尔曼·瑞彻尔首次应用热动力学原理设计建筑暖通系统。瑞彻尔是柏林夏洛滕堡皇家技术学校（Royal Technical School at Charlottenburg）暖通工程学的首位教授。1887年，他成立了暖通设备测试站（Prüfstelle für Heigzungs und Lüftungseinrichtungen），现称为赫尔曼－瑞彻尔采暖通风技术研究院（Hermann-Rietschel-Institute
470 for Heating and Ventilation Technology）。1893年，他出版了《暖通安装的计算与设计手册》（*Leitfaden zum Berechnung und Entwerfen von Lüftungs und Heizungs-Anlagen*），该书很快便在世界范围传播开来，出版了多个德语版本，现今仍在出版当中。

欧洲这一“舒适制冷”的方法通过印刷书册的传播，以及与移民至美国的欧洲工程师的接触或那些访问过欧洲亲眼见到该系统实际使用的美国人，很快便传往美国。为卡内基音乐厅设计暖通系统的阿尔弗雷德·沃尔夫是首批采用科学方法（如赫尔曼·瑞彻尔手册所述）进行设计的人。他1899年为纽约伊萨卡康奈尔医学院（Cornell Medical College in Ithaca）、1903年为纽约汉诺威国家银行（Hanover National Bank）设计了系统。其最具影响力的成就当属1901年为纽约证券交
易所设计的制冷系统，该系统包括当今所称的热 469
电联供系统。这是首个同时控制通风系统中空气湿度的系统。沃尔夫在写给该建筑相关的建筑师的信中表示：当室外温度和湿度分别为85华氏度和85%时，他的系统可以将其分别减至75华氏度和55%。[8]沃尔夫感到与温度降低相比，湿度的减小对房间使用者而言更舒适。他所设计的系统是现代空调的原型，旨在打造温度、湿度、通风方面的性能，同时为了配合这些功能，还设有一个控制系统。三个150吨的氨吸收式制冷机由驱动建筑发电机的蒸汽机所排出的废气提供动力。冷凝器排出的废水（现称为中水）经过回收储存在屋顶水罐中用来冲洗厕所。该系统成功运行了20年。然而，阿尔弗雷德·沃尔夫在纽约证券交易所中获取的开创性成就并没有改变建筑师和业主们对舒适制冷的态度。

同建筑工程学的大多发展一样，最早的空调应用也有其商业或产业背景——新技术具有明显的经济优势且投资回报收益非常快。公共建筑逐渐开始使用湿度控制与空调系统，该系统首次应用于1903年开立的德国科隆剧院，夏天时，系统通过采用氨基制冷系统的盐水热交换器冷却进入室内的空气并进行除湿处理。空气进入剧院的顶

466

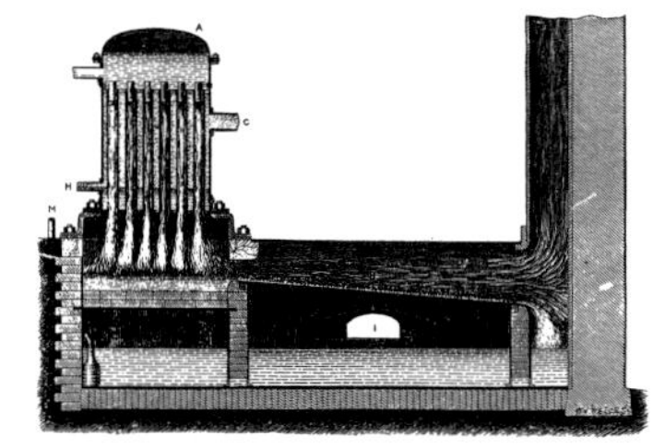

467

层空间，从地板内的多个开口排出。当时美国的许多剧院也安装了湿度和温度控制器。然而这些系统通常并不是很成功，因为空气洗涤器中的水温通常不是根据周围空气的温度和相对湿度的变化进行调节的。

要预测加热程度的变化，以及为了达到理想的空气温度和湿度而增减的水量，则需要对热动力学有很好的理解，当时很少有工程师具有这一预测能力。空气湿度无法直接测量，需要通过由两个温度计记录的温度进行计算——一个温度计没有覆盖物（干式），另一个覆盖湿布，该湿布随着水分蒸发会逐渐冷却。在这一领域，理查德·莫里尔首次发明了一项实用的设计方法——莫里尔是一名应用物理学家，在德国哥廷根、慕尼黑从事热冷机热力学研究工作，后来在德国德累斯顿大学（University of Dresden）任教。他在19世纪90年代早期最著名的成就是发明了热含量（Wärmeinhalt）的理论概念，用以测量热流体所含的总能量，比如蒸汽机中的蒸汽能量、内燃机中的气体能力、冰箱或冷冻机所含的制冷剂能量。在热动力学领域，这一发明与17世纪发明的温度、热容量、潜伏热概念一样重要。莫里尔借助热含量的一般概念可计算出热动力进程（加热、冷却、压缩、膨胀、加湿、除湿）中的流体的所有性能。1892年左右，他开始采用方程式管理空气中的水蒸气，以图形形式反映不同热动力系统中的温度、压力及热含量之间的关系。1894年，他制作了用作制冷剂的二氧化碳的图表；1904年，制作了所有常见材料的整套图表。很快，莫里尔图表就得到世界范围内的工程师的采用。

466. 英国彻特西芬兰兹别墅（Fenlands Villa），1869年。混凝土建筑，热空气流经铸入墙体的管道为建筑供热。
467. 蒸发式空气冷却器和空气洗涤器，1873年。

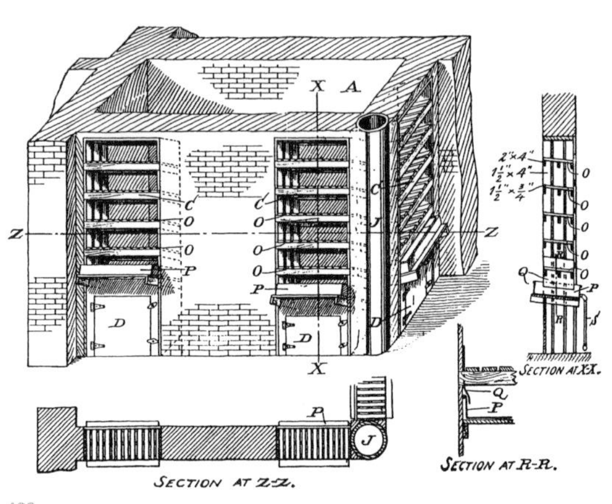

468

469

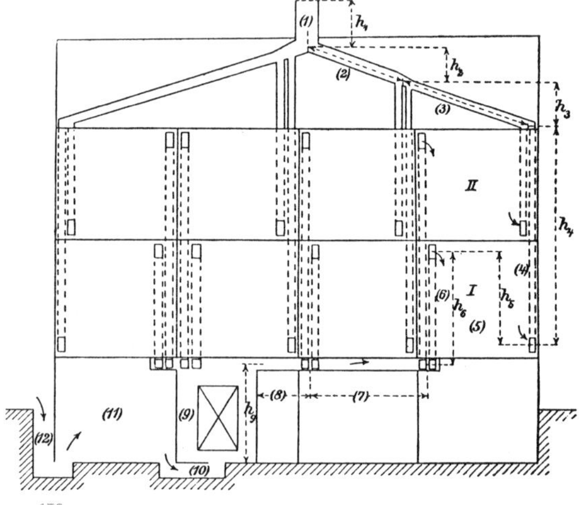

470

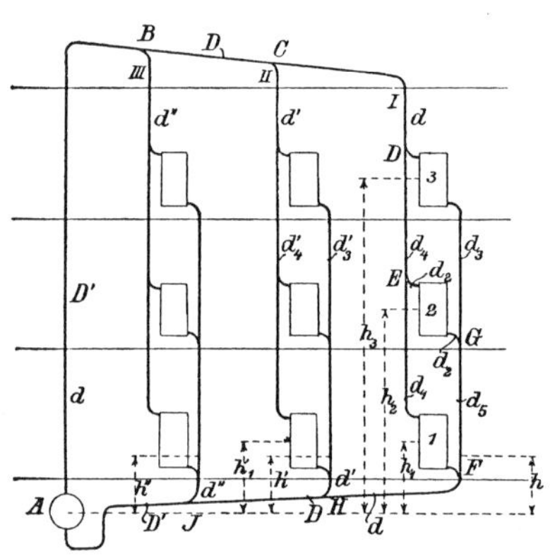

468. 纽约卡内基音乐厅夏天用于制冷的吸气管冰架，1893 年。暖通工程师：阿尔弗雷德·沃尔夫。

469. 纽约证券交易所制冷系统，1901—1903 年。暖通工程师：阿尔弗雷德·沃尔夫。

470. 图片展示了赫尔曼·瑞彻尔的暖通系统计算，1893 年。

在空调应用领域，设计师通过莫里尔图表可探寻空气经过空调系统时加湿、加热、冷却，以及释放出所需温度和湿度时的热动力路径。413
471 页的图表反映了空气与水蒸气混合体的干球温度、湿球空气温度、相对湿度、热含量之间的关系。现在，英语国家的许多工程师用另一种方法，即
472 美国工程师威利斯·哈维兰·开利设计的“空气线图”，展示这些数据。该方法于1908年进入人们的视野，通常忽略了热含量，以倒图（同莫里尔图表区分）轴线绘制。莫里尔图表和“空气线图”彻底改革了空气加湿器的设计，100年后，暖通工程师仍然在使用这两个图形法，可能是因为这些图表能帮助工程师清楚地观察加湿器的情况。为了表彰莫里尔为这一领域所做的贡献，1923年美国加利福尼亚州洛杉矶召开的世界热动力学大会同意将这一图表命名为“莫里尔图表或图形”（Mollier diagrams or charts）。

建筑中的空调应用取得成功的最后一项要素是对湿度的可靠控制，来自加利福尼亚北部的纺织工程师斯图亚特·克莱默（Stuart Cramer，1867—1940）满足了这一要求。自纺织业兴起初期，人们都知道要坚决防止棉纤维过干，纤维的强度和脆度均对湿度非常敏感（这就是一个世纪前棉纺织业在英国奔宁山脉西麓的潮湿环境中发展开来的原因）。19世纪80年代，加利福尼亚北部通常将空气压缩进行雾化处理，形成水雾喷洒于纺织厂内。该方法存在两大缺点：难以准确控制湿度、水很快会锈蚀机器。就此克莱默发明了一项新系统，该系统采用了可测量空气湿度水平的湿度计；同时还建造了一个车间，该车间位于工厂外部，用于增加空气湿度。1904—1905年，克莱默的湿度计首次取得成功应用，他还创办了加湿设备生产与安装的公司，面向纺织厂及其他各类建筑。

“空调”（air-conditioning）这一术语是克莱默1906年发明的。他在专利申请及提交给美国棉花生产协会（American Cotton Manufactures Association）召开大会的《空调的机器发展》论文中用到这一词。这一术语首次出现于G.B.威尔逊（G.B. Wilson）1908年著写的《空调：纺织厂加湿、通风、制冷、卫生短论——着重讨论美国情形》（*Air Conditioning: Being a short treatise on the humidification, ventilation, cooling, and the hygiene of textile factories—especially with relation to those in the U.S.A.*）中，当时该词已经奠定了其现代意义：

> 保证建筑各个部位一年四季内都维持在适当的湿度；
>
> 某些季节排出空气的过多湿度；
>
> 提供持续、充分的通风；
>
> 充分清洗微生物、臭气、灰尘、煤烟等其他外来物并排出其中的空气；
>
> 某些季节有效冷却房间内的空气；
>
> 冬天加热房间或辅助加热；
>
> 将以上所有需求集合在一个设备当中，且该设备的初始成本和维修成本不能过高。⑨

许多工程师对空调系统的发展都做出了贡献，其中威利斯·哈维兰·开利被称为空调之父。开利在该领域的成就及后来的名望要归功于他的商业头脑及其掌握的工程学与科学方面的知识。从康奈尔大学毕业后，开利在布法罗锻造公司（Buffalo Forge Company）上班，这是一家制造、安装热风加热设备的公司。1902年，当时开利已经开办了自己的研究机构，受某印刷出版公司的邀请解决一大难题——缺乏湿度控制，给彩色印刷带来了严重的影响。起初，开利采用冷却的盘管为空气除湿，但是这一方法没有解决问题，主要是因为没有结合布法罗公司的锻造加热系统。这次尝试失败后，开利得出了与10年前瑞彻尔提出的相同的结论：应该采用空气洗涤器中的冷

水喷雾冷却空气，以便空气能充分浸透。洗涤器或“冷却器”出来的浸透空气随后与室内空气相融合。根据未经处理的空气的测量温度和相对湿度，调整冷却器出来的浸透空气的温度和总量，实现房内所需的相对湿度和温度。

1905年，开利获权开办布法罗锻造公司的分公司，设计、制作、安装空气洗涤器。某同事告知他湿度和温度控制可以应用到纺织业的想法，他很快看到了其中的商业潜力。1906年，开利在《纺织世界》（*Textile World*）上发布了一篇关于湿度控制的文章，不过他从未参观过纺织厂。开利将起初的几个项目作为实践尝试，仔细观察车间情况及建筑内温度与湿度范围的变化。根据这些实践数据，他很快就改善了系统的性能。1907年，开利创办了美国开利空调公司（Carrier Air-Conditioning Company of America），作为布法罗锻造公司的子公司运营。开利继续研究了其他湿度起着重要作用的行业，包括面包制作、印刷、烟草制作等。非产业性建筑例如电影院、酒店等的空调市场直到20世纪20年代初期才真正活跃起来。

建筑声学

19世纪晚期，随着人们对交响乐团演奏的喜爱，大量音乐厅兴建起来。这些音乐厅与传统的三大音乐演奏场所即教堂、演奏室内音乐的私人沙龙、剧场和歌剧院有着明显的区别。教堂的尺寸和建筑材料决定了它的混响时间较长（长达六七秒），这就限制了音乐演奏的类型。墙体和地板硬面的多重反射使得作曲人和乐师不得不避免选用那些快节奏、断击或叩击声，因为这些声音的新音符会干扰之前的音符反射，混淆和声和韵律。室内音乐是18世纪和19世纪早期发展兴起的在富人房间内演奏的音乐，通常只有二十来个乐师演奏，很少面对大量观众。由于室内空间不大，且内壁涂抹了灰泥，其混响时间较短（可能是三四秒），现场室内音乐非常适合巴洛克（Baroque）音乐及汉德尔（Handel）和海顿（Haydn）的早期古典乐。此类房间更适合相对安静的乐器演奏，例如提琴、木管乐器及早期键盘乐器，如羽管键琴等。

剧场和歌剧院主要是针对人声而建，设计目的在于确保声音的清晰度的同时无须演员以非常高的声音发言。发言人或歌手与听众的最大距离不得大于20米，且礼堂内壁覆盖了织物和软装饰物，以便缩短混响时间（两三秒）。相比之下，演奏贝多芬或马勒音乐的交响乐团可以非常大声地演奏，且公众交响音乐会的发起人都希望容纳更多的观众。这两重因素都需要更大的演奏厅。人们通常将市政厅的大型会议室作为音乐演奏场所，现在仍然是这样，不过这些多功能房间通常无法满足所有乐种。这些市政厅的声学设计完全是基于经验进行的，根据之前成功的音乐厅特征设计。许多音乐厅得到乐师和经常参加音乐会的人们的称赞，例如维也纳的金色大厅（Grosser Musikvereinssaal，1870年）、莱比锡音乐厅（Leipzig Gewandhaus，1885年）、阿姆斯特丹音乐厅（Concertgebouw in Amsterdam，1888年）。然而，建造新音乐厅时，对于这些“出色的”音乐厅具体哪些特征值得借鉴，人们一直都没有达成一致意见。当时声学事故也不少见。典型的例子就是1871年建造的伦敦皇家阿尔伯特音乐厅（Royal Albert Hall），其回声特别大，人们戏称：“门票买得很值，因为能听两遍演奏。”（参见第9章）

华莱士·克莱蒙特·萨宾（Wallace Clement Sabine）被称为建筑声学之父，他是哈佛大学自然哲学系的物理讲师，1895年时受邀改善大学福格艺术博物馆（Fogg Art Museum）演讲厅的声学性能问题。该演讲厅的设计模仿的是希腊的经典剧院，遵循的是维特鲁威公元前25年所述的声学设计原理（参见第1章）。然而，这些原理

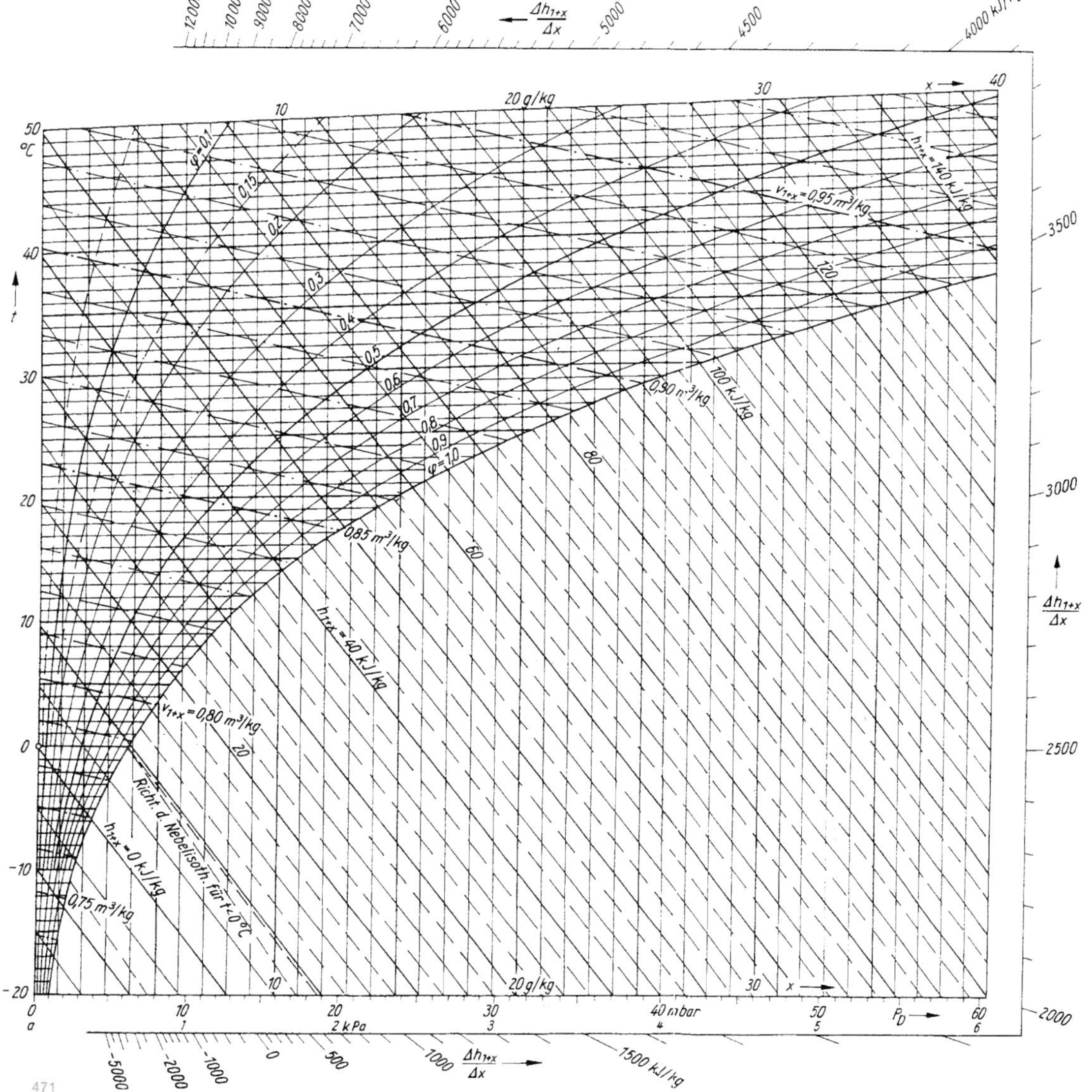

471

471. 通过莫里尔图表，可以探寻空气加湿、加热、冷却时的热动力路径，由理查德·莫里尔于 19 世纪 90 年代早期发明。

FORMULA

FOR

FINDING THE AMOUNT OF MOISTURE IN ONE POUND OF AIR HAVING A KNOWN WET BULB DEPRESSION.

T_D = DRY BULB TEMPERATURE.

T_A = ACTUAL WET BULB TEMPERATURE.

T_O = OBSERVED " " " .

$$T_A = (T_D - 1.02(T_D - T_O))$$

N_A = GRAINS OF MOISTURE IN ONE POUND OF AIR OF 100% HUMIDITY AT A TEMPERATURE T_A.

N_O = GRAINS OF MOISTURE IN ONE POUND OF AIR WITH A DRY BULB TEMPERATURE T_D AND A WET BULB TEMPERATURE T_O.

$N_D = N_A - X$.

$$N_A = \frac{E \times 7000 \lambda .623}{30 - E}$$

E = VAPOR TENSION CORRESPONDING TO A TEMPERATURE T_A.

$$\lambda = \frac{7000 \lambda .238 (T_D - T_A) + .48 N_A (T_D - T_A)}{(1114 - .695 T_A) + .48 (T_D - T_A)}$$

CONSTANTS

7000 GRAINS PER POUND. .238 SPECIFIC HEAT OF AIR.

.48 SPECIFIC HEAT OF WATER VAPOR.

1114 - .695 T_A = LATENT HEAT OF WATER VAPOR.

.623 = SPECIFIC WEIGHT OF WATER VAPOR.

472

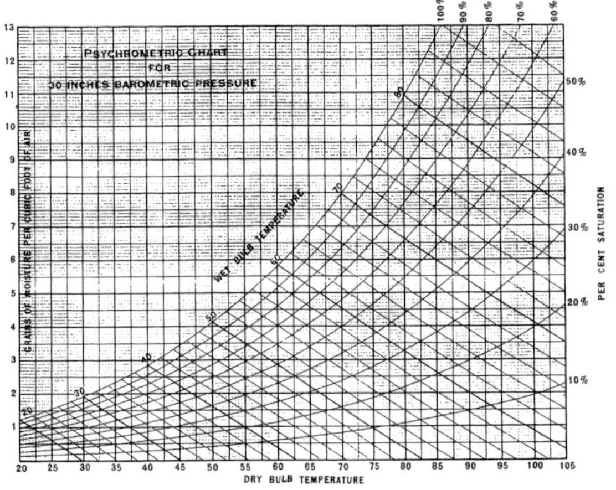

针对的是室外剧院，并没有考虑墙壁或屋顶对声音的反射作用。在封闭房间内，反射声音也会传到听众耳中，由于许多声音传播的时间不同，结果就造成声响混乱，发言人的直达声就不得不与先前声音的反射声对抗。

同先前的很多人一样，萨宾意识到声音清晰度丢失了。作为物理学家，他通过实验测量反射声的响度是如何受演讲厅反射表面影响的。他的目标是发现房间尺寸与声音减弱直至消失的速率之间的关系。此处所说的减弱速率就是混响时间——声音减弱到原声百分之一时所用的时间。

为了保证外来声音最小，萨宾需要在夜晚进行工作，他所用的乐器是频率为 512 赫兹的管风琴（中央 C 以上的八度音阶）。1895 年时还没有扩音器之类的电子音频设备，声音能否听见只能通过人判断。电子秒表可记录百分之一秒的时间。用软垫包覆越来越多的礼堂木座椅后，萨宾发现混响时间与包覆的座椅量成反比。他在大学其他 11 个房间内反复做了这一实验，这些房间从 9300 立方米的礼堂到 35 立方米的办公室不等。根据这些实验结果的推断，萨宾发明了一个方程式，呈现了音乐厅混响时间与其尺寸、内壁吸声率之间的关系，他也因此方程式为人们所周知。他以此方程式作为客观的判定方法比较不同的礼堂，尤其是比较新波士顿音乐厅（Boston Music Hall）与莱比锡音乐厅（基于总体形式）、旧波士顿音乐厅的方案设计。萨宾第一次准确界定了音乐厅内部吸声率的等级，实现了与莱比锡音乐厅相同的混响时间，而座位数比其多 70%，尺度比其大 40%。萨宾的预测非常准确，新音乐厅的音响效果得到了人们的交口称赞。他实现了为自己设定的目标：克服他所称的建筑声学的“不必要的神秘性”，最重要的是，“施工前就可以计算混响时间”。⑩

各类用房的声学问题都很普遍，人们试图用各类新奇的方法补救这些问题，但是通常都不怎

472. 空气线图。1908 年威利斯·开利匿名发布的图未带说明，1911 年的带说明。

么奏效。萨宾注意到人们通常采用一种传统补救方法，事实上这些方法完全没有什么效果。比如人们在混响问题严重的教堂、剧院或法庭顶部拉一条钢丝网，误以为该钢丝网能与声音发生共振作用并吸收声音。他发现纽约和波士顿的剧院和
473 教堂只拉四五条钢丝线，其他礼堂拉数英里长的线，但都收效甚微。

萨宾在解决哈佛大学声学问题方面取得成功的消息传播开来后，各类建筑业主都纷纷前来咨询他如何改善自己的声学问题。萨宾有时会绘制
474 一幅反应声音强度分布的等值线图进行诊断。这一图形能帮助他识别出反射最严重的墙体和顶部来源，随后用吸声板或装饰物（可阻断大面板的严重反射作用）减小影响。

萨宾还将注意力转向了新剧院的设计上，目标是为每一位观众打造均衡的音响体验效果。1912年，他发明的一项技术帮助他更好地理解了剧院礼堂的声波活动。他制作了大量垂直与水平的礼堂剖面成比例模型（大约1:200）。通过尖锐噪声，他制作了一个单束声波从模型的舞台传至观众席区域，随后用单束电火花瞬间照明模型为其拍照，穿过模型后，光线落在照相底片上。如萨宾所述，该技术当时称为“Toeppler-Boys-Foley method”，现在通常称为“纹影摄影（schlieren photography）”，“光线通过声波折射，声波以自己的波长进行实践活动生成照片”。[11]初始声发出后，萨宾以不同间隔时间拍摄大量类似图片，声波投射的影子可帮助他追踪越来越多的反射声以及声音在整个观众席位的传播。萨宾首先应用
475 这一技术对当时近期竣工的纽约新剧院的音响效果进行了分析，随后又研究了波士顿斯科雷广场剧院（Scollay Square Theater）的礼堂设计方案，建议通过改良礼堂吊顶和楼座前端立面的形式改善其音响效果。

尽管在研究建筑结构行为时人们早就应用过成比例模型，但是萨宾可能是第二个采用成比例模型研究全尺寸建筑性能的人，这标志着建筑科学与工程学的发展进入了新时代。20世纪时，人们通过成比例模型的研究深入了解建筑性能的各个方面，包括气流和通风、风力对建筑的影响、烟与火的传播、日光和人造光线的相对贡献、建筑对周围建筑的遮挡影响等。

建筑电力分布

19世纪，人们通常只用蒸汽机驱动建筑中安装的各类设备进行供暖、制冷、通风、照明，同时也带动电梯。随着时代的发展，人们开发了更多的方法通过分布网络为建筑供应电力和能源。

有些城市的一些私营公司提供热水供暖服务，所以就不用每栋建筑都设立自己的锅炉和水泵。例如，1879年，纽约蒸汽供暖与电力公司（Steam Heating and Power Company）开始提供人们所称的“集中供暖方案”；与此同时，托马斯·爱迪生（Thomas Edison）的电力公司在城市安装木制电线杆架设电线，为整个城市输送电力。19世纪80年代，德国工程师赫尔曼·瑞彻尔为德累斯顿市设计了一个集中供暖方案；其书作中还谈到了20世纪前10年的数个燃煤发电站，这些发电站为集中供暖提供余热。1911年英国曼彻斯特某电车运营公司出售其发电站的废气为附近的仓库及其他建筑供暖。此时英国许多城市用焚烧厂燃烧废物生成的热量发电。由于热能可呈现为热量或冷量的形式，因而19世纪90年代美国许多城市开始用其他方法输送能量，例如纽约、波士顿、洛杉矶、堪萨斯城等。这些城市通过制冷厂和运载液体制冷剂的地下管道网络，将“冷量”（coolth，1547年出现的词语）而非“热量”，输送到各个建筑用于制冷或冷藏。

19世纪70年代开始，许多城市设立了水力分布网络，用铸铁管道以高压形式（700至800磅/平方英寸）运送水。例如英国切斯特水力工

程公司在赫尔、利物浦、伯明翰、曼彻斯特、格拉斯哥、墨尔本、悉尼、安特卫普、布宜诺斯艾利斯都开设了水力企业。1930 年左右，伦敦水力公司服务网遍及整个伦敦中心，最高峰时管道长达 186 英里，为 8000 台机器提供驱动力。水力发动机的尺寸仅为电力发动机的一半，输出的动力与电力发动机持平，且可用于潮湿环境，而电力发动机更需要小心保护。工业应用包括铁路转车台、吊车、船坞闸门及伦敦塔桥的竖升吊桥。
476 酒店、办公室等建筑中最常见的应用是电梯，伦敦剧院还应用到旋转舞台和安全幕。莱斯特广场的欧迪恩电影院（Odeon Cinema in Leicester Square）用水力发动机举升管风琴。伦敦萨沃伊酒店（Savoy Hotel in London）甚至用水力带动真空吸尘器。伦敦水力公司最终于 1977 年停止了供电。

能源型服务的需求为建筑设计师带来的主要影响包括两个方面：考虑机器设备的空间及提供
478 必要导管、管道、线路等的进场路线。1892 年左右，纽约康内留斯·范德比尔特二世（Cornelius
477 Vanderbilt II）建筑内的供暖和通风用空气由 97 个立管（导管）输送，供暖面积覆盖 2000 平方米左右（近 20000 平方英尺）。该空气由对流牵引，必要时采用风扇。管道通常采用暗装敷设，此外，减少输送路径的长度有明显的益处，可以减少能量的损耗。商用办公大楼最早配置了综合性服务，人们很快也在家庭住房中配套此类服务达到所需的舒适度。每个房间的冷热自来水以及热水或循环蒸汽供暖很快成为宾馆和住宅用房的标准配置。1875 年，纽约帕尔默家园（Palmer House）声称自己是最早在每个房间安装电灯和电话的公寓建筑。暖通风管引入后，建筑设计师不得不快速更改设计方法。因为暖通系统是建筑结构组织的一部分，需要与建筑师和结构工程师合作进行设计。

对于某些建筑而言，要改为机械通风需要重新评估整体布局。例如，19 世纪晚期医院通常采用自然通风。病房每侧都设有窗户以便进行对流通风，降低病房之间空气感染的风险。1903 年竣工的贝尔法斯特维多利亚皇家医院（Royal
Victoria Hospital）是首批采用机械通风的医院。 479、480 481、482
为了缩短供应新鲜空气及排放浊气的管道，所有病房均呈平行、连续布置。空气通过病房之间的管道从病房一端输送进来，从楼板平面排入另一侧连通通风转台的管道。供应的空气可以直接取自大气，或通过湿绳筛幕，该筛幕在温暖天气时会对空气进行制冷加湿处理。

钢筋混凝土框架

19 世纪 80 年代，人们开始用钢筋混凝土制作建筑结构框架的柱、梁和楼板。18 世纪 50 年代开始，约翰·斯米顿研究并公开了水硬水泥的优势后，“大块混凝土”（无钢筋混凝土）开始广泛应用于建筑基础当中，替代了之前的木材或石材基础。19 世纪 30 年代开始，许多欧洲国家和美国用大块混凝土建造了实验性住房。事实上，1836 年向新成立的英国皇家建筑师学会提交的首部论文就致力于研究混凝土的属性及其在建筑中的应用。在其后 40 年间，防火楼板系统方面授予了多项专利权，包括各类嵌入混凝土或由预制混凝土块包覆的铁杆或铁条，然而这些铁材的作用通常不是很明显——部分作用是承载应力，部分作用是作为框架在竣工前箍住混凝土。W.B. 威尔金森 1854 年获取了采用铁缆的防火地板系统专利，其公司宣传时表示：本公司承接各类混凝土楼梯间和防火地板的设计与施工，用铁量极少，完全承受压力，最大程度减少浪费！

1867 年法国园艺家约瑟夫·莫尼尔（Joseph Monier，1823—1906）获取了一项系统专利，该系统类似于约瑟夫·路易·朗波的观赏性花卉、灌木的花盆以及各类防水器皿和管道的制作系统。同朗波和弗朗索瓦·凯依涅（François Coignet）

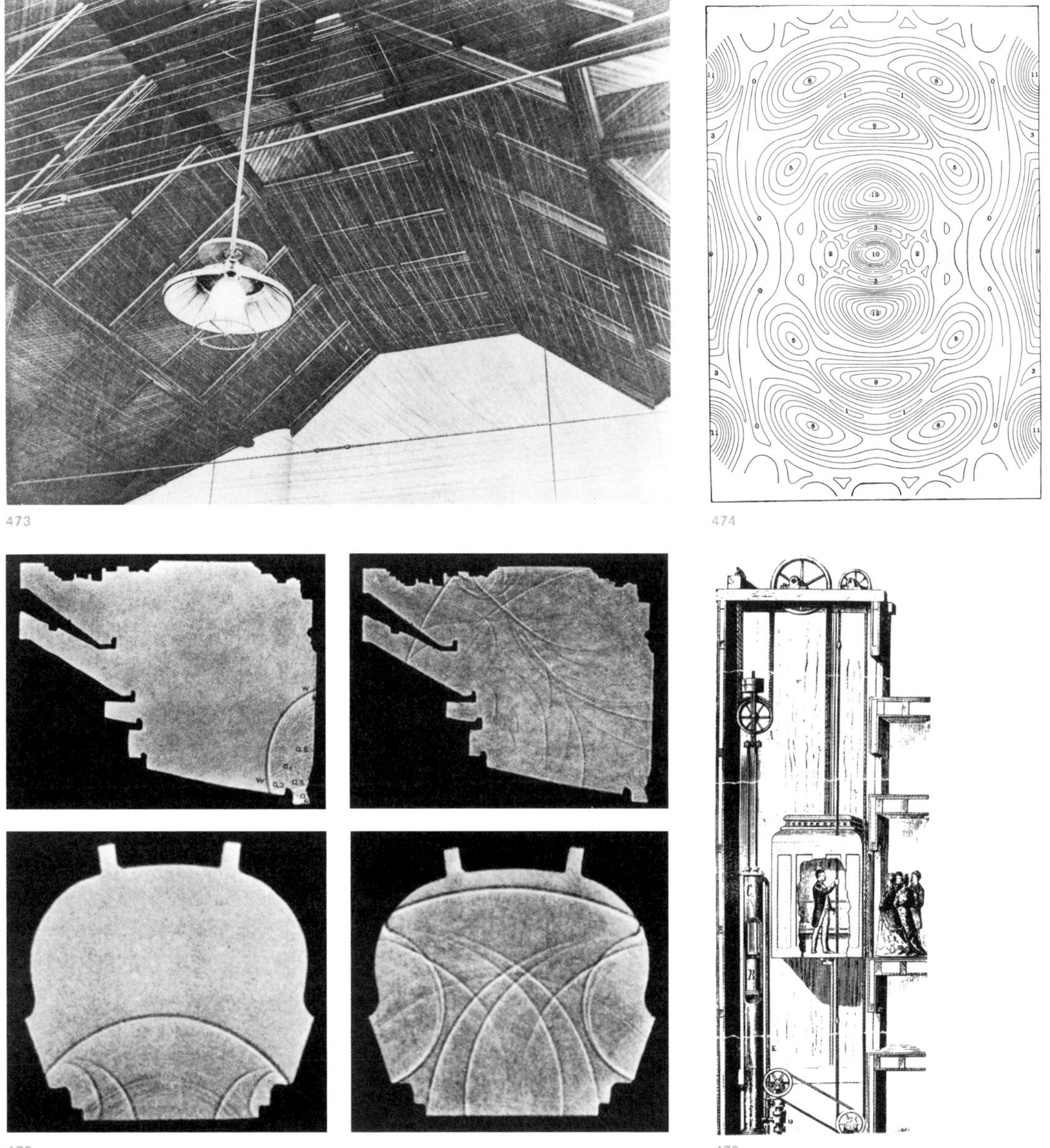

473. 加利福尼亚圣何塞一所教堂早期尝试解决声学问题的方法，约1910年。人们将近2千米的钢线固定在顶部附近，误认为该钢线能吸收声音。

474. 华莱士·克莱蒙特·萨宾的等高线图反映了房间内声音强度的变化，约1915年。

475. 华莱士·克莱蒙特·萨宾的模型测试照片（约1920年拍摄），用于研究纽约新剧院礼堂的声波传播情况（约1911年）。

476. 奥的斯水力绳索电梯雕刻画，约1870年。

开发的系统一样，莫尼尔所用铁杆的目的是为混凝土提供防护作用。莫尼尔很快意识到他的想法
483 在建筑业的潜力，在 19 世纪 70、80 年代获取了多项专利，其中包括 1886 年的水泥和铁结构系统，用于固定房屋或活动房屋，卫生且经济。起初，他的设计似乎没有采用承载结构张力的铁。后来他开始转向开发防水水泥，建造了大量农场储水池，有的容积高达 50 立方米。莫尼尔继续将他的铁和混凝土系统推广到房屋结构当中，但是采用该系统的建筑很少。19 世纪 70 年代早期，莫
485 尼尔开始尝试各类铁钢筋的布局，很快发现用铁承载拉力的优势。他 1878 年获取的专利反映了他成熟的想法，承载拉力和剪力的钢筋布局已经
484 很明朗了。美国设备工程师威廉·E. 沃德（William E. Ward）拥有一家制作螺栓螺丝的工厂，他在纽约切斯特港为自己设计建造了一所大型混凝土防火住房（1873—1876 年）。1883 年他在论文中写道："所有梁板和屋顶都采用了混凝土，以轻型铁梁和铁杆加固。"[12]他将铁梁置于非常接近模具底部的位置，是为了利用其拉力来抵抗中轴下方的张力，该轴线上方的混凝土用于抵抗压缩力。沃德也意识到铁与混凝土之间连接的重要性，两种材料都需要确保相互之间的混合作用，控制混凝土的收缩。

然而，19 世纪 80 年代以前，所有钢筋混凝土的应用都是个人应用，没有承包商促进其广泛应用的商业大环境。19 世纪 80 到 90 年代，两个承包商的出现改变了这一局势，在很大程度上促进了欧洲混凝土结构的发展。第一个是古斯塔夫·瓦伊斯创办的德国公司，后来更名为瓦伊斯与弗莱塔格（Freytag）公司，1885 年该公司购买了 1878 年获取专利的莫尼尔系统的使用权。第二个是弗朗索瓦·埃纳比克创办的法国公司。两个公司都提出了全钢筋混凝土框架的想法，即不仅地板采用钢筋混凝土，桩、基础、楼板梁、楼板、柱子、墙体、立面及屋顶结构均采用钢筋混凝土。然而，这两个公司取得成功的关键不是因为他们最早采用该系统，也不是因为他们的系统是最好的，而是受益于业主的商业敏感，且在结构部件设计以及钢筋混凝土制作所需的原料上投入了大量精力。两个公司都开展了严格的实验程序，并分别与大学研究团队进行合作，改善产品的质量和稳定性。这一技术方法加速了钢筋混凝土结构 19 世纪 80 至 90 年代在土木工程与建筑施工中的增长与传播，这一点从技术刊物上发布的相关论文数量就能看出来。

瓦伊斯 1887 年出版的关于莫尼尔系统的书中谈及同事马蒂亚斯·柯能设计的方法——钢筋混凝土梁的设计，该设计假定钢材和混凝土分别承载所有拉力和压力。这一方法很快就得到了广大工程师的采用，尽管仍需要不断开发，将诸多变量因素考虑进去。19 世纪 90 年代，诸多法国工程师开发了一项通用方法，适用于任何系统。该方法发现计算拉力时需要考虑两种材料的相对刚度，因此需要均衡混凝土与钢筋的比例，以便两种材料都能达到理想的强度要求。否则，将出现钢材与混凝土的荷载分布不均的情形，最终导致
混凝土开裂。著名的"弹性模量比法"（elastic 486、487 488
modular ratio method）为 20 世纪后半期的所有设计准则奠定了基础。

埃纳比克于 1892 年为其著名的系统申请了 489
专利。首次采用该系统施工的大型建筑是 1895 年的法国图尔昆（Tourcoing）工厂，其后埃纳比克的公司快速发展开来。混凝土强度和耐用性与其所含成分的准确配置以及清洁度有很大关系，而
埃纳比克公司对混凝土制作流程以及钢筋的详图 490
绘制流程（确保实施位置的准确性）有着严格的质量把控，这也是公司取得美誉的一大原因。埃纳比克公司出售系统使用权时，将对购买该权利的公司的员工开展严格的培训，并在这些公司独

477. 纽约康内留斯·范德比尔特二世地下室的暖通系统布局，约 1892 年。工程师：阿尔弗雷德·沃尔夫。

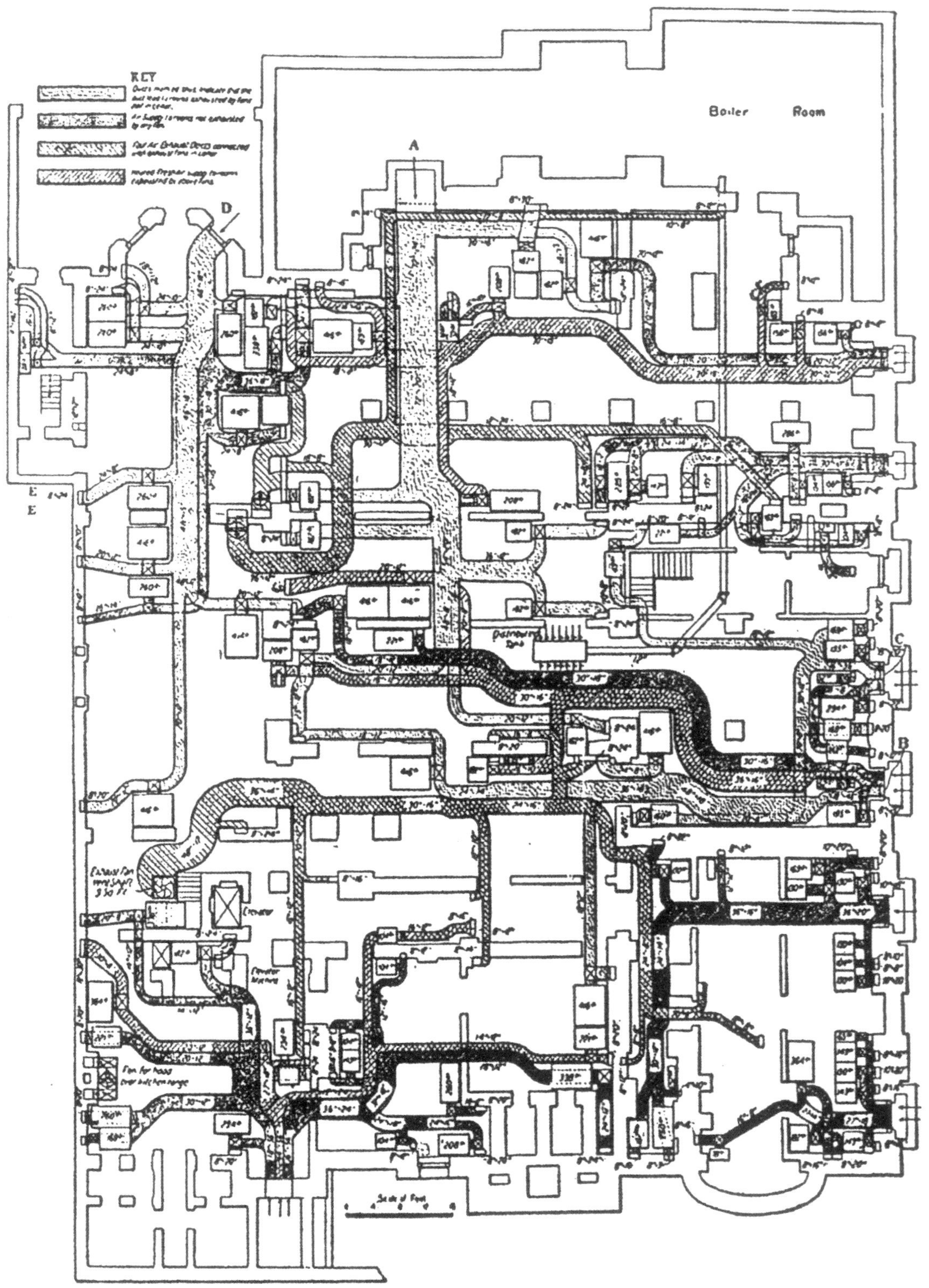

477

478

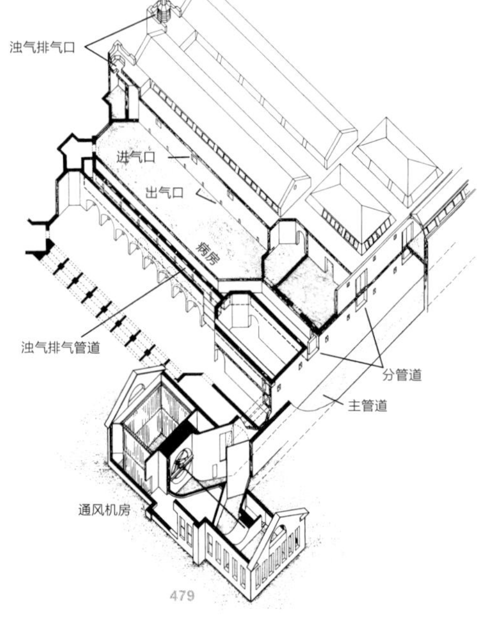

479

480

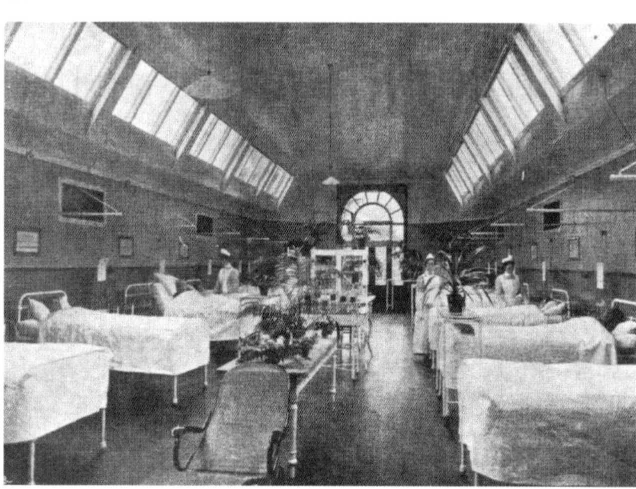
481

482

立应用该系统前，监督这些员工获取相关经验。1897 年，英国建造首座大型采用埃纳比克系统的建筑时，所有的钢材、沙子、集料都是从法国运到南威尔士的，且经过充分清洁，只有水采用的是当地水。1899 年，世界范围内建造了 3061 个采用埃纳比克系统的项目，1909 年时，这一数据刷新到近 2 万个，此时公司在全球范围拥有 62 家办事处。

19 世纪 90 年代，越来越多的公司发明了自己的钢筋混凝土系统，并获取了专利，他们都希望通过出售其使用许可权盈利。在这样的大环境下，在全球范围内采用不同系统的推动因素不是工程学因素而是商业利益。19 世纪 80、90 年代，美国早期的钢筋混凝土应用主要是受欧内斯特·兰塞姆的推动。兰塞姆于 1869 年从英国移民到美国，开发父亲的“混凝土石”专利权。19 世纪 80 年代中期，同莫尼尔和埃纳比克一样，兰塞姆也开发了自己的系统，该系统用扭结的锻铁方形钢制作钢筋混凝土梁和地板结构。1903
年至 1906 年，他为联合制鞋机械公司（United
491 Shoe Machinery Corporation）建造的一座大楼
中首次全部采用该系统。与埃纳比克 1895 年建造的图尔昆工厂一样，该大楼立面由大幅玻璃构成，玻璃由细柱支撑，为大楼内部创造了良好的采光条件。

1902 年，四个公司占据了美国的钢筋混凝土结构市场。其中俄亥俄州辛辛那提的钢筋混凝土建筑公司（Ferro-Concrete Construction Company）设计建造了首座真正意义上的钢筋混凝土摩天大楼英格尔斯大楼。该大楼共 16 层，
高 65 米，尽管高度只有当时最高的钢框架大楼 492、493
的一半，但它是世界上最高的钢筋混凝土建筑。 494、495
但这一最高楼的称号没有保留多久，1909 年埃
纳比克在利物浦建造了皇家利物大厦，刷新了世 496、497
界最高楼的纪录，其顶部的利物鸟雕像距离街面 94 米。钢筋混凝土的出现为承包商和工程师带来了一系列的问题。钢筋混凝土是一种新材料，涉及新的施工方法，尤其是该材料在施工现场的制作。主管部门需要考虑结构设计方案的安全性，同时还需考虑所用材料的质量，质量涉及对其组成材料和数量的管理，以及如何将这些材料安放在适当的结构部件位置。此外，每个承包商都有自己的钢筋系统和计算方法，因而这一任务更为复杂化了。钢筋混凝土与钢材和混凝土两大组成材料有很大关系，这也是一大考虑点。然而，对于荷载如何在钢材和混凝土上分布，以及混凝土中钢材的粘接方法（防止其滑动）的效力没有达成一致意见。

此外还存在温度影响和防火的问题。阻碍钢框架在英国建筑立面中应用的主要因素是钢材与砌体结构热膨胀率的不同；随着温度上升或下降，这些材料的相对位移会造成砌体开裂。如果混凝土中的钢筋发生此类位移情况，会造成梁或柱的严重开裂。庆幸的是，钢材与混凝土的膨胀率非常相似。最后就是防火问题。人们都知道发生火灾时，钢筋混凝土比外露的钢材的防火性好，问题是有多好？

新材料获得全球相关管理部门的接受不是一件容易的事情。19 世纪 90 年代，工程师需要通过自己的技巧来说服当地官员接受新材料。为了

478. 密歇根梅诺米尼某学校地下室平面图，展示了锅炉、风扇、高温室、管道、立管布局。取自斯特蒂文特公司目录，1906 年。

479. 维多利亚皇家医院，通风系统等距剖面图。

480. 维多利亚皇家医院。暖通工程师：亨利·李（Henry Lea）。通风转台决定了建筑形式。

481. 维多利亚皇家医院，病房内景。

482. 维多利亚皇家医院，将空气送入通风系统的风扇。

483

484

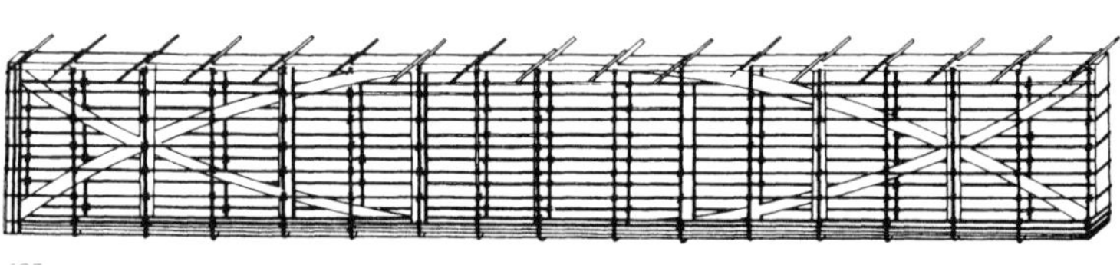
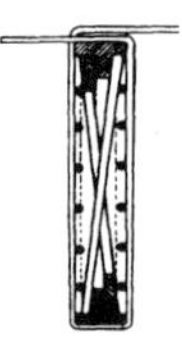
485

提高说服力，工程师通常会制作全尺寸结构部件测试。由于诸多工程师并不熟悉那些基于工程学科学的优秀设计方法，例如柯能发明的那些方法，美国和英国的公司通常在框架结构基本构件（柱、梁）应用方面采用跨高比表格和图形。然而这些并不是长久之计，应该制定通用的设计方法，这对新材料得到相关管理部门和机构的接受起着至关重要的作用。钢筋混凝土提出的问题要求相关专业和各国建筑业基础设施进行相应的改变。例如，面对这些问题，英国创立了新的专业工程学机构。

1905 年，英国皇家建筑师学会（RIBA）创立了钢筋混凝土委员会（Committee on Reinforced Concrete），委员会的一大目的就是打破混凝土专利系统形成的垄断现象，以便任何有能力的个人都可以凭借自己的工程学知识设计采用钢筋混凝土结构。该学会 1907 年的报告为建筑师和工程师提供了许多有用的设计指南，但是协会受到土木工程师学会（Institution of Civil Engineers）的抵制。1908 年，英国成立了混凝土学会，目的在于解决新材料及其对建筑师和工程师作业影响的相关各类问题。值得庆幸

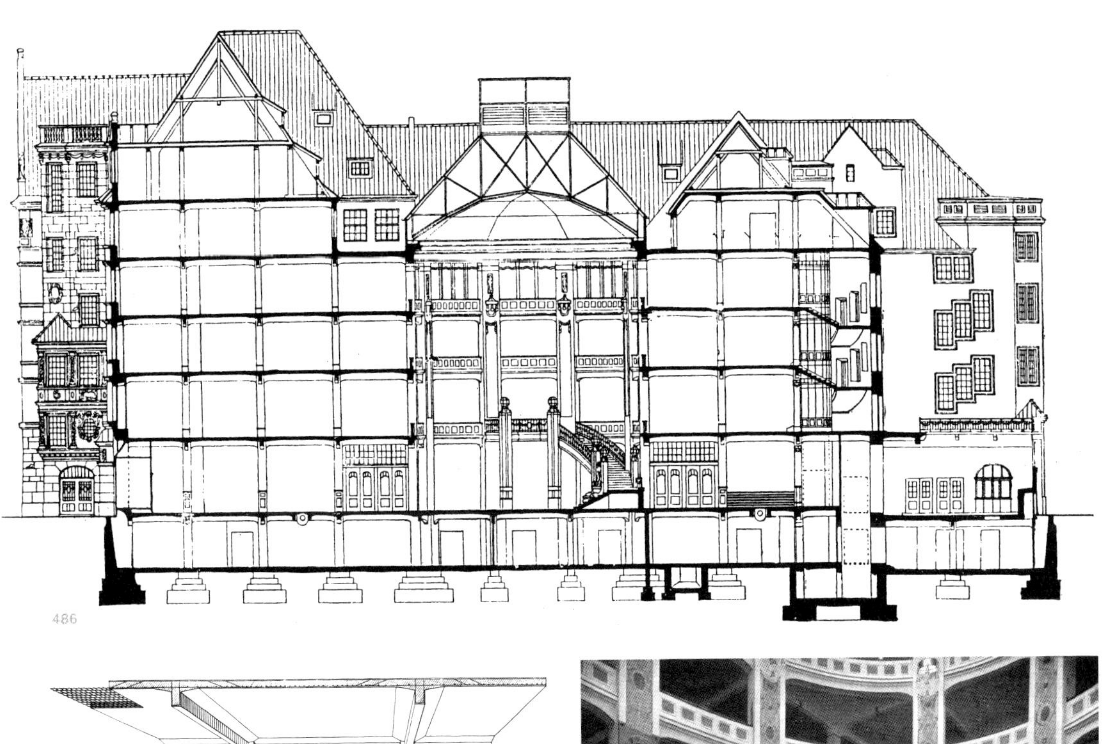
486

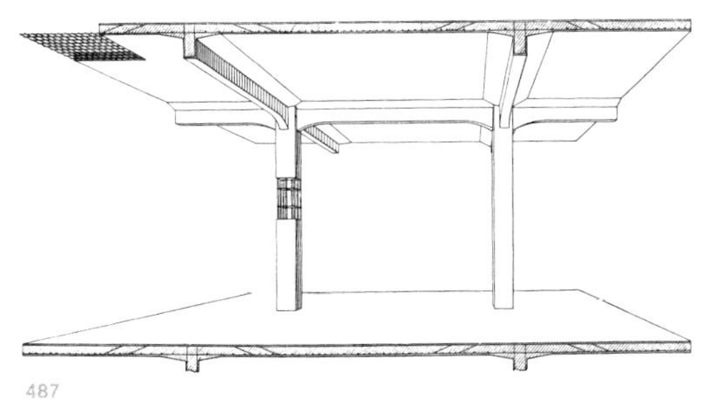
487

488

483. 混凝土和铁条制作的房屋施工前的模型，约瑟夫·莫尼尔制作，巴黎，约 1886 年。

484. 纽约切斯特港沃德的住房，1873—1876 年。设计师和设备工程师：威廉·沃德。

485. 约瑟夫·莫尼尔申请钢筋混凝土梁的专利时提交的图片，1878 年。

486. 德国慕尼黑蒂茨商场，1905 年。纵剖面图。建筑师和总承包商：海尔曼（Heilmann）和利特曼（Littmann）；混凝土承包商：艾森拜顿公司（Eisenbeton Company）。

487. 蒂茨商场，图片展示了钢筋混凝土结构。

488. 蒂茨商场，中央大厅。

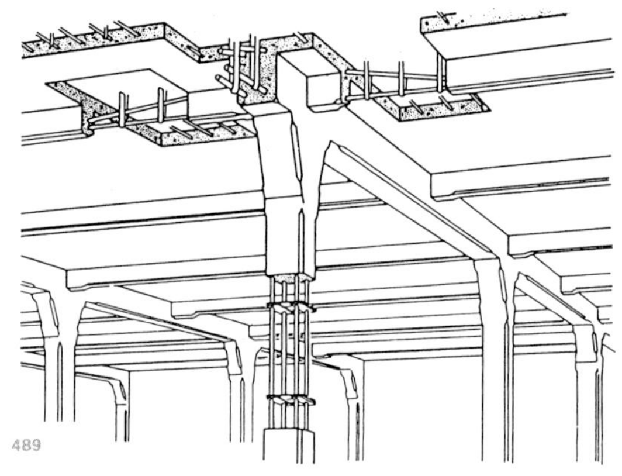
489

的是，公共工程部政府办公室的首席建筑师亨利·坦纳爵士（Sir Henry Tanner）是一名混凝土爱好者，他不仅发挥了英国皇家建筑师学会主席的重要影响力，还坚持用路易·古斯塔夫·穆什（Louis Gustave Mouchel）公司设计的埃纳比克钢筋混凝土系统建造伦敦市新邮政总局（1907—1909 年）（政府建筑不受本地建筑规范的管理）。这一建筑是钢筋混凝土在伦敦广泛应用的一大里程碑。1911 年，在专业土木工程师的支持下，第二个委员会提出了进一步建议，混凝土设计计算采纳了标准的记号法方法，更便于对比不同公司的钢筋系统设计。1912 年混凝土学会更名为"混凝土学会，结构工程师、建筑师等学会"（The Concrete Institute, an Institution of Structural Engineers, Architects, etc.），1922 年改为现在的名称"结构工程师学会"（Institution of Structural Engineers）。1915 年，伦敦市政议会最终采用了一套标准化通用钢筋混凝土规范，从而结束了专业混凝土公司的限制性行为；1915 年后，钢筋混凝土系统不再授予专利权。

一些建筑师很快看到了钢筋混凝土带来的设计机遇，其中最显著的就是制作弯曲结构部件。首个完全由钢筋混凝土制作的非工业性建筑是

巴黎圣让蒙马特教堂（chruch of Saint Jean de Montmartre，1894—1904 年）。法国建筑师阿纳 498、499
托尔·德·博多（Anatole de Baudot，1834—1915）和结构工程师保罗·柯坦奇的合作为采用新材料响应砌筑肋条和拱顶的弯曲形式提供了大量机会。柯坦奇的钢筋混凝土系统采用了直径约 4 毫米、间距约 100 毫米的钢丝编织网，而不是单个的钢筋。在他的很多建筑中，包括圣让蒙马特教堂和伦敦埃克塞特西德维尔街卫理公会教堂（Sidwell Street Methodist Church，1902—1905 年），柯坦奇采用了自有的钢筋混凝土系统及相关的钢筋砌砖系统。他表示，砌砖承载压力的方式与混凝土相同。圣让蒙马特教堂的十根主柱采用的是钢筋砌砖，每根高约 25 米。每块砌砖包括六块穿
孔砖，钢筋穿孔，中心孔填充水泥。10 米高的地 500
窖顶部形成主教堂地板，此处扭转 45 度的方柱进一步扩展形成横肋作为教堂的拱形天花板。钢筋形式与该扭转形式一致。

出生于比利时的建筑师奥古斯特·佩雷——后来成为 20 世纪 20 年代最为著名的混凝土建筑师，
开始与埃纳比克公司一起研发新的建筑形式，包 501、502
括工厂、车库、汽车样品间等。佩雷早期作品中
令埃纳比克公司啧啧称赞的是新香榭丽舍剧院， 503、504

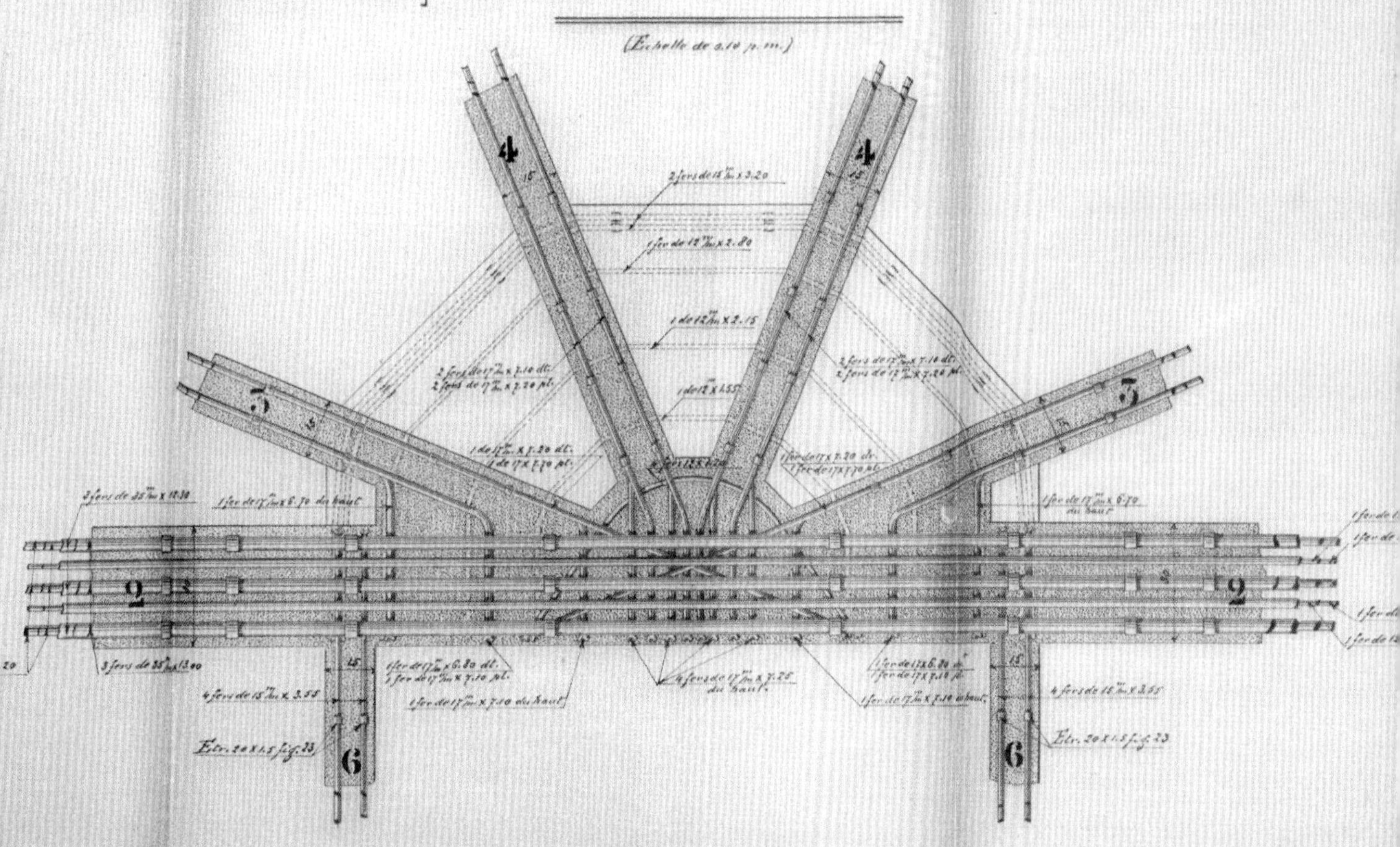

490

489. 弗朗索瓦·埃纳比克，申请混凝土框架结构所用的钢筋系统的专利时提交的图片，1892 年。
490. 采用埃纳比克系统的建筑的钢筋图，约 1910 年。

491

492

493

494

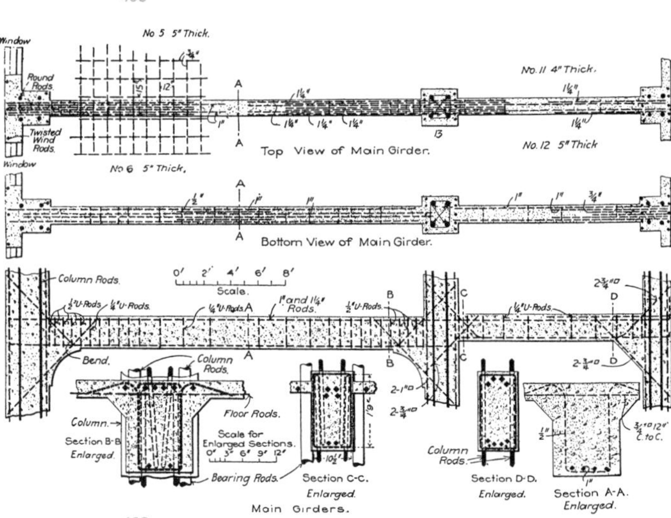

495

496

497

公司将该剧院作品作为示范，向人们展示公司的框架系统所打造的完整、统一、精心雕琢的结构，与钢框架结构的分离式柱梁形成鲜明的对比。

法国工程师19世纪90年代在钢筋混凝土使用方面取得成就后，德语国家的工程师们很快就占据了领先地位。新世纪前10年，他们成功尝试了几乎各类钢筋混凝土结构，其中不包括薄混凝土壳，后来在20世纪20年代尝试了这一结构。这些工程师取得显著进步的主要原因很简单：他们已意识到成功的混凝土结构设计需要对结构分析的理论基础有充分的了解，要比其他国家的年轻工程师学到的理论知识更深入牢靠。19世纪后半期在结构理论开发方面投入了大量资金。这一时期，许多铁和钢设计的结构分析流程已经不是

491. 在建中的联合制鞋机械公司大楼，马萨诸塞州贝弗利，1903—1906年。混凝土承包商：欧内斯特·兰塞姆。

492. 俄亥俄辛辛那提英格尔斯大楼，1902—1903年。混凝土承包商：钢筋混凝土建筑公司。室内图片，可见外露的钢筋混凝土。

493. 英格尔斯大楼，钢筋混凝土楼板。

494. 英格尔斯大楼，室内图片。

495. 英格尔斯大楼，钢筋系统图。

496. 英国利物浦皇家利物大厦，1908—1911年。建筑师：沃尔特·奥布里·托马斯（Walter Aubrey Thomas）。

497. 在建中的皇家利物大厦。

很复杂了，为此，法国、英国、美国已经不广泛教授这一方面的知识了。然而对于混凝土结构的理解和设计而言，结构分析是基本要求。

迪克尔霍夫与威德曼公司（firm of Dyckerhoff and Widmann）对这一领域的发展起到了核心作用。1869 年，该公司开始生产混凝土管道、水池等产品。1903 年迪克尔霍夫最终确认钢筋混凝土可防止钢筋腐蚀，这时，公司才开始使用钢筋混凝土。此后很短的时间内，公司便构建了当时最有影响力的结构。公司早期的大多作品都是轻型板材跨于肋架上的肋顶结构，与中世纪时期的大教堂基础没有什么不同之处。迪克尔霍夫与威德曼公司仅应用钢筋混凝土 6 年后，就设计建造了
505 巨大的莱比锡城火车站门厅。该门厅再现了大教堂或罗马浴场的规模及戏剧艺术意义。横厅一侧由 6 个钢筋混凝土拱组成，每个拱跨度为 45 米，面向月台。

此时，德语国家也建造了大量类似规模的建筑，包括工厂、博物馆、火葬场等。此外还有一
506 些小型建筑，如 1910 年开始建造的图林根松讷贝格火车站（Sonneberg Station in Thuringen）的
507、508 月台遮篷（8.4 米宽）、1918 年开始建造的纽伦堡某工厂顶部（跨度 25 米）。

尽管薄型双曲度混凝土壳体直到 20 世纪 20 年代才完全发展起来，但是此前人们已经开始用薄型混凝土拱顶跨于肋架之上。1909 年竣工
509、510 的慕尼黑路德维希马克西米利安大学（Ludwig-Maximilian University in Munich）中央椭圆形拱顶跨于拱肋之上，跨度为 16.75 米和 13 米。壳体本身在最高点位置仅 80 毫米厚，最低点位置为 100 毫米。

最早出现的不含肋架的实际意义上的混凝土壳体是瓦伊斯与弗莱塔格（Wayss and Freitag）
511、512 公司 1911 年在德累斯顿建造的火葬场屋顶。由于先前没有类似的结构形式，设计师设计时存有一定疑虑。该顶部一端得到稳固支撑，另一端呈半椭圆体，顶部跨度约为 14 米，长约 14 米。该壳体设有一米多宽的水平圈梁用以支撑拱顶的外向推力，与后来建造的其他壳体相比，该壳体更厚：顶部 150 毫米，侧边 200 毫米。法国工程师尤金·弗莱西奈也尝试应用了混凝土壳体。他的早期作品包括 1915 年在法国中部蒙吕松（Montlucon）建造的一处玻璃厂屋顶。

此时最著名的建筑当属波兰的布雷斯劳百年
厅（Jahrhunderthalle in Breslau）——32 个主肋 513、514、515、516、517
跨圈梁形成穹顶，这些圈梁由 4 个拱支撑，每个拱 20 米高，跨度为 41 米。结构工程师弗朗茨·狄辛格在 1928 年的作品中表示：“该建筑肋顶 65 米，不仅是世界上跨度最宽的混凝土屋顶，还是钢筋混凝土领域最著名、最具静态意义的作品。”[13] 但是 20 世纪 20 年代发明了薄型混凝土壳体后，该建筑就成为历史了。

此外，这一时期钢筋混凝土应用还有一大创新，即薄型结构板。尽管曲肋适用于混凝土材料，但是类似结构部件也可以采用其他材料，比如铸铁（铁桥、圣艾萨克教堂）、锻铁（巴黎小麦市场、许多玻璃暖房）、铆接锻铁梁（博尔西希的工厂及多处火车站）、层压木材（迪·奥姆穹顶、水晶宫）。然而，此时人们对建筑施工所需的支撑水平面重型荷载的平板或曲板还不了解。

瑞士工程师罗伯特·马亚尔是首位研究薄型平板式钢筋混凝土的工程师之一，1898—1899 年，他设计了苏黎世斯陶福彻大桥（Stauffacher Bridge in Zurich），大桥呈三引脚拱（three-pin arch）形式，采用了无钢筋混凝土双曲板，每板长约 25 米、宽约 20 米，厚度成渐变状——支撑处 720 毫米、四分之一跨处 940 毫米、桥梁最高处 780 毫米。尽管该三引脚拱由混凝土制成，但是结构类似于砌筑拱，承载压力荷载，几乎不承载弯曲荷载。桥面板采用的是钢筋混凝土平板，厚约 200 毫米，承载弯曲荷载，可将荷载分配至支撑桥面板的垂直横墙上。在这一桥梁

498

499

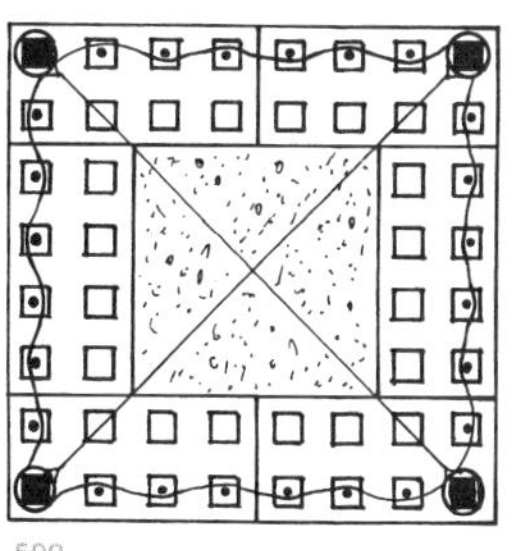
500

501

502

498. 巴黎圣让蒙马特教堂，内部情形，1894—1904 年。工程师：保罗·柯坦奇；建筑师：阿纳托尔·德·博多。

499. 圣让蒙马特教堂，拱顶肋架详情。

500. 圣让蒙马特教堂，钢筋砌砖柱和混凝土芯详情。

501. 巴黎一处雷诺汽车厂，1905 年。建筑师：奥古斯特·佩雷；承包商：埃纳比克公司。

502. 雷诺汽车厂，内部情况。

503

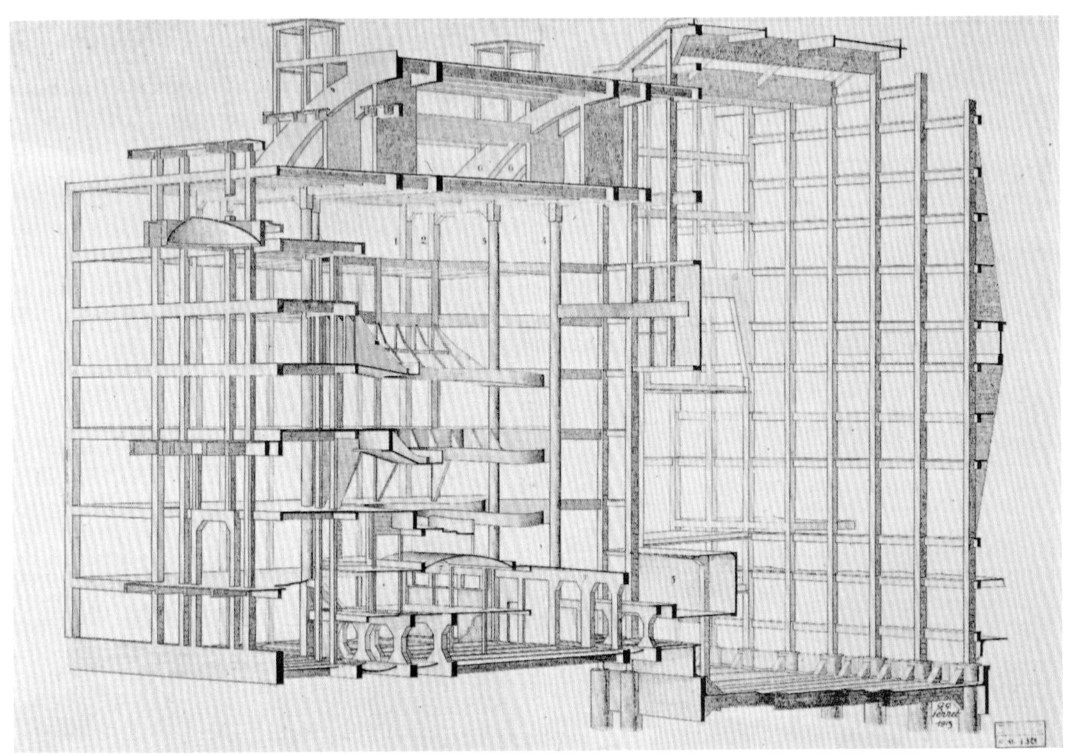

504

的建设中，马亚尔意识到如果桥拱和桥面板都能承载弯曲荷载，可能更具经济效益，因而他的下一个桥梁项目瑞士南部圣摩里兹（St. Moritz）
518、519 附近的佐兹（Zuoz）大桥就运用了这一原理。该大桥跨度近 50 米，也采用了三引脚拱，呈钢筋混凝土箱梁形式，混凝土最厚处仅 200 毫米。该桥梁桥面板每平方米的成本仅为斯陶福彻大桥的一半。

随后，马亚尔开始研究如何应用钢筋混凝土创建新型结构，保证从钢筋混凝土形式上获取的强度与从材料本身获取的强度一样多。尽管人们早就知道了这一原理，例如，早期应用的铸铁梁以及拱桥的形状，但是当时人们对钢筋混凝土持有不同的想法。1904 年，马亚尔发表了一篇论文，讨论了钢筋混凝土在桥梁以外的结构中的应用，同时还提到混凝土管和烟囱等。1907 年，他有机会建造埋地混凝土管，并对相关损毁进行了测试。马亚尔发现土壤压力的不均衡性会造成管道弯曲，同时无论管道有多厚，土壤不可抵挡的沉降都会造成管道开裂，导致渗水、侵蚀钢管的现象。面对荷载和沉降现象，他并没有通过加厚管道的方式抵抗弯曲作用，而是采用了相反的方法——将管道做到最薄，以便它能轻松弯曲，防止开裂。他通过实验来测试这一创新的方法，结果证明是可行的，从而他也尝试了其他薄型钢筋混凝土的应用，尤其是“无梁”应用，平板是一块薄板，厚度均一，不含直立肋架或梁。1908 年，他开始对薄板模型进行测试，次年获取了瑞士颁发的专利。1910 年，马亚尔首次在苏黎世的一处仓库中采用该结构，几年后，他远在圣彼得堡、
520、521 522 里加、巴塞罗那等地采用该结构建造了工业建筑。

马亚尔不是唯一尝试无梁楼板的人。1900 年左右，一些美国建造师获取了无梁楼板加固系统的专利，其中最为著名的是铁路桥梁工程师转型的美国建造师克劳德·特纳（Claude Turner，1869—1955），他对建筑工程师的保守性提出了公开挑战。1906—1907 年，特纳建造了他的首座无梁楼板建筑，但是受到建筑业的强烈谴责，因为他未能进行令人满意的计算来展示楼板系统的强度。然而他继续采用该系统建造了一千多处建筑，1911 年获取了该系统的专利权，在专利权申请中他发明了“无梁楼板”（mushroom slab）一词，该词被人们广泛用作平板结构的通用名称。1907 年至第一次世界大战爆发前，俄国工程师阿图尔·费迪南多维奇·洛莱特（Artur Ferdinandovitch Loleit，1868—1933）也设计了大量采用简洁的无梁楼板的建筑，这些楼板仅 180 毫米厚，跨于直径为 300 毫米的环形柱上，跨度 4.8 米。洛莱特与建筑师亚历山大·库兹涅佐夫（Alexandr Kusnetsov）1907 年设计的莫斯科附近波哥罗次克 - 格鲁克霍夫斯克（Bogorodsk-Glukhovskoe）的单层纺织厂建筑中，玻璃天窗取代了圆形天花板。

马亚尔通过实验发现钢筋混凝土的属性与钢材等均质材料不同。1909 年，他在名为“钢筋混凝土结构的安全性”的论文中表示：“尽管钢筋混凝土是由我们所熟知的材料组成，但是仍然需要以新材料对待，因为其属性不是这些组成材料的简单相加，它具有新的材料特征。”论文中，他对当时的设计规范进行了批驳，因为这些规范不承认钢筋混凝土的独有特性。关于无梁楼板，他表示：“梁理论完全不适用于板结构的分析，现有材料都不适于建造此类大规模结构，因为石材的抗张强度太低，钢材、木材仅能沿轧制方向和纹理方向使用。”他将试验中获取的信息总结如下：

1. 其他材料所用的理论方法不适于钢筋

503. 巴黎香榭丽舍剧院，门厅，911—1913 年。建筑师：奥古斯特·佩雷；承包商：埃纳比克公司。

504. 香榭丽舍剧院。佩雷绘制的整体混凝土框架。

505

506

505. 德国莱比锡城火车站，1907—1915 年。结构工程师：路易·艾勒斯（Louis Eilers）；混凝土承包商：迪克尔霍夫与威德曼公司；建筑师：威廉·罗索（William Lossow）和马克斯·汉斯·库恩（Max Hans Kuhne）。

506. 德国图林根松讷贝格火车站，1910 年。迪克尔霍夫与威德曼公司设计施工。

507

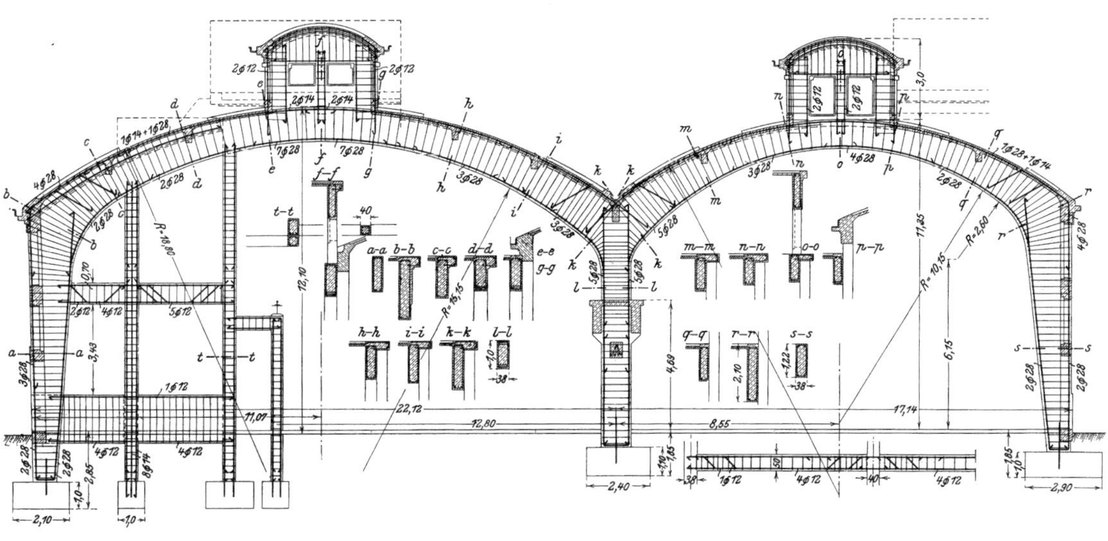

508

507. 德国纽伦堡某工厂建筑，内部情形，1918 年。迪克尔霍夫与威德曼公司设计施工。

508. 纽伦堡某工厂建筑剖面。

509

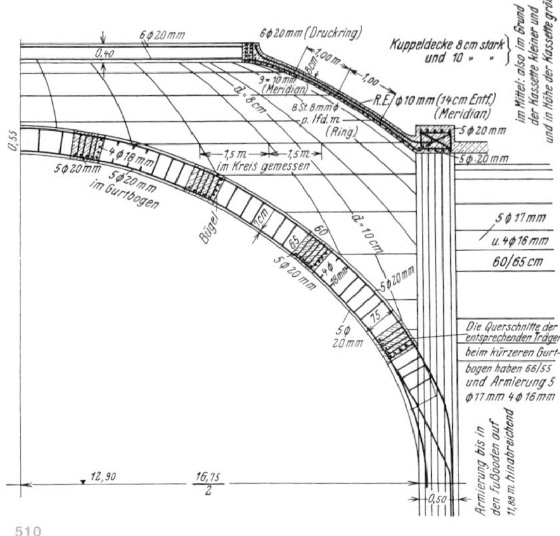

510

511

509. 德国慕尼黑路德维希马克西米利安大学，内部情形，1908—1909 年。工程师：莱昂哈德·莫尔（Leonhard Moll）。

510. 路德维希马克西米利安大学剖面图。

511. 在建的德国德累斯顿火葬场，1911 年。工程设计与施工：瓦伊斯与弗莱塔格；建筑师：弗里茨·舒马赫（Fritz Schumacher）。

512. 德累斯顿火葬场平面图和剖面图。

513. 波兰布雷斯劳百年厅，1911—1913 年。结构工程师与施工：迪克尔霍夫与威德曼公司；建筑师：马克斯·伯格。

514. 百年厅内部景象。

515. 百年厅航拍图，1912 年。

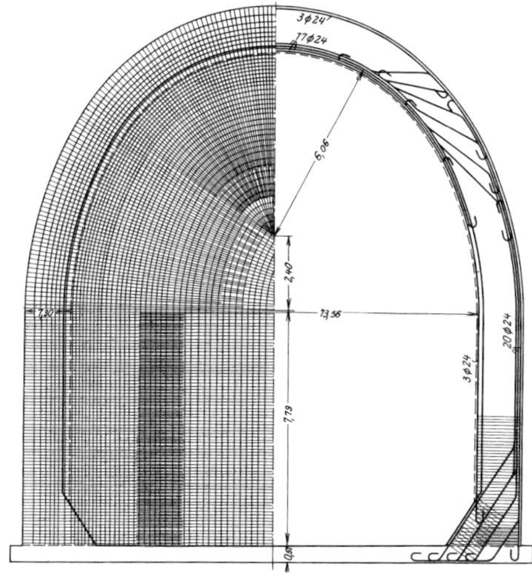

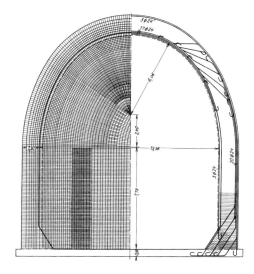

513

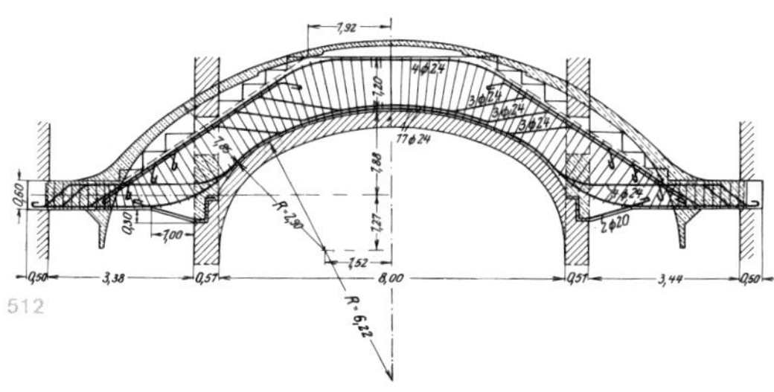

512

514

515

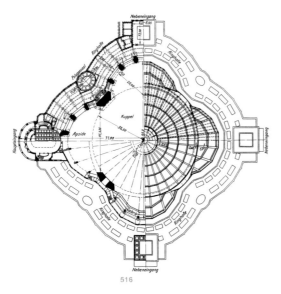

516

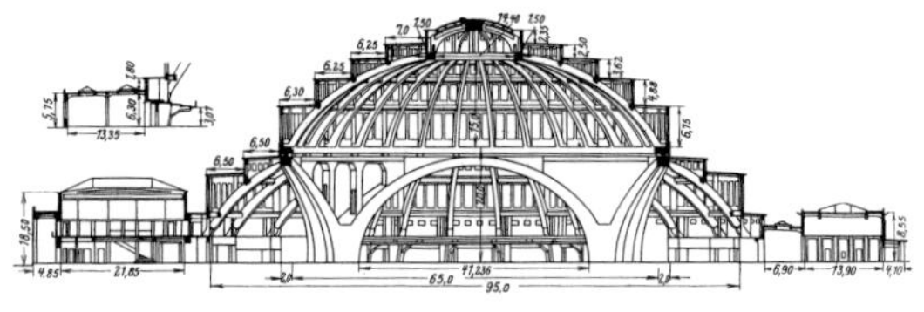

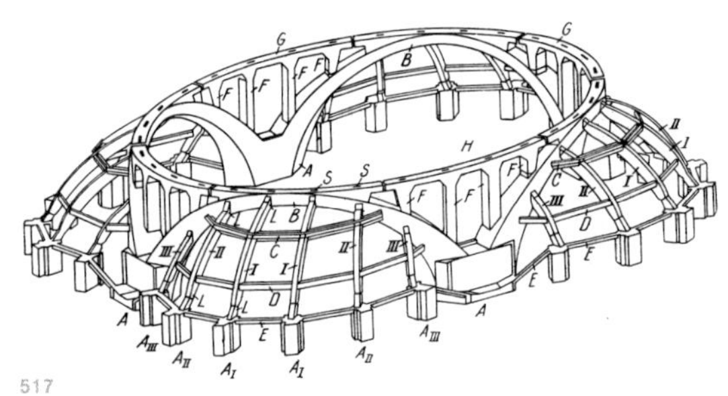

517

混凝土结构的安全性计算。

2. 仍需通过实验的方式寻求无梁结构的计算方法，以便尽可能合理地应用材料。

3. 进行混凝土结构计算时，由于外力种类多种多样，存在很多可能性，因而制定严格的设计规范并不是明智之举。相反，需要为设计师留有一定的自由空间。

4. 设计师必须通过荷载测试积累实践经验，在测试中明确结构挠度，证明初始计算设计的设想是正确的。

5. 钢筋混凝土的安全性通过现代化方法和经验得到了充分保障，对其进行的批评是徒劳的。⑭

开发无梁楼板的设计方法时，马亚尔采用了新的激进方法评估其能力、确保其安全性，更准确地说，是如何将安全因素应用到他的楼板设计当中。当时瑞士的做法是拟设计的楼板的承载能力应为活载（附加荷载）与恒载（或称自重）之

516. 波兰布雷斯劳百年厅，1911—1913 年。平剖面图。

517. 百年厅等距图，展示了肋架结构。

518. 瑞士恩加丁佐兹大桥，1901 年。工程师：罗伯特·马亚尔。

519. 佐兹大桥。图片展示了应用薄型混凝土板承载轴向荷载和剪力荷载的情形。

520. 瑞士阿尔道夫谷物仓库，1910 年。工程师：罗伯特·马亚尔。无梁楼板和无梁楼板柱（其直径反映了所承载的荷载情形）。

521. 罗伯特·马亚尔针对钢筋混凝土无梁楼板进行的荷载测试，瑞士苏黎世，1908 年。

522. 马亚尔在其无梁楼板中采用的双向钢筋。

518

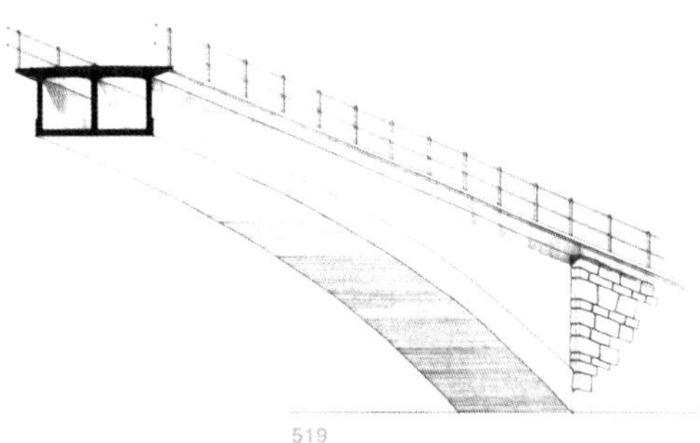

519

520

521

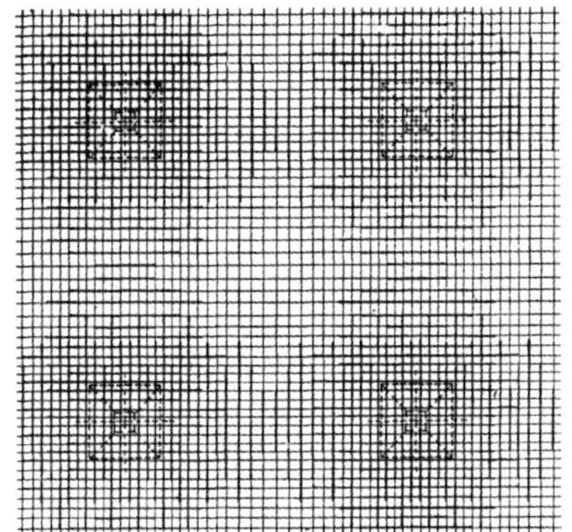

522

和的三倍。马亚尔表示：这一做法对那些本身较重的板结构不公平，比如他的平板。他认为以他的方式设计的平板事实上承载能力要远高于那些轻型结构板。此外，他还表示由于恒载与估算值相差不会很大，因此应考虑更小的放大安全系数。因此，马亚尔结构安全的估算方法是将安全系数大小（荷载与之相乘），与不确定程度关联起来，如同荷载估算一样，确定性越小，放大安全系数越大。直到 20 世纪 50 年代这一革命性结构设计方法才最终纳入世界范围的设计规范。

马亚尔提出的概念非常重要，它为 20 世纪结构工程学的发展指明了道路。18 世纪 90 年代引入铸铁后，工程师很快意识到尽量减少横梁或柱子所用材料的重要性（参见第 5 章）。起初的设计方法及对结构属性的理解仅适用于由单一材料制成的构件。19 世纪中期，工程师借助图解静力学可设计出质量最轻的由各类分离构件制成的结构，例如屋顶桁架。然而，钢筋混凝土由两种材料组成，这两种材料既相互独立又共同协作发挥作用。钢筋混凝土的性能与钢筋位置密切相关，理想情况下是钢筋置于所需位置时性能最好。要判断所需的位置，则需要合理应用材料，如马亚尔所说——需要对每个结构部件内的压力有透彻的了解，而不仅仅停留在 19 世纪工程科学理解的层面上。

马亚尔在钻研无梁结构的合理性时，意识到需要从总体角度看待结构性能。他需要考虑三个数学模式：结构所承受的荷载的模式，包括内置安全系数；结构模式；材料模式。由于结构与材料都是新类型，因此与其相关的数学模型需要经过试验测定其有效性和可靠性后才能放心使用。当然，19 世纪人们已经就材料（例如铁）和整体结构（例如桥梁）进行了实验性测试。钢筋混凝土的材料复杂性，及其制成的结构形式的多样性对结构工程学实验带来了很大的推动作用，也促进了对结构性能与材料科学，以及新结构类型设计的理解。

步入三维模式的结构形式

19 世纪末之前，所有铁结构，包括大型复杂的屋顶结构以及各类正交结构框架，都是二维模式。也就是说，压力、弯曲力矩的计算均假定结构行为位于一个平面上。起初创建三维形式时，只是简单地重复采用彼此平行或垂直的系列二维组件，例如框架（梁和柱）、拱顶或桁架。这类重复性结构方法可以节约成本；此外，继续考虑二维模式的主要原因还在于能尽可能确保计算的简捷和可靠。19 世纪 50 年代至 60 年代，人们又开发了两个方法来分析二维静定框架中的力学。卡尔·库尔曼向工程师们展示了如何用图形方法分析桁架及梁的弯曲力矩。桥梁工程师出身的约翰·施韦德勒设计了“剖面法”（method of sections），在此方法中他对静定桁架进行了分析——假设将各类组件切割，从而用切割组件的力量将剩余结构划分为若干均衡断面。这一方法首次于 1851 年公开，现今人们仍在使用，它的优势在于激发了工程师们的想象力，将结构运行的方式与其几何形式和力度联系了起来。当然，库尔曼的图形法与施韦德勒的数字法都适用于真正的三维结构，但是三维几何和三角法的复杂性几乎阻碍了最具天赋的数学家的发展。

穹顶结构是二维结构一般应用的一个特例。穹顶在罗马时代就有砌体结构的先例，之后又出现了菲尔波特·迪·奥姆在文艺复兴结构中采用的木材形式，可见穹顶是一大建筑符号。因而后来的工程师建造铁穹顶的想法也就不足为奇了。第一个铁穹顶是巴黎的小麦市场所用的穹顶，当时是为了更换被火灾摧毁的直径为 38 米的木穹顶（1783 年）。该铁结构由 51 个辐射肋构成，类似于先前迪·奥姆的由弯曲木板制成的木结构。19 世纪 20 年代开始，建造了大量玻璃暖房，此类暖房采用弯曲肋架制作了穹顶或半穹顶；1839年，建成了位于圣彼得堡的圣艾萨克新教堂直径为 24 米的穹顶。这一穹顶采用了铸铁和锻铁弯曲辐射肋，是 19 世纪早期以来圣彼得堡类似木材与铁材穹顶中最新的作品。

1862 年左右，施韦德勒着力为柏林某新建
523、525 犹太教会堂设计了铁穹顶结构，他也想到了肋架穹顶，通过高效的十字交叉支撑确保稳定性。计算压力、弯曲这一高度非静定结构着实是一项挑战，即使施韦德勒也觉得难度很大，因此他转向
524 设计静定穹顶结构。他将这一三角结构理念应用到了大量储气罐的屋顶结构中。

施韦德勒的穹顶鼓舞了另一位德国工程师奥古斯特·福贝耳——莱比锡大学教授，探索三维结构领域，他也称该结构为空中桁架（Fachwerk im
526 Raume）。尽管福贝耳是一名工程数学家、科学家，也是当时最具影响力的人物之一（他的一部作品销量超过 10 万本），但是仍然担心自己结构理念的实际应用问题。他制作并测试了许多模
527 式，1891 年在莱比锡某市场的屋顶中应用了空中桁架。福贝耳的研究远远超出了支撑的空中桁架，他还尝试用拉杆制作我们现称的网架壳，例如桶拱的形式。该网架壳在壳体平面上进行支撑，坐于刚性节点上来维持壳体的形式。为了确定整个壳体行为受节点刚度影响的程度，他还制作并测试了一个大模型。尽管当时尚未建造此类屋顶，但是福贝耳在这一领域做出了很大的贡献，比如帮助沃尔特·鲍尔斯费尔德（Walter Bauersfeld）及蔡司（Zeiss）于 20 世纪前十几年为耶拿（Jena）的天文馆开发网格穹顶、帮助鲍尔斯费尔德、弗朗茨·狄辛格、乌尔里希·芬斯特沃尔德（Ulrich Finsterwalder）于 20 世纪 20 年代建造第一个钢筋混凝土桶壳（参见第 8 章）。

除了福贝耳外，俄国工程师弗基米尔·舒霍夫也研究了三维结构模式，创建桶拱用于莫斯科首
528 家百货商场古姆商场（1890—1893 年）的钢材和玻璃拱廊。舒霍夫用钢丝固定并加强每个肋架来承载风雪荷载，大大减小了肋架的尺寸，肋架甚至都从人们眼中消失了。这一张力与压力构件的独创性应用是从传统桁架发展的一大跳跃，古姆百货商场拱廊成为 20 世纪晚期轻型结构制作的标准技巧案例。

舒霍夫后来还为 1896 年诺夫哥罗德的全俄
艺术与产业展设计了四个著名的展馆。展馆顶部 529、530
由交织的钢带张拉膜制成，在交叉点位置铆接连接。四个展馆包括：两个矩形展馆，每个 70 米长、30 米宽，中间一排采用钢柱；一个圆形工程与建筑结构的展馆，直径为 68 米；最后一个是最大的椭圆形展馆，98 米长、51 米宽，仅设有两个支撑柱。20 世纪 50 年代弗雷·奥托（Frei Otto）采用轻型聚酯膜时，这一结构形式才再次进入人们的视线。

舒霍夫用交织钢带制成张拉膜，以交错角形截面制作了理论上的格状穹顶。尽管这些穹顶不是很知名，但是他应用该理念建造了许多精美的结构，例如水塔、无线杆、桥塔。每个塔包含许多尺寸递减的双曲面，其中最高的建筑是 1920—1922 年建于莫斯科的高 150 米的无线杆。之后，舒霍夫继续钻研塔的设计改善。其中最为精美
的——只有 120 米，并不是最高的一个，当属俄 531、534
国北部奥卡（Oka）河上架设电线的桥塔，该桥塔是舒霍夫七十多岁时设计的作品。

这是设计师对三维世界的探索产生影响的一大实例。加泰罗尼亚建筑师安东尼奥·高迪提出了最传统的砌体建筑方法。他通过三维模式的扩展设计了自己的砌体抗压结构的建造方法，使用了罗伯特·胡克原理中表示稳定拱桥的形式即倒挂链（参见第 4 章）。为了确定某教堂拱顶的形
式，高迪用线和沙袋制作了三维模型，呈现砌体 532
构件和帆布的重量，使拱顶形象化。倒转时，将形成稳定的砌体柱和拱顶布置。不过教堂只建了
地下室。巴塞罗那圣家族教堂（Sagrada Familia 533
Cathedral）的拱顶采用了同样的设计方法，但是奠基 120 年后仍在施工当中。用模型来确定结构形式，尤其是三维结构的方法得到了弗雷·奥托及瑞士工程师海因茨·伊斯勒（Heinz Isler）的

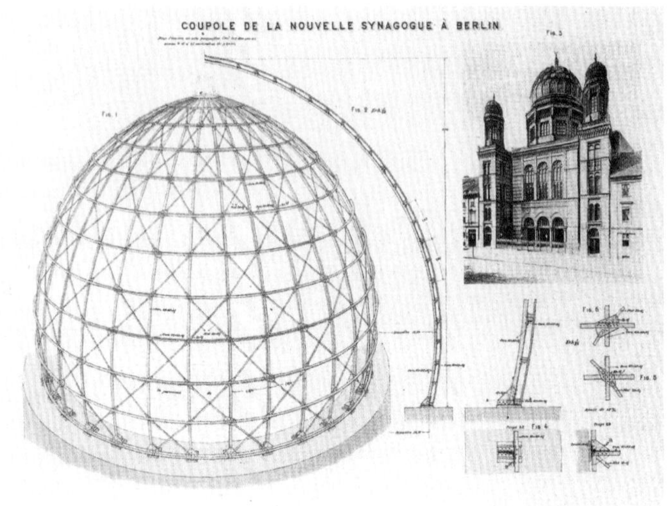

523

524

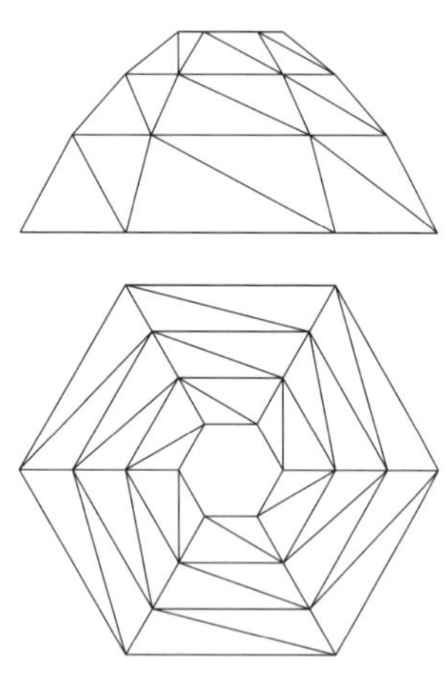

525

应用：20 世纪 60 至 70 年代，奥托在其斯图加特轻量级结构研究所（Institute for Lightweight Structures）中应用了该方法（参见第 9 章），伊斯勒用类似的方法制作了简洁的混凝土壳体屋顶形式。

这些形形色色的三维模型促进了理念上的变化——形成抽象的结构概念。路易·苏利文在其 1896 年论文"高层办公大楼在艺术方面的考虑"中提到了这一概念，论文中他创建了著名的术语"形式永远追随功能"（form ever follows function）：

> 无论是广阔的天空中飞翔的鹰，还是开放的苹果花、辛苦工作的马、快乐的天鹅、发枝的橡木、蜿蜒的气流、追逐太阳的云朵，形式永远追随功能，这是一项法则。功能不变时，形式也不会变化。⑮

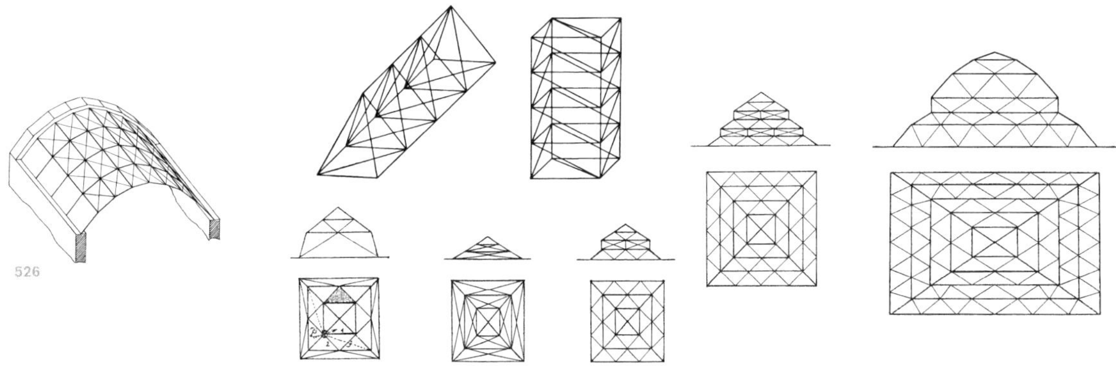

526

Eisenconstruction der Markthalle zu Leipzig

Massstab der Längen 1:250

Kräfteplan für eine senkrechte Last am Knotenpunkt I.

Kräfteplan für Südwestwind am Knotenpunkt V

Kräfteplan für Nordwind am Knotenpunkt I

Kräfteplan für eine senkrechte Last am Knotenpunkt IV

527

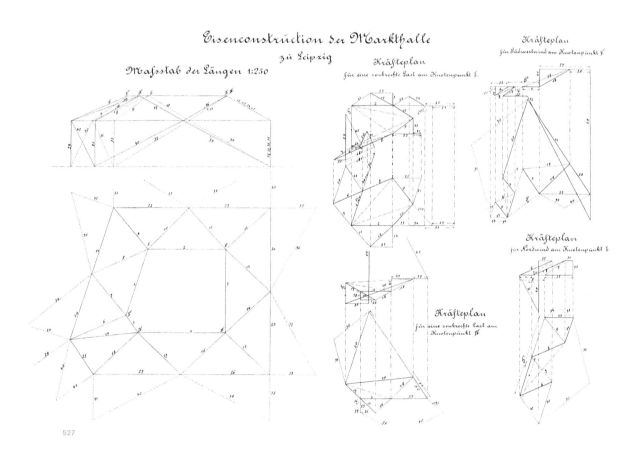

523. 柏林新犹太教会堂穹顶，1863 年。工程师：约翰·施韦德勒。

524. 新犹太教会堂穹顶细节。

525. 约翰·施韦德勒设计的三维三角静定框架图，约 1864 年。有人称为“施韦德勒穹顶”。

526. 奥古斯特·福贝耳的格式框架桶拱，约 1890 年。对角张线不承接压力，因此，该结构可视为静定结构。

527. 德国莱比锡市场，1890 年。工程师：奥古斯特·福贝耳。图片（右图）展示了静定结构中力的图形计算。

528

529

20 世纪早期，达奇·温特沃斯·汤普森提出“自然结构形式是数学与科学法则的反映”。汤普森是一名希腊学者、生物学家、数学家，他是首批以几何形式及“最轻结构”概念（是自然与设计结构所能企及的最高目标）的抽象形式反映结构概念的人。汤普森从父亲（希腊某大学教授）那里学习了古典知识，研究了希腊数学家与生物学家的作品。在剑桥大学学习了自然科学与动物学后，汤普森 24 岁时受邀担任苏格兰邓迪大学（Dundee University in Scotland）生物学教授。1917 年，他成为圣安德鲁斯大学（St. Andrews University）自然历史学教授，在 88 岁离世前一直在这里担任这一职位，共计 64 年，这一教龄可能也无人能超越了。汤普森是首位在自然界严格应用数学及物理学基本规律的人，例如，他观察到许多生物的形式可以通过数学方式描述，其
535 中最为著名的是鹦鹉螺的对数螺线。此外，他还观察自然形式是如何从单体的规律性重复中形成的，例如雪花及蜂巢的六边形壳体。

汤普森对恩斯特·海克尔（Ernst Haeckel，1834—1919）的作品燃起了浓厚的兴趣。海克尔是耶拿某大学的一名植物学教授，曾潜心编录了成千上万种类似的有机结构。他制作的诸多形式中，有一种称为“放射虫”（radiolaria）的海绵状物，类似于许多现代格状结构，引起了结构工程师的特别关注。1887 年，海克尔出版了一部关于这些有机体的专题著作，其中有 140 幅彩色插图，在植物学领域众所周知。一种放射虫（Aulonia
537 hexagona）受到汤普森的特别关注，因为它看起来似乎完全由六边形形成，事实上，情况并不是这样。瑞士数学家莱昂哈德·欧拉 18 世纪创立了一项重要的数学（拓扑，topological）原理，即系列六边形是无法围合成完整的图形的，无论是规则图形或不规则图形，都无法围合而成。这一原理让汤普森在探索制定自然结构几何的数学算法时感到困惑，但此原理对 20 世纪 20 年代第一个耶拿蔡司工厂的天文馆网格状穹顶的设计师具有很大帮助。

汤普森是首位潜心研究“动植物作为荷载结构运作的方式”的人，预示着现代生物力学科学的到来。1866 年，他注意到了一次偶然发现：卡尔·库尔曼分析了威廉·费尔贝恩的铁吊车的主应力后，发现吊车很像形成人类股骨形状的骨头结构。他还注意到秃鹰翼骨的内部结构实际上是
一个三角形沃伦桁架（Warren truss）。 536

从结构工程师的观点来看，汤普森提出的与结构规模相关的想法，伽利略 300 年前也提出过。这是关于世界的一个基本原理：随着尺寸增加，各类参数也以不同的速度在增加。例如，面积随着线性尺寸的平方增加，立方也是类似的道理；其他量如硬度、弯曲力矩的变化更复杂。他把这一现象总结为“相似原理”（principle of similitude），并将它与《格列佛游记》的章节联系起来。《格列佛游记》讲述的是格列佛的小人国之旅，“大臣发现格列佛的身高比小人国的人们高，比例大约是 12 比 1，因而从身体的相似性推断格列佛的身高肯定是 1728（123），因此饭量也应该据此供应。”[16]结构工程师基于汤普森的想法提出“比刚度”的概念，用以对比不同材料的结构效力。尽管木材与钢材的刚度与密度差别很大，但是它们的比刚度——每千克材料的刚度量，基本上是一致的。因为玻璃和碳纤维合成材料的比刚度是钢材和木材的 10~15 倍，因此用于需要更大刚度、更轻重量的各类应用当中，例如碳纤维用于航天结构、网球拍、钓竿；玻璃纤维用于航天结构、游艇；轻型隔墙和外部包层用于建筑当中。

528. 俄国莫斯科古姆百货商场，1890—1893 年。工程师：弗基米尔·舒霍夫。中心拱廊上方玻璃拱顶。
529. 俄国诺夫哥罗德全俄艺术与产业展的矩形展馆，1896 年。工程师：弗基米尔·舒霍夫。

530

531

532

533

530. 俄国诺夫哥罗德全俄艺术与产业展的椭圆形展馆，1896 年。工程师：弗基米尔·舒霍夫。

531. 俄国奥卡河桥塔，1927—1929 年。工程师：弗基米尔·舒霍夫。

532. 巴塞罗那科洛尼亚·奎尔教堂（Colonia Guell Chapel）悬挂模型，建筑师：安东尼奥·高迪。

533. 巴塞罗那圣家族教堂拱顶的石膏模型。建筑师：安东尼奥·高迪。

534. 奥卡河上的桥塔。

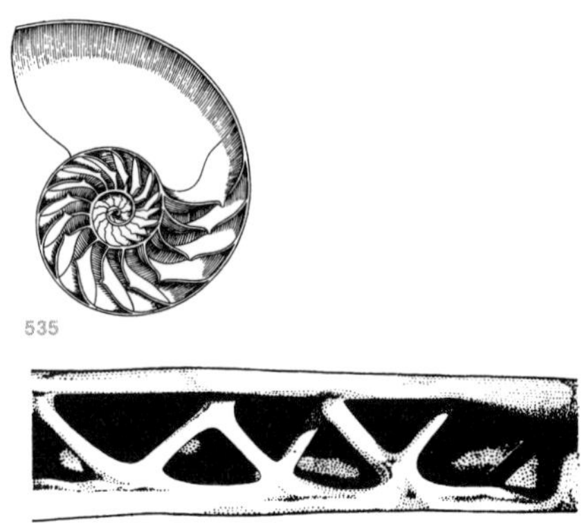
535

536

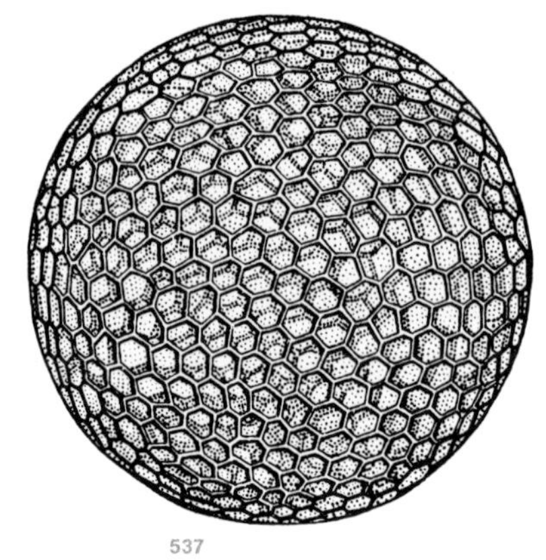
537

汤普森最具影响力的书作《生长与体形》(*On Growth and Form*) 于 1917 年出版，1942 年重印增订版，1961 年出版节略版。很快这本书便成为所有生物学家以及那些关注最轻结构的工程师的必读书籍。然而，尽管生物学家和诸多设计工程师对汤普森的作品有着普遍认可，但是他的影响力非常小，用著名的数学家彼得·梅达沃 (Peter Medawar) 的话说他的影响力“小且不直接”。[17] 汤普森的想法也反映了他所处的时代；除他以外，其他人也有类似的想法，尤其是关于三维结构及比例意义的想法。对比例效果的理解，不仅仅是对结构行为的理解，还包括对许多物理现象的理解，能帮助工程师通过比例精密的模型实验应用树立信心，建造 20 世纪末出现的非凡结构。

535. 鹦鹉螺剖面。
536. 秃鹰翼骨的内部结构。
537. 某种放射虫——网格状穹顶的自然原型。

第8章

建筑学的工程时期

1920—1960年

	1920	1925	1930
人物与事件	**1861—1919年**，亨利·甘特（Henry Gantt） **1879—1962年**，尤金·弗莱西奈 **1879—1959年**，沃尔特·鲍尔斯费尔德 **1880—1968年**，阿图罗·达努索（Arturo Danusso） **1883—1963年**，卡尔·冯·太沙基（Karl von Terzaghi） **1885—1959年**，哈代·克罗斯（Hardy Cross） **1886—1969年**，路德维希·密斯·凡德罗（Ludwig Mies van der Rohe） **1887—1965年**，勒·柯布西耶（Le Corbusier）	**1887—1953年**，弗朗茨·狄辛格 **1890—1969年**，欧文·威廉姆斯（Owen Williams） **1891—1979年**，吉奥·庞帝（Gio Ponti） **1891—1979年**，皮尔·路易吉·奈尔维（Pier Luigi Nervi） **1893—1963年**，A.A.格里菲斯（A.A.Griffith） **1895—1983年**，R.巴克敏斯特·富勒（R. Buckminster Fuller） **1895—1988年**，奥韦·阿鲁普（Ove Arup） **1897—1976年**，莱迪克·雅各布森（Lydik Jacobsen）	**1897—1988年**，乌尔里希·芬斯特沃尔德 **1899—1961年**，爱德华多·托罗哈（Eduardo Torroja） **1899—1990年**，弗莱德·塞福路德（Fred Severuc **1900—1955年**，伯纳德·拉法耶（Bernard Lafaille **1901—1985年**，约翰·贝克（John Baker） **1901—1984年**，让·普鲁维（Jean Prouvé） **1903—1998年**，阿尔弗雷德·帕格斯利（Alfred Pugsley） **1929年至20世纪30年代**，大萧条
材料与技术	**20世纪前10年至20世纪20年代**，科学管理与甘特图表 **20世纪20年代**，了解脆性断裂 **20世纪20年代**，土壤“有效应力”的概念	**1925年左右**，开始出现结构钢焊接	**20世纪30年代**，了解金属延展性能 **20世纪30年代至20世纪50年代**，钢结构塑料性能
知识与学习	**1919年**，纽康门协会（Newcomen Society），英国 **1921年**，创立英国建筑研究所（Building Research Station）		**1930年**，召开首届国际桥梁与结构工程协会（IABSE，International Association of Bridge and Structural Engineering）大会 **20世纪30年代**，首个工程与技术史学会
设计方法	**20世纪20年代**，狄辛格应用模型实验进行混凝土壳体设计 **1923年**，蔡司-迪维达（Zeiss-Dywidag）系统获取专利	**1927年**，建筑风力荷载的边界层风洞实验	**20世纪30年代**，爱德华多·托罗哈和皮尔·路易吉奈尔维进行了大跨度混凝土屋顶结构模型实验 **1930年**，帝国大厦（Empire State Building）模型风洞实验 **1930年**，离心机装载的土壤模型实验，卡尔·泰尔扌 **20世纪30年代**，房间音响效果的成比例模型实验（采用麦克风进行实验） **20世纪30年代**，开发了声学与电子电阻应变计 **1930—1931年**，应对地震的动态建筑模型测试 **1931年**，发明了展示日光效果的日影仪
设计工具：图纸、计算	**1920年左右**，发明了面针对艇结构的松弛计算法 **20世纪20年代**，用于复制图纸的酒精复印和胶印法 **1922年**，开发了“舒适区”（Comfort zone）图表 **1920年左右至20世纪70年代**，具有四种功能的电动机械计算器 **20世纪20年代**，开始采用射线追踪设计音乐厅的声学架构		**20世纪30年代中期**，哈代·克罗斯引入了力矩分配法
建筑	**1921—1923年**，法国奥利混凝土壳体飞艇 **1922年**，法国勒兰西圣母教堂（Church of Le Notre Dame） **1923年**，德国耶拿蔡司穹顶原型 **1924年**，德国杜塞尔多夫，“Gesolei”展览馆	**1924—1925年**，德国德绍包豪斯建筑（Bauhaus building） **1924—1925年**，荷兰乌特勒支施罗德住宅（Schroder House） **1927年**，法国巴黎普莱耶音乐厅（Salle Pleyel） **1928—1929年**，德国莱比锡莱比锡市场	**1930—1932年**，英国比斯顿制靴厂湿式建筑 **1935年**，西班牙马德里回力球场（Fronton Recoletos） **1931年**，美国纽约帝国大厦 **1936年**，意大利奥维多飞机库 **1936年**，英国伦敦皮卡迪利辛普森（Simpsons）服装商店 **1933年**，首个双曲抛物面型壳体 **1937—1939年**，法国克里希民众之家（Maison du peuple）

1920 **1925** **1930** **1935**

1902—1959年，费利克斯·萨穆埃利（Felix Samuely）

1902—1989年，尼古拉斯·埃斯奎兰（Nicolas Esquillan）

1903—1979年，休伯特·鲁西（Hubert Rüsch）

1903—1988年，马克思·门格灵豪森（Max Mengeringhausen）

1909—2002年，约翰·布卢姆（John Blume）

1910—1997年，费利克斯·坎德拉（Felix Candela）

1925年前，弗雷·奥托

1939—1945年，第二次世界大战

20世纪40年代，开发了胶合层压木材

20世纪40年代中期，奈尔维开发了钢丝网水泥

1945年，开发了玻璃钢聚合物

20世纪50年代，铝结构的使用

1952年，钢框架的塑性设计

1952年，结构构件中使用玻璃

1939年，英国科学及工业研究署（Department of Scientific and Industrial Research, UK）出版了首版《现代建筑原则》（*Principles of Modern Building*）

1958年，美国技术历史学会（History of Technology, USA）出版了首版《技术与文化》（*Technology and Culture*）

20世纪30年代、40年代，马克思·门格灵豪森开发了MERO系统

20世纪50年代，模型的光弹性应力分析

20世纪50年代中期，声学设计中使用成比例模型

1950年，科塔计算器二代（Curta Calculator II），10数位便携式机械计算器

20世纪50年代中期，结构分析开始采用主机电脑

1949—1954年，英国亨斯坦顿学校（Hunstanton School）

1951年，英国伦敦音乐节云霄塔（预应力缆索结构）

1952年，北卡罗莱纳州罗利牲畜竞技场（Raleigh Livestock Arena）（缆索网顶）

1952年，美国纽约利华大厦（Lever House）

1953年，德国卡尔斯鲁厄黑森林厅（预应力混凝土顶）

1955年，德国卡塞尔音乐馆（双曲膜）

1956—1958年，法国巴黎CNIT建筑

1955—1957年，美国芝加哥内陆钢铁大厦（Inland Steel Building）

1958年，意大利米兰皮瑞里大厦

1940 1945 1950 1955 1960

建筑学的工程时期 1920—1960年

19 世纪 80 年代到 90 年代，美国一些开发商意识到他们的房产梦单靠建筑师独立工作是实现不了的，而需要建筑师与工程师协力合作。这一想法也推动了美国高层建筑的发展。与传统的欧洲古典建筑风格相比，这意味着建筑师的舞台变小了。事实上，建筑师难以在多层铁框架或钢框架商业办公大楼或酒店中表达自己的个性。极端情况下，他们的角色可能只是为立面及门厅等公共区域提供装饰设计。

美国早期建筑设计公司中工程师发挥着重要的作用。纽约的乔治·B. 波斯特在学习建筑设计前学习过土木工程；芝加哥的威廉·勒巴隆·詹尼本身是一名工程师，他的公司还聘请了建筑师和工程师。人们从实践活动中很快意识到建筑师与工程师协作的益处。许多取得成功的公司都有一个或多个工程师合作伙伴，比如阿德勒与苏利文公司的阿德勒、伯纳姆与鲁特公司的鲁特、霍拉伯德与罗氏。这些公司的工程创意吸引了开发者的浓厚兴趣，帮助他们降低成本，加快了建造美国钢框架建筑的速度。与工程师进行密切协作后，一些富有天赋的工程师在钢框架建筑中树立了自己的形象，例如路易·苏利文的纽约州布法罗担保大厦 (Guaranty Building，1895 年)、卡斯·吉尔伯特 (Cass Gilbert) 的伍尔沃斯大楼 (Woolworth Building，1913 年)、威廉·范·艾伦 (William Van Allen) 的克莱斯勒大厦 (Chrysler Building，1930 年)、密斯·凡德罗的西格拉姆大厦(Seagram Building，1958 年)。在欧洲，首座真正意义上采用钢铁的建筑直至 1977 年才完工——巴黎的蓬皮杜中心，由建筑师伦佐·皮亚诺 (Renzo Piano) 和理查德·罗杰斯 (Richard Rogers) 与奥韦·阿鲁普工程公司合作设计。

钢框架结构的显著特征使得建筑高度增长迅猛，相关技术快速在北美洲整个地区、南美洲许多大型城市、南非、大洋洲及远东地区传播开来。20 世纪 20 年代，设有供暖与机械通风服务的 20 层钢框架建筑已经成为普遍的建筑做法。1931 年建造的帝国大厦共 102 层，在近 40 年的时间内都是世界上最高的建筑。在这么短的时间内，是如何取得如此大的进步的？令人诧异的是，这一成就与建筑工程学的关系并不大。美国建筑历史学家卡尔·康迪特 (Carl Condit) 的一席看似随意却非凡的评论说明了工程学的显著特征： 538，540

> 考虑到（帝国大厦）高度，钢框架的设计是决定构件尺寸能否满足折断荷载和风力荷载的直接因素……[①]

538

SCHENECTADY WORKS MACHINE

PART		FRAMES									
PUR ORD; SKETCH; PAT. OR CARD DR. NO.											
OPERATION		REC'D		PLANED		SLOTTED		DRILLED		ASSEM'D	
TO BE BEGUN											
TO BE FINISHED											
NUMBER WANTED		15		15		15		15		15	
NUMBER FINISHED		DAILY	TOTAL	DAILY	TOTAL	DAILY	TOTAL	DAILY	TOTAL	DAILY	TOTA
1903 JAN	20	2	2	2	2						
	21	2	4								
	22			2	4						
	23	1	5								
	24	2	7	1	5	3	3				
	26	4	11	2	7	1	4				
	27										
	28	1	12	2	9	3	7	2	2		
	29	2	14	1	10	1	8	1	3		
	30	1	15	1	11	2	10	1	4		
	31			3	14	1	11	1	5		
FEB	2					1	12	1	6	2	2
	3			1	15	1	13	3	9	1	3
	4							2	11	2	5
	5							2	13	1	6
	6					2	15			2	8
	7							2	15	1	9
	9									2	11
	10									1	12
	11									1	13
	12									1	14
	13									1	15
	14										
	16										
	17										
	18										
	19										
	20										
	21										
	23										
	24										
	25										
	26										

RECORD AS ACTUAL

FIG. 290.

539

540

538. 纽约帝国大厦，1931 年。总工程师：斯塔雷特兄弟公司（Starret Bros.）的安德鲁·J. 埃肯（Andrew J. Eken）和埃肯公司（Eken Inc.）；结构工程师：H.G. 巴尔科姆（H.G. Balcom）及其同事；建筑师：兰布（Lamb）和哈蒙（Harmon）。图片为 1930 年 7 月在建的帝国大厦。

539. 亨利·甘特绘制的图表，约 1918 年首次提出，用于协助部署车间各类机器的有效运行。

540. 帝国大厦。

取得一定的突破性进展后，抓住新的机遇即可在短期内取得巨大的进步。帝国大厦及其他20世纪上半期建造的建筑都没有多少新意，设计与施工基本上采用的都是19世纪70年代开发的施工技术、设计方法、工程技术。随后60年间制造业的大多发展都是围绕着“生产工程学”（prodiction engineering）——改善所用材料的质量、生产及组装的方式，尤其是整个流程的管理。

1911年，美国工程师弗雷德里克·泰勒（Frederick Taylor，1856—1915）在伯利恒钢铁厂（Bethlehem Steel company）工作，为美国政府建造军舰时，发布了一篇名为“科学管理的原理”（*The Principles of Scientific Management*）的论文。他对生产活动进行的合理分析革新了组织生产的流程，其原理很快得到了许多国家的采纳，部分原因是这些国家在“一战”期间急于生产武器装备。在建筑业领域他们得到了建筑承包商弗兰克·吉尔布里斯（Frank Gilbreth，1868—1924）的支持。可以说吉尔布里斯给他们带来了恶名：他们处处用秒表来计算现场工人的工作情况，直至下班前的最后一秒。20世纪20年代中期，美国工会缓和了这一极端管理模式。

这一时期现代化管理领域出现了新的高效工具——“甘特图表”（Gantt Chart）。亨利·甘特
539 是一名机械工程师兼管理顾问，曾在美国国防工业领域追随弗雷德里克·泰勒工作了数年。“一战”末期，人们开始应用甘特图表对比项目的目标与实际流程的关系。战后，人们很快便采用甘特图表协助组织管理大型项目；20世纪20年代时，借助该工具在美国建造了许多水坝项目并取得了极大成功。

采用该工具管理大型项目大大缩短了施工时间、降低了成本。房地产开发商借此开发更高的建筑，以赚取更高的利润。20世纪30年代美国的摩天大楼统计结果着实让人震惊。例如，帝国大厦的钢框架结构平均一个星期就能建造四层半，整个建筑仅仅用了410天就建成了。

然而，高层建筑得以实现不仅仅是因为科学管理原理的应用，还要归功于对荷载土壤行为的突破性理解。建筑越高重量越大，因而需要更牢固的基础。为此，工程学科学家开始研究土壤材料，其方式类似于对铁或木材的研究。20世纪早期，人们尝试进行各类变化，促进了对各类材料的理论与实验研究。随着物理学领域对物质原子结构的理解取得了进步，研究各类材料的科学家们开始探索为什么土壤等材料具有那样的强度和刚度？此类对材料性质的探索逐渐形成一门新学科——“材料科学”，也掀起了纯手工工艺品的设计与制作改革浪潮。

材料科学、土壤力学

从各种意义上讲，土壤的承重能力都是所有建筑的基础。土壤力学（soil mechanics）科学最早开发于18世纪，主要人物是查尔斯·奥古斯汀·库仑；19世纪继续发展，主要人物是威廉·兰金。他们主要关注的是挡土墙及新挖土的稳定性，新挖土来自挖地建造建筑基础和桥墩，挖掘岩屑，为防御工事、水坝、运河、铁路建造路堤等。然而，这些工作对实际的建筑基础设计并没有多大影响，这些基础自罗马时期和中世纪时期至20世纪以来没有大的变化。

基础分为两种类型：一种是由木材、石材、混凝土、钢材制作的基脚，将荷载分布于大面积范围内；另一种是将一系列桩深深地栽入软土当中，坐于土壤下方的岩石上或者通过桩与土壤之间的摩擦力防止沉降。这两种类型的设计流程都是基于经验得出，没有考虑土壤材料的科学性能。541、542 543
兰金经典的《土木工程学手册》第16版写道：“据一些权威机构称，测试桩的性能的标准是：经重量为800磅的撞锤击打30次后（每次击打撞锤

位置下降 5 英尺），桩的移动距离不得超出万分之一英寸（初稿中本段文字采用斜体形式）。"[②] 该书还建议位于坚固土地（包括沙子、碎石、硬黏土）上的基脚面积应该足够大，以便确保地表压力在 2500 磅 / 平方英尺至 3500 磅 / 平方英尺（125—175kN/m^2）。位于软土上的基脚应该建于沙子或混凝土之上，深度应考虑土壤的休止角（angle of repose），因为休止角反映了土壤抵抗剪力的能力。这是业已成熟的设计流程针对土堤进行的小幅调整。

基础工程师的主要关注点不是阻止沉降，因为沉降是不可避免的，而是确保每个独立的基础的沉降速率相同，最终确保沉降量相同。这是一个好想法，理论上可以通过"根据负载的相应比例调整每个基脚的面积，确保建筑物下方的土壤承受均衡的压力"来实现。然而，这一想法的前提是整个建筑下方的土壤属性都是相同的，这一理想化条件在实践中很少见。1892 年，对芝加哥大量建筑（包括会堂大楼）进行的测量显示高达 450 毫米的各类沉降并不罕见。

卡尔·太沙基是一大工程巨人，他发现了这一问题。太沙基出生于布拉格，参军前在奥地利格拉茨理工大学（Technische Hochschule in Graz）主修机械工程学。这时期他用两年时间在圣彼得堡设计钢筋混凝土结构，还写了关于钢筋混凝土的博士学位论文。1914 年，他在美国待了两年，设计建造了大量大型水坝，也正是在这一时期，他将注意力转向了儿时的兴趣地质学。太沙基不能通过土壤本身的地质情况解释工程结构及其基础的性能，这一点让他感触很深。他认为要了解土壤性能，就必须在现场以及实验室内认真观察它的性能，这一原理在随后 40 年对他在土壤力学方面的工作起了很大的导向作用。1916 年，返回奥地利时，奥地利政府委托太沙基在伊斯坦布尔的皇家工程学院（Imperial School of Engineers）授课。在这里任教九年期间，太沙基开展了理论与实验工作，将土壤力学创立为一门真正的科学学科；1925 年，出版了《基于土壤物理属性的土结构力学》（*Erdbaumechanik auf bodenphysikalischer Grundlage*）。这本书为现代土壤力学与岩土工程学打下了基础。1925 年后，他前往麻省理工学院（剑桥）任教四年，在这里他开发并引入了土壤力学科学。1929 年，他返回奥地利，在维也纳技术大学（Technical University of Vienna）担任教授，该大学很快成为那些对岩土工程感兴趣的工程师的学习中心。1936 年，成立了国际土壤力学与基础工程学学会（International Society of Soil Mechanics and Foundation Engineering），太沙基当选为首届会长，任职 20 多年的时间，直到 70 岁时才离任。

太沙基意识到了土壤水分在土壤承载能力方面所起的关键作用。这一发现为土壤性能的了解起到了变革性作用。水进入土壤颗粒间的空隙时，所有应力包括两个方面：水的压力，即"孔隙水压力"（pore-water pressure）；以及颗粒基质中的压力，即"有效应力"（effective stress）。水的压力减少了各个土壤颗粒间的应力，从而也减少了促进这些颗粒之间剪切的应力。用库仑内部摩擦（internal friction）的概念（第 6 章）讲，这意味着土壤中的水减少了内部摩擦，从而减少了剪力和承载能力。这一结论是太沙基作品中最激进最深远的推论，他对土壤性能的观察方法也非常重要。

事实上，这是建筑工程学学科创立的实验方法首次达到 19 世纪晚期德国、英国物理学家和化学家的标准要求。太沙基只是一名年轻的工程师，他的目标是构思一套材料特征集，解释谈到荷载时土壤的那些古怪且难以解释的性能。他觉得土壤的性能应该也能像其他材料一样预测。因此，除了提出有效应力的概念外，太沙基还在现场调研时进行了各类测试（现今人们仍然采用这些测试方法），以便确定土壤的性能，可靠预测土壤的承重能力。由于土壤是否含水是一大关键因素，所以这些测试将土壤倾向性与土壤注水能力即渗透性联系起来，包括土壤的“加固”程度——土壤颗粒间的空隙尺寸减小的量，例如土壤形成时水的作用造成的空间减小，或土壤颗粒间的空隙空间增加的量，例如滑坡、地震或开挖作用造成的空间增加。因此他强调不仅要研究土壤地质时期，还要研究它们近期的活动。

为了描述地下水的情况，太沙基建议使用澳大利亚水力工程师菲利普·福希海默（Philipp Forchheimer，1852—1933）1900年左右发明的“流线网”（flow nets）。该流线网可以从二维、三维模式呈现水流经土壤的情形。通过流线及均衡的孔隙水压线的正交网格图，可计算出土壤中的压力梯度，从而计算出水流经土壤的速度。通过这种方式，便可预测流经建筑或水坝下方的水存在的潜在负面效果，据此找出控制水流、避免问题的适当方法。太沙基时常关注“因为对施工场地下方土壤的特征缺乏相关的知识”造成的风险，这些风险也会对客户的成本造成影响。缺乏相关知识通常导致工程师无法在开工前制定出经济、安全的设计方法。为了避免地下结构的过分设计，太沙基坚持主张开工前进行彻底的场地勘察、土壤分析；施工过程中不断观察土壤性能，根据需要修改设计，确保设计反映土壤的实际特征。如果对土壤的初始设想比实际情况保守，则能帮助客户节约成本且能规避风险。

太沙基之所以扬名世界，主要归功于他的严谨、周密、可靠的研究方法，这些方法基于对场地地质学的理解，以及对地质条件、结构条件以及水文情况的分析。他对各类建筑作业都提供了自己的建议看法。所写的技术报告精准、直接，受到客户的高度好评，随后几十年都作为诸多技术工程师学习的典范。

飞机设计与结构工程学

20 世纪早期，结构工程学在很大程度上受到了飞机制造业研究尤其是轻型飞艇和飞机结构研究的推进。这些研究中大多都包含对金属的研究，以及如何通过这些金属改善量重比。当时物理学方面的研究促成了这一目标。1910 年左右，材料特征是物理学研究的一大重点，德国物理学家马克斯·冯·劳厄（Max von Laue，1879—1960）发现 X 射线 [1895 年威廉·伦琴（Wilhelm Rontgen）对此进行了确认] 受晶体原子衍射（分散），衍射方法基于晶体的结构。几年后，英国科学家威廉·亨利·布拉格（William Henry Bragg，1862—1942）及其子威廉·劳伦斯（William Lawrence）利用 X 射线衍射的知识推断出晶体结构的精确性质，并发明了“X 射线晶体学”（X-ray crystallography）的技术。劳厄和布拉格父子均因此获得了诺贝尔奖，推进了科学家从原子层面研究材料特征。世界各地大量科学家很快便纷纷探索该物理结构方面的新理论与研究结果。各设计工程师对其中一项有着特别的兴趣，即对物质原子结构方面的物理性能的分析，包括力量、强度、硬度、脆度、延展性、金属疲劳度、蠕变性等。经实践证明，这是一项艰巨的任务，直到 20 世纪后半期才得以完成，但其重要性不容小觑。现在对原子结构的材料性质的解释几乎是大学每个工程学学科的核心。

对结构工程学有着特殊贡献的两大科学家是：艾伦·阿诺德·格里菲斯（Alan Arnold Griffith）——英国法恩伯勒皇家航空研究院（Royal Aircraft Establishment，RAE）材料科学家，以及杰弗里·英格拉姆·泰勒（Geoffrey Ingram Taylor，1886—1975）——多年任职于英国剑桥大学的科学家。

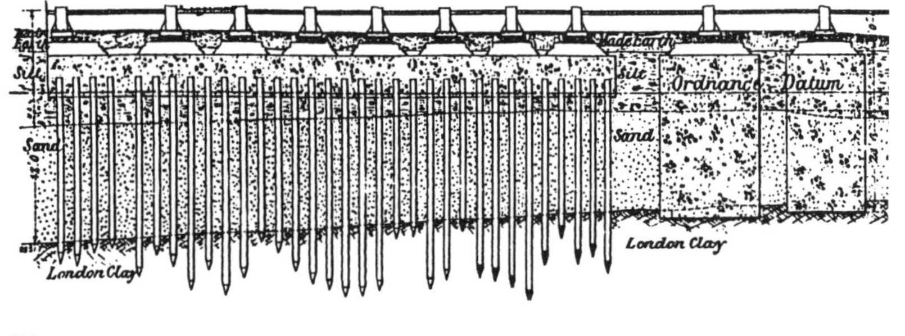

541

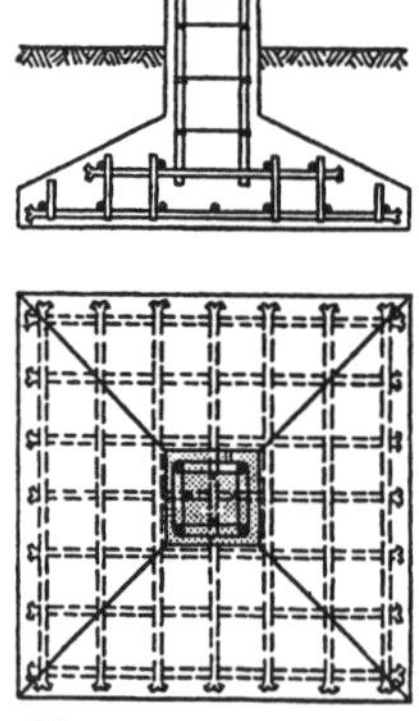

542

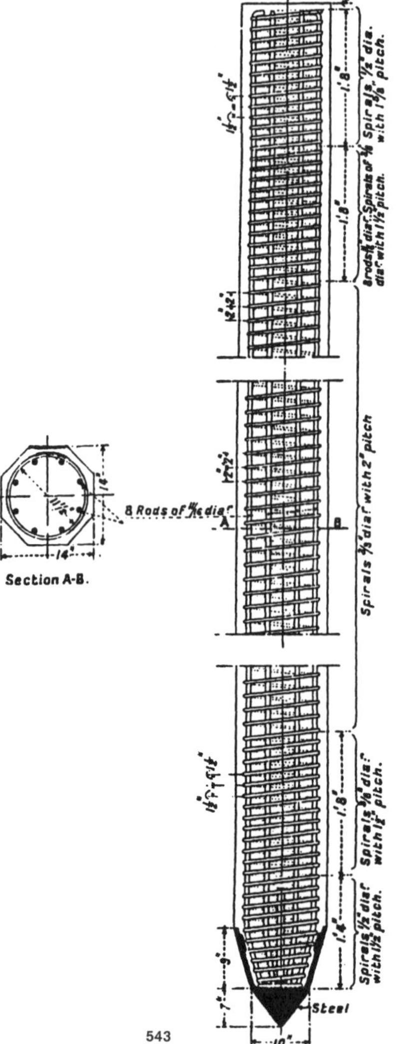

543

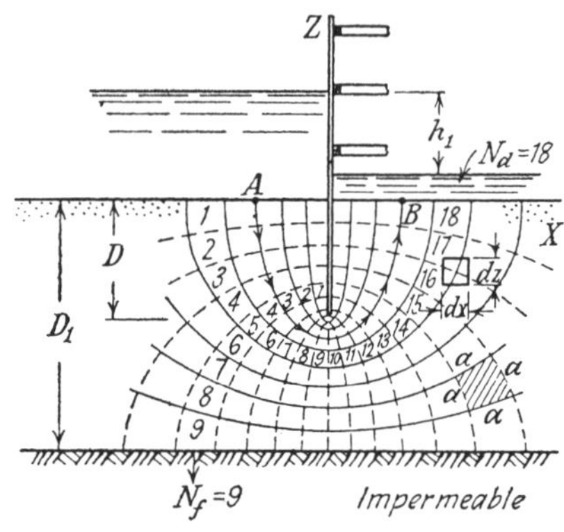

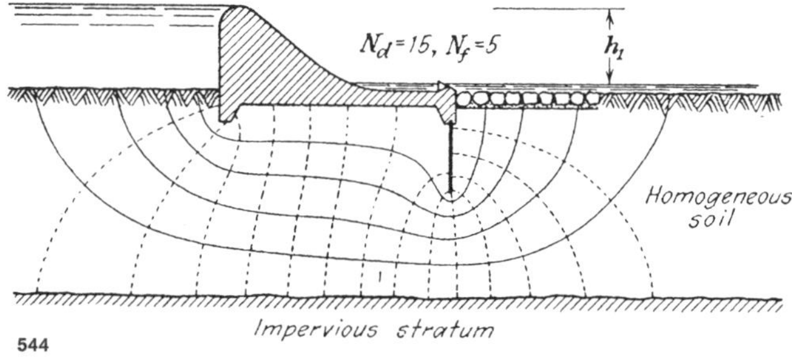

544

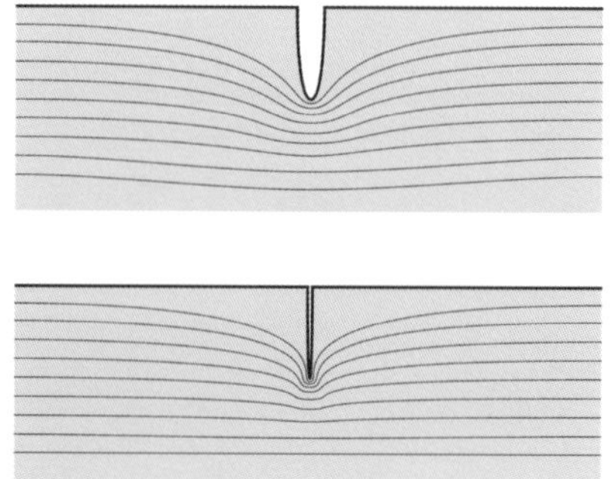

545

格里菲斯与泰勒

“一战”后，皇家航空研究院开展的大多材料力度研究都是围绕着“普通”材料进行的，例如金属和木材。然而，这些都是复杂、非均质的材料。格里菲斯决定用玻璃作为模型材料——通过该材料进行实验，得出结果，将其用于“实际”材料当中，例如金属和木材。这一采用小型模型的实验想法对进行过风洞动力学测试的航空学工程师而言并不陌生。采用细玻璃纤维时，格里菲斯注意到三个难以解释的有趣事实。第一，单个玻璃纤维的抗张强度约为通过单个原子或分子之间结合的已知力度计算得出的理论强度的百分之一。第二，对于十分之一毫米以下的细小厚度而言，纤维力度随着直径的减小大幅增加。第三，细纤维的力度随着纤维寿命减小。对这三个现象的解释可能引起了 20 世纪人们对材料断裂性和力度的理解的根本性变化。

几十年后，人们意识到负载材料的应力在材料孔洞周围或裂缝端部增加，这些位置称为“应力集中”（stress concentrations）区。1913 年，
545 剑桥大学工程学教授英格利斯就表示应力集中因素随着孔洞弯曲半径或裂缝端部的减小而大幅增加。这一现象的实践结果是：出现导致高应力集中的裂缝时，结构力度会明显降低。格里菲斯对英格利斯的研究进行了进一步拓展：他不仅考虑了应变材料的弹性能，还考虑了需要创建裂缝新表面的能量。他表示，如果裂缝的延展生成的应变能比需要生成新表面的能量小，裂缝便不会增加或蔓延；反之，如果前者比后者大，裂缝便会增加、蔓延，且速度会非常迅猛。这一解释没有涉及裂纹端的半径，直接将材料可以承受的应力与材料中最长裂缝的长度（实际上是长度平方根），以及两个材料特征联系起来——得出“弹性模数”（modulus of elasticity）和“自由表面能”（free surface energy）。因此，对于既定应力而言，如果最长裂缝与决定性裂缝长度相同或比其大，材料便会断裂，现在人们通常称这一决定性裂缝长度为“格里菲斯裂缝长度”（Griffith crack length）。

这一对裂缝蔓延必要条件的理解帮助格里菲斯解释了他的玻璃纤维实验结果。刚刚制成的纤维表面未受破坏，没有能蔓延开来的裂缝。而旧纤维通常会被刮伤，这些刮痕通常扮演着微观裂缝的角色。如果微裂缝长度大于格里菲斯裂缝长度，该裂缝便会蔓延开来，导致纤维断裂。

众所周知，“格里菲斯裂缝理论”很快成为那些探索 20 世纪晚期工程事故缘由的工程师们的至宝。这些事故大多涉及金属的脆性断裂，此外，这些金属通常在常温下是易延展的，而在低温情况下（通常在 10℃以下）变得易碎。这些探索中最为著名的是“彗星号”喷气动力客机，它们在 20 世纪 50 年代遭遇了一系列无法解释的坠毁事故，表面上起因于空中爆炸。最终人们断定飞机机身的应力关系是：近矩形窗户的对角线稍小于格里菲斯裂缝长度，且机身材料铝合金在常温条件下是延展的，而在航路高度所处的空气温度下变得易脆。当窗户角落出现几毫米的疲劳裂缝时，因应力的重复变化会遍及材料各个部分，孔洞也会增加至格里菲斯裂缝长度，从而裂缝以爆炸式速度发展开来，激烈程度像气球爆炸一样。（这一比喻类似于格里菲斯的理论，解释了为什么在未充满气的气球上戳一小洞只会泄点气，而

541. 伦敦维多利亚火车站（Victoria Station），1900 年。用于扩建工程的木桩。
542. 维多利亚火车站。用于扩建工程的大块混凝土基础。
543. 20 世纪早期的基础。（左）常见的埃纳比克垫式基础，约 1907 年；（右）以同一系统制作的桩，约 1908 年。
544. 流线网，展示板桩（上）和水坝（下）下方土壤内的水流情形。
545. 不同根部半径的应力开裂线。半径越小应力越集中。

在完全充气且压力非常大的气球上戳同样大小的洞就会爆炸。）自那时开始，飞机窗户就做得比格里菲斯裂缝长度小很多。同时，做成更接近椭圆形的形状，以便减小应力集中，防止出现疲劳裂纹。

格里菲斯的成就对其他工程师有着深远意义，其中最重要的发明可能是人称为纤维增强复合材料的全系列新材料，或称“复合材料”（composites）。这些材料采用的是超高强度玻璃纤维、碳纤维、芳香族聚酰胺纤维以及其他母体（通常由聚合树脂制成）所含的材料。现今大多小船的壳体部分由玻璃纤维制成，网球拍通常由碳纤维复合材料制成。此外，复合材料还应用于建筑业，例如建造外墙板。

格里菲斯的成就对建筑工程师最大的影响在于让他们意识到应力集中的潜在危险，这些应力集中可能导致疲劳裂缝，延长至格里菲斯裂缝的长度，最终引起灾难性脆性断裂。20世纪20年代，这一材料行为理念使人们对所有钢结构详图设计进行了重新评估。该重新评估着重于钢材中的所有切孔，尤其是钢框架结构中需要大量紧邻的切孔柱梁间的螺栓连接。

20世纪20年代也引入了气体和电弧焊，用以连接钢构件。首先，焊接方式似乎比较理想，它能实现钢构件间的刚性连接，同时避免生成大量孔洞造成应力集中。然而，焊接也有其自身的短板。比如加热过程通常会损失晶体钢结构延性变形的能力，使其变得非常易碎。此外，焊接过程会人为造成钢材本身的不连续性，如同应力集中时出现的裂缝，最终很有可能衍化成格里菲斯裂缝。

德国、美国通过对这些短板的研究，形成了重要的研究方案，并于20世纪20年代大力开发了造船业与建筑业的电弧焊。此时不仅需要对焊接流程进行改善以减少裂缝，同时还需要开发无损测试方法，以保证焊接连接完全深入钢型材，实现通长连接，同时避免不连续性或裂缝的出现，这些裂缝可能最终引起脆性断裂。

建筑中采用的首个焊接钢结构是1920年应
用于纽约布鲁克林的美国电弧焊公司（Electric
Welding Company）工厂的12米长屋顶桁架。
焊接还用于将支撑工厂高架移动式起重机轨道的
大型支架固定于钢柱上。所有焊接连接都经过承
重实验来测试其强度。数年后，电弧焊的使用发
展蔓延开来，但是只是作为部分铆接连接的替代
品使用，并没有引起总体结构设计的变化。直到
1926年，才建起了首个全焊接框架结构，即宾夕 546
法尼亚州莎伦西屋电气制造公司（Westinghouse
Electric and Manufacturing Company）的五层建
筑。此建筑中，由平板焊接而成的柱梁经过焊接
形成连续、均匀的框架。该结构形成必要的刚度
来抵御重力及风力荷载，所用钢材比传统的铆
接框架少12%——仅用790吨，而传统框架需要
900吨。施工前，对重点连接建立了全尺寸模型
并进行了破坏性测试来验证其刚度和强度。随后
四年间，西屋公司建造了24个焊接框架建筑，
包括1930年在其匹兹堡工厂建造的十一层中心
工程实验室大楼（Central Engineering Laboratory
Building）。1931年，当时最高的焊接框架结构——
十九层多拉斯能源与照明大楼（Dallas Power and
Light Building）竣工。20世纪30年代，焊接钢框
架结构广泛应用于工业建筑当中，这主要是因为
该结构对钢材的需求量小。后来设计师们很快发
现焊接连接能打造出钢结构的雅致度，这是铆接
或栓接连接无法比拟的。 547

20世纪20年代、30年代人们对脆性断裂
已有所了解，但是许多结构破坏的出现要归因于
格里菲斯裂缝，因为存在金属疲劳问题，这些裂
缝很难探测或预防。近年来，格里菲斯裂缝理论
对那些力图有效使用脆性材料（例如玻璃）以及 548
用铸铁柱梁整修、重用19世纪建筑的工程师们
起到了非常重要的作用。此外，高应力拉伸构件

546

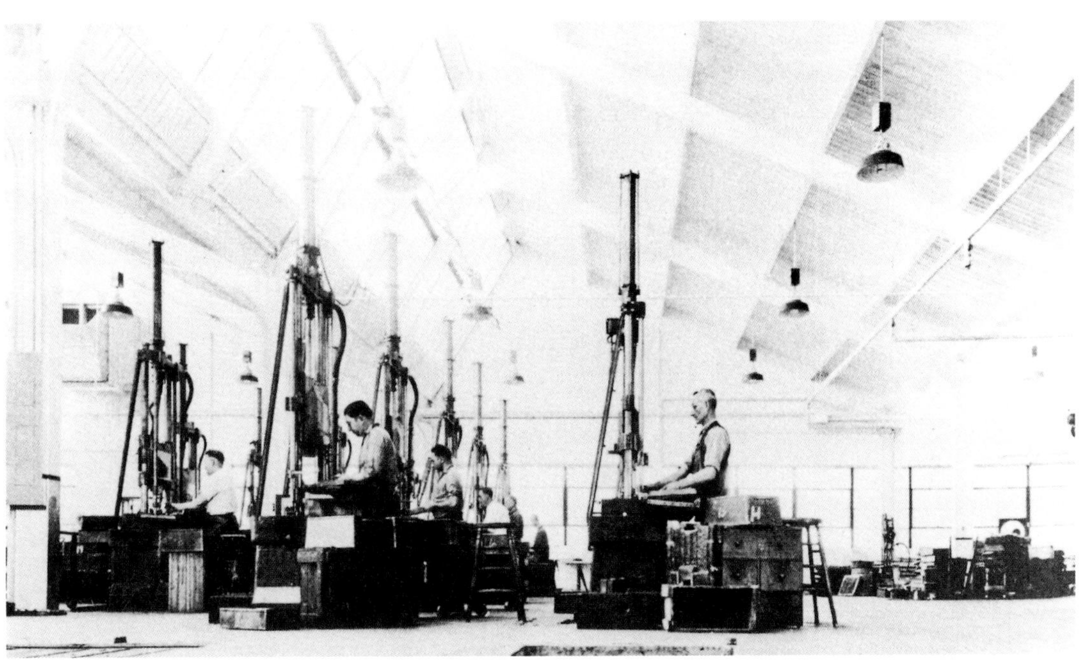

547

546. 宾夕法尼亚州莎伦西屋电气制造公司大楼，1926 年。

547. 康涅狄格州梅里登国际银业公司（International Silver Company）工厂，1937 年。明设的焊接钢框架。

例如20世纪50年代弗雷·奥托开发的那些构件的使用也从格里菲斯理论中获益匪浅。了解到孔洞或裂缝可能在此高应力构件中扩散开来，设计工程师着力将应力保持在决定性裂缝水平以下，避免发生潜在的灾难性后果。

“一战”期间设计航空器及螺旋桨时，格里菲斯就与英国物理学家及工程师泰勒展开了密切合作。与格里菲斯一样，泰勒也关注着不同材料拥有不同强度的原因。对于为什么金属被前后掰弯时更难“屈服”（yield），泰勒有着浓厚的兴趣。这一现象（例如掰弯钢纸夹出现的情形）被称为“机械硬化”（work hardening）。晶体材料如何以延展或塑形方式产生变形？泰勒在1934年对此的解释是：材料的延展行为是由他所称的非常规晶体结构中的“错位”（dislocations）缺陷导
549 致的。这些错位因原子间连接的小幅重置变得更随意，且连接不会被破坏。

格里菲斯、泰勒以及达奇·汤普森（参见第7章）的研究改变了工程师们对材料强度的理解，也将结构设计提升到了更高的科学层面。然而对于建筑领域，这些新知识并不是处处都适用的。飞机及飞机引擎设计时通常都将材料强度发挥到极致，而建筑组件并非如此，只有当其重量因素非常关键时才发挥到极致，例如长跨屋顶结构。然而泰勒的研究对20世纪30年代约翰·贝克及钢结构研究委员会（Steel Structures Research Committee）的钢结构工程设计有着直接影响。

最轻结构

如第5章所述，18世纪90年代人们开始探索最轻结构，希望减少铸铁柱梁所用的铁。19世纪30年代，伊顿·霍奇金森和威廉·费尔贝恩开发了最为经济的梁结构，10年后，他们又进行了多次试验，试图开发最佳的管腹梁结构。19世纪中期以后，最轻结构基本上成为长跨屋顶结构的主要目标。对此，设计工程师发明了“销接”（pin-jointed）桁架借以控制该结构的作业方式：销接防止弯曲力矩从一个组件转移到另一个上，因此确保了所有组件仅承接拉力或压力，无须承载弯曲力矩。这些结构可通过分析或图形技巧准确确定力量及挠度。

进入20世纪，第一次世界大战期间，伴随着硬式飞艇与飞机两类全新体系的发展，工程设计大大受益，这也对结构工程师提出了严格的要求。硬式飞艇诞生于1900年的德国，英国紧随其后。20世纪20年代，两国的工程师展开角逐，
争相设计更大的机械。这些机械结构不仅要足够 550
结实和刚硬以承担当时人们仍知之甚少的各种载荷，还要足够轻便以利于飞行。

飞艇通常由若干圆盘构成。人们通过金属丝对这些圆盘进行加固，如同自行车车轮，使其能
够绷紧以便为压缩构件增加预应力。平行的圆盘 551
通过与其垂直的纵向部件进行连接。利用额外的金属丝，使得整个框架变得足够刚硬，从而提供拉伸交叉支撑。此类结构远非静定结构，对于立柱与铁丝系材所需承担的力量的计算为结构工程师带来了巨大的挑战。为了获得必要的强度–重量效率，飞艇和飞机的设计远比建筑物设计更加精确。飞机设计师无法像建筑工程师简化设计计算过程进行粗略估算，也无法通过三到四个安全系数保证此类估算的结果。同时，还有尺寸与复杂度的问题：尽管设立多个等式来定义飞艇框架的平衡状态并不困难，然而计算机出现之前的时代不可能将诸多问题全部解决。

世界各地的诸多企业纷纷开展关于此类结构的最佳设计方案的研究，但只有英格兰皇家航空研究院的研究对建筑行业结构设计产生了最直接的影响。从20世纪10年代末到20世纪20年代初，工程师理查德·索斯韦尔（Richard Southwell，1888—1970）开发了后来称为“松弛法”（relaxation method）的方法，用于分析

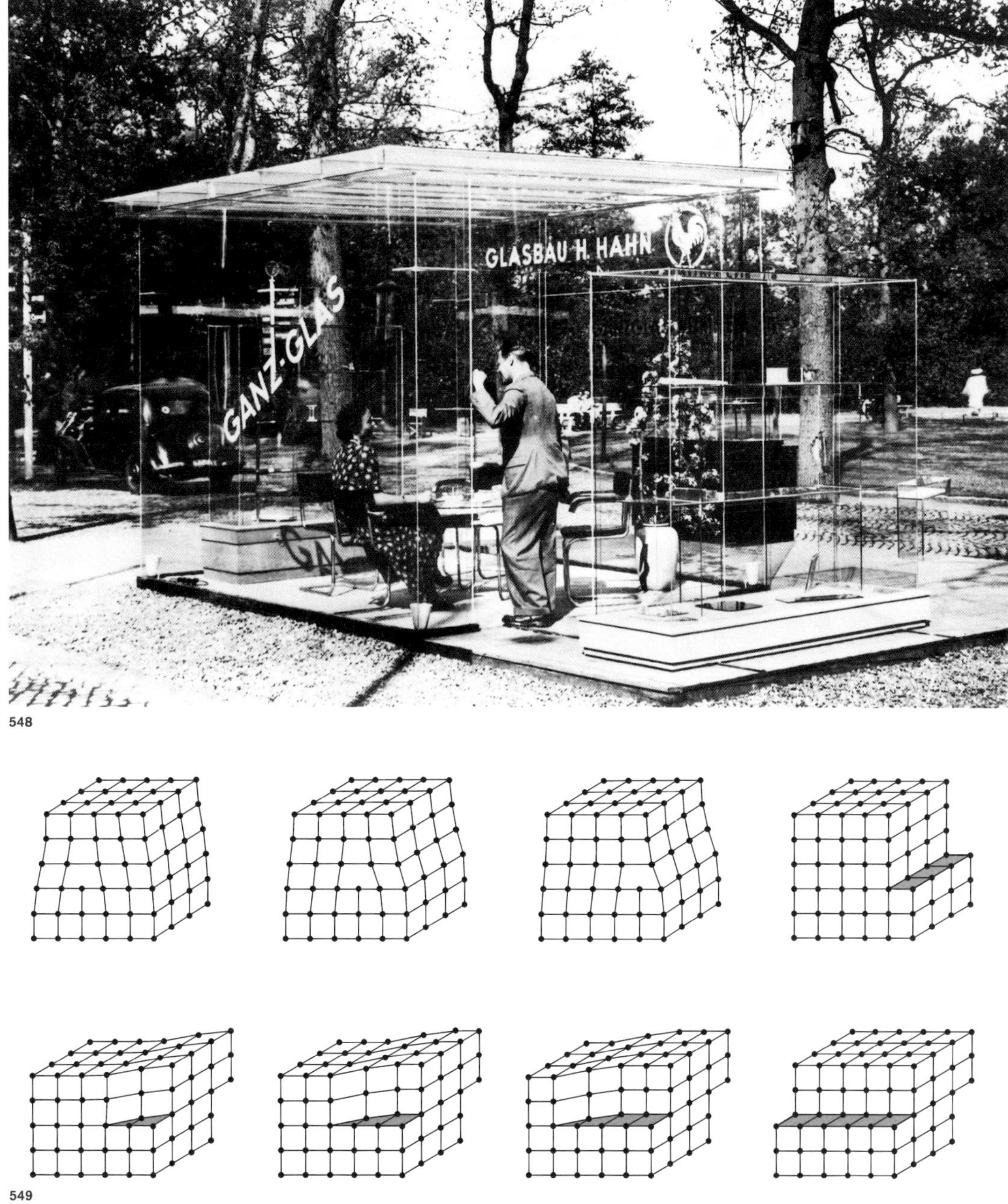

548

549

548. 1952 年，美因河畔法兰克福格拉索哈恩公司展馆，此建筑第一次使用玻璃作为梁及柱的结构材料。

549. 图显示边（顶部）及螺丝（底部）错位如何通过晶体结构移动，允许外表坚硬及易碎材料的塑性变形。

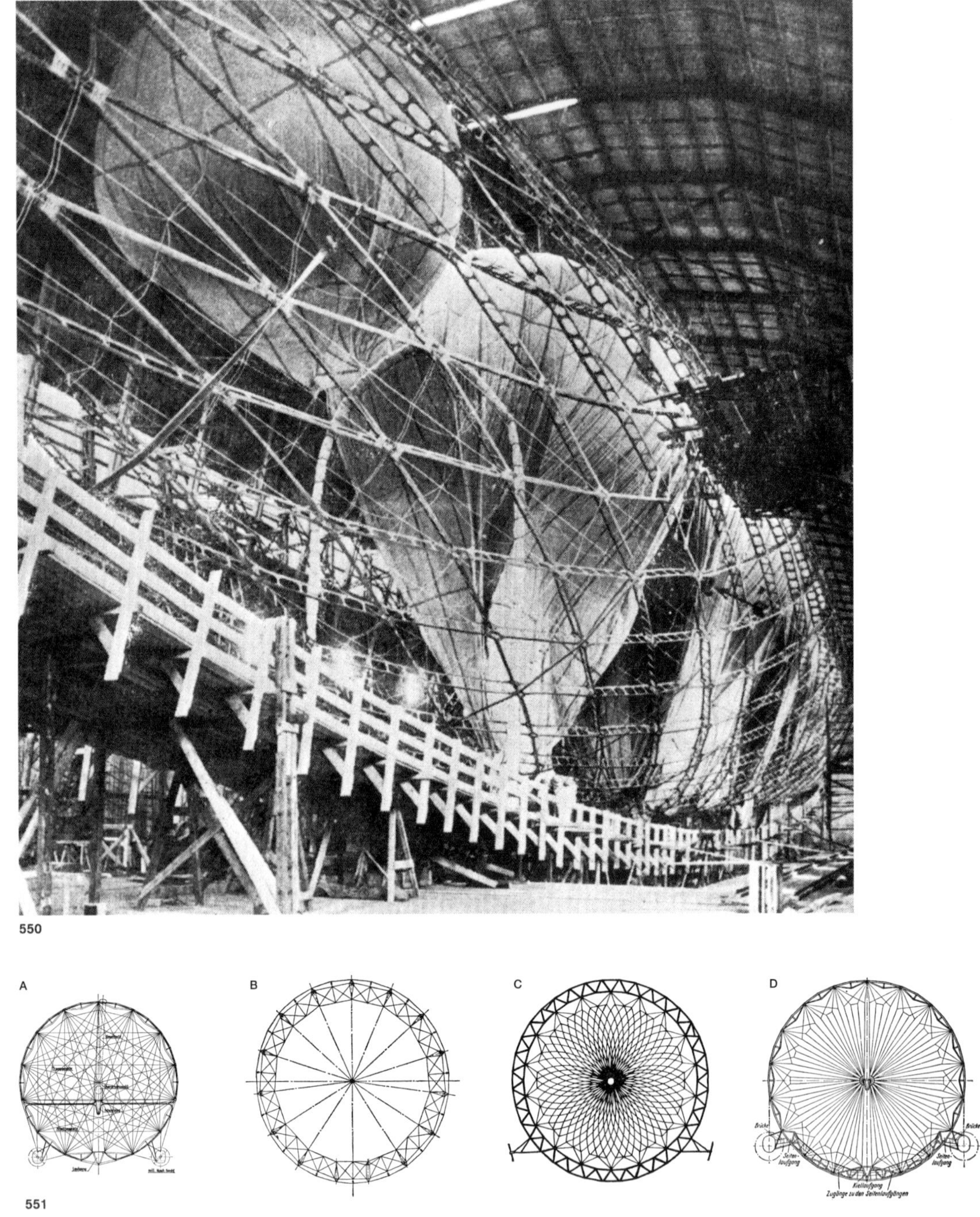

550. 1911 年德国施工的坚硬飞船舒特-兰兹 1 号，螺旋梁为木材制造。

551. 使用许多方法为坚硬的飞船制造坚硬的横向构架及隔离壁。（A）齐帕林（德国，1928），（B）R101（英国，1930）（C）梅肯（美国，1933）（D）兴登堡（德国，1935）。

诸如飞艇与飞机等支撑框架的受力与形变。此法用于寻找所列等式大数的一套解，其不具有数学精确性，但对于实用目的而言则具有足够的精确度。首先，通过简单的分析来计算框架中所有立柱与铁丝系材的一组近似受力。该组数据随后用作新计算过程的输入项，降低了第一组数据中的不一致性，并生成了第二组更接近“真正”解的数据。而这反过来用作另一组计算过程的输入项，依此类推；每一个后续的计算逐渐接近真正的解。最后，一个计算到下一个计算的变化被认为是可以忽略的，通常会持续六或七组计算。然而，该过程是冗长的。20 世纪 20 年代小说家兼飞艇框架设计师内维尔·舒特（Neville Shute）在他的自传《计算尺》（*Slide Rule*）中描述了他与同事在求解过程结束后的欣喜，而该求解过程通常需要持续两周甚至更久。

与建筑行业所要求程度相比，松弛法更复杂，其发展具有重大意义，原因主要有两点。首先，松弛法非常适合于 20 世纪 50 年代、60 年代开发的电脑程序，用于分析框架、张力索网及索膜结构。然而，更重要的是，在 20 世纪 20 年代，松弛法能够用于检验更近似方法的精确度。这在以往被认为是不可能实现的，而使用近似方法进行分析的工程师通常无法知悉这些方法的近似程度。

进行更精确计算和将两者与实验结果和近似计算结果相比较的能力对于结构工程研究而言格外有用。尤其是，它使得工程师能够进行更细致的结构安全性研究，以便在设计此类结构时强调安全事宜。兰金早在 19 世纪 50 年代就已经向工程师表明了如何通过安全系数考虑使用材料、载荷与结构简单数学模型来预测所构建结构的实际行为导致的不可避免的错误。20 世纪前 10 年，瑞士工程师罗伯特·马亚尔认为，既然较之作用在结构上的活载荷，获得的结构自重更为可靠，那么后者应适用较低的安全系数（参见第 7 章）。20 世纪 20 年代、30 年代，在皇家航空研究院工作的多位工程师，尤其是阿尔弗雷德·帕格斯利，开始对此类方法进行进一步的研究，评估其对于结构整体安全性的不同贡献程度，以及通过数学模型构造整个结构系统完整模型的不确定性。他们还细致地观察了个体部件故障导致的后果（例如，一些故障可能导致灾难性错误，而其他则可能对飞机的性能产生较为轻微的影响），进而设计较低的安全边际。通过此方法，设计师能够大大降低机身结构使用材料的重量。第二次世界大战后，帕格斯利成为了英格兰布里斯托大学（University of Bristol）土木工程学教授，他的专业知识直接用于建筑行业领域。他与同事在 20 世纪 30 年代开发的现在我们称为“分项安全系数”（partial safety factors）的方法成为了现代可靠性分析的基础。这一方法不仅仅局限于飞机与建筑的结构设计，还广泛应用于桥梁、船舶、汽车以及其他结构的设计。

建筑结构设计

早在 19 世纪，钢铁框架建筑就已经具有创新性，并要求工程师了解当时最复杂的工程科学知识。到了 20 世纪初，这一点已成为主流。到了 1930 年，设计帝国大厦的结构工程师的工作业已变成决定部件尺寸的简单任务。

将“创新”（innovative）转变为“简单”（straightforward）的能力证明了结构工程师开发设计方法的独创性。建筑材料（钢材、混凝土及砌砖），尤其是建筑物底部的土壤，并不简单。不同材料彼此作用的方式甚至更为繁复。作用在建筑物上的实际载荷多变，很难确切掌握。对于大多数结构工程师而言，即便现代电脑拥有强大的功能与较高的运行速度，准确计算哪怕是适中的钢或混凝土框架建筑的“实际”应力与形变也异常复杂且费时费力。问题在于，没有必要实现最高的准确度。结构工程设计的艺术在于仅实现必要的准确度；它是近似估算的艺术和对兰金的伟大发明——安全系数的合理应用。针对像帝国大厦一样的高层框架结构建筑的开发设计流程证明小科学能够实现巨大的进步。工程科学研究进展对于框架结构建筑设计的另一个主要影响直至20世纪70年代、80年代才出现。只有在电脑的辅助下，人们才能够针对风力、地震与火灾引起的变形、结构元素的扭转行为以及动态载荷的复杂性，进行符合要求的建模。

1910年，尽管钢与混凝土框架结构的设计方法早已获得广泛的理解与使用，它仍主要局限于教科书中的理论研究。新方法获得迅速推广，而执业工程师通常不得不在未充分了解最佳方法的情况下就不同方法和方式做出选择。大多数国家意识到有必要对钢结构与钢筋混凝土结构的设计流程进行标准化，并将以下三类信息纳入国家标准中：

材料各项属性，包括材料的制造质量

建筑结构的设计承载载荷

针对建筑物不同结构构件（柱、梁、地面以及剪力墙）以及彼此连接，提供适当设计方法的设计实践规范

可以将上述各个方面的信息汇总以建立完整结构行为的数学模型，确保提出的设计方案在允许限值范围内。一般而言，最重要的限值有两点：适用性，尤其是梁与地面的最大形变；以及强度，如计算所得的最大或“许用应力”（permissible stree）。结构的整体稳定性，即结构抵御水平（风力）载荷的能力，通常假定为令人满意的，无须进行任何具体的计算，正如19世纪80年代高层建筑配备抗风撑架之前的做法。

人们普遍认为，对设计惯例进行标准化的目标是明智的；但不久就发现，标准化的过程并不简单。当然，最低的要求是满足可接受的安全标准。不同人对满足此要求的最佳或最适宜的方式有着不同的观点。对于科学与设计团体［阿尔弗雷德·帕格斯利称为“工程气象学”（engineering climatology）］认为可以接受的设计的舆论，随着时间和地点的不同有所变化。因此，能够被1900年的工程师接受的设计方法可能在1930年或1960年变得不被接受。这都是由于在干预时期获得的经验与知识以及不断变化的社会预期导致的。

例如，在英国，伦敦郡议会在1915年发布了《钢筋混凝土规范》；随后在1933年，科学与工业研究部建筑研究会的下属委员会“钢筋混凝土结构委员会”草拟了《建筑物中钢筋混凝土使用行业规范》。1939年，建筑行业全国委员会发布了另外一个不同的规范。但随着第二次世界大战爆发，该规范极少使用。正如在世纪之交发布的原始版本，这两份规范均为“许用应力”规范。英国第一个从根本上针对现场混凝土工事的钢筋混凝土设计规范——《CP 114》诞生于1948年。随后涌现出大量的战前规范，但加入了对于水泥中水分含量以及提供的腐蚀环境下钢筋保护层最小厚度的指导。该规范提倡（但并未要求）每三年到五年进行一次检查以发现裂纹与腐蚀钢筋，这在当时是公认的问题。随后，分别在1959年和1965年发布了《预应力混凝土行业规范》（CP 115）和《预浇注混凝土行业规范》（CP 116）。对于以上规范的更新时至今日仍在进行：1972发布了《CP 110》，1985年发布了《BS 8110》，并在20世纪90年代中期发布了欧洲设计规范《EC 2》。尽管每个规范都意欲在先前规范的基础上实现改善，但并非所有新的行业规范都被认为是对先前行业规范的改善，尤其对于繁忙的执业工程师而言，他们常常发现，使用先前的规范极少会出现失败或坍塌。其他国家使用不同建筑材料同样出现了类似事件。

行业规范的一个关键作用在于辅助监管部门评估结构方案的安全性。在执行该功能时，他们

不得不过于谨慎，结果导致他们通常与该领域的工程师意见相左，正如下列两个事例所表明的。

552 1904 年，位于伦敦皮卡迪利的丽兹酒店（Ritz Hotel）成为伦敦第一个全部采用钢框架结构的建筑。然而，受雇于一名美国承包商的瑞典工程师斯文·拜兰德（Sven Bylander，1876—1943）被阻止使用一种已在美国广泛适用的钢框架，原因是其违反了《伦敦建筑规则》的要求。规则要求建筑物具备外部砌体墙，能够承载每层至地基的载荷；内部立柱仅用于承载地楞横梁。拜兰德妥协并简化了设计以使其满足规则的要求，建造了期望的钢框架，并一直延伸到距离外墙仅一米左右的位置。短梁跨过剩余的距离并一直延伸到实际的外部砌体墙，这使得需承载的地面载荷变得很小。当拜兰德开始设计他的下一个位于伦敦牛津大街的赛尔弗雷奇（Selfridges）百货公司建筑项
553 目时，规则已经变更为允许在外墙上设置立柱，设计师随即在建筑立面上设置了立柱。

1935—1936 年，在伦敦的皮卡迪利，建筑设计师与监管部门之间出现了另外一个矛盾。一
554 个全新的辛普森服装商店正在设计中，项目由建筑师约瑟夫·恩伯顿（Joseph Emberton，1889—1956）与工程师费利克斯·萨穆埃利负责。他们期望在与路面垂直方向的立面上完全没有立柱。萨穆埃利提议仅在第一层设置整体宽度为 24.4 米的钢铁空腹框架，能够承载所有上部楼层立柱至
555 地面层店铺正面任意一边立柱的载荷。然而，这一设计并不满足监管部门规则中关于楼层载荷应通过最直接的途径传递至地基上的最近立柱的要求——载荷无法向下传递至某些楼层并倾斜通过转换梁传递至地基上的立柱。萨穆埃利与建筑师期望同伦敦郡议会就该项目进行争论，最后一刻，还是以失败告终。每层均需要安装全宽度转换梁，
556 尽管这会产生极大而毫无必要的成本与重量。

空腹梁采用焊接制造，以便在梁的竖直和水平部分的连接处获得必要的强度。这是在英格兰建筑项目中首次实质性使用焊接技术。该项技术是萨穆埃利通过早先在德国与俄罗斯项目的基础上开发的，而焊接技术早在 20 世纪 20 年代初期的造船业中就获得了发展。为了满足监管部门的要求，工程师不得不现场切割焊接框架以形成两个较大的独立横梁，分别用于建筑物一层与二层。即便在该项操作之后，单个横梁的尺寸仍然较大，其更符合桥梁工程的规模而非建筑结构。这个故事传递给我们的信息在于，萨穆埃利的斗争（亦如在他之前的拜兰德）的确促使监管部门重新考虑相关规定，而这些规定随后变更为：只要能够证明立柱和横梁的安全性，则允许任何形式的立柱和横梁。

由于对建筑结构设计规范进行了清晰的说明，之后不可避免地成立了委员会对规范内容进行审查，确保这些规范结合了产业内最新的需求和发展。这些委员会通常由三个利害关系团体组成：材料制造商、执业工程师与工程研发团队。通常，当此类委员会会面并商讨对于规范的变更时，感到最重要的是囊括最新的工程研究成果。另一方面，执业工程师通常偏好更简单、更快捷以及更安全的（最重要的）设计方法，即便从严格意义上来讲这些设计方法精确度较低。甚至到了 20 世纪 20 年代，结构框架的设计仍包含一系列的独立立柱与横梁。人们普遍认为，这既不现实也过度悲观，导致实际使用钢材的数量超过需要使用的数量。然而，除此以外别无它法。依赖横梁与立柱之间连接刚性的框架结构无法仅通过静力学予以确定，因为该结构是静不定的（statically indeterminate）。原则上来说，法国工程师艾米利·克拉派隆（Emile Clapeyron，1799—1864）已在 19 世纪 50 年代解决了此类问题。他发明了“三力矩定理”（theorem of three moments），使得工程师能够计算未知的挠矩。然而，该定理要求求解未知项个数的联立方程，这对于整个建筑物来说是不现实的。

RITZ HOTEL
WARING WHITE BUILDING Co
NEW RITZ HOTEL
Contractors
7011

552

553

BANK

554

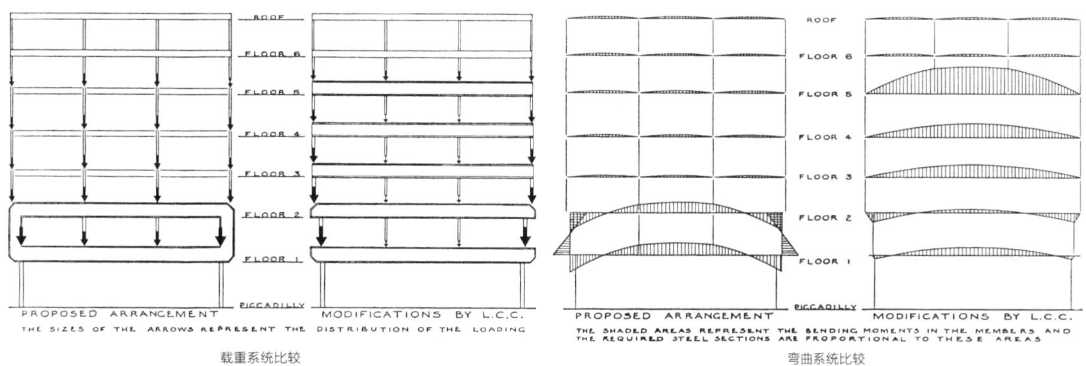

载重系统比较　　弯曲系统比较

555

20 世纪前 10 年，德国工程师阿克塞尔·本迪克森（Axel Bendixen）针对框架中每个结构部件端部旋转，重新表述了克拉派隆的方法。本迪克森的“挠度法”（slope-deflection method）广泛用于简单的结构，但该方法仍要求求解未知挠矩的等式，且对于多层建筑个体结构部件尺寸的计算将涉及数百个此类等式。在人工计算的时代，对于数学能力有限的工程师而言，这种方法是不现实或完全不可能的。在 20 世纪 30 年代初，两位工程师发现了不同的方法解决该问题，他们是美国的哈代·克罗斯，和英格兰的约翰·弗利特伍德·贝克（John Fleetwood Baker），即后来的约翰·贝克。

正如索斯韦尔所做的，哈代·克罗斯设计了一个迭代法求解几乎无限数量的等式。该方法既巧妙又简洁，是对为了分析刚接框架建筑物挠矩而不得不采取的计算流程的简化。对大多数工程师而言，它就像一缕曙光。哈代·克罗斯的“力矩分配法”（moment distribution method）使得具备普通计算能力的工程师仅通过计算尺便可设计 557 刚接框架。该方法主要考虑部件的挠矩，使得工程师更多地遵循框架实际运行方式，而非本迪克森方法，后者考虑个体部件端部旋转的角度。力矩分配方法要求，首先，设想所有连接是固定的并进行相关的简单计算以寻找每个部件端部的力矩。在工程师看来，每个连接将会被“释放”，而其他部件之间分配的任何不平衡力矩在连接点汇聚，与部件的刚性成正比。重复该过程四到五次便会产生能够快速收敛于平衡解的累次近似。克罗斯方法同样能够轻松计算风载荷产生的应力与挠矩；而对于重力载荷产生的应力与挠矩的计算，该方法会给高层建筑设计师带来巨大的益处。

使用克罗斯力矩分配方法的一个重要影响在于，它要求工程师针对正在设计的框架绘制挠矩

552. 伦敦皮卡迪利的丽兹酒店，1904—1906 年。工程师：斯文·拜兰德。图为在建中场景。

553. 伦敦牛津大街的赛尔弗雷奇百货公司，1906—1909 年。工程师：斯文·拜兰德。

554. 伦敦皮卡迪利的辛普森服装商店，1936 年。工程师：费利克斯·萨穆埃利；建筑师：约瑟夫·恩伯顿。

555. 辛普森服装商店。由费利克斯·萨穆埃利设计的钢框架结构（左图）；根据《伦敦建筑规则》进行的改造（右图）。

556

非对称弯曲

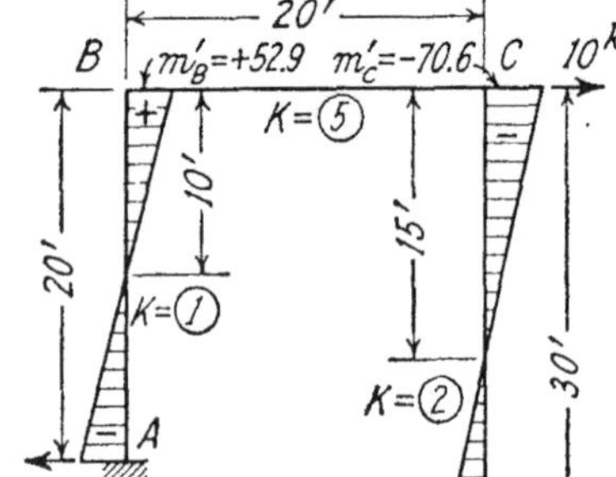

针对侧倾予以修正的连续梁

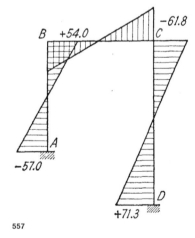

假设梁刚硬且立柱剪力与 K/L² 的数值成正比；即，达到 1/4 和 2/9

$\frac{K}{L^2}$; that is, to $\frac{1}{4}$ and $\frac{2}{9}$ $\qquad \frac{1}{4}+\frac{2}{9}=\frac{17}{36}$

$H_1=\frac{9}{17}\times 10.0=5.29 \qquad m'_B=5.29\times 10=+52.9$

$H_2 \qquad =4.71 \qquad m'_C=4.71\times 15=-70.6$

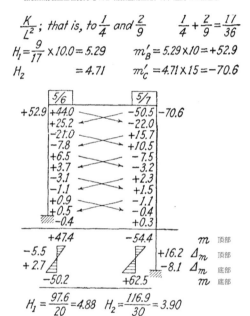

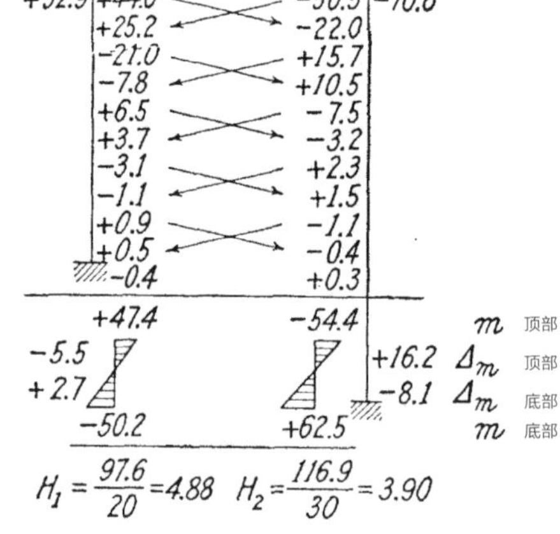

$H_1=\frac{97.6}{20}=4.88 \quad H_2=\frac{116.9}{30}=3.90$

B +54.0 C −61.8

A −57.0

D +71.3

既然此类力矩对应 8.78 的总剪力，10.0 剪力的力矩为以下数值的 10/8.78

$M_A=-57.0^{k'}$

$M_B=+54.0$

$M_C=-61.8$

$M_D=+71.3$

557

556. 伦敦皮卡迪利的辛普森服装商店，1936 年。工程师：费利克斯·萨穆埃利；建筑师：约瑟夫·恩伯顿。在建中，配备巨大的焊接钢铁梁，并根据《伦敦建筑规则》进行改造。

557. 关于力矩分配法的描述，哈代·克罗斯，1930 年。

图。这不仅会帮助他们设想结构如何承载载荷，还会使他们关注结构部件上诸多无挠矩的位置，其位于或靠近每个立柱和横梁的中心。这意味着，可以构思另外一个数学模型，将框架设想为由许多连接在铰接点的交叉型构件构成，而非一系列横梁与立柱。该框架模型的计算非常简单，已成为考虑如何分析此类框架结构的标准方式。最重要的，通过绘制挠矩图，迫使工程师思考结构实际运行的方式。根据挠矩图，绘制剪力图与横梁和立柱变形形状的草图仅一步之遥。

力矩分配法很快获得世界各地设计工程师的认可，原因在于该方法的简便性。它能够提供足够精确的答案，甚至对于大量复杂的结构而言同样如此。它还受到大学讲师的青睐。同时，它产生了数值结果，能够帮助学生理解结构的运行方式。在这方面，力矩分配法与彻底变革 19 世纪后半叶结构设计的图解静力学方法平分秋色。如今，那些努力开发学生对于结构行为的深厚感情的教师仍然教授着这两种方法。

钢的塑性行为

在哈代·克罗斯的方法为结构工程师分析和设计钢结构提供便利的同时，一些关于将钢材作为理想弹性材料是否正确的质疑开始显现。此外，人们开始意识到，将钢框架建筑作为一系列独立立柱与横梁进行设计的做法是不切实际且悲观的。20 世纪 20 年代，通常的做法是设计钢铁部件，使应力永远不会超过所谓的“弹性极限”（elastic limit），同时具备一定的安全边际。然而，对于实际结构中钢材的使用，有许多熟知的事实与钢材的理想化应用产生矛盾。众所周知，建筑结构中使用的轧制钢材零件已经克制了制造与组装过程产生的显著内部应力，这些“残留应力”（residual stresses）可以几乎达到钢材的弹性极限。同样，钢结构的某些部分（如连接处铆钉孔周围区域）能够并已经产生了永久形变或塑性形变，但未引起严重的关注。许多钢结构设计师同样意识到，其在设计计算过程中做出的一些基本假设过于保守或完全不切实际。例如，在达到所谓的“坍塌点”之后，钢材仍具有相当的强度。此种强度通常定义为其极限强度或抗曲强度（弹性的极限）确定的安全比例。还包括支撑建筑物的立柱在不同地基间的不均匀沉降问题。在所有建筑物中，此类沉降活动不可避免，然而在设计钢结构时却忽略了此类沉降活动。如果考虑了此类沉降活动，计算表明许多立柱与横梁将“坍塌”，就此而言，弹性应力的数值将超过设计规范中规定的最大值。

此种关于钢结构实际行为的观察产生了两个结论：钢结构通常过度设计，而通过更高效使用钢材则可以实现大幅节省；更根本的是，钢材弹性设计方法的全部基础是不合理的，需要重新进行评估。1929 年，英国钢结构协会设立了钢结构研究委员会，由约翰·贝克担任主席，负责审查当前情况和推荐新的设计流程。

钢结构研究委员会的工作最初旨在调查作为钢铁框架设计基础的常规假设偏离简单框架实际情况的程度。通过使用不同的应力分析技术对测试模型和全尺寸结构进行彻底编程，包括新开发的振动弦与电阻应变计，证明偏离通常较为客观。委员会第二阶段工作旨在开发新的设计流程。尽管新的流程仍然仅考虑钢材的弹性行为，但这些流程将基于更合理的假设，并以改善结构中预测与实际受力、应力之间的一致性作为目标。

在 20 世纪 30 年代中期，通过对新设计流程进行的一系列试验，委员们普遍认为自己的确实现了预期目标。然而，尽管要求设计工程师使用更为复杂的工程科学与数学，新的流程仍未能产生显著安全或显著便宜的钢结构，也未能强调具有安全性的钢材塑性行为或对于弹性设计方法的疑虑。他们随后开发了新流程的简化版本，但这些流程同样遭到同行的反驳。

贝克与他的研发工程师越来越关注其结果。尽管他们做出了最大的努力，但仍未能解开对关于弹性设计方法正确性的严重疑虑。的确，他们似乎无法实现进一步的发展或改善以重拾工程师的信心，而这是所有结构设计方法的基础。危机由此产生。

只有实现仅通过完全不同的方式处理现有弹性设计流程问题，才能使突破成为可能。解决问题的关键在于重新认识什么是失败。“失败就是达到某个应力极限（弹性极限）”的想法被“极限应为结构坍塌”的观点所取代。只要结构中有足够的部分保持在屈服点以下，则能够接受某种程度的塑性形变，从而防止结构整体变成一种“机制”（mechanism）并被定义为“缺乏足够支撑或刚性接头来避免坍塌的结构”。目标的实现迫使对结构设计流程进行全面的再检查。首要关注点不再是结构中每一部分承载应力的等级，而主要在于局部最大挠矩的位置和相对幅度，因为其按照比例增加了所有施加载荷，直至形成了足够的塑性铰链，使结构转变为可能崩溃的机制。通过确保施加载荷低于极限载荷[其差距被称为“载荷系数”（load factor）]，可以实现作业载荷下的结构安全性。

新方法需要全新的理论概念，诸如“塑性铰链”（plastic hinge）、“全塑性力矩”（full plastic moment）、“形状系数”（shape factor）与“增量失稳”（incremental collapse）以及对以往概念的全新定义，如“失败”（failure）与“坍塌”（collapse）。当新的塑性设计流程被越来越多的人所知，诸多设计师并非欣然接受这些流程。实际上，在此项设计革命之后的半个世纪，这些流程仍未被普遍接受。

就在第二次世界大战爆发前不久，贝克通过他的塑性设计方法设计了第一个结构——供平民使用的轻质避弹防空洞。该防空洞按照当时的内政大臣赫伯特·莫里森（Herbert Morrison）的名字 559
命名为“莫里森防空洞”（Morrison Shelter）。在发生塑性形变并超过其弹性极限时，它能够充分利用钢材的性能吸收大量能量。轻质钢框架的设计旨在通过塑性形变吸收掉落砌体的冲击能，而不出现整体坍塌。人们建造了数以万计的此类防空洞，避免了大量的死亡与重伤。如今，人们遵循同样的原则，在高速公路旁设置了延绵数千英里的防撞护栏。该原则同样构成了许多具有抗震设计的建筑物施工的基础。在此类建筑物中，钢铁部件中的塑性铰链能够起到吸收地震能的作用。

许多实验大楼得以兴建，包括剑桥大学工程系的实验大楼。20世纪50年代，约翰·贝克曾担任剑桥大学工程系的教授。然而，首次在建筑领域使用塑性设计方法是在位于英格兰诺福克（Norfolk）的洪斯坦顿学院（Hunstanton 558
School）的一项钢结构项目（1949—1954年）。对于特定等级的建筑结构，如单层钢铁框架仓库与工业设施，塑性设计流程应用广泛。较之弹性流程，此类流程使用更为便捷，能够节省大量的材料。这也是贝克的最初目标。然而，其对大型钢铁框架建筑物的设计影响较小，而钢铁横梁与立柱的尺寸并非受制于防坍塌需求，而是限制弹性挠曲的需求；过大的弹性挠曲将导致建筑物内部窗户与抹灰饰面出现破裂。尽管如此，关于钢铁与钢筋混凝土建筑物与桥梁的最新设计规范允许使用塑性设计流程。

558. 英格兰诺福克洪斯坦顿学院，1949—1954年。工程师：阿鲁普工程顾问公司的罗恩·詹金斯（Ron Jenkins）；建筑师：艾莉森（Alison）与彼得·史密森（Perter Smithson）。

559. 约翰·贝克开发的莫里森防空洞，1937—1938年。

558

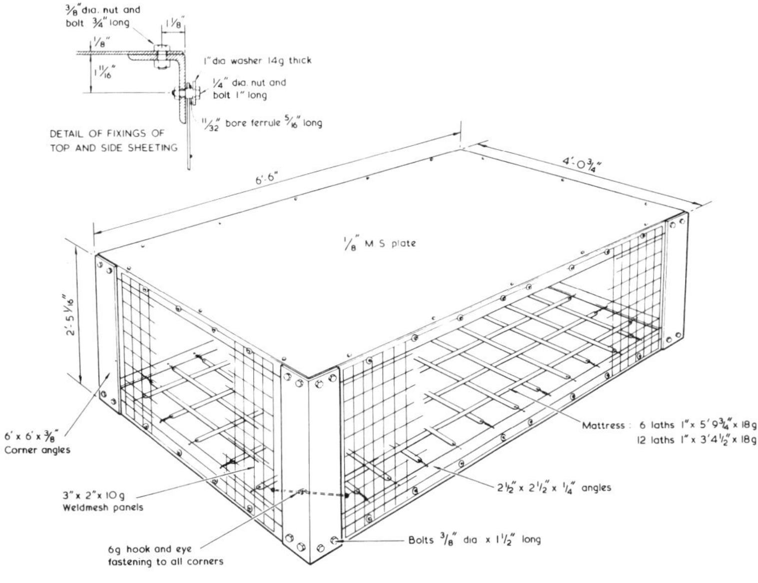

3/8" dia. nut and bolt 3/4" long
1 1/8"
1/8"
1 11/16"
1" dia washer 14g thick
1/4" dia. nut and bolt 1" long
11/32" bore ferrule 5/16" long
DETAIL OF FIXINGS OF TOP AND SIDE SHEETING
6'-6"
4'-0 3/4"
1/8" M.S. plate
2'-5 1/16"
6' x 6' x 3/8" Corner angles
3" x 2" x 10 g Weldmesh panels
6g hook and eye fastening to all corners
Mattress: 6 laths 1" x 5'9 3/4" x 18g
12 laths 1" x 3'4 1/2" x 18g
2 1/2" x 2 1/2" x 1/4" angles
Bolts 3/8" dia x 1 1/2" long

莫里森防空洞最终设计

559

实验工程科学

19世纪末实验物理学的发展不仅对建筑工程产生了直接影响（如，格里菲斯与泰勒的工作），还对作为解决实际工程学问题手段的实验研究带来了发展。实验研究的想法当然由来已久，但直到19世纪末至20世纪初，组建研发科学家团队来系统处理问题的益处才获得验证。许多以往侧重于理论研究的大学在开展一些实验研究项目后开始重新关注实验工作。一些政府机构［如1880年建立的瑞士联邦材料测试站（Federal Materials Testing Station），1902年建立的英国国家物理实验室（National Physical Laboratory）］纷纷建立，专门负责材料科学研究工作，并提供权威材料数据。

20世纪20年代初期，在诸多建筑工程领域中，实验方法对于研究的益处变得明晰。越来越多的研究设施与机构得以建立，并在范围不断扩展的科学与工程领域中开展研究工作；这对建筑设计与施工带来了冲击。上述许多机构设立在大学中；有些则是独立运营，如1887年在柏林建立的赫尔曼-瑞彻尔采暖通风技术研究院（Hermann-Rietschel-Institute for Heating and Ventilation Technology，参见第7章）。19世纪90年代末，欧洲大陆许多国家与美国开始设立测试站，研究施工材料的耐火性能。1920年，英国建立了国家建筑研究站，研究所有与施工相关的课题。1924年，东京大学设立了地震研究院。未隶属于大学或研究组织的个人同样可以通过实验与精确测量得到能够对建筑工程领域产生影响的成果。

各研究院的一个特别益处在于，它们能够帮助连通与建筑行业相关的其他领域的研究工作，如地质学、材料科学、机械与电力工程。20世纪初，相对较新的空气动力学是研究成果最为丰富的领域之一，它对建筑物设计产生了重要的影响。

当然，在高层建筑物设计方面，风力尤其引人关注。第一个风洞由英国航空学会的成员弗兰克·H. 韦纳姆（Frank H. Wenham，1824—1908）建造于1871年，用于测量机翼上的升力。古斯塔夫·埃菲尔在1912年建造了一个风洞；路德维希·普朗特（1875—1953）于1916年在德国哥廷根大学设计并建造了第一个闭路式风洞，它是所有现代风洞的原型。普朗特发现空气接触表面时是静止的，空气通过他称为“边界层”（boundary layer）的薄层后，速度提升至环境风速。他发现，边界层的厚度对表面粗糙度极其敏感。这对于建筑工程师而言尤为重要，因为所有建筑物均位于边界层，而这些建筑物本身促成了地球粗糙的表面。

1927年，普朗特的一名同事奥托·弗拉切巴
特（Otto Flachsbart，1898—1957）首次在建筑 560
物上进行风洞实验，目的是研究边界层厚度对于
建筑物承载风压的影响。他测量了不同类型建筑
物墙面和屋面的空气压力（包括小型公寓楼），
比较了独立建筑与建筑群。他还使用了实验设备，
用水模拟了气流。他通过在水表面撒少量的铝粉 561
使水的流动可以通过肉眼辨识，并对测试过程进
行记录。对于大型的飞机机库，机库的一面敞开
使风进入，这些测试揭示了大型涡旋的产生，其
在建筑物的背风面产生了预料之外的正压力 。

20世纪30年代初，研究人员在帝国大厦进 562
行了早期使用风洞测量高层建筑物风压的研究项目，测量了模型建筑物周边不同地点和不同高度的气压。这使得设计师能够估算整个建筑物和单个窗户所承载的风力载荷。例如，在高层建筑物的背风面，气压显著低于建筑物内部的气压，因而倾向于通过吸力吸开窗户。此次仅对静载荷进行研究。1940年，在研究长达一英里的华盛顿州塔科马海峡吊桥（Tacoma Narrows Bridge）令人震惊的崩塌事故时，涡旋在结构表面产生周期性载荷的作用才首次获得验证。风洞测试揭示了桥面一侧首先形成的涡旋随后转移到结构背风面的

过程。紧接着，桥面的另一侧形成了另外一个涡旋，等等。涡旋对桥面施加了交变载荷，使其产生摆动运动。20 世纪 50 年代末，当工程师开始设计很细的尖塔时，涡旋在高层建筑物表面产生周期性载荷的作用变得十分重要。

实验应力分析

建筑物的所有承重构件设计流程的基础在于材料中的应力应低于某个规定等级。设计工程师因此需要知道结构构件材料内部应力的大小。在整个 19 世纪，该方法被各种类型承重结构（包括桥梁、火车、船舶、高压锅炉、机床等）的设计师广泛采用。不幸的是，无法直接测量内部应力。然而，可以测量施加在某个结构上的载荷以及造成结构坍塌的特殊载荷。还可以测量结构中不同部件的挠度，或其中一个部件的长度变化，以及某个结构部件的表面张力或压力的大小。有必要依据工程科学知识建立结构和材料的数学模型，从而建立可测量的外部变量与内部应力之间的关系。追随 19 世纪末实验物理学的脚步，工程科学家开始逐渐欣赏严格系统的方法对其研究课题带来的益处。到了 20 世纪初期，对于承重材料微观行为的研究呈现一片欣欣向荣的景象，随后产生了“实验应力分析”（experimental stress analysis）。在之后的半个世纪，实验应力分析的发展出现了两条截然不同的方向。一条基于应变仪（strain gauge），而另一条则基于光弹性应力分析（photoelastic stress analysis）。

应变仪

对于简单的张力与压力构件而言，内部应力按照横断面分割形成构件的受力进行计算，而构件内部的弯曲应力通过对横断面的载荷、挠度和几何形状的测量进行计算。这促进了对于面积二次矩的计算和通过 18、19 世纪获得发展的弹性弯曲理论对于内部应力的计算。

此类方法的主要局限在于，其侧重于结构的整体行为而非材料本身的行为。科学家早在 19 世纪初期便开始测量承重材料表面的拉力（形变），其主要测量施加载荷后结构表面上两个定位刻度线之间的距离变化。一旦获得材料的刚性（杨氏模量，young's modulus），便可以对表面应力进行计算。然而，该过程极为冗长。它需要使用移测显微镜来获得足够精确的结果，因此对于表面难以达到或承载动载荷的部件而言，毫无作用。

随着 20 世纪 30 年代应变仪的发明，这一切发生了变化。第一个也是应用最为广泛的应变仪叫做电阻应变仪（electrical resistance strain gauge）。电阻应变仪的设计基础在于，当拉伸电导线时，其横断面会减小，而这反过来会增加其电阻。早在 20 世纪 30 年代，美国工程师查尔斯·卡恩斯（Charles Kearns）首次使用了电阻应变仪，用于研究飞机螺旋桨上承载的应力。他将一个传统的碳复合材料电阻平放在地面上，并与粘在螺旋桨上的绝缘片进行连接。他通过与电机上类似的电刷与滑环将固定测量设备接通电源。在 20 世纪 30 年代末，美国的亚瑟·鲁格（Arthur Ruge）与爱德华·西蒙斯（Edward Simmons）一起通过细丝排列获得了同样的效果。1952 年，英国工程师彼得·杰克逊（Peter Jackson）与来自英国怀特岛的飞机制造商桑德斯罗（Saunders-Roe）合作，通过印刷电路生产技术发明了箔式应变仪（foil strain gauges）。较之金属丝应变仪，箔式应变仪体积更小、安装更为简易且更为可靠。箔式应变仪还构成实验应力分析的基础。它可以单独使用，也可以将三个应变仪编成一个 120° 的玫瑰花环，从而形成主应力方向。尽管应变仪是针对飞机制造业开发的设备，它们很快被应用于测量其他行业全尺寸与模型结构和部件的应力。

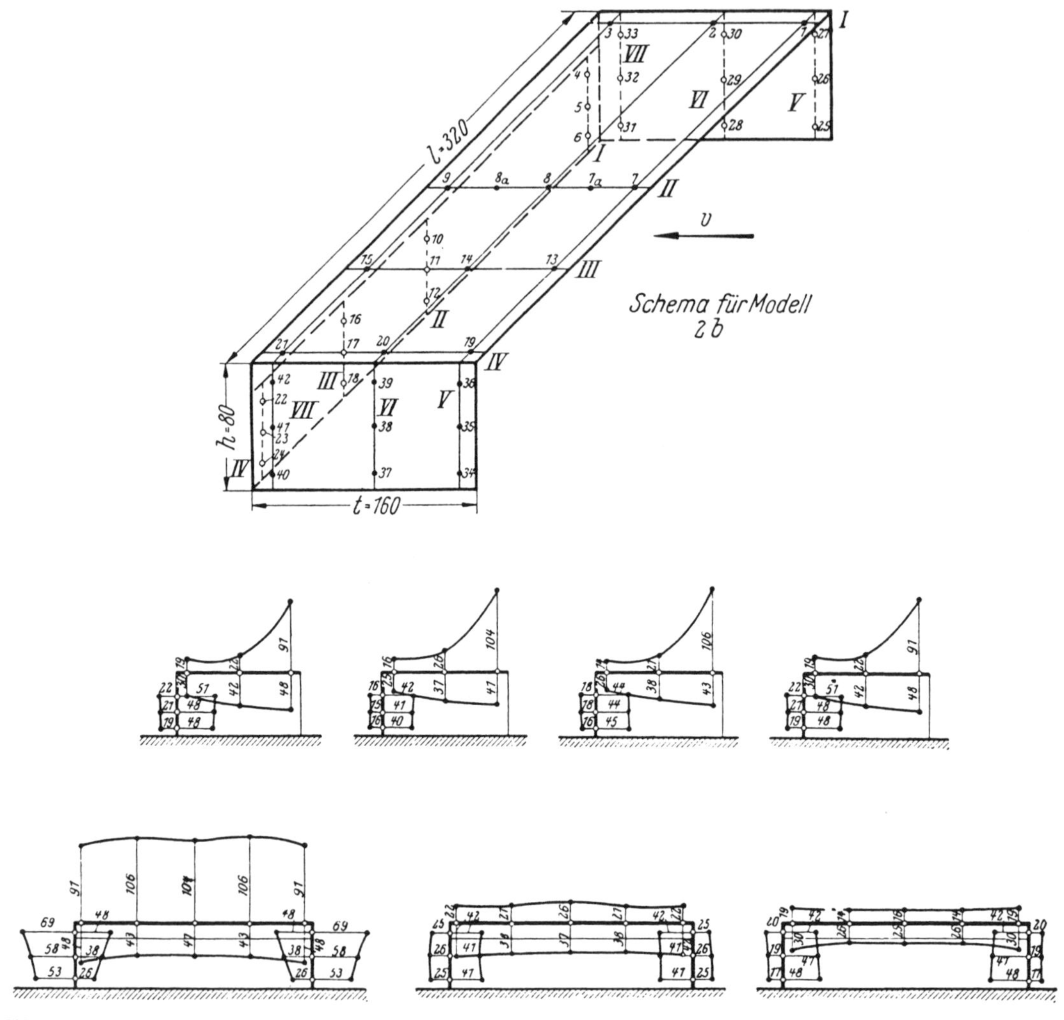

560

560. 图表表明奥托·弗拉切巴特对飞机机库模型进行的风洞实验的结果，1927 年。

561. 奥托·弗拉切巴特风洞实验。记录水流（代表空气）流经飞机机库模型的过程视频中的精选图片。

562. 纽约帝国大厦风洞模型，用于测量建筑物正面的风压， 1931 年。

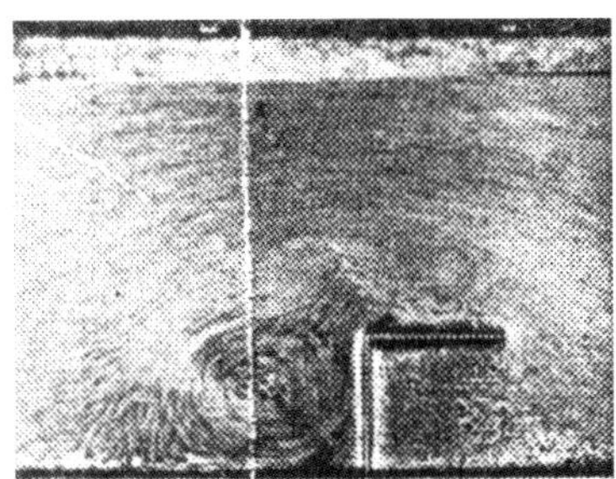

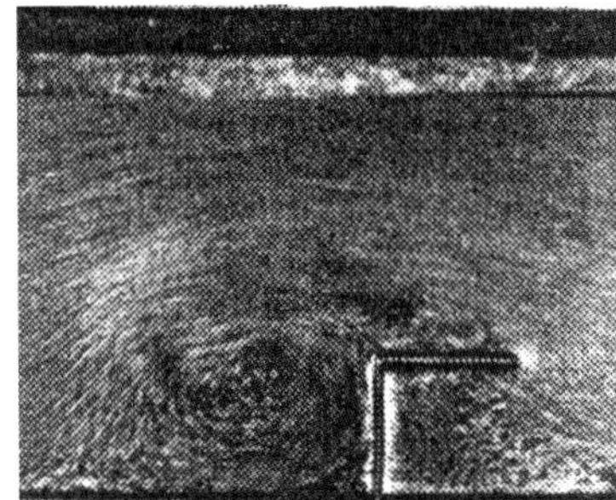

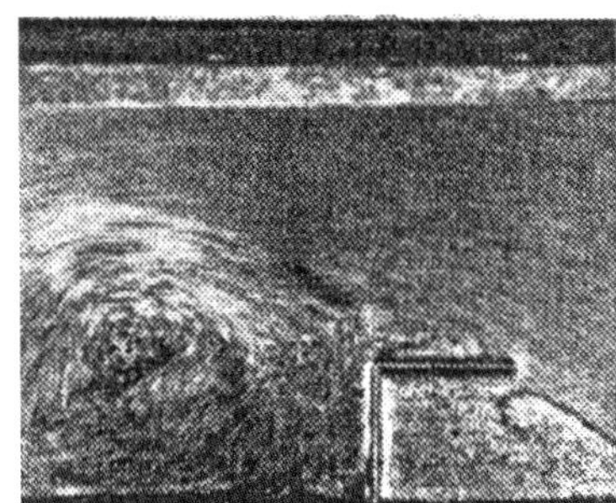

561

562

1936 年德国麦哈克（Maihak）公司开发出另外一项应变仪技术。该项技术基于弦振动的音高与弦的张力之间的关系。使用一条 200 到 400 毫米长的电线，将电线的两端固定，将采用电子方式测量的音高作为其长度；因此，其张力由
564 于两端的相对运动而发生变化。振弦式应变仪（vibrating-wire strain gauges）较之电阻应变仪体积更大，主要用于研究大型建筑构件和对建筑物地基中的岩石运动进行岩土工程勘察，这需要进行长期检测。所有应变仪的两个问题在于长期使用的不稳定性和对于温度变化的敏感性。因此，对于大部分细致的测量，电子温度计非常关键，而且应经常对应变仪进行重新校准以补偿在将应变仪安装在测试部件上的过程中产生的蠕变。

有了这些发明，应变仪成为了所有结构行为研究的关键工具，对结构工程学产生了巨大的影响。应变仪测试了无数的设计流程和数学模型在

预测结构行为方面的精确性与可靠性，并因此获得了改善。如今，应变仪的读数直接输入电脑，可以根据需要实时计算和显示应力等级和趋势。

光弹性与光弹性应力分析

光弹性应力分析最早是针对飞机制造业开发的。由于其相对较高的成本，一直以来主要用于建筑行业中的大型结构工程，如桥梁、水坝，仅偶尔应用于建筑工程领域。然而，它显著影响了人们对于承重材料内部应力与张力的认知，因此值得在这里进行讨论。作为一种使用透明材料制作模型的光学技术，光弹性应力分析使得工程师可以直接观察到承重部件内部的情况。尽管应力自身并不可见，该项技术实现了对任意点两个正交应力差异程度的可视与可测量，通过一个较为简单的过程实现了应力自身的计算。

光弹性应力分析依赖于特定透明材料的性能来影响光线透过材料发生的偏振，其与材料内部的应力成正比。该现象被称为“双折射”（birefringence），首次于1815年由苏格兰物理学家大卫·布鲁斯特（David Brewster，1781—1868）在玻璃中观察到，并由德国科学家弗朗茨·诺伊曼（Franz Neumann，1798—1895）进行全面理论说明。通过该项分析，可以根据观察到的光线偏振平面旋转的角度对内部应力进行计算。实际上，旋转的角度并非依赖于应力的大小，而是“主应力”（principal stresses）数值之间的差异。这实现了对内部应力确切方向的计算。[3]

20世纪前10年，伦敦大学学院使用玻璃测试模型对光弹性应力分析技术进行了早期开发。尽管玻璃可以轻易获得，但其双折射性能不强；同时，很难将玻璃切割成需要的形状，且玻璃容易破碎。20世纪40年代，随着透明环氧树脂的发展，光弹性应力分析变得更加简单。20世纪60年代，该项技术在飞机制造领域达到顶峰，例如，位于英格兰的劳斯莱斯对航空发动机部件的二维及三维模型进行了分析，旨在寻找减少应力聚集的方法。应力聚集通常在出现潜在灾难性疲劳裂纹的点产生应力聚集。

通过将模型放置在烤箱中并在承重的情况下
对其进行冷却，即将应力冻结在材料中，甚至可
以形成动态应力。随后，从模型上切下薄片进行
分析。接着在偏光器中对模型进行观察，以揭示
彩色干涉条纹形式的入射偏振光线不同角度的旋 565
转。对于定量工作，使用单色光（通常为钠）产
生清晰条纹并对内部应力大小进行测量，使精确 567
度达到若干百分点。在定性分析中可以使用同样
的条纹确定内部主应力（张力与压力）的方向，
制作示意图表明流经对象的各种力，通常称为“载 566
荷路径”（load path）。

光弹性模型直观地展示了结构承载外部载荷的内部作用。光弹性应力分析可以带来巨大益处。例如，通过说明钢筋在横梁中的最佳位置来增强对于钢筋混凝土的认识，因为它们应遵循横梁内部拉应力线的分布。

使用比例模型进行实验分析

光弹性应力分析是在实验室通过测试模型对实际存在的全尺寸结构行为进行模拟的复杂事例。模型结构的建立与测试同建筑本身一样历史久远。最早的模型用于形成结构的稳定性，如拱门（作为一个独立结构运行），或者单个横梁或者不同结构构件装配在一起从而构成一座桥梁或屋架能够承载的载荷。该项技术仅在结构工程领域真正发挥作用，然而，一个结构比例模型的测试结果可以用于精确预测具有相似几何特征的规模更大的结构行为。

通过观察罗马拱门和中世纪大教堂我们知道，砌体结构的稳定性与其尺寸无关。如果竖立一个模型拱门、飞扶壁或穹顶，那么一个类似的、

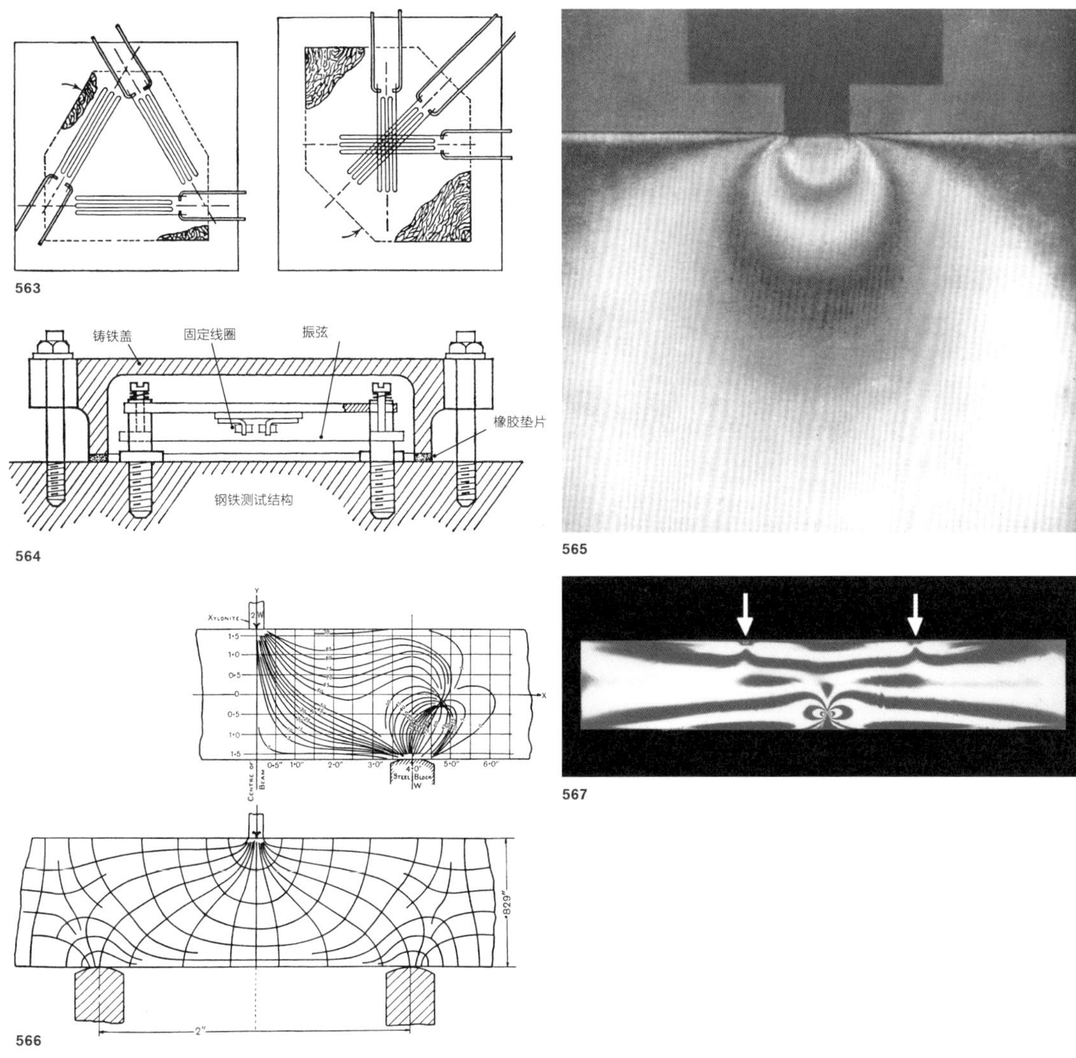

563. 测量测试零件表面三个方向拉力的电阻应变仪的玫瑰花环示意图。

564. 声波或振动金属丝应变仪，通常 100—150 毫米长。

565. 光弹性模型图片。模型表明了表面载荷产生应力的分布情况。

566. 弯曲载荷模型主应力线的形成。首先，设置应力方向等倾线（顶部）；接着，设置主应力线。表现出张力的应力线（横梁底部）表明了钢筋混凝土横梁中钢筋的理想位置。

567. 光弹性模型表明了弯曲载荷模型和裂纹根部的应力聚集。

所有尺寸同比例增加的结构同样会竖立。砌体结构的稳定性仅依赖于其几何形状（部件的平面、立面和大小），与砌体的强度、刚性或密度无关。砌体建筑物的设计师因此能够按照正（线性，linear）比例对模型建筑物的结果进行扩展，并设计出一个令人满意的全尺寸建筑物。该过程不能用于承载弯曲载荷或可能由于压弯而破坏的结构部件，因为这些现象不会按照比例呈现线性变化。事实上，使用比例模型设计砌体结构不需要工程科学，这也解释了为什么建筑历史上砌体结构的开发如此之早而复杂度如此之高。比例模型无法用于辅助设计弯曲结构，直到 18 世纪中期开发了必要的工程科学，此类结构模型测试的结果才按照比例进行扩展。

简单张力结构的形状同样不受大小的影响；例如，悬挂配重链的形式仅依赖于配重的相对重量，而非它们的绝对重量。17 世纪 70 年代，罗伯特·胡克了解到这一真相。胡克同样知道，通过悬挂（张力，tensile）模型获得的结果可以用于建立压力结构的形式，如拱门。正如我们在第 4 章讨论的，该技术在 1742 年被工程师用于分析罗马圣彼得大教堂内穹顶的稳定性。到了 19 世纪 40 年代，工程师建立吊桥模型并对其进行了测试，确立了当载荷转移到模型上时模型的偏移情况。19 世纪 90 年代，安东尼奥·高迪通过三维悬挂模型将确立的几何形式按照比例进行扩展，在其建筑中设计了多种形式的砌筑拱顶（参见第 7 章）。如果忽略结构的自重，三角形的、静力确定的、枢接桁架部件的轴向力同样与其大小无关。自 19 世纪 50 年代以来，人们经常对此类桁架桥的模型进行测试，将每个部件的受力与使用数学模型计算的数值进行比较。

然而，对于承载弯曲载荷或在可能因压弯而破坏的位置点受到压力的结构构件而言，现实情况差别巨大。横梁的强度和刚性依赖于材料的属性；自重与尺寸增幅的立方成正比；如果忽略自重，结构的刚性与尺寸的立方成正比，而强度与尺寸的平方成正比。了解到这点，尺寸成为了科学家的目标，因为他们首先会在伽利略和胡克研究的基础上开始观察结构行为。然而，只有伊顿·霍奇金森与威廉姆·费尔贝恩的工作，使人们完全理解了弯曲结构的比例效应。他们在大约 1830 年发现了铸铁横梁最有效的形状，并在 19 世纪 40 年代中期，发现了跨越北威尔士康威河与梅奈海峡的铁路桥管型铸铁梁最高效的横断面。然而，对横梁施加弯曲载荷远比弯曲一个或两个纬度的薄壁钢筋混凝土壳体简单。此类壳体的结构行为分析需要考虑壳体平面整体的弯曲载荷、张力、压力，以及支撑点所需局部强化的作用与未支撑边缘的硬化。尝试使用真正的含有砂砾、骨料及数百根具有不同尺寸、形状和约束度钢筋的混凝土建立比例模型，这一任务同样很棘手，需要考虑太多的变量。设计师要通过 1 到 2 米长的模型预测跨度达 50 米或更大的混凝土壳体的行为，这对于早期设计壳体而言几乎不可能。但是，到 20 世纪 50 年代，这一看上去不可能的目标的确实现了，尽管实现过程并非一蹴而就。

这一意义重大的突破源自对于一个观点的应用，而这一观点则针对另外一个完全不同的工程学问题，即寻找船体最高效的形状。这是 19 世纪 60 年代船舶设计师面临的问题。当时，蒸汽发动机最初用于为船舶提供动力。为了确定新船所需发动机的功率，在建造船舶之前，有必要了解船舶在水中航行时产生的阻力。起初，人们假定阻力仅源自船体与水之间的摩擦力。然而，人们发现基于该假设进行的计算具有严重的错误。最初人们认为，通过测试船体模型，可以确定实际船舶的阻力。然而，正如一份官方报道的总结，英国海军部开展的此类测试的结果是“令人为难的、耗资巨大的错误”。[4]

19 世纪 50 年代，当时最大的汽船“大东方号”（Great Eastern，1859 年首航）的设计师同样面临着类似的尺寸问题。当时该船被认为是有史以来世界上最大的汽船。船身长 200 多米，宽 26 米，几乎是第二大汽船长度的两倍，并有着第二大汽船五倍的排水量。1853 年前后，在布鲁内尔的大西部铁路公司负责修建伦敦至英格兰西部线路的工程师威廉·弗鲁德同布鲁内尔和约翰·斯科特·拉塞尔（John Scott Russell）组建了设计团队，共同设计“大东方号”。弗鲁德由于在牛津大学学习过数学与物理学而负责新船的两个重要问题，即船舶如何在公海摇荡以及船舶穿越大西洋需要多少电力与燃料。他对于船舶摇荡的分析如此成功，以至于该船在 20 世纪后半叶依然在服役。他对于船体在航行过程中阻力的研究工作很快使他得到结论，即摩擦力并非唯一的原因；他意识到船舶在航行中激起的波浪表面同样会阻碍船的前行。这一理解使他相信，与普遍的意见恰恰相反，船体模型真的可以用于预测全尺寸船舶航行中的阻力。1867 年，弗鲁德测试了两个不同船体形状、三个不同尺寸的模型（分别长 3 英尺、6 英尺和 12 英尺）。他发现，按照与模型长度平方成正比的速度拖行时，这些模型产生了类似的波浪形状。他得出结论，如果模型与原型的比例 $v/\sqrt{gD}$ 数值相等，则模型的波浪阻力与全尺寸船舶的波浪阻力成正比。这一比例被称为“弗鲁德数”（Froude number），它是无量纲参数，这意味着，它与模型的尺寸无关。[⑤]

弗鲁德的模型测试是在位于南德文的达特河开阔的水面进行的，这里并非精确测量的理想环境。尽管如此，1871 年，他们的成功促使英国海军部给予弗鲁德 2000 英镑，命令他在家乡托基（Torquay）附近建造世界上第一个拖曳水槽。他的模型测试影响了英国驱逐舰“鬣狗号”（HMS Greyhound）的设计。一年后的试航表明，弗鲁德的设计方法完全成功。

弗鲁德的工作为工程师最强大工具之一的出现奠定了基础。只要设计师能够找到适当的无量纲参数，则有可能通过比例模型模拟全尺寸原型的行为。弗鲁德的方法对 20 世纪初期风洞的发展以及其他许多涉及流体流动的工程学问题都有着巨大的影响。

20 世纪上半叶，试验工程科学的总体发展以及具体比例模型的使用几乎改变了建筑工程设计的各个方面。除了预测结构的静态和动态行为，比例模型测试对于许多领域的发展起着重要的作用，如声学设计方法、正常温度与火灾高温环境中建筑物内的空气与烟雾流动、地基与土壤的互相影响、地震工程学、风力对于建筑物的影响等。

实际上，在任何建筑工程学新的分支学科的发展初期，全尺寸与比例模型测试依然是唯一的方法。可以据此对数学模型进行测试，而这些数学模型预测的精确度早在工程设计使用前便已确定。

混凝土壳体的发展

在建筑工程领域，无量纲参数在模型测试方面的第一次广泛应用是在 20 世纪 20、30 年代对于薄壁、弧形混凝土壳体的开发。这些结构比其他任何结构都更能够利用钢筋混凝土有别于其他所有建筑材料的三个基本属性，即钢筋混凝土可以用于制作薄壁承重板且不受约束或理论上不受限制；钢筋混凝土可以塑造成任意三维形状；通过钢筋的合理放置，钢筋混凝土可以针对个别用途达到必要的强度和刚性。工程师一直幻想着仅通过数量最少的必要材料创造结构，这对工程师有着独特的吸引力。实际上，钢筋混凝土结构的设计师设计了材料自身的属性。

既然弧形混凝土壳体是构建建筑屋面的理想材料，这些设计必定启发了工程师不断寻找方法使屋面的跨度最大，同时保证厚度最小。实际上，尽可能提高材料使用的效率与达奇·汤普森确认的动植物世界结构形态演化实现的目标相同。原则上来说，钢筋混凝土薄壁壳体可以仿效鸡蛋壳、花瓣、贝壳或螃蟹的外骨骼。这需要对于结构的行为和材料的属性具有全新的认知。凭借这种认知，卡尔·太沙基对土壤进行了分析，格里菲斯对材料断裂进行了研究。这些研究要求开发新的结构和材料数学模型，而这反过来又要求实验研究达到数学模型的精确度与有效性。

然而，1920 年，人们远未搞清楚实现最大效率的途径。鲜有混凝土承包商具备必要的理论工程科学知识；进行理论研究的大学与其他研究机构无法测试混凝土结构，且建造并测试一个全尺寸屋面结构的成本过高而使其变得不现实。尽管如此，一些公司与个人凭借经验开发更有效的设计和计算方法而不断取得进步。承包公司迪克尔霍夫与威德曼公司并非唯一从事混凝土壳体建造的公司。但自从 20 世纪前 10 年以来，它逐渐开发了其在设计与建造现存规模最大、最复杂壳体屋面方面的技能，并在必要时通过肋拱为薄壁壳体提供足够的刚性。通过测定所建造壳体的行为，该公司开发了更精确、更可靠的设计方法，

使屋面的建造方式越来越大胆。例如，德国萨尔布吕肯联合剧院的屋面于 1923 年完工，跨度达 26.15 米 ×23.5 米，矢高仅 2.8 米，从而使矢跨比达到了前所未有的 8.4:1。穹顶的结构工程师德累斯顿工业大学（Technical University at Dresden）教授乔治·鲁斯（Georg Ruth，1880—1945）评论道，既然当时无法对该结构进行精确计算，为了计算不对称与高应力壳体的弯曲力矩，需要一系列迭代计算来适应壳体的向外形变和张力圈阻力。[6]在跨距的中心压力最大的地方，在壳体的顶部增加了十个细肋拱以避免压弯。

20 世纪 20 年代初，薄壁混凝土壳体的发展为个人与公司针对德国耶拿的天文馆建造项目开展的协作带来了益处。其中一家公司是迪克尔霍夫与威德曼公司，另一家公司是蔡司公司，后者研制了科学的光学设备并沿袭以科研为产品开发基础的重要传统。蔡司公司首席设计工程师沃尔特·鲍尔斯费尔德是一名机械工程师，他为蔡司公司开发了诸多使其名声大振的光学投影装置。1919 年，鲍尔斯费尔德遇到了一个现实的问题。他想要设计一处新型天文馆，在天文馆中，一排投影仪将繁星与星球投影到一个完美的半球形穹顶的内表面，可以移动投影仪来模拟地球的自传。五年来，鲍尔斯费尔德与他的团队一直就建立投影系统与制作半球形屏幕这两个问题开展研究。他的首个任务是寻找一个与半球形状类似的平面多边形，为每个投影仪制作屏幕。由于穹顶在一处建筑物的屋面上建造，因此需要非常轻。他开始抛开建筑行业的传统与先入为主的见解，构思可行的结构，从发明者与研发工程师的角度，按照基本原理不断接近目标。

构思一个规则三角形网络从而得到一个半球并不简单。幸好，鲍尔斯费尔德认识了耶拿大学植物学教授恩斯特·海克尔。恩斯特·海克尔在 1887 年发表了引人注目的多种微生物插图。其中包括放射虫，结构是由六边形和五边形构成的一个近乎完美的球体（参见第 7 章）。鲍尔斯费尔德发现，他能够通过一个二十面体构建该结构的普遍形式；该二十面体的顶点被切下，形成了面积几乎相等的十二个五边形和二十个六边形。这一形式不仅为制作屏幕奠定了基础，而且定义了建造能够支撑这些屏幕的框架所需的钢筋排列。每个五边形和六边形被分成三角形以提供必要的刚性。本质上来说，这类似于约翰·施韦德勒在 19 世纪 60 年代以及奥古斯特·福贝耳在 19 世纪 90 年代开发的三角形穹顶。鲍尔斯费尔德在工程研究期间知晓了两位的研究。直径 16 米的穹顶的原型骨骼包含 3480 根钢条，每根钢条大约 600 毫米长，且每根钢条的制造精度低于 1 毫米的百分之一。这一精确度等级是光学仪器的特性，而非传统的屋面结构。最终解决方案从本质上来说是一个网格球顶，它的简洁明了看不出鲍尔斯费尔德面对挑战采取的极为严格的态度。为

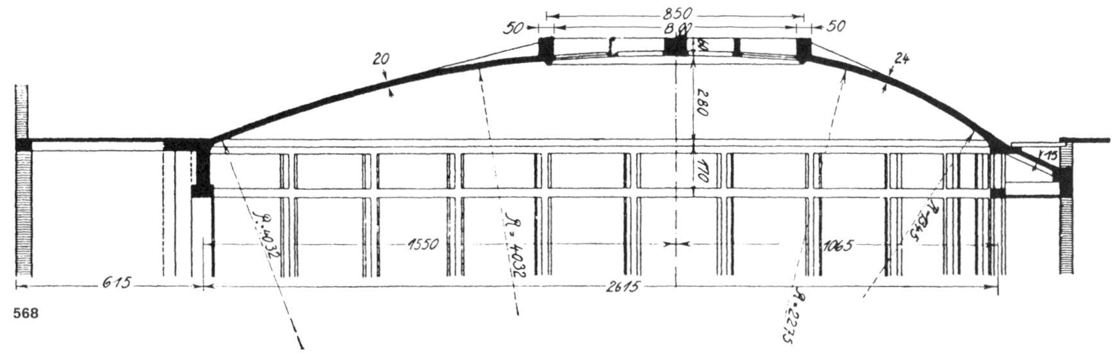

569、570 了构建投射星状图的表面，鲍尔斯费尔德首先考虑到使用石膏，但后来证明此种方案防水不佳。一直到建造完结构的骨架，他才开始就如何充分利用混凝土较之石膏所具有的更好的防水性能征求意见。他联系到参与蔡司公司工厂多个建设项目的工程师弗朗茨·狄辛格。他提出的解决方案是采用最新开发的托克里特（Torkret）工艺（以开发公司的名字命名），将混凝土喷射在金属丝网上，金属丝网的下部通过轻质可移动木质模板进行支撑。混凝土厚度的选择考虑与鸡蛋壳相同的
571 跨度－厚度比例，大约 1:130。这一结合框架与混凝筑面的方法在 1923 年申请了专利，并根据狄辛格所在的迪克尔霍夫与威德曼公司的名字命名为蔡司–迪维达（Zeiss-Dywidag）系统。1924 年，鲍尔斯费尔德与狄辛格采用蔡司–迪维达系统，为耶拿另一个公司的厂房设计并建造了壳体屋面；该壳体屋面跨度达到 40 米，而厚度仅为 60 毫米。他们在主结构上的第三次合作是蔡司公
司的另一处天文馆，跨度为 25 米。 572

自从与蔡司公司第一次合作开始，狄辛格就已经意识到这一全新结构形态在建筑行业的发展潜力；然而，他同时发现，实际中应用该圆形平面的机会有限。他的第一个想法是建在椭圆底座上，并建造一个带有两个穹隆的屋面。壳体受力的计算会极为复杂，且无法使用蔡司公司网格框架的常规几何形状。这使他意识到柱形壳体的益处，这种壳体仅在一个方向弯曲，而在另一个方向上采用长距离弯曲横梁的形式。模板制作和计算都会变得更加简单，而壳体则适应长方形建筑方案。1924 年，鲍尔斯费尔德与狄辛格首次为蔡司公司位于耶拿的厂房建造了圆柱筒形拱顶；在一年前加入迪克尔霍夫与威德曼公司的年轻工程师乌尔里希·芬斯特沃尔德的协助下，他们对该壳体进行了分析。在接下来的十年中，狄辛格与芬斯特沃尔德（休伯特·鲁西随后于 1926 年加入）继续开发所有主要形式壳体的设计方法，即在圆

568. 德国萨尔布吕肯联合剧院，1922—1923 年。工程师：迪克尔霍夫与威德曼公司。立视图。

形、长方形与多边形平面基础上建造拥有一个和两个穹隆的壳体。

狄辛格开发的过程从本质而言是研发科学的过程，没有任何一个早期壳体的建造能够参考。首先，在考虑壳体平面仅有受力的同时进行了理论分析（膜理论，membrane theory），并融入了简单的弯曲理论。随后分析以确保压力不会压弯薄壁壳体。然而，这并不是系统的综合模型，下一步是测试壳体模型。不仅需要结构的缩尺模型，还需要建造材料和载荷的缩尺模型。随着比例系数的不同，载荷、弯曲力矩和刚性等不同的参数各不相同；一些呈现线性变化趋势，其他则与尺寸的平方或立方成正比。为了处理这一复杂情况，狄辛格与芬斯特沃尔德得益于弗鲁德采用的无量纲比例，从而确保比例系数能够恰当展示研究中的全比例系统结构行为，如整体应力分布或壳体压弯。通过仔细测量壳体模型表面各点的位移以及在其边缘的位移，设计师建立了壳体中的受力和弯曲程度，其贯穿整个跨度范围。通过此方式，他们对采用不同数学模型计算的应力和偏移的数值进行了调和；既而对预测数值作了轻微改动，而结果构成了对混凝土厚度以及钢筋规格和安排进行详细描述的基础。最后，制作了一
573 些壳体的原型部分，以确保通过数学模型和小型比例模型对结构行为的预测得到全面的验证。在此过程后，可以将壳体的厚度减少至绝对极小值。壳体的厚度（或者说薄度）达到了令人震惊的程度。跨度几十米的壳体屋面可以仅几十毫米厚。所使用材料的经济性亦不同寻常。例如，罗马圣彼得大教堂的穹顶重达 10000 吨，布雷斯劳百年厅的肋拱屋面重达 6340 吨；而莱比锡市集大厅（market hall at leipzig）屋面面积较之上述两者更大，钢筋混凝土壳体却仅 100 毫米厚、2160 吨重。

574 1925 年，狄辛格与芬斯特沃尔德为杜塞尔多夫的健康、社会福利与体育锻炼（"Gesolei"-the "Gesundheit, Sozialefursorge und Leibesubungen"）展览中心设计了他们第一个圆柱形壳体主屋面。一年后，他们为一家电力机械制造商设计了一个圆形壳体屋面。壳体由呈八边形排列的多个立柱支撑，是一个球体的一部分；壳体厚度达 40 毫米，跨度 26 米，矢高仅 3.3 米。在接下来的三年中，他们在位于法兰克福、莱比锡、布达佩斯和巴塞尔的几处壮观的市集大厅等公共建筑物中首次使用蔡司-迪维达壳体。莱比锡市集的两处八边形穹顶直径达 65 575、577
米，底部是 100 毫米厚的壳体，其地面净跨度达到大约 80 米。为了提高自己对于理解全尺寸结构运行方式和针对结构行为开展数学分析的信心，狄辛格同样建造了穹顶的 1:60 比例模型，并测量了在不同载荷下的形变。对多边形壳体拱顶的理论研究以及在莱比锡和巴塞尔市集设计和建造蔡司-迪维达屋面的经验，为狄辛格的博士论文奠定了基础，他随后在 1929 年被授予博士学位。在此之后，他开发了长方形底座上双弯曲壳体的计算方法。使用此结构形式的一个早期原型是 1931 年在威斯巴登（Wiesbaden）一处工厂建造的中等大小的屋面。该屋面是在一处 7.3 米 ×7.3 米正方形平面上建造的，壳体拱顶的厚度仅为 15 毫米。1930 年，芬斯特沃尔德因其在采用蔡司-迪维达系统建造圆柱形壳体方面的理论研究工作而被授予博士学位；他的理论研究工作可以通过布达佩斯市集大厅项目予以例示。20 世纪 30 年代期间，迪克尔霍夫与威德曼公司负责的壳体屋面建造项目遍布世界各地，还将蔡司-迪维达系统使用权转卖至其他国家的公司。休伯特·鲁西在 1931 年至 1934 年期间负责公司位于布宜诺斯艾利斯的总部的运营工作。在被要求与芝加哥的罗伯特与谢弗公司（Roberts and Schaefer）合作建立美国分公司之前，奥地利工程师安东·泰德思科（Anton Tedesko）同德国的迪克尔霍夫与威德曼公司已合作了两年。美国首次采用迪维达壳体是在位于纽约的海登天文馆

569

570

571

569. 德国耶拿蔡司公司玻璃工厂在建穹顶，1923 年。工程师：沃尔特·鲍尔斯费尔德与弗朗茨·狄辛格。

570. 蔡司公司穹顶项目完工。

571. 德国耶拿在建的网格结构，采用蔡司–迪维达系统，1924 年。工程师：沃尔特·鲍尔斯费尔德与弗朗茨·狄辛格。托克里特（压力喷浆）被喷射在可移动的模板上。

（Hayden Planetarium，该项目于1935年完工）和1933年芝加哥世界博览会展览中心。最壮观的项目可能要数1936年在宾夕法尼亚州赫希 576（Hershey）的好时巧克力公司溜冰场建造项目了，其占地面积达73米×104米。

迪克尔霍夫与威德曼公司几乎开拓了壳体屋面应用的所有领域，在市集建筑物、展览大厅、飞机机库、公共汽车站、火车站、站台、体育馆以及（最为广泛的）厂房屋面下，为建筑设计师提供前所未有的无立柱空间。最大的厂房屋面是位于德国沃尔夫斯堡（Wolfsburg）的费迪南德保时捷汽车工厂（Ferdinand Porsche's Volkswagen），占地面积16.6万平方米。

除了他们在壳体方面的工作，狄辛格、芬斯特沃尔德与休伯特·鲁西同样开拓了20世纪30年代末至40年代预应力混凝土桥梁施工。1953年，乌尔里希·芬斯特沃尔德为德国卡尔斯鲁厄的黑森林厅（Schwarzwaldhalle）设计了最早的预应力混凝土屋面，并设计了具有4500个座位的音乐厅以及一个能够容纳1500名演员的舞台，还包括一个跨度73.5米×48.6米的马鞍形悬挂式 578、579 屋面。

狄辛格、芬斯特沃尔德与鲁西对于钢筋混凝土结构设计艺术的贡献再怎么说都不为过。这些工程师通过对壳体越来越复杂的理论分析以及对比例模型和全尺寸原型实际结构行为的细致观察，开创了对于材料及其性能的非同寻常的理解。对他们所开发的混凝土壳体设计方法进行描述的一系列富有开创性的出版物遍布世界各地，而他们的工作同样被应用钢筋混凝土而非壳体屋面的设计师所接受。狄辛格与鲁西分别于1933年和1948年在柏林工业大学和慕尼黑工业大学担任混凝土施工领域的教授；通过在此期间的教育与研究工作，他们的影响得以继续。

20世纪20年代末，钢筋混凝土不再仅仅是具有防火性能的钢框架替代品。它使得一整套全新结构形式的建造成为可能；这些结构形式具有不可忽视的视觉与建筑学影响。尽管如此，建筑师很少采用和开发混凝土壳体。造成这一现象的原因很复杂，但一个主要因素很可能在于，设计混凝土壳体需要具备相当的技术水平。其他的原因可能是混凝土壳体的尺寸较大，而它们对于建筑物高度的影响较小。还有一个原因可能是混凝土壳体是不透明的；19世纪的建筑师会欣然接受透明的铁质与玻璃屋面；而到了20世纪80年代、90年代，人们更多地使用半透明可伸展的薄膜结构。然而，建筑师的损失带来了工程师的获益。混凝土壳体既包括最为简单的形式，也包括与加强肋和其他结构构件共同使用的形式，不论采用现浇还是在预浇注单元的基础上建造。它开创了结构工程历史中自中世纪晚期（大教堂时代）以来最富创造力的时代。

20世纪30年代至60年代，凭借对于钢筋混凝土和砌砖的精通以及创立的非凡的建筑形式，十几位结构工程师开始被工程领域以外的人们所熟知：皮尔·路易吉·奈尔维、爱德华多·托罗哈、费利克斯·坎德拉、埃拉迪欧·迪斯特（1917—2000）、里卡多·莫兰迪（Riccardo Morandi，1902—1989）、安东·泰德思科（1903—1994）、尤金·弗莱西奈、奥斯卡·菲伯尔（Oscar Faber，1886—1956）、欧文·威廉姆斯、奥韦·阿鲁普、伯纳德·拉法耶、尼古拉斯·埃斯奎兰、雷内·萨格尔（René Sarger，1917—1988）和海因茨·伊斯勒（1926—2009）。尽管这些工程师都与建筑师开展了合作，他们也会独立工作，创造了自己独有的建筑语言；这一现象是在建筑工程历史上其他任何阶段未曾有过的。他们在狄辛格与芬斯特沃尔德工作的基础上，通过参照这些工程师编著的技术文献与教科书开展项目建造；最

572. 德国耶拿采用蔡司–迪维达系统建造的穹顶，1924年。工程师：沃尔特·鲍尔斯费尔德与弗朗茨·狄辛格。

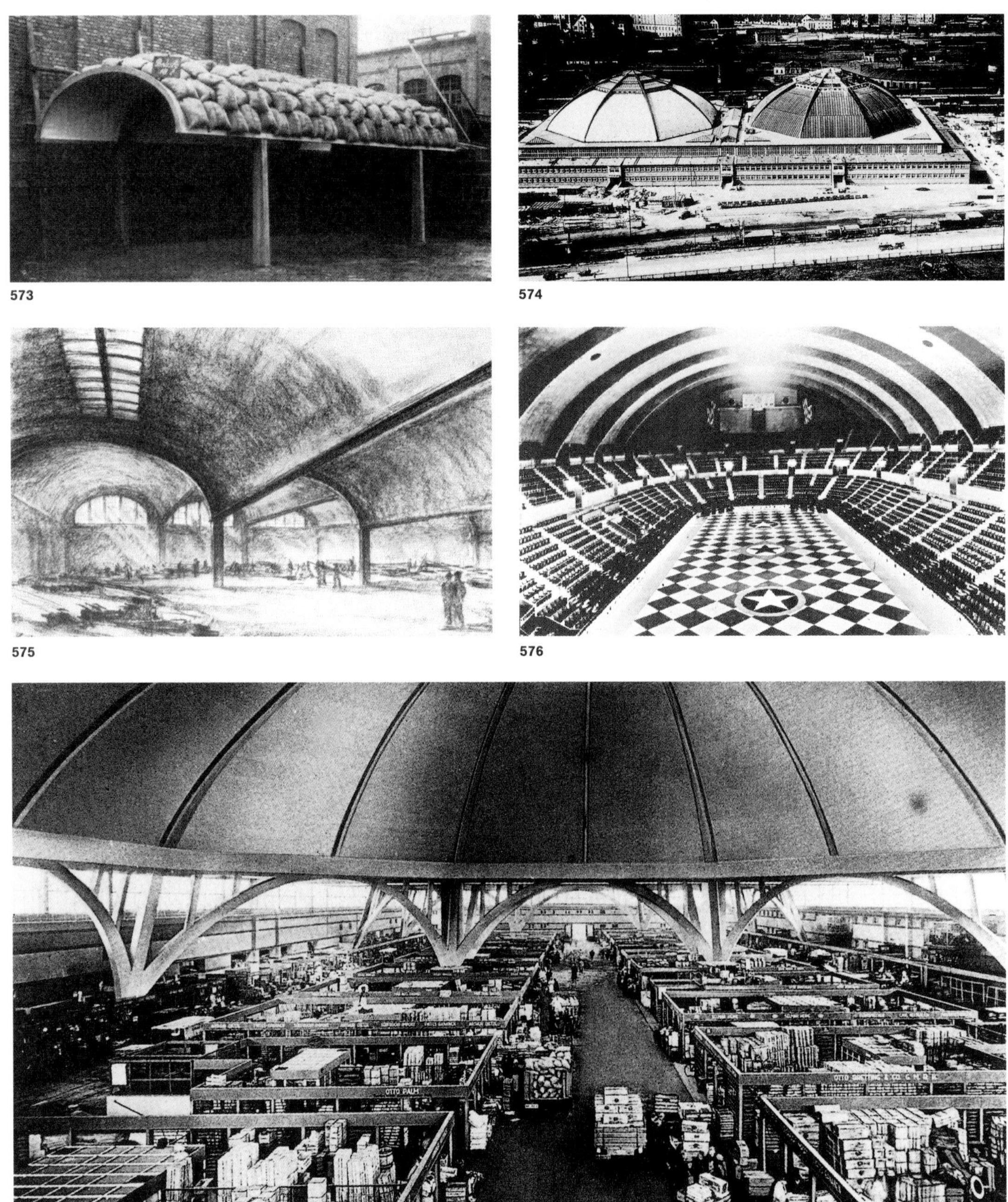

573. 在健康、社会福利与体育锻炼展览中心建立之前对原型筒形拱顶进行的载荷测试，杜塞尔多夫，1925 年。工程师：弗朗茨·狄辛格。

574. 健康、社会福利与体育锻炼展览中心，杜塞尔多夫，1925 年。

575. 德国莱比锡市集大厅，1928—1929 年。内部透视图。工程师：弗朗茨·狄辛格与休伯特·鲁西；建筑师：休伯特·里特（Hubert Ritter）。

578

579

576. 宾夕法尼亚州赫希的好时溜冰场，1936 年。工程师：安东·泰德思科。

577. 莱比锡市集大厅，内部。

578. 德国卡尔斯鲁厄的黑森林厅，1953 年。工程师：乌尔里希·芬斯特沃尔德。

579. 黑森林厅。

重要的，他们采纳并拓展了狄辛格开发的实验方法。通过模型测试与原型测试，以及作为设计过程一部分的越来越复杂的实验应力分析技术，富有创造力的结构工程师能够满怀信心地跳出过往的经验范畴开展设计工作。

西班牙工程师爱德华多·托罗哈在20世纪30
年代中期开始使用混凝土壳体。他创造了一些同
582 类中最具创新风格的结构。例如，对于马德里赛
马场的顶棚（1935年），他使用了混凝土壳体，
就像一张轻微卷曲并折叠的纸。顶棚的悬臂高出
观众席13米，仅50毫米厚。为了便于确定抗拉
钢筋的最佳摆放位置，托罗哈研究了薄纸板做成
的简单模型行为，扩展了他对于结构行为的一般
583 认识，使他能够草拟出内部应力的大致模式。这
584 为他进一步计算钢筋的厚度和间距做好了铺垫。
为了验证托罗哈对于这一前所未有的结构形式的
认识以及设计计算的可靠性，承包商建造了一个
585 原型单元并对其进行了测试。该测试同样作为对
顶棚施工用可再利用模板的试验。当出现钢材供
应短缺时，承包商在测试完成后将原型壳体拆开，
再次利用钢筋作为最终屋面的一个部分。

586 托罗哈设计的最大胆的结构或许就是马德里
回力球场的屋面（1935年）。他提出一个具有两
片钢板，宽32米、长55米的圆柱形壳体的方案；
混凝土壳体各个位置的厚度均为80毫米，但在
两片钢板的交汇处，厚度达到150毫米。就像赛
马场的屋面，托罗哈首先需要定性结构是如何工
作的。通过固定在木制端壁上的纸板制作的简单
模型，他确定了弯曲形态的整体刚性以及向弯曲
壳体纵向边缘提供稳固支撑的必要性，尤其在两
片钢板的交汇处。由于针对此非对称结构形式的
必要计算非常复杂，应对其数学模型进行较大的
简化。这使得应力和偏移的计算特别不确定，尤
其在包含窗户等的壳体镂空部位。为了增加对创
587 新性设计的信心，托罗哈建造了一个1:25的比例
模型，并对其进行了测试。他对静载荷下的偏移
进行了测量，模拟了风载荷与雪载荷，并将该结
果与计算预测结果进行比较。这些结果足够使托
罗哈相信，凭借自己对于结构行为的认识，可以
直接开始建造工作。当屋面完工时，他测量了实
际形变，并将这些结果同模型测试期间的计算预
测结果进行了比较；他发现，这些结果符合100
毫米以内的预测。这不仅使托罗哈最终确认了此 591
项屋面设计的稳固性，还提升了他以及所有其他
从事类似项目的工程师对于通过模型测试并配合
相对简单数学计算的设计流程的信心。

在西班牙比利牛斯山脉的彭特·德·苏尔特教
堂（Pont de Suert church，1952年），托罗哈构
思了一个创新的方式建造复杂弯曲结构的壳体。
当采用钢筋混凝土制造壳体时，不需要当时作为
标准惯例普遍适用的木质模板。他将传统的加泰
罗尼亚砖拱顶技术（参见第7章）与钢筋结合，
构成了教堂正厅的五对壳体。每个壳体由三层30
毫米厚的空心砖构成；壳体的建造不需要模板，
而是通过确定拱顶的弯曲形状，并在内层使用速
凝灰浆。钢筋铺设在外表面上，使用外层的水泥 589、590
砂浆进行覆盖。由于拱顶在横断面处并非索状（而
砌体拱顶必须为索状），它需能够承载一定的弯
曲。两侧钢板的弯曲轮廓使得薄壁壳体（仅200
毫米厚）能够承载弯曲，如同一个贝壳。 588

正如托罗哈，意大利工程师皮尔·路易吉·奈尔维也是使用比例模型的先驱。他在结构开发过程中多次使用比例模型；这既是为了更好地理解这些结构是如何工作的，也是为了预测全尺寸结构在承载载荷时将会发生的形变。多年来，奈尔维一直同米兰理工大学（Polytechnic Institute of Milan）的阿图罗·达努索教授合作。阿图罗·达努索教授开发了多项技术，用于建造和加载结构比例模型，测量偏移与拉力。奈尔维常要求模型测试能够轻松地辅助理论计算，因为他经常设计出别出心裁的结构形式。其中一个例子是他在1936年为意大利空军设计并建造的飞机机库。

绘图与印刷

从 20 世纪 20 年代以来，通过蓝图工艺对图纸进行复制开始逐渐被重氮复印法取代。重氮复印法兴起于 19 世纪 90 年代，其同样属于照相过程；但不同的是，它能够在半透明纸张或亚麻上生成原文件的正像本，而非负像本。根据浸渍绘图纸所使用化学品的不同，能够产生品红、蓝色、黑色或棕色的线条。与蓝图技术相比，两个最广为人知的品牌“Diazotypes”和“Ozalids”能够更快地产生彩色线条，而不需要配备洗涤槽。与蓝图技术相比的另一个优点在于重氮复印件可以由铅笔绘制的线条构成，这使得绘图人员能够更方便地对图纸进行修正——铅笔可以涂改，而墨水则必须使用工具从图纸上刮掉。重氮复印法同样存在缺点。重氮开发工艺需要使用氨水，而氨水会在纸张上留存一段时间，这会在制图室影印间内产生令人不愉快的气味。同样，复印件对光敏感，这意味着需要将复印件存放在图纸箱中或将其卷起。描图布的使用在 20 世纪 30 年代开始减少，这是因为其高昂的成本；但描图布在 20 世纪 50 年代才停止使用，随后兴起了“Mylar”等聚酯薄膜。

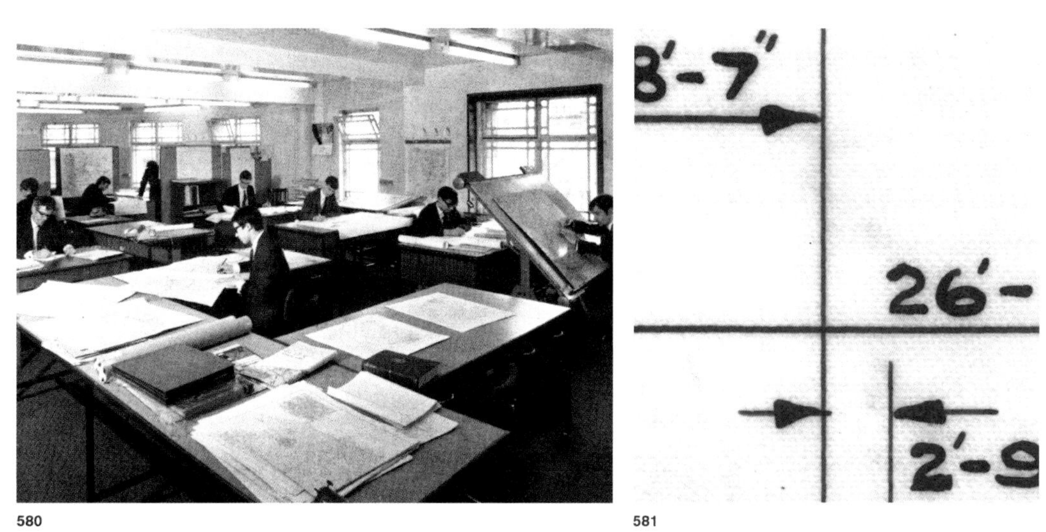

580　581

580. 伦敦 R. 特拉弗斯摩根合伙公司的工程设计室，1968 年。
581. 机织亚麻布工程图纸的局部细节，1930 年。

582

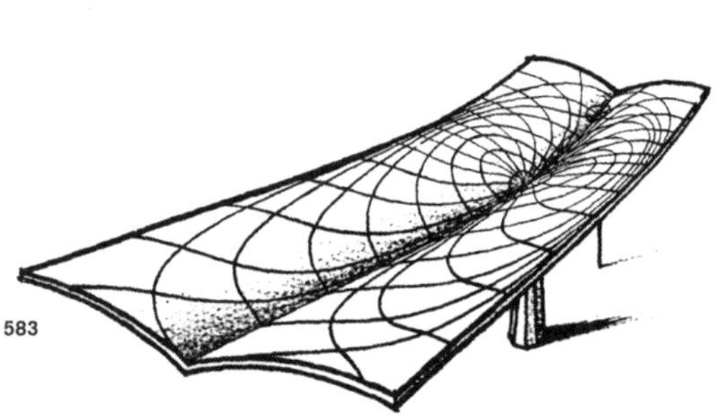
583

584

585

该处设施占地 111.5 米 ×44.8 米，其中一个长边
592 看台需要提供宽 50 米的出入通道。尽管项目具有
明显的复杂性，施工方仍然选择了奈尔维的设计
方案，因为它的成本最低（该项设计的成本可能
最低，因为奈尔维既是一名承包商也是一名设计
师；他独立构思了所有具有一流施工方法的非凡
的结构设计）。模型测试对于此类创新性结构形
式而言至关重要，项目的非对称性与较高的静不
定程度意味着需要大量的简化与估算来建立实际
593 的数学模型。通过模型测试，奈尔维确定了自己
的预期，即许多结构构件结合起来使用的效果要
优于通过高度简化的理论计算能够证明的效果。
这些结果还证明，他在初期设计中选取的尺寸在
很大程度上是令人满意的，仅有一部分叠层屋面
交叉肋的厚度需要增加。在施工期间与施工完成
后对实际结构形变的测量表明，模型测试的结果
足够精确。通过这些结果，奈尔维还对结构的塑
性与黏性形变进行了监测，而此类形变是混凝土
在长时间加载时持续发生形变的倾向造成的。大
约五年后，结构不再出现进一步的形变。在生命
的弥留之际，奈尔维依然在思索他所从事的技术
研究，该处机库项目是他事业中遇到的最复杂的
项目之一。

奈尔维的最伟大创新或许是一种他称为“铁
丝网水泥”（ferro-cemento）的新材料。该种材
料是采用细骨料（砂砾）经直径仅为 1 到 2 毫米
的铁丝网强化制作的水泥。他将该种材料用于制
作薄壁预浇注构件；这些构件能够安装在模板上，
也可以通过现场放置的传统钢筋和混凝土将不同
构件连接起来。这是一位注重实际的建造者的创
新。奈尔维通过该项技术创造了一些最引人注目
594 的、最美丽的结构。其中一个是为 1960 年罗马
奥运会建造的体育馆。跨度 100 米的波纹形穹顶
由 V 形钢丝网水泥单元构成，这些单元大约 1 米
深、4.5 米长，单元壁厚仅为 25 毫米。 596

尤金·弗莱西奈与其他几位法国工程师首先
开始使用薄片混凝土进行实验，如位于奥利的飞
艇机库项目（1921—1923 年）；该项目长约 200 595
米，高 60 米，跨度超过 85 米。波纹状钢筋混凝
土拱门在结构上发挥着褶皱板的作用，厚度仅为
90 毫米。可惜，这些拱门未能躲过 1944 年美军
的炸弹。

法国工程师伯纳德·拉法耶在 20 世纪 20 年
代建造了许多类型的混凝土壳体，随后在大约
1933 年才开始对一种新型客体结构形式——双曲
抛物面的实验研究。这一与鞍形曲面类似的结构
可以通过在空间中移动一条直线的方式形成。它
在建筑历史上是独一无二的，因为它是在工程师
构思和建造之前通过数学与工程学进行辨别的唯
一形式。这一结构的实践优势在于，可以通过笔
直平坦的木板，建造形成混凝土的弯曲形状必需
的模板。 597、598 599、600

双曲抛物面吸引了 20 世纪 40 年代、50 年
代诸多建筑师的注意力。这既是由于双曲抛物面
的形状，还因为双曲抛物面提供了较大的无立柱
空间，而仅需要在周围设置很少的支撑。西班牙
工程师费利克斯·坎德拉被公认为该结构方面的
专家。他建造了数百栋使用钢筋混凝土双曲抛物
面结构屋面的建筑，大部分建筑项目位于他的第
二故乡墨西哥；其中一些是普通的工业建筑，但 601
多数是显示出卓越建筑技巧的教堂，这些建筑一
直有着出众的外观设计。坎德拉的精心之作是位
于墨西哥城附近霍奇米尔科（Xochimilco）的一

582. 马德里赛马场，1935 年。工程师：爱德华多·托罗哈。
583. 马德里赛马场。顶棚主应力示意图。
584. 马德里赛马场。顶棚的原型，其展示了抗拉钢筋。
585. 使用沙袋测试赛马场顶棚原型。

586

586. 马德里回力球场，1935 年。工程师：爱德华多·托罗哈。

587. 回力球场模型，1935 年。

588. 西班牙列伊达彭特·德·苏尔特教堂，1952 年。工程师：爱德华多·托罗哈。教堂正厅其中一处吊窗的石膏模型。

589. 彭特·德·苏尔特教堂。由钢筋强化砌砖建造的教堂正厅。

590. 彭特·德·苏尔特教堂。钢筋砌砖壳体横断面。

591. 回力球场。插图展示了屋面的相对形变，1935 年。

587

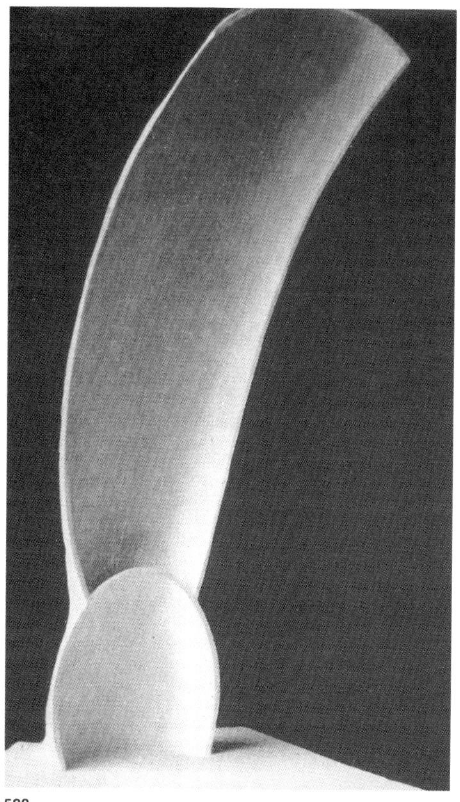
588

589

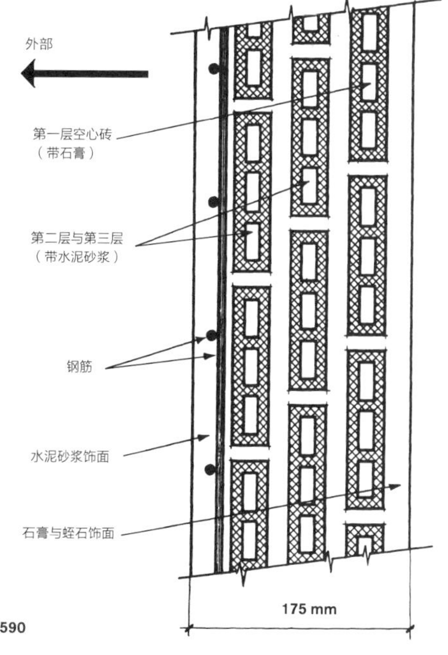

590

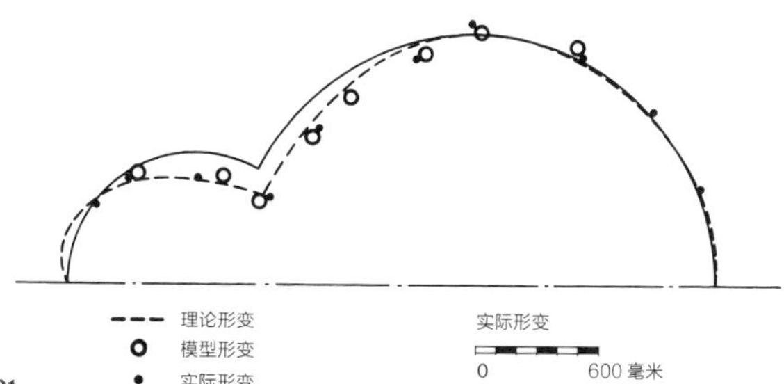

591

592

处酒店（1958 年）。该酒店的建造使用了他独有的钢丝网水泥。屋面跨度 42.5 米，墙厚仅为 42 毫米，只有自由边界处的墙体稍厚。该酒店结
602、603 构上由四个相互交错的双曲抛物面构成。

20 世纪 40 年代、50 年代，乌拉圭工程师埃拉迪欧·迪斯特同样建造了多处壳体结构。这些壳体主要使用配筋砌体而非钢筋混凝土。此种做法的优点在于，外部饰面不再单调，且不需要制作
604 混凝土壳体必要的昂贵的模板。他所建造的最大的混凝土壳体屋面是在 1956 年至 1958 年在巴黎建造的国家工业与技术展览中心（CNIT）展览大厅的双层壳体。壳体三角形平面两角的跨度达到 208 米。这一巨大的跨度之所以能够实现，归功于法国工程师尼古拉斯·埃斯奎兰的巧妙设计。他构思了一个轻质方案，使用两个仅 65 毫米厚的壳体，彼此之间间距大约 3 米。两个壳体之间通过一系列地下连续墙连接，实际上形成了一系列的薄壁管道。管道的顶部与底部表面弯曲，类似于在树干中放置一根稻草或纤维，以此在避免压弯的同时增加墙体承担压力的能力。 605、606

592. 意大利奥维多的飞机机库，1936 年。工程师：皮尔·路易吉·奈尔维。
593. a—c 奥维多的飞机机库。用于测量索撑网壳形变与计算应力的模型。通过配重将重力和风载荷进行结合，使用千分表测量形变。

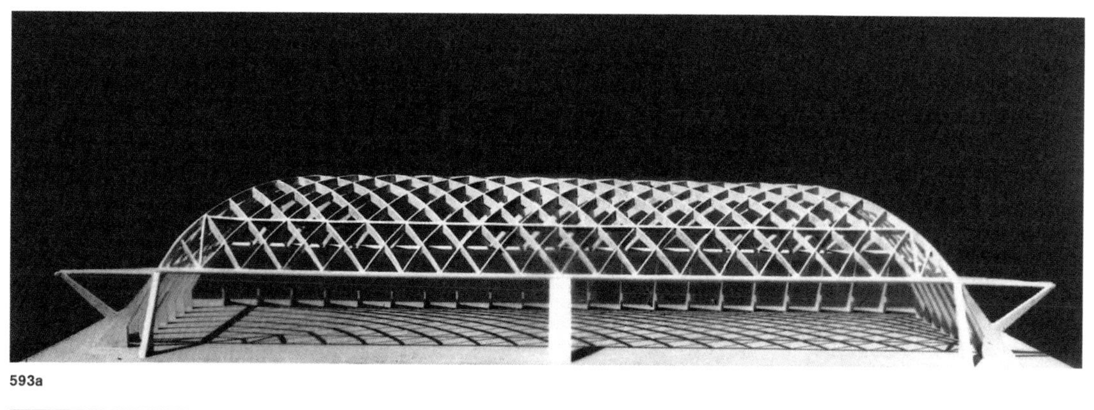
593a

593b

593c

到 20 世纪 50 年代，除了使用大型的、壮观的屋面以外，混凝土壳体被广泛应用于世界各地具有中等跨度的数以万计的建筑物屋面上，如市集、学校礼堂、工厂、体育馆与展览馆、火车站与汽车站、加油站、飞机库与仓库等。作为许多世界一流设计师付出努力的成果，混凝土壳体成为了专业承包商现货供应的主流建筑产品。

建筑的动态行为

关于建筑物可以通过设计和建造抵御严重地震带来的破坏的想法，起源于 20 世纪 20 年代的日本和美国西海岸。关键的问题在于确切理解建筑物需要抵御什么样的力。首次对这一问题进行深入研究是在 19 世纪 80 年代的日本；然而，研究人员并不是日本人，而是三名在东京帝国工程学院工作的英国工程科学家。该团队的领导者是约翰·米尔恩，他后来被称为“地震学之父”（the father of seismology）与“地震米尔恩”（Earthquake Milne）。米尔恩首次到访东京是在 1875 年，担任机械学教师；逐渐地，他开始对地震的成因产生了兴趣。随着 1880 年一次地震的爆发，他邀请了另外两名英国科学家加入他的研究。通过共同努力，他们开发了多种测量与记录地震实际运动的方法。他们在接下来的两年中做出的研究发现与当时的理论截然相反：地震不是影响逐渐减弱的一次单一的大爆炸，也不是常规的周期性运动。相反，地震运动持续时间长，且频率无规律；

594

595

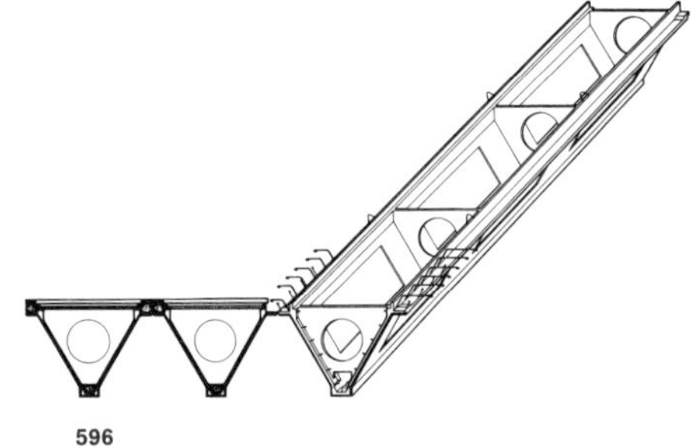
596

594. 罗马体育馆，1960 年。工程师：皮尔·路易吉·奈尔维。
595. 法国奥利的飞艇机库，1921—1923 年。工程师：尤金·弗莱西奈。
596. 罗马体育馆。典型铁丝网水泥预浇注单元示意图。
597. 伯纳德·拉法耶建造的第一个实验性双曲抛物面壳体，1935 年。
598. 米兰埃尔法罗密欧工厂带贮料棚的双曲抛物面壳体屋面，1937 年。工程师：乔治·巴罗尼（Giorgio Baroni）。
599. 弗朗索瓦·奥尔曼德（François Almand）绘制的双曲抛物面壳体的草图，1934 年。
600. 伯纳德·拉法耶建造的第一个实验双曲抛物面壳体示意图，1935 年。
601. 墨西哥蒙特雷圣何塞教堂，1959 年。工程师：费利克斯·坎德拉（Felix Candela）。

597

598

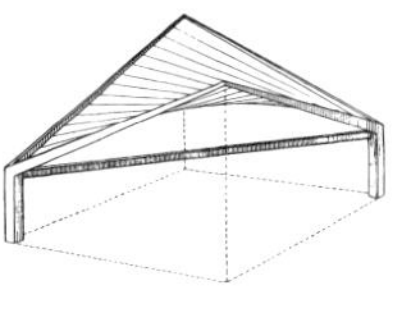

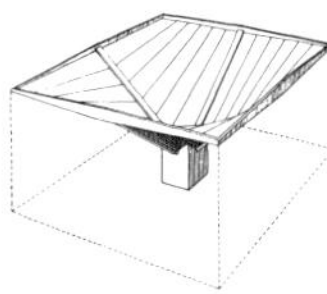

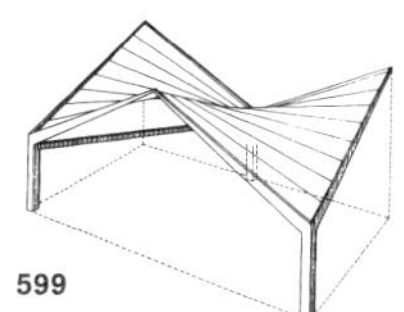

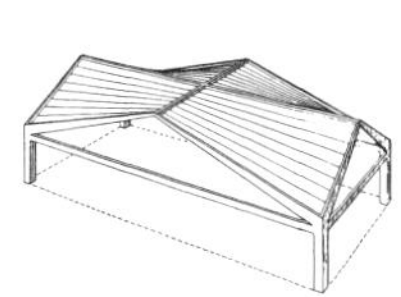
599

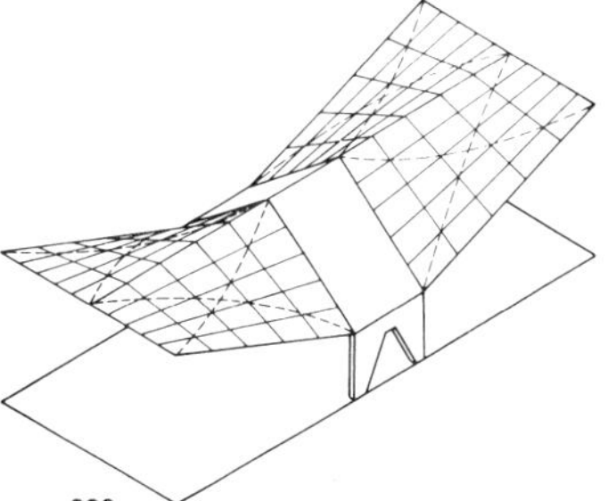
600

601

602

603

地震的发生会产生全方位的影响。在两位同事返回英国之后，米尔恩选择继续留在日本研究大地颤动期间多处两层建筑的运动情况。他发现，木制建筑物运动的幅度比砌砖建筑大，而建筑物二层的运动比一层强烈。他还发现，建造在当地人认为是“软地层”上的建筑物的运动幅度要比建造在“硬地层”上的类似建筑大。

1880 年，米尔恩创立了日本地震研究所，由大森房吉（Fusakichi Omori，1868—1923）担任研究所的所长。19 世纪 90 年代，米尔恩与大森实施了第一个“振动台”（shaking table）实验来模拟地震中模型建筑物的运动。振动台通过弹簧固定并安装轮子使其能够水平移动；他们使用绳子拉拽振动台使其倾斜，然后突然松开绳子以模拟地震运动。大森随后继续研究地震中砖柱的行为。除了大森，很少有日本人对地震感兴趣；到 1892 年，地震研究所便不复存在。米尔恩的实验室在一场大火中付之一炬，他于 1895 年返回英国。他在怀特岛设立了实德地震观测台（Shide Seismological Observatory）。在接下来的近 20 年中，实德地震观测台一直是世界地震研究的中心。

世界范围内对地震学的研究始于 1906 年发生于加利福尼亚州旧金山市的大地震。同年，斯坦福大学物理学教授 F.J. 罗杰斯（F.J.Rogers）制作了他称为“振动机器”（shaking machine）的装置。该装置由通过电机和曲柄驱动，用于研究模拟地震运动对于土壤的影响。1915 年，作为执业工程师和东京大学教授的佐野里奇（Riki Sano，1880—1956）编撰了首部关于地震的教科书《抗震建筑》。在 1925 年圣塔芭芭拉（Santa Barbara）地震发生后，位于东京的地震研究所（兴建于 1924 年）和位于帕萨迪纳（Pasadena）的加州理工学院的研究者们制作了更精密的振动台。对于抗震木制房屋最早的系统性研究始于 1929 年，研究者包括东京大学地震研究所和斯坦福振动实验室主任莱迪克·雅各布森教授。雅各布森意识到与其说是将一栋建筑物假设成一个承载动态载荷的静态结构，不如同时考虑建筑物的动态反应。在 1930 年至 1931 年，他与他的研究生在旧金山奥林匹克俱乐部模型的基础上实施了首次振动台实验。该项实验利用整体模型研究了建筑物振动的不同模式，并强调了提供建筑物每层独立运动的更复杂模型的需要。雅各布森的工作启发了下一代的研究者，其中包括约翰·布卢姆。他在 1932 年至 1933 年，根据位于旧金山的十五层建筑“亚历山大大厦”（Alexander Building），构思并搭建了一个 1:40 的比例模型。该模型是机械工程设计领域的杰作。它使得每层可以朝五个独立方向运动：两个水平方向、一个竖直方向以及围绕水平轴的旋转方向。通过大量的铝制与钢铁板材与管件、钢铁弹簧以及钢铁滚珠轴承，模型的每层均可移动。运动通过放置在每层的指针予以指示。布卢姆与其他研究生进行的分析证明了如何通过建筑物的施工图计算振动模式。它表明了地板与非结构构件（如隔墙）对于建筑物刚性的影响，以及它们表现出的减振作用。研究还证明，通过像固定在地面上的悬臂一样弯曲引起的建筑物偏移比相邻两层之间水平剪力引起的建筑物偏移更显著。布卢姆与他的研究生的研究工作最终提升了结构工程师的认识，即地震对于高层建筑物的影响使得结构工程师在设计建筑物时考虑载荷，进而设计出能够安全抵御此类载荷的结构。布卢姆在私人事务所以顾问工程师的身份继续开展地震工程领域的研究工作。30 多年后的 1964 年，他重返斯坦福大学继续他的研究工作，并在 1967 年 59 岁时获得了博士学位。几年后，斯坦福大学回应了他对于建立专

607

602. 墨西哥城霍奇米尔科“Los Manantlales”酒店，1958 年。工程师：费利克斯·坎德拉（Felix Candela）。
603. “Los Manantiales”酒店。

604

605

606

604. 乌拉圭亚特兰蒂达“Chiesa parrocchiale”酒店，1955—1960 年。建筑师与工程师：埃拉迪欧·迪斯特。

605. 巴黎国家工业与技术展览中心（CNIT），1956—1958 年。工程师：尼古拉斯·埃斯奎兰。在建场景。

606. 巴黎国家工业与技术展览中心（CNIT）。

门的研究中心的提议。当研究中心于 1974 年建成时，为了纪念他，斯坦福大学将研究中心命名为约翰·A. 布卢姆地震工程中心（John A. Blume Earthquake Engineering Center）。

1956 年，皮尔·路易吉·奈尔维与意大利建
608 筑师吉奥·庞帝遇到了挑战，负责为米兰的倍耐
力（Pirelli）公司设计一栋 32 层的钢筋混凝土建
筑。在 20 世纪 50 年代，高层钢框架建筑物非常
普遍，尤其在美国；但混凝土框架建筑物则不多
见。混凝土的优点在于不像钢铁一样轻易振动，
而且风力引起摆动的减弱过程会更快。这是设
计 32 层 127 米高的倍耐力大楼要着重考虑的事
宜，而该栋建筑物也是当时米兰唯一的高层建筑
物。该栋大楼平面面积 70 米 ×18 米，有着四条
主要立柱和四条次级立柱；这些立柱与楼梯井和
剪力墙在大楼的每个端面交汇。从地面起，随着
609、610 611 需要承载的载荷不断下降，立柱的横断面逐渐减
小。立柱之间纤细的地面横梁跨度达到 20 米；
横梁整体浇注以形成一个刚硬的框架来抵抗风力
载荷。凭借在过去 20 年中模型测试的经验，奈
尔维扩展并确定了他关于风力载荷的设计计算。
除了测量静态偏移，他还研究了建筑物对于动态
载荷的反应来确保风不会产生接近建筑物固有频
612 率的潜在灾难性振动。他建造了一个 12 米高的
1:10 的比例模型，并在贝加莫结构试验研究所
（Experimental Institute of Bergamo）使用与混凝
土具有类似强度与振动特性的材料对其进行了测
试。金属丝应变仪提供的电信号可以展示在示波
镜的屏幕上，以确定结构的不同自然振动频率，
研究振动是如何衰减的。

三维空间结构

德国数学家奥古斯特·莫比乌斯（August Mobius，1790—1868）在他的著作《静态力学教科书》（*Lehrbuch der Statik*，1837 年）中表明，对于一个完全三角化和静力确定的二维框架，节点的数量（n）与线条的数量（k）之间呈现出一个简单的关系，其适用于张力或压力，即 k=（2n−3）。他还表明，对于一个三维框架，该关系则表述为 k=（3n−6）。不幸的是，他的研究工作并未被结构工程师所了解，这两个简单的关系在 19 世纪的后期才被工程师再次发现：奥托·莫尔（Otto Mohr）于 1874 年发现了二维框架中的关系，而奥古斯特·福贝耳于 1892 年发现了三维框架中的关系。同时，二维架构在 19 世纪 60 年代已被广泛使用于屋面结构，约翰·施韦德勒使用三角化静力确定的框架在 19 世纪 60 年代同样设计了许多穹顶（参见第 7 章）。在 20 世纪前 10 年，静力确定与静力不确定的三维框架被广泛应用于刚刚起步的飞艇与飞机制造业，其最小的重量是限制设计的首要因素。然而，在建筑领域，三维框架在该阶段唯一重要的应用是鲍尔斯费尔德与狄辛格为自己的天文馆和多处蔡司 – 迪维达克壳体屋面构思的网格穹顶和筒形穹顶；框架嵌入到混凝土中，因此有效地成为了钢筋的一部分。

直到 20 世纪 30 年代，三维框架跨越和包围
较大空间的潜力才被开发。当时，德国工程师马
克思·门格灵豪森着手开发通过标准零件组合快速 613
组装建筑物的途径；这是一种已经在汽车与其他
零配件量产领域普遍使用的方法。门格灵豪森在
达奇·汤普森工作的基础上对于相同形状堆叠或排
列的诸多途径的调查，使他接触到了三维几何学、
晶体学以及对有机形态的研究。对于框架的组装，
他很快意识到，施工系统的关键在于连接钢筋的
方式。他最终构思的优质的解决方案（如同大多
数良好的工程研究成果）看上去极为简单且平淡 616
无奇。钢铁节点的螺纹孔可以使 18 个不同方向
的构件连接至一个单一结点。钢筋被加工成一系
列标准长度，用于搭建具有不同横断面的不同类
型的框架，以适应自身需要承载的载荷。在 20
世纪 50 年代将 MERO 作为轻质屋面系统之前，
门格灵豪森早在 40 年代就将他的 MERO 系统用 614
于多个临时结构项目中，包括用于支撑玻璃或透

607

608

明塑料屋面。大量的构件与节点使得对空间桁架的全面结构分析格外枯燥。为此，工程师常常想方设法简化计算过程。简单而又重复的几何运算使得该结构成为了20世纪50年代末工程师编写第一个结构分析电脑程序的理想材料。

如同门格灵豪森，美国发明家理查德·巴克敏斯特·富勒也看到了标准零件构成的三维框架的潜力，并将其视为快速施工的关键。从结构上来说，富勒在1954年申请专利的网格穹顶无异于鲍尔斯费尔德在1920年为其天文馆开发的技术。然而，富勒将其视为能够轻易运输与快速组装的轻质房屋结构。关键的区别在于围护结构。至20世纪50年代，各式各样铝或塑料的轻质围护系统问世；但直到1920年，这些围护结构才得以

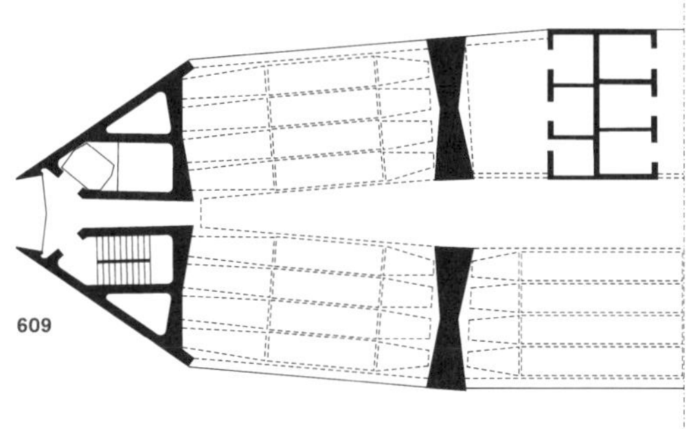
609

610

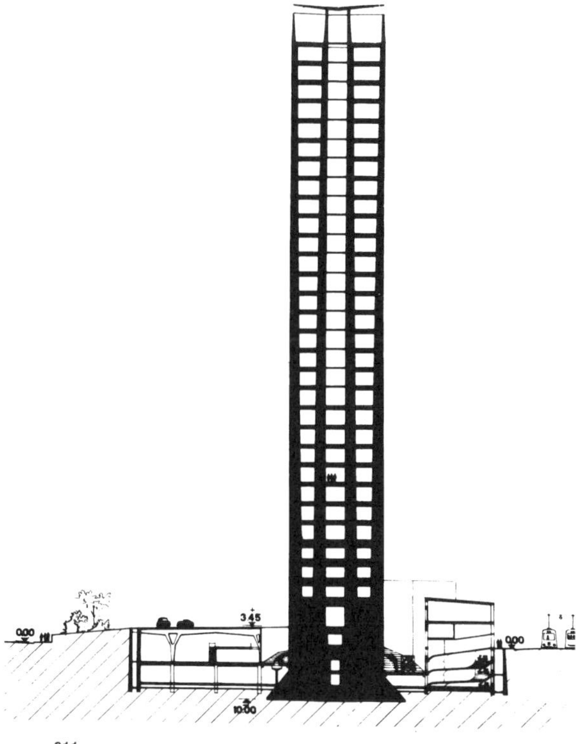
611

612

607. 加利福尼亚州旧金山亚历山大大厦的比例模型（1:40），用于测量地震引起的动态形变。
608. 米兰倍耐力大楼，1958 年。工程师：皮尔·路易吉·奈尔维；建筑师：吉奥·庞帝。
609. 倍耐力大楼。图纸表明了塔底部附近主要立柱的大横断面。
610. 倍耐力大楼。内部。
611. 倍耐力大楼。立视图。
612. 倍耐力大楼。比例模型（1:10），用于评估风力载荷引起的动态行为。

613

614

615

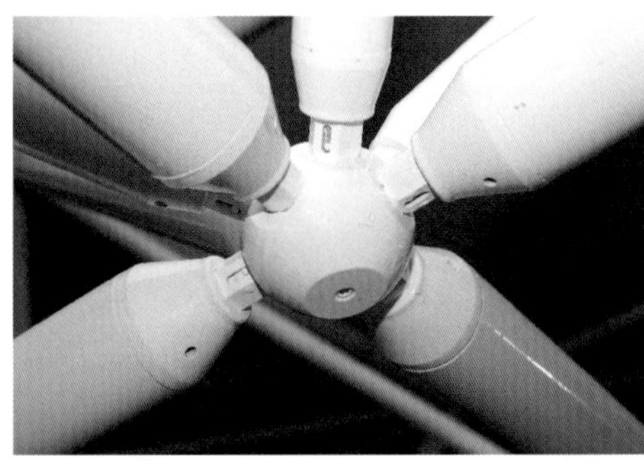
616

613. 马克思·门格灵豪森正展示他的 MERO 系统的节点。
614. 爱尔兰都柏林亚当斯敦火车站，2006 年。MERO（UK）的屋面工程设计与施工；建筑师：建筑设计合伙人公司。
615. 路易斯安那州巴吞鲁日附近的联合罐车公司，1958 年。工程师：R. 巴克敏斯特·富勒。跨度 118 米的网格穹顶。
616. MERO 系统。连接多个框架部件的钢铁节点的细节。

推广。到了 20 世纪 80 年代中期，网格穹顶的数
615 量超过 30 万个，直径范围也从数米到 100 多米
不等。

预应力

预应力结构的想法由来已久。砌体结构通过压在建筑物下部的重量获得了稳定性，而中世纪教堂建造者们常在扶壁上加入尖券以增加它们的稳定性。建筑行业以外，从古代帆船到雨伞和自行车车轮等许多结构则通过预拉伸绳索或其他抗拉材料获得了刚性。20 世纪 30 年代，预应力混凝土开始应用于桥梁工程。预拉伸对于结构工程师的吸引力在于它有效地对绳索施加了压力，从而使设计师避免使用笨重的支柱。预拉伸最简洁的事例要数伦敦为 1951 年“英国音乐节”(Festival
617、618 of Britain) 修建的云霄塔 (Skylon) 了。云霄塔
是一个 76 米高的铝制圆柱，仅由底部三根绳索悬挂在距离地面 12 米高的位置，并通过中点处另外三根绳索予以固定。这些支撑几乎无法看到，哪怕靠近观察；它看上去就像是飘浮在地面上方。

1952 年，位于北卡罗来纳州的新建“罗利牲
619、620 畜展赛馆”[Raleigh Livestock Arena，如今称为
“多顿展赛馆”(Dorto Arena)] 的屋面成为首个真正采用预应力索网结构建造的屋面。挪威工程师弗莱德·塞福路德 [后来因位于耶鲁大学的其英格尔斯曲棍球场 (Ingalls Hockey Rink) 以及位于圣路易的拱门 (Gateway Arch) 项目而广为人知] 被邀请完成这一由波兰建筑师马修·诺维茨基 (Matthew Nowicki，1910—1950) 设计的结构。诺维茨基由于乘坐的飞机在埃及坠毁无法在有生之年见证自己独特的设计被付诸实践。这一双曲壳展赛馆的屋面包含两套几乎正交的钢丝绳，在两个倾斜的混凝土拱顶之间延伸，表面覆盖有钢套。该屋面的形状足够简单，仅使用少量足够的普通钢丝绳，以便将屋面视为一个弹性预应力结构进行计算。在预应力混凝土结构设计方面具有丰富经验的工程师已熟知这一计算流程。事实证明，罗利展赛馆极大地激发了多位建筑师的设计灵感，包括意欲开发张力结构的建筑学可能性的埃罗·沙里宁 (Eero Saarinen) 和丹下健三 (Kenzo Tange)。然而，他们进行的概念设计严重受限于当时工程师有能力计算的非常有限的简单几何形状，计算过程仅用于能够使用数学等式进行描述的表面。从实践的观点来看，在通过人工与使用计算尺进行计算的时代，对于能够求解的联立方程的数量限制较小。20 世纪 50 年代和 60 年代早期较大的结构依然适用传统的自由悬挂，对于此类结构，工程师要进行必要的计算。

1951 年，当一名德国建筑系学生弗雷·奥托到访弗莱德·塞福路德位于纽约的设计工作室时，工作室正在负责罗利体育场 (Raleigh Stadium) 的方案设计工作。奥托同样对双曲壳预应力表面为建筑师带来的可能性感到惊讶。回到德国斯图加特后，他开始使用各式各样的材料 (如绳子、链子、网、肥皂泡和弹性膜片等) 建造模型，制作了一系列弯曲形状与表面。通过与历史悠久的马戏帐篷制造商施特罗迈尔 (Strohmeyer) 合作，奥托很快在 1955 年构思了他的第一个全尺寸双曲壳预应力张力结构。这是一个尺寸适中的顶棚，
音乐家可以在顶棚下进行室外演奏表演。顶棚的 621
对角跨度为 18 米，这是施特罗迈尔的传统马戏团帐篷最大跨度的两倍。

依据现今的标准，这一简单且跨度相对较小的形式是靠不住的。这不仅仅是两个帐篷支柱之间延伸的钢板，还是一个完全工程化的屋面结构。织物的应力为每米宽度 1.6 吨，因此施特罗迈尔不得不使用有别于常规帐篷织物的、在两个方向上具有相同强度和刚性的优质棉花自制织物。直径 16 毫米的钢丝绳被缝进隔膜的边缘，织物弯曲边缘的长度与确切形状通过比例模型测试予以确定。单独织物带的剪切样式同样通过物理模型进行细致定型预测量。

617

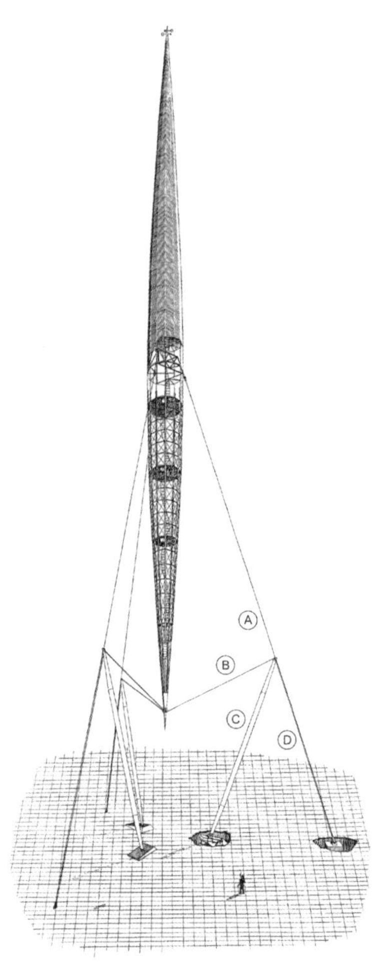

618

617. 伦敦云霄塔，1951 年。工程师：费利克斯·萨穆埃利；建筑师：飞利浦·鲍威尔（Philip Powell）与伊达尔戈·莫耶（Hidalgo Moya）。

618. 云霄塔。估计预拉伸受力：（A）50 吨（拉力），（B）100 吨（拉力），（C）150 吨（压力），（D）150 吨（拉力）。

619. 北卡罗来纳州罗利牲畜展赛馆（如今称为“多顿展赛馆”），1952 年。工程师：弗莱德·塞福路德；建筑师：马修·诺维茨基。

620. 罗利牲畜展赛馆。

619

620

新结构材料

新的结构材料并不会经常出现：铸铁出现于18世纪90年代，而钢筋混凝土出现于19世纪90年代。第二次世界大战之后的十年中兴起了两种新的材料，即胶合与叠层木材（Glulam）和铝。这两种材料均由于战时的飞机制造业而获得了发展。

高比度的强度与刚性使得木材一直以来都是大跨度屋面尤为合适的材料。美国与加拿大有着建造木桁架铁路桥梁的悠久历史，一部分的原因在于木材非常容易获得，另一部分原因在于其便于向不盛产木材的地方进行长距离运输。出于同样的原因，加上建造木制结构所需的技能便于掌握，在20世纪30年代、40年代和50年代，美国工程师将木材用于许多大型屋面的建造中，而同期的欧洲工程师则更倾向于使用钢筋混凝土或钢铁。

具有高比度刚性和强度的木料似乎是制造飞机的理想材料，但在黏合剂强度较低且易溶于水的时代，这一优势被组装木制部件所需钉子或螺丝的重量所抵消。20世纪40年代开发了合适的黏合剂，用于制造飞机胶合板和其他组合木制构件。例如，构成第二次世界大战蚊式轰炸机（Mosquito aircraft）硬壳式机身胶合板的层压材料。对于开发一种强度大且防水的黏合剂的研究推动了环氧树脂胶的发展，开启了通往全新建筑用系列木材产品的大门，这既包括结构性产品，如胶合与叠层木材、单板层积材（LVL）和胶合板，也包括非结构性产品，如硬纸板与纤维板。这为战后的建筑行业带来了益处，尤其在木材资源丰
富而钢铁供应短缺的美国与加拿大。 623、625

第二次世界大战后，尽管不再需要制造飞机，铝的供应依然充足。1951年为“英国音乐节”建造的“发现穹顶”（The Dome of Discovery）或许是有史以来最大的铝制结构。铝的使用，不仅在于其较轻的重量，还在于它反映了战后年代的精神；这一精神启发了许多新影像、想法与设计。
铝的一个优点在于，不同于任何其他材料，可以 622、624
通过三步不同的工艺，即轧制、铸造与挤压将铝轻易加工成多种形状。这吸引了作为雕刻家、建
筑师和工程师的让·普鲁维。1954年，他利用三 626
个工艺步骤的特征，针对为庆祝发现铝材料一百周年在巴黎举办的展览会设计了展览馆。

这些新材料可以轻松融入结构工程师的所有工作中。到了20世纪50年代，工程师学会了如何从科学家而不是工匠的角度分析材料。如今，工程师了解材料具有一系列独特的通用属性，如强度、刚性、塑性、硬度、蠕变、疲劳行为等。

了解这些属性意味着，对于工程师而言，将新材料融入他们的设计中会变得相对简单；这与早先的铸铁或钢筋混凝土大不相同，因为这些材料的使用要求多年的实践经验。

目标“总体设计”

1969 年夏，当时已 74 岁高龄的工程师奥韦·阿鲁普应合伙人的请求撰写了一篇文章，描述了 1946 年创办公司的初衷（见附录 1）。其中鲜有对现代建筑工程概念的总结。对于公司创办初衷的核心，阿鲁普称为“总体设计”（total design），或按照其后文章的表述为“总体建筑”（total architecture）；该词汇与沃尔特·格罗皮乌斯 1956 年的著作《总体建筑的范畴》（*The Scope of Total Architecture*）的书名不谋而合。对于阿鲁普而言，这意味着所有相关的设计决策均需统筹考虑，并由一个经授权确定优先级的组织严密的团队融合成一个整体。⑦

从某种意义上而言，“总体设计”代表了阿鲁普自身的经验与事业的顶峰。他的事业始于 20 世纪 30 年代第一次同建筑师合作开展的建筑设计工作，在 1946 年创立自己的工程咨询公司“奥韦阿鲁普合伙公司”（Ove Arup and Partner），并最终在 1963 年成立了子公司“阿鲁普联合公司”（Arup Associates）；其设计团队囊括了不同领域的工程师和建筑师，做出了全面整合的建筑设计方案。从另一方面来讲，它是一个更长故事的结论，即建筑设计自身的历史，这一点的确无可争辩。16 世纪后，随着越来越多的设计问题变得过于专业而超出了一个多面手的能力范围，建筑设计领域这一整体分化成不同的专业。“总体设计”表示回归到了理想化过程，可以在设计建筑物时将许多不同的专业统筹考虑；完成这一过程的并非由一个独立个体，而是由一个团队。

建筑师、工程师与建造者之间的协作并不是一个新的概念。从 19 世纪初开始，越来越多的建筑师与工程师通过共同努力创造了较各独立个体更大的设计成就，位于利物浦的圣乔治大厅与伦敦水晶宫是两个突出的例子。在 19 世纪末的美国，正是通过工程师、建筑师与建筑承包商之间前所未有的协作，使得高层建筑成为了可能。但是，总体设计的概念（有意识地通过组建设计师团队来实现更好设计的目标）将协作的观念提高到了一个全新的层次。它的哲学渊源可以追溯至 20 世纪前 10 年的德国的德意志制造联盟（Deutsche Werkbund）和包豪斯设计师团队。

纵览整个 19 世纪，尽管周围正在兴建的建筑物均采用钢铁制造，建筑师依旧坚持传统施工材料。作为建筑材料，钢铁凸显出两个问题，这两个问题限制了建筑师按照以往使用砌体时的方式表达自己的机会。首先，它们从本质上来说属于骨料。在多层建筑中，骨料形成的框架使得构件可以依附，并为建筑物提供了主体和固体形态，如楼层、立面与窗户、屋面、空调系统与电梯。其次，多层建筑中的钢铁具有严格的防火要求。因此，建筑师在多数建筑项目中很少有机会应用钢铁材料。但也有例外，设计师可以在建筑中表现自然或钢铁材料的“灵魂”；这些例外情形主要是单层建筑，如数千个制造工厂和数百个市集大厅，以及火车站、展览馆和植物园的玻璃温室。

在美国，自 19 世纪 80 年代起，增加净可用楼面面积的商业压力推动了钢框架建筑领域的发展。它们要求工程师增加在地基、结构和建筑服务设计方面的投入；建筑师的作用相应降低。而在欧洲，建筑师的作用并未降低。欧洲建筑师坚持传统，如同对周遭赖以生存的世界视而不见。他们遭遇了身份危机。抛开发展砌体雕塑的机会，凭借着工程师手中如此之多的钢框架建筑设计项目，建筑师的作用何在？他们的困境在于如何维持其“学院派”遗产的同时接受新的施工方法。在英国，建筑师格外严苛地坚持着传统。

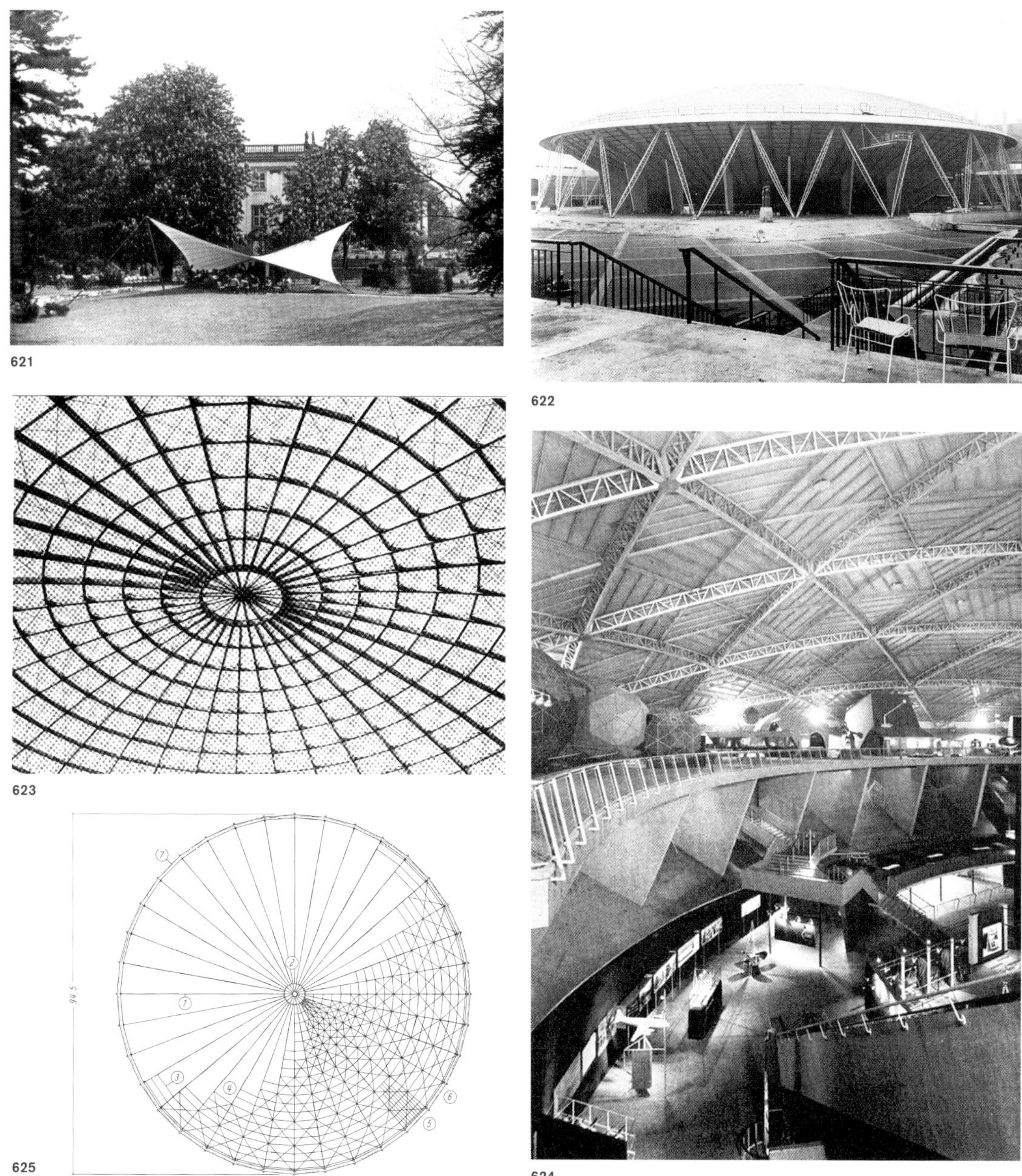

621. 德国卡塞尔的音乐馆，1955 年。弗雷·奥托设计；帐篷制造商彼得·施特罗迈尔建造。

622. 伦敦的“发现穹顶”，1951 年。工程师：弗里曼·福克斯合伙公司；建筑师：拉尔夫·塔布斯（Ralph Tubbs）。

623. 美国蒙大拿州波兹曼蒙大纳州立大学的球场（布里克布里登球场）胶合板与叠层木材穹顶，1956 年。结构：木质结构公司。直径：94.5 米；矢高：15.2 米。

624. “发现穹顶”。室内，展示了三角化网架屋面桁架。

625. 球场穹顶。关键：①叠层木材径向肋；②受压环；③叠层木材横梁；④钢横撑；⑤木椽；⑥⑦张力圈。

626

1896 年，期刊《建造者日志与建筑实录》（*The Builder's Journal and Architectural Record*）开始发行，其充斥着关于砌体和木材等传统材料建筑的文章。艺术与工艺运动蓬勃高涨；查尔斯·沃伊齐（Charles Voysey，1857—1941）的国内建筑展现出建筑技巧的巅峰。在四年中，期刊仅在广告宣传中偶尔提及钢铁或钢筋混凝土材料。

最终，《建造者日志与建筑实录》在 1900 年刊登了首篇关于钢框架建筑物的文章。文章的作者是“霍曼与罗杰斯”（Homan and Rogers）中的霍曼先生。“霍曼与罗杰斯”均为工程师，他们的广告经常出现在期刊中，如“霍曼防火地板”和“建筑用钢与铁制品、屋面、墙墩、桥架、托梁与大梁以及混凝土防火地板（应用在近 2000 栋建筑中）”，还有 1897 年起开始播出的“结构钢骨架建筑（美国系统）”。两年后，期刊刊登了一篇关于钢筋混凝土的长篇大论，讨论了“Mouchel”公司在英国使用的钢筋混凝土系统。1904 年，期刊的新月刊《防火（增刊）》（*Fire Supplement*）强烈主张建筑工程设计方法。在 1904 年与 1905 年，期刊详尽地报道了丽兹酒店的施工，这是伦敦兴建的第一个大型钢框架建筑，由美国承包商负责，钢材均由德国进口。然而，这时的英国在钢框架施工方面落后于美国大约 20 年，落后于法德等国至少 10 年。最终，在 1906 年 5 月，期刊将名字变更为《建造者日志与建筑工程师》（*The Builders' Journal and Architectural Engineer*）。新的月度增刊《混凝土与钢材》（*Concrete and Steel Supplement*）这样说道：

> 随着钢框架与钢筋混凝土时代的到来，建筑师逐渐发现，跟以往相比，自己需要更多的工程知识。一些建筑师通过聘用工程助理或寻求相关咨询建议来克服摆在他们面前的工程方面的问题。但是，无论获得怎样的

626. 巴黎纪念发现铝材料百周年的展览馆，1954 年。建筑师：让·普鲁维。

辅助，他们依旧是没能仔细而彻底地学习相关施工与计算基本原理的可怜的建筑师。[8]

在接下来的数年中，期刊几经更改名称，这反映了建筑师对于全新身份的探索。在 1910 年，重新命名为《建筑师与建造者日志》（*The Architects' and Builders' Journal*）。1919 年，又变更为《建筑师日志》（*The Architects' Journal*），副标题为《致建筑师、勘测员、建造者与土木工程师》；一年后，名称变更为《建筑师日志与建筑工程师》（*Architects' Journal and Architectural Engineer*）。直到 1926 年，期刊将名称缩短为《建筑师日志》（*The Architects' Journal*），并沿用至今。

正如 19 世纪 90 年代的美国，欧洲工程师不可避免地对建筑设计做出越来越大的贡献；然而，两者的结果却不尽相同。总的来说，欧洲建筑师的想法是设法保留他们在建筑设计领域中的领导地位，从而催生了两种常见类型的建筑施工方法。一种是钢结构施工法是在结实的外墙砌体和传统样式表面下的结构框架，已趋完善（尤其在德国和英国）。另外一种方案是将钢筋混凝土作为一种施工材料。

建筑混凝土

钢筋混凝土施工法起步于 19 世纪末、20 世纪初，主要针对两个目标：建立更有效的防火施工方法，及寻找替代钢结构的更经济的方案。这两个目标对于工业建筑（如仓库与工厂）和商业办公建筑尤为重要。许多公司的产品目录都充斥着此类建筑。从本质上来说，此类建筑与钢结构建筑几乎相同：立柱竖立在规则网络上，立柱之间由支撑地板的横梁予以固定。建筑师在设计此类混凝土框架建筑物时扮演的角色类似于他们在设计钢框架建筑物时扮演的角色。

逐渐地，在 1910 年后，一批先锋建筑师开始意识到钢筋混凝土为雕塑带来的源于材料及其制造方法本质的新机遇。采用液体混凝土浇注而成的模具的形状，使得结构工程师能够通过钢筋来提供必要的内部强度，而无须影响其外在形式。钢筋混凝土为建筑师提供了三个全新的机遇，这一点是结构钢材所无法做到的。钢筋混凝土能够产生结实的三维形状，轻松制作曲线与表面；它可以用于创造能承重的“薄片”，因而能制作承重墙和超出底部支撑范围的地板；最引人注目的，它能够用于制作混凝土壳体屋面。这些部件共同构成了新建筑物的基础。此类建筑物不像钢立柱或钢横梁一样仅局限于一维的构件，而是可以像平板一样应用于二维空间，以及像结实的雕塑形式或弯曲钢材（穹隆、穹顶或双曲抛物面）一样应用于三维空间。这些机遇带来的成就将匹敌甚至超越古希腊庙宇的砌体结构、罗马帝国的公共浴池、中世纪欧洲的大教堂以及文艺复兴时期的大穹顶。

建筑师勒·柯布西耶（查尔斯·爱德华·让纳雷，Charles Edouard Jeanneret）在 1914 年构思了他
的“多米诺”（Dom-ino）骨架。即便它的支撑 629
立柱在建筑上是多余的，这依然是首次针对经济型平板结构的建筑表现。

到了 20 世纪 20 年代初，勒·柯布西耶开始实现对于一些新材料的梦想，并在他的著作《迈向新建筑》（*Vers une Architecture*）中进行庆祝。这一著作首次于 1923 年在巴黎发行，1927 年发行费德里克·埃切尔斯（Frederick Etchells）对于第十三次法语再版的英译版本。在多位建筑师的著作中，该著作一反常态地对工程师和建造者进行了歌颂：他称赞了“工程师的审美观”（engineer's aesthetic）以及对于创造构思、建造和在量产房屋中生活的“量产精神”（mass-production spirit）的需求。汽车、远洋班轮和飞机工程师启发了他。当他赞美古希腊、罗马和文
艺复兴建筑的价值时，他同样陶醉于遍布欧洲的 627

627

628

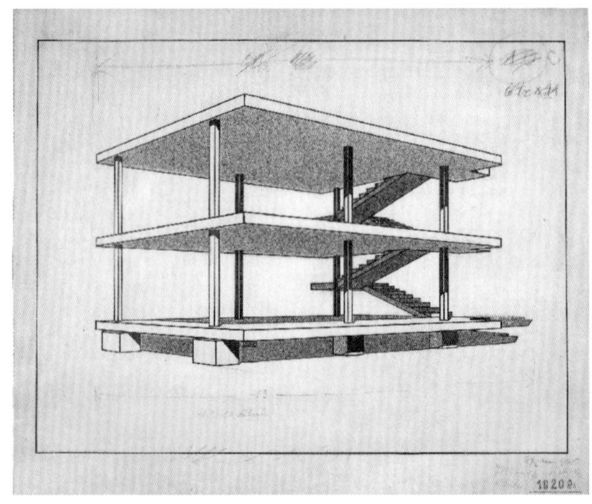
629

627. 巴黎某钢筋混凝土工厂，1906 年。工程师：弗朗索瓦钢筋混凝土公司。

628. 勒·柯布西耶《迈向新建筑》中的粮仓图片。

629. 勒·柯布西耶，多米诺住宅，1914 年。

数以百计的现代工厂建筑。

勒·柯布西耶避开了建筑师对于造型的传统成见，即“这就像女人头上的羽毛……有时曼妙，但非永久，仅此而已”。他说，建筑有着“更重大的结局”（graver ends）；他制定了“对建筑师的三个提醒”（three reminders to architects），即他们的艺术表现在整体和表面上，而整体和表面反过来来源于计划。为了说明自己的观点，他没有使用中世纪教堂或文艺复兴时期的宫殿，而是八个位于加拿大和美国小麦
628 种植区的大型钢筋混凝土粮仓的图片——正如他描绘的，“这是新时期伟大的初步成果”（the magnificent FIRST-FRUITS of the new age）。[⑨]

1918 年后，大多数国家停止对钢筋强化混凝土的所谓新方法授予新专利，这增强了勒·柯布西耶对于其事业的信心。钢筋混凝土最终成为了像砌体、钢铁或木材一样的通用建筑材料。现在，建筑师能够同拥有强化系统专利权的独立工程师直接开展合作。最初，建筑师在适当的程度上（通常在国内）开发新材料，更富有冒险精神的私人客户会资助他们。格里特·里特维德（Gerrit Rietveld，1888—1964）在 1924
630 年至 1925 年在乌得勒支建造的“施罗德住宅”（Schroeder House）的平板结构给人们的印象是最经久耐用的。

随着建筑师对新材料越来越熟悉，他们意识到，只有在同工程师与承包商协作的前提下才能更有信心使用这些材料。在整个 20 世纪 20 年代，建筑师逐渐开始应对规模更大的混凝土项目；全新不同样式的建筑物开始涌现，尤其在欧洲大陆，这同 20 世纪前 10 年工业工程师主导的建筑物大
631、632 633、634 相径庭。

钢筋混凝土为建筑师与工程师提供了共同开发建筑构件形式的唯一机遇；按照勒·柯布西耶的描述，即整体与表面；实际上，这几乎算是一项要求。建筑师需要倾听工程师的意见，至少要了解哪些想法是可以实现的，哪些无法实现。善于接受意见的建筑师也会倾听工程师关于结构构件与整个结构最合理形式的提议。这与勒·柯布西耶从飞机、船舶和汽车设计中意识到的工程师审美观是一致的。事实上，如果他仔细观察了这些机器的个体部件，他会从它们采用科学方法制作的形状和精巧的组装方式中汲取更多的灵感。

威尔士曼·欧文·威廉姆斯是首先清晰地表达出建筑结构细节设计合理方法的设计者之一，也是为数不多的精通结构工程和建筑的设计师之一。在 20 世纪 20 年代、30 年代中的多处优秀的建筑工程中，他有意识地使用了混凝土的结构与雕塑特征来表达建筑构件的结构功能或责任。
对于在 19 世纪初工厂里努力实现桥梁、铸铁横 635、636
梁和立柱以及大型建筑中各种类型屋面重量最小化的工程师而言，这是他们长久以来无意识的成果。1896 年，当路易·苏利文冒出这个想法时，他观察到，“形式永远服从功能”是自然世界的法则；1918 年，包豪斯设计师团队采纳了这一想法并将其作为他们的指导原则。然而，当通过钢筋混凝土表达结构功能时，无法从钢筋混凝土的表面看到钢筋的位置或使用钢筋的数量。20 世纪 80 年代，当结构表现再次变得流行时，“archi-structure”（建筑结构）这一词汇很好地展现了“结构功能应采用建筑形式予以表现”这一想法。该词汇由德里克·萨格登创造，他是一名与阿鲁普合作近 40 年的工程师，也是阿鲁普联合公司的创办者之一。

在 20 世纪 50 年代期间，意大利工程师皮尔·路易吉·奈尔维同样因为通过设计形式表达出建筑物多个构件的结构功能而欣喜无比。但在许
多情况下，与外形相比，形式并不是严格意义上 637、638 639
必需的，只是“建筑结构”的典型案例。

630

631

632

633

630. 乌得勒支“施罗德住宅”，1924—1925 年。建筑师：格里特·里特维德。

631. 法国勒兰西的圣母院，1922 年。建筑师：奥古斯特·佩雷。

632. 德国德绍的包豪斯校舍，1926 年。建筑师：沃尔特·格罗皮乌斯。

633. 德国斯图加特“Schocken”商店，1926 年。建筑师：埃里克·门德尔松（Erich Mendelsohn）。

634. 法国勒兰西圣母院。

施工设计

阿鲁普理想化总体设计中建筑施工的最后一个方面是在设计阶段考虑如何为实际建筑施工提供便利。这一想法常见于规模生产的行业，如 19 世纪的机床工厂和 20 世纪的亨利福特（Henry Ford）汽车工厂，但对于建筑贸易领域则不常见。专业实践守则规定的建筑采购过程要求建筑师完成设计并将设计提交至多个承包商。通过这种方式，据推测，客户可能会获得价格最低或价值最大的建筑。该过程似乎不允许建筑师设计价格昂贵但材料选择不恰当、立柱间结构跨度不充足、建筑服务融合较差或不存在的建筑。“水晶宫”是一处早期的罕见例外。工程师威廉·巴洛（Willim Barlow）在一开始就参与了设计，这证明了一个紧密结合的设计与施工团队的高效性。美国高层建筑物的设计师与建造者在面对开发商的强大商

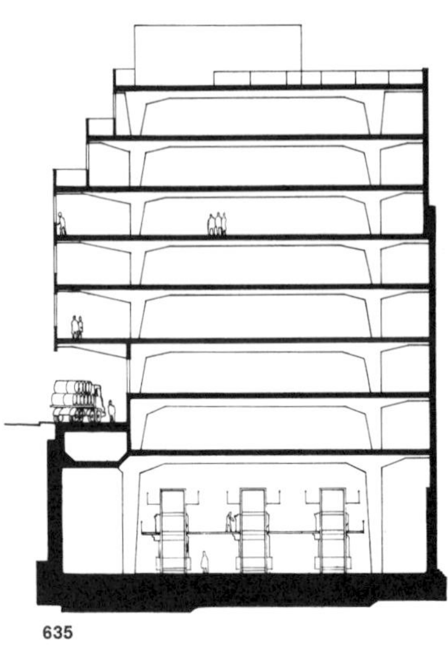

635

636

业压力时同样获得了类似的效率。

勒·柯布西耶或许是第一个在其建筑哲学中接受制造工艺的建筑师。他的预见性不仅在于他将建筑视为如同汽车或飞机一样的机器，还在于他对于汽车工业制造方法重要性的认识。实际上，勒·柯布西耶因量产方法而受到的启发与钢筋混凝土材料是相同的。他对于住宅建筑最早的提议在于，这些建筑不得建在钢筋混凝土上，而是应建在采用石棉纤维强化的水泥上；这种采用石棉纤维强化的水泥近来被作为一种便宜的屋面材料得以开发，能够为钢结构作业提供防火性能。他看
640 到，使用石棉强化水泥是提供量产建筑的最合适的途径。

当勒·柯布西耶凭借远见卓识看到了建筑学在考虑建筑设计阶段施工问题方面的潜在利益时，他并不是一名承包商；但奥韦·阿鲁普是。当时，阿鲁普受雇于一家正扩展英国市场的丹麦工程承包公司克里斯蒂亚尼与尼尔森（Chiristiani & Nielsen）。随后，他担任了另一家丹麦承包商基尔（Kier）的首席工程师。阿鲁普看到，他的施工知识能够为建筑师提供帮助，例如帮助建筑师适应在建筑中使用土木工程与工业施工项目（码头、仓库和粮仓）中开发的多种混凝土施工技术。在现如今看来相当明显的例子就是通过选择形状与轮廓加快混凝土施工进度，这种形状和轮廓可以采用简单的模板进行浇注、迅速安装与拆卸以及重复使用。阿鲁普实现了他的梦想，从他提出

635. 伦敦《每日快报》大楼，1930—1932 年。工程师：欧文·威廉姆斯；建筑师：埃利斯（Ellis）、克拉克（Clarke）与欧文·威廉姆斯。剖面图展示了门式刚架的立柱。

636. 英格兰比斯顿的制靴厂“Wets”的大楼，1930—1932 年。工程师与建筑师：欧文·威廉姆斯。

637. 意大利都灵“劳动宫”，1960—1961 年。工程师：皮尔·路易吉·奈尔维。

638. “劳动宫”。水泥板规划图。

639. “劳动宫”。水泥板钢筋图。

637

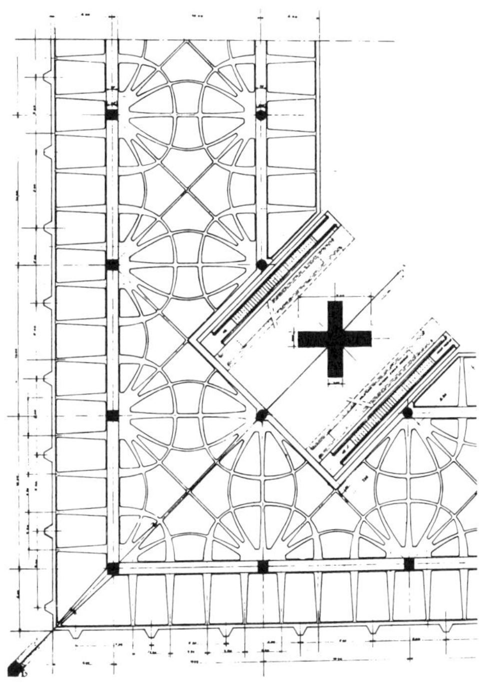
638

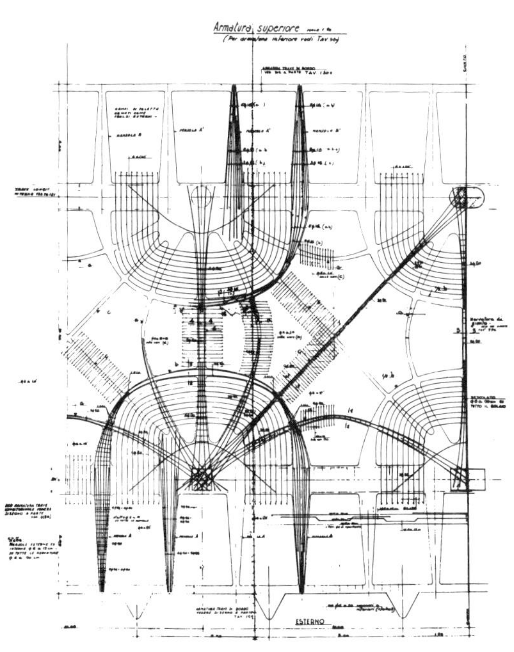

639

概念到他与俄罗斯建筑师贝特洛·莱伯金（Berthold Lubetkin，1901—1990）以及泰克顿（Tecton）合作项目（这是他在1932年开展的建筑实践）的完成，他成功地通过自己的工程技能为建筑设计带来了利益。阿鲁普与泰克顿首次合作是位于伦敦动物园的几处建筑项目；随后在1935年，他们合作建造了位于伦敦北部的两栋高点（Highpoint）
641 公寓楼的第一栋。如今，该栋公寓楼被认为是工程师与建筑师合作的典范。建筑物的简单线条和形式与许多混凝土建筑物形成了鲜明的对比，它似乎是仿效了砌体中对于繁复细节的处理。阿鲁普在高点公寓项目中同样遇到了建筑规则带来的问题。依据当时的规则，莱伯金提出了一个标准化的混凝土框架建筑方案。这一施工形式不仅限制了内部格局的灵活性，当承担较大载荷的立柱受压并相对空载墙板出现移动时，还时常会导致混凝土或抹灰饰面出现裂缝。阿鲁普建议使用薄
642 壁承重钢筋混凝土墙替换立柱，前者对内部格局产生的限制更少，并会避免裂缝的产生；同时，这种方法的建造成本更低。然而，在当时，经常在伦敦以外地区使用的伦敦郡议会建筑规则不允许内部墙承重。允许建造该项目是因为该建筑与伦敦郡议会仅相距数百米，当地检查员能够举目可及。尽管如此，阿鲁普仍被迫妥协，加入了一些额外的完全没有必要的钢筋。

就在第二次世界大战后不久，阿鲁普创立了工程咨询公司；直到现在，这个以阿鲁普名字命名的公司仍在运营。由于不再受到在工程承包公司任职的局限，阿鲁普能够着手开发对于整体设计的愿景。在这一愿景下，建筑师与工程师能够公平协作开发建筑设计，包括从概念阶段到完成细节设计的整个过程。他的公司吸引了越来越多
建筑师的关注。他们想要通过共同努力，创造融 643、644 645、646 647
合工程造诣与建筑风格的建筑物。

内部环境工程

工程师对于建筑设计不断增强的影响力并不局限于建筑物结构。例如，在20世纪20年代的美国，空调成为了工厂、酒店、剧院以及电影院的标准配备。造成这一现象的主要因素有三个。第一个因素是需求。对于酒店和娱乐场所而言，空调成为了吸引顾客的必要特征。实际上，电影工业发展的其中一个因素在于电影院为观众提供了一种令人愉悦的方式来摆脱许多美国城市令人难以忍受的燥热与潮湿。

其次，许多人的努力确保了空调设备的性能能够得到持续的改善以满足人们不断增长的需求，其中最显著的是威利斯·开利。早期空调系统的功率局限于往复式压缩机较低的速度，这些压缩机通常由往复式蒸汽机提供能源。尤其在法国、德国和瑞士，冷藏业制冷设备的制造商不断开发着它们的产品，改善着产品的性能，使产品的体积更小、功率更大。这主要通过三种途径实现：通过构思机械途径来实现制冷过程中新的热动力循环（制冷剂压缩、膨胀、加热和冷却的独特组合）；通过采用不同制冷剂进行实验，为此，人们尝试了数百种方法；通过开发不同类型的旋转

640. 法国“Monol”住宅，1919年。建筑师：勒·柯布西耶。

641. 伦敦北部的一栋高点公寓大楼，1935年。工程师：奥韦·阿鲁普；建筑师：贝特洛·莱伯金与泰克顿。

642. 高点公寓大楼。（左）最初提出的标准混凝土框架解决方案的平面图；（右）阿鲁普使用承重混凝土墙的计划图。

643. 南威尔士布林莫尔橡胶工厂，1946—1951年。工程师：奥韦阿鲁普合伙公司；建筑师：建筑师合资公司。

644. 英格兰考文垂的考文垂大教堂，1958—1962年，工程师：奥韦阿鲁普合伙公司；建筑师：贝索·斯宾塞（Basil Spence）爵士。

640

641

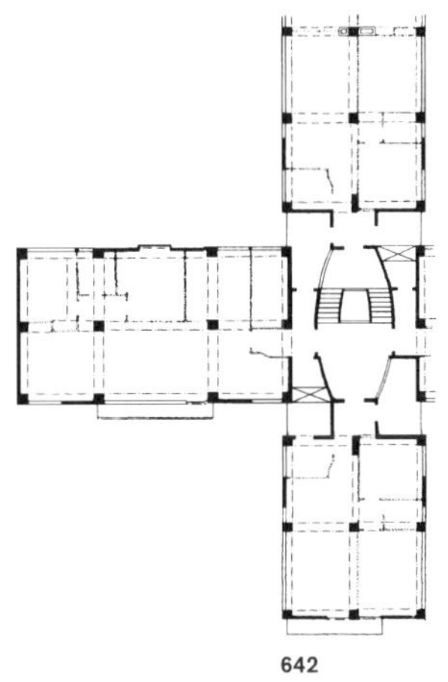

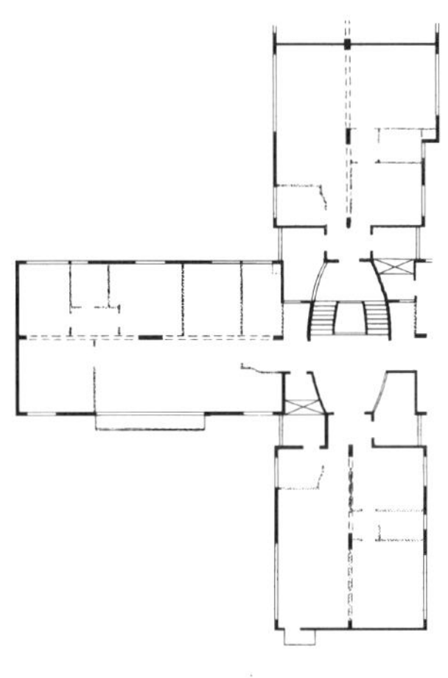

642

643

644

645

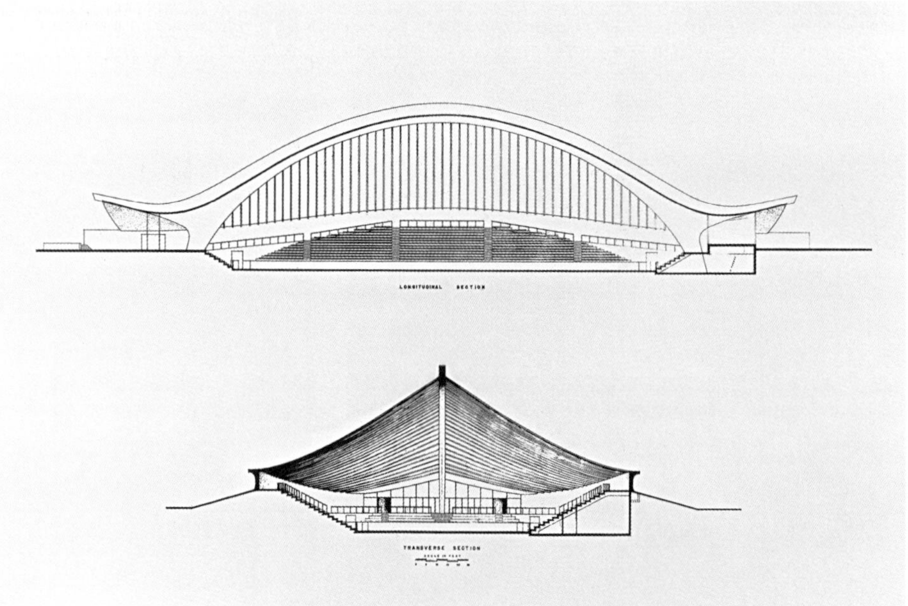

646

647a

647b

647c

647d

645. 美国康涅狄格州纽黑文耶鲁大学的大卫·S. 英格尔斯曲棍球场，1956—1959 年。工程师：弗莱德·塞福路德；建筑师：埃罗·沙里宁。

646. 英格尔斯曲棍球场剖面图。

647. a—d，美国密苏里州圣路易的圣路易拱门（杰斐逊全国拓荒纪念园），1947—1965 年。工程师：弗莱德·塞福路德；建筑师：埃罗·沙里宁。完工后的拱门与施工细节。

式空气压缩机来替换缓慢的、功率有限的往复式压缩机。新的制冷剂与压缩机需要同时开发，因为压缩机刀片的几何排列依赖于制冷剂的密度和电机的速度。此外，许多制冷剂都是令人产生不适的有毒或腐蚀性化学品，需要开发新型的密封材料来阻止其挥发，并寻找合适的不与它们发生反应的润滑剂。避免此类困难的一种途径是对吸收制冷过程进一步细化。该吸收制冷过程由法国的卡雷和特列尔于1860年设计，其避免了使用压缩机。吸收式冷冻机热动力循环的关键特征在于通过热能为系统提供动力。热能是一个违反直觉的概念，它困扰了许多采用“伊莱克斯循环”（Electrolux cycle，以首个开发它的公司命名）的家用燃气冰箱使用者。

20世纪10年代至30年代，开利的公司勤奋地寻找适应制冷行业多项新技术发展的方法，以便将其应用于空调系统（主要在欧洲），这确保了它在空调领域的突出地位。随着制冷技术的完善，作为压缩机与风扇动力源的蒸汽发动机逐渐被电机取代。这使得空调系统的功率大幅增加，足以供最大的剧院在极度炎热以及极大湿度的环境下使用。此类大型建筑需要精准且迅速对温度和湿度进行控制。开利公司的工程师里奥·路易（Leo Lewis）设计了一个创新的方式来实现控制。他的技术并非是全新的，而是以往单独使用的多个想法的综合，这在工程创新方面比较常见。他在系统中使用了三股不同的气流。第一股气流流经空调设备；第二股气流由取自观众席的空气构成并对其进行再循环；第三股气流是未调温的新鲜空气。产生的混合气流被引入观众席上方的天
648 花板。路易1922年在洛杉矶格劳曼大都会剧院（Grauman's Metropolitan Theater）的创新之举是在一栋建筑物中同时供应再循环空气、部分调
649 温空气以及新鲜空气。这为剧院与电影院的舒适度设立了新的标准。

最后，随着熟悉该项要求的工程师与建筑师数量的增加，空调更快被引入了建筑领域。显然，一个大型空调系统的安装不允许事后进行。而经验不足的承包商可能未充分准备与设计团队开展新酒店或新剧院建造项目的合作。这与19世纪70年代芝加哥与纽约的情况类似，结构工程师不得不尽早参与大型铁框架建筑物的设计过程，这
一点已日渐明显。另一方面，急于影响客户与设 650
计团队以及兜售供应设备的空调承包商开始提供指导。在20世纪20年代精通通风与空调系统设计及规格的咨询工程师逐渐出现。这些专家被客户或设计团队吸引，提供针对个别建筑需求的建议，并独立于承包商。承包商的建议可能并非公允，因为他们的利润大多来自所提供设备的安装工程。

回想起来，尽管空调的推广看上去很顺利，但这条道路并非永远没有障碍。针对健康方面，最初就有人提出异议，关注的焦点在于使用空调的益处以及每个人需要的新鲜空气或调温空气的数量。在20世纪20年代，兴起了关于为学校中儿童提供“正确空气”（right air）的争论，尤其是每位儿童为获得身体健康所需新鲜空气的数量。自19世纪90年代以来，通风工程师提出了每人每分钟需要0.85立方米（每分钟30立方英尺）空气这一数值，并获得了医生的支持。这一数值仅能够通过机械通风予以实现。设备供应商很快开始抨击，提议降至每人每分钟0.28立方米（每分钟10立方英尺），并通过开窗提供自然通风等方式予以实现。当把气载尘埃和湿度引入争论之中时，产生了更多的困惑。事情在1922年得以解决（至少是暂时解决）。当时，美国采暖与通风工程师学会（ASH & VE）通过湿球温度与干球温度对舒适度进行了科学定义，并发布了其研究结果。开利在1908年发布的焓
湿图中，这些研究结果被绘制成“舒适区”。这 652
不仅提供了空调工程师应当努力实现的详细表述冷却等级的方法，还表明，工程师的理由有着比自然通风提倡者提出的理由更坚实的科学基础。

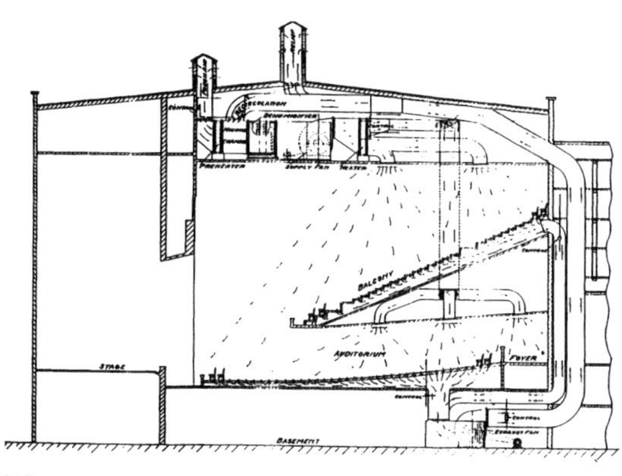

648

649

Don'ts For Theatre Ventilation

1. Don't use the mushroom system of supply for cold air.
2. Don't pass all air through the cooler.
3. Don't omit complete mechanical exhaust with refrigerating systems.
4. Don't omit automatic temperature control with refrigerating systems.
5. Don't supply cold air at low points and expect to pull it up with the exhaust.
6. Don't supply warm air at high points and expect to pull it down with exhaust.
7. Don't expect to pull air any place. You can push, but you cannot pull.
8. Don't conceive of a theatre as a tight box. It never is.
9. Don't introduce air into a theatre auditorium from the rear unless you know exactly where it is going and can accurately control its temperature and velocity.
10. Don't expect a thermostat on the main floor to maintain conditions of comfort in the balcony, or vice-versa.
11. Don't supply air to the main floor and balcony, or to the main floor and dressing rooms with the same fan.
12. Don't expect air currents to follow trained arrows on the plans, unless you are sure the arrows are thoroughly and properly trained.
13. Don't expect a Rolls-Royce ventilating system at the cost of a Ford.

650

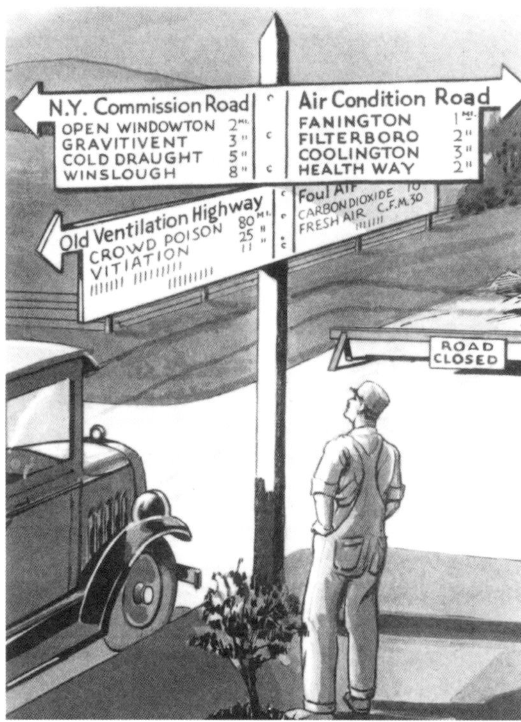

651

648. 洛杉矶的格劳曼大都会剧院，1922 年。横断面表明再循环空气、新鲜空气与调温空气的混合。

649. 纽约里沃利剧院，开幕日，1925 年 5 月。里沃利剧院是美国最早配备空调系统的剧院之一。背部标注“制冷冷却”的标识牌。

650.《剧院通风设计规则》，刊登在 1925 年 3 月的《采暖与通风》杂志上。

651. 1931 年 12 月《高空气象学家》杂志的封面插图，它描绘了美国空调工程师面临的困境。

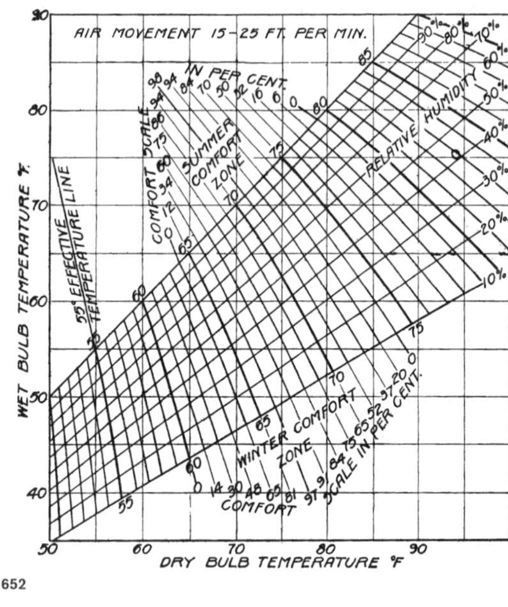

652

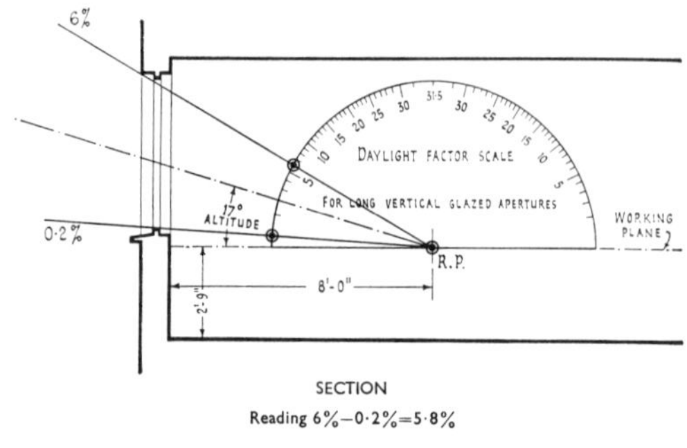

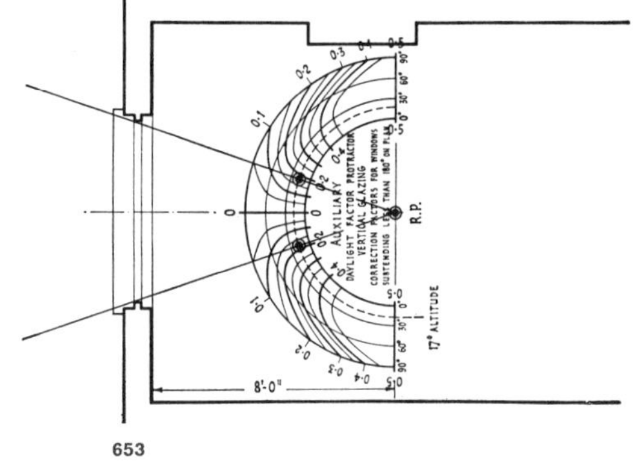

653

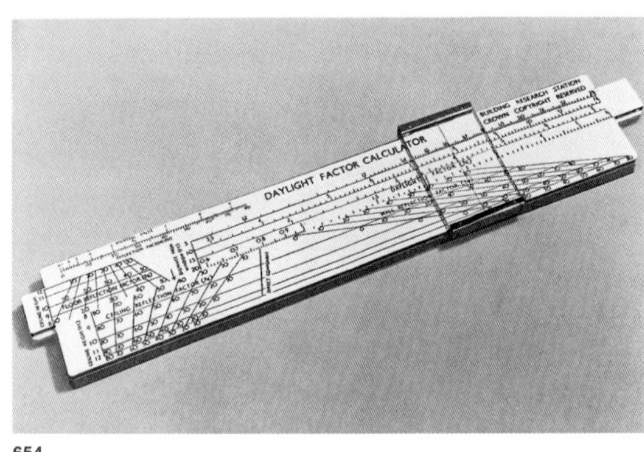

654

在整个20世纪20年代，美国采暖与通风工程师学会实验室的研究工作一直在持续，目的在于确定不同人认为的“较舒适”或“较难受”的温度和湿度的范围。

尽管人们认识到，空调系统可以带来一个受控的内部氛围，然而对于它会创造怎样的环境，人们意见不一。工程师是否应该努力再现海边沙滩或避暑山庄的氛围？人们普遍认为海滩上的潮汐制造了臭氧，这就是为什么海风如此健康和令人振奋。到了20世纪20年代末，美国采暖与通风工程师学会的成员提议在学会刊物中禁止使用“新鲜空气”（fresh air）这一词汇，因为它被认为提倡自然通风，取而代之的是“室外空气”（outside air）这一词汇。一些不择手段的承包

652. 美国采暖与通风工程师学会发布的“舒适区”图表，1922年。
653. 英国建筑研究所设计的天空系数量角器。
654. 英国建筑研究所设计的采光系数计算尺。

商令这一问题更加混乱。他们安装的通风系统能够提供冷风但无法进行湿度控制；他们还声称这是完全调温。为了弥补湿度控制功能的缺失，空气速度被提高以增大风寒系数，这导致了电影院观众因脖子僵直和腿脚冰冷而怨声连连。1931 年 12 月空调领域期刊《高空气象学家》（*The Aerologist*）的封面反映了关于如何在空调与自然通风之间做出选择以及实现两者的不同方法的各
651 种激烈争论。直到今天，这一争论仍在继续。

尽管饱受争议，空调或许多人所谓的“人造天气”（man-made weather）的确稳固了自身的地位并继续在美国广泛推广。在 20 世纪前 20 年，在工厂内安装空调系统非常普遍。随后在 20 世纪 20 年代、30 年代，空调系统推广到电影院、剧院、酒店以及大型企业的建筑。在 20 世纪 30 年代初期，许多公司开始凭借小型独立式室内空调设备抢滩国内市场，这些空调设备是如今普遍存在的空调挂机的前身，它们提供了一种简单的方法来改造未安装中央系统的建筑中的空调设备。对于商业地产房东而言，挂式空调系统意味着每位租赁办公空间的租户都能够享有空调，但费用自理。空调成为了美国在第二次世界大战后建筑业繁荣发展时期商业办公场所的唯一标准特征。每个大城市出现了类似的状况：一旦安装空调的办公楼的比例达到大约 20%，其他办公楼不得不紧随其后，以防止它们的租客转租更好的办公场所。纽约和费城在 1953 年达到这一数值；随后，所有的新建办公楼都设计并加装了空调。

以现在的观点来看，能源成为了全球普遍关注的财政与环境问题；令人惊讶的是，在 20 世纪 60 年代之前，人们对减少建筑物运作所需能源的努力少之又少。唯一的例外是对于热泵的利用。热泵这种装置最初是由英国物理学家威廉姆·汤姆森（后来称为开尔文勋爵，Lord Kelvin）在 19 世纪 50 年代构思的。它从本质上来说是一个可逆的制冷装置：它从低温源（如河流）获得热量，在高温下将其泵入建筑物中。在夏季，它从建筑物的内部汲取热量，然后将其转移至相对低温的河水中。这为建筑业主带来的好处在于，泵出该热量需要的能源不足转移至或从建筑物中获得热量的一半。这是装置能够在超过 100% 效率时有效运作的罕见事例。托马斯·格雷姆·尼尔森·霍尔丹（Thomas Graeme Nelson Haldane，1899—1981）实施了可能是第一个工作热泵安装项目。他是一名咨询工程师，后来在 1948 年当选英国电气工程师学会的主席。在 1928 年，霍尔丹通过一台实验机为他在苏格兰的住宅和在伦敦的办公室供热。到了 20 世纪 30 年代，据报道，美国的家用热泵数量超过了 50 台 。1931 年，南加州爱迪生公司（Southern California Edison company）在位于洛杉矶的办公室安装了一个 800 马力蒸汽压缩制冷系统，该系统在冬季仍然可以作为热泵使用。在 20 世纪 40 年代的瑞士，热泵被用于许多区域的供热系统中，“苏黎世城镇大厅”（Zurich Town Hall）是通过热泵实现冬季采暖与夏季制冷相结合的第一个大型建筑。1951 年，伦敦的“皇家节日音乐厅”（Royal Festival Hall）安装了一个类似的系统。该系统从冬季的泰晤士河获得热量，使用泰晤士河作为吸热设备用于夏季制冷。尽管这些系统有着高效率的技术性能，但热泵从未获得普遍推广；这部分是由于热泵难于保养，但更多的是因为它们额外的资本费用和燃料价格。

照明

建筑物的内部空气质量是两次世界大战期间美国人普遍关注的对象，有时也会受到其他国家的关注；这是因为空气质量对于人们的舒适度有着直接、可感知的影响。不断发展的采暖与通风工业在提供温控建筑环境方面有着巨大的经济利益。内部环境的另外两个工程领域的发展（照明与音响）则均未达到同样的程度，因为这两个领

域的需求不那么强烈，且承包商能够获得的利润较少。

19 世纪末之前，以获得充足的室内采光为目的的窗户设计一直都是一个以经验为基础的过程。部分原因在于没有便捷的途径测量光照强度，且对于人们需要多少光照，尚无互相认可的数据。这一情形在世纪之交出现了转变。当时，德国、奥地利、英国和美国的科学家开始怀疑学生视力问题与光照等级之间是否存在联系。到了 1920 年，许多国家规定了不同类型房间内需通过日照或人造光源实现的最低光照等级。1896 年，英国电气工程师亚历山大·特罗特（Alexander Trotter，1857—1947）定义了“采光系数”（daylight factor）来评估屋内最大可用光照的比例。计算这一比例需要复杂的三维几何运算以及对于墙面和天花板反射光线的分析，而这些运算和分析并非轻而易举。为了帮助设计师，英国建筑研究所的
653 科学家开发了自制量角器和列线图，能够在建筑图纸的基础上预估采光系数。他们同样制作了一
654 个专用的计算尺。

直射阳光对于建筑物的影响（相邻建筑物的阴影和透过窗户的太阳光）与室内的采光等级同样重要。为了评估照射在建筑物上以及通过窗户照射进房屋的直射阳光，建筑研究所开发了一个简单精巧的装置，称为“日影仪”（heliodon）。该装置可以模仿一天中任何时段太阳光的投影，也可以通过设置调查地球表面任何位置建筑物的光照情况。它帮助设计师看到了建筑物经历的完整的遮荫情况，使设计师能够迅速确定一天中阴影的时段。在这些时段，计算光照比例的三维几何运算过程过于枯燥，以至于在计算机发明后才得以进行。

围护结构

人们越来越多地认识到建筑物提供良好采光的重要性，这也对建筑的施工产生了影响。具有遮光性的混凝土并不受到许多建筑师的欢迎。德国在 1908 年开发了一种方法，打破了这一局限。该方法将玻璃条嵌入钢筋混凝土板材或壳体屋面中，制成称为“玻璃混凝土”（glass concrete）的材料。这一材料在 20 世纪 30 年代流行一时。在 20 世纪初期，玻璃技术显著改善，带来了更高的质量、更大的尺寸和更低的价格。J.H. 吕贝尔斯（J.H. Lubbers）的玻璃制造工艺起步于 1905 年的美国，能够用于制造尺寸为 8 米 ×1.6 米的单层玻璃。大约同一时期，比利时工程师埃米尔·富柯尔特（Emile Fourcault，1862—1919）成功开发了工业规模制作拉制玻璃的连续过程。从一桶玻璃液中提起一条玻璃带；一旦玻璃固化，可以将玻璃带切割成若干独立的窗玻璃而无须中断拉制过程。由英国皮尔金顿（Pilkington）公司开发于 20 世纪 50 年代的现代浮法玻璃工艺彻底改革了玻璃制作工艺，进一步增加了玻璃的尺寸，提高了玻璃的质量，并降低了相关成本。

彻底变革玻璃使用方式的因素并不只有成本与数量。工厂里常规的平板玻璃相对脆弱、易碎。为了减弱其易于损坏的特性，大型建筑物立面使用的玻璃常采用叠层玻璃或钢化玻璃，或两者同时使用。第一个叠层“安全玻璃”包含了一层透明的“赛璐珞”（Celluloid），上下采用两片玻璃板压制形成三明治模式；它由法国化学家爱德华·别涅狄克特（Edouard Benedictus）开发于 1910 年，用于制造汽车挡风玻璃，随后应用在建筑领域。多层平板叠层玻璃屏幕诞生于 20 世纪 30 年代，而沿用至今的层压材料聚乙烯醇缩丁醛（PVB）开发于 1940 年。钢化玻璃由法国公司“Saint-Gobain”开发于 1930 年前后，用于制造汽车挡风玻璃，并很快应用在窗户与建筑物外立面上。此种玻璃采用空气喷射的方式快速冷却热玻璃板外表面进行预拉伸。随着整个玻璃部分冷却，外表面由于内部拉力的作用产生受压凹陷，从而防止玻璃表面微型裂缝的扩散。20 世纪 50

655

年代中期，德国公司“Glasbau Hahn”开发了玻璃水泥，使得玻璃构件能够连接形成更大的结构单元，如横梁或硬化大块平板玻璃的散热片。所有这些发展激励了工程师和建筑师将围护结构设计得更为透明。英国全玻璃立面的一个早期案例
655 是欧文·威廉姆斯为诺丁汉一个制靴公司设计的建筑（1930—1932 年）。

透明建筑立面中玻璃的支撑方式与玻璃本身同样重要。如今被称为“立面工程”（facade engineering）的专业学科兴起于 20 世纪 30 年代。当时，许多建筑师、工程师和建造者出于不同的目的努力简化了建筑制造过程。对于某些建筑师而言，预制与非现场生产的过程本身就是一项艺术，就像是勒·柯布西耶的“建筑如同机器”这一观点。法国设计师让·普鲁维的影响力尤为深远。

655. 英格兰比斯顿的制靴工厂“Wets”的大楼，1930—1932 年。工程师与建筑师：欧文·威廉姆斯。玻璃混凝土屋面。

656

他早先作为金属加工艺术的学徒接受培训；在他的整个人生中，作为一名设计师，他一直保持着对于事物如何制造以及如何显现的浓厚兴趣。他开始从事建筑设计，为楼梯间、门、电梯、灯具以及许多其他内部配件制作装饰用铁制品。他后来将注意力转向窗户与围护结构，使用他对于金属加工的知识来构思竖框系统与玻璃棒，用于支
656、657 撑便于制造和建筑安装的玻璃。自 20 世纪 50 年代初期以来，钢铁与铝一直被应用于幕墙系统，其发展主要沿着两个方向：一是“强力支撑系统”（strong-back system），包含直接悬挂在建筑框架上的刚性板；一是“黏着系统”（stick system），要建造一个次级结构来承载玻璃。纽
658、659 约利华大厦是使用第二种类型幕墙的早期大型建筑物之一。

正如第二次世界大战后的许多设计师一样，
660 让·普鲁维热衷于利用铝材某些具体的特性，如它的轻质性、耐腐蚀性以及可压制成面板、铸造成复杂三维形状和挤压形成各种各样复杂横断面的能力。正是铝材这种挤压零件的能力使得它非常 661
适合于制作窗户竖框和立面系统。

声学

如今，我们将双层玻璃窗视为提供有效热绝缘的途径。当罗马人在 1 世纪的某些公共浴池和私人宫殿使用双层玻璃窗时，这的确是双层玻璃窗的用途。然而，首次使用密封双层玻璃窗是在 20 世纪 30 年代的一些非住宅建筑中，包括酒店、公寓楼以及商务办公楼；当时，针对城市街道上越来越嘈杂的交通噪声，密封双层玻璃窗作为一种隔音手段使用。此时此刻，建筑声学在很大程度上是解决房屋间噪声传播问题的方法。当为广播电台设计越来越多的录音室和录音棚时，从根本上消除了此类噪声。尤其具有挑战性的是需要实现录音室操控间的声学隔离，同时保持音乐或节目制作人与表演者之间的视觉沟通。

20 世纪 20 年代、30 年代，当设计录音棚、

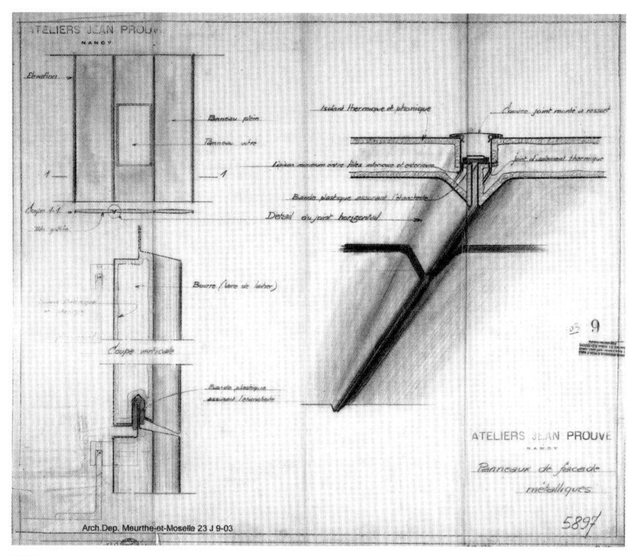

657

658

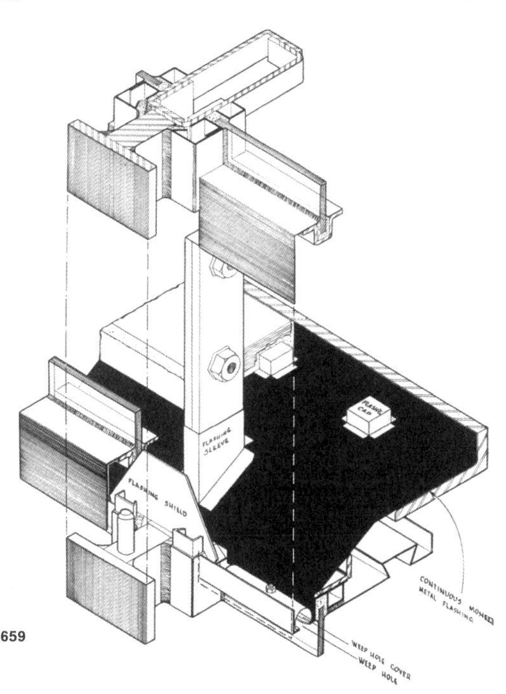

659

660

656. 法国克利希的人民之家，1937—1939 年。让·普鲁维设计的玻璃立面。

657. 人民之家。立面竖框的细节。

658. 纽约利华大厦，1952 年。结构工程师：魏斯科普夫（Weiskopf）与皮克沃思（Pickworth）；建筑师：斯基德莫尔、奥因斯与梅里尔公司（Skidmore，Owings & Merrill，SOM）；设计师：高登·邦沙夫特（Gordon Bunshaft）。

659. 利华大厦。示意图展示了水平竖框与擦窗机垂直轨道的接合点。

660. 巴黎莫扎特广场的公寓，1953 年。让·普鲁维设计的铝制立面。

礼堂与音乐厅时，混响时间可以采用萨宾的方法进行预测；然而在别的方面，声学更多地被强调为一个以经验为基础的过程。大卫·博斯韦尔·里德与W.S. 英曼等人自19世纪30年代以来的著作提供了良好的知识指导，为设计师提供了适当的帮助。这些知识通常是够用的，只要音乐厅采用传统方式建造。然而，在20世纪20年代，建筑师开始试验新的音乐厅布局；而对于这些音乐厅来说，类似的声学设计规则并不适用。有必要依据第一性原理考虑此类空间的声学效果，同时顾及声音可能达到音乐厅听众的不同路径以及直接声音与墙面或天花板反射声音之间的正确平衡。法国声学家古斯塔夫·里昂（Gustave Lyon，1857—1936）是该方面的先驱之一，他在1927
662 年完工的巴黎普莱耶音乐厅使用了上述方法。

众所周知，声音按照直线传播，遇到坚硬表面会像光线一样发生折射；这一现象可以引起声音在音乐厅中的非均匀分布。一些设计师费尽周
663、664 折尝试采用我们现在所谓的“光线跟踪”（ray tracing）技术预测声音传播路径。在电脑出现之前，这意味着费力地绘制线条并调整墙面和天花板的位置与曲率，以实现诸多合适的声音传播路径，并以此避免不均匀声场的出现。1928年，当设计布鲁塞尔的“Henry-le-Boeuf”音乐厅时，建筑师维克多·奥尔塔（Victor Horta，1861—1947）对声学效果产生了极大的兴趣，包括采用光线追踪作为设计工具。奥尔塔拒绝咨询在当时被认为是法国声学设计学派领导者的古斯塔夫·里昂，因为他认为里昂的纯科学方法未充分考虑音乐厅里演奏音乐的实际效果。在针对音乐厅的体积与形状以及天花板的形式做出设计决策时，奥尔塔参观了欧洲与美国的许多音乐厅；他还使用了光线追踪。在20世纪30年代初期，一些德国声学家使用剧院三维模型的光线研究了声波的路径，但这些模型对于考虑不同声音频率、混响时间或声音通过不同路径到达听众的不同次数毫无帮助。

比例模型最初由德国物理学家弗雷德里希·斯潘多克（Friedrich Spandock）于20世纪30年代初期用于分析礼堂的声学性能。通过采用简单的量纲分析来找寻合适的无量纲参数，他表明，房间的声学行为与模型比例成反比；例如，对于一个1:5的比例模型，测试用声音频率需要比正常频率高五倍。他还认识到，有必要保证模型室的空气温度、压力和密度与真实房间内的各空气参数相同，因为这些参数都会影响不同频率声音的传播速度。斯潘多克第一个关注的问题是证实模型测试的确是展示一个全尺寸房间声学行为的一种可靠方式。他接着研究了带有阶梯式座位（提升了音响效果）的礼堂和舞台后半圆形墙面（降低了音响效果，made the acoustics worse）对于声音衰变与声场分布的影响。通过使用扩音器，他在示波镜的屏幕上演示了模型礼堂中声音的衰变，并通过摄像记录了相关结果。在20世纪30年代后期，许多其他院校的物理系开展了类似的研究，证实了在设计礼堂期间使用模型的可行性。

声音科学在第二次世界大战期间获得了预期之外的繁荣发展。当时，声音是定位敌军炮火的基本途径；在开发雷达之前，声音用于探测敌军飞机。由于声音在水下传播的距离大于空气传播的距离，水下扩音器用于探测船舶与潜艇的发动机。其中最复杂的要数声呐的开发。声呐是一种水下雷达，它通过声波反射来探测与定位水下物体，如鱼雷和船体，也可以用于绘制海床的三维地图。“二战”后，水下声波领域的许多专家成为了顾问，为建筑设计师提供声学方面的建议。然而，声音科学的战时发展对建筑设计的转变并非一朝一夕。1949年至1950年，当设计“皇家

661. 美国得克萨斯州达拉斯的共和国国民银行，1955年。建筑师：华莱士·哈里森（Wallace Harrison）与麦克斯·阿布拉莫维茨（Max Abramovitz）。全楼层压制铝板构成了该36层建筑的立面。

661

662

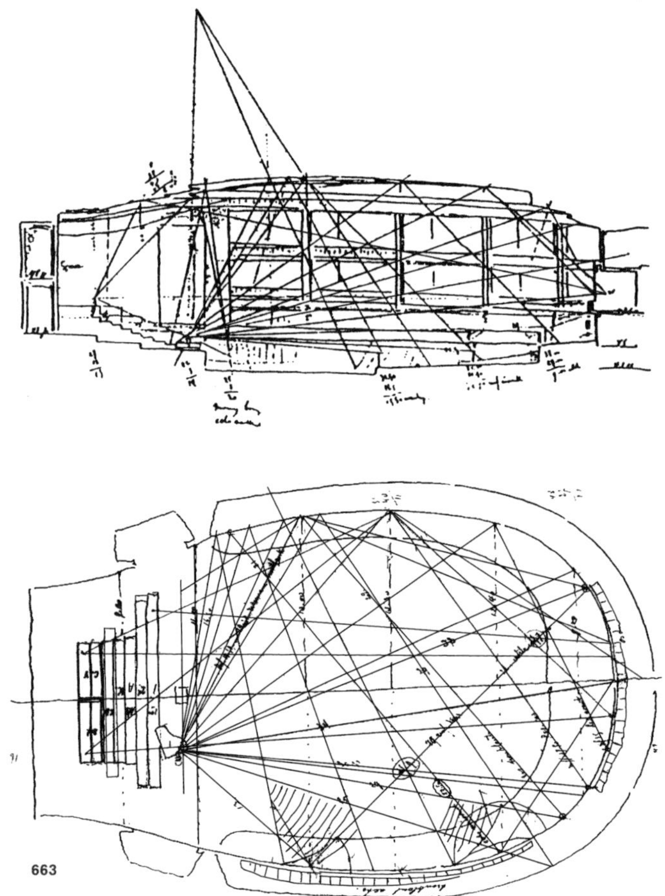

663

664

665

节日音乐厅”时，第一位声学顾问以三十多年的建筑设计经验为基础提供了建议，并同音乐家、乐队指挥、音乐评论家、音乐爱好者及其他具有实践经验而非掌握最新声学发展成就的人进行了探讨。在萨宾的研究之后大约 30 年，唯一的可测量和相对可预测的设计参数是混响时间。但是，不同的顾问对于“节日音乐厅”最渴望获得的混响时间数值提出了不同的建议：有人说 2.2 秒，也有人说 1.7 秒。设计师决定采用 1.7 秒，但结果完工后音乐厅的混响时间仅为 1.5 秒，这在多数人看来都是过短的。声学仍然远未达到精准科学的水平，评估是主观的；一些音乐家和音乐指挥对音乐厅的音响效果感到满意，而其他人则不认同。人们开展了大量研究工作，试图寻找延长混响时间的方法，但收效甚微。随着 20 世纪 60 年代初期进一步的研究，当对音乐厅进行
665 翻新时（据说，“皇家节日音乐厅”是声学历史上“被研究最多”的音乐厅），人们安装了许多扩音器和扬声器来提供“辅助共振”（assisted resonance）。此举将混响时间提高至预期的 1.7 秒，而翻新后音乐厅的音响效果获得了广泛赞誉。然而，音乐世界的品位时刻发生改变。在大量探讨和测试之后，最终在 1995 年达成一致，停止使用辅助共振，但大多数人仍然认为音乐厅的音响效果是非常好的。

1920 年至 1960 年，每个大国的建筑工业都发生了蜕变。实验科学对建筑设计的大多数领域产生了影响；到了 20 世纪 50 年代，大多数建筑的设计和建造跟现在一样。必要时，可以对结构和基础、热性能、通风、音响效果、照明设计、防火安全等开展工程计算。此后，只有经验与科学设计计算发生了改变。新的施工材料（如铝）融入了建筑设计，这是因为人们完全了解了其特性，这与铸铁和钢筋混凝土的初期发展完全不同。当建筑设计超出标准设计流程能够处理的正常范

662. 巴黎的普莱耶音乐厅，1927 年。古斯塔夫·里昂的声学设计图。局部。
663. “Henry-le-Boeuf”音乐厅，布鲁塞尔，1929 年。建筑师与声学设计：维克多·奥尔塔。人工光线追踪图。
664. “Henry-le-Boeuf”音乐厅。
665. 伦敦皇家节日音乐厅，1949—1951 年。声学顾问：菲利普·霍普·巴格纳尔（Philip Hope Bagenal）；建筑师：伦敦郡议会建筑师协会的莱斯利·马丁（Leslie Martin）。

围时，很容易被识别。此类情况下，可以进行模型测试来提高设计师的信心，从而根据提出的设计方案进行建造施工。

1959 年，英国建筑研究所发布了新版的《现代建筑原则》。该著作首次发布于 1939 年，成为了该领域的经典著作。书中设法鼓励建筑设计师将自己所有关于建筑的想法建立在科学原则的基础上，如已成为飞机或大跨度桥梁设计的标准惯例。尽管如此，甚至在 1959 年，许多建筑领域的设计依然采用经验设计规则；这些规则缺乏基础工程科学，或在这些经验设计中，基础科学并非显而易见。书中鼓励使用基础物理学和工程科学来实现防水建筑设计，获得隔热与隔音效果，通过日照和人工光源达到充足的照明，通过控制围护结构温度和湿度变化来避免冷凝问题等。这些设计事宜在整个历史上并无二致，当前许多设计指导与一百年或更多年前存在的设计指导之间差别不大。

特别有趣的是书中未涉及的项目。书中用很少的篇幅讨论了建筑服务或提供舒适性的基础原则，且未提及能源。标题为“隔热的经济性”（*The economics of heat insulation*）的章节开头部分写道：“在一些采暖建筑中，热输入可能受到采暖装置的功率，或业主 / 所有者供热的意愿的限制。在此类条件下，完善的隔热性能可能一定程度上导致燃料消耗的降低，以及在一定程度上提供较高的内部温度；其数值必须将上述两者考虑在内。”[10]书中未提及如何进行建筑物房间的声学设计，尽管书中有章节描述了如何通过隔音处理减轻噪声传播问题。在这些建筑工程的分支中，设计师依然倾向于采取施工后的补救措施，而不是凭借工程科学知识设计一栋建筑并避免问题的发生。书中对于防火方面的描述更为详尽。有一个章节描述了通过建筑设计来减缓火灾的蔓延。然而，书中未提及“防火工程”（fire engineering）这一词汇；该词汇直至 20 世纪 80 年代才出现。

第9章
电脑与
绿色建筑期
1960年至今

人物与事件

1909—1982年，威廉·乔丹（Vilhelm Jordan）

1917—1988年，雷内·萨格尔

1918—2008年，约恩·乌松（Jorn Utzon）

1921—2009年，奥莱克·钦科维奇（Olek Zienkiewicz）

1926—2007年，威廉·勒梅萨里尔（Wlliam Le Messurier）

1926—2009年，海因茨·伊斯勒，莱斯利·罗伯逊（Leslie Robertson）

1929—1982年，法兹勒·拉赫曼·汗（Fazlur Rahman Khan）

1935—1989年，大卫·盖格（David Gelger）

1935—1992年，彼得·莱斯（Peter Rice）

1951—2003年，托尼·菲茨帕特里克（Tony Fitzpatric

1969年，首次载人登月

1973—1974年，“能源危机”导致油价暴涨

材料与技术

1958年，开发了程序评估和审查技术（PERT）

从20世纪60年代开始，建筑中应用纤维增强复合材料

从20世纪60年代开始，建筑中广泛应用聚合物（塑料）

20世纪70年代中期，高强度聚合物膜

20世纪70年代中期，玻璃纤维膜

知识与学习

20世纪60年代开始，分享工程知识的国际会议不断增多

1969年，奥韦·阿鲁普明确表达“总体设计”和“总体结构”的观点

1976年，英国首次出版《科技史》一书

设计方法

20世纪60年代，使用物理模型拉伸结构确定形态

20世纪60年代，不断发展边界层风洞测试建筑物

20世纪60年代，对澳大利亚悉尼歌剧院进行声学相似测试

20世纪60年代，悬挂结构模型用于设计混凝土薄壳（海因茨·伊斯勒）

1964年，第一个大型边界层风洞（加拿大安大略省）

从1972年开始，考虑建筑物能源利用

从1974年开始，结构设计的消防设施

设计工具：图纸、计算

从20世纪60年代，奥莱克·钦科维奇发明了压力分析的有限元法

1960年，发明湿度打印机

1965年，发明干度打印机

1970年，电脑作图

1972年，第一台便捷式电子计算器（HP-35）

建筑

1960年，意大利罗马体育馆

1960年，意大利都灵劳动宫

1960—1973年，澳大利亚悉尼歌剧院

1964年，美国得克萨斯州休斯顿体育馆

1964年，美国芝加哥切斯纳特公寓大厦

1965—1970年，加拿大蒙特利尔1967年世博会德国馆

1970年，美国芝加哥约翰·汉考克大厦

1971—1977年，法国巴黎蓬皮杜中心

1972年，美国纽约世贸中心

1972年，德国慕尼黑奥林匹克体育馆

1973年，美国芝加哥西尔斯大厦（管束）

1975年，德国曼海姆国际园艺博览会展览馆

1960 1965 1970 1975

20世纪80年代早期，立法处理环境问题以及对建筑的影响

1985年，英国南极调查局发现南极周围臭氧层空洞

1985年，索穹顶结构张拉结构（大卫·盖格）

纪70年代末，发展“专家系统”帮助知识管理

7年，调谐质量阻尼器用于防止高层建筑物的摇摆

1990年，用于气压缓冲的四氟乙烯透明胶片开始普及

20世纪80年代，开始发展知识为基础的“专家系统”来储存工程设计知识

1985年，英国建筑史学会首次出版《建筑史》

2003年，西班牙马德里召开首次建筑史国际会议

1985年开始，考虑环境对建筑的影响

1986年开始，使用电脑模型进行整体构造

20世纪90年代，电脑对光进行直观化（运用光线追踪）

20世纪80年代，建筑物内极速的空气流可用盐水进行直观化

20世纪90年代，通过计算流体动力学（CFD）进行气流和气体检测

20世纪90年代，运用电脑进行膜结构的整体构造

纪70年代中期，台式个人计算机

纪70年代后期，静电/激光打印和复印

5年，用视频显示装置进行交互式作图

7年，可视计算：第一台计算机电子数据表项目

1990 年，计算流体动力学(CFD)

1980年，电脑3D模型

1977年，美国纽约花旗银行中心

1984年，日本神户世界纪念馆（攀达穹顶系统）

1990年，法国巴黎拉维莱特科技博物馆

1990—1997年，法国巴黎戴高乐机场2F航站楼半岛酒店

1986年，韩国首尔汉城奥运会体育馆

1988年，中国香港中国银行大厦

1988—1992年，西班牙塞维利亚未来展馆

1991—1993年，津巴布韦哈拉雷东门大厦

1999年，英国伦敦千禧巨蛋

1992年，日本东京世纪塔

1992年，日本出云穹顶

1980 1985 1990 1995 2000

电脑与绿色建筑期
1960年至今

20 世纪后半叶，工程设计和制造需要的许多日常用品出现了显著的变化，主要是新材料，尤其是塑料的发展。固态电子学也取得了进展，首先是晶体管，其次是集成电路和微芯片。家用电器、汽车、玩具、船只和飞机与 20 世纪 60 年代的设计看起来大相径庭，而且制造方式也不同。建筑物的情况则不同，大多数建筑物的制造方式几乎与中世纪时期相差无几，采用的材料也相同。明显的区别不是技术方面，而是建筑和风格方面。一般来说，例如现代建筑会更有效地利用资源，在使用材料方面更节能，用能源加热和冷却时更高效。因此，当今的建筑物与 1960 年左右的建筑物之间主要的区别在完工时完全看不出，而是体现在设计阶段预测建筑工程性能的程度和准确性。这种进步可以归结为两件事情的功劳：整合设计过程中的相似模型以及计算机的发展。综合这些，可以帮助建筑工程师创建建筑物不同部分和工程系统的数学模型。因此，有可能对建筑物的性能进行建模——不仅仅对其结构性能，还对建筑的热能、照明、空气质量、声学和消防安全性能等方面。

计算机对建筑工程设计的影响非常大，因为每个新建筑物都是一个单独原型——只有一次机会把大楼建好。在这种情况下，最明智的做法是依赖先例，换句话说就是大概按照以前设计的方案开展。这与大规模生产产品形成了鲜明的对比，如制造汽车、机械、电子设备，会生产和测试许多原型，而且常常毁掉原型。每个原型都会吸取上一个经验教训，在最终设计完成之前，不断提高性能，然后投入大量生产。在建筑行业中，运用这种方式开发产品的一个罕见例子就是 19 世纪初期发展用最经济的方式铸铁梁。另外，运用相似模型是进行调查和改进原型的唯一方法，但是这种模型测试需要大笔费用，导致这种方法受限。计算机虽然能帮助工程师进行数学建模，研究比较许多的设计方案，但费用上仍然受限，而且建造复杂的计算机模型会花费几周甚至几个月的时间。

20 世纪后半叶，对建筑物的外观最有影响的就是结构因素，主要运用计算机进行结构性能建模。正如结构工程师率先使用相似模型一样，他们也是建筑工程学中第一个将计算机运用到工作中的。比如澳大利亚悉尼歌剧院（1957—1973 年），德国为庆祝曼海姆花园节（Mannheim Garden Festival）建造的木材网架展览馆（1957 年），美国科罗拉多丹佛国际机场的拉伸膜屋顶（1994 年），没有计算机模型的辅助，不可能设计和建造这些建筑物。

666. 阿里斯托计算尺，1965 年。包括重对数图尺。

667. 第二代科塔计算器，1950 年，产自德国。科特·赫滋斯达克（Curt Herzstark）发明的机械计算器。

668. 梅赛德斯里电子机械计算器，1940 年，产自德国。

669. HP-35 计算器，1972 年，惠普设计生产。

20世纪后半叶，建筑构造方面取得了科技进步——开发利用新材料，制造和生产工艺新方法，分析和计算的新手段，继续从其他行业（主要是汽车、航空、石油业）的发展中获益。比如，航空领域中开发的纤维增强塑料现在应用到数千种建筑产品中，汽车挡风板的高强玻璃直接改进了建筑外围用到的玻璃。军事和航空业开发的“系统方法”应用于建筑工程中，这相对不是很明显，该方法注重整体系统而非单个部分。最重要的是，军事和航空业中计算机的发展。

计算机对建筑工程的影响

“二战”期间，英国发明了首台可编程电子计算机“巨人”（Colossus），用来帮助位于伦敦附近，布莱切利公园（Bletchley Park）的英国情报中心破译德国传播广播讯号的密码。“巨人”计算机于1943年由汤米·弗劳尔（Tommy Flowers）——一个在英国邮政工作的电子工程师领导的队伍设计组装。这实现了大约6年前阿兰·图灵（Alan Turing）——英国情报中心约数千名破译者之一的一大设想，即数据可以通过提供一系列的运行指令而操作，现在众所周知这叫计算机程序。这台机器的存储器和处理器有超过1500个热离子阀，数据和程序通过带二进制码孔的纸带进入机器。第一台计算机于1944年1月开始运行，十多台机器快速投入使用。尽管阅读速度受限于一分钟5000个字符，但是“巨人”计算机能够自动进行100个统计数据计算，仅仅几个小时内破解每个编码信息，而这个过程以前却需要一组人花费数周才可以完成。

20世纪50年代后期，结构工程师开始首次运用计算机，这主要在三个方面改变了建筑设计工程师的工作：计算性能、制作图纸和运用数学模型预测性能。起初，人们认为计算机主要的优点在于准确和计算速度，但是很快就看到，计算机能够用新的输入数据执行一次又一次相同的计算——这个迭代过程更为重要。

计算

直到20世纪70年代早期，工程师最频繁运用的计算工具仍然是计算尺。尽管许多工程师用圆形计算尺，一些更喜欢用精准到小数点后四位数的圆柱形计算尺，但是大多数设计师用250毫米标准的阿里斯托（Aristo）或菲伯尔（Faber- 666
Castell）计算尺。这种计算尺精准到小数点后三位数，而且足够应用到绝大多数建筑工程的计算中。工程师用这种精准度的计算尺开展工作，是因为他们认为更高的准确性没有什么必要，或者是更加精准太费时费力了。

圆柱形计算尺相当于大约12米长的线性标尺，可以增加准确性，达到小数点后四位或五位数。当需要更准确时，可以用像科塔（Curta） 667
计算器这种可以达到小数点后十位数的机械计算器。我们也可以使用电动机驱动的机械计算器， 668
但它们只能执行加法、减法、乘法和除法运算。当涉及对数、平方根、立方根和所有三角函数的计算，而且必须用精准度大于250毫米（10英尺）的计算尺提供的精确到小数点后三位数时，仍然要用打印函数表。但这些却没有精确到小数点后十位数。

1970年至1971年，工程师才开始用第一代电子桌面计算器，但是这些计算器非常昂贵（超过1000美元）且只能进行数学计算。直到1972年，电子计算器的价格下跌，工程师虽然买得起这种计算器，但是计算尺和机械计算器依然应用得十分普遍。第一台便捷式计算器是惠普HP- 669
35，它能够处理比如对数和三角函数，且运算精确到小数点后十位数，1972年首次以495美元的“可接受的”价格出售——这相当于现在的

5000 美元。它的广告是“快速，极其准确的电子计算尺”。HP-35 及其下代产品因运用“反向抛光逻辑”（reverse-Polish logic）而出名，这需要在上面输入两个数字之后，输入操作键（+，–，×，÷），没有必要用“=”号。按照现代的标准，HP-35 非常慢。即使运行简单的计算，比如 sin30° 或者 3^5，也要用至少 1 到 2 分钟。不久出现了其他的模式。到 1975 年，基本科学计算器价格已经跌到原始型号的 1/10 了。几乎一夜之间，计算尺对于大多数工程计算来说已经过时了。

20 世纪 50 年代后期，开发了最早的计算机程序用来解决建筑工程方面的问题，主要是由大学研究人员开发，他们可以运用主机计算建筑物结构中的压力、弯曲力矩和变形量。与此同时，工程师写了许多相对来说不是很复杂，却有用的程序解决定期出现的简单计算问题，例如结构部分的性质，包括面积、重心和第二次矩（I 值）。这种程序帮助工程师解决曾经出现的问题，并且可以根据已有情况的具体数据，多次得出解决方案。从这一方面来看，计算机正在进行与 20 世纪初开发的诺模图相同的过程。而且，计算机的潜力巨大。

计算机执行快速重复计算的能力使其适用于两种不同类型的解决方案。其一是同时计算大量的方程式——尤其适用计算针式平面桁架中的力和变形量。其二就是迭代，它允许使用一系列更接近正确答案的估算来计算复杂的数学函数。这实际上指的是计算机如何在需要时计算三角函数。正弦和余弦函数可以表示为无限运算序列，却不能精确计算。然而，通过计算该系列中的足够数量的项，可以计算诸如 sin30° 的值且达到足够精准（例如十位有效数字）。当处理表示结构特性的更复杂的函数时，例如框架建筑中的梁和柱的变形量，使用结构分析方法可以快速得出精确的答案。20 世纪 30 年代，哈代·克罗斯开发的快速融合技术一直是力矩分配法的一种特别简单的形式，而且很容易将他的方法应用到计算机中。

到 20 世纪 50 年代后期，使用这两种计算方法，复杂的桥梁结构，包括可变截面桥梁和混凝土桥板都可以分析出来。然而，设计工程师使用电脑是一种不切实际的做法，因为计算机太昂贵了，不能纳入大多数工程预算中，即使工程师可以使用计算机，他们也缺少编程技能，没有时间学习使用计算机。为实践工程师提供新技术的手段与 17 世纪发明对数以后采取的那些方法基本上大相径庭。计算机技术人员为实践工程师准备所需要的表格，实践工程师又产生了设计表，其中包含解决具体设计任务所需的数据。

事实上，计算机发展的阶段远比预期的要快很多。大型计算机公司开发的主机计算机适合军事和航空工程师使用。设计工程师可以使用自己开发的编程语言，不再需要驱动计算机应用程序的复杂二进制代码。到 20 世纪 60 年代早期，大多数的航空工程师对主机计算机非常熟悉，在两种编程语言——公式翻译程式语言 [FORTRAN，源自美国国际商用机器公司（IBM）的数学公式翻译系统] 和算法语言（Algorithmic Language）中，他们学会运用了其中一种编程语言编写程序。此时，计算机程序和数据都是通过手写完成，然后给抄本员，他们会使用机器将代码存储在穿孔纸带或穿孔卡上，每张卡上出现一行程序或数据。在他们检查打字错误后，穿孔卡传送到计算机中。这个过程按照计算机管理程序的时间表运行，并不适合设计工程师用。因为工程师可能会等待超过一天的时间才能看到计算结果。计算机程序的输出只能以字母数字形式提供（没有图像），最多或许可以在数百张扇纸上打印 132 个字符的长度。这是一项枯燥冗长而又容易出错的过程，遗漏一个逗号或句号就会导致整个程序失败。不幸的工程师可能会收到一张告诉他程序“无法编程”的表，或者当子程序没有收到停止重复计算的指令时，会生成数百份乱码或空白纸。

20 世纪 60 年代，这个过程快速发展。那时工程师可实现用键盘终端直接将程序输入电脑中。整个程序也可以在终端打印，以便在程序运行之前检查错误。然后工程师将指示电脑运行程序，程序将加入序列中，工程师会在几个小时之后或者是第二天得到结果。

到 20 世纪 60 年代早期，计算机程序才能解决具体问题，大型建筑工程实践建立了一套程序组用来设计例如钢筋混凝土制成的立柱、横梁和板坯等共同构件。这些程序是有专门用途的，并不适用于其他工程实践。然而，许多大学研究团队的目标是开发可供所有人使用的一般结构分析程序。最早的一个程序是在美国国际商用机器公司主机计算机上运行的STRUDL(结构设计语言)，它是麻省理工在 1965 年和 1966 年开发的。从 20 世纪 60 年代起，随着世界各地的建筑工程师都想在越来越获益的软件市场占有一席之地，结构分析方面的程序迅猛发展，而且复杂程度也在稳步提升。

然而，使用主机计算机的周转时间缓慢，这意味着即使对于 20 世纪 70 年代的工程师来说，他们仍然继续使用计算机前时代的计算工具进行 671 简单和重复的设计计算，例如用计算尺计算钢筋混凝土中钢筋的大小和表示日光因素的诺模图。

在 20 世纪 70 年代中期，工程师与计算机之间通过直观显示部件进行交互和直接编程，是很普通的现象。第一个商业电子制表程序——可视计算(VisiCalc)是苹果公司在 1979 年开发出来的，对于新一代那些不需要知道如何编程的计算机用户来说，它可以进行重复性计算，例如涉及审计和其他类型的财务分析的计算。

电子制表程序可以让用户快速、轻松地更改数据，并在屏幕上看到变化结果。然而，出于各种原因，多数工程师很晚才在个人计算机上运用电子制表软件。工程师们能够自己编写大型计算机程序来执行简单或特殊的计算，并且他们通常使用定制的技术软件进行，例如框架中的力或空调系统中的空气流量这种特定的计算。此外，尽管苹果公司开创了视觉方法计算的先河，但是工程师普遍使用的却是美国国际商用机器公司的个人计算机，而不是苹果公司生产的计算机；最后，早期的电子制表软件主要针对金融用户（仅限算术功能），并支持少量的科学功能。从 20 世纪 80 年代末开始，工程师开始使用台式机或个人电脑，学习和利用电子制表软件的功能。

为了达到计算尺精确到小数点后三位数的效果，工程师必须对实际建筑物的特性进行许多近似和简化过程。实际上，工程分析的艺术是将高度复杂的工程系统降低到一系列可以进行分析但不会严重影响预计工程性能准确性的简化系统。虽然计算机没有消除对近似值的需求，但是它们肯定启用了更多复杂的计算。例如在建筑工程领域，可能会分析复杂的超静定结构，这些结构需要许多联立方程才能解出来，不能把这样的结构近似看成一系列简单静定结构。计算机计算的速度意味着现在可以多次分析相同的问题，进行微小的改动（例如改变大型屋顶结构部件的尺寸）以测试这种变化对结果的影响。因此，可以通过计算和比较许多替代方案来获得最佳解决方案，例如用最轻的重量或最低的成本设计结构。 672

迭代计算方法构成了“有限元法”（finite element method）的基础，虽然该方法是在 20 世纪 60 年代产生的，但实际上，现在它是适用于任何工程分支的通用计算工具，以流经建筑物结构的热量为例可以很好地说明。首先，建筑构件， 673 无论它的几何构造是什么样的，都被分成大量有限尺寸的具体成分，这将有限元法与微积分区分开来。其中材料被认为是由无穷小尺寸的元素组成的连续体。每个元素具有相似的几何形状，例如三角形，元素越小或网格越细，最终的结果越

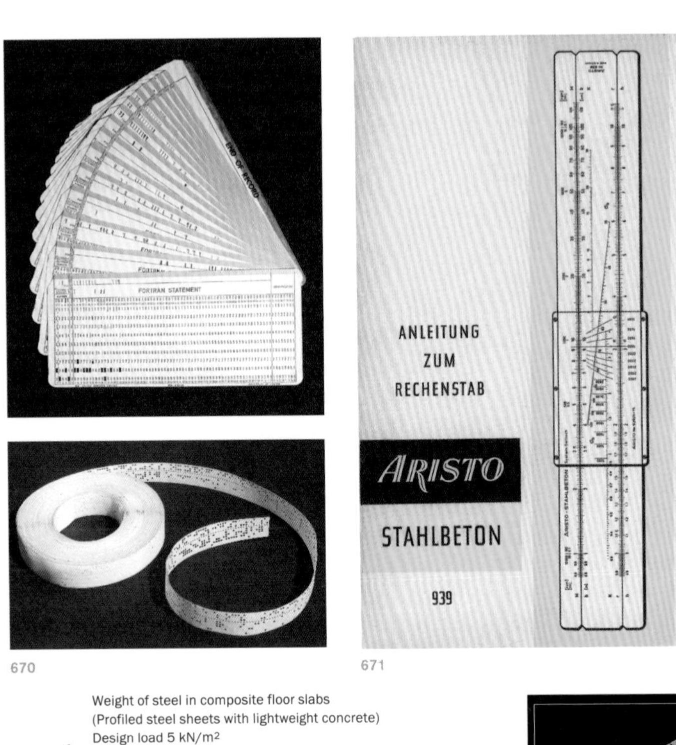

670 671

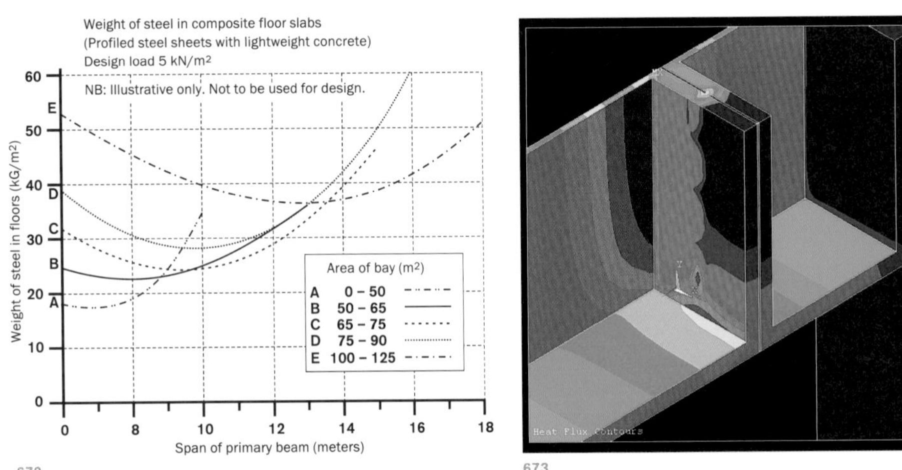

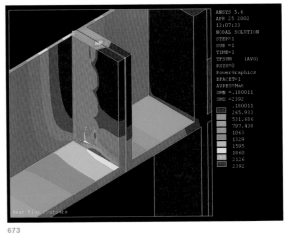

672 673

670. 穿孔卡（上面）和数据带（下面）用于存储电脑数据，20 世纪 60 年代。

671. 阿里斯托计算尺 939，1970 年。用来计算混凝土钢筋尺寸。

672. 展示了梁和楼板长度范围与地板结构的重量的关系，20 世纪 70 年代。图表可展示最小值或最优值。

673. 计算机屏幕展示了运用有限元模型分析经穿过建筑物结构的热量，2002 年。不同的颜色代表不同的温度。

准确，可以容易地分析单个元件上的热流，因为它仅取决于材料的热阻和元件的不同边界之间的温度差。然后可以将一个元件上的热流计算的结果作为相邻元件的热流输入。在进行了数百万次相似的计算之后，最终计算机可以计算建筑部件内部每个点的温度（即每个有限元的边界处），从而计算通过部件的总热流量。这样的方法不用到计算机显然是不可能完成的。

众所周知，英国工程师奥莱克·钦科维奇被视为“有限元法之父”，他在威尔士斯旺西大学（University of Swansea）工作，将整个学术生涯投入到了研究材料压力的影响之中。20世纪60年代初，他发明了基础数学，可以用来计算坝或压力容器等材料内部的应力。有限元分析很快用于航天业中，设计涡轮叶片这样的高应力部件，达到了替代使用光弹应力分析的目的。有限元法分析大约在1970年首次用于建筑行业计算内部应力。从那时起，钦科维奇和其他许多工程师已经推广这种方法来分析三维应力，并将其应用于许多其他的现象中，包括土壤的水流、建筑物内的空气流动、撞击建筑物的风力和大火中烟雾的流动。工程师现在可以进行建筑工程任何领域中，几乎难以想象的复杂且有难度的计算。理论上，这意味着工程师现在可以对建筑特性从工程方面进行建模和预测。实际上，还存在着许多局限：当创建计算机模型时，所有的模型只是和过去假设的差不多，这些假设和计算机时代以前一样，适用于工程判断。大多数经验丰富的工程师仍然认为计算机分析的结果可以很好地指导现实世界的未来事件。但像天气预报一样，绝对不能依赖这种方式。

从计算机辅助绘图到三维建模

20世纪60年代，航空和其他军事领域开始使用计算机绘图，该过程包括使用*x-y*坐标的二维空间。计算机输出结果直接传到笔式绘图机上。由于开发绘图软件可以合并更多的功能进行计算，所以它可以执行比如找到两个表面之间的交叉线这样典型的绘图任务——例如球体和圆柱这样的物体表面。也可以计算工程师直接用到的结果，例如计算物体的重心位置或结构部件的面积的二阶矩。

20世纪70年代期间，用于描述使用计算机绘图的术语，从“计算机辅助绘图”（computer-aided drawing）或“草图”（drafting）变成了“计算机辅助设计”（computer-aided design），但是两者的缩写都是“CAD”。10年以后，不用键盘，使用诸如“光笔”（light pen）这样的指向设备就可实时地将信息输入计算机中，输出的同时直接显示在视频显示装置（VDU）上。由于加入电子制表程序并且通过提供指令获得即时反馈，这样运用安装计算机辅助设计软件的视频显示装置（VDU）就可以让用户执行对于设计过程至关重要的“假设分析”（what-if ）。

20世纪80年代末期，图形软件从二维变成三维，发生了显著的变化。“过程”不仅是简单的绘画或设计，而是“建模”（modeling）。这种比喻非常明确——工程师用计算机建设现实生活中物体的三维模型。

几乎在同一时期，科学家和工程师在编程时，也开始使用“建模”这个词来描述他们创建的东西。他们不再编写计算数据程序，而是建造一种数学或计算机模型，模型涉及现实生活的许多方面。这种模型常常是几何形式。随着工程软件的开发，建筑物的几何计算机模型和代表其工程特性不同方面的模型之间的联系越来越多。计算机屏幕现在可以展示出建筑物结构的图像，其中每一部分都会“附加”建筑物的结构和材料性能。屏幕上的画面不仅仅是图像——实际上还显示出物理特性，就像物理模型展示的一样。

现在可以对虚拟世界中的模型结构应用负载，然后对计算出的负载和显示在屏幕上的图像进行结构响应。工程师还可以进行假设分析来调查改变模型参数的不同结果，从而建立对“计算机模型的行为”的理解，就好比物理模型一样。实际上，当今的计算机运行迅速，输入数据就可以产生并显示许多连续反应的图像，实时产生运动幻觉。而这样的序列给人以电影动画的感觉，它们不仅仅是动画，还展示了虚拟世界中工作模式的工程行为，代表了现实中的工程行为。当高层建筑物面对风力或地震的负载，或火中蔓延的热气时，展示其动态响应的序列特别壮观。

工程系统方法

20 世纪下半叶，工程师不再考虑单个部件的设计，而是开始从部件的特性开始思考，概括来讲，就是考虑如何把部件形成更大系统的一部分。这就是我们所知的“工程系统方法”。

工程系统这一想法起源于军事工程，尤其是在 20 世纪 30 年代后期的英国以及“二战”期间和“二战”后英美两国的防空事业。当时，“系统”这一词已经用于航空和汽车业，用来描述飞机和汽车的不同功能元件和引擎燃油系统、制动系统、冷却系统、润滑系统等。20 世纪 60 年代，美国国家航空航天局系统工程手册把“系统”一词定义为“一组相互关联的组件，有组织地彼此交互以达到共同目的”。

在涉及许多工程师的高度复杂的项目中，每个工程师都倾向于过分关注自己的任务，这样就不会考虑到该组件作为整个项目的一部分的作用。系统方法帮助项目经理和工程师改变这种狭隘的做法。对于美国国家航空航天局和许多其他机构承担的重大而复杂的项目，系统工程服务着眼于大局，但不会忽视细节；它保证对最终产品，包括其内部和外部操作环境（换句话说，系统视图）绝对的关注，达到除了日常项目需求（系统目的）以外，客户对产品一致的期望。

在建筑行业，普遍使用“系统”一词与首次 674
使用计算机建模大约在同一时间。两者已经联系得越来越紧密。实际上，一个建筑物系统包括计算机建模或代表的建筑物特性。建筑物的结构系统由计算机模型表示，可以分为垂直承载系统、水平承重系统、风力支撑系统等。

建筑系统的工程模型有如下几个组成部分：

· 建筑物的几何形状和建筑构件的模式；

· 描述系统特性的工程学数学表示：负载下的梁的偏转，通过建筑表面的热、光、水蒸气或声音等；

· 建筑元素的工程性质：如材料的刚度或导热系数，音乐厅天花板或观众的声学反射率和吸收率，以及水泵的容量和效率；

· 系统的输入：结构上的负载，人、计算机或太阳能增加的热效应，一定强度的火灾，电梯电机的供电量等；

· 系统的输出和反应——其“特性”。

公平地说，建筑业尚未完全接受系统方法的理念。然而，在过去二十多年中，“建筑系统”（building system）一词已成为大多数工程师语言的一部分，越来越多先进的企业把重点放在关注客户的整体需求上。未来几十年无疑会看到在建筑项目中广泛采用系统方法，特别是大型和复杂的项目。

系统视图在工程中的另一个体现是对建筑项目建模，建成一系列需要完成项目的活动——我
们现在把这称为工程规划。这起源于甘特图表， 675
“一战”结束后，贝利恒钢铁公司用其为美国海军建造船只，在这之后，它很好地应用在建筑行业。然而，甘特图表仅显示工作活动的持续时间和顺序，并没有显示相关活动之间的逻辑关系。“程序评估和审查技术”（program evaluation

and review technique，PERT）是美国海军在1958年开发的计算机工具，帮助管理其北极星潜艇计划，这显示了相关活动之间的联系。通过这种方式，可以确定一个没有空闲时间或“浮动”（float）的相关活动链。这条活动链中出现任何延迟或超支将导致整个项目的超支。这种系列活动通常被称为“关键路径”（critical path），从而产生了程序评估和审查技术，这是关键路径方法（CPM）变称。关键路径方法非常适合在计算机上运行，到20世纪60年代末期，该方法广泛地用于帮助管理大型建筑施工项目。

新材料

20世纪后半叶，大量新材料（主要是上百种高分子聚合物或普遍称为塑料的材料）发展，对于建筑工程产生了重要的影响。塑料在建筑方面应用广泛——比如家用交流电源插头与插座、开关和绝缘器，窗框，透明聚碳酸酯（替代玻璃），气体、冷热水、污水和雨水管道以及小部件安装和表面装饰等。

和科技上最先进的技术一样，塑料等其他新材料也是首先在航天和军事领域开发出来，并通过我们常常称为“技术转让”（technology transfer）的过程引进到了建筑领域。其实并没有一个“技术转让”的深思熟虑的过程；思想和技术从一个行业到另一个行业的迁移通常是通过正常的商业和其他人类活动进行的。一旦组织已经完成军事项目研究，他们就会寻找机会在新市场上销售自己的产品和技能。当高级技术工程师被解雇，他们便去其他地方找工作，这造成航空航天和军事行业每况愈下，建筑业却从中直接获益。这个现象并非罕见。例如，维特鲁威在退役后，进入了建筑行业，许多文艺复兴时期的军事工程师在和平年代都在从事民用工程项目。

虽然近10年开发的很多新材料对建筑物及其部件的影响很大，但大多数情况下，建筑设计工程师日常的工作没有发生根本的变化。首先，新材料很少对建筑系统展现形式产生根本的影响；其次，即使当新材料确实影响建筑系统的特性时（例如高强度或吸收震动的高容量，比如那些用于铁轨的材料），工程师可以直接开发合适的模型，使其在设计中可以运用该特性。一个很好的例子就是运用高强度的高分子聚合物代替钢铁。聚酰胺纤维和钢铁一样硬，但只有钢铁密度的1/3。它也是电子绝缘体。

支撑巴塞罗那科尔赛罗拉通信塔楼（Collserola Communications Tower，1992年）楼层上部的 676 三条电缆就是用这种材质，该建筑由诺曼·福斯特（Norman Foster）和他的合作伙伴设计，阿鲁普工程顾问公司（Ove Arup & Partners）的工程师建造。和钢铁材料相比优先使用聚酰胺纤维，以防止雷电进入装有通信设备的房间。当建筑工程师使用已经在另一个行业用到的材料时，他们可以寻找用过这种材料的公司了解其特性和局限性——耐久性和对温度、湿度、紫外线的敏感度，科尔赛罗拉通信塔楼采用聚酰胺纤维时就是这样。通常只有新材料的供应商才能提供有关其性能的完整数据，并展示它们适合做建筑材料。引入新材料的主要障碍与其工程性能无关，而是三方面的因素：缺少关于新材料随时间推移的耐久性的有力证据，缺少确定的保修期，及惯用某些建筑方法的行业对于新材料和方法的抗拒。

其中一种对建筑工程特别有影响的新材料就是纤维增强复合材料——高强度的纤维，通常是玻璃、炭或芳香族聚酰胺（一种高强度的高分子聚合物），它们嵌入低强度基体中，通常是高分子聚合物。纤维增强复合材料通常具有低密度、高强度和高刚度，并且可以根据不同组分的特殊需要建模。20世纪40年代末，首次将这种材料应用于航天业，并在20世纪60年代期间开始用

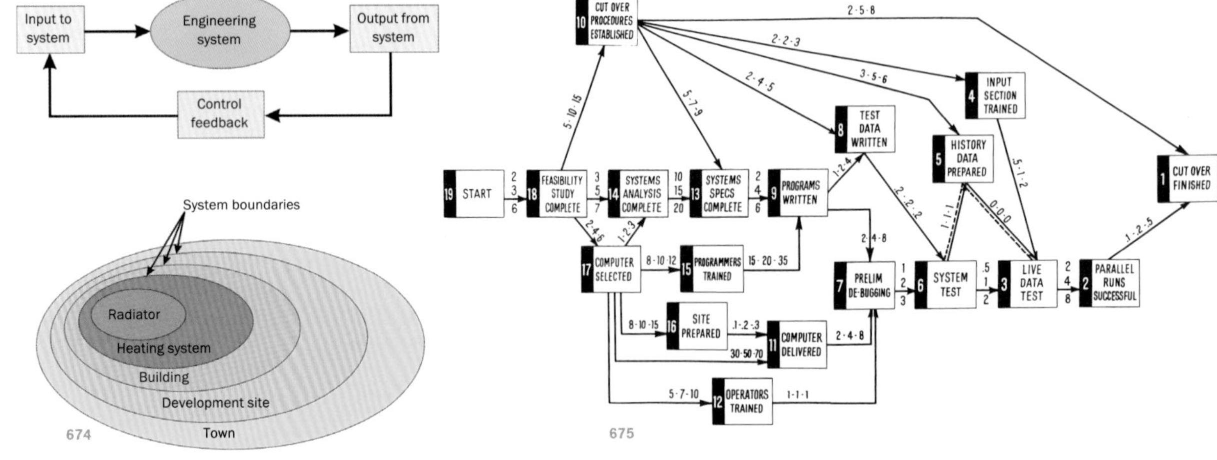

于民用行业。用这些复合材料制成的产品包括游艇和小艇的机身、滑翔机的机身和机翼，以及网球拍和钓鱼竿。

实际上可以说，建筑行业在钢筋混凝土方面，开发使用复合材料的时间更早，其中钢筋是纤维，水泥是基体。更好的例子是石棉水泥——用石棉的精细纤维增强的水泥，在20世纪早期发展并广泛用于制作面板产品。[①]后来发现玻璃纤维是
677 石棉合适的替代品，所以玻璃纤维增强水泥也开始广泛应用，尤其是在20世纪60年代和70年代期间，用于制造建筑覆层板。

除了聚合物之外，另一类对建筑行业产生重大影响的新材料是黏合剂。第一种合成防水胶是在第二次世界大战期间发明的。从那时起，开始发明了许多新的高强度黏合剂，它们几乎可以将任何两种材料彼此黏合——包括飞机和汽车制造业中使用的高负载金属部件。目前，建筑中用到结构黏合剂的情况仍然很少，其中一种应用是将钢或碳纤维条带黏合到表面上，起到牢固旧的结构木材或钢筋混凝土构件的作用。

结构黏合剂用于西班牙塞维利亚1992年世 678
界博览会的未来展馆的花岗岩结构，每一个分块的拱石和圆形支柱中的类似元素都是由多个花岗岩支柱和端板制成的，使用比花岗岩本身更强的环氧树脂黏合剂将彼此黏接。用激光将花岗岩元
件切割成所需的精度并在用不锈钢销的胶合过程 679
中精准安装其中。结构工程师使用了可用于形成

674. 图像展示了20世纪60年代工程系统的例子。

675. 一幅典型工程规划图，展示了各个活动之间的联系，20世纪60年代。

676. 科尔赛罗拉通信塔楼，巴塞罗那，1992年。工程师：阿鲁普工程顾问公司；建筑师：诺曼·福斯特和他的合作伙伴。聚酰胺纤维支撑设备楼层。

677. 伦敦里昂信贷银行，1965年。工程师：阿鲁普工程顾问公司。外观玻璃增强水泥面板外观。

676

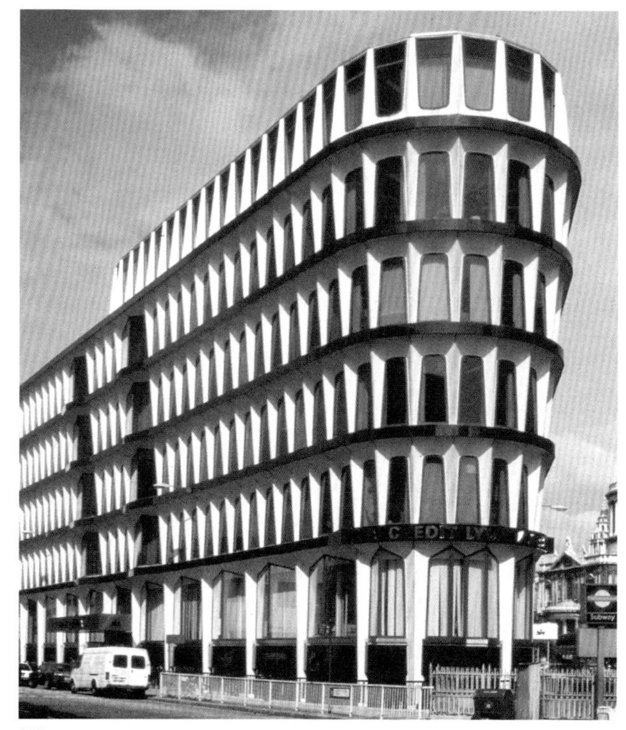

677

拉伸膜的一系列材料，包括从 20 世纪 70 年代中期以来使用的聚酯或聚四氟乙烯涂层玻璃这种纤维织成的材料，建造各种极其复杂的几何形式的屋篷和屋顶。最近，乙烯四氟乙烯（ETFE）——一种化学性质相对“不黏”的聚四氟乙烯和氟乙烯（PTFE）材料，可以用来生产透明或半透明膜，由此制成具有非常好的绝热性能的空气充气垫。

680

建筑设计物理模型的运用

20 世纪早中期，分析和设计方法技术的日益强大和复杂化促进了建筑工程的快速发展。有时候，建筑物中新的研究和应用不断涌现，逐渐形成了通用的常识和专业知识，后来又用来解决新设计的难题——例如张力结构和消防工程的发展，在后面的章节会提到。然而，有时候，从事特定项目的设计工程师会意识到，以目前的设计程序和工程科学，他们并没有足够的信心按照拟定的设计方案开始施工。这种情况经常激发具体的实验或研究，通常涉及物理模型，以扩大现有的工程科学。这种研究的目的不是产生新的、普遍适用的设计方法，而是获得对特定情况的充分了解从而协助设计师解决具体问题。

从 20 世纪 20 年代开始，在大量的研究机构包括大学中，特别是在空气动力学和结构行为领域，相似模型测试技术开始发展。到 20 世纪 50

678

679

680

年代，模型测试已经成为整个工程研究中的一种既定的方法了。随着需求的增多，通常当建筑设计问题超出正常经验时，建筑设计工程师越来越频繁地使用这种方法。最好的例子就是，在 20 世纪 50 年代末，开始建造悉尼歌剧院时运用物
681、686 理比例模型加上理论分析，应对前所未有的工程难题。

丹麦建筑师约恩·乌松设计了一些弯曲、三角形的薄混凝土壳概念，类似于悉尼港上的船帆，而且达到约 70 米的高度。它们不仅大，而且并不像以前任何形式的混凝土屋顶，主要是垂直方向且主要在一个角落上支撑。因为混凝土的壳是垂直的，风载荷与重力载荷一样重，而围绕的空间对其内的礼堂制造了一个非比寻常的形状。

682 这些设计难题并不容易快速解决，五年之内研究了许多不同形式的屋顶。重要的一点是找到创造薄壳的方法，同时为它提供足够的抗风度以抵抗重力和风载荷。有史以来第一次，一栋大
683 型建筑物的许多几何和结构设计计算是通过计算机完成的。在英国南安普敦大学（Southampton University），测试了早期版本结构的 1:60 的相似模型，建立了壳体中的弯矩和力。他们发现结果远比预期要高得多，而且很明显，乌松原来提出的薄壳是不可能的。于是考虑了两种替代方案：覆盖混凝土外壳钢筋框架和加筋的混凝土外壳。最后采纳了后者。

结合结构模型测试，在风洞中测试了建筑形式的另一种模型，建立壳体上的风载荷——包括建筑物迎风面上的正压力和背风面的负压力或吸力。旋转模型让实验者比较来自不同方向的风产生的压力。1:100 的实木相似模型有一系列小管嵌入其表面，从测量空气压力点到风管外的压力表面。人们发现某些地方背风侧的吸力是迎风侧压力的三倍以上。尤其是在设计屋顶表面预制混凝土“瓦片”（tiles）的固定物时，这些信息是非常有价值的。另一个风洞测试涉及对模型的固定指示器，以确定气流与表面分离并可能产生涡
流或湍流。 684

在设计外壳结构的同时，也在设计歌剧院的各种礼堂。正如外壳结构的设计不同于先前熟悉的结构，大、小厅的设计方案也大为不同。因而提出了许多设计方案，一些反映了外壳的外形，其他的则不是。丹麦声学家威廉·乔丹最先在声学设计中使用比例模型，大家委托他提供一些建议——在多用途（包括音乐会、歌剧和演讲）场合如何才能达到最佳的声学效果。由于这些不同的用途需要不同的声学特性，早期的计划是提供一个大的可动天花板，可以不断调整以创造不同的混响时间。礼堂的设计方案发生了重大的变化，与既定的形式大不相同，所以乔丹建议有必要运用相似模型进行声学测试。在这五六年的时间里，乌松辞职，任命了新的建筑师，对两大礼堂的几个不同设计方案所建立的模型都定位在 1:10 的尺
度。模型是木制的，还包括模拟观众，用氯丁橡 685
胶做身体，纸板做头。很快得出了不同的模型测试结果——屋顶的曲线结构不适合将反射声分布到两大礼堂的各个角落，必须建立额外的内部墙壁。结果也表明，创建一个影音室以体现两个多用途礼堂的这种最初构想是不太可能的。只能退一步设计两格礼堂，分别适应不同的用途。

模型测试证明将平面墙建在礼堂中，提供横向反射和包厢内部的反射所带来的益处。也表明

678. 西班牙塞维利亚未来馆，1988—1992 年。工程师：阿鲁普工程顾问公司；建筑师：MBM、杰米·弗莱克斯（Jaime Freixa）。花岗岩结构。

679. 未来馆。图片展示了环氧树脂黏接的花岗岩部分。

680. 汉普郡网球和健康中心，1994 年，位于英国南安普顿附近的伊斯特利。工程师：哈波尔德（Buro Happold）；建筑师：尤安·保蓝（Euan Borland）和他的合伙人。充气式的聚四氟乙烯铝箔垫屋顶。

681

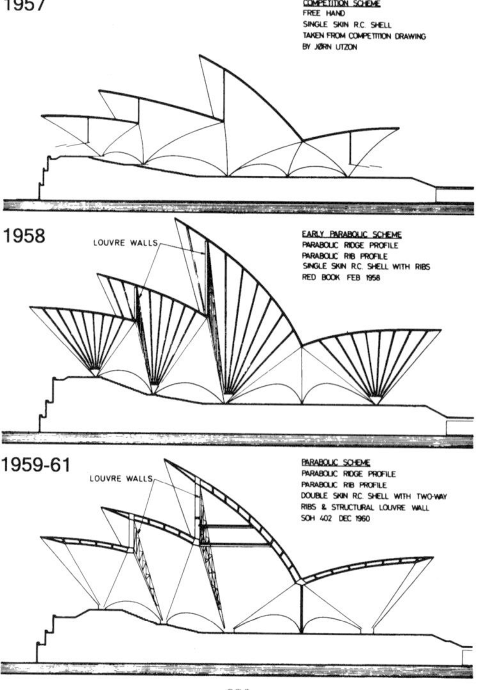
1957
COMPETITION SCHEME
FREE HAND
SINGLE SKIN R.C. SHELL
TAKEN FROM COMPETITION DRAWING
BY JØRN UTZON
1958
LOUVRE WALLS
EARLY PARABOLIC SCHEME
PARABOLIC RIDGE PROFILE
PARABOLIC RIB PROFILE
SINGLE SKIN R.C. SHELL WITH RIBS
RED BOOK FEB 1958
1959-61
LOUVRE WALLS
PARABOLIC SCHEME
PARABOLIC RIDGE PROFILE
PARABOLIC RIB PROFILE
DOUBLE SKIN R.C. SHELL WITH TWO-WAY
RIBS & STRUCTURAL LOUVRE WALL
SOH 402 DEC 1960

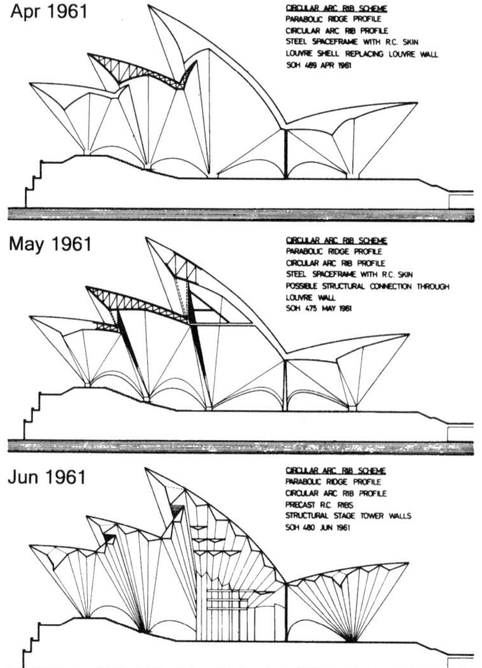
Apr 1961
CIRCULAR ARC RIB SCHEME
PARABOLIC RIDGE PROFILE
CIRCULAR ARC RIB PROFILE
STEEL SPACEFRAME WITH R.C. SKIN
LOUVRE SHELL REPLACING LOUVRE WALL
SOH 489 APR 1961
May 1961
CIRCULAR ARC RIB SCHEME
PARABOLIC RIDGE PROFILE
CIRCULAR ARC RIB PROFILE
STEEL SPACEFRAME WITH R.C. SKIN
POSSIBLE STRUCTURAL CONNECTION THROUGH
LOUVRE WALL
SOH 475 MAY 1961
Jun 1961
CIRCULAR ARC RIB SCHEME
PARABOLIC RIDGE PROFILE
CIRCULAR ARC RIB PROFILE
PRECAST R.C. RIBS
STRUCTURAL STAGE TOWER WALLS
SOH 480 JUN 1961

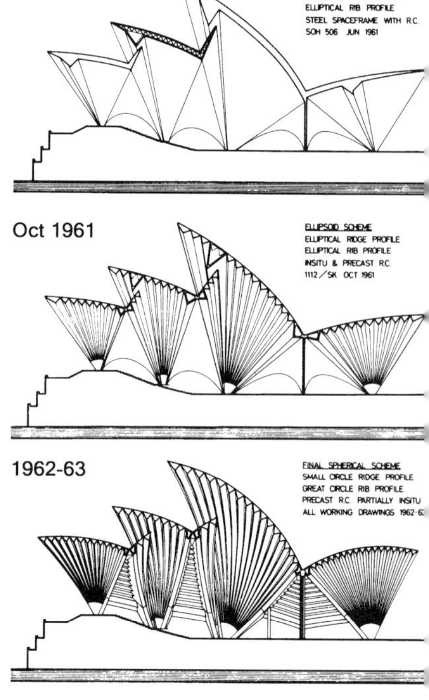
Jun 1961
ELLIPSOID SCHEME
ELLIPTICAL RIDGE PROFILE
ELLIPTICAL RIB PROFILE
STEEL SPACEFRAME WITH R.C.
SOH 506 JUN 1961
Oct 1961
ELLIPSOID SCHEME
ELLIPTICAL RIDGE PROFILE
ELLIPTICAL RIB PROFILE
INSITU & PRECAST R.C.
1112/SK OCT 1961
1962-63
FINAL SPHERICAL SCHEME
SMALL CIRCLE RIDGE PROFILE
GREAT CIRCLE RIB PROFILE
PRECAST R.C. PARTIALLY INSITU
ALL WORKING DRAWINGS 1962-63

682

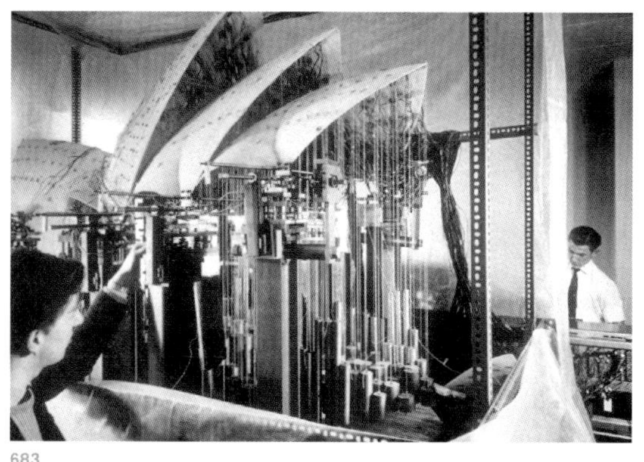
683

684

685

686

大型礼堂中，从外壳纵向悬挂的大型悬链的原始屋顶，会导致乐团所处的位置听不到全部的早段反射的声音，从而音乐家难以听到他们正在演奏或演唱的声音。

在舞台上添加悬挂式反射镜没有起到什么作用，于是设计者决定减少侧墙之间的距离，并将礼堂的天花板提高数米。在设计开发过程中，人们研究了悬挂在管弦乐队上方的反射器的不同形状和位置；最终的设计采用了小环形盘（下侧微

681、686. 悉尼歌剧院，1957—1973 年。工程师：阿鲁普工程顾问公司；建筑师：约恩·乌松。外部和礼堂。
682. 悉尼歌剧院，主顶结构设计的九种方案。
683、684. 悉尼歌剧院，相似模型和风洞模型。
685. 悉尼歌剧院。声学家威廉·乔丹在相似模型中。

微凸起），用调整索悬挂在天花板上。

竣工后，音乐厅的声学效果最终要通过一系列测试性演出进行评估，评估时会让真正的管弦乐队上场表演，并在场下安排听众。麦克风和磁带录音机用来记录声能衰变，包括在舞台上（用空弹）开枪，或者乐队指挥在贝多芬交响曲的演奏高潮时突然停止指挥。这些测试的结果用于重新校准模型测试，并对各种可移动反射器进行一些调整，以达到最佳的声学效果。

乔丹对悉尼歌剧院所做的贡献在建筑声学设计和声学发展方面有着里程碑的意义。他的目标是寻找合适的标准和参数来确定音乐厅的音响效果。20 世纪前 10 年，华莱士·萨宾的作品问世以来，有一项重要也是唯一的参数——混响时间被广为接受。然而，随着时间的推移，音乐厅设计师和音乐家开始意识到混响时间并不是衡量大厅是否适合做音乐厅的唯一因素，其他的参数也需要得到认可和接受，同时还必须发明测量其他参数的方法。对此，音乐家和听众用了一些词，比如“温度”（warmth）、“亲密度”（intimacy）、“共鸣”（resonance）和“声响度”（fullness of tone）。声学家面临的挑战则是什么样的物理特性可能会影响这种标准。1953 年人们提出了一条适合演讲的声音标准，叫做“deutlichkeit”（清晰度），翻译过来也就是声学概念（definition）[②]。这指的是在前 50 毫秒内听众接收到的声音与总声能的比例。乔丹建议适合做音乐厅的标准一个是“上升时间”（rise time）——声音强度达到其一半稳态值所需的时间，另一个是“陡度”（steepness）——声音到达听众耳中的速度。乔丹还认为舞台上的人需要比听众早听到声音，以保证准确的演奏时间。为了达到这一目标，乔丹提出了“反转指数”（inversion index）——在礼堂中测量的上升时间与舞台上测量的上升时间的比率。他又提出了另一个参数“早衰时间”（early decay time），也可解释为当声音到达礼堂的每个部分时，在前几毫秒内，声音强度衰减的速度。20 世纪 50 年代首次发明电子设备和磁带录音机，只有不断发展工具，才有可能测量出这些因素。

20 世纪 60 年代，其他研究人员提出了诸如“大厅质量”（hall-mass）、“重点时间”（point of gravity time）和“房间印象指数”（index of room impression）这样有奇怪名称的标准。就像今天一样，不同的声学家喜欢按照自己的方法定义声学性能，以及设计适合不同用途的礼堂环境。音质是靠人类判断的，并不是测量工具测出来的结果，这意味着无论怎么做，还是不可避免存在一些主观性。

找形分析模型

模型的使用有效地满足了悉尼歌剧院的设计需求，大约与此同时，德国建筑师弗雷·奥托将模型的使用发展成为索网结构或薄膜结构设计过程中不可分割的一部分。与传统圆形马戏帐篷不同的是，这种双向弯曲和高预应力的新型拉膜结构可防止薄膜或钢拉索在雪荷载或风荷载作用下发生偏移并能防止其在风中颤动或摆动。

只有结构的几何形状已知且能通过数学方程式表达出来，才能计算出力度、压力和挠度，因此拉膜结构设计师遇到了挑战。然而拉膜结构的几何形状是由斜拉索力度的大小、薄膜的压力、斜拉索的刚度、结构的建造构件以及用缝接平板材料制造双弯曲薄膜时的方式来决定的。这些限制条件使得曲面无法由数学方程式算出，力度和几何结构间的恶性循环只能够通过大量的复数和迭代计算得到解决，而在 20 世纪 60 年代、70 年代，这对于计算机来说太复杂了。

奥托对模型的使用打破了这种僵局，由此开发出了一种全新的设计和制造过程。他设计的形式在数学术语中简直不可思议。在接下来的 30 年时间里，奥托继续使用模型为薄膜和索

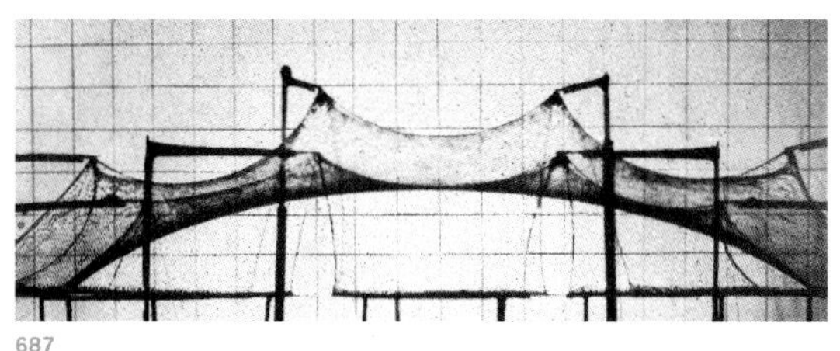

687

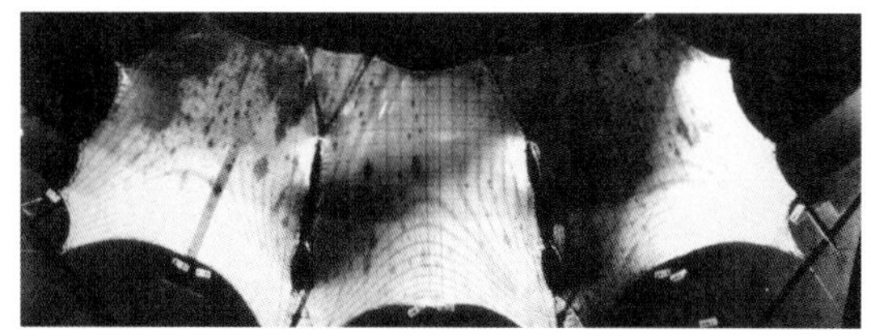

688

689

690

网结构屋盖开发找形方法。他面临的最大挑战就是需要开发一种制造和试验模型的技术，这种技术能够适当地代表全尺寸结构中所使用的材料。这种试验必须对全尺寸结构中的形状、压力和力度生成精确的数据，从而为施工工程师提供足够的信心进行建造。奥托通过使用三种类型材料进行试验，这三种材料分别是各种非弹性链、网及织物、各种弹性薄板和形成薄膜（气泡的表面应力不受其尺寸的影响）的纯塑性材料，其中织物是制造模型的材料，模型的几何结构只能由静态因素决定。结果发现所有模型材料都不能适当地代表全尺寸结构中的材料，但这三种材料的模型仍常被使用。

薄膜模型存在着极大的技术挑战。任何人都没有制造过一米宽的气泡并能使之维持到被研 687
究和测量。新鲜的皂溶液必须自己源源不断地加入到泡状结构中以补偿蒸发损失。第二个挑战在于测量外形尺寸的设计方式和足够精确的模型形状，经过大约一百次按比例放大测量后，才能够足够精确地满足织物制造商和缆绳制造商的要求。人们开发了许多不同的技术。由链条和索网制造的模型不再难以实现，并能够使用经纬仪进行测量。对于织物板和弹性薄板来说，在其表面 688
绘制网格以提供一系列的点，而这些点的位置可

687. 薄膜模型，大约一米宽，用来建造薄膜结构的自然形态。

688. 德国慕尼黑奥林匹克体育场，1972 年。工程师：莱昂哈特安德拉合营公司；建筑师：冈瑟·贝尼施和弗雷·奥托（穹顶建筑师）。织物模型用来寻找形态。

689. 1967 年蒙特利尔世博会德国馆大帐篷，1965—1967 年。建筑师：弗雷·奥托和古特·布罗德。

690. 慕尼黑奥林匹克体育场。

以进行测量。皂泡存在着最大的难题。它们的剖面可以通过将气泡投影到绘制的网格屏幕上来进行测量。为了在平面图上显示气泡形状，将网格平行线从侧面投射到气泡的表面，从上面进行拍摄。就像地图上等高线显示丘陵地形一样，气泡形状也同样能够显示出来。最后，有必要建立最好的全尺寸纸板以在全尺寸结构中将材料的各个部分缝接起来制作薄膜。在此过程中，有时会发现制作织物或弹性薄板模型形状的立体石膏浇铸比使用柔性模型简单得多。

从某种意义上说，拉膜结构使用模型开发出的形状被认为是可靠的，因为模型结构被证实是有效的——形状的几何结构由静力学和模型材料的弹性来决定，但是与比例无关。模型的力度生成的最后形式一如它们在全尺寸原型中一样。然而在模型结构和全尺寸版本之间测量材料的预期荷载和弹性性能仍存在较大的问题，反之亦然。此过程的可靠性必须通过制造和试验大量的试验结构来确认，试验结构的跨度只有几米，在使用之前需将设计按比例放大到全尺寸结构的比例。在奥托的整个事业生涯中，作为斯图加特大学（Stuttgart University）轻量化结构学院工作的一部分，对他建造的每个结构进行设计时，奥托都会使用其收集的数据以提高新型结构设计程序的可靠性。

奥托的设计进展迅速，跨度从几米发展到
689 1967 年蒙特利尔世界博览会德国馆大帐篷的 40
690 米索网结构屋顶，再到 1972 年慕尼黑奥林匹克运动会体育馆的 135 米索网结构屋顶。通过最初数学分析的结果制造第一个实体模型，然后通过更精确的数值计算获得实体模型结果，再进行多次重复的循环，最后开发出了这些屋顶的复杂形状。奥托利用实体和数学模型间的数据交换创造了一类新型结构，并通过发展全新的设计程序使得这些结构成为可能，从而提前克服了以前的固有限制，可对设计方法进行完全的分析。毫不夸张地说，在十年前人们设计不出它们。

弗雷奥托的模型研究并没有局限于拉膜结构。他及其研究团队寻找每一种可能的结构形状。 他的独特魅力在于利用大自然中的形状，无论是气泡、树枝、动物骨头还是叶脉。自然界不仅仅是奥托的灵感来源，也是基本真理的源泉。1975 年，奥托在曼海姆为举办国际园艺博览会进行设计时 691
发现了一条基本真理。他借鉴了 17 世纪 50 年代罗伯特·胡克最早发现的原理：大量石头形成的拱形的平衡形态与相同质量的悬挂链条的平衡形态 692
是相同的，但却是倒置的。19 世纪 90 年代，安东尼奥·高迪同样借鉴了这条原理以三维形式而不是平面形式设计了位于巴塞罗那的圣家族教堂中殿的形状。奥托及其团队在制作最后模型之前，利用数个粗制的悬挂链条模型以 1:100 的比例建造了一个建筑的近似形状，之后用于生成精确的木质网壳几何结构。但是，抗压结构的复杂之处在于拉膜结构不能承受弯曲可能产生的坍塌，无论是个体木料构件还是弯曲的网壳，特别是这个结构几乎没有二维曲度。建筑物的巨大跨度（大约 80 米 ×60 米）及木材剖面（西部铁杉木板条正交网格，面积只有 50 平方米，中心距为 300 毫米）的精确意味着任何一种结构损坏都是可能发生的。为确保不会发生任何一种结构损坏，来自阿鲁普公司的工程师对结构进行了计算机分析。屋顶的计算机模型利用板条进行简化，板条中心距为 900 毫米（而不是 300 毫米，按制造角度），从而把必须计算的数量减少了 9 个。分析显示壳体的某些部位的确可能会发生弯曲，研究决定利用木板条正交网格提高抗弯强度。尽管网壳厚度大，但是此建筑物是有史以来建造的最大胆的结构之一，尽管最初是作为临时建筑使用的，但是现在仍在使用中。 693、696

瑞士工程师海因茨·伊斯勒同样借鉴了悬挂结构和穹顶或壳体结构间的几何相似性。20 世纪 50 年代混凝土壳体全盛期之后很多年，海因茨·伊

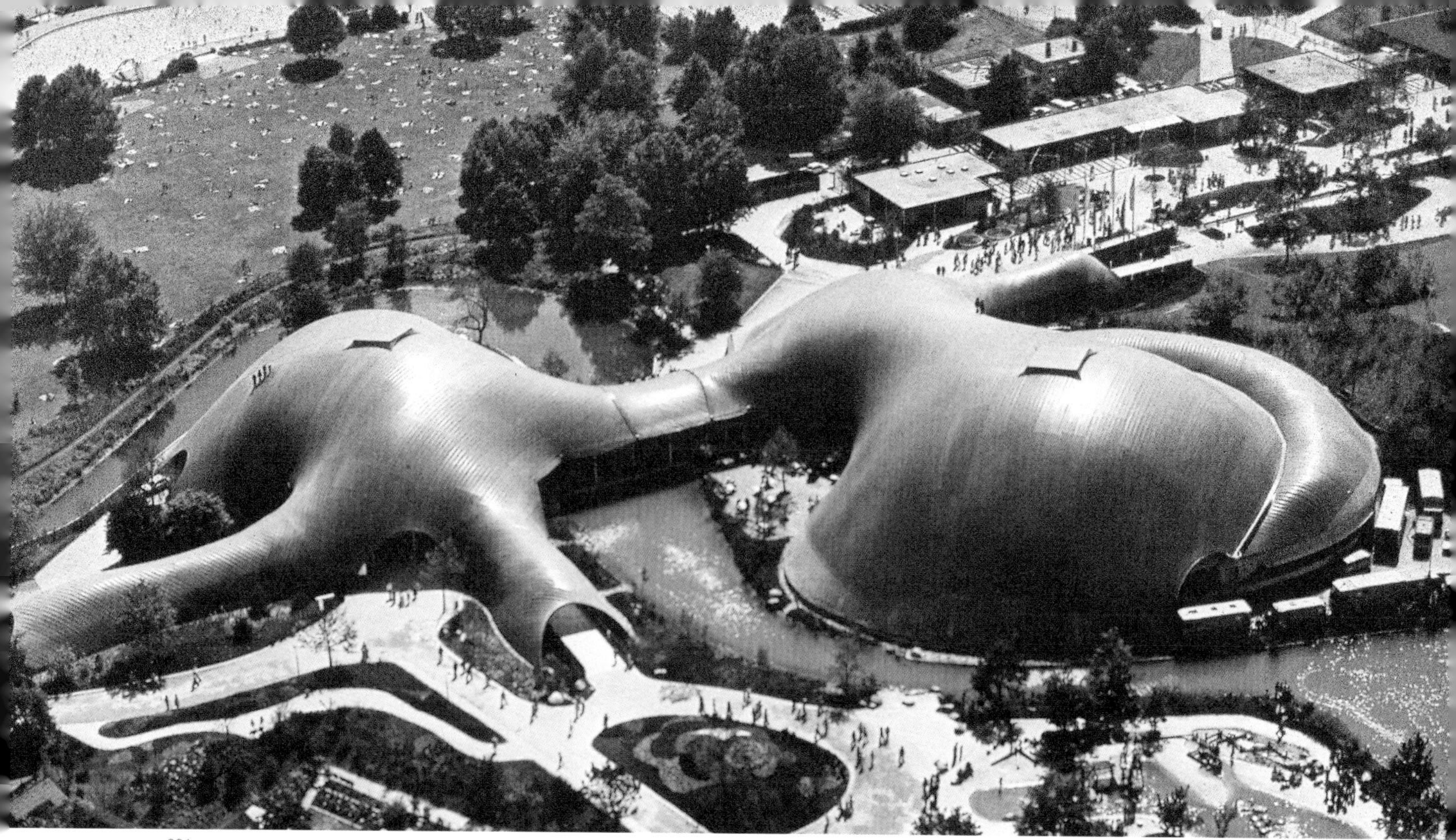

691

692

691.1975 年德国曼海姆国际园艺博览会展览馆。工程师：阿鲁普工程顾问公司和弗雷·奥托；建筑师：加弗莱德·穆奇勒合伙公司。

692. 国际园艺博览会建筑。悬链模型用于木质网壳找形分析。

693

694

695

696

693.1975 年德国国际园艺博览会展览馆。工程师：阿鲁普工程顾问公司及弗雷·奥托；建筑师：加弗莱德·穆奇勒合伙公司。大厅内部。

694. 木材模板标准剖面用于建造混凝土壳体。工程师：海因茨·伊斯勒，约 1975 年，瑞士。

695. 混凝土薄壳穹顶使用挂膜找形。工程师：海因茨·伊斯勒，约 1975 年，瑞士。

696. 1975 年德国国际园艺博览会建筑，细节显示西部铁杉木板条及自由边控制力结构。

697. 法国巴黎附近园艺博览会的混凝土壳穹顶。工程师：海因茨·伊斯勒，约 1985 年。

697

斯勒仍然使用与奥托在曼海姆时使用的设计程序
相似。他最先建立了最合适的屋顶方案，之后使
用悬吊布料模型生成静态正确的几何结构，之后
进行测量并按比例放大，生成完工的钢筋混凝土
壳体尺寸。为确保模型在测量时仍能保留其几何
结构，布料被泡在液体石膏中进行硬化处理。伊
斯勒使用的另一种技术就是将湿透的布料悬挂在
695 室外，让其整夜冰冻。不仅如此，伊斯勒还需要
进行计算以确保壳体不会弯曲。另外，伊斯勒及
694、697 其承包商发明了一种节约的施工方法，即利用模
板体系来支撑穹顶，浇筑时，其能够拆除并在不
同形状和尺寸的壳体上进行多次再利用。

到 20 世纪 80 年代早期，计算机速度的提升使得复杂的迭代计算成为可能。这为拉膜结构的形状设计开辟了新的途径。设计师首先输入薄膜的近似曲面几何结构、其支撑条件以及薄膜材料的弹性性质。如果有一条符合指定的输入条件，那么计算机会对结构进行分析，并找平衡形状。如果这个不是设计师想要的形状，那么输入条件需要更改，并计算出新的平衡形状。这种有效找形的人机交互方式让设计师有一种在现实生活中进行实体模型试验的感觉。通过此类程序不仅能找到平衡形状，也能计算出薄膜的压力。它会识别一个方向的超限应力区、应力不足区和无应力区，这些都会导致薄膜出现褶皱现象。最后，计算机能够计算出薄膜制造商需要的最合适的毛尺

698

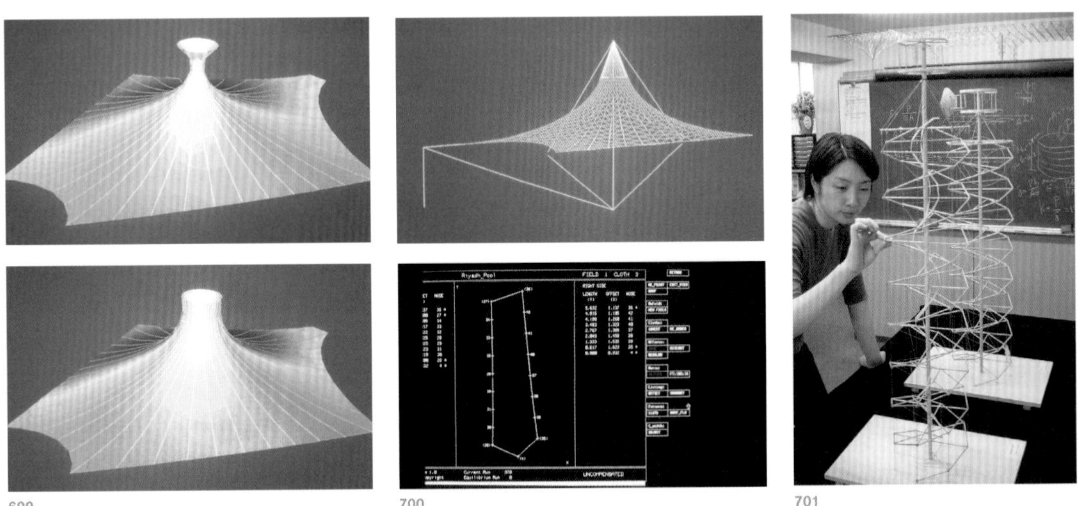

699 700 701

698. 英格兰谢菲尔德唐谷体育场，1990 年。工程师：安东尼杭特联合公司；薄膜找形：迈克·巴尔内斯；建筑师：谢菲尔德设计与建造服务公司。

699. 唐谷体育场。计算机生成找形分析模型：（顶部）形状不合适，上孔半径太小；（底部）形状合适。

700. 唐谷体育场。计算机生成毛尺寸纸板：（顶部）整个薄膜：（底部）薄膜织物的单板。

701. 日本兵库县基因组塔，2001 年。工程师：川口卫。制作塔的双螺旋结构的 1:25 的比例模型，实现对结构硬化处理的最小视觉干预方式。

698、699 700 寸纸板，薄膜制造商需要用这些纸板根据一些平面织物建造曲面，并精确计算出薄膜边缘加固所需的钢索的长度。可以在计算机屏幕上立即查看结果使得交互设计程序最终能够反映出奥托利用实体模型设计的方法。

由于现在利用电脑模型进行工程分析具有复杂性，在建筑设计中仍在广泛地应用实体模型。日本工程师川口卫（Mamoru Kawaguchi，生于1932年）是其中一位经常使用模型的新型结构设
701 计师。自从在日本兵库县基因组塔的设计中提出双螺旋钢管，他及其同事建造了许多比例模型，并对这些模型进行最小视觉干扰方式的评估，为抗风力和抗地震荷载提供所需的强度和刚度。一旦选择了最佳配置，将利用电脑模型对尺寸和结
702、703 704 构性能进行确认。川口卫最大限度地利用模型发展和完善了攀达穹顶，在地面建造大跨度屋盖，然后将中心部位顶起以提升屋盖。模型可以保证施工过程中的结构稳定性以及确保结构在提升过程中能够承受由此产生的力度；它们同样能够确保铰链机构的每个部件在没有受到其他结构部件的干扰下自由移动。

物理模型同样能够用于辅助了解建筑物内部和周围的空气流量，使气流可见，定量测量气压和空气速度，把计算机无法模拟的湍流设计成模型，以及通过在计算机软件输出信息中提供“真实性检查”对计算机仿真模型进行调整。比例模型能为全尺寸试验提供廉价替代品。假如建筑物内发生烟气和火灾蔓延的情况，那么它们能够代替有损全尺寸模型的试验。使用合适的无量纲参数可以建立合适尺寸的缩小比例的火焰进行试验，同样可以把全尺寸试验结果按比例放大从而进行预测，例如，假如突发火灾，可用的逃生时间以及热气扩散的不同速度（取决于火灾发生的位置）。

20世纪末期建筑的自然通风成为了人们日益感兴趣的主体，模型试验可用于研究建筑中庭上升的暖空气（低密度）驱动的低速气流，低速气流以高湍流方式运动。由于空气的运动轨迹很难追踪到，模拟模型的使用特别有用。冷暖空气分别用不同密度的海水和纯净水进行模拟。海水染色使其可见，整场试验中倒置海水使得高密度海水通过纯净水，和暖空气上升通过冷空气的方式一样。除了过程可见，流速的测量同样可以通
过无量纲参数按比例放大从而对全尺寸建筑中获 705
得的通风量进行预测。

风力对建筑物的影响非常重要，比例模型可用于研究许多全尺寸试验中不能研究的影响。例如，1992年，在设计科罗拉多丹佛国际机场航站楼拉膜屋盖期间，需要对屋顶排水沟收雪的方式
进行研究。在实验室中不易对雪进行操作，因此 706
使用了模拟模型，其中空气由水代替，而雪由沙粒代替。在另外一个建筑项目中，在风洞中利用木屑进行了相似的试验。

自20世纪60年代，仅对建筑上的风压进行研究时，风洞试验进展十分顺利（例如，悉尼歌剧院的设计）。而这些早期的研究都忽视了两个重要的问题：风速随离地高度而变化，以及建筑地基周围及附近区域内建筑对风力条件的影响。自20世纪60年代中期以来，大型建筑和高层建筑设计师已能够从所谓的“边界层风洞”
（boundary layer wind tunnels）中获得有用的数据， 707
第一以及最著名的是由英国人阿兰·G. 达文波特（Alan G. Davenport，1932—2009）于1965年在加拿大安大略省伦敦建立的风洞。在这些风洞中，边界层风速的变化经过了处理，对建筑的研究是在相邻建筑物及相邻的地理特征如丘陵和山谷的环境中进行的。现在人们能够对气流对结构的影响，以及建筑物对当地微气候的影响进行定性定量地研究，如风力，建筑外壳的压力（可能是负面的，会导致窗户被吸出承重构架），旋涡脱离建筑边缘的倾向（可能会导致建筑倾斜），高层建筑下降气流（会导致地面上行人产生不适感），

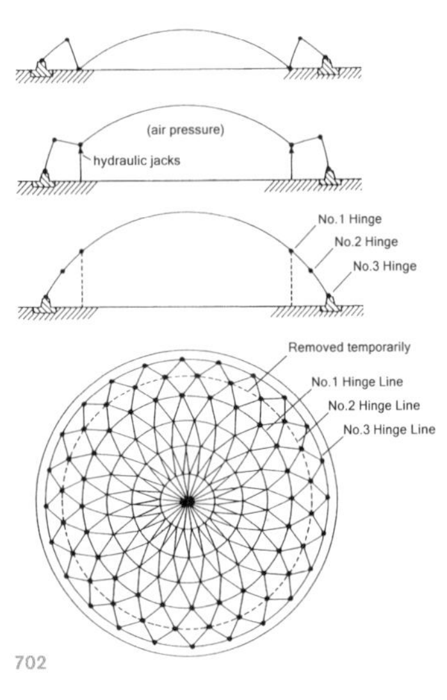

702

703

704

702. 川口卫的攀达穹顶简图。

703.1:100 的比例模型用于试验攀达穹顶系统。

704. 日本神户市世界纪念馆，1984 年，120 米 ×70 米。工程师（攀达穹顶系统）：川口卫；建筑师：昭和设计。穹顶架设。

705. 模拟试验用以模拟暖空气通过建筑中庭的流量。

706. 科罗拉多州丹佛机场，1994 年。工程师：霍斯特·博杰。模型用以模拟屋盖上雪的堆积。

707. 加拿大伦敦西安大略大学，边界层风洞。

708. 英格兰曼彻斯特布里奇沃尔特音乐大厅，1996 年。声学工程师：阿鲁普工程顾问公司。声学模拟模型。

705

706

707

708

附近丘陵、悬崖或山谷对撞击建筑的气流产生的影响，及当空气挤过相邻建筑间的窄隙时风速的增加等。

建筑声学领域中模拟试验仍是大型剧场和音乐厅设计中的主要部分。20 世纪 40 年代、50 年代，继威廉·乔丹及其他人的开创性工作以后，科技持续发展。现在小型麦克风可购买到，它只比针头大一点，在 1:10 的比例模型中被用以研究
708 声音座连座传播到整个礼堂时的声音条件。声学模型的尺寸效应意味着，1:10 的比例模型中的声音频率必须比在全尺寸礼堂中的声音频率高 10 倍。在 20 世纪 60 年代用购买的录音设备来捕捉声音是不可能实现的；而今天声音可以以数字形式进行录制和保存，且能通过计算机对其进行详尽地分析。用无量纲参数分析模拟试验结果，分析不同的声音频率下礼堂混响时间的定量预测和礼堂声学性能的其他定量测量。19 世纪和 20 世纪早期并不常见的声学灾害在现在不可能重复发生。不管怎样，令人欣慰的是，虽然现今的计算机测量技术很复杂，简单技术仍占有一席之地。例如，测量礼堂模型体积的最快捷的方法就是将其填满聚苯乙烯球，把它们倒入长方形的木盒中，然后测量它们的体积。

最后，不要认为全尺寸试验已经完全被模拟模型试验代替了。所有模型都有复杂性和简单性，在很多情况下，工程师需要信心，而这种信心只能从试验和实物中获得。2004 年，日本的一个地震研究工作实验室建造了一座振动台，这座振动台可以对全尺寸七层楼房进行试验。20 米 ×15 米的平台可以在任何方向移动一米以模仿大

709

710

地震中的底层移动。20 世纪 90 年代末期，英国
709、710 建筑研究院建造了一种新的试验设备用以研究实体建筑中真实火灾的影响。试验在七层高的钢架和混凝土构架建筑中进行。在铸钢接头发展期间，研究院进行了全尺寸试验。铸钢接头在巴黎附近
711、712 欧莱雅（l' Oréal）化妆品公司的新工厂内被用于大型复杂的屋架上。屋顶必须跨越 60 米以创造一个完全无柱空间，利用不同结构系统的交织将屋顶重量减少到最轻以承受因气流而产生的重力荷载及上拔荷载。结果结构非常的复杂。桁架中有 150 个左右的接头或节点，每个接头和节点根据其在结构中的位置、根据相邻节点连接的数量（达到 12 个）及正负风压的大小经受不同的荷载情况。研究院决定所有的节点使用一个基本设计，并投入大量精力来设计 850 毫米长的钢铸件以确保此钢铸件能够圆满地发挥其职能。考虑到节点的复杂几何形状及铸钢和一些结构元件附加的软钢间的相互作用，设计工程师和承包商认为单有计算机模型并不能为他们提供信心。建造试验台以模拟不同的荷载情况，并制造试验铸件。使用应变仪测量钢铁中的表面应变，确保理论计算的可靠性。在试验之后，对节点的几何形状进
行局部调整，确定空心铸件的厚度，并由此减少 713
它的重量和费用。

20 世纪 50 年代以来结构工程学的改革

过去半个世纪，人们见证了结构工程学取得的一些令人不可思议的成就，其中许多都是丰富的想象力和巨大创新的产物。虽然它们并不属于

711

712

713

709. 英格兰林明顿，在废弃的飞艇库中建造的试验设施，用以研究全尺寸建筑中火灾产生的影响，20 世纪 90 年代。

710. 火灾试验设施，林明顿。火灾试验后照片。

711. 巴黎附近欧莱雅工厂，1992 年。工程师：阿鲁普工程顾问公司；建筑师：Valode et Pistres ET 联合公司。屋顶桁架跨度达 60 米左右，钢节点连接 12 个结或撑杆。

712. 欧莱雅工厂。

713. 欧莱雅工厂，等待组装的空心铸钢节点之一。

革新，但是我们仍需要看到这些产物。到20世纪50年代末期，可以说，主流或“标准”（standard）建筑所使用的设计方法和稍特别或特别新颖的建筑设计方法之间形成了一种明确的界定。主流建筑，包括美国一些最高的摩天大楼，其设计方法已经完善。在20世纪前20年里，大多数国家制定了自己的设计实践规范用于传统的钢筋混凝土建筑。利用设计师、工程研究机构、材料制造商和建筑承包商们积累的经验，结合了最新的工程科学、经验常数和安全因素，这些都被用以修改计算时的理想化公式，如柱体的扭压强度。虽然对计算不同的压力和弯矩的方式（在结构分析的教科书中会进行介绍）没有进行明确的规定，但是可根据权威试验结果和其他不易于从工程科学第一原理中获得的信息中得到指导。例如，实践规范规定建筑物高度上方的风载应该被考虑进去，混凝土保护层的厚度需要防止钢筋遭受侵蚀和火灾，以及螺栓的最佳配置以获得栓接钢结构连接所需的强度和刚度。

建筑设计非结构方面的设计规范同样得到了完善，例如供暖、空调系统、音响设计和照明，但对这些方面没有太多的规定，因为其对人类的健康和生命没有太大威胁。建筑设计师被建议取得一些操作水平，以便满足不同领域的要求——如室温、湿度、混响时间、照明度等。与安全问题相关的电力、天然气及家电通常都由承包商而非建筑设计师进行处理。

在很多方面，现代实践设计规范都是《汉漠拉比法典》、维特鲁威阐述的设计程序及中世纪大教堂设计师们使用的设计规范的衍生物。从历史角度来看，这种设计规范是一个社会甚至整个文明世界成熟化和复杂化的标志。它体现了重要的文化因素，如社会和工程师——在规定时间、规定地点——认为什么才是“符合要求的绩效”（satisfactory performance）。它同样也体现了推荐设计中置信满意度的定义和设计工程师对置信的创造方式，以及设计规范使用者该有的工程教育水平和经验。设计规范由各专业领导成员制作并经政府权威认证，它代表了一定领域内工程师们集体经验的精华。其旨在确保每位有能力的工程师都能根据设计规范做出令人满意的设计，并在社会认可的推荐设计中取得置信水平。

20世纪设计规范和原则在发展的同时，出现了不计其数的语言版本的教科书，其概括了发展设计规范所需的工程知识。到20世纪60年代，数千个大学培养出了在各个建筑工程学科受过良好训练的毕业生。现在世界上几乎所有国家有能力的工程师公司都能进行现在标准建筑的工程设计。

设计规范明显地反映出了工程师的经验积累，以及如何交流并学习工程学知识。在过去的50年时间里，建造的特别结构都被认为是标准或主流。建筑作为“主流”并不意味着它仅仅是早期建筑的复制。在没有增加失败风险的情况下，工程师设计方式的力量以及建筑行为的理解水平使得重要的创新都能够被引进。即使是像约克汉考克中心（John Hancock Center）、芝加哥西尔斯大厦（Sears Tower）以及休斯敦巨蛋体育馆（Houston Astrodome）这样标志性的建筑都没有先例可循。设计师们使用容易理解的工程科学和当时可用的设计工具。如果确定的问题需要另行确认，如休斯敦巨蛋体育馆屋顶的刚度，那么就需要进行模拟试验。通常来说，建筑涉及的工程原理都经过了试验和检测。然而建成建筑和许多被称为标志的其他建筑，在整体设计方案和细节上都不同于其前期和同期建筑。

那么，在所谓的“主流建筑”中工程改革的本质是什么呢？通常来说，其本质存在于最后的整体效果中，虽然与过去完成的整体效果相同，但是它使用了更少的材料，或以最少的额外成本完成了更大尺寸和更高的复杂度。获得的这些成果中所蕴含的创新和改革在于将“老”思想融合

714

在新方法中——正如海顿（Hayden）的创新就在于其改编的独特方式，使用那个年代作曲家们通用的乐器把已知音符组合起来。事后来看，这样的创新通常很明显。这就是本书开篇所叙述的伯鲁乃列斯基和鸡蛋的故事的关键。

消防工程

许多工程改革，用肉眼不一定能看到，也不一定会形成建筑风格的基础，但是会对建筑设计产生深远的影响。过去的半个世纪里建筑工程发展的一个组成部分就是建筑防火的方式，结果就是创造了一种新工程学科——火灾、消防安全和工程。

19 世纪末，人们意识到在建筑中用铁或钢代替木材并不能实现防火建筑的目标。当铁或钢被加热到 550℃时，就会结构不足。在大多数火灾中温度能够快速达到 550℃，人们意识到唯一可行的安全解决方案就是确定金属远离火源。柱体通常用瓷砖、砖或预制砌块包裹住。自 20 世纪早期以来，也用石膏进行包裹，将石膏应用到

714. 美国伊利诺伊州普莱诺市，艾迪斯·范斯沃斯住宅，1946—1951 年。建筑师：路德维希·密斯·凡德罗。

“网眼钢板”（expanded metal）上从而提供优质的抹灰底层。钢梁通常部分或全部包裹混凝土进行保护或由楼板结构的中空预制混凝土进行保护。

两次世界大战期间，防火板产品如石膏板开始代替湿作业建设，由此产生了一个新的问题。柱体和横梁中的箱框在消防栓和钢之间产生了空隙，使得热气流经建筑导致火灾的蔓延。这个问题就是 20 世纪 50 年代喷雾式防火产品发展背后的主要动机，反过来迎来了楼板结构的重要改革。利用压型钢板将消防应用到混凝土封顶楼板上成为了可能。1890 年左右，美国首次在楼板中使用了压型钢板和混凝土，但是薄薄的一层混凝土只起到使表层耐磨和减震的作用。由于在火灾中的脆弱性，这样的楼板成分不再允许在高层建筑中使用。20 世纪 50 年代中期，金属面板楼板引进美国，经过喷雾式消防设施的发展，混凝土层的厚度足以与压型钢板混合使用。尽管人们早就意识到楼板结构中钢铁和混凝土能够提供组合效应，直到 20 世纪 50 年代，才允许工程师在设计计算中依赖它。它在重量和财务方面，甚至火灾喷雾成本方面都节约了大量资金。

所有消防措施方面的问题就是钢铁必须被隐藏起来。由此产生了两个解决方案。第一种解决方案形成于 20 世纪 70 年代，它依赖于使用工具或阻燃剂和涂料。在火灾中，膨胀型阻燃涂料起气泡并被烤硬，使气泡陷入并形成一个绝缘层降低了钢结构升温的速度。阻燃层只用在大型结构构件中（非金属面板），之所以能发挥作用，是因为它依靠大金属剖面进行散热。当然，它同样也可以用在现存建筑的金属结构中，事实证明这对于那些从事保护旧建筑中裸露的铸铁和锻铁的人们来说非常有效。但是，膨胀型防火涂料比较昂贵。

第二种解决方案——一个更彻底的解决方案，最初是在几个大胆建筑师的驱使下形成的，尤其是密斯·凡德罗，他们想在他的建筑中炫耀钢结构工程。解决方案简言之就是使结构构件在火灾中能继续发挥作用。然而，这却用了大约 30 年时间来改变监管当局的观点。

当试验者们开始在控制下的火灾中对不同的材料和结构形式进行试验的时候，对火灾及其后果的科学研究在世纪之交开始了。到 20 世纪 30 年代，大多数国家已经建立了火灾研究机构。这样的研究有助于确定真实火灾中经受的温度，以及不同结构构件升温所需的时间。到 20 世纪 50 年代早期，管理机构开始要求给不同的建筑构件划分防火等级——构件必须在假设的“标准火灾”（standard fire）中的生存时间，一般在半小时到两小时之间。防火等级以保守估计为基础，是一种经验数字，而且它取决于建筑中构件的位置、建筑的大小和其大概容量。

然而此方法基于从建筑中撤离的概念时间似乎在常识面前行不通，例如，对于那些在几分钟内就能撤离的建筑，或当结构钢位于建筑物的外面的时候，并不会受到建筑内火灾的全面影响。这就是密斯·凡德罗在 20 世纪 40 年代中期在设计他的范斯沃斯住宅（Farnsworth House）时提出
的论点，在此设计中他把空间分解成要素，即一 714
系列的钢框架箱。尽管此住宅可能违反了建筑规范，但密斯·凡德罗仍不赞成使用外漏钢并提出论据以证明不需要消防措施的原因：钢结构实际上位于建筑外，并利用外墙有效地避免内部火灾。
几年后，当他为芝加哥伊利诺理工大学设计克朗 715
楼（Crown Hall）时又提出了相同的论点，并设法说服监管部门相信他论点的可靠性。虽然最初此方法仅被有限的建筑类型所认可，但此举开创了先例。

最早设有消防措施钢柱外露的多层建筑就是
五层高的行政大楼，由德国工程公司“MAN”设 716、717
计建造并使用。外柱正面有 150 毫米宽的空隙，楼板梁从中穿过。这栋大楼在经过全面试验验证

715

715. 芝加哥伊利诺理工大学 S.R. 克朗楼，1950—1956 年。建筑师：路德维希·密斯·凡德罗。

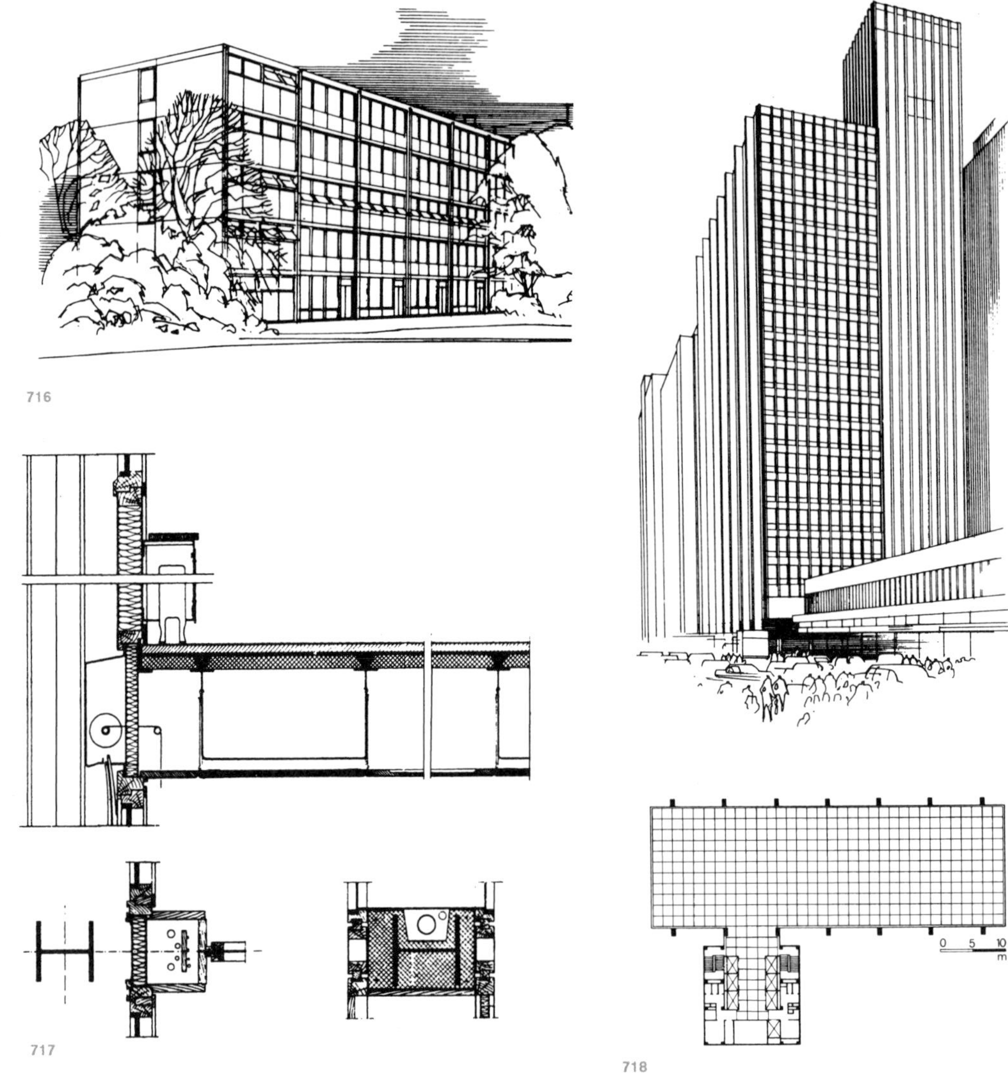

716. 德国古斯塔夫斯堡“MAN”办公大楼，1955 年。工程师：MAN 公司。

717. “MAN”办公大楼。无消防措施的外露钢柱的图纸。

718. 伊利诺伊州芝加哥内陆钢铁大厦，1955—1957 年。工程师和建筑师：斯基德莫、奥因斯与梅里尔公司。外露钢结构。

719. 伊利诺伊州莫林约翰迪尔公司大厦，1962—1964 年。建筑师：埃罗·沙里宁。

719

其在火灾中的预期性能以后才获得批准进行建造。

大约与此同时，位于芝加哥的斯基德莫、奥因斯与梅里尔公司为内陆钢铁公司设计出了一个
718 9 层高的大厦。这栋大厦于 1957 年动工建设，牢固地奠定了使用无消防措施的钢铁结构的基础，并成为消防工程历史上的标志。同时它几乎完全使用了焊接接头而不是铆接或螺接来进行建造。在内陆钢铁大厦中，与 MAN 大厦一样，柱体位于玻璃幕墙外，从而创建了一个 23.5 米深的无柱内部空间。

耐腐蚀钢的发展进一步促进了外露钢结构和消防工程设计方法的使用。外露钢结构工程的问题就是把钢铁暴露在各种环境中。从财政角度上来讲，现在无须保护钢铁免受火灾而节省下来的钱必须用来使钢铁免受侵蚀。钢铁工业对此做出了反应并发展了耐腐蚀钢。或许其中最有名的就是美国研制的柯尔顿（COR-TEN）。柯尔顿包含大约百分之二的铜和铬，比不锈钢更廉价、更持久，且外观形成一种漂亮的紫褐色氧化保护层。第一座使用柯尔顿的大型建筑就是约翰迪尔 719
（John Deere）公司 9 层高的建筑，1956 年由埃罗·沙里宁进行设计并于建筑师逝世三年后的 1964 年完工。

抛开对建筑体系的冲击不说，越来越多的以外露钢为特色的建筑对于开发新的防火建筑设计的合理方式并没有多大的帮助。20 世纪 50 年代，随着“火灾荷载”（fire load）概念的形成——类似于结构上的静荷载概念，人们在这方面迈出了第一步。一座建筑对火灾荷载的回应在某种程度上同结构对重力或风力荷载的回应一样。火灾荷

720

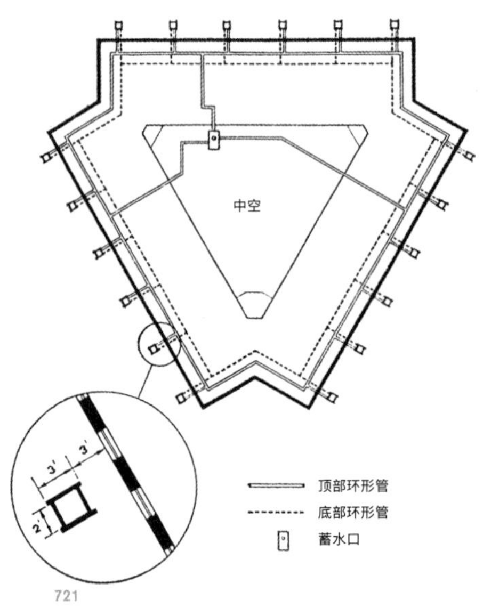

721

载被量化为燃烧能，以每单位地面面积兆焦耳（或英制热单位）为测量单位。为方便起见，通常将其转化成木材的重量，以千克计算，等同于室内物体的总燃烧能。燃烧物燃烧的方式可用与温度和时间有关的曲线图表示，从而用来定义“标准火灾”的形式。后续计算包括对指定数量的燃烧能在室内释放的后果进行分析，首先加热空气，然后加热室内的织物和结构。事实上，设计方法的改革与 18 世纪末结构设计方法中首次使用内力和应力的改革不相上下。

用这种方式看待火灾后果使得工程师能够把结构消防措施看作一个散热问题，正如汽车发动机的设计师必须发明出发动机气缸体的冷却方法。实际上，让水循环通过钢柱使其冷却的想法于 1884 年最先获得专利，并且此想法在 20 世纪 60 年代早期在德国、英国和美国，由研究工程师对其进行了彻底研究。第一栋用这种消防方式建
720、721 造的大型建筑就是 64 层高的美国钢铁公司匹兹堡总部，于 1971 年完工。18 座外柱由 100 毫米厚的柯尔顿钢板制成，形成了 600 平方毫米的中空剖面。每座柱体有 256 米高，内含大约 92000 升的水和防冻剂。

奥韦·阿鲁普把相同的想法应用在了巴黎蓬皮杜中心（1971—1977 年），不锈钢圆柱体内装满水。万一发生火灾，水流沿着柱体流动，由对流驱动，将暴露在热气中的钢的热度带走。保持水和防冻剂位于标准水位的管道在每个柱体的顶部可见。 722、723 724

在曼彻斯特皇家交易所剧院（Royal Exchange Theatre），阿鲁普公司的工程师实现了至今都被认为不可能实现的梦想——使用钢为无消防的建筑提供完整的承重结构。此项目的特殊性——在大型的维多利亚谷物交易所（Victorian Corn Exchange）内部建造小型剧场——意味着有强制性的理由选择钢。主要原因就是需要减轻现存建筑地基上承重结构的重量。同时人们认为当时可用的防火漆不能为薄柔钢构件提供充分的防火措 725

722

720. 美国宾夕法尼亚州匹兹堡美国钢铁公司大厦，1971 年。工程师：莱斯利·E. 罗伯逊联合公司；建筑师：哈里森阿布拉莫维茨 & 阿贝公司。

721. 美国钢铁公司大厦。平面图显示中空钢柱，建筑立面外 0.9 米处，装满水用以防火。

722. 巴黎蓬皮杜中心，1971—1977 年。工程师：阿鲁普工程顾问公司；建筑师：理查德·罗杰斯和伦佐·皮亚诺。

723

724

725

723. 巴黎蓬皮杜中心。工程师：阿鲁普工程顾问公司；建筑师：理查德·罗杰斯和伦佐·皮亚诺。主柱细节图，主柱装满水用以防火。

724. 蓬皮杜中心。供水管详图，供水管用以向柱体中加满水。

725. 曼彻斯特，皇家交易所剧院，1976 年。工程师：阿鲁普工程顾问公司；建筑师：莱维特·伯恩斯坦。

726. 芝加哥，切斯纳特公寓大厦，1965 年。工程师：法兹勒·拉赫曼·汗及 SOM 公司；建筑师：迈龙·葛史斯及 SOM 公司。

727. 芝加哥约翰汉考克中心，1970 年。工程师：法兹勒·拉赫曼·汗及 SOM 公司；建筑师：布鲁斯·格雷厄姆及 SOM 公司。

726

727

施。面对种种限制，工程师重新回到了第一性原理，并仔细查阅所有似乎可信的火灾后果，精心打造出了一种合理的方法，这种方法不仅仅针对结构，也针对剧场观众和那些占用剧场内旧建筑的人们。他们向当地监管部门提出了四点建议：

·提供多个出口，观众能够迅速地从剧场和交易中心撤离从而避免危险；

·撤离后即使火灾仍在蔓延，剧场结构的倒塌并不会对消防人员和交易中心造成太大的影响；

·现今的英国建筑防火标准中定义的标准火灾简况异常严重和悲观（最近试验表明“英国标准火灾”中定义的温度只有在燃料持续不断地加入到火中时才能达到）；

·选择不易燃或低可燃度的材料，能够减少剧场内部火灾开始和火势蔓延的可能性。[③]

当地监管部门同意并批准使用无消防的结构钢且不用进行任何测试，除了常规的剧场观众撤离测试。

几年内，防火建筑的设计方法得到了广泛地使用，主要是因为它给建筑客户节省了大量的开支，并迅速以消防工程或消防安全工程而著称。20 世纪 80 年代随着计算机的发展，通过对火灾中建筑物性能更复杂的解析计算，消防工程概念的定性得以扩充。在整场火灾期间对整个建筑的结构钢的温度进行可靠的计算是向前迈进的重要一步。这种计算证明无论何时钢的强度都不会下降到低于承受结构荷载的强度，从建筑中撤离后，结构荷载并不包括居住者的重量。尽管现在看起来很明显，这一假设在约十年内却并没有得到认可，但这足以让一些建筑师对外露钢在建筑外部和内部进行开发利用。

728

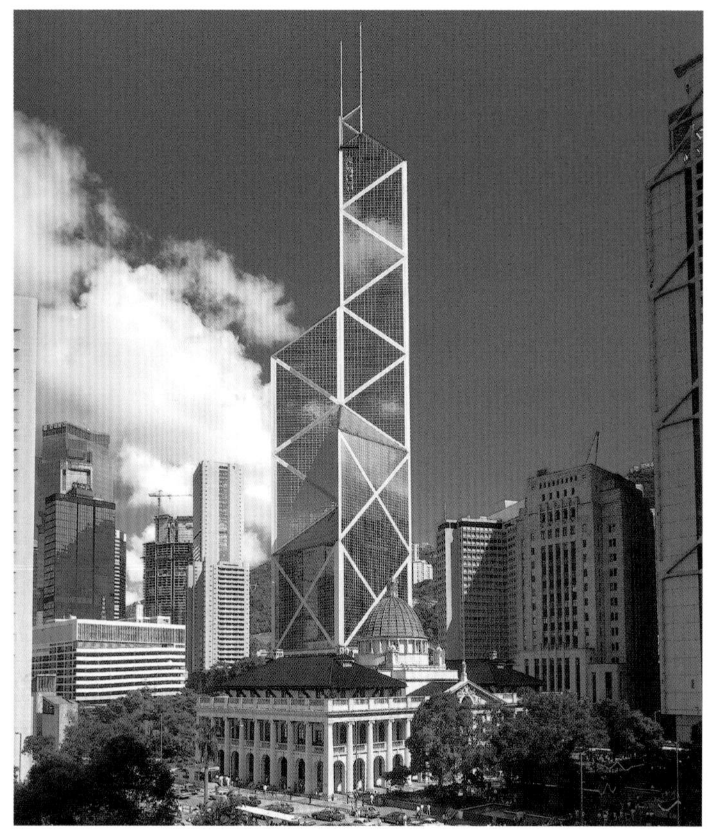

729

高层建筑

20 世纪 60 年代，人们重新燃起对建造高层建筑的兴趣，并一直持续到现代。这主要是一个人不懈努力和创新的结果，这个人就是法兹勒·拉赫曼·汗（孟加拉籍）。在传统的方法中把所有的柱体和横梁牢牢地连接起来，形成结实的结构框架，从而在高层建筑中提供抗风支撑，然而这种方法非常昂贵，对建造高层建筑来说不是经济可行的。汗和其同事对传统的方法进行了挑战。汗的天才之举就是把高层建筑看作一个单独的结构整体，而不是共同工作各司其职的上百个构件。他意识到把建筑外观看作结构的“皮肤”（skin）的意义，这种方法与飞机设计师使用的方法相似。20 世纪 60 年代，随着硬壳式结构的发展，这种方法也在汽车设计中流行起来，其中，把车身当

728. 芝加哥西尔斯大厦，1973 年。工程师：法兹勒·拉赫曼·汗及 SOM 公司；建筑师：布鲁斯·格雷厄姆及 SOM 公司。
729. 香港中国银行大厦，1988 年。工程师：莱斯利·E. 罗伯逊联合公司；建筑师：贝聿铭建筑师事务所。
730. 纽约花旗银行中心，1977 年。工程师：威廉·勒梅萨里尔；建筑师：休·斯塔宾斯联合公司。
731. 地震带支撑高层建筑的方法的简图。
732. 东京世纪塔，1992 年。工程师：阿鲁普工程顾问公司；建筑师：诺曼福斯特伙伴公司。

730

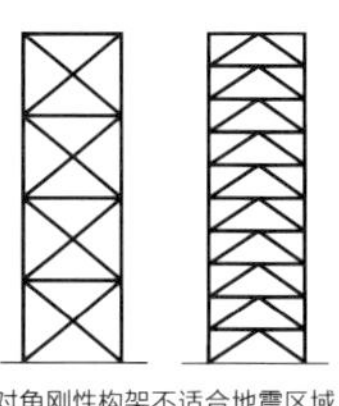

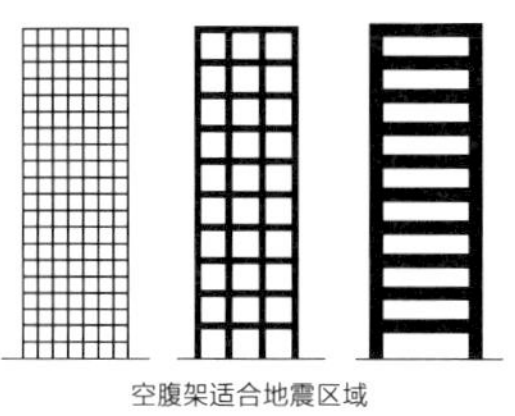

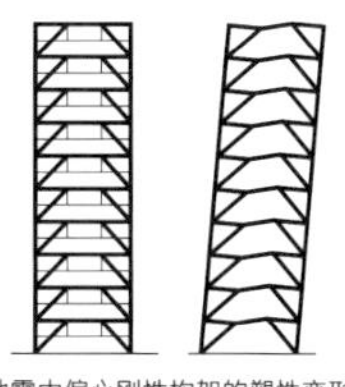

731

732

作一个结构外壳，可替换汽车的底盘。在建筑中，这种想法以“框架筒体系”(framed tube)而著称，
726 并于 1964 年由汗首次在位于芝加哥的 43 层切斯
727 纳特公寓大厦 (DeWitt-Chestnut Apartments) 中
使用。在 100 层 344 米高的约克汉考克中心，汗进一步发展了其想法，把建筑物外壳当作一个建筑构件，融入交叉支撑以在很大程度上承受风力荷载。每个支撑剖面跨越建筑全宽，并延伸至 18 层而不是逐层逐窗进行，就会节省大约 1500 万美元。

汗的另一个改革就是“筒中筒”（tube within a tube），这使高层建筑在节约钢材的情况下依然能获得所需刚度。1971 年到 1973 年汗
为芝加哥西尔斯大厦构想了“筒束”(bundled 728
tubes) 想法，从而把他关于结构皮肤和高塔结构宏观角度的概念进行了延伸。西尔斯大厦有 109 层 443 米高，是 20 年内世界上最高的建筑。把所有九个独立的管和钢柱及横梁的墙体，提升到 49 层；把七个延续到 65 层，五个到 89 层，只有两个到顶部。这种结构方案取得了显著的经济效益。西尔斯大厦比帝国大厦高 62 米，但是只使用了 22.3 万吨的钢材，比帝国大厦使用的少了接近 40%。

和法兹勒·汗一样，工程师莱斯利·罗伯逊从
宏观角度为香港中国银行大厦设计了抗风支撑结 729
构，总高 369 米，由贝聿铭建筑师事务所 (Pei

733

734

Cobb Freed & Partner）承建，并于1989年完工。外部涂层的支撑在立式图和平面图中被完全分成三角形，建筑被设计成能够抗台风和抗震，且大大节约了用料。此建筑被普遍认为是所有现代高层建筑中极其简洁优雅的。

高层建筑需要非常坚固，这有两方面原因。一方面就是减少整体偏斜以免导致窗户断裂，另一方面就是确保风力不会引起建筑摇晃从而给居住者带来不安。风洞试验用来建立一种能让高楼摆脱涡流的方式。结构工程师需要保证拟建高楼的自振频率不在周期力的范围内。但是，提高高楼的刚度以改变其自然频率需要大量的钢材及钱财。其替代方案就是引进一个被动装置在它们开始加强时抑制振荡。“调谐质块阻尼器”（tuned mass damper），正如它的名字一样，加入了能自由移动但是受弹性和装置制约的大质块，制约装置与机动车悬挂系统中的减震器相似。这样，振动就能被吸收且不会再加强。

当结构工程师威廉·勒梅萨里尔提议在纽约新花旗银行中心（Citicorp Center）使用轻型钢框架时，他知道需要把风引起的振动考虑进来。他委托在加拿大西安大略大学的风洞实验室进行边界层风洞试验，模拟试验显示拟建框架的自然频率与涡激风荷载的自然频率确实相近。实验室负责人阿兰·达文波特推荐调谐质块阻尼器作为降低振幅的方法。勒梅萨里尔设计的阻尼器使用了一个400吨重的混凝土块搁在薄油膜上。④ 730

在地震多发地带如美国加利福尼亚和日本，设计师寻找最节约结构的主旨就是保证建筑在严重地震中不会倒塌，却没有能够排除永久变形的设计。对角支撑框架不被采用是因为其可能的张性断裂、构件压缩变形或焊接及螺栓剪切。为了抗震，高层经常通过开发钢材荷载使其能经受一定程度的塑性变形。可选方案是使用刚性空腹式框架，在这种框架中连接处的塑性变形吸收了地震的动能。一个例子就是建于1938年的莫里森防

733. 美国得克萨斯州休斯顿巨蛋体育馆，1964年。工程师：沃尔特·P. 摩尔屋盖结构工程咨询公司；建筑师：赫蒙·劳埃德和W.B. 摩根公司，威尔逊、莫里斯、克雷恩和安德森公司。施工中的建筑。

734. 休斯敦巨蛋体育馆，内部。

735. 日本大阪1970年世博会上的美国馆。工程师：大卫·盖格；建筑师：戴维斯布罗迪联合公司。

736. 1970年世博会上的美国馆。充气式内部。

735

736

737

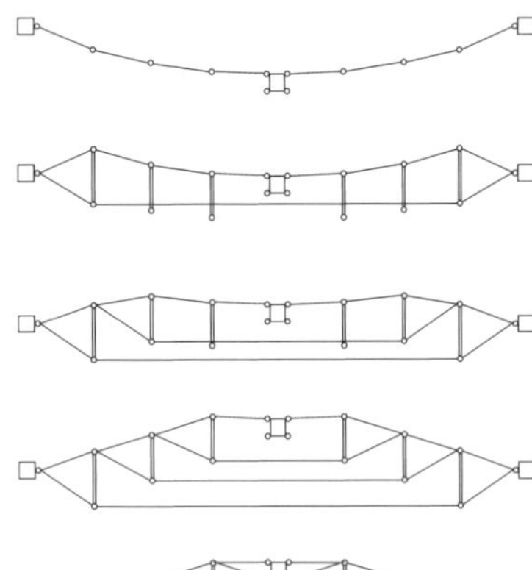

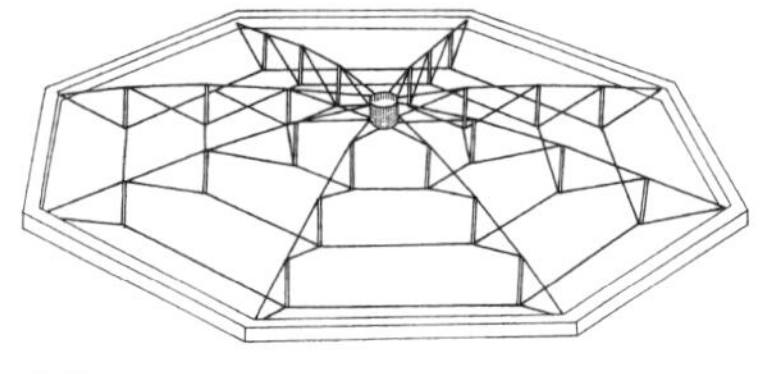

738

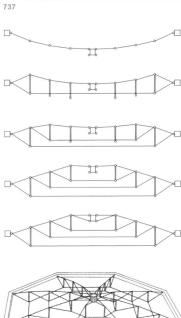

737. 韩国首尔汉城奥运会体操场地，1986 年。工程师：大卫·盖格。施工中的穹顶。

738. 汉城奥运会体操场地。简图显示盖格张力穹顶的架设方法。

739. 科罗拉多州丹佛国际机场，杰普森航站楼，1994 年。工程师：塞福路德联合公司与霍斯特伯杰联合公司（薄膜结构）；建筑师：芬特雷斯布拉德伯恩建筑师有限公司。

740. 杰普森航站楼，内部。

741. 日本出云市出云穹顶 [（a—c），1992 年]。工程师：鹿岛设计公司与斋藤公男（Masao Saitoh）；建筑师：鹿岛设计公司。（a）准备架设比例模型的穹顶；（b）完全架设好时对模型进行荷载试验；（c）准备架设的顶盖。

739

740

741a

741b

741c

空洞（见第 8 章）。这些框架的缺点是柱体的数
731 量非常多或横梁的体积很大，这意味着建筑不能
留有开放式内部格局和大窗户。20 世纪 80 年代
在加利福尼亚提出了解决方案，就是使用“偏心
支撑框架”（eccentrically braced frame），在这
个框架中塑性变形由短梁承受而不是由连接处承
受；然而，这并不意味着开放式内部格局或窗户
732 的尺寸可以明显地增加。而在东京世纪塔(Century
Tower)，阿鲁普公司工程师托尼·菲茨帕特里克
大规模地使用了偏心支撑框架——两层高建筑全
宽。其成果就是有着空前大窗户和超大开放内部
空间的 20 层建筑。

大跨度屋盖

有时候使用熟悉材料建造的建筑规模非常庞大且令人瞩目。于 1965 年竣工的休斯敦巨蛋体育馆的钢网穹顶跨越 196 米，覆盖面积达 3 公顷。这种空前的跨度促使工程师用 1:100 的比例模型进行了结构试验来确认其结构计算，用相似尺寸的模型在圣路易（St.Louis）的麦克唐纳航空公司（McDonnell Aircraft Company）的风洞中进行试验以确定荷载及在飓风持续风速为每小时 215 米的情况下建筑受到的影响。屋顶设计为允许 50% 的阳光进入体育馆内，以使篮球场的草坪正常生长，但是这个设计并不成功，一个季节后，篮球场内铺设了人造草皮。 733、734

拉膜结构被证实为实现最大跨度、最通用且节约的方式，同时工程师和建筑师之间的密切合作比任何一种结构形式都更有成效。弗雷·奥托及与其合作的多名工程师发明的开创性结构鼓励了

742

743

742. 日本出云穹顶。工程师：鹿岛设计公司与斋藤公男；建筑师：鹿岛设计公司。
743. 出云穹顶。内部。
744. 伦敦千禧巨蛋。工程师：标赫工程顾问公司和伯戴尔公司（薄膜结构）；建筑师：理查德罗杰斯事务所。聚四氟乙烯涂层，适用于索网的机织玻璃纤维布。
745. 千禧巨蛋。
746. 巴黎拉维莱特科技博物馆，1990 年。工程师：RFR 公司。玻璃嵌板固定的“蜘蛛”结构。
747. 正面承受风荷载的悬索结构细节图。
748. 德国柏林外交部大楼，1999 年。工程师：施莱克博格曼合伙公司。嵌装玻璃和支撑悬索间连接详图。

744

745

746

747

748

很多工程师和建筑师来发挥他们自己的想象力，从而设计出令人震撼的拉膜结构。

遵循 1851 年水晶宫开创的先例，国际展览会已经成为设计师尝试新想法的定期场所。例如
735 在日本大阪 1970 年世博会上戴维斯布罗迪联合
公司（Davis Brody & Associates）和美国工程师
大卫·盖格展示了第一个大规模的由下方的大气压
力支撑的薄膜屋盖。薄膜的面积为 142 米 ×83 米，
736 通过钢拉索网防止其过度膨胀。

大型体育场也为设计师们提供了更多展示
工程师智慧和创造力的机会。大卫·盖格的体操
馆，直径达 120 米，于 1988 年为汉城（现首尔）
737 奥运会所建，似乎违背了常识——穹顶几乎没有
任何受压构件的痕迹。盖格所谓的“索穹顶”
738（cable-dome），发明于 1985 年左右，是几个
实用结构之一，这些结构利用了巴克敏斯特·富勒的“张拉整体”（tensegrity）理念。这种结构与人类脊椎结构相似，它有效地采用间断受压的构件发挥作用；一些短期受压构件与处在张力状态中的斜拉索协同工作。张拉整体结构的精美在于受压构件保持时间短，因此能够抵抗膨胀而不过度庞大——“张力海洋中的一座（压缩）小孤岛”，就像富勒对张拉整体如此诗意的描述。索穹顶结构最具独创性的特点就是它能在没有特殊起重装置的情况下，从中心一次性拧紧环绕悬索，从而架设起来。薄膜覆盖索穹顶结构不是其结构系统的一部分。

高应力薄膜结构在初期主要作为顶棚使用，为公众遮挡阳光和风雨。它们通常是临时的且至少有一面是敞开的。自 20 世纪 80 年代中期以来，一些设计师开始在大型空间的永久外壳中使用它，如建筑中庭。由此产生了一个问题：如何在
建筑立面的刚性构架和有弹性的薄膜屋盖之间提
739、740 供弹性密封。在科罗拉多丹佛国际机场的杰普森
航站楼（Jeppesen Terminal），拉膜结构大师之一——德国工程师霍斯特·伯杰与弗雷·奥托共同研究，使用直径一米的充气膜筒对缝隙进行密封，缝隙的大小根据接口长度而改变。

日本出云穹顶（Izumo Dome）于 1992 年完工， 742、743
其形状受到日本传统的纸伞和木伞及折合纸制灯
罩的启发。穹顶直径为 140 米，研究决定建造一
个 1:20 的比例模型来对创新架设方式及不对称荷 741
载下轻型结构的刚度进行试验。缩放荷载利用 7 吨重的水进行。胶合拱肋呈放射状铺设在地面，交互面板利用悬索、支柱和薄膜本身使之完全变硬。把中心节点上升到其最后高度——49 米来架设穹顶。

伦敦的千禧巨蛋（Millennium Dome，1999 年） 744、745
直径达 320 米，论规模它是独一无二的。索网从 100 米高的支柱上悬吊下来，用薄膜面板在索网间铺开。

结构性玻璃

许多年来，建筑师梦想着有“隐形墙”（invisible walls），设计工程师的努力和玻璃技术的进步使得这一梦想成为现实。爱尔兰人彼得·莱斯和德国人耶尔格·施莱西（Jorg Schlaich）这两位工程
师的努力在实现目标的过程中尤其重要。莱斯于
1981 年在巴黎拉维莱特（La Villette）创造了一 747
个 32 米 ×32 米的玻璃幕墙，从而为随后的玻璃幕墙开创了先例。玻璃的张力非常差且非常脆弱，他意识到使用玻璃承受重要荷载时需考虑两种主要因素。第一种因素就是保证荷载可进行精确的预测，尤其是保证面板不会弯曲。第二种因素就是任何冲击荷载，如鸟击或一张面板破碎导致突加荷载重新分配，都必须得到控制以防止多米诺效应，一张面板破坏导致相邻面板破裂。在每个 4×4 面板的顶端，面板从弹性支撑上悬吊下来以

749. 德国汉堡历史博物馆，1989 年。工程师：施莱克博格曼合伙公司；建筑师：付克文·马尔格。

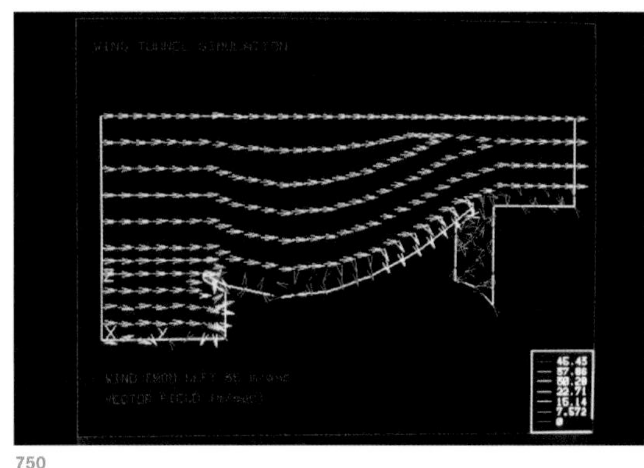

750

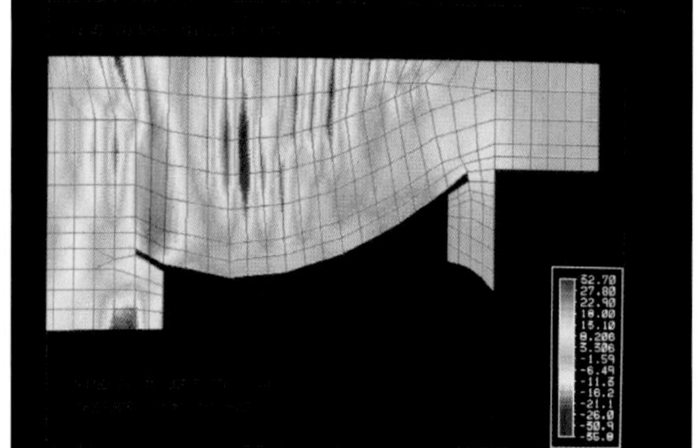

751

DEAD LOAD
DISPLACEMENTS MAX ABS (mm)

752

753

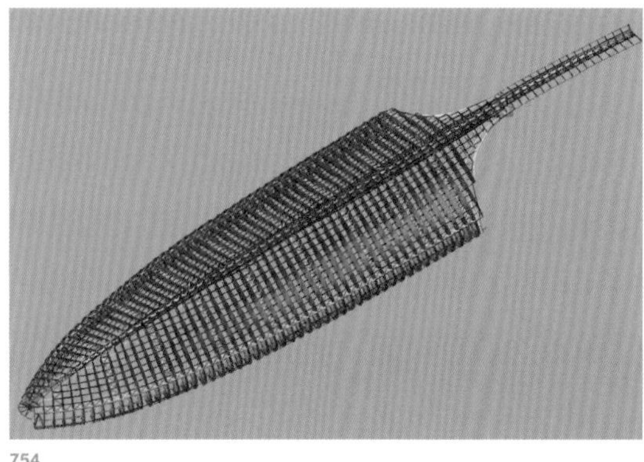

754

755

750. 意大利维琴察罗拉瓦工厂的办公大楼，1984—1985 年。工程师：法维罗-米兰；建筑师：伦佐·皮亚诺。气流的计算机模型。

751. 罗拉瓦工厂办公大楼。气压的计算机模型。

752. 罗拉瓦工厂办公大楼。屋盖挠曲形状的计算机模型。

753. 罗拉瓦工厂办公大楼。内部。

754. 法国戴高乐机场 2F 航站楼的半岛酒店，1990—1997 年。工程师：RFR；建筑师：保罗·安德鲁。计算机模型显示屋盖结构的压力。

755. 戴高乐机场的半岛酒店。

746 防止突加荷载都传递到玻璃上。四头接头支撑着每张面板的边角，以“蜘蛛”著称，它包含了一个球形接头和橡胶垫圈，确保没有弯曲荷载和冲击荷载向玻璃进行转移。水平拉索桁架能承受正负风荷载。

748 就德国柏林外交部大楼（1999 年）的立面来说，施莱西采用了不同的方法。每个玻璃面板都被固定到悬索的正交网格上并承受自身重量。立面可以在风的作用下移动，而不是为其提供额外结构构件来承受风荷载。当风冲击到立面时，悬索抵抗荷载，就像网球拍弦抵抗网球的冲击一样。为抵御强风，玻璃幕墙的中心必须能偏斜约 800 毫米。这种发生在玻璃幕墙上的偏斜向我们发出了警示，引导我们重新审视玻璃本质，对其进行调整，这也反映了工程师在克服玻璃内在特性的缺陷方面的创造力。施莱西采用最原始最根本的方法来解决这个问题，他设计了一个 24 米宽、20
749 米高的窗户，支撑结构同玻璃面板间的接头一样不会造成视觉侵扰。为汉堡历史博物馆（Museum of the History of Hamburg）的庭院提供屋盖时，施莱西使用短钢支柱建造了一个薄壳屋盖，从而把结构的视觉冲击减少到了绝对极小值，这些钢支柱利用斜拉索固定在薄壳的面板上。薄壳的形状由三组放射状索保持。为了确保薄壳在静态和动态荷载下的稳定性，屋盖几何结构的各个方面都必须进行精确的计算。同样，建造屋盖时，精确计算的几何结构和力都必须如实复制到现实中。只有使用复杂的三维结构分析软件才能建造这种结构，这种软件在 20 世纪 80 年代末期才开始使用。

虚拟建筑

建筑工程设计方法发展的最后一步将我们带到了 21 世纪。利用计算机设计建筑已有 40 年左右，其间，计算机能力和速度不仅得到了提升，计算机使用的数学模型的可靠性也得到了改善。这得益于计算机带来的成果和对比例模型和实际建造的真实世界行为的测量之间差异的不断调查；当找到对这些差异满意的解释时，计算机模型得以修改从而提供更好的真实世界的表现。今天，对一栋建筑工程性能的各个方面进行模拟是有可能实现的——全年的热性能、自然和人造光的照度、火灾的蔓延、风荷载和地震荷载下的动态行为及其他性能。这些不同模型的集合意味着现在模仿建筑的全部工程行为是有可能实现的。

使用计算机模拟的一个重要影响就是在项目设计阶段为评估更多选择提供了机会。然而 50 年前，优化工程解决方案的程序只是针对仅有的几个选项，现在工程师可以考虑差不多上千个选项。例如为了减少风荷载引起的横梁弯矩，可选择并建造屋盖的最佳形状从而减少其尺寸和重量。使用计算机模拟风流经建筑时的状态，多次模拟试验，每次都会轻微改变屋盖的形状。工程师们利用这种方法为意大利维琴察罗拉瓦
（Lowara）公司的新办公大楼设计出了“简单” 753
轻质的悬挂屋盖。考虑到许多不同的风荷载和雪
荷载，达到最佳悬吊形状并减少结构构件的厚度 750、751
以获得轻盈和优雅的感觉是不容易的。计算机模拟风流动获得气压分布数据，而得到的数据反过
来又应用到结构模型中来计算弯矩和挠曲形状。 752
1984 年，该建筑进行设计时，优化的迭代过程需要花费几个星期来实现。而今天，这样的程序司空见惯并能很快完成。

在设计过程中使用计算机模拟的另一个好处就是工程问题的复杂性能够得到解决。例如，法
国戴高乐机场（Charles de Gaulle Airport）的新 755
半岛酒店长 200 米、宽 50 米，但是它却没有伸缩接缝来适应温度变化产生的移动。相反，整个屋盖只固定在建筑的末端，支撑建筑外壳用的 50 个拱肋全部在下撑位置连接了起来。为分析这个巨型结构的压力和晃动幅度，人们建造了一个由

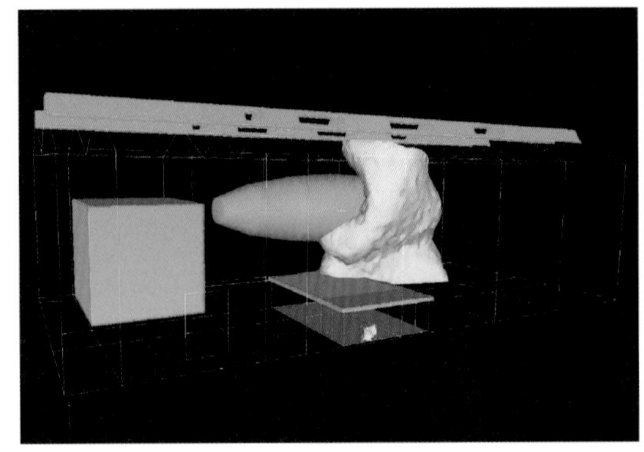
756a

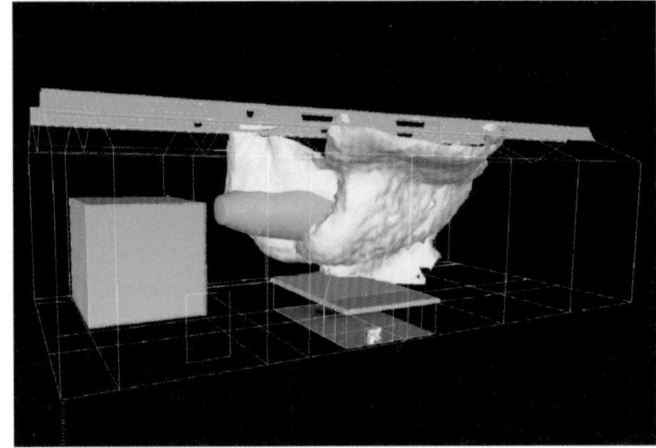
756b

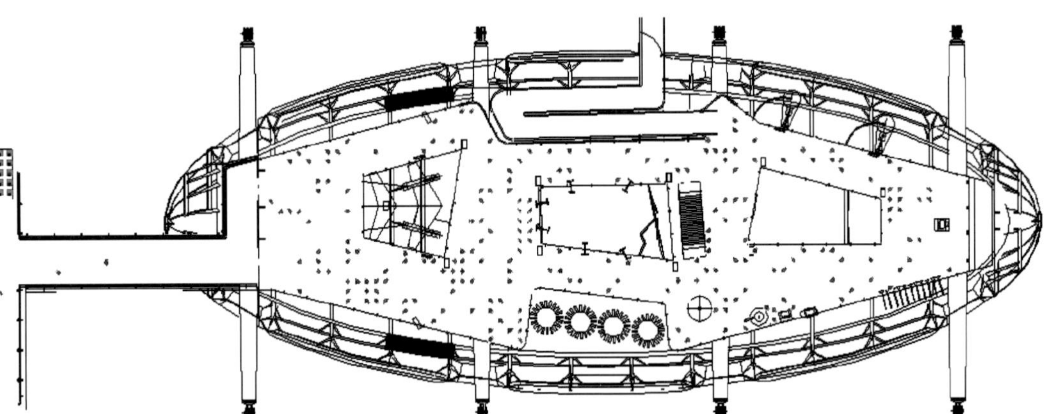
757

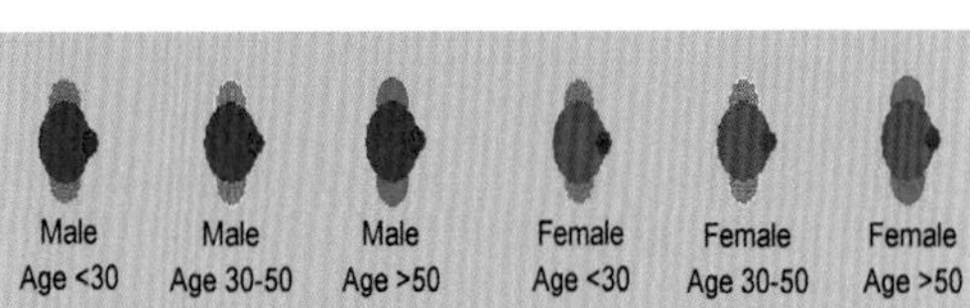

758

1万个构件组成的计算机模型。输出信息可视化，
754 色码指示压力的大小。可视化的输出信息不仅让工程师能够看到压力计算的结果，同时在与业主和建筑师讨论设计发展时，也非常好用。多种图形图像展示的某些结构变化的建筑优点，比只展示工程师计算得到的数字更具优势。

20世纪90年代，高效计算机的发展带来了“计算流体动力学”（computational fluid dynamics，CFD），在建筑设计工程师力所能及的范围内，最初它是为天气预报和航空发动机而开发的。这项技术是有限元法的一个发展，模拟了上千个相邻元素中的静态压力状态。在计算流体动力学中，对相邻元素的动态属性和热性能进行了模拟，并且，当上千个元素的行为聚集时，对液体或气体的流动进行模拟。这使得设计工程师能预测火灾
756 期间结构构件的温度，甚至能表现火灾中热空气的湍流。

当人们在建筑中移动时，如在大型火车站，或者当人们从着火的建筑中逃跑处在嘈杂的环境
757 中时，计算机可以模拟人类行为。模拟中的每个“人”（person）被分配成各种角色，这些角色都有人类的典型特征：身材各异，选择路线时是否理智、果断等。因此工程师现在能够准确地预知热闹空间里导致拥挤的原因或疏散人群所花费的时间。

使用计算机建筑模型让整个范围的工程设计技术成为可能，其工程系统超出本书的范围。可以说工程行为的可视化已经使工程师的工作发生了变化。利用计算机图像提供设计变化结果的即时反馈，工程师可以交互式地设计建筑。现在的可视化方法与假设分析有很多共同之处。设计师利用手中简单的铅笔和画板探索事物的外观及构件组装的方式——这种方式由文艺复兴时期的工程师，尤其是伯鲁乃列斯基和达·芬奇第一次设计出来。然而，现在“素描”（sketch）已经成为一种可视化表示形式和有效的实物工程行为的计算机模型。

法律工程学

在研究建筑工程历史中很容易过分强调其可能产生的实践效益，尤其是我们认为可以通过研究过去工程失败的原因来避免未来工程失败。失败的原因有很多，一些失败可预见而一些不可，几乎所有的失败都是在一些被忽视的前后关联的环境中发生的。然而，对工程失败进行调查以确定其原因，并尽可能地确定合适的补救措施已被普遍接受。有时这种调查可能需要解决索赔。事实上，工程师现在使用词组“法律工程学”（forensic engineering）来描述导致工程失败的程序，但不仅用于有可能依法起诉时。

毋庸置疑，对大量工程失败的研究加深了我们对材料的初步认识，并为工程设计带来了新的方法。例如，20世纪50年代对彗星空难原因进行的调查证实了疲劳小裂纹潜在的灾难性后果。有时司法调查发现人为失误或为失败原因。大部分工程设计都包括猜想事情可能失败的原因，然后经过设计确保失败不会发生。但是对于设计师来说，对每一种可能的失败类型进行预测是不可能的；工程师受限于人类天性，就像亨利·佩卓斯基（Henry Petroski）在他的一本书中评论的一样，工程师是人类。工程调查的工作就是凭借后见之明确定下一步要做的事情。

工程学领域变化的最近的一个例子是1968年
由于没有察觉到建筑结构裂纹，东伦敦的“Ronan 758

756.a—b：一系列计算机合成图像中的两个框架，显示火灾中热空气的蔓延过程。
757. 人们在火灾中从建筑中撤离的计算机模型的单个框架。
758. 英格兰东伦敦“Ronan Point”公寓建筑。1968年燃气爆炸后建筑一角坍塌。

759

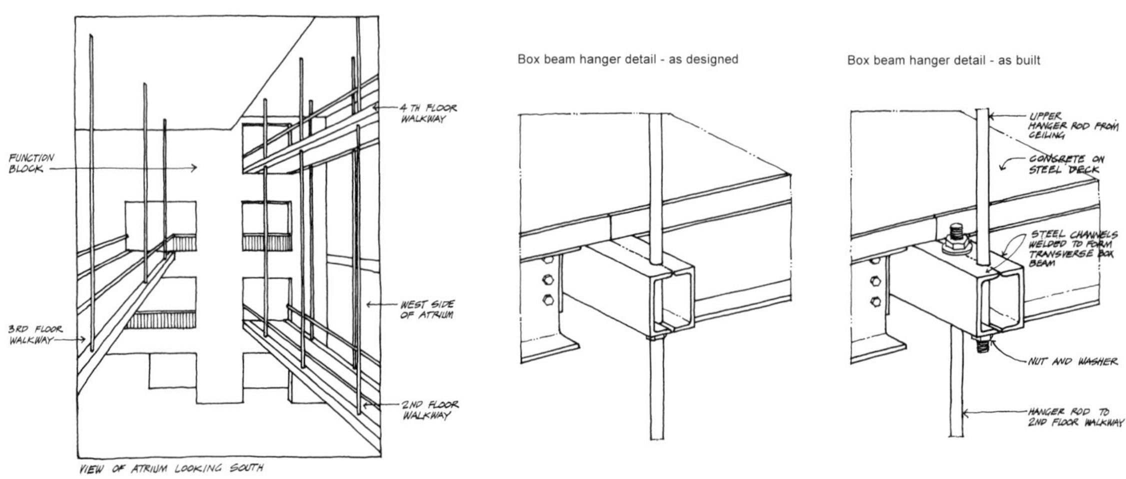

760

759. 纽约世界贸易中心，1972 年。结构工程师：莱斯利·E. 罗伯逊联合公司；建筑师：山崎实。

760. 美国密苏里堪萨斯城凯悦酒店。中庭走廊连接细节简图。走廊于 1981 年倒塌，是美国历史上最严重的工程灾难之一。左：中庭总结构；中：设计时的连接详图；右：施工时的连接详图。

Point”公寓一角突然倒塌。这幢 23 层高的建筑使用了一种新型高层结构方法进行建造，其中预制混凝土墙板是堆叠起来的，就像纸牌屋一样；每个墙板都依靠在下面的墙板，并被连接到建筑的钢筋混凝土芯中。工程设计计算根据现有的设计规范进行，而事实上，在竣工的最初阶段，这栋建筑既牢固又安全，设计师没有考虑到的是如果其中一块墙板发生移动，后果会怎样。一个燃气锅炉故障，导致 18 层的厨房发生小型爆炸，从而导致一个墙板受损，让上层墙板失去支撑；然后这些上层面板下降，落到下方的房间。这次教训告诉人们此类建筑中的墙板应保证牢牢地固定在楼板和建筑中心。这一要求成为了新版建筑规范的一部分。尽管发生了突发性倒塌，设计师并没有被起诉，因为他遵循了公认惯例和适当的设计规范。人们认为要求工程师预测所有可能发生的失败是不合理的，况且这些失败在以前没有发生过或从来没被考虑过。

759 2001 年纽约世界贸易中心的两幢大楼，在被两架满载客机撞击后轰然倒塌，人们对它进行了详细的事故调查，不是为了确认事故原因，很明显，是为了确认导致坍塌的精确过程。这栋建筑建于 1972 年，建筑如方形管筒，钢柱和横梁网组成墙体以支撑相当大一部分建筑的重量。这些承重墙在每个楼层通过楼板梁进行支撑，楼板梁把立面和建筑中心部位连接起来，内含楼梯、电梯和维修竖井。工程调查证实撞击移动了建筑立面中大量的钢柱，虽然并不足以引起倒塌。建筑内部迅速蔓延的火灾直接导致了倒塌。撞击附近，楼板梁防火用的大量壁炉遮板被移动了。一些横梁的温度迅速上升到使之倒塌和脱离端点支撑。然后这些横梁落到下方的楼板上，其中有一些也迅速倒塌。立面剩下许多没有楼板梁支撑的钢柱，有四层楼之多。这些柱体弯曲变形，其承受的荷载被转移到其他柱体上，而转移的柱体自身也变成了其他柱体的荷载，从而使其重载超过了其设计荷载；它们同样弯曲变形并倒塌，连锁反应随之发生。

虽然大楼没有被设计成可承受此事件中的撞击，但是考虑了飞机撞击的可能性。帝国大厦在 20 世纪 40 年代已经成功地承受住了小型飞机的撞击。设计师同样也考虑到了大型客机的撞击，但仅仅是在结构上；装载燃料的满载飞机的燃烧效应尚未被考虑过。事后来看，有人建议横梁的防火措施应更坚固耐用。然而，这场倒塌的最大悲剧在于生命的损失，或许最重要的就是需要为居住者提供更好保护的逃生途径，以及提供一种更有效的方法，使得火灾发生时确保这些逃生途径远离烟雾。

许多建筑的失败——不管是遭到毁灭性破坏还是发生非重大损失（如漏水透过建筑围护结构），并不是由建筑设计师的失误造成的。这些失败都是由施工实践不足或建筑承包商对细节的重新设计造成的，他们希望通过使用更少的材料来节省资金，或为了某些地方更易于建造而对原始设计进行修改。虽然重新设计是一种习惯做法，而且通常确实会节省资金，但是它可能会通过对原设计师意图的错误理解而导致失败。例子就是自由女神像举起的手臂在施工期间倒塌。承包商修改了古斯塔夫·埃菲尔的原设计以便容易施工，这样做时不能确保结构完全由三角网支撑，承包商因此犯下了罪过。在一个关键连接处，结构构件在某一单个点上并不合适，不平衡力导致一个构件弯曲变形，而此构件并不是设计用于承受弯曲荷载的，从而导致了不可避免的倒塌。

承包商对关键连接的重新设计也是导致 20 世纪末期最严重的倒塌事件之一发生的原因——
1981 年，美国密苏里堪萨斯城（Kansas City） 760
中的凯悦酒店（Hyatt Regency Hotel）的悬挂走廊坍塌，使得 114 人死亡。位于第二层和第四层的两个走廊是从屋顶的桁架上悬吊下来。吊索的原设计显示两个走廊是由一个单独的连续钢筋悬吊起来的。但是，设计师推荐的方法——把第四层的走廊连接到吊索上——是不切实际的。初看上去，承包商建议的替代方案似乎是合适的，并经过了结构工程师的批准。事实上，稍加细思即可知道，修改的方案在结构上是不牢固的。在原设计中，支撑第四层走廊的箱型梁必须且只需承受这一层走廊的重量。在修改的设计中，横梁也必须承受下面第二层走廊的重量。最终，导致两个走廊过载，上方吊索末端上的螺母从箱型梁上抽出。在这个事件中，司法调查之后，结构工程公司里的两名设计走廊并批准修改的核心员工被撤销执业许可证，原因是他们应该能够对设计改变的结果进行预测，但却批准了修改。

当然，并不是所有的建筑设计失败都会导致倒塌。许多“失败”，例如空调系统不能输送需要的温度和湿度，一旦被发现就会被纠正。然而其他失败并不容易纠正。一直到近代，音乐会和剧场的观众厅在建设时发生“声音灾难”的情况并不少见，仅仅因为在设计时人们对声学的认
761 识并不充分。其中最好的一个例子就是伦敦的皇
家阿尔伯特音乐厅，它于1871年对外开放。椭圆形的礼堂长70米、宽61米、高43米，它的容量比音乐会通常使用的许多大厅大两倍左右。巨大的椭圆形屋盖充当一个有效的反射器，多达7000名的观众一眨眼的工夫就能听到每个声音响亮的反射。据说在开幕式典礼上，威尔士亲王的演说可被“重复清晰地听到”。有时人们讽刺说阿尔伯特音乐厅的音乐会尤其物有所值，因为观众能听到每段音乐两次。20世纪60年代的试验表明这种反射比原声晚1/4秒，而且在特定座位，反射的声音比原声高20%。19世纪80年代人们试图改正这个问题，然而当1500平方米左右的织物帷幕从屋顶悬吊起来时，它也无法阻止干扰反射。1949年人们把它连同在织物上收集的1吨灰尘移走了。帷幕被一系列的弧形发射器代替，发射器由夹在两个铝片间的毡制品组成。然而这种解决方案只是减弱了高频率反射。低音继续反射且跟以前的声音一样高。1969年反射最终消除：细致调查后人们确定了问题产生的原因并想出了一个合适的补救措施。109个玻璃纤维反射器被悬挂到屋顶，这些反射器形状如同飞行的茶托，总面积超过了1000平方米。反射器既能降低声音到达穹顶内壁的比例，也能把声音的反射扩散到礼堂。在正厅前排座位上方添加一个反射顶篷，把声音更有效地投射到离舞台最远的座位。阿尔伯特音乐厅事件说明声学科学比结构工程的发展相对要晚。补救措施的最后成功体现了如今的建筑工程师有能力掌握建筑性能的各个方面，甚至是声学。

还有一起著名的工程失败例子，就是比萨斜 762
塔。1173年施工开始后不久，它就开始倾斜，尽管对石造建筑进行细微修正以使塔向垂直方向进行弯曲，但是下方软土继续变形，比萨塔在竣工后向南倾斜了约4.5度。在接下来的500年里，人们成立了许多委员会对其倾斜的原因进行确定，并提出可能的补救措施——仅20世纪就提出了16个补救措施。比萨塔倾斜的角度继续慢慢增加，到1900年，倾斜度超过了5度。20世纪，为阻止倾斜进行的五次不同的尝试又导致了角度突然小幅增加。1990年意大利的另一座石造塔自然倒塌时，人们发现比萨塔倾斜的比率正在加速增加，于是决定不再向公众开放比萨塔。最后它倾斜到了必须寻找补救措施的程度，以防止其倒塌并保障其保存下来。帝国理工大学（Imperial College London）的教授约翰·伯兰（John Burland）所在的委员会承担了这项工作。在对塔的历史和其持续运动的数据进行研究后，得出比萨塔的持续运动是由地下水位的变化、南侧的日照加热和强风造成的，伯兰提出了两个阶段的补救措施并被认可。在位于塔北侧的塔脚放置600吨的重物，可减少即刻的倒塌危险；1995年重物的重量增加到了900吨，以进一步减少危险。

伯兰关于比萨塔地基和下方土壤的计算机模型显示其在关闭时已濒于倒塌。他表明只有以足

761

762

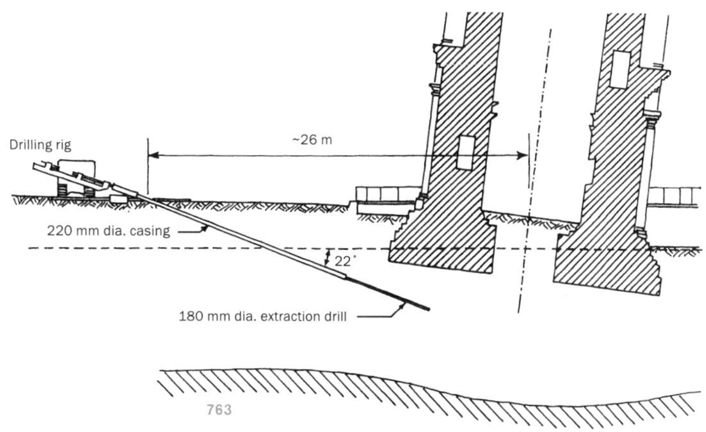

763

761. 英格兰伦敦皇家阿尔伯特音乐厅，1871 年。声音漫射盘安装于 1969 年。

762. 意大利比萨斜塔，1370 年。

763. 比萨斜塔。简图显示 20 世纪 90 年代早期，土壤是如何从塔下方移除以降低斜度并使其停止逐渐倾斜。

764

765

够低的风险将比萨塔的斜度降低一半才能保证其长期的稳固——等同于把七层护墙的飞檐从 4.5 米减少到 4 米。使用 41 个采掘螺丝，直径 180
763 毫米，间隔半米，把塔北侧地基下方的土壤移走。1999 年年初通过使用此方法人们成功地把斜度减少了 30 毫米；在 2000 年大部分时间里，对全部土壤的采掘以每天 20 升的速度进行着。铅制配重随着塔的摆正而逐渐移除。在此过程中，对东西方向的垂直度进行持续监测，并通过改变 41 个钻头采掘出的土壤的相对比例来控制垂直度。此平衡操作的精密度非常高，因为一个错误就会造成严重后果。就像伯兰所描述的，软土上重塔的稳固性与在柔软绒毛地毯上搭建的木塔的稳固性是相似的——只是比萨塔重 14500 吨。现在比萨斜塔又开始向公众开放。

建筑工程日趋扩大范围

尽管在 20 世纪前 60 年里技术取得了相当大的进步，但是建筑工程设计的范围仍然没有本质上的改变。1900 年，在工程学教科书、技术期刊和建筑学及土木建筑的行业出版物中所处理的问题，与 20 世纪 60 年代晚期所处理的问题差异极小。在那段时间，两个重要的新问题开始出现，从而改变了建筑工程师所活动的社会、经济和政治环境，并已经开始影响他们工作的性质。人们渐渐意识到为新建筑拆除旧建筑不利于城镇和城市的传承，并且建筑施工和建筑运行产生的环境影响越来越受到人们的关注。

现存建筑的修复与重建

20 世纪 60 年代中期标志着人们对年代久远的建筑的态度开始发生改变。全世界都开始在城市里营造越来越多的新建筑，不同的建筑师、公众以及后来的一些政客都开始谴责这种现象，建造新建筑似乎对城市外观和特点有不利的影响。人们尤其注意到越来越多美丽的旧建筑被拆除，并被没有建筑价值的新建筑所取代。20 世纪 60 年代，这种趋势越发明显，其中英格兰和美国风头最盛。这样的例子有很多，但是有几个臭名昭著：1837 年伦敦尤斯顿火车站及站前矗立的英雄拱门均于 1962 年被拆除；宾夕法尼亚铁路中 764、765
重要的纽约终点站也于 1963 年被拆除；西英格兰巴思（Bath）市内大量精致的乔治王朝风格的建筑在 20 世纪 60 年代被拆除。几乎每个英国大城市都失去了举办 19 世纪经济和工业建筑开发商世界宣明会的机会。同时，城外，成百个英格兰大型乡间住宅和古堡同样也在失去，虽然这主要归因于对建筑的忽视及政府征收惩罚性的遗产税。

人们对这种破坏的反应是对民族遗产越来越关注。对于很多工程师和建筑师来说，如果有可能，需要想出保存、修复和重复使用旧建筑的方法。对于一些具有文化、建筑或历史价值和意义的建筑来说，城市规划法通常让所有者很难对建筑进行拆除或对建筑的外观进行修改，对于追溯到 18 世纪或更早年代的重要建筑来说，如大教堂和贵族宫廷，情况一直是这样。现在几乎所有的建筑类型都适用相同的标准。一个典型的例子就是建筑师拉斐尔·莫奈欧（Rafael Moneo）把马德里阿托查火车站（Atocha Railway Station）改造成购物中心和公园，并于 1992 年完工。

然而并不是所有的工程师都是破坏旧建筑的无辜旁观者。许多结构都遭到了破坏，尽管工程

764. 宾夕法尼亚铁路纽约车站，于 1963 年拆除。建筑师：麦金米德怀特公司。候车室，以罗马的卡拉卡拉大浴池的温水浴池为设计基础。

765. 宾夕法尼亚车站。车站广场，以罗马的交叉穹隆为设计基础。

766

767

师坚称这是不安全的且需要花费大量金钱进行修复。事实上，这通常意味着被指定进行修复的工程师没有能力或不愿意对这些建筑进行整修；他们可能对材料不熟悉，如铸铁或锻铁，或对过去使用的施工方法不熟悉。如果被指定了，他们亦可能通过设计一个钢材或钢筋混凝土建造的替代建筑来赚取更多的资金。幸运的是，在 20 世纪最后的 30 年内，越来越多的旧建筑被保存了下来，并以完全不同的用途重新投入使用，比如仓库、教堂、办公楼、大学建筑、剧场、博物馆或手工坊。

修缮旧建筑时，屋宇设施通常会被更换，一方面原因在于原地修复供暖、通风设备和电力设备及获得批准是有难度的，另一方面原因在于让建筑内原有设备适应新的建筑功能和新的内部布置也是一件困难的事情。一栋建筑的构造和结构通常可以重复使用，但这需要进行慎重考虑，结构工程师必须发展新技能以对现存建筑的稳固性和楼板、墙体和柱体的承载能力进行评估。他们必须评估和解释可能发现的任何轻微损害，并尽可能地确定原设计师的结构工作方式意图和结构实际工作的方式。尝试把现代设计实践规范应用到旧建筑中去是很危险的，意识到这点也是很重要的。比如，如果对建筑隐藏结构的设定很保守，那么，通常会发现楼层“将不能承受住”它们几十年来一直承受的荷载，并且建筑“应该”已经倒塌。缺乏旧建筑经验的工程师可能会根据这些“证据”宣告一栋建筑不再能使用。聪明的工程师会相信他们的眼睛。很明显，建筑依旧矗立着，从实际出发，工程师们会重新看待已经做出的假设。通常情况也是如此，如果发现假设是错误的或悲观的，需对其进行相应改善。

1865 年，英格兰哈德斯菲尔德(Huddersfield) 766
建设的纺织厂阐明了这些观点。这栋建筑的铸铁柱体和横梁横跨在石造承重墙之间。基于对结构和材料性能的保守假设，第一次评估显示楼板不能承受住现代楼板的荷载。之后采用更开明的方法来理解结构和工作原理，使得这栋建筑免于拆除。首先，对铸铁横梁的小型样品进行试验。结果发现这种铁比第一次假设的张力强了大约

766. 在英国哈德斯菲尔德恢复的工厂，于 1865 年建造。原始平拱地板。
767. 1996 年翻新后的外表；建筑为哈德斯菲尔德大学的计算机和工程系使用。

10%。对砖砌拱和铸铁横梁拱的尺寸进行了精确的测量，以便更精确地计算它们的强度。结构的新数学模型确定了在拱顶使用轻质混凝土和在铸铁横梁周围浇注混凝土来建造楼板结构，能够使楼板承受规定的荷载，在这种楼板中，原梁和新混凝土组合共同工作。在重新修整的建筑内，砖砌拱的涂漆拱腹被清理并使其暴露。这栋大楼
767 现在被哈德斯菲尔德大学的计算机和工程系所使用。

为了理解设计师的意图，在建筑修复期间对旧建筑的精心研究极其重要，通常会由此带来极具独创性的设计。与这种独创性有关的例子就是所谓的“悬臂式”（cantilevered）石楼梯，它从帕拉第奥时期到 19 世纪在整个欧洲的许多建筑中都有使用。这种楼梯的智慧思维及木制模型表明石头阶梯实际上是通过内旋而不是弯曲作用来承受荷载的，而墙体只是用来防止它们旋转的。这就有可能解释这些精致的部分如何能承受很多人的荷载，不仅仅是阶梯自己的荷载还包括中间平台的荷载。有时，它们横穿窗口，通过用铁条代替消失的部分墙体就能实现。对这些早期悬挑楼梯的研究以及从研究中得到的认识使得设计工程师们能在现代环境中模仿这些想法并创造出引人注目的成果，这些设计工程师于 1994 年设计建造了牛津大学圣约翰学院（St John's college at Oxford University）的新建筑。

绿化施工

20 世纪 60 年代，越来越多的科学家开始研究自然环境，并日趋关注 20 世纪制造过程和耕作方法的负面影响，这些正在污染着大气环境和河流及湖泊里的水，并在总体上破坏着野生动物栖息地和生态系统。科学家们同时也开始关注日渐增快的自然资源消耗速度。在唤醒人们关注环境问题方面，两篇文章最有影响力。在 1962 年，蕾切尔·卡森（Rachel Carson）的《寂静的春天》（*Silent Spring*）告诫人们使用某些杀虫剂及移除乡村植物篱已经引起了许多鸟类和其他野生动物的死亡，如果不改变这种事实，后果会变得更加严重。1972 年，《生态学家》（*Ecologist*）出版了《生存的蓝图》（*A Buleprint for Survival*），讨论了西方经济正在迅速消耗许多有限资源如燃料、矿产和热带硬木，如果趋势继续发展，这些有限资源可能会在几十年内被耗尽。尽管更多的资源已经被发现，但是资源终将枯竭。

1973 年到 1974 年，所谓的“能源危机”（energy crisis）爆发——石油成本几乎在一年左右的时间内增加了三倍——于是人们将压力施加到建筑设计师上，以减少建筑使用的能源数量。20 世纪 90 年代，科学家确定了全球变暖现象，并把它主要归因于大量温室气体的产生，如二氧化碳——防止高温从地球排出。人们同时发现工业中使用的某些化学制品如氯氟烃正在消耗大气中的臭氧层，臭氧层能过滤掉大部分有害的太阳紫外线辐射。1985 年英国南极调查局的科学家发现南极上方的臭氧层有一个大洞，由此加速了 1987 年蒙特利尔议定书（Montreal Protocol）的签订，从而使人们逐渐停止使用建筑中消耗臭氧的物质和所有其他消耗臭氧的工业产品。

最近几十年，一些国家的环境立法逐渐为减少人类对环境的影响起到了很大的作用。在大多数国家，自 20 世纪 80 年代早期以来的土木工程和 20 世纪 90 年代末期的大型建筑工程中，开始在建筑的施工阶段及后续设计中要求对环境影响进行评估，以确定影响范围，从而确定提出的减缓措施。这对未提前要求处理这些问题的工程师的工作产生了直接的影响。

在某种程度上，建筑工业已经能迅速对这些命令进行回应。当法律要求的时候，施工中使用的材料和产品的制造商已经迅速找到或开发出了它们的替代品，如冷藏设备或消防设备中使用的臭氧消耗材料。尽管对人类健康没有直接的影响，

768

但是对施工中使用材料的改变已经放慢了速度且不再重要。比如，虽然木材对环境的影响低于塑料、钢材、铝和混凝土，但是用木材来代替这些材料的机会非常有限。同样，还是有许多潜在的机会来使用再生元件和回收材料以取代新材料，但是使用的例子非常少且范围小。实现这些机会在很大程度上还需考虑非技术性的障碍（主要为经济）。迄今为止，如上所述，材料使用中最重要的改变就是越来越多的整栋（现存）建筑的重新利用。

建筑设计领域的一大重大变化就是在提高建筑的能源效率方面。部分是因为能源使用易于测量且能源消耗的减少为建筑业主带来了直接的现金收益。20 世纪 60 年代人们首次考虑了消耗更少能源的建筑，但是因为当时能源成本相对于其他成本要低，设计师对此关注较少。实际上，20 世纪 60 年代在建筑中设计并由特定人群提供许多屋宇设备是很普遍的现象，这些人利用销售和安装能源消耗设备如供暖和空调系统来赚钱，他们不推荐自然通风方法一点儿都不惊奇，因为这样就不需要这种设备了。当然，在当时，屋宇设备工程师通常会参与到设计建筑的早期阶段中，但这在当时并不常见。

伦敦的阿鲁普工程顾问公司开始第一次尝试让屋宇装备工程师参与到设计决策的早期阶段中。阿鲁普成立的这个多学科建筑设计公司实现
了“总体建筑”的抱负。公司在 20 世纪 60 年代 768
以大量的实验楼开始，特别是伯明翰大学的矿冶 769

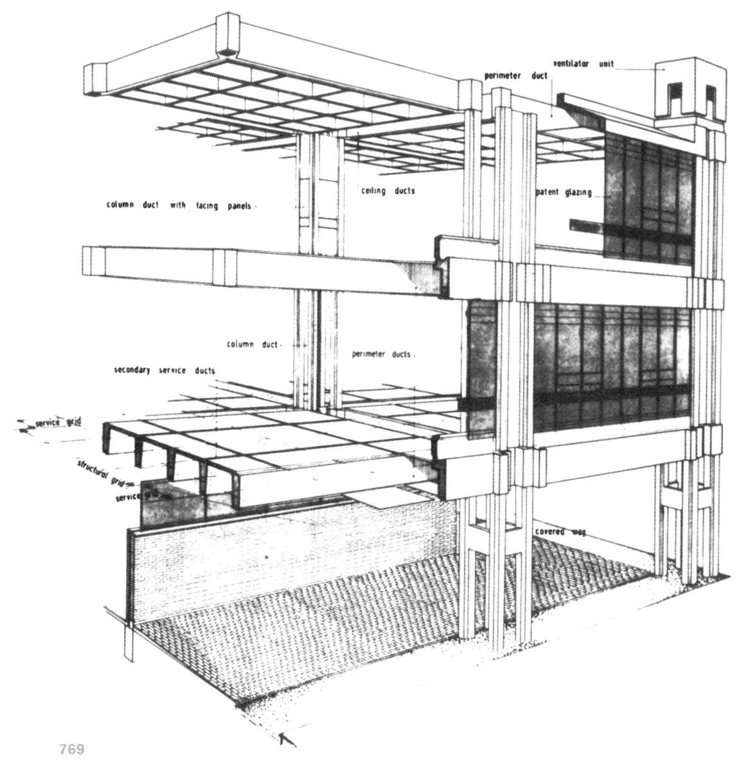

769

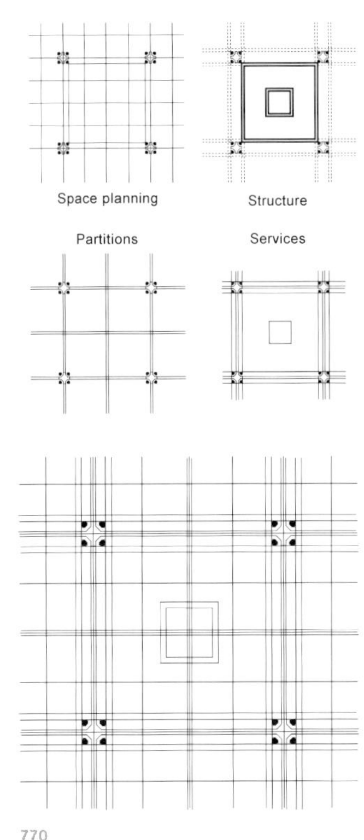

770

建筑，其次是许多商业办公大楼。这一系列备受赞誉的建筑融入了越来越复杂的一体化方式，将建筑的所有工程方面当作一个整体。阿鲁普公司在建筑布局内构造不同区域的技术因与格子花纹
770 相似而被称为“格子网格”（tartan grid）。

在 1973 年石油危机的鼎盛时期，阿鲁普公司关于使不同的建筑系统成为整体学科的方式使得他们能够开发出一个截然不同的方法以减少建筑运作所需的能源。从某种意义上来说，他们又回到了旧观念中：利用建筑中材料固有的热容量来储存热容量（热度），既可以在寒冷季节里作为取暖能量使用，又可以在酷热的季节里作为制冷能量使用。为此稠泥浆或厚砖石墙体一直被用于乡土建筑中。对于大型现代办公大楼来说，钢筋混凝土的高热容量使其成为显而易见的选择。混凝土也能承受大型结构荷载，且它易于制造成复杂的固体形状。因此，其可被造型从而创造格子网格的贯穿空隙，利用这些空隙，导入设备可水平地穿过楼板结构并垂直地穿过竖井。

阿鲁普公司于 1973 年为英格兰布里斯托 771
尔的中央电力局（Central Electricity Generating Board）设计大厦。夏天，凉爽的夜间空气穿过

768. 英格兰伯明翰大学矿冶大楼，1964—1966 年。工程师和建筑师：阿鲁普工程顾问公司。
769. 矿冶大楼。剖面等距显示结构和屋宇设备的整体区域。
770. 阿鲁普工程顾问公司开发的“格子网格”以推进整体设计的结构方法。

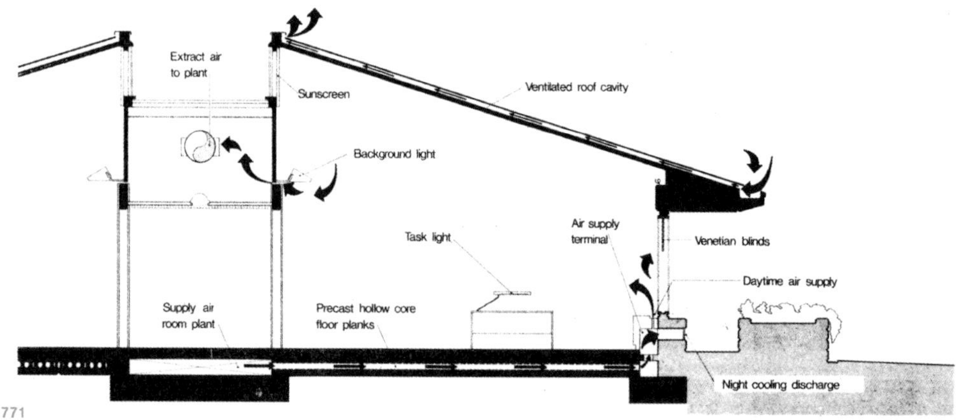

771

772

773

774

771. 英格兰布里斯托尔中央电力局总部大楼，1973—1978 年。工程师和建筑师：阿鲁普工程顾问公司。能源系统简图。

772. 津布巴韦哈拉雷东门大厦，1991—1993年。工程师：阿鲁普工程顾问公司；建筑师：皮尔斯合伙公司。中庭。

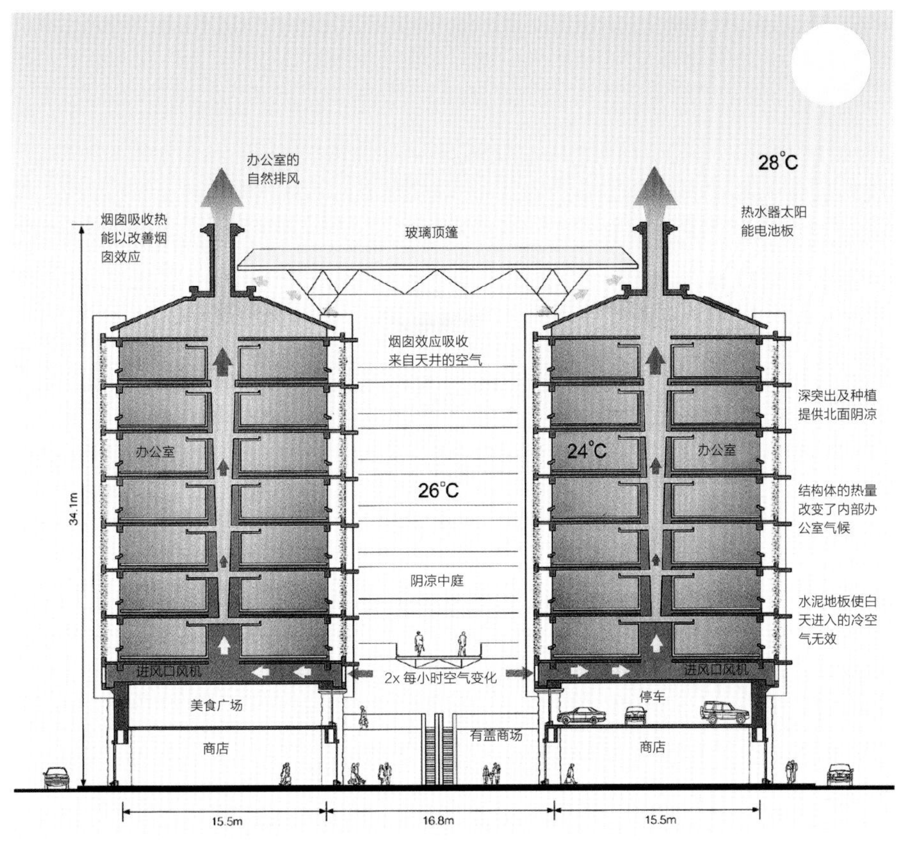

775

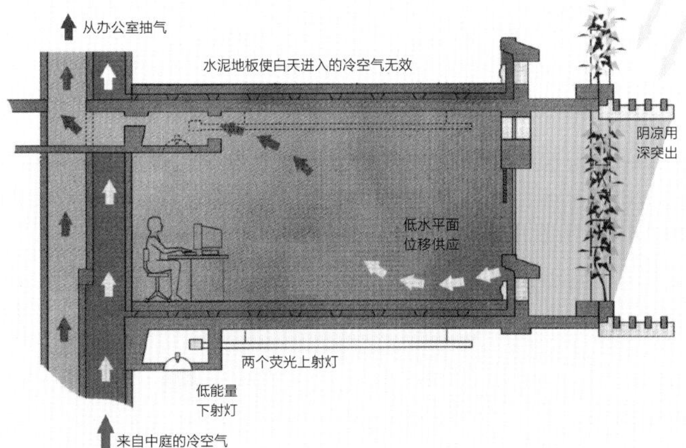

776

773. 东门大厦。

774. 伦敦贝丁顿零能耗发展项目（BedZED），1999—2000 年。工程师：阿鲁普工程顾问公司；建筑师：比尔·邓斯特。屋顶的大型旋转通风帽促进空气流动穿过建筑。

775. 东门大厦。简图显示使用自然风道在夏天降温了 4℃。

776. 东门大厦。简图显示每个办公楼层的自然通风策略。

混凝土结构的风道进行制冷，热能被储存作为制冷能量；在白天，制冷能量从混凝土中释放出来，从而降低对机械制冷系统的需求并节省其驱动能量。冬天，全天用灯光和计算机设备产生的热能加热内部的空气，热能穿过混凝土结构并温暖环境。这种热能被储存作为混凝土整夜的制热能量并在次日释放出来，加热室内空间的空气从而降低用电力或气体燃料加热的需求。

20 世纪 70 年代中期，声能设计更青睐钢筋混凝土和砖石，它们能够把所需的热容量与建筑美感相结合。这反映了自 20 世纪 30 年代以来建筑师和工程师是如何使用材料，尤其是使用钢筋混凝土与钢材来表达建筑结构工作的方式的。当建筑师致力于打造环境型建筑时，确保此类建筑从某种角度看起来节能或“绿色”非常重要。20 世纪 90 年代和 21 世纪早期，这种外观的数量已经稳步递增。津布巴韦哈拉雷（Harare）一座自
772、773 775、776 然通风式商业和零售大厦的外观主要为露石混凝土，嵌成花纹以增加有效面积，由此，空气和建筑混凝土织物之间的热传导效率提高了。通过利用自然风道来代替机械制冷，建筑所消耗的能量
774 明显减少了。许多建筑师以大型旋转通风帽作为一大特色，通风帽可以借助风力转动以获得通过建筑的最大空气流量。有趣的是，威廉·斯特拉特和查尔斯·西尔维斯特于 1806 年到 1810 年在德比郡综合医院也使用了同一种想法，只是当时旋转的通风帽位于看不见的地方。

在过去的半个世纪里，人们见证了越来越多的建筑师与工程师密切配合从而实现了他们的梦想，且通常他们为建筑设计的外观在某种程度上突出了新技术或高科技的想法。正如理查德·罗杰斯和伦佐·皮亚诺在巴黎的乔治·蓬皮杜中心所做的一样，展现了屋宇设备和结构中所包含的科技。同时还涉及使用特殊材料，这在传统建筑行业中并不常见。如同加拿大籍建筑师弗兰克·盖里
777 （Frank Gehry）在西班牙毕尔巴鄂古根汉姆美术馆（Guggenheim Museum of Art in Bilbao）做的一样，在建筑表面覆盖钛，钛是一种主要应用于航空航天工业中的材料。钛的许多特性使得它适合作为覆盖材料使用：它的密度是钢的一半，并且几乎是惰性的，这就意味着与普通的钢材或铝不同，它不会被腐蚀。钛同样能够通过被称为阳极氧化的电化学过程进行处理，使得表面可以有任何一种一系列不同的颜色。

大多数漂亮的建筑来源于工程师和建筑师间的配合，一些人也可以像工程师和建筑师一样有能力——比如，20 世纪中期的欧文·威廉姆斯、埃拉迪欧·迪斯特和皮尔·奈尔维（见第 8
章）以及我们的时代里的圣地亚哥 · 卡拉特拉瓦 778
（Santiago Calatrava）。卡拉特拉瓦对结构稳固性和穿过结构部件的应力和压力的认识使得他能够对结构中的平衡有准确的判断力。

现在许多工程师使用结构的特质获得显著效
果。比如，在东京国际论坛（1996 年）上，建筑 779
师拉斐尔·维罗尼（Rafael Viñoly）想要创作一个大约 225 米长、30 米宽的巨大釉面中庭。佐佐木规划实验室（Sasaki Planning Laboratory）的日本工程师设计了一个由两个柱体支撑的结构，一边一个柱体，来支撑中庭屋盖和 60 米高的夹层玻璃幕墙。透明的建筑立面可表达建筑结构，比如，彼得·莱斯在拉维莱特设计的玻璃幕墙中使用了肌腱样索，工程师耶尔格·施莱西设计的德国汉堡博物馆的覆盖整条街道的釉面屋盖，及美国西
雅图中央图书馆（Seattle Central Library）阅读 780、781
室上方挑战重力的倾斜的釉面屋盖，此图书馆由荷兰建筑师雷姆·库哈斯（Rem Koolhaas）建造。立面不仅必须承受强风和地震的荷载，也成为了控制内部环境的一个组成部分，可节省能量超过 30%。

位于慕尼黑的安联球场（Allianz Arena）由
瑞士建筑师赫尔佐格和德梅隆进行建造，建筑立 782、783 784
面用 2874 个充气式聚四氟乙烯气垫组成，它不

777

778

777. 西班牙毕尔巴鄂古根海姆美术馆，1997 年。结构工程师：斯基德莫、奥因斯与梅里尔公司；建筑师：弗兰克盖里建筑事务所。
778. 法里昂沙特拉斯机场火车站，1994 年。工程师和建筑师：圣地亚哥·卡拉特拉瓦。

780

781

779.（左页）东京国际论坛大楼，1996 年。建筑师：拉斐尔·维罗尼。

780. 美国西雅图中央图书馆，2004 年。建筑师：雷姆·库哈斯 / 大都会建筑事务所（OMA）。

781. 西雅图中央图书馆，细节图。

782

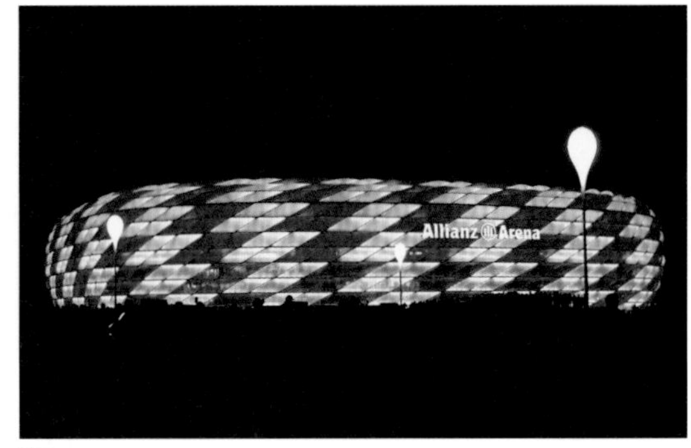

783

仅为体育场地创造了一个非凡的外观，也能根据环境改变颜色。每个半透明的气垫都能从内部照亮——自行显示哪支团队正在参加比赛（红色代表拜仁慕尼黑足球俱乐部，蓝色代表慕尼黑1860足球俱乐部，而白色代表德国国家队），或以组合的方式，产生引人注目的视觉效果。

当建筑师被要求在不熟悉的地点和气候里设计建筑时，他们能够面对非常困难的问题，这种情况越来越普遍。在西南太平洋上的新喀里多尼亚岛（New Caledonia）努美阿市（Noumea）的
785、786 吉巴欧文化中心（Tjibaou Cultural Center），意大利建筑师伦佐·皮亚诺遇到了这种挑战。通过收集全年的天气数据，工程师和阿鲁普公司能够就最佳材料提出建议并确保建筑在遥远的热带地点的耐用性和低维修率，并且为使用者提供一个舒适的环境。根据风的强度和方向，许多百叶窗和窗户能够以不同的组合方式打开或关闭以便利用自然风道获得一个舒适的室内微气候，不再需要机械制冷或空调。在法国南特（Nantes）的边界层风洞中对1:50的比例模型进行试验，对不同的通风模式进行模拟分析。从风洞试验中获得的建筑内部气流速度的数据与湿度和温度数据结合，从而计算出一年关键期期间一天里每个小时的"舒适指数"（comfort index）。这些结果，反过来，使得工程师能够对所需的不同百叶窗实现精准安装，以获得最佳室内气候。

在未来，建筑师、开发商、政客和社会会需要更具有挑战性的建筑，建筑工程师的贡献将会变得更有影响力。建筑通常需要体现许多"绿色"设计特点，如太阳能发电、风力发电和地热资源以及循环水系统。同样，因为把废物送到垃圾填埋地开始在政治上不被接受且更昂贵，所以建筑设计师需要努力达到"零废物施工"（zero-waste construction）。因此有必要以全局的视角来对待设计和建造建筑，比如，建筑的营造方式便于拆除从而使得构件，材料可被再利用或回收。工程师和建筑师在设计新建筑形式和施工方法方面必然将更紧密地进行合作以迎接新的挑战。

782. 德国慕尼黑安联球场，2005年。工程师：阿鲁普工程顾问公司。建筑师：赫尔佐格和德梅隆。
783. 安联球场。
784. 安联球场。外部细节图。

785

786

785. 新喀里多尼亚岛努美阿市的吉巴欧文化中心，1998 年。工程师：阿鲁普工程顾问公司；建筑师：伦佐·皮亚诺。
786. 吉巴欧文化中心。细节图。

后记　关于建筑工程的历史和哲学

从一定程度上讲，历史和发展就像同一枚硬币的两个面——一个是反面，一个是正面。本书中所回顾的历史使我们能够看到过去的三千年里人们在不同工程领域内所获得的发展进步——对材料和制造、最佳设计方法以及输送设计和执行数学计算的认识的加强。与发展本质有关的更详细的内容超出了本书的范畴，但是本书涉及工程哲学，类似于解释科学发展的哲学。要进一步阅读这些相关的问题，请查看尾注。

今天建筑工程的范围根据建筑设计所涉及的不同专业领域进行了定义。随着每一个新领域的诞生，建筑工程发展出了自己的一系列特点，从而与其他学科进行区分：

- 成立新专业机构
- 出版权威设计规范
- 具有标准的技术学院和综合大学课程
- 实验工程科学技术
- 定制设计的计算机软件

上述最后一条在学科的划分中有着越来越重要的地位，因为它确定了专业知识的实质，这些专业知识不可用于学科外的其他领域。专业软件让每个工程师都能够模拟与其有关的建筑性能和系统；如今，这意味着人们能用模型模拟建筑性能的各个方面——声学、热力性能、正常环境和火灾中的气流等。

发展设计规则和程序对今天所有的建筑工程学科来说都是一项常见的活动。正如我们在整本书中看到的，一些是完全根据经验进行的——经验法则，另一些是完全根据大量的科学知识进行的。建筑工程学的所有分支中的设计规则趋向于作为经验法则使用，并逐渐在本质上变得科学化。

· 经验（基于经验）设计规范对集体经验进行了概括，使得用户能够在平常的经验范围内以及经验外有限的范围内进行补充。经验法则不是建立在对现象的科学认识或解释上的，但是这些认识和解释起了一定的作用。

· 贯一设计法则同样建立在经验上，但是其融入了一些科学认识和解释，必要时会融入经验常数。这样的法则产生了 19 世纪工程师们所说的相对比例或数值。

· 科学设计规范是建立在对相关现象的全面的科学认识和解释上的。通常来说，不需要使用经验常数来考虑解释不了的现象。19 世纪工程师把这些法规的输出称作绝对比例或数值。大部分现代设计规范都属于这一类。

随着每个建筑工程学科的发展，经历了三个深化阶段，加强了设计规范的使用：

1. 详细说明术语中的工程性能：当一个现象能通过术语表达出来时，可以采集与实际建筑行为有关的大量数据，对新建筑中一个构件或工程系统应获得的性能等级进行详细说明是有可能实现的，比如，制作屋盖结构的铁或钢所需的强度，所应获得的混响时间（以秒为单位进行测量），室内所需的温度和湿度，等等。

2. 理解实体模型中的比例效应：如果在已知的工程现象中比例效应不能确定，那么就不能说对这种现象已经有了全面认识。砖混结构设计师在一定程度上是幸运的，因为这种结构的牢固性是不受比例影响的——如果建立了模型库，那么就会有忠于原建筑的复制品呈线性地放大到真实尺寸。线性关系不适用于其他结构形式，如横梁和壳结构，或流体流动、声学或建筑的热行为。这些现象受科学关系的支配，这些科学关系涉及平方、立方、互为倒数和其他非线性关系。只有在科学基础发展的情况下，这些不同现象中的比例因数的效应才能被认识。对于每个工程学科来说，在17世纪和现代之间，这种情况已经在不同的时间里出现了。

3. 使用安全系数和其他经验常数：即使设计规范是完全根据科学认识、定量分析和比例因数的认识进行建立的，通常仍需在设计规范中融入经验因数，这些经验因数考虑到了许多数学模型创造过程中存在的近似值。通过这种方式，工程师已经能够使用已知不完全准确的数学模型；经验因数是一种有效衡量近似值不准确度和等级的尺度。威廉·兰金于19世纪80年代首次提出这样的观点，在今天，这种因数也常被通俗地称为“无知因数”。在结构工程中，其已经被称为“安全系数”。其他工程设计领域使用各自领域内相似的经验因数。

20世纪晚期人们已经见证了各行业中曾经令人难以置信的工程进度。第二次世界大战之前，人们普遍认为工程工作——尤其是在土木、建筑和电气工程的工作——是英勇的。许多书被冠以崇高的头衔，如《工程奇迹的奇迹之书》。

到20世纪90年代，工程师已经成为他们自己成就的牺牲品。他们能把人类送到月球并在协和式飞机上搭载乘客以超声速飞行。他们可以开发具有前所未有的强度、刚度及其他特性的新材料。通过网络他们为人们提供了前所未有的信息获取方式，并制造了一些可购买的科技奢侈品，如汽车和家庭娱乐设施，大多数人都能在价格上接受这些商品，至少在西方世界是这样。今天，工程师可以用计算机做任何事情，他们几乎可以在转瞬之间就完成手中的工作。但工程进步并没有使工程师的生活更放松，而是让他们比以前更忙碌了。

建筑工程专业未来的重点不再是工程规范中的技术问题——这些在现在看来是理所当然的。未来的重点在于雇用更具强大技能的建筑工程师。如果雇用的工程师不能为项目增加价值，客户为什么要雇用他们呢？

建筑工程行业内的微气候正在发生改变。在过去，人们成为一名工程师，主要靠技术方面的专业技能。在未来，其重点在于使用更多的专业技能来满足客户和社会的需求。

· 为客户和居住者设计建筑

· 为客户创造价值

· 开发未知的事物、管理风险和传递信任

· 减少建筑对环境产生的影响

· 实现客户、建筑师和社会的梦想

今天，一个有效的工程建筑必须能为一种功能而设计，如汽车或飞机。一旦这些事物的功能过时，它们就会遭报废且材料会被回收。但是大多数建筑所有者并不想把他们的建筑当作汽车来看待——他们更想让这些建筑保存更长时间。他们希望建筑的设计能够适用于新的用途类型，甚至适应全新的功能。很可能会出现两种不同的建筑方式从而满足建筑工程师不同的需求。一种建筑方式就像汽车——高度工程化、轻量化、批量生产、廉价，且不适用于其他用途。另一种建筑方式，设计成能够适用没有想到过的甚至无法想象到的用途——如城堡、大教堂、市政建设和过去时代的摩天大楼，这种建筑方式将被建造成长青的基业，作为宝贵遗产传承给未来的工程师。

术语表

拱体（ARCH）——通常为跨越两堵墙或两个桥墩之间的构件，主要由石块、拱石、钢或钢筋混凝土连续构件挤压成形。拱体有多种样式，包括半圆形、尖形、椭圆形，以及扁平状，均可达到稳定的效果。

筒形拱顶（BARREL VAULT）——沿长度方向，横截面呈半圆形的砌体或混凝土拱顶。

横梁（BEAM）——跨越两个支承结构的构件，以抗弯能力来承受荷载，最常用于楼板结构。

弯曲（BENDING）——使楼板梁等垂直构件弯曲的作用力。抗变形力来自梁内的压力和张力。

弯矩（BENDING MOMENT）——衡量构件发生弯曲所需要的力矩。

支撑框架（BRACED FRAMEWORK）——通过确保所有构件形成三角形空间，而非四边形或多边形，来实现稳定性的结构。一般通过连接矩形的对角线形成一个或两个支撑结构。支撑框架可以是非刚性连接；事实上，支撑框架一般采用销接方式，并且一般也按照销接方式进行分析，即使实际情况并非如此。通常，支撑框架设计为无冗余构件的静定结构。

支撑（BRACING）——一种使结构稳定，避免机械化的方法。支撑式结构构架的承重能力也需要考虑风或地震对其地基造成的影响。可以通过连接矩形的两个对角线实现交叉支撑，或通过连接木制框架中的角撑和钢制框架中的角撑板实现隅撑。

材料脆性（BRITTLE BEHAVIOR OF MATERIALS）——材料仅产生较小，甚至无塑性变形的断裂性质。典型材料包括玻璃、石头、混凝土和铸铁。

屈曲（BUCKLING）——构件在压力或压应力的作用下发生破坏，瞬间失去稳定性，最终在垂直力的作用下弯曲。例如，柱体或支柱的屈曲，铁梁或钢梁中薄板的屈曲，或薄混凝土壳体结构的屈曲。

扶壁（BUTTRESS）——用于承载建筑物上端到地基水平力（风力和拱体、拱顶以及圆顶的侧向推力）的构件。扶壁通常位于建筑物的外部。飞扶壁通过下方的空间结构承受水平力。

骨架结构（CAGE CONSTRUCTION）——这种建筑形式包括一个支撑底板载荷的钢制框架结构，后面是自支撑结构的砌体立面，但不承载任何底板载荷。在19世纪70年代中期，威廉·詹尼首次将该结构用于芝加哥的第一莱特大厦。利用支撑结构或刚性连接件保证框架的稳定性。（框架或骨架构造）

悬臂梁（CANTILEVER）——依靠弯曲作用的构件，仅一端受支撑。实际上，悬臂梁可以视为半段横梁。伽利略在曲度处理中充分描述了这一结构。

悬链线（CATENARY）——其名称起源于由均匀电缆或链条组成的数学模型，仅承载自身重量。

定心（CENTERING）——一般用木材搭建的临时支撑，在施工期间，用于支撑砌体拱体或拱顶的石块或拱石。一旦结构完整且可自行承重，它就会被移除。

柱体（COLUMN）——较之支柱，柱体是由石块、木材、钢铁或钢筋混凝土制成的垂直承压构件，支撑着其他承重构件。

压力（COMPRESSION）——通过外力作用发生形变，造成构件长度缩短的应力；与张力相反。

冷能（COOLTH）——低于环境空气温度下的热能。

蠕变（CREEP）——某些材料（如木材和混凝土）在长时间负载后会持续变形或弯曲。

护墙（CURTAIN WALL）——（中世纪）围绕城堡主体建筑的外墙；（现代）连接钢筋混凝土结构构架的非承重建筑立面。

恒载（DEAD LOAD）——由于构件自重和其他诸如楼板等永久性特征所必须承受的荷载（相对于实际荷载）。

有效应力（EFFECTIVE STRESS）——衡量固体材料中土壤的应力比例；其余部分是土壤孔隙中携带的水分（并称为“孔隙水压力”）。此构想由卡尔·太沙基提出。

材料的弹性特性（ELASTIC BEHAVIOR OF MATERIALS）——材料在承重时变形，取消承重后返弹至原始形状的能力。大多数材料的变形程度与承重成正比（参考胡克定律/波马定律）。

平衡（EQUILIBRIUM）或静态平衡（STATICAL EQUILIBRIUM）——部分或整体结构在压力或应力作用下平衡，达到静止状态（静态）。

拱背（EXTR ADOS）——砌体拱石、拱体或拱顶的外侧或上表面。（和拱腹相反）

安全系数（FACTOR OF SAFETY）——可以超过预计负载的理论或实际负载能力。在设计计算中，安全系数不可避免地被用于数学模型中（由真实负载、材料和结构组成）衡量由近似引起的不确定性。

坍塌（FAILURE）——工程系统的任何坍塌都意味着其无法履行设计之初的责任。通常出现在材料和结构上。例如，当横梁变形超出可接受限度或断裂时，柱体或壳体结构承载压缩负荷时。

疲劳（FATIGUE）——由于对结构重复施加载荷而引起的材料断裂，例如蒸汽机或电动机金属支撑上的振动。最终，即使负荷大小导致的应力远低于会引起断裂的静态应力，也会发生断裂。

凸缘（FLANGE）——（通常）为水平方向 I 形梁的上下部分，其主要功能是承受压力或拉力。两个凸缘相互连接，通常与腹板垂直。

断裂（FRACTURE）——材料或结构破坏导致出现两个或多个新表面。通常与脆性行为相关。“断裂能量”或“断裂的能量”是引起新表面所需的能量。

框架作用（FRAME ACTION）——通过使用固定连接提高结构构架或刚架构架的稳定性。也称为刚架作用和连框作用，与支撑框架相对。

框架结构（FRAME CONSTRUCTION）——建筑物结构，包括木制柱子或钢筋混凝土柱子以及横梁，通过支撑刚性结点保证其稳定性（即无须将承重砌墙当作剪力墙）。（和骨架结构相比较）

索道（FUNICULAR）——在任何荷载组合下（包括自重），由拉索、链条或其他抗拉结构组成的形式。

大梁（GIRDER）——通常意味着体积很大，由铁或钢制成，可通过铆接或焊接一些较小的构件而成，但是几乎和横梁同义。

胶合木（GLULAM）——一种现在常用的商品名称，多用于胶合叠层木材。

网壳结构（GRIDSHELL）——由木材、钢筋或钢筋混凝土相互交错组成的二维或三维壳体结构。

交叉穹顶（GROINED VAULT）——两个尖端或筒形拱顶交叉（通常是垂直角度）形成的拱顶，不使用砌体弯梁。

湿度（HUMIDITY）——空气中的水蒸气量。以每立方米的质量或相对湿度来衡量。

双曲抛物面（HYPERBOLIC PARABOLOID）——两条直线穿过空间产生的双曲互反面。双曲抛物面壳体结构仅在壳体平面内承受均匀载荷，如剪应力；壳体不受弯曲度约束。

I 形梁（I-BEAM）——钢卷梁最常见的形式。I 形状可有效利用材料，实现高强度横截面或截面惯性矩。I 形梁包含两个由腹板连接而成的凸缘。当柱体采用 I 形状时，通常将其称为“H 型截面”。

拱腹（INTRADOS）——砌体拱石、拱体或拱顶的内侧或下表面（与拱背相反）。

等静压线（ISOSTATIC LINES）——材料中等压应力或拉应力（称为“主应力”）形成的轮廓。

平拱（JACK ARCH）——一种小砌石拱体，通常用拉杆来平衡拱体的向外推力，19 世纪广泛应用于防火地板施工。“Jack”的意思是“小”。

有效荷载（LIVE LOAD）或外加荷载（IMPOSED LOAD）——除了自重之外还需要支撑诸如人、家具、风雪、温度或地震产生的负载。

荷载（LOAD）——外力对构件的作用。更多荷载类型可根据其前缀理解，如重力荷载、恒载、有效荷载、外加荷载、风雪荷载。

构件（MEMBER）——结构框架的组成部分，尤其是桁架。

中轴（NEUTRAL AXIS）——当横梁承受弯曲作用力时，通过横梁的假想平面保持长度不变。在曲梁中轴的一侧，材料承受压应力；另一面承受拉应力。“平衡轴”的构想由马略特在 17 世纪 80 年代首次提出。“中轴”一词由托马斯·特雷德戈尔德在 1820 年首次使用。

牛顿（NEWTON）——力的测量标准，以物理学家艾萨克·牛顿的名字命名。

列线图（NOMOGRAM）/计算图表（NOMOGRAPH）——使用多个平行计算尺和图形化计算方法，可快速评估设计师使用的计算公式。莫里斯·奥卡尼列于 19 世纪 90 年代发现。

倾覆力矩（OVERTURNING MOMENT）——在水平力作用下，特别是在风荷载，或拱体、拱顶或圆顶侧向推力的作用下，墙或塔等垂直结构翻转的幅度。

铰链接合（PIN JOINT）——由单个铆钉或螺栓构成的两个或多个桁架或框架构件之间的连接方式，或在使用静力学计算结构中的力时假定为如此。在此连接方式下，构件可自由旋转，因此彼此之间不会传递弯曲力。与刚性连接相反。

材料塑性（PLASTIC BEHAVIOUR OF MATERIALS）——材料（通常是金属，尤其是钢）荷载超过屈服点的永久变形。当荷载超过屈服点时，横梁或框架会形成一个或多个塑性铰，恒定的旋转阻力可继续保证构件的稳定性。目前，这一做法是地震荷载作用下防止钢结构倒塌的主要手段。

刚架作用（ PORTAL ACTION）/ 框架作用（FRAME ACTION）——一种以刚性连接而不是三角支撑实现刚度的结构，如同在刚架结构或连框框架中的作用。

刚架结构（PORTAL FRAME）——通过刚架作用实现刚性的结构。刚架框架采用超静定结构。

预应力结构（PRE-STRESSED STRUCTUR）——该结构已包含承载力或者在施加主要荷载之前已处于应力状态。例如，在预应力混凝土板梁中，钢筋延展至张力状态，并且在混凝土板梁负载之前，由承压混凝土实现平衡。

冗余构件 （REDUNDANT MEMBER）——可在不造成倒塌的情况下移除的构件。拥有冗余构件的超静定结构不能只考虑分析施加力的平衡，还需要考虑构件本身的弹性。

相对湿度（RELATIVE HUMIDITY）——空气标本中水蒸气的质量与“饱和空气”（相同温度和压力下）所能达到的最大质量之比，以百分比表示。

刚性连接（RIGID JOINT）——桁架或框架中两个或多个构件之间的连接，可防止构件的相对旋转。在这种连接下，构件之间传递弯曲力，与铰链接合相反。

构件尺寸（SCANTLINGS）——屋顶或桥梁结构中木材的尺寸，例如 6 英寸 X 8 英寸。

断面二次矩（SECOND MOMENT OF AREA）——用于衡量几何形状结构断面的刚度，取决于所用材料。有时称为“截面刚度”或“惯性矩”。

剪力（SHEAR）——这种结构作用力会导致滑动或挤压，例如导致多层土壤滑动堆积，或者矩形框架变形为平行四边形。剪力墙是一种可防止结构框架在风荷载等作用下，砌体或钢筋混凝土结构构件变形的结构。

壳体结构（SHELL STRUCTURE）——通常是有保护层的二维或三维钢筋混凝土结构，其厚度远远小于结构跨度（一般为 1:200 或 1:300）。在蛋壳结构中，比例约为 1:100。

骨架结构（SKELETON CONSTRUCTION）——框架结构的形式，包括结构框架或“骨架”，通常包含钢或钢筋混凝土制成的柱和梁，均承载地面荷载并支撑建筑立面。采用支撑或刚性连接确保稳定性。（对比骨架框架）

拱腹（SOFFIT）——拱形、拱顶、横梁或楼板的下侧，通常用混凝土现场浇铸而成。

比刚度 / 比强度（SPECIFIC STIFFNESS/STRENGTH）——材料或结构的刚度或强度除以其质量；即衡量每千克材料或结构的刚度或强度。

起拱点（SPRINGING）——拱体或拱顶的最低点，通常位于柱体或墙体的顶部。

稳定性（STABILITY）——对结构的基本要求，能够稳定平衡地承受垂直和水平荷载，而不会继续移动或变形。

静定结构（STATICALLY DETERMINATE STRUCTURE）——一种内部作用力及支撑所受力且仅取决于构件分布（例如支杆和连接）的结构，可通过静力学来计算。这些作用力与结构材质无关。对比超静定结构。

超静定结构（STATICALLY IND ETERMINATE STRUCTURE）——该结构的内在作用力既取决于结构构件（如横梁、支杆和系杆）的分布方式，又依赖于构件材质的弹性。仅使用静力学无法计算作用力。对比静定结构。

刚度（STIFFNESS）——衡量材料或结构承载荷载作用下抵抗弹性变形的能力的标准。荷载与挠度的比值，或应力与应变的比值。尽管其他人也已对此有所了解，包括半个世纪前的莱昂哈德·欧拉，但苏格兰科学家托马斯·杨在 1807 年进行记述之后，材料特性随后还是以“杨氏模量”而著称。

应变（STRAIN）——材料形变与其原始尺寸的无量纲比值。通常以百分比表示。与刚度对比。

强度（STRENGTH）——材料或结构在承受载荷时抵抗破坏的能力。不同强度有导致破坏发生的特定方式，如破裂、屈服、拉伸、压缩、剪切、疲劳、徐变等。

应力（STRESS）——在物体内各部分之间产生相互作用的内力，即单位面积上的内力（例如每平方毫米的牛顿数）。

压杆（STRUT）——承受压缩力的桁架结构的构件；可以与垂直方向形成任何角度（与柱体对比）。

表面能（SURFACE ENERGY）——储存于材料表面（如

肥皂泡）的能量；是对形成表面所需能量的一种度量，比如裂缝的形成。

拉力（TENSION）——在意图增加结构部件长度作用力下产生的应变；与压力相反。

热容量（THERMAL CAPACITY）——材料可以吸收或储存的热量。

热动力循环（THERMODYNAMIC CYCLE）——如冰箱或内燃机等热力发动机中气体温度、压力和容量的一系列变化。

推力（THRUST）——结构中的压力或应力，通常应用于砌体结构。“推力线”是一条假设的线，表示压力流通结构时施加的压力，特别是通过中世纪大教堂拱顶、支墩、柱子和墙壁的压力。

系杆（TIE）——桁架结构构件，承受拉力。同样，拉伸构件用于承载拱形中产生的向外力即“系杆拱”。

横梁式施工（TRABEATED CONSTRUCTION）——施工方法包括使用柱体和横梁，通常用于石头砌筑的建筑结构。

三角形结构（TRIANGULATE）——建造其构件形成一系列三角形的结构。三角形结构可用静力学理论完全分析。

桁架（TRUSS）——现为一种结构，通常用于支撑屋顶或楼板，由离散元件构成，旨在承受压力或张力（但很少或不会发生弯曲）。此外，在传统上，支撑屋顶的任何木材或铁质结构，其各构件都受到弯力并承受压力或拉力。

拱顶（VAULT）——一种二维或三维曲线砌筑的结构，砌筑结构中的石头荷载通过压力表现。罗马式或桶式拱顶通常是半圆形，由砖或混凝土制成，在其长度方向上恒定截面保持不变。在中世纪的大教堂里，拱顶由石头构成，端点通常为两个拱顶肋条的交叉处。在“扇形拱顶”中，无须肋条，而拱顶就像一个现代的贝壳结构。

空腹作用（VIERENDEEL ACTION）——一种结构，或空腹大梁，通过刚性接头或门框式/框架式作用实现其硬度。由比利时工程师亚瑟·维伦迪尔(Arthur Vierendeel）命名，他在19世纪90年代首次使用钢结构铁路桥梁的结构形式，但他不是这种结构形式的发明者。

拱石（VOUSSOIR）——一种石头，通常为楔形，用于形成砌石拱。

腹板（WEB）——通常为工字型梁的垂直部分，其主要功能是传递凸缘上部和下部之间的应力。

屈服点（YIELD POINT）——材料受力增加时，弹性行为和塑性行为之间的转换点。当受力超过其屈服点时，金属不会恢复到其原始尺寸。

杨氏模量（YOUNG’S MODULUS）——详见“刚度”

要处理不同时代和不同国家的工程，相互之间的妥协是必不可少的。除特殊情况外，应尽可能使用公制计量。当使用米或毫米等不适用时，可使用英尺和英寸作为计量单位。考虑到熟悉度，吨（ton）比公吨（tonne）的使用更多见。常见单位的相似转换如下：

长度

1米（m）=1000毫米（mm）=39.37英寸（in）=3.28英尺（ft）

1千米（km）=1000米=3209英尺=1094码=0.621英里

重量

1千克（kg）=2.205磅

1公吨=1000千克=0.98吨（英国）=1.10吨（美国）

力

1牛顿=0.98千克力=0.2248磅力

1千牛（kN）=1000牛顿

地面荷载

1 kN/m^2 = 20.8 lb/ft^2

应力

1 N / mm^2 = 145磅/平方英寸(lb/in^{2}或psi)

温度

1摄氏度（℃）=1.8华氏度（°F）

0℃=32 °F；

20℃=68 °F；30℃=86 °F；100℃=212 °F

附录 1 “目标和手段”，奥韦 · 阿鲁普

1969 年，74 岁的奥韦·阿鲁普应同事们的要求，总结并出版了他在 33 年前所创立的公司的精神，并在公司的《时事通讯》（第 37 期，1969 年 11 月）上发表。这是我现今知道的，关于建筑工程定义的最好论述，在此整体转载其中的精彩部分。这篇文章是阿鲁普“重要演讲”（1970 年 7 月 9 日）的前身，可以在《阿鲁普的工程观》（*Arups on Engineering*）一书中（详见文献目录）或公司网站 twww.arup.com 上阅读。

（以上为作者语，以下为作者提到的引用文）

我的合作伙伴要求我编写一份关于阿鲁普公司目标的陈述——所有的追求是什么，我们的立场是什么。

然而这并不容易。简单罗列我们的雄心壮志反而会显得索然无味，迂腐而又自命不凡，就像政党演讲中的陈词滥调一样。我们须更进一步，更深入地挖掘我认为我们应当主张的东西，尽管这些从来没有被白纸黑字记录下来。

胸怀大志不是为了吹嘘，也不是要展现我们有多么高尚的品格。我们的目标理想是为了我们能够坚定前进的方向。并且我们必须与我们的合作伙伴就我们想要实现的目标达成一致，正如我认为我们所做的那样，如果我们希望实现这些目标，我们必须争取所有成员的支持。事实上，这些就是我们认为我们应该去尝试并且去做的事情。如果你认可这些目标，就帮我们去实现它们，反之，则告诉我们你的选择是什么。如果我们仍然无法达成一致目标，你应该考虑你能否在另一个组织中变更好。

确立目标是一回事，实现目标又是另外一回事。它们之间存在斗争，我们既要冲破外界的重重困难，又要克服内部的不足。我们需要保持目标的坚定性，以帮助我们赢取这场斗争，衡量梦想与现实之间的差距，确定优先事项，找出困难和不足的地方。

在下文中，“公司”或“组织”指的是同一件事，实际上指的就是“我们”。

作为一个组织，我们的目标自然而然地被这样一个事实所影响，即我们是一群工程师、建筑师、科学家、管理人员、经济学家，通过公司赚取生活所需；作为设计人员，我们提供服务。我们可称之为“静态硬件”，这样称呼虽然不优美动听，却能全面概括。

公司目标同样被这样的事实所影响：这是一家起源于英国的公司，以英语为主要交流手段，其价值观是追求最优质量，该价值观基于西欧文化，即一种超越所有的意识形态或狭隘的民族主义而包罗万象的人文主义。

要阐明像我们这样的组织的目标时，必须辨别这类目标和各个成员的个人目标的不同。个人目标可能千差万别，甚至可能与集体目标相对立，在这种情况下，最好是终止这种成员的资格。但是任何基于自愿会员制的组织的根本，毫无疑问必须是集体目标不与个人目标相对立，实际上，集体目标也构成了个人利益的一部分并支持个人利益的实现。否则，这个组织随后也将会走向没落。这尤其适用于像我们这样的组织，我们这类组织的资产由个人成员所做出的贡献构成，而且任何这种贡献必须通过成员自由而热切地做出。

区分目标和手段从而确定优先事项也是很有用的。但这很不容易，因为事件的一种理想状态是它本身既是目标又是实现另一目标的手段或与另一目标相冲突。此外，在目标与现实激战正酣的时候，手段本身往往倾向于转变成目标。

个人需求

个人想要从公司获得什么？

1. 金钱——多多益善

2. 有趣的工作

3. 获取经验

4. 使用并开发其潜力

5. 承担岗位责任，并有权做出决策

6. 在上述各方面都有获得提升的可能性

7. 就业安全保障

8. 旅游的机会

9. 参加指导会议或课程的机会

10. 在友好的氛围中工作

11. 在舒适的环境中工作

12. 感觉自己的工作是值得去做的

13. 在尊重其职业及生活的公司工作

当然，这份清单内容可能会有所不同，但如果可以的话，它会是大多数人工作期望的标本清单。它是目标和手段的混合体，这份清单可被缩减为四个基本项：

1. 金钱

2. 有趣且令人满意的工作内容

3. 舒适的氛围和环境

4. 做有意义又美好的工作所带来的精神满足感和声望

这些个人目标完全合乎情理，而且适用于任何公司。它们也因此显得太过于笼统，用处不大，除非它们代表了我们所有成员的期望，而如果公司想要取得我们所期望的成功，我们就必须尽可能地尝试去满足个体成员的这些期望。但显然，要全部满足他们的要求很难，最大和最根本的困难可能是个体成员间的利益容易发生冲突。如果五个人都想要同一份工作，那我们如何能让他们都感到满意？那些枯燥的工作又将由谁去做？ 如此种种。公司的政策必须考虑到这些困难，但是我们的目标——或者公司的哲学，尽管我可能不情愿这么说——必须更加具体，并且必须与我们工作的性质以及我们认为我们公司可以并且应该在社会上所扮演的角色联系起来。

1. 我们是设计师。设计——我称为总体设计——决定了正在建造的内容。这也决定了我们未来的生活环境，也将深刻地影响我们的生活。不仅是在视觉上，而且在功能上和精神上，它都会影响我们的健康和幸福感。简言之，我们的工作对社会具有重要意义，因此应认真对待。我们有义务成为有用的社会成员。

2. 作为设计师，我们对客户负有义务。我们受信于客户。我们可以通过做无关痛痒的工作轻易地欺骗客户——这将会很容易，我们可以赚更多，而客户可能不知道他得到的和他应该得到的之间的区别。我们必须保证对得起客户的信任。这是所有正当地与外界打交道所负义务的一部分。

3. 我们对我们的职业机构也负有义务，不是通过狭隘、有限的方式，而是在转型过程中提供协助，这是让其在新的工业化时代能够占有一席之地所必需的。这意味着参与正在进行的讨论，协助打破瓶颈，与大学、研究机构和政府机构合作，进一步提高建造效率，提升设计师与所有设计决策机构协调的能力。

4. 作为人类一员，我们对我们的成员也负有义务。如我们所见，尽可能满足职工的愿望要求是公司蓬勃发展的必要条件；公司依赖于他们——也只能是他们。然而事实不止于此。通过创立一个模范互助会，可以说对我们这个时代的中心问题做出了贡献：如何克服威胁全人类的社会摩擦和冲突。我们可以成为一个小规模的试验品，探讨如何共同快乐地生活和工作。这也会对我们的工作质量产生深远的影响。

这些都是广泛的目标，仍然过于笼统，可以

说，有些部分是显而易见的，因为无须说明即可理解，有些部分还无关紧要。但这些概述了我们工作必须完成的领域。我想，很多人会为同样的理想说过空话，但重要的是我们可以并准备去做相关事情。

我们现在须在以下一般主题下对这些目标作一个相近的定义：

A. 工作质量

B. 行为品质

C. 提高专业效率

D. 共同开心地工作

我们会试着先对目标进行处理，牢记目标还不够，“画饼容易吃饼难”。然后，我们必须调查这些目标是否能够实现，是否可以彼此协调一致并符合我们成员的个人目标，必须采取哪些措施才能实现目标，以及我们是否愿意做出牺牲。

A. 工作质量

对质量，是卓越的设计的不懈追求。所有这些都暗示着整体建筑的创立。

这就是我们组织的主要目标。如果我们能够在更多情况下实现这个目标，我们就会拥有大量对我们满意的客户，进而得到更多的工作，公司的声誉也会增长，我们也将能够获得更多有趣的工作，从而吸引优秀的合作者，他们会有助于我们保持标准要求，也会鼓舞我们的士气，等等。这些都是显而易见的。最终我们甚至可能从这样的过程中获取经济利益——但这是否会产生额外的成本仍然存疑。然而事实不止于此。除了特有的魅力和激情之外，做任何工作都会有满足感，无论这工作看起来是多么地微不足道，这些工作是取得更大成就的必要基础。做好你的工作，你会赢得自尊，并逐渐得到他人的尊重。要详述我们所说的品质或卓越的含义可能是一项繁杂的工作，我认为这没有必要。但或许我应该说说我引入“总体建筑”这个概念的原因。

一座房子、一座桥，我们建造的任何东西都由许多部分组成。然而我们感兴趣的是房子本身，不是构成房子的某一部分，而是各个部分所构成的这个整体。但即便这样理解也不完全正确，因为房子不仅是各部分构成的整体，还是一个人对房子想象的理想模样在现实中的具体体现。当人依靠自己想象中的模样来亲手建造房子时，如果不完美，结果也是直接表达了他的诉求，这是目的和手段、值得去做并且可行，以及梦想和行动的综合体。这样它就是一种艺术形式，即原始建筑。

经过对艺术的探索，对立体几何空间的研究，人的想象力变得越发丰富；对材料和物理规律理解的加深、建造方法的优化，及人员的经验、专业性、相互协作，使建造变得越来越可行。只要这种想象力和可行性是由主宰思想进行结合的，或是体现人类愿望和经验的联合体，其结果仍然是建筑。当建造活动在许多不同的专业和行业之间分离时，当它不再是满足人类追求美好生活的愿望的一种方式而成为各种宗派主义者获利赚钱的一种方式——那时，在那个程度上，建筑物就失去了人性，甚至成为人类的威胁。

我要声明的是这个爆发没有历史上的准确性。这是一种对难以捉摸事实的拙劣的表达，但却很重要，对我们而言很重要。任何合理的建筑物或构筑物都应该具有这种品质、特性与统一性，你怎么称呼都行。这就是一些人所指的建筑。不是那种雕塑或自我表达美学的建筑，而是那种以诚实直率和实用的方式为人类有价值的诉求提供服务的建筑，但在需要的时候这种建筑也可以成为伟大的艺术。我们知道，这只能通过整合实现，综合所有不同的，创造整个事物所需的元素、技能、知识和资源才能实现，而要在这项工作中脱颖而出，需要精神上的努力，以及对完美孜孜不倦的追求热情。我要强调的是，我们要始终认识到必须要把部分放到整体中进行设计这个事实，而且整体必须与其他较大的单元相关联。

我们不能自我蒙蔽；更长远的眼光可能会影响最基本的假设。这不是为我们自己制造麻烦，而是为了追求我们的基本目标，即尽可能成为对社会有用的人。 在我们承担的任何工作中，我们必须尽我们所能，通过交涉、劝说，必要时还可私自先斩后奏式地跳过我们的简报，以消除多重设计责任有时产生的荒谬影响，使建筑、结构和高效的施工（成本）的要求都得到满足。我们必须将其视为整体建筑来考虑。在确定我们是已知计划的主要设计师的情况下，作为土木工程师或建筑师，如何实现这一目标主要取决于我们，但是我们只是部分参与的设计师，我们仅是结构工程师，与外界建筑师合作，我们必须尽我们所能去帮助这些建筑师打造整体建筑。如果有其他独立设计师参与，这反而会变得更加困难，因此开发一个或几个服务部门显得迫切，以便我们能够为建筑师提供任何技术方面的建议。

作为建筑师，我们也会越来越关注简报上的建议，因为正确地决定建筑内容通常比我们如何建造更重要，而且会对我们的工作产生深刻影响。我们必须认真审视该简报，这意味着在很多情况下，我们的工作涉及更宽的构架。规划与此有关——可能我们随时要在这个方向上进行扩建，也为了整体利益的需要——我们必须同时了解这个更宽的构架是什么，正如我们的工程师必须了解建筑的框架一样，我们的各服务部门必须了解他们所提供的帮助工作是什么，并保持对此的关注。总而言之：要远离鼠目寸光的人！我们的工作质量将因此得到提高。为了实现对设计和施工方法的完全控制，在某些情况下可能还需要承担总承包商的角色，组织专业分包商的工作。

B. 行为品质

关于我们与客户的关系这没什么可多说的，我们的职责就是维护他们的实质利益，并且在必要时，在他们不知道他们想要什么，或者他们可以得到什么的情况下，对他们的简报进行指导说明 。这是我们该做的，哪怕这样做会使我们减少收入或额外费用的发生超过合理的范围。当然，有些情况下我们可能不得不捍卫我们的正当利益，但我们应该公开透明地去捍卫。如果我们不赞同客户的意图，如果我们认为他们在某种程度上是反社会的或不专业的，我们不应接受这项工作。我们应该远离贿赂和腐败。制定我们正当交易的规则是很困难的，除非说不知道什么会损害我们的声誉；如果我们不想以后为此感到羞耻的话，那么最好避免这种行为。显然，我们应该履行我们的义务，因此我们应该避免做出无法兑现的承诺，例如在我们知道相关事实之前，不能单靠时间和成本做出坚定的承诺。

C. 提高专业效率

我们是专业的人士，也就是说我们接受了有益的教育，并希望将我们所学知识用于社区服务。但公众必须相信我们的“专业性”，而我们必须确保他们对我们的信任是正确的。这就简单解释了为什么需要执行专业标准和专业行为规范。因此，我们应该确保我们具备所需的资质。如果我们认为自己在特定领域的知识不足，我们应该相应提高我们在这个方面的能力，或者建议客户召集其他专家，或建议他们去咨询其他顾问。我们应该与我们专业的机构、大学、学院等合作。

D. 学会共同开心地工作

我们对我们所有的成员都负有义务，特别是那些把个人命运与我们捆绑在一起而且打算留下来的人。但是，在学校教育、福利、疾病保险和养老保险等方面，我们能够为他们做多少，以及我们能够满足他们多少的职业抱负，是另一回事。这些或许可以留到对这些目标的可实现性进行一般讨论时再探讨。

单纯地从目标角度来看待这些目标，它们并不相互矛盾。为了站在我们专业的前沿，做有趣且重要的社会工作，并因此而在世界各地赢得尊重、仰望和提供建议的机会，让我们友好的观点在世界闻名——这一切都让人感到不可思议。但会有机会让我们达到这种幸福的状态吗?

（经阿鲁普许可转载）

附录 2 铁及铁合金

铁的历史和用途在结构工程的发展中起着重要作用，原因有二。其高强度性能使其能够执行其他材料无法完成的任务，因此可以构建新型结构。即使是砌筑结构的房屋，如仅需把大块石头连接在一起即可的帕特农神殿和中世纪大教堂，也要用到铁。第二个原因在于铁昂贵的价格，经济需求驱动下使工程师会尽量减少使用金属的数量。铸铁在 18 世纪 90 年代首次用于建筑物的“防火”柱体和横梁时，以及 19 世纪 40 年代再次使用锻铁制造桥梁以运载史无前例的铁路机车时，这一点尤为重要。这两个时期都促进了结构理论的运用。不同铁合金的使用取决于它们的材料特性，反过来又取决于合金中碳的百分比，正如瑞典冶金学家贝格曼（T.O.Bergman，1735—1784）最早在 1760 年确立的那样。

	锻铁	低碳钢	灰口铸铁	可锻铸铁
% 碳	0.02—0.1	0.2—1.0	2.5—4.0	2.5—4.0
抗拉强度 N/mm^2	280-370	350-700	120	400
比较强度 N/mm^2	240-310	350-700	600-800	400
刚度（杨氏模量）kN/mm^2	155-220	210	85-90	200
结构	纤维	非晶态	晶体状	非晶态
破裂	延性的	延性的	易碎的	延性的
可铸性		良好	极佳	极佳
抗腐蚀性	良好	差	极佳	差
可焊性	可用	极佳	难以焊接	可用

附录 3　混凝土及钢筋混凝土

“混凝土”一词在过去两个世纪才成为一个精确的术语。以前它被用来描述许多原料的混合物，这些原料具有遇水形成坚硬耐用材料的化学特征。我们现在将混凝土描述为具有黏合剂或化学活性的成分——石膏或石灰石——它们结合了许多称为骨料的填料或被动成分，通常是沙子和砾石。石膏和石灰石是天然存在的岩石，通过将其加热到 900℃左右可以激发其化学活性，从而去除融入岩石中的化学水分子。然后将它们研磨成称为生石灰或水泥的粉末。使用时，水泥与水混合或“熟化”，开始化学反应，其间空气中的水和二氧化碳复合会形成固体物质。在产生大量热量的初始快速的化学反应之后，纯石灰通过与大气中二氧化碳发生反应而形成碳酸钙而硬化。这是一个缓慢的过程，而且不能在水下发生。因此，这种石灰被称为“非水性的”。

石膏、砂浆和混凝土之间的主要区别在于添加到水泥 / 水混合物中以获得合适的稠度和容量的骨料的数量和大小不同。石膏水泥可迅速硬化，这使得它们适用于墙壁和天花板涂面。用石灰水泥和沙子骨料制成的砂浆硬化则慢得多，它们用于在墙壁、砖石拱顶和穹顶上铺设砖块和石块。当用量较大时，例如在地基中，混凝土是用砂或其他细骨料及大块的骨料制成的，大块骨料现在常见的直径大约为 20 毫米。早期，使用的石头更大，尺寸更加多变，并且根据可用材料的不同，通常会包括碎砖和瓦砾。

水泥的化学性质，以及砂浆或混凝土发生化学反应后具体的性质会随岩石化学成分的不同、水和水泥的比例，以及暴露于大气的程度的不同而明显变化。这些都会影响其力学性能，尤其是砂浆或混凝土的强度。基于这个原因，选择正确的混合料设计是制造混凝土的关键因素。

使用具有良好拉伸特性的材料来加固或加强拉力弱的材料（如混凝土）的想法确实很古老。在有史料记载的时代之前，秸秆用于加强泥砖，这是第一种纤维增强或复合材料。几个世纪以来，常规使用的石膏已经用马毛进行加强处理，并且当用于制造模制品时，已经使用小条布来进行加强。18 世纪法国有证据表明，用于地基的大体积混凝土已经用树根和其他坚韧的植物纤维来进行加强处理。这个想法可能很早之前就应用了。要实现任何这种复合作用，纤维必须与填充材料黏合在一起——古时候的砖用泥黏住秸秆，在现代则用混凝土与钢筋进行化学黏结。如果黏结得到强化或改善以防止拉出（例如，在钢筋上肋条和压型），则复合作用的有效性会得到改善。

	古迹	1400
非建筑用途的锻铁	**约公元前1500年，**各种器具和手工工具，如剑的使用等 **公元前100年，**木轮用的铁轮胎，钉子，保护木门的肩带，窗户上方的栅栏（安全用），锁 **约400年，**印度德里的铁柱最初位于其他地方，随后转移到梅劳里（Mehrauli）的库特卡大楼（Qutb complex）。高7.2米，直径0.41米，重6吨。起初是用来支撑一尊雕像	**约1350年，**由平行铁棒和铁箍制成的重达600千克的加农炮诞生 **1500年，**列昂纳多记述了铁丝拉伸强度的测量 **1586年，**重达13吨的铁皮带用于移动罗马梵蒂冈的方尖碑
用于建筑的锻铁	**约公元前400年，**用于连接石块的楔形榫和铁夹钳（如雅典帕特农神殿），特别是用来防止在地震中移动 **约公元前280年，**支撑罗得岛太阳神铜像古铜色外部的铁框架 **约公元前25年，**维特鲁威《建筑十书》中描述的用于支撑/形成浴场瓷砖拱顶的铁杆 **约72—80年，**罗马弗拉维圆形剧场（罗马斗兽场）使用了300多吨铁 **211—216年，**卡拉卡拉浴场的铁夹钳和系杆使用100多吨铁 **530 年后，**砖石拱使用了铁质系杆，例如君士坦丁堡的圣索菲亚大教堂 **约670年，**突尼斯凯鲁万大清真寺 **约786—805年，**铁链用于德国亚琛巴拉丁大教堂石造穹顶内传递推力 **1000年后，**铁制材料广泛用于教堂（扣片、彩色玻璃窗支架） **约1170年，**法国苏瓦松教堂拱顶采用铁系杆 **1246—1248年，**巴黎圣礼拜堂主要拱形结构及半圆形后殿采用复式系杆 **1306年，**帕多瓦理性宫木质拱顶采用25米铁系杆——该方法由印度传入意大利	**1400年后，**系杆拱一般采用锻铁；铁窗框的使用逐渐增多 **16世纪50年代，**罗马圣彼得大教堂穹顶采用铁链 **1600年后，** 意大利木屋架采用铁系杆和铁带 **约1670年，** 巴黎卢浮宫广泛采用铁来加强砌体建筑（克劳德·佩罗） **约1680年，**剑桥圣三一学院图书馆（克里斯托弗·雷恩爵士采用吊架来支撑书架） **约1690年，**伦敦汉普顿宫采用吊架支撑夹层楼面（雷恩） **1692年，**在伦敦议会两院的新阳台采用新铁柱（雷恩） **1744年，**罗马圣彼得大教堂采用铁链加强穹顶
非建筑用途的铸铁	**公元前500年前，**杰维瑞（Jewelry）在熔炼炉中无意制造出铸铁	**14世纪60年代，**德国铸铁制加农炮逐渐传至法国东北部及意大利北部； **1638年，**烹饪容器、炉篦
用于建筑的铸铁	**约300年，**采用与18世纪90年代相同技术的铸造青铜实心柱和空心柱	**1638年，**煤溪谷铁炉的横梁 **1682年，**法国凡尔赛宫水管 **1710年，**伦敦圣保罗大教堂周围栏杆（雷恩）
非建筑用途铁	**公元前500年，**铸剑 **公元100年，**乌兹钢（也称为大马士革钢铁）从印度南部进口到罗马；制造当时最好的武器 **12世纪，**钢制头盔 **14世纪70年代，**钢弩	**17世纪70年代，**钢制弹簧用于车辆悬置系统 **1722年，**对铁及钢的化学特性有了首次科学论述
钢铁在建筑中的运用		

0	1820	1860
纪40年代，克里斯托弗 · 波勒姆（Christopher em）在瑞典轧制钢棒 —1772年，布丰在法国勃艮第建造了制铁厂 纪50年代开始，铆接式锻铁锅炉用于蒸汽发动机 —1784年，英国的亨利 · 科特（Henry Cort）搅炼锻铁 制铁棒 年，詹姆斯 · 瓦特使用铁桁架拉杆对蒸汽机木梁进行加 年，巴黎艺术桥	约1820年，第一个铁质船体 1826年，托马斯 · 泰尔福采用铁链设计出梅奈悬索桥 1820—1830年，轧制铁轨（伯肯肖，1820；克莱伦斯，1830；史蒂芬；1830） 19世纪30年代，用于磨机的全铁水轮，直径6.5米，长8米 19世纪40年代，用于桁架铁路桥张力构件的铁杆（豪威桁架，1840；普腊桁架，1844） 1843年，“大不列颠号”蒸汽轮船，由I.K. 文莱设计，大约100米长 1845—1850年，斯蒂芬森和费尔贝恩设计的“康威”和“大不列颠”管腹梁桥 1852—1859年，由文莱设计的萨尔塔什英国皇家阿尔伯特大桥	1887—1889年，巴黎埃菲尔铁塔
年，里斯本附近出现厨房炉灶支撑罩用铁梁 —1772年，由雅克-杰曼 · 苏夫洛设计的巴黎万神庙采 “加固”砌体 年，大卫 · 哈特利的铁“防火板”获得专利 年，由苏弗洛设计的卢浮宫铁制屋顶架竣工完成 纪80年代，安戈在巴黎设计了铁制楼板梁 纪80年代，开发出“Poteries et fer”防火楼板 年，由维克多 · 路易斯设计的巴黎法兰西喜剧院的铁制 跨度达到28米 年，伦敦德鲁里巷皇家剧院（1794年开放）增加了铁制 幕 —1813年，巴黎小麦交易市场	19世纪20年代，桁架杆用于加强木梁 1834年，波状铁屋面及覆盖层 1838年，伦敦尤斯顿火车站全锻铁屋顶架采用轧制型材 1838年，圣彼得堡铆接铁板采用12米长鱼腹式梁 19世纪40年代，锻铁屋面广泛用于工厂、铁路车站及剧院 1841年，罗伯特 · 史蒂芬森建造出工字型钢 1844年，詹姆斯 · 肯尼迪及托马斯 · 弗农获得船体加固用铆接肋专利 1848—1949年，法国制造出第一款轧制工字钢 1850—1851年，建造伦敦海德公园水晶宫殿的大梁、桁架梁和铁系杆 自19世纪50年代，建筑锻铁梁被广泛使用	19世纪70年代，欧洲和美国出现了多层框架建筑 1872年，法国梅尼耶巧克力工厂采用锻铁框架
纪50年代，斯米顿采用铸铁作为制造厂易损件 年，英国煤溪谷出现铁桥 年，出现首个全铸铁磨粉机 年，威廉 · 杰索普获得“鱼腹”式铁轨专利 年，英国什罗浦郡特恩河上的朗登（1795—1796）和北威 特斯沃泰（1795—1805）的水道桥结构，由托马斯 · 泰 设计	1820—1840年，由泰尔福（1800年后）设计的楔块拱路桥被广泛借鉴 1847年，迪（Dee）铁路桥（28米长的铸铁梁，采用锻铁桁架拉杆）倒塌	
年，里斯本附近出现支撑厨房炉灶造罩用柱梁 —1772年，圣彼得堡使用横梁 纪70年代开始，英国多所教堂使用柱体 —1793年，威廉 · 斯特拉特将柱子用于德比工厂 —1797年，查尔斯 · 贝奇为什鲁斯伯里的工厂设计了柱	约1820年，英国比克顿出现铸铁和玻璃温室 1831—1833年，伦敦亨格福特鱼市场采用单层硬铁框架 1834年，欧瑞尔工厂横梁采用合理的I形截面（费尔贝恩和霍奇金森） 1835—1839年，圣彼得堡圣艾萨克大教堂穹顶采用了顶肋 1844年，出现首座全铁硬框架建筑（英国朴茨茅斯港消防站） 1845年，由于铸铁梁发生脆性断裂，奥尔德姆工厂逐渐倒塌 1846年，乔治 · 贝克设计了首个H型截面柱 1846年，丹尼尔 · 巴杰设计的位于纽约的建筑外观	1900年，圆形实心柱和空心截面柱偶尔被人们使用
年，欧洲制造出首个伍茨钢，用于英国谢菲尔德附近的钟 簧 纪60年代，瑞典冶金学家伯格曼认识到碳含量在确定铁 性能中的重要性	19世纪50年代，英国的亨利 · 贝西墨以及美国的威廉 · 凯利发现“吹炼法”，从而使人们能够制造出更好的加农炮用钢	19世纪60年代，德国发现“平炉”（西门子-马丁）法 1867—1874年，美国密苏里州圣路易斯的密西西比河上的伊兹桥采用管状不锈钢桥拱 1870—1893年，纽约布鲁克林大桥采用悬索 1883—1890年，西爱丁堡福斯湾铁路大桥 20世纪20年代、30年代，高强度钢，例如铬锰钢
		1885年，芝加哥的家庭保险大楼开钢结构建筑先河 1889年，首座钢铁大型建筑，巴黎机械厂 20世纪20年代、30年代，焊接钢结构，例如伦敦皮卡迪利大街辛普森商店 20世纪40年代、50年代，路德维希 · 密斯 · 凡德罗在单层建筑中使用外露式结构钢架 1949—1954年，钢框架的塑料设计，例如英格兰亨斯坦顿学校 1955年，外露结构钢用于多层建筑，如德国MAN办公室 1962—1964年，美国伊利诺伊州约翰迪尔大楼的外露结构构件采用耐候钢（如COR-TEN） 1971年，美国匹兹堡对钢制建筑采取水冷消防措施 1971—1977年，巴黎蓬皮杜中心采用铸铁

	古迹	1500
使用大块混凝土	**约公元前100年，**水硬水泥使用来自意大利波佐利及其他地方的火山灰 **约公元前50年至400年，**广泛用于地基、墙壁、地板、阳台、拱顶和穹顶 **约72—80年，**罗马弗拉维圆形剧场（罗马斗兽场） **约118—126年，**万神殿，用五种不同密度的混凝土建造而成	**17世纪，**用莱茵河流域的火山土制成的水硬水泥用于荷兰港口、桥梁以及建筑基础 **18世纪80年代，**法国将混凝土注入铁梁间 **18世纪90年代，**英国将混凝土用于充填平拱建筑 **1845年，**威廉·费尔贝恩设计了完全由混凝土构成的平拱 **19世纪30—70年代，**法国和英国建造了数千座纯混凝土建筑（主要是住
使用钢筋混凝土		**1833年，**景观建筑师约翰·劳登建议将铁棒嵌入混凝土中，形成复杂的 **1844年，**约瑟夫 · 路易 ·朗波获得铁棒和混凝土制防水花瓶和水箱的 **1848年，**朗波设计出钢筋混凝土船 **1854年，**W.B. 威尔金森获得钢筋混凝土楼板专利 **1855年，**弗朗索瓦·凯依涅使用混凝土和铁框架制作各种建筑元素，从建筑强度 **1862年，**凯伊涅建造出钢筋混凝土房屋 **约1865年，**英格兰纽卡斯尔威尔金森大楼建成（1952年拆除） **19世纪70年代，**伦敦的W.H.拉塞尔斯（W.H. Lascelles）制造出用于土、砖块或砌块墙面的镶嵌木材的预浇制钢筋混凝土板 **1873—1876年，**威廉· 沃德纽约切斯特港的住宅全部采用钢筋混凝土 **1877年，**一名住在伦敦的美国人撒迪厄斯·凯悦（Thaddeus Hyatt，1901），测试了几种含铁和混凝土的防火地板系统，并申请了专利。该分用于建筑，但不广泛 **1878年，**约瑟夫·莫尼尔获得横梁专利
混凝土技术	**古代，**木模板用作砖和泥建筑的模具（砌墙泥） **公元前200年，**木模板中灰浆的使用 **公元前100年，**用砖块砌成木模板，制造出以混凝土为主的廉价墙面 罗马使用凝灰岩和火山灰制作拱顶和穹顶用轻质混凝土 使用篮子将古罗马混凝土运至现场，每人10~20千克。卡拉卡拉浴场（211—216年）使用了超过100万吨混凝土	**18世纪50年代，**约翰·斯米顿对水硬混凝土混合料进行科学测试，以确迪斯通灯塔的最佳性能 **19世纪30年代，**出现了预浇制混凝土块 **19世纪40年代，**出现了墙用木模板，可以在不拆卸的情况下重复使用 **19世纪40年代，**连续混凝土制造和放置

世纪60年代至90年代，
间出现很多大型非钢筋混凝土建筑，包括：
层（18.3米高）仓库混凝土墙
板，跨度为8米X6米，厚度175毫米
形板，15米 X3.5米，75~275毫米厚，可承载仓库内"无限量重型机械及人员"
.22米长的阳台，悬臂支持，现场浇筑，呈锥状。浇筑12天后，经测试，该阳台能承载三人在其之上

33年，使用有色大体积混凝土及各种表面来模仿修琢表面粗糙的天然石材； 可能存在更早的例子

世纪80年代，埃纳比克开发出钢筋混凝土系统（1892年获得专利）
35年，古斯塔夫·瓦依斯购买获得莫尼尔系统开发及使用权。《莫尼尔系统》于1887年出版
34年，欧内斯特·兰塞姆获得带肋和扭曲钢筋专利，确保钢筋和混凝土之间抓地力更强
39年，兰塞姆使用肋板和格子（"方格"）板
世纪90年代，使用金属（经剪切的金属）进行加固
94—1904 年，圣让·德·蒙特马特教堂使用保罗·科塔辛系统
95年，法国图尔昆建立钢筋混凝土工厂
97年，南威尔士斯旺西的纺织厂（1984年拆除）
00—1910年，迪克尔霍夫及威德曼发明肋形壳
02年，波士顿奥兰多·诺克罗斯（Orlando Norcross）获得无梁楼盖专利
02年，朱利叶斯·卡恩发明钢筋系统，其后成立了"Truscon"桁架混凝土钢铁公司
02—1903年，辛辛那提的16层英格尔大楼使用兰塞姆系统
06年，美国的特纳使用了无梁楼板（于1908年获得专利）
08年，瑞士罗伯特·马亚尔测试无梁楼板，并于1909年获得专利
10年， 亚瑟·R.劳德（Arthur R. Lord）在美国测试无梁楼板
10年，出现无筋双曲面壳
10—1915年，研发了混凝土构件单位系统

1923年，混凝土壳蔡司-迪维达系统（蔡司公司拥有迪克尔霍夫及威德曼的专利）
1926—1934年，巴黎圣克里斯托弗德耶夫教堂，由查尔斯·亨利·贝尼纳德设计（预制钢筋混凝土）
1928年，尤金·弗莱西奈获得预应力混凝土系统专利
1939年，皮尔·奈尔维提出钢丝网水泥，于1945年在一艘165吨的游艇（壳厚度为35mm）内首次使用。于1946年首次用于建筑
自1940年，混凝土的强度越来越高

68年，出现蒸汽动力混凝土搅拌器
世纪70年代，出现更大预制混凝土构件
世纪70年代，可在不拆卸、不重新组装的情况下，对墙用爬模重新定位
75年，预制混凝土板可用由拉塞勒斯（W.H.Lasceles)制造的铁棒进行加固
00年，出现了永久金属模板
05年，出现了可重复使用的"通用"金属模板
05年，出现了360° 交付弧的起重机
10年，滑动成型出现——模架在不拆卸的情况下可移动，不连续地离散"跳跃"
10年，使用提升机和滑道为整个施工现场输送混凝土
11年，兰塞姆开发出使用预制构件建造整栋建筑的"单位系统"
11年，伊利诺伊州罗杰斯公园的四层建筑采用了"直竖"构造
17年，通过去除夹带的空气，采用机械压实（振动），产生密度更高、强度更大的混凝土（弗莱西奈）
18年，达夫·艾布拉姆斯（Duff Abrams）发表了关于混合设计的最终报告

1920年，通过喷洒将混凝土注入网格模板/钢筋内（德国称为"Torkret"，美国称为"Shotcrete"，英国称为"Gunite"）
1925年，出现大型配料和混合工厂
1927年，出现泵送混凝土
20世纪20年代，开始通过机动化车辆运送调配好的混凝土
20世纪40年代，滑动成型进一步发展（粮筒仓）

30

1920

尾注

第1章

① 本书中，“ton”可以理解为美制吨、英制吨或欧制吨。

② 霍勒斯 L. 琼斯（Horace L. Jones），洛布古典丛书（哈佛大学出版社，1930 年；1966 年重印），卷七，第 199 页。

③ *De septem orfcite spcctacuii* 被认为是拜占庭菲隆所创作。其批注版由希腊学者利奥 · 阿拉奇乌斯（Leo Allatius）出版（罗马，1640 年）。

④ 罗马周围区域在公元前 1 世纪时有着同样的命运。

⑤ 亚里士多德，*The Aolftfcs*，第七卷第四部分，本杰明 · 乔威特（Benjamin Jowett）译。参考在线经典文档 http://classic5.mit.edu/index.html。

⑥ 伯纳多特 · 佩兰（Bernadotte Perrin），*PLutarch's Lives*，勒布古典图书馆（哈佛大学出版社，1917 年；1971 年重印）。卷五（马塞勒斯十五），第 473 页。

⑦ 出处同上，第 475 页。

⑧ 出处同上，第 479 页。

⑨ 菲隆，Mechanics。可访问苏格兰圣安德鲁斯大学数学与统计学院网站：http://www-history.mcs.st-andrews.ac.uk/（以下称为“数学传记史网站”）。菲隆履历可参考：http://www-history. mcs.standrews.ac.uk/Biographics/Philon.html.

⑩ 海伦的年代仍然无法确定。其曾被广泛认为生活在公元前 300—前 250 年前后，即亚历山大大学的建校初期。目前，他被认为生活于 1 世纪前后，这可以解释为什么维特鲁威没有提及他。

⑪ 亚历山大的帕普斯，《数学汇编》，卷八。见“数学传记史网站”。http://www- history.rncs.st-andrews.ac.uk/Biographies/Pappus.html。

⑫ 苏维托尼亚斯（Suetonius），“奥古斯都的生活”，第二十八节。

⑬ 维特鲁威，《建筑十书》（以下称为“维特鲁威”）第一卷第一章第一节，由作者翻译。

⑭ 维特鲁威，拉丁文原版图书，第一卷第一章第一节。

⑮ 维特鲁威，第四卷第三章第三节。

⑯ 维特鲁威，第一卷第六章第四节。

⑰ 维特鲁威，第五卷第三章第一节。

⑱ 维特鲁威，第五卷第四章第一节。

⑲ 维特鲁威，第五卷第五章第七节。

⑳ 维特鲁威，第五卷第二章第二节。

㉑ 维特鲁威，第五卷第十章第二节。

㉒ 维特鲁威，第五卷第十章第三节。

㉓ *Scriptores Historiae Augustae*，《安东尼卡拉卡拉的生活》第九（v）节。

第2章

① 普罗科匹厄斯，《关于建筑》，（以下称为“普罗科匹厄斯”），第一卷第一章，第 27、29—35、50—53 页。普罗科匹厄斯被错认为“如何使用铅”的发布者。在放置石头前，在石头表面铺上一片铅。作为一种塑性砂浆，铅可在任何轴承表面金属特有的满平面上被挤压。这形成了一个良好的薄压力接合，并确保石头的整个横截面都承载负荷。

② 普罗科匹厄斯，第一卷第一章，第 23—24 页。

③ 使用火山灰及相似材料来制造水硬性水泥的方法，仅在这些材料的天然产区保存下来（特别是那不勒斯和莱茵河谷附近地区）。6 世纪至 18 世纪中叶，水硬水泥在欧洲其他地区完全失传，直到英国人约翰 · 斯米顿——英国土木工程师协会创始人访问荷兰时“发现”了它们。更确切地说，他是为普利茅斯附近的埃迪斯通灯塔采用水硬水泥进行有效混合设计并发布结果的第一人。关于斯米顿，更为全面的讨论见第 5 章。有关水硬性水泥的更多信息，详见附录 3。

④ 冯 · 西姆森（O.G von Simson），《哥特式大教堂》（*The Gothic Cathedral*），纽约：费顿出版社，1956 年）。

⑤ S.K. 维克多（S.K.Victor），《中世纪鼎盛时代的实用几何》（*Practical Geometry in the High Middle Ages*），美国哲学学会期刊（*Memoirs of the American Philosophical Society*），134 期（1979 年）。

⑥ 出处同上。

⑦ 西姆森，《哥特式大教堂》。

⑧ 请参阅数学传记史网站上的培根传记，http://www-history.mcs.standrews.ac.uk/Biographies/Bacon.html.

⑨ 出处同上。

⑩ H. 科尔文（H.Colvin）、J.M. 克鲁克（J.M.Crook）、K. 唐斯（K. Downes）及 J. 纽曼（J.Newman），《国王作品的历史》（*The History of the King' s Works*，伦敦：HMSO 出版社，1976 年），第一卷，第 398 页。

⑪ 西奥多 · 鲍伊（Theodore Bowie），编著，《维拉特 · 德 · 埃诺库尔的素描本》（*The Sketchbook of Viltard de Honnecourt*，印第安纳州，布鲁明顿：印第安纳大学出版社，1959 年）。

⑫ L.R. 谢尔比（L.R. Shelby），《哥特式设计技巧》（*Gothic Design Techniques*，伊利诺伊州，卡本代尔：南伊利诺伊大学出版社，1977 年）。

⑬ 1877 年至 1885 年，这些专业知识会刊完整记录并出版了八卷。它们的工程意义在阿克曼下面的著作中进行了详细的论述：《米兰大教堂哥特式建筑理论》[（*Gothic Theory of Architecture at the Cathedral of Milan*），艺术公报（*Art Bulletin*）31 期（1949 年）：84111]；保罗 · 弗兰克，《哥特式：8 世纪的文学来源及解读》（*The Gothic: Literary Sources and Interpretations Through Eight Centuries*，新泽西州，普林斯顿：普林斯顿大学出版社，1960 年）；雅克 · 海曼，《拱门、拱顶和拱砌体结构及其工程》（*Arches, Vaults, and Buttresses: Masonry Structures and their Engineering*，英国，奥尔德肖特：Ashgate 出版社；佛蒙特州，布鲁克菲尔德：集注版，1996 年）。

⑭ 见弗兰克《哥特式》，及雅克 · 海曼《博韦大教堂》（*Beauvais Cathedral*），纽康门协会汇刊 40 期（1967—1968 年），第 15—36 页。

第3章

① 乔治 · 瓦萨里，《艺术家的生活》（*The Lives of the Artists*，英格兰，哈蒙兹沃思：企鹅经典，1987 年），第一卷，第 157 页。

② 出处同上，第 213 页。

③ 莱昂 · 巴蒂斯塔 · 阿尔伯蒂，《建筑十书》，第 77 次重印，译文版。詹姆斯 · 莱昂尼（James Leoni），1755 年（重印，纽约：多佛出版社，1986 年），第三册 第 13 章。1550 年以后出版的阿尔伯蒂版本采用了图解说明，但对实际内容进行了扭曲，这种行为与人们对一切古典事物日益增长的热爱成正比。举例说明，莱昂尼的 1755 年版有 67 个版面，其中约一半描绘了古典风格的建筑或细节。阿尔伯蒂提到的四柱式与维特鲁威原著中的有所不同。虽然维特鲁威也命名了四种类型或柱式，包括三种希腊柱式以及在意大利兴起的托斯卡纳柱式，但他并没有提到复合柱式，这是他所在时代之后发展起来的爱奥尼式柱形和科林斯式柱形的混合体。帕拉第奥是第一位提出这五个古典柱式的作者，因为它们都已经出现了。

④ 见谢尔及马克的文章《在洛伦茨莱希勒建筑学指导下的后哥特式结构设计（1516 年）》[*Late Gothic Structural Design in the 'Instructions' of Lorenz Lechler* (1516)]，《建筑学史期刊》（*Architecture*），慕尼黑，第 9 期（1979 年），第 113—131 页。

⑤ 威廉·巴克利·帕森斯（William Barclay Parsons），《文艺复兴时期的工程师及工程》（*Engineers and Engineering in the Renaissance*），第2版。（马萨诸塞州，剑桥：麻省理工大学出版社，1967年），第16页。

⑥ 出处同上，第17页。

⑦ 出处同上，第21页。

⑧ 出处同上，第22页。

⑨ 出处同上，第72页。

⑩ 请参阅英国广播公司（BBC）“科学与自然”网站，http://www.bbc.co.uk/science/leonardo/.

⑪ 圣地亚哥·韦尔塔（Santiago Huerta），阿尔科斯，*bovedas y cupolas: Geometria y equlibrio en el calculo traditional e estructuras de fabrica*（马德里，2004年）。第七章由作者翻译。此段话出现在原文中，于1868年修改，详见下文：（语言与现代西班牙语不同）Probado he muchas veces a sacar razon del estribo que habrá menester una cualquiera forma y nunca hallo regla que me sea suficiente, y tambien lo he probado entre los arquitectos espanoles y extranjeros, y ninguno paresce alcanzar verificada regla, mas de su solo albedrio; y preguntando por que sabremos ser aquello bastante estribo, se responde porque lo ha menester, mas no por que razon. Unos le dan el 1/4 y otros, por ciertas lineas ortogonales lo hacen y se osan encomendar a ello, teniéndolo por firme.

⑫ 出处同上。

⑬ 请参阅数学传记史网站上的纳皮耶传记，http://www.history.mcs.standrews.ac.uk/Biographies/Na pier.html.

第4章

① 正如文艺复兴时期造就了大量的画家、雕塑家和建筑师，启蒙运动也产生了无数思想家和艺术大师，远远超过一个时代应有的比例。科学家：波义耳、伽利略、胡克、惠更斯、拉瓦锡、牛顿、帕斯卡；哲学家：伯克利、笛卡尔、休谟、洛克、斯宾诺莎；百科全书撰写者：钱伯斯、狄德罗、达朗贝尔；音乐大师：阿尔比诺尼、巴赫、科雷利、库普兰、汉德尔、海顿、莫扎特、普赛尔、拉莫、斯卡拉蒂；文学大师：德莱顿、弥尔顿、莫里哀、蒲柏、拉辛、斯威夫特。

② 伽里列奥·伽利略原著，《两项新科学的对话》（1638年），克鲁（H.Crew）和萨尔维奥（A. de Salvio）译（纽约：麦克米伦出版社，1914年；重印，纽约：多佛出版社，1954年），第109页。伽利略的推论是作者自己进行描述的。

③ 乔纳森·斯威夫特（Jonathan Swift），《格列佛游记》（英格兰，哈蒙兹沃思：企鹅经典，1967年），第223—224页。

④ 高蒂（Gauthey，1732—1806）是一位桥梁工程师，也是纳维的叔叔，正是纳维编辑了他有关桥梁的书籍。隆巴迪（Lambardie，1747—1797）接替让·鲁道夫·佩罗内出任桥梁土木学院的院长；杰拉德（Girard，1765—1836）在1798年出版了第一本关于材料力学的书，《对固体的抗性处理分析》（*Traite analytique de la resistance des solides*）。

⑤ 参见詹姆斯·埃尔姆斯（James Elms）所著的《克里斯托弗·雷恩爵士的生平和作品回忆录》（*Memoirs of the Life and Works of Sir Christopher Wren*，伦敦，1823年），第128页。

⑥ 出处同上，第129页。

⑦ 科尔文、克鲁克、唐斯及纽曼，《国王作品的历史》（伦敦：HMSO出版社，1976年），第五卷，第404页。

⑧ 在雷恩关于一本建筑书籍的笔记中，提到了圣彼得大教堂穹顶上建造时使用了铁箍，他用下面这句有趣的话来概括：“在所有的冒险中，铁是一个很好的保证，但是建筑师总在平衡自己的工作，好像我们不需要它。”详见埃尔姆斯的著作，第130页。

⑨ 杰奎斯·海曼（Jaques Heyman），《有关静力学库伦回忆录：建筑工程史上的篇章》（*Coulomb's Memoir on Statics: An Essay in the History of Civil Engineering*，剑桥：剑桥大学出版社，1972年），第125页。

⑩ 西奥菲勒斯·德萨吉利埃，《实验哲学教程》（*A Course of Experimental Philosophy*，伦敦，1744年），第560—561页。

⑪《水力建筑学》分为两部出版，每部由两册构成。出版日期如下：第Ⅰ部：第1册，1737年；第2册，1739年；第Ⅱ部：第1册，1750年；第2册，1753年。

第5章

① A.W.斯肯普顿，专著，《约翰·斯米顿》，《皇家学会会员》（伦敦：托马斯·特尔福德出版社，1981年）。

② 出处同上，第217页。

③ 出处同上，第219页。

④ 出处同上，第99页。

⑤ A.W.斯肯普顿、H.R.约翰逊著，《第一个铁质构架》，《建筑评论》第131期（1952年3月），第175—186页，脚注24。后在R.J.M.萨瑟兰（R.J.M.Sutherland）的专著中重印，见《钢制结构，1750—1850年》，建筑工程历史研究，9期（英国，奥尔德肖特：Ashgate出版社，1997年）。

⑥ 见查尔斯·路易·奥古斯特·艾克（Charles Louis Augusts Eck），*Traite de construction en poteries et fer*（巴黎：J.C.Blosse出版社，1836—1841年），第一卷、第二卷。

⑦ 安东尼·卡拉狄恩（Anthony Calladine），《隆贝的工厂：重建中的运动》（*Lombe's Mill:An Exercise in Reconstruction*）。隆贝专利中所提到的“精制经丝”是织造中使用的一种线，它分三个阶段制成。首先，将生丝纺制单根纤维；然后，将两根丝纤维一起纺制（“加倍”）以形成丝线；最后，根据不同厚度及强度的要求，将多根纱线绞合在一起，形成经丝。意大利织工完善了最后一个阶段，这也是高品质织物背后的秘密。

⑧ 丹尼尔·笛福（Daniel Defoe），《大不列颠全岛环游记》（1724—1727年），共三卷。当地人威廉·赫顿（William Hutton，1723—1815）写道，“在1730年德比的一家丝绸工厂开始工作，（即从他六七岁时）每天早晨五点钟起床，经历七年艰苦的学徒训练”。见《德比的历史》，第2版。（伦敦：Nichols, Son, and Bentley出版社，1817年），赫顿的传记可查阅文学遗产－英国中西部地区网站，网址是：http://www3.shropshire-cc.gov.uk/huttonw.html.

⑨ 伊拉斯谟斯·达尔文（Erasmus Darwin），《植物园》诗集的第Ⅱ篇章《植物之爱》（英国利奇菲尔德，1789年），第二卷。（私下匿名发表）

⑩ H.R.约翰逊及A.W.斯肯普顿，《威廉·斯特拉特的棉纺厂，1793—1812年》，见于《纽康门协会汇刊》第30期（1955—1957年），第179—205页。

⑪ 约翰·马歇尔，福盖德城堡工厂的合伙人之一，正如在《利兹的J.马歇尔自传》中所述（马歇尔夫人向什罗普郡档案处提交的打印原稿，2000年）。出处同上。也可以参阅革命者网站“查尔斯·贝奇：企业与地方事务”，网址为：http://www.revolutionaryplayers.org.uk/home.stm.

⑫ 尽管试图在贝奇的柱形与古希腊石柱的“凸肚状”外形之间寻找相似之处让人心动，但并没有证据表明希腊建筑师们根据这种结构逻辑构造他们的柱子。凸肚状的外形并不能节约材料。实际上，减小柱端部横截面会导致建筑在地震中的稳定性降低。希腊建筑中采用凸肚的外形完全是出于美学原因。

⑬ 托马斯·特雷德戈尔德，公共建筑、住宅、工厂、医院、干燥室、温室等建筑采暖通风方面的准则；建造和规划壁炉、锅炉房、蒸汽设备、炉排和烘干室的准则；采用尝试性、科学性及实用性图画等方式。（伦敦：J·泰勒出版社，1824年）

⑭ 引自N.S.比林顿（N.S.Billington）及B.M.罗伯茨（B.M.Roberts），《建筑服务工程的发展回顾》（牛津：佩加蒙出版社，1982年），第414页。

⑮ 引自A.W.斯肯普顿，《铁梁的起源》—《第八届国际科学史大会论文集》，意大利佛罗伦萨（1956年9月3日至9日），第1029—1039页。威廉·阿迪斯（William Addis）的《结构与土木工程设计》中第12章“土木工程史研究”[英国奥尔德肖特：Ashgate（Variorum）出版社，1999年]，第215页。

⑯ 阿迪斯，《结构与土木工程设计》，第214页。

⑰ 在约翰·法里1812年关于北方工厂的绘画中，拱形的尺寸并不精确。实际上它们跨越了三个架距，而非四个，并且弯曲弧度不像在图中看起来那么小。身为机械工程师的法里与其子小约翰·法里一起为亚伯拉罕·里斯的《里斯百科全书》（1802—1820年）和奥林萨斯·格雷戈里（Olinthus Gregory）的《力学论文》（*A Treatise of Mechanics*，1815年）等工具类书籍提供插图。法里在百科全书中有关棉花生产的文章使用了这幅绘图。

⑱ 斯肯普顿及约翰逊“第一个铁质构架”，第186页。

⑲ 雅克·雷内·特农，《英国主要医院和个别监狱的观察报告》（1787年）。1992年由克莱蒙费朗艺术与人文学院出版协会重印。参见克莉丝汀·史蒂文森（Christine Stevenson）著作，《医学与医学建筑的辉煌：英国医院和庇护建筑，1660—1815年》（*Medicine and Magnificence: British Hospital and Asylum Architecture, 1660-1815*）第8章（康涅狄格州纽黑文：耶鲁大学出版社，2000年）。

⑳ 罗伯特·W.勒韦（Robert W. Lowe），编辑《科利西伯先生向生命的致歉》（*An Apology for the Life of Mr. Coiley Cibber*），共二卷。（伦敦：J.C.尼莫出版社，1889年）第一卷，第321、322页。《英国建筑》，1530—1830年，第7版，修订版及扩展版（伦敦：企鹅出版社，1983年），第273页。约翰·萨默森（John Summerson）称无论从声学的角度还是从经济预算的角度上看，女王剧院都是一个失败的项目。

㉑乔治·桑德斯，《剧院论》（*A Treatise on Theatres*，1790年）。W.S.英曼在著作《通风、采暖及声音传播的原理》（*Principles of Ventilation, Warming and the Transmission of Sound*）中也进行了相关总结（伦敦，1836年），第1—19页。

㉒ 英曼，第21页。

第6章

① P.J.布克，“加斯帕德·蒙日（1746—1818年）及其对工程制图的影响”，纽康门协会汇刊34期（1962—1963年），第24页。

② 罗伯特·亨利·鲍，《支撑论》（*Treatise on Bracing*，爱丁堡，1851年），第29页。

③ 威廉·J.M.兰金，《力学理论与实践和谐性导论》（*Introductory Lecture on the Harmony of Theory and Practice on Mechanics*，伦敦和格拉斯哥：格里芬出版社，1856年）。同样可参阅威廉·阿迪斯所著《结构工程：理论和设计的本质》（*Structural Engineering: TTic Nature of Theory and Design*，奇切斯特，英格兰：艾利斯霍尔伍德出版社，1990年），第34页。

④ 威廉·J.M.兰金，《（力学）课题开幕词》，《英国科学促进会报告》，第25卷（*Report of the British Association for the Advancement of Science*，1855年），第201—202页。同样可参阅阿迪斯所著《结构工程》（Structural Engineering），第35页。

⑤ 哈里特·理查森（Harriet Richardson），《英国医院1660—1948年：建筑及设计概览》（*English Hospitals 1660-1948: A Survey of Their Architecture and Design*，伦敦：英国遗产（英国历史古迹皇家委员会），1998年），第10章。

⑥ R.S.菲顿（R.S. Fitton）及A.P.沃兹沃思（A.P.Wadsworth），《斯特拉特家族与阿克赖特家族，1758—1830年：早期工厂体系的研究》（*The Strutts and the Arkwrights, 1758-1830: A Study of the Early Factory System*，曼彻斯特：曼彻斯特大学出版社，1958年）。

⑦ 大卫·博斯韦尔·里德，《通风理论与实践说明》（伦敦，1844年）。

⑧ 出处同上。

⑨ 萨迪·卡诺，《热动力及开发热动力适用机器的思考》（*Reflections on the Motive Power of Heat, and on Machines Fitted to Develop This Power*），译著，R.H.瑟斯顿（R.H.Thurston）（纽约：美国机械工程师协会出版，1943年）。约翰·F.桑德福特，《热机》（*Heat Enginesxt*，伦敦：海尼曼出版社，1964年），第64—65页有引用。

⑩ 桑德福特，《热机》，第61—62页。

⑪ 约翰·劳登，《近期关于温室改进的短论》（伦敦，1805年）。在约翰·希克斯（John Hix）《玻璃温室》（*The Glasshouse*，伦敦：菲登出版社，1996年）中引用。

⑫ 里德，《通风理论与实践说明》。

⑬ 出处同上，第317页。

⑭ “绝对不可渗透性”这一短语是我对“absolute impermeability”的翻译，它出现在法国的一则广告中，该广告与1855年巴黎世界博览会上展出的Lambot钢筋混凝土船有关。见让·路易·博塞等人所著《约瑟夫·莫尼尔与钢筋混凝土的诞生》（*Joseph Monier et la naissance du ciment armé*，巴黎：林图出版社，2001年）。

⑮ J.M.布朗（J.M.Brown），“W.B.威尔金森及其在钢筋混凝土历史上的地位”，《纽康门协会汇刊》第39期，第129—142页。

⑯ 约翰·麦肯恩（John Me Kean），《水晶宫：约瑟夫·帕克斯顿和查尔斯·福克斯》（*Crystal Palace: Joseph Paxton and Charles Fox*，伦敦：菲登出版社，1994年）。科尔20英亩的图形包括了一楼画廊的展览空间。底层占据了大约17英亩的空间。

第7章

① 埃德温·O.萨克斯及欧内斯特·A.E.伍德罗（Ernest A.E.Woodrow）所著《现代歌剧院与剧院》（伦敦：B. T. Bastsford有限公司，1896—1898年）。为了完成这三卷鸿篇巨作，萨克斯多次远行，足迹遍布俄罗斯及印度。

② 拉尔夫·派克，《芝加哥建筑基础历史》（*History of Building Foundations in Chicago*），工程实验站，通报系列。第373号（伊利诺伊州，厄巴纳：伊利诺伊大学出版社，1948年），在阿迪斯《结构与土木工程设计》中重印。

③ 作者对鲁特（Roots）思想的理解，正如卡尔·W.康迪特所述。《芝加哥建筑学院：芝加哥地区的商业和公共建筑史（1875—1925）》（*The Chicago School of Architecture: A History of Commercial and Public Building in the Chicago Area. 1875-1925*，芝加哥：芝加哥大学出版社，

1964年），第48—49页。目前尚不清楚文章第二段提到的“铁棒”是什么，这些铁杆不太可能有抗风支撑的保护。更可能的是，这些棒材预置嵌于混凝土平面屋顶中，将柱子顶部及内墙紧箍束缚在一起，类似于18世纪晚期开始在工厂的防火地板上使用拉杆的方式。

④康迪特，《芝加哥建筑学院》，第49页。

⑤出处同上，第52—53页。

⑥出处同上，第120页。

⑦《建造者》（伦敦），1870年2月12日，第125页。

⑧巴里·唐纳森（Barry Donaldson）及伯纳德·纳根加斯特（Bernard Negengast）所著《炎热与寒冷：掌控室内生活：从古代到20世纪30年代关于采暖、通风、空气调节及制冷的选择史》（*Heat and Cold: Mastering the Great indoors. A Selective History of Heating, Ventilation, Air-Conditioning and Refrigeration from the Ancients to the 1930s*，亚特兰大：美国采暖、制冷和空调工程师协会，1994年），第275页。

⑨如在唐纳森及纳根加斯特所著《炎热与寒冷》，第286页。

⑩华莱士·萨宾，《声学论文集》（*Collected Papers on Acoustics*，哈佛大学出版社，1922；重印，纽约：多佛出版社，1964年），第67页。

⑪萨宾，《声学论文集》，第180页。“纹影技术”，源自德语“闪光”一词，其用于通过揭示玻璃中条痕或不平整处反射光的方式，使这些条痕或不平整处可见，更准确地讲，在高温沙漠砂或道路表面的空气看似闪光时进行。

⑫威廉·E. 沃德，“混凝土与铁相结合形成一种建材”，《美国机械工程师学会汇刊》第4期（1883年），第388至389页。

⑬由作者译自德文版。引用于H. J. 克劳斯（H. J. Kraus）和弗郎茨·狄辛格的《屋顶结构：悬臂屋顶、壁板和罗纹圆顶》（第4版）（*Dachbauten: Kragdächer, Schalen und Rippenkuppeln*，柏林：Ernst&Sohn出版社，1928年），第373页。

⑭由作者译自德文版。选自马克斯·比尔（Max Bill），《罗伯特·马亚尔：桥梁与建设》（第1版）（*Robert Malllart: Bridges and Constructions*，苏黎世：Verlag fur Architektur出版社，1949年），第168页。

⑮路易·H. 苏利文，《高层办公大楼在艺术方面的考虑》（*The Tall Office Building Artistically Considered*），《利平科特杂志》（*Lippincott's Magazine*），1896年3月。苏利文采用比喻修辞手法，将高层大楼划分成了三大区域：“是否能快速、清晰、明确地表明一层或二层这些较低的楼层将具有特定的特征，以满足特定需求，并表明标准办公大楼各层的功能保持不变，且形式也保持不变，此外还表明对于特定实际存在的顶楼，从本质而言，其功能在外在表现上同样有效、重要且具有连续性和确定性？根据得到的结果，很自然地分成了三大区域，无须从任何理论、符号或设计逻辑出发。”

⑯乔纳森·斯威夫特，《格列佛游记》第1卷“利立浦特（小人国）”。

⑰达奇·温特沃斯·汤普森，《生长和形态》（*Growth and Form*，精简版），约翰·泰勒·邦纳（John Tyler Bonner）编（剑桥：剑桥大学出版社，1961年），第14页。

第8章

①卡尔·W. 康迪特，《美国建筑艺术：20世纪》（*American Building Art: The Twentieth Century*，纽约：牛津大学出版社，1961年），第18页。

②威廉·兰金，《土木工程手册》（第16版）（*A Manual of Civil Engineering*，伦敦：Charles Griffen出版社，1887年），第603页。

③旋转角度取决于在三大主要方向上的应力差异，即（U1－U2）、（U1－U3）和（U2－U3）。若采用二维试件，则其中一个主应力为零，便可以确定另外两个主应力的大小和方向。光弹性条纹直接显示应力的唯一点位于模型边界上，此处第二个主应力（垂直于表面）必然为零。

④引自报告中的内容在威廉·弗鲁德的一些传记中均有出现。例如，具体参见德里克·K. 布朗（Derek K. Brown）和安德鲁·兰伯特（Andrew Lambert）《牛津国家人物传记大辞典》（*Oxford Dictionary of National Biography*，英国牛津：牛津大学出版社，2004）中的“William Froude”词条。

⑤关于更多无量纲参数的信息，参见亨利·J. 考恩（Henry J. Cowan）、J. S. 格罗（J. S. Gero）、G. D. 丁（G. D. Ding）和R. W. 芒西（R. W. Muncey）的《建筑模型》（*Models in Architecture*，纽约：爱思唯尔出版社，1968年）以及海因茨·霍斯多夫（Heinz Hossdorf）的《结构模型分析》（*Model Analysis of Structures*，纽约：Van Nostrand出版社，1974年）。

⑥克劳斯和狄辛格，《屋面工程》（*Dachbauten*），第300页。

⑦参见奥韦·阿鲁普于1970年7月9日在英格兰温彻斯特发表的“主旨演讲”。具体见阿鲁普网站（www.arup.com），大卫·邓斯特（David Dunster）编辑重印，工程顾问阿鲁普（柏林：奥韦·阿鲁普及其合伙人公司及Ernst&Sohn出版社，未注明出版日期（约1996年）。还可参见奥韦·阿鲁普在“目标和手段”中的类似说明，见本书附录1。

⑧《建造者日志与建筑工程师》（1906年5月），《混凝土与钢材》，第23卷，第589号。

⑨勒·柯布西耶，《迈向新建筑》（*Towards a New Architecture*），弗雷德里克·恩驰萨斯（Frederick Etchells）译（伦敦：建筑出版社，1927年）。

⑩F. M. 利（F. M. Lea）编，《现代建筑原则》（第3版）（*The Principtes of Modern Building*），第1册（伦敦：英国皇家文书局，1959年），第39页。

第9章

①“石棉”为通用术语，指六种不同的自然产生的硅酸盐类矿物产品。石棉晶体易压碎，形成极细（直径通常约30纳米）的抗拉强度较大的短石棉纤维。自古以来，其防火性能已众所周知：“石棉”一词源于希腊语“不可毁灭（indestructible）”。石棉纤维与黏土混合使陶瓷的强度增大，且罗马人将石棉纤维编织成油灯的灯芯及耐热布的布芯。

②R. 蒂埃尔（R. Thiele），“房间内的回声方向分布与时间序列”（*Richtungsverteilung und Zeitfolge der Schallruckwurfe in Raumen*），《声学》（*Acustica*），第3册（1953年），第291页。还可参见W. L. 乔丹的《音乐厅和剧院的声学设计》（*Acoustical Design of Concert Halls and Theatres*，伦敦：应用科学出版社，1980年）。

③《阿鲁普期刊》（*Arup Journal*），第11卷，第4号（1976年），第18至23页。

④花旗的大楼在其完工后仅几年内发现，一些钢接头的强度不足以承受建筑物在其寿命期间可能承受的最大风载。因此，又增加了相当大的开支，对许多接头进行了加固，而未干扰建筑物内的住户。

参考书目

Where there are two or more entries by the same author, entries are listed in chronological order (earliest to latest). Entries edited by that author (if any) are listed next, followed by entries co-written or co-edited by that author.

ABRAMS, Duff. "Design of Concrete Mixtures." Bulletin 1, Structural Materials Research Laboratory, Lewis Institute, Chicago, 1918.

ACHE, Jean-Baptiste. Éléments d'une histoire de l'art de bâtir. Paris: Éditions du Moniteur des travaux publics, 1970.

ACKERMAN, J. S. " 'Ars sine scientia nihil est': Gothic Theory of Architecture at the Cathedral of Milan." Art Bulletin 31 (1949): 84–111.

ACKERMANN, Kurt. Building for Industry. London: Watermark, 1991.

ACKERMANN, M. E. Cool Comfort: America's Romance with Air-Conditioning. Washington, DC: Smithsonian Institution Press, 2002.

ACLAND, James H. Medieval Structure: The Gothic Vault. Toronto: University of Toronto Press, 1972.

ADAM, Jean-Pierre. Roman Building: Materials and Techniques. London: Batsford, 1994.

ADDIS, William. Structural Engineering: The Nature of Theory and Design. Chichester, England: Ellis Horwood, 1990.

ADDIS, William. The Art of the Structural Engineer. London: Artemis, 1994.

ADDIS, William. "Free Will and Determinism in the Conception of Structures." Journal of the International Association for Shell and Spatial Structures 38, no. 2 (1997): 83–89. Also in HANGLIETER 1996.

ADDIS, William. Structural and Civil Engineering Design. Studies in the History of Civil Engineering 12. Aldershot, England: Ashgate (Variorum), 1999.

ADDIS, William. Creativity and Innovation: The Structural Engineer's Contribution to Design. Oxford: Architectural Press, 2001.

ADDIS, William. Entries on Christopher Wren (pp. 799–802) and Robert Hooke (pp. 334–37) in SKEMPTON 2002.

ADDIS, William. "A History of Using Models to Inform the Design and Construction of Structures." In HUERTA 2005, pp. 9–44.

AGRICOLA, Georgius (Georg BAUER). De re Metallica. Basel, 1556. English translation by Herbert C. and Lou H. Hoover. London: Mining Magazine, 1912; rpt. New York: Dover Publications, 1950.

AIA (Association for Industrial Archaeology). Issues of Industrial Archaeology Review dedicated to textile mills: 10, no. 2 (Spring 1988) and 16, no. 1 (Autumn 1993). Royal Commission on the Historical Monuments of England and Association for Industrial Archaeology.

ALBERTI, Leon Battista. De re Aedificatoria. Florence, 1485. Translated by James Leoni (1755) as The Ten Books of Architecture; rpt. New York: Dover Publications, 1986.

ALI, Mir. Art of the Skyscraper: The Genius of Fazlur Khan. New York: Rizzoli, 2001.

ANDERSON, James C. Roman Architecture and Society. Baltimore and London: Johns Hopkins University Press, 1997.

ANDERSON, Stanford, ed. Eladio Dieste: Innovation in Structural Art. New York: Princeton Architectural Press, 2004.

ASPRAY, William, ed. Computing Before Computers. Ames, Iowa: Iowa State University Press, 1990. Available online at http://ed-thelen.org/comp-hist/CBC.html.

BACH, Klaus, Berthold BURKHARDT, and Frei OTTO. Seifenblasen / Forming Bubbles. IL18. Stuttgart: Institut für leichte Flächentragwerke, University of Stuttgart, 1988.

BALDI, Bernardino. In Mechanica Aristotelis Problematica Exercitationes. Mainz, 1621.

BANHAM, Reyner. The Architecture of the Well-Tempered Environment. London: Architectural Press, 1969.

BANHAM, Reyner. A Concrete Atlantis. London: MIT Press, 1986.

BANNISTER, Turpin C. "The First Iron-Framed Buildings." Architectural Review 107 (April 1950): 231–46.

BANNISTER, Turpin C. "Bogardus Revisited. Part I: The Iron Fronts." Journal of the Society of Architectural Historians 15, no. 4 (1956): 12–22. (Reprinted in THORNE 2000.)

BANNISTER, Turpin C. "Bogardus Revisited. Part II: The Iron Towers." Journal of the Society of Architectural Historians 16, no. 1 (1957): 11–19. (Reprinted in THORNE 2000.)

BAUERSFELD, Walter. "Projection Planetarium and Shell Construction." Proceedings of the Institution of Mechanical Engineers, 1957. (Reprinted in JOEDICKE 1963.)

BAYNES, Ken, and Francis PUGH. The Art of the Engineer. Woodstock, N.Y.: Overlook Press, 1981.

BEAMON, Sylvia P., and Susan ROAF. The Ice-Houses of Britain. London: Routledge, 1990.

BECCHI, Antonio. Q. XVI: Leonardo, Galileo e il caso Baldi. Venezia: Saggi Marsilio, 2004.

BECCHI, Antonio, and Federico FOCE. Degli archi e delle volte: arte del costruire tra meccanica e stereotomia. Venezia: Saggi Marsilio, 2002.

BECCHI, Antonio, Massimo CORRADI, Federico FOCE, and Orieta PEDEMONTE, eds. Towards a History of Construction: Dedicated to Edoardo Benvenuto. Basel: Birkhäuser, 2002.

BECCHI, Antonio, Massimo CORRADI, Federico FOCE, and Orieta PEDEMONTE, eds. Essays on the History of Mechanics; In Memory of Clifford Ambrose Truesdell and Edoardo Benvenuto. Basel: Birkhäuser, 2003.

BECCHI, Antonio, Massimo CORRADI, Federico FOCE, and Orieta PEDEMONTE, eds. Construction History: Research Perspectives in Europe. Genova: Instituto Edoardo Benvenuto / Kim Williams Books, 2004.

BEGGS, G. E. "The Accurate Mechanical Solution of Statically Indeterminate Structures by the Use of Paper Models and Special Gauges." Journal of the American Concrete Institute 8 (1922): 58–78.

BÉLIDOR, Bernard Forest de. La Science des ingénieurs dans la conduite des travaux de fortification et d'architecture civile. Paris, 1729.

BÉLIDOR, Bernard Forest de. L'Architecture hydraulique. 4 vols. Paris: 1737–53.

BELOFSKY, Harold. "Engineering Drawing: A Universal Language in Two Dialects." Technology and Culture 32, no. 1 (1991): 23–46.

BENVENUTO, Edoardo. An Introduction to the History of Structural Mechanics. 2 vols. New York and Berlin: Springer-Verlag, 1991.

BERGER, Horst. Light Structures, Structures of Light: The Art and Engineering of Tensile Architecture. Basel: Birkhäuser, 1996.

BERGERON, Louis, and Maria Teresa MAIULLARI-PONTOIS. Industry, Architecture and Engineering: American Ingenuity 1750–1950. New York: Harry N. Abrams, 2000.

BEYER, Robert T. Sounds of Our Times: Two Hundred Years of Acoustics. New York: Springer-Verlag, 1999.

BILL, Max. Robert Maillart: Bridges and Constructions. Zurich: Verlag für Architektur, 1949; 3rd ed. London: Pall Mall Press, 1969.

BILLINGTON, David P. Robert Maillart's Bridges: The Art of Engineering. Princeton, N.J.: Princeton University Press, 1979.

BILLINGTON, David P. The Tower and the Bridge: The New Art of Structural Engineering. Princeton, N.J.: Princeton University Press, 1985.

BILLINGTON, N.S., and B.M. ROBERTS. Building Services Engineering: A Review of its Development. Oxford: Pergamon Press, 1982.

BINDING, Günther. Baubetrieb im Mittelalter. Darmstadt: Wissenshaftliche Gesellschaft, 1993.

BINDING, Günther, and Norbert NUSSBAUM. Der mittelalterliche Baubetrieb nördlich der Alpen in zeitgenössischen Darstellungen. Darmstadt: Wissenschaftliche Buchgesellschaft, 1978.

BJERRUM, L., et al., eds. From Theory to Practice in Soil Mechanics: Selections from the Writings of Karl Terzaghi. London: John Wiley and Sons, 1960.

BLANCHARD, Anne. Vauban. Paris: Fayard, 1996.

BLOCKLEY, D.I. The Nature of Structural Design and Safety. Chichester, England: Ellis Horwood, 1980.

BLOCKLEY, D.I., and J.R. HENDERSON. "Structural Failures and the Growth of Engineering Knowledge." Proceedings of the Institution of Civil Engineers (PICE), Part 1, 68 (1980): 719–28. Discussion reported in PICE, Part 1, 70 (1981), 567–79. (Reprinted in ADDIS 1999.)

BOOKER, P.J. A History of Engineering Drawing. London: Northgate Publishing, 1979.

BOOTH, L.G. "Thomas Tredgold (1788–1829): Some Aspects of his Work. Part 1: His Life." Transactions of the Newcomen Society 51 (1979–80): 57–64.

BOSC, Jean-Louis, et al. Joseph Monier et la naissance du ciment armé. Paris: Éditions du Linteau, 2001.

BOW, Robert Henry. A Treatise on Bracing. Edinburgh, 1851.

BOW, Robert Henry. The Economics of Construction in Relation to Framed Structures. London: Spon, 1873.

BOWIE, Theodore, ed. The Sketchbook of Villard de Honnecourt. Bloomington: Indiana University Press, 1959.

BOWLEY, Marian. The British Building Industry: Four Studies in Response and Resistance to Change. Cambridge: Cambridge University Press, 1966.

BRODIE, Allan, et al. English Prisons: An Architectural History. London: English Heritage, 2002.

BROWN, André. Peter Rice. London: Thomas Telford, 2001.

BROWN, J.M. "W. B. Wilkinson (1819–1902) and his Place in the History of Reinforced Concrete." Transactions of the Newcomen Society 39 (1966): 129–42. (Reprinted in NEWBY 2001.)

BRUEGMANN, Robert. "Central Heating and Forced Ventilation: Origins and Effects on Architectural Design." Journal of the Society of Architectural Historians 37, no. 3 (1978): 143–60.

BUCCARO, Alfredo, and Salvatore D'AGOSTINO. Dalla Scuola di applicazione alla Facoltà di ingegneria: la cultura napolitana nell'evoluzione della scienza e della didattica del costruire. Napoli: Hevelius Edizioni, 2003.

BUCCARO, Alfredo, and Fausto de MATTIA, eds. Scienziata, artisti: formazione e ruolo degli ingegnieri nelle fonti dell'Archivio di Stato e della Facoltà di Ingegneria di Napoli. Napoli: Electa

Napoli, 2003.
BUCHANAN, R.A. The Engineers: A History of the Engineering Profession in Britain, 1750–1914. London: Jessica Kingsley, 1989.
BUILDING ARTS FORUM (New York). Bridging the Gap: Rethinking the Relationship of Architect and Engineer. New York: Van Nostrand Reinhold, 1991.
BUTTI, Ken, and John PERLIN. A Golden Thread: 2500 Years of Solar Architecture and Technology. London: Marion Boyars, 1980.
BUTTON, David, and Brian PYE, eds. Glass in Building. Oxford: Butterworth Architecture (with Pilkington Glass Ltd.), 1993.
BYLANDER, Sven. "Steelwork in Building: Thirty Years' Progress." The Structural Engineer 15 (1937): 2–25, 128–32. (Reprinted in THORNE 2000.)
CAJORI, Florian. A History of the Logarithmic Slide Rule and Allied Instruments. New York: Tapley, 1909.
CAJORI, Florian. A History of Mathematical Notations. 2 vols. Lasalle, Ill.: Open Court Publication Co., 1928–29; rpt. New York: Dover Publications, 1993.
CALLADINE, Anthony. "Lombe's Mill: An Exercise in Reconstruction." Industrial Archaeology Review 16, no. 1 (Autumn 1993): 82–99.
CAMPBELL, James, and Will PRYCE. Brick: A World History. London: Thames and Hudson, 2003.
CAMPIOLI, Mario E. "Building the Capitol." In PETERSON 1976.
CASCIATO, MARISTELLA, et al., eds. 150 anni di costruzione edile in Italia. Roma: Edilstampa, 1992.
CHABANNES, Jean Baptiste Marie Frédéric, Marquis de. On conducting air by forced ventilation and regulating the temperature in dwellings. London, 1818.
CHANNELL, David F. "A Unitary Technology: The Engineering Science of W.J.M. Rankine." Ph.D. dissertation, Case Western Reserve University, 1975.
CHARLTON, T.M. A History of Theory of Structures in the Nineteenth Century. Cambridge: Cambridge University Press, 1982.
CHILTON, John. Heinz Isler. London Thomas Telford, 2000.
CHOISY, Auguste. L'Art de bâtir chez les Romains. Paris: Ducher et Cie, 1873.
CHOISY, Auguste. L'Art de bâtir chez les Byzantins. Paris: Librairie de la Société anonyme des publications périodiques, 1883.
CHOISY, Auguste. Histoire de l'architecture. Paris: Éditions Vincent, Freal et Cie, 1899; rpt. Paris: SERG, 1976.
CHOISY, Auguste. L'Art de bâtir chez les Égyptiens. Paris: Librairie George Baranger Fils, 1904.
CHOISY, Auguste. Vitruve. Paris: Imprimerie-Librairie Lahure, 1909.
CHRIMES, M.M. "Concrete Foundations and Substructures: A Historical Review." Proceedings of the Institution of Civil Engineers: Structures and Buildings 116, nos. 3 & 4 (1996): 344–72. Revised version in SUTHERLAND 2001.
CIRIA (Construction Industry Research and Information Association). Structural Renovation of Traditional Buildings. Report 111. Rev. ed. London: Construction Industry Research and Information Association, 1994.
COENEN, Ulrich. Die spätgotischen Werkmeisterbücher in Deutschland: Untersuchung und Edition der Lehrschriften für Entwurf und Ausführung von Sakralbauten. Beiträge zur Kunstwissenschaft 25. München: Scaneg, 1990.
COKER, E.G., and L.N.G. FILON. A Treatise on Photo-elasticity. 2nd ed. Cambridge: Cambridge University Press, 1957.
COLLINS, A.R., ed. Structural Engineering: Two Centuries of British Achievement. Chislehurst, England: Tarot Print, for the Institution of Structural Engineers, 1983.
COLLINS, Peter. Concrete: The Vision of a New Architecture. London: Faber and Faber, 1959.
CONDIT, Carl W. American Building Art: The Nineteenth Century. New York: Oxford University Press, 1960.
CONDIT, Carl W. American Building Art: The Twentieth Century. New York: Oxford University Press, 1961.
CONDIT, Carl W. The Chicago School of Architecture: A History of Commercial and Public Building in the Chicago Area, 1875–1925. Chicago: University of Chicago Press, 1964.
CONDIT, Carl W. American Building. Chicago: University of Chicago Press, 1968.
CONDIT, Carl W. Chicago, 1930–70: Building, Planning, and Urban Technology. Chicago: University of Chicago Press, 1974.
CONRAD, Dietrich. Kirchenbau im Mittelalter: Bauplanung und Bauausführung. Leipzig: Edition Leipzig, 1990.
COOPER, Gail. Air-conditioning America: Engineers and the Controlled Environment, 1900–1960. Baltimore: Johns Hopkins University Press, 1998.
COTTAM, David. Sir Owen Williams, 1890–1969. London: Architectural Association, 1986.
COULTON, J.J. Ancient Greek Architects at Work: Problems of Structure and Design. Ithaca, N.Y.: Cornell University Press, 1977.
COURTENAY, Lynn T., ed. The Engineering of Medieval Cathedrals. Studies in the History of Civil Engineering 1. Aldershot, England: Ashgate, 1997.
COWAN, Henry J. "A History of Masonry and Concrete Domes in Building Construction." Building and Environment 12 (1977): 1–24.
COWAN, Henry J. An Historical Outline of Architectural Science. 2nd ed. London: Applied Science, 1977.
COWAN, Henry J. The Master Builders. New York: Wiley, 1977.
COWAN, Henry J. Science and Building. New York: Wiley, 1978.
COWAN, Henry J., J. S. GERO, G. D. DING, and R. W. MUNCEY. Models in Architecture. New York: Elsevier Publishing Co., 1968.
CROSS, Hardy. Engineers and Ivory Towers. New York and London: McGraw-Hill, 1952.
CULMANN, Karl. Die graphische Statik. Zürich: Meyer & Zeller, 1866.
D'OCAGNE, Maurice. Traité de nomographie. Paris: Gauthier-Villars, 1899.
DAVEY, Norman. A History of Building Materials. London: Phoenix House, 1961.
DE CAMP, L. Sprague. The Ancient Engineers. London: Souvenir Press, 1963.
DE COURCY, John W. "The Emergence of Reinforced Concrete: 1750–1910." The Structural Engineer 65A, no. 9 (1987): 315–22. (Reprinted in NEWBY 2001.)
DELAINE, Janet. The Baths of Caracalla: A Study in the Design, Construction, and Economics of Large-Scale Building Projects in Imperial Rome. Portsmouth, R.I.: Journal of Roman Archaeology, Supplementary Series No. 25, 1997.
DELLA TORRE, S., ed. Immagini, materiali, testimonianze per la storia dell'edilizia nel comasco e nel lecchese, 1850–1950. Como: Nodo Libri, 1994.
DENNIS, Bernard G., et al. American Civil Engineering History: The Pioneering Years. New York: American Society of Civil Engineers (ASCE), 2003.
DESIDERI, Paolo, et al., eds. Pier Luigi Nervi. Bologna: Zanichelli, 1979.
DESWARTE-ROSA, Sylvie, and Bertrand LEMOINE. L'Architecture et les ingénieurs: Deux siècles de construction. Paris: Éditions du Moniteur / Centre Georges Pompidou, 1980.
DIAMANT, R.M.E. Industrialised Building - 50 International Methods. London: Iliffe Books, 1964; Industrialised Building (Second Series) - 50 International Methods. London: Iliffe Books, 1965; Industrialised Building (Third Series) - 70 International Methods. London: Iliffe Books, 1968.
DONALDSON, Barry, and Bernard NAGENGAST. Heat and Cold: Mastering the Great Indoors. A Selective History of Heating, Ventilation, Air-Conditioning and Refrigeration from the Ancients to the 1930s. Atlanta: American Society of Heating, Refrigerating and Air-Conditioning Engineers, 1994.
DUFTON, A.F., and H.E. BECKETT. "The Orientation of Buildings." Journal of the Royal Institute of British Architects (16 May 1931): 509–10.
DUNKELD, M., et al., eds. Proceedings of the Second International Congress on Construction History (Cambridge University). 3 vols. Ascot, England: Construction History Society, 2006.
DUNSTER, David, ed. Arups on Engineering. Berlin: Ove Arup & Partners and Ernst und Sohn, n.d. (c.1996).
DURM, Josef. Die Baustile: Historische und Technische Entwicklung des Handbuches der Architektur Zweiter Teil. 1. Band: Die Baukunst der Griechen. Darmstadt: Verlag von Arnold Bergsträsser, 1892.
DURM, Josef. Die Baustile: Historische und Technische Entwicklung des Handbuches der Architektur Zweiter Teil. 2. Band: Die Baukunst der Etrusker; Die Baukunst der Römer Zweite Auflage. Stuttgart: Alfred Kroner, 1905.
DURM, Josef. Die Baukunst der Renaissance in Italien. Leipzig: J.M. Gebhardt, 1914.
ELLIOTT, Cecil D. Technics and Architecture: The Development of Materials and Systems for Buildings. Cambridge, Mass.: MIT Press, 1992.
EMMERSON, George S. Engineering Education: A Social History. Newton Abbot, England: David & Charles, 1973.
ERLANDE-BRANDENBURG, Alain. The Cathedral Builders of the Middle Ages. London: Thames and Hudson, 1995.
EYTELWEIN, J.A. Handbuch der Mechanik fester Körper und der Hydraulik. Berlin: Lagarde, 1801.
FABER, Colin. Candela, the Shell Builder. New York: Reinhold, 1963.
FAIRBAIRN, William. On the Application of Cast and Wrought Iron to Building Purposes. London, 1854.
FALCONER, Keith A. "Fireproof Mills – The Widening Perspectives." Industrial Archaeology Review 16, no. 1 (Autumn 1993): 11–26.
FEDEROV, Sergei. "Matthew Clark and the Origins of Russian Structural Engineering 1810–40s: An Introductory Biography." Construction History 8 (1992): 69–88. (Reprinted in SUTHERLAND 1997.)
FEDEROV, Sergei. Der Badische Ingenieur Wilhelm von Traitteur als Architeckt russischer Eisenkonstruktionen. Karlsruhe: Institut für Baugeschichte der Universität Karlsruhe, 1992.
FEDEROV, Sergei. "Early Iron-Domed Roofs in Russian Church Architecture: 1800–1840." Construction History 12 (1996): 41–66.
FEDEROV, Sergei G. "Construction History in the Soviet Union – Russia 1930–2005. Emergence,

Development and Disappearance of a Technical Discipline." In DUNKELD et al. 2006, pp. 1093–1112.

FERGUSON, Eugene S. "An Historical Sketch of Central Heating 1800–1860." In PETERSON 1976.

FERGUSON, Eugene S. Engineering and the Mind's Eye. Cambridge, Mass.: MIT Press, 1992.

FITCHEN, John. The Construction of Gothic Cathedrals. Oxford: Clarendon Press, 1961.

FITCHEN, John. Building Construction before Mechanization. Cambridge, Mass.: MIT Press, 1986.

FITTON, R.S., and A.P. WADSWORTH. The Strutts and the Arkwrights, 1758–1830: A Study of the Early Factory System. Manchester: Manchester University Press, 1958.

FITZGERALD, Ron. "The Development of the Cast Iron Frame in Textile Mills to 1850." Industrial Archaeology Review 10, no. 2 (Spring 1988): 127–45. (Reprinted in SUTHERLAND 1997.)

FLACHSBART, Otto. "Beitrag zur Frage der Berücksichtigen des Windes im Bauwesen." 11 Jahrbuch der Deutschen Gesellschaft für Bauingenieurwesen. Berlin: Vereins Deutscher Ingenieure (VDI), 1928, pp. 160–69.

FLETCHER, Banister. A History of Architecture. 20th ed. London: Architectural Press, 1996.

FÖPPL, August. Das Fachwerk im Raume. Leipzig: Teubner, 1892.

FORSTER, Brian. "Cable and Membrane Roofs – A Historical Survey." Structural Engineering Review 6, nos. 3–4 (1994): 145–74. (Double issue devoted to tension structures.)

FRANCESCO DI GIORGIO MARTINI. Treatise on civil and military engineering and architecture. Manuscript, Urbino, Italy, 1470s. Published as Trattato dell' Architettura civile e militare. Turin, 1841.

FRANKL, Paul. The Gothic: Literary Sources and Interpretations Through Eight Centuries. Princeton, N.J.: Princeton University Press, 1960.

FREITAG, Joseph K. The Fireproofing of Steel Buildings. New York: John Wiley & Sons, 1899.

FREITAG, Joseph K. Architectural Engineering. 2nd ed. New York: John Wiley & Sons, 1909.

FRÉZIER, Amédée-François. La théorie et la pratique de la coupe de pierres et des bois, pour la construction des voûtes et autres parties des bâtiments civils et militaires; ou, Traité de stéréotomie à l'usage de l'architecture. Strasbourg/Paris: Charles-Antoine Jombert, 1737–39.

FRIEDMAN, Donald. Historical Building Construction: Design, Materials and Technology. New York and London: W.W. Norton, 1995.

GALILEI, Galileo. Discorsi e Dimonstrazioni matematiche, intorno a due nuove scienze attenenti alla mecanica e i movimenti locali. Leida, 1638. English translation [Dialogues Concerning Two New Sciences] by H. Crew and A. de Salvio. New York: Macmillan, 1914; rpt. New York: Dover Publications, 1954.

GIEDION, Sigfried. Space, Time, and Architecture: The Growth of a New Tradition. 3rd ed. Oxford: Oxford University Press, 1954.

GILES, Colum, and Ian H. GOODALL. Yorkshire Textile Mills: The Buildings of the Yorkshire Textile Industry, 1770–1930. London: HMSO (Royal Commission on the Historical Monuments of England), 1992.

GILLE, Bertrand. The Renaissance Engineers. London: Lund Humphries, 1966.

GILLMOOR, C. S. Coulomb and the Evolution of Physics and Engineering in Eighteenth-Century France. Princeton, N.J.: Princeton University Press, 1971.

GIMPEL, Jean. The Cathedral Builders. Salisbury, England: Michael Russell, 1983.

GOODMAN, Richard E. Karl Terzaghi: The Engineer as Artist. Reston, Va.: American Society of Civil Engineers (ASCE), 1999.

GORDON, J. E. The New Science of Strong Materials: or, Why You Don't Fall Through the Floor. Harmondsworth, England: Penguin Books, 1968.

GORDON, J. E. Structures: or, Why Things Don't Fall Down. Harmondsworth, England: Penguin Books, 1978.

GRAEFE, Rainer. "Hängedächer des 19. Jahrhunderts." In GRAEFE, 1989, pp. 168–87.

GRAEFE, Rainer. Vladimir G. Suchov, 1853–1939: Die Kunst der sparsamen Konstruktion. Stuttgart: Gappoev & Pertschi, 1990.

GRAEFE, Rainer, ed. Zur Geschichte des Konstruierens. Stuttgart: Deutsche Verlags-Anstalt, 1989.

GRAYSON, Lawrence P. The Making of an Engineer: An Illustrated History of Engineering Education in the United States and Canada. New York: Wiley, 1993.

GROTE, Jupp, and Bernard MARREY. Freyssinet, la précontrainte et l'Europe, 1930–1945. [In French, German, and English.] Paris: Éditions du Linteau, 2000.

GUENZI, Carlo, ed. L' Arte di Edificare: Manuali in Italia, 1750–1950. Milano: Be-Ma Editrice, 1992.

GUILLERME, André. "From Lime to Cement: The Industrial Revolution in French Civil Engineering (1770–1850)." History and Technology 3 (1986): 25–85.

GUILLERME, André. Bâtir la ville. Révolutions industrielles dans les matériaux de construction: France - Grande-Bretagne (1760–1840). Seysell, France: Éditions du Champ Vallon, 1995.

HÄGERMANN, Gustav, Günter HUBERTI, and Hans MÖLL, eds. Vom Caementum zum Spannbeton; Beitrage zur Geschichte des Betons. 3 vols. Wiesbaden: Bauverlag, 1962–65.

HAGN, H. Schutz von Eisenkonstruktionen gegen Feuer. Berlin: Springer, 1904.

HALES, Stephen. A Treatise on Ventilators. London, 1758.

HAMILTON, S. B. "The Place of Sir Christopher Wren in the History of Structural Engineering." Transactions of the Newcomen Society 14 (1933–34): 27–42. (Reprinted in ADDIS 1999.)

HAMILTON, S.B. "The Development of Structural Theory." Proceedings of the Institution of Civil Engineers 1 (1952): 374–419.

HAMILTON, S.B. A Note on the History of Reinforced Concrete in Buildings. National Building Studies Special Report No. 24. London: HMSO, 1956.

HAMILTON, S.B. A Short History of the Structural Fire Protection of Buildings. National Building Studies Special Report No. 27. London: HMSO, 1958.

HANGLEITER, Ulrich, ed. Conceptual Design of Structures. Proceedings of the International Symposium at the University of Stuttgart, IASS (International Association of Shell and Spatial Structures), Stuttgart, October 1996.

HAPPOLD, E., I. LIDDELL, and M. DICKSON. "Design Towards Convergence: A Discussion." Architectural Design 46, no. 7 (1976): 430–35.

HART, F., W. HENN, and H. SONNTAG. Multi-Storey Buildings in Steel. Ed. G. Bernard Godfrey. 2nd ed. London: Collins, 1985.

HART, Franz. Kunst und technik der Wölbung. München: Callwey, 1965.

HARTIG, Willfred, and Günter GÜNSCHEL. Grosse Konstrukteure. 1. Freyssinet, Maillart, Dischinger, Finsterwalder. Berlin: Ullstein, 1966.

HARVEY, J.H. The Mediaeval Architect. London: Wayland, 1972.

HARVEY, J.H. Mediaeval Craftsmen. London: Batsford, 1975.

HAWKES, Dean. "A History of Models of the Environment in Buildings." Land-use and built-form studies, Working Paper No. 34. Cambridge: University of Cambridge School of Architecture, 1970.

HAY, G.D., and G.P. STELL. Monuments of Industry: An Illustrated Historical Record. Royal Commission on the Ancient and Historical Monuments of Scotland, 1986.

HEILMEYER, W.-D. "Apollodorus von Damascus, der Architekt des Pantheons." Jahrbuch des Deutschen Archäologischen Instituts 90 (1975): 317–47.

HESS, Friedrich. Konstruktion und form im Bauen. Stuttgart: Julius Hoffmann, 1943.

HEWES, Lawrence, and Herbert L. SEWARD. The Design of Diagrams for Engineering Formulas and the Theory of Nomography. London: McGraw-Hill, 1923.

HEYMAN, Jacques. Coulomb's Memoir on Statics: An Essay in the History of Civil Engineering. Cambridge: Cambridge University Press, 1972.

HEYMAN, Jacques. The Stone Skeleton: Structural Engineering of Masonry Architecture. Cambridge: Cambridge University Press, 1995.

HEYMAN, Jacques. Arches, Vaults, and Buttresses: Masonry Structures and their Engineering. Aldershot, England: Ashgate; Brookfield, Vt.: Variorum, 1996.

HEYMAN, Jacques. Structural Analysis: An Historical Approach. Cambridge: Cambridge University Press, 1998.

HIGGS, Malcolm. "Felix James Samuely." Architectural Association Journal 76, no. 843 (June 1960): 2–31.

HIX, John. The Glasshouse. London: Phaidon Press, 1996.

HODGKINSON, Eaton. "Theoretical and Experimental Researches to ascertain the Strength and Best Form of Iron Beams." Memoirs of the Literary and Philosophical Society of Manchester, 2nd ser., Vol. 5 (1831): 407–544.

HOLGATE, Alan. The Art of Structural Engineering: The Work of Jörg Schlaich and his Team. Stuttgart: Axel Menges, 1997.

HOSSDORF, Heinz. Model Analysis of Structures. New York: Van Nostrand, 1974.

HOSSDORF, Heinz. Das Erlebnis Ingenieur zu sein. Basel: Birkhäuser, 2003.

HUERTA, Santiago. Las bóvedas de Guastavino en América. Madrid: Instituto Juan de Herrera, 2001.

HUERTA, Santiago. Arcos, bóvedas y cupolas: Geometria y equlibrio en el cálculo traditional e estructuras de fábrica. Madrid: Instituto Juan de Herrera, 2004.

HUERTA, Santiago, ed. Actas del Primer Congreso Nacional de Historia de construcción. Madrid: Instituto Juan de Herrera, 1996.

HUERTA, Santiago, ed. Actas del Secundo Congreso Nacional de Historia de construcción. Madrid: Instituto Juan de Herrera, 1998.

HUERTA, Santiago, ed. Actas del Tercer Congreso Nacional de Historia de construcción. Madrid: Instituto Juan de Herrera, 2000.

HUERTA, Santiago, ed. Proceedings of the First International Congress on Construction History. Madrid, 2003.

HUERTA, Santiago, ed. Actas del Cuarto Congreso Nacional de Historia de construcción. Madrid: Instituto Juan de Herrera, 2005.

HUERTA, Santiago, ed. Essays in the History of the Theory of Structures. Madrid: Instituto Juan de Herrera, 2005.

ICE (Institution of Civil Engineers). Ove Arup (1895–1988). London: Institution of Civil Engineers, 1995.
INGLIS, Margaret. Willis Haviland Carrier, Father of Air-conditioning. Garden City, N.Y.: Country Life Press, 1952.
INMAN, W.S. Principles of Ventilation, Warming and the Transmission of Sound. London, 1836.
IORI, Tullia. Il cemento armato in Italia: dalle origine alla seconda guerra mondiale. Roma: Edilstampa, 2001.
JAMES, John. Chartres: The Masons who Built a Legend. London: Routledge & Kegan Paul, 1982.
JARDINE, Lisa. The Curious Life of Robert Hooke, the Man who Measured London. London: HarperCollins, 2003.
JESBERG, Paulgerd. Die Geschichte der Ingenieurbaukunst. Stuttgart: Deutsche Verlags-Anstalt, 1996.
JOEDICKE, Jürgen. Shell Architecture. London: Alec Tiranti, 1963.
JORDAN, Vilhelm Lassen. Acoustical Design of Concert Halls and Theatres. London: Applied Science Publishers, 1980.
KAWAGUCHI, M. "Physical Models as Powerful Weapons in Structural Design." See MOTRO 2004.
KELLER, Alex. A Theatre of Machines. London: Chapman & Hall, 1964.
KERISEL, Jean. Down to Earth: Foundations Past and Present – The Invisible Art of the Builder. Rotterdam: A.A. Balkema, 1987.
KERISEL, Jean. "History of Retaining Wall Design." Proceedings of the conference Retaining Structures, organized by the Institution of Civil Engineers, held at Robinson College, Cambridge, England, 20–23 July 1992. Ed. C.R.I. Clayton. London: Institution of Civil Engineers, 1993. (Reprinted in ADDIS 1999.)
KERR, J. "A Short History of Investigations on the Natural Lighting of Schools." The Illuminating Engineer 7, no. 1 (January 1913): 27–30.
KING, Ross. Brunelleschi's Dome. London: Chatto & Windus, 2000.
KIPLING, Rudyard. "The Ship that Found Herself." In The Day's Work. London: Macmillan, 1908.
KIRIKOV, B. History of Earthquake Resistant Construction from Antiquity to our Times. Madrid: Instituto de Ciencias de la Construcción Eduardo Torroja, 1992.
KRAUS, H.J., and Franz DISCHINGER. Dachbauten: Kragdächer, Schalen und Rippenkuppeln. 4th ed. Berlin: Ernst und Sohn, 1928. (Vol. 6 of Handbuch für Eisenbetonbau. Ed. Fritz von Emperger.)
KURRER, Karl-Eugen. Geschichte der Baustatik. Berlin: Ernst und Sohn, 2002.
KYESER, Konrad. Bellifortis. Manuscript, Southern Germany, c. 1405. Facsimile ed. Dusseldorf: VDI Verlag, 1967.
LALANNE, LÉON. "Mémoire sur les tables graphiques et sur la géométrie anamorphique appliquées à diverses questions qui se rattachent à l'art de l'ingénieur." Annales des Ponts et Chaussées, 2nd ser., Vol. 11 (1846): 1–69.
LANDAU, S. B., and Carl W. CONDIT. Rise of the New York Skyscraper, 1865–1913. New Haven, Ct.: Yale University Press, 1996.
LANDELS, J.G. Engineering in the Ancient World (History and Politics). Rev. ed. London: Constable, 2000.
LAWRENCE, J.C. "Steel Frame Architecture versus the London Building Regulations: Selfridges, the Ritz and American Technology." Construction History 6 (1990): 23–46. (Reprinted in THORNE 2000.)
LE CORBUSIER. Vers une architecture. Paris: Éditions Crès, 1923. English translation [Towards a New Architecture] by Frederick Etchells. London: Architectural Press, 1927.
LEA, F.M. Science and Building: A History of the Building Research Station. London: HMSO (Building Research Station), 1971.
LEA, F.M., ed. The Principles of Modern Building. 3rd ed. 2 vols. London: HMSO (Building Research Station), 1959 and 1961.
LEACROFT, Richard and Helen. Theatre and Playhouse: An Illustrated Survey of Theatre Building from Ancient Greece to the Present Day. London: Methuen, 1984.
LEMOINE, Bertrand. L'Architecture du fer. Seysell, France: Éditions du Champ Vallon, 1986.
LEMOINE, Bertrand. Gustave Eiffel. Paris: Fernand Hazan, 1986.
LEMOINE, Bertrand, and Marc MIMRAM. Paris d'ingénieurs. Paris: Éditions du Pavillon de l'Arsenal and Picard Éditeur, 1995.
LEON, C. "Apollodorus von Damascus und die Trajanische Architektur." Dissertation, Innsbruck University, 1961.
LEONHARDT, Fritz. Der Bauingenieur und seine Aufgaben. Stuttgart: Deutsche Verlags-Anstalt, 1981.
LEVI, Franco. Cinquant' anni dopo il cemento armato dai primordi alla maturita. Torino: Testo & Immagine, 2002.
LEVY, Matthys, and Mario SALVADORI. Why Buildings Fall Down: How Structures Fail. New York: W.W. Norton, 1992.
LIPKA, Joseph. Graphical and Mechanical Computation. New York: Wiley, 1918.
LORENZ, Werner. "Classicism and High Technology – The Berlin Neues Museum." Construction History 15 (1999): 39–55.
MACAULAY, David. Cathedral: The Story of its Construction. London: Collins, 1974.
MACDONALD, Angus. Anthony Hunt. London Thomas Telford, 2000.
MACDONALD, William L. The Architecture of the Roman Empire. New Haven, Ct., and London: Yale University Press, 1982.
MAINSTONE, Rowland J. "Structural theory and design before 1742." Architectural Review 143 (1968): 303–10. (Reprinted in MAINSTONE 1999.)
MAINSTONE, Rowland J. "Brunelleschi's Dome of Santa Maria del Fiore and Some Related Structures." Transactions of the Newcomen Society 42 (1969–70): 107–26. (Reprinted in COURTENAY 1997 and MAINSTONE 1999.)
MAINSTONE, Rowland J. Hagia Sophia. London: Thames and Hudson, 1988.
MAINSTONE, Rowland J. "Stability Concepts from Renaissance to Today." In *StableUnstable? Structural Consolidation of Ancient Buildings*. Ed. R.M. Lemaire and K. van Balen. Leuven: Leuven University Press / Centre for the Conservation of Historic Towns and Buildings, 1988, pp. 65–78. (Reprinted in ADDIS 1999.)
MAINSTONE, Rowland J. Developments in Structural Form. 2nd ed. Oxford: Architectural Press, 1998.
MAINSTONE, Rowland J. Structure in Architecture: History, Design and Innovation. Aldershot, England: Ashgate, 1999.
MARK, Robert, ed. Architectural Technology up to the Scientific Revolution: The Art and Structure of Large-Scale Buildings. New Liberal Arts Series. Cambridge, Mass.: MIT Press, 1994.
MARREY, Bernard. Le fer à Paris. Paris: Picard Éditeur & Pavillon de l'Arsenal, 1989.
MARSDEN, E.W. Greek and Roman Artillery: Historical Development. Oxford: Clarendon Press, 1969.
MARSDEN, E.W. Greek and Roman Artillery: Technical Treatises. Oxford: Clarendon Press, 1971.
MAURER, Bertram. Karl Culmann und die graphische Statik. Stuttgart: Verlag für Geschichte der Naturwissenschaft und der Technik, 1998.
MCGIVERN, J.G. First Hundred years of Engineering Education in the United States (1807–1907). Spokane, Wash.: Gonzaga University Press, 1960.
MCNEIL, Ian. Hydraulic Power. London: Longman, 1972.
MEHRTENS, G.C. Vorlesungen über Ingenieurwissenschaften. 6 vols. Leipzig, 1903–23.
MESQUI, Jean. Les châteaux forts: de la guerre á la paix. Paris: Gallimard, 1995.
MISLIN, Miron. Geschichte der Baukonstruktion und Bautechnik. Band 1: Antike bis Renaissance. 2.Auflage. Dusseldorf: Werner Verlag, 1997.
MISLIN, Miron. Industriearchitecktur in Berlin. Berlin: Ernst Wasmuth Verlag, 2002.
MONGE, Gaspard. Géometrie descriptive. Paris, 1799.
MORDAUNT-CROOK, J. "Sir Robert Smirke: A Pioneer of Concrete Construction." Transactions of the Newcomen Society 38 (1965): 5–20. (Reprinted in NEWBY 2001.)
MOTRO, R., ed. Shell and Spatial Structures: From Models to Realization. International Symposium, International Association for Shell and Spatial Structures. Montpellier, France: University of Montpellier, 20–24 September 2004 (published on CD only).
MUJICA, Francisco. The History of the Skyscraper. New York: Archaeology and Architecture Press, 1930.
MÜLLER, Werner. Grundlagen gotischer Bautechnik. München: Deutscher Kunstverlag, 1990.
NAVIER, C. L. M. H. Leçons données à l'École royale des Ponts et Chaussées, sur l'application de la mechanique. Paris, 1820. (Later versions and editions in 1826, 1833, 1864.)
NEDOLUHA, Alois. Kulturgeschichte des technischen Zeichnens. Vienna: Springer-Verlag, 1960.
NERDINGER, Winifred, ed. Frei Otto: Complete Works. Basel: Birkhäuser, 2005.
NERVI, Pier Luigi. Scienza o arte del construire? Rome: Edizione della Bussola, 1945.
NERVI, Pier Luigi. Construire correttamente. Milan: Edizioni Hoepli, 1954.
NERVI, Pier Luigi. Structures. New York: F.W. Dodge Corp., 1956.
NERVI, Pier Luigi. Aesthetics and Technology in Building. Cambridge, Mass.: Harvard University Press, 1966.
NEWBY, Frank, ed. Early Reinforced Concrete. Studies in the History of Civil Engineering 11. Aldershot, England: Ashgate, 2001.
NEWLON, Howard, ed. A Selection of Historic American Papers on Concrete,1876–1926. Detroit: American Concrete Institute, 1976.
NISBET, James. Fair and Reasonable: Building Contracts from 1550 - A Synopsis. London: Stoke Publications, 1993.
NISBET, James. A Proper Price: Quantity Surveying in London, 1650–1940. London: Stoke Publications, 1997.
O'DEA, W.T. A Short History of Lighting. London: HMSO, 1958.
OTTO, Frei. Tensile Structures. 2 vols. Cambridge, Mass.: MIT Press, 1973.
PACEY, Arnold. The Maze of Ingenuity. London: Allen Lane, 1974; 2nd ed., Cambridge, Mass.: MIT Press, 1992.
PARSONS, W.B. Engineers and Engineering in the Renaissance. Baltimore: Williams & Wilkins, 1939; 2nd ed., Cambridge, Mass.: MIT Press, 1967.

PASQUALE, Salvatore di. L'arte del costruire: tra conoscenza e scienza. Venezia: Marsilio, 1996.

PASQUALE, Salvatore di. Brunellleschi: La constructione della cupola di Santa Maria del Fiore. Venezia: Marsilio, 2002.

PECK, R. B. History of Building Foundations in Chicago. University of Illinois, Engineering Experiment Station, Bulletin Series 373, 1948. (Reprinted in ADDIS 1999.)

PEDRESCHI, Remo. Eladio Dieste. London Thomas Telford, 2001.

PETER, John. Aluminum in Modern Architecture. Vol. 1: Buildings. Louisville, Ky.: Reynolds Metals Company / New York: Reinhold Publishing Company, 1956. (For Vol. 2, see WEIDLINGER 1956.)

PETERS, Tom. Time is Money: Die Entwicklung des modernen Bauwesens. Stuttgart: Julius Hoffmann, 1981.

PETERS, Tom. Building the Nineteenth Century. Cambridge, Mass.: MIT Press, 1996.

PETERSON, Charles E., ed. Building Early America. Radnor, Pa.: Chilton Book Co., 1976.

PETROSKI, Henry. To Engineer is Human: The Role of Failure in Successful Design. London: Macmillan, 1985.

PFAMMATTER, Ulrich. The Making of the Modern Architect and Engineer: The Origins and Development of a Scientifically Oriented Education. Basel: Birkhäuser, 1992.

PICON, Antoine. Architectes et ingénieurs au siècle des lumières. Marseilles: Éditions parenthèses, 1988.

PICON, Antoine. L'invention de l'ingénieur moderne: l'École des Ponts et Chaussées, 1747–1851. Paris: Presses de l'École nationale des ponts et chaussées, 1992.

PICON, Antoine, ed. L'Art de l'ingénieur: constructeur, entrepreneur, inventeur. Paris: Éditions du Centre Pompidou, 1997.

PICON, Antoine, and Michel YVON. L'ingénieur artiste : Dessins anciens de l'École des ponts et chaussées. Paris: Presses de l'École nationale des ponts et chaussées, 1989.

POLE, William. The Life of Sir William Fairbairn. London: Longmans, 1877; rpt. Newton Abbot, England: David & Charles, 1970.

POWELL, Christopher. The British Building Industry since 1800: An Economic History. 2nd ed. London: Spon, 1996.

PUGSLEY, A. G. "The History of Structural Testing." The Structural Engineer 22, no. 12 (December 1944): 492–505.

RADELET-DE GRAVE, Patricia, and Edoardo BENVENUTO, eds. Entre Mécanique et Architecture – Between Mechanics and Architecture. Basel: Birkhäuser, 1995.

RANDALL, Frank A. The History of the Development of Building Construction in Chicago. Urbana, Ill.: University of Illinois Press, 1949; 2nd ed., 1999.

RANKINE, W. J. M. Introductory Lecture on the Harmony of Theory and Practice in Mechanics. London and Glasgow: Griffin, 1856. (Included in RANKINE 1858.)

RANKINE, W. J. M. A Manual of Applied Mechanics. London and Glasgow: Griffin, 1858.

REID, David Boswell. Illustrations of the theory and practice of ventilation, with remarks on warming, exclusive lighting and the communication of sound. London, 1844.

RICE, Peter. An Engineer Imagines. London: Artemis, 1994.

RICE, Peter, and Hugh DUTTON. Le verre structurel. Paris: Éditions du Moniteur, 1990. 2nd ed. (in English): Structural Glass. London: Spon, 1995.

RICHARDSON, Harriet, ed. English Hospitals 1660–1948: A Survey of Their Architecture and Design. London: English Heritage (Royal Commission on the Historical Monuments of England), 1998.

RICKEN, Herbert. Der Bauingenieur: Geschichte eines Berufes. Berlin: Verlag für Bauwesen, 1994.

RIETSCHEL, Hermann. Leitfaden zum Berechnen und Entwerfen von Lüftungs- und Heizungsanlagen. Berlin, 1893. English translation by Karl Brabbée. New York: McGraw-Hill, 1927.

ROBBIN, Tony. Engineering a New Architecture. New Haven, Ct.: Yale University Press, 1996.

ROLAND, Conrad. Frei Otto – Spannweiten: Ideen und Versuche zum Leichtbau. Berlin: Verlag Ullstein, 1965.

RONDELET, J. Traité théorique et pratique de l'art de bâtir. 5 vols. Paris, 1812–17. Supplement by G. A. Blouet, 1847.

ROSE, W. N. Line Charts for Engineers. 8th ed. London: Chapman & Hall, 1947.

ROSENBERG, N., and W.G. VICENTI. The Britannia Bridge: The Generation and Diffusion of Technical Knowledge. Cambridge, Mass.: MIT Press, 1978.

RUSSELL, Loris S. "Early Nineteenth-Century Lighting." In PETERSON 1976.

RUZICKA, Stanislav. "The Provision of Adequate Daylight Illumination in Schoolrooms." The Illuminating Engineer 1 (1908): 539–43.

SAALMAN, Howard. Filippo Brunelleschi: The Cupola of Santa Maria del Fiore. London: Zwemmer, 1980.

SABBAGH, Karl. Skyscraper: The Making of a Building. London: Macmillan, with Channel Four Television, 1990.

SABINE, Wallace C. Collected Papers on Acoustics. Cambridge, Mass.: Harvard University Press, 1922; rpt. New York: Dover Publications, 1964.

SAITOH, M. " '0 to 1' – From Imagination to Creation." See MOTRO 2004.

SALVADORI, Mario. Why Buildings Stand Up: The Strength of Architecture. New York: W.W. Norton, 1990.

SANABRIA, S.L. "The Mechanisation of Design in the 16th Century: The Structural Formulae of Rodrigo Gil de Hontañón." Journal of the Society of Architectural Historians 41 (1982): 281–93. (Reprinted in ADDIS 1999.)

SCHULZE, K.W. Der Stahlskelettbau: Geschäfts- und Hochhäuser. Stuttgart: Zaugg, 1928.

SHANKLAND, E.C. "Steel Skeleton Construction in Chicago." Minutes of the Proceedings of the Institution of Civil Engineers 128 (1897): 1–22. Rpt. in Thames Tunnel to Channel Tunnel: 150 Years of Civil Engineering. Ed. Will Howie and Mike Chrimes. London: Thomas Telford, 1987, pp. 151–78.

SHELBY, L.R. "The Geometrical Knowledge of the Mediaeval Master Masons." Speculum 47 (1972): 395–421. (Reprinted in COURTENAY 1997.)

SHELBY, L.R. Gothic Design Techniques: The Fifteenth-Century Design Booklets of Mathes Roriczer and Hanns Schmuttermayer. Carbondale, Ill: Southern Illinois University Press, 1977.

SHELBY, L.R., and R. MARK. "Late Gothic Structural Design in the 'Instructions' of Lorenz Lechler (1516)." Architectura (Journal of the History of Architecture, Munich) 9 (1979): 113–31. (Reprinted in COURTENAY 1997.)

SIMONNET, Cyrille. "The Origins of Reinforced Concrete." Rassegna 49, no. 1 (March 1992): 6–14. (Reprinted in NEWBY 2001.)

SIMSON, O. G. von. The Gothic Cathedral. New York: Pantheon, 1956.

SKEMPTON, A.W. "The Origin of Iron Beams." Actes du VIIIe Congrès International d'histoire des sciences. Florence: 3–9 September 1956, pp. 1029–39. (Reprinted in ADDIS 1999.)

SKEMPTON, A.W. "Evolution of the Steel Frame Building." Guilds Engineer 10 (1959): 37–51.

SKEMPTON, A.W. "The Boat Store, Sheerness (1858–60) and its Place in Structural History." Transactions of the Newcomen Society 32 (1959–60): 57–78. (Reprinted in THORNE 2000.)

SKEMPTON, A.W. "Landmarks in Early Soil Mechanics." Proceedings of 7th European Conference on Soil Mechanics and Foundation Engineering, Brighton, 1979, pp. 1–26.

SKEMPTON, A.W. Civil Engineers and Engineering in Britain, 1600–1830. Aldershot, England: Ashgate/Variorum, 1996.

SKEMPTON, A.W., ed. John Smeaton, FRS. London: Thomas Telford, 1981.

SKEMPTON, A.W., ed. Biographical Dictionary of Civil Engineers in Great Britain and Ireland. Vol. 1: 1500–1830. London: Institution of Civil Engineers / Thomas Telford, 2002.

SKEMPTON, A.W., and H.R. JOHNSON. "The First Iron Frames." Architectural Review 131 (March 1952): 175–86. (Reprinted in SUTHERLAND 1997.)

SMILES, Samuel. Lives of the Engineers. 5 vols. London: John Murray, 1874–1900 (many editions of each volume).

SMITH, Denis, ed. Water-Supply and Public Health Engineering. Studies in the History of Civil Engineering 5. Aldershot, England: Ashgate, 1999.

SMITH, Norman. "Cathedral Studies: Engineering or History?" Transactions of the Newcomen Society 73 (2001–2002): 95–137.

SMITH, Stanley. "The Design of Structural Ironwork 1850–1890: Education, Theory and Practice." Construction History 8 (1992): 89–108. (Reprinted in ADDIS 1999.)

SPANDÖCK, Freidrich. "Akustische Modelversuche." Annalen der Physik 20 (1934): 345–60.

SPECHT, Manfred, ed. Spannweite der Gedanken: Zur 100. Wiederkehr des Geburtstages von Franz Dischinger. Berlin: Springer-Verlag, 1987.

STANLEY, C. C. Highlights in the History of Concrete. Wexham Springs, England: Cement & Concrete Association, 1979.

STEINER, Frances H. French Iron Architecture. Ann Arbor, Mich.: UMI Research Press, 1978.

STEVENSON, Christine. Medicine and Magnificence: British Hospital and Asylum Architecture, 1660–1815. New Haven, Ct.: Yale University Press, 2000.

STEVIN, Simon. De Beghinselen der Weeghconst. Leiden: Françoys van Raphelinghen, 1586.

STIGLAT, Klaus. Bauingenieure und ihr Werk. Berlin: Ernst und Sohn, 2004.

STRAUB, Hans. A History of Civil Engineering. English translation by E. Rockwell. London: Leonard Hill, 1952.

STRAUB, Hans. Die Geschichte der Bauingenieurkunst. 4th ed. Basel: Birkhäuser, 1992.

STRIKE, James. Construction into Design: The Influence of New Methods of Construction on Architectural Design, 1690–1990. Oxford: Butterworth-Heinemann, 1991.

STURROCK, Neil, and Peter LAWSON-SMITH. "The Grandfather of Air-Conditioning: The Work and Influence of David Boswell Reid, Physician, Chemist, Engineer (1805–63)." In DUNKELD et al., 2006, pp. 2981–98.

SULZER, Peter. Jean Prouvé: Oeuvre complet. Vol. 1: 1917–1933; Vol. 2: 1934–1944; Vol. 3: 1944–1954. Basel: Birkhaüser, 1999, 2000, and 2002.

SUTHERLAND, R.J.M. "Pioneer British Contributions to Structural Iron and Concrete: 1770–1855." In PETERSON 1976.

SUTHERLAND, R.J.M. "Shipbuilding and the Long-Span Roof." Transactions of the Newcomen Society 60 (1988–89): 107–26. (Reprinted in SUTHERLAND 1997.)

SUTHERLAND, R.J.M. "The Age of Cast Iron, 1780–1850: Who Sized the Beams?" Contained in Essays to accompany an exhibition at the RIBA Heinz Gallery (ed. Robert Thorne). London: RIBA, June 1990, pp. 24–33. (Reprinted in SUTHERLAND 1997.)

SUTHERLAND, R.J.M., ed. Structural Iron, 1750–1850. Studies in the History of Civil Engineering 9. Aldershot, England: Ashgate, 1997.

SUTHERLAND, R.J.M., et al., eds. Historic Concrete. London: Thomas Telford, 2001. (A revised and expanded version of Proceedings of the Institution of Civil Engineers: Structures and Buildings 116, nos. 3 and 4 (1996): 255–480.)

SYLVESTER, Charles. Philosophy of Domestic Economy as exemplified in the mode of warming, ventilating, washing, drying and cooking ... adopted in the Derbyshire General Infirmary, etc. Nottingham and London, 1819.

TANN, Jennifer. The Development of the Factory. London: Cornmarket, 1970.

TAYLOR, Jeremy. The Architect and the Pavilion Hospital: Dialogue and Design Creativity in England, 1850–1914. Leicester: Leicester University Press, 1977.

TAYLOR, Jeremy. Hospital and Asylum Architecture in England, 1840–1914. London: Mansell, 1991.

TAYLOR, Rabun. Roman Builders. Cambridge: Cambridge University Press, 2003.

THOMPSON, Emily. " 'Mysteries of the Acoustic': Architectural Acoustics in America, 1800–1932." Ph.D. dissertation. Princeton University, 1992.

THOMPSON, Emily. The Soundscape of Modernity: Architectural Acoustics and the Culture of Listening in America, 1900–1933. Cambridge, Mass.: MIT Press, 2002.

THORNE, Robert, ed. Structural Iron and Steel, 1850–1900. Studies in the History of Civil Engineering 10. Aldershot: Ashgate, 2000.

TIMOSHENKO, Stephen P. History of Strength of Materials. New York: McGraw-Hill, 1953. Rpt. New York: Dover Publications, 1983.

TODHUNTER, Isaac, and Karl PEARSON. A History of the Theory of Elasticity and Strength of Materials: From Galilei to the Present Time. Cambridge: Cambridge University Press, 1886–93.

TORROJA, Eduardo. The Structures of Eduardo Torroja. New York: F.W. Dodge Corp., 1958.

TORROJA, Eduardo. The Philosophy of Structures. Berkeley: University of California Press, 1967.

TREDGOLD, Thomas. Principles of Warming and Ventilating Public Buildings, Dwelling Houses, Manufactories, Hospitals, Hot Houses, conservatories, etc. London, 1824.

TROTTER, Alexander. The Elements of Illuminating Engineering. London: Pitman, 1921.

TRUESDELL, Clifford A. Essays in the History of Mechanics. Berlin and New York: Springer-Verlag, 1968.

TRUESDELL, Clifford A. "The Mechanics of Leonardo da Vinci." In TRUESDELL 1968.

TRUÑÓ, Ángel. Construccion de bóvedas tabicadas. Madrid: Instituto Juan de Herrera, 2004.

VASARI, Giorgio. The Lives of the Artists. Florence, 1550. English translation by George Bull. Harmondsworth, England: Penguin, 1987.

VICENTI, W.G. What Engineers Know and How They Know It. Baltimore: Johns Hopkins University Press, 1990.

VICTOR, S.K. "Practical Geometry in the High Middle Ages: An Edition of the 'Artis cuiuslibet consummatio' [The complete collection of every art]." Memoirs of the American Philosophical Society 134 (1979).

VILLARD DE HONNECOURT. The Lodge Book of Villard de Honnecourt. Manuscript, Northern France, c. 1175–1240. For modern ed., see BOWIE 1959.

VITRUVIUS POLLIO, Marcus. De Architectura. Rome, c. 25 BC. English translation [Vitruvius: The Ten Books on Architecture] by Morris Hicky Morgan. Cambridge, Mass.: Cambridge University Press, 1914; rpt. New York: Dover Publications, 1960.

WARD-PERKINS, J.B. Roman Imperial Architecture. Harmondsworth, England: Penguin, 1981.

WEIDLINGER, Paul. Aluminum in Modern Architecture. Vol. 2: Engineering Design and Details. Louisville, Ky.: Reynolds Metals Company / New York: Reinhold Publishing Company, 1956. (For Vol. 1, see PETER 1956.)

WERMIEL, Sara. "The Development of Fireproof Construction in Great Britain and the United States in the Nineteenth Century." Construction History 9 (1993): 3–26. (Reprinted in THORNE 2000.)

WERMIEL, Sara. The Fireproof Building: Technology and Public Safety in the Nineteenth-Century American City. Baltimore: Johns Hopkins University Press, 2000.

WERNER, Ernst. Technisierung des Bauens: Geschichtlichte Grundlagen moderner Bautechnik. Düsseldorf: Werner Verlag, 1980.

WERNER, Frank, and Joachim SEIDEL. Der Eisenbau: Vom Werdegang einer Bauweise. Berlin: Verlag für Bauwesen, 1992

WHEELER, Mortimer. Roman Art and Architecture. London: Thames and Hudson, 1964.

WHITE, K.D. Greek and Roman Technology. London: Thames and Hudson, 1984.

WHITE, Lynn. Medieval Technology and Social Change. Oxford: Oxford University Press, 1962.

WILLIS, Carol, ed. Building the Empire State. New York: W.W. Norton, 1998.

WILLIS, R. "On the Construction of the Vaults of the Middle Ages." Transactions of the Royal Institute of British Architects 1, Part II (1842): 1–69.

WILMORE, David, ed. Edwin O. Sachs: Architect, Stagehand, Engineer and Fireman. Summerbridge, North Yorkshire, England: Theatresearch, 1998.

WILSON-JONES, Mark. Principles of Roman Architecture. New Haven, Ct.: Yale University Press, 2000.

WISELY, W.H. The American Civil Engineer 1852–1974. The History, Traditions and Development of the American Society of Civil Engineers, founded 1852. New York: American Society of Civil Engineers, 1974.

WITTEK, Karl H. Die Entwicklung des Stahlhochbaus, von den Angangen (1800) bis zum Dreigelenkbogen (1870). Düsseldorf: Verlag des Vereins Deutscher Ingenieure, 1964.

WYMAN, Morrill. A Practical Treatise on Ventilation. London: Chapman Bros., 1846.

YEOMANS, David. "Designing the Beam: From Rules of Thumb to Calculations." Journal of the Institute of Wood Science 11, no. 1, issue 61 (1987): 43–49. (Reprinted in ADDIS 1999.)

YEOMANS, David. The Trussed Roof: Its History and Development. Aldershot, England: Ashgate/Scolar Press, 1992.

YEOMANS, David. Construction since 1900: Materials. London: Batsford, 1997.

YEOMANS, David. "The Pre-History of the Curtain Wall." Construction History 14 (1998): 59–82.

YEOMANS, David, ed. The Development of Timber as a Structural Material. Studies in the History of Civil Engineering 8. Aldershot, England: Ashgate, 1999.

YEOMANS, David, and David COTTAM. Owen Williams. London Thomas Telford, 2001.

ZONCA, Vittorio. Novo Teatro di Machine et Edificii. Padua, 1607.

图片来源

1

1: Reproduced from R.H. Cunnington, Stonehenge and its Date (London: Methuen, 1935). 2: BA, courtesy Duncan Birmingham and Laurence King Publishing 3: BA 4: The J. Paul Getty Museum, Los Angeles 5: ICE, courtesy Miron Mislin 6: ICE 7: Digital Visualization by William Munns 8: BA 9: BA 10: BA 11: ICE 12: BA 13: BA 14: BA 15: BA 16: BA 17: Deutsches Museum, Munich 18: ICE 19: ICE, from Rabun Taylor, Roman Builders (Cambridge, UK, and New York: Cambridge University Press, 2003). Reprinted with the permission of Cambridge University Press. 20: BA 21: BA, reprinted with permission from Vitruvius, Ten Books on Architecture (New York: Dover, repr. 1960). 22: ICE 23: BA 24: Alinari Archives, Florence 25: BA 26: Ediciones Dolmen 27: BA 28: ICE, reprinted with permission from A.M. Reggiani, Anfiteatro Flavio: Immagine Testimonianze Spettacoli, (Rome: Edizioni Quasar, 1988) (photo Soprintendenza Archeologica di Roma) 29: Erich Lessing / Art Resource, NY 30: BA 31: BA 32: Courtesy Mark Wilson-Jones 33: BA 34: ICE 35: General Research Division, The New York Public Library, Astor, Lenox and Tilden Foundations 36: General Research Division, The New York Public Library, Astor, Lenox and Tilden Foundations 37: ICE 38: Alinari / Art Resource, NY 39: BA 40: BA 41: BA 42: Fototeca Unione, American Academy in Rome 43: BA 44: courtesy Bill Jennings, www.pompeiitoday.com 45: ICE 46: ICE, from Rabun Taylor, Roman Builders (Cambridge, UK, and New York: Cambridge University Press, 2003). Reprinted with the permission of Cambridge University Press. 47: ICE 48: BA 49: BA 50: École Nationale Supérieure des Beaux-Arts, Paris 51: Fototeca Unione, American Academy in Rome

2

52: Reprinted from J. B. Bullen, Byzantium Rediscovered (London: Phaidon Press, 2003), p. 29. 53: Rowland J. Mainstone. Reproduced from Hagia Sophia: Architecture, Structure and Liturgy of Justinian's Great Church, by R. Mainstone (London: Thames and Hudson, 1988) 54: Art & Architecture Collection, Miriam and Ira D. Wallach Division of Art, Prints, and Photographs, The New York Public Library, Astor, Lenox and Tilden Foundations. 55: Vanni / Art Resource, NY 56: © Angelo Hornak 57: Courtesy Saskia Ltd., Ronald V. Wiedenhoeft 58: ICE; RIBA Library Drawings Collection 59: ICE; RIBA Library Drawings Collection 60: © ND / Roger-Viollet 61: ICE 62: BA 63: Foto Marburg / Art Resource, NY 64: Stiftsbibliothek St. Gallen 65: Bibliothèque nationale de France 66: Hartill Art Associates 67: BA; Reproduced from The Castle Story, by Sheila Sancha (London: Collins, 1991): 54. Drawing by Sheila Sancha. 68: BA; Reproduced from The Castle Story, by Sheila Sancha (London: Collins, 1991). Drawing by Sheila Sancha 69: BA 70: Terry Ball / Cadw. Crown Copyright 71: John Crook 72: The Cathedral Library, Durham Cathedral 73: Hartill Art Associates 74: Courtesy of Archivision 75: Angelo Hornak 76: Hartill Art Associates 77: Angelo Hornak 78: Bibliothèque nationale de France 79: ICE 80: ICE 81: Rouen, musée des Beaux-Arts, © Musées de la Ville de Rouen 82: BA 83: BA 84: BA; Reproduced from Der Münsterbaumeister Mattäus Ensinger, by L. Mojon (Bern: Benteli Verlag, 1967) 85: Courtesy Saskia, Ltd., Ronald V. Wiedenhoeft 86: BA; © 1977 by Southern Illinois University Press 87: BA; © 1977 by Southern Illinois University Press 88: Biblioteque Royale Albert I, Brussels 89: ÖNB/Vienna, Picture Archive, Cod. 2549, fol. 164r 90: Monum 91: ICE; Reproduced from The Cathedral Builders of the Middle Ages by Alain Erlande-Brandenburg (London: Thames & Hudston/New Horizons, 1995): 116 92: BA 93: Leemage 94: BA; Reproduced from Light, Wind, Structure: The Mystery of the Master Buildings, by Robert Mark (Cambridge: The MIT Press, 1990) 95: BA; RIBA Library Drawings Collection 96: BA 97: BA 98: John Crook 99: Courtesy Saskia, Ltd., Ronald V. Wiedenhoeft 100: BA 101: BA; Reproduced from Light, Wind, Structure: The Mystery of the Master Buildings, by Robert Mark (Cambridge: The MIT Press, 1990) 102: Hartill Art Associates 103: BA; Courtesy Duncan Birmingham and Laurence King Publishing 104: John Crook 105: BA 106: © Angelo Hornak Photograph Library, London 107: John Crook 108: ICE 109: BA; Reproduced with permission from Thames & Hudson Ltd. 110: John Crook 111: BA 112: BA 113: Royal Georgraphic Society 114: ICE 115: BA 116: Trinity College 117: National Trust

3

118: ICE 119: ICE 120: Scala/Art Resource, NY 121: ICE 122: ICE; Reproduced from Filippo Brunelleschi: The cupola of Santa Maria del Fiore, by Howard Saalman (London: Zwemmer, 1980): 49 123: ICE; Reproduced from Die Geschichte der Bauingenieurkunst, by Paulgerd Jesberg (Stuttgart: Deutsche Verlags-Anstalt, 1996): 48 124: ICE 125: ICE 126: Courtesy Saskia Ltd., Ronald V. Wiedenhoeft. 127: Phaidon Archive; A.H.V Grandjean de Montigny, Architecture toscane ou palais, maisons et autres edifices de la Toscane 128: from Piero Sanpaolesi Brunelleschi, Edizioni per il club del libro, Milano, 1962. New York Public Library 129: BA; Reproduced from The Architecture of the Italian Renaissance, by Peter Murray, 2nd ed. (London: Thames and Hudson, 1986): 48 130: ICE 131: The Royal Collection © 2005, Her Majesty Queen Elizabeth II 132: ICE 133: Goettingen State and University Library, 2° Cod. Ms. Philos. 63 Cim. Fol. 114v 134: ICE 135: ICE 136: ICE 137: ICE 138: Angelo Hornak 139: Angelo Hornak 140: © Copyright The Trustees of The British Museum 141: © Copyright The Trustees of The British Museum 142: By concession of the Ministero per i Beni e le Attività Culturali della Repubblica Italiana/Biblioteca Nazionale Centrale di Firenze, shelfmark: II.I.141, f. 58r 143: Scala/Art Resource, NY 144: BA 145: ICE 146: ICE 147: ICE 148: V&A Images/Victoria and Albert Museum 149: Biblioteca Nacional de España. Madrid 150: ICE 151: © British Library Board. All Rights Reserved. Shelfmark: Arundel 263 152: BA 153: From Engineers and Engineering in the Renaissance, by Barclay Parsons (Cambridge: MIT Press, 1968; reprint of the 1939 original): 71 154: BA 155: By permission of the Syndics of Cambridge University Library 156: ICE 157: BA 158: BA 159a: BA 159b: BA 160: ICE; From Geschichte der Baukonstruktion und Bautechnik, Vol. I, by Miron Mislin (Dusseldorf: Werner Verlag, 1997): 281 161: Biblioteca Nacional de España, Madrid 162: BA 163: ICE 164: ICE 165: BA 166: Courtesy Saskia Ltd., Ronald V. Wiedenhoeft. 167: BA 168: BA 169: BA 170: Jeroen van Duivenbode, Veldhoven, the Netherlands 171: Bibliothèque nationale de France 172: Vanni / Art Resource, NY 173: Marquess of Salisbury's Estates/Hatfield House 174: BA 175: BA 176: ©NTPL/Roy Twigge 177: Courtesy of Methuen Publishing Ltd, London, drawings by Richard and Helen Leacroft 178: Courtesy of Methuen Publishing Ltd, London, drawings by Richard and Helen Leacroft 179: Courtesy of Methuen Publishing Ltd, London, drawings by Richard and Helen Leacroft 180: Jim Steinhart of TravelPhotoBase.com 181: © iStockphoto.com / Marc Vermeirsch 182: BA 183: The Pepys Library, Magdalene College, Cambridge 184: ICE 185: ICE 186: ICE 187: BA 188: ICE 189: By permission of the Syndics of Cambridge University Library 190: BA 191: BA 192: Science Museum/SSPL 193: Science Museum/SSPL 194: Science Museum/SSPL

4

195: Nederlands Scheepvaartmuseum Amsterdam 196: Nederlands Scheepvaartmuseum Amsterdam 197: Science Museum/Science & Society Picture Library 198: Courtesy Association "Les Amis de la Maison Vauban" 199: ICE 200: Franck Lechenet 201: ICE 202: ICE 203: Courtesy Ecole nationale des ponts et chaussées 204: Erich Lessing / Art Resource, NY 205: Hartill Art Associates 206 ICE 207: From the Castle Howard Collection 208a, b, c: BA 209: BA 210: ICE 211a, b, c: ICE 212: ICE 213: BA; reproduced from Timber in Construction, ed. By John Sunley and Barbara Bedding (London: TRADA, 1985): 77 214: BA; reproduced from Timber in Construction, ed. By John Sunley and Barbara Bedding (London: TRADA, 1985): 76 215: Master and Fellows of Trinity College Cambridge 226: BA; Reproduced from Hampton Court: a Social and Architectural History (London: Yale University Press, 2003): 69. Drawing by Daphne Ford. 217: BA 218: RIBA Library Photographs Collection 219: ICE 220: by permission of the Syndics of Cambridge University Library 221ICE 222: The British Museum Images 223: V&A Images / Victoria and Albert Museum 224: ICE 225: RIBA Library Drawings Collection 226: BA 227: BA 228: BA 229: BA 230: BA 231: ICE 232: BA 233: BA 234: BA 235: BA 236: ICE 237: ICE 238: BA 239: BA 240: BA; Reproduced from Ice Houses of Britain, by Sylvia P. Beamon and Susan Roaf (London: Routledge, 1990): 74. Drawings by Tim Buxbaum. 241a, b: ICE 242: Megan 243/4.59: Megan 244: Megan 245: Megan 246: Megan 247: ICE 248: BA 249: Megan 250: ICE

5

251: ICE 252: ICE 253: Smeatons Tower ©tonyhowell.co.uk 254: ©The Trustees of the National Museums of Scotland 255: ICE 256: BA 257: BA 258: BA 259: BA 260: ICE 261: © National Museum of Photography, Film & Television / Science & Society Picture Library 262: BA 263: BA 264: ICE 265: ICE 266: © Historic Royal Palaces; photograph: Robin Forster. 267: ICE 268: BA 269: BA 270: Musee de la Ville de Paris, Musee Carnavalet, Paris, France / Archives Charmet / The Bridgeman Art Library 271: BA 272: BA 273: V&A Images / Victoria and Albert Museum 274: © Derby Museum and Art Gallery 275: © English Heritage 276: BA 277: © Derbyshire Archeology Society 278: © English Heritage 279: BA 280: BA 281: ICE 282: ICE 283: ICE 284: BA 285: BA 286: © Science Museum / Science & Society Picture Library 287: BA 288: BA 289: BA 290: BA 291: ICE 292: BA 293: ICE 294: BA 295: BA 296: BA 297: ICE 298: BA 299: BA 300: © The Wellcome Trust Medical Photographic Library / J. Howard 301: © The Wellcome Trust Medical Photographic Library 302: © The Royal Society 303: ICE

6

304: BA 305: ICE 306: BA 307: ICE 308: ICE 309: ICE 310: BA 311: BA 312: BA 313: ICE 314: BA 315: Courtesy St. Isaac's Cathedral State Museum 316: BA 317: ICE 318: BA 319: ICE 320: BA; © English Heritage 321: BA 322: BA 323: ICE 324: BA 325: BA 326: BA 327: BA 328: ICE 329: ICE 330: ICE 331: ICE 332: BA 333: BA 334: ICE 335: © Wellcome Trust Medical Photographic Library, London 336: © Wellcome Trust Medical Photographic Library, London 337: © Wellcome Trust Medical Photographic Library, London 338: BA 339: BA 340: BA 341: BA 342: ICE 343: ICE 344: ICE 345: ICE 346: Reproduced from the Journal of the Society of Architectural Historians, June 1986. 347: Reproduced from the Journal of the Society of Architectural Historians, June 1986. 348: ICE 349: ICE 350: © National Maritime Museum, London 351: Reproduced from the Journal of the Society of Architectural Historians, June 1986. 352: ICE 353: BA; Courtesy Dr. Emory L. Kemp 354: Library of Congress 355: ICE 356: BA 357: BA 358: ICE 359: © La Bibliothèque de l'Ecole Nationale des Ponts Chaussèes 360: Courtesy Bicton Gardens Archive 361: BA 362: ICE; Courtesy R.J.M. Sutherland 363: ICE 364: ICE; Courtesy R.J.M. Sutherland 365: BA 366: ICE 367: BA 368: ICE 369: © The British Museum 370: ICE 371: ICE 372: BA 373: Library of Congress 374: ICE 375: Library of Congress 376: © Museum of the City of New York, Gift of Mrs. Elon Huntington Hooker 377: ICE 378: ICE 379: ICE 380: BA 381: BA 382: ICE 383: BA 384: BA 385: BA 386: BA 387: BA 388: BA 389: ICE 390: BA 391: ICE 392: ICE 393: BA 394: BA 395: ICE 396: BA 397: BA 398: ICE; C ourtesy R.J.M. Sutherland 399: BA 400: BA 401: ICE 402: ICE 403: ICE 404: ICE

7

405: © Science Museum / Science & Society Picture Library 406: © Whipple Museum of the History of Science 407: BA 408: BA 409: BA 410: BA 411: ICE 412: BA; Courtesy Cambridge University Press 413: ICE 414: BA 415: Reproduced with permission from Oldham Local Studies & Archives 416: Reproduced with permission from Oldham Local Studies & Archives 417: BA 418: BA 419: ICE 420: Courtesy Architech Gallery, Chicago 421: Courtesy Architech Gallery, Chicago 422: ICE 423: ICE 424: ICE 425: BA 426: ICE 427: ICE 428: ICE 429: BA 430: ICE 431: BA 432: ICE 433: © Guastavino / Collins Archive, Avery Architectural and Fine Arts Library, Columbia University 434: © Guastavino / Collins Archive, Avery Architectural and Fine Arts Library, Columbia University 435: ©AXA Financial, Inc. 436: ICE 437: ICE 438: ICE 439: ICE 440: BA 441: ICE 442: Library of Congress 443: BA; Reproduced from Architectural Engineering, by J.K. Freitag (New York: Wiley, 1909). 444: BA; Wayne State University 445: BA 446: BA 447: BA 448: ICE 449: BA 450: BA 451: ICE 452: ICE 453: ICE 454: BA 455: BA 456: ICE 457: BA 458: BA 459: ICE 460: BA 461: BA 462: ICE 463: BA; Reproduced from Rise of the New York Skyscraper 1865–1913, by Sarah Landau & Carl Condit (Yale University Press, 1996). Image © Yale University Press. 464: ICE; © Bauhaus-Archiv, Berlin. 465: ICE 466: BA 467: BA 468: BA 469: © American Society of Heating, Refrigerating and Air-Conditioning Engineers Inc. 470: BA 471: BA 472: BA 473: ICE 474: ICE 475: BA 476: Courtesy Otis Elevator Company 477: BA 478: BA 479: BA 480: BA 481: BA 482: BA 483: BA 484: ICE 485: BA 486: BA 487: BA 488: BA 489: BA 490: BA 491: Courtesy of the Beverly Historical Society & Museum, Beverly, MA 492: © Cincinnati Historical Society Library 493: © Cincinnati Historical Society Library 494: © Cincinnati Historical Society Library 495: BA 496: BA 497: ICE 498: BA 499: ICE 500: BA 501: ICE 502: ICE 503: ICE 504: ICE 505: ICE 506: ICE 507: ICE 508: ICE 509: ICE 510: BA 511: BA 512: BA 513: BA 514: ICE 515: BA 516: BA 517: BA 518: ICE 519: BA; © Prof. David P. Billington 520: BA 521: BA; Bridges and Constructions, by Max Bill and Robert Maillart (New York: Frederick A. Praeger Publishers, 1969). 522: BA; © Prof. David P. Billington 523: BA 524: BA 525: BA 526: BA 527: BA 528: BA 529: BA 530: BA 531: BA 532: © Taller de escultura, Luis Gueilbert, Colección A. Gaudí 533: © Taller de escultura, Luis Gueilbert, Colección A. Gaudí 534: BA 535: BA 536: BA 537: BA

8

538: World-Telegram photo 539: ICE 540: courtesy Alan Batt / Battman Studios, NY 541: BA 542: BA 543: BA 544: BA; with permission from Margaret Terzaghi-Howe and Eric Terzaghi 545: BA 546: Mercer County Historical Society, PA 547: ICE 548: Courtesy of GLASBAU HAHN, Frankfurt am Main 549: BA 550: BA 551: BA; Reproduced from The Achievement of the Airship, by Guy Hartcup (David & Charles PLC, 1975): 162 552: Courtesy The Ritz London 553: The History of Advertising Trust Archive 554: BA 555: BA 556: BA 557: BA 558: BA 559: BA; Reproduced from Enterprise versus bureaucracy: the development of structural air-raid precautions during the 2nd World War, by Lord John Baker (Oxford: Pergamon Press, 1978): 45 560: BA 561: BA 562: ICE 563: BA; Society for Experimental Mechanics, Inc. 564: BA 565: BA; Reproduced from A Treatise on Photoelasticity, by E. G. Coker and L. N. G. Filon (Cambridge: Cambridge University Press, 1931) 566: BA 567: BA 568: BA; Verlag Ernst & Sohn, Berlin 569: courtesy Carl Zeiss archives 570: courtesy Carl Zeiss archives 571: courtesy Carl Zeiss archives 572: courtesy Carl Zeiss archives 573: BA 574: BA 575: BA; Verlag Ernst & Sohn, Berlin 576: courtesy Carl Zeiss archives 577: BA; Collection Schalenbau-J. Joedicke, photo H. Walter 578: BA; Reproduced from Shell Architecture, by Jurgen Joedicke (New York: Reinhold Publishing Corp., 1963): 288 579: BA; courtesy Dr. Ing. Hans-Ulrich Litzner 580: BA 581: BA 582: Archivo Torroja, CEHOPU-CEDEX 583: BA; Reproduced from The Structures of Eduardo Torroja: An Autobiography of Engineering Accomplishment (New York: F. W. Dodge Corporation, 1958): 12 584: Archivo Torroja, CEHOPU-CEDEX 585: Archivo Torroja, CEHOPU-CEDEX 586: Archivo Torroja, CEHOPU-CEDEX 587: BA; Reproduced from The Structures of Eduardo Torroja: An Autobiography of Engineering Accomplishment (New York: F. W. Dodge Corporation, 1958): 12 588: Archivo Torroja, CEHOPU-CEDEX 589: Archivo Torroja, CEHOPU-CEDEX 590: Archivo Torroja, CEHOPU-CEDEX 591: BA 592: Centro Studi e Archivio della Comunicazione dell'Università degli Studi di Parma 593a, b, c: Centro Studi e Archivio della Comunicazione dell'Università degli Studi di Parma 594: © International Olympic Committee 595: ICE; courtesy of the British Cement Association 596: BA; Reproduced from Aesthetics and Technology in Building, by Pier Luigi Nervi (Cambridge: Harvard University Press, 1965): 168 597: BA 598: BA 599: BA 600: BA 601: BA 602: ICE 603: BA 604: © Alejandro Leveratto, courtesy Mondadori Electa S.p.a 605: BA; Reprinted from Developments In Structural Form, Rowland Mainstone, Oxford: Architectural Press (1998), with permission from Elsevier 606: Nicolas Janberg (www.structurae.de) 607: BA 608: Gio Ponti Archives – Milano 609: BA; Reproduced from Aesthetics and Technology in Building, by Pier Luigi Nervi (Cambridge: Harvard University Press, 1966): 168 610: Gio Ponti Archives – Milano 611: Gio Ponti Archives – Milano 612: Gio Ponti Archives – Milano 613: courtesy MERO 614: courtesy MERO 615: Courtesy Union Tank Car Company, archive photo 616: courtesy MERO 617: RIBA Library Photographs Collection 618: BA 619: North Carolina Department of Agriculture & Consumer Services 620: North Carolina Department of Agriculture & Consumer Services 621: BA; Reproduced from Frei Otto – Spannweiten, by Conrad Roland (Berlin: Verlag Ullstein GmbH, 1965): 19 622: courtesy Alcoa 623: BA/ Reproduced from Shell Architecture, by Jurgen Joedicke (New York: Reinhold Publishing Corp., 1963): 123 624: BA/ Reproduced from Shell Architecture, by Jurgen Joedicke (New York: Reinhold Publishing Corp., 1963): 124 625: courtesy Alcoa 626: Photographe Philippe Jacob 627: BA 628: © 2006 Artists Rights Society (ARS), New York / ADAGP, Paris / FLC 629: FLC / ARS 629: © FLC/ARS 630: Collectie Centraal Museum, Utrecht 631: Photo Jean BERNARD © 632: © Bauhaus Dessau Foundation 633: bpk Berlin 634: © Martin Charles 635: BA; Reproduced from Owen Williams, by David Cottam (London: Architectural Association, 1986): 20, drawing by Stephen Rosenberg 636: © Martin Charles 637: ICE; Reproduced from Aesthetics and Technology in Building, by Pier Luigi Nervi (Cambridge: Harvard University Press, 1965): 80 638: ICE; Reproduced from Aesthetics and Technology in Building, by Pier Luigi Nervi (Cambridge: Harvard University Press, 1965): 81 639: ICE; Reproduced from Aesthetics and Technology in Building, by Pier Luigi Nervi (Cambridge: Harvard University Press, 1965): 81 640: © FLC/ARS 641: BA 642: BA 643: BA 644: BA 645: © Balthazar Korab Ltd. 646: © Cranbrook Archives 647a: © Balthazar Korab Ltd. 647b: National Park Service, Jefferson National Expansion Memorial 647c: National Park Service, Jefferson National Expansion Memorial 647d: National Park Service, Jefferson National Expansion Memorial 648: BA; © American Society of Heating, Refrigerating and Air-Conditioning Engineers, Inc 649: Courtesy Carrier Corporation 650: BA; © American Society of Heating, Refrigerating and Air-Conditioning Engineers, Inc 651: BA 652: © American Society of Heating, Refrigerating and Air-Conditioning Engineers, Inc 653: ICE; Reproduced from Principles of Modern Buildings, Vol. I, Department of Scientific and Industrial Research, Building Research Station London, H.M.S.O., 1959: 70 654: ICE; Reproduced from Principles of Modern Buildings, Vol. I, Department of Scientific and Industrial Research, Building Research Station London, H.M.S.O., 1959: 60 655: © Martin Charles 656: ICE 657: courtesy Archiv Meurthe-et-Moselle, fonds Jean Prouvé 658: © J. Paul Getty Trust 659: courtesy of Skidmore, Owings & Merrill LLP (SOM) 660: courtesy Centre Georges Pompidou, Bibliotheque Kandinsky, fonds Jean Prouvé 661: Avery Architectural and Fine Arts Library, Columbia University 662: courtesy Archives of Pleyel 663: BA; © 2006 – Victor Horta – SOFAM – Belgium 664: Christine Bastin et Jacques Evrard, Bruxelles 665: courtesy Trevor Cox and Bridget Shield

9

666: BA 667: © Deutsches Museum 668: © Deutsches Museum 669: Courtesy Rick Furr 670: © Science Museum / Science & Society Picture Library 671: © Deutsches Museum 672: BA 673: BA 674: BA 675: ICE 676: BA; Courtesy Ove Arup & Partners 677: BA; Courtesy Ove Arup & Partners 678: BA; Courtesy Ove Arup & Partners 679: BA; Courtesy Ove Arup & Partners 680: BA 681: BA; Courtesy Ove Arup & Partners 682: BA; Courtesy Ove Arup & Partners 683: BA; Courtesy Jordan Akustik 684: BA; Courtesy Jordan Akustik 685: BA; Courtesy Jordan Akustik 686: BA; Courtesy Ove Arup & Partners 687: BA; Courtesy Institute of Lightweight Structures and Conceptual Design 688: BA; Courtesy Institute of Lightweight Structures and Conceptual Design 689: © Institute of Lightweight Structures and Conceptual Design 690: © Institute of Lightweight Structures and Conceptual Design 691: BA; Courtesy Ove Arup & Partners 692: BA; Courtesy Ove Arup & Partners 693: BA 694: BA; Courtesy Heinz Isler 695: BA; Courtesy Heinz Isler 696: BA 697: BA 698: BA; Courtesy Anthony Hunt Associates 699: BA; Courtesy Mike Barnes 700: BA; Courtesy Mike Barnes 701: BA; Courtesy Saitoh 702: BA; Mamuro Kawaguchi 703: BA; Mamuro Kawaguchi 704: BA; Mamuro Kawaguchi 705: BA 706: BA 707: BA; Courtesy Alan G. Davenport Wind Engineering Group 708: BA; Courtesy Ove Arup & Partners 709: BA; Courtesy British Steel 710: BA; Courtesy British Steel 711: BA; Courtesy Valode et Pistre et Associcie's 712: BA; Courtesy Valode et Pistre et Associcie's 713: BA; Courtesy Ove Arup & Partners, Mike Banfey 714: Photograph by Jack E. Boucher, Library of Congress 715: Courtesy Mies van der Rohe Society; photograph by Todd Eberle 716: ICE 717: ICE 718: ICE 719: © Balthazar Korab 720: Courtesy United States Steel Corporation 721: ICE 722: Courtesy Renzo Piano Building Workshop 723: BA 724: BA 725: BA; Courtesy Ove Arup & Partners 726: Courtesy Skidmore, Owings & Merrill; photograph by Hedrich Blessing 727: Courtesy Skidmore, Owings & Merrill; photograph by Timothy Hursley 728: Courtesy Skidmore, Owings & Merrill; photograph by Timothy Hursley 729: © Pei Cobb Freed / John Nye 730: BA 731: BA 732: BA; Courtesy Ian Lambot 733: BA 734: Courtesy Walter P. Moore 735: Courtesy of Davis Brody Bond, LLP; Photograph by Y, Ernest Sato 736: Courtesy of Davis Brody Bond, LLP 737: Courtesy Geiger Engineers 738: Courtesy Geiger Engineers 739: Courtesy Denver International Airport; photograph by Chris Carter 740: Courtesy Denver International Airport; photograph by Chris Carter 741: BA; Courtesy Saitoh 742: BA; Courtesy Kajima Design 743: BA; Courtesy Kajima Design 744: Courtesy Buro Happold and Mandy Reynolds 745: BA 746: Courtesy RFR 747: BA 748: BA; Courtesy Schlaich Bergerman and Partner 749: BA; Courtesy Schlaich Bergerman and Partner 750: BA; Courtesy Studio d'Ingeneria: Favero-Milan 751: BA; Courtesy Studio d'Ingeneria: Favero-Milan 752: BA; Courtesy Studio d'Ingeneria: Favero-Milan 753: BA; Courtesy Studio d'Ingeneria: Favero-Milan 754: BA; Courtesy RFR 755: BA; Courtesy RFR 756a: Courtesy Burro Happold, FEDRA 756b: Courtesy Burro Happold, FEDRA 757: Courtesy Burro Happold, FEDRA 758: Courtesy Burro Happold, FEDRA 759: © Balthazar Korab 760: BA 761: Courtesy Architectural Association, © Richard Booth 762: BA 763: BA 764: ICE 765: ICE 766: BA 767: BA 768: BA 769: BA; Courtesy Ove Arup & Partners 770: BA 771: BA; Courtesy Ove Arup & Partners 772: BA; Courtesy Ove Arup & Partners 773: BA; Courtesy Ove Arup & Partners 774: BA 775: BA; Courtesy Ove Arup & Partners 776: BA; Courtesy Ove Arup & Partners 777: © James Cohrssen 778: © Palladium Photodesign 779: Courtesy Rafael Viñoly Architects 780: © Phillipe Ruault 781: © Phillipe Ruault 782: Courtesy Ove Arup & Partners 783: Courtesy Ove Arup & Partners 784: Courtesy Ove Arup & Partners 785: Courtesy Renzo Piano 786: Courtesy Renzo Piano

中国建筑（工程）发展简史

BRIEF HISTORY OF CHINA CONSTRUCTION (ENGINEERING)

刘托 著

中国画报出版社 · 北京

中国建筑在数千年的发展过程中，不断吸收异域文化的精华，同时也保持着自身的文化传统。建筑的发展与成熟依存于社会财富的积累，依存于生产工具的进步，依存于建造技术的改良与提高，也依存于建筑理念的发展，这是一个不间断地淳化、提炼、完善的过程，而这一切都和中国社会的总体发展脉络同步，和中国的社会结构和制度互为表里。

中国建筑的发展经历了萌芽、创制、繁荣、守成、变革、多元六大阶段，记录了中国建筑自古代到现代的生命历程和发展脉络，审视这个发展历程可以发现：人类建筑思想的进步以及建筑技艺的发展并不主要表现在将建筑体量建造得如何雄伟，建筑技术如何精湛，而在于人类在特有的自然环境和社会环境中如何选择最适当的建造方式来巧妙地应对自然与社会的需求。

第一章 萌芽时期

在漫长的原始社会时期，人类经历了原始人群和氏族社会阶段，在氏族社会阶段人们开始普遍使用石器作为生产工具，因此被称为石器时代。至氏族社会晚期，随着采集与渔猎经济向游牧与农耕经济转型，生产方式发生了转变，进而影响了生活方式及居住方式，人类逐渐离开自然岩洞，选择在邻近生产生活区域的地方搭建住所。在中国北方最普遍的方式是掘地为穴，立木为棚，建造称为穴居的栖身之所。在南方湿度较大的沼泽地带，原始人像鸟雀一样在树上构筑棚架，搭接树枝，遮盖树叶，作为避风遮雨之所。经过漫长的孕育，最终孵化出中国古代原始建筑的雏形，即北方的穴居式建筑与南方的干栏式建筑，“巢穴”二字也定格在中国文化中，成为中国人称为藏身之所的代名词。

一、黄河流域的穴居

距今 8000 ~ 4000 年，即原始氏族社会中期，生产方式转向以农耕经济为主，居住方式逐渐趋向定居。穴居在中国黄土地带得到了迅速发展，原因是黄河流域中游有广阔而丰厚的黄土地层，土质均匀细密，含有石灰质，土壤结构呈垂直节理，

1-1 地坑院窑洞鸟瞰

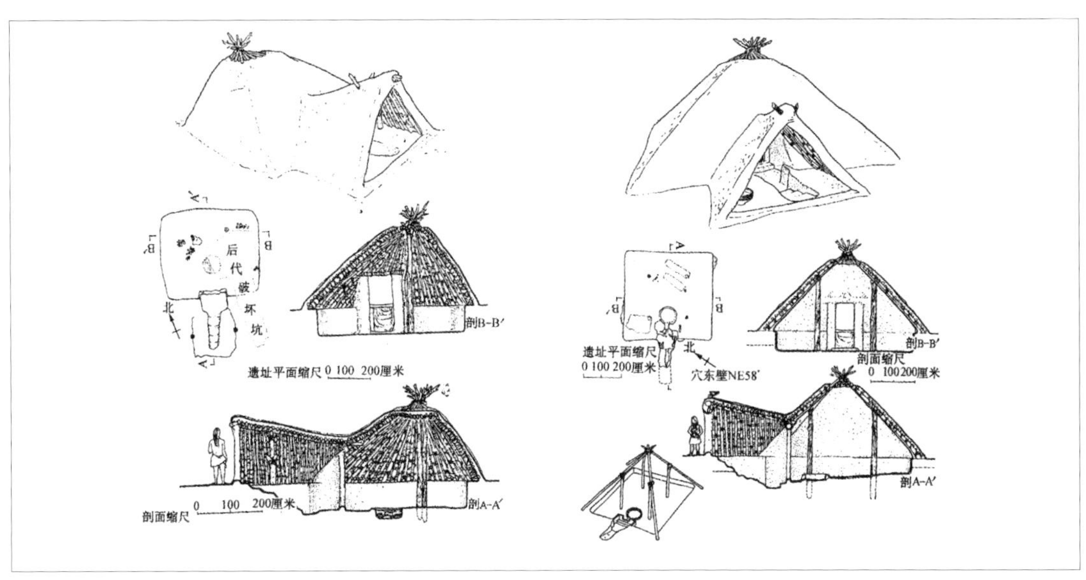

1-3 半坡 F37、F21 复原图

壁立而不易塌落，便于挖掘洞穴。至今在中国中西部地区仍有用窑洞作为住所的（图 1-1）。典型的穴居为袋状，工艺特点是先在平地上挖开小口后垂直下挖，并逐渐扩大内部空间，到预定深度，再于穴的底部横向掏出一条通往穴外的坡道，然后在穴内立柱架椽，顶部用树枝和茅草覆盖，这样就建造成了上小下大的袋状竖穴，其纵剖面为梯形或拱形，空间形式简单而实用，并具备了固定的外观体形，即在地面上可以看到一个小小的窝棚式的屋顶。随着棚架制作技术的熟练和提高，人们可以制作更大、更为稳定的顶盖，于是竖穴开始逐渐变浅，出现了更适于居住和出入的半穴居形式，这也更有利于住所的防潮和通风。半穴居的下半部是挖掘出来的，上部则是构筑起来的，二者共同构成穴居的内部空间，建筑也因此从地下变为半地下，并向地面上过渡。地面建筑要求有更坚固的墙体和更完善的屋面，这就需要改进建筑结构和构造。考古发掘证明，中国的先民在当时采用了绑扎技术的梁柱支承体系、木骨泥墙的围护体系，并采用地面夯土和室外泛水等技术措施来应对这些挑战。

1-2 西安半坡聚落遗址

中国西安半坡遗址是黄河流域保存最完整的原始社会母系氏族村落遗址，反映出半坡先民已进入农业社会，并开始了定居的聚落生活。整个遗址区内主要划分为中部的居住区、东部的制陶区、北面的公共墓地三个部分。居住区面积约 3 万平方米，外围设有宽约 8 米、深约 6 米的壕沟，作防护和泄洪之用，沟上有联通内外的木桥。居住区的中心有一座 12.5 米 ×14 米的长方形大房子，是氏族首领住所，兼做氏族会议、庆祝及祭祀活动的场所，周围是 40 余座方形或圆形半地穴式房址，为家庭住房或公共仓库。（图 1-2）住房常在穴坑的一侧设斜向门道，在穴坑前和内部形成一个小门厅。有的在门厅左右设两道矮墙，区分门道与主空间，侧矮墙后面是睡觉或贮藏食物与工具的地方。门道前方常设置低矮的土坎作为门限，用来防止雨水倒灌。在穴坑的中央位置一般布置灶坑，方便人们围绕火塘取暖、煮烤食物。穴坑中部立有中心木柱，也有的是在火塘两侧对称布置一组木柱，用以支撑覆盖穴坑的屋顶。早期的屋顶与墙壁尚未分离，通常是在坑边直接排立斜椽与中心柱相交，构成锥形四坡式的屋顶，构件交接都是用藤葛或由植物纤维加工而成的绳索扎结固定的。在椽间空当铺盖兽皮、树叶、干草，涂上黄土胶泥，做成防水的屋面。出于防火需要，在椽木的内表面也要涂上草筋泥，在接近火塘的中柱根部还发现残留有“泥圈”，证明人们当时已经掌握了在木构件上涂泥防火的方法。在屋顶的顶端或屋面的前坡位置常开有一个孔洞用来排烟、通风、采光。

最迟在母系社会晚期，人类住所逐渐由地下转至地面，既扩大了建筑内部的生活空间，又提高了使用者的舒适度，更重要的是人们在很大程度上摆脱了对自然的模仿和依赖，开始创造更具建造意义的建筑，如在半坡遗址上层发现的长方形地面建筑，其内部的灶坑左右立有两根中心木柱，在前后左右墙内设有十根与中心柱形成对位关系的承重柱，合计 12 根，构成整个房屋的支撑体系，并将房屋的平面划分为一堂二内、中轴对称的空间格局。建筑的墙面与屋顶完全分离，房屋的长向一侧正中开有大门，形成主立面和外立面的中轴。上部采用纵横绑扎的梁架体系，屋面为四坡或两坡顶。墙体不承重，纯为围护结构（图 1-3）。在原始社会晚期，建筑居住面逐渐接近室外地平面，作为围护结构的木骨泥墙逐渐增高，屋顶开始出檐并逐渐加大，以便保护墙体免遭雨淋和墙基受潮。屋檐加大后促进了承檐结构的发展，如在檐下加设立柱来支撑悬挑的屋椽。墙体增高以后，有了在墙上开洞进行通风采光的可能，于是出现了牖。作为建筑基本元素的门、窗、屋顶、台阶等逐渐浮现出来，建筑的形态初露端倪。

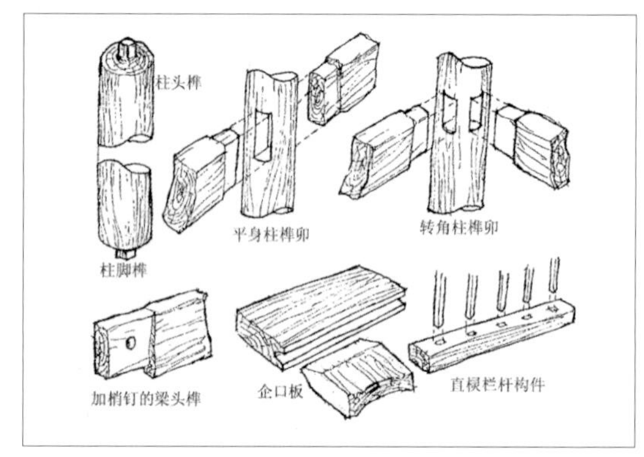

1-4 浙江余姚河姆渡遗址木构件榫卯

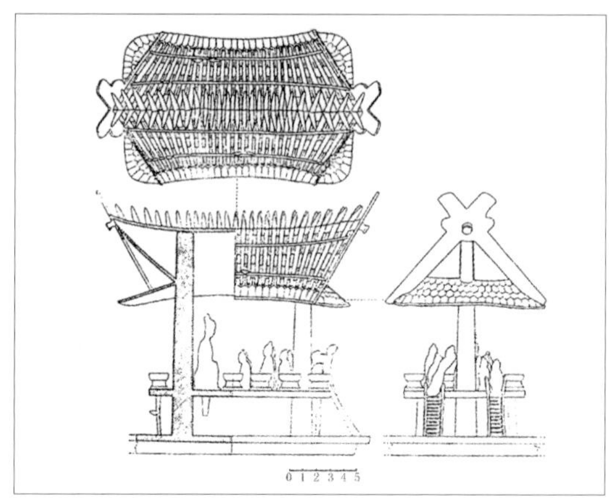

1-5 云南晋宁石寨山模型

在原始穴居建筑的室内，由于下部空间为挖掘而成，受穴底和四壁毛细现象的作用，地面十分潮湿，人们采取了堇涂（涂抹加草的细泥）和烧烤的方式加以防护，即所谓堇涂陶化，对靠近火塘的木构件表面进行涂泥（草筋泥）处理，古代称作塈，此后又出现了被称为“垩”的石灰抹面技术和粉刷技术，其做法不仅卫生、美观，也兼有一定的防潮作用，而且还增强了室内的光线亮度，成为室内装饰的先声。

二、长江流域的巢居

在中国的南方地区，原始人类早期选择水源和动植物丰富的地区居住，以便于渔猎和采集。由于这些地区多为水网沼泽地带，气候潮湿炎热，缺少可供栖居的天然洞穴，于是人们选择在树木上铺设枝干茎叶形成居住面，再搭建遮阳避雨的顶棚，做成鸟巢一样可以栖息的窝。随着生活方式的演进和生产工具的进步，人们可以用采伐的木头作为桩、柱，直接在地面上做成架空的居住建筑，从而将巢居转移到地上，发展出干栏式建筑。直至今日，在中国西南地区，人们仍然使用着这种建造方式。

浙江余姚河姆渡遗址是目前发现的最早的干栏式建筑遗址，也是中国已知最早采用榫卯技术的建筑实例（图 1-4）。遗址总面积约 4 万平方米，叠压着四个文化层，其中第四层的时代距今 6000~7000 年，遗址上有规律地排列着一组组干栏式建筑的木柱和板桩，并沿着山坡等高线呈扇形分布，最大的一座建筑长 30 多米，进深约 7 米，由四列平行高出地面约 1 米的柱桩支撑。经复原设计，柱桩顶部用长条的木方相连，木方之间搭接横梁，上铺木板，构成架空的地面，其上再立柱架梁，构建成一栋房屋。这种架空的干栏式建筑是原始巢居的继承和发展，也是早期东亚木构建筑普遍采用的形制。云南晋宁石寨山出土的滇族建筑模型间接地反映了早期干栏式建筑的形象（图 1-5），模型显示，原始时期的干栏式建筑采用两坡顶，出檐较大，屋脊向两端伸出很多，并向上翘起，形成长脊短檐的倒梯形屋顶，今天仍能在中国西南少数民族和东南亚国家以及日本的传统神社建筑中见到这种倒梯形的屋顶形式。屋面一般采用覆草、树皮或木片的方式，并用密集排列、交叉出头的木棍压住。在出土的建筑模型上还能看到一些细致的处理，如在悬山山花部位设置有博风板；有的为了保护山面开窗，在山面加设披檐，形成类似歇山式屋顶外形。

三、原始社会建筑技术特点

原始社会时期，人们使用最简单的工具和最易取得并最易加工的材料建造房屋，在旧石器时代用天然石块打制成刮削器、砍斫器、尖状器，用来刮削木棒，割制兽皮；新石器时代是依靠打磨的石器、骨器、角器来加工建筑构件，例如用石铲、石锄挖掘洞穴，用石斧伐木，用石楔劈裂木材，用石锯、石锛、石凿、石刀、骨凿、骨锯等加工榫卯。在工具的制作与加工技术方面，除了使用打磨的方法外，还给工具安装木制手柄而制成复合工具。原始社会使用的建筑材料主要有木材、生土（挖掘穴坑）、黄土（用于夯土、草筋泥）、灰土（白灰）、土坯砖、陶片（用作夯土骨料）、藤草、芦席、树皮瓦、兽皮、卵石（用于夯土骨料、铺地）、石料（用来筑城、筑墙）、块石（用作柱础）等，其中木和土构成了中国早期建筑最主要的材料。这些材料虽然都很简单，但在加工与建造过程中却展现出古人的智慧，如创造了生土挖掘和烧结技术、夯筑技术、木构件榫卯结合工艺和绑

1-6 原始人在建造房屋中（场景模拟）

1-7 黎族村民用藤条绑扎大小龙骨，形成一个网架

扎工艺，此外还发展出屋顶葺草工艺、兽皮及树皮缝制工艺、土坯制作与砌筑技术、陶瓦烧造工艺，以及防火防潮技术等。

夯筑技术除了用于穴居地面和建筑台基夯筑外，还被用于聚落围垣、城墙等。由原始时期的考古遗址可见，当时已经有使用不同质地或颜色的土壤分层夯筑的做法，以便增加各层夯土层的结合力，还发现有在黄土中掺入料姜石、河卵石、碎陶片的做法，用以增加夯土的强度。在使用夯筑技术同一时期，人们还使用了土坯制作及砌筑技术，有的土坯使用湿泥加夯制作，称为墼，砌筑时使用黄泥浆错缝垒砌。

河姆渡木构建筑揭示了早期木构建筑技术的主要特点，如采用桩基础和框架结构，木构件的交接技术采用了榫卯构造，开启了中国传统木构建筑框架体系和榫卯结构的先河。河姆渡建筑的构件有柱、桩、梁、枋、檩、椽、板等多种类型，表明木构件加工和安装技术水平已经很高。当时木材采伐是使用有木柄的石器，除了用打磨的石器工具进行粗加工外，对榫卯等较精细的部位的加工是使用骨器、角器类工具，否则不会达到如此精确的程度（图 1-6）。

绑扎技术是原始社会普遍采用的结合技术，如利用藤草、兽皮加工成的绳条绑扎柱子和椽等木构件，铺盖兽皮或树叶做成屋顶。这种原始技术并未因时代演进和技术升级而被彻底遗忘，而是被世代传承下来，在合适的地方、合适的对象上被继续采用，如宋代清明上河图中汴河虹桥以及近代民间彩楼欢门采用的都是绑扎技术，如今在海南黎族的船形屋建造中也还在使用绑扎技术（图 1-7）。

2-1 秦咸阳宫一号宫复原效果

第二章 创制时期

秦汉时期是中国历史上政治强盛、经济发达、文化繁荣的时期，建筑及其营造技术也发展到很高的水平。秦在商周社会发展的基础上，建立了大一统国家，利用统一国家有效的政令对政治、经济、文化实行了一系列改革，并依靠强大的国力大兴土木，修驰道通达全国，筑长城防御匈奴，在咸阳营建都城、宫殿、陵墓，阿房宫、骊山陵等恢宏一时（图 2-1）。汉袭秦制，社会生产力有了更高的发展，建筑技术也有更显著的进步，在长安修筑长安城，在洛阳建东都洛阳城，并建造了大量的宫殿和苑囿，形成了城市与建筑的空前繁荣。秦汉时期是中国传统建筑体系的全面建构时期，建筑的形制、构成以及细部都呈现出中国建筑的典型特征，其技术与艺术成就突出地体现在高台建筑、高层楼阁、佛塔等类型上，反映了这一时期勇于创新和开拓的精神。

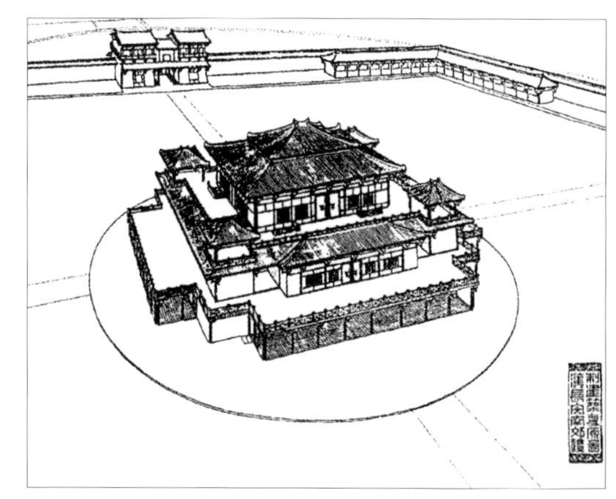
2-2 汉长安辟雍复原图

2-3 福建北斗七星土楼群

一、夯筑技术的发展

秦汉宫殿继承了春秋战国时期高台建筑的做法，用高大的夯土台作为基座，其上建造木结构建筑，以显建筑的威势。高台建筑的功能早期主要为观测吉凶、游乐观望、宴请宾客，或用来操演军队，有较强的实用性。后期在神仙方士思想的影响下，融入了祭奠祈祷的内容，明堂辟雍就属于祭祈性质的准宗教建筑，具有浓厚的象征意味，如汉长安明堂辟雍（图 2-2）、王莽九庙、东汉洛阳灵台和辟雍等。此外，在中国许多地方保留着战国至两汉时期方锥形的宫殿夯土台遗址。

无论高台建筑的功能有何区别，其形式和构筑方法基本上是一致的，平面以方形居多，核心技术是夯筑工艺。中国汉字充分地反映了夯土的普及，如城、垣、墙、坊等都是用土字旁，表明早期这些构筑物及工程都是以土为材料夯筑而成的。因为建筑工程中土方量占比相对较大，以至于人们通常以土木之工作为建筑工程的代称。对于不同用途的夯土工程，在土质的选择、用料的配比上也很有讲究，如为了防潮防湿，在墓葬中使用夯实的青色或灰色的胶泥，夯筑柱基时常用土石混合的材料，以增强承载力。

夯筑技术的进步主要反映在版筑技术的应用上。版筑是指使用木板作为模板，用立柱、插杆、橛子、草绠固定模板，实施中采用分段、分层夯筑。夯筑过程中掺加碎石和草，用来增加强度和拉结力。夯筑时使用的杵是用原木加工而成的，常常是由绑在一起的几根原木组成。通过不断改进夯筑工艺，夯土结构在均匀性、密室性、防渗性等方面都有了很大的提高，夯筑及土作也成为中国传统营造技艺的一项重要技艺被传承下来，至今仍在民间被广泛采用，如闽北、川西、浙西等地区的民居（图 2-3）。

2-4 汉代的楼阁

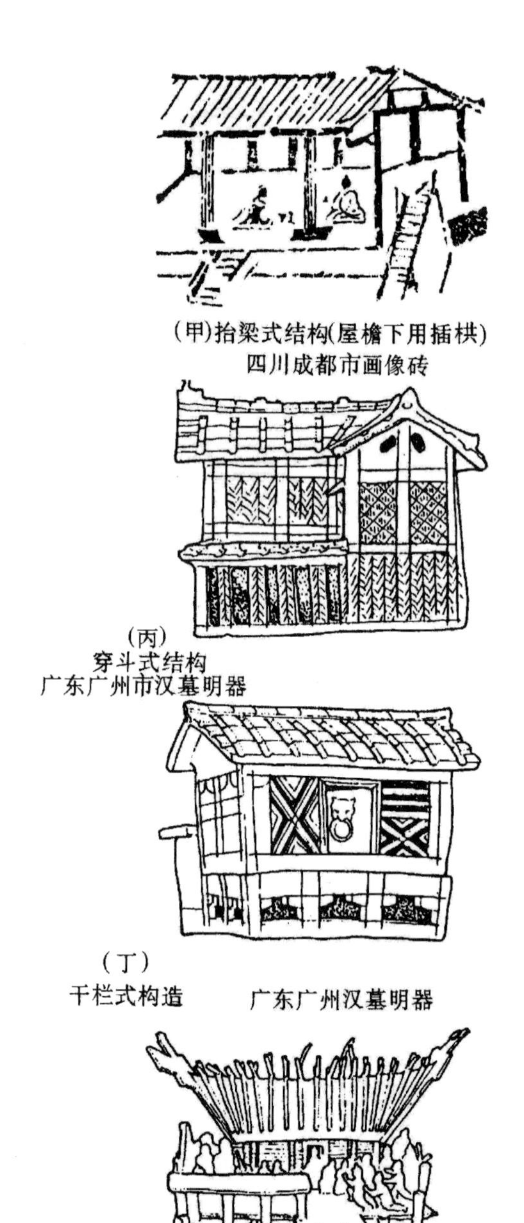

(甲)抬梁式结构(屋檐下用插栱)
四川成都市画像砖

(丙)
穿斗式结构
广东广州市汉墓明器

(丁)
干栏式构造 广东广州汉墓明器

(己)
井干式结构 云南晋宁县石寨山铜器

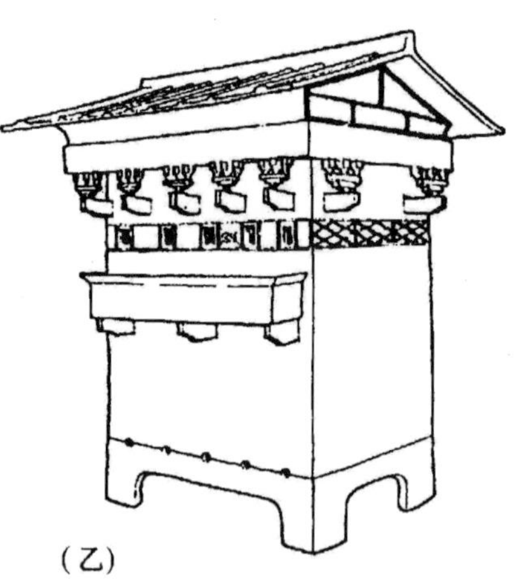

(乙)
抬梁式结构
河南荥阳县汉墓明器

(戊)
干栏式构造 江苏铜山县画像石

(庚) 井干式结构
云南晋宁县石寨山贮具器上花纹

2-6 汉代的木结构建筑形式

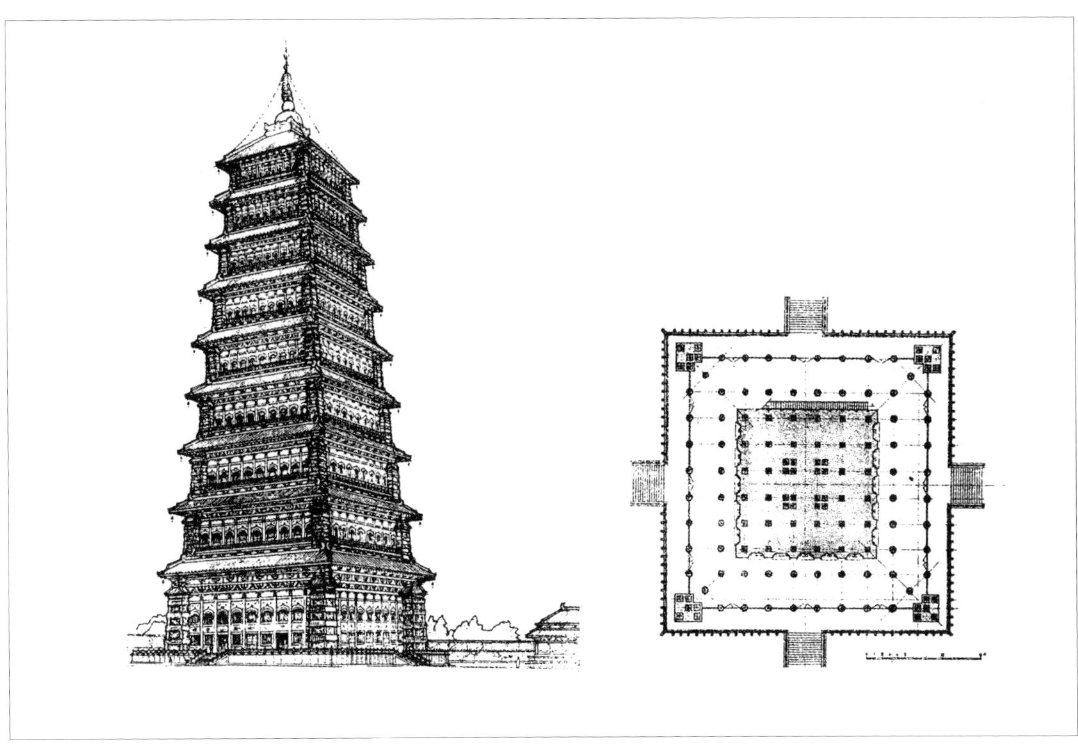

2-5 北魏永宁寺塔复原图

二、木构建筑的成就

东汉以后，随着木构建造技术的进步和建筑理念的改变，高台建筑逐渐退出历史舞台，为技术上更先进的木构楼阁建筑所取代。依据东汉中、晚期出土的陶质明器及画像砖显示，楼阁建筑的结构与造型均已相当成熟，标志着该时期高层木结构技术已经取得巨大进步。汉代楼阁形象以三、四层者居多，最高者可达七层（估计高度当在 20 米以上）。建筑类型有住宅、仓屋、望楼、水阁、谯楼、市楼、仓楼、碉楼、角楼多种，或建于陆地，或处于水中。建于陆地的常以独立的单体形式出现，多位于有门阙及围垣的庭院内。建于水中者环绕以圆形或方形的水池，水池四隅建有方亭（图 2-4），呈拱卫之势。在外观上，多层楼阁体量高大（图 2-5），各层立面均清晰地展露出柱、梁、枋等结构构件，檐下及平座下使用斗拱，柱间装置门、窗、勾栏等（图 2-6）。由考古发掘的墓葬中棺椁和车乘等文物，可窥见当时木制技术的精密程度，如棺椁中发现有嵌扣楔、落梢榫、燕尾榫、半肩榫、合槽榫、割肩透榫、搭边榫等。

中国木结构建筑体系在秦汉时期基本形成，抬梁式和穿斗式这两种主要结构方式已然创制而成。抬梁式结构的特点是沿房屋进深的方向在石础上立柱，柱上架梁，再在梁上重叠数层矮柱和短梁，构成一榀木构架（图 2-7）。在平行的两榀木构架之间用横向的枋联络柱的上端，并在各层梁头和短柱上安置若干与构架呈直角的檩，起联系构架和承载屋面重量的作用。穿斗式结构的特点是沿房屋的进深方向立一排柱，每排柱子靠穿透柱身的数层穿枋横向贯穿起来，组成一榀构架。柱上直接架檩，檩上布椽，屋面荷载直接由檩传至柱，不用横梁（图 2-8）。斗拱作为结构要素用来承托大屋顶的出檐，而大屋顶则是保护夯土台基、墙壁及木柱免遭雨水侵蚀的必要手段，屋顶形式已经出现了悬山、庑殿、攒尖、歇山、囤顶等不同样式，说明工匠已掌握了屋顶结构技术与构造做法。

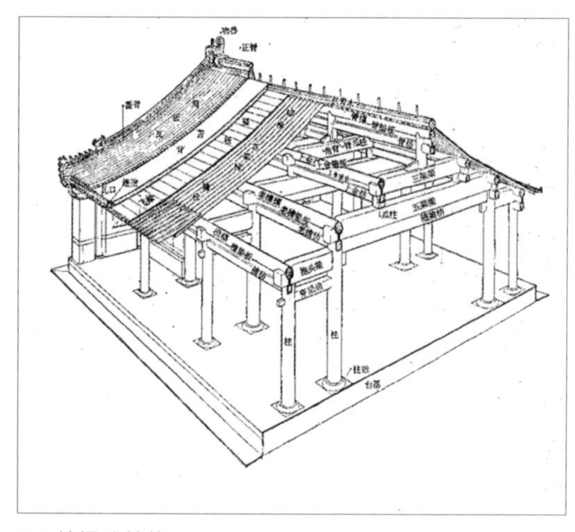

2-7 抬梁式结构

三、材料与工具的改良

秦汉时期金属工具取代了之前的石器、木器、骨器工具，在两者之间曾有过铜器工具的过渡阶段，如商周时期使用过铜制的斧、锛、凿、锯、锼、锥、刀等，从考古发掘的青铜器可见，当时制铜技术已达到极高的水平，直接促进了手工业的细分和发展。战国以后，随着冶铁技术的应用与普及，铁制工具被大量使用，并完全取代了石器和铜器工具，工具类型有斧、凿、鏩、铲、锯、钎、锤、钻、刨、刀、剪、钩、钉、齿轮，等等，使得木构件的加工更为容易和精细，甚至石材的加工也变得简单易行了。工具的革新促进了建筑类型和结构方式的变化，如木构建筑出现了体量巨大的楼阁、木塔，石构建筑方面出现了各种石桥、石墓、石阙、石室等。

在材料方面，木材、石料、土坯仍是主要的建筑材料，但商周以来的土坯砖被发现掺有茅草，并用木制砖模制作，制作方法是先在地面铺撒一层细灰，将掺有草筋的拌和泥填入模具中，再在上面铺一层灰，用工具捶打压平。砌筑时采用灰白细泥错缝叠砌，黏合十分牢固紧密。这一时期更多地使用了砖、瓦、三合土、陶制和金属构件

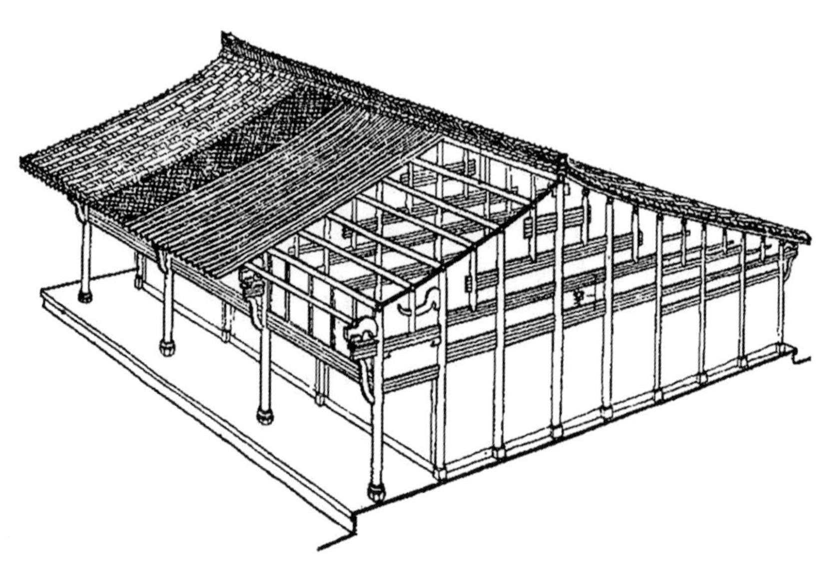

2-8 穿斗式结构

等经过人工二次加工的建筑材料，同时出现了一些新的构造做法，如铜制柱锧、陶瓦、型砖、陶制水管等，以及使用草席、苇席、皮革等材料铺地。

秦汉时期砖瓦开始被大量生产，瓦件早期主要用在雨水集中的地方如屋脊、天沟、屋檐等处，之后逐渐用于整个屋面，改善了屋面防水效果。讲究的瓦当上常常印刻有精致的图案纹样，是这一时期重要的建筑装饰（图 2-9）。砖最初较多地应用于墓葬中的墓室和墓道，有空心砖、楔形砖、异形砖、小砖等多种砖型，促进了拱券技术和穹隆顶技术的发展。此外，一些重要建筑的地面、散水、台阶等也使用砖来铺砌。

秦汉时期已经普遍对建筑构件进行装饰，如粉刷（用白灰粉刷墙面）、髹漆（在木构件上涂漆防护）、彩绘（在建筑墙壁上彩绘）、雕刻（在木、石、砖、瓦、套管上进行雕饰美化）等，建筑雕刻装饰已经非常精美，可从遗存至今的画像砖、画像石、瓦饰略见一斑。

至原始社会晚期，已经出现了专职的工匠。商周时期，匠人已有土工、金工、石工、木工、兽工、草工等百工之分。百工皆有法为度，如以矩为方、以规为圆、以绳为直、以悬为正（垂直测量）、以水为平（水平测量），以及空间测量、重量测量的方法，掌握了这些方法的人被称为“国工”。商周时期已经设立工官制度，设有“工正”“工师”“匠师”等职位统管各色匠人。除少数工匠为工奴或刑徒外，春秋时期的工匠大部分是“自由民”身份，这有助于工艺技术的发展和提高，“凡天下群百工，轮、车、鞲、鞄、陶、冶、梓、匠，使各从事其所能”，其中梓是指制造器物的木匠，匠则专指营造建筑的工匠，营造、制陶、铸造、织造、琢玉、制革、舟船、髹漆等专业分工越发精细，并遵行“工商食官”制度，即从事手工业生产的百工世代为匠，出现了具有自由职业特征的“工肆之人”，所谓“百工之肆，以成其事”。正是在这一时期，诞生了中国古代工匠的鼻祖鲁班，标志着匠作技艺的全面繁荣。

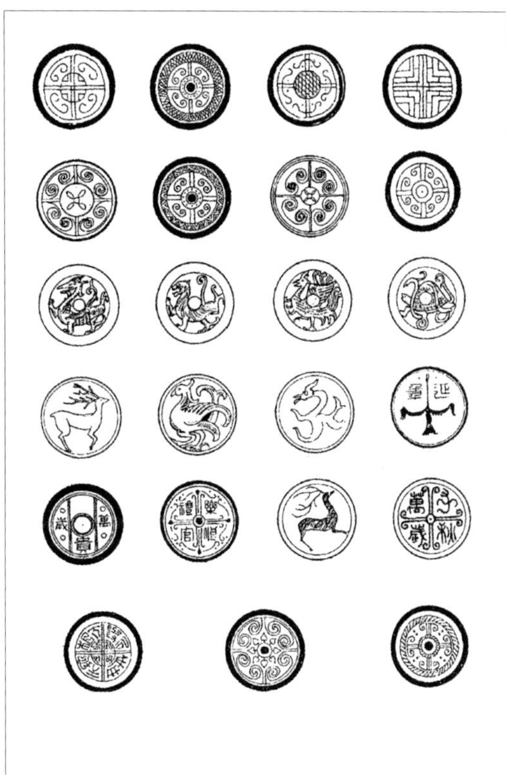
2-9 汉代瓦当

第三章 繁荣时期

中国传统木结构建筑体系在唐宋时期进入了成熟期和繁荣期，出现了历史上规模最宏大和最繁华的城市唐长安城，建筑类型趋于完备，建筑形制趋于稳定，建筑技术与建筑艺术也步入黄金时代。比较而言，唐代建筑总体上表现为城市格局整饬有序，群体布局气魄宏伟，建筑形象舒展浑厚，建筑艺术与结构技术高度统一，没有纯粹为了装饰而附加的构件，也没有歪曲建筑材料性能使之屈从于装饰要求的现象，建筑构件的造型处理使人感到构件本身受力状态与形象之间的内在联系，技术美、结构美在建筑审美中占有重要比重（图 3-1），这些特点在其后的宋、元、明、清各代已不易看到。

宋代在农业、手工业和商业方面比唐代都有长足的进步，科学技术领域收获丰厚，如指南针、活字印刷、火器等。建筑更趋向制度化、精细化、

3-1 南禅寺大殿

规范化、体系化方向发展，建筑的内外部空间和建筑造型追求序列、节奏、高下、主次的变化。在建筑技术方面，建筑的模数制度、建筑构件的制作加工与安装工艺、建筑工程的组织与管理更加科学化、系统化，北宋《营造法式》详备地记述了该时期建筑工程方面的成就。

一、城市规划及建设成就

唐宋时期，中国的古代城市建设进入了繁盛时期，既营建了当时世界上规模最大的帝都唐长安城，也催生了商业城市宋汴京，还出现了著名的山水风景城市如南宋临安、水乡城市如平江。与北宋对峙的辽国兴建了仿效唐朝里坊制的辽中京和辽南京；与南宋对峙的金国则营造了仿效宋汴京的金中都。这些宏大的工程构成了这一时期城市建设的瑰丽画面。

公元 581 年隋文帝杨坚称帝，为了营造大一统帝国的形象急需建造一座与之相匹配的新都城，隋文帝命宇文恺为营建新都的副监，在汉长安城的东南龙首原南坡起建大兴城。先是营建宫城，继而增建皇城，至炀帝大业九年（613）筑造郭城，并增建了郭城和各门城楼，至唐代又在郭城北墙东段外侧增建了大明宫，在城内东部添建了兴庆宫，在城东南角整修了曲江风景区。宇文恺吸取了北魏都城洛阳和东魏、北齐邺都南城的精华，将长安城规划为宫城、皇城、外廓城三城环套且轴线对称的结构，以突出皇权至尊至贵、天朝四海归一的思想。城址面积达 83.1 平方千米(图 3-2)，宫城前有宽 200 米的东西向横街，成为宫前的横向广场。宫城正门承天门曾一度用为大朝，每年元旦至此举行大朝会，文武百官齐集门前，仪仗队和诸卫军士陈于街，总数不下两三万人，场面极其宏大。皇城位于宫城之南，东西宽同宫城，在皇城朱雀门前也布置有宽 100 米的横街，与纵向的主街呈十字相交，为整个郭城的横轴。在唐以前，都城多沿街建官署，隋唐时期则将官署集中建于皇城内八个街区中，除太庙、太社外，共有六省、九寺、一台、三监、十四卫，其中太庙和太社按照“左祖右社”的传统布置在皇城的东南、西南角。虽然在平面布局中不是纯正的三环相套，层层放

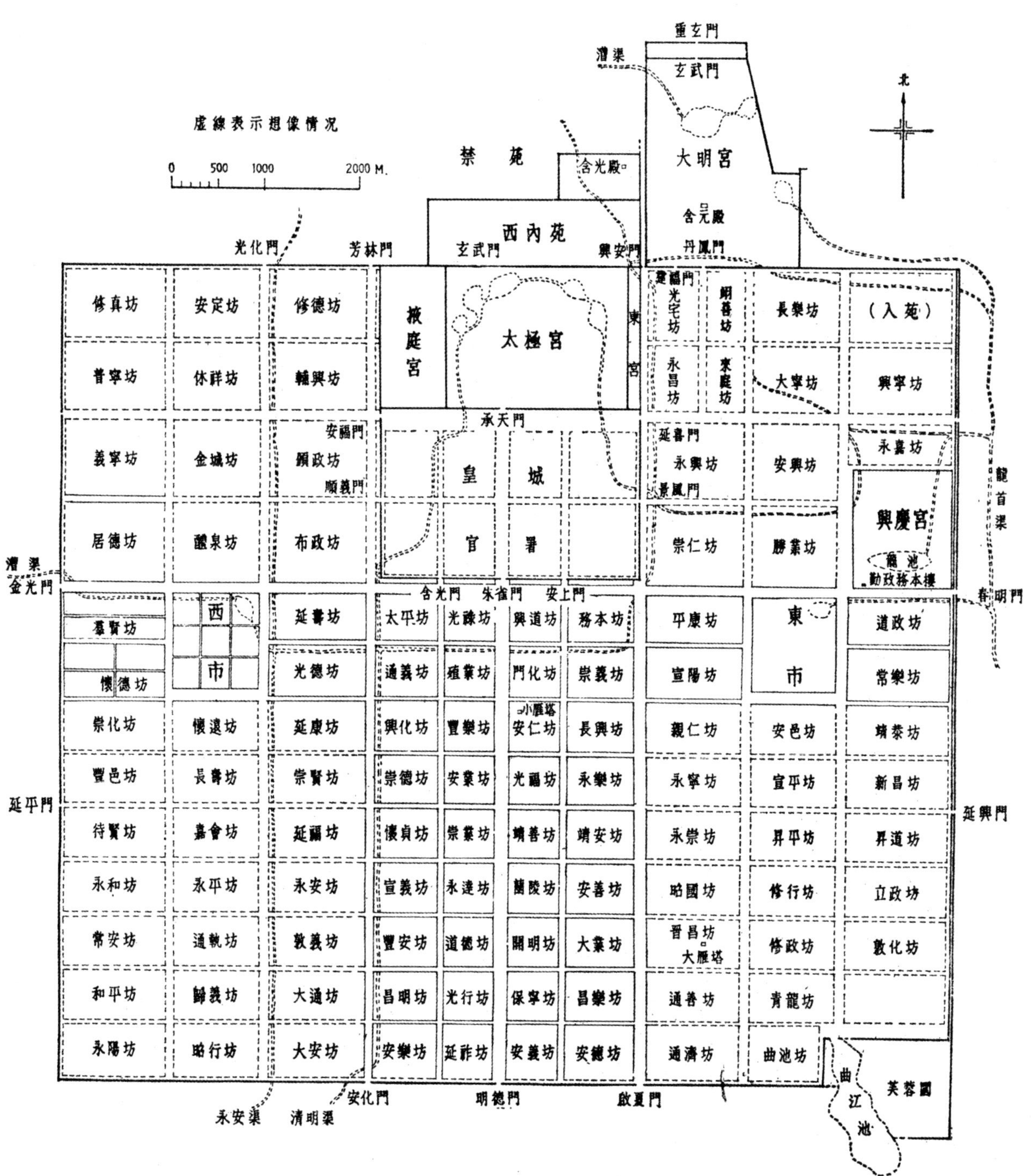

3-2 隋唐长安城复原平面示意图

转角铺作
补间铺作当心间二朵，
次梢间一朵
柱头铺作
角柱生起：
檐柱向角逐渐加高
障日板（牙
头护缝造）
四斜毬文格子门
柱中线
铅垂线
侧脚
踏道

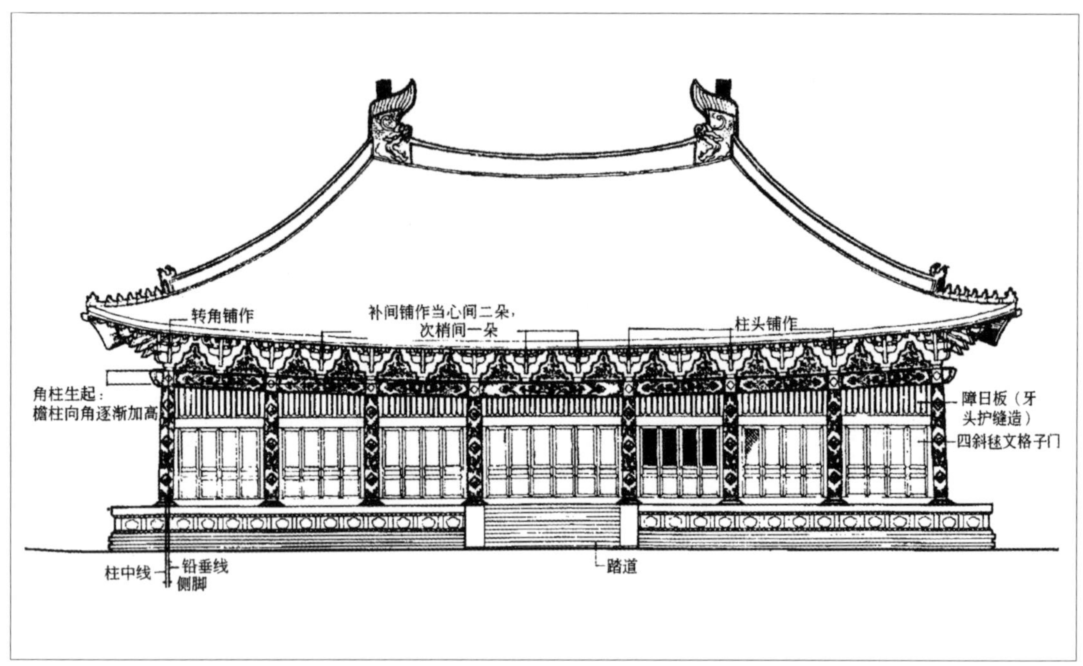

3-3-1 宋法式中的立面效果

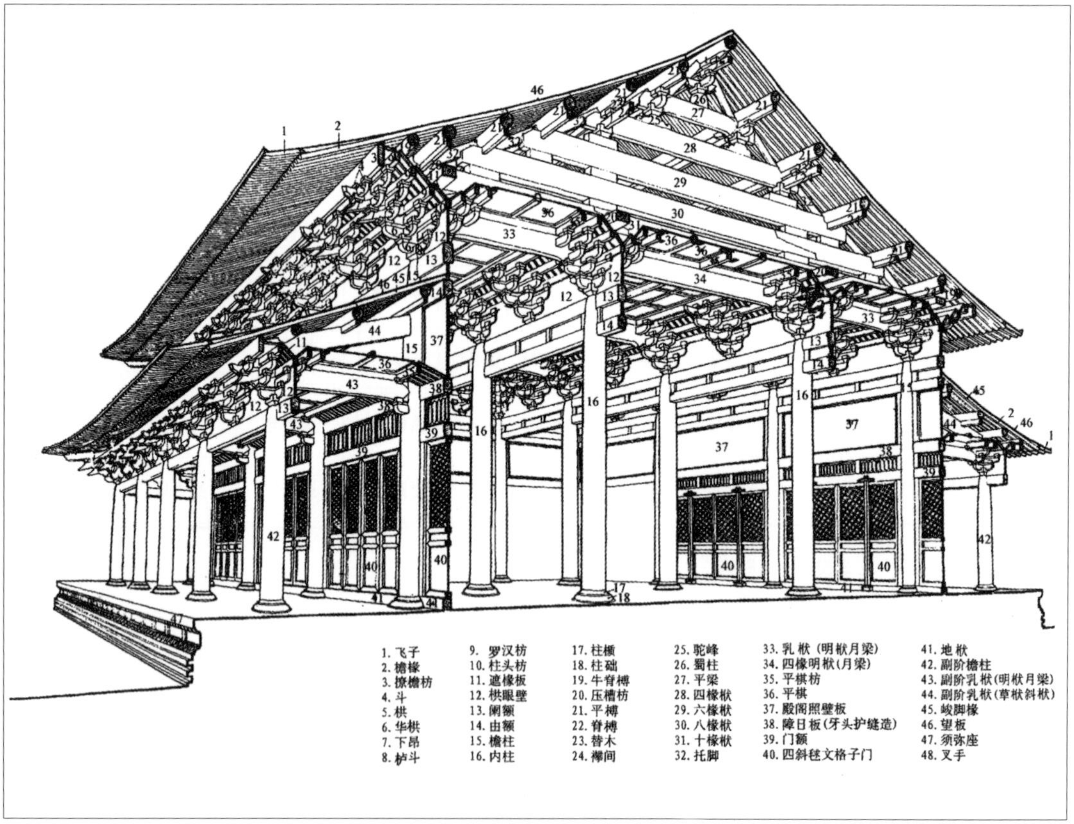

1. 飞子
2. 檐椽
3. 撩檐枋
4. 斗
5. 栱
6. 华栱
7. 下昂
8. 栌斗
9. 罗汉枋
10. 柱头枋
11. 遮椽板
12. 栱眼壁
13. 阑额
14. 由额
15. 檐柱
16. 内柱
17. 柱櫍
18. 柱础
19. 牛脊槫
20. 压槽枋
21. 平槫
22. 脊槫
23. 替木
24. 襻间
25. 驼峰
26. 蜀柱
27. 平梁
28. 四椽栿
29. 六椽栿
30. 八椽栿
31. 十椽栿
32. 托脚
33. 乳栿（明栿月梁）
34. 四椽明栿(月梁)
35. 平棋枋
36. 平棋
37. 殿阁照壁板
38. 障日板(牙头护缝造)
39. 门额
40. 四斜毬文格子门
41. 地栿
42. 副阶檐柱
43. 副阶乳栿(明栿月梁)
44. 副阶乳栿(草栿斜栿)
45. 峻脚椽
46. 望板
47. 须弥座
48. 叉手

3-3-2 宋法式中的梁架结构

射，如将宫城布置在城北正中，但实际上却为在中轴线上塑造宫殿建筑群的气势创造了更有力的景观和空间条件，同时也有利于城市居住、交通、贸易诸方面的便捷，应该说是一种兼顾政治制度和城市功能的合理变通的规划。

建设一条与城市中轴线重合的御道是都城规划的重点，也是一项突出王宫主体地位的通用原则和手法。唐长安城由明德门一直向北的大街是全城的中轴大街，纵贯全城，至宫城正门承天门止，长达 7.15 千米，在明德门至皇城正门朱雀门之间一段宽达 150 米的大街中间设“御道”，两侧是臣属及百姓通行的道路，三道并行，路旁植槐为行道树，时人称之为“槐衙”。岑参诗云：“青槐夹驰道，宫馆何玲珑。”这条以御道为统领的轴线在进入宫城后继续向北延伸，总长近 9 千米，是世界城市史上最长的一条轴线。

自汉代以来，中国都城的居住区大多采用封闭的里坊式布局，每个里坊是矩形或方形的小城，便于防御和管理。每个里坊四周环绕夯土坊墙，四面或两面开门，四角建有角亭。坊内有小街和巷、曲，民居面向巷、曲开门，通过坊门出入，犹如城中之城。里坊也是统治者防范居民的一种管理制度，“坊者防也”，除每年元宵节前后数夜开禁外，每夜均实行宵禁。若有人夜行，称为“犯夜”，“笞五十”。一般性的建筑都封闭在坊内，只有国家建的寺观和三品以上官邸才可在坊墙上临街开门。在长长的街道上唯见道道坊墙，有诗云：“百千家似围棋局，十二街如种菜畦。”相隔一两里才开一坊门，街景单调而冷寂。

二、建筑技术方面的成就

唐宋时期木结构技艺完全成熟，建筑形制趋于稳定，基于结构形式和工艺方式的建筑造型和建筑装饰也发展至完美的阶段，基本特点是根据构件的结构位置和构件的尺寸比例适当地加以美化处理，突出表现木构建筑自身的结构美和材质的自然美。

在建筑设计上，唐宋时期的工匠在长期经验积累的基础上，做出了许多精到而绝妙的处理，如柱子与地面呈一定倾斜的夹角，称为“侧脚”，即柱脚都微微向外撇出，柱头向平面中心微倾，在结构和造型上起到稳定作用。如果柱子都垂直而立且高度相同时，缺少抵抗侧向力的能力，易同时都向一个方向倾侧或扭转。加了侧脚处理后，建筑屋身立面呈梯形，各柱互不平行，两侧柱都向中间倾斜，受荷载后柱脚外撑，柱头内聚，互相抵紧，可以防止倾侧和扭动，有利于整体柱网的稳定。除柱身有侧脚外，柱列中各柱的高度由中部向两侧逐渐增高，称为“生起”，致使屋身部分的阑额（柱头横梁）连成一条两端上翘的折线，使屋顶和屋身的结合自然而不生硬，这对校正视差和增加建筑的稳定感与气势起着很大作用（图3-3）。

唐宋时期楼阁式木塔体量庞大，细部精美，是传统木构建筑的竖向发展。建于辽清宁二年（1056）的佛宫寺释迦塔（图 3-4），是世界上现存体量最大、最高的一座木塔，也是中国现今为止保存最完整的木塔。木塔平面为八边形，是古塔中直径最大的一座。塔的总高度为 67.3米，外观

3-4 山西应县木塔

3-5 山西太原晋祠圣母殿

为五层，因底层加有一圈称为副阶的外廊，故有六层屋檐。在塔的内部各层之间均设有一道结构暗层，故室内为九层。木塔采用内外两槽立柱布局，构成双层套筒式结构。塔身自下而上有节制地收分，造成总体轮廓向上递收的动势；与此相应，各层檐下的斗拱由下至上跳数递减，形制亦由繁化简，平座与屋檐有规律地一放一收，产生了强烈的节奏感和韵律感。

把结构或构造上的实际需要和建筑艺术处理有机地结合是唐宋建筑特点之一，如大梁采用卷杀处理，即将梁的两端加工成上凸下凹的曲面，侧面也加工成外凸状的弧面，微呈弯月状，故称月梁，寓力量于简朴的造型之中，其形式既与结构逻辑相对应又具明显的装饰效果，使室内一层层相互叠落的梁架不但不觉得沉闷、单调，反而有一种丰满、轻快之感。斗拱尺度和风格既雄大壮健、舒朗豪放，但又不失精巧，如琴面昂侧立面和断面均被处理成弧线造型，使得斗拱兼具结构意义与装饰的双重作用。

唐宋时期建筑屋顶形式普遍采用了曲线造型，即屋顶沿进深方向的剖切线是一个凹曲线，古称反宇。确定屋顶曲线的方法被称作“举折”，“举”是指由檐檩至脊檩的总高度，“折”是指用折线确定由檐檩至脊檩间的各檩高度的方法。不同的举高选择使屋顶产生了不同的比例和风格。在庑殿式建筑中还产生了一种称为“推山”的做法，即将正脊向两侧山面推长，目的是校正庑殿顶由于透视产生正脊缩短的错觉，使得屋顶的 45 度斜脊的水平投影不是 45 度的斜向直线，而是内凹的曲线，在空间上这条斜脊实际上是条双曲线，使人们从任何方向包括 45 度方向看过去都是一条曲线，使庑殿屋顶的造型趋于完美。屋面除在进深方向呈一凹面外，沿面阔方向也有相应的凹曲，称为屋面的升起（图 3-5）。由于屋面有升起，屋顶的正脊也随之形成了中低边高的曲线，与此同时，屋角的起翘也已成为强化造型的手段。宫殿、寺庙开始较多地使用彩色琉璃瓦，敦煌莫高窟初唐壁画中所示，建筑物屋面覆以黑瓦，而屋脊、鸱尾都用绿色琉璃瓦，与暖色的木构殿身及浅色的石构台基相配，具有强烈的色彩反差，使建筑的外观变得光彩华丽。

在工具制作和建筑裁量方面，唐宋时期也取得了很大的进展，随着冶铁技术的成熟，工具的制作普遍采用锻造技术取代铸造技术，并广泛使用夹钢、贴钢技术来制作斧、凿等工具，增强了工具的强度和韧性，使得建筑材料的加工变得更为容易和精细。解木锯的发明和普及是这一时期的重大进步，解决了解木的费时费工难题，并出现了专业解木的工匠“锯佣人”，推进了制材技术的进步。解木锯的使用也带来木工技术的全面改进，形成了木工工具的配套组合使用，如使用锯、斤、斧伐木，使用框锯制材，使用刨、锛、刮、铲、鐁（鋖）以及铨、鋜、锡平木，使用框锯、凿子、钻、锤、斧加工榫卯等，形成了规范的加工工艺。火药的使用使得石料开采变得相对容易，加之工具的进步，石材在建筑上的比重逐渐加大，加工石料的技术也变得十分规范，如宋代石料加工工艺被分为褊棱功、平面功、雕镌功、挖凿功四种，每种又列有不同的加工步骤，如加工石材平面时有打剥、粗漉、细漉、斫砟、磨砻等工序，在石雕的加工手法和艺术表现上则有压底隐起、减底平钑、剔底起突、素平四种镌刻制度，从唐宋时期留存下来的石桥、石塔等石作建筑及石雕作品可窥见这一时期的技术水平。河北赵州安济桥建造于隋大业年间（605—617），是世界上现存最古老的敞肩桥，具有极高的技术成就（图 3-6）。该桥形制为单孔圆弧弓形石拱桥，南北长约 51 米，桥面宽约 10 米，桥跨 37 米，拱矢高度达 7 米。在

3-6 河北赵州安济桥

大拱的两肩，对称地踞伏着四个小拱，用于增加泄洪能力，同时也大大减轻了桥梁的自重，并且省工省料。这种在大拱拱肩上垒架小拱的形式称作敞肩式，这种敞肩式桥梁技术在西方迟至 14 世纪才出现，而与赵州桥形式相近的敞肩式桥，在欧洲迟至 19 世纪才出现。大量用砖也是唐宋建筑的显著特点，例如用砖包砌城墙，建造整体砖塔，留存至今的著名砖塔有高七层 64.1 米的唐大雁塔、高十一级 84 米的宋开元寺塔等，表明当时制砖技术和砌筑工艺的高超。（图 3-7）。

三、古代模数设计的技术价值

唐宋时期，中国古典建筑结构与构造设计采用了模数制度，模数的基准概念为“材”，材是一个二维的矩形平面，即高宽比为 3:2 的拱构件断面，对于梁、枋、拱等受压构件，高宽比 3:2 的断面的构件在受力上是最合理的，按“材”的比例出材，能最大限度发挥原木的出材率，也符合黄金分割率的视觉审美要求。采用拱的断面为基准单位，原因在于拱是大木构架中最小且使用数量最大、应用最广泛、使用频率最高的构件，大多数木构件均与之发生联系，关联性高，易于比对。

建筑的木构件均以“材”为基准，所谓“凡构屋之制，皆以材为祖”，包括开间、进深、举折合构件的高、宽、长等，皆为材的倍数，且根据经验形成一定的口诀，形成一整套行之有效的尺寸体系。如宋代规定“材”分八等，虽然“材”的断面比值都是 3:2，但不同级别的“材”的高宽绝对数值各不相同，最大者为 9 寸 ×6 寸，最小者为 4.5 寸 ×3 寸，以适用不同级别、不同功能建筑的需要。在使用中，“材”还有足材和单材之分，单材高度为 15分，宽度为 10分; 足材则为高 21 分、宽 10 分，即将两个单材拱之间称为契合的间距并入单材中，增加单材的强度。人们在设计受力较大的构件时，如华拱、丁斗拱这些受力较大的悬挑构件，就常采用足材尺寸。总之，对于木构建

3-7 定州开元寺塔

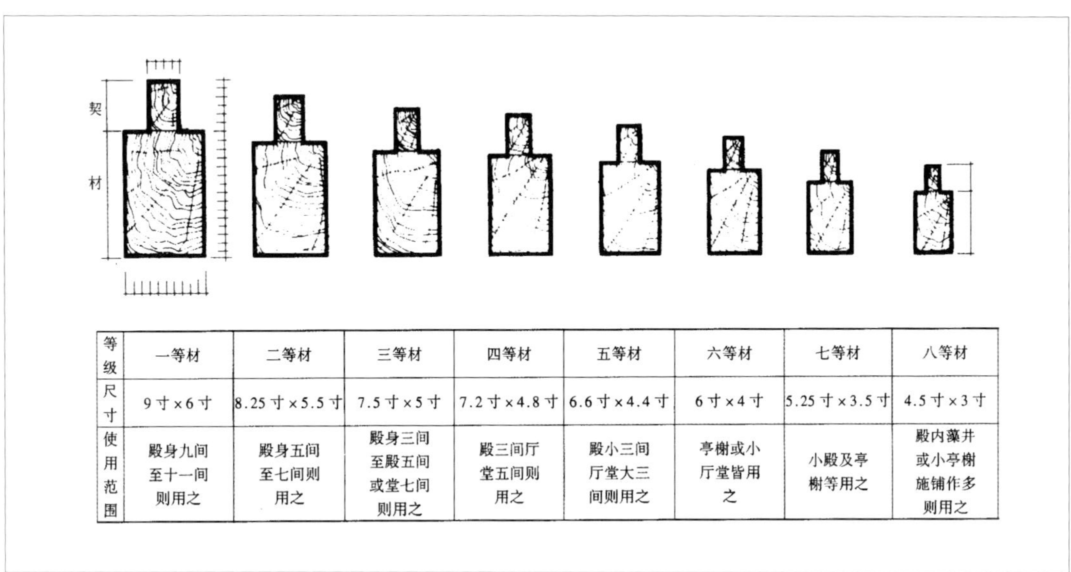

等级	一等材	二等材	三等材	四等材	五等材	六等材	七等材	八等材
尺寸	9寸×6寸	8.25寸×5.5寸	7.5寸×5寸	7.2寸×4.8寸	6.6寸×4.4寸	6寸×4寸	5.25寸×3.5寸	4.5寸×3寸
使用范围	殿身九间至十一间则用之	殿身五间至七间则用之	殿身三间至殿五间或堂七间则用之	殿三间厅堂五间则用之	殿小三间厅堂大三间则用之	亭榭或小厅堂皆用之	小殿及亭榭等用之	殿内藻井或小亭榭施铺作多则用之

3-8 材分制度

筑的梁、柱、槫、椽、额，以及斗拱上的各种构件之长短，加工过程中如何下墨线等，都是用几材、几契、几分来裁量的（图 3-8）。

采用模数进行设计，将庞杂的构件纳入有序的数字逻辑关系中，使得建筑的构建方式及整体与局部构件之间的相互关系有内在的合理性。就中国传统木构建筑而言，如果没有精密的模数体系是难以支撑的。一座标准的殿堂建筑，其构件多达几千，乃至上万件，其中尺寸、功能、位置、组合方式有相同、相近、相异种种变化，而古代又没有我们今天这样完备的建筑施工图纸，用以标注各种构件的尺寸、位置和安装方法，主要是靠工匠们口传心授、约定俗成的口诀，如工匠们称几材几契，既是一种尺寸约定，也是一种构造做法，工匠们在施工交底时，说明某一节点几材几契，即是给出了构造节点大样，匠人心领神会，依之加工制作，而后组合安装。如果没有整齐划一、严谨方便的材分模数来指导和规范，那么无论是构件的加工，还是构件的组装都是难以实现的。在实际的设计施工中，往往是只确定一座建筑的开间、进深、材等、斗拱朵数等主要数据，工匠们便根据既定的标准和方法进行加工构件和拼装工作，正是由于有“材”作为拱、枋的断面，从而保证拱、枋搭接时具有标准化的构造节点，才能把数十个形状各异、功能不同的斗、拱、昂、耍头等组合为一朵朵斗拱，最终构建成完整的框架，既保证了构件的强度，又保证了相互间合宜的比例尺度。中国传统木构建筑是一种典型的预制加工而后现场组合安装的建筑体系，这是中国古代建筑施工速度快、工期短的基础，模数制度简化了构件中复杂的尺寸，同一类型的构件的材分尺寸是相同的，在不同等级的建筑上使用时，只需要熟悉其材分尺寸，而不必记实际尺寸。一座建筑一旦工料齐备，从开工到完工长则一年，短则数月。

四、营造法式

北宋崇宁年间，政府颁布了名为《营造法式》的建筑法典，编纂者李诫（？—1110）供职于政府机构将作监，将作监不但要领导具体的建设项目，还要负责制定建筑管理的政令，储备人力物力和管理工匠，并向工匠们传授技术规范和法规，制定劳动日定额，汇总上报建设账目，还包括管

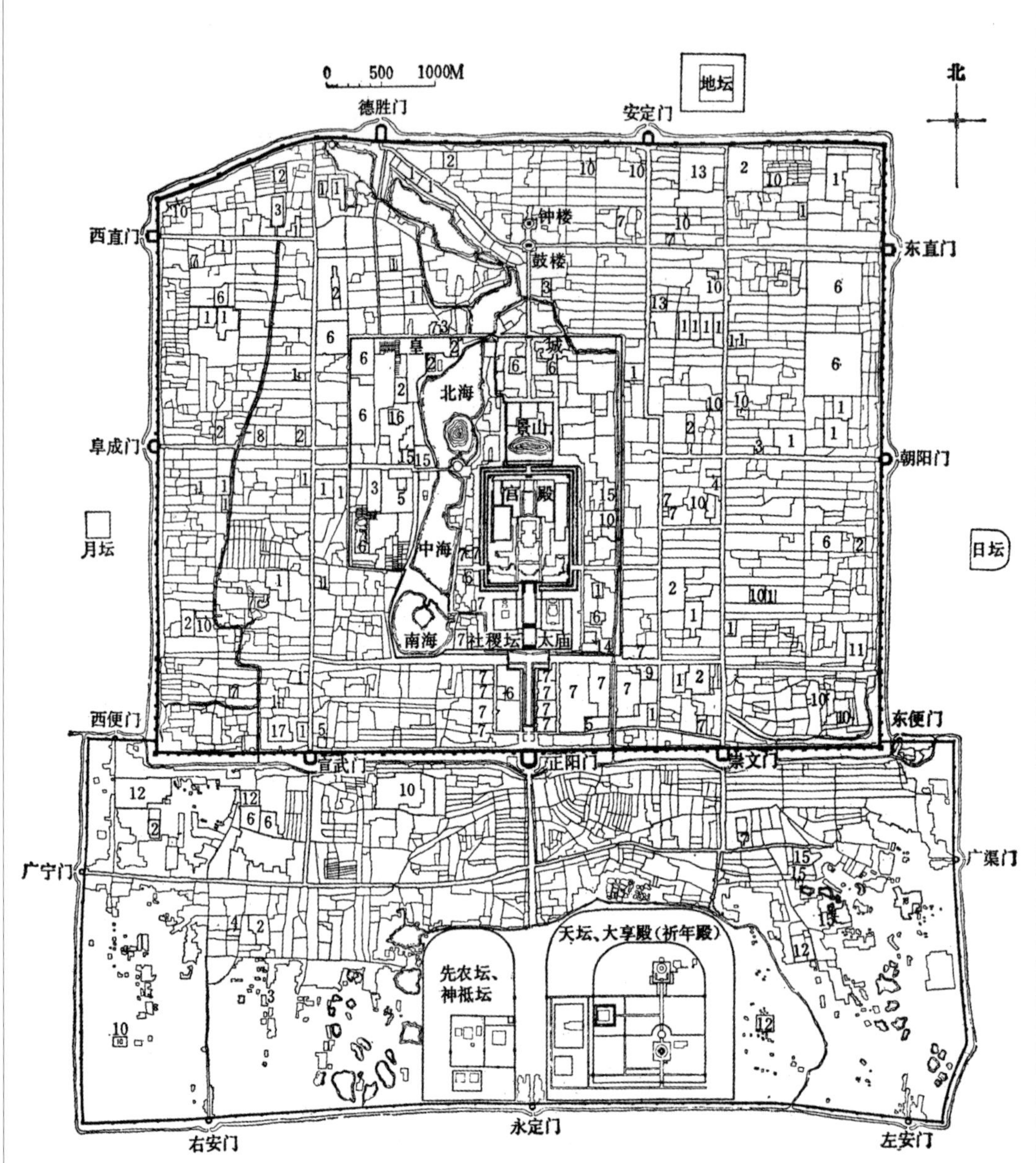

明、清北京城平面

1—亲王府；2—佛寺；3—道观；4—清真寺；5—天主教堂；6—仓库；7—衙署；8—历代帝王庙；9—满洲堂子；10—官手工业局及作坊；11—贡院；12—八旗营房；13—文庙、学校；14—皇史宬(档案库)；15—马圈；16—牛圈；17—驯象所；18—义地、养育堂

4-1 明清北京城平面示意图

理河渠、修缮道路等其他事项。《营造法式》也反映了唐宋时期建筑设计方法和施工管理的经验，书中详列了十三个建筑工种的设计原则、建筑构件加工制造方法，以及工料定额和设计图样，成为中国古代木结构建筑技术与工艺发展到成熟阶段的一次全面而细致的总结。该书编修的主要目的是在面对人力、财力、物力日趋匮乏，而上流社会又日趋铺张这一矛盾的情况下，力图防止贪污浪费，同时保证设计、材料和施工质量，以满足社会需要。全书共三十四卷，分为释名、各匠作制度、功限、料例和图样五大部分。书中第三至十五卷为壕寨、石作、大木作、小木作、雕作、旋作、锯作、竹作、瓦作、泥作、彩画作、砖作、窑作十三个工种的制度，并说明每一工种如何按建筑物的等级和大小选用标准材料，以及各种构件的比例尺寸、加工方法及各个构件的相互关系和位置等。第十六至二十五卷按照各作制度的内容规定了各工种的劳动定额和计算方法。第二十六至二十八卷规定了各工种的用料定额和有关工作的质量。第二十九卷至三十四卷是图样，包括测量工作、石作、大小木作、彩画作等使用的平面图、断面图、构件图、各种雕饰纹样与彩画图案。此外，全书开卷处还设有看样和目录各一卷，其中看样说明了若干规定和数据，如屋顶坡度曲线的画法、计算材料所用的各种几何形比例、定垂直和水平的方法、按不同季节定劳动日的标准等。《营造法式》在一定程度上反映了当时整个中原地区营造技艺的普遍水平，反映了工匠对科学技术掌握的程度，是一部凝聚着古代劳动工匠智慧和才能的巨著，也是迄今所存中国最早的一部建筑技术专著。

第四章 守成时期

明清两朝是中国历史上社会经济与文化诸方面的守成时期。明代初期，工业和商业有了一定发展，一度凋敝的城市文明再现繁荣。以北京城为代表，明清时期城市建设掀起了新的高潮。明清北京城在规划思想、布局方式和城市造型艺术上，继承和发展了中国历代都城规划的传统，是中国古代城市规划与建设的总结，北京故宫、明十三陵和清东西陵、天坛等大型皇家建筑是中国古代建筑的精华。明清时期园林艺术更趋精致，并向对象化和程式化方向发展，传下来大量闻名世界的园林佳作。丰富多彩的地方建筑是明清建筑的重要组成部分，展示了不同地区、不同民族的不同特色，为文化的多样性提供了丰富的见证。

一、城市规划与城市建设

北京是有千年历史的大都市，辽、金、元、明、清均曾在北京建都，明清北京城是明永乐四年（1406 年）在元大都基础上改扩建而成，格局是典型的宫城、皇城、郭城三环相套的封建都城形式，皇城布置在内城中心偏南，皇城中心是宫城，是皇帝听政和居住的宫殿，采用前朝后寝制度，是“左祖右社面朝后市”的传统王城形制，宫城周围布置有太庙、社稷坛、五府六部、内市等。皇城周

4-2 明清北京钟鼓楼

围是居住区，以胡同划分为长条形的住宅地段，商业区主要集中于南城（图 4-1）。

明清北京城的布局鲜明地体现了中国封建社会都城以宫室为主体、突出皇权和唯天子独尊的封建礼制的规划思想，以一条自南而北，长达 7.5 千米的中轴线为全城骨干，城内宫殿和其他重要建筑都循轴线布置，轴线前段自外城南墙正门永定门起，经故宫三大殿，至鼓楼、钟楼（图 4-2），整条轴线上建筑的起承转合，相互映衬，宛如一曲立体乐章。在城东西南北四面布置有日月天地四坛，与城中轴线上的建筑构成有力的呼应（图 4-3），宫城西侧有金元时期在太液池和琼华岛基础上扩建的三海（北海、中海、南海），及什刹海等园林湖泊，其自然风景式的园林景观与严谨规整的建筑布局形成对比和补充。城西北郊兴建有三山五园（万寿山、西山、玉泉山、圆明园、长春园、万春园、静明园、清漪园）等大批宫苑，形成了著名的风景区（图 4-4）。此外，在北京城内外，散置有大量的寺观庙宇、府第衙署，大多是形体高大、造型精美的建筑群，为北京城增添了丰富的色彩。

除北京都城外，明清时期还建有大量的府县一级的城市，其中一些城市至今保存尚好，如西安古城、平遥古城、兴城古城、朔州古城、大理古城等。西安古城是 1370—1378 年明代洪武年间在唐长安城的皇城基础上建造起来的，明隆庆四年（1570 年）又加砖包砌。现旧城的护城河、吊桥、闸楼、箭楼、正楼、角楼、敌楼、女儿墙、垛口等军事设施尚保存完好，构成严密完整的军事防御体系，是世界上现存规模最大、最完整的古代军事城堡设施之一（图 4-5）。

平遥古城基本保存了明清时期的县城原型，平面方形，城门六座，南北各一，东西各二，形如龟状，寓意坚如磐石，金汤永固。县城的布局为中心十字街衢格局，中心布置鼓楼，东西南北四向延伸出的道路构成城市的主干道。古城的交通脉络由纵横交错的四大街、八小街、七十二巷构成。南大街为中轴线，北起东、西大街衔接处，

4-4 俯瞰颐和园昆明湖

4-3 天坛祈年殿

南到大东门（迎熏门），中有古市楼雄踞街心；西大街西起下西门（凤仪门），东和南大街北端相交，与东大街呈一条笔直贯通的主街。中国第一家票号日升昌就诞生于古城西大街，是中国近代新型金融业诞生的标志，鼎盛时期这里的票号多达 22 家，被誉为“大清金融第一街”，控制着全国百分之五十以上的金融机构，一度成为中国金融业的中心。街道两旁，老字号与传统名店铺林立，商店和民居都保持着传统的布局与风貌。现城内外有各类遗址、寺庙、衙署、市楼等古建筑 300 多处，保存完整的明清民宅近 4000 座，是研究中国古代城市的活样本（图 4-6）。

4-5 陕西西安古城墙

二、大木结构与砖石技术

明清两代的官式木构建筑向强化整体性、构件装饰性和施工便利性三个方面发展，在建筑技术和建筑构造方面进行了显著的简化和优化。明清建筑虽然沿用唐宋以来实行的侧脚和升起的做法，但升起量和侧脚值都大为减小，至后期则基本舍弃不用，各柱等高，额枋平直，檐口的线型也随之变得平直，只到屋角才起翘，屋檐和屋脊也由曲线变为直线。明清时期改变了宋代制定屋顶坡度的举折制度，采用新的称为举架的计算方法，使屋顶的造型趋于陡峻。由于出檐减小和屋角起翘短促，整个建筑外形失去了唐宋时期的舒展而富有弹性的神采，显得较为拘谨和僵硬，但也因此增添了凝练和稳重。明清的木构架普遍采用穿插枋做法，改进了宋代木构架因檐柱与内柱间缺乏联络而不稳定的缺陷。楼阁建筑则废弃了唐宋时期流行的层叠式构架，代之以柱子从地面直通到屋面的通柱式构架，从而加强了建筑物的整体性。柱头科上的梁头（挑尖梁头）向外延伸，直接承托挑檐檩，取代了宋元时期下昂所起的作用，使檐部与柱子的结构组合更趋合理。屋架之间的纵向联系简化为檩、垫、枋三件。梁的断面加宽，取消琴面、月梁和梭柱的细部处理，使曲线减少，直线增多，在室内营造出一种简洁明快的效果。斗拱原本在建筑中起着重要的结构作用，到明清两代，由于挑尖梁头直接承托檐部，斗拱的结构作用下降，加之砖墙的普及而使出檐减小，遂使斗拱的尺度也变小，出跳减少，高度降低，排列变得繁密，在建筑外观上由粗犷有力的结构造型转向了纤细复杂的构造装饰。

在北宋京城汴梁曾流行一种独特的木拱桥，因能在短时间内建成，又被称为飞桥、飞梁，又因它若长虹凌空，而被称为虹桥、虹梁，北宋画家张择端所作《清明上河图》对这一桥式作了忠实的描绘。明清时期在中国浙江和福建山区仍流行着类似虹桥结构的木拱桥建造技术，当地称编梁木拱桥，俗称蜈蚣桥。这种木拱桥充分发挥了木材轴向抗压的力学特性，利用木桥受压产生的摩擦力，使构件之间越压越紧，抗倾斜、抗位移，单孔的跨度可达 30 余米，代表作品有浙江泰顺的梅崇桥、福建屏南的万安桥及千乘桥等（图 4-7）。

砖技术发展到明清时期有了极大进步，由于砖窑容量增加和用煤烧砖的普及，砖的产量急剧增长，为建筑用砖提供了有利条件，各地的夯土城墙也得以更新为普遍包砌城砖的砖墙，并用砖修筑长城。现存砖筑的长城主要为明代所修，其中八达岭长城是明代长城中保存最完整和最有代表性的一段，墙身高大坚固，土心砖表，下部加砌条石，断面呈梯形，上部宽约 5.8 米，底部宽 6.5 米，可供五马并驰，10 人并行，平均高度约 7.8 米，有些地方高达 14 米。墙顶用方砖铺砌，地势陡峭处则砌成梯道（图 4-8）。元代以前，房屋墙体还是以土坯砖或夯土为主，即便是高等级的殿堂，也只用砖垒砌墙体下部作为墙基，上部仍用土筑。及至明代，以硬山做法为代表的砖墙围护体系在各地得到广泛推广，砖墙作为围护结构，虽然不起承重作用，但其防雨、防水性能不言而喻。

4-6 山西平遥古城

三、建筑装修与装饰工艺

明清时期建筑装修与装饰工艺水平极高，形成了一整套精细严格的操作规程。小木作方面的装修分为外檐装修和内檐装修，外檐装修指用以分隔室内外的门窗、栏杆、楣子、挂檐板等及室外装饰，内檐装修指划分内部空间的各类罩、隔扇、天花、护墙板等及用于室内的装饰。在宫殿、王府建筑的外门上，常装饰有门钉、铺首等镏金构件，使建筑显得十分庄严宏丽。隔扇门相对空透轻便，多用于殿堂和一般房屋的外门。窗子有槛窗、支摘窗和什锦窗等不同样式。槛窗用于宫殿或寺庙等级较高的建筑，窗心安置木菱花，富有装饰意味。支摘窗多用于一般居住建筑中，特点是分为上下两段，上段可以支起以利通风，下段可以摘掉方便采光。什锦窗主要用于园林的廊墙上，有五方、六方、八方、方胜、扇面、石榴、寿桃等样式，既联通廊墙两侧的景致，又起到装饰建筑的作用。内檐装修在用料、纹饰、做工等方面较外檐装修更为讲究。罩是用于分隔室内空间的一种装饰，有一种似隔非隔的效果，分为飞罩、落地罩、栏杆罩、几腿罩、床罩等，一般都施以繁复华丽的雕饰或纹样。重要的殿宇，在室内中央部位用斗拱、木雕等装饰成藻井，有斗四、斗八、圆形等多种形式。此外，用木雕对建筑构件进行装饰成为明清时期一种流行的做法，并由于用料、技法、风格等因素而形成了黄杨木雕、硬木雕、龙眼木雕、金木雕和东阳木雕等不同流派。

在石作与砖作中同样要进行雕刻装饰，以突出建筑的高贵与华丽，同时昭示建筑的等级与使

4-7 闽浙编梁木拱技术

用者的身份。石雕装饰主要出现在须弥座、石栏杆、券脸石、门鼓石、滚墩石、柱顶石、夹干石和御路、踏跺等部位（图 4-9），风格上较唐宋时期更为简明。与石雕相比，砖雕更具中国特色，砖雕技艺可分为窑前雕与窑后雕。窑前雕又称砖塑，是在泥坯上雕刻后烧制成砖。窑后雕则先烧砖后雕刻，工艺精致，造型硬朗，对工匠的技术要求较高。砖雕的工艺包括印模烧塑、平雕、透雕、贴雕与嵌雕等多种类型。中国传统砖雕由于采用青砖雕制，与青砖砌筑的建筑外墙浑然天成，内容上有人物故事、花鸟鱼虫各种题材，常常起到厚德尚志、

4-8 北京慕田峪长城

4-9 汉白玉台基

4-10 甘肃临夏东公馆砖雕

美化生活的作用，因而深受人们喜爱（图 4-10）。琉璃属于砖作，由于琉璃胚料坚实，吸水性小，釉面光洁度好，色彩丰富历久不脱，所以在宫阙、寺观等重要建筑上被普遍使用，出现了大量用琉璃建造的琉璃塔、琉璃门、琉璃照壁，代表作品有南京报恩寺塔、山西洪洞广胜寺飞虹塔（图 4-11）等。

明清时期也是中国建筑彩画发展的繁盛阶段，施用彩画的部位除建筑的梁、枋外，还有柱头、斗拱、檩身、垫板、天花、椽头等处。按照建筑等级和风格的不同，明清时期的建筑彩画主要分为和玺彩画、旋子彩画、苏式彩画三种风格和做法，不但施色鲜艳，而且图案丰富，极富装饰意味，但同时也趋于程式化和制度化。各地方的民间彩画则不受官式彩画的束缚，具有地方特色和乡土气息，如陕北丹青、白族建筑彩画绘制技艺等都是颇具艺术价值的国家级非物质文化遗产项目（图 4-12）。

四、建筑设计与施工管理

明清时期，宫廷的建筑设计、工程预算已经从营造工程中分化出来，在清代已分别由专业化的“样房”和“算房”承担，表明建筑设计及预算已经走向了专业化和制度化。样房负责绘制画样，算房负责编写《工程做法》，由政府部门进行勘估并编制预算性的《工料钱粮约估》和《做法分晰钱粮清单》，然后木厂依照执行。

样房在嘉庆之后由雷姓家族世袭，称为“样式雷”。样式雷始祖雷发达（1619—1693）为江西南康人，明末由江西迁居金陵，清康熙年间雷发达与兄弟雷发宣来京服役，参加了北京皇家建筑工程，并崭露头角，因技艺超群，被康熙“敕授”为工部营造所的长班，民间有“上有鲁班，下有长班”的说法。雷发达在京服役 30 余年，他曾把自己的营造经验和心得编写成书，流传给了后人学习。其后，雷氏家族七代均服役于宫廷，掌管和参与了多项皇家工程，包括圆明园、颐和园、北京三海、承德避暑山庄、清东西陵等。样式雷家族在建筑设计领域取得很高的成就，特别是在绘制图纸、制作模型方面更表现出高超的技艺和水平，他们根据地盘图（实际测量的带有尺寸的图），首先绘制出章图（当时叫粗图），然后反复修改，再绘出详图（当时叫精图）。图纸的种类包括标有竖向高程的地形图、总平面图、局部平面图、平面图、透视图、平面与透视结合图、局部放大图、装饰花纹大样图等。在图纸的基础上，还需用草板纸制作称为“烫样”的模型，模型分片安装，屋顶可以灵活摘取，以便观看建筑的内部空间安排，屋顶往往用沥粉烫出瓦垄，既精细又美观，如今样式雷图档已被联合国教科文组织列入世界记忆名录（图 4-13）。

在建筑工程管理方面，明代匠人被官府编入匠籍，终身服役于朝廷。供役方式分为输班、住坐两种。输班是各地在册的工匠轮班来京供役，不赴班者需要缴纳班银。住坐是固定在京服役的，人数达 23 万之众。由于城市建设规模日益增大，原有的专业工匠已难满足要求，需要大量的军士充当劳力，这些人称班军，其中有专业技术的军士称为军匠。此外，根据项目的需要还要雇用民间劳工，称为包工。清代以后，强制性的班匠服役制度逐渐瓦解，官府营造和民间用工基本以雇佣为主，重要工程项目委派专职大臣督建，并负责招揽私营厂商承建，私营厂商称“木厂”，木厂包含木作、瓦作、石作、土作、油漆作、彩画作、裱糊作、搭材作等各作业务。清代早期北京地区规模较大的木厂有八家，兴隆木厂是其中规模最大的，曾承担过故宫、颐和园、天坛等重要工程。木厂管理机制类似私营公司，设有掌柜（公司经理）、坐柜（业务主管）、作公（行政主管）、各匠作的作工头（各专业技术负责人，如木工头、瓦工头）等，并无领固定薪酬的专职工匠，待承接工程项目后，从政府或业主支取钱粮或银两，并视工程的规模和性质雇用工匠和民夫。木厂对所承包项目负责，独立经营。在具体操作中，木厂与业主就整体规模和总体布局商定之后，样子匠和算手参照官方颁布的《工程做法则例》对单

4-13 样式雷烫样模型

4-11 山西洪洞琉璃塔

8-12-1 清代和玺彩画

4-12-2 清代苏式彩画

4-12-3 清代旋子彩画

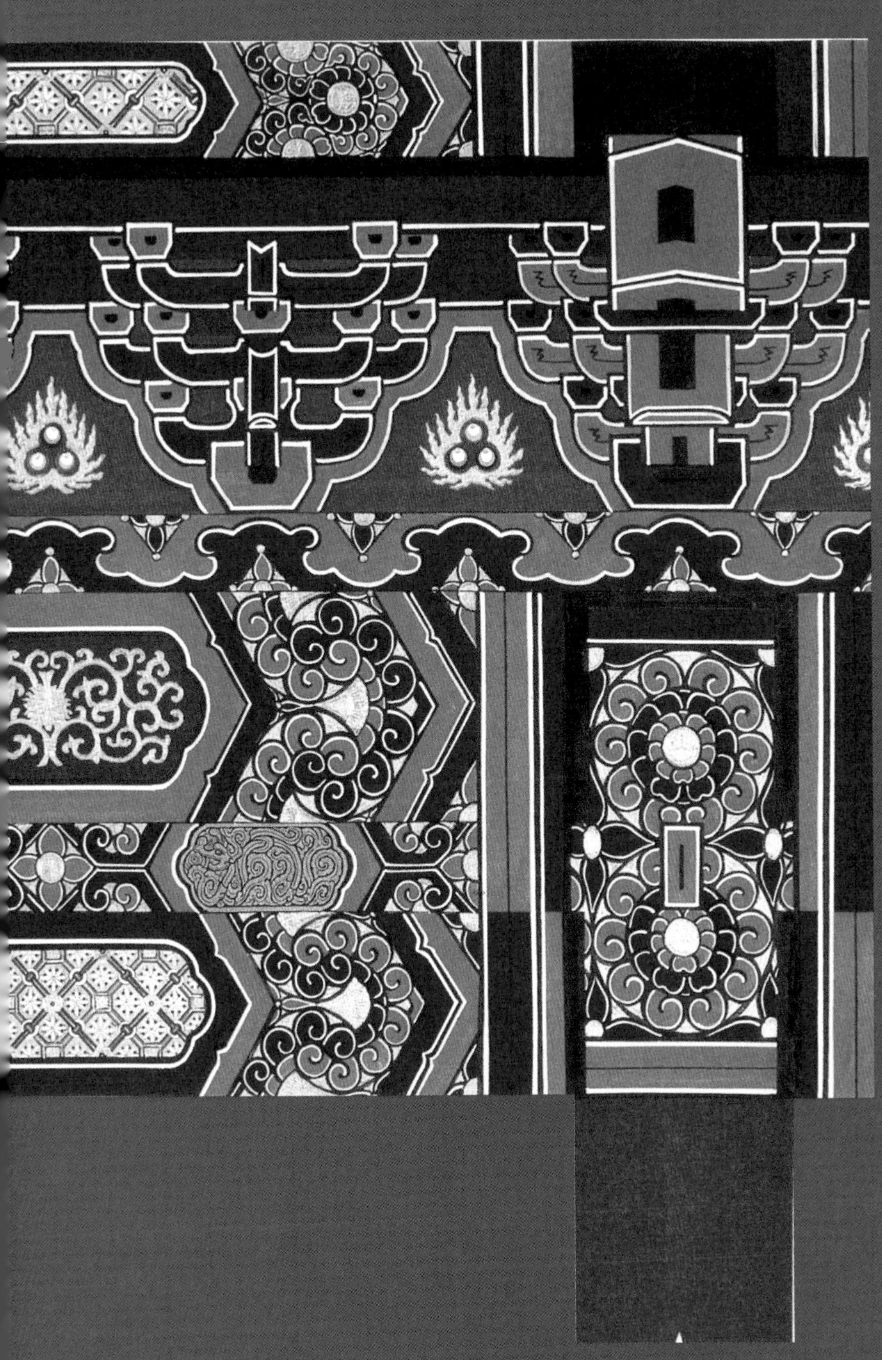

5-1 澳门大三巴牌坊

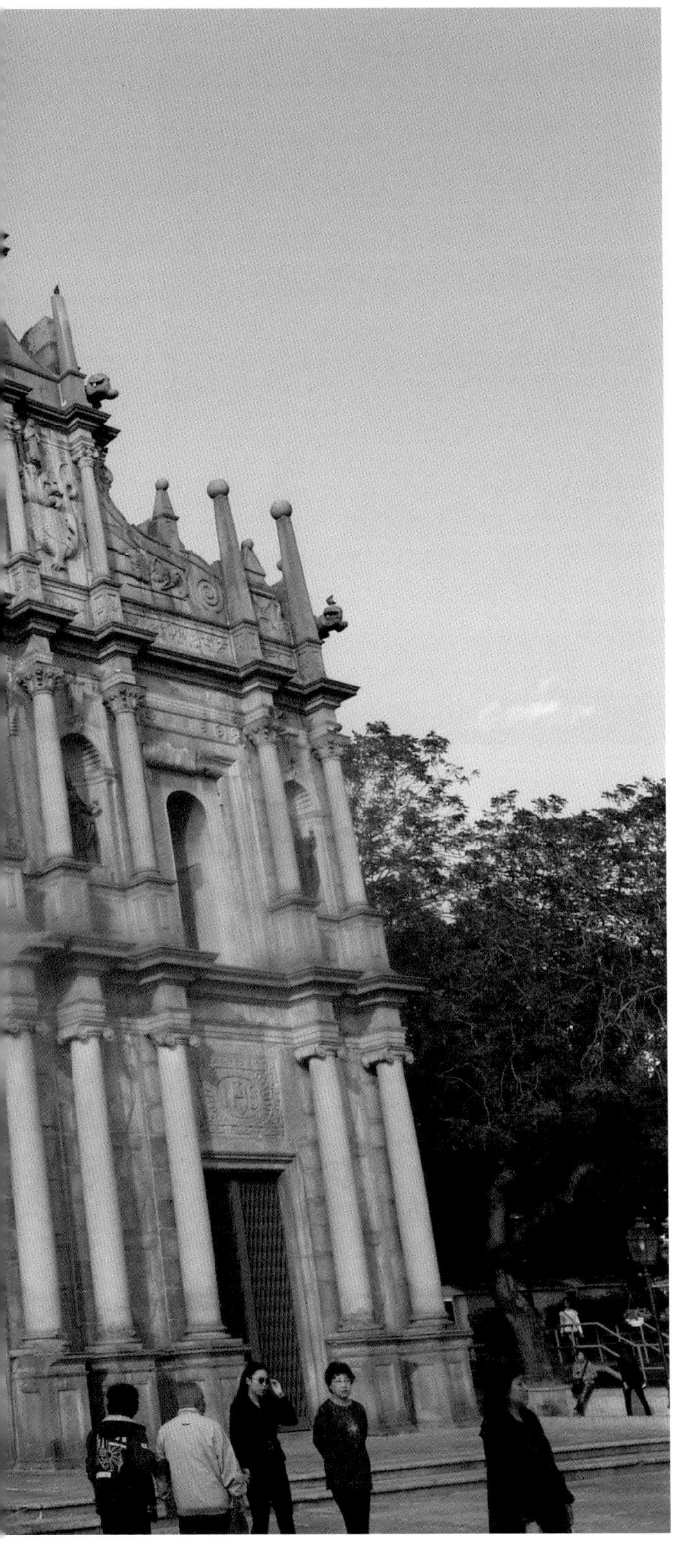

体建筑主要部位的尺寸及特征做出规定，各作工匠根据具体情况和各自操作习惯进行构件加工和安装作业。

《工程做法则例》是继宋《营造法式》之后又一部建筑法典，其中列举了 27 种单体建筑的大木做法，其当于 27 个标准设计和营建规范，并对斗拱、装修、石作、瓦作、铜作、铁作、画作、雕銮作等做法和用工用料都作出了规定，将清朝官式建筑的形式、结构、构造、做法、用工等用官方规范的形式固定下来，形成了规制。在《工程做法则例》中，用“斗口”作为木构建筑的基本模数单位，取代了唐宋时期的“材分”制。“斗口”是平身科斗拱坐斗的斗口宽度，按尺寸大小不同划分为 11 个等级。斗口的功能并不局限于用来衡量斗拱中每个构件的尺寸以及柱、梁等结构构件的断面，还可确定房屋的进深、间数，进而可以用来确定建筑的总体尺寸，其思想与理念和营造法式的材分制度一脉相承。在《工程做法则例》中，建筑根据等级和结构做法被划分为大式和小式两种，大式建筑的平面可以做成多种丰富的变化，可以带周围廊、抱厦等，可以使用斗拱，也可以使用各种复杂的屋顶样式，并可以做成重檐的形式。这些规定反映了封建等级观念在建筑上的影响，使得建筑在一定程度上成为人们地位和身份的标志。小式建筑一般用于次要建筑和民间建筑。

第五章 变革时期

19 世纪末，随着专制王朝的衰落和近代新型工业文明的成长，同旧有生产方式相联系的传统建筑活动总体走向了衰竭，中国的城市功能、建筑材料和施工方法等诸方面出现了根本性的转变。伴随着钢材、水泥、玻璃、进口石材、面砖等新的建筑材料的引入，出现了欧美近现代所广泛采用的混凝土、悬索、桁架等结构方式的新建筑，也同时出现了相应的施工技术。这些新的建筑技

5-2 上海外滩

术往往与中国传统技艺相互融合或混杂，施用于新的建筑类型和建筑形制中，成为近代中国建筑的一道特殊风景。除了大量用新结构、新材料建造的西洋式公共和商用建筑外，也同时出现了多种中西结合的样式，如上海地区的石库门建筑即掺杂了中外双重元素，广东、福建等沿海地区的民居则是中西合璧的典型。虽然传统的木结构及其施工工艺不再适应新的建筑，但许多传统的营造做法和装饰细节被融入新的建筑中，形成了当时“新而中”的风格。

一、西方建筑的植入

1535 年，葡萄牙占据澳门为商港，筑城造房，建造了中国领土上最早的西式建筑（图 5-1）。1720 年，当时唯一对外通商口岸的广州建造了租赁给外商居住的十三夷馆，这是外商在中国境内最早建造的商业建筑。1745 年，西洋传教士王致诚（Attiret）、朗世宁 (G.Castiglione)、蒋罗仁（M.Benoit）等人在圆明园长春园北部为乾隆建造的一组意大利巴洛克风格的建筑，是中国庭园兴建西洋建筑的先声，并形成了所谓“圆明园式”风格。

19 世纪末，中国对外开放的商埠已达 36 处，沿海有广州、福州、厦门、宁波、上海、淡水、琼州、天津、烟台等，内陆有南京、杭州、苏州、汉口、沙市、宜昌、重庆、芜湖、沈阳、济南等地。香港岛、九龙和台湾的一些城市成为割让地，广州的沙面、厦门的鼓浪屿等处则成为外国租界。外国政府和商人在这些地区招商购地，设立洋行、仓库，修建码头、海关，相应建造起各种管理、居住及生活娱乐用房——领事馆、工部局、花园住宅、饭店、俱乐部、跑马场等，此外还兴建了医院、学校、育婴堂、图书馆。与此同时，中国政府也特邀外国建筑师设计了一大批重要的建筑物，如北京的陆军部、海军部、大理院、国会大厦及一些地方谘议局等，这些建筑大多采用西方近代的建筑技术建造，并采用当时西方流行的古典复兴和折中主义风格。以上海近代建筑为例（图 5-2），主要有四种类型，第一类是教堂，如有徐家汇天主教教堂（图 5-3）。第二类是公共建筑，主要为银行、海关等，如汇丰银行、中央银行、沙逊大厦、上海海关。汇丰银行建于 1921 年，由英资建筑设计机构公和洋行（Palmer & Turner Architects and Surveyors）设计，大楼主体高五层，中央部分高七层，另有地下室一层半（图 5-5）。大楼主体为钢框架结构，砖块填充，外贴花岗岩石材，外观上可以明显看出新古典主义的横纵三段式划分，正中为穹顶，穹顶基座为仿希腊神殿的三角形山花，再下为六根贯通二至四层的爱奥尼亚式立柱。大楼内部装修品质十分高雅，选用大理石、黄铜等装修材料，营业大厅有 28 根高 13 米的意大利天然大理石柱。该建筑被誉为“从苏伊士运河到远东白令海峡最豪华的建筑”， 也是仅次于英国的苏格兰银行大楼的世界第二大银行建筑。除汇丰银行外，公和洋行在外滩还设计了沙逊大厦、江海关大楼和中国银行（图 5-4），都成为外滩的标志性建筑。其中沙逊大厦总高 77 米，是当时外滩最高的建筑物。第三类是商业建筑如商场、饭店等，如大新公司、上海国际饭店、上海百老汇大厦、比卡地公寓等。上海国际饭店由匈牙利著名建筑师拉斯洛·邬达克设计，1934 年落成，大楼 24 层，其中地下 2 层，地面以上高 83.8 米，钢框架结构，钢筋混凝土楼板，是 20 世纪 20 年代美国摩天大楼的翻版，是当时中国也是当时亚洲最高的建筑物，在上海保持最高高度纪录达半个世纪（图 5-7）。与中国传统木结构相比，这些近代建筑大多采用钢筋混凝土结构，技术先进，体量巨大，不但可以满足新型和复杂的社会功能，

5-3 上海徐家汇教堂

5-4 沙逊大厦与中国银行

5-5 上海汇丰银行

5-6 哈尔滨圣索菲亚大教堂

在形象上也创造了不同以往的城市景象。第四类为文教卫生建筑，主要为学校、医院等，如南京金陵大学、北京燕京大学、辅仁大学、圣约翰大学、北京协和医院、北京图书馆旧馆。学校和医院等文教建筑虽然采用了新的功能和新型的建筑技术，但在外观上往往仍借助中国传统建筑形式及细部装饰，以便更能被中国人接受。东北地区，由于当时被俄国和日本占领，在建筑技术和建筑文化上受到日俄较大影响，如哈尔滨的俄式教堂和文艺复兴建筑群（图 5-6），长春的日本近代建筑风格的建筑。此外，青岛、武汉、广州、澳门、香港、台湾等地，至今也保存下来大量该时期的西方文艺复兴风格的经典作品。

二、民族主义复兴

20 世纪 30 年代前后，民族意识日渐觉醒，出现了“民族形式”这一中国近代建筑创作特有的命题，兴起了一股传统复兴的浪潮，并得到当时的国民政府的倡导和支持，1929 年颁布的《首都计划》和《上海新市区规划》中明确提出：“政治区之建筑物，宜尽量采用中国固有之形式，凡古代宫殿之优点，务当一一施用。”民国政府倡导中国固有形式，目的是为“发扬光大本国固有文化”，“使置身中国城市者，不致与置身外国城市无殊也。”在这种背景下，一大批国家级建筑以中国传统形式出现了，并出现了复古式、古典式、折衷式三种趋向。

复古式指建筑的造型及细部装饰纯粹仿中国古代宫殿庙宇的一种建筑形式，代表作品主要有南京中央博物院、国民党党史陈列馆、北京燕京大学等。中央博物院（图 5-8）是一座新建的传统宫殿式建筑，结构为钢筋混凝土和钢屋架，但形式纯系辽代木构大殿样式。“大殿”面阔九间，单檐庑殿顶，造型和比例均极严谨，柱子有“侧脚”和“升起”，瓦当和鸱吻等构件更是经过严格考证才浇铸而成的，因而从整体到局部都是地道的

5-7 上海国际饭店（右）与大光明电影院

5-8-1 南京中央博物院

古建筑形式，但是这种形式无论从实用功能上还是从技术和材料上都有严重不合理现象，且造价昂贵。

古典式的特点是在基本保持传统建筑的比例和细部，特别是保持以大屋顶作为造型的主要特征的前提下，力求功能与形式结合，形式本身也尽量融汇变通，代表作品有南京中山陵、广州中山纪念堂、上海市政府、广州省政府、北京协和医院、南京金陵大学、北京辅仁大学教学楼、北京图书馆等。

中山陵位于南京紫金山南麓，由著名建筑师吕彦直设计，陵园面积 3000 多公顷，主要建筑占地约 8 万平方米。中山陵是近代中国建筑师第一次规划设计大型建筑组群的主要作品，也是探讨民族形式的一件较为成功的作品。当年为建造中山陵曾进行了专门的设计竞赛，年轻建筑师吕彦直的方案中选。陵园的总平面分墓道和陵墓主体两大部分，墓道的布置运用了石牌坊、陵门、碑亭等传统的组成要素和形制，用以创造序列感和庄严感，并为陵墓主体进行了合宜的铺垫。陵墓主体平面采用了象征性的钟字形，既寓意先行者鸣钟唤醒国人，又象征近代中国人民的觉悟。祭堂平面近于方形，四隅各凸出一个角室，正面辟三间前廊，背面接圆形墓，布局十分简洁。在造型设计上，角室用白石砌筑，构成凸于墙外的四个坚实的墩座，增加了祭堂的力量感；屋顶采用传统的歇山式，前廊覆以披檐，屋面均选用深蓝色琉璃瓦铺挂，对比于石墙的素缟，衬以蓝天和翠柏，显得十分雅洁庄重。整个陵园在与环境的相互结合及依存关系上也颇具匠心，因山就势，高下呼应，既渲染了地形的天然屏障的特点，又突出了陵园的性格特征（图 5-9）。

继中山陵之后，吕彦直 1926 年又在广州中山纪念堂的设计竞赛中夺冠。该纪念堂主体为钢架和钢筋混凝土结构，八角形的大厅跨度 30 米，5000 个座位，大厅上覆八排 30 米跨钢桁架，中无一柱，空间高大宽敞，是当时中国最大的会堂式

5-8-2 南京中央博物院内景

建筑。大厅四角设计了50厘米厚的钢筋混凝土剪力墙，用来承载屋顶负荷。屋顶的形式采用了中国古典单檐攒尖式屋顶，四周出抱厦，整体造型统一完整（图5-10）。

折衷式是在西方近代建筑思潮影响下，对中国古典式进一步简化、变通的产物，其特征是基本上取消了大屋顶和油漆彩画，也不因循古典的构图比例，只是在立面上增加一些经过简化的古建筑构件装饰，用以作为民族风格的符号和标志。南京国民党外交部办公大楼（1934年始建）是具有所谓“经济、实用而又具中国固有形式”的一座典型的折衷式建筑，由建筑师赵深、童寯、陈植设计。该建筑为钢筋混凝土混合结构，中部五层，两翼四层，平面呈丁字形，两翼微前凸，为一般办公楼布置方式。其外观设计的特点是抛弃了中国古典构图，代之以西方早期现代建筑形式，正面分为勒脚、墙身和檐部三部分，取消了庞大的坡屋顶，采用简洁的平屋顶。墙身贴褐色面砖，底层采用粉刷区别出勒脚部分。中国的“民族形式”只表现在压顶檐部的浮雕及简化的斗拱、室内天花藻井、柱头装饰等处理上。入口处加建有宽大厚重的门廊，虽亦有古典出榫等装饰，但基本手法还是早期现代风格。1934年建造的上海江湾体育场组群是当时折衷式建筑中较为成熟的建筑群（图5-11），其中体育场、游泳池和体育馆都是当时比较新的建筑类型，满足功能和结构造型要求是设计中的主要矛盾，建筑的主体全部采用了红砖砌体，只在入口处的檐口、勒脚、券门及挑台处加以传统纹样处理，以表现民族风格。由于这些装饰部位合宜，比例恰当，古典建筑符号又运用得比较纯熟，故民族形式的特征也显得十分鲜明。

5-10 广州中山纪念堂

5-9 南京中山陵

第六章 多元时期

多元时期，中国建筑的演进历程可分为新中国成立初期、“文革”时期、改革开放时期三个

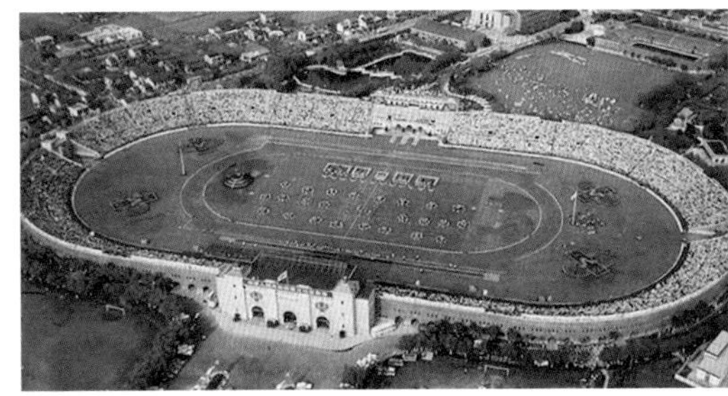

5-11 上海江湾体育场鸟瞰图

阶段，其中“文革”时期的建筑发展几近于停滞，因此也可将当代中国建筑的发展划分为 1978 年前的 30 年和后 40 年两个阶段。新中国成立后百废待举，但国力有限，城市建设相对滞后，直至 20 世纪 50 年代后期，为庆祝新中国成立 10 周年，中央政府举全国之力兴建人民大会堂等十大建筑，掀起了城市建设与建筑创作的新高潮。1978 年后，中国开始了全面改革开放，社会经济全面复苏并迅速发展，国家经济实力大幅增强，国内外科技、文化交流空前活跃，国际流行的各种建筑思想、思潮及技术也迅速传入，城市建设与建筑创作出现高度繁荣景象。

一、新中国成立至改革开放前

1949 年，随着新中国的成立，中国的现代建筑也开始了崭新的篇章。由于抗日战争和国内战争的破坏，国民经济几近崩溃，国家只能集中财力物力优先发展经济建设，城市建设相对滞后。

作为第一个社会主义国家，苏联的建设经验无疑对中国即将展开的社会主义建设具有重大意义，中国在城市规划理论和实践、工业建筑设计管理体制、工业建筑法规和规范、经济性和大量性住宅建设、建筑设计和施工技术，以及建筑教育等领域全面接受了苏联模式。随着苏联援建项目的引进，苏联专家也将“构成主义”“社会主义现实主义”等建筑设计思想带入中国。“构成主义”是起源于苏联的现代艺术流派，其设计理念与当时国际上正在兴起的现代主义建筑暗合，故而成为现代主义建筑运动的一个重要分支。“社会主义现实主义”是一个文艺创作原则，具体表现形式是“社会主义的内容、民族的形式”，为了区别于西方“帝国主义”的内容和“资产阶级”的形式。以民族传统形式出现的古典主义建筑成为了与西方建筑形式相抗衡的武器，具体表现为大体量、集中式和对称式的构图，高耸的尖顶，古典的柱廊及装饰等，这种理念及原则被中国建筑界全盘接受，并在全国各地推广，如北京广播大厦、北京军事博物馆、北京展览馆（图 6-1）等。

6-1 北京展览馆

6-2 重庆人民大礼堂

新中国的成立和社会主义国家建设大潮激发了一代建筑师的爱国热情，兴起了新的民族建筑复兴的运动。20 世纪 50 年代以中国十大建筑工程项目为契机，建筑师纷纷对民族形式或传统建筑文化进行探索，对建筑构成、立面比例、装饰细部进行细致的推敲和斟酌，许多建筑作品成为该时代的经典，如北京友谊宾馆、重庆人民大会堂（图 6-2）等。

1958 年，为庆祝新中国成立十周年，中央政府决定在北京建设包括人民大会堂在内的一批重大工程，并要求在 1959 年国庆节时投入使用。这些工程包括人民大会堂（图 6-3）、中国革命历史博物馆、中国人民革命军事博物馆、民族文化宫、民族饭店、华侨大厦、钓鱼台国宾馆、全国农业展览馆、北京火车站、北京工人体育场，被称为“建国十大工程”。十大建筑大多采用既能代表新时代、新气象，又能体现会堂式建筑应有的庄重和纪念性的设计原则，建筑师们没有拘泥于中式或西式，而是以“采用古今中外皆为我用”的态度，特别是在结构、材料及工程技术方面解决了许多技术难题。除了解决功能分区、交通流线、展览陈列等一般建筑难题外，在结构、安全、电讯、机电设备、市政管线等方面都攻克了一系列新技术难关。十大工程中许多建筑都采用了国际先进的结构，如薄壳结构、悬索结构、预制装配结构等；在民族形式与现代结构、新型材料的结合方面做出了可贵的探索，例如北京火车站的中央大厅采用 35 米 ×35 米的预应力钢筋混凝土扁壳结构，与两侧的传统大屋顶形式的塔楼、钟楼通过马头墙、女儿墙相连，并通过黄琉璃檐饰完美地融合在一起（图 6-4）。

6-3 北京人民大会堂

由于新中国成立初期社会经济还处于恢复期，人民生活水平还在温饱线下，片面追求形式主义难免造成建设成本高昂、功能受损、空间浪费等弊病，因而受到学术界乃至社会各界的质疑和批评。自20世纪50年代始，一些建筑师在“适用、经济，在可能条件下注意美观”的十四字建筑设计方针指示下，摈弃了华而不实的大屋顶，采用简洁的平顶形式，注重建筑形体自身的比例尺度，适当地结合传统元素进行装饰，被称为“新民族形式”，如全国政协礼堂、北京建工部大楼、北京电报大楼、首都剧院、北京天文馆、内蒙古博物馆等。这一时期还有一些项目借鉴了少数民族地区特有的传统建筑风格和样式，例如中国伊斯兰教经学院采用了伊斯兰建筑的圆顶，内蒙古成吉思汗陵借鉴了蒙古包的形象。这些建筑均利用所属民族和宗教建筑的构件和符号，并根据新的功能和结构加以利用、改造，形成特色鲜明、令人耳目一新的建筑形象，一定程度地代表了民族形式探索的成就。

在1949年前后一段时期，国际上正是西方现代主义建筑蓬勃发展的时期，现代建筑是大势所趋的时代潮流。中国也有一些建筑师更希望以现代建筑结构和功能为基础，从立面开间、比例以及形体凸凹、对比、错落等构图上表现中国元素，用较现代的手法处理民族形式的问题，并取得了一定的突破和成就，如杨廷宝设计的和平宾馆、北京王府井百货大楼，华揽洪设计的北京儿童医院，林乐义设计的北京电报大楼，冯继忠设计的武汉医学院等。这些建筑虽然在当时被人们戏称为方盒子、国际式，但它们实用、简洁、整饬、朴素的风格却代表了建筑发展的时代方向，成为中国现代建筑发展中的里程碑，在一定程度上预示了中国现代建筑重拾征途。

二、改革开放时期

1978年中国开始了全面的改革开放，国际上新的科学技术、艺术理念都被引入国内，现代主义之后的各种建筑理论也被植入中国新生代建筑师的艺术创作中。科学技术的发展给新时期建筑创作打开了新的空间，在环境、能源、生态等危机和压力下，以及信息交流和文化交融空前迅捷与频繁的情况下，全世界范围内表现出一种全球化与多元化并行的趋势。这一时期，国际上一些著名的大牌建筑师纷纷来到中国开办建筑师事务所，或参与中国重要项目的国际招标，给中国的建筑设计界带来了竞争与激励机制，中国新生代建筑师也迅速崛起，新结构、新技术、新思维、新作品不断涌现，中国建筑开启了多元时代。

6-4-1 北京火车站

6-4-2 北京火车站内景

6-5 苏州博物馆

1 新观念与多元化

20 世纪 80 年代是中国社会的转型时期，政治、经济和文化都发生了巨大的变化。在建筑领域，对“时代”的强烈关注以及对 “个性”和“创新”的强烈追求成为建筑创作的焦点，代表性作品中表现了不同的价值取向，如阙里宾馆注重的是探索建筑的民族形式；拉萨饭店尝试将藏式殿阁与现代建筑融合；中国国际展览中心运用现代建筑语汇讲述中国故事；北京奥林匹克体育中心则明显带有文化反思的痕迹，试图体现建筑技术与中国传统意蕴的结合。建筑师在“多元共存，兼收并蓄，古今中外，皆为我用”的原则下，超越了“民族形式”和现代建筑之间二元对立的观念，探索多元价值取向，出现了一大批优秀的建筑作品，如中国国际贸易中心、金陵饭店、上海

6-6 香港中国银行大厦

6-7 台北故宫博物院

天

6-9 澳门葡京大酒店

方塔园、上海图书馆，其中有一些作品主要是海外建筑师主持设计的，如金茂大厦、锦江大酒店、深圳地王大厦、香山饭店等。香山饭店由国际著名美籍华裔建筑师贝聿铭设计，表达出建筑师对中国建筑民族之路的思考，同时也带有后现代主义风格特征。建筑设计师用简洁朴素、具有亲和力的江南民居为外部造型，将西方现代建筑原则与中国传统的营造手法，巧妙地融合成具有中国气质的建筑空间。院落式的建筑布局形成了设计中的精髓，既有江南园林的精巧，又有北方园林的开阔。此后，贝氏又在苏州设计了苏州博物馆，建筑造型与所处环境自然融合，空间处理独特，开放式的钢结构框架与玻璃最大限度地把自然光线引入室内，设计突破了中国传统建筑“大屋顶”在采光方面的束缚，不仅解决了传统建筑在采光方面的难题，更丰富和发展了中国建筑的屋面造型样式（图 6-5）。

除了一般的公共建筑项目外，一些特殊的文化类项目成为时代标志，如东方电视塔、上海方塔园、北戴河小东山碧螺塔、上海世博会中国馆等，呈现出百花齐放的局面。此外，这一时期也复建了一批主要为发展地方旅游的仿古建筑，如黄鹤楼、滕王阁、北京琉璃厂文化街、南京夫子庙等，成为此后仿古街区和古城复兴的滥觞。1999 年国际建筑协会第 20 次大会在北京举行，象征中国现代建筑已然全面融入多元国际建筑的大潮之中。

在中国的香港、澳门、台湾地区，现代建筑的发展较之中国大陆更为充分，由于以上地区地处沿海，并保持着对国际的开放，故而建筑领域一直与世界建筑发展保持着同步和互动。香港作为自由港和金融中心，城市空间与建筑风格倾向国际主义风格，著名建筑有香港中国银行(图 6-6)、香港汇丰银行、香港艺术中心、香港体育馆；台湾由于文化原因则更多处于传统复兴与现代主义并行发展的态势，前者的代表作品有台北孙中山纪念堂、圆山大饭店、台北中山纪念广场、台北故宫博物院（图 6-7）等，后者的如台北市立美术馆、台北新光大楼、101 大厦（图 6-8）等。比较之下，澳门由于保留了大量近代建筑遗产，更多地保持了原有城市格局和既有风貌，作为近代中西方文化交融的窗口，其历史城区被联合国教科文组织列入世界文化遗产名录。较著名的现代建筑有澳门圣保罗教堂遗址博物馆、澳门中国银行、葡京大酒店（图 6-9）、澳门艺术中心等。

2 建筑科技的成就

科学技术不仅改变着建筑赖以产生的物质条件，更改变着人们的思想观念。从世界建筑历史来看，正是科学技术的发展和变化引领了建筑重大思潮的出现和兴盛。现当代中国的建筑思潮同样也受到科学技术因素的影响，材料、结构、设备、构造、工艺等技术因素从多方面影响着中国建筑的发展以及建筑师的设计观念和方法。

新时期对建筑技术、建筑材料、建筑环境等领域的关注成为建筑师孜孜以求的新方向，新结构项目实例如北京奥林匹克游泳馆、上海东方明珠电视塔、上海体育场、北京国际展览中心等。东方明珠广播电视塔于 1991 年 7 月兴建，位于浦东新区陆家嘴，塔高约 468 米，是上海的标志性文化景观之一。其采用多筒结构技术，主干是由 3 根直径 9 米、高 287 米的空心擎天柱组成，柱间用 6 米高的横梁连结；在 93 米标高处，有 3 根

6-8 台北 101 大厦

6-10 上海东方明珠电视塔

6-11-1 国家体育场（鸟巢）

直径 7 米的斜柱支撑，斜柱与地面成 60 度交角；地基处理用了 425 根入地 12 米的基桩，在塔身 112 米、295 米和 350 米的高空位置分别悬挂了 3 个重千吨的钢结构圆球，成为造型上的特点（图 6-10）。科学技术的飞速发展给建筑注入了诸如生态、绿色、环保、节能、智能、可持续发展等多种新的理念，使建筑的实体、空间和形态在环境、能源、生态等因素下，在信息交流和文化交融空前迅捷与频繁的情况下，表现出一种技术化、集约化、智能化的趋势。超高框架结构和大跨度网架技术促进了城市高层商用建筑和大空间文体建筑的普及，2017 年，中国第一高楼上海中心大厦（632 米，现为世界第二高楼，结构高度为 580 米）完工并开放。636 米高的武汉绿地中心预计 2019 年竣工，将超越上海中心大厦成为中国第一高楼。桥梁技术标志着大跨度结构技术的水平，1997 年建成的香港青马大桥是全球最长的行车及铁路吊桥，桥长 2.2 千米，主跨长度 1377 米，离海面高 62 米，混凝土桥塔高 206 米，采用的吊缆钢线总长度达 16 千米，单是结构钢重量便达 5 万吨，1999 年获“二十世纪十大建筑成就奖”。2018 年建成的港珠澳大桥是世界上里程最长、钢结构最大、施工难度最大、沉管隧道最长、技术含量最高、科学专利和投资金额最多的跨海大桥，大桥工程的技术及设备规模创造了多项世界纪录，先后获美国《工程新闻纪录》全球最佳桥隧项目奖、国际隧道协会“2018 年度重大工程奖”和英国土木工程师学会评选的“2018 年度隧道工程奖”。在基础设施和市政工程方面，水坝、空港、码头、高铁站、城市立交等集中上马，设计与施工技术水平均处于世界领先地位。2006 年三峡水利工程全线建成，三峡大坝采用混凝土重力式结构，挡水前沿总长 2345 米，坝高 181 米，坝体总混凝土量为 1700 万立方米，总方量居世界第一，其他许多工程设计指标也都突破了世界水利工程的纪录。在工程技术不断取得突破的同时，社会文化与艺术的发展演化也一直处于新旧更替的变动之中，各种各样的建筑思想和思潮此消彼长，建筑师的

6-11-2 鸟巢内景

创作愈加活跃，人们在预期世界将走向全球化、一体化的同时，也希望开创一个多元化、本土化的未来。

北京申办 2008 年奥运会成功之际，瑞士建筑师赫尔佐格和德梅隆的鸟巢主体育场方案脱颖而出。两位建筑师素有“表皮”艺术大师之称，因为他们在设计中注重的是如何为建筑选择合适的“外衣”，以使建筑能更好地适合自己的“身份”、环境和时代。鸟巢外轮廓呈马鞍形，形象酷似一个用钢架编织而成的镂空的巢窝，极富戏剧性和视觉冲击力（图 6-11）。在钢网架上部覆盖有薄膜，既起到遮风挡雨的作用，又可将光线转为漫射光，从而不影响观众观看比赛的效果。钢网架的下部呈现为轻盈空透的效果，网架内呈碗状的看台被装饰为红色，在银白色的钢架间闪烁着自身欢快的表情，可谓将“表皮”艺术发挥到了极致。位于北京的中央电视台总部大楼建筑是颇受争议的另一座当代建筑作品，由建筑师库哈斯设计。大楼主楼的两座塔楼双向内倾斜 6 度，在 163 米以上由“L”形悬臂结构连为一体，建筑外表面的玻璃幕墙由强烈的不规则几何图案组成，结构新颖、造型独特、高新技术含量大（图 6-12）。设计师自己介绍说，央视大楼的结构是由许多个不规则的菱形渔网状金属脚手架构成的，这些脚手架构成的菱形看似大小不一、没有规律，但实际上却经过精密计算。

6-12 北京央视大楼

刘托简介

中国艺术研究院研究员，原建筑艺术研究所所长，中国工艺美术馆常务副馆长，中国艺术研究院研究生院设计艺术学系主任，博士生导师；《中国建筑艺术年鉴》主编。长期从事建筑历史与理论研究、建筑与环境艺术设计、文化遗产与非物质文化遗产保护工作；参与了《中国美术史》《中华艺术通史》《中国建筑史》《中国艺术学大系》等大型国家重点项目的撰写工作，出版多部学术著作，发表了数十篇有关建筑文化、建筑艺术、建筑历史、文化遗产保护的专业论文。主持了“北戴河碧螺塔”“深圳锦锈中华圆明园景区设计”等多项建筑艺术工程策划与设计、文物建筑保护规划编制工作，主持国家重大项目“中国工艺美术馆和中国非物质文化遗产博物馆”的建设与展陈工作。出版的著作主要有《建筑艺术》《园林艺术》《澳门建筑》《澳门历史城区》《中国陵寝建筑》《徽派建筑营造技艺》《苏州香山帮营造技艺》《中国当代风水研究现状调查》等；译著有《建筑评论》《世界建筑史话》；主编的丛书主要有《中国古代园林风景图汇》《中国世界遗产丛书》《清殿版画汇刊》《中国传统建筑营造技艺》《中国传统建筑营造技艺多媒体资源库》等。主持申报的《中国木结构建筑营造技艺》列入联合国人类非物质文化遗产名录，主持研发的“组合式仿真古建筑模型”获国家专利，并获中国文化部国家“文化科技创新奖”和“十一五”国家科技计划执行突出贡献奖。